*Lindner / Brauer / Lehmann*
Taschenbuch der Elektrotechnik und Elektronik

# Taschenbuch der Elektrotechnik und Elektronik

von Studiendirektor Helmut Lindner †
Dr. Harry Brauer †
und Prof. Dr. Constans Lehmann

unter Mitarbeit von

Univ.-Prof. Dr. Harald Lindner
Prof. Dr. Hartmut Lindner
Prof. Dr. Wolfgang Reinhold

7., völlig neubearbeitete Auflage
mit 618 Bildern und 109 Tabellen

Fachbuchverlag Leipzig
im Carl Hanser Verlag

Studiendirektor HELMUT LINDNER †
unter Mitarbeit von Univ.-Prof. Dr. HARALD LINDNER, Technische Universität
Bergakademie Freiberg
  1 *Gleichstrom*, 2 *Elektrische und Magnetische Felder*,
  3 *Wechselstrom*, 4 *Besondere Wechselstromkreise*

Dr. HARRY BRAUER †
unter Mitarbeit von Prof. Dr. WOLFGANG REINHOLD, Hochschule für Technik,
Wirtschaft und Kultur Leipzig
  6 *Bauelemente*

Prof. Dr. CONSTANS LEHMANN, Deutsche Telekom Fachhochschule Leipzig
  5 *Signale und Systeme*, 7 *Analoge Schaltungen*,
  8 *Digitale Schaltungen*, 9 *Stromversorgungsschaltungen*

Prof. Dr. HARTMUT LINDNER, Hochschule für Technik und Wirtschaft Mittweida
unter Mitarbeit von Prof. Dr. HEINZ TIMMEL, Hochschule für Technik und
Wirtschaft Mittweida
  10 *Elektrische Maschinen*

Die Deutsche Bibliothek – CIP-Einheitsaufnahme

**Taschenbuch der Elektrotechnik und Elektronik** : mit 109
Tabellen / von Helmut Lindner, Harry Brauer und Constans Lehmann.
Unter Mitarb. von Harald Lindner ... – 7., völlig neubearb. Aufl.,
[Sonderausg.]. - München ; Wien : Fachbuchverl. Leipzig im Carl-
Hanser-Verl., 1999
  ISBN 3-446-21056-3

Dieses Werk ist urheberrechtlich geschützt.
Alle Rechte, auch die der Übersetzung, des Nachdruckes und der Vervielfältigung des Buches oder Teilen daraus, vorbehalten. Kein Teil des Werkes darf ohne schriftliche Genehmigung des Verlages in irgendeiner Form (Fotokopie, Mikrofilm oder einem anderen Verfahren), auch nicht für Zwecke der Unterrichtsgestaltung - mit Ausnahme der in den §§ 53, 54 URG genannten Sonderfälle - reproduziert oder unter Verwendung elektronischer Systeme verarbeitet, vervielfältigt oder verbreitet werden.

Fachbuchverlag Leipzig im Carl Hanser Verlag
© 1999/2001 Carl Hanser Verlag München Wien
http://www.fachbuch-leipzig.hanser.de
Satz: Dr. Steffen Naake, Chemnitz
Umschlaggestaltung: Parzhuber & Partner Werbeagentur GmbH
Druck und Bindung: Kösel, Kempten
Printed in Germany

# Vorwort

Auch die schnelle Zunahme von Spezialwissen erfordert ständiges Vergegenwärtigen der Grundlagen eines Fachgebietes. Das vorliegende Taschenbuch vermittelt deshalb wesentliche Kenntnisse über Gesetzmäßigkeiten, Prinzipien sowie Anwendungen der Elektrotechnik und Elektronik. Es will dazu beitragen, Wissenslücken zu schließen und früher erworbene Kenntnisse zu vervollständigen und zu aktualisieren. Das Buch wendet sich gleichermaßen an Studenten wie an Praktiker und soll auch Anwendern angrenzender Fachgebiete von Nutzen sein.

Der Stoff wird in übersichtlicher und konzentrierter Form dargestellt. Gesuchte Informationen sind in Verbindung mit einem umfangreichen Sachwort- und Symbolverzeichnis schnell auffindbar.

Die vorliegende 7. Auflage ist eine völlige Neubearbeitung. Dies betrifft vor allem die Kapitel zum Teil Elektronik und die Kapitel Signale und Systeme sowie Elektrische Maschinen. Neben umfangreichen Aktualisierungen und der Aufnahme neuer technischer Anwendungen wurden auch zahlreiche Leserhinweise in der neuen Auflage berücksichtigt.

Für kritische Hinweise zur Verbesserung des Buches sind die Autoren und der Verlag dankbar.

Autoren und Verlag

# Inhaltsverzeichnis

**1 Gleichstrom** .................................... 23

   1.1 *Grundgrößen und Grundbegriffe* .................... 23
      1.1.1 Elektrische Ladung ............................ 23
      1.1.2 Elektrischer Strom ............................ 23
      1.1.3 Elektrische Spannung und Potential ............. 24
      1.1.4 Elektrischer Widerstand ....................... 26
      1.1.5 Ohmsches Gesetz ............................. 29
      1.1.6 Elektrische Arbeit und Leistung ................ 31

   1.2 *Zusammengesetzte Widerstände* ..................... 32
      1.2.1 Reihenschaltung von Widerständen und Spannungsteilung . 32
      1.2.2 Parallelschaltung von Widerständen und Stromteilung .... 33
      1.2.3 Gemischte Schaltung von Widerständen ............. 34
      1.2.4 Dreieck-Stern-Umwandlung ...................... 34

   1.3 *Stromkreise und Netzwerke* ........................ 35
      1.3.1 Grundstromkreis ............................. 35
         1.3.1.1 Darstellung mit Spannungsquelle ............ 35
         1.3.1.2 Darstellung mit Stromquelle ................ 36
         1.3.1.3 Wirkungsgrad im Grundstromkreis ........... 37
         1.3.1.4 Leistungsanpassung ....................... 38
      1.3.2 Kirchhoffsche Regeln .......................... 38
      1.3.3 Berechnung von Netzwerken .................... 39
         1.3.3.1 Knotenpunkt- und Maschensatz .............. 40
         1.3.3.2 Überlagerungssatz ........................ 41
         1.3.3.3 Zweipoltheorie ........................... 42
         1.3.3.4 Maschenstromverfahren .................... 43
         1.3.3.5 Knotenspannungsverfahren ................. 44
      1.3.4 Belasteter Spannungsteiler ..................... 45

**2 Elektrische und magnetische Felder** ................ 47

   2.1 *Elektrostatisches Feld* ............................ 47
      2.1.1 Elektrische Feldstärke ......................... 47
      2.1.2 Influenz ..................................... 48
      2.1.3 Verschiebungsdichte und Verschiebungsfluß ....... 48
      2.1.4 Dielektrikum ................................ 49
      2.1.5 Kondensatoren ............................... 50
         2.1.5.1 Kapazität ................................ 50
         2.1.5.2 Schaltung von Kondensatoren ............... 50

| | | |
|---|---|---|
| 2.1.5.3 | Berechnung der Kapazität von Kondensatoren | 52 |
| 2.1.5.4 | Geschichtetes Dielektrikum | 53 |
| 2.1.5.5 | Ladung und Entladung von Kondensatoren | 53 |
| 2.1.6 | Kräfte im elektrischen Feld | 56 |
| 2.1.7 | Energie im elektrischen Feld | 57 |
| 2.1.8 | Piezoelektrischer Effekt | 58 |
| 2.1.9 | Thermoelektrischer Effekt | 59 |

2.2 *Stationäres elektrisches Strömungsfeld* ............... 60
    2.2.1 Strömungsfeld ............................... 60
    2.2.2 Stromdichte .................................. 61
    2.2.3 Stromdichte und Feldstärke ..................... 62
    2.2.4 Feldstärke und Potential ....................... 63

2.3 *Magnetisches Feld* .............................. 64
    2.3.1 Magnetische Feldstärke ........................ 64
        2.3.1.1 Durchflutungssatz ...................... 65
        2.3.1.2 Gesetz von Biot-Savart .................. 67
    2.3.2 Magnetische Flußdichte ....................... 68
    2.3.3 Magnetischer Flußund Streuung ................. 69
    2.3.4 Permeabilität ................................ 70
    2.3.5 Magnetismus des Eisens ....................... 71
    2.3.6 Arten magnetischer Werkstoffe .................. 72
    2.3.7 Ohmsches Gesetz des magnetischen Kreises ........ 74
    2.3.8 Eisengefüllte magnetische Kreise ................. 75
        2.3.8.1 Unverzweigter magnetischer Kreis ohne Luftspalt .... 76
        2.3.8.2 Zusammengesetzter magnetischer Kreis .......... 76
        2.3.8.3 Scherung der Magnetisierungskurve ............. 77
        2.3.8.4 Flußdichte bei gegebener Durchflutung .......... 78
        2.3.8.5 Verzweigter magnetischer Kreis ................ 79
    2.3.9 Induktionsgesetz ............................. 79
        2.3.9.1 Ruhende Spule und zeitlich veränderliches Magnetfeld . 80
        2.3.9.2 Ruhendes Magnetfeld und bewegter gerader Leiter ... 80
        2.3.9.3 Lenzsche Regel ........................... 81
        2.3.9.4 Prinzip des Gleichstromgenerators .............. 82
        2.3.9.5 Wirbelströme ............................ 83
        2.3.9.6 Skineffekt ............................... 83
    2.3.10 Selbstinduktion .............................. 85
    2.3.11 Gegeninduktivität und induktive Kopplung .......... 87

2.4 *Kräfte und Energie im Magnetfeld* ................... 88
    2.4.1 Kraft auf eine bewegte elektrische Ladung .......... 88
    2.4.2 Kraft auf geradlinige Stromleiter ................. 89

| | | | |
|---|---|---|---|
| 2.4.3 | | Kraft zwischen zwei parallelen Stromleitern | 89 |
| 2.4.4 | | Prinzip des Gleichstrommotors | 90 |
| 2.4.5 | | Energie des magnetischen Feldes | 91 |
| | 2.4.5.1 | Energie bei konstanter Permeabilität | 91 |
| | 2.4.5.2 | Energie im eisengefüllten Kreis | 91 |
| | 2.4.5.3 | Hysteresisarbeit | 92 |
| | 2.4.5.4 | Zugkraft von Magneten | 93 |
| | 2.4.5.5 | Supraleitende Magnete | 93 |
| 2.4.6 | | Schaltvorgänge mit Induktivitäten | 95 |
| 2.4.7 | | Hall-Effekt | 96 |

## 3   Wechselstrom ... 99

3.1 *Grundgrößen und Grundbegriffe* ... 99
   3.1.1 Vorteile des Wechselstroms gegenüber Gleichstrom ... 99
   3.1.2 Kenngrößen sinusförmiger Wechselgrößen ... 99
   3.1.3 Zeiger- und Liniendiagramm ... 100
   3.1.4 Addition phasenverschobener Wechselgrößen gleicher Frequenz ... 101
   3.1.5 Mittelwerte sinusförmiger Wechselgrößen ... 102
   3.1.6 Scheitel- und Formfaktor ... 104

3.2 *Widerstände im Wechselstromkreis* ... 106
   3.2.1 Wirkwiderstand ... 106
   3.2.2 Induktiver Widerstand ... 106
   3.2.3 Kapazitiver Widerstand ... 107

3.3 *Komplexe Wechselgrößen* ... 109
   3.3.1 Grundlagen ... 109
   3.3.2 Arithmetik ... 110

3.4 *Schaltungen von Widerständen im Wechselstromkreis* ... 110
   3.4.1 Reihenschaltungen ... 110
   3.4.2 Parallelschaltungen ... 113
   3.4.3 Darstellung komplexer Größen in Wechselstromkreisen ... 115
   3.4.4 Umwandlung von Schaltungen ... 118

3.5 *Leistung und Arbeit im Wechselstromkreis* ... 120
   3.5.1 Augenblicksleistung ... 120
   3.5.2 Mittlere Leistung ... 122
   3.5.3 Leistungsfaktor ... 125
   3.5.4 Wirk-, Blind- und Gesamtstrom ... 125
   3.5.5 Verbesserung des Leistungsfaktors ... 126
   3.5.6 Leistung in komplexer Schreibweise ... 127

## 4 Besondere Wechselstromkreise ... 129

### 4.1 Zusammengesetzte Schaltungen ... 129
- 4.1.1 Komplexer Spannungs- und Stromteiler ... 129
- 4.1.2 Gemischte Schaltungen ... 131
  - 4.1.2.1 Parallelschaltung mit komplexen Widerständen ... 131
  - 4.1.2.2 Wechselstromparadoxon ... 131
  - 4.1.2.3 90°-Schaltung nach Hummel ... 132
  - 4.1.2.4 *RC*-Kombination mit Phasendrehung um 90° ... 133
  - 4.1.2.5 *RC*-Kombination mit Phasendrehung um 180° ... 134

### 4.2 Frequenzverhalten von Wechselstromkreisen ... 135
- 4.2.1 Verluste in Wechselstromkreisen ... 135
  - 4.2.1.1 Verlustwinkel einer Spule ... 135
  - 4.2.1.2 Verlustwinkel eines Kondensators ... 136
- 4.2.2 Reihenresonanz ... 137
  - 4.2.2.1 Grundvorgang ... 137
  - 4.2.2.2 Besonderheiten bei Reihenresonanz ... 139
  - 4.2.2.3 Verluste bei Reihenresonanz ... 139
  - 4.2.2.4 Normierte Darstellung ... 140
- 4.2.3 Parallelresonanz ... 141
  - 4.2.3.1 Grundvorgang ... 141
  - 4.2.3.2 Besonderheiten bei Parallelresonanz ... 142
  - 4.2.3.3 Verluste bei Parallelresonanz ... 143
- 4.2.4 Übertragungsfunktion von Vierpolen ... 144
- 4.2.5 Filter ... 145
  - 4.2.5.1 *RC*-Glied als Hochpaß ... 145
  - 4.2.5.2 *RC*-Glied als Tiefpaß ... 146
  - 4.2.5.3 *RC*-Kombination als Bandpaß ... 147

### 4.3 *Spule mit Eisen* ... 149
- 4.3.1 Eisenverluste ... 149
- 4.3.2 Kupferverluste ... 151
- 4.3.3 Induktiver Spannungsabfall ... 151
- 4.3.4 Ersatzschaltbild der Spule mit Eisenkern ... 152
- 4.3.5 Drosselspule mit Gleichstrom-Vormagnetisierung ... 153

### 4.4 *Transformator* ... 154
- 4.4.1 Arten der Transformatoren ... 154
- 4.4.2 Idealer Transformator ... 155
- 4.4.3 Realer belasteter Transformator ... 156
- 4.4.4 Grundgleichungen des Transformators in komplexer Form ... 157
- 4.4.5 T-Ersatzschaltung des Transformators ... 157

| | | |
|---|---|---|
| 4.4.6 | Reduzierte Ersatzschaltung | 158 |
| 4.4.7 | Vereinfachtes Zeigerdiagramm des Starkstromtransformators | 159 |
| 4.4.8 | Kapp-Diagramm | 160 |
| 4.4.9 | Verluste und Wirkungsgrad des Transformators | 161 |
| 4.4.10 | Spartransformator | 162 |

4.5 *Dreiphasenstrom* .................................................. 163
  4.5.1 Erzeugung des Dreiphasenstromes ................... 163
  4.5.2 Arten der Verkettung ................................ 164
    4.5.2.1 Sternschaltung ............................ 164
    4.5.2.2 Dreieckschaltung .......................... 165
  4.5.3 Leistung des Drehstromes ............................ 166
  4.5.4 Drehstromtransformator ............................. 167
    4.5.4.1 Aufbau .................................... 167
    4.5.4.2 Schaltungsarten ........................... 168

4.6 *Inversion komplexer Wechselgrößen* ............................ 169
  4.6.1 Inversion eines einzelnen Zeigers ................... 169
  4.6.2 Wahl des Maßstabs .................................. 171
  4.6.3 Inversion von Punkten, Geraden und Kreisen ......... 171
    4.6.3.1 Punkt ..................................... 171
    4.6.3.2 Geraden, durch den Nullpunkt laufend ...... 171
    4.6.3.3 Geraden, parallel zu einer Achse und nicht durch den Nullpunkt laufend ............................ 172
    4.6.3.4 Geraden, nicht achsenparallel und nicht durch den Nullpunkt laufend ............................ 173
    4.6.3.5 Kreis, nicht durch den Nullpunkt laufend .. 174

4.7 *Ortskurven* ...................................................... 175
  4.7.1 Definition .......................................... 175
  4.7.2 Maßstäbe und Maßteilungen ........................... 175
  4.7.3 Ortskurven von Grundschaltungen ..................... 176
    4.7.3.1 $L$ in Reihe mit veränderlichem $R$ ........ 176
    4.7.3.2 $R$ und $L$ in Reihe bei variabler Frequenz . 177
    4.7.3.3 Reihenresonanz bei veränderlicher Frequenz  179
    4.7.3.4 Normierte Darstellung der Reihenresonanz ... 179
    4.7.3.5 $R$ und $L$ parallel bei variabler Frequenz . 181
  4.7.4 Ortskurven gemischter Schaltungen ................... 181
    4.7.4.1 Addition eines konstanten Widerstandes .... 182
    4.7.4.2 Nullpunktverschiebung der Ortskurve einer gemischten Schaltung ............................. 183
  4.7.5 Konstruktion von Ortskurven mittels Wertetabelle .... 184

# 12 Inhaltsverzeichnis

## 5 Signale und Systeme ........................... 187

### 5.1 Signale ........................................ 187
5.1.1 Begriffsbestimmung und Übersicht ................ 187
5.1.2 Periodische Signale mit konstanter Amplitude ......... 187
    5.1.2.1 Merkmale ............................. 187
    5.1.2.2 Fourier-Reihen ......................... 189
5.1.3 Nichtperiodische Signale mit zweiseitiger Begrenzung .... 194
    5.1.3.1 Merkmale ............................. 194
    5.1.3.2 Fourier-Transformation .................... 195
5.1.4 Nichtperiodische Signale mit einseitiger Begrenzung ..... 200
    5.1.4.1 Merkmale ............................. 200
    5.1.4.2 Laplace-Transformation .................... 200

### 5.2 Systeme ....................................... 203
5.2.1 Begriffsbestimmung ........................... 203
5.2.2 Lineare, zeitinvariante Systeme (LTI-Systeme) ......... 203
    5.2.2.1 Systemreaktionen (Impulsantwort, Sprungantwort) ... 203
    5.2.2.2 Berechnung von Einschaltvorgängen mit der Laplace-Transformation ............................ 204
    5.2.2.3 Allgemeine Form der komplexen Übertragungsfunktion 205
    5.2.2.4 Pol-Nullstellen-Plan ...................... 206
    5.2.2.5 Amplituden- und Phasen-Frequenzgang ........... 207
5.2.3 Abtastsysteme ............................... 209
    5.2.3.1 Bedeutung der Abtastung für die digitale Signalverarbeitung ................................. 209
    5.2.3.2 Ideale Abtastung ........................ 210
    5.2.3.3 Abtasttheorem ......................... 211
    5.2.3.4 Bandbegrenzung ........................ 212

## 6 Bauelemente der Elektronik ....................... 214

### 6.1 Begriffsbestimmung und Übersicht .................... 214

### 6.2 Leiterplatten .................................... 215
6.2.1 Halbzeuge .................................. 215
6.2.2 Entwurf und Herstellung von Leiterplatten ............ 216
6.2.3 Leiterplatten-Montagetechniken ................... 218

### 6.3 Die internationalen E-Reihen ........................ 219

### 6.4 Widerstände .................................... 220
6.4.1 Der Widerstand als Bauelement ................... 220
6.4.2 Festwiderstände .............................. 221
6.4.3 Einstellwiderstände ........................... 222

6.5 *Kondensatoren* .................................... 223
  6.5.1   Kenngrößen ............................... 223
  6.5.2   Technische Kondensatoren ..................... 224
  6.5.3   Kondensatoren mit veränderbarer Kapzität ........... 225

6.6 *Spulen* ........................................ 226
  6.6.1   Kenngrößen ............................... 226
  6.6.2   Technische Spulen .......................... 226

6.7 *Physikalische Grundlagen der Halbleiter* ................ 227
  6.7.1   Reine Halbleiter ............................ 227
  6.7.2   Dotierte Halbleiter .......................... 229
  6.7.3   pn-Übergänge ............................. 230
    6.7.3.1   Wirkprinzip ......................... 230
    6.7.3.2   Strom-Spannungs-Kennlinie des pn-Übergangs ...... 232
    6.7.3.3   Kleinsignalverhalten des pn-Übergangs ........... 234
    6.7.3.4   Schaltverhalten des pn-Übergangs .............. 234
    6.7.3.5   Thermisches Verhalten des pn-Übergangs ......... 235
    6.7.3.6   Herstellungsverfahren für pn-Übergänge .......... 236

6.8 *Volumen-Halbleiterbauelemente* ...................... 237
  6.8.1   Varistoren ................................ 237
  6.8.2   Thermistoren .............................. 238
    6.8.2.1   Heißleiter ........................... 238
    6.8.2.2   Kaltleiter ........................... 240
  6.8.3   Halbleiterthermoelemente ..................... 241
  6.8.4   Magnetfeldabhängige Bauelemente ............... 242
    6.8.4.1   Feldplatten .......................... 242
    6.8.4.2   Hall-Generatoren ...................... 243

6.9 *Halbleiterdioden* ................................. 244
  6.9.1   Gleichrichter- und Schaltdioden .................. 244
  6.9.2   PIN- und PSN-Dioden ........................ 245
  6.9.3   Schottky-Dioden ........................... 246
  6.9.4   Heterodioden ............................. 247
  6.9.5   Z-Dioden ................................ 247
  6.9.6   Tunneldioden ............................. 249
  6.9.7   Backwarddioden ........................... 251
  6.9.8   Kapazitätsdioden ........................... 251
  6.9.9   Spezielle Diodenarten ........................ 252

6.10 *Bipolare Transistoren* ............................. 253
  6.10.1   Aufbau und Wirkprinzip ...................... 253
  6.10.2   Grundschaltungen des Transistors ................ 257

## 14 Inhaltsverzeichnis

6.10.3 Strom-Spannungs-Kennlinie des Transistors ........... 257
   6.10.3.1 Kennlinienfelder in Emitterschaltung ............. 257
   6.10.3.2 Arbeitspunkteinstellung ...................... 259
   6.10.3.3 Übersteuerungsgrenze und Sättigungsspannung ...... 260
6.10.4 Kleinsignalverhalten des Transistors ............... 260
6.10.5 Transistorkennwerte und -grenzwerte .............. 264
   6.10.5.1 Stromverstärkungsgruppen ..................... 264
   6.10.5.2 Restströme des Transistors .................... 264
   6.10.5.3 Temperaturabhängigkeit der Kennwerte ........... 264
6.10.6 Anwendungen bipolarer Transistoren ............... 266
   6.10.6.1 Elektronischer Schalter ...................... 266
   6.10.6.2 Kleinsignalverstärker ........................ 269

6.11 *Feldeffekttransistoren (FET)* ........................ 273
  6.11.1 Übersicht .................................. 273
  6.11.2 Strom-Spannungs-Kennlinie ..................... 275
  6.11.3 Kleinsignalverhalten ........................... 278
  6.11.4 Effekte bei integrierten MOSFET .................. 279
  6.11.5 Thermisches Verhalten ......................... 280
  6.11.6 Anwendungen von Feldeffekttransistoren ............. 281
   6.11.6.1 FET als elektronischer Schalter ................. 281
   6.11.6.2 Steuerbarer Widerstand ...................... 282
   6.11.6.3 Kleinsignalverstärker ........................ 282
   6.11.6.4 Konstantstromquellen ....................... 284
   6.11.6.5 Leistungs-Feldeffekttransistoren ................ 285
   6.11.6.6 Spezielle Feldeffekttransistorarten ............... 286

6.12 *Thyristorbauelemente* ............................ 289
  6.12.1 Überblick .................................. 289
  6.12.2 Einrichtungs-Thyristordiode ..................... 290
  6.12.3 Zweirichtungs-Thyristordiode und Diac .............. 291
  6.12.4 Einrichtungs-Thyristortriode ..................... 292
   6.12.4.1 Technologischer Aufbau ..................... 292
   6.12.4.2 Wirkungsweise ............................ 293
  6.12.5 Zweirichtungs-Thyristortriode .................... 295
  6.12.6 Anwendungen von Thyristor und Triac .............. 296
   6.12.6.1 Leistungsschalter für Wechsel- und Gleichstrom ..... 296
   6.12.6.2 Elektronische Lastrelais ...................... 298
   6.12.6.3 Störschutz und Schutzbeschaltung ............... 299
  6.12.7 Spezielle Thyristoren .......................... 299

6.13 *Optoelektronische Bauelemente* ..................... 300
  6.13.1 Übersicht .................................. 300

6.13.2 Fotometrische Beziehungen ........................ 301
6.13.3 Lichtempfindliche Fotohalbleiter ................... 303
  6.13.3.1 Fotowiderstände ............................ 303
  6.13.3.2 Fotodioden ................................. 304
  6.13.3.3 Fotoelemente und Solarzellen ................. 305
  6.13.3.4 Fototransistoren ............................ 307
  6.13.3.5 Fotothyristoren ............................. 307
6.13.4 Lichtemittierende Fotohalbleiter ................... 307
  6.13.4.1 Lumineszenzeffekt in Halbleitern ............. 307
  6.13.4.2 Lumineszenzdioden (LED) .................... 308
  6.13.4.3 LED-Anzeigesysteme (Display-Bauelemente) ....... 309
  6.13.4.4 Halbleiter-Injektionslaser ................... 309
6.13.5 Optoelektronische Koppelelemente ................. 310
6.13.6 Feldeffekt-Anzeigeelemente ....................... 310

6.14 *Integrierte Schaltungen* ............................. 311
  6.14.1 Übersicht ....................................... 311
  6.14.2 Filmschaltkreise ................................ 311
  6.14.3 Festkörperschaltkreise ........................... 312
    6.14.3.1 Grundlagen ................................ 312
    6.14.3.2 Herstellungszyklen ........................ 313
    6.14.3.3 Schaltkreistechnologien ................... 314
    6.14.3.4 Schaltkreisentwurf ........................ 318
  6.14.4 Schaltkreisgehäuse .............................. 319

6.15 *Kühlung von Halbleiterbauelementen* .................. 319

6.16 *Rauschen elektronischer Bauelemente* .................. 322
  6.16.1 Grundbeziehungen und Widerstandsrauschen ......... 322
  6.16.2 Äquivalenter Rauschwiderstand ................... 322
  6.16.3 Rauschzahl und Rauschmaß ........................ 323
  6.16.4 Rauschen von Feldeffekttransistoren .............. 323
  6.16.5 Rauschen bipolarer Transistoren .................. 324

**7 Analoge Schaltungen** .................................. 325

7.1 *Begriffsbestimmung und Übersicht* ..................... 325

7.2 *Analysemethoden* ...................................... 327
  7.2.1 Vierpolanalyse ................................... 327
    7.2.1.1 Systematik der Vierpole ..................... 328
    7.2.1.2 Beschreibungsformen für Vierpole ............ 329
    7.2.1.3 Zusammenschaltung von Vierpolen ............. 332
    7.2.1.4 Widerstände und Übertragungsfaktoren von Vierpolen . 334
  7.2.2 Knotenspannungsanalyse ........................... 336

7.2.3 Computergestützte Netzwerk-Analysen ............. 338

7.3 *Aktive Grundschaltungen* ......................... 340
  7.3.1 Begriffsbestimmung und Übersicht ............... 340
  7.3.2 Einstufige Grundschaltungen mit Transistoren ........ 341
    7.3.2.1 Grundschaltungen mit bipolaren Transistoren ....... 341
    7.3.2.2 Hinweise zu Grundschaltungen mit unipolaren Transistoren ..................................... 343
  7.3.3 Schaltungen mit Gegenkopplung ................. 344
    7.3.3.1 Begriff der Rückkopplung .................... 344
    7.3.3.2 Gegenkopplungsmodelle ..................... 345
    7.3.3.3 Einfluß der Gegenkopplung auf die dynamischen Eigenschaften ................................. 347
    7.3.3.4 Bipolare Transistorstufen mit Gegenkopplung ....... 348
    7.3.3.5 Weitere Gegenkopplungseffekte ................ 349
  7.3.4 Kopplungsarten bei mehrstufigen Verstärkern .......... 350
    7.3.4.1 *RC*-Kopplung ............................. 350
    7.3.4.2 Direkte Kopplung .......................... 352
  7.3.5 Differenzverstärker ............................ 354
    7.3.5.1 Grundschaltung mit Bipolartransistoren ........... 354
    7.3.5.2 Differenzverstärker mit Stromspiegel ............. 357
  7.3.6 Transistorenendstufen ......................... 359
    7.3.6.1 Begriffsbestimmung und Übersicht .............. 359
    7.3.6.2 Emitterfolger im Eintakt-*A*-Betrieb .............. 360
    7.3.6.3 Emitterfolger im Gegentakt-*B*-Betrieb ............ 361
    7.3.6.4 Emitterfolger im Gegentakt-*AB*-Betrieb ........... 363

7.4 *Operationsverstärker* ............................ 363
  7.4.1 Begriffsbestimmung und Übersicht ................ 363
  7.4.2 Kenngrößen ................................ 365
    7.4.2.1 Statische Kenngrößen ....................... 365
    7.4.2.2 Offset- und Driftkenngrößen ................... 366
    7.4.2.3 Dynamische Kenngrößen ..................... 367
    7.4.2.4 Kompensationsmaßnahmen ................... 368
  7.4.3 Grundschaltungen mit Operationsverstärkern .......... 371
    7.4.3.1 Verstärkergrundschaltungen ................... 371
    7.4.3.2 Verstärkerschaltungen mit speziellen Eigenschaften ... 372
    7.4.3.3 Konstantstromquellen ....................... 373
    7.4.3.4 Analogrechenschaltungen .................... 374
    7.4.3.5 Komparatoren ............................ 377

7.5 *Filter* ........................................ 378
  7.5.1 Übersicht .................................. 378

## Inhaltsverzeichnis

7.5.2 Aktive *RC*-Filter .......................... 379
7.5.2.1 Tiefpässe ............................... 380
7.5.2.2 Hochpässe .............................. 383
7.5.2.3 Bandpässe (Selektivfilter) ................ 384
7.5.2.4 Hinweise zu Filtern höherer Ordnung ....... 385
7.5.3 *SC*-Filter ................................ 386

7.6 *Oszillatoren* ................................. 387
7.6.1 Begriffsbestimmung und Übersicht .......... 387
7.6.2 *RC*-Oszillatoren ......................... 387
7.6.2.1 Wien-Oszillator ........................ 388
7.6.2.2 Wien-Robinson-Oszillator ............... 389
7.6.3 Quarzoszillatoren ......................... 390
7.6.3.1 Elektrische Eigenschaften des Quarzes .... 390
7.6.3.2 Hinweise zu Schaltungsvarianten ......... 391

7.7 *Analog/Digital- und Digital/Analog-Umsetzer* ..... 392
7.7.1 Analog-Digital-Umsetzer ................... 393
7.7.1.1 Parallelverfahren ....................... 393
7.7.1.2 Wägeverfahren ......................... 395
7.7.1.3 Abtast- und Halteschaltung .............. 396
7.7.1.4 Zählverfahren .......................... 398
7.7.1.5 Hinweise zu weiteren Umsetzverfahren .... 400
7.7.2 Digital-Analog-Umsetzer ................... 402
7.7.2.1 Prinzip der Parallelumsetzung ........... 402
7.7.2.2 Umsetzverfahren mit *R*-2*R*-Netzwerk ..... 403
7.7.2.3 Analogschalter ......................... 404

**8 Digitale Schaltungen** ........................... 407

8.1 *Begriffsbestimmung und Übersicht* .............. 407

8.2 *Grundlagen der Schaltalgebra* .................. 409
8.2.1 Logische Funktionen ...................... 409
8.2.1.1 Logische Grundfunktionen .............. 410
8.2.1.2 Abgeleitete Logikfunktionen ............ 411
8.2.2 Rechenregeln ............................. 412
8.2.3 Minimierung mit Karnaugh-Plan ........... 413

8.3 *Logische Grundschaltungen* .................... 415
8.3.1 Logische Pegel ........................... 415
8.3.2 Integrierte Schaltkreise .................... 416
8.3.2.1 TTL-Schaltkreise ...................... 417
8.3.2.2 CMOS-Schaltkreise .................... 424
8.3.2.3 Weitere Standard-Schaltkreise ........... 428

8.3.2.4 Anwenderspezifische Schaltkreise (ASIC) ......... 429

8.4 *Ausgewählte Bausteine für Schaltnetze* ................ 431
   8.4.1 Komparatoren ................................. 431
   8.4.2 Multiplexer und Demultiplexer .................... 433
   8.4.3 Codeumsetzer ................................. 435
   8.4.4 Addierer ..................................... 438

8.5 *Elementare Kippschaltungen* ......................... 442
   8.5.1 Begriffsbestimmung und Übersicht ................. 442
   8.5.2 Bistabile Kippschaltungen (Flipflop) ................ 443
      8.5.2.1 Ungetaktete Flipflop ........................ 443
      8.5.2.2 Zustandsgesteuerte Flipflops ................... 446
      8.5.2.3 Flankengesteuerte Flipflops ................... 447
   8.5.3 Schwellwertschalter ............................ 450
      8.5.3.1 Schwellwertschalter mit Operationsverstärkern ...... 450
      8.5.3.2 Schwellwertschalter mit digitalen Schaltkreisen ...... 451
   8.5.4 Monostabile Kippschaltungen .................... 452
      8.5.4.1 Monostabile Kippschaltungen mit Logikgattern ...... 452
      8.5.4.2 Integrierte Monoflop-Bausteine ................. 453
   8.5.5 Astabile Kippschaltungen ....................... 454

8.6 *Komplexe Bausteine für digitale Systeme* ................ 456
   8.6.1 Zähler ....................................... 456
      8.6.1.1 Asynchronzähler aus einzelnen Kippgliedern ....... 457
      8.6.1.2 Synchronzähler aus einzelnen Kippgliedern ........ 458
      8.6.1.3 Integrierte Zählerbausteine .................... 459
   8.6.2 Frequenzteiler ................................. 462
      8.6.2.1 Asynchrone Frequenzteiler .................... 462
      8.6.2.2 Synchrone Frequenzteiler ..................... 463
   8.6.3 Schieberegister ................................ 464
      8.6.3.1 Begriffsbestimmung und Überblick .............. 464
      8.6.3.2 Schieberegister aus einzelnen Kippgliedern ......... 465
      8.6.3.3 Schaltungen mit Schieberegister-Bausteinen ........ 466

8.7 *Halbleiterspeicher* .................................. 469
   8.7.1 Begriffsbestimmung und Übersicht ................. 469
   8.7.2 Schreib-Lese-Speicher (RAM) .................... 472
      8.7.2.1 Statische RAM ............................. 472
      8.7.2.2 Dynamische RAM .......................... 475
   8.7.3 Festwertspeicher (ROM) ......................... 477
      8.7.3.1 Programmierbare ROM ...................... 478
      8.7.3.2 Reprogrammierbare ROM .................... 479
   8.7.4 Kombinierte Speicherschaltungen .................. 484

## Inhaltsverzeichnis

8.8 *Programmierbare Logikbausteine* .................... 486
   8.8.1 PAL-Grundstrukturen ........................ 486
   8.8.2 Reprogrammierbare PLD ..................... 488

8.9 *Ergänzende Informationen* ........................ 490
   8.9.1 Tetradische Codes ........................... 490
   8.9.2 Nichttetradische Codes ....................... 490
   8.9.3 Fehlererkennbare Codes ...................... 491
   8.9.4 7-Bit-ASCII-Code (Standardzeichensatz) ............. 492
   8.9.5 Zahlensysteme (Liste der natürlichen Zahlen 0 ... 20 D) . . 494
   8.9.6 Relative Dualzahlen mit Vorzeichenbit und 4 Betragsbit ... 495
   8.9.7 Abhängigkeitsarten (nach DIN 40900 Teil 12) ........ 496
   8.9.8 Liste der TTL-Schaltkreise (bis Typen-Nr. 74200) ....... 496
   8.9.9 Anschlußbelegungen von EPROM im Dual-Inline-Gehäuse 500
   8.9.10 Schneller Programmier-Algorithmus für FLASH-EPROM . 500
   8.9.11 V.24-Schnittstelle ............................ 502

## 9 Stromversorgungsschaltungen ...................... 503

9.1 *Grundfunktionen konventioneller Netzteile* ............... 503
   9.1.1 Transformation der Netzwechselspannung ............ 504
   9.1.2 Gleichrichtung ............................. 508
      9.1.2.1 Einweggleichrichtung ...................... 508
      9.1.2.2 Zweiweggleichrichtung ..................... 509
      9.1.2.3 Gleichrichtung mit Spannungsvervielfachung ....... 511
   9.1.3 Glättung und Siebung ......................... 513
      9.1.3.1 Glättung mit Ladekondensator ................ 513
      9.1.3.2 Siebung mit frequenzabhängigen Bauelementen ..... 518

9.2 *Spannungsstabilisierung* .......................... 519
   9.2.1 Begriffsbestimmung und Überblick ................ 519
   9.2.2 Erzeugung von Referenzspannungen ............... 520
      9.2.2.1 Diskrete Schaltungen mit Z-Dioden ............. 520
      9.2.2.2 Integrierte Referenzspannungsquellen ........... 522
   9.2.3 Stetige Gleichspannungsregelung .................. 524
      9.2.3.1 Grundschaltung aus diskreten Bauelementen ....... 524
      9.2.3.2 Integrierte Regler mit einstellbarer Spannung ...... 526
      9.2.3.3 Integrierte Festspannungsregler ............... 527
   9.2.4 Unstetige Regelung mit Schaltregler ................ 528
      9.2.4.1 Begriffsbestimmung und Übersicht ............. 528
      9.2.4.2 Gleichspannungswandler .................... 529
      9.2.4.3 Wandler für Netzbetrieb .................... 534
      9.2.4.4 Integrierte Ansteuerschaltungen ............... 539

## 20 Inhaltsverzeichnis

9.3 *Ergänzende Diagramme und Tabellen* ................ 541
   9.3.1 Diagramme zur Berechnung von Gleichrichterschaltungen . 541
   9.3.2 Tabellen zur Berechnung von Transformatoren ......... 543

## 10 Elektrische Maschinen ........................... 545

10.1 *Begriffsbestimmung und Übersicht* ................... 545
   10.1.1 Klassifikation ............................... 545
   10.1.2 Bauformen ................................. 548
   10.1.3 Schutzarten ................................ 550
   10.1.4 Erwärmung und Kühlung ...................... 551
      10.1.4.1 Erwärmung ............................ 551
      10.1.4.2 Kühlung .............................. 553
   10.1.5 Betriebsarten ............................... 553
   10.1.6 Leistungsschild ............................. 555
   10.1.7 Wichtige Vorschriften, Normen und Empfehlungen ...... 557

10.2 *Gleichstrommaschinen* ........................... 558
   10.2.1 Wirkungsweise .............................. 558
      10.2.1.1 Mechanischer Aufbau ..................... 558
      10.2.1.2 Drehmomentenbildung und Drehzahl ............ 560
      10.2.1.3 Spannungsinduktion ...................... 562
   10.2.2 Klassifikation der Bauarten ..................... 562
   10.2.3 Ankerrückwirkung ........................... 564
   10.2.4 Betriebsverhalten ............................ 566
      10.2.4.1 Fremderregter Gleichstrommotor ............... 566
      10.2.4.2 Gleichstrom-Nebenschlußmotor ................ 567
      10.2.4.3 Gleichstrom-Reihenschlußmotor ................ 568
   10.2.5 Drehzahlstellmöglichkeiten ..................... 569
      10.2.5.1 Ankerwiderstand $R_A$ .................... 569
      10.2.5.2 Feldschwächung ......................... 570
      10.2.5.3 Spannungsänderung ...................... 571
      10.2.5.4 Geregelter Gleichstromantrieb ................ 571
   10.2.6 Elektrisches Bremsen ......................... 572
      10.2.6.1 Nutzbremsung .......................... 572
      10.2.6.2 Widerstandsbremsung ..................... 573
      10.2.6.3 Gegenstrombremsung ..................... 574

10.3 *Asynchronmaschinen* ............................ 575
   10.3.1 Einsatzgebiete .............................. 575
   10.3.2 Mechanischer Aufbau ......................... 575
   10.3.3 Wirkungsweise ............................. 579
      10.3.3.1 Drehfeldbildung ......................... 579
      10.3.3.2 Leistungsumsatz beim Asynchronmotor .......... 580

10.3.4 Betriebsverhalten der Asynchronmaschine ............ 582
  10.3.4.1 Maschinengleichungssystem, Zeigerbild, Ersatzschaltung 582
  10.3.4.2 Stromortskurve ........................... 584
  10.3.4.3 Leistungsfluß ............................ 586
  10.3.4.4 Drehmoment ............................. 587
10.3.5 Drehzahlsteuerung bei Asynchronmaschinen .......... 588
  10.3.5.1 Prinzipielle Drehzahlstellmöglichkeiten ........... 588
  10.3.5.2 Frequenzsteuerung ........................ 588
  10.3.5.3 Polumschaltung .......................... 591
  10.3.5.4 Schlupfsteuerung ......................... 592
10.3.6 Anlassen und Bremsen von Asynchronmaschinen ....... 596
  10.3.6.1 Anlaufverhalten von
          Kurzschlußläuferasynchronmaschinen ............ 596
  10.3.6.2 Elektrisches Bremsen ...................... 600
10.3.7 Einphasenasynchronmaschinen ................... 602
  10.3.7.1 Einsatzgebiet ............................ 602
  10.3.7.2 Einphasenasynchronmotoren ohne Hilfswicklung .... 603
  10.3.7.3 Einphasenasynchronmotor mit Hilfswicklung ....... 605
  10.3.7.4 Spaltpolmotoren .......................... 607

10.4 *Synchronmaschinen* ............................... 608
  10.4.1 Einsatzgebiete .............................. 608
  10.4.2 Aufbau der Synchronmaschinen ................... 608
    10.4.2.1 Hauptbaugruppen der Synchronmaschine .......... 608
    10.4.2.2 Kühlsysteme für Grenzleistungsgeneratoren ........ 610
    10.4.2.3 Erregersysteme .......................... 611
  10.4.3 Wirkungsweise und Betriebsverhalten ............... 613
    10.4.3.1 Spannungsinduktion durch das rotierende Erregerfeld in
            der Drehstromwicklung des Ständers ............. 613
    10.4.3.2 Synchrongenerator mit Vollpolläufer im Inselbetrieb .. 614
    10.4.3.3 Betriebsverhalten der Vollpolmaschine im Netzbetrieb . 617
    10.4.3.4 Spezifika von Schenkelpolmaschinen ............. 622
  10.4.4 Sonderformen von Synchronmaschinen ............... 625
    10.4.4.1 Stromrichtergespeiste Synchronmaschinen ......... 625
    10.4.4.2 Antrieb mit Elektronik- bzw. Stromrichtermotor
            (Servoantrieb) ........................... 627
    10.4.4.3 Einphasensynchronmaschinen ................. 631

10.5 *Universalmotoren* ................................. 631
  10.5.1 Einsatzgebiete .............................. 631
  10.5.2 Mechanischer Aufbau ......................... 633
  10.5.3 Wirkungsweise, Betriebsverhalten ................. 633
  10.5.4 Drehzahlsteuerung, Drehrichtungsumkehr ............ 636

10.6 *Schrittmotoren* ............................... 637
   10.6.1 Wirkungsweise ........................... 637
   10.6.2 Mechanischer Aufbau ...................... 638
   10.6.3 Betriebsverhalten ......................... 640
   10.6.4 Steuerung ............................... 641
   10.6.5 Anwendung .............................. 642

10.7 *Linearmotoren* .............................. 643
   10.7.1 Wirkungsweise ........................... 643
   10.7.2 Mechanischer Aufbau ...................... 644
   10.7.3 Betriebsverhalten ......................... 646
   10.7.4 Anwendung .............................. 646

**Abkürzungsverzeichnis zur Elektronik** ................ 648

**Größen und Einheiten** ............................. 652

**Formelzeichenverzeichnis** ......................... 654

**Literaturverzeichnis** .............................. 661

**Sachwortverzeichnis** ............................. 673

# 1 Gleichstrom

## 1.1 Grundgrößen und Grundbegriffe

### 1.1.1 Elektrische Ladung

Alle elektrischen Erscheinungen beruhen auf der Anhäufung oder Bewegung *positiver* und *negativer elektrischer Ladungen*. Diese sind an die kleinsten stofflichen Teilchen (z. B. Elektronen oder Ionen) gebunden und üben auf andere, gleichfalls elektrisch geladene Körper Kraftwirkungen aus ($\rightarrow$ 2.1.6):

| Gleichartig | geladene Körper | stoßen sich ab |
|---|---|---|
| Ungleichartig | | ziehen sich an |

▶ *Hinweis*: SI-Einheit der elektrischen Ladung: $[Q] = $ C (Coulomb) $= $ A · s (Amperesekunde).

Jede **elektrische Ladung** ist ein ganzzahliges Vielfaches der Elementarladung $e$.
$$e = \pm 1{,}6022 \cdot 10^{-19} \text{ C}$$

Elektronen enthalten die negative Elementarladung $-e$, während Protonen die positive Elementarladung $+e$ tragen. Elektronenüberschuß auf einem Körper verursacht seine negative, Elektronenmangel dagegen seine positive Ladung.

### 1.1.2 Elektrischer Strom

**Augenblickswert der Stromstärke**. Das Fließen eines elektrischen Stromes bedeutet die kontinuierliche oder schwingende Bewegung von Ladungsträgern in einem Leiter. Der den Leiterquerschnitt in einer kurzen Zeit $dt$ durchfließende Ladungsanteil $dQ$ ist der Augenblickswert der Stromstärke.

$$i = \frac{dQ}{dt} \tag{1.1}$$

**Gleichstrom**. Bleibt die Stromstärke über einen längeren Zeitraum $t$ konstant, so handelt es sich um einen Gleichstrom.

$$I = \frac{Q}{t} \tag{1.2}$$

▶ *Hinweis*: SI-Einheit der Stromstärke: $[I] = $ A (Ampere) (zur Definition $\rightarrow$ 2.4.3).

## 24    1 Gleichstrom

> Als **technische Stromrichtung** in einem Leiter gilt die Richtung vom Plus- zum Minuspol der antreibenden Spannungsquelle (→ Bild 1.1).

Die Ladungsträger selbst können sich entweder in dieser Richtung[1] (z. B. positive Ladungen, verursacht durch Elektronenmangel) oder auch entgegengesetzt (z. B. Elektronen) in einem Metalldraht bewegen (→ Bild 1.2).

In Elektrolyten und Gasen erfolgt die Stromausbreitung durch elektrisch geladene Ionen.

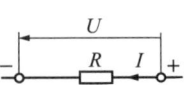

Bild 1.1   Technische Stromrichtung

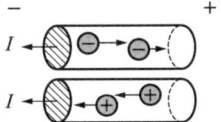

Bild 1.2   Bewegungsrichtung positiver und negativer Ladungsträger

### 1.1.3   Elektrische Spannung und Potential

**Quellenspannung**

Elektrische Ladungen $Q$ mit unterschiedlichen Vorzeichen lassen sich durch äußere Energiezufuhr $W_{zu}$ voneinander trennen.

> Die Trennung elektrischer Ladungen ist die Ursache für das Auftreten einer elektrische **Quellenspannung** $U_q$ zwischen den Polen der entstehenden Spannungsquelle (→ Tabelle 1.1).

$$U_q = \frac{W_{zu}}{Q} \qquad (1.3)$$

> Die Quellenspannung ist vom Plus- zum Minuspol der Spannungsquelle gerichtet. Sie ist dem angetriebenen Strom entgegengerichtet (→ Bild 1.3).

**Spannungsabfall**

In umgekehrter Weise wird beim Fließen des Stromes im Leiter die Energie $W_{ab}$ wieder frei, meist in Form von Wärme. Zwischen den betrachteten Leiterpunkten besteht dann der Spannungsabfall:

$$U = \frac{W_{ab}}{Q} \qquad (1.4)$$

---

[1] Aus der Ionenbewegung bei der Elektrolyse abgeleitet.

## 1.1 Grundgrößen und Grundbegriffe

*Tabelle 1.1 Erzeugen von Quellenspannungen*

| Physikalische Ursache | Vorgang | Anwendung |
|---|---|---|
| Elektronenaustausch bei chemischen Reaktionen | chemische Veränderungen der Elektroden | Batterien, Akkumulatoren |
| Induktionsvorgänge in festen Leitern | Bewegung von Leitern im Magnetfeld | Dynamomaschine |
| Induktionsvorgänge in Plasmen | Bewegung von Flammengasen im Magnetfeld | magnetohydrodynamischer (MHD-) Generator |
| Thermoelektrischer Seebeck-Effekt | Erwärmen der Kontaktstellen zwischen verschiedenen Metallen | Thermoelement |
| Piezoelektrischer Effekt | mechanischer Druck auf polare Kristalle | Dicken- und Dehnungsschwinger |
| Innerer Fotoeffekt | Lichteinstrahlung in Halbleiterkombinationen | Solarzelle |

Der Spannungsabfall hat die gleiche Richtung wie der fließende Strom ($\rightarrow$ Bild 1.1).

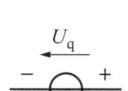

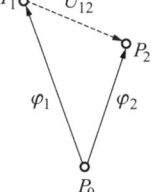

*Bild 1.3 Ideale Spannungsquelle*     *Bild 1.4 Potential und Spannung*

Die **elektrische Spannung** $U$ ist der Quotient aus der zur Verschiebung der Ladung $Q$ erforderlichen Arbeit $W_{zu}$ und dieser Ladung.

▶ *Hinweis*: SI-Einheit der elektrischen Spannung: $[U] = $ V (Volt).

**Potential**

Das **Potential** $\varphi_1$ kennzeichnet die zwischen einem Punkt $P_1$ des elektrischen Feldes oder Leitersystems und einem willkürlichen Bezugspunkt $P_0$ bestehende elektrische Spannung.

Das Potential ist *positiv*, wenn für den Transport positiver Ladung zu diesem Punkt Arbeit *aufzuwenden* ist. Haben zwei Punkte $P_1$ und $P_2$ unterschiedliches

Potential (→ Bild 1.4), so besteht zwischen ihnen die Potentialdifferenz bzw. die Spannung:

$$U_{12} = \varphi_1 - \varphi_2 \tag{1.5}$$

Die Spannung von $P_1$ gegen $P_2$ ist positiv, wenn für den Ladungstransport die zugeführte Arbeit überwiegt; d. h., $\varphi_1 > \varphi_2$.

Elektrische Spannung = Potentialdifferenz.
Ströme fließen stets von Stellen höheren Potentials nach Stellen niedrigeren Potentials.

### 1.1.4 Elektrischer Widerstand

**Widerstand und Leitwert**

In jedem Leiter wird die Bewegung der Ladungsträger durch dessen mehr oder weniger großen Widerstand behindert.

Die Ursachen des elektrischen Widerstandes sind z. B. Störungen im exakten Aufbau des Kristallgitters in den Metallen und die unregelmäßigen Wärmeschwingungen der Atome.

▶ *Hinweis*: SI-Einheit des Widerstandes: $[R] = \Omega$ (Ohm).

In manchen Fällen ist es zweckmäßiger, mit dem Leitwert zu rechnen, d. i. der reziproke Wert des Widerstandes:

$$G = \frac{1}{R} \tag{1.6}$$

▶ *Hinweis*: SI-Einheit des Leitwertes: $[G] = $ S (Siemens) $ = 1/\Omega$.

**Spezifischer Widerstand**

Der Widerstand $R$ ist der Länge $l$ des Leiters direkt und seinem Querschnitt $A$ umgekehrt proportional:

$$R = \frac{\rho l}{A} \tag{1.7}$$

Der Proportionalitätsfaktor $\rho$ ist der spezifische Widerstand (→ Tabelle 1.2).

▶ *Hinweis*: SI-Einheit des spezifischen Widerstandes: $[\rho] = \Omega \cdot \text{m} = 10^6 \, \Omega \cdot \text{mm}^2/\text{m}$.

Der reziproke Wert des spezifischen Widerstandes wird als **elektrische Leitfähigkeit** $\varkappa$ (→ Tabelle 1.2) bezeichnet.

Tabelle 1.2 Werte des spezifischen Widerstandes, der Leitfähigkeit und von Temperaturkoeffizienten verschiedener Leiterwerkstoffe bei $\vartheta = 20\,°C$

| | Spezifischer elektrischer Widerstand $\rho$ $10^{-6}\,\Omega\cdot m$ | Elektrische Leitfähigkeit $\varkappa$ $10^6$ S/m | Temperaturkoeffizienten $\alpha$ $10^{-4}$ /K | $\beta$ $10^{-6}$ /K$^2$ |
|---|---|---|---|---|
| **Widerstandslegierungen** | | | | |
| Chromnickel (80 Ni, 20 Cr) | 1,12 | 0,89 | 1,4 | – |
| Konstantan (54 Cu, 45 Ni, 1 Mn) | 0,50 | 2,0 | −0,03 | – |
| Manganin (86 Cu, 2 Ni, 12 Mn) | 0,42 | 2,38 | 0,1…0,2 | 0,4 |
| Nickelin (54 Cu, 26 Ni, 20 Zn) | 0,43 | 2,27 | 1,1 | – |
| **Leiter- und Kontaktmaterial** | | | | |
| Leitungsaluminium | 0,0286 | 35,0 | 37 | 1,3 |
| Gold | 0,023 | 43,5 | 38…40 | 0,5 |
| Leitungskupfer | 0,0178 | 56,2 | 39 | 0,6 |
| Silber | 0,0165 | 60,6 | 38 | 0,7 |
| Wolfram | 0,055 | 18,2 | 48,2 | 1 |
| Zinn | 0,12 | 8,3 | 42…46 | 6 |
| **Widerstandsschichtmaterial** | | | | |
| Platin | 0,10…0,11 | 9,1…10,0 | 30 | 0,6 |
| Palladium | 0,102 | 9,8 | 37 | |
| Kohle | 40…100 | 0,01…0,025 | −3,8…−4,0 | – |
| **Sonstige Metalle** | | | | |
| Eisen | 0,1…0,15 | 6,67…10,0 | 65,1…65,7 | 6 |
| Quecksilber | 0,968 | 1,03 | 8…9 | 1,2 |
| Zink | 0,061 | 16,4 | 41,9 | 2 |

Die *Messung* der elektrischen Leitfähigkeit $\varkappa$ von Materialien läßt sich nach Gl. (1.7) auf eine Widerstandsmessung zurückführen. Diese erfolgt z. B. für Elektrolytflüssigkeiten in Meßzellen, die mit einer Kochsalzlösung bekannter Leitfähigkeit kalibriert werden. Polarisationseffekte der Elektroden lassen sich durch Nutzung von Wechselstrom mit Frequenzen bis zu mehreren kHz ausschalten.

# 1 Gleichstrom

$$\varkappa = \frac{1}{\rho} \tag{1.8}$$

▶ *Hinweis*: SI-Einheit der Leitfähigkeit: $[\varkappa] = $ S/m (Siemens/Meter) $= 1/(\Omega \cdot $m$)$.

**Widerstand und Temperatur**

Der spezifische Widerstand ist als Materialkonstante mehr oder weniger temperaturabhängig.

Als **Temperaturkoeffizient** $\alpha$ gilt die relative Widerstandsänderung $\Delta R/R_{20}$ gegenüber der auf 20 °C bezogenen tatsächlichen Temperaturänderung $\Delta \vartheta$:

$$\alpha = \frac{\Delta R}{\Delta \vartheta\, R_{20}} \tag{1.9}$$

$R_{20}$ Widerstand bei der Temperatur $\vartheta = 20$ °C

Demnach beträgt der Widerstand bei der beliebigen Temperatur $\vartheta$:

$$R = R_{20}(1 + \alpha \Delta \vartheta) = R_{20}[1 + \alpha(\vartheta - 20\text{ °C})] \tag{1.10}$$

Diese einfache lineare Beziehung gilt jedoch nur näherungsweise für bestimmte Werkstoffe und ist bei höheren Temperaturen durch den Ausdruck

$$R = R_{20}(1 + \alpha \Delta \vartheta + \beta \Delta \vartheta^2) \tag{1.11}$$

zu ersetzen, der die Kenntnis eines zweiten Temperaturkoeffizienten $\beta$ voraussetzt ($\to$ Tabelle 1.2).

▶ *Beachte*: Verschiedene Elektrolyte (elektrisch leitende Flüssigkeiten) und Halbleiter haben im Gegensatz zu Metallen einen negativen Temperaturkoeffizienten, d. h., ihr Widerstand nimmt mit steigender Temperatur ab. Für Meßwiderstände werden Legierungen mit möglichst kleinem Temperaturkoeffizienten, wie z. B. Konstantan, verwendet.

**Supraleitung**

**Supraleitung** definiert das sprunghafte Verschwinden des elektrischen Widerstandes unterhalb einer bestimmten Temperatur.

Verschiedene elektrische Leiter zeigen bei tiefen Temperaturen kein allmähliches, sondern ein sprunghaftes Verschwinden ihres Widerstandes. Die Sprungtemperatur $T_s$ ($\to$ Bild 1.5) ist materialabhängig ($\to$ Tabelle 1.3). Bei Supraleitung sind die verlustarme Übertragung großer Energiemengen und die Erzeugung von Dauerströmen möglich (*Kryoelektronik*).

Der supraleitende Zustand wird bei $T > T_s$ oder bei Einwirkung eines äußeren Magnetfeldes der Feldstärke $H > H_k$ wieder aufgegeben ($\to$ Bild 1.6).

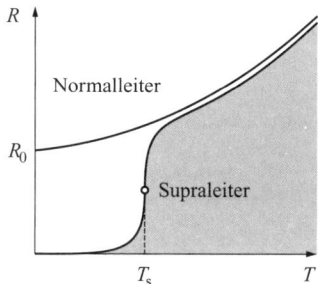

Bild 1.5 Temperaturabhängigkeit des Widerstandes von Leitern bei tiefen Temperaturen
$R_0$ Restwiderstand
$T_s$ Sprungtemperatur

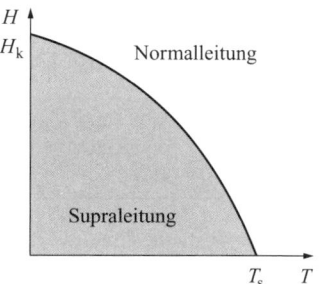

Bild 1.6 Einfluß der magnetischen Feldstärke $H$ auf einen Supraleiter für $T < T_s$
$H_k$ kritische magnetische Feldstärke
$H < H_k$ supraleitender Zustand
$H > H_k$ normalleitender Zustand

Verbindungen mit Sprungtemperaturen von mehr als 25 K werden als Hochtemperatursupraleiter bezeichnet. Unter den bekannten supraleitenden Materialien ist die Verbindung $YBa_2Cu_3O_7$ eine Modellsubstanz. An der Einführung der Hochtemperatursupraleiter in die Technik wird gearbeitet.

Tabelle 1.3 Sprungtemperaturen verschiedener Materialien

| Stoff | $T_s$ in K | Jahr | Stoff | $T_s$ in K | Jahr |
|---|---|---|---|---|---|
| Pb | 7,19 | 1911 | La-Ba-Cu-O | 35 | 1986 |
| Nb | 9,3 | 1930 | $YBa_2Cu_3O_7$ | 92,1 | 1987 |
| $Nb_3Sn$ | 23,2 | 1957 | Tl-Ca-Ba-Cu-O | ca. 125 | 1988 |
| $Ba_{0,6}K_{0,4}BiO_3$ | 28 | 1988 | | | |

■ *Anwendung*:
- supraleitende Magneten ($\rightarrow$ 2.4.5.5)
- supraleitende Schalt- und Speicherelemente
- Neuentwicklungen in der Meßtechnik (Bolometer, SQUID-Magnetometer)
- im GHz-Bereich arbeitende Miniaturantennen.

### 1.1.5 Ohmsches Gesetz

**Lineare Widerstände**

In metallischen Leitern ist bei konstanter Temperatur der Spannungsabfall $U$ dem fließenden Strom $I$ proportional. Der Proportionalitätsfaktor ist der Widerstand $R$. Das ist der Inhalt des Ohmschen Gesetzes:

$$\boxed{U = RI} \tag{1.12}$$

Weitere Schreibweisen:
$$I = \frac{U}{R} \qquad I = GU \qquad R = \frac{U}{I} \tag{1.13}$$

> Die Kennlinie des ohmschen Widerstandes (Wirkwiderstand) ist eine Gerade durch den Koordinatenursprung, deren Anstieg $\Delta I/\Delta U$ den Leitwert $G$ darstellt ($\rightarrow$ Bild 1.7a).

**Nichtlineare Widerstände**

Viele Materialien und elektronische Bauelemente haben nichtlineare Kennlinien, d. h., der Spannungsabfall zeigt keine Proportionalität gegenüber dem fließenden Strom. Im allgemeinen werden vier verschiedene Typen nichtlinearer Kennlinien unterschieden:

- Heißleiter (z. B. Thermistoren, $\rightarrow$ Bild 1.7, 2)
- Kaltleiter (z. B. PTC-Widerstände, $\rightarrow$ Bild 1.7, 3)
- Sättigungskennlinien (z. B. Gasdioden, $\rightarrow$ Bild 1.7, 4)
- Halbleiter (z. B. Varistoren, $\rightarrow$ Bild 1.7, 5)

Weitere Kennlinien sind an spezielle elektronische Bauelemente gebunden ($\rightarrow$ 6.7 bis 6.13).

Im nichtlinearen Teil einer Kennlinie hat der Widerstand in jedem Punkt einen anderen Wert und wird daher als **differentieller Widerstand** ausgedrückt:

$$r = \frac{dU}{dI} \tag{1.14}$$

Er ist gleich dem reziproken Wert des Anstieges der Kennlinie im Arbeitspunkt $A$, dargestellt durch $1/\tan\alpha$.

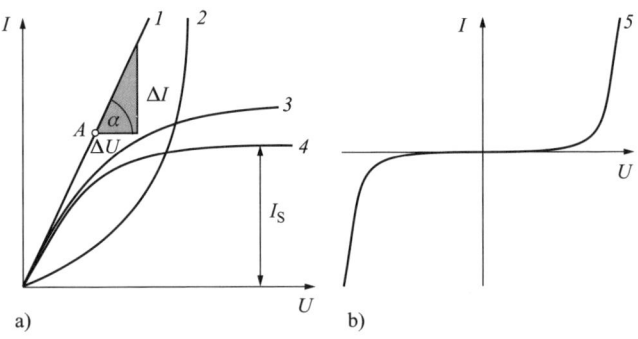

*Bild 1.7 Strom- und Spannungs-Kennlinien von Widerständen*
*1 ohmscher Widerstand, 2 Heißleiter, 3 Kaltleiter, 4 Sättigungskennlinie, 5 Halbleiter*

## 1.1.6 Elektrische Arbeit und Leistung

> Die **elektrische Arbeit** (Energie) $W$ wird zum Transport der Ladung $Q$ unter der Spannung $U$ benötigt (Gl. (1.3)).

$$W = UQ \tag{1.15}$$

▶ *Hinweis*: SI-Einheit der Energie (Arbeit):
$[W] = $ J (Joule) $ = $ W·s (Wattsekunde) $ = $ V·A·s.

$$1 \text{ kWh (Kilowattstunde)} = 3{,}6 \cdot 10^6 \text{ W·s} = 3{,}6 \cdot 10^6 \text{ J}$$

(elektrisches Wärmeäquivalent)

> Die **elektrische Leistung** des Stromes ergibt sich aus dem Quotienten der umgesetzten Leistung und der dazu benötigten Zeit.

$$P = \frac{dW}{dt}$$

Wenn die Leistung über einen längeren Zeitraum $t$ *konstant* bleibt, gilt:

$$P = \frac{W}{t} \tag{1.16}$$

Mit den Gln. (1.2) und (1.15) ergibt sich:

$$P = UI \tag{1.17}$$

Die in einem Leiter umgesetzte Leistung ist sowohl der Spannung als auch dem Strom proportional.

▶ *Hinweis*: SI-Einheit der Leistung: $[P] = $ W (Watt) $ = $ J/s.

Wird nach dem Ohmschen Gesetz $I = U/R$ bzw. $U = IR$ eingesetzt, so ergibt sich:

$$P = \frac{U^2}{R} \qquad P = I^2 R \tag{1.18}$$

**Stromwärme**. Je nach Leiteranordnung kann die Stromarbeit nach Gl. (1.15) auch in andere Energieformen umgewandelt werden, z. B. die Stromwärme $Q_{el}$ (Gesetz von Joule).

$$Q_{el} = I^2 R t$$

**Wirkungsgrad**

> Der **Wirkungsgrad** $\eta$ eines Verbrauchers elektrischer Leistung wird als Verhältnis der von ihm abgegebenen Nutzleistung $P_N$ und der zugeführten Leistung definiert.

Die zugeführte Leistung ist um den Leistungsverlust $P_V$ (Stromwärme, mechanische Reibung usw.) größer als die Nutzleistung.

$$\eta = \frac{P_N}{P_N + P_V} \tag{1.19}$$

## 1.2 Zusammengesetzte Widerstände

### 1.2.1 Reihenschaltung von Widerständen und Spannungsteilung

Durchfließt der Strom mehrere Widerstände nacheinander, so sind diese in Reihe geschaltet ($\to$ Bild 1.8). Hierbei gelten die Gesetze:
- Die Stromstärke ist in allen Widerständen gleich groß.
- Die Spannungsabfälle an den Widerständen addieren sich zur Gesamtspannung $U$:

$$\begin{aligned} U &= U_1 + U_2 + \ldots + U_n \\ &= IR_1 + IR_2 + \ldots + IR_n \end{aligned}$$

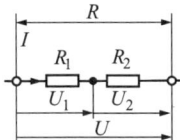

Bild 1.8 Reihenschaltung von zwei Widerständen (einfacher Spannungsteiler)

Daraus folgt:

Der Gesamtwiderstand $R$ in Reihe liegender Widerstände ist gleich der Summe der Einzelwiderstände.

$$R = R_1 + R_2 + \ldots + R_n$$

Eine wichtige Anwendung bildet der unbelastete **Spannungsteiler**, für den folgende Proportionen gelten ($\to$ Bild 1.8):

$$\boxed{\frac{U_1}{U_2} = \frac{R_1}{R_2}} \qquad \frac{U_1 + U_2}{U_2} = \frac{R_1 + R_2}{R_2} \qquad \boxed{\frac{U}{U_2} = \frac{R}{R_2}} \tag{1.20}$$

**Spannungsteilerregel**

Bei Reihenschaltungen von Widerständen verhalten sich die einzelnen Teilspannungen wie die Widerstände, an denen sie abfallen.

## 1.2.2 Parallelschaltung von Widerständen und Stromteilung

Verzweigt sich der Strom, um durch mehrere Widerstände gleichzeitig zu fließen, so gelten die Gesetze:

- Die Spannungsabfälle parallelgeschalteter Widerstände sind gleich groß ($\rightarrow$ Bild 1.9):

$$U = I_1 R_1 = I_2 R_2 = \ldots = I_n R_n$$

- Die Teilströme addieren sich zum Gesamtstrom $I$:

$$I = I_1 + I_2 + \ldots + I_n$$

Mit dem Ohmschen Gesetz folgt dann:

$$I = \frac{U}{R_1} + \frac{U}{R_2} + \ldots + \frac{U}{R_n} = U(G_1 + G_2 + \ldots + G_n)$$

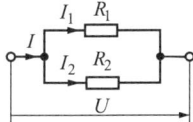

Bild 1.9 Parallelschaltung von zwei Widerständen (einfacher Stromteiler)

Befinden sich Widerstände in einer Parallelschaltung, so ergibt sich deren Gesamtleitwert aus der Summe der Einzelleitwerte:

$$G = G_1 + G_2 + \ldots + G_n \quad \text{oder} \quad \frac{1}{R} = \frac{1}{R_1} + \frac{1}{R_2} + \ldots + \frac{1}{R_n}$$

▶ *Häufige Sonderfälle*:

- Für zwei parallele Widerstände gilt:

$$\boxed{R = \frac{R_1 R_2}{R_1 + R_2}} \tag{1.21}$$

- Für drei parallele Widerstände gilt:

$$\boxed{R = \frac{R_1 R_2 R_3}{R_1 R_2 + R_1 R_3 + R_2 R_3}} \tag{1.22}$$

**Stromteilerregel**

Die Stromstärken parallelgeschalteter Widerständen verhalten sich umgekehrt wie die zugehörigen Widerstände.

$$\boxed{\frac{I_1}{I_2} = \frac{R_2}{R_1}} \quad \boxed{\frac{I}{I_2} = \frac{R_1 + R_2}{R_1}} \tag{1.23}$$

## 1.2.3 Gemischte Schaltung von Widerständen

> Gemischte Schaltungen enthalten Widerstände sowohl in Reihen- als auch in Parallelschaltung.

Zur Berechnung des Ersatzwiderstandes einer gemischten Schaltung von Widerständen werden alle kleineren Gruppen parallel oder in Reihe liegender Widerstände schrittweise zusammengefaßt, bis nur noch eine einzige Reihen- oder Parallelschaltung vorliegt. Bild 1.10 zeigt das Beispiel einer in den drei Schritten a bis c vollzogenen Vereinfachung.

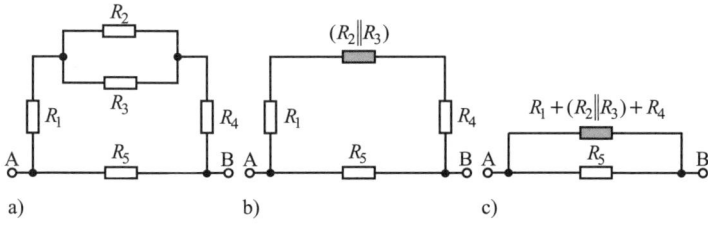

Bild 1.10 *Vereinfachung einer gemischten Schaltung*

## 1.2.4 Dreieck-Stern-Umwandlung

> Bei Netzwerken, die aus zusammenhängenden Maschen bestehen, macht sich häufig die Umwandlung einer Dreieckschaltung in eine Sternschaltung notwendig ($\rightarrow$ Bild 1.11).

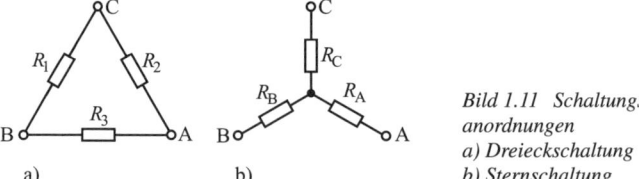

Bild 1.11 *Schaltungsanordnungen*
*a) Dreieckschaltung*
*b) Sternschaltung*

Drei zu einem Dreieck zusammengesetzte Widerstände $R_1, R_2, R_3$ lassen sich durch drei andere, zu einem Stern zusammengesetzte Widerstände $R_A, R_B, R_C$ ersetzen, ohne daß sich der Widerstand zwischen den Anschlußklemmen A, B, C ändert. Die umgekehrte Umwandlung ist ebenfalls möglich.

## Sternersatzwiderstände einer Dreieckschaltung

$$R_A = \frac{R_2 R_3}{R_1 + R_2 + R_3} \qquad R_B = \frac{R_1 R_3}{R_1 + R_2 + R_3}$$

$$R_C = \frac{R_1 R_2}{R_1 + R_2 + R_3}$$

(1.24)

## Dreieckersatzwiderstände einer Sternschaltung

$$R_1 = R_B + R_C + \frac{R_B R_C}{R_A} \qquad R_2 = R_A + R_C + \frac{R_A R_C}{R_B}$$

$$R_3 = R_A + R_B + \frac{R_A R_B}{R_C}$$

(1.25)

■ *Beispiel*: Die Umwandlung des im Bild 1.12a enthaltenen Dreiecks $R_1, R_2, R_3$ liefert den in der Ersatzschaltung von Bild 1.12b enthaltenen Stern $R_A, R_B, R_C$, womit die Zusammenfassung zu Schaltung 1.12c möglich wird. Es kann auch vom Dreieck $R_1, R_4, R_5$ ausgegangen werden.

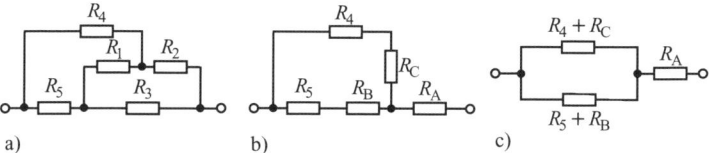

Bild 1.12 *Vereinfachung einer Schaltung mittels einer Dreieck-Stern-Umwandlung*
*a) Ausgangsschaltung, b) erste Vereinfachung, c) zweite Vereinfachung*

## 1.3 Stromkreise und Netzwerke

### 1.3.1 Grundstromkreis

#### 1.3.1.1 Darstellung mit Spannungsquelle

Im einfachsten Fall besteht der Grundstromkreis aus einer Spannungsquelle $U_q$ und dem vom Strom $I$ durchflossenen äußeren Widerstand $R_a$.

Aber auch die Spannungsquelle selbst hat einen oft nicht ohne weiteres erkennbaren inneren Widerstand $R_i$, z. B. die Ankerwicklung eines Generators oder den Elektrolyten eines galvanischen Elements. Der Deutlichkeit halber wird der innere Widerstand meist als gesondertes Schaltzeichen neben das der idealen Spannungsquelle gezeichnet (→ Bild 1.13).

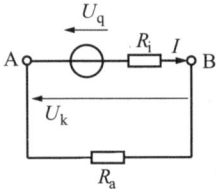

Bild 1.13  Grundstromkreis mit Spannungsquelle

Damit ergibt sich der Strom:

$$I = \frac{U_q}{R_i + R_a} \tag{1.26}$$

Zwischen den Anschlüssen A, B der Spannungsquelle besteht die **Klemmenspannung**:

$$U_k = IR_a = U_q - IR_i \tag{1.27}$$

> Die Klemmenspannung $U_k$ ist im Belastungsfall kleiner als die Quellenspannung $U_q$ der Spannungsquelle.

**Leerlaufspannung.** Bei offenen Klemmen A, B ist $U_{AB}$ gleich der Leerlaufspannung $U_l$, die gleich der Quellenspannung $U_q$ ist:

$$U_q = U_l \tag{1.28a}$$

**Kurzschlußstrom.** Bei Kurzschluß der Klemmen A, B ist dagegen die Klemmenspannung $U_k = 0$, und es fließt der Kurzschlußstrom:

$$I_K = \frac{U_q}{R_i} = \frac{U_l}{R_i} \tag{1.28b}$$

### 1.3.1.2  Darstellung mit Stromquelle

**Quellenstromstärke.** Der Grundstromkreis kann auch vom Standpunkt einer Stromquelle aus betrachtet werden. Die Darstellung ist der im vorigen Abschnitt gleichwertig, wenn für den äußeren Widerstand $R_a$ keine Änderung eintritt. Parallel zur widerstandslos gedachten Stromquelle liegt dann der innere Widerstand $R_i$ (→ Bild 1.14).

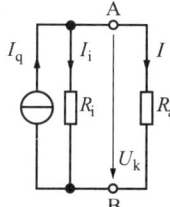

*Bild 1.14 Grundstromkreis mit Stromquelle*

Bei Kurzschluß der Klemmen A, B liefert die Stromquelle bei $R_a \neq 0$ die Quellenstromstärke:

$$I_q = \frac{U_q}{R_i} \tag{1.29}$$

Die Quellenstromstärke ist gleich dem Kurzschlußstrom $I_K$ der Spannungsquelle bei $R_a = 0$. Wenn jedoch $R_a \neq 0$ ist, gilt:

$$I = I_q - I_i$$

### 1.3.1.3 Wirkungsgrad im Grundstromkreis

Die Leistungen $P_e, P_i, P_a$ im Grundstromkreis erhält man durch Multiplizieren von Gl. (1.26) mit dem Strom $I$:

$$IU_q = I^2 R_i + I^2 R_a$$

$$P_e = P_i + P_a \tag{1.30}$$

> Die im Stromkreis erzeugte Leistung $P_e$ ist gleich der Summe der in der Spannungsquelle und im Verbraucher umgesetzten Leistungen $P_i$ und $P_a$.

Mit Gl. (1.30) ergibt sich der Wirkungsgrad:

$$\eta = \frac{P_a}{P_a + P_i} = \frac{1}{1 + \dfrac{R_i}{R_a}} \tag{1.31}$$

Der maximale Wirkungsgrad $\eta = 1$ wird erreicht, wenn $R_i = 0$ oder $R_a = \infty$ ist. Weder der eine noch der andere Extremfall ist praktisch realisierbar. Gegenüber dem Außenwiderstand $R_a$ ist stets ein möglichst geringer Innenwiderstand $R_i$ der Spannungsquelle anzustreben.

## 1.3.1.4 Leistungsanpassung

Im Gegensatz zur Leistungselektronik kommt es in der Informationselektronik, insbesondere in der Nachrichtentechnik, weniger auf den Wirkungsgrad als auf die maximale vom Verbraucher aufgenommene Leistung $P_a$ an.

> Bei Widerstands- und Leistungsanpassung ist der äußere Widerstand so bemessen, daß er die maximale Leistung aufnimmt.

Durch Einsetzen von $P_a = I^2 R_a$ in Gl. (1.26) folgt:

$$P_a = \frac{U_q^2 R_a}{(R_i + R_a)^2} \tag{1.32}$$

Ist $R_i \neq 0$, dann folgt die *abgegebene Maximalleistung* durch Differenzieren von Gl. (1.32) nach $R_a$ und Nullsetzen für die Bedingung $R_a = R_i$ (optimale Anpassung, → Bild 1.15). Wie sich aus Gl. (1.31) ergibt, beträgt der Wirkungsgrad dann 50 %. Von großer Bedeutung ist, daß der Wirkungsgrad oberhalb von $R_i/R_a = 1$ nur langsam abnimmt.

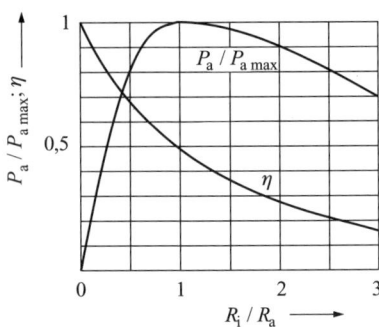

*Bild 1.15* Wirkungsgrad und abgegebene Leistung im Grundstromkreis

---

### 1.3.2  Kirchhoffsche Regeln

Zur allgemeinen Berechnung der Verhältnisse bei beliebigen Schaltungen dienen zwei Regeln.

#### 1. Kirchhoffsche Regel

Stromkreise können auch mehrere Spannungsquellen enthalten und sich in der verschiedensten Art verzweigen. Jeden Punkt, in dem mehr als zwei Zweige zusammenlaufen, nennt man einen Knotenpunkt (→ Bild 1.16). Dafür gilt die 1. Kirchhoffsche Regel oder der *Knotenpunktsatz*:

## 1.3 Stromkreise und Netzwerke

> In jedem Knotenpunkt eines Stromkreises ist die Summe der zufließenden gleich der Summe der abfließenden Ströme.

$$\sum I_{zu} = \sum I_{ab} \qquad \sum I = 0 \qquad (1.33)$$

Im zweiten Ausdruck sind die zufließenden und abfließenden Ströme mit entgegengesetztem Vorzeichen einzusetzen.

**2. Kirchhoffsche Regel**

Mehrere, in mindestens zwei Knoten zusammenhängende Stromkreise werden als Maschen und die zwischen den Knoten liegenden Teile als deren Zweige bezeichnet (→ Bild 1.17). Dafür gilt die 2. Kirchhoffsche Regel oder der *Maschensatz*:

> Beim gleichsinnigen Umlaufen ist die Summe aller Spannungen innerhalb einer Masche gleich null.

$$\sum U = 0 \qquad (1.34)$$

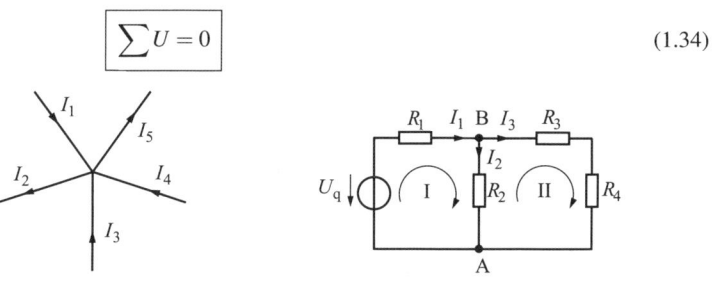

*Bild 1.16 Knotenpunkt*   *Bild 1.17 Netzwerk mit zwei Maschen*

■ *Beispiel*: Für die im Stromkreis gekennzeichneten zwei Maschen (→ Bild 1.17) ergeben sich zwei Maschengleichungen. Bei rechtsseitigem Umlauf gilt:

Masche I:   $I_1 R_1 + I_2 R_2 - U_q = 0$

Masche II:   $I_3 R_3 + I_3 R_4 - I_2 R_2 = 0$

### 1.3.3 Berechnung von Netzwerken

> Ein **Netzwerk** ist aus elektrischen Schaltungen aufgebaut, welche aus zusammenhängenden Maschen bestehen.

Die Grundlage zur Berechnung der darin enthaltenen und für den interessierenden Zweck benötigten Ströme bilden der Knotenpunkt- und der Maschensatz. Die äußere Umrandung zweier zusammenhängender Maschen oder auch die des gesamten Netzwerkes bildet eine zusätzliche Masche, für die Gl. (1.34) gilt. Jede einzelne Masche, in die Ströme hinein- oder aus ihr abfließen, sowie ganze, nach außen hin offene Netzwerke können als ein einziger Knotenpunkt behandelt werden, für den Gl. (1.33) gilt.

### 1.3.3.1 Knotenpunkt- und Maschensatz

Enthält das Netzwerk $m$ Zweigströme und $n$ Maschen, so sind zur Berechnung $m$ unabhängige Gleichungen erforderlich. Davon entfallen auf die

- *Knotenpunkte*: $n-1$ Gleichungen
- *Maschen*: $m-(n-1)$ Gleichungen

Diese sind unabhängig voneinander, wenn jede Gleichung mindestens ein Glied enthält, das in den übrigen Gleichungen nicht enthalten ist.

▶ *Ausführung der Rechnung*:
- Festlegung eines einheitlichen Umlaufsinnes in allen Maschen
- Eintragen von Richtungspfeilen der Ströme und Quellenspannungen in den Zweigen (identisch mit dem Umlaufsinn: positives Vorzeichen, nichtidentisch mit dem Umlaufsinn: negatives Vorzeichen)
- Aufstellen der voneinander abhängigen Knoten- und Maschengleichungen sowie deren Auflösung nach den einzelnen Strömen und Spannungen.

■ *Beispiel* (→ Bild 1.18): Zu berechnen ist der Strom $I_3$ im Mittelzweig durch $R_3$. Aufstellen der Gleichungen für

Knoten A: $I_2 = I_1 + I_3$

Masche I: $U_{q1} = I_1 R_1 - I_3 R_3$

Masche II: $U_{q2} = I_2 R_2 + I_3 R_3$

Einsetzen von A in I, Addieren von II sowie Eliminieren von $I_2$ liefert:

$$I_3 = \frac{U_{q2} R_1 - U_{q1} R_2}{R_1(R_2 + R_3) + R_2 R_3}$$

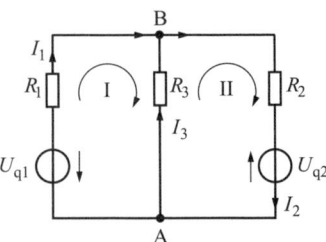

Bild 1.18 Beispiel zum Knotenpunkt- und Maschensatz

Das Verfahren wird erleichtert durch Einführung von Graphen.

Ein **Graph** ist die vereinfachte Darstellung der Zweige eines Netzwerkes durch Linien.

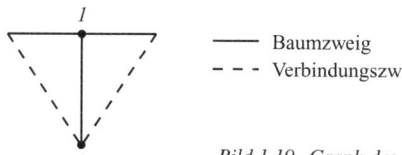

—— Baumzweig
- - - Verbindungszweig

Bild 1.19 Graph des Netzwerkes von Bild 1.17

Der Graph enthält den sog. vollständigen Baum (Verbindung von Knoten, ohne geschlossen zu sein) sowie die Verbindungszweige ($\to$ Bild 1.19). Die Einzelmasche wird damit durch einen Verbindungszweig und beliebig viele Baumzweige definiert.

### 1.3.3.2 Überlagerungssatz

> Jeder Zweigstrom im Stromkreis ist die Summe aller durch diesen Zweig fließenden Teilströme, die von den vorhandenen Spannungsquellen einzeln angetrieben werden.

Zur Berechnung des ersten Teilstromes schließt man alle Spannungsquellen bis auf eine kurz und rechnet so, als ob alle übrigen nicht vorhanden wären. Die Innenwiderstände dieser Spannungsquellen müssen jedoch stehenbleiben. Dann schließt man alle Spannungsquellen bis auf eine zweite kurz und erhält dabei den zweiten Teilstrom usw. Der gesuchte Zweigstrom ist die Summe dieser Teilströme, deren Vorzeichen zu beachten sind.

■ *Beispiel* ($\to$ Bild 1.18): Zu berechnen ist der Strom $I_3$ im Mittelzweig durch $R_3$. Der Kurzschluß von $U_{q2}$ ($\to$ Bild 1.20a) ergibt nach Gl. (1.22) den Strom

$$I = \frac{U_{q1}}{R_1 + \dfrac{R_2 R_3}{R_2 + R_3}}$$

und nach Stromteilung

$$I'_3 = \frac{U_{q1} R_2}{R_1(R_2 + R_3) + R_2 R_3}$$

Der Kurzschluß von $U_{q1}$ ($\to$ Bild 1.20b) ergibt den Strom

$$I'' = \frac{U_{q2}}{R_2 + \dfrac{R_1 R_3}{R_1 + R_3}}$$

und nach Stromteilung

$$I''_3 = \frac{U_{q2} R_1}{R_2(R_1 + R_3) + R_1 R_3}$$

$$I_3 = I''_3 - I'_3 = \frac{U_{q2} R_1 - U_{q1} R_2}{R_1(R_2 + R_3) + R_2 R_3}$$

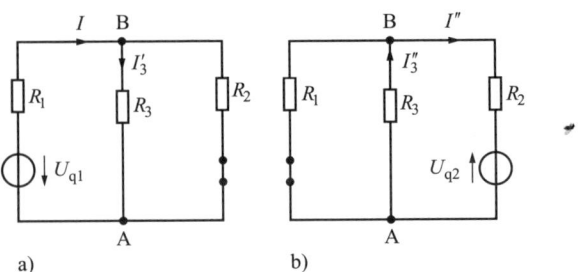

Bild 1.20 Beispiel zum Überlagerungssatz: a) Kurzschluß $U_{q2}$, b) Kurzschluß $U_{q1}$

### 1.3.3.3 Zweipoltheorie

> Der **Zweipol** ist ein elektrisches Netzwerk mit zwei stromführenden Anschlüssen.

**Ersatzspannungsquelle**

Die gegebene Schaltung wird in einen **aktiven Zweipol** zerlegt, der die Spannungsquellen enthält, und einen **passiven Zweipol**, bestehend aus den Widerständen. Sind z. B. Strom $I$ und Klemmspannung $U_a$ eines einzelnen Widerstandes $R_a$ gesucht, so trennt man diesen von der Schaltung und betrachtet den Rest der Schaltung als eine Spannungsquelle mit Ersatz-Quellenspannung $U_1$ (Leerlaufspannung) und einem inneren (Ersatz-) Widerstand $R_i$. Dann fließt durch $R_a$ der Strom $I = U_1/(R_i + R_a)$, und der Spannungsabfall am Widerstand $R_a$ ist $U_a = IR_a$.

- **Berechnung des Ersatzwiderstandes $R_i$ des aktiven Zweipols**:
  Nach Kurzschluß der vorhandenen idealen Spannungsquellen wird der Ersatzwiderstand zwischen den freien Klemmen A, B berechnet.
- **Berechnung der Leerlaufspannung $U_1$**:
  *1. Weg*: $U_1$ ist der Spannungsabfall an dem Widerstand des aktiven Zweipols, der zu den Klemmen A, B des Widerstandes $R_a$ parallel liegt.
  *2. Weg*: Berechnung des Kurzschlußstroms $I_K$, der bei kurzgeschlossen Klemmen A, B zwischen diesen fließen würde. Dann beträgt wegen $I_K = U_1/R_i$ die Leerlaufspannung $U_1 = I_K R_i$.

■ *Beispiel*: Zu berechnen ist der Strom $I_3$ im Mittelzweig durch $R_3$ (→ Bild 1.18). Nach Zerlegung in aktiven und passiven Zweipol (→ Bild 1.21) ergeben sich:

$$R_i = \frac{R_1 R_2}{R_1 + R_2} \qquad I'_K = -\frac{U_{q1}}{R_1} \qquad I''_K = -\frac{U_{q2}}{R_2}$$

$$I_K = I'_K + I''_K = \frac{U_{q2}R_1 - U_{q1}R_2}{R_1 R_2}$$

$$U_1 = I_K R_i = \frac{U_{q2}R_1 - U_{q1}R_2}{R_1 + R_2}$$

$$I_3 = \frac{U_1}{R_i + R_a} = \frac{U_{q2}R_1 - U_{q1}R_2}{R_1(R_2 + R_3) + R_2 R_3}$$

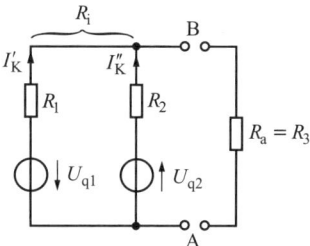

Bild 1.21 Beispiel zur Nutzung einer Ersatzspannungs- bzw. -stromquelle

**Ersatzstromquelle**

Der aktive Zweipol kann auch als Stromquelle behandelt werden, deren Innenwiderstand $R_i$ parallel liegt und sich wie eben angegeben berechnet. Bei kurzgeschlossenen Klemmen A, B liefert die Stromquelle den Kurzschlußstrom $I_K$, der sich nach der Stromteilerregel in die Widerstände $R_i$ und $R_a$ verzweigt. Enthält der aktive Zweipol mehrere Spannungsquellen, so ergibt sich der Kurzschlußstrom $I_{A,B}$ als die Summe der Kurzschlußströme der einzelnen Spannungsquellen.

■ *Beispiel*: Das o. g. Beispiel (→ Bild 1.18) liefert nach Zerlegung (→ Bild 1.20) $R_i$ und $I_K$. Daraus folgen:

$$\frac{I_K}{I_3} = \frac{R_i + R_a}{R_i}$$

$$I_3 = \frac{I_K R_i}{R_i + R_a} = \frac{U_{q2}R_1 - U_{q1}R_2}{R_1(R_2 + R_3) + R_2 R_3}$$

### 1.3.3.4 Maschenstromverfahren

Man zerlegt das Netzwerk, das aus $m$ Zweigen und $n$ Knoten besteht, in $m - (n - 1)$ voneinander unabhängige Maschen. Innerhalb jeder Masche wird ein Umlaufstrom $I$ angenommen, dessen Richtung entgegengesetzt zu der in der Masche wirkenden Quellenspannung festgelegt wird. Dann werden die in den Maschengleichungen stehenden Spannungen durch die Produkte $U = IR$ ersetzt, wobei unter $I$ die vorzeichengerechte Summe der durch den jeweiligen Widerstand fließenden Maschenströme zu verstehen ist.

■ *Beispiel*: Zu berechnen ist der Strom $I_3$ durch den Widerstand $R_3$ (→ Bild 1.18). Nach der Wahl der Maschen I und II (→ Bild 1.22) ergibt sich für

Masche I: $\quad U_{q1} = I_1(R_1 + R_3) + I_{II}R_1$

Masche II: $\quad U_{q1} + U_{q2} = I_1 R_1 + I_{II}(R_1 + R_2)$

Durch Erweitern der ersten Gleichung mit $R_1 + R_2$, der zweiten Gleichung mit $-R_1$ und Addieren wird $I_{II}$ eliminiert: $U_{q1}R_2 - U_{q2}R_1 = I_1(R_1R_3 + R_2R_3 + R_1R_2)$. Es ergibt sich der Strom, welcher der ursprünglich angenommenen Stromrichtung entgegengerichtet ist:

$$I_1 = I_3 = -\frac{U_{q2}R_1 - U_{q1}R_2}{R_1(R_2 + R_3) + R_2R_3}$$

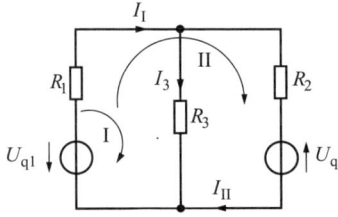

Bild 1.22 Beispiel zum Maschenstromverfahren

### 1.3.3.5 Knotenspannungsverfahren

Ein willkürlich angenommener Knotenpunkt der Schaltung bekommt das Potential $\varphi = 0$ zugeordnet und die Potentiale der übrigen Knotenpunkte werden darauf bezogen. Die Richtungen der Ströme lassen sich willkürlich wählen. Nach Aufstellen der Knotenpunktgleichungen werden die Ströme durch Produkte $I = GU = G(\varphi_A - \varphi_B)$ ausgedrückt, und zwar positiv, wenn sie vom höheren Potential $\varphi_A$ zum niedrigeren Potential $\varphi_B$ fließen, und negativ, wenn die vorgegebene Stromrichtung vom niedrigeren zum höheren Potential weist. Mit den so ermittelten Spannungen in den Knotenpunkten lassen sich die Ströme in den dazwischenliegenden Zweigen berechnen.

■ *Beispiel*: Zu berechnen ist der Strom $I_3$ durch den Widerstand $R_3$ (→ Bild 1.18). Nach Bild 1.23 wird dem Punkt B das Bezugspotential $\varphi_B = 0$ zugeordnet.

Knotenpunktsatz: $I_1 + I_3 = I_2$

$I_2$ fließt vom niedrigeren zum höheren Potential und ist daher negativ einzusetzen. Damit wird:

$$\frac{1}{R_1}(\varphi_A - \varphi_B + U_{q1}) + \frac{1}{R_3}(\varphi_A - \varphi_B) = -\frac{1}{R_2}(\varphi_A - \varphi_B - U_{q2})$$

Mit $\varphi_B = 0$ ergibt sich:

$$\varphi_A(R_2R_3 + R_1R_2 + R_1R_3) = U_{q2}R_1R_3 - U_{q1}R_2R_3$$

$$I_3 = \frac{U_{AB}}{R_3} = \frac{\varphi_A - \varphi_B}{R_3} = \frac{U_{q2}R_1 - U_{q1}R_2}{R_1(R_2 + R_3) + R_2R_3}$$

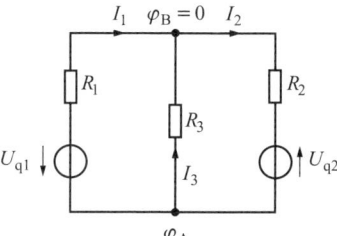

Bild 1.23 Beispiel zum Knotenspannungsverfahren

## 1.3.4 Belasteter Spannungsteiler

Die mit Gl. (1.20) für den Spannungsteiler aufgestellten Beziehungen gelten nur dann exakt, wenn diesem kein Strom entnommen wird ($\rightarrow$ Bild 1.8). Ist aber ein Belastungswiderstand $R_3$ angeschlossen ($\rightarrow$ Bild 1.24), durch den der Strom $I_3$ fließt, so verzweigt sich der Querstrom $I_1$ im Punkt C in die beiden Teilströme $I_2$ und $I_3$, und die abgegriffene Spannung $U_2$ ist nicht mehr proportional zu $R_2$. Unter Anwendung der Spannungsteilerregel Gl. (1.20)

$$\frac{U_2}{U} = \frac{R_2 \| R_3}{R_1 + R_2 \| R_3} = \frac{\dfrac{R_2 R_3}{R_2 + R_3}}{R_1 + \dfrac{R_2 R_3}{R_2 + R_3}}$$

folgt nach weiterer Rechnung mit $a = R_2/R$:

$$\frac{U_2}{U} = \frac{I_3}{I_{3\max}} = \frac{a}{1 + \dfrac{R}{R_3}(a - a^2)} \tag{1.35}$$

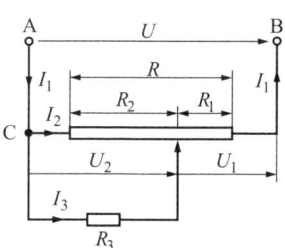

Bild 1.24 Belasteter Spannungsteiler

Die Abweichungen von der Linearität verstärken sich ($\rightarrow$ Bild 1.25) mit kleiner werdendem Belastungswiderstand $R_3$. Im Leerlauf ($R_3 = \infty$) liegt wieder der unbelastete Fall vor.

## 1 Gleichstrom

■ *Beispiel*: Steht der Abgriff in der Mitte des Querwiderstandes $R$, so ist $a = 0,5$. Mit $R_3 = R$ folgt:
$$\frac{U_2}{U} = \frac{0,5}{1 + 1(0,5 - 0,25)} = 0,4.$$

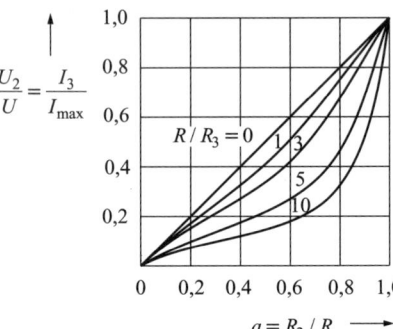

$$\frac{U_2}{U} = \frac{I_3}{I_{max}}$$

$a = R_2 / R \longrightarrow$

*Bild 1.25 Spannungen und Ströme am belasteten Spannungsteiler*

# 2 Elektrische und magnetische Felder

## 2.1 Elektrostatisches Feld

### 2.1.1 Elektrische Feldstärke

Unter dem Einfluß getrennter elektrischer Ladungen nimmt der leere oder auch stofferfüllte Raum einen Zustand an, der als elektrisches Feld bezeichnet wird. Er ist u. a. daran zu erkennen, daß elektrisch geladene Körper bestimmte Kraftwirkungen erfahren (→ 2.1.6).

> Die **elektrische Feldstärke** kennzeichnet die Größe der Kraftwirkung für jeden Punkt des elektrischen Feldes.

Die in Richtung der wirkenden Kraft verlaufenden Linien werden **elektrische Feldlinien** genannt. Sie kennzeichnen in jedem Punkt des Raumes die Richtung der wirkenden elektrischen Kräfte. Im Sonderfall des homogenen Feldes verlaufen sie parallel und in gleichen Abständen.

> Die **elektrischen Feldlinien** verlaufen stets von der positiven zur negativen Ladung.

Ein elektrisches Feld, das in allen Punkten von gleicher Stärke ist, wird als *homogen* bezeichnet. Es ist annähernd in den zentralen Teilen des Zwischenraums zweier im Abstand $l$ befindlicher isolierter Metallplatten verwirklicht, an die die Spannung $U$ gelegt wird (→ Bild 2.1).

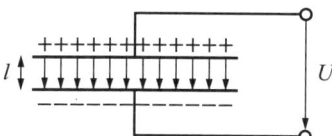

*Bild 2.1 Elektrische Feldlinien zwischen zwei Platten*

Im homogenen Feld besteht die elektrische Feldstärke:

$$E = \frac{U}{l} \qquad (2.1)$$

▶ *Hinweis*: SI-Einheit der elektrischen Feldstärke: $[E] = $ V/m.

▶ *Beachte*: Die elektrische Feldstärke ist eine *vektorielle* (gerichtete) Größe und wird als solche mit $\boldsymbol{E}$ bezeichnet. In diesem Buch wird meist nur mit deren Betrag gerechnet ($|\boldsymbol{E}| = E$). Dieses gilt auch für die noch folgenden Größen $\boldsymbol{D}, \boldsymbol{F}, \boldsymbol{H}$ und $\boldsymbol{B}$.

### 2.1.2 Influenz

Wird in das elektrische Feld ein Metallkörper gebracht, so verschieben sich unter der Wirkung der elektrischen Anziehungskräfte seine negativen Ladungsträger an die der positiven Platte nächstliegende Oberfläche, während sich die andere Seite positiv auflädt ($\rightarrow$ Bild 2.2). Bei Wegfall des Feldes verschwindet die Erscheinung wieder:

> **Influenz** ist die vorübergehende Verschiebung von Ladungen unter dem Einfluß eines äußeren elektrischen Feldes.

Das Innere des leitenden Körpers bleibt dabei feldfrei.

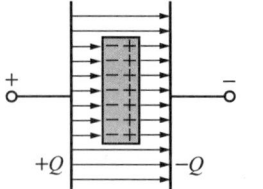

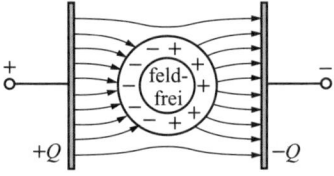

Bild 2.2 *Influenz*　　　　　　Bild 2.3 *Abschirmung elektrischer Felder*

■ *Anwendung*: Abschirmung elektrischer Felder ($\rightarrow$ Bild 2.3) durch Drahtnetze (Faradayscher Käfig).

### 2.1.3 Verschiebungsdichte und Verschiebungsfluß

Die Stärke des elektrischen Feldes kann auch durch die auf den Platten befindlichen Ladungen $\pm Q$ und deren Oberfläche $A$ ausgedrückt werden und wird dann als Verschiebungsdichte oder elektrische Flußdichte bezeichnet:

$$\boxed{D = \frac{Q}{A}} \tag{2.2}$$

▶ *Hinweis*: SI-Einheit der Verschiebungsdichte: $[D] = \text{C/m}^2 = \text{A} \cdot \text{s/m}^2$.

Zwischen den elektrischen Feldgrößen $E$ und $D$ besteht im Vakuum die Beziehung:

$$\boxed{D = \varepsilon_0 E} \tag{2.3}$$

**Elektrische Feldkonstante** $\varepsilon_0 \approx 8{,}854 \cdot 10^{-12}$ F/m

**Verschiebungsfluß.** Die vom Feld verschobene Ladungsmenge wird auch Verschiebungsfluß $\Psi$ genannt. Es ist daher

$$D = \frac{\Psi}{A} \quad (2.4)$$

Als **Flächenladungsdichte** wird der Quotient $Q/A$ bezeichnet.

$$\sigma = \frac{Q}{A} \quad (2.5)$$

Im Unterschied zu $\sigma$ ist $D$ in Gl. (2.2) eine vektorielle Feldgröße, die im freien Raum meist die gleiche Richtung wie der elektrische Feldvektor $E$ hat. Lediglich ihr Betrag ist $|D| = D = \sigma$.

### 2.1.4 Dielektrikum

Als **Dielektrikum** wird der im Raum zwischen zwei geladenen Metallplatten befindliche Isolierstoff bezeichnet.

Wird der Plattenzwischenraum mit einem isolierenden Stoff, d. h. einem Dielektrikum, ausgefüllt, so erhöht sich die vom Feld gebundene Ladung, und anstelle von Gl. (2.3) tritt

$$D = \varepsilon_0 \varepsilon_r E \quad (2.6)$$

mit der Permitivitätszahl $\varepsilon_r$ ($\rightarrow$ Tabelle 2.1). Ursache ist der molekulare Aufbau dieser Stoffe. Ihre Moleküle stellen kleine elektrische Dipole dar, die sich in Feldrichtung einstellen und den Verschiebungsfluß entsprechend verstärken. Für Luft beträgt bei 0 °C und 101,3 kPa $\varepsilon_r = 1,00058$. $\varepsilon_r$ kann in allen praktischen Fällen gleich 1 gesetzt werden.

Da jeder Isolator letzlich ein schlechter Leiter ist, kommt es zu dielektrischen Verlusten, die besonders bei Wechselströmen nicht zu vernachlässigen sind. Sie werden durch Ströme im Isolationswiderstand, im Oberflächenwiderstand und von Polarisationseffekten bestimmt. Daraus ergibt sich der entsprechende Leistungsverlust, welcher den materialabhängigen Verlustfaktor $\tan \delta$ enthält.

$$P_V = 2\pi f C U^2 \tan \delta \quad (2.7)$$

Die Messung von Permitivitätszahl und Verlustfaktor erfolgt mit der Schering-Brücke ($\rightarrow$ 10.4.6.3).

*Tabelle 2.1 Eigenschaften von Dielektrika bei $\vartheta = 20\,°C$*

| Material | Permitivitätszahl $\varepsilon_r$ bei $f = 50$ Hz | Spezifischer elektrischer Widerstand $\rho$ in $\Omega \cdot$ m | Verlustfaktor $\tan \delta_C \cdot 10^{-4}$ bei $f = 1$ MHz |
|---|---|---|---|
| BaTiO$_3$ | $10^3 \ldots 10^4$ | | |
| destilliertes Wasser | 80,4 | $5 \cdot 10^3$ | |
| Siliconasbestpappe | 30 | $7 \cdot 10^{10}$ | 3000 |
| Hartporzellan | $5 \ldots 6,5$ | $10^{11} \ldots 10^{12}$ | $10 \ldots 20$ |
| Quarzglas | 4,2 | $10^{15} \ldots 10^{19}$ | 0,5 |
| Glimmer | $4 \ldots 8$ | $10^{14} \ldots 10^{17}$ | $0,5 \ldots 1$ |
| Polyamid (PA66) | 3,5 | $10^{14}$ | 20 |
| Epoxidharz | $3,3 \ldots 3,9$ | $10^{15} \ldots 10^{16}$ | $5 \ldots 8$ |
| Polyurethan | $3,1 \ldots 4$ | bis $10^{13}$ | $15 \ldots 60$ |
| Transformatorenöl | $2 \ldots 2,5$ | bis $10^{13}$ | 1 |
| Teflon | 2 | bis $10^{16}$ | $0,2 \ldots 0,5$ |

### 2.1.5 Kondensatoren

**Kondensatoren** sind Anordnungen zur Speicherung ruhender elektrischer Ladungen.

#### 2.1.5.1 Kapazität

Anordnungen, in denen ruhende elektrische Ladungen gespeichert sind, heißen Kondensatoren. Zwei isoliert und parallel zueinander aufgestellte Metallplatten bilden einen *Plattenkondensator*. Wird die an den Platten liegende Spannung $U$ schrittweise erhöht, so nimmt die gespeicherte Ladung $Q$ proportional zu:

$$Q = CU \qquad (2.8)$$

**Kapazität.** Der Proportionalitätsfaktor $C$ ist die Kapazität des Kondensators:

$$\boxed{C = \frac{Q}{U}} \qquad (2.9)$$

▶ *Hinweis*: SI-Einheit der Kapazität: $[C] = $ F (Farad) $= $ A $\cdot$ s/V.

#### 2.1.5.2 Schaltung von Kondensatoren

**Reihenschaltung** ($\rightarrow$ Bild 2.4)

Da beim Aufladen nur gleich große Ladungen getrennt werden können, trägt jeder Kondensator die gleiche Ladung $Q$. Für die Teilspannungen gilt:

$$U_1 = \frac{Q}{C_1}, \quad U_2 = \frac{Q}{C_2}, \quad \ldots, \quad U_n = \frac{Q}{C_n}$$

und für die Gesamtspannung:

$$U = U_1 + U_2 + \ldots + U_n \quad \text{oder} \quad \frac{Q}{C_{\text{ges}}} = \frac{Q}{C_1} + \frac{Q}{C_2} + \ldots + \frac{Q}{C_n}$$

Nach Kürzen mit der Ladung $Q$ ergibt sich für den reziproken Wert die **Gesamtkapazität**:

$$\boxed{\frac{1}{C_{\text{ges}}} = \frac{1}{C_1} + \frac{1}{C_2} + \ldots + \frac{1}{C_n}} \tag{2.10}$$

▶ *Sonderfall* für zwei in Reihe geschaltete Kondensatoren:

$$\boxed{C_{\text{ges}} = \frac{C_1 C_2}{C_1 + C_2}} \tag{2.11}$$

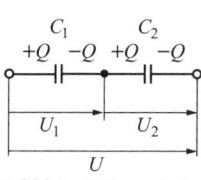

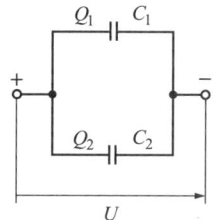

*Bild 2.4 Reihenschaltung von Kondensatoren*

*Bild 2.5 Parallelschaltung von Kondensatoren*

**Parallelschaltung** ($\to$ Bild 2.5)

Alle Kondensatoren liegen an der gleichen Spannung $U$, ihre Ladungen addieren sich.

Aus $Q = Q_1 + Q_2 + \ldots + Q_n$ oder auch $UC_{\text{ges}} = UC_1 + UC_2 + \ldots + UC_n$ ergibt sich die **Gesamtkapazität**:

$$\boxed{C_{\text{ges}} = C_1 + C_2 + \ldots + C_n} \tag{2.12}$$

**Gemischte Schaltung**

> Gemischte Schaltungen enthalten Kondensatoren sowohl in Reihen- als auch in Parallelschaltung.

Zur Berechnung der Gesamtkapazität werden wie bei der Berechnung von Widerständen alle kleineren, in sich geschlossenen Gruppen von parallel oder in Reihe liegenden Kondensatoren zusammengefaßt. Unter Hinzunahme der nächstliegenden Kondensatoren wird das Verfahren so lange fortgesetzt, bis nur noch eine einfache Reihen- oder Parallelschaltung vorliegt.

■ *Beispiel* (→ Bild 2.6): Die Kapazität $C$ aller Kondensatoren sei gleich groß. Nach Zusammenfassung der links und rechts liegenden Reihenschaltungen mit je

$$\frac{1}{C_1} = \frac{1}{C_2} = \frac{1}{C} + \frac{1}{C} + \frac{1}{C} = \frac{3}{C} \quad \text{wird} \quad C_1 = C_2 = \frac{C}{3} \quad (\rightarrow \text{Bild 2.7})$$

Nochmaliges Zusammenfassen liefert: $C_{\text{ges}} = 2C/3 + C = 5C/3$.

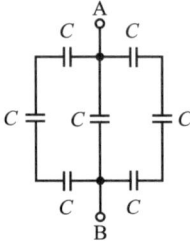

Bild 2.6 Gemischte Schaltung von Kondensatoren

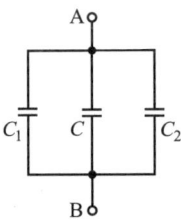

Bild 2.7 Vereinfachte Schaltung von Bild 2.6

### 2.1.5.3 Berechnung der Kapazität von Kondensatoren

**Plattenkondensator.** Durch Gleichsetzen von Gl. (2.2) und (2.6) ergibt sich für die Ladung zweier im engen Abstand $d$ befindlicher Platten $Q = \varepsilon_0 \varepsilon_r A U/d$. Für die Kapazität entsteht daraus wegen $Q = CU$

$$C = \frac{\varepsilon_0 \varepsilon_r A}{d} \qquad (2.13)$$

Weitere kapazitive Anordnungen sind in Tabelle 2.2 dargestellt.

*Tabelle 2.2 Kapazität von Kondensatoren und Leitungen*

| Art des Kondensators | Kapazität $C$ | Erläuterungen |
|---|---|---|
| Zweiplattenkondensator mit engem Abstand | $\dfrac{\varepsilon_0 \varepsilon_r A}{d}$ | $A$ wirksame Oberfläche <br> $d$ Plattenabstand |
| Kugelkondensator | $\dfrac{4\pi\varepsilon_0 \varepsilon_r}{\dfrac{1}{r_i} - \dfrac{1}{r_a}}$ | $r_i, r_a$ innerer und äußerer Kugelradius |
| Frei stehende Einzelkugel in Luft | $4\pi\varepsilon_0 r$ | Abstand gegen Erde <br> $r_e \gg r$ (Kugelradius) |
| Aus $n$ Metallplatten geschichteter Kondensator | $(n-1)\dfrac{\varepsilon_0 \varepsilon_r A}{d}$ | $d$ Dicke der Isolatorschichten |
| Röhrchenkondensator | $\dfrac{2\varepsilon_0 \varepsilon_r l r}{d}$ | $r$ mittlerer Röhrchenradius <br> $d$ Dicke des Dielektrikums |

*Tabelle 2.2 Kapazität von Kondensatoren und Leitungen (Fortsetzung)*

| Art des Kondensators | Kapazität $C$ | Erläuterungen |
|---|---|---|
| Doppelleitung in Luft | $\dfrac{\pi\varepsilon_0\varepsilon_r l}{\ln\dfrac{d}{r}}$ | $d$ Leiterabstand<br>$r$ Leiterradius |
| Einzelne Freileitung | $\dfrac{2\pi\varepsilon_0\varepsilon_r l}{\ln\dfrac{2h}{r}}$ | $h$ Höhe über Erde<br>$r$ Leiterradius<br>$l$ Länge des Kabels |
| Koaxialkabel | $\dfrac{2\pi\varepsilon_0\varepsilon_r l}{\ln\dfrac{r_a}{r_i}}$ | $r_a, r_i$ Radius von Außen- und Innenleiter |

■ *Beispiel*: Ein aus zehn Metallfolien und $0,i$ mm dicken Glimmerblättchen ($\varepsilon_r = 7,5$) geschichteter Blockkondensator mit $1,5 \cdot 3$ cm² wirksamer Fläche hat die Kapazität:

$$C = (10-1)\frac{8,854 \cdot 10^{-12} \text{ A} \cdot \text{s} \cdot 7,5 \cdot 1,5 \cdot 3 \cdot 10^{-4} \text{ m}^2}{10^{-4} \text{ m} \cdot \text{V} \cdot \text{m}} = 2,7 \text{ nF}$$

### 2.1.5.4 Geschichtetes Dielektrikum

Ein **geschichtetes Dielektrikum** enthält Materialien mit unterschiedlichen Permitivitätszahlen.

Im Bild 2.8 sind zwei verschiedene Materialien im Plattenkondensator vorhanden. Denkt man sich die Grenzfläche durch eine unendlich dünne Metallbelegung ersetzt, so liegen zwei Kondensatoren in Reihenschaltung vor. Diese tragen gleich große Ladungen, so daß auch die Verschiebungsdichten gleich groß sein müssen. Nach Gl. (2.6) ist $\varepsilon_{r1}E_1 = \varepsilon_{r2}E_2$. Wegen $E_1 = U_1/d_1$ und $E_2 = U_2/d_2$ gilt für das Verhältnis der Teilspannungen:

$$\boxed{\alpha = \frac{U_1}{U_2} = \frac{\varepsilon_{r2}d_1}{\varepsilon_{r1}d_2}} \tag{2.14}$$

Bei gegebener Gesamtspannung $U$ ergeben sich für die **Teilspannungen**:

$$\boxed{U_1 = \frac{U\alpha}{1+\alpha}} \qquad \boxed{U_2 = \frac{U}{1+\alpha}} \tag{2.15}$$

### 2.1.5.5 Ladung und Entladung von Kondensatoren

Wird an einem Stromkreis mit ohmschem Widerstand $R$ und Kondensator $C$ die Spannung $U$ angelegt, so beträgt der Augenblickswert der Spannung am

Kondensator nach dem Maschensatz (→ Bild 2.9):

$$u_C = U - iR \qquad (2.16)$$

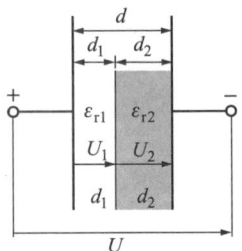

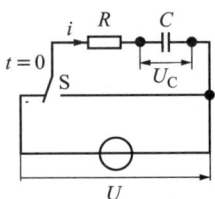

Bild 2.8 Geschichtetes Dielektrikum im Plattenkondensator

Bild 2.9 Ladung und Entladung eines Kondensators

Der Augenblickswert des Stromes nach Gl. (1.1) beträgt $i = dQ/dt$. Mit Gl. (2.8) $dQ = C\,du_C$ folgt für den zeitlich veränderten Strom $i$ bzw. den Augenblickswert der Spannung $u_C$ (→ Bild 2.10):

$$i = C\frac{du_C}{dt} \qquad u_C = U - RC\frac{du_C}{dt} \qquad (2.17)$$

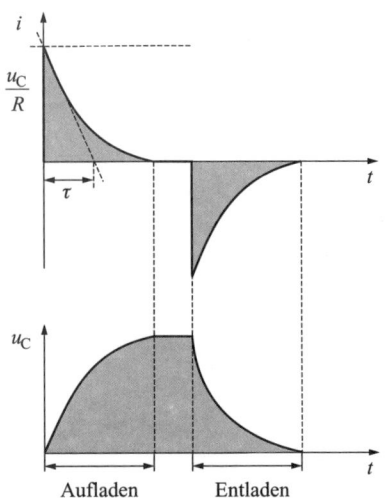

Bild 2.10 Augenblickswert von Strom und Spannung beim Laden und Entladen eines Kondensators

Durch Integration folgt $t = -RC\ln(U - u_C) + K$. Die Integrationskonstante $K$ hat für $t = u_C = 0$ den Wert $K = RC\ln U$. Daraus folgt mit der Zeitkonstanten

$\tau = RC$ für den **Augenblickswert der Aufladespannung**:

$$u_C = U\left(1 - e^{-t/RC}\right) \tag{2.18}$$

Der **Augenblickswert des Aufladestromes** ist:

$$i = \frac{U}{R} e^{-t/RC} = I e^{-t/RC} \tag{2.19}$$

Zum Zeitpunkt $t = 0$ ergeben sich aus Gl. (2.19) $i = U/R$ und der Anstieg $-U/(\tau R)$. Damit läßt sich eine Gerade definieren, welche die $t$-Achse im Punkt $\tau$ schneidet ($\rightarrow$ Bild 2.10).

Nach Umlegen des Schalters S ($\rightarrow$ Bild 2.9) entlädt sich der Kondensator über den Widerstand $R$. Die **Entladespannung** fällt exponentiell ab.

$$u_C = U e^{-t/\tau} \tag{2.20}$$

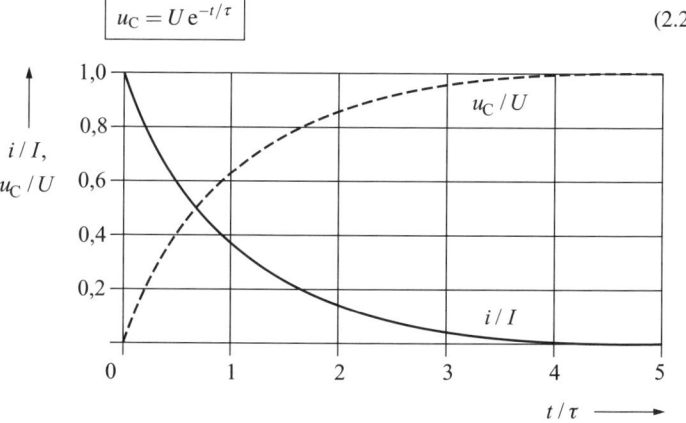

*Bild 2.11 Verlauf von Spannung und Strom beim Laden eines Kondensators in normierter Darstellung*

Hieraus folgt durch Differentiation und Gl. (2.19) der **Entladestrom**:

$$i = C\frac{du_C}{dt} = -I e^{-t/\tau} \tag{2.21}$$

■ *Beispiel*: Betragen der Widerstand $R = 0,5$ MΩ und die Kapazität $C = 4$ µF, so ist die Zeitkonstante $\tau = 0,5 \cdot 4$ s $= 2$ s; nach Ablauf von $t = 2$ s sinkt der Einschaltstrom nach Bild 2.11 auf $i = I e^{-1} = 0,368 I$. Die Spannung steigt dabei auf den Wert $u_C = U(1 - 0,368) = 0,632 U$.

## 2.1.6 Kräfte im elektrischen Feld

Auf jede Ladung wird im elektrischen Feld eine Kraftwirkung ausgeübt.

**Kraft auf eine Punktladung**

Denkt man sich eine punktförmige Ladung im elektrischen Feld ($\rightarrow$ Bild 2.12), so verrichtet diese nach Gl. (1.4) bei Durchlaufen der Spannung $dU$ die Arbeit $dW = Q\,dU$. Diese ist aber das Produkt aus der Kraft $F$ und dem zurückgelegten Weg $ds$, und es gilt $F\,ds = Q\,dU$. Nach Gl. (2.1) $E = dU/ds$ ergibt sich für die bewegende Kraft:

$$\boxed{F = QE} \tag{2.22}$$

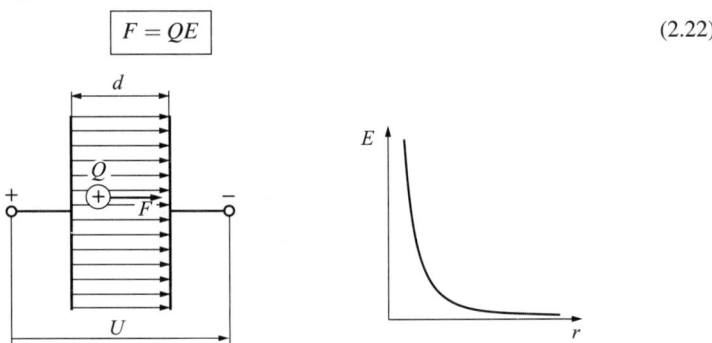

Bild 2.12  Punktladung im homogenen elektrischen Feld

Bild 2.13  Verlauf der Feldstärke im Abstand $r$ von einer Punktquelle

**Kraft zwischen zwei Punktladungen**

Die von einer punktförmigen Ladung ausgehenden Feldlinien verlaufen radialsymmetrisch in den Raum. Die gleiche Feldform hat eine geladene Kugel. Aus den Gln. (2.2) und (2.6) folgt für die Verschiebungsdichte an der Oberfläche einer geladenen Kugel:

$$D = \varepsilon_0 \varepsilon_r E = \frac{Q}{A}$$

In der Entfernung $r$ vom Ort einer Punktladung $Q_1$ beträgt die Feldstärke auf der Kugelfläche $A = 4\pi r^2$ ($\rightarrow$ Bild 2.13):

$$E = \frac{Q_1}{4\pi\varepsilon_0\varepsilon_r r^2} \tag{2.23}$$

Befinden sich zwei Punktladungen $Q_1$ und $Q_2$ im Abstand $r$, so werden sie mit einer Kraft $F$ voneinander angezogen oder abgestoßen (Coulombsches Gesetz).

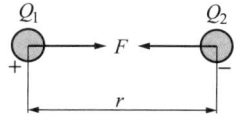

Bild 2.14 Kraft zwischen zwei entgegengesetzt geladenen Punktquellen

$$F = \frac{Q_1 Q_2}{4\pi\varepsilon_0\varepsilon_r r^2} \tag{2.24}$$

Dies ist das **Coulombsche Gesetz**.

▶ *Beachte*: Da Versuchskörper, z. B. geladene Kugeln, nicht punktförmig sind, wird das Feld durch Influenz verzerrt, und Gl. (2.24) gilt nur näherungsweise.

**Kraft zwischen zwei geladenen Platten**

In ähnlicher Weise wie bei den Punktladungen ergibt sich auch die Kraft zwischen zwei geladenen Platten bei kleinem Abstand $d$ und gegebener Spannung $U$ zu:

$$F = \frac{\varepsilon_0\varepsilon_r A U^2}{2d^2} \tag{2.25}$$

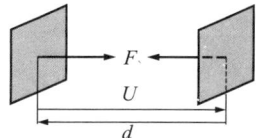

Bild 2.15 Kraft zwischen zwei geladenen Platten

▶ *Beachte*: Bei größerem Plattenabstand quellen die Feldlinien seitlich aus dem Zwischenraum, das Feld wird inhomogen.

### 2.1.7 Energie im elektrischen Feld

Während des Aufladens des Kondensators fließt die Ladung in kleinen Teilbeträgen $dQ$ zu, wobei sich die Spannung jeweils um den Betrag $dU$ erhöht. Die erforderliche Energie beträgt bei jedem Schritt nach Gl. (1.4) $dW = U\, dQ$. Nach Gl. (2.8) ist aber $dQ = C\, dU$, so daß sich die gesamte Arbeit $W$ durch Integration ergibt:

$$W = \int_0^U U C\, dU = \frac{CU^2}{2} \tag{2.26}$$

Dieser Energiebetrag ist im elektrischen Feld gespeichert und wird wieder frei (z. B. in Form von Stromwärme), wenn das Feld verschwindet. Setzt man in

Gl. (2.26) die Kapazität des *Plattenkondensators* Gl. (2.13) und $U = Ed$ ein, so ergibt sich mit dem Feldvolumen $V = Ad$:

$$W = \frac{\varepsilon_0 \varepsilon_r E^2 V}{2} \qquad (2.27)$$

### 2.1.8 Piezoelektrischer Effekt

Bei Druckeinwirkung auf einen Kristall entsteht eine elektrische Quellenspannung (**piezoelektrischer Effekt**). Die dazu erforderliche Kraft $F$ erzeugt im Inneren des Kristalls eine Ionenverschiebung und damit eine elektrische Polarisation.

Bild 2.16 zeigt dies in vereinfachter Form für einen Quarzkristall.

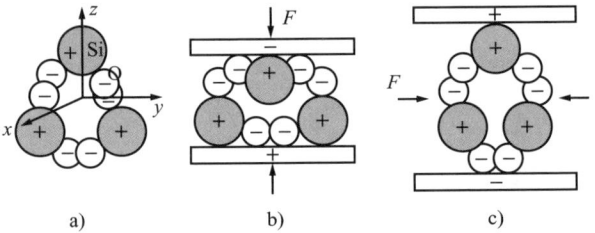

*Bild 2.16 Ursache des piezoelektrischen Effekts bei Quarz (drei $Si^{4+}$-, sechs $O^{2-}$-Ionen): a) unbelastet, b) longitutinale Belastung ($d_{33}$), c) transversale Belastung ($d_{31}$)*

Piezoelektrische Materialien laden sich bei Druck- oder Zugbeanspruchung in Richtung ihrer polaren Achsen elektrisch auf.

Die aufgewendete mechanische Arbeit $F\Delta x$ wird dabei in elektrische Energie $QU$ umgewandelt:

$$F\Delta x = QU \qquad (2.28)$$

Durch Einführung des Piezomoduls $d_{mn}$ ergibt sich:

$$U = \frac{\Delta x}{d_{mn}} \qquad (2.29)$$

Die technisch bedeutsamen ferroelektrischen Keramiken werden erst beim Anlegen einer Gleichspannung piezoelektrisch aktiv (Ausrichtung der Domänen im atomaren Verband). Der Piezomodul $d_{mn}$ enthält zwei Indizes. Diese definieren die Achsenrichtung der angelegten Spannung und die Deformationsrichtung. Der Piezomodul ist materialabhängig ($\rightarrow$ Tabelle 2.3).

*Tabelle 2.3 Eigenschaften piezoelektrischer Stoffe*

| Material | Permitivität $\varepsilon_r$ | Piezomodul $d_{mn}$ in $10^{-12}$ V/m | Curie-Temperatur $T_C$ in K |
|---|---|---|---|
| $SiO_2$ | 3,7 | $d_{11} = 2,25$ $d_{14} = 0,85$ | |
| $Ba(Ti_{0,95},Zr_{0,05})O_3$ | 1400 | $d_{31} = -60$ $d_{33} = 150$ | 120 |
| $Pb(Ti_{0,54},Zr_{0,46})O_3$ | 1540 | $d_{15} = 550$ $d_{31} = -150$ $d_{33} = 330$ | 350 |

■ *Anwendungen*:
- Mikrofone und Tonabnehmer
- piezokeramische Wandler (Dicken- und Dehnungsschwinger)
- Ultraschallwandler
- Keramiktransformator
- Druck- und Durchflußmessung.

Bei Nutzung des Piezoeffektes zur Messung von Drücken sind Systeme mit kapazitiven Siliciumchips und dielektrisch isolierten piezoresistiven Sensoren im Einsatz ($\rightarrow$ Bild 2.17).

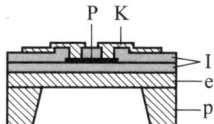
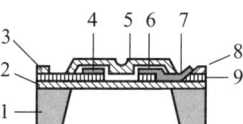

*Bild 2.17 Aufbau eines piezoresistiven Drucksensors*
*P Piezowiderstand, K Kontakt, I Isolator, e epi-n-Si, p p-Si*

*Bild 2.18 Thermosäulendünnschichtsystem zur berührungslosen Temperaturmessung*
*1 Si-Chip, 2 $Si_3N_4/SiO_2$, 3 Referenzdraht, 4 aktiver Kontakt, 5 Absorptionsschicht, 6 Bi, 7 Sb, 8 Bondendraht, 9 Bondinsel*

### 2.1.9 Thermoelektrischer Effekt

Der **Thermo- oder Seebeck-Effekt** verursacht bei Erwärmen bzw. Abkühlen der Verbindungsstelle zweier Leiter oder Halbleiter, welche eine geschlossene Schleife bilden, eine elektrische Quellenspannung ($\rightarrow$ Tabelle 1.1).

Diese hat ihre Ursache in der unterschiedlichen Austrittsarbeit der Elektronen innerhalb der beiden Leiter I und II. Es gilt:

$$U = \frac{k}{e} \ln \frac{n_I}{n_{II}} \Delta \vartheta \qquad (2.30)$$

$\Delta\vartheta$  Temperaturdifferenz der Kontaktstellen
$n_{I,II}$  Elektronenzahl der Leiter pro Volumeneinheit
$e$  elektrische Elementarladung, $e = 1{,}602\,18 \cdot 10^{-19}$ C
$k$  Boltzmann-Konstante, $k = 1{,}380\,66 \cdot 10^{-23}$ J/K

Der thermoelektrische Effekt wird u. a. zur berührungslosen Temperaturmessung genutzt. Eine Vielzahl in Reihe geschalteter Thermoelemente sichert eine hohe Empfindlichkeit. Bewährt haben sich Dünnschichtsysteme aus Bi-Sb und Bi-Sb-Te-Se-Mischkristallen ($\rightarrow$ Bild 2.18). Mit 50 Thermopaaren läßt sich eine Empfindlichkeit von $\leq 6 \cdot 10^{-3}$ K erreichen.

## 2.2 Stationäres elektrisches Strömungsfeld

### 2.2.1 Strömungsfeld

Stationäre Strömungsfelder definieren die Bewegung von Ladungen und deren Wirkungen im Leiter für den Fall, daß diese zeitlich invariant sind.

Das heißt, es gilt $\partial I/\partial t = 0$. In Leitern mit durchgehend gleichem Querschnitt verlaufen die Stromlinien (auch als Stromdichtelinien bezeichnet) parallel zueinander (homogenes Strömungsfeld), d. h., der Strom $I$ verteilt sich hier gleichmäßig über den Leiterquerschnitt. Bei flächenhaft oder räumlich ausgedehnten Leitern mit veränderlichem Querschnitt ist dies nicht mehr der Fall. Der Strom wird hier durch ein mehr oder weniger kompliziertes Strömungsfeld dargestellt, dessen Verlauf sich durch Stromlinien symbolisieren läßt. Die Stromlinie steht senkrecht auf den Äquipotentiallinien und ist in Richtung des höheren Potentials gerichtet. Sie wird in jedem Punkt des Raumes vom Vektor der Stromdichte $J$ tangiert.

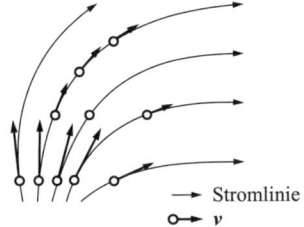

Bild 2.19 Strömungsfeld mit Stromlinien und Geschwindigkeitsvektoren

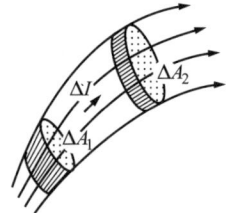

Bild 2.20 Stromröhre

An jeder Stelle des Feldes bewegen sich die Ladungsträger mit einer nach Betrag und Richtung bestimmten Geschwindigkeit $v$. Die Geschwindigkeitsvektoren sind Tangenten der Strömungsfeldlinien (→ Bild 2.19). Der Gesamtstrom $I$ läßt sich dann gedanklich in einzelne *Stromröhren* (→ Bild 2.20) zerlegen, die von dem gleichen Teilstrom $\Delta I$ durchflossen werden und deren Mantelflächen aus Strömungsfeldlinien bestehen.

### 2.2.2 Stromdichte

> Die **Stromdichte** kennzeichnet die Verteilung des Stromes im Leiter und dient als Maß für seine elektrische Belastbarkeit.

Wird der Gesamtstrom im Leiter in einzelne Teilströme $\Delta I$ aufgeteilt, so gilt bezogen auf ein Flächenelement $\Delta A$, das vom Strom senkrecht durchsetzt wird (→ Bild 2.21):

$$J = \frac{\Delta I}{\Delta A}$$

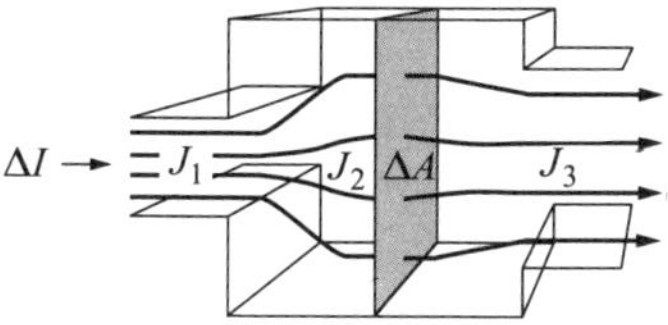

*Bild 2.21 Stromdichte bei unterschiedlichem Leiterquerschnitt ($J_1 > J_3 > J_2$)*

Für den Gesamtstrom $I$, der die Fläche $A$ unter einem Winkel $\alpha$ durchsetzt, ergibt sich

$$I = \int_A J \cos \alpha \, dA \tag{2.31}$$

Bei homogenen Querschnittsverhältnissen und $\alpha = \pi/2$ (z. B. in dünnen Drähten) gilt

$$J = \frac{I}{A}$$

▶ *Hinweis*: SI-Einheit der Stromdichte: $[J] = A/m^2$.

■ *Beispiel*: Wirtschaftlich vertretbare Stromdichten
- Freileitungen und Kabel  $2,5\ldots 3$ A/mm$^2$
- Geräte  $1,5\ldots 10$ A/mm$^2$
- Wicklungen von Spulen  $2,5\ldots 3$ A/mm$^2$

Setzt man nach Gl. (1.1) $I = Q/t$ und beachtet, daß sich die Ladung $Q$ mit der gleichförmigen Geschwindigkeit $v = s/t$ bewegt, so wird aus Gl. (2.31) $J = Qv/(As)$. Dabei nimmt die Ladung $Q$ das Volumen $V = As$ ein, während

$Q/V = \rho_e$ die **Raumladungsdichte** darstellt. Somit ist die **Stromdichte** auch:

$$\boxed{J = \rho_e v} \qquad (2.32)$$

> Die Stromdichte ist eine vektorielle Größe, deren Richtung mit der des Geschwindigkeitsvektors *v* der Ladungsträger übereinstimmt.

**Radialhomogene Strömungsfelder** (Spezialfall inhomogener Felder)

- *Koaxialkabel*: Der zwischen Innen- und Außenleiter eines Koaxialkabels quer durch die Isolation fließende Strom *I* bildet ein *inhomogenes Strömungsfeld*. Die vom Strom durchsetzten Flächen haben die Form von Zylindermänteln der Oberfläche $A = 2\pi r l$. Der Betrag der Stromdichte ergibt sich daher aus:

$$J = \frac{I}{2\pi r l} \qquad (2.33)$$

Die Stromdichte *J* nimmt von innen nach außen mit zunehmendem Achsabstand *r* ab.

- *Eingebettete Kugel*: Eine z. B. in der Erde eingelagerte, gut leitende Kugel, deren Gegenpol sich in weiter Entfernung befindet, erzeugt ein ähnliches Strömungsfeld. Die Strömungslinien durchsetzen Kugelflächen $A = 4\pi r^2$:

$$J = \frac{I}{4\pi r^2} \qquad (2.34)$$

- *Halbkugel*: In die Erdoberfläche versenkte Erdungskörper können näherungsweise als Halbkugel betrachtet werden, in deren Umgebung besteht die Stromdichte:

$$J = \frac{I}{2\pi r^2} \qquad (2.35)$$

### 2.2.3 Stromdichte und Feldstärke

**Homogene Felder**

> Ein Feld ist homogen, wenn in allen Punkten des Feldes die gleiche Feldstärke nach Betrag und Richtung vorliegt.

Dividiert man das mit den Gln. (1.7) und (1.8) umgeformte Ohmsche Gesetz $I = \varkappa U A / l$ beiderseits durch den Leiterquerschnitt *A*, so entsteht die elektrische Stromdichte in der Form:

$$J = \frac{\varkappa U}{l}$$

Wegen $U = El$ ist die Stromdichte das Produkt aus elektrischer Leitfähigkeit $\varkappa$ und **Feldstärke** $E = U/l$ ($\rightarrow$ 2.1.1):

$$\boxed{J = \varkappa E} \tag{2.36}$$

**Inhomogene Felder**

In inhomogenen Feldern ist die Feldstärke $E$ nicht in allen Punkten des Feldes konstant und daher als Differentialquotient darzustellen:

$$E = \frac{dU}{ds}$$

Danach ergibt sich die Spannung $U_{12}$ zwischen zwei Punkten einer Feldlinie mit:

$$U_{12} = \int_1^2 E\,ds \tag{2.37}$$

### 2.2.4 Feldstärke und Potential

Nach der in 1.1.3 gegebenen Definition, wonach das Potential gleich der Spannung $U_1$ gegenüber einem festen Bezugspunkt mit dem Potential $\varphi_0 = 0$ ist, lautet Gl. (1.5):

$$U_{10} = \varphi_1 - \varphi_0 = \varphi_1 = \int_{P_1}^{P_0} E\,ds$$

Wenn der Index 0 den Anfang der Feldlinie bezeichnet, sind die Intergrationsgrenzen zu vertauschen:

$$\varphi_1 = -\int_{P_0}^{P_1} E\,ds \tag{2.38}$$

> Die positive Richtung der Feldstärke $E$ bedeutet zunehmende Spannung $U$ und weist stets in Richtung abnehmenden Potentials $\varphi$.

Unter Verwendung von Gl. (2.36) kann die Stromdichte $J$ anstelle der Feldstärke in Gl. (2.38) eingesetzt werden:

$$\varphi_1 = \frac{1}{\varkappa} \int_{P_0}^{P_1} J\,ds \tag{2.39}$$

> Linien bzw. Flächen gleichen Potentials $\varphi$ schneiden die elektrischen Feldlinien überall senkrecht ($\rightarrow$ Bild 2.22) und werden Äquipotentiallinien bzw. -flächen genannt.

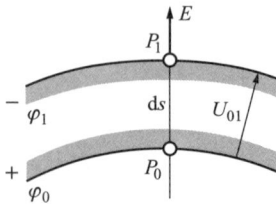

Bild 2.22 Äquipotentiallinien, Feldstärke und Spannung

## 2.3 Magnetisches Feld

Das **magnetische Feld** beschreibt die Wirkungen stationärer und zeitlich veränderlicher Ströme innerhalb und außerhalb elektrischer Leiter.

### 2.3.1 Magnetische Feldstärke

Zwischen den Polen von Permanentmagneten und in der Umgebung stromdurchflossener Leiter entstehen magnetische Felder. Diese lassen sich durch magnetische Feldlinien darstellen. Eine in das Feld gebrachte kleine Kompaßnadel stellt sich stets in Richtung der Feldlinien ein.

Bei einem Permanentmagneten verlaufen die Feldlinien vom Nord- zum Südpol (→ Bild 2.23). In einem stromdurchflossenen Leiter sind die Feldlinien geschlossen und bilden konzentrische Kreise (→ Bild 2.24).

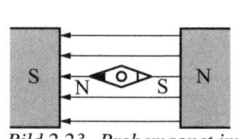

Bild 2.23 Probemagnet im magnetischen Feld

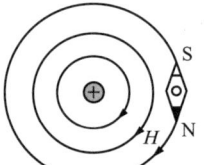

Bild 2.24 Stromleiter mit umlaufendem Magnetfeld

Für den Zusammenhang zwischen dem Strom $I$ und der Feldstärke $H$ gilt die **Schraubenregel** in zweierlei Form:
- *Geradliniger Stromleiter* (→ Bild 2.25a)
  Stromrichtung und Umlaufsinn der magnetischen Feldlinien bilden eine Rechtsschraube.
- *Stromdurchflossene Zylinderspule* (→ Bild 2.25b)
  Der Umlaufsinn des Stromes und die Richtung der magnetischen Feldlinien bilden eine Rechtsschraube.

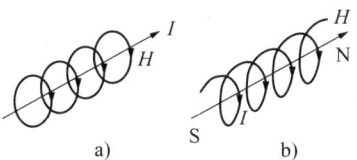

Bild 2.25 Schraubenregel für Strom- und Feldrichtung (N Nord- und S Südpol)
a) gerader Leiter, b) Zylinderspule

Der Abstand der Feldlinien ist umgekehrt proportional der magnetischen Feldstärke $H$. Diese ist eine vektorielle Größe und immer rechtwinklig zum erzeugenden Strom gerichtet.

Beispielsweise ergibt sich die **magnetische Feldstärke** im Inneren einer Zylinderspule mit der Länge $l$ und der Windungszahl $N$ aus:

$$H = \frac{NI}{l} \tag{2.40}$$

▶ *Hinweis*: SI-Einheit der magnetischen Feldstärke: $[H] = $ A/m.

### 2.3.1.1 Durchflutungssatz

Der **Durchflutungssatz** stellt einen Zusammenhang zwischen elektrischen und magnetischen Größen her.

Wird einen Einzelfeldlinie, welche aus einer Zylinderspule austritt, in kleine Abschnitte $l_1, l_2, \ldots, l_n$ zerlegt, so besitzen die zugehörigen Feldstärken $H_1, H_2, \ldots, H_n$ in jedem dieser Abschnitte einen anderen Wert ($\rightarrow$ Bild 2.26). Analog zur elektrischen Spannung $El = U$ werden die Produkte

$$H_i l_i = V_i \tag{2.41}$$

als **magnetische Spannungen** bezeichnet. Bei infinitesimaler Zerlegung gilt für den vorliegenden magnetischen Kreis

$$\oint H \, dl = V \tag{2.42}$$

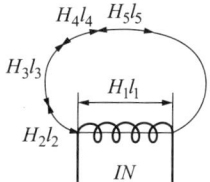

Bild 2.26 Einzelne Feldlinienabschnitte einer Zylinderspule

## 2 Elektrische und magnetische Felder

Die magnetische Spannung beträgt für:

- stromführende Leiter (→ Bild 2.27):

$$V = I \qquad (2.43)$$

Treten mehrere Ströme $I_j$ durch die umspannte Fläche: $V = \sum_j I_j$

- Spulen mit $N$ Windungen und dem Leitungsstrom $I$:

$$V = IN \qquad (2.44)$$

Das Produkt

$$\boxed{IN = \Theta} \qquad (2.45)$$

stellt die **Durchflutung** dar, d. i. die Gesamtheit der am Aufbau des Kreises beteiligten Ströme (Amperewindungszahl). Der in Gl. (2.44) ersichtliche Zusammenhang zwischen der magnetischen Feldstärke $H$ und der elektrischen Stromstärke $I$ wird als **Durchflutungssatz** bezeichnet:

> Die Durchflutung der von einer Feldlinie umrandeten Fläche ist gleich der magnetischen Umlaufspannung.

Die Gl. (2.42) läßt sich zur Berechnung der magnetischen Feldstärke von einfachen Leiteranordnungen nutzen.

- *Beispiele*:
  1. *Gerader Leiter* (→ Bild 2.27). Es wird eine kreisförmige Feldlinie im Abstand $r$ betrachtet. $H$ und $dl$ besitzen die gleiche Richtung, und es ist im Umlaufintegral von Gl. (2.42) der Kreisumfang einzusetzen.

$$\oint H \, dl = 2\pi r H = V \qquad (2.46)$$

Mit Gl. (2.43) ergibt sich

$$H = \frac{I}{2\pi r} \qquad (2.47)$$

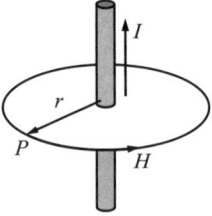

Bild 2.27 *Feldlinie außerhalb des geraden Leiters*

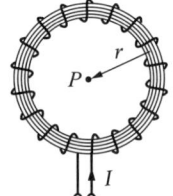

Bild 2.28 *Magnetische Feldlinien in einer Ringspule (Toroid)*

2. *Ringspule* (→ Bild 2.28). Mit dem Kreisumfang $2\pi r$ in Gl. (2.42) und der Windungszahl $N$ gilt mit Gl. (2.44) im Zentrum der Ringspule

$$H = \frac{IN}{2\pi r} \qquad (2.48)$$

Weitere Gleichungen zur Feldstärkeberechnung verschiedener Leiteranordnungen enthält Tabelle 2.4.

*Tabelle 2.4 Magnetische Feldstärke einfacher Leiteranordnungen*

| Leiterform | Bezugspunkt $P$ | Feldstärke $H$ |
|---|---|---|
| Kreisförmiger Leiter: Radius $r$ | Mittelpunkt | $\dfrac{I}{2r}$ |
| Langer geradliniger Leiter | außerhalb des Leiters im Abstand $r_0$ | $\dfrac{I}{2\pi r_0}$ |
| Voller zylindrischer Leiter: Radius $r$ | im Leiterinneren im Abstand $x$ von der Achse | $\dfrac{Ix}{2\pi r^2}$ |
| Zylinderspule: Länge $l$, Durchmesser $d$, Windungszahl $N$ | Mittelpunkt der Achse im Inneren | $\dfrac{IN}{\sqrt{l^2+d^2}}$ |
| Zylinderspule: Länge $l$, Radius $r$, Windungszahl $N$ | Mittelpunkt der Endflächen | $\dfrac{IN}{2\sqrt{l^2+r^2}}$ |
| Sehr lange Zylinderspule und Ringspule: mittlerer Umfang $l$, Windungszahl $N$ | im Inneren | $\dfrac{IN}{l}$ |

### 2.3.1.2 Gesetz von Biot-Savart

> Das **Gesetz von Biot-Savart** erlaubt die Berechnung des Magnetfeldes beliebig gestalteter Leiter.

Die Anwendung des Durchflutungssatzes erfordert eine hohe Symmetrie der Stromverteilung. Ist diese nicht gegeben, so wird gedanklich auf das Coulombsche Gesetz (→ 2.1.6) zurückgegriffen. Bei Ersetzen der Ladungselemente $\rho_e\,dV$ durch Stromelemente $I\,dl$, des Maßstabfaktors $1/\varepsilon_0$ durch $\mu_0$ und Beibehaltung von $1/(4\pi r^2)$ entsteht das Gesetz von Biot-Savart. Danach liefert das vom Strom $I$ durchflossene Leiterstück $dl$ nach Bild 2.29 den differentiellen Flußdichteanteil

$$dB = \frac{\mu_0}{4\pi r^2} I \sin\alpha \, dl \qquad (2.49)$$

bzw. den differentiellen Feldstärkeanteil

$$dH = \frac{1}{4\pi r^2} I \sin\alpha \, dl$$

$\alpha$ Winkel zwischen der Richtung des Linienelementes d$l$ und dessen Verbindung $r$ mit dem Punkt $P$, in dem die Feldstärke d$H$ besteht

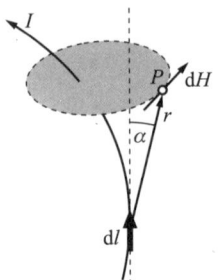
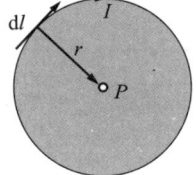

*Bild 2.29 Zum Gesetz von Biot-Savart*    *Bild 2.30 Kreisstrom*

Die Gesamtfeldstärke $H$ ergibt sich aus Gl. (2.49) durch Integration über die Leitergesamtlänge.

■ *Beispiel*: Feldstärke im Mittelpunkt eines Kreisstromes (→ Bild 2.30).
Der Abstand $r$ des Linienelementes d$l$ ist konstant, dann gilt:

$$H = \frac{I}{4\pi r^2} \int_0^{2\pi r} dl = \frac{I}{4\pi r^2} 2\pi r = \frac{I}{2r} \tag{2.50}$$

### 2.3.2 Magnetische Flußdichte

Die **magnetische Flußdichte** leitet sich aus der Kraft auf bewegte Ladungen ab.

Zu den wichtigsten Wirkungen des Magnetfeldes gehört der **Induktionsvorgang** (→ Bild 2.31).

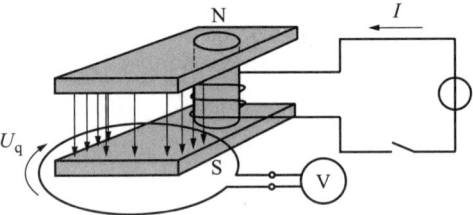

*Bild 2.31 Induktion der Spannung $U_q$ innerhalb einer Drahtschleife*

Das eine Drahtschleife durchsetzende Magnetfeld induziert während seines Entstehens oder Abnehmens eine elektrische Spannung. Der auf die Flächeneinheit der Schleife entfallende Spannungsstoß definiert die **magnetische Flußdichte** $B$.

▶ *Hinweis*: SI-Einheit der magnetischen Flußdichte: $[B] = $ T (Tesla) $= $ V $\cdot$ s/m$^2$.

Die Flußdichte $B$ ist wie die Feldstärke $H$ eine vektorielle Größe. Im Vakuum und auch in guter Näherung in Luft gilt:

$$B = \mu_0 H \tag{2.51}$$

**Magnetische Feldkonstante**

$$\mu_0 = \frac{4\pi}{10} \cdot 10^{-6} \frac{\text{V} \cdot \text{s}}{\text{A} \cdot \text{m}} = 1{,}257 \cdot 10^{-6} \frac{\text{H}}{\text{m}}$$

### 2.3.3 Magnetischer Fluß und Streuung

Der **magnetische Fluß** kennzeichnet die Gesamtheit aller Feldlinien im Magnetfeld.

Der magnetische Fluß ergibt sich aus dem Produkt der magnetischen Flußdichte $B$ und der von ihr senkrecht durchsetzten Fläche.

$$\Phi = BA \tag{2.52}$$

▶ *Hinweis*: SI-Einheit des magnetischen Flusses: $[\Phi] = $ Wb (Weber) $= $ V $\cdot$ s.

Der magnetische Fluß hat die Richtung des magnetischen Feldes und verläuft außerhalb eines Magneten vom Nord- zum Südpol. Ist der Feldquerschnitt $A$, z. B. durch den Schenkel eines Eisenjoches, gegeben und wird dieser rechtwinklig vom Fluß $\Phi$ durchsetzt, dann ergibt sich die magnetische Flußdichte $B = \Phi / A$.

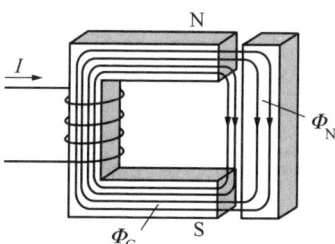

*Bild 2.32 Magnetischer Fluß im Schenkel eines Elektromagneten mit Anker*

Besonders beim Durchsetzen von Luftzwischenräumen kommt es dazu, daß ein Teil der Feldlinien außerhalb des Feldquerschnittes $A$ verläuft ($\rightarrow$ Bild

2.32). Der dadurch entstehende Streufluß $\Phi_S$ vermindert den Gesamtfluß $\Phi_G$, und für den Nutzfluß gilt

$$\Phi_N = \Phi_G - \Phi_S \tag{2.53}$$

Das Verhältnis des Streuflusses zum Nutzfluß wird als **Streugrad** (Streufaktor) bezeichnet:

$$\sigma = \frac{\Phi_G}{\Phi_N} \tag{2.54}$$

## 2.3.4 Permeabilität

Die **Permeabilität** ist der Proportionalitätsfaktor zwischen der magnetischen Flußdichte und der magnetischen Feldstärke.

Ist der vom magnetischen Fluß durchsetzte Raum von einem stofflichen Medium erfüllt, so gilt anstelle von Gl. (2.51) die Beziehung:

$$B = \mu_0 \mu_r H \tag{2.55}$$

Die **Permeabilitätszahl** $\mu_r$ weicht bei vielen Stoffen nur wenig vom Wert 1 ab, daß $\mu_r = 1$ gesetzt werden darf ($\rightarrow$ Tabelle 2.5).

*Tabelle 2.5 Magnetische Eigenschaften der Stoffe*

| Stoff | Eigenschaft | Permeabilitätszahl $\mu_r$ | Verhalten | Anwendungen |
|---|---|---|---|---|
| Cu, Si, Bi, $H_2O$ | diamagnetisch | $< 1$ | Abstoßung vom Magnetfeld | technisch nicht verwertbar |
| Al, Pt, Luft | paramagnetisch | $> 1$ | Anziehung vom Magnetfeld | technisch nicht verwertbar |
| Cr, $FeO_2$ | antiferromagnetisch | $= 1$ | unmagnetisch | technisch nicht verwertbar |
| Fe, Stähle, Legierungen | ferromagnetisch | $10^1 \ldots 10^6$ | stark magnetisch | Transformatoren, elektrische Maschinen, magnetische Kreise |
| Ferrite | ferrimagnetisch | bis $3 \cdot 10^3$ | stark magnetisch | Permanentmagnete, HF-Spulenkerne |

Das Produkt aus der magnetischen Feldkonstante $\mu_0$ und der Permeabilitätszahl $\mu_r$ bildet die **Permeabilität**:

$$\mu = \mu_0 \mu_r \tag{2.56}$$

Die Messung der Permeabilitätszahl $\mu_r$ von Materialien (z. B. Draht) erfolgt durch Aufmagnetisieren mit dem Hilfsfeld $H'$ und Messung der magnetischen Flußdichte $B'$ über die scheinbare Permeabilitätszahl $\mu_r = B'/H'$:

$$\mu_r = \frac{\mu_r'}{1 - \dfrac{N\mu_r'}{4\pi}} \tag{2.57}$$

$N$ Entmagnetisierungsfaktor (für Draht mit $l/d = 500: 2{,}5 \cdot 10^{-5} \ldots 2{,}7 \cdot 10^{-7}$)

### 2.3.5 Magnetismus des Eisens

Das Eisen ist neben Nickel und Cobalt das technisch bedeutsamste ferromagnetische Element.

**Hysteresis**

> Die **Hysteresiskurve** beschreibt den Zusammenhang zwischen der Flußdichte und der Feldstärke bei ferromagnetischen Stoffen.

Wird in einer Spule mit Eisenkern die Feldstärke $H$ durch Erhöhung des Spulenstroms schrittweise erhöht, so steigt die Induktion $B$ nicht proportional zu $H$, sondern zuerst relativ steil und dann langsamer bis zur **magnetischen Sättigung** ($\to$ Bild 2.33). Bei erstmaliger Magnetisierung entsteht die **Neukurve** N.

*Ursache*: Die Kristallite des Eisens bestehen aus kleinen **Domänen** (Weißsche Bezirke) einheitlicher Magnetisierungsrichtung, die aber unterschiedlich orientiert sind. Bei Feldstärkezunahme kommt es am Beginn der Neukurve zu einer anfänglich reversiblen Zunahme günstig zur Feldrichtung gelegener Bereiche. Im steilsten Teil der Neukurve wird diese irreversibel. Die damit verbundenen Wandverschiebungen der Weißschen Bezirke werden bei weiterer Felderhöhung im oberen Teil der Neukurve durch Drehung der Magnetisierungsrichtung der Bereiche in die Feldrichtung ersetzt.

Bei anschließendem Feldabbau wird die Neukurve nicht wieder durchlaufen, sondern ein höherliegender absteigender Ast, da die zuvor eingetretene irreversible Drehung der Domänen z. T. aufrechterhalten bleibt. Durch anschließende zweimalige Feldumkehr entsteht die **Hysteresisschleife**.

Wichtig sind deren Schnittpunkte mit den Koordinatenachsen. Auch bei verschwindender Feldstärke $H$, d. h. bei Stromlosigkeit der Spule, ist noch eine

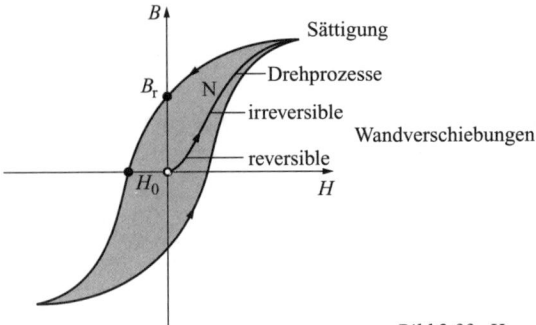

Bild 2.33 Hysteresisschleife

beträchtliche **Remanenz** $B_r$ vorhanden. Der Eisenkern ist zu einem *permanenten Magneten* geworden. Um die Remanenz $B_r$ zum Verschwinden zu bringen, ist die **Koerzitivfeldstärke** $H_0$ aufzuwenden.

Die Permeabilitätszahl $\mu_r$ sinkt dagegen nach Erreichen eines Maximalwertes $\mu_{r\,max}$ auf den Wert $\mu_r = 1$ im Sättigungsgebiet ($\rightarrow$ Bild 2.34). Unter der **Anfangspermeabilität** $\mu_a$ versteht man den bei verschwindend kleiner Feldstärke noch meßbaren endlichen Wert der Permeabilitätszahl.

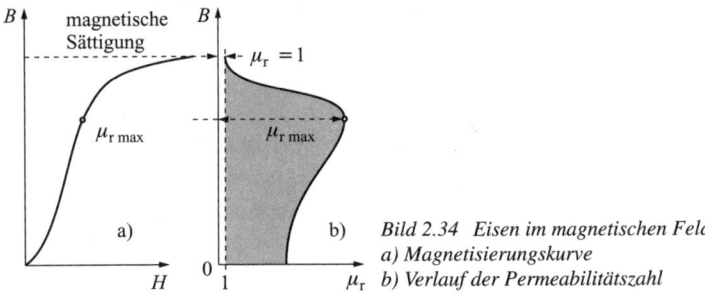

Bild 2.34 Eisen im magnetischen Feld
a) Magnetisierungskurve
b) Verlauf der Permeabilitätszahl

### 2.3.6 Arten magnetischer Werkstoffe

Im Laufe der Zeit sind zahlreiche, den verschiedensten Zwecken angepaßte, vorwiegend Eisen enthaltende Werkstoffe entwickelt worden. Nach ihrem Verhalten wird vorwiegend zwischen magnetisch weichen und magnetisch harten Werkstoffen unterschieden.

**Magnetisch weiche Werkstoffe** haben eine extrem schmale Hysteresisschleife und sehr kleine Koerzitivfeldstärke. Hierzu gehören u. a. die Elektrobleche aus Fe-Si-Legierung für elektrische Maschinen und Transformatoren. Hier kann vereinfachend die Hystereseisschleife durch ihren mittleren Verlauf, die *Magnetisierungskurve*, ersetzt werden (→ Bild 2.35).

**Magnetisch harte Werkstoffe** haben dagegen eine breite Hystereseisschleife mit großer Koerzitivfeldstärke, die sie besonders für Dauermagnete geeignet macht. Hierzu gehören die gehärteten Stähle und viele Legierungen.

**Ferrite** sind Verbindungen der Art $n(\text{MeO}) \cdot m(\text{Fe}_2\text{O}_3)$, wobei Me das zweiwertige Ion eines Metalls darstellt. Am bekanntesten ist der Magnetit $\text{FeO} \cdot \text{Fe}_2\text{O}_3$.

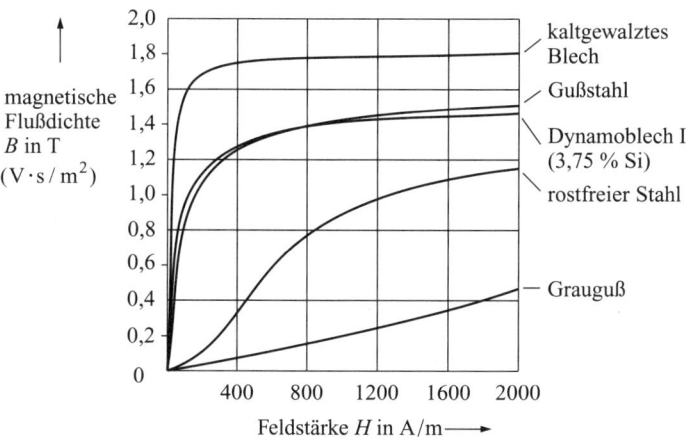

*Bild 2.35 Magnetisierungskurven einiger Eisensorten*

**Weichmagnetische Ferrite** (z. B. Manifer) zeichnen sich aus durch

- hohen spezifischen Widerstand (bis $10^7 \, \Omega \cdot \text{m}$)
- hohe Anfangspermeabilität ($\mu_a = 100 \ldots 5000$)
- geringe Verlustfaktoren ($\tan \delta = 10^{-2} \ldots 10^{-3}$ (→ 4.2.2.3))

und sind daher besonders für Speicherkerne und Übertrager in der HF-Technik geeignet.

**Hartmagnetische Ferrite** (z. B. Maniperm) haben größere Koerzitivfeldstärken als metallische Dauermagnete und sind daher besonders stabil gegenüber entmagnetisierenden Feldern. Sie eignen sich vorzugsweise für Spann- und Verschlußmagnete, Kupplungen, Kleindynamos, Lautsprecher usw.

**Rechteckferrite** dienten früher zur Datenspeicherung und haben eine nahezu rechteckige Hystereseisschleife (→ Bild 2.36).

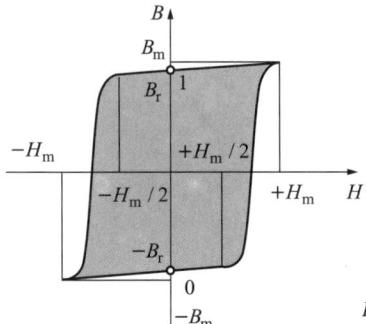

Bild 2.36 Hysteresisschleife eines Rechteckferrits

■ *Beispiel*: Wirkungsweise eines Speicherkerns.

Durch Erregung des ringförmigen Ferritkerns mit einem Stromimpuls werden die maximale Feldstärke $H_m$ und die Sättigung $B_m$ erreicht. Nach Aufhören des Impulses verbleibt die Remanenz $B_r$ und kennzeichnet den Zustand „1". Ein negativer Stromimpuls mit der Feldstärke $-H_m$ führt dann zur Sättigung $-B_m$. Die Feldstärke 0 ergibt die Remanenz $-B_r$, die den Zustand „0" kennzeichnet. Vorherige Teilerregung mit $\pm H_m/2$ verkürzt die Schaltzeit ohne Zerstörung der gespeicherten Informationen.

**Unmagnetische Werkstoffe**, wie austenitische und aushärtbare CrNi-Stähle mit Be- und Ti-Zusätzen, dienen zur Halterung rotierender Wicklungen in elektrischen Maschinen. Sie vermeiden Nebenschlüsse für magnetische Feldlinien und entsprechende Aufwärmverluste.

### 2.3.7 Ohmsches Gesetz des magnetischen Kreises

Als **magnetischer Kreis** wird der Raum bezeichnet, in welchem sich das magnetische Feld in seiner Gesamtheit ausbreitet.

Die für den magnetischen Kreis charakteristischen Größen magnetischer Fluß $\Phi$ und Durchflutung $\Theta$ stehen in einem Zusammenhang, der den Verhältnissen im elektrischen Stromkreis entspricht. Die entsprechenden Beziehungen ($\rightarrow$ Tabelle 2.6) sind zur Berechnung komplizierterer magnetischer Kreise sehr nützlich.

■ *Beispiel*: Magnetischer Widerstand und magnetischer Leitwert einer Ringspule mit Eisenkern:

Nach den Gln. (2.40, 2.52, 2.55) ist der magnetische Fluß $\Phi = BA = IN\mu_0\mu_r A/l$. Mit der Durchflutung $\Theta = IN$ ergibt sich der magnetische Widerstand $R_m = l/(\mu_0\mu_r A)$ analog zum elektrischen Widerstand $R = l\rho/A$ bzw. der magnetische Leitwert $\Lambda = 1/R_m = \mu_0\mu_r A/l$.

*Tabelle 2.6 Analogien zwischen elektrischem und magnetischem Kreis*

| Feldgröße | Elektrischer Kreis | Magnetischer Kreis | |
|---|---|---|---|
| Quelle | $U_q$ | $\Theta$ | |
| Widerstand | $R = \dfrac{\rho}{l}$ | $R_m = \dfrac{1}{\mu l}$ | (2.58) |
| Leitwert | $G = \dfrac{1}{R}$ | $\Lambda = \dfrac{1}{R_m}$ | (2.59) |
| Strömung | $I = \dfrac{U_q}{R}$ | $\Phi = \dfrac{\Theta}{R_m}$ | (2.60) |
| Dichte | $J = \dfrac{dI}{dA}$ | $B = \dfrac{d\Phi}{dA}$ | (2.61) |
| Ohmsches Gesetz | $I = GU$ | $\Phi = \Lambda\Theta$ | (2.62) |

$R_m$ magnetischer Widerstand
$\Lambda$ magnetischer Leitwert
$A$ Querschnittsfläche
$l$ Länge

### 2.3.8 Eisengefüllte magnetische Kreise

Die Kerne der meisten Elektromagnete, Drosselspulen, Transformatoren usw. werden aus einzelnen Blechen geschichtet, die zur Vermeidung von Wirbelstromverlusten ($\rightarrow$ 2.3.9.5) mit einer dünnen Lack- oder Oxidschicht voneinander isoliert sind. Der dem magnetischen Fluß zur Verfügung stehende Eisenquerschnitt ist daher etwas kleiner als der geometrische Kernquerschnitt, was durch den **Eisenfüllfaktor** ($k_{Fe} = 0,85\ldots 0,95$) berücksichtigt wird. Tabelle 2.7 und Bild 2.37 enthalten einige im Gerätebau eingesetzte Blechformen.

*Tabelle 2.7 Maße einiger ausgewählter standardisierter Blechformen in mm*

| Typ | a | b | c | e | f | g | d |
|---|---|---|---|---|---|---|---|
| M 30 | 30 | 30 | 5 | 20 | 7 | 6,5 | |
| M 42 | 42 | 42 | 6 | 30 | 12 | 9 | 0,5 |
| M 65 | 65 | 65 | 10 | 45 | 20 | 12,5 | 1,0 |
| M 85 | 85 | 85 | 14,5 | 56 | 29 | 13,5 | 2,0 |
| E 30 | 30 | 30 | 5 | 15 | 10 | 5 | |
| E 48 | 48 | 32 | 8 | 24 | 16 | 8 | |
| E 84 | 84 | 56 | 14 | 42 | 28 | 14 | |
| E 150 | 150 | 100 | 20 | 80 | 40 | 35 | |
| U 30 | 30 | 40 | 10 | | | | |
| U 48 | 48 | 64 | 16 | | | | |
| U 72 | 72 | 96 | 24 | | | | |

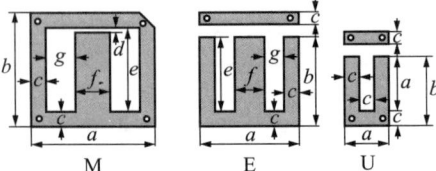

Bild 2.37 Standardisierte Blechformen für magnetische Kreise

M E U

## 2.3.8.1 Unverzweigter magnetischer Kreis ohne Luftspalt

Sind das Kernmaterial und die Abmessungen des magnetischen Kreises bekannt, so besteht die Grundaufgabe darin, die für eine gegebene Flußdichte $B$ erforderliche Durchflutung (Stromwindungszahl) zu berechnen. Da sich der Zusammenhang zwischen Flußdichte und Feldstärke aus der Magnetisierungskurve des vorliegenden Materials ergibt, kann die Aufgabe direkt gelöst werden.

■ *Beispiel* ($\rightarrow$ Bild 2.38): Ein rechteckiger Rahmen aus Gußstahl hat überall den Querschnitt 2 cm × 2 cm und soll die Flußdichte $B = 0,6$ T aufweisen. Welche Stromstärke muß in der Erregerspule mit 500 Windungen fließen?

Die Magnetisierungskurve ($\rightarrow$ Bild 2.35) liefert $H = 100$ A/m. Mittlere Feldlinienlänge $l = 28$ cm. Nach Gl. (2.41) ist $\Theta = Hl = 28$ A. Stromstärke $I = Hl/N = 28$ A/500 = 56 mA.

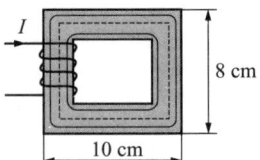

Bild 2.38 Magnetischer Kreis ohne Luftspalt

## 2.3.8.2 Zusammengesetzter magnetischer Kreis

Enthält der magnetische Kreis Luftspalte oder unterschiedliche Materialien, so kann zunächst nur die Durchflutung bei vorgegebener Flußdichte berechnet werden, da der Zusammenhang zwischen Flußdichte und Feldstärke als empirische Funktion nur für ein bestimmtes Material zur Verfügung steht. Für den zusammengesetzten magnetischen Kreis ist der Durchflutungssatz ($\rightarrow$ Gl. (2.45)) sinngemäß zu erweitern:

> Die **Durchflutung** eines zusammengesetzten magnetischen Kreises ist gleich der Summe der magnetischen Spannungen für die Eisenteile und Luftspalte.

$$\Theta = \sum (H_{Fe}l_{Fe} + H_L d) \tag{2.63}$$

$d$  Breite des Luftspaltes

Analog zum elektrischen Strom im geschlossenen Stromkreis gilt ferner:

> Der magnetische Fluß im gesamten Kreis ist (bei Nichtbeachtung der Streuung) konstant.

Die **Feldstärke in Luft** kann nach Gl. (2.51)

$$H_L = \frac{B_L}{\mu_0} \tag{2.64}$$

berechnet und die Feldstärke in den Eisenteilen $H_{Fe}$ aus der Magnetisierungskurve ($\rightarrow$ Bild 2.35) entnommen werden.

■ *Beispiel* ($\rightarrow$ Bild 2.39): Gegeben ist der Kern U 48 (Dynamoblech) mit zwei Luftspalten von je $d = 1$ mm und dem Eisenfüllfaktor $k_{Fe} = 0,9$. Die Flußdichte in den Luftspalten soll $0,6$ T betragen, die Windungszahl der Erregerspule $N = 500$. Zu berechnen ist die Stromstärke $I$.

$H_L = \dfrac{B_L}{\mu_0} = \dfrac{0,6 \text{ V} \cdot \text{s} \cdot \text{A} \cdot \text{m}}{1,257 \cdot 10^{-6} \text{ V} \cdot \text{s} \cdot \text{m}^2} = 4,77 \cdot 10^5$ A/m,

$B_{Fe} = \dfrac{B}{k_{Fe}} = 0,67$ T; $H_{Fe} = 80$ A/m;

mittlere Länge der Feldlinien im Eisen $l_{Fe} = 19,8$ cm;

$H_{Fe}l_{Fe} = 16$ A; $H_L 2d = 954$ A; $\sum Hl = 970$ A; $I = \sum Hl / N = 1,94$ A.

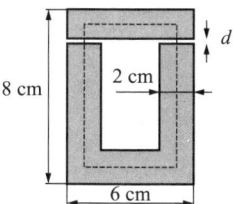

*Bild 2.39 Magnetischer Kreis mit Luftspalt*

### 2.3.8.3 Scherung der Magnetisierungskurve

> **Scherung der Magnetisierungskurve** bedeutet das anfängliche Auseinanderlaufen der Magnetisierungskurven magnetischer Kreise ohne und mit Luftspalt.

Da die mittlere Länge der Feldlinien in einem einfachen eisengefüllten Kreis geometrisch festliegt, kann der mit der Magnetisierungskurve gegebene

Zusammenhang durch Umbenennung der Abszisse auch als **magnetische Kennlinie** $B = f(Hl) = f(V_{Fe})$ beschrieben werden, wobei nach Gl. (2.41) $V_{Fe} = H_{Fe}l_{Fe}$ die magnetische Spannung darstellt. Ist ein Luftspalt vorhanden, so kommt nach Gl. (2.63) noch der Summand $H_L d$ dazu, und es entsteht die neue Kennlinie:

$$B = f(V_{Fe} + V_L)$$

$V_L = B_L d/\mu_0$ magnetische Spannung im Luftspalt

Für sich allein stellt diese Funktion eine Luftspaltgerade dar, deren Anstieg von der Breite $d$ des Luftspaltes abhängt. Die Kennlinie $B = f(V_{Fe} + V_L)$ des Kreises mit Luftspalt unterscheidet sich also von der des einfachen Kreises $B = f(V_{Fe})$ dadurch, daß die zu den gleichen Ordinatenwerten $B$ gehörigen Abszissen um den Betrag $V_L$ größer sind.

- *Konstruktion*: Jeder auf der Magnetisierungskurve $B = f(V_{Fe})$ liegende Punkt $P$ wird um den zum gleichen $B$-Wert gehörenden Betrag $V_L$ nach rechts verschoben (Scherung, → Bild 2.40a), und es ergibt sich $P'$.

Die Magnetisierungskurve eines magnetischen Kreises mit Luftspalten verläuft je nach Breite der Luftspalte mehr oder weniger gestreckt.

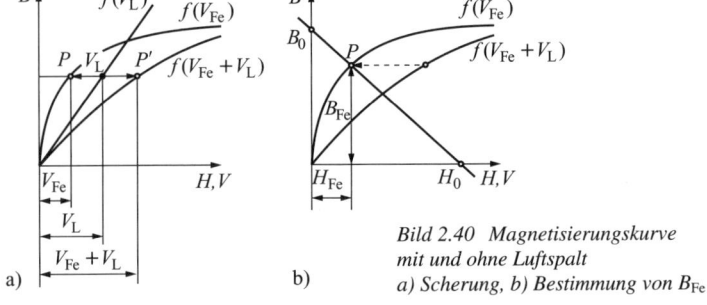

Bild 2.40 Magnetisierungskurve mit und ohne Luftspalt
a) Scherung, b) Bestimmung von $B_{Fe}$

Eine derartige **Linearisierung** der Magnetisierungskurve ist erwünscht, wenn auf verzerrungsfreie Ströme und Flüsse besonderer Wert gelegt wird.

### 2.3.8.4 Flußdichte bei gegebener Durchflutung

Sind die Durchflutung $\Theta = IN$ eines Kreises mit Luftspalt und die Magnetisierungskurve des Materials $f(V_{Fe})$ gegeben, so folgen mit Gl. (2.63):

$$B_{Fe} = f(V_{Fe}) \tag{2.65a}$$

$$\Theta = IN = H_{Fe}l_{Fe} + \frac{B_{Fe}d}{\mu_0} \tag{2.65b}$$

Diese erlauben eine grafische Bestimmung der gesuchten magnetischen Flußdichte $B_{Fe}$. Aus Gl. (2.65b) ergeben sich mit $B_{Fe} = 0$ und $H_{Fe} = 0$ die Abschnitte einer Geraden:

$$H_0 = \frac{IN}{l_{Fe}} \qquad B_0 = \frac{IN\mu_0}{d}$$

Der Schnittpunkt der durch $B_0$ und $H_0$ verlaufenden Geraden mit der Magnetisierungskurve $f(V_{Fe})$ im Punkt $P$ liefert die gesuchte Flußdichte $B_{Fe}$, die bei gleichem Flußquerschnitt mit der Flußdichte im Luftspalt identisch ist ($\rightarrow$ Bild 2.40b).

### 2.3.8.5 Verzweigter magnetischer Kreis

Kommt es durch technische Konstruktion zu einer Aufspaltung des magnetischen Flusses, so handelt es sich um einen verzweigten magnetischen Kreis.

Nach Bild 2.41 verzweigt sich der von der Erregerspule ausgehende magnetische Fluß in den Knotenpunkten A und B auf zwei parallelliegende Zweige. Analog zum Knotenpunktsatz des elektrischen Stromkreises gilt:

$$\Phi_1 = \Phi_2 + \Phi_3 \tag{2.66}$$

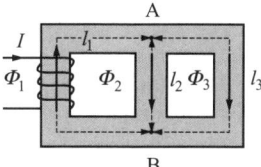

*Bild 2.41 Verzweigter magnetischer Kreis*

Die magnetischen Spannungen sind nach Gl. (2.41) in diesen Zweigen gleich groß:

$$H_2 l_2 = H_3 l_3 \tag{2.67}$$

In verzweigten magnetischen Kreisen gelten für die magnetischen Flüsse und magnetischen Spannungen Knotenpunkt- und Maschensatz analog zu verzweigten elektrischen Kreisen.

### 2.3.9 Induktionsgesetz

Das **Induktionsgesetz** beschreibt das Entstehen einer elektrischen Quellenspannung durch ein zeitlich veränderliches Magnetfeld in einer ruhenden Spule oder durch ein ruhendes Magnetfeld in einem bewegten Leiter.

## 2.3.9.1 Ruhende Spule und zeitlich veränderliches Magnetfeld

Unterliegt der eine einfache Stromschleife oder Spule durchsetzende magnetische Fluß einer *zeitlichen Änderung*, so wird in den $N$ Windungen eine **Quellenspannung** induziert:

$$u_q = N \frac{d\Phi}{dt} \tag{2.68}$$

*Tabelle 2.8 Symbolische Zuordnung magnetischer Größen*

| Zugeordnete Größen | Flußzunahme $+d\Phi/dt$ | Flußabnahme $-d\Phi/dt$ |
|---|---|---|
| Quellenspannung $u_q$ und magnetischer Fluß $\Phi$ | Rechtsschraube | Linksschraube |
| Induktionsstrom $i$ und magnetischer Fluß $\Phi$ | Linksschraube | Rechtsschraube |

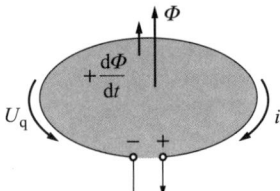

*Bild 2.42 Induktionsgesetz bei zeitlicher Flußzunahme*

Ist die Spule in sich geschlossen, so stellt sie einen selbständigen Stromkreis dar, in welchem der Induktionsstrom $i$ fließt[1]. Seine Stärke hängt von der induzierten Quellenspannung und dem Widerstand der Spule ab. Seine Richtung läuft der induzierten Quellenspannung entgegen (→ 1.1.3) und ergibt sich aus den Zuordnungen von Tabelle 2.8 (→ Bild 2.42).

## 2.3.9.2 Ruhendes Magnetfeld und bewegter gerader Leiter

Wird ein Leiterstück der Länge $l$ mit der Geschwindigkeit $v$ durch ein homogenes Magnetfeld der magnetischen Flußdichte $B$ bewegt, so daß es die Feldlinien rechtwinklig schneidet (→ Bild 2.43), dann ergibt sich aus Gl. (2.68):

$$U_q = lvB \tag{2.69}$$

---

[1] In der häufigen Schreibweise $U_i = -N\,d\Phi/dt$ bedeutet $U_i$ die „induzierte Spannung", die mit dem Strom *gleichgerichtet* ist. Im Gegensatz zur Quellenspannung $U_q$ bildet sie bei Flußzunahme mit der Flußrichtung eine Linksschraube, was durch das Minuszeichen ausgedrückt ist.

## 2.3 Magnetisches Feld

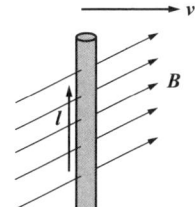

Bild 2.43 Mit der Geschwindigkeit *v* bewegter Leiter der Länge *l* im stationären Magnetfeld der Flußdichte **B**

Bezüglich der Richtung des induzierten *Stromes* gelten:

**Rechte-Hand-Regel** ($\rightarrow$ Bild 2.44)

Treten die magnetischen Feldlinien in die Fläche der rechten Hand ein und bewegt sich der Daumen in Richtung der Geschwindigkeit *v* des Leiters, so zeigen die Finger die Richtung des induzierten Stromes an.

**Schraubenregel** ($\rightarrow$ Bild 2.45)

Der induzierte Strom *I*, die Geschwindigkeit *v* und die magnetische Flußdichte *B* bilden in dieser Reihenfolge eine Rechtsschraube, wenn sich die Richtung von *v* mit einer Rechtsdrehung auf dem kürzesten Weg in Richtung von *B* drehen läßt.

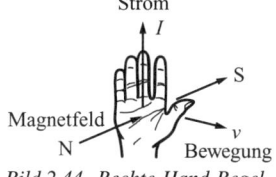

Bild 2.44 Rechte-Hand-Regel

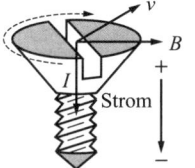

Bild 2.45 Schraubenregel

### 2.3.9.3 Lenzsche Regel

> Der induzierte Strom ist stets so gerichtet, daß er dem erzeugenden Vorgang entgegenwirkt.

Damit läßt sich in allgemeiner Weise die Richtung des Induktionsstromes beschreiben.

Hätte z. B. der Induktionsstrom beim Einschalten des Spulenstromes dieselbe Richtung wie der Strom, der das Magnetfeld verursacht (Rechtsschraube), so ergäbe er eine zusätzliche positive Flußzunahme und müßte sich auf diese Weise von selbst immer weiter verstärken. Der Vorgang würde gegen das Gesetz von der Erhaltung der Energie verstoßen.

## 2.3.9.4 Prinzip des Gleichstromgenerators

Die Querbewegung eines Stromleiters im Magnetfeld bildet die Grundlage aller elektrischen Maschinen (→ Gl. (2.69)). Um eine kräftige Quellenspannung zu erhalten, liegt eine größere Anzahl von Drähten in Form von Spulen in den Nuten eines aus Blechen geschichteten *Ankers* A, der zwischen den Polen des *Feldmagneten* F rotiert und gleichzeitig den magnetischen Fluß $\Phi$ schließt (→ Bild 2.46a). Dabei wird in den Drahtwindungen eine Wechselspannung induziert. Einer vollen Umdrehung der einfachen Spule im zweipoligen Feld entspricht eine Periode. Die Wechselspannung wird dem auf der Antriebswelle sitzenden *Kollektor* K zugeführt. Er besteht aus zwei voneinander isolierten Lamellen, an die sich beiderseits zwei *Bürsten* B elastisch anlegen, wodurch die Spulenanschlüsse bei jeder Umdrehung zweimal vertauscht werden. Auf diese Weise nehmen die Bürsten einen pulsierenden Gleichstrom ab (→ Bild 2.46b), dessen Welligkeit mit zunehmender Anzahl von Ankerspulen und entsprechender Unterteilung des Kollektors immer mehr verschwindet und einem Gleichstrom nahekommt.

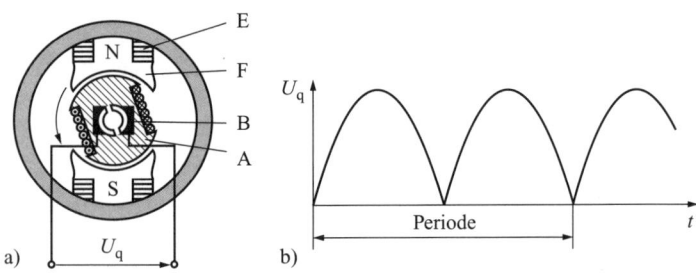

*Bild 2.46 Generator mit zweifacher Kollektorleitung*
*a) Prinzip, b) Spannungskurve*

Als Feldmagnete können im einfachsten Fall und nur bei Kleingeneratoren (z. B. Fahrraddynamo) Permanentmagnete dienen. Bei größeren Maschinen werden sie von *Erregerspulen* E gespeist, deren Strom z. B. von dem im Ankerkreis fließenden Strom abgezweigt wird. Von großer Bedeutung ist dabei das von Werner v. Siemens 1866 entdeckte **dynamoelektrische Prinzip**:

> Der im Feldmagneten stets vorhandene remanente Magnetismus induziert in der Ankerwicklung eine Anfangsspannung, die einen Strom durch die Erregerwicklung treibt und den anfänglichen magnetischen Fluß verstärkt. Dadurch steigen die induzierte Spannung und damit auch der erregende Strom an (→ 5.1).

### 2.3.9.5 Wirbelströme

> **Wirbelströme** besitzen geschlossene Stromlinien.

In einer zwischen den Polen P eines Magneten mit der Geschwindigkeit $v$ bewegten Metallscheibe ($\rightarrow$ Bild 2.47) entstehen an den Stellen der magnetischen Flußänderung elektrische Umlaufspannungen und als deren Folge Wirbelströme. Ihr Verlauf ergibt sich nach der Rechten-Hand-Regel.

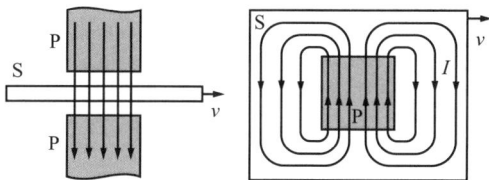

*Bild 2.47 Entstehung von Wirbelströmen in einer zwischen zwei Magnetpolen bewegten Metallscheibe;* P *Magnetpole,* S *Metallscheibe,* I *Wirbelströme*

*Abschätzung der Stromstärke*: Wird der Widerstand der gesamten geschlossenen Strombahn auf den doppelten Wert der im Felde liegenden Fläche berechnet, so beträgt die induzierte Spannung nach Gl. (2.69)

$$U = lvB$$

und die Stärke des Wirbelstromes:

$$I = \frac{U}{2R} \tag{2.70}$$

Liegt ein magnetisches Wechselfeld vor, so bilden sich die Wirbelströme auch in einer ruhenden Metallscheibe aus. Sie rufen ihrerseits Magnetfelder hervor, deren Fluß dem erzeugenden Feld entgegengerichtet ist (Lenzsche Regel).

■ *Anwendungen*:
- Dämpfung elektrischer Zeigermeßgeräte
- Bremsung des Zählerrotors beim Induktionsinstrument
- Einbau von HF-Spulen in Metallbecher zur Abschirmung von außen einwirkender Magnetfelder.

Zur Vermeidung von Wirbelstromverlusten in elektrischen Maschinen erfolgt eine Lamellierung des Ankerkörpers.

### 2.3.9.6 Skineffekt

> Der **Skineffekt** kennzeichnet die Verlagerung der Stromleitung in Richtung der Leiteroberfläche bei zeitlich veränderlichen Strömen und wachsendem Leiterradius.

Auch im Inneren eines stromdurchflossenen Leiters ist ein Magnetfeld vorhanden, dessen Flußdichte von seinem Mittelpunkt bis zu seiner Oberfläche linear zunimmt (→ Tabelle 2.4). Bei Gleichstrom ist die Stromdichte $J$ an jeder Stelle des Leiterquerschnitts konstant. Handelt es sich um einen hochfrequenten Wechselstrom, so ist die Flußdichte zeitlich veränderlich und verursacht im Leiterinneren Induktionsströme $I_{ind}$, welche die magnetischen Feldlinien ringförmig umschließen. Dadurch kommt es zu einer Überlagerung der Induktionsströme mit dem Primärstrom. Dies verursacht eine Stromabschwächung gegen die Leiterachse bzw. eine Stromverstärkung in Richtung der Leiteroberfläche (→ Bild 2.48) und eine Erhöhung des Wirkwiderstandes. Die Stromdichte hat damit an verschiedenen Punkten des Leiterquerschnitts unterschiedliche Beträge; sie ist zusätzlich von der Kreisfrequenz $\omega$ abhängig (→ Bild 2.49).

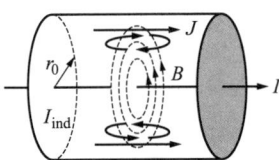

Bild 2.48 Skineffekt

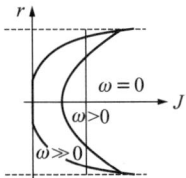

Bild 2.49 Stromdichte im Leiterinneren

Wechselströme werden durch Bildung von Wirbelströmen im Leiterinneren zur Leiteroberfläche hin verdrängt (Skin- oder Hauteffekt).

Kennzeichnend für den Skineffekt:
1. Eindringtiefe $\delta$ (Wandstärke eines Hohlzylinders mit gleichem Verhältnis Wirkwiderstand/Länge wie Vollzylinder mit gleichem Radius bei gleicher Stromdichte):

$$\delta = \sqrt{\frac{2}{\varkappa \mu \omega}} \qquad (2.71)$$

2. Widerstand bei Stromverdrängung $R_S$ (es tritt eine Erhöhung des Wirkwiderstandes $R$ ein):

$$R_S = kR \qquad (2.72)$$

Näherungsweise gilt beim Leiterradius $r_0$ mit $x = r_0 \sqrt{\pi f \varkappa \mu}/2$ für

$$\begin{aligned} k &= 1 + \frac{x^4}{3} & x < 1 \\ k &= x + \frac{1}{4} + \frac{3}{64x} & x > 1 \end{aligned} \qquad (2.73)$$

■ *Anwendungen*:
- Oberflächenversilberung von Leitern in der HF-Technik
- Bündelleiter in Hochspannungsleitungen

## 2.3.10 Selbstinduktion

> Die **Selbstinduktion** definiert das Entstehen einer induzierten Spannung beim Abschalten des Stromes in einer Leiterschleife.

**Grundvorgang**

Beim Ein- und Ausschalten eines Stromes wird in den eigenen Windungen einer Spule infolge der Flußänderung nach dem Induktionsgesetz nach Gl. (2.68) ein Induktionsstrom hervorgerufen.

Die ihm entsprechende, z. T. erhebliche Spannung kann nur über den Schalter abfallen und dort zu einem Lichtbogen führen.

> Der Induktionsstrom ist beim $\frac{\text{Schließen}}{\text{Öffnen}}$ des Stromkreises dem zufließenden Strom $\frac{\text{entgegen}}{\text{gleich}}$ gerichtet ($\rightarrow$ 2.3.9.3 Lenzsche Regel).

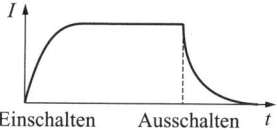

Bild 2.50 *Stromverlauf in einer Spule beim Ein- und Ausschalten*

Der Induktionsstrom verursacht den **induktiven Spannungsabfall** $u_L$, dessen Betrag im Fall $R = 0$ dem der Quellenspannung $u_q$ entgegengesetzt gleich ist.

**Induktivität**

Erweitert man das Induktionsgesetz Gl. (2.68) mit d$I$ und bedenkt, daß bei konstanter Permeabilitätszahl $\mu_r$ die Flußänderung d$\Phi$/d$I$ gleich dem einfachen Quotienten aus den Anfangs- bzw. Endwerten $\Phi/I$ ist, so kann geschrieben werden:

$$u_L = \frac{N\Phi}{I}\frac{dI}{dt} \tag{2.74}$$

Der erste Bruch ist der *Koeffizient der Selbstinduktion* oder die **Induktivität**:

$$\boxed{L = \frac{N\Phi}{I}} \tag{2.75}$$

Nach Erweitern mit $N$, Einsetzen der Durchflutung $IN = \Theta$ nach Gl. (2.45) und mit dem magnetischen Widerstand $R_m = \Theta/\Phi$ nach Gl. (2.58) wird:

$$\boxed{L = \frac{N^2}{R_m}} \tag{2.76}$$

Der **induktive Spannungsabfall** ergibt sich damit nach Gl. (2.74):

$$u_L = L \frac{dI}{dt} \qquad (2.77)$$

▶ *Hinweis*: SI-Einheit der Induktivität: $[L] = $ H (Henry) $= $ V · s/A.

Am einfachsten berechnet sich die Induktivität bei streuungslos in sich geschlossenem magnetischem Fluß, wie z. B. bei einer *Ringspule*. Nach dem in 2.3.7 angeführten Beispiel sind hier $R_m = l/(\mu_0 \mu_r A)$ und $L = N^2 \mu_0 \mu_r A/l$ [1].

Bei beiderseits offenen *Zylinderspulen* kann man von Gl. (2.40) der Ringspule ausgehen, jedoch bestimmt das Verhältnis von Durchmesser $d$ zu Spulenlänge $l$ einen entsprechenden **Korrekturfaktor** $k$ (→ Bild 2.51). Weitere Anordnungen enthält Tabelle 2.9.

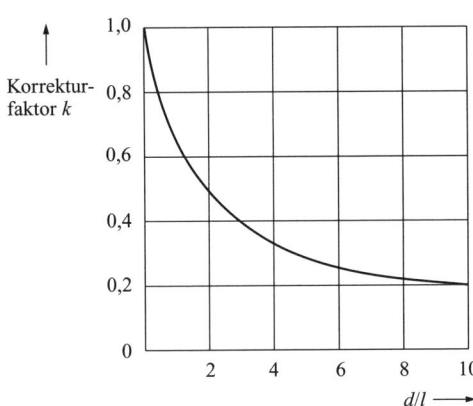

Bild 2.51 *Korrekturfaktor $k$ zur Induktivitätsberechnung einlagiger Spulen*

Tabelle 2.9 *Induktivitäten verschiedener Leiteranordnungen*

| Anordnung | Induktivität $L$ | Erläuterungen |
|---|---|---|
| Ring- oder sehr lange Zylinderspule | $\dfrac{\mu_0 \mu_r A N^2}{l}$ | $A$ Spulenquerschnitt <br> $l$ Spulenlänge oder mittlerer Umfang |
| Kürzere einlagige Spule | $\dfrac{k \mu_0 \mu_r A N^2}{l}$ | $k = d/l$ Korrekturfaktor <br> $d$ Spulendurchmesser |
| Kürzere mehrlagige Spule | $\dfrac{21 \mu_0 \mu_r N^2 R}{4\pi} \left( \dfrac{R}{l+h} \right)^n$ | $n = 0{,}75$ für $\dfrac{R}{l+h} < 1$ <br> $n = 0{,}5$ für $1 < \dfrac{R}{l+h} \leq 3$ |

---

[1] Bei eisenfreien Spulen ist $\mu_r = 1$.

*Tabelle 2.9 Induktivitäten verschiedener Leiteranordnungen (Fortsetzung)*

| Anordnung | Induktivität $L$ | Erläuterungen |
|---|---|---|
| Einfacher Ring | $\mu_0\mu_r R \left( \ln \dfrac{R}{r} + 0{,}25 \right)$ | $R$ Ringradius<br>$r$ Leiterradius |
| Dünnwandiges Rohr | $\mu_0\mu_r R \left( \ln \dfrac{R}{l} + 1{,}5 \right)$ | $R$ Rohrradius<br>$l$ Rohrlänge |
| In Luft verlegte Doppelleitung | $\dfrac{\mu_0\mu_r l}{\pi} \left( \ln \dfrac{a}{r} + 0{,}25 \right)$ | $l$ einfache Leitungslänge<br>$a$ Leiterabstand<br>$r$ Leiterradius |
| Konzentrisches Kabel | $\dfrac{\mu_0\mu_r l}{2\pi} \left( \ln \dfrac{r_a}{r_i} + 0{,}25 \right)$ | $r_a, r_i$ Radien von Außen- und Innenleiter |

## 2.3.11 Gegeninduktivität und induktive Kopplung

Eine **Gegeninduktivität** entsteht bei der magnetischen Verkopplung mehrerer stromführender Leiterschleifen.

Dringt der sich zeitlich ändernde magnetische Fluß $\Phi_1$ einer Spule 1 *vollständig* in eine zweite Spule 2 ein, so wird hier nach Gl. (2.74) die Spannung

$$u_2 = \frac{N_2 \Phi_1}{I_1} \frac{dI_1}{dt} \tag{2.78}$$

induziert. Der erste Faktor stellt den *Koeffizienten der gegenseitigen Induktion* oder die **Gegeninduktivität** $M$ dar. Mit dieser Kürzung ist:

$$u_2 = M \frac{dI_1}{dt} \tag{2.79}$$

Fließt in der Spule 2 der Strom $I_2$, so induziert der erzeugte Fluß $\Phi_2$ in der Spule 1 die Spannung:

$$u_1 = M \frac{dI_2}{dt}$$

Zwischen dem Koeffizienten $M$ und den Induktivitäten der beiden Spulen $L_1$ und $L_2$ besteht die Beziehung:

$$M = \sqrt{L_1 L_2} \tag{2.80}$$

**Induktive Kopplung.** Wenn jedoch der magnetische Fluß von Spule 1 die Spule 2 nur teilweise durchdringt (Streuung, $\rightarrow$ Bild 2.52), so ist die induktive Kopplung mehr oder weniger lose, und es gilt:

$$\boxed{M = k\sqrt{L_1 L_2}} \tag{2.81}$$

Kopplungsfaktor $k \leqq 1$.

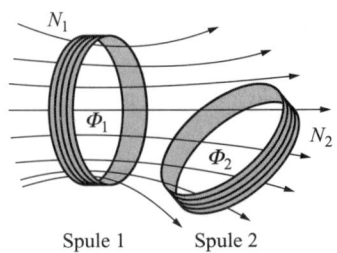

Bild 2.52 Induktive Kopplung zweier Spulen

Spule 1   Spule 2

## 2.4 Kräfte und Energie im Magnetfeld

Die in einem magnetischen Kreis gespeicherte Energie ist in der Lage, Arbeit zu verrichten und Kraftwirkungen freizusetzen.

### 2.4.1 Kraft auf eine bewegte elektrische Ladung

**Lorentz-Kraft**. Jede in einem magnetischen Feld der Flußdichte $B$ mit der Geschwindigkeit $v$ bewegte elektrische Ladung $Q$ erfährt eine quergerichtete Kraft $F'$. Handelt es sich z. B. um eine *positive* Elementarladung $e$, so lautet der Ausdruck für die Lorentz-Kraft ($\rightarrow$ Bild 2.53):

$$F' = evB \sin \alpha \tag{2.82}$$

$\alpha$  Winkel zwischen Bewegungs- und Feldrichtung

Die Überlagerung der Lorentz-Kraft mit der Geschwindigkeit $v$ führt bei $\alpha = 90°$ zu einer Bewegung des Elementarteilchens auf einer Kreisbahn.

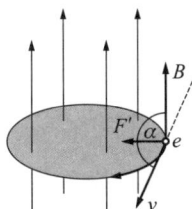

Bild 2.53 Entstehung der Lorentz-Kraft

■ *Anwendungen*:
- Ablenksystem für den Elektronenstrahl in der Bildröhre
- Hall-Effekt ($\rightarrow$ 2.4.7)
- Kreisbeschleuniger in der Kernphysik.

## 2.4.2 Kraft auf geradlinige Stromleiter

Da jeder Strom aus bewegten Ladungen besteht, läßt sich Gl. (2.82) auch auf einen stromführenden Leiter im Magnetfeld anwenden. Dieser wird durch die seitwärts gerichtete Kraft $F$ ausgelenkt ($\rightarrow$ Bild 2.54).

$$F = IlB \sin \alpha$$

$l$ Länge des im Feld befindlichen Leiterstückes
$\alpha$ Winkel zwischen Strom- und Feldrichtung

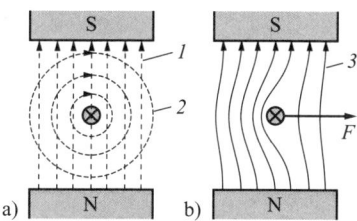

Bild 2.54 Kraft auf einen stromdurchflossenen Leiter im Magnetfeld (Strom verläuft in die Zeichenebene hinein)
a) Magnetfeld eines Dauermagneten (1), Magnetfeld eines stromdurchflossenen Leiters (2), b) Überlagerung beider Felder (3) und Kraft $F$

Wenn der Leiter *rechtwinklig* zum Feld verläuft, ist $\sin \alpha = 1$ und

$$\boxed{F = IlB} \tag{2.83}$$

Für die Richtung gilt die **Linke-Hand-Regel**:

> Treten die Feldlinien in die Fläche der linken Hand ein und zeigen die Finger die Stromrichtung an, so bewegt sich der Leiter in Richtung des abgespreizten Daumens ($\rightarrow$ Bild 2.55).

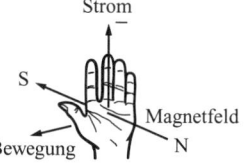

Bild 2.55 Linke-Hand-Regel

## 2.4.3 Kraft zwischen zwei parallelen Stromleitern

Befindet sich nach Bild 2.56 der vom Strom $I_2$ durchflossene Leiter 2 im Abstand $r$ von einem vom Strom $I_1$ durchflossenen Leiter 1, so liegt er in dem von Leiter 1 erzeugten Magnetfeld $H_1$. Nach Tabelle 2.4 ergibt sich: $B_1 = \mu_0 \mu_r H_1$ $= \mu_0 \mu_r I_1 / (2\pi r)$. Beide Leiter ziehen sich nach Gl. (2.83) mit der Kraft an:

$$\boxed{F = \frac{\mu_0 \mu_r l I_1 I_2}{2\pi r}} \tag{2.84}$$

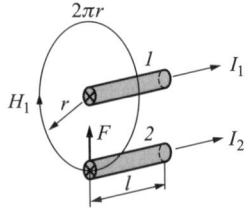

Bild 2.56 Kraft zwischen zwei parallelen Stromleitern

Parallele Leiter mit $\dfrac{\text{gleicher}}{\text{entgegengesetzter}}$ Stromrichtung $\dfrac{\text{ziehen sich an}}{\text{stoßen sich ab}}$.

Dies folgt aus der Anwendung der Linken-Hand-Regel auf $I_2$, $B_1$ und $F$ ($\rightarrow$ Bild 2.56).

**Gesetzliche Definition der Stromstärke 1 A**

Das **Ampere** ist die Stärke des zeitlich unveränderlichen elektrischen Stromes durch zwei geradlinige, parallele, unendlich lange Leiter von vernachlässigbarem Querschnitt, die den Abstand 1 m haben und zwischen denen die durch den Strom elektrodynamisch hervorgerufene Kraft im leeren Raum je 1 m Länge der Doppelleitung $2 \cdot 10^{-7}$ N beträgt.

■ *Beispiel*: Nach Gl. (2.84) entspricht 1 A der Kraft:
$$F = \frac{4\pi \cdot 10^{-7} \text{ V} \cdot \text{s} \cdot 1 \cdot 1 \text{ A}^2 \cdot 1 \text{ m}}{2\pi \cdot 1 \text{ m} \cdot \text{A} \cdot \text{m}} = 2 \cdot 10^{-7} \text{ W} \cdot \text{s/m} = 2 \cdot 10^{-7} \text{ N}$$

### 2.4.4 Prinzip des Gleichstrommotors

Beim **Gleichstrommotor** wird die von einem Magnetfeld auf ein Leitersystem ausgeübte Kraft genutzt.

Die in 2.4.2 betrachtete Kraft auf einen geraden Stromleiter im Magnetfeld bildet die Grundlage aller elektrischen Motoren. Führt man einen Gleichstromgenerator von außen her Gleichstrom zu, so arbeitet er als Elektromotor.

Für den Aufbau gelten die in 2.3.9.4 gegebenen Erläuterungen. Bild 2.46a zeigt einen Motor mit *Doppel-T-Anker* und permanentem Feldmagnet. Der auf der Welle sitzende *Kommutator (Kollektor)* dient zur Vertauschung der Ankeranschlüsse, um einen einheitlichen Drehsinn zu erzielen. Dieser Wechsel findet ($\rightarrow$ Bild 2.46a) nach einer weiteren Vierteldrehung statt, wenn die Spulen in der *neutralen Zone* stehen, wo sie keine Feldlinien schneiden.

Bei gleichem Klemmenanschluß und gleicher Stromrichtung läuft der Gleichstromgenerator mit entgegengesetztem Drehsinn gegenüber dem Gleichstrommotor.

▶ *Begründung*: Nach der Lenzschen Regel (→ 2.3.9.3) hat der induzierte Strom eine solche Richtung, daß er der Ursache entgegenwirkt, die ihn selbst hervorbringt. Andernfalls ließe sich der Generator von seinem eigenen Strom antreiben und würde als Perpetuum mobile arbeiten.

### 2.4.5 Energie des magnetischen Feldes

Zum Aufbau des Magnetfeldes ist ebenso wie zur Bildung des elektrischen Feldes Energie erforderlich. Sie wird beim Zerfall des Feldes wieder frei.

#### 2.4.5.1 Energie bei konstanter Permeabilität

Wird das Induktionsgesetz in Form der Gl. (2.77) beiderseits mit dem Strom $I$ multipliziert, so ergibt sich:

$$uI\,dt = LI\,dI \tag{2.85}$$

Die linke Seite von Gl. (2.85) enthält die im Magnetfeld gespeicherte differentielle **Arbeit** $dW$. Die Integration ergibt

$$\int_0^W dW = \int_0^I LI\,dI \tag{2.86}$$

und bei konstanter Induktivität $L$:

$$W = \frac{LI^2}{2} \tag{2.87}$$

Durch Einsetzen der Feldstärke $H$, der Flußdichte $B$ oder des Flusses $\Phi$ folgt aus Gl. (2.87) mit $\mu_r = 1$ die **Energie des homogenen Magnetfeldes in Luft**:

$$\boxed{W = \frac{H^2\mu_0 lA}{2}} \quad \boxed{W = \frac{B^2 lA}{2\mu_0}} \quad \boxed{W = \frac{\Phi^2 l}{2\mu_0 A}} \tag{2.88}$$

$l$ Länge der Feldlinien
$A$ Feldquerschnitt

#### 2.4.5.2 Energie im eisengefüllten Kreis

Bei Spulen mit Eisenkern folgt der Aufbau des Magnetfeldes der Magnetisierungskurve. Die Flußdichte $B$ ist daher nicht proportional der Feldstärke $H$.

Das Gl. (2.86) entsprechende Integral

$$W = \int_0^{\Phi} IN \, d\Phi \tag{2.89}$$

kann wegen $H = IN/l$ und $\Phi = BA$ umgeschrieben werden:

$$W = lA \int_0^B H \, dB \tag{2.90}$$

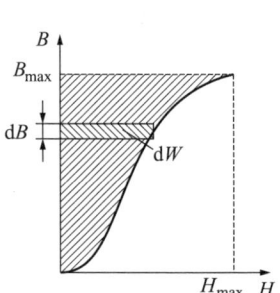

Bild 2.57  Zur Bestimmung der
magnetischen Feldenergie

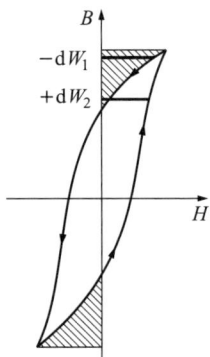

Bild 2.58  Hysteresisarbeit

Feldstärke und Flußdichte besitzen keinen analytischen Zusammenhang. Daher läßt sich das Integral in Gl. (2.90) nur annäherungsweise lösen. Dies kann z. B. durch grafische Bestimmung der in Bild 2.57 schraffierten Fläche über der Magnetisierungskurve durch Zerlegen in Elementarkästchen und die Bestimmung ihrer Anzahl erfolgen.

### 2.4.5.3  Hysteresisarbeit

Die **Hysteresisarbeit** definiert die beim Auf- bzw. Entmagnetisierungsvorgang geleistete Arbeit.

Das o. g. Verfahren läßt sich auch auf eine ganze Hysteresisschleife anwenden. Dazu ist, von einem der beiden Punkte $H = 0$ ausgehend, die positive und negative Ordinatenachse je einmal auf und ab zu durchlaufen ($\rightarrow$ Bild 2.58). Dabei ergeben sich diejenigen Elementarstreifen $dW$ als negativ, deren Breite $H$ und Höhe $dB$ entgegengesetzte Vorzeichen haben.

Die Elementarstreifen mit gleichen Vorzeichen sind positiv. Hierbei bedeutet ein positiver Wert die aufzuwendende und ein negativer Wert die zurückgewonnene Arbeit. Die Differenz beider ist positiv und entspricht der während eines Umlaufs verlorengegangenen, d. h. in Wärme umgewandelten Arbeit (Hystersisverluste).

> Die von der Hysteresisschleife umschlossene Fläche ist ein direktes Maß für die während eines Umlaufs aufzuwendende Arbeit.

■ *Beispiel*: Der Elementarstreifen $dW_1$ ($\to$ Bild 2.58) hat im Sinne der Umlaufrichtung negatives Vorzeichen wegen $H(-dB)$. Der Elementarstreifen $dW_2$ ist wegen $H(+dB)$ positiv. Der linke obere und rechte untere schraffierte Teil werden zweimal (einmal negativ und einmal positiv) überstrichen und fallen aus der Rechnung heraus.

### 2.4.5.4 Zugkraft von Magneten

Mit Gl. (2.88) läßt sich die Zugkraft von Elektromagneten berechnen. In den beiden Luftspalten des Magneten ($\to$ Bild 2.39) mit je der Länge $d$ und der Fläche $A$ beträgt die Energie

$$W = \frac{B^2 d}{\mu_0} A \qquad (2.91)$$

Daraus folgt für die Magnetkraft im homogenen Feld

$$F = \frac{W}{d} = \frac{B^2}{\mu_0} A \qquad (2.92)$$

■ *Beispiel*: Bei einem Hubmagneten mit 1000 cm² Gesamtpolfläche und einer Flußdichte von 1 T beträgt die Magnetkraft nach Gl. (2.92)

$$F = \frac{1 \text{ V}^2 \cdot \text{s}^2}{\text{m}^4} \frac{1}{4\pi \cdot 10^{-7}} \frac{\text{A} \cdot \text{m}}{\text{V} \cdot \text{s}} 0,1 \text{ m}^2 = 80 \text{ kN},$$

d. h., er kann eine Last von $m = \dfrac{80 \cdot 10^3 \text{ N}}{9,81 \text{ m/s}^2} = 8,1$ t heben.

Da Luftzwischenräume zwischen den Schenkeln und dem Joch des Magneten den größten Teil der Durchflutung $IN$ aufzehren, ist bei unterschiedlichen Jochabständen die Flußdichte $B$ in Gl. (2.92) entsprechend neu zu berechnen.

### 2.4.5.5 Supraleitende Magnete

> **Supraleitende Magnete** arbeiten in der Nähe des absoluten Nullpunktes und erzeugen hohe Werte der magnetischen Flußdichte.

Bei Verwendung supraleitender Wicklungen in Verbindung mit Kryostaten sind bedeutend größere magnetische Feldstärken zu erzielen als mit konventionell aufgebauten Elektromagneten (→ Bild 2.59). Zusätzlich lassen sich bei Abgabe der gleichen Feldstärke die Abmessungen supraleitender Magnete wesentlich verkleinern. So erzeugt z. B. ein 2 kg schwerer supraleitender Magnet eine Flußdichte von etwa 10 T, während ein konventioneller Elektromagnet in einem vergleichbaren Raum bei 200 kg Masse nur 1...2 T hervorbringt. Die Ursache liegt in der etwa um $10^3$ höheren Stromdichte innerhalb eines Supraleiters gegenüber einem Normalleiter. Bei den Supraleitern werden zwei Gruppen mit unterschiedlicher kritischer Stromdichte gegenüber der magnetischen Flußdichte unterschieden (→ Bild 2.60).

Neu sind Hochtemperatursupraleiter (vgl. Tabelle 1.3).

■ *Anwendungen*:
- magnetohydrodynamische Generatoren (in Vorbereitung)
- Erzeugung großer magnetischer Feldstärken bis 20 T in Kernforschungszentren.

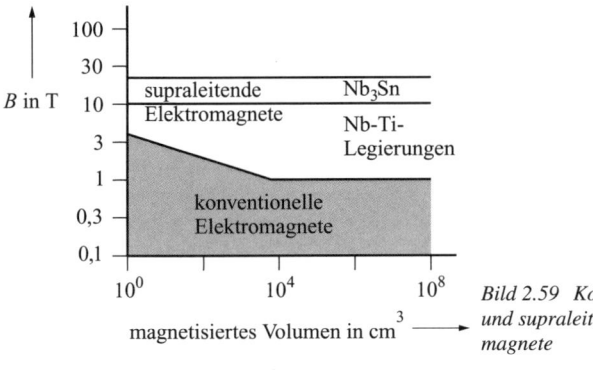

Bild 2.59 Konventionelle und supraleitende Elektromagnete

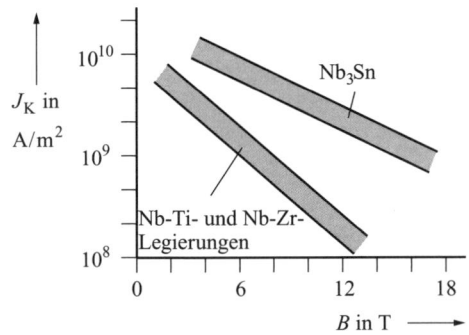

Bild 2.60 Kritische Stromdichte und tranversale magnetische Flußdichte verschiedener supraleitender Materialen

## 2.4.6 Schaltvorgänge mit Induktivitäten

### Einschaltvorgang

Da jede Spule auch einen ohmschen Widerstand $R_S$ hat, stellt man diesen im Schaltschema getrennt, und zwar mit der Induktivität in Reihe geschaltet, dar ($\rightarrow$ Bild 2.61).

Wird eine Spannungsquelle mit der Quellenspannung $U_q$ und dem inneren Widerstand $R_i$ angeschlossen, so liefert der Maschensatz nach Bild 2.61:

$$i(R_i + R_S) + u_L - U_q = 0 \tag{2.93}$$

Mit $R = R_i + R_S$ und $u_L = L\,di/dt$ ($\rightarrow$ Gl. (2.77)) sowie dem Endwert des Stromes $I = U_q/R$ ergibt sich $iR + L\,di/dt - IR = 0$.

Der **Momentanwert des Einschaltstromes** folgt daraus durch Integration zur Zeit $t$:

$$\boxed{i = I\left(1 - e^{-(R/L)t}\right)} \tag{2.94}$$

Mit der Zeitkonstanten $\tau = L/R$ läßt sich Gl. (2.94) umschreiben.

$$i = \frac{U_q}{R}\left(1 - e^{-\tau/t}\right) \tag{2.95}$$

Bild 2.62 kennzeichnet den Strom- und Spannungsverlauf des Einschaltvorgangs.

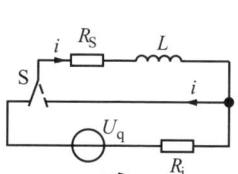

*Bild 2.61 Schaltvorgang mit Induktivität*

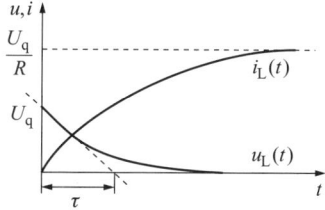

*Bild 2.62 Strom- und Spannungsverlauf des Einschaltvorgangs*

### Ausschaltvorgang

Nach Öffnen des Schalters S wirkt nur noch die beim *Verschwinden* des Feldes induzierte Spannung $-u_L$, jetzt aber als Quellenspannung. Der Maschensatz vereinfacht sich gegenüber Gl. (2.93):

$$iR_S + L\frac{di}{dt} = 0$$

Umstellen der Gleichung und Integration ergeben den **Momentanwert des Öffnungsstromes** zur Zeit $t$:

$$i = I e^{-t/\tau} \tag{2.96}$$

$I$ Anfangswert des Stromes zur Zeit $t = 0$

Der Öffnungsstrom hat die gleiche Richtung wie der Einschaltstrom.

**Funkenlöschung an Kontakten**

Nach dem Induktionsgesetz kann die beim Abschalten einer stromdurchflossenen Spule entstehende Spannung sehr groß werden und starke Funkenbildung zur Folge haben, die zum Abbrand der Kontakte und zu Störungen führen kann. Diese Spannung läßt sich vermeiden, wenn der Kontakt durch einen Kondensator $C$ überbrückt wird ($\rightarrow$ Bild 2.63). Dann fließt die in der Spule gespeicherte Feldenergie beim Abschalten in den Kondensator. Bei Vernachlässigung der Verluste ist:

$$\frac{CU^2}{2} = \frac{LI^2}{2} \tag{2.97}$$

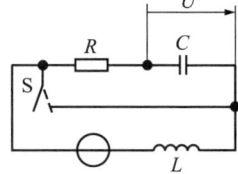

Bild 2.63  Funkenlöschung

Die am Kondensator auftretende Spannung beträgt

$$U = I\sqrt{\frac{L}{C}} \tag{2.98}$$

und muß kleiner als die Prüfspannung des verwendeten Kondensators sein. Der Widerstand $R$ hat die Aufgabe, die bei erneuter Schließung des Kontaktes S stattfindende Entladung des Kondensators zu verlangsamen, so daß hierbei keine Funken entstehen können.

### 2.4.7 Hall-Effekt

> Den **Hall-Effekt** kennzeichnet das Auftreten einer elektrischen Quellenspannung bei Ablenkung von Ladungsträgern in einem Magnetfeld.

Wird ein stromdurchflossenes Metall- oder Halbleiterblättchen senkrecht zur Richtung des Stromes $I$ von einem Magnetfeld $B$ durchsetzt, so erfolgt eine

Ablenkung der den Strom führenden Ladungsträger infolge der Lorentz-Kraft $F$ ($\to$ 2.4.1).

Die Ablenkung von Ladungsträgern im Magnetfeld verursacht deren Trennung und damit das Auftreten einer Quellenspannung (Hall-Effekt $\to$ Bild 2.64).

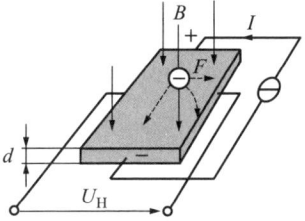
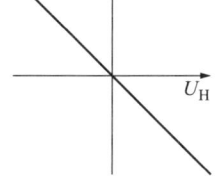

*Bild 2.64 Ursache des Hall-Effekts*    *Bild 2.65 Abhängigkeit der Hall-Spannung von der magnetischen Flußdichte*

Die größte **Hall-Spannung** ergibt sich, wenn die magnetischen Feldlinien die Blättchenebene senkrecht durchsetzen:

$$U_\mathrm{H} = R_\mathrm{H} \frac{BI}{d} \tag{2.99}$$

$d$  Blättchendicke
$R_\mathrm{H}$  Hall-Konstante
$B$  magnetische Flußdichte

$$R_\mathrm{H} = \frac{1}{ne} \tag{2.100}$$

$n$  Ladungsträgerdichte ($\to$ 6.5.1.)
$e \approx 1{,}602 \cdot 10^{-19}$ C Elementarladung

Die **Hall-Konstante** ist materialabhängig ($\to$ Tabelle 2.10). Sie beeinflußt direkt die Größe der entstehenden Spannung $U_\mathrm{H}$. Diese erreicht z. B. bei Verwendung von InAs ($d = 0{,}1$ mm), einem Steuerstrom von 1 A und einer magnetischen Flußdichte von $0{,}1$ T den Betrag von $0{,}1$ V.

Mit Ausnahme von Bismut treten bei Metallen nur sehr kleine, technisch nicht nutzbare Hall-Spannungen auf. Bedeutung erlangt der Hall-Effekt vorrangig bei Halbleitern ($\to$ Tabelle 2.10 und $\to$ 6.8.4.2).

▶ *Polarität der Hall-Spannung*: Ist $R_\mathrm{H} < 0$ (normaler Hall-Effekt), dann liegt Elektronenleitung vor. Die negativen Ladungen (Elektronen) sammeln sich nach der Linken-Hand-Regel auf der rechten Seite des Blättchens ($\to$ Bild 2.64) an. Bei

$R_\mathrm{H} > 0$ (anomaler Hall-Effekt) dominiert die Löcherleitung (Defektelektronenleitung), und es entsteht eine Hall-Spannung mit entgegengesetztem Vorzeichen. Auch die Richtungsumkehr des angelegten Magnetfeldes führt zu einer Änderung der Polarität der Hall-Spannung ($\rightarrow$ Bild 2.65).

*Tabelle 2.10 Hall-Konstanten verschiedener Materialien ($R_\mathrm{H}$-Werte der Elemente gelten für Raumtemperatur)*

| Element | $R_\mathrm{H}$ in $10^{-11}$ m³/C | |
|---|---|---|
| Kupfer | $-5,4$ | |
| Silber | $-9,0$ | |
| Antimon | $-19,8$ | |
| Bismut | $-54000$ | |
| Zink | $3,3$ | |
| Aluminium | $10,2$ | |
| Indium | $16,0$ | |
| Arsen | $450$ | |
| Halbleiter | $R_\mathrm{H}$ in $10^{-11}$ m³/C | $\vartheta$ in °C |
| InAs | $50\ldots100 \cdot 10^5$ | $0\ldots110$ |
| InAsP | $200 \cdot 10^5$ | $0\ldots110$ |
| InSb | $200\ldots300 \cdot 10^5$ | $200\ldots300$ |

*Arten von Hall-Elementen*:

- Hall-Sonde: vergossenes Halbleiterblättchen
- Hall-Generator: Kombination des Halbleiterblättchens mit dem Magneten in einem Bauelement.

■ *Anwendungen*:
- kontaktlose Signalabgriffe
- Messung und Steuerung von Magnetfeldern.

# 3 Wechselstrom

## 3.1 Grundgrößen und Grundbegriffe

### 3.1.1 Vorteile des Wechselstroms gegenüber Gleichstrom

Hauptvorteil der in der elektrischen Energietechnik vorzugsweise verwendeten Wechselspannungen und -ströme ist die verlustarme Übertragung großer Leistungen über weite Strecken aufgrund ihrer leichten Transformierbarkeit. Damit läßt sich die Stromstärke so weit herabsetzen, daß die Verluste durch Stromwärme $P_v = I^2 R$ in den Leitungen nur noch eine untergeordnete Rolle spielen. Abweichungen des Wechselstromes von der reinen Sinusform verursachen in den nichtohmschen Widerständen jedoch unerwünschte und u. U. gefährliche Oberwellen, während bei reiner Sinusform lediglich Phasenverschiebungen stattfinden. Elektrische Generatoren sind daher so konstruiert, daß sie nur rein sinusförmige Wechselspannungen liefern.

### 3.1.2 Kenngrößen sinusförmiger Wechselgrößen

**Augenblickswert**. Rotiert nach Bild 3.1 ein senkrecht zur Zeichenebene verlaufendes Leiterstück L der Länge $l$ mit der Bahngeschwindigkeit $v$ in einem homogenen Magnetfeld der Flußdichte $B$, so wird die Spannung

$$u = Blv \sin \alpha$$

induziert, wobei $\alpha$ der Winkel ist, den Bewegungsrichtung und Feldlinien einschließen. $v \sin \alpha$ ist dann die rechtwinklig zum Feld $B$ gerichtete Geschwindigkeitskomponente. Bezeichnet $\hat{U}$ die bei $\alpha = 90°$ *maximal auftretende Spannung* und $u$ den zu einem beliebigen Winkel $\alpha$ gehörenden *Augenblickswert*, so gilt:

$$\boxed{u = \hat{U} \sin \alpha = \hat{U} \sin \omega t} \tag{3.1}$$

$\hat{U}$ Scheitelwert der Spannung
$u$ Augenblicks- oder Momentanwert zu einem beliebigen Zeitpunkt $t$
$\omega = 2\pi f$ Kreisfrequenz (Winkelfrequenz)
$f$ Frequenz
$T = 1/f$ Periodendauer
$\alpha = \omega t$ Phasenwinkel

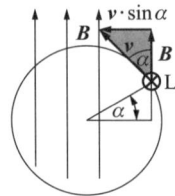

*Bild 3.1 Rotierender Leiter L im Magnetfeld B*

## 3.1.3 Zeiger- und Liniendiagramm

> Ein mit konstanter Winkelgeschwindigkeit im Gegenuhrzeigersinn umlaufender Zeiger bildet den Augenblickswert sinusförmiger Wechselgrößen ab.

Da die zeitlich veränderliche Wechselspannung einer einfachen Sinusfunktion folgt, kann sie auch als ein Zeiger aufgefaßt werden, der in mathematisch positivem (Links-)Sinn mit der konstanten Kreisfrequenz $\omega$ umläuft. Seine Projektion auf die senkrechte Achse stellt den Augenblickswert $u$ zur Zeit $t$, seine Länge den Scheitelwert $\hat{U}$ dar. Werden diese Projektionen über die daneben gezeichnete Zeitachse bei den zugehörigen Phasenwinkeln $\alpha = \omega t$ eingetragen, so ergibt sich das *Liniendiagramm* ($\to$ Bild 3.2) in Gestalt einer Sinuskurve, deren Abszisse im Grad- oder Bogenmaß eingeteilt werden kann.

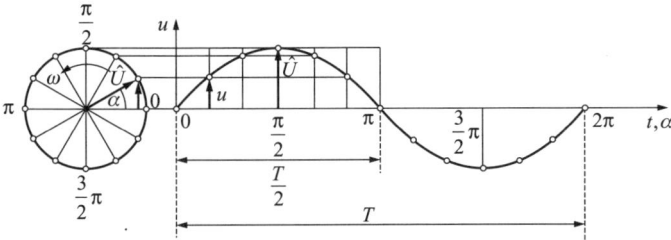

*Bild 3.2 Entstehung des Liniendiagramms aus dem Zeigerdiagramm*

**Augenblickswerte der Spannung und des Stromes.** Da die Kreisfrequenz bei den meisten Vorgängen konstant ist, kann der Zeiger auch *feststehend* gedacht werden. Hat der umlaufende Zeiger zur Zeit $t = 0$ bereits den Drehwinkel $\varphi$ (*Anfangsphase*) zurückgelegt, so ergeben sich folgende *Augenblickswerte der Spannung und des Stromes*:

$$\boxed{u = \hat{U}\sin(\omega t + \varphi)} \qquad \boxed{i = \hat{I}\sin(\omega t + \varphi)} \qquad (3.2)$$

## 3.1.4 Addition phasenverschobener Wechselgrößen gleicher Frequenz

**Phasenverschiebung**

> Die **Phasenverschiebung** kennzeichnet die Differenz der Nullphasenwinkel zwischen mehreren Wechselgrößen.

In vielen Fällen unterscheiden sich die Nullphasenwinkel mehrerer Wechselstromgrößen voneinander und weisen untereinander eine Phasenverschiebung $\varphi$ auf ($\rightarrow$ Bild 3.3).

$$\varphi = \varphi_2 - \varphi_1$$

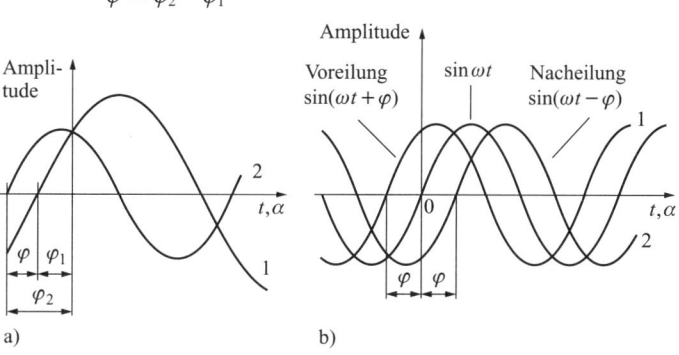

Bild 3.3 Phasenverschiebung $\varphi$
a) zwei Wechselgrößen
b) Vor- und Nacheilen von drei Wechselgrößen gleicher Frequenz

▶ *Beachte*: Die Angabe der Phasenverschiebung $\varphi$ ist nur bei gleichzeitiger Angabe der Phasenlage einer Bezugsgröße $\varphi_1$ oder $\varphi_2$ sinnvoll.

> $\dfrac{\text{Positiver}}{\text{Negativer}}$ Phasenwinkel oder $\dfrac{\text{Voreilung}}{\text{Nacheilung}}$ bedeutet Verschiebung der Sinuswelle in $\dfrac{\text{negativer}}{\text{positiver}}$ Richtung der Zeitachse.
>
> Im Zeigerdiagramm ist der $\dfrac{\text{voreilende}}{\text{nacheilende}}$ Zeiger gegenüber dem Bezugszeiger im $\dfrac{\text{Links-}}{\text{Rechts-}}$ Sinn um den Winkel $\pm\varphi$ gedreht ($\rightarrow$ Bild 3.3b).

**Addition im Zeiger- und Liniendiagramm**

Die Zusammenfassung von Zeigern erfolgt nach den Regeln der Vektoraddition ($\rightarrow$ Bild 3.4):

Der resultierende Zeiger ist gleich der Diagonalen des aus den beiden Komponenten gebildeten Parallelogramms.

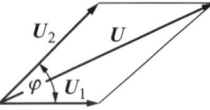

Bild 3.4 Addition von Zeigern

▶ *Beachte*: Alle als Zeiger darzustellenden Wechselgrößen werden durch Vektorschreibweise gekennzeichnet. Beispielsweise schreibt sich die Addition zweier Spannungen nach Bild 3.4:

$$\boldsymbol{U} = \boldsymbol{U}_1 + \boldsymbol{U}_2$$

Sind nur die Beträge von Zeigern gemeint, so enfällt die Vektorschreibweise. In einfachen Fällen kann der resultierende Zeiger grafisch, d. h. durch eine maßstäbliche Zeichnung, gefunden werden. Genauer ist die Berechnung mit dem Kosinussatz der Trigonometrie, wobei $\varphi$ der von den beiden Zeigern eingeschlossene Phasenwinkel ist; z. B. ergibt sich im Fall der beiden Spannungen $U_1$ und $U_2$ nach Bild 3.2:

$$U = \sqrt{U_1^2 + U_2^2 + 2U_1 U_2 \cos \varphi} \tag{3.3}$$

▶ *Beachte*: Das Pluszeichen des 3. Summanden resultiert daraus, daß der Kosinus des Winkels gegenüber der Resultierenden der Supplementwinkel zu $\varphi$ ist und das entgegengesetzte Vorzeichen hat.

Da auch die Resultierende im Zeigerdiagramm mitrotiert, gilt:

Das Liniendiagramm der Resultierenden ergibt wiederum eine exakte Sinuskurve. Sind die Komponenten gleich groß, so beträgt der Phasenwinkel der Resultierenden $\varphi/2$.

Bei unterschiedlicher Frequenz der Komponenten gelten die genannten Regeln jedoch nicht. Der Kurvenverlauf ist zwar periodisch, aber von kompliziertem Verlauf und muß mit Hilfe der Additionstheoreme mathematisch dargestellt werden.

### 3.1.5  Mittelwerte sinusförmiger Wechselgrößen

**Arithmetischer Mittelwert und Gleichrichtwert**

Bei einem Wechselstrom entspricht der **arithmetische Mittelwert** dem Flächeninhalt unter der Zeitfunktion über eine ganze Periode.

Da die negative Halbwelle der Sinuskurve genau symmetrisch zur positiven Halbwelle verläuft, ist der *arithmetische Mittelwert* einer Wechselstromgröße für eine *volle Periode T* gleich null (→ Bild 3.5).

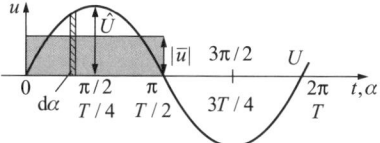

Bild 3.5  Gleichrichtwert $|u|$ und Scheitelspannung $\hat{U}$

Bei einem Wechselstrom entspricht der **arithmetische Mittelwert** einer Halbwelle (Gleichrichtwert) einem Gleichstrom. Dieser besitzt die gleiche elektrolytische Wirkung wie die Halbwelle des Wechselstroms.

Der **Gleichrichtwert** entspricht der Höhe des Rechteckes, das den gleichen Inhalt wie die Fläche unter einer Halbwelle hat. Er folgt durch Integration von 0 bis $\pi$. Für die Gleichrichtwerte $|\bar{u}|$ und $|\bar{\imath}|$ gilt:

$$|\bar{u}| = \frac{1}{\pi} \int_0^{\pi} \hat{U} \sin \alpha \, d\alpha = \frac{\hat{U}}{\pi} \left| -\cos \alpha \right|_0^{\pi} = \frac{2\hat{U}}{\pi} \tag{3.4}$$

$$\boxed{|\bar{\imath}| \approx \frac{2}{\pi}\hat{I}} \tag{3.5}$$

**Effektivwert**

Bei einem Wechselstrom erzeugt der **Effektivwert** in einem Wirkwiderstand die gleiche Wärmemenge wie ein gleich großer Gleichstrom.

Der **quadratische Mittelwert** oder Effektivwert (→ Bild 3.6) ist von großer praktischer Bedeutung. Da die hierbei umgesetzte Leistung in jedem Augenblick nach Gl. (1.18) $P = I^2 R$ ist, ergibt sich für den **Effektivwert des Stromes** $I$ allgemein

$$I = \sqrt{\frac{1}{T} \int_0^T i(t)^2 \, dt} \tag{3.6}$$

Bei sinusförmigem Stromverlauf gilt

$$I = \sqrt{\frac{1}{2\pi} \int_0^{2\pi} (\hat{I} \sin \alpha)^2 \, d\alpha} = \sqrt{\frac{\hat{I}^2}{2\pi} \left| \frac{\alpha}{2} - \frac{1}{4}\sin 2\alpha \right|_0^{2\pi}}$$

$$= \frac{\hat{I}}{\sqrt{2}} \approx 0{,}707\hat{I} \tag{3.7}$$

Nach Gl. (1.18), welche $I^2$ enthält, entspricht daher die von einer Wechselstromquelle umgesetzte mittlere Leistung der halben Leistung einer Gleichstromquelle, deren Strom dem Scheitelwert des Wechselstromes entspricht.

Für den **Effektivwert der Spannung** gilt analog zu Gl. (3.7)

$$\tilde{u} = \sqrt{\frac{1}{T}\int_0^T u^2(t)\,\mathrm{d}t} = \frac{\hat{U}}{\sqrt{2}} \approx 0{,}707\hat{U} \tag{3.8}$$

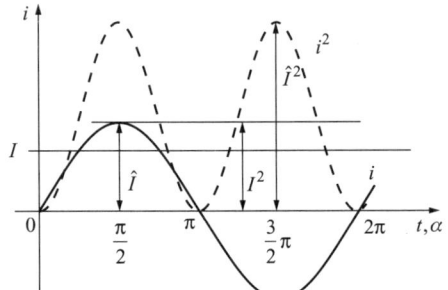

Bild 3.6 *Effektivwert I und Scheitelstrom Î*

▶ *Beachte*: Die Formelzeichen für die Effektivwerte lauten unter Weglassung der Tilde (Wellenlinie) einfach $U$ und $I$. Da sich Scheitel- und Effektivwert nur um den konstanten Faktor $1/\sqrt{2} = \sqrt{2}/2$ unterscheiden, ändern sich die Phasenbeziehungen nicht.

In alle Zeigerdiagramme werden üblicherweise Effektivwerte eingetragen.

### 3.1.6  Scheitel- und Formfaktor

Der **Scheitelfaktor** kennzeichnet das Verhältnis zwischen dem Scheitel- und dem Effektivwert einer Wechselgröße beliebiger Kurvenform.

$$k_\mathrm{s} = \frac{\hat{U}}{U} \tag{3.9}$$

Für reine Sinusgrößen ist nach Gl. (3.8) $k_\mathrm{s} = \sqrt{2} \approx 1{,}414$.

■ *Anwendung*: Bewertung der Isolationsbeanspruchung in der Hochspannungstechnik.

## 3.1 Grundgrößen und Grundbegriffe

> Der **Formfaktor** $k_\mathrm{f}$ ist das Verhältnis des Effektivwertes zum Gleichrichtwert.

$$k_\mathrm{f} = \frac{U}{|\overline{u}|} \tag{3.10}$$

Der Formfaktor ist ein Maß für die Kurvenform. Für reine Sinusgrößen ergibt sich mit den Gln. (3.4) und (3.8):

$$k_\mathrm{f} = \frac{\pi}{2\sqrt{2}} \approx 1{,}111$$

Je mehr die Kurvenform einem Rechteck ähnelt, um so mehr nähert sich der Formfaktor dem Wert eins.

■ *Anwendung*:
- Umrechnungsfaktor zwischen der Meßwertanzeige und dem Effektivwert der zu bestimmenden Wechselgröße in der Meßtechnik
- Berechnung eisengefüllter Drosseln.

**Scheitelfaktor bei verzerrter Stromkurve**

Infolge des nichtlinearen Verlaufes der Magnetisierungskurve erfährt die Stromkurve bei Spulen mit Eisenkern eine erhebliche Verzerrung. Dagegen sind der magnetische Fluß $\Phi$ bei sinusförmiger Klemmenspannung und damit die magnetische Flußdichte $B$ (um 90° nacheilend) sinusförmig.

■ *Konstruktion des zeitlichen Verlaufes der Feldstärke H ($\rightarrow$ Bild 3.7)*:
- Zeichnen einer Sinushalbwelle $B(t)$ mit dem Scheitelwert $B_\mathrm{max}$ und linearer Teilung der Zeitachse,
- Aufsuchen der zu diesen Zeitpunkten gehörenden $B$-Werte auf der Magnetisierungskurve $B(H)$ und der zugeordneten $H$-Werte,
- Übertragen der $H$-Werte als Ordinaten über den Teilpunkten der $B(t)$-Kurve,
- Zeichnen der $H(t)$-Kurve.

Wegen des Zusammenhangs $I = Hl/N$ gibt diese Kurve zugleich den Stromverlauf wieder.

*Berechnung*: Der Effektivwert der Feldstärke $\tilde{h}$ folgt analog zu Gl. (3.6) aus dem Mittel der Quadrate der $H$-Werte:

$$\tilde{h} = \sqrt{\overline{H^2}}$$

Der Scheitelfaktor ergibt sich mit dem zu $B_\mathrm{max}$ gehörenden Wert der magnetischen Feldstärke:

$$k_\mathrm{s} = \frac{H_\mathrm{max}}{H}$$

Für das im Bild 3.7 gezeigte Beispiel ergibt sich grafisch für $\overline{H} = 676$ A/m und damit für $k_s = 2,44$.

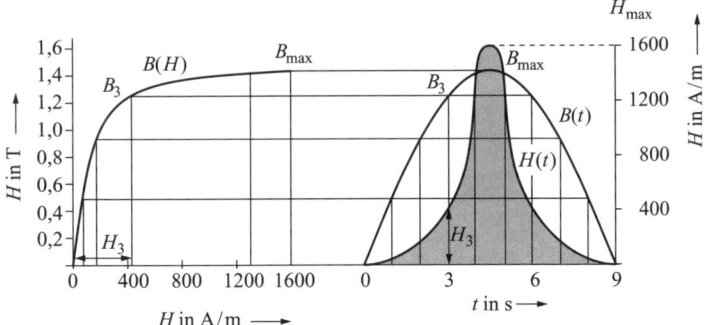

Bild 3.7 *Verlauf der magnetischen Feldstärke bei verzerrter Stromkurve*

> Je geradliniger die Magnetisierungskurve ist, desto mehr nähern sich die Scheitelfaktoren der Feldstärke und des Stromes dem Wert $\sqrt{2} \approx 1,41$.

## 3.2 Widerstände im Wechselstromkreis

### 3.2.1 Wirkwiderstand

> Der **Wirkwiderstand** setzt die einem Leiter zugeführte Energie vollständig in nichtelektrische Energie (z. B. Wärme oder Licht) um. Er verursacht daher Leistungsverlust.

Der Leiter verhält sich bei diesem Vorgang als **Wirkwiderstand** (ohmscher Widerstand). Es gilt das Ohmsche Gesetz:

> Im Wirkwiderstand sind Spannung und Strom in jedem Augenblick in gleicher Phase.

### 3.2.2 Induktiver Widerstand

> Der **induktive Widerstand** ist der Induktivität und der Kreisfrequenz proportional und führt zu keinem Leistungsverlust.

## 3.2 Widerstände im Wechselstromkreis

Wird der Einfachheit halber vom Wirkwiderstand abgesehen, so bewirkt die Induktivität $L$ einer Spule nach Gl. (2.77) den Spannungsabfall:

$$u_L = L\frac{di}{dt} = L\frac{d(\hat{I}\sin\omega t)}{dt} \tag{3.11}$$

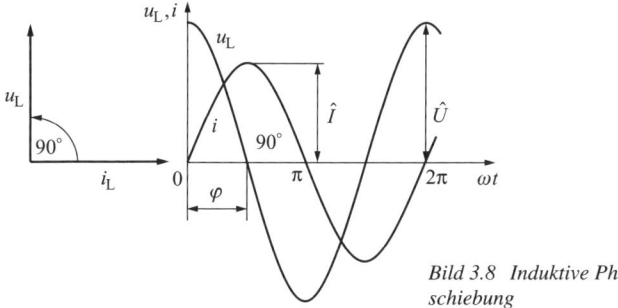

Bild 3.8 Induktive Phasenverschiebung

Mit dem Differentialquotienten

$$\frac{di}{dt} = \omega\hat{I}\cos\omega t = \omega\hat{I}\sin(\omega t + 90°)$$

ergibt sich die Spannung

$$u_L = L\omega\hat{I}\sin(\omega t + 90°) \tag{3.12}$$

> Die an einer Induktivität liegende Spannung eilt dem Strom um 90° voraus ($\rightarrow$ Bild 3.8).

Für die Effektivwerte gilt dann nach den Gln. (3.11) und (3.12):

$$U_L = \omega L I \tag{3.13}$$

Der **induktive Blindwiderstand** ist das Produkt $\omega L$ (vergleichbar mit $U = RI$):

$$\boxed{X_L = \omega L} \tag{3.14}$$

Er ist bei der Kreisfrequenz $\omega = 0$ (Gleichstrom) gleich null und wächst mit steigender Frequenz.

### 3.2.3 Kapazitiver Widerstand

> Der **kapazitive Widerstand** ist der Kapazität und der Kreisfrequenz umgekehrt proportional und führt zu keinem Leistungsverlust.

## 3 Wechselstrom

Wird an einen Kondensator der Kapazität $C$ eine Wechselspannung gelegt, so beträgt der Momentanwert des Stromes nach Gl. (2.15):

$$i = C \frac{du}{dt} \qquad (3.15)$$

Mit dem Differentialquotienten

$$\frac{du}{dt} = \frac{d(\hat{U}\sin\omega t)}{dt} = \hat{U}\omega\cos\omega t = \hat{U}\omega\sin(\omega t + 90°)$$

ergibt sich der Strom:

$$i = C\hat{U}\omega\sin(\omega t + 90°) \qquad (3.16)$$

Für den durch einen kapazitiven Widerstand fließenden Strom gilt daher:

> Der durch einen Kondensator fließende Strom eilt der Spannung um 90° voraus ($\rightarrow$ Bild 3.9).

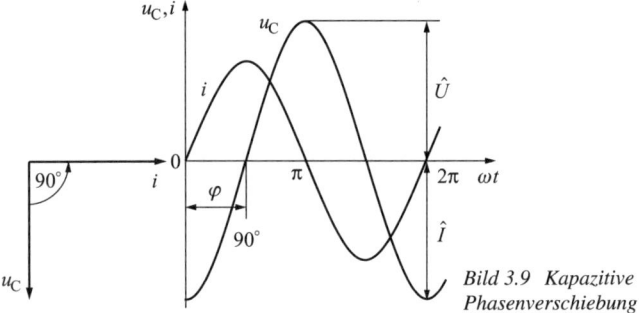

Bild 3.9 Kapazitive Phasenverschiebung

Für $t = 0$ erreicht der Strom in Gl. (3.16) wegen $\sin 90° = 1$ seinen Scheitelwert $\hat{I} = \omega C \hat{U}_C$. Der Effektivwert lautet:

$$I = \omega C U_C \qquad (3.17)$$

Das Produkt $\omega C$ (vergleichbar mit $I = GU$) entspricht dem kapazitiven Blindleitwert. Für den **kapazitiven Blindwiderstand** gilt

$$X_C = -\frac{1}{\omega C} \qquad (3.18)$$

Er ist bei der Frequenz $f = 0$ unendlich groß und wird mit zunehmender Frequenz immer kleiner.

## 3.3 Komplexe Wechselgrößen

Die Rechnung mit verschiedenen Größen im Wechselstromkreis läßt sich durch den Übergang zur komplexen Schreibweise vielfach vereinfachen und dient auch dem besseren Verständnis. Dies gilt insbesondere für Widerstand, Leitwert und Strom in umfangreichen Netzwerken mit kapazitiven und induktiven Schaltelementen. Darüber hinaus ist vom experimentellen Standpunkt aus die Definition komplexer Zustandsgrößen, wie z. B. der Permeabilität und der Permittivität, sehr günstig, wenn deren Verhalten bei veränderten Meßbedingungen zu untersuchen ist.

### 3.3.1 Grundlagen

Mit der imaginären Einheit $j = \sqrt{-1}$ gelten folgende Definitionen (vgl. Bild 3.10):
- Komplexe Zahl $\quad \underline{A} = a + jb$
- $a = \mathrm{Re}\,(\underline{A})$ reelle Zahl
  $b = \mathrm{Im}\,(\underline{A})$ imaginäre Zahl
- Konjugiert komplexe Zahl $\quad \underline{A}^* = a - jb$
- Betrag einer komplexen Zahl $\quad A = \sqrt{a^2 + b^2}$
- Phasenbeziehungen $\quad \tan \varphi = \dfrac{b}{a} = \dfrac{\mathrm{Im}\,(\underline{A})}{\mathrm{Re}\,(\underline{A})}$

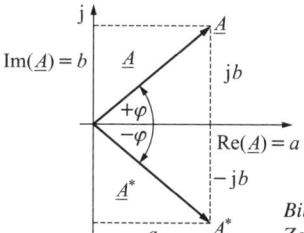

Bild 3.10 Komplexe Zahlenebene mit Zeigerdarstellung von $\underline{A}$ und $\underline{A}^*$

Tabelle 3.1 enthält weitere Darstellungen komplexer Zahlen.

*Tabelle 3.1 Darstellungsformen komplexer Größen*

| Bezeichnung | komplex | konjugiert komplex |
|---|---|---|
| arithmetisch[1] | $\underline{A} = a + jb$ | $\underline{A}^* = a - jb$ |
| trigonometrisch | $\underline{A} = A(\cos \varphi + j \sin \varphi)$ | $\underline{A}^* = A(\cos \varphi - j \sin \varphi)$ |
| exponentiell | $\underline{A} = A e^{j\varphi}$ | $\underline{A}^* = A e^{-j\varphi}$ |
| Eulersche Formeln | $e^{j\varphi} = \cos \varphi + j \sin \varphi$ | $e^{-j\varphi} = \cos \varphi - j \sin \varphi$ |

[1] Normalform

## 3.3.2 Arithmetik

Liegen z. B. zwei komplexe Größen vor, so ergeben sich die in Tabelle 3.2 zusammengestellten Regeln.

*Tabelle 3.2 Regeln bei der Behandlung von zwei komplexen Größen*

| Operation | arithmetische Form | exponentielle Form |
|---|---|---|
| Gleichheit | Real- und Imaginärteile stimmen überein | Betrag und Phasenwinkel stimmen überein |
| Addition (Subtraktion) | Real- und Imaginärteile werden getrennt addiert (subtrahiert) <br> ■ *Beispiel*: <br> $(3 + j5) - (2 - j3) = 1 + j8$ | |
| Multiplikation | Klammerregeln anwenden <br><br> ■ *Beispiel*: <br> $(3 + j5)(2 - j3) = 21 + j$ | Beträge multiplizieren, Exponenten addieren <br> ■ *Beispiel*: <br> $5e^{j30} \cdot 3e^{-j45} = 15e^{-j15}$ |
| Division | Erweitern mit $\underline{A}^*$ des Nenners, getrennte Division des Real- und Imaginärteils <br> ■ *Beispiel*: <br> $(2+j)/(1-j3) = -0,1 + j0,7$ | Beträge dividieren, Exponenten subtrahieren <br> ■ *Beispiel*: <br> $5e^{j30}/3e^{-j45} = 5/3 \cdot e^{j75}$ |

## 3.4 Schaltungen von Widerständen im Wechselstromkreis

### 3.4.1 Reihenschaltungen

**R und L in Reihe** ($\rightarrow$ Bild 3.11)

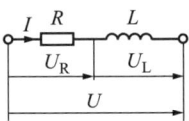

*Bild 3.11 Reihenschaltung aus R und L*

**Gesamtspannung.** Durch beide Widerstände fließt derselbe Strom $I$. Während die am Wirkwiderstand liegende Spannung mit dem Strom phasengleich ist, eilt die an der Induktivität liegende Spannung dem Strom um 90° voraus ($\omega > 0$). Mit dem *Strom als Bezugsrichtung* ergibt das Zeigerdiagramm ($\rightarrow$ Bild 3.12) die Gesamtspannung:

$$U = \sqrt{U_R^2 + U_L^2} \tag{3.19}$$

## 3.4 Schaltungen von Widerständen im Wechselstromkreis

**Scheinwiderstand/Impedanz.** Dividiert man alle Spannungen durch den gemeinsamen Strom $I$, so entsteht das geometrisch ähnliche Widerstandsdiagramm ($\to$ Bild 3.13). Daraus folgt für den Betrag des Scheinwiderstandes oder der Impedanz:

$$Z = \sqrt{R^2 + (\omega L)^2} \tag{3.20}$$

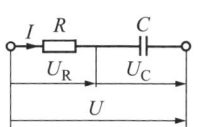
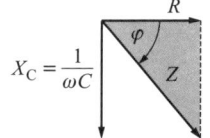

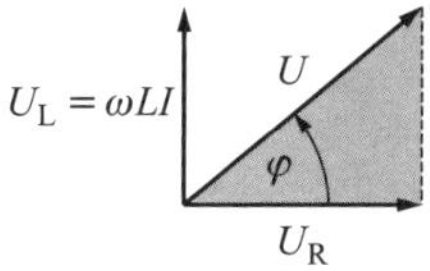

*Bild 3.12 Spannungsdiagramm zur Schaltung von Bild 3.11*

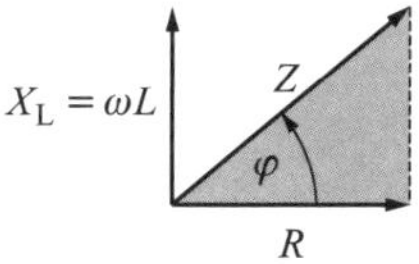

*Bild 3.13 Widerstandsdiagramm zur Schaltung von Bild 3.11*

Für den Phasenwinkel der Gesamtspannung gegenüber dem Strom $I$ bzw. des Scheinwiderstandes gegenüber dem Wirkwiderstand $R$ gilt:

> Die **Impedanz** läßt sich auch aus dem Verhältnis der Effektivwerte von Spannung und Strom darstellen.

$$\tan \varphi = \frac{X_L}{R} = \frac{\omega L}{R} \tag{3.21}$$

Liegen die Schaltelemente $R$ und $L$ getrennt vor, so können die Teilspannungen $U_R$ und $U_L$ direkt gemessen werden. Da aber jede Spule außer dem induktiven Widerstand zugleich auch einen Wirkwiderstand darstellt, kann hier nur die Gesamtspannung $U$ gemessen werden, Bild 3.11 ist dann das *Ersatzschaltbild der Spule*. Der Wirkwiderstand $R$ kann z. B. mit Hilfe einer Gleichstrommessung bestimmt werden. Die Induktivität ergibt sich nach Gl. (3.20).

**$R$ und $C$ in Reihe** ($\to$ Bild 3.14)

*Bild 3.14 Reihenschaltung aus $R$ und $C$*

*Bild 3.15 Widerstandsdiagramm zur Schaltung von Bild 3.14*

**Gesamtspannung.** Durch eine aus $R$ und $L$ gebildete Reihenschaltung fließt der gemeinsame Strom $I$, dem die am Kondensator liegende Spannung um 90°

nacheilt ($\varphi < 0$). Die Gesamtspannung ist:

$$U = \sqrt{U_R^2 + U_C^2} \tag{3.22}$$

**Scheinwiderstand.** Die Division von Gl. (3.22) durch den Strom $I$ führt wieder zum Widerstandsdiagramm ($\rightarrow$ Bild 3.15). Daraus folgt für den Betrag des Scheinwiderstandes:

$$Z = \sqrt{R^2 + \frac{1}{(\omega C)^2}} \tag{3.23}$$

Für den **Phasenwinkel** gilt:

$$\tan\varphi = \frac{X_C}{R} = \frac{1}{\omega RC} \tag{3.24}$$

**$R$, $L$ und $C$ in Reihe** ($\rightarrow$ Bild 3.16, $\rightarrow$ Tafel 3.1)

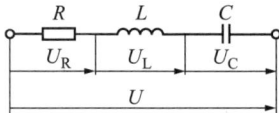

Bild 3.16 Reihenschaltung aus $R$, $L$ und $C$

**Scheinwiderstand.** Überwiegt der induktive Widerstand $\omega L$ gegenüber dem kapazitiven Widerstand $1/(\omega C)$, so hat die Schaltung induktiven Charakter ($\rightarrow$ Bild 3.17). Im Fall $\omega L < 1/(\omega C)$ verhält sich die Schaltung kapazitiv ($\rightarrow$ Bild 3.18). Nach dem Widerstandsdiagramm ergibt sich der Betrag des Scheinwiderstandes:

$$Z = \sqrt{R^2 + \left(\omega L - \frac{1}{\omega C}\right)^2} \tag{3.25}$$

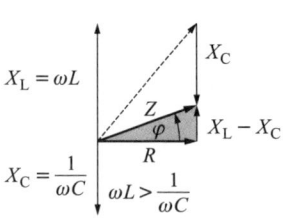

Bild 3.17 Widerstandsdiagramm bei $\omega L < 1/(\omega C)$

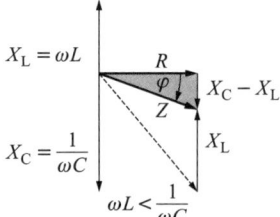

Bild 3.18 Widerstandsdiagramm bei $\omega L > 1/(\omega C)$

3.4 Schaltungen von Widerständen im Wechselstromkreis

Für den **Phasenwinkel** gilt:

$$\tan\varphi = \frac{X_L - X_C}{R} = \frac{\omega L - \dfrac{1}{\omega C}}{R} \qquad (3.26)$$

*Tafel 3.1 Zeigerdiagramme, Phasenwinkel und Scheinwiderstände einfacher Reihenschaltungen*

| Schaltung | Zeigerdiagramm | $\varphi$ | Betrag des Scheinwiderstandes Z | $\tan\varphi$ |
|---|---|---|---|---|
| 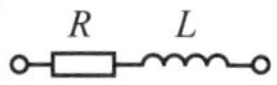 R L (Reihe) | 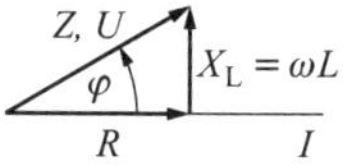 $X_L = \omega L$ | + | $\sqrt{R^2 + (\omega L)^2}$ | $+\dfrac{\omega L}{R}$ |
|  R C (Reihe) | 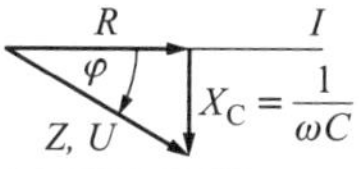 $X_C = \dfrac{1}{\omega C}$ | − | $\sqrt{R^2 + \left(\dfrac{1}{\omega C}\right)^2}$ | $-\dfrac{1}{\omega RC}$ |
|  L C (Reihe) | 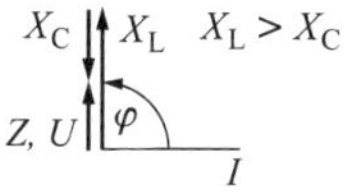 $X_L > X_C$ | +90° | $\omega L - \dfrac{1}{\omega C}$ | $+\infty$ |
| R L C ($X_L > X_C$) | 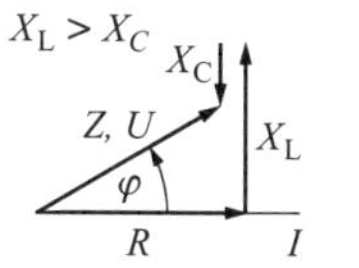 | + | $\sqrt{R^2 + \left(\omega L - \dfrac{1}{\omega C}\right)^2}$ | $+\dfrac{\omega L - \dfrac{1}{\omega C}}{R}$ |
| 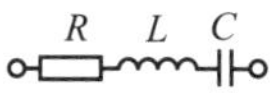 R L C ($X_L = X_C$) | 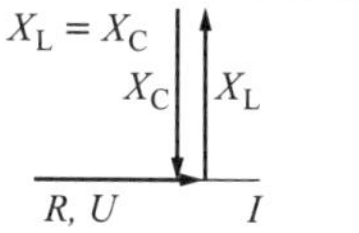 | 0 | $R$ | 0 |
| R L C ($X_C > X_L$) | 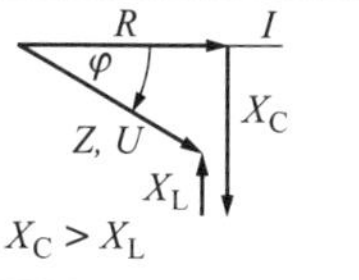 | − | $\sqrt{R^2 + \left(\dfrac{1}{\omega C} - \omega L\right)^2}$ | $-\dfrac{\dfrac{1}{\omega C} - \omega L}{R}$ |

## 3.4.2 Parallelschaltungen

**Stromdiagramm**

Im **Stromdiagramm** erfolgt eine Darstellung der Effektivwertströme.

Da sich bei der Parallelschaltung die Ströme addieren, geht man vorteilhafterweise vom Stromdiagramm aus (→ Bild 3.20).

> Bezugsrichtung des Stromdiagramms ist die gemeinsame Spannung.

**R und L parallel** (→ Bild 3.19)

**Gesamtstrom.** Der Strom durch den Wirkwiderstand $R$ liegt mit der Spannung in gleicher Phase, der Strom in der Spule eilt der Spannung um 90° nach ($-90° < \varphi < 0°$). Der Gesamtstrom ist nach Bild 3.20:

$$I = \sqrt{I_R^2 + I_L^2} \qquad (3.27)$$

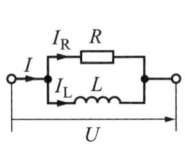
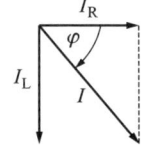
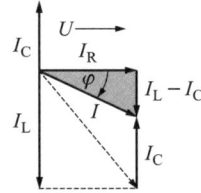

Bild 3.19 Parallelschaltung aus R und L

Bild 3.20 Stromdiagramm zu Bild 3.19

Bild 3.21 Stromdiagramm mit $I_L > I_C$

**R und C parallel**

In einem zum Wirkwiderstand $R$ parallelgeschalteten Kondensator eilt der Strom 90° gegenüber der Spannung vor ($90° > \varphi > 0°$).

$$I = \sqrt{I_R^2 + I_C^2} \qquad (3.28)$$

**R, L und C parallel** (→ Tafel 3.2)

**Gesamtstrom.** Die Ströme in der Spule und im Kondensator laufen einander entgegen. Der Gesamtstrom ist (→ Bild 3.21):

$$I = \sqrt{I_R^2 + (I_L - I_C)^2} \qquad (3.29)$$

**Leitwertdiagramm**

Bei Parallelschaltungen ist es zweckmäßiger, mit den Leitwerten anstelle der Widerstände zu rechnen (→ Tabelle 3.3).

Setzt man z. B. in Gl. (3.27) $I = UY$, $I_R = UG$ und $I_L = UB_L$ ein, so ergibt sich:

$$UY = \sqrt{(UG)^2 + (UB_L)^2}$$

*Tabelle 3.3 Leitwerte*

| Art des Leitwertes | Gleichung |
|---|---|
| Scheinleitwert | $Y = 1/Z$ |
| Wirkleitwert | $G = 1/R$ |
| Induktiver Blindleitwert | $B_L = -1/X_L = -1/(\omega L)$ |
| Kapazitiver Blindleitwert | $B_C = 1/X_C = \omega C$ |

Die Division durch $U$ liefert den **Scheinleitwert** $Y$ für $R$ und $L$:

$$Y = \sqrt{G^2 + B_L^2} \tag{3.30}$$

### 3.4.3 Darstellung komplexer Größen in Wechselstromkreisen

**Reelle und imaginäre Grundgrößen**

Die Behandlung komplizierter Wechselstromkreise läßt sich einfach und übersichtlich darstellen, wenn die Widerstands- und Stromdiagramme in die komplexe Zahlenebene gelegt werden[1].

Durch Verwendung komplexer Größen und deren mathematischer Gesetze können beliebige zusammengesetzte Wechselstromkreise auf die Gesetze des Gleichstromkreises zurückgeführt werden.

Tabelle 3.4 kennzeichnet den komplexen Widerstand oder Widerstandsoperator $\underline{Z}$.

*Tabelle 3.4 Real- und Imaginärteile des komplexen Widerstandes oder des Widerstandsoperators $\underline{Z}$*

|  | Wirkwiderstand | induktiver Widerstand | kapazitiver Widerstand |
|---|---|---|---|
| $\underline{Z} = R + jX$ | $R$ | $j\omega L$ | $-j/(\omega C)$ |
| $R$ | $R$ | 0 | 0 |
| $X$ | 0 | $\omega L$ | $1/(\omega C)$ |

**Reihenschaltungen** ($\rightarrow$ Tabelle 3.5)

*Tabelle 3.5 Komplexe Widerstände von Reihenschaltungen*

| Schaltung | Komplexer Widerstand |
|---|---|
| $R$ und $L$ in Reihe | $\underline{Z} = R + jX_L = R + j\omega L$ |
| $R$ und $C$ in Reihe | $\underline{Z} = R - jX_C = R - j/(\omega C)$ |
| $R$, $L$ und $C$ in Reihe | $\underline{Z} = R + j(X_L - X_C) = R + j[\omega L - 1/(\omega C)]$ |

---

[1] Komplexe Wechselstromgrößen werden durch Unterstreichen gekennzeichnet.

Tafel 3.2 Zeigerdiagramme, Phasenwinkel und Scheinwiderstände einfacher Parallelschaltungen

| Schaltung | Zeigerdiagramm | $\varphi$ | Betrag des Scheinwiderstandes $Z$ | $\tan \varphi$ |
|---|---|---|---|---|
| 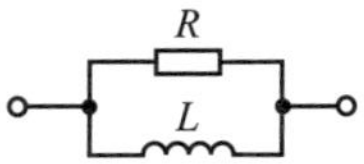 $R \parallel L$ | 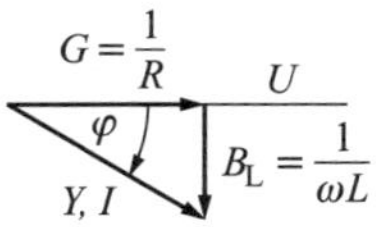 $G=\frac{1}{R}$, $U$, $B_L=\frac{1}{\omega L}$, $Y,I$, $\varphi$ | $-$ | $\dfrac{\omega R L}{\sqrt{R^2+(\omega L)^2}}$ | $-\dfrac{R}{\omega L}$ |
| 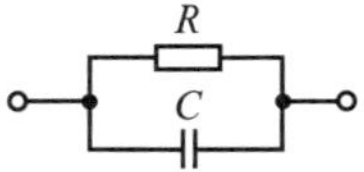 $R \parallel C$ | 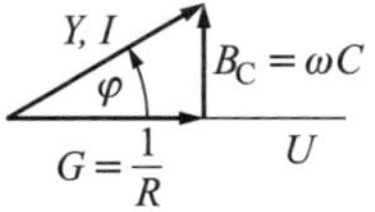 $B_C=\omega C$, $Y,I$, $\varphi$, $G=\frac{1}{R}$, $U$ | $+$ | $\dfrac{R}{\sqrt{1+(\omega R C)^2}}$ | $+\omega R C$ |
| 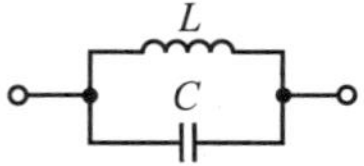 $L \parallel C$ | 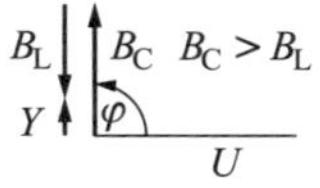 $B_L$, $B_C$, $B_C>B_L$, $Y$, $\varphi$, $U$ | $+90°$ | $\dfrac{\omega L}{\omega^2 L C - 1}$ | $-\infty$ |

Tafel 3.2 Zeigerdiagramme, Phasenwinkel und Scheinwiderstände einfacher Parallelschaltungen (Fortsetzung)

| Schaltung | Zeigerdiagramm | $\varphi$ | Betrag des Scheinwiderstandes $Z$ | $\tan\varphi$ |
|---|---|---|---|---|
| 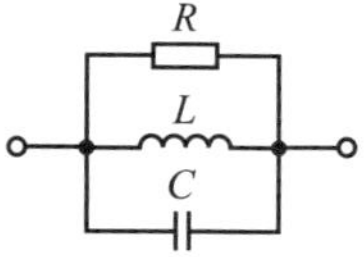 $R \parallel L \parallel C$ | 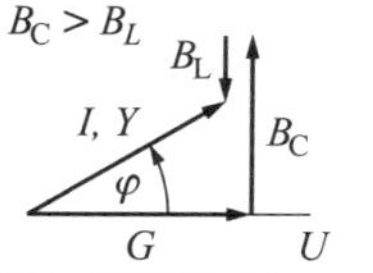 $B_C > B_L$; $I, Y$, $B_C$, $\varphi$, $B_L$, $G$, $U$ | $+$ | $\dfrac{\omega R L}{\sqrt{R^2(\omega^2 LC - 1)^2 + (\omega L)^2}}$ | $+\dfrac{R(\omega^2 LC - 1)}{\omega L}$ |
| | 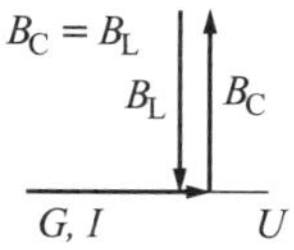 $B_C = B_L$; $B_C$, $B_L$, $G, I$, $U$ | $0$ | $R$ | $0$ |
| | 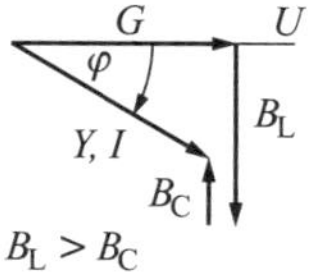 $B_L > B_C$; $U$, $B_L$, $\varphi$, $Y, I$, $B_C$, $G$ | $-$ | $\dfrac{\omega R L}{\sqrt{R^2(1 - \omega^2 LC)^2 + (\omega L)^2}}$ | $-\dfrac{R(1 - \omega^2 LC)}{\omega L}$ |

Die Beträge komplexer Größen von Reihenschaltungen stimmen unter Verwendung der mathematischen Gesetze für komplexe Größen mit den Berechnungen in 3.4.1 überein (→ Tafel 3.1).

$$\tan \varphi = \frac{\operatorname{Im} \underline{Z}}{\operatorname{Re} \underline{Z}} \qquad (3.31)$$

**Parallelschaltungen** (→ Tabelle 3.6)

*Tabelle 3.6 Komplexe Ströme und Leitwerte von Parallelschaltungen*

| Schaltung | Komplexer Strom | Komplexer Leitwert |
|---|---|---|
| $R$ und $L$ parallel | $\underline{I} = I_R - jI_L$ | $\underline{Y} = G - jB_L = \frac{1}{R} - j\frac{1}{\omega L}$ |
| $R$ und $C$ parallel | $\underline{I} = I_R + jI_C$ | $\underline{Y} = G - jB_C = \frac{1}{R} + j\omega C$ |
| $R$, $L$ und $C$ parallel | $\underline{I} = I_R + j(I_C - I_L)$ | $\underline{Y} = G - j(B_C - B_L) = \frac{1}{R} + j\left(\omega C - \frac{1}{\omega L}\right)$ |

Die Beträge komplexer Größen von Parallelschaltungen stimmen mit den Berechnungen in 3.4.2 überein (→ Tafel 3.2).

$$\tan \varphi = \frac{\operatorname{Im} \underline{I}}{\operatorname{Re} \underline{I}} = \frac{\operatorname{Im} \underline{Y}}{\operatorname{Re} \underline{Y}} \qquad (3.32)$$

**Komplexer Widerstand von Parallelschaltungen**

Während der komplexe Leitwert einer Parallelschaltung aus dem Leitwertdiagramm sofort abgelesen werden kann, erfordert die Ermittlung des entsprechenden komplexen Widerstandes mathematischen Aufwand. Hierfür bieten sich zwei Wege:

- Errechnung des Scheinleitwertes und anschließende Umwandlung in $\underline{Z} = 1/\underline{Y}$
- Anwendung der für Gleichstrom gültigen Gesetze unter Einsetzung der komplexen Widerstände

### 3.4.4 Umwandlung von Schaltungen

Jede Reihenschaltung komplexer Widerstände läßt sich durch eine elektrisch gleichwertige (äquivalente) Parallelschaltung ersetzen und umgekehrt. Voraussetzung ist Frequenzgleichheit in beiden Schaltungen.

## 3.4 Schaltungen von Widerständen im Wechselstromkreis

**Umwandlung einer Reihenschaltung in eine äquivalente Parallelschaltung**

Die Widerstände der Reihenschaltung werden mit dem Index r und die der Parallelschaltung mit dem Index p bezeichnet. Die komplexen Leitwerte beider Schaltungen müssen gleich sein ($\to$ Bild 3.22):

*Reihenschaltung = Parallelschaltung*

$$\underline{Y} = \frac{1}{\underline{Z}} = \frac{1}{R_r + jX_r} = G_P - jB_P$$

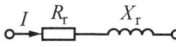

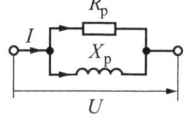

Bild 3.22  Reihenschaltung und äquivalente Parallelschaltung

Erweitern mit dem konjugiert komplexen Wert $R_r - jX_r$:

$$\frac{R_r}{R_r^2 + X_r^2} - j\frac{X_r}{R_r^2 + X_r^2} = \frac{1}{R_P} - j\frac{1}{X_P}$$

Vergleich der reellen und imaginären Komponenten:

$$\boxed{R_P = \frac{Z^2}{R_r}} \qquad \boxed{X_P = \frac{Z^2}{X_r}} \qquad (3.33)$$

**Umwandlung einer Parallelschaltung in eine äquivalente Reihenschaltung**

Mit den Bezeichnungen des vorigen Abschnittes ergeben sich die Scheinwiderstände der beiden Schaltungen:

*Reihenschaltung = Parallelschaltung*

$$R_r + jX_r = \frac{R_P \, jX_P}{R_P + jX_P}$$

Erweitern der rechten Seite mit dem konjugiert komplexen Wert:

$$R_r + jX_r = \frac{R_P X_P^2 + jR_P^2 X_P}{R_P^2 + X_P^2}$$

Vergleich der reellen und imaginären Komponenten:

$$\boxed{R_r = \frac{R_P X_P^2}{R_P^2 + X_P^2}} \qquad \boxed{X_r = \frac{R_P^2 X_P}{R_P^2 + X_P^2}} \qquad (3.34)$$

## Umwandlung einer Dreieckschaltung in eine äquivalente Sternschaltung und umgekehrt

Zur Umwandlung dienen die in 1.2.4 genannten Gleichungen, die auf komplexe Widerstände anzuwenden sind.

■ *Beispiel*: Wie lauten die Sternersatzwiderstände ($\rightarrow$ Bild 3.24) der in Bild 3.23 angegebenen Dreieckschaltung mit $\underline{Z}_1 = 1\ \Omega$, $\underline{Z}_2 = (2+\text{j})\ \Omega$ und $\underline{Z}_3 = (2-\text{j}5)\ \Omega$?

Die Anwendung von Gl. (1.24) ergibt

$$\underline{Z}_A = \frac{(2+\text{j})(2-\text{j}5)\ \Omega^2}{(5-\text{j}4)\ \Omega} = \frac{(9-\text{j}8)(5+\text{j}4)\ \Omega^2}{41\ \Omega} \approx (1,9+\text{j}0,1)\ \Omega$$

$$\underline{Z}_B = \frac{1(2-\text{j}5)\ \Omega^2}{(5-\text{j}4)\ \Omega} = \frac{(2-\text{j}5)(5+\text{j}4)\ \Omega^2}{41\ \Omega} \approx (0,7-\text{j}0,4)\ \Omega$$

$$\underline{Z}_C = \frac{1(2+\text{j})\ \Omega^2}{(5-\text{j}4)\ \Omega} = \frac{(2+\text{j})(5+\text{j}4)\ \Omega^2}{41\ \Omega} \approx (0,1+\text{j}0,3)\ \Omega$$

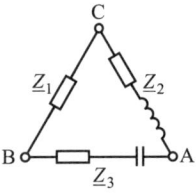

Bild 3.23 Beispiel einer Dreieckschaltung

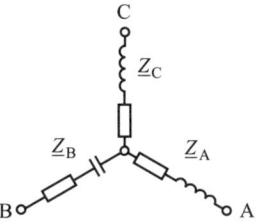

Bild 3.24 Äquivalente Sternschaltung zu Bild 3.23

## 3.5 Leistung und Arbeit im Wechselstromkreis

Im Wechselstromkreis kann wegen der möglichen Phasenverschiebung $\varphi$ zwischen Spannung und Strom die Leistung nicht durch das einfache Strom-Spannungs-Produkt ausgedrückt werden. Dies ist am Verbraucher $\underline{Z}$ wie folgt zu berücksichtigen:

- $\varphi > 0$: kapazitiver Widerstand $\rightarrow$ Voreilen der Spannung
- $\varphi = 0$: Wirkwiderstand
- $\varphi < 0$: induktiver Widerstand $\rightarrow$ Voreilen des Stromes

### 3.5.1 Augenblicksleistung

Die **Augenblicksleistung** ergibt sich aus den zeitlich zusammenfallenden Werten von Strom und Spannung.

## 3.5 Leistung und Arbeit im Wechselstromkreis

Im Wechselstromkreis ergibt sich für die Augenblicksleistung allgemein

$$p(t) = u(t)i(t) \tag{3.35}$$

Am **Wirkwiderstand** besteht zwischen Spannung und Strom keine Phasenverschiebung, und es gilt

$$p(t) = \hat{U}\sin\omega t \cdot \hat{I}\sin\omega t = \hat{U}\hat{I}\sin^2\omega t \tag{3.36}$$

Nach Gl. (3.36) ist $p(t) \geqq 0$ und besitzt gegenüber der Spannungskurve die doppelte Frequenz ($\rightarrow$ Bild 3.25).

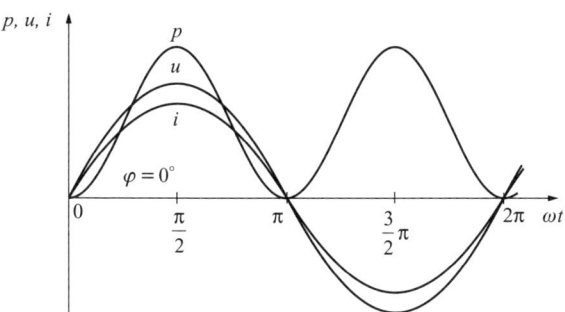

*Bild 3.25 Augenblicksleistung bei rein ohmscher Belastung am Verbraucher*

Mit den Effektivwerten $I = \hat{I}/\sqrt{2}$ und $U = \hat{U}/\sqrt{2}$ ergibt sich

$$p(t) = 2UI\sin^2\omega t = UI[1 - \cos(2\omega t)] \tag{3.37}$$

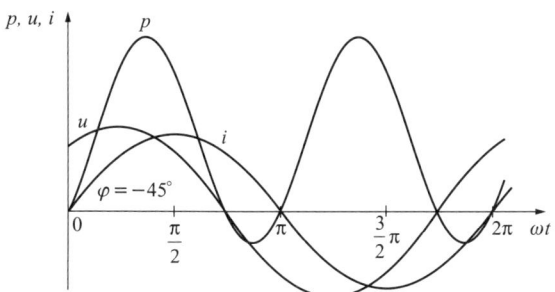

*Bild 3.26 Augenblicksleistung bei ohmsch-kapazitiver Belastung am Verbraucher*

Am **Blindwiderstand** ist die Phasenverschiebung zwischen Spannung und Strom zu berücksichtigen, und es gilt analog zu Gl. (3.37)

$$p(t) = \hat{U}\sin\omega t \hat{I}\sin(\omega t - \varphi) = \frac{1}{2}\hat{U}\hat{I}[\cos\varphi - \cos(2\omega t - \varphi)] \tag{3.38}$$

oder mit den Effektivwerten

$$p(t) = UI\cos\varphi - UI\cos(2\omega t - \varphi) \tag{3.39}$$

In Gl. (3.39) ist der erste Term eine Konstante. Der zweite Term besitzt gegenüber der Spannungskurve wieder die zweifache Frequenz. Bild 3.26 demonstriert dies für den Fall eines ohmsch-kapazitiven Scheinwiderstandes mit $\varphi = +45°$. Für $\varphi = +90°$ ($\to$ Bild 3.27) tritt nur kapazitive Belastung auf.

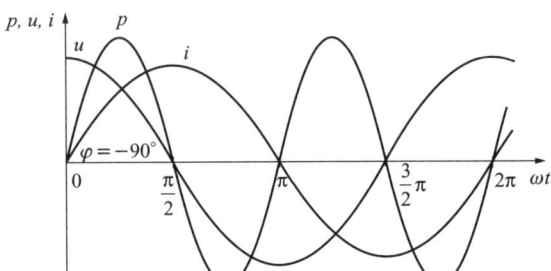

*Bild 3.27 Augenblicksleistung bei rein kapazitiver Belastung am Verbraucher*

### 3.5.2 Mittlere Leistung

Die **mittlere Leistung** ergibt sich aus dem Mittel der über eine volle Periode integrierten Augenblicksleistung.

Die **Wirkleistung** folgt aus Gl. (3.36) mit

$$P = \frac{1}{T} \int_0^T \hat{U}\hat{I} \sin^2 \omega t \, dt$$

$$V = \frac{\hat{U}\hat{I}}{2T} \int_0^T (1 - \cos 2\omega t) \, dt = \frac{\hat{U}\hat{I}}{2} \tag{3.40}$$

oder mit den Effektivwerten und Berücksichtigung der Phasenverschiebung:

$$P = UI\cos\varphi \tag{3.41}$$

Dies kann auch durch Zerlegung des Spannungszeigers $U$ in zwei Komponenten gezeigt werden ($\to$ Bild 3.28). $U\cos\varphi$ entspricht der Richtung des Stromes, sein Produkt mit dem Strom stellt die Wirkleistung dar.

## 3.5 Leistung und Arbeit im Wechselstromkreis

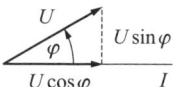

Bild 3.28 Komponenten des Spannungszeigers U

▶ *Hinweis*: SI-Einheit der Wirkleistung: $[P] = \text{W}$ (Watt).

> Die **Wirkleistung** ist der in nichtelektrische Form (z. B. Wärme, Licht, mechanische Leistung) umgewandelte und von einem Induktionszählwerk registrierte Teil der Leistung.

Das Liniendiagramm von $p$ ($\rightarrow$ Bild 3.29) ist wieder eine Sinuskurve von doppelter Frequenz, die jedoch teilweise im negativen Bereich verläuft. Dort stellt sie die an den Generator zurückfließende Leistung dar.

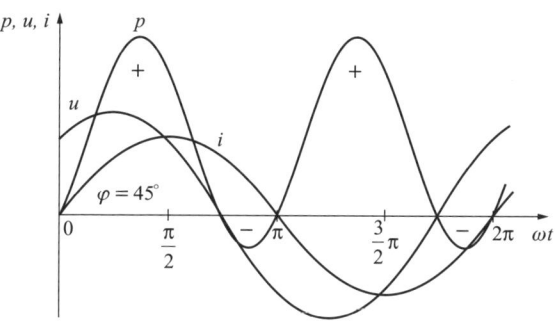

*Bild 3.29  Überwiegende Wirkleistung für den Phasenwinkel $0° < \varphi < 90°$*

Die **Blindleistung** ergibt sich durch Multiplikation der senkrecht auf der Stromrichtung stehenden Komponente des Spannungszeigers $U$ mit dem Strom $I$.

$$Q = UI \sin \varphi \tag{3.42}$$

> Die **Blindleistung** läßt sich nicht in andere Leistungsformen umwandeln.

▶ *Hinweis*: Einheit der Blindleistung: $[Q] = \text{var}$ (voltampèreréactif) $\hat{=}$ W.

Nach Division von Gl. (3.42) durch Gl (3.41) ergibt sich:

$$Q = P \tan \varphi \tag{3.43}$$

Das Liniendiagramm der reinen Blindleistung ($\rightarrow$ Bild 3.30) stellt eine symmetrisch zur Zeitachse liegende Sinuskurve dar. Die Wirkleistung ist dabei 0, da die positiven und negativen Flächenteile gleich groß sind.

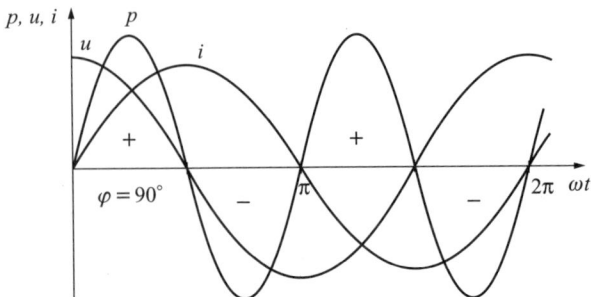

Bild 3.30  Leistung beim Phasenwinkel $\varphi = 90°$

> Die **Blindleistung** ist die beim Auf- und Abbau des magnetischen bzw. elektrischen Feldes zwischen Generator und Verbraucher ausgetauschte Leistung.

Die **Scheinleistung** ergibt sich aus dem Produkt der Effektivwerte von Strom und Spannung.

$$\boxed{S = UI} \tag{3.44}$$

▶ *Hinweis*: SI-Einheit der Scheinleistung: $[S] = \text{V} \cdot \text{A}$ (Voltampere) $\widehat{=}$ W.

> Die **Scheinleistung** ist das ohne Berücksichtigung einer vorhandenen Phasenverschiebung gewonnene Produkt aus Klemmenspannung und Strom.

Aus dem Zeigerdiagramm ($\rightarrow$ Bild 3.31) geht hervor:

$$\boxed{S = \sqrt{P^2 + Q^2}} \tag{3.45}$$

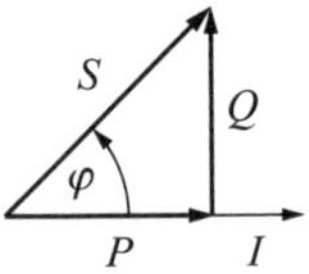

Bild 3.31  Leistungsdiagramm

Scheinleistungen von Verbrauchern mit unterschiedlichen Phasenwinkeln dürfen nicht addiert werden. Ihre Gesamtscheinleistung ist durch eine getrennte Berechnung der Wirk- und Blindleistungen zu berechnen.

### 3.5.3 Leistungsfaktor

> Der **Leistungsfaktor** kennzeichnet den Anteil der in der Scheinleistung enthaltenen Wirkleistung.

Der in dem Ausdruck für die Wirkleistung Gl. (3.41) enthaltene Faktor $\cos\varphi$ wird wegen seiner besonderen technisch-ökonomischen Bedeutung Leistungsfaktor genannt:

$$\lambda = \cos\varphi = \frac{P}{S} = \frac{\text{Wirkleistung}}{\text{Scheinleistung}} \tag{3.46}$$

Der Leistungsfaktor ($\rightarrow$ Tabelle 3.7) wird z. B. auf dem Typenschild von Elektromotoren angegeben und beträgt i. allg. $0,6\ldots0,85$.

*Tabelle 3.7 Phasenwinkel und Leistungsfaktoren*

| Art des Widerstandes | Phasenwinkel | Leistungsfaktor |
|---|---|---|
| Reiner Wirkwiderstand | $\varphi = 0°$ | $\cos\varphi = 1$ |
| Reiner Blindwiderstand | $\varphi = 90°$ | $\cos\varphi = 0$ |
| Induktive Belastung | $90° > \varphi > 0°$ | $\cos\varphi < 1$ (positiv) |
| Kapazitive Belastung | $-90° < \varphi < 0°$ | $\cos\varphi < 1$ (negativ) |

Die von elektrischen Maschinen tatsächlich **abgegebene Nutzleistung** $P_N$ ist infolge von Reibungs- und Stromwärmeverlusten etwas geringer als die Wirkleistung $P$. Deshalb ist zusätzlich noch der Wirkungsgrad $\eta$ nach Gl. (1.19) zu berücksichtigen.

### 3.5.4 Wirk-, Blind- und Gesamtstrom

Dividiert man die Scheinleistung $S$ in Gl. (3.45) durch die Spannung $U$, so ergibt sich für die entsprechenden Ströme:

$$I = \sqrt{I_w^2 + I_b^2} \tag{3.47}$$

$I$ Gesamtstrom
$I_w$ Wirkstrom
$I_b$ Blindstrom

> Direkt meßbar ist nur der Gesamtstrom $I$.

Der Wirkstrom ergibt sich aus Gl. (3.41) durch Division mit der Klemmenspannung $U$:

$$\boxed{I_\text{w} = I \cos \varphi} \qquad (3.48)$$

Der Blindstrom folgt aus Gl. (3.42):

$$\boxed{I_\text{b} = I \sin \varphi} \qquad (3.49)$$

*Tabelle 3.8 Berechnung reiner Wirk- und Blindleistungen*

| Art der Leistung | Gleichung | |
|---|---|---|
| | mit Gesamtstrom $I$ | mit Klemmenspannung $U$ |
| Wirkleistung $P$ | $I^2 R$ | $U^2/R$ |
| Blindleistung $Q$, induktiv | $I^2 X_\text{L} = I^2 \omega L$ | $\dfrac{U^2}{X_\text{L}} = \dfrac{U^2}{\omega L}$ |
| Blindleistung $Q$, kapazitiv | $I^2 X_\text{C} = -\dfrac{I^2}{\omega C}$ | $\dfrac{U^2}{X_\text{C}} = -U^2 \omega C$ |

Für die in einem Wirkwiderstand umgesetzte Leistung ist jedoch der Gesamtstrom $I$ maßgebend. Es gelten daher analoge Ausdrücke wie in Gl. (1.18) im Gleichstromkreis ($\rightarrow$ Tabelle 3.8).

### 3.5.5 Verbesserung des Leistungsfaktors

Obwohl der Blindstrom nicht zu der vom Verbraucher entnommenen Wirkleistung beiträgt, so erhöht er dennoch den Gesamtstrom und stellt eine u. U. empfindliche Belastung des Versorgungsnetzes dar. Er hängt zwangsläufig mit dem Leistungsfaktor $\cos \varphi$ zusammen. In dem mit Gl. (3.49) gegebenen Ausdruck läßt sich für $\sin \varphi = \sqrt{1 - \cos^2 \varphi}$ einsetzen. Ein geringer Leistungsfaktor $\cos \varphi$ hat also einen hohen Blindstrom zur Folge.

*Ursachen schlechter Leistungsfaktoren*:

- Wicklung von Elektromaschinen
- Transformatoren, besonders im Leerlauf
- Vorschaltdrosseln usw.

*Folge*: Erhöhung des Gesamtstroms durch großen Blindstromanteil.

*Maßnahmen*: Zuschaltung von Kondensatoren parallel zum Verbraucher.

Unerwünschte, durch Induktivitäten verursachte Blindleistungen können durch Kondensatoren kompensiert werden, die den Phasenwinkel nach der entgegengesetzten Seite verschieben (Phasenschieberkondensatoren).

Die vom Kondensator aufgenommene Blindleistung ergibt sich zu:

$$Q_C = Q_1 - Q_2 \tag{3.50}$$

$Q_1$ induktive Blindleistung vor der Kompensation
$Q_2$ induktive Blindleistung nach der Kompensation

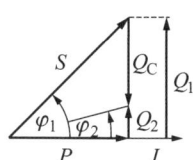

Bild 3.32 Komponenten der Blindleistung

Wegen Gl. (3.29) kann auch geschrieben werden ($\rightarrow$ Bild 3.32):

$$\boxed{Q_C = P(\tan\varphi_1 - \tan\varphi_2)} \tag{3.51}$$

Für die **Kapazität des zur Kompensation erforderlichen Kondensators** folgt analog zu Gl. (2.8) mit $Q_C = U^2/X_C$ und $X_C = 1/(\omega C)$:

$$\boxed{C = \frac{Q_C}{\omega U^2}} \tag{3.52}$$

### 3.5.6 Leistung in komplexer Schreibweise

Die **komplexe Leistung** ergibt sich aus dem Produkt der komplexen Spannung $\underline{U}$ und dem konjugiert komplexen Strom $\underline{I}^*$.

Der Definition der Leistung $P = UI$ entsprechend schreibt sich die Leistung des Wechselstromes nach Tabelle 3.1 in der komplexen Exponentialform:

$$\underline{P} = \underline{U}\,\underline{I}^* = UI\,e^{j\varphi_u}\,e^{-j\varphi_i} = UI\,e^{j(\varphi_u - \varphi_i)} \tag{3.53}$$

$\underline{I}^*$ konjugiert komplexer Stromzeiger
$\varphi_u$ Phasenwinkel der Spannung
$\varphi_i$ Phasenwinkel des Stromes
$-\varphi_i$ Phasenwinkel des konjugiert komplexen Stromzeigers

Da $\varphi = \varphi_u - \varphi_i$ die Verschiebung zwischen Spannung $\underline{U}$ und Strom $\underline{I}$ darstellt, gilt mit den Eulerschen Formeln:

$$\begin{aligned} e^{j\varphi} &= \cos\varphi + j\sin\varphi \\ e^{-j\varphi} &= \cos\varphi - j\sin\varphi \\ \underline{U}\,\underline{I}^* &= UI(\cos\varphi + j\sin\varphi) \end{aligned} \tag{3.54}$$

In Übereinstimmung mit den vorangegangenen Definitionen der Gln. (3.41, 3.42, 3.44) ergibt sich für die

- Wirkleistung: $\operatorname{Re}(\underline{U}\,\underline{I}^*) = P = UI\cos\varphi$
- Blindleistung: $\operatorname{Im}(\underline{U}\,\underline{I}^*) = Q = UI\sin\varphi$ \hfill (3.55)
- Scheinleistung: $|\underline{U}\,\underline{I}^*| = S = UI$

▶ *Beachte*: Mit der umgekehrten Schreibweise $\underline{U}^*\underline{I}$ würde sich für den Phasenwinkel nicht das in 3.5.2 festgelegte Vorzeichen ergeben.

# 4 Besondere Wechselstromkreise

## 4.1 Zusammengesetzte Schaltungen

### 4.1.1 Komplexer Spannungs- und Stromteiler

**Spannungsteiler**

> Ein **komplexer Spannungsteiler** enthält Impedanzen, welche vom gleichen Strom durchflossen werden.

Die für Gleichstrom aufgestellten Regeln gelten in gleicher Weise unter Verwendung komplexer Größen (unterstrichene Symbole) auch für sinusförmigen Wechselstrom. Analog zu Gl. (1.20) gilt mit Bild 4.1

$$\boxed{\frac{\underline{U}_1}{\underline{U}_2} = \frac{\underline{Z}_1}{\underline{Z}_2}} \tag{4.1}$$

und mit der **Gesamtspannung** $\underline{U}$ sowie dem Gesamtwiderstand $\underline{Z}$:

$$\frac{\underline{U}_1}{\underline{U}} = \frac{\underline{Z}_1}{\underline{Z}_1 + \underline{Z}_2} = \frac{\underline{Z}_1}{\underline{Z}} \tag{4.2}$$

Die Spannungen teilen sich proportional zu den Widerständen auf.

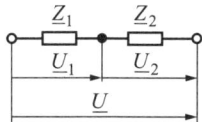 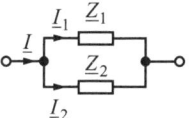

*Bild 4.1 Spannungsteiler mit den komplexen Widerständen $Z_1$ und $Z_2$*

*Bild 4.2 Stromteiler mit den komplexen Widerständen $Z_1$ und $Z_2$*

**Stromteiler**

> Ein **komplexer Stromteiler** enthält Impedanzen, an welchen in einer Masche die gleiche Spannung abfällt.

Analog zu Gl. (1.23) gilt mit Bild 4.2

$$\boxed{\frac{\underline{I}_1}{\underline{I}_2} = \frac{\underline{Y}_1}{\underline{Y}_2} = \frac{\underline{Z}_2}{\underline{Z}_1}} \tag{4.3}$$

und mit dem **Gesamtstrom** $\underline{I}$:

$$\frac{\underline{I}_1}{\underline{I}} = \frac{\underline{Y}_1}{\underline{Y}_1 + \underline{Y}_2} = \frac{\underline{Z}_2}{\underline{Z}_1 + \underline{Z}_2} = \frac{\underline{Z}}{\underline{Z}_1} \tag{4.4}$$

**Mehrstufiger Spannungsteiler**

> **Mehrstufiger Spannungsteiler** enthalten kettenförmig zusammenhängende Schaltelemente.

Diese lassen sich häufig als mehrstufige (gestaffelte) Spannungsteiler behandeln:

> Das Spannungsverhältnis eines mehrstufigen Spannungsteilers ist gleich dem Produkt der Widerstandsverhältnisse der einzelnen Stufen.

Für den **zweistufigen Spannungsteiler** (→ Bilder 4.3, 4.4) gilt:

$$\frac{\underline{U}_2}{\underline{U}_1} = \frac{\underline{U}_2 \underline{U}_3}{\underline{U}_3 \underline{U}_1} = \frac{\underline{I}_2 \underline{Z}_4}{\underline{I}_1 \underline{Z}_3} \frac{(\underline{I}_2 + \underline{I}_3)\underline{Z}_2}{\underline{I}_1 \underline{Z}_1} = \frac{\underline{Z}_4}{\underline{Z}_3} \frac{\underline{Z}_2}{\underline{Z}_1} \tag{4.5}$$

$\underline{U}_1$ von außen angelegte (Eingangs-)Spannung
$\underline{U}_2$ abgegriffene (Ausgangs-)Spannung

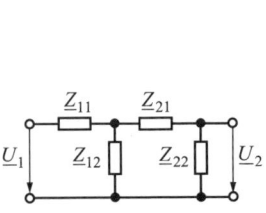

*Bild 4.3 Kettenschaltung*

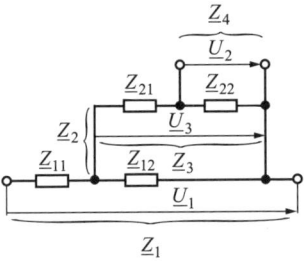

*Bild 4.4 Zweistufiger Spannungsteiler zur Schaltung nach Bild 4.3*

**Bedeutung der Widerstände** (→ Bild 4.4):

Eingangswiderstand $\quad \underline{Z}_1 = \underline{Z}_{11} + \underline{Z}_2$

Widerstand der Masche $\quad \underline{Z}_2 = \dfrac{\underline{Z}_{12}(\underline{Z}_{21} + \underline{Z}_{22})}{\underline{Z}_{21} + \underline{Z}_{22} + \underline{Z}_{12}}$

Ausgangswiderstand $\quad \underline{Z}_4 = \dfrac{\underline{Z}_{22}(\underline{Z}_{12} + \underline{Z}_{21})}{\underline{Z}_{22} + \underline{Z}_{12} + \underline{Z}_{21}}$

Widerstand des oberen Zweiges $\underline{Z}_3 = \underline{Z}_{21} + \underline{Z}_{22}$

## 4.1.2 Gemischte Schaltungen

Gemischte Schaltungen enthalten Wirk- und Blindwiderstände.

### 4.1.2.1 Parallelschaltung mit komplexen Widerständen

Gegeben ist die Schaltung nach Bild 4.5. Gesucht sind das Zeigerdiagramm, der komplexe Leitwert und die Nacheilung des Stromes.

**Zeigerdiagramm.** Als Bezugsrichtung für die Zweigströme dient die beiden Zweigen gemeinsame Spannung $\underline{U} = U_{R1} + jU_L$ ($\rightarrow$ Bild 4.6). $\underline{I}_1$ liegt in gleicher Phase mit $U_{R1}$; $\underline{I}_2$ liegt in der gleichen Phase mit $\underline{U}$. Der Gesamtstrom $\underline{I}$ ist die geometrische Summe aus $\underline{I}_1$ und $\underline{I}_2$.

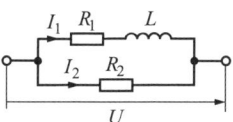
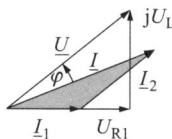

*Bild 4.5  Gemischte Schaltung*

*Bild 4.6  Zeigerdiagramm zur Schaltung nach Bild 4.5*

**Berechnung des komplexen Leitwertes**

Leitwert des oberen Zweiges

$$\underline{Y}_1 = \frac{1}{\underline{Z}_1} = \frac{1}{R_1 + jX_L} = \frac{R_1 - jX_L}{R_1^2 + X_L^2}$$

Leitwert des unteren Zweiges $\underline{Y}_2 = 1/R_2$.

Gesamtleitwert

$$\underline{Y} = \underline{Y}_1 + \underline{Y}_2 = \frac{R_1}{R_1^2 + X_L^2} + \frac{1}{R_2} - j\frac{X_L}{R_1^2 + X_L^2}$$

**Nacheilung des Stromes**

$$\tan \varphi = \frac{\operatorname{Im} \underline{Y}}{\operatorname{Re} \underline{Y}} = \frac{-X_L R_2 \left(R_1^2 + X_L^2\right)}{\left(R_1^2 + X_L^2\right)\left(R_1 R_2 + R_1^2 + X_L^2\right)} = -\frac{R_2 X_L}{R_1 R_2 + R_1^2 + X_L^2}$$

### 4.1.2.2 Wechselstromparadoxon

In einer Reihenschaltung eines Wirk- und eines induktiven Widerstandes ändert sich der Strom nicht, wenn ein passender Wirkwiderstand der Induktivität parallel geschaltet wird.

Der Wirkwiderstand $R_2$ in der Schaltung nach Bild 4.7 soll so bemessen werden, daß sich der Betrag des durch die Schaltung fließenden Stromes $I$ trotz Öffnens und Schließens des Schalters S nicht ändert.

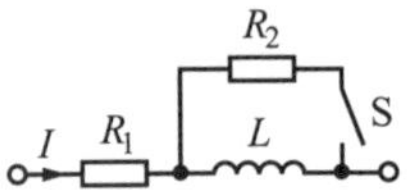

*Bild 4.7 Zum Wechselstromparadoxon*

Bei *offenem Schalter* ist $\underline{Z}_I = R_1 + j\omega L$ mit dem Betrag

$$Z_I = \sqrt{R_1^2 + (\omega L)^2}$$

Bei *geschlossenem Schalter* ist $\underline{Z}_{II} = R_1 + \dfrac{R_2 j\omega L}{R_2 + j\omega L} = \dfrac{R_1 R_2 + j\omega L(R_1 + R_2)}{R_2 + j\omega L}$

mit dem Betrag

$$Z_{II} = \sqrt{\dfrac{(R_1 R_2)^2 + \omega^2 L^2 (R_1 + R_2)^2}{R_2^2 + (\omega L)^2}}$$

Durch Gleichsetzen der quadratischen Impedanzwerte $Z_I$ und $Z_{II}$ folgt:

$$R_2 = \dfrac{(\omega L)^2}{2R_1} \tag{4.6}$$

Eine entsprechende Rechnung zeigt jedoch, daß sich die Phase des Stromes $I$ beim Schließen des Schalters dabei ändert.

### 4.1.2.3  90°-Schaltung nach Hummel

Die **Hummel-Schaltung** erzeugt in einem Zweigstrom eines Netzwerks die Phasenverschiebung von 90° gegenüber der Spannung.

Der Widerstand $R_2$ in der Schaltung nach Bild 4.8 soll so bemessen werden, daß der Zweigstrom $\underline{I}_3$ der Spannung $\underline{U}$ um 90° nacheilt.

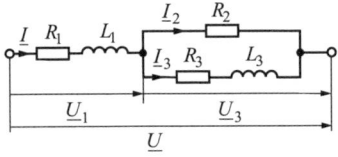

*Bild 4.8 RL-Kombination als Phasendrehglied für $\varphi = 90°$ nach Hummel*

Die Gesamtspannung $\underline{U} = \underline{U}_1 + \underline{U}_3$ lautet in ausführlicher Schreibweise
$\underline{U} = (\underline{I}_2 + \underline{I}_3)(R_1 + j\omega L_1) + \underline{I}_3(R_3 + j\omega L_3)$; wegen $\underline{I}_2 R = \underline{I}_3(R_3 + j\omega L_3)$ kann $\underline{I}_2$ substituiert werden, und es ist

$$\underline{U} = \underline{I}_3 \left( \dfrac{R_1 R_3}{R_2} + \dfrac{j\omega R_1 L_3}{R_2} + \dfrac{j\omega R_3 L_1}{R_2} - \dfrac{\omega^2 L_1 L_3}{R_2} + R_1 + j\omega L_1 + R_3 + j\omega L_3 \right)$$

Da der Strom um 90° nacheilen soll, muß der Klammerausdruck ein reiner Blindwiderstand sein, d. h., die reellen Teile müssen verschwinden. Aus $R_1R_3 - \omega^2 L_1 L_3 + R_1 R_2 + R_2 R_3 = 0$ wird

$$R_2 = \frac{\omega^2 L_1 L_3 - R_1 R_3}{R_1 + R_3} \tag{4.7}$$

### 4.1.2.4 RC-Kombination mit Phasendrehung um 90°

Eine **Phasendrehung von 90°** läßt sich durch ein zweistufiges *RC*-Glied realisieren.

Während mit der einfachen Reihenschaltung aus $R$ und $C$ der Phasenwinkel niemals genau auf 90° gebracht werden kann, läßt sich dies mit der Schaltung nach Bild 4.9 erreichen. Nach Umzeichnen entsteht der zweistufige Spannungsteiler nach Bild 4.10. Ausgangs- und Eingangsspannung sind hier mit $\underline{U}_2$ bzw. $\underline{U}_1$ bezeichnet. Die erste Stufe ist der obere Zweig mit

$$\frac{\underline{Z}_4}{\underline{Z}_3} = \frac{R}{R + \dfrac{1}{\mathrm{j}\omega C}}$$

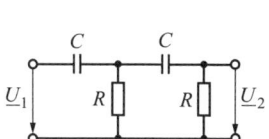
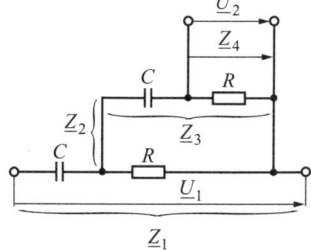

*Bild 4.9* RC-Kombination als Phasendrehglied für $\varphi = 90°$

*Bild 4.10* Zweistufiger Spannungsteiler zur Schaltung nach Bild 4.9

Die zweite Stufe wird durch $\underline{Z}_2/\underline{Z}_1$ gebildet, so daß sich das gesuchte Verhältnis nach Gl. (4.5) aus

$$\frac{\underline{U}_2}{\underline{U}_1} = \frac{\underline{Z}_4}{\underline{Z}_3} \frac{\underline{Z}_2}{\underline{Z}_1}$$

ergibt. Hierbei ist $\underline{Z}_2$ der Widerstand der parallelen Gruppe

$$\underline{Z}_2 = \frac{R\left(R + \dfrac{1}{\mathrm{j}\omega C}\right)}{2R + \dfrac{1}{\mathrm{j}\omega C}} \quad \text{und} \quad \underline{Z}_1 = \frac{1}{\mathrm{j}\omega C} + \underline{Z}_2$$

$$X = \frac{\dfrac{3R}{j\omega C} - \dfrac{1}{(j\omega C)^2} + R^2}{2R + \dfrac{1}{j\omega C}}$$

Damit ist

$$\frac{\underline{Z}_4}{\underline{Z}_3}\frac{\underline{Z}_2}{\underline{Z}_1} = \frac{\omega RC}{\omega RC + \dfrac{3}{j} - \dfrac{1}{\omega RC}}$$

Erweitert mit j ergibt sich

$$\underline{U}_2 = j\underline{U}_1 \frac{\omega RC}{3 + j\left(\omega RC - \dfrac{1}{\omega RC}\right)}$$

Wenn der imaginäre Teil des Nenners gleich 0 wird, ist $\underline{U}_2$ gegenüber $\underline{U}_1$ wegen des Faktors j um 90° gedreht. Für diesen Fall ist $\omega RC = 1/(\omega RC)$ und damit $C = 1/(\omega R)$. Als **Spannungsverhältnis** erhält man:

$$\frac{|\underline{U}_2|}{|\underline{U}_1|} = \frac{1}{3} \tag{4.8}$$

Der Ausdruck $\omega = 1/(RC)$ wird als Grenzkreisfrequenz bezeichnet, wobei $RC$ nach Gl. (2.18) die Zeitkonstante $\tau$ darstellt.

### 4.1.2.5 *RC*-Kombination mit Phasendrehung um 180°

Eine **Phasendrehung von 180°** läßt sich durch ein dreistufiges *RC*-Glied realisieren.

Die Schaltung nach Bild 4.11 läßt sich so dimensionieren, daß die Ausgangsspannung $\underline{U}_2$ in genau entgegengesetzter Phase zur Eingangsspannung $\underline{U}_1$ schwingt ($\varphi = -180°$). Damit eignet sie sich u. a. als Rückkopplungsglied in *RC*-Generatoren. Die etwas längere Rechnung (dreistufiger Spannungsteiler) führt zu dem Ausdruck:

$$\underline{U}_2 = -\underline{U}_1 \frac{(\omega RC)^3}{[5\omega RC - (\omega RC)^3] - j[1 - 6(\omega RC)^2]}$$

Bei Phasendrehung um $\varphi = -180°$ muß das imaginäre Glied verschwinden, und aus $1 - 6(\omega RC)^2 = 0$ folgt $\omega RC = 1/\sqrt{6}$.

Mit diesem Wert gewinnt man aus dem reellen Teil des Bruches

$$\frac{(\omega RC)^3}{5\omega RC - (\omega RC)^3} = \frac{1}{29} \tag{4.9}$$

und die Kapazität beträgt:

$$C = \frac{1}{\omega R \sqrt{6}} \tag{4.10}$$

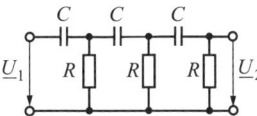

Bild 4.11 *RC-Kombination als Phasendrehglied für* $\varphi = 180°$

Ein *RC*-Generator kann daher nur dann zum Schwingen erregt werden, wenn die Verstärkung mindestens 29fach ist, um den Spannungsverlust auszugleichen.

## 4.2 Frequenzverhalten von Wechselstromkreisen

### 4.2.1 Verluste in Wechselstromkreisen

#### 4.2.1.1 Verlustwinkel einer Spule

Stromwärme und die Wirkung frequenzabhängiger Vorgänge verursachen im Wechselstromkreis Energieverluste in Spulen.

**Verlustwiderstand.** Neben ihrem induktiven Widerstand hat jede Spule noch einen Verlustwiderstand, der mit steigender Frequenz zunimmt und ihr Frequenzverhalten beeinflußt.

*Ursachen der Verluste*:

- ohmscher Widerstand der Wicklung, frequenzunabhängig,
- Skineffekt ($\to$ 2.3.9.6). Er wird erst bei höheren Frequenzen merklich, und zwar bei:
  - Drahtdurchmesser 1 mm ab etwa 100 kHz
  - Drahtdurchmesser 0,1 mm ab etwa 10 MHz
  - Drahtdurchmesser 0,01 mm ab etwa 1000 MHz,
- Hysteresis- und Wirbelstromverluste im Kernmaterial ($\to$ 4.3.1).

In der Regel wird der Verlustwiderstand von Spulen als Reihenwiderstand $R_r$ dargestellt.

Unter dem **Verlustwinkel** $\delta_L$ versteht man den vom Zeiger des komplexen Widerstandes $\underline{Z}_L$ und der Achse der imaginären Zahlen eingeschlossenen Winkel ($\to$ Bild 4.12):

$$\boxed{\tan \delta_L = \frac{R_r}{\omega L}} \qquad (4.11)$$

**Verlustfaktor.** Da $\delta_L$ in der Regel sehr klein ist, kann der Tangens gleich dem Winkel im Bogenmaß gesetzt werden und wird dann als Verlustfaktor $d_L$ bezeichnet:

$$\boxed{\delta_L \approx d_L = \frac{R_r}{\omega L}} \qquad (4.12)$$

Oft (z. B. im Parallelschwingkreis, → 4.2.3) ist es zweckmäßiger, den Reihenwiderstand $R_r$ in einen entsprechenden Parallelwiderstand $R_p$ umzurechnen. Man erhält dann:

$$d_L = \frac{\omega L}{R_p} \qquad (4.13)$$

Der **Gütefaktor** der Spule ist der reziproke Wert des Verlustfaktors

$$\boxed{Q = \frac{1}{d_L}} \qquad (4.14)$$

Dieser läßt sich nach Gl. (4.12) auch durch das Verhältnis von Blind- zu Wirkkomponente ausdrücken. Im allgemeinen liegt $Q$ etwa zwischen 50 und 500. Näheres über Spulen mit Eisenkernen enthält Abschn. 4.3.1.

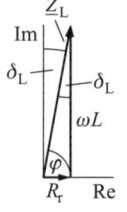

Bild 4.12 Verlustwinkel $\delta_L$ einer Spule

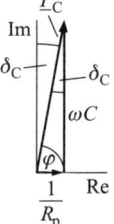

Bild 4.13 Verlustwinkel $\delta_C$ eines Kondensators

## 4.2.1.2 Verlustwinkel eines Kondensators

Die ständige Umladung der Kondensatorplatten verursacht im Wechselstromkreis Energieverluste

Die Energieverluste sind gegenüber denen an Spulen wesentlich geringer. Sie liegen in der Größenordnung von $10^{-4} \ldots 10^{-3}$ (0,1 ... 1 Promille).

*Ursachen der Verluste*:

- geringe Leitfähigkeit des Dielektrikums und Widerstand der Folien und Zuleitungen,
- geringe Wärmeentwicklungen im Dielektrikum durch fortgesetzte Umpolarisation der Moleküle.

Da die Verluste hauptsächlich von der Spannung abhängig sind, werden sie sinnvollerweise durch einen *Parallelwiderstand* $R_p$ dargestellt.

Unter dem **Verlustwinkel** $\delta_C$ versteht man den vom Zeiger des komplexen Leitwertes $\underline{Y}_C$ und der j-Achse eingeschlossenen Winkel ($\rightarrow$ Bild 4.13):

$$\tan \delta_C = \frac{1}{\omega C R_p} \tag{4.15}$$

$\tan \delta_C$ ist der Verlustfaktor $d_C$, und es gilt für kleine Winkel $\delta_C$:

$$\delta_C \approx d_C = \frac{1}{\omega C R_p} \tag{4.16}$$

Bei Ersetzen des Parallelwiderstandes durch einen *Reihenverlustwiderstand* $R_r$ gilt:

$$d_C = \omega C R_r \tag{4.17}$$

### 4.2.2 Reihenresonanz

**Resonanz** bezeichnet das Mitschwingen eines schwingfähigen Systems bei Erregung mit einer Frequenz, welche mit der Eigenfrequenz des Systems übereinstimmt oder ihr nahekommt.

Ein **Reihenresonanzkreis** enthält eine Reihenschaltung von Wirkwiderstand, Induktivität und Kapazität.

#### 4.2.2.1 Grundvorgang

Da alle Blindwiderstände frequenzabhängig sind, gilt dies auch für den Scheinwiderstand einer Reihenschaltung aus $R$, $L$ und $C$ ($\rightarrow$ Bild 4.14). Nach Gl. (3.25) ergibt sich der Betrag des Scheinwiderstandes:

$$Z = \sqrt{R^2 + \left(\omega L - \frac{1}{\omega C}\right)^2} \tag{4.18}$$

Für den Strom gilt:

$$I = \frac{U}{Z} = \frac{U}{\sqrt{R^2 + \left(\omega L - \frac{1}{\omega C}\right)^2}} \qquad (4.19)$$

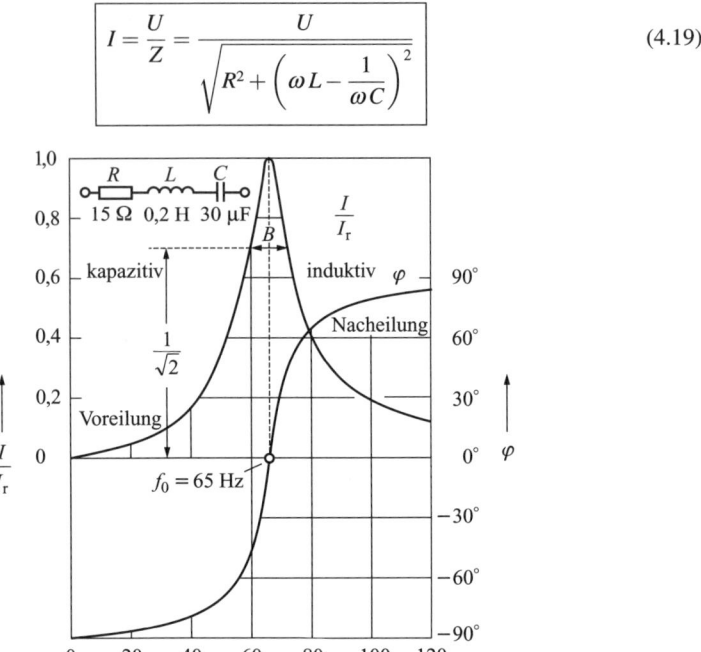

*Bild 4.14 Frequenzabhängigkeit einer Reihenschaltung aus R,L und C*

Die Gln. (4.18), (4.19) entsprechen einer Spule mit Verlustwiderstand, die mit einem Kondensator in Reihe geschaltet ist und dessen Verluste ebenfalls als Reihenwiderstand wirksam werden.

Ist die **Resonanzbedingung**

$$\omega L = \frac{1}{\omega C} \qquad (4.20)$$

erfüllt, erreicht der Scheinwiderstand $Z$ ein Minimum und der Strom $I$ das Maximum $I_r$. Aus Gl. (4.20) folgt dann die

**Resonanzfrequenz**:

$$\omega_r = \frac{1}{\sqrt{LC}} \qquad f_r = \frac{1}{2\pi} \frac{1}{\sqrt{LC}} \qquad (4.21)$$

**Resonanzkurve.** Der Strom, als Funktion der Frequenz gezeichnet, durchläuft die Resonanzkurve ($\rightarrow$ Bild 4.14).

#### 4.2.2.2 Besonderheiten bei Reihenresonanz

Im Resonanzfall verhält sich die Schaltung nach außen hin wie ein reiner Wirkwiderstand $Z = R$ (reell). Der Strom erreicht den Maximalwert $I_r = U/R$. Die **Resonanzspannungen** pulsieren in den Blindwiderständen

$$U_{rC} = U_{rL} = \frac{I_r}{\omega_r C} = I_r \omega_r L \tag{4.22}$$

und erreichen für $\omega_r L = 1/\omega_r C \gg R$ weit höhere Werte als die Klemmenspannung $U$. Daraus resultiert auch die Bezeichnung **Spannungsresonanz**. Die Resonanzspannung entsteht durch die zwischen Spule und Kondensator hin- und herschwingende magnetische und elektrische Feldenergie (daher auch die Bezeichnung *Reihenschwingkreis*). Im Resonanzfall beträgt der **Phasenwinkel** nach Gl. (3.21):

$$\varphi = \arctan \frac{\mathrm{Im}\,\underline{Z}}{\mathrm{Re}\,\underline{Z}} = \frac{0}{R} = 0°$$

▶ *Beachte*: Für große Werte von $R$ fallen die Maxima $U_{rL}$ und $U_{rC}$ nicht mit dem Strommaximum zusammen. Diese liegen vielmehr bei den Frequenzen:

$$f_{rL} = \frac{1}{2\pi}\sqrt{\frac{2}{2LC - R^2 C^2}} \qquad f_{rC} = \frac{1}{2\pi}\sqrt{\frac{1}{LC} - \frac{R^2}{2L^2}}$$

#### 4.2.2.3 Verluste bei Reihenresonanz

**Gesamtverlustfaktor.** Die in der Spule und im Kondensator auftretenden Verluste lassen sich durch den Gesamtverlustfaktor zusammenfassen:

$$d = d_L + d_C \tag{4.23}$$

Der **Ersatzverlustwiderstand** der Reihenschaltung ist damit nach Gl. (4.12) und Gl. (4.20):

$$R = d\,\omega_r L = \frac{d}{\omega_r C}$$

Als **Gütefaktor oder Resonanzschärfe** $Q$ wird der reziproke Wert des Verlustfaktors $d$ bezeichnet.

$$\boxed{Q = \frac{1}{d} = \frac{\omega_r L}{R}} \qquad \boxed{Q = \frac{1}{R}\sqrt{\frac{L}{C}}} \tag{4.24}$$

Weiterhin folgt die **Resonanzspannung** aus den Gln. (4.22) und (4.24):

$$U_{rC} = U_{rL} = QU \tag{4.25}$$

> Die an den Blindwiderständen liegende Resonanzspannung $U_{rC}$ ist um den Faktor $Q$ größer als die Klemmenspannung $U$.

### 4.2.2.4 Normierte Darstellung

Zu einer besonders übersichtlichen Darstellungsweise des Resonanzfalles gelangt man, wenn anstelle der Frequenz das **Frequenzverhältnis**

$$\eta = \frac{\omega}{\omega_r} \tag{4.26}$$

sowie die **Verstimmung** verwendet werden:

$$v = \eta - \frac{1}{\eta} = \frac{\omega}{\omega_r} - \frac{\omega_r}{\omega} \tag{4.27}$$

> Die **Verstimmung** ist die relative Frequenzabweichung von der Resonanzfrequenz.

Dann beziehen sich alle Berechnungen nur noch auf den normierten Teil der Resonanzkurve bei gegebenem Gütefaktor $Q$. Mit der linken Gl. (4.24) und Gl. (4.27) nimmt Gl. (4.19) die Form an:

$$I = \frac{I_r}{\sqrt{1 + v^2 Q^2}} \tag{4.28}$$

Der Phasenwinkel ergibt sich dann durch:

$$\varphi = \arctan(vQ) \tag{4.29}$$

Zeichnet man nach Gl. (4.28) die Resonanzkurve für verschiedene Gütefaktoren $Q$, so flachen sich diese mit kleineren $Q$-Werten immer mehr ab. In den Resonanzkurven im Bild 4.15 verhalten sich die Verlustwiderstände wie $R_1 : R_2 : R_3 = 1 : 2 : 4$. Je spitzer die Resonanzkurve ist, desto schmaler ist der vorzugsweise durchgelassene Frequenzbereich. Für die Bandbreite $B$ gilt die Festsetzung:

> Innerhalb der **Bandbreite** sinkt der Scheitelwert der Resonanzkurve zu beiden Seiten auf den $1/\sqrt{2}$-ten Teil ab.

**Grenzfrequenzen.** Die Bandbreite liegt innerhalb der unteren und oberen Grenzfrequenzen $f_{gu}$ und $f_{go}$ ($\rightarrow$ Bild 4.14):

$$B = f_{go} - f_{gu} \tag{4.30}$$

## 4.2 Frequenzverhalten von Wechselstromkreisen

Die weitere Überlegung führt dann auf die einfache Beziehung:

$$\Delta \eta \, f_r = B = d f_r = \frac{f_r}{Q} \tag{4.31}$$

Im Bild 4.15 erscheinen die Bandbreiten als *Differenzen der relativen Grenzfrequenzen*:

$$\Delta \eta = \eta_{go} - \eta_{gu} \tag{4.32}$$

Die relative Bandbreite ergibt sich aus Gl. (4.31) direkt als Verlustfaktor bzw. reziproker Wert des Gütefaktors:

$$\boxed{\Delta \eta = d = \frac{1}{Q}} \tag{4.33}$$

> Die **relative Bandbreite** ist die auf die Resonanzfrequenz normierte Bandbreite.

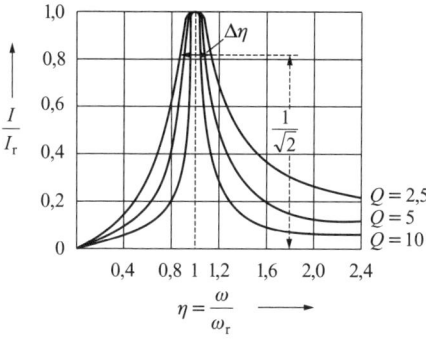

Bild 4.15 Resonanzkurven der normierten Stromstärke bei unterschiedlichem Gütefaktor für $I/I_r$

### 4.2.3 Parallelresonanz

> Ein **Parallelresonanzkreis** enthält eine Parallelschaltung von Wirkwiderstand, Induktivität und Kapazität.

#### 4.2.3.1 Grundvorgang

Liegen $R$, $L$ und $C$ parallel, so ergeben sich die Beträge des Scheinleitwertes

$$\boxed{Y = \sqrt{\frac{1}{R_p^2} + \left(\omega C - \frac{1}{\omega L}\right)^2}} \tag{4.34}$$

und der Spannung

$$U = \frac{I}{\sqrt{\frac{1}{R_p^2} + \left(\omega C - \frac{1}{\omega L}\right)^2}} \tag{4.35}$$

Die Gleichungen entsprechen einem Kondensator mit Verlustwiderstand, der mit einer Spule parallelgeschaltet und deren Verlustwiderstand mit dem des Kondensators zusammengefaßt ist (→ Bild 4.16).

> Im Resonanzfall besteht Gleichheit beider Blindleitwerte.

$$\omega_r C = \frac{1}{\omega_r L} \tag{4.36}$$

Der Scheinleitwert erreicht ein Minimum und die Spannung $U$ ihr Maximum. Die **Resonanzfrequenz** folgt aus Gl. (4.36):

$$\boxed{\omega_r = \frac{1}{\sqrt{LC}}} \quad \text{bzw.} \quad \boxed{f_r = \frac{1}{2\pi}\frac{1}{\sqrt{LC}}} \tag{4.37}$$

Die **Resonanzkurve** der Spannung $U/U_r$ als Funktion des Frequenzverhältnisses $\omega/\omega_r$ für $Q = 20$ zeigt Bild 4.16 in normierter Darstellung.

### 4.2.3.2 Besonderheiten bei Parallelresonanz

Im Resonanzfall verhält sich die Schaltung wie ein reiner Wirkwiderstand mit dem Leitwert $Y = 1/R_p$ (reell). Die Spannung erreicht das Maximum $U_r = IR_p$. Die **Resonanzströme** pulsieren in den Blindwiderständen

$$I_{rC} = I_{rL} = \omega_r C U_r = \frac{U_r}{\omega_r L} = \frac{IR_p}{\omega_r L} \tag{4.38}$$

und erreichen für $\omega_r C = 1/(\omega_r L) \ll 1/R_p$ weit höhere Werte als der von außen zufließende Strom $I$. Daraus resultiert auch die Bezeichnung *Stromresonanz*.

**Stromresonanz.** Die Resonanzströme entstehen durch die zwischen Induktivität und Kapazität hin- und herschwingende magnetische und elektrische Feldenergie, woher auch die Bezeichnung *Parallelschwingkreis* stammt. Der Phasenwinkel beträgt im Resonanzfall:

$$\varphi = \arctan\frac{\operatorname{Im}\underline{Y}}{\operatorname{Re}\underline{Y}} = \frac{0}{R_p} = 0°$$

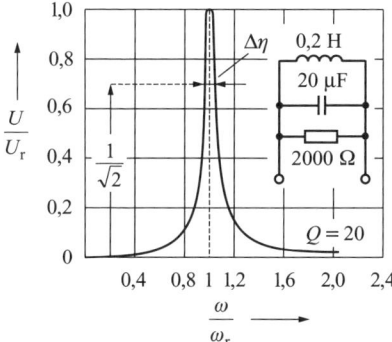

Bild 4.16 Parallelresonanz der Spannungskurve für $Q = 20$

### 4.2.3.3 Verluste bei Parallelresonanz

**Verlustfaktor**. Da $R_p$ die Verluste von Spule und Kondensator zusammenfaßt, gilt für den Verlustfaktor:

$$d = \frac{\omega_r L}{R_p} = \frac{1}{\omega_r C R_p} = \frac{\sqrt{\frac{L}{C}}}{R_p} \tag{4.39}$$

Wie bei der Reihenresonanz ergibt sich der Gütefaktor (Resonanzüberhöhung):

$$Q = \frac{1}{d} \tag{4.40}$$

Aus den Gln. (4.38) und (4.14) folgen die Resonanzströme:

$$I_{rC} = I_{rL} = QI \tag{4.41}$$

Der **Resonanzstrom** ist um den Faktor $Q$ größer als der am Eingang fließende Gesamtstrom $I$.

Für die Verstimmung $v$ und die Bandbreite $B$ gelten die gleichen Formeln wie für die Reihenresonanz. Für den Verlauf der Resonanzkurve kann analog zu Gl. (4.28) geschrieben werden:

$$U = \frac{U_r}{\sqrt{1 + v^2 Q^2}} \tag{4.42}$$

## 4.2.4 Übertragungsfunktion von Vierpolen

> Die **Übertragungsfunktion** beschreibt in einem linearen System das Verhältnis von Ausgangs- und Eingangssignalen bei unterschiedlicher Frequenz.

Der in 4.1.1 betrachtete Spannungsteiler hat je zwei Anschlußklemmen für die angelegte und abgegriffene Spannung. Er stellt in allgemeiner Ausdrucksweise einen *Vierpol* dar. Eine wichtige Rolle in der Leitungs- und Vierpoltheorie spielt die Übertragungsfunktion:

> Die **Übertragungsfunktion** $G$ ist eine Funktion der Kreisfrequenz und läßt sich nach Betrag und Phase zerlegen. Sie kennzeichnet das komplexe Verhältnis der Ausgangsspannung $\underline{U}_2$ im Leerlauf zur Eingangsspannung $\underline{U}_1$.

$$G(j\omega) = \frac{\underline{U}_2}{\underline{U}_1} = \frac{U_2}{U_1} e^{j(\varphi_{U2} - \varphi_{U1})} \tag{4.43}$$

Die Darstellung der Frequenzabhängigkeit der Übertragungsfunktion führt zum Bode-Diagramm.

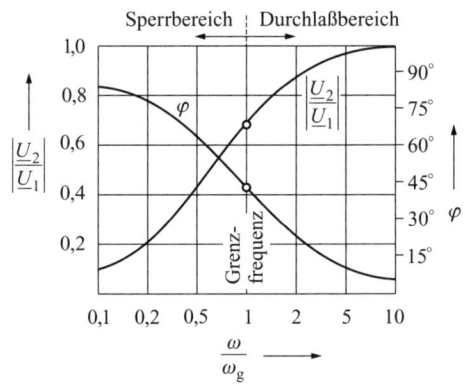

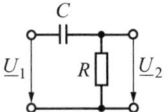

*Bild 4.17 RC-Glied als Hochpaß*

*Bild 4.18 Amplituden- und Phasengang zum Hochpaß nach Bild 4.17*

- *Beispiel*: ($\rightarrow$ Bild 4.17). Nach der Spannungsteilerregel Gl. (1.20) gilt für das einfache $RC$-Glied

$$\frac{\underline{U}_2}{\underline{U}_1} = \frac{R}{R - \dfrac{j}{\omega C}} = \frac{1}{1 - \dfrac{j}{\omega RC}}$$

mit dem Betrag:

$$\left|\frac{\underline{U}_2}{\underline{U}_1}\right| = \frac{1}{\sqrt{1 + \frac{1}{(\omega RC)^2}}} \qquad (4.44)$$

Für den Phasenwinkel zwischen Eingangsspannung $\underline{U}_1$ und Ausgangsspannung $\underline{U}_2$ gilt nach Gl. (3.31):

$$\tan \varphi = -\frac{1}{\omega RC} \qquad (4.45)$$

### 4.2.5 Filter

**Filter** sind Schaltungen mit frequenzabhängigen Eingangs- und Ausgangsspannungen.

Die Übertragungsfunktion aller Blindwiderstände in Vierpolen hängt in charakteristischer Weise von der Frequenz ab, so daß bestimmte Frequenzbereiche gut und andere schlecht übertragen werden. Sie werden allgemein als *Filter* oder *Siebe* bezeichnet. Hierzu gehören:

- Hochpaß,
- Bandpaß,
- Tiefpaß,
- Bandsperre.

#### 4.2.5.1 *RC*-Glied als Hochpaß

Das im Beispiel ($\rightarrow$ Bild 4.17) betrachtete *RC*-Glied stellt einen Hochpaß dar. Mit der Festlegung $\varphi_{U1} = 0°$ in Gl. (4.43) ergeben sich die Komponenten der Vierpolcharakteristik (Amplituden- und Phasengang).

Der **Amplitudengang** bezeichnet den Realteil der Übertragungsfunktion. Er entspricht dem Quotienten von Ausgangs- und Eingangsspannung und ist eine Funktion der Kreisfrequenz.

$$G = \frac{\underline{U}_1}{\underline{U}_2}$$

Für die Schaltung im Beispiel von Bild 4.17 beträgt der Amplitudengang

$$\frac{\underline{U}_2}{\underline{U}_1} = \frac{1}{\sqrt{1 + \frac{1}{(\omega RC)^2}}}$$

Danach wächst die Ausgangsspannung $\underline{U}_2$ mit zunehmender Frequenz immer mehr an und nähert sich bei sehr hohen Frequenzen dem Wert $\underline{U}_1$.

> Der **Phasengang** bezeichnet den Exponenten im Imaginärteil der Übertragungsfunktion und ist eine Funktion der Kreisfrequenz.

Für die Schaltung in Bild 4.17 beträgt der Phasengang

$$\varphi_{U2} = -\arctan\frac{1}{\omega RC}$$

Von besonderem Interesse ist der Fall $R = 1/\omega C$, dem die Grenzkreisfrequenz

$$\omega_g = \frac{1}{RC} \tag{4.46}$$

zugeordnet ist. Dieser Wert, in Gl. (4.44) eingesetzt, ergibt:

$$\left|\frac{\underline{U}_2}{\underline{U}_1}\right| = \frac{1}{\sqrt{2}} \approx 0,707 \qquad \varphi = \arctan\frac{\omega_g}{\omega} = \arctan 1 = 45°$$

> Von der Grenzkreisfrequenz an aufwärts beträgt die Ausgangsspannung eines Hochpasses mehr als 70 % der Eingangsspannung.

Einsetzen der Grenzkreisfrequenz $\omega_g = 1/RC$ in Gl. (4.43) ergibt:

$$\left|\frac{\underline{U}_2}{\underline{U}_1}\right| = \frac{1}{\sqrt{1 + \left(\frac{\omega_g}{\omega}\right)^2}} \qquad \varphi = \arctan\frac{\omega_g}{\omega}$$

Daraus folgt der in Bild 4.18 dargestellte Kurvenverlauf. Man beachte, daß die unabhängige Veränderliche im Diagramm $\omega/\omega_g$ ist, womit $\underline{U}_2$ mit zunehmender Frequenz anwächst. Da es z. B. in Verstärkerstufen auf möglichst gute Übertragung der höheren Frequenzen ankommt, stellt $\omega_g$ die untere Grenze dar, von der an die Schaltung brauchbar wird.

- Durchlaßbereich: $\omega > \omega_g$
- Sperrbereich: $\omega < \omega_g$

---

### 4.2.5.2 *RC*-Glied als Tiefpaß

Die Übertragungsfunktion des in Bild 4.19 angegebenen Vierpols ergibt:

**Amplitudengang**: $\qquad \dfrac{\underline{U}_2}{\underline{U}_1} = \dfrac{1}{\sqrt{1 + (\omega RC)^2}}$ \hfill (4.47)

Die Ausgangsspannung $\underline{U}_2$ sinkt hier mit zunehmender Frequenz immer mehr ab ($\rightarrow$ Bild 4.20). Das Spannungsverhältnis erreicht mit der Grenzkreisfrequenz $\omega_g = 1/RC$ den Wert $\sqrt{1/2} \approx 0,707$.

## 4.2 Frequenzverhalten von Wechselstromkreisen

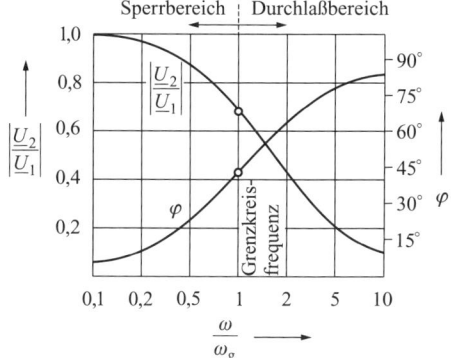

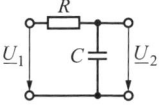

Bild 4.19  RC-Glied als Tiefpaß

Bild 4.20  Amplituden- und Phasengang zum Tiefpaß nach Bild 4.19

> Unterhalb der **Grenzkreisfrequenz** beträgt die Ausgangsspannung eines Tiefpasses mehr als 70 % der Eingangsspannung.

- Sperrbereich: $\quad \omega > \omega_g$
- Durchlaßbereich: $\quad \omega < \omega_g$

**Phasengang**: $\quad \varphi_{U2} = -\arctan \omega RC$

### 4.2.5.3 *RC*-Kombination als Bandpaß

> Ein Filter wirkt als **Bandpaß**, wenn sein Durchlaßbereich zwischen zwei endlichen Grenzfrequenzen liegt.

Die **Bandbreite**

$$\Delta \omega = \omega_{go} - \omega_{gu} \tag{4.48}$$

ist die Differenz zwischen oberer und unterer Grenzkreisfrequenz. Innerhalb des Durchlaßbereiches beträgt der Amplitudengang (auch als *Spannungsverhältnis* bezeichnet):

$$\left| \frac{U_2}{U_1} \right| > \frac{1}{\sqrt{2}} \left| \frac{U_2}{U_1} \right|_{max} \tag{4.49}$$

■ *Beispiel*: Die in Bild 4.21 enthaltene Schaltung läßt sich als zweistufiger Spannungsteiler behandeln (→ Bild 4.22). Die 1. Stufe entspricht dem oberen Zweig mit:

$$\frac{\underline{Z}_4}{\underline{Z}_3} = \frac{R}{R - \dfrac{j}{\omega C}}$$

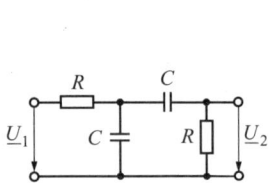 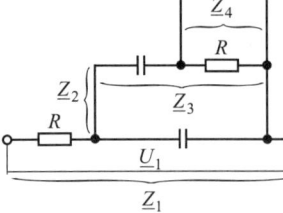

Bild 4.21 Bandpaß  Bild 4.22 Spannungsteiler zu Bild 4.21

Die 2. Stufe besteht aus der parallelen Gruppe mit

$$\underline{Z}_2 = \frac{\left(R - \dfrac{j}{\omega C}\right)\dfrac{-j}{\omega C}}{R - \dfrac{2j}{\omega C}} = \frac{\dfrac{1}{\omega C} + jR}{2j - \omega RC}$$

und dem gesamten Scheinwiderstand der Schaltung:

$$Z_1 = R + \underline{Z}_2 = \frac{R\left(3j - \omega RC + \dfrac{1}{\omega RC}\right)}{2j - \omega RC}$$

Somit ist

$$\frac{\underline{U}_2}{\underline{U}_1} = \frac{\underline{Z}_4}{\underline{Z}_3}\frac{\underline{Z}_2}{\underline{Z}_1} = \frac{1}{3 + j\left(\omega RC - \dfrac{1}{\omega RC}\right)}$$

Dieses Verhältnis hat sein Maximum für $\omega RC = 1/(\omega RC)$ und den Betrag:

$$\left|\frac{\underline{U}_2}{\underline{U}_1}\right|_{\max} = \frac{1}{3} \tag{4.50}$$

Die dazugehörige Kreisfrequenz ist $\omega_{\max} = 1/(RC)$. Das Spannungsverhältnis ergibt sich somit aus:

$$\left|\frac{\underline{U}_2}{\underline{U}_1}\right| = \frac{1}{\sqrt{9 + \left(\omega RC - \dfrac{1}{\omega RC}\right)^2}}$$

Durch Einsetzen der Frequenz $\omega_{\max} = 1/(RC)$ entsteht:

$$\left|\frac{\underline{U}_2}{\underline{U}_1}\right| = \frac{1}{\sqrt{9 + \left(\dfrac{\omega}{\omega_{\max}} - \dfrac{\omega_{\max}}{\omega}\right)^2}} \tag{4.51}$$

Im *Durchlaßbereich* ist nach den Gl. (4.49) und (4.50):

$$\left|\frac{\underline{U}_2}{\underline{U}_1}\right| > \frac{1}{3\sqrt{2}}$$

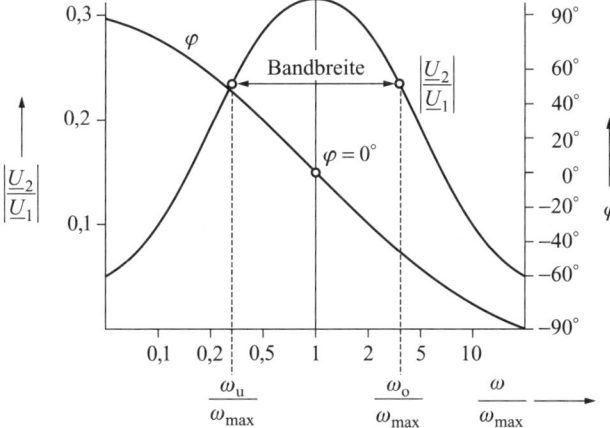

*Bild 4.23 Amplituden- und Phasengang zum Bandpaß nach Bild 4.21*

Die Bandbreite findet man durch Gleichsetzen dieses Ausdruckes mit Gl. (4.51), wobei sich für die untere bzw. die obere Grenze $\omega/\omega_{max} \approx 0,303$ bzw. $3,303$ ergibt ($\rightarrow$ Bild 4.23).

## 4.3 Spule mit Eisen

### 4.3.1 Eisenverluste

**Eisenverluste** entstehen durch Ummagnetisierungsvorgänge ferromagnetischer Materialien und durch das Auftreten von Wirbelströmen.

Eine mit Eisenkern versehene Spule nimmt eine größere Wirkleistung auf als eine eisenfreie Spule.

*Ursachen*

- **Hysteresisverluste:** Sie entstehen durch fortgesetztes Ummagnetisieren des Kernmaterials beim Durchlaufen der Hysteresisschleife ($\rightarrow$ 2.4.5.3) und sind um so größer, je höher die Frequenz ist. Magnetisch weiche Werkstoffe mit schmaler Hystereseschleife besitzen kleine Hysteresisverluste (→ 2.3.6).

$$P_H = fW_H \tag{4.52}$$

$P_H$ Wirkleistungsverlust durch Hysteresis
$W_H$ Ummagnetisierungsarbeit für eine Periode (ist proportional der von der Hystereseschleife eingeschlossenen Fläche)

- **Wirbelstromverluste:** Im Kernmaterial werden Wirbelströme (→ 2.3.9.5) induziert, deren Wirkleistung $P_W$ dem Quadrat der induzierten Spannung proportional ist:

$$P_W = \frac{U^2}{R} \tag{4.53}$$

$P_W$ Wirkleistungsverlust durch Wirbelstrom
$R$ Wirkwiderstand der Strombahn

Da die Spannung $U$ von der Änderungsgeschwindigkeit des Magnetflusses und damit von der Frequenz abhängt, sind die *Wirbelstromverluste dem Quadrat der Frequenz proportional.* Zu ihrer Unterdrückung werden die Kerne aus voneinander isolierten Blechen geschichtet, deren Ebenen quer zur Strombahn liegen müssen. Blechmaterial mit großem spezifischem Widerstand (Legierungen mit Silicium) wird daher bevorzugt. Praktisch frei von Wirbelströmen sind Ferritkerne, deren Widerstand um mehrere Größenordnungen höher als der von Eisen ist und die sich besonders für Zwecke der HF-Technik eignen.

Die **gesamten Eisenverluste** ergeben sich aus:

$$P_{Fe} = P_H + P_W \tag{4.54}$$

Sie werden durch besondere Meßgeräte (Ferrometer) ermittelt und als **Verlustziffer** $v$ in W/kg angegeben. Näherungsweise gilt bei $f = 50$ Hz:

$$\boxed{v = v_{1,0} \left(\frac{B_{max}}{B_{1,0}}\right)^2} \tag{4.55}$$

$v_{1,0}; v_{1,5}$ Verlustziffer gültig bei $B = 1$ T bzw. $B = 1,5$ T
$B_{1,0}$ magnetische Flußdichte = 1,0 T

Eine Übersicht über die Verlustziffern verschiedener Elektrobleche in Abhängigkeit vom Kohlenstoff- und Siliciumgehalt gibt Tabelle 4.1. Die gesamte Verlustleistung eines Kernes von der Masse $m$ beträgt:

$$P_{Fe} = mv \tag{4.56}$$

Tabelle 4.1  Verlustziffern von Dynamo- und Transformatorenblechen

| Blechart | Dicke mm | Kohlenstoffgehalt % | Siliciumgehalt % | Verlustziffer $v_{1,0}$ W/kg | $v_{1,5}$ W/kg |
|---|---|---|---|---|---|
| I 8 | 1 | 0,08 | 0,7 | 8,0 | 19,0 |
| I 3,6 | 0,5 | 0,08 | 0,7 | 3,6 | 8,6 |
| I 3,2 | 0,5 | 0,08 | 1,0 | 3,2 | 7,5 |
| III 2,5 | 0,5 | 0,05 | 2,3 | 2,5 | 6,1 |
| III 2 | 0,5 | 0,05 | 3,2 | 2,0 | 4,9 |
| IV 1,8 | 0,5 | 0,05 | 4,0 | 1,8 | 4,4 |
| IV 1 | 0,35 | 0,05 | 4,3 | 1,0 | 2,6 |

### 4.3.2  Kupferverluste

**Kupferverluste** entstehen durch den Wirkwiderstand der Spulenwicklung.

Diese sind durch den ohmschen Widerstand der Wicklung bedingt:

$$P_{Cu} = I^2 R_{Cu} \tag{4.57}$$

und rufen hier den entsprechenden Spannungsabfall hervor:

$$U_R = I R_{Cu} \tag{4.58}$$

### 4.3.3  Induktiver Spannungsabfall

Der **induktive Spannungsabfall** ist die durch Induktionswirkung in einer eisenfreien Spule entstehende Gegenspannung.

Der durch die Spule fließende Strom erzeugt den in gleicher Phase liegenden magnetischen Fluß $\Phi = \hat{\Phi} \sin \omega t$. Nach dem Induktionsgesetz Gl. (2.57) induziert dieser die Spannung

$$u_L = N \frac{d\Phi}{dt}$$

mit $d\Phi/dt = \omega \hat{\Phi} \cos \omega t$. Der Scheitelwert dieser Spannung beträgt $\hat{U}_L = \omega N \hat{\Phi}$ und der **Effektivwert der induktiven Spannung**:

$$U_L = \frac{2\pi f N \hat{\Phi}}{\sqrt{2}} = 4{,}44 f N \hat{\Phi} \tag{4.59}$$

Da $\cos \omega t = \sin(\omega t + 90°)$ ist, eilt diese Spannung dem Strom um $90°$ voraus.

## 4.3.4 Ersatzschaltbild der Spule mit Eisenkern

Im Ersatzschaltbild 4.24 erscheinen folgende Größen:

- $I$   durch die Spule fließender Strom
- $I_\mu$   Magnetisierungsstrom, der den magnetischen Fluß hervorruft,
- $I_W$   von den Eisenverlusten des Kernes verursachter Wirkstrom,
- $U$   an der Spule liegende (meßbare) Klemmenspannung,
- $U_R$   Spannungsabfall am ohmschen Widerstand der Wicklung,
- $U_L$   von der Wicklung verursachter induktiver Spannungsabfall.

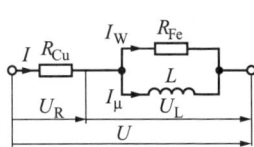
*Bild 4.24 Ersatzschaltbild einer Spule mit Eisenkern*

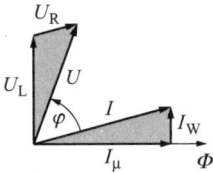
*Bild 4.25 Zeigerdiagramm einer Spule mit Eisenkern*

**Zeigerdiagramm** ($\rightarrow$ Bild 4.25). In gleicher Phase mit dem magnetischen Fluß $\Phi$ liegt der Magnetisierungsstrom $I_\mu$, rechtwinklig dazu der Wirkstrom $I_W$, so daß sich der Gesamtstrom mit

$$I = \sqrt{I_\mu^2 + I_W^2} \tag{4.60}$$

ergibt. Parallel zum Stromzeiger $I$ verläuft der Spannungsabfall $U_R$ und ergibt zusammen mit $U_L$ die Klemmenspannung $U$. Diese schließt mit dem Strom $I$ den Phasenwinkel $\varphi$ ein.

Wenn kein Luftspalt vorhanden ist, gilt für den Magnetisierungsstrom nach den Gln. (2.41) und (3.9)

$$I_\mu = \frac{H_{max} l_{Fe}}{N k_s} \tag{4.61}$$

und für den Wirkstrom:

$$I_W = \frac{P_{Fe}}{U_L} \tag{4.62}$$

## 4.3.5 Drosselspule mit Gleichstrom-Vormagnetisierung

Gegenüber einer eisenfreien Zylinderspule wird die Induktivität einer Drosselspule von der Permeabilitätszahl $\mu_r$ bestimmt ($\rightarrow$ Tab. 2.8):

$$L = \frac{N^2 \mu_0 \mu_r A}{l}$$

Entsprechend der Magnetisierungskurve ist die Induktivität von der Stromstärke abhängig. Befindet sich auf dem Eisenkern noch eine zweite, von Gleichstrom durchflossene Spule, so schwankt die Induktion $B$ nicht um den Nullpunkt, sondern um einen anderen Arbeitspunkt $P$ der Magnetisierungskurve ($\rightarrow$ Bild 4.26). An die Stelle der normalen Permeabilität $\mu_0 \mu_r$ tritt die **reversible Permeabilität**

$$\mu_{\text{rev}} = \frac{dB}{dH} \tag{4.63}$$

und es gilt:

$$L = \frac{N^2 A}{l} \frac{dB}{dH} = NA \frac{dB}{dI} \tag{4.64}$$

Der Differentialquotient $dB/dH$ stellt den Anstieg der Magnetisierungskurve im Arbeitspunkt $P$ dar. Damit hängt auch der induktive Widerstand $X_L = \omega L$ der Drosselspule von der Gleichstrom-Vormagnetisierung $I_{\text{vorm}}$ ab. Der durch die Drossel fließende Wechselstrom kann durch eine Gleichstromwicklung ohne galvanische Kopplung gesteuert werden.

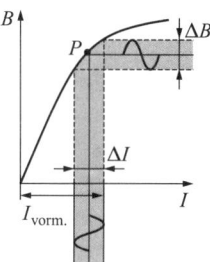
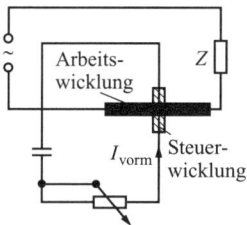

*Bild 4.26 Arbeitspunkt bei Gleichstrom-Vormagnetisierung*

*Bild 4.27 Prinzip des Transduktors*

**Transduktor**. Eine derartige Baugruppe nennt man Transduktor ($\rightarrow$ Bild 4.27). Der in der *Steuerwicklung* der Spule fließende Gleichstrom $I_{\text{vorm}}$ erzeugt eine Verschiebung des Arbeitspunktes $P$, womit der in der *Arbeitswicklung* durch den Verbraucher $\underline{Z}$ fließende Wechselstrom in weiten Grenzen geregelt werden kann. Da die in der Steuerwicklung benötigte Leistung nur einen Bruchteil der gesteuerten Leistung beträgt, wirkt der Transduktor als *Verstärker*. Sein Nachteil besteht in der Zeitverzögerung zwischen Änderungen des Steuerstromes und der des Arbeitsstromes.

■ *Anwendungen*:
  • Leistungsverstärker,
  • Meßwertverstärker.

## 4.4 Transformator

Der **Transformator** ist ein Vierpol mit zwei magnetisch verkoppelten Spulen.

### 4.4.1 Arten der Transformatoren

Der Transformator hat auf einem gemeinsamen Kern zwei getrennte Wicklungen, d. h. $N_1$ Windungen auf der *Primär-* und $N_2$ Windungen auf der *Sekundärseite*. Der Kern besteht meist aus Eisen und wird von einem geschlossenen magnetischen Fluß durchsetzt. Hinsichtlich der speziellen Aufgabe sind verschiedene Arten von Transformatoren in Anwendung (→ Tab. 4.2).

*Tabelle 4.2 Arten von Transformatoren*

| Art | Anwendungsgebiet | Aufgabe |
| --- | --- | --- |
| Leistungstransformatoren | Starkstromtechnik | ökonomischer Transport und Verteilung elektrischer Energie |
| Übertrager | Nachrichtentechnik | gleichmäßige Übertragung größerer Frequenzbereiche bei optimaler Anpassung des Verbrauchers |
| Strom- und Spannungswandler | Meßtechnik | Anschluß von Meßinstrumenten |

Nach dem äußeren Aufbau werden folgende Arten unterschieden:

• **Kerntransformatoren**. Beide Wicklungen liegen auf getrennten Schenkeln (→ Bild 4.28).
• **Manteltransformatoren**. Die Wicklungen liegen auf demselben Schenkel. Der magnetische Fluß wird über die nicht bewickelten Schenkel zurückgeführt (→ Bild 4.29).

In Hinblick auf die Wicklungsart unterscheidet man:

• **Zylinderwicklungen**. Die Wicklung für die Oberspannung O liegt meist über der für die Unterspannung U (→ Bild 4.28).

- **Scheibenwicklungen.** Die primären und die sekundären Teilwicklungen liegen in Reihe (→ Bild 4.29).

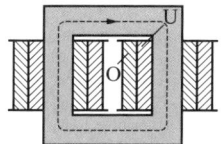

*Bild 4.28 Kerntransformator mit Zylinderwicklung*

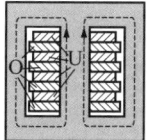

*Bild 4.29 Manteltransformator mit Scheibenwicklung*

### 4.4.2 Idealer Transformator

> Beim **idealen Transformator** wird für die Primär- und die Sekundärwicklung der Wirkwiderstand null angenommen

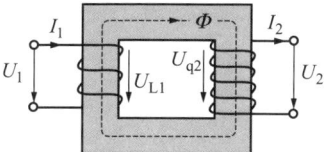

*Bild 4.30 Idealer Transformator*

Außerdem wird die Streuung des magnetischen Flusses vernachlässigt, so daß beide Wicklungen mit demselben Fluß $\Phi$ verkettet sind (→ Bild 4.30).

Die Klemmenspannung $U_1$ der Primärwicklung ist nach Gl. (4.59) gleich dem induktiven Spannungsabfall:

$$U_1 = U_{L1} = \pi\sqrt{2} f N_1 \hat{\Phi} \tag{4.65}$$

An der Sekundärwicklung wirkt die Quellenspannung $U_{q2}$ stromantreibend und ist gleich der sekundären Klemmenspannung:

$$U_2 = U_{q2} = -\pi\sqrt{2} f N_2 \hat{\Phi} \tag{4.66}$$

> Primäre und sekundäre Klemmenspannung sowie Primär- und Sekundärstrom liegen in Gegenphase zueinander.

**Übersetzungsverhältnis.** Dividieren der Beträge der Gln. (4.65) und (4.66) führt zum Übersetzungsverhältnis des Transformators:

$$\boxed{\ddot{u} = \frac{U_1}{U_2} = \frac{N_1}{N_2}} \tag{4.67}$$

Das **Übersetzungsverhältnis** entspricht dem Verhältnis der Windungszahlen von Primär- und Sekundärwicklung.

Da die dem idealen Transformator zugeführte Leistung gleich der abgegebenen Leistung sein muß, folgt aus der Gleichung

$$U_1 I_1 = U_2 I_2$$

das **Stromübersetzungsverhältnis**:

$$\boxed{\frac{I_1}{I_2} = \frac{1}{ü}} \tag{4.68}$$

### 4.4.3 Realer belasteter Transformator

Beim **realen Transformator** sind die Eisen- und Kupferverluste zu berücksichtigen.

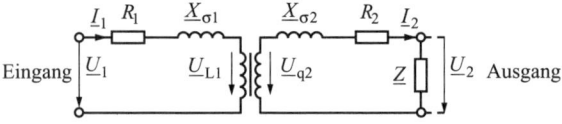

*Bild 4.31 Ersatzschaltung des belasteten Transformators*

Der Ausgang des Transformators sei mit einem (ohmsch-induktiven) Widerstand $\underline{Z}$ belastet ($\rightarrow$ Bild 4.31). Außer den bereits erläuterten Größen sind noch zu berücksichtigen:

$R_1, R_2$ ohmsche Widerstände der Wicklungen,
$X_{\sigma 1}, X_{\sigma 2}$ induktive Streuwiderstände, verursacht durch die nicht mit den Windungen verketteten, durch den Luftraum laufenden Streuflüsse ($\rightarrow$ 2.3.3),
$\underline{Z}_2$ gesamter Scheinwiderstand der Sekundärseite,
$I_0$ Magnetisierungsstrom (Sekundärseite) unbelastet,
$\underline{I}_2 = \underline{U}_{q2}/\underline{Z}_2$ Sekundärstrom,
$\underline{I}_2' = \underline{I}_2/ü$ auf die Primärseite umgerechneter Sekundärstrom.

Daraus ergeben sich die *Grundgleichungen des belasteten Transformators*:

$$\boxed{\begin{aligned}\underline{U}_1 &= \underline{U}_{L1} + \underline{I}_1 R_1 + \underline{I}_1 \underline{X}_{\sigma 1} \\ \underline{U}_2 &= \underline{U}_{q2} - \underline{I}_2 R_2 - \underline{I}_2 \underline{X}_{\sigma 2}\end{aligned}} \tag{4.69}$$

Die primäre Klemmenspannung $\underline{U}_1$ deckt die drei Spannungsabfälle $\underline{U}_L$, $\underline{U}_{R1}$ und $\underline{U}_{\sigma 1}$. Die sekundäre Klemmenspannung $\underline{U}_2$ ist gleich der treibenden Quellenspannung $\underline{U}_q$, vermindert um die Spannungsabfälle $\underline{U}_{R2}$ und $\underline{U}_{\sigma 2}$ (Bestätigung mit dem Maschensatz anhand von Bild 4.31).

### 4.4.4 Grundgleichungen des Transformators in komplexer Form

Nach den Gln. (3.11) und (3.12) werden in den Windungen des Transformators die Spannungen $u_{L1}$ und $u_{L2}$ sowie nach Gl. (2.66) die Gegeninduktionsspannungen $u_{q1}$ und $u_{q2}$ des Sekundärstromes aus der Primärwicklung induziert:

$$u_{L1} = \frac{di_1}{dt}, \quad u_{L2} = \frac{di_2}{dt}; \quad u_{q1} = M\frac{dI_1}{dt}, \quad u_{q2} = M\frac{dI_2}{dt}$$

Bei komplexer Betrachtung ergeben sich für die Imaginärteile von $u_{L1}$, $u_{L2}$

$$j\omega L_1 i_1, \quad j\omega L_2 i_2$$

sowie für die Imaginärteile von $u_{q1}$, $u_{q2}$

$$-j\omega M i_2, \quad j\omega M i_1$$

Die in Gl. (4.69) enthaltenen Streuwiderstände $\underline{X}_\sigma$ sind hier durch den in der Gegeninduktivität $M = k\sqrt{L_1 L_2}$ nach Gl. (2.68) enthaltenen Kopplungsfaktor $k$ berücksichtigt.

▶ *Beachte*: Die Gleichungen gelten nur bei sinusförmigem Stromverlauf, solange der geradlinige Teil der Magnetisierungskurve ausgesteuert wird, bzw. für den Transformator ohne Eisenkern (Lufttransformator).

Für die Effektivwerte ergeben sich aus Gl. (4.69):

$$\begin{aligned}\underline{U}_1 &= (R_1 + j\omega L_1)\underline{I}_1 - j\omega M \underline{I}_2 \\ \underline{U}_2 &= j\omega M \underline{I}_1 - (R_2 + j\omega L_2)\underline{I}_2\end{aligned} \quad (4.70)$$

### 4.4.5 T-Ersatzschaltung des Transformators

Die **T-Ersatzschaltung** enthält in einem Vierpol drei Impedanzen mit einem gemeinsamen Knotenpunkt.

Wird auf den rechten Seiten der Gl. (4.70) $\pm j\omega M \underline{I}_1$ bzw. $\pm j\omega M \underline{I}_2$ hinzugefügt, erhält man:

$$\underline{U}_1 = [R_1 + j\omega(L_1 - M)]\underline{I}_1 + j\omega M(\underline{I}_1 - \underline{I}_2) \quad (4.71)$$

$$\underline{U}_2 = j\omega M(\underline{I}_1 - \underline{I}_2) - [R_2 + j\omega(L_2 - M)]\underline{I}_2 \quad (4.72)$$

> Der **belastete Transformator** läßt sich durch eine T-Ersatzschaltung darstellen (→ Bild 4.32).

Gl. (4.71) gibt die Masche I und Gl. (4.72) die Masche II in Bild 4.32 richtig wieder.

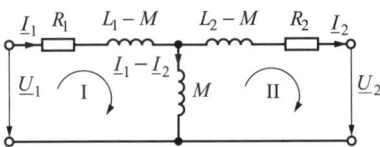

Bild 4.32 T-Ersatzschaltung des belasteten Transformators

### 4.4.6 Reduzierte Ersatzschaltung

Die Ersatzschaltung nach Bild 4.32 läßt sich vereinfachen, wenn alle Größen der Sekundärseite mit dem *Übersetzungsverhältnis*

$$\ddot{u} = \frac{N_1}{N_2} \tag{4.73}$$

auf die Primärseite umgerechnet werden, so daß ein Transformator mit dem Windungsverhältnis 1 : 1 entsteht (→ Bild 4.33).

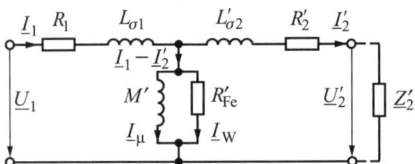

Bild 4.33 Reduzierte Ersatzschaltung des belasteten Transformators

**Reduzierte Größen**:

$$\begin{aligned} &\underline{I}'_2 = \frac{\underline{I}_2}{\ddot{u}}; \quad M' = \ddot{u}M; \quad \underline{U}'_2 = \ddot{u}\underline{U}_2 \\ &R'_2 = \ddot{u}^2 R_2; \quad L'_2 = \ddot{u}^2 L_2 = L_1; \quad \underline{Z}'_2 = \ddot{u}^2 \underline{Z}_2 \end{aligned} \tag{4.74}$$

Damit ergibt sich die Gegeninduktivität unter Berücksichtigung des Kopplungsgrades $k$:

$$M' = k\sqrt{L_1 L'_2} = kL_1 \tag{4.75}$$

Die beiden Längsinduktivitäten betragen

$$\begin{aligned} L_1 - M' &= (1-k)L_1 = L_{\sigma 1} \\ L'_2 - M' &= (1-k)L'_2 = L'_{\sigma 2} \end{aligned} \tag{4.76}$$

und werden als Streuinduktivitäten bezeichnet.

## 4.4 Transformator

> **Streuinduktivitäten** haben ihre Ursache in der nichtidealen Verkopplung beider Wicklungen des Transformators.

Sie werden auch durch den Streufaktor ausgedrückt:

$$\sigma_{\text{indu}} = 1 - k^2$$

Die Grundgleichungen lauten somit vollständig:

$$\begin{aligned}\underline{U}_1 &= (R_1 + j\omega L_{\sigma 1})\underline{I}_1 + j\omega M'(\underline{I}_1 - \underline{I}'_2) \\ \underline{U}'_2 &= j\omega M'(\underline{I}_1 - \underline{I}'_2) - (R'_2 + j\omega L'_{\sigma 2})\underline{I}'_2\end{aligned} \quad (4.77)$$

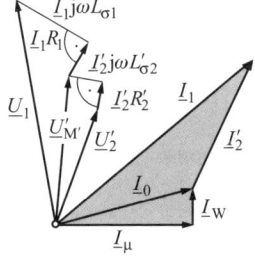

Bild 4.34 Zeigerdiagramm des belasteten Transformators

Um noch die Eisenverluste zu berücksichtigen, ist im Schaubild 4.33 parallel zu $M'$ der Eisenverlustwiderstand $R'_{\text{Fe}}$ eingetragen. Ausgehend von der Ersatzschaltung ($\rightarrow$ Bild 4.33), läßt sich das zugehörige Zeigerdiagramm ableiten ($\rightarrow$ Bild 4.34).

### 4.4.7 Vereinfachtes Zeigerdiagramm des Starkstromtransformators

Eine besondere Vereinfachung der Ersatzschaltung nach Bild 4.33 tritt ein, wenn man die Wirkung von $M'$ und $R'_{\text{Fe}}$ vernachlässigt und die beiden Wicklungswiderstände $R_1$ und $R'_2$ zusammenfaßt ($\rightarrow$ Bild 4.35). Sie ergeben die **Wirkspannung**

$$\underline{U}_R = (R_1 + R'_2)\underline{I}_1 \quad (4.78)$$

Die Zusammenfassung der beiden Streuinduktivitäten $L_{\sigma 1}$ und $L'_{\sigma 1}$ liefert die **Streuspannung**

$$\underline{U}_X = j\omega (L_{\sigma 1} + L'_{\sigma 1})\underline{I}_1. \quad (4.79)$$

**Kappsches Dreieck.** Die Streuspannung liegt rechtwinklig zu $\underline{I}_1$ und $\underline{U}_R$. $\underline{U}_R$ und $\underline{U}_X$ ergeben zusammen mit der Kurzschlußspannung $\underline{U}_K$ das Kurzschlußdreieck $ABC$, das Kappsche Dreieck ($\rightarrow$ Bild 4.36).

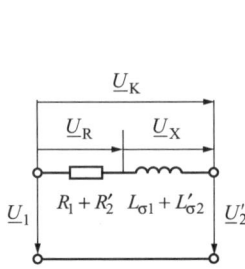
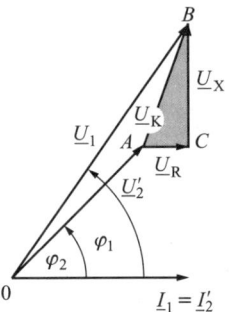

Bild 4.35 Vereinfachte Ersatzschaltung des Starkstromtransformators

Bild 4.36 Zeigerdiagramm der vereinfachten Ersatzschaltung von Bild 4.35

> Die **Kurzschlußspannung** ist diejenige Spannung, die man an einen sekundärseitig kurzgeschlossenen Transformator legen muß, damit dort der Nennstrom fließt.

Bei Vernachlässigung des Magnetisierungsstromes läßt sich aber der auf das Windungsverhältnis 1 : 1 reduzierte Transformator als eine einfache Reihenschaltung aus ohmschem Widerstand (Wicklung) und induktivem Widerstand (Streuinduktivitäten) auffassen (→ Bild 4.35).

Für die Spannungsänderung ergibt sich mit $\underline{I}_1 = \underline{I}'_2$ und $M' = 0$, ausgehend von den Gln.(4.77) … (4.79)

$$\Delta U = \underline{U}_1 - \underline{U}'_2 = \underline{U}_R + \underline{U}_X \tag{4.80}$$

**Zeigerdiagramm** (→ Bild 4.36). Wird der Magnetisierungsstrom $I_0$ vernachlässigt und $\underline{I}'_2$ um 180° gedreht, so fallen die Zeiger $\underline{I}_1$ und $\underline{I}'_2$ zusammen, wobei der Phasenwinkel $\varphi_2$ zwischen $\underline{I}_1$ und $\underline{U}'_2$ von der Art der sekundären Belastung abhängt. Im Kurzschlußfall fällt Punkt A des Dreiecks mit dem Nullpunkt 0 des Diagrammes zusammen, woher auch die Bezeichnung „Kurzschlußdreieck" stammt.

### 4.4.8 Kapp-Diagramm

Aus dem vereinfachten Zeigerdiagramm folgt das Kapp-Diagramm (→ Bild 4.37), das von einer fest vorgegebenen Klemmenspannung $U_1$ ausgeht und sich auf den feststehenden Stromzeiger $I_1 = I'_2$ bezieht. Damit ist das Kappsche Dreieck *ABC* in der Ebene fixiert. Je nach der Phasenlage von $\varphi_2$ von $U'_2$ gegenüber $I'_2$ unterscheiden sich die Klemmenspannungen $U_1$ und $U'_2$ um den

## 4.4 Transformator

Differenzbetrag $\Delta U$. Um diesen zu finden, werden Kreisbögen mit dem Radius $U_1$ um Punkt $B$ (*Lastkreis*) und Punkt $A$ (*Leerlaufkreis*) geschlagen, so daß sich ergibt:

$$\overline{AE} = \overline{BD} = U_1 \qquad \overline{AD} = U_2' \qquad \overline{DE} = \Delta U$$

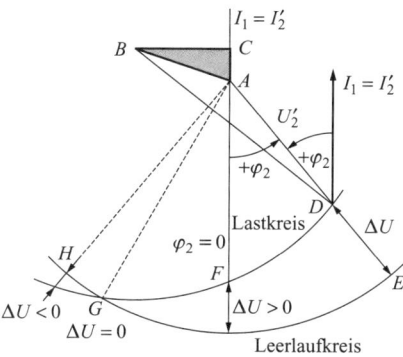

Bild 4.37 Kapp-Diagramm

Aus dem Kapp-Diagramm kann unmittelbar die Spannungsänderung $\Delta U = U_1 - U_2'$ gegenüber dem Leerlauf in Abhängigkeit vom Phasenwinkel $\varphi_2$ der reduzierten Sekundärspannung $U_2'$ abgelesen werden.

Die wichtigsten Belastungsfälle sind in Tabelle 4.3 zusammengestellt.

Tabelle 4.3 *Verhalten des Starkstromtransformators in Abhängigkeit von der Belastungsart*

| Art der Belastung | Punkt auf dem Lastkreis | Phasenwinkel $\varphi_2$ von $U_2'$ gegenüber $I_2'$ | Spannungsdifferenz $\Delta U$ |
|---|---|---|---|
| Induktiv | $D$ | $\varphi_2 > 0$ | $\Delta U > 0 \quad (U_1 > U_2')$ |
| Reine Wirklast | $F$ | $\varphi_2 = 0$ | $\Delta U > 0 \quad (U_1 > U_2')$ |
| Kapazitiv | $G$ | $\varphi_2 < 0$ | $\Delta U = 0 \quad (U_1 = U_2')$ |
| Stark kapazitiv | $H$ | $\varphi_2 < 0$ | $\Delta U < 0 \quad (U_1 < U_2')$ |

▶ *Beachte*: Bedingt durch die ohmschen und induktiven Spannungsabfälle in der Wicklung ist die reduzierte Sekundärspannung $U_2'$ stets kleiner als die Primärspannung $U_1$. Bei sehr starker kapazitiver Belastung kann aber auch das Gegenteil eintreten.

### 4.4.9 Verluste und Wirkungsgrad des Transformators

Die Verluste beim Transformator bestehen aus den Kupferverlusten in den Wicklungen sowie den Eisenverlusten im Kern.

Da einerseits im Leerlauf die Stromaufnahme des Transformators sehr gering ist, können die in der Wicklung verursachten Kupferverluste vernachlässigt werden.

Die Leistung im Leerlauf ist etwa gleich den Eisenverlusten:

$$P_0 \approx P_{Fe} \qquad (4.81)$$

Andererseits ist die Spannung beim *Kurzschlußversuch* so gering, daß die Eisenverluste vernachlässigbar werden. Die **Kurzschlußleistung** beträgt:

$$P_K \approx P_{Cu} \qquad (4.82)$$

Der **Wirkungsgrad** ergibt sich damit aus der abgegebenen Leistung $P$ bei Vollast zu:

$$\eta = \frac{P}{P + P_{Fe} + P_{Cu}} \qquad (4.83)$$

Er liegt für kleine Transformatoren bei 90 %, für große über 96 %.

Für die Berechnung der Kupferverluste kann auch vom **Kurzschlußwiderstand** $R_K$ und dem **Kurzschlußstrom** $I_K$ ausgegangen werden:

$$R_K = \frac{P_K}{I_K^2}$$

Mit dem Primärstrom $I_1$ bei Vollast ist dann:

$$P'_K = I_1^2 R_K$$

### 4.4.10 Spartransformator

Der Spartransformator (**Autotransformator**) besitzt nur eine Wicklung.

Diese erhält wie die Primärspule eines normalen Transformators die Primärspannung $U_1$. Die Sekundärspannung $U_2$ wird zwischen der beliebigen Anzapfung $A$ und einer Außenklemme abgegriffen ($\rightarrow$ Bild 4.38).

Ist die Primärspannung $U_1$ größer als die Sekundärspannung $U_2$, so gilt bei Nichtbeachtung der Verluste nach Gl. (4.67):

$$\frac{U_1}{U_2} = \frac{N_1 + N_2}{N_2} \qquad (4.84)$$

Die Spannungsänderung (**Differenzspannung**) $\Delta U = U_1 - U_2$ ergibt sich analog zu Gl. (4.67) aus den Windungszahlen $N_1$ und $N_2$ der Wicklungsteile:

$$\frac{\Delta U}{U_2} = \frac{N_1}{N_2}$$

Der größte Teil der Primärwicklung kann auf diese Weise eingespart werden, wenn $U_1 \approx U_2$. Von außen her fließt dem Wicklungsteil II nach dem Knotenpunktsatz der **Differenzstrom**

$$I_2 = \Delta I = I_{II} - I_I$$

zu, während der Wicklungsteil I nur den Primärstrom $I_1 = I_I$ führt. Der Einsparung von Wicklungsmaterial steht ein Nachteil gegenüber. Wenn z. B. infolge Drahtbruchs der Wicklungsteil II ausfällt, liegt die volle Primärspannung an den Sekundärklemmen. Daher gilt allgemein:

> Der **Spartransformator** soll bei Spannungen über 250 V nur für Übersetzungsverhältnisse $U_1/U_2 \leqq 2$ verwendet werden.

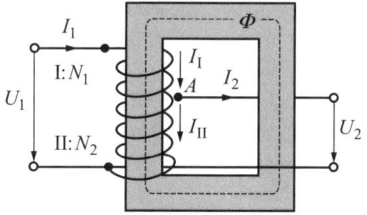

*Bild 4.38 Spartransformator*

## 4.5 Dreiphasenstrom

> Bei **Dreiphasenstrom** handelt es sich um leistungssparende Verkettung dreier Wechselstromkreise.

### 4.5.1 Erzeugung des Dreiphasenstromes

Werden im Ständer eines Innenpolgenerators ($\rightarrow$ Bild 4.39) drei um je 120° versetzte Wicklungen (1-1', 2-2', 3-3') untergebracht, so werden in diesen ebenfalls drei um je 120° phasenverschobene Spannungen induziert. Jede dieser drei Wicklungen bildet einen *Strang* ($\rightarrow$ Bild 4.40). Sind die drei **Strangspannungen**

$$U_1 = U_{U1-U2}, \quad U_2 = U_{V1-V2}, \quad U_3 = U_{W1-W2} \quad (4.85)$$
$$U_1 = U_{XU} \qquad U_2 = U_{YV} \qquad U_3 = U_{ZW}$$

gleich groß und werden die drei Stränge gleichmäßig belastet, so liegt ein **symmetrisches Dreiphasensystem** vor.

▶ *Beachte*: Bei ungleichmäßiger Belastung der drei Stränge wird das System unsymmetrisch. Die rechnerische Behandlung erfordert dann spezielle Verfahren.

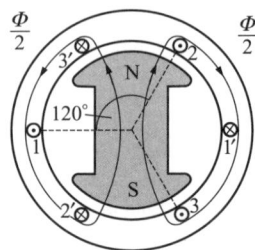

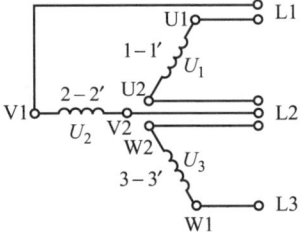

*Bild 4.39 Entstehung des Dreiphasenstromes*

*Bild 4.40 Offene Schaltung der Wicklungen von Bild 4.39*

*Vorteile des Dreiphasenstroms*:

- Einsparung von Leitungsmaterial durch Verkettung von Leitungen ($\rightarrow$ 4.5.2),
- zwei unterschiedliche wahlweise Spannungen für den Verbraucher,
- einfachste Bauart der damit betriebenen Motoren.

### 4.5.2 Arten der Verkettung

#### 4.5.2.1 Sternschaltung

Die **Sternschaltung** faßt die drei Rückleiter der drei Wechselstromkreise in einem gemeinsamen Mittelleiter zusammen.

Um die drei Stränge mit dem Verbraucher zu verbinden, wären an sich sechs Leitungen notwendig. Davon können jedoch zwei eingespart werden, wenn die drei Ausgänge $U_2$, $V_2$, $W_2$ zum *Sternpunktleiter* im *Sternpunkt* N ($\rightarrow$ Bild 4.41) verkettet werden.

$U_{L12}, U_{L23}, U_{L31}$ Leiterspannungen zwischen zwei Hauptleitern,
$I_1, I_2, I_3$ Strangströme,
$I_{L1}, I_{L2}, I_{L3}$, Leiterströme,
$I_0$ Sternpunktleiterstrom.

Beziehungen:

Leiterstrom = Strangstrom.
Die (geometrische) Summe der drei Ströme $I_1$, $I_2$, $I_3$ ist gleich null.

**Zeigerdiagramm** ($\rightarrow$ Bild 4.42). Die Stromzeiger $I_1$, $I_2$, $I_3$ sind den Spannungszeigern $U_{L1}$, $U_{L2}$, $U_{L3}$ proportional. Die Resultierende zweier Zeiger ist entgegengesetzt und gleich dem dritten Zeiger.

## 4.5 Dreiphasenstrom

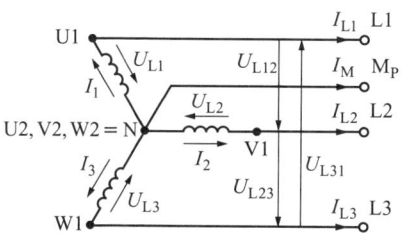
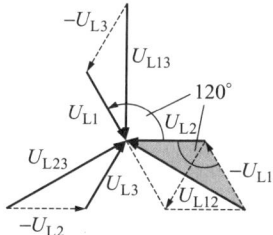

*Bild 4.41* Sternschaltung

*Bild 4.42* Zeigerdiagramm der Sternschaltung

**Liniendiagramm** ($\rightarrow$ Bild 4.43). Die Summe der Augenblickswerte $i_1$, $i_2$, $i_3$ und $u_1$, $u_2$, $u_3$ ist zu jedem Zeitpunkt gleich null.

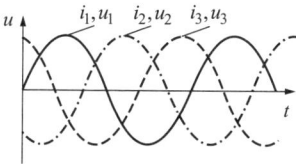

*Bild 4.43* Augenblickswert von Strom und Spannung beim Dreiphasenstrom

▶ *Beachte*: Der Sternpunktleiter N wird auch **Nulleiter** genannt. Nur bei symmetrischer Belastung ist er stromlos. Bei asymmetrischer Belastung fließt ein Ausgleichsstrom, und die Spannung bleibt unabhängig von den Nachbarphasen (nahezu) konstant. Lichtnetze führen daher stets einen Nulleiter.

Leiterspannung = Strangspannung $\cdot \sqrt{3}$.

$$U_\text{L} = U_\text{Str}\sqrt{3} \tag{4.86}$$

▶ *Beweis* ($\rightarrow$ Bild 4.42): Nach dem Cosinussatz gilt z. B. für das aus den Strangspannungen gebildete gleichseitige Dreieck

$$U_\text{L12} = \sqrt{U_\text{L1}^2 + U_\text{L2}^2 - 2U_\text{L1}U_\text{L2}\cos 120°} = U_\text{L2}\sqrt{3}.$$

### 4.5.2.2 Dreieckschaltung

Die **Dreieckschaltung** reduziert die sechs Einzelleiter der drei Wechselstromkreise auf drei Leiter.

Die drei Stränge werden nach Bild 4.44 zu einem Dreieck verbunden.

**Bezeichnung**:

$U_1, U_2, U_3$         Strangspannungen,
$U_{L12}, U_{L23}, U_{L31}$     Leiterspannungen,
$I_1, I_2, I_3$         Strangströme,
$I_{L1}, I_{L2}, I_{L3}$     Leiterströme.

Beziehungen:

> Leiterspannung = Strangspannung.
> Leiterstrom = Strangstrom $\cdot \sqrt{3}$.

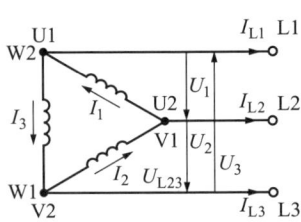

Bild 4.44  Dreieckschaltung

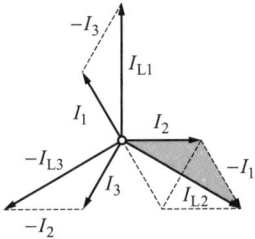

Bild 4.45  Zeigerdiagramm der Dreieckschaltung

▶ *Beweis* (→ Bild 4.45): Für jeden Eckpunkt gilt der Knotenpunktsatz, z. B.

$$I_{L2} + I_1 = I_2 \quad \text{oder} \quad I_{L2} = I_2 - I_1$$

(doppelte Höhe im gleichseitigen Dreieck).

### 4.5.3 Leistung des Drehstromes

In jedem der drei Stränge wird nach Gl. (3.37) die Wirkleistung $P = UI\cos\varphi$ umgesetzt. Daher ist die *Gesamtleistung bei symmetrischer Belastung* gleich der Summe der abgegebenen Wirkleistungen:

$$\boxed{P = 3UI\cos\varphi} \tag{4.87}$$

$I, U$  Strangstrom und -spannung

Da am Verbrauchsort eine der beiden Stranggrößen nicht direkt gemessen werden kann, sondern statt dessen nur die Leitergröße, gilt sowohl für die Sternschaltung mit $U = U_L\sqrt{3}$ als auch für die Dreieckschaltung mit $I = I_L\sqrt{3}$:

$$\boxed{P = U_L I_L \sqrt{3}\cos\varphi} \tag{4.88}$$

$U_L$  Netzspannung zwischen zwei Außenleitern
$I_L$  Netzstrom im Außenleiter

## 4.5.4 Drehstromtransformator

### 4.5.4.1 Aufbau

Grundsätzlich kann Drehstrom durch drei getrennte, in geeigneter Weise zusammengeschaltete Einphasentransformatoren (Transformatorenbank) umgespannt werden. Praktikabler als dieses nur in Ausnahmefällen eingesetzte Verfahren ist ein einziger, aus drei Schenkeln bestehender Transformator (Dreischenkeltransformator).

> Der übliche **Drehstromtransformator** enthält drei Kerne eines gemeinsamen magnetischen Kreises, welche jeweils eine Ober- und eine Unterspannungswicklung für jede der drei Phasen tragen.

Wie dies auch bei den Strömen der Fall ist, ergibt bei symmetrischer Belastung die Summe der magnetischen Flüsse in jedem Augenblick null. Bei Anschluß einphasiger Verbraucher an das Versorgungsnetz kann diese Symmetrie jedoch stark gestört werden. Es kommt zu magnetischen Nebenschlüssen über dem Luftraum und den äußeren Konstruktionsteilen aus Eisen, was erhebliche Verluste zur Folge haben kann. Um diese zu verhindern, wird auf der Unterspannungsseite häufig die **Zickzackschaltung** angewendet ($\rightarrow$ Bild 4.46):

> **Zickzackwicklung**: Verteilung der Unterspannungswicklung eines Stranges auf zwei Schenkel, wobei die auf einem Schenkel befindlichen beiden Hälften entgegengesetzten Wicklungssinn haben, so daß sich deren magnetische Flüsse kompensieren.

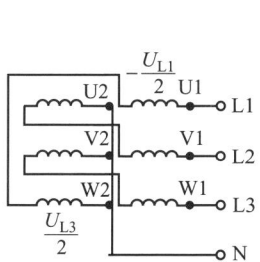

Bild 4.46 Zickzackschaltung

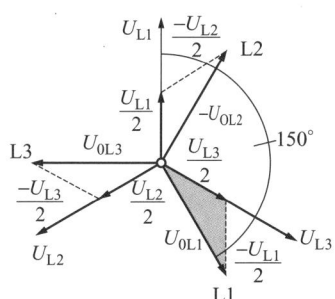

Bild 4.47 Zeigerdiagramm der Zickzackschaltung

**Zeigerdiagramm der Zickzackschaltung** ($\rightarrow$ Bild 4.47). Die Oberspannung $U_{L1}$ induziert in der auf dem gleichen Schenkel befindlichen Hälfte der Unter-

*Tafel 4.1 Wichtige Schaltgruppen von Drehstromtransformatoren*

| Schalt-gruppe | Zeigerbild | | Schaltgruppe | | Über-setzung |
|---|---|---|---|---|---|
| | Ober-spannungs-Wicklung | Unter-spannungs-Wicklung | Ober-spannungs-Wicklung | Unter-spannungs-Wicklung | |
| Yy0 | 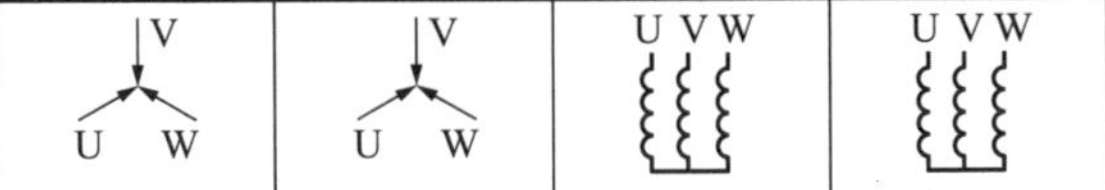 | | U V W | U V W | $\dfrac{N_1}{N_2}$ |
| Yz5 | 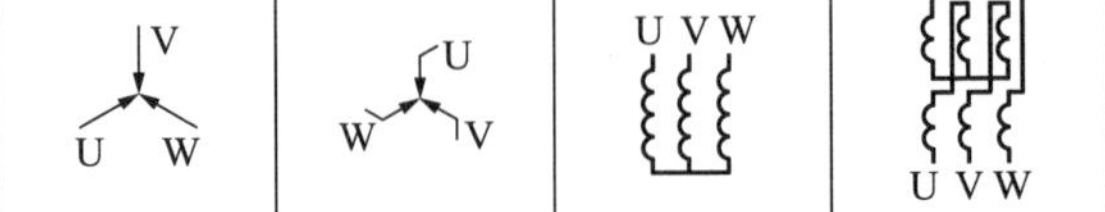 | | U V W | U V W | $\dfrac{2N_1}{\sqrt{3}N_2}$ |
| Dz0 | 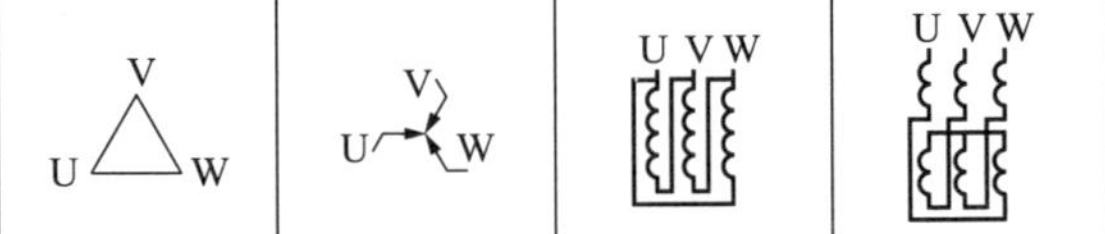 | | U V W | U V W | $\dfrac{2N_1}{3N_2}$ |
| Dy5 | 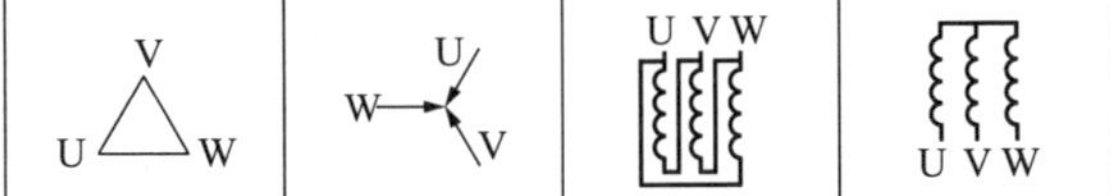 | | U V W | U V W | $\dfrac{N_1}{\sqrt{3}N_2}$ |
| Yd5 | 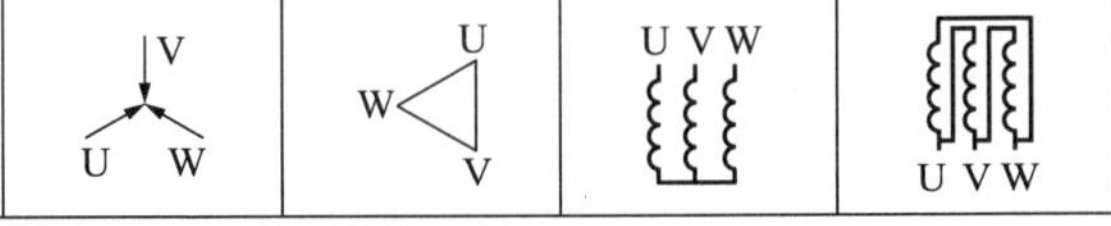 | | U V W | U V W | $\dfrac{\sqrt{3}N_1}{N_2}$ |

spannungswicklung die in Gegenphase liegende Spannung $-U_{L1}/2$, während in der anderen Hälfte die Spannung $U_{L3}/2$ induziert wird, die wegen des entgegengesetzten Wicklungssinnes mit $U_{L3}$ in gleicher Phase liegt. Beide Teilspannungen addieren sich zur Spannung $U_{0L1} = \sqrt{3}U_{L3}/2$, die gegenüber der Oberspannung $U_{L1}$ um 150° nacheilt. Bei gleichen Windungszahlen $N_1 = N_2$ entspricht das Übersetzungsverhältnis nicht 1 : 1, sondern $N_1 : \sqrt{3}N_2/2$ ($\rightarrow$ Tafel 4.1).

### 4.5.4.2 Schaltungsarten

Die Wicklungen des Drehstromtransformators können sowohl im Dreieck als auch im Stern und auf beiden Seiten unterschiedlich geschaltet werden. Zum Beispiel kann ein Dreileiter-Drehstrom am Ort des Verbrauchers mit einem Dreieck-Stern-Transformator in einen Vierleiter-Drehstrom umgewandelt werden, so daß zwei verschiedene Spannungen zur Verfügung stehen ($\rightarrow$ Tab. 4.4).

Die Kennzahl gibt die Phasenverschiebung der Oberspannung gegenüber der Unterspannung in Vielfachen von 30° an. Die gebräuchlichsten Schaltgruppen sind in Tafel 4.1 angegeben.

*Tabelle 4.4 Kennzeichnung der Schaltgruppen von Drehstromtransformatoren*

|  | Oberspannungs-Wicklung | Unterspannungs-Wicklung | Kennzahl |
|---|---|---|---|
| Sternschaltung | Y | y | 0…6 |
| Dreieckschaltung | D | d |  |
| Zickzackschaltung | Z | z |  |

■ *Anwendungen*:

Yy0 für kleinere Verteilungstrafos bei geringer Belastung des sekundärseitigen Sternpunktes,

Yz5 desgl. bei starker Belastung des sekundärseitigen Sternpunktes,

Dz0 desgl. für Anschluß an ein Dreileitersystem,

Dy5 für große Verteilungstrafos bei starker Belastung des sekundärseitigen Sternpunktes,

Yd5 für Haupttransformatoren großer Kraftwerke, die nicht zur Verteilung dienen.

Technisch möglich sind auch alle anderen Kombinationen.

## 4.6 Inversion komplexer Wechselgrößen

### 4.6.1 Inversion eines einzelnen Zeigers

Viele Vorgänge in Wechselstromkreisen, wie das Verhalten von Schaltungen bei veränderlicher Frequenz oder variablen Widerständen, lassen sich mit Hilfe von *Ortskurven* darstellen. Eine wichtige Rolle spielt dabei die Inversion:

**Inversion** bedeutet die grafische Konstruktion des Kehrwertes einer komplexen Größe.

Liegt z. B. die komplexe Größe $\underline{Z} = a + \mathrm{j}b$ vor, so beträgt ihr Kehrwert $\underline{Y} = \dfrac{1}{\underline{Z}} = \dfrac{1}{a+\mathrm{j}b} = \dfrac{a-\mathrm{j}b}{a^2+b^2}$. Der Zeiger hat zwar den gleichen Phasenwinkel, aber einen anderen Betrag und liegt unterhalb der reellen Achse. Dementsprechend erfolgt die Inversion in zwei Schritten:

- Spiegelung des gegebenen Zeigers an einem Kreis, dessen Mittelpunkt im Ursprung der komplexen Ebene liegt,
- nachfolgende Spiegelung an der reellen Achse.

## 4 Besondere Wechselstromkreise

**Konstruktion** ($\rightarrow$ Bild 4.48)

- Man zeichne einen Kreis (*Inversionskreis*) vom Radius $r$ und ziehe vom Endpunkt des zu spiegelnden Zeigers $\underline{Z}$ aus die Tangenten an den Kreis. Die Verbindungslinie der Berührungspunkte $T_1$ und $T_2$ schneidet die Strecke $\overline{OP} = |\underline{Z}|$ im Punkt $P'$. $\overline{OP'}$ entspricht dem Betrag des invertierten Zeigers $|\underline{Y}^*| = 1/|\underline{Z}|$.

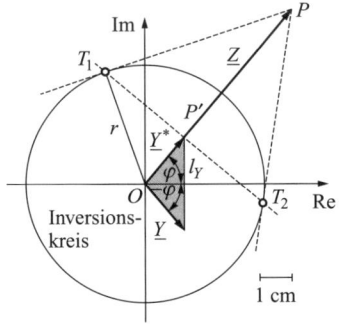

*Bild 4.48 Inversion des Zeigers $\underline{Z}$*

▶ *Beweis*: Da die Tangente $\overline{PT_1}$ rechtwinklig auf dem Berührungsradius $r$ steht, ist das Dreieck $OT_1P$ rechtwinklig. Der Kathetensatz der Geometrie ergibt dann:

$$\boxed{r^2 = \overline{OP} \cdot \overline{OP'}} \qquad (4.89)$$

Wenn der Radius des Inversionskreises $r = 1$ (Einheitskreis) gewählt wird, ergibt sich:

$$\overline{OP'} = \frac{1}{\overline{OP}}$$

- Der erhaltene Zeiger $|\underline{Y}^*| = \overline{OP'}$ ist noch an der reellen Achse zu spiegeln, da er zu dem gesuchten Zeiger $\underline{Y} = 1/\underline{Z}$ konjugiert komplex ist. Hierzu wird der Zeiger $\underline{Y}^*$ mit gleicher Länge, jedoch unter dem Winkel $-\varphi$ an der reellen Achse angetragen.

■ *Sonderfälle*: Wenn der zu invertierende Zeiger $|\underline{Z}| < r$ ist, d. h. $\overline{OP}$ innerhalb des Inversionskreises liegt, erfolgt die Konstruktion in umgekehrter Weise. Es wird vom Punkt $P'$ ausgegangen, wobei sich dann $\overline{OP} > r$ ergibt.

Wenn $|\underline{Z}| = r$ ist, gilt:

> Ein auf dem Inversionskreis liegender Punkt geht bei der Spiegelung am Inversionskreis in sich selbst über.

### 4.6.2 Wahl des Maßstabs

> Der **Maßstab** kennzeichnet die Länge der darzustellenden Ausgangsgröße.

Damit die invertierte Größe in der Zeichnung gut ablesbar ist, wird ein der Zeichnung angepaßter *Maßstab* $M_Z$ für die Ausgangsgröße $\underline{Z}$ festgelegt, die dann mit der Länge $l_Z$ erscheint, z. B.

$$\boxed{M_Z = \frac{l_Z}{\underline{Z}} = \frac{1\text{ cm}}{a\,\Omega}} \qquad \text{d. h. } 1\text{ cm} \mathrel{\widehat{=}} a\,\Omega \tag{4.90}$$

Der Radius $r$ des Inversionskreises wird so gewählt, daß er der Größenordnung von $|\underline{Z}|$ entspricht. Dann erscheint die Größe $\underline{Y}$ mit der Länge $l_Y$ und hat z. B. den Maßstab

$$\boxed{M_Y = \frac{l_Y}{\underline{Y}} = \frac{1\text{ cm}}{b\,\text{S}}} \qquad \text{d. h. } 1\text{ cm} \mathrel{\widehat{=}} b\,\text{S (Siemens)} \tag{4.91}$$

Der Maßstab $M_Y$ kann nicht frei gewählt werden, er errechnet sich aus:

$$\boxed{M_Y = \frac{r^2}{M_Z}} \tag{4.92}$$

### 4.6.3 Inversion von Punkten, Geraden und Kreisen

> Die grafische Kehrwertsbildung durch Inversion läßt sich in vorteilhafter Weise auf ganze Kurven anwenden.

#### 4.6.3.1 Punkt

Die in 4.6.1 behandelte Invertierung einer komplexen Zahl kann auch als Invertierung des Endpunktes des diese komplexe Zahl darstellenden Zeigers aufgefaßt werden.

#### 4.6.3.2 Geraden, durch den Nullpunkt laufend

Da die Gerade aus unendlich vielen aufeinanderfolgenden Punkten besteht, gilt:

> Die Inversion einer durch den Nullpunkt laufenden Geraden liefert eine zur reellen Achse spiegelbildlich liegende Gerade.

Die den Teilpunkten 1...5 auf Bild 4.49 entsprechenden inversen Teilpunkte sind nach der in 4.6.1 gegebenen Anleitung zu konstruieren.

### 4.6.3.3 Geraden, parallel zu einer Achse und nicht durch den Nullpunkt laufend

> Die Inversion einer nicht durch den Nullpunkt, aber achsenparallel laufenden Geraden ist ein den Nullpunkt tangierender Kreis, dessen Durchmesser mit der anderen Achse zusammenfällt.

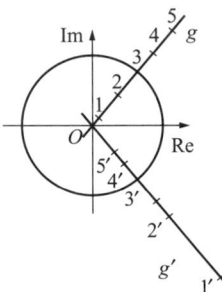

Bild 4.49 *Inversion einer Geraden durch den Nullpunkt*

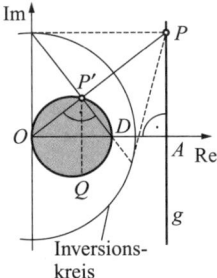

Bild 4.50 *Inversion einer nicht durch den Nullpunkt verlaufenden Geraden*

▶ *Beweis* (→ Bild 4.50): Ein beliebiger Punkt $P$ auf der zu invertierenden Geraden $g$ liefert den am Inversionskreis gespiegelten Punkt $P'$. Nach Konstruktion ist Dreieck $OP'D$ rechtwinklig und ähnlich dem Dreieck $OPA$, so daß

$$\frac{\overline{OP'}}{\overline{OD}} = \frac{\overline{OA}}{\overline{OP}} \quad \text{oder} \quad \overline{OD} \cdot \overline{OA} = \overline{OP'} \cdot \overline{OP}$$

ist. Nach Gl. (4.87) gilt $\overline{OP'} \cdot \overline{OP} = r^2$, so daß

$$r^2 = \overline{OD} \cdot \overline{OA}$$

ist, unabhängig von der Lage des Punktes $P$ auf der Geraden. Da alle Dreiecke über $\overline{OD}$ bei $P'$ rechtwinklig sind, müssen ihre Spitzen auf dem durch $\overline{OD}$ verlaufenden Halbkreis (Thales-Kreis) liegen. Entsprechendes gilt auch für die unterhalb der reellen Achse liegende Halbgerade.

▶ *Beachte*: Um den zu Punkt $P'$ inversen Punkt $Q$ zu finden, muß $P'$ noch an der reellen Achse gespiegelt werden.

> Den auf der Geraden im 1. Quadranten liegenden Punkten sind die Punkte zugeordnet, die auf dem inversen Kreis im 4. Quadranten liegen.

Wenn $\overline{OA} = l_A$ Abstand der Geraden vom Nullpunkt,
$\overline{OD} = l_D$ Durchmesser des inversen Kreises,

lautet die letzte Beziehung:

$$\boxed{r^2 = l_A l_D} \tag{4.93}$$

## 4.6 Inversion komplexer Wechselgrößen

**Konstruktion des zur Geraden inversen Kreises**

- Fall mit $r < \overline{OA}$ ($\rightarrow$ Bild 4.51):
  Über dem Nullpunktabstand $l_A$ schlägt man einen Halbkreis, der den Inversionskreis im Punkt $C$ schneidet. Das von $C$ auf die reelle Achse gefällte Lot schneidet diese im Punkt $D$. $\overline{OD} = l_D$ ist nach Gl. (4.92) der Durchmesser des inversen Kreises (Kathetensatz).

- Fall mit $r > \overline{OA}$ ($\rightarrow$ Bild 4.52):
  Da der Radius des Inversionskreises beliebig wählbar ist, kann der Fall eintreten, daß die zu invertierende Gerade vom Inversionskreis geschnitten wird. Dann trägt man $\overline{OC}$ im Schnittpunkt $C$ einen rechten Winkel an, der die Achse in $D$ schneidet. $\overline{OD} = l_D$ ist der Durchmesser des inversen Kreises.

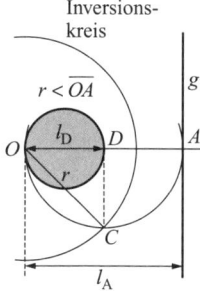

*Bild 4.51 Konstruktion des Inversionskreises bei $r < \overline{OA}$*

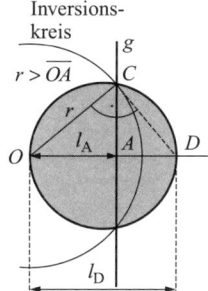

*Bild 4.52 Konstruktion des Inversionskreises bei $r > \overline{OA}$*

Da die von der Geraden zum Kreis führende Konstruktion umkehrbar ist, gilt:

> Die Inversion eines durch den Nullpunkt laufenden Kreises ergibt eine nicht durch den Nullpunkt laufende Gerade.

### 4.6.3.4 Geraden, nicht achsenparallel und nicht durch den Nullpunkt laufend

> Die Inversion einer beliebig orientierten Geraden ergibt einen durch den Nullpunkt laufenden Kreis, dessen Durchmesser auf der an der reellen Achse gespiegelten Geraden senkrecht steht.

**Konstruktion** ($\rightarrow$ Bild 4.53)

- Zeichnen der gegebenen Geraden $g$ mit dem Abstand $l_A$ vom Nullpunkt und den gegebenen Teilpunkten $1, 2, \ldots$, die den Zeigern $\underline{Z}_1, \underline{Z}_2, \ldots$ entsprechen,

- Spiegelung der Strecke $l_A$ und der Geraden $g$ an der reellen Achse,
- Zeichnen des Inversionskreises und Inversion des Abstandes $l_A$, womit der Durchmesser des inversen Kreises $l_D$ gefunden ist.
- Die Strahlen nach den Teilpunkten $1', 2', \ldots$ der gespiegelten Geraden $g^*$ schneiden den inversen Kreis in den Endpunkten der invertierten Zeiger $\underline{Y}_1, \underline{Y}_2, \ldots$

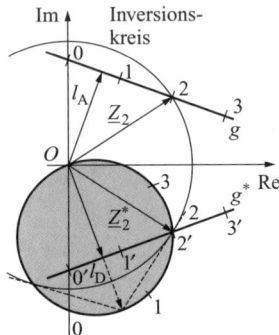

*Bild 4.53 Inversion einer nicht achsenparallelen und nicht durch den Nullpunkt laufenden Geraden*

### 4.6.3.5 Kreis, nicht durch den Nullpunkt laufend

> Die Inversion eines nicht durch den Nullpunkt laufenden Kreises ergibt wieder einen Kreis, der nicht durch den Nullpunkt läuft, aber einen anderen Radius hat und dessen Durchmesser spiegelbildlich zu dem des Ausgangskreises liegt.

Da ein Kreis durch drei Punkte seines Umfanges festgelegt ist, sind drei Punkte des an der reellen Achse gespiegelten Ausgangskreises am Inversionskreis zu spiegeln.

**Konstruktion** ($\rightarrow$ Bild 4.54)

- Spiegelung des Ausgangskreises mit dem Mittelpunkt $M_0$ an der reellen Achse ergibt den neuen Mittelpunkt $M_0^*$,
- Die Schnittpunkte $P$ und $Q$ des gespiegelten Kreises mit dem Inversionskreis gehen in sich selbst über ($\rightarrow$ 4.6.1),
- Spiegelung des Endpunktes des Kreisdurchmessers $P_1$ am Inversionskreis ergibt den dritten Punkt $P_1'$.
- Die Mittelsenkrechte auf $\overline{PP_1'}$ oder $\overline{QP_1'}$ schneidet den Durchmesser des gespiegelten Kreises im Mittelpunkt $M_0'$ des gesuchten inversen Kreises.

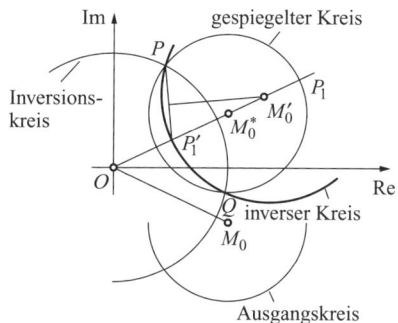

Bild 4.54 *Inversion eines Kreises*

## 4.7 Ortskurven

**Ortskurven** dienen der Darstellung von Betrag und Phase komplexer Wechselgrößen bei veränderlichen Bedingungen im Stromkreis.

### 4.7.1 Definition

Eine **Ortskurve** in der komplexen Zahlenebene ist der geometrische Ort der Endpunkte eines im Anfangspunkt festgehaltenen Widerstands- oder Leitwertzeigers, wenn sich der Wert eines einzelnen Schaltelementes oder die Frequenz der Schaltung ändert.

Anhand von Ortskurven können Eigenschaften und Betriebsverhalten von Schaltungen übersichtlich dargestellt werden. Insbesondere lassen sich durch Inversion von Ortskurven aus den Widerständen leicht die entsprechenden Leitwerte (und umgekehrt) gewinnen und auch die Eigenschaften komplizierter Schaltungen auf grafischem Weg ermitteln.

### 4.7.2 Maßstäbe und Maßteilungen

Da in vielen Fällen der Charakter der inversen Ortskurve (Gerade oder Kreis) leicht erkennbar ist, kann auf das Zeichnen des Inversionskreises verzichtet werden. Der Radius des Inversionskreises ist nur noch eine Rechengröße, die den Zusammenhang zwischen den Maßstäben $M_Z$ und $M_Y$ gemäß Gl. (4.91)

$$r^2 = M_Z M_Y$$

sowie zwischen dem Nullpunktabstand $l_A$ einer geradlinigen Ortskurve und dem Durchmesser $l_D$ des dazu inversen Kreises gemäß Gl. (4.93)

$$r^2 = l_A l_D$$

herstellt. Diese beiden Gleichungen ergeben zusammengefaßt:

$$l_A l_D = M_Z M_Y \tag{4.94}$$

Die **Maßstäbe zweier zueinander inverser Ortskurven** lassen sich somit ineinander umrechnen:

$$\boxed{M_Y = \frac{l_A l_D}{M_Z}} \tag{4.95}$$

Die *Teilung einer gezeichneten Ortskurve* erfolgt durch:

- direkte Angabe der verwendeten Einheiten, z. B. Ω, S usw.,
- Angabe eines Parameters $p$, der die einfache Zahlenreihe $p = 0, 1, 2, \ldots$ durchläuft.

### 4.7.3 Ortskurven von Grundschaltungen

#### 4.7.3.1 *L* in Reihe mit veränderlichem *R*

Es sei die Aufgabe gestellt, die Ortskurven der Widerstände und der Leitwerte der Schaltung von Bild 4.55 zu zeichnen. Wenn sich der Wert des Widerstandes $R$ stetig verändert, bewegt sich der Endpunkt des Zeigers $\underline{Z}$ auf der im Abstand $X_L$ zur reellen Achse parallel laufenden Orstkurve, in diesem Fall auch **Widerstandsgerade** genannt. Da die Leitwerte $\underline{Y}$ den Widerständen $\underline{Z}$ reziprok sind, liegen sie auf der dazu inversen Ortskurve, die nach 4.6.3.3 ein Halbkreis ist, der durch den Nullpunkt verläuft und dessen Durchmesser mit der negativen imaginären Achse zusammenfällt ($\rightarrow$ Tafel 4.2, Nr. 1).

*Bild 4.55 Reihenschaltung aus L und stetig veränderlichem R*

**Konstruktion** ($\rightarrow$ Bilder 4.56, 4.57)

- Zeichnen der Widerstandsgeraden $g$ und Teilung nach Maßstab $M_Z$,
- Zeichnen der inversen Ortskurve (Halbkreis) mit zweckmäßig gewähltem Durchmesser $l_D$, der ein deutliches Ablesen der Leitwerte erlaubt; hiernach Berechnung des Maßstabes $M_Y$ nach Gl. (4.94),
- Spiegelung derjenigen Zeiger $\underline{Z}$ an der reellen Achse, deren Leitwerte $\underline{Y}$ besonders interessieren.
- Die Schnittpunkte dieser Strahlen mit dem Halbkreis liefern die gesuchten Leitwerte.

▶ *Beachte*: Die umständliche Spiegelung der Zeiger $\underline{Z}$ kann erspart werden, wenn die Widerstandsgerade von vornherein spiegelbildlich zur reellen Achse gezeichnet wird. In dieser Weise vereinfacht sich Bild 4.56 zu Bild 4.57.

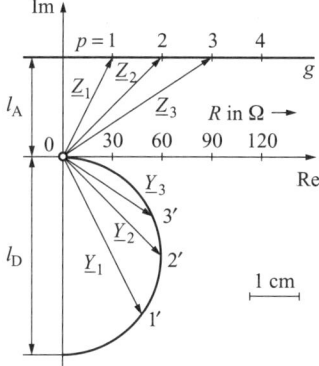
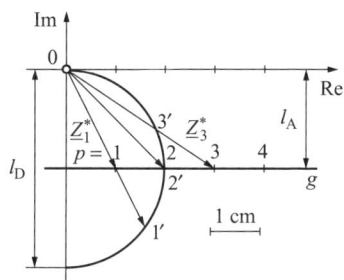

*Bild 4.56 Ortskurve zur Reihenschaltung von Bild 4.55*

*Bild 4.57 Vereinfachte Konstruktion von Bild 4.56*

### 4.7.3.2 $R$ und $L$ in Reihe bei variabler Frequenz

Der induktive Widerstand $jX_L$ ist veränderlich. Die Ortskurve des komplexen Widerstandes ergibt eine Parallele zur imaginären Achse im Abstand $R = l_A$. Die zugeordnete Ortskurve der Leitwerte entspricht einem Halbkreis im 4. Quadranten ($\rightarrow$ Tafel 4.2, Nr. 2).

▶ *Beachte*: Bei einem Durchmesser des Leitwertkreises von $l_D = l_A$ wird wegen $l_A = R$ der Durchmesser $l_D = 1/R = G$, und der Maßstab ergibt sich zu $M_Y = l^2/M_Z$.

**Teilung der Ortskurven.** Unter Zugrundelegung des Maßstabes $M_Z$ können die Teilpunkte der Widerstandgeraden auch mit den zugehörigen Frequenzen $f$ oder den Kreisfrequenzen beziffert werden. Diese bilden sich dann als entsprechende Punktfolge auf der inversen Ortskurve ab.

■ *Beispiel*: $R = 100\ \Omega$, $L = 50$ mH, $f = 0 \ldots 300$ Hz. In Bild 4.58 ist die Widerstandsgerade gespiegelt gezeichnet. Ferner beträgt $l_A = l_D = 5$ cm mit dem Maßstab $M_Z = 1$ cm$/(20\ \Omega)$ und $M_Y = l_A l_D/M_Z = 25$ cm$^2 \cdot 20\ \Omega$/cm $= 1$ cm$/(2$ mS$)$. Für z. B. $\underline{Y}_{200}$, d. i. der Leitwert der Schaltung bei $f = 200$ Hz, werden die Komponenten $l_{Yr} = 3,6$ cm und $l_{Yi} = 2,25$ cm abgelesen.

$\underline{Y}_{200} = (7,2 - j4,5)$ mS

*Tafel 4.2  Ortskurven von Grundschaltungen*

| Schaltung | Ortskurve der Widerstände | Ortskurve der Leitwerte |
|---|---|---|
| 1   $R$ (variabel), $L$ in Reihe | 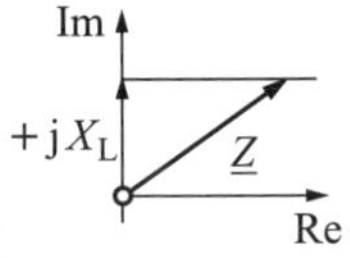 $+jX_L$, $\underline{Z}$ in oberer Halbebene | 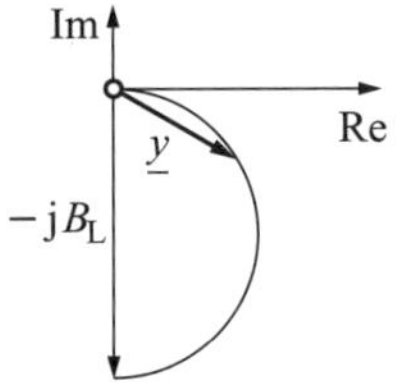 Halbkreis nach unten, $-jB_L$, $\underline{y}$ |
| 2  $R$, $L$ (variabel) in Reihe 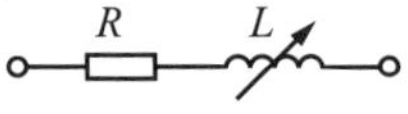 | 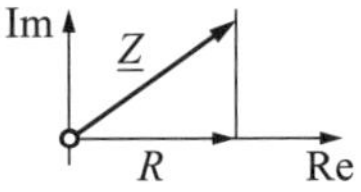 $\underline{Z}$ oberhalb, $R$ auf Re-Achse | 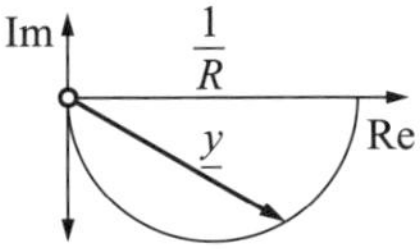 $\frac{1}{R}$ auf Im-Achse, $\underline{y}$, Halbkreis nach unten |
| 3  $R$, $C$ (variabel) in Reihe 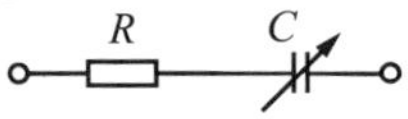 | 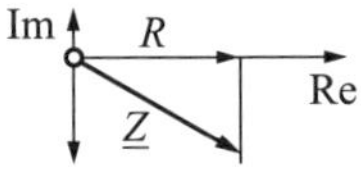 $R$ auf Re-Achse, $\underline{Z}$ nach unten | 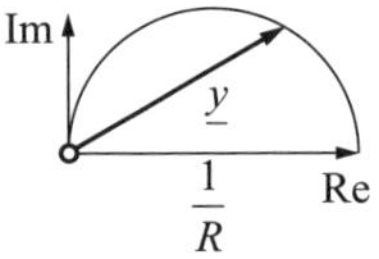 $\underline{y}$ oben, $\frac{1}{R}$ auf Re-Achse |
| 4  $R$, $f = 0\ldots\infty$, $C$, $L$ in Reihe 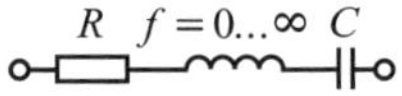 | 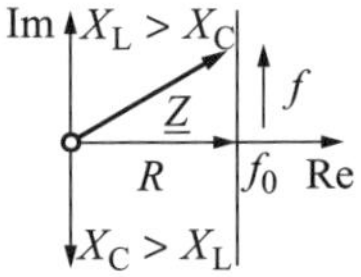 Im, $X_L > X_C$, $\underline{Z}$, $f$ ↑, $R$, $f_0$, $X_C > X_L$ | 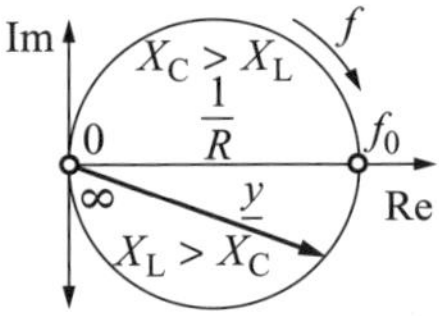 $X_C > X_L$, $\frac{1}{R}$, $0$, $f_0$, $\infty$, $\underline{y}$, $X_L > X_C$ |
| 5  $R$ parallel $L$ (variabel) 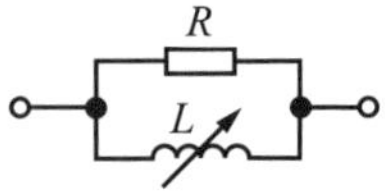 | 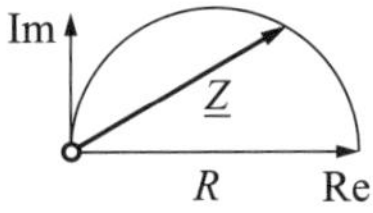 Halbkreis, $\underline{Z}$, $R$ Re | 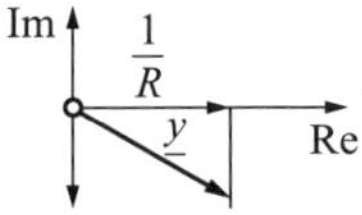 $\frac{1}{R}$, $\underline{y}$ nach unten |
| 6  $R$ parallel $C$ (variabel) 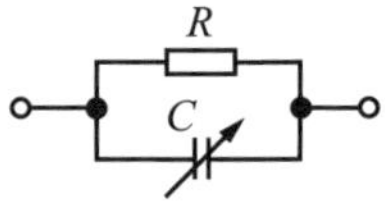 | 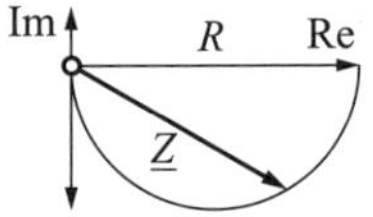 $R$ oben, $\underline{Z}$ Halbkreis nach unten | 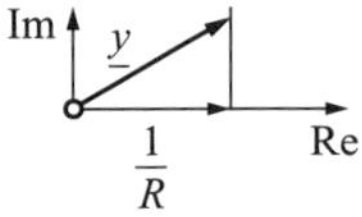 $\underline{y}$ oben, $\frac{1}{R}$ auf Re-Achse |
| 7  $R$ parallel ($f = 0\ldots\infty$, $L$, $C$) 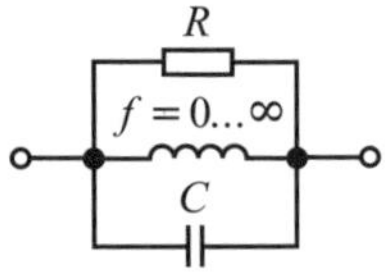 | 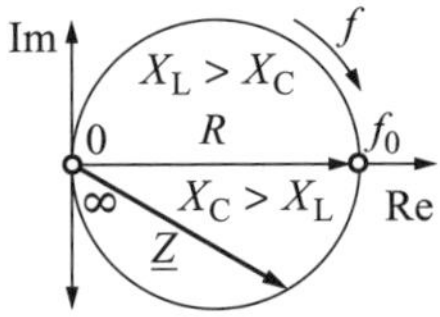 $f$, $X_L > X_C$, $R$, $0$, $f_0$, $\infty$, $X_C > X_L$, $\underline{Z}$ | 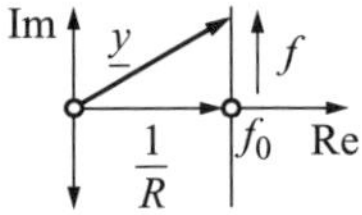 $\underline{y}$, $f$ ↑, $\frac{1}{R}$, $f_0$ |

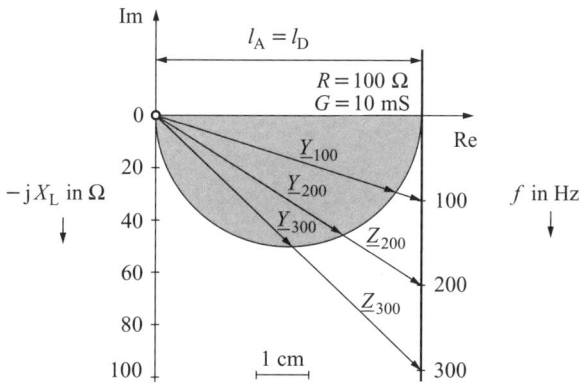

Bild 4.58  Ortskurve zur Reihenschaltung von R und L bei veränderlicher Frequenz

### 4.7.3.3 Reihenresonanz bei veränderlicher Frequenz

Der Ausdruck für den komplexen Widerstand nach Gl. (4.18)

$$\underline{Z} = R + j\left(\omega L - \frac{1}{\omega C}\right) \qquad (4.96)$$

ergibt eine Widerstandgerade parallel zur imaginären Achse im Abstand des Resonanzwiderstandes $R = l_A$ (→ Bild 4.59). Mit $\omega = 0$ beginnt sie bei $-\infty$ und endet mit $\omega = \infty$ bei $+\infty$. Die Frequenzteilung auf der Geraden ist jedoch *nicht linear*. Die Ortskurve der Leitwerte bildet einen geschlossenen Kreis. Der Resonanzfall tritt ein, wenn die imaginäre Komponente gleich 0 ist, was nach Gl. (4.21) bei

$$\omega_r = \frac{1}{\sqrt{LC}}$$

der Fall ist. Da eine Teilung der Widerstandsgeraden nur für vorgegebene Werte von $R$, $L$ und $C$ und nur punktweise vorgenommen werden kann, gibt die folgende allgemeingültige normierte Darstellung (→ 4.2.2.4) einen schnelleren Überblick.

### 4.7.3.4 Normierte Darstellung der Reihenresonanz

Durch Bezug komplexer Wechselgröße auf den Wirkwiderstand oder den Leitwert in der Ortskurve entsteht eine **normierte Darstellung**.

Mit den nach Gln. (4.24), (4.27) eingeführten Größen Gütefaktor $Q$ und Verstimmung $v$ lautet der *relative komplexe Widerstand* (dargestellt durch die Punkte der Widerstandsgeraden im Abstand $l_A = 1$ von der imaginären Achse):

$$\frac{\underline{Z}}{R} = 1 + jvQ \qquad (4.97)$$

Der relative komplexe Leitwert $\underline{Y}/G$ wird durch die Punkte auf dem inversen Kreis dargestellt. $R$ stellt dabei den Resonanzwiderstand und $G$ den Resonanzleitwert dar. Mit diesen aus den Ortskurven gewonnenen relativen Werten $\underline{Z}/R$ und $\underline{Y}/G$ lassen sich die Resonanzkurven konstruieren ($\rightarrow$ Bild 4.60).

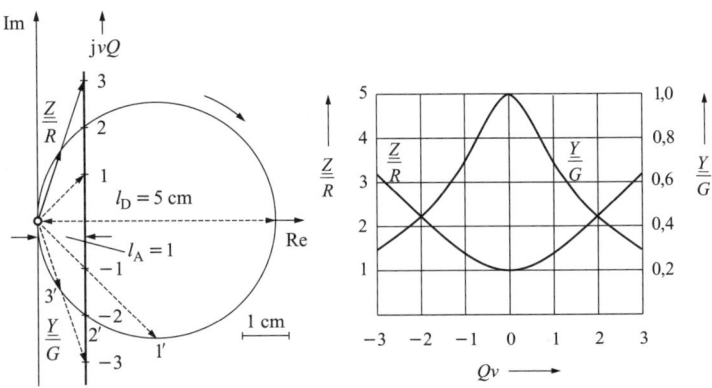

*Bild 4.59 Ortskurven bei Reihenresonanz*

*Bild 4.60 Aus Bild 4.59 übertragene Resonanzkurven*

■ *Beispiel* ($\rightarrow$ Bild 4.59): Der Resonanzwiderstand sei $R = 10\ \Omega$, die Kreisgüte $Q = 50$. Welchen Betrag haben komplexer Widerstand $\underline{Z}$ und Leitwert $\underline{Y}$ für eine Frequenz, die um 3 % größer als die Resonanzfrequenz ist?
Für $M_D = 1$ cm sowie $l_A = 1$ cm und $l_D = 5$ cm ergibt sich $M_Y = l_A l_D / M_Z = 5$ cm. Weitere Schritte: Zeichnen der Widerstandsgeraden und Teilung in Einheiten von $vQ$ sowie des inversen Kreises der Leitwerte; Einzeichnen der gewünschten Strahlen; Verstimmung $v = 1,03 f/f_r - f_r/(1,03 f) = 1,03 - 0,97 = 0,06$; $vQ = 3$; aus der Widerstandsgeraden abgelesen $|\underline{Z}/R| = 3,16$ cm und aus dem Leitwertkreis $|\underline{Y}/G| = 1,6$ cm; hieraus die wahren Werte $3,16/M_Z = 3,16$ und $1,6/M_Y = 0,32$.

Absolute Werte: $|\underline{Z}| = R \cdot 3,16 = 31,6\ \Omega$
$|\underline{Y}| = G \cdot 0,32 = 0,032$ S.

Das gleiche Ergebnis kann der aus der Ortskurve von Bild 4.59 übertragenen Resonanzkurvendarstellung entnommen werden ($\rightarrow$ Bild 4.60).

### 4.7.3.5 R und L parallel bei variabler Frequenz

Bei Parallelschaltungen ist von der Ortskurve der Leitwerte auszugehen. Der grundsätzliche Verlauf geht aus Tafel 4.2, Nr. 6 hervor. Gemäß der Gleichung

$$\underline{Y} = G - \mathrm{j}B_\mathrm{C} = \frac{1}{R} + \mathrm{j}\omega C \tag{4.98}$$

verläuft die Leitwertgerade parallel zur imaginären Achse im Abstand $1/R$ in der positiven Halbebene, kann aber wegen der einfacheren Konstruktion auch in die negative Halbebene gelegt werden. Die Inversion dieser Leitwertgeraden ergibt ($\rightarrow$ Tafel 4.2, Nr. 6) den zugeordneten Halbkreis der Widerstände $\underline{Z}$.

■ *Beispiel* ($\rightarrow$ Bild 4.61): $R = 50\ \Omega$, $C = 2\ \mu\mathrm{F}$, Frequenzbereich $f = 1\ldots 5$ kHz. Die Leitwertgerade ist im Bild 4.61 gespiegelt im Abstand $l_\mathrm{A} = 2$ cm mit dem Maßstab $M_\mathrm{Y} = 1\ \mathrm{cm}/(10\ \mathrm{mS})$ eingetragen. Die Ortskurve der Widerstände erscheint als Halbkreis mit dem frei gewählten Radius $l_\mathrm{D} = 5$ cm, was den Maßstab $M_\mathrm{Z} = l_\mathrm{A} l_\mathrm{D}/M_\mathrm{Y} = 1\ \mathrm{cm}/(10\ \Omega)$ liefert. Die außerhalb des interessierenden Frequenzbereiches liegenden Teile der Ortskurven sind punktiert angedeutet.

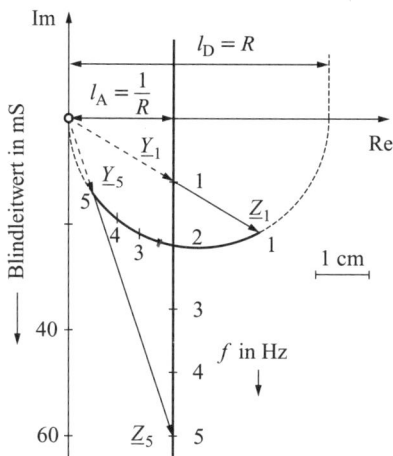

Bild 4.61 Ortskurve zur Parallelschaltung von R und C bei veränderlicher Frequenz

### 4.7.4 Ortskurven gemischter Schaltungen

> **Ortskurven gemischter Schaltungen** enthalten die komplexen Ersatzgrößen der zugrundeliegenden Parallel- und Reihenschaltungen.

### 4.7.4.1 Addition eines konstanten Widerstandes

Liegt eine Schaltung nach Bild 4.62 vor, so liegen die Leitwerte $\underline{Y}$ des aus $R_1$ und $X_L$ bestehenden Parallelgliedes bei veränderlicher Induktivität auf einer Geraden. Die Inversion dieser Geraden ergibt für den Scheinwiderstand des Parallelgliedes einen Halbkreis. Nun müßte an jeden Punkt dieser Ortskurve noch ein konstanter Zeiger $\underline{Z}_2$ angefügt werden. Es genügt aber, die Ortskurven als Ganzes in Richtung des zu addierenden Zeigers $\underline{Z}_2$ zu verschieben.

Konstruktiv einfacher ist es, den Nullpunkt des Diagramms längs der reellen Achse um $R_2$ zu verschieben ($\rightarrow$ Bild 4.63, Tafel 4.3).

Die Addition eines konstanten Reihenwiderstandes zu einer gegebenen Ortskurve erfordert eine Parallelverschiebung des Nullpunktes der Ortskurve in entgegengesetzter Richtung des zu addierenden Zeigers.

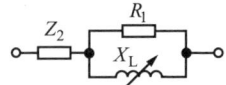
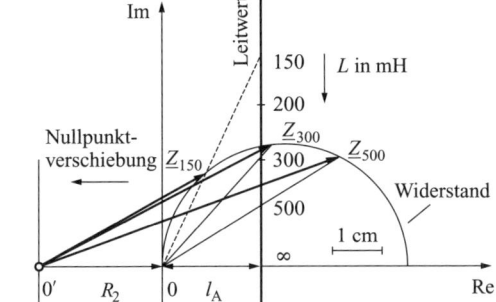

Bild 4.62 Addition eines Widerstandes $\underline{Z}_2$

Bild 4.63 Ortskurve zur Reihenschaltung nach Bild 4.62

■ *Beispiel* ($\rightarrow$ Bild 4.63): $R_2 = 50\ \Omega$ in Reihe mit einer Parallelschaltung aus $R_1 = 100\ \Omega$ und $L = 150\ldots 500$ mH bei $f = 50$ Hz nach Bild 4.62.

Die Lösung erfordert folgende Einzelschritte:

1. Zeichnen der Leitwertgeraden des Parallelgliedes $R_1 \| L$,
2. Konstruktion des Halbkreises für dessen komplexen Widerstand,
3. Verschieben des Nullpunktes 0 nach 0′ um die Strecke $R_2$ nach links.
4. Die Strahlen von 0′ zu den Punkten des Halbkreises sind die Zeiger $\underline{Z}$ des komplexen Gesamtwiderstandes.

Gewählt wurden der Abstand der Leiterwertgeraden vom Nullpunkt 0 mit $l_A = 2$ cm und der Maßstab $M_Y = 1$ cm/(5 mS) sowie $l_D = 5$ cm; hieraus folgt $M_Z = 1$ cm/(20 $\Omega$). Die Nullpunktverschiebung und das Eintragen der Zeiger $\underline{Z}$ sind aus Bild 4.62 zu ersehen.

### 4.7.4.2 Nullpunktverschiebung der Ortskurve einer gemischten Schaltung

Als weitere Anwendung der Nullpunktverschiebung sei die Ortskurve der Ströme für die Schaltung nach Bild 4.64 konstruiert, wobei der Widerstand $R_2$ mit dem Parameter $p = R_2/X_2 = 0\ldots 2$ veränderlich sein soll.
Durch den unteren Zweig fließt der Strom

$$\underline{I}_2 = \frac{U}{pR_2 + jX_2} = \frac{U}{X_2} \cdot \frac{1}{\dfrac{pR_2}{X_2} + j} = \frac{-jU}{X_2 \left(1 - jp\dfrac{R_2}{X_2}\right)} \qquad (4.99)$$

während der durch den oberen Zweig fließende Strom $\underline{I}_1$ vorläufig noch nicht beachtet wird.

*Tafel 4.3 Verschiebung des Nullpunktes von 0 nach 0′ bei Addition eines komplexen Widerstandes*

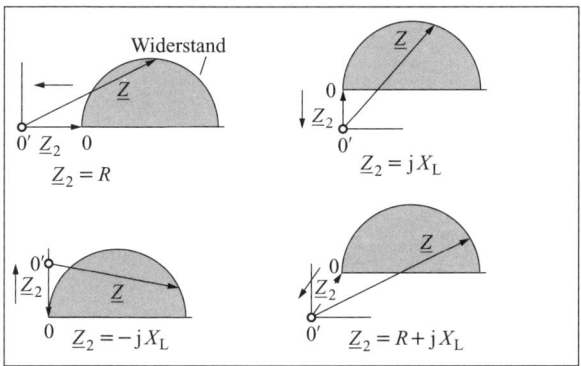

Zunächst ist erkennbar, daß der Nenner des Bruches eine parallel zur reellen Achse verlaufende Gerade und der Bruch selbst einen Halbkreis (→ Tafel 4.2, Nr. 1) darstellt, der durch den Nullpunkt verläuft. Der Kreisdurchmesser kann aus zwei Betriebszuständen ermittelt werden:

- *Leerlauf*: Der untere Zweig wird als unterbrochen angenommen.
  $R_2 = p = \infty$ und $\underline{I}_2 = 0$
- *Kurzschluß*: $R_2$ wird kurzgeschlossen, und dabei ergibt sich für $R_2 = p = 0$, so daß $\underline{I}_2 = -jU/X_2$ ist.

Damit kann der Halbkreis nach Festlegung eines bestimmten Maßstabes gezeichnet werden (→ Bild 4.65). Die Widerstandsgerade wird zweckmäßigerweise durch den Kreismittelpunkt gezogen und so geteilt, daß $p = 0$ im Kreismittelpunkt und $p = 1$ im Schnittpunkt mit dem Kreisumfang liegt. Daraus folgen in linearer Reihenfolge die anderen Teilpunkte $0,2\ldots 2,0$. Die auf dem Halbkreis endenden $\underline{I}_2$-Zeiger ergeben sich aus der Verbindungsgeraden dieser Teilpunkte mit dem Nullpunkt. Da der Gesamtstrom $\underline{I}$ durch die Schaltung gleich der Summe

$$\underline{I} = \underline{I}_1 + \underline{I}_2$$

ist, muß noch der konstante Strom $\underline{I}_1$ addiert werden. Dies geschieht durch Verschiebung des Nullpunktes 0 in entgegengesetzter Richtung des Zeigers

$$\underline{I}_1 = \frac{U}{R_1 + jX_1} = \frac{U(R_1 - jX_1)}{R_1^2 + X_1^2} \tag{4.100}$$

wobei der neue Nullpunkt $0'$ entsteht.

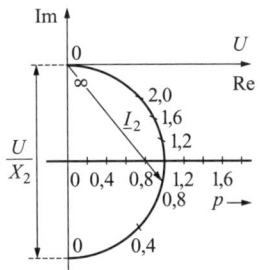

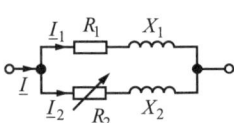

*Bild 4.64 Gemischte Schaltung bei veränderlichem Widerstand $R_2$*

*Bild 4.65 Ortskurve des Zweigstromes $\underline{I}_2$ in der Schaltung nach Bild 4.64*

▶ *Beachte* (→ Bild 4.66): Es ist in diesem Fall günstig, das Diagramm um 90° zu drehen und die Fußpunkte des Halbkreises als *Leerlaufpunkt LP* bzw. *Kurzschlußpunkt KP* zu bezeichnen.

> Die Zeiger des Gesamtstroms $\underline{I}$ gehen vom neuen Nullpunkt $0'$ aus und führen bis zum interessierenden Parameterteilpunkt auf dem Halbkreis.

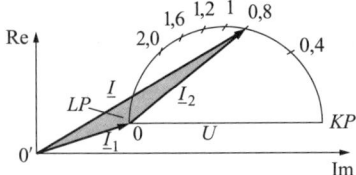

*Bild 4.66 Ortskurve des Gesamtstromes $\underline{I}$ in der Schaltung nach Bild 4.64*

### 4.7.5 Konstruktion von Ortskurven mittels Wertetabelle

Anstelle der geometrischen Ableitung von Ortskurven läßt sich deren Verlauf auch rechnerisch darstellen. Dies ist besonders dann von Vorteil, wenn die

Schaltung aus mehreren parallelen Zweigen mit komplexen Widerständen bei veränderlichen Frequenzen aufgebaut ist. Hier besteht gleichzeitig die Aufgabe, mehrere Ortskurven zu summieren.

**Konstruktion** ($\rightarrow$ Bild 4.67)

- formelmäßige Darstellung der komplexen Leitwerte $\underline{Y}_n$ der einzelnen Zweige der Schaltung,
- Aufstellen von Wertetabellen für $\underline{Y}_n$ als Funktion von der Frequenz, getrennt nach Real- und Imaginärteil,
- getrennte Summation der Real- und Imaginärteile,
- Verbindung der erhaltenen Endpunkte der resultierenden Ortskurven $\underline{Y}$ und damit zum Gesamtleitwert der Schaltung.

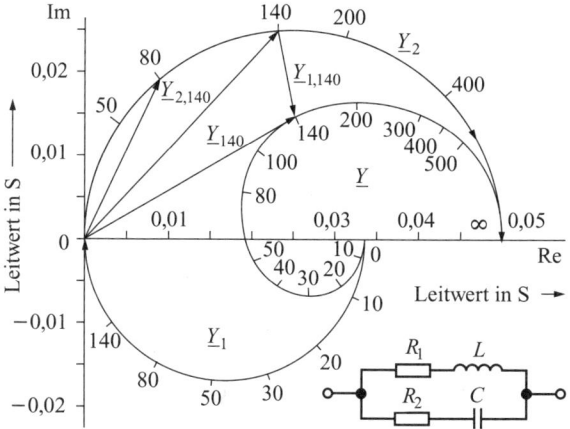

*Bild 4.67 Summe zweier Ortskurven*

■ *Beispiel*: Bild 4.67 liegen folgende Zahlenwerte zugrunde:
$R_1 = 30\ \Omega$, $R_2 = 20\ \Omega$; $L = 100$ mH; $C = 50\ \mu$F; $f = 0\ldots\infty$ Hz.

$$\underline{Y}_1 = \frac{1}{\underline{Z}_1} = \frac{1}{30 + \mathrm{j}0{,}2\pi f} = \frac{30}{30^2 + (0{,}2\pi f)^2} - \frac{\mathrm{j}\,0{,}2\pi f}{30^2 + (0{,}2\pi f)^2}$$

$$\underline{Y}_2 = \frac{1}{\underline{Z}_2} = \frac{1}{20 - \dfrac{\mathrm{j}}{0{,}0001\pi f}} = \frac{20}{20^2 + \left(\dfrac{1}{0{,}0001\pi f}\right)^2} + \mathrm{j}\,\frac{\dfrac{1}{0{,}0001\pi f}}{20^2 + \left(\dfrac{1}{0{,}0001\pi f}\right)^2}$$

Tabelle 4.5 zeigt die numerischen Ergebnisse in einer Wertetabelle.

Um den komplexen Leitwert $\underline{Z}^*$ der Schaltung zu erhalten, ist die $\underline{Y}$-Kurve von Bild 4.67 nochmals zu invertieren. Mit

$$\underline{Z}^* = \frac{1}{\underline{Y}} = \frac{1}{a+\mathrm{j}b} = \frac{a}{a^2+b^2} - \mathrm{j}\frac{b}{a^2+b^2}$$

und den Werten von Tabelle 4.5 ergeben sich die in Tabelle 4.6 zusammengestellten Komponenten von $\underline{Z}^*$ und daraus abgeleitet die Darstellung der Ortskurve von $\underline{Z}^*$ ($\rightarrow$ Bild 4.68).

*Tabelle 4.5 Berechnung des Real- und Imaginärteils des komplexen Leitwertes $\underline{Y}$*

| $f$ in Hz | $\underline{Y}_1$ in S | | $\underline{Y}_2$ in S | | $\underline{Y}$ in S | |
|---|---|---|---|---|---|---|
| | Re | Im | Re | Im | Re | Im |
| 0 | 0,0333 | 0 | 0 | 0 | 0,0333 | 0 |
| 60 | 0,0129 | 0,0162 | 0,0062 | 0,0165 | 0,0192 | 0,0003 |
| 100 | 0,0062 | 0,0130 | 0,0142 | 0,0225 | 0,0203 | 0,0096 |
| 200 | 0,0018 | 0,0075 | 0,0306 | 0,0244 | 0,0324 | 0,0168 |

*Tabelle 4.6 Berechnung des Real- und Imaginärteils des konjungiert komplexen Widerstandes $\underline{Z}^*$*

| $f$ in Hz | $\underline{Z}^*$ in $\Omega$ | | $f$ in Hz | $\underline{Z}^*$ in $\Omega$ | |
|---|---|---|---|---|---|
| | Re | Im | | Re | Im |
| 0 | 30,03 | 0 | 100 | 40,28 | 18,94 |
| 60 | 51,74 | 0,70 | 200 | 24,37 | 12,66 |

Diese läßt sich mit entsprechenden Grafikprogrammen über die o. g. Wertetabellen auf jedem Rechner darstellen.

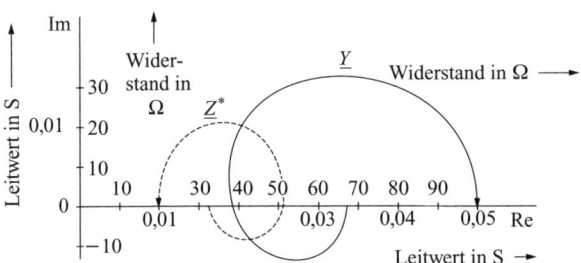

*Bild 4.68 Punktweise Konstruktion einer Ortskurve durch Inversion*

# 5 Signale und Systeme

## 5.1 Signale

### 5.1.1 Begriffsbestimmung und Übersicht

> Ein **Signal** ist die Darstellung einer Information durch physikalische Größen /5.10/.

Als Träger der Information dienen z. B. elektrische Größen (Spannung, Stromstärke), optische Größen (Lichtstrom) oder auch pneumatische und hydraulische Größen (Druck). Wenn es zur theoretischen Verallgemeinerung nützlich ist, wird die mathematische Beschreibung eines Vorganges auch ohne physikalischen Bezug als Signal bezeichnet (Elementarsignale, Testsignale). Die physikalischen Übertragungssysteme (z. B. Telekommunikationsnetze) haben zum Ziel, Informationen (z. B. Nachrichten für den Menschen) möglichst unverfälscht vom Sendeort zum Empfangsort zu transportieren. Die Signale sind demnach entweder Ein- oder Ausgangssignale von Systemen. Insofern steht das Zusammenspiel „Signal $\rightarrow$ System $\rightarrow$ Signal" im Mittelpunkt der Systemtheorie. Die theoretischen Signale liegen zunächst als Zeitfunktionen vor (z. B. Sprungfunktion, Stoßfunktion). Zur Untersuchung der Signalwirkungen auf die Systeme ist es zweckmäßig, Zeitfunktionen in Frequenzfunktionen zu transformieren. Die Ausgangssignale werden wieder als Zeitfunktionen erwartet, deswegen muß eine Rücktransformation aus dem Frequenzbereich in den Zeitbereich erfolgen. Für diese Operationen werden je nach Art der Signale verschiedene mathematische Methoden verwendet (z. B. Fourier-Transformation, Laplace-Transformation, Z-Transformation). Bild 5.1 zeigt eine Gliederung der Signale aus systemtheoretischer Sicht. Die komplexe Rechnung wird aus den Grundlagen der Elektrotechnik als bekannt vorausgesetzt.

### 5.1.2 Periodische Signale mit konstanter Amplitude

#### 5.1.2.1 Merkmale

**Periodendauer** $T$. Zeitabschnitt der Signalwiederholung. Bei impulsförmigen Signalen wird die Signalwiederholung auch als Puls bezeichnet.

$$f(t) = f(t+T) \tag{5.1}$$

## 188  5 Signale und Systeme

**Signalfrequenz (Pulsfrequenz)** $f$. Anzahl der Perioden pro Zeiteinheit

$$\boxed{f = \frac{1}{T}} \qquad (5.2)$$

Winkelfrequenz (Kreisfrequenz) $\omega$

$$\omega = 2\pi f \qquad (5.3)$$

**Amplitude** $A$. Periodisch wiederkehrender absoluter Extremwert des Signals [z. B. größter Momentanwert der Spannung $u$ ($A = \hat{u}$)].

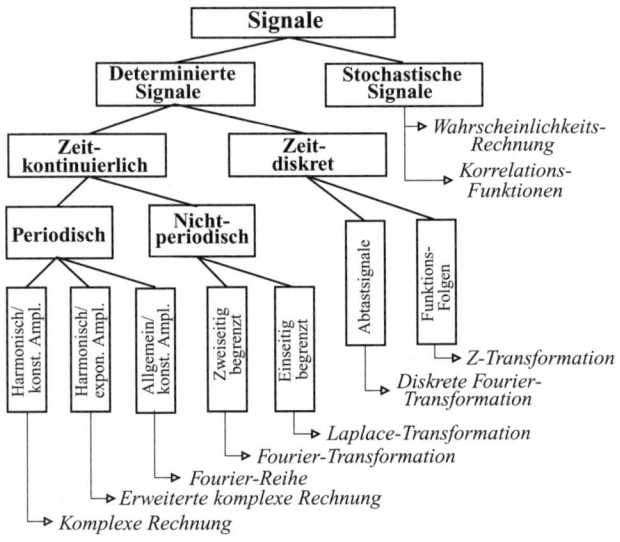

*Bild 5.1  Signale und mathematische Methoden*

**Signaldarstellung als Zeitfunktion** $f(t)$ **oder Phasenwinkel-Funktion** $f(\omega t)$. Bei harmonischen Funktionen (Sinus; Cosinus) wird auch die Darstellung $f(\omega t)$ verwendet. *Zusammenhang:*

$$\boxed{\frac{t}{T} = \frac{\varphi}{2\pi}} \quad \varphi = \omega t \qquad (5.4)$$

**Symmetrieeigenschaften.** *Gerade Funktionen* verlaufen zur y-Achse symmetrisch (Beispiel: Dreieck-Signal im Bild 5.2a). *Ungerade Funktionen* verlaufen zur y-Achse antisymmetrisch (Beispiel: Rechtecksmußignal im Bild 5.2b). Bei der harmonischen Analyse werden gerade Funktionen durch Cosinuskomponenten, ungerade durch Sinuskomponenten gebildet.

Für gerade Funktionen gilt:

$$f(t) = f(-t) \tag{5.5}$$

Für ungerade Funktionen gilt:

$$f(t) = -f(-t) \tag{5.6}$$

### 5.1.2.2 Fourier-Reihen

Allgemeine periodische Signale lassen sich in harmonische Funktionen (Sinus; Cosinus) zerlegen (*Fourier-Analyse*) bzw. aus Harmonischen aufbauen (*Fourier-Synthese*). Die 1. Harmonische (Grundschwingung) hat die Grundfrequenz ($f_1 = 1/T$), die 2. H. (1. Oberschwingung) hat die doppelte Grundfrequenz ($f_2 = 2f_1$), die 3. H. (2. Oberschwingung) die dreifache Grundfrequenz ($f_3 = 3f_1$), usw.

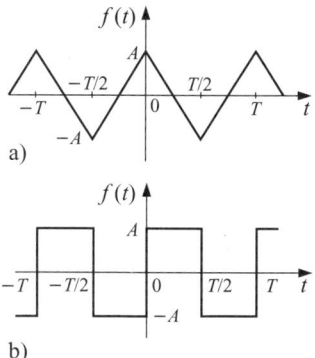

Bild 5.2  a) Gerade Funktion,
b) ungerade Funktion

Zur mathematisch exakten Signalbeschreibung muß die Summe aus unendlich vielen Harmonischen gebildet werden (unendliche Reihe). Die Amplituden der Harmonischen nehmen jedoch mit wachsender Frequenz ab (die Reihe konvergiert), so daß es in praktischen Anwendungsfällen ausreicht, nur eine endliche Zahl von Harmonischen zu berücksichtigen. Bild 5.3 zeigt die Synthese des Rechtecksignals (Mäander-Form) nach Bild 5.2b aus drei Harmonischen ($f_1; f_3; f_5$). Man erkennt, daß der Kurvenverlauf noch sehr ungenau ist. Bei Signalen mit geringerer Flankensteilheit (z. B. Dreiecksignal nach Bild 5.2a) konvergieren die Reihen schneller, so daß mit drei Harmonischen schon eine recht gute Annäherung erzielt wird ($\rightarrow$ Bild 5.4).

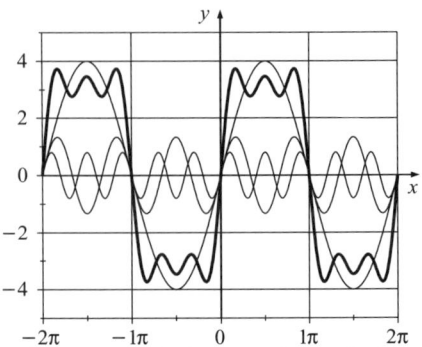

*Bild 5.3 Fourier-Synthese eines Rechteckpulses aus drei Harmonischen*

**Spektrum eines periodischen Signals.** Linienhafte Darstellung der Amplituden über der Frequenz (Amplitudenspektrum) oder auch der Phasenwinkel über der Frequenz (Phasenspektrum).

Damit läßt sich anschaulich darstellen, wie viele Harmonischen erfaßt werden müssen, um eine Signalfunktion mit einer vorgegebenen Genauigkeit beschreiben zu können. Bild 5.5 zeigt das Amplitudenspektrum zum Bild 5.2b.

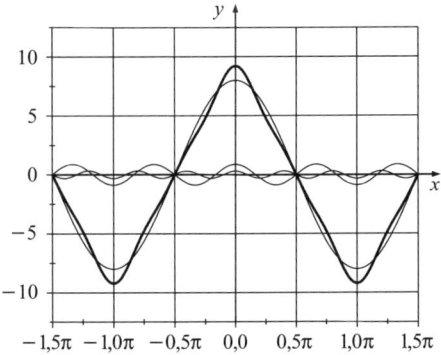

*Bild 5.4 Fourier-Synthese eines Dreieckpulses aus drei Harmonischen*

**Reelle Normalform der Fourier-Reihe**

$$f(t) = \frac{a_0}{2} + \sum_{n=1}^{\infty} [a_n \cos(n\omega t) + b_n \sin(n\omega t)] \tag{5.7}$$

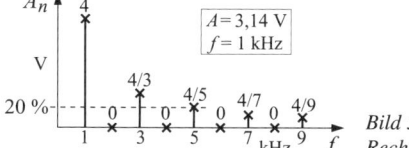

Bild 5.5 Amplitudenspektrum eines Rechteckpulses (Mäander-Form)

Ein allgemein periodisches Signal $f(t)$, das weder gerade noch ungerade ist, läßt sich als unendliche Reihe aus Cosinus- und Sinusschwingungen (Harmonische) darstellen. Die elementare Schreibweise von Gl. (5.7) lautet:

$$f(t) = \frac{a_0}{2} + a_1 \cos(\omega t) + a_2 \cos(2\omega t) + a_3 \cos(3\omega t) + \ldots \\ + b_1 \sin(\omega t) + b_2 \sin(2\omega t) + b_3 \sin(3\omega t) + \ldots \tag{5.8}$$

**Berechnung der Fourier-Koeffizienten**

Allgemein gelten die Gln. (5.9), (5.10) und (5.11). Für häufig vorkommende Impulsformen können die Koeffizienten aus der Tafel 5.1 entnommen werden.

$$a_n = \frac{2}{T} \int_0^T f(t) \cos(n\omega t)\, dt; \quad n = 1, 2, 3, \ldots \tag{5.9}$$

$$b_n = \frac{2}{T} \int_0^T f(t) \sin(n\omega t)\, dt; \quad n = 1, 2, 3, \ldots \tag{5.10}$$

Die *Gleichkomponente* $a_0/2$ ist der arithmetische Mittelwert über eine Signalperiode $T$.

$$a_0 = \frac{2}{T} \int_0^T f(t)\, dt \tag{5.11}$$

*Tafel 5.1 Fourier-Reihen wichtiger Pulsformen*

**a) Rechteckpuls (Umpolfunktion)**

$$f(t) = \frac{4A}{\pi} \left[ \sin(\omega t) + \frac{1}{3} \sin(3\omega t) + \frac{1}{5} \sin(5\omega t) + \ldots \right] \tag{5.12}$$

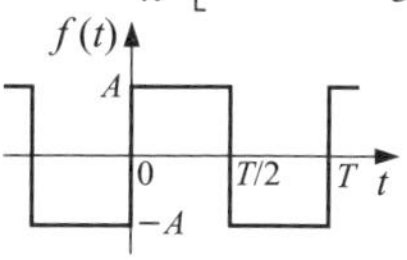

*Tafel 5.1 Fourier-Reihen wichtiger Pulsformen (Fortsetzung)*

**b) Rechteckpuls, getastet**

$$f(t) = \frac{A\varphi}{\pi} + \frac{2A}{\pi}\left[\sin(\varphi)\cos(\omega t) + \frac{\sin(2\varphi)}{2}\cos(2\omega t) + \frac{\sin(3\varphi)}{3}\cos(3\omega t) + \ldots\right] \quad (5.13)$$

Hierin ist $\varphi = \pi\frac{t_i}{T}$; das Verhältnis $\frac{t_i}{T}$ wird als *Tastgrad* bezeichnet.

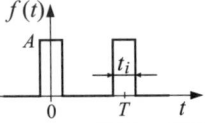

**c) Dreieckpuls**

$$f(t) = \frac{8A}{\pi^2}\left[\cos(\omega t) + \frac{1}{3^2}\cos(3\omega t) + \frac{1}{5^2}\cos(5\omega t) + \ldots\right] \quad (5.14)$$

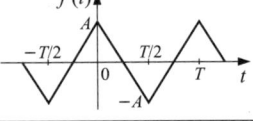

**d) Sägezahnpuls**

$$f(t) = -\frac{2A}{\pi}\left[\sin(\omega t) + \frac{1}{2}\sin(2\omega t) + \frac{1}{3}\sin(3\omega t) + \ldots\right] \quad (5.15)$$

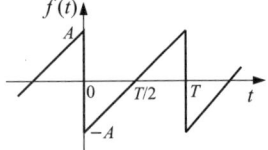

**e) Sinushalbwellen (Zweiweggleichrichtung)**

$$f(t) = \frac{2A}{\pi} - \frac{4A}{\pi}\left[\frac{1}{1\cdot 3}\cos(2\omega t) + \frac{1}{3\cdot 5}\cos(4\omega t) + \frac{1}{5\cdot 7}\cos(6\omega t) + \ldots\right] \quad (5.16)$$

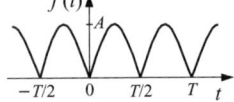

**f) Cosinushalbwellen (Einweggleichrichtung)**

$$f(t) = \frac{A}{\pi} + \frac{2A}{\pi}\left[\frac{\pi}{4}\cos(\omega t) + \frac{1}{1\cdot 3}\cos(2\omega t) - \frac{1}{3\cdot 5}\cos(4\omega t) + - \ldots\right] \quad (5.17)$$

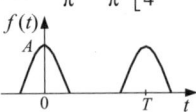

Das Amplitudenspektrum des getasteten Rechteckpulses (→ Tafel 5.1b) ergibt sich aus Gl. (5.13). Die **Amplitude der *n*-ten Harmonischen** beträgt

$$A_n = \frac{2A}{\pi} \cdot \frac{\sin(n\varphi)}{n} \quad \varphi = \pi\frac{t_i}{T} \tag{5.18}$$

Im Bild 5.6 wurde $A_n = f(n)$ für $A = \pi/2$ und $t_i/T = 0,5$ aufgetragen. Der Funktionsverlauf wird als Spaltfunktion bezeichnet. Für ganzzahlige $n$ (1...10) lassen sich die Amplituden ($A_1, A_2, \ldots A_{10}$) der Harmonischen ablesen. Die geradzahligen Harmonischen sind gleich null. Die ungeradzahligen sind abwechselnd positiv und negativ. Bei schmaleren Impulsen (kleinere Tastgrade) verläuft die Spaltfunktion „langsamer", so daß mehr Harmonische erforderlich sind um den Puls mit entsprechender Genauigkeit darstellen zu können.

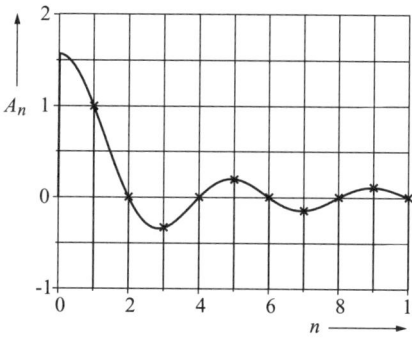

Bild 5.6 Amplitudenverteilung nach einer Spaltfunktion

Neben der reellen Normalform [→ Gl. (5.7)] werden noch zwei weitere Formen der F-Reihe verwendet. Die Umrechnung erfolgt mit den Regeln der komplexen Rechnung.

**Reelle Cosinusform der Fourier-Reihe (Amplituden-Phasen-Form)**

$$f(t) = \frac{a_0}{2} + \sum_{n=1}^{\infty} [A_n \cos(n\omega t + \varphi_n)] \tag{5.19}$$

*Die Amplitude*: $A_n = \sqrt{a_n^2 + b_n^2}$ \hfill (5.20)

*Der Phasenwinkel*: $\varphi_n = \arctan \frac{b_n}{a_n}$ \hfill (5.21)

**Komplexe Normalform der Fourier-Reihe (Exponentialform)**

$$f(t) = \sum_{-\infty}^{+\infty} \underline{c}_n \, e^{jn\omega t} \tag{5.22}$$

In Gl. (5.22) ist $\underline{c}_n$ die komplexe Amplitude.

$$\underline{c}_n = \frac{1}{T} \int_0^T f(t) \, e^{-jn\omega t} \, dt \tag{5.23}$$

Zur Umrechnung zwischen den reellen Fourier-Koeffizienten [→ Gln. (5.9), (5.10) und (5.11)] und der komplexen Amplitude dienen folgende Beziehungen:

$$\underline{c}_n = \frac{a_n - j b_n}{2} \quad (5.24) \qquad \underline{c}_n^* = \frac{a_n + j b_n}{2} \quad (5.25) \qquad c_0 = \frac{a_0}{2} \quad (5.26)$$

$$a_n = \underline{c}_n + \underline{c}_n^* \quad (5.27) \qquad b_n = j(\underline{c}_n - \underline{c}_n^*) \quad (5.28) \qquad a_0 = 2 c_0 \quad (5.29)$$

Mit Einführung der komplexen Fourier-Reihe wird das Amplitudenspektrum formal auf negative Frequenzen ausgedehnt. Jede Harmonische läßt sich als Summe zweier Schwingungen darstellen. Die 1. Harmonische ($n = \pm 1$) folgt z. B. aus Gl. (5.22) zu $S_1 = \underline{c}_1 e^{j\omega t} + \underline{c}_{-1} e^{-j\omega t}$. Dieser Ausdruck läßt sich wieder in die Amplituden-Phasen-Form [→ Gl. (5.19)] umrechnen:

$$A_1 \cos(\omega t + \varphi_1) = \underline{c}_1 e^{j\omega t} + \underline{c}_{-1} e^{-j\omega t} \tag{5.30}$$

Analog ergibt sich für die 2. Harmonische:

$$A_2 \cos(2\omega t + \varphi_2) = \underline{c}_2 e^{j2\omega t} + \underline{c}_{-2} e^{-j2\omega t} \tag{5.31}$$

### 5.1.3 Nichtperiodische Signale mit zweiseitiger Begrenzung

#### 5.1.3.1 Merkmale

Als **nichtperiodische Signale** werden Impulse ohne Wiederholung (Einzelimpulse) verstanden.

Aus einer Impulsfolge (Puls) entsteht mathematisch der Einzelimpuls, wenn die Periodendauer unendlich groß wird. Aus einer periodischen Zeitfunktion (Zeitfunktion und Signal sind hier Synonyme) entsteht durch den Grenzübergang $T \to \infty$ das zweiseitig begrenzte Signal (→ Bild 5.7).

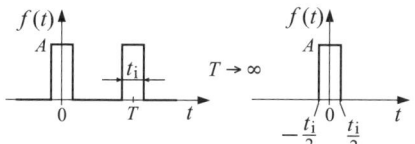

Bild 5.7 Entstehung des Rechteckimpulses aus der Impulsfolge

### 5.1.3.2 Fourier-Transformation

Der Grenzübergang $T \to \infty$ führt von der *Fourier-Reihe* zum *Fourier-Integral* [$\to$ Gl. (5.33)]. Ausgangspunkt ist die komplexe Amplitude $\underline{c}_n$ [$\to$ Gl. (5.23)]. Zur Grenzwertbildung wird das Produkt $\underline{c}_n T$ gebildet. Der Grenzwert wird auch als komplexe Amplitudendichte (Spektraldichte) $F(\mathrm{j}\omega)$ bezeichnet.

$$\lim_{T \to \infty} (\underline{c}_n T) = F(\mathrm{j}\omega) \tag{5.32}$$

Außerdem wird $\omega = \dfrac{2\pi}{T} \to \Delta\omega$; $n\omega \to n\Delta\omega = \omega$.

$$F(\mathrm{j}\omega) = \int_{-\infty}^{+\infty} f(t)\,\mathrm{e}^{-\mathrm{j}\omega t}\,\mathrm{d}t \tag{5.33}$$

Aus der komplexen Normalform der Fourier-Reihe [$\to$ Gl. (5.22)] entsteht die **Umkehrformel der Fourier-Transformation** [$\to$ Gl. (5.34)].

$$f(t) = \frac{1}{2\pi} \int_{-\infty}^{+\infty} F(\mathrm{j}\omega)\,\mathrm{e}^{\mathrm{j}\omega t}\,\mathrm{d}\omega \tag{5.34}$$

▶ *Beachte*: Statt $\mathrm{j}\omega$ wird auch $f$ verwendet. Gl. (5.34) ändert sich dann wie folgt:

$$f(t) = \int_{-\infty}^{+\infty} F(f)\,\mathrm{e}^{\mathrm{j}2\pi f t}\,\mathrm{d}f \tag{5.35}$$

Die **Fourier-Transformation** ermöglicht die Umrechnung einer Zeitfunktion $f(t)$ in den Frequenzbereich (Ergebnis: Frequenzspektrum eines Signals).

Abgekürzt schreibt man:

$$F(\mathrm{j}\omega) = \mathcal{F}\{f(t)\} \quad \text{oder} \quad f(t) \circ\!\!-\!\!\bullet\, F(\mathrm{j}\omega)$$

Die **inverse Fourier-Transformation** ermöglicht die Umrechnung einer Frequenzfunktion $F(\mathrm{j}\omega)$ in den Zeitbereich (Ergebnis: Signalfunktion).

Abgekürzt schreibt man:

$$f(t) = \mathcal{F}^{-1}\{f(t)\} \quad \text{oder} \quad F(j\omega) \circ\!\!-\!\!\bullet\, f(t)$$

Als hinreichende Bedingung für die Existenz des Fourier-Integrals [Gl. (5.33)] gilt: Die Zeitfunktion muß stetig oder stückweise stetig und absolut integrierbar sein.

$$\int_{-\infty}^{+\infty} |f(t)|\,dt < +\infty \tag{5.36}$$

**Einige Vereinfachungsregeln für reelle Zeitfunktionen**

Bei geraden Funktionen $f_g(t)$ wird aus Gl. (5.33):

$$F(j\omega) = F_g(\omega) = 2\int_0^\infty f_g(t)\cos(\omega t)\,dt \tag{5.37}$$

Bei ungeraden Funktionen $f_u(t)$ gilt:

$$F(j\omega) = F_u(\omega) = -2j\int_0^\infty f_u(t)\sin(\omega t)\,dt \tag{5.38}$$

**Einige Korrespondenzen der Fourier-Transformation ($\rightarrow$ Tafel 5.2)**

■ *Beispiel*: Der Rechteckimpuls nach Bild 5.7 mit der Amplitude $A = 1$ hat die Zeitfunktion

$$f(t) = f_g(t) = \begin{Bmatrix} 1; & |t| < \dfrac{t_i}{2} \\ 0; & |t| > \dfrac{t_i}{2} \end{Bmatrix} = \operatorname{rect}\left(\dfrac{t}{t_i}\right). \tag{5.39}$$

Zur Berechnung des Frequenzspektrums wird Gl. (5.37) verwendet. Es ergibt sich:

$$F(j\omega) = F_g(\omega) = 2\int_0^{t_i/2} 1\cdot\cos(\omega t)\,dt = \frac{2}{\omega}\sin\left(\frac{\omega t_i}{2}\right). \text{ Mit } \omega = 2\pi f \text{ wird}$$

$$F_g(f) = t_i\frac{\sin(\pi t_i f)}{\pi t_i f} = t_i\operatorname{si}(\pi t_i f) \tag{5.40}$$

Bild 5.8 zeigt die Darstellung des Freqenzspektrums nach Gl. (5.40). Zur besseren Übersicht wurde die Frequenzfunktion mit der Variablen $(t_i f)$ verwendet.

▶ *Erkenntnis*: Eine nichtperiodische Zeitfunktion (Einzelimpuls) hat ein kontinuierliches Frequenzspektrum, in dem lückenlos alle Frequenzkomponenten enthalten sind. Die Amplitudendichte $F(f)$ hat jedoch für alle Frequenzen eine andere Größe (Verteilung nach einer Spaltfunktion). Für $f = 0$ ist $F(f)$ am größten. Für $f = n/t_i$;

$n = 1,2,3,\ldots$ ist $F(f) = 0$. Zur Erinnerung: Die periodische Zeitfunktion (z. B. Rechteck-Impulsfolge) hat ein diskontinuierliches Spektrum ($\to$ Bild 5.6), in dem nur Frequenzkomponenten (Harmonische) mit ganzzahliger Ordnung $n$ vorkommen.

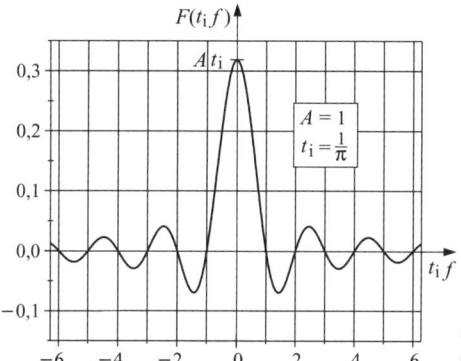

Bild 5.8 Frequenzspektrum des Rechteckimpulses

**Sätze der Fourier-Transformation**

**Additionssatz**

Die **Fourier-Transformierte einer Summe** ergibt sich aus der Summe der F-Transformierten der Summanden.

$$k_1 f_1(t) + k_2 f_2(t) \circ\!\!-\!\!\bullet\, k_1 F_1(j\omega) + k_2 F_2(j\omega) \tag{5.41}$$
$$f_1(t) \quad\quad \circ\!\!-\!\!\bullet\, F_1(j\omega)$$
$$f_2(t) \quad\quad \circ\!\!-\!\!\bullet\, F_2(j\omega)$$

**Ähnlichkeitssatz**

Zeitdauer eines Impulses und Bandbreite seines Spektrums stehen im reziproken Verhältnis.

$$\boxed{f(k \cdot t) = \frac{1}{|k|} \cdot F\left(\frac{j\omega}{k}\right)} \tag{5.42}$$

*Bedeutung für die Telekommunikation*: Je kürzer ein Sendeimpuls ist, desto größer muß die Bandbreite des Übertragungskanals sein um den Impuls unverfälscht empfangen zu können.

Der schmalere Rechteckimpuls ($k = 3$) hat z. B. ein breiteres Spektrum als der breitere ($k = 1$), $\to$ Bild 5.9.

*Tafel 5.2  Einige Korrespondenzen der Fourier-Transformation* ($A = 1$)

$\circ\!\!-\!\!\bullet$

| Signal (Zeitfunktion) $f(t)$ | Spektrum (Frequenzfunktion) $F(f)$ |
|---|---|
| **1. Impuls-Distribution (Dirac-Stoß)** $\delta(t)$ 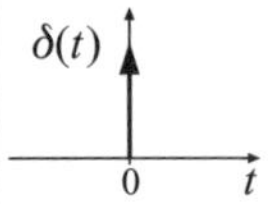 | **1. Konstante** 1 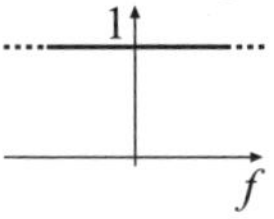 |
| **2. Rechteck-Impuls** $\text{rect}(t/t_\text{i})$ 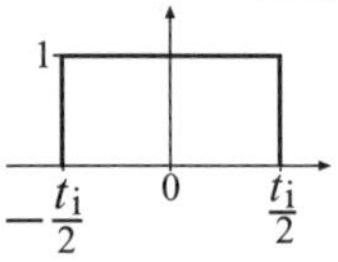 | **2. Spaltfunktion** $t_\text{i}\,\text{si}(\pi t_\text{i} f)$ 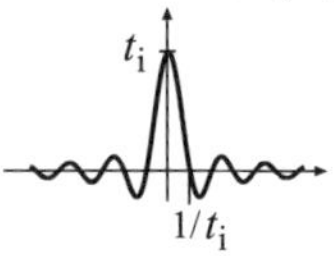 |
| **3. Dreieck-Impuls** $\Delta(t/t_\text{i})$ 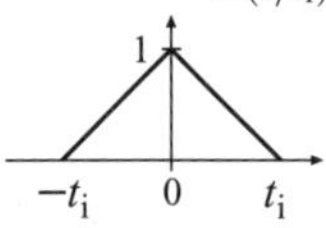 | **3. Quadrat der Spaltfunktion** $t_\text{i}\,\text{si}^2(\pi t_\text{i} f)$ 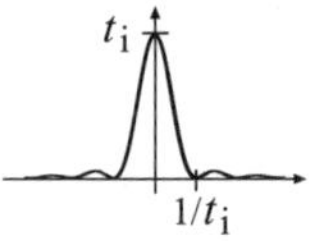 |
| **4. Gauß-Impuls** $\exp(-\pi t^2)$ 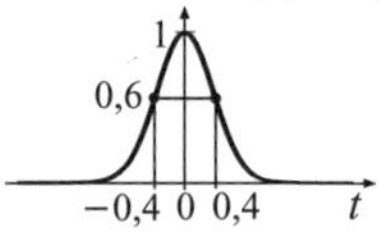 | **4. Gauß-Funktion** $\exp(-\pi f^2)$ 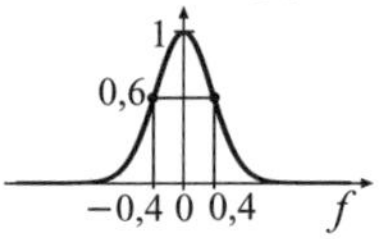 |
| **5. Konstante Gleichgröße** 1 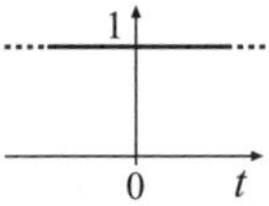 | **5. Dirac-Distribution** $\delta(f)$ 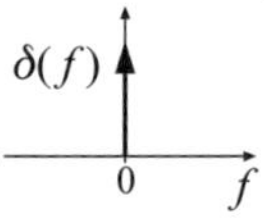 |

**Verschiebungssatz**: Eine Zeitverzögerung um $t_0$ bewirkt eine proportionale Phasendrehung des Spektrums.

$$\boxed{f(t - t_0) \circ\!\!-\!\!\bullet F(\text{j}\omega) \cdot e^{-\text{j}\omega t_0}} \tag{5.43}$$

## 5.1 Signale

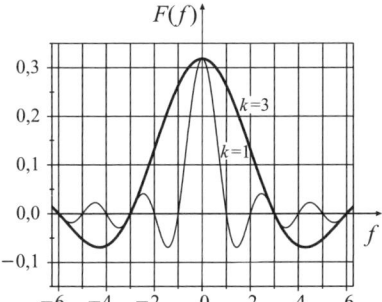

*Bild 5.9 Spektren von Rechteckimpulsen mit unterschiedlicher Impulsdauer*

*Folgerung aus dem Verschiebungssatz*: Die Amplitude einer Cosinusschwingung der Frequenz $f_0$ (Träger) wird mit einer Funktion $f(t)$ moduliert. Das Spektrum der Amplitudenmodulation weist zwei Seitenbänder mit einer symmetrischen Frequenzverschiebung $f_0$ auf ($\rightarrow$ Bild 5.10).

$$f(t) \cdot \cos(\omega_0 t) \circ\!\!\!-\!\!\!\bullet \frac{1}{2} \{F[\mathrm{j}(\omega - \omega_0)] + F[\mathrm{j}(\omega + \omega_0)]\} \tag{5.44}$$

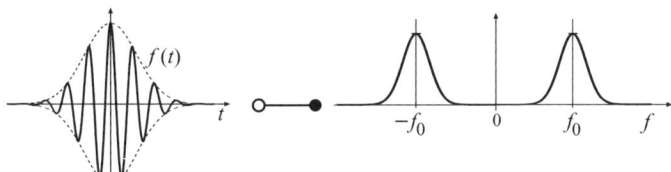

*Bild 5.10 Spektrum eines amplitudenmodulierten Signals*

**Faltungssatz**: Die Faltung (Symbol: $*$) zweier Zeitfunktionen wird durch Gl. (5.45) ausgedrückt.

$$f_1(t) * f_2(t) = \int\limits_{-\infty}^{+\infty} f_1(\tau) \cdot f_2(t - \tau) \, \mathrm{d}\tau \tag{5.45}$$

Die Anwendung der Fourier-Transformation auf das Faltungsprodukt führt zur Multiplikation der Frequenzfunktionen:

$$f_1(t) * f_2(t) \circ\!\!\!-\!\!\!\bullet F_1(\mathrm{j}\omega) \cdot F_2(\mathrm{j}\omega) \tag{5.46}$$

▶ *Hinweis*: Der Faltungssatz kann auch auf Frequenzfunktionen angewandt werden.

## 5.1.4 Nichtperiodische Signale mit einseitiger Begrenzung

### 5.1.4.1 Merkmale

Zur Berechnung von Einschaltvorgängen werden Signale angenommen, die im Bereich $t \geq 0$ definiert sind. Der Einschaltmoment wird dabei mit $t = 0$ gekennzeichnet. Ein typisches Testsignal ist die *Sprungfunktion* $\sigma(t)$ bzw. der Einheitssprung $\sigma(t) = 1$ nach Bild 5.11. Damit wird das Einschalten einer Gleichspannung von 1 V ($A = 1$) gekennzeichnet.

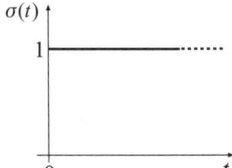

Bild 5.11 Sprungfunktion

### 5.1.4.2 Laplace-Transformation

Die (einseitige) Laplace-Transformation ist mit der (zweiseitigen) Fourier-Transformation verwandt. Sie eignet sich besonders für die Berechnung von Einschaltvorgängen. Um das Lösen von Differentialgleichungen zu vermeiden, transformiert man die Zeitfunktionen in den Frequenzbereich und rechnet elementar mit der komplexen Rechnung weiter. Mit der Rücktransformation in den Zeitbereich ergeben sich dann die Zeitfunktionen des Einschaltvorganges. Die Anwendung der Laplace-Transformation wird, ähnlich wie bei der Fourier-Transformation, durch Rechenregeln (Sätze und Korrespondenzen) erleichtert.

**Die komplexe Frequenz.** Während die Fourier-Transformation mit der imaginären Frequenz $j\omega$ rechnet [$\rightarrow$ Gl. (5.33)], verwendet die Laplace-Transformation eine komplexe Frequenz $s$ (in manchen Darstellungen auch mit $p$ bezeichnet).

$$s = \sigma + j\omega \tag{5.47}$$

Aus den Gln. (5.33) und (5.34) wird:

$$F(s) = \int_0^\infty f(t) e^{-st} dt \tag{5.48}$$

$$f(t) = \frac{1}{2\pi j} \int_{\sigma-j\infty}^{\sigma+j\infty} F(s) e^{st} \, ds \qquad (5.49)$$

Die **Laplace-Transformation** ermöglicht die Abildung einer Zeitfunktion $f(t)$ in den Frequenzbereich.

Abgekürzt schreibt man:

$$F(s) = \mathcal{L}\{f(t)\} \quad \text{oder} \quad f(t) \circ\!\!-\!\!\bullet\, F(s)$$

Die **inverse Laplace-Transformation** ermöglicht die Rückformung einer Frequenzfunktion in den Zeitbereich.

Abgekürzt schreibt man:

$$f(t) = \mathcal{L}^{-1}\{F(s)\} \quad \text{oder} \quad F(s) \bullet\!\!-\!\!\circ\, f(t)$$

**Sätze der Laplace-Transformation**

Es gelten sinngemäß die gleichen Sätze wie bei der Fourier-Transformation. In den Gln. (5.41), (5.42), (5.43) und (5.46) ist dazu $j\omega$ durch die komplexe Frequenz $s$ zu ersetzen. Weitere Sätze sind:

**Differentiationssatz**

Der **1. Ableitung einer Zeitfunktion** entspricht im Bildbereich die Multiplikation mit dem komplexen Frequenzparameter $s$.

$$\frac{d}{dt} f(t) \circ\!\!-\!\!\bullet\, sF(s) - f(+0) \qquad (5.50)$$

**Integrationssatz**

Dem **bestimmten Integral einer Zeitfunktion** entspricht im Bildbereich die Division durch den komplexen Frequenzparameter $s$.

$$\int_0^t f(\tau) \, d\tau \circ\!\!-\!\!\bullet\, \frac{1}{s} F(s) \qquad (5.51)$$

*Tabelle 5.1  Einige Korrespondenzen der Laplace-Transformation*

$\circ\!\!-\!\!\bullet$

| Nr. | Originalfunktion $f(t)$ | Bildfunktion $F(s)$ |
|---|---|---|
| 1 | **Dirac-Stoß** $\delta(t)$ | $1$ |
| 2 | **Sprungfunktion** $\sigma(t)$ | $\dfrac{1}{s}$ |
| 3 | **Lineare Zeitfunktion** $t$ | $\dfrac{1}{s^2}$ |
| 4 | **Steigende Exponentialfunktion** $e^{\alpha t}$ | $\dfrac{1}{s-\alpha}$ |
| 5 | **Fallende Exponentialfunktion** $e^{-\alpha t}$ | $\dfrac{1}{s+\alpha}$ |
| 6 | **Potenzfunktion** $\dfrac{t^{n-1}}{(n-1)!};\quad n>0$ | $\dfrac{1}{s^n}$ |
| 6a | **Potenzfunktion** ($n=3$) $\dfrac{t^2}{2}$ | $\dfrac{1}{s^3}$ |
| 7 | **Produkt aus Nr. 5 und 6** $\dfrac{t^{n-1}}{(n-1)!}e^{\alpha t}$ | $\dfrac{1}{(s-\alpha)^n}$ |
| 7a | **Funktion Nr. 7** ($n=2$) $t e^{\alpha t}$ | $\dfrac{1}{(s-\alpha)^2}$ |
| 8 | **Exponentialfunktion** $1-e^{-\alpha t}$ | $\dfrac{\alpha}{s(s+\alpha)}$ |
| 9 | **Exponentialfunktion** $e^{\alpha t}-1$ | $\dfrac{\alpha}{s(s-\alpha)}$ |
| 10 | **Sinusfunktion** $\sin\omega t$ | $\dfrac{\omega}{s^2+\omega^2}$ |
| 11 | **Cosinusfunktion** $\cos\omega t$ | $\dfrac{s}{s^2+\omega^2}$ |
| 12 | **Hyperbel-Sinusfunktion** $\sinh\alpha t$ | $\dfrac{\alpha}{s^2-\alpha^2}$ |
| 13 | **Hyperbel-Cosinusfunktion** $\cosh\alpha t$ | $\dfrac{s}{s^2-\alpha^2}$ |
| 14 | **Gedämpfte Cosinusfunktion** $e^{-\delta t}\cos\omega t$ | $\dfrac{s+\delta}{(s+\delta)^2+\omega^2}$ |
| 15 | **Gedämpfte Sinusfunktion** $e^{-\delta t}\sin\omega t$ | $\dfrac{\omega}{(s+\delta)^2+\omega^2}$ |

## 5.2 Systeme

### 5.2.1 Begriffsbestimmung

> Unter einem **System** wird hier ein mathematisches Modell zur Beschreibung des Übertragungsverhaltens von elektrischen Netzwerken verstanden.

Dazu werden die Relationen zwischen Ein- und Ausgangssignalen betrachtet. Aus der Beobachtung der Systemreaktionen auf bestimmte Eingangssignale (Testsignale) wird auf die Merkmale der Systeme geschlossen.

**Allgemeine Systemeigenschaften**: Kausalität, Linearität, Stabilität, Zeitinvarianz und Realisierbarkeit.

**Lineare Systeme** (Netzwerke aus linearen Bauelementen, z. B. $R$, $L$, $C$). Es gilt der Superpositionssatz (Überlagerungssatz).

**Nichtlineare Systeme** (Netzwerke mit nichtlinearen Bauelementen, z. B. Dioden, Transistoren). Eine angenähert lineare Beschreibung ist für kleine Amplituden möglich (Kleinsignaltheorie).

**Kausale Systeme** (reale Netzwerke). Die Ausgangssignale treten entweder zeitgleich mit den Eingangssignalen (unverzögert) oder später als die Eingangssignale (verzögert) auf.

**Ideale Systeme** (ideale Netzwerke). Die Kausalität wird bei der Idealisierung nicht vorausgesetzt (z. B. ideale Filter, ideale Verstärker).

**Lineare, zeitinvariante Systeme** (LTI: Linear Time Invariant). Lineare Systeme mit zeitlich konstanten Parametern. Die Systemreaktionen sind unabhängig vom Zeitpunkt der Systemerregung.

### 5.2.2 Lineare, zeitinvariante Systeme (LTI-Systeme)

#### 5.2.2.1 Systemreaktionen (Impulsantwort, Sprungantwort)

> Die **Impulsantwort** $g(t)$ ist die Systemreaktion auf eine **Stoßfunktion** (Dirac-Stoß) am Eingang.

Meßtechnisch kann der Dirac-Stoß durch einen kurzen Nadelimpuls angenähert werden. LTI-Systeme reagieren auf eine Zeitverschiebung $\tau > 0$ des Dirac-Stoßes nur mit einer Verschiebung der Impulsantwort um den gleichen Zeitbetrag $\tau$.

> Die **Sprungantwort** $h(t)$ ist die Systemreaktion auf eine **Sprungfunktion** $\sigma(t)$ (Einheitssprung).

Da die Sprungfunktion durch das (speicherfreie) Einschalten einer Gleichspannung angenähert werden kann, hat die Untersuchung der Sprungantwort die größere Praxisrelevanz. Zwischen $g(t)$ und $h(t)$ bestehen die Zusammenhänge:

$$h(t) = \frac{d}{dt}\sigma(t) \tag{5.52}$$

$$\sigma(t) = \int_{-\infty}^{t} h(\tau)\,d\tau \tag{5.53}$$

### 5.2.2.2 Berechnung von Einschaltvorgängen mit der Laplace-Transformation

Im Zeitbereich (Originalbereich) sind die Signalfunktionen über den Faltungssatz [→ Gl. (5.45)] mit der Impulsantwort $g(t)$ verknüpft.

$$f_2(t) = g(t) * f_1(t) \tag{5.54}$$

Transformiert man die Zeitfunktionen in den Frequenzbereich (Bildbereich), so reduziert sich die Faltung auf eine Multiplikation der Frequenzfunktionen. Dabei ist $G(s)$ die komplexe Übertragungsfunktion des Netzwerkes [→ Gl. (5.55)]. Bild 5.12 faßt diese Betrachtung zusammen.

$$F_2(s) = G(s) \cdot F_1(s) \tag{5.55}$$

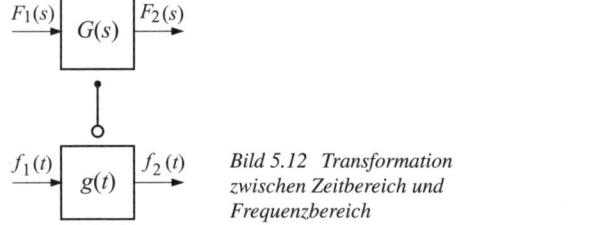

Bild 5.12 Transformation zwischen Zeitbereich und Frequenzbereich

■ *Beispiel*: *CR*-Differenzierglied (→ Bild 5.13). Berechnung von Sprungantwort $h(t)$ und Impulsantwort $g(t)$. *Rechenweg*:

1. Komplexe Übertragungsfunktion $G(s)$ mit Spannungsteilerregel bilden. Dazu ist $j\omega = s$ zu setzen.

2. Bildfunktion der Sprungfunktion $\sigma(t)$ einsetzen ($\to$ Korrespondenz Nr. 2, Tab. 5.1).
3. Gleichung so umformen, daß eine der aufgelisteten Korrespondenzen anwendbar ist. Hier ist Nr. 5 geeignet.

$$F_2(s) = \frac{1}{s} \cdot \frac{R}{R + \frac{1}{sC}} = \frac{1}{s + \frac{1}{CR}} = \frac{1}{s + \alpha} \tag{5.56}$$

4. Rücktransformation in den Zeitbereich mit einer Korrespondenz (hier Nr. 5).

$$h(t) = f_2(t) = e^{-\alpha t} = \exp\left(-\frac{t}{CR}\right) \tag{5.57}$$

5. Bildung der 1. Ableitung nach Gl. (5.52). Formal ist noch $\delta(t)$ zu ergänzen.

$$g(t) = \delta(t) - \frac{1}{CR} \exp\left(-\frac{1}{CR}\right) \tag{5.58}$$

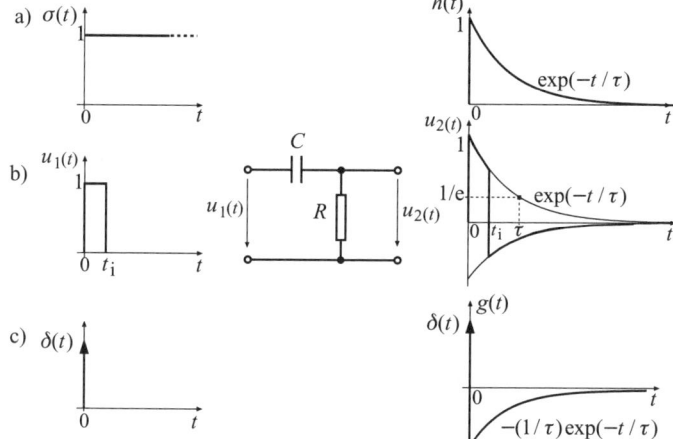

*Bild 5.13 Systemantwort des CR-Gliedes a) Sprungantwort, b) Impulsantwort auf Rechteckimpuls der Dauer $t_i$, c) Impulsantwort auf Dirac-Stoß*

## 5.2.2.3 Allgemeine Form der komplexen Übertragungsfunktion

Ein Übertragungssystem, im einfachsten Fall eine Schaltung mit zwei Eingängen und zwei Ausgängen (Vierpol = Zweitor), wird im Frequenzbereich durch die **komplexe Übertragungsfunktion** $G(s)$ beschrieben. Wie bereits im Bild 5.12 dargestellt, ist $G(s)$ das Verhältnis der Frequenzfunktionen von Ausgangs-

und Eingangssignal. Allgemein läßt sich $G(s)$ als gebrochen rationale Funktion schreiben.

$$G(s) = \frac{F_2(s)}{F_1(s)} = \frac{u_2(s)}{u_1(s)} = \frac{a_0 + a_1 s + a_2 s^2 + \cdots + a_m s^m}{b_0 + b_1 s + b_2 s^2 + \ldots + b_n s^n} \quad (5.59)$$

■ *Beispiel*: CR-Glied nach Bild 5.13. Im komplexen Ansatz wird formal $j\omega = s$ gesetzt.

$$G(s) = G(j\omega) = \frac{R}{R + \dfrac{1}{j\omega C}} = \frac{R}{R + \dfrac{1}{sC}};$$

die weitere Umformung ergibt dann:

$$G(s) = \frac{a_1 s}{1 + b_1 s}; \quad a_1 = b_1 = \tau = CR \quad (5.60)$$

### 5.2.2.4 Pol-Nullstellen-Plan

Der *PN-Plan* ermöglicht eine anschauliche Charakterisierung der LTI-Systeme. Zähler und Nenner von Gl. (5.59) lassen sich in Linearfaktoren zerlegen.

$$G(s) = \frac{a_m}{b_n} \cdot \frac{(s - s_{01})(s - s_{02}) \cdots (s - s_{0m})}{(s - s_{X1})(s - s_{X2}) \cdots (s - s_{Xn})} \quad (5.61)$$

$s_0$ sind die *Nullstellen*, $s_X$ die *Polstellen* von $G(s)$; $a_m/b_n$ ist ein *Maßstabsfaktor*. Die Nullstellen ergeben sich aus der Nullsetzung des Zählers, die Polstellen aus der Nullsetzung des Nenners der komplexen Übertragungsfunktion $G(s)$.

■ *Beispiel*: CR-Glied nach Bild 5.13. Es gilt Gl. (5.60). Nullstelle: Aus $a_1 s = 0$ folgt $s_{01} = 0$. Polstelle: Aus $1 + b_1 s = 0$ folgt $s_{X1} = -\dfrac{1}{b_1} = -\dfrac{1}{\tau}$. Eine Nullstelle liegt im Koordinatenursprung der komplexen Ebene und eine Polstelle auf der negativen reellen Achse. Dies ist charakteristisch für einen Hochpaß 1. Ordnung.

**Allgemeine Merkmale von LTI-Systemen ($\rightarrow$ Bild 5.14)**

**Stabile Systeme** haben ihre Pole ausschließlich in der linken Halbebene der komplexen Ebene.

**Instabile Systeme** haben auch Pole in der rechten Halbebene.

**Minimalphasensysteme** haben keine Nullstellen in der rechten Halbebene.

**Allpässe** haben spiegelbildliche Pol-Nullstellen-Paare (Pole in der linken, Nullstellen in der rechten Halbebene).

**Allpaßhaltige Systeme** haben Pole in der linken und Nullstellen in der rechten Halbebene, die nicht spiegelbildlich sind (eine Zerlegung in einen Allpaß und ein Minimalphasensystem ist möglich).

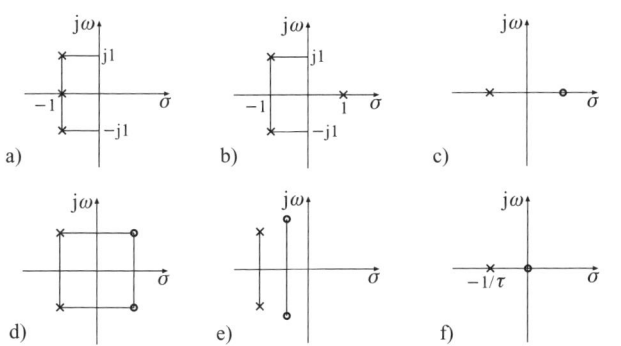

Bild 5.14 PN-Pläne: a) stabiles System, b) instabiles System, c) Allpaß 1. O., d) Allpaß 2. O., e) Minimalphasen-S., f) Hochpaß (HP) 1.O. (CR-Glied)

### 5.2.2.5 Amplituden- und Phasen-Frequenzgang

Die komplexe Übertragungsfunktion kann in Polarkoordinaten-Darstellung (Betrag und Phase) geschrieben werden. Dazu wird $s = j\omega$ gesetzt:

$$G(j\omega) = |G(j\omega)| \cdot \exp[j \arc G(j\omega)] \tag{5.62}$$

Der **Amplituden-Frequenzgang** $|G(j\omega)|$ ist der Betrag der komplexen Übertragungsfunktion in Abhängigkeit von der Frequenz.

Ausgehend von Gl. (5.61) kann geschrieben werden:

$$|G(j\omega)| = H \cdot \frac{\prod_{1}^{m} |(j\omega - s_O)|}{\prod_{1}^{n} |(j\omega - s_X)|}; \quad H = \frac{a_m}{b_n} \tag{5.63}$$

Mit Gl. (5.63) kann $|G(j\omega)|$ aus dem PN-Plan heraus konstruiert werden. Für das CR-Glied (HP) nach Bild 5.13 ergibt sich folgerichtig

$$G(j\omega) = \frac{j\omega - 0}{j\omega + \frac{1}{\tau}}$$

und somit

$$|G(j\omega)| = \frac{\omega}{\sqrt{\omega^2 + \frac{1}{\tau^2}}}; \quad \tau = CR \tag{5.64}$$

Bei der Grenzfrequenz $f_g = \omega_g/(2\pi)$ ist $|G(j\omega)| = \dfrac{1}{\sqrt{2}}$. Aus Gl. (5.64) folgt

$$\omega_g = \frac{1}{\tau}; \quad f_g = \frac{1}{2\pi CR} \tag{5.65}$$

> Der **Phasen-Frequenzgang** ist der Phasenwinkelverlauf $\varphi(\omega) = \text{arc}G(j\omega)$ der komplexen Übertragungsfunktion in Abhängigkeit von der Frequenz.

$\varphi(\omega)$ wird über die komplexe Rechnung bestimmt ohne den Zusammenhang zum PN-Plan zu betrachten. Für das *CR*-Glied nach Bild 5.13 ergibt sich aus dem Ansatz $G(j\omega) = \dfrac{R}{R + \dfrac{1}{j\omega C}} = \dfrac{j\omega \tau}{1 + j\omega \tau}$:

$$\varphi(\omega) = \varphi_Z(\omega) - \varphi_N(\omega) = \frac{\pi}{2} - \arctan(\omega \tau) \tag{5.66}$$

Das **logarithmische Übertragungsmaß** $g(\omega)$ resultiert aus dem Ansatz $G(j\omega) = 10^{-\frac{g(\omega)}{20}}$: Die Darstellung in der komplexen Normalform ergibt

$$\boxed{g(\omega) = a(\omega) + jb(\omega)} \tag{5.67}$$

Das **Dämpfungsmaß** $a(\omega)$ wird in der *Pseudoeinheit Dezibel* (dB) angegeben:

$$\boxed{a(\omega) = -20\lg|G(j\omega)|} \tag{5.68}$$

Das **Phasenmaß** $b(\omega)$ wird in *Radiant* (rad) angegeben:

$$\boxed{b(\omega) = -\text{arc}G(j\omega) = -\varphi(\omega)} \tag{5.69}$$

> Das **Bode-Diagramm** ist der Verlauf des Dämpfungsmaßes $a(\omega)$ oder auch des Phasenmaßes $b(\omega)$ über einer logarithmischen Frequenzachse.

> Die **Gruppenlaufzeit** $t_g$ ist die erste Ableitung des Phasenmaßes nach der Frequenz:

$$\boxed{t_g = \frac{\mathrm{d}}{\mathrm{d}\omega} b(\omega)} \tag{5.70}$$

Für das *CR*-Glied nach Bild 5.13 ergibt sich unter Verwendung der Gln. (5.66) und (5.70):

$$t_\mathrm{g} = \frac{\tau}{1+(\omega\,\tau)^2} \tag{5.71}$$

Die Verläufe $|G(\mathrm{j}\omega)|$, $\varphi(\omega)$ und $t_\mathrm{g}(\omega)$ sind im Bild 5.15 über einer linearen Frequenzachse dargestellt.

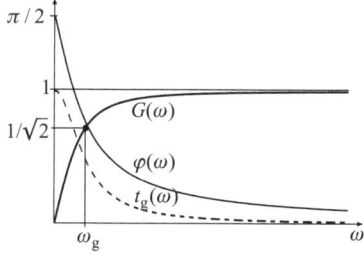

Bild 5.15 Frequenzgänge eines *CR*-Gliedes (HP 1. Ordnung)

## 5.2.3 Abtastsysteme

### 5.2.3.1 Bedeutung der Abtastung für die digitale Signalverarbeitung

Ein analoges Signal (z. B. Bild, Ton, Sprache) wird durch Abtastung („Sample & Hold") in ein zeitdiskretes Signal gewandelt. Der nachfolgende Analog-Digital-Umsetzer (ADU) quantisiert die Amplitudenwerte und ordnet den diskreten Amplitudenschritten Zahlenwerte zu (Codierung). Nach Übertragung und Verarbeitung des digitalen Signals (z. B. mit digitalen Filtern) besteht zumeist die Notwendigkeit der fehlerfreien Rückgewinnung des analogen Signals. Dazu sind ein Digital-Analog-Umsetzer (DAU), eine „Sample & Hold"-Schaltung und ein Rekonstruktions-Tiefpaß (R-TP) zur Glättung (engl. smoothing) notwendig. Zur Bandbegrenzung des Eingangssignals ist ein Anti-Aliasing-TP (A-TP) erforderlich ($\rightarrow$ Bild 5.16).

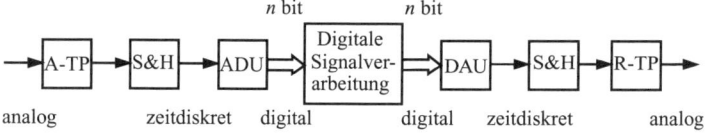

*Bild 5.16 Stufen der Signalumsetzung „analog-digital-analog"*

### 5.2.3.2 Ideale Abtastung

Als **ideale Abtastfunktion** gilt die **Dirac-Impulsfolge** $\delta_T(t)$ [→ Bild 5.17b und Gl. (5.72)].

$$\delta_T(t) = \sum_{n=-\infty}^{\infty} \delta(t - nT_A) \tag{5.72}$$

Die abzutastende kontinuierliche Zeitfunktion (analoges Signal) sei $f_S(t)$, → Bild 5.17a. Die Abtastung im Zeitbereich entspricht der Multiplikation beider Signale. Dabei ergeben sich Bild 5.17c und die abgetastete Zeitfunktion $f_A(t)$, → Gl. (5.73). Die Dirac-Impulsfolge wird mit der Hüllkurve von $f_S(t)$ gewichtet (bei realer Abtastung würde man von einer *Puls-Amplituden-Modulation* (PAM) sprechen).

$$f_A(t) = f_S(t) \cdot \delta_T(t) = \sum_{n=-\infty}^{\infty} f_S(n) \cdot \delta(t - nT_A) \tag{5.73}$$

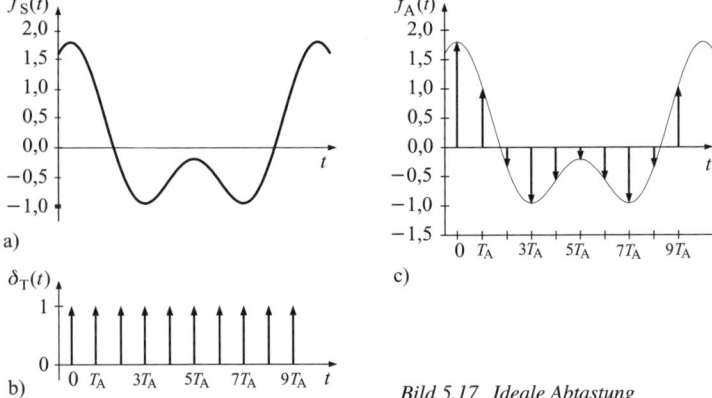

Bild 5.17 Ideale Abtastung

Das **Spektrum der Abtastfunktion** entsteht durch Faltung von Gl. (5.73). Die Umkehrung von Gl. (5.46) lautet:

$$f_1(t) \cdot f_2(t) \circ\!\!-\!\!\bullet \frac{1}{2\pi}[F_1(j\omega) * F_2(j\omega)] \tag{5.74}$$

Außerdem gilt: Die Fourier-Transformierte einer Dirac-Impulsfolge (Gewicht = 1) ist im Bildbereich wiederum eine Dirac-Impulsfolge, jedoch mit dem Gewicht $\omega_A$.

$$\delta_T(t) \circ\!\!-\!\!\bullet \omega_A \delta_\omega(\omega); \quad \omega_A = 2\pi/T_A \tag{5.75}$$

Das **Spektrum der abgetasteten Funktion** $f_A(t)$ entspricht dem Spektrum der Originalfunktion $f_S(t)$, jedoch mit periodischer Wiederholung. Dies zeigt Gl. (5.76) in Verbindung mit Bild 5.18. Der Proportionalitätsfaktor $1/T_A$ ist dabei von untergeordneter Bedeutung.

$$\mathcal{F}\{f_A(t)\} = \frac{1}{T_A} \sum_{n=-\infty}^{\infty} F(j\omega - jn\omega_A) \tag{5.76}$$

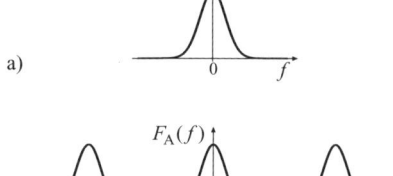

a)

b)

*Bild 5.18 Signalspektren a) der Originalfunktion, b) der ideal abgetasteten Funktion*

### 5.2.3.3 Abtasttheorem

Als Voraussetzung für eine fehlerfreie Rekonstruktion des kontinuierlichen Originalsignals $f_S(t)$ dürfen sich die Seitenbänder im Spektrum ($\rightarrow$ Bild 5.18b) nicht überlappen. *Bandüberlappung* (Aliasing) tritt nicht auf, wenn das Frequenzspektrum (wie im Bild 5.18) eine begrenzte Bandbreite $B$ besitzt und die Abtastfrequenz $f_A$ hoch genug gewählt wird.

**Abtasttheorem**: Jede bandbegrenzte kontinuierliche Signalfunktion ist eindeutig und vollständig durch ihre zeitdiskreten Abtastwerte bestimmt, wenn die Abtastfrequenz größer als die zweifache Signalbandbreite ist.

$$f_A \geq 2B \tag{5.77}$$

▶ *Anmerkung*: Als Bandbreite $B$ wird hier nicht die sonst übliche 3-dB-Bandbreite verstanden. Bei „idealer Abtastung" sind keine Frequenzkomponenten außerhalb des Bandbreitenbereiches zugelassen. Viele Signale erfüllen diese Forderung nicht, weil die Amplitudendichte mit höheren Frequenzen zwar abnimmt, aber erst im Unendlichen gleich null wird.

## 5.2.3.4 Bandbegrenzung

Zur Vermeidung von Aliasing-Fehlern müssen die kontinuierlichen Signale vor der Abtastung in der Bandbreite begrenzt werden. Dazu werden *Tiefpaß-Filter* (Anti-Aliasing-TP, → Bild 5.16) verwendet. Da wir von der „idealen Abtastung" ausgingen, ist folgerichtig auch ein „*idealer Tiefpaß*" zu definieren.

**Frequenzverhalten**

Der „ideale TP" hat im Durchlaßbereich (DB) einen konstanten Übertragungsfaktor $G = 1$ (Dämpfung $a = 0$) und eine konstante Gruppenlaufzeit ($t_g = $ const). Im Sperrbereich (SB) ist $G = 0$ ($a \to \infty$). Die komplexe Übertragungsfunktion lautet:

$$G(j\omega) = \begin{cases} 1 \cdot \exp(-j\omega t_g); & |\omega| \leq \omega_g \\ 0; & |\omega| > \omega_g \end{cases} \tag{5.78}$$

Bild 5.19 a, b zeigt das Übertragungsverhalten als Funktion der Frequenz $f$.

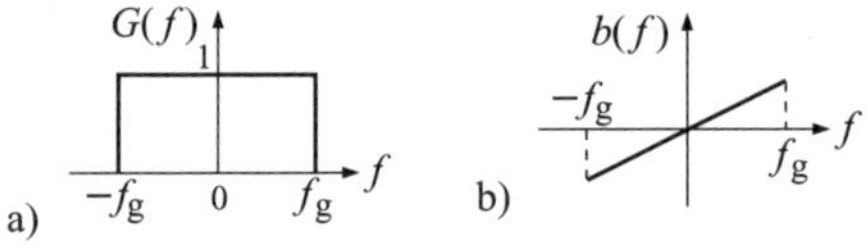

*Bild 5.19 Idealer Tiefpaß*
*a) Übertragungsfaktor,*
*b) Phasenmaß*

**Zeitverhalten**

Die **Impulsantwort** $g(t)$ ist die Fourier-Rücktransformierte der komplexen Übertragungsfunktion. Zur Anwendung von Gl. (5.34) ist $F(j\omega) = G(j\omega)$ zu setzen. Die Integrationsgrenzen werden durch die Grenzfrequenz $\omega_g$ bestimmt:

$$g(t) = \frac{1}{2\pi} \int\limits_{-\omega_g}^{\omega_g} \exp(-j\omega t_g) \cdot \exp(j\omega t)\, d\omega \tag{5.79}$$

Das Ergebnis von Gl. (5.79) ist eine Spaltfunktion vom Typ $\text{si}(x) = \sin(x)/x$ [→ Gl. (5.40)]:

$$g(t) = \frac{\omega_g}{\pi} \cdot \frac{\sin[\omega_g(t - t_g)]}{\omega_g(t - t_g)} = 2f_g \cdot \text{si}[2\pi f_g(t - t_g)] \tag{5.80}$$

Bild 5.20 zeigt die Impulsantwort (zur Erinnerung: $g(t)$ ist die Systemantwort auf einen Dirac-Impuls $\delta(t)$).

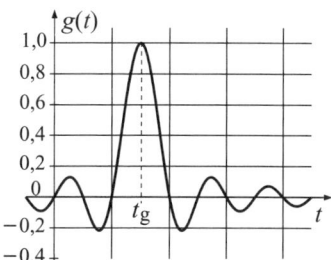

Bild 5.20 Impulsantwort des idealen Tiefpasses

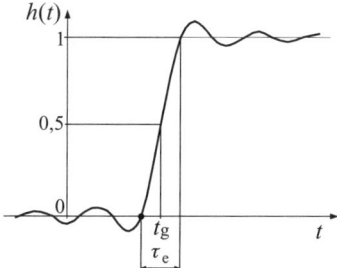

Bild 5.21 Sprungantwort des idealen Tiefpasses

Die **Sprungantwort** $h(t)$ ergibt sich aus der Impulsantwort $g(t)$ durch Integration gemäß Gl. (5.53):

$$h(t) = \frac{1}{2} + \frac{1}{\pi} \cdot \mathrm{Si}[\pi(t - t_\mathrm{g})] \tag{5.81}$$

Hierin ist $\mathrm{Si}(x)$ die aus mathematischen Tabellen bekannte *Integralsinus-Funktion*:

$$\mathrm{Si}(x) = \int_{v=0}^{x} \frac{\sin v}{v} \, dv \tag{5.82}$$

Bild 5.21 zeigt den Funktionsverlauf. Die **Einschwingzeit** $\tau_\mathrm{e}$ des idealen TP wird aus dem Tangentenanstieg im Punkt $(t_\mathrm{g}; 0{,}5)$ bestimmt. Mit zunehmender Grenzfrequenz $f_\mathrm{g}$ nimmt die Einschwingzeit ab, $\rightarrow$ Gl. (5.83).

$$\tau_\mathrm{e} = \frac{1}{2f_\mathrm{g}} \tag{5.83}$$

*Zusammenfassend*: Der ideale TP ist ein nichtkausales System (Impuls- und Sprungantworten treten bereits vor der Erregung des Systems [$t = 0$] auf). Grundsätzliche Aussagen, wie z. B. Gl. (5.83), lassen sich aber auf reale Filter übertragen.

# 6 Bauelemente der Elektronik

## 6.1 Begriffsbestimmung und Übersicht

**Bauelemente der Elektronik** sind konstruktiv und funktionell nicht weiter teilbare Grundglieder elektronischer Funktionsgruppen.

Jedes Bauelement stellt eine mechanisch stabile Einheit dar. Ihm ist ein genormtes *Schaltzeichen* zugeordnet, das seine wesentlichen Eigenschaften symbolisiert.

**Diskrete Bauelemente** enthalten nur ein Funktionselement. Eine Einteilung erfolgt nach ihren Anwendungen bzw. Eigenschaften ($\rightarrow$ Tabelle 6.1).

**Integrierte Bauelemente** oder **integrierte Schaltungen** (integrierte Schaltkreise, IS; integrated circuits, IC) bestehen aus einer Vielzahl von untrennbar zu einer funktionellen Einheit verknüpften Funktionselementen. Sie können konstruktiv als *ein* Bauelement mit speziellen, komplexen Funktionseigenschaften aufgefaßt werden.

**Integrationsgrad.** Die Anzahl der in einem Schaltkreis integrierten Funktionselemente bestimmt seinen Integrationsgrad ($\rightarrow$ Tabelle 6.2).

*Tabelle 6.1 Unterscheidungsprinzipen für Bauelemente der Elektronik*

| Unterscheidung nach | Bezeichnung |
|---|---|
| *Leistungsbereich* (Strom, Spannung, Leistung) | Bauelemente der Leistungselektronik – Energieversorgung, -umwandlung, -anwendung<br>Bauelemente der Informationselektronik – Informations-, Nachrichten-, Meß-, Regelungs- und Rechentechnik |
| *Übertragungsverhalten* | lineare Bauelemente – Ursache und Wirkung sind einander proportional<br>nichtlineare Bauelemente – Ursache und Wirkung sind nichtlinear miteinander verknüpft |
| *Energienutzung* | passive Bauelemente – Der Signalfluß erleidet einen Energieverlust (oft beabsichtigt).<br>aktive Bauelemente – Die Energie des Signalflusses wird verstärkt. |
| *Energiewandlung* | sensorische Bauelemente – Umwandlung einer nichtelektrischen in eine elektrische Größe<br>aktorische Bauelemente – Umwandlung einer elektrischen in eine nichtelektrische Größe |

*Tabelle 6.2 Integrationsgradbezeichnungen*

| Integrationsgrad Abkürzung und Bezeichnung | | Anzahl der integrierten Elemente und Schaltkreisbeispiele |
|---|---|---|
| SSI | small-scale integration Kleinintegration | bis $10^2$ Gatter, einfache Verstärker |
| MSI | medium-scale integration Mittelintegration | $10^2 \ldots 10^3$ Zähler, Operationsverstärker |
| LSI | large-scale integration Großintegration | $10^3 \ldots 10^4$ Speicher, Mikroprozeßor, A/D-Wandler |
| VLSI | very large-scale integration Höchstintegration | $10^4 \ldots 10^5$ Mikrorechner |
| ULSI | ultra large-scale integration Ultrahöchstintegration | über $10^5$ Multirechnersystem, Speicher |

## 6.2 Leiterplatten

### 6.2.1 Halbzeuge

Auf oder in einem isolierenden Trägermaterial befinden sich leitende Strukturen zur elektrischen Verbindung der Bauelemente der elektronischen Schaltung. Die *Leiterplatte* ist zugleich der mechanische Träger der Bauelemente. Das Trägermaterial muß ein hochwertiger Isolator sein. Die Herstellung der Leiterplatten einschließlich ihrer Bestückung mit den Bauelementen ist weitgehend automatisiert.

**Mehrebenenleiterplatten**. Die hohe Lötstellendichte integrierter Bauelemente und die Vielzahl der Verbindungsleitungen erfordern Mehrebenenleiterplatten. Eine Trennung von Signalleitungen und Stromversorgungs- und Masseleitungen (möglichst großflächig, geringer Widerstand, kleine Induktivität, Abschirmwirkung) auf verschiedene Ebenen ist sinnvoll. Elektrische Verbindungen von einer zur anderen Ebene werden mit *Durchkontaktierungen* geschaffen.

Als Halbzeuge dienen

- Phenol- und Epoxidharz-Hartpapier (1...2 mm dick) bei geringen Anforderungen an klimatische Bedingungen und Bauelementedichte
- kupferkaschiertes Epoxidharz-Glasgewebe (0,5...2 mm dick) bei hoher Bauelementedichte in der kommerziellen Elektronik
- Polyester-, Polyamid- und Teflonbahnen für flexible Schaltungen.

Für die *Kupferkaschierung* sind Dicken von 25 µm, 35 µm und 70 µm üblich. Die Leiterzugbreite $b$ ist von der Stromstärke und der zulässigen Erwärmung abhängig. Für eine 35 µm dicke Kupferkaschierung gelten etwa

$$I/\text{A} = 1 \quad 2 \quad 3 \quad 4 \quad 5 \quad 6$$
$$b/\text{mm} = 0{,}3 \quad 1 \quad 1{,}8 \quad 2{,}8 \quad 4 \quad 5{,}5$$

Der minimal zulässige Abstand der Leitungen hängt von ihrer Spannungsdifferenz ab. Er ist im Niederspannungsbereich unkritisch und vorzugsweise von den technologischen Bedingungen der Leiterplattenherstellung abhängig.

### 6.2.2 Entwurf und Herstellung von Leiterplatten

**Entwurf**. *Ausgangspunkte für den Entwurf* der Leitungszüge sind der Stromlaufplan der Schaltung und die Abmessungen der Bauelemente. Das Gesamtbild der Leiterzüge ist das *Layout* der Leiterplatte (→ Bild 6.1a). Layouts für einfache Schaltungen lassen sich manuell erstellen. Es wird eine *Druckstockzeichnung* im Maßstab 4 : 1 oder 2 : 1 angefertigt, die eine positive, seitenrichtige Darstellung des Leiterbildes und der zu ätzenden Kennzeichen enthält. Bei komplexen Schaltungen ist ein *computergestützter Layoutentwurf* nötig.

**Herstellung**. An den Anschlußstellen der Bauelemente werden meist runde Lötaugen vorgesehen. Unumgängliche Kreuzungen von Leiterbahnen können durch Bauelemente, durch Drahtbrücken über Nullohm-Widerstände (Jumper) oder durch Übergänge in andere Leiterplattenebenen realisiert werden.
Die Leiterbildzeichnung wird durch den *Bestückungsplan* ergänzt (→ Bild 6.1b). Mittels *Siebdruck* oder *Fotodruck* erhält die Kupferkaschierung eine der Leiterbildzeichnung entsprechende Ätzschutzschicht. Die nicht abgedeckte Folie wird anschließend weggeätzt, die Ätzschutzschicht entfernt, die Leiterplatte mechanisch bearbeitet, mit den Bauelementen bestückt und verlötet.

**Computergestützter Layoutentwurf**. Der kommerzielle Entwurf von Leiterplatten erfolgt mit computergestützten Layoutentwurfssystemen (EDA-Software, Elektronic Design Automation), die alle Entwurfsschritte, von der Schaltplanerstellung bis zur Erzeugung der Ansteuerdaten für den Fotoplotter (Gerber-Daten), die NC-Bohrmaschine und den Bestückungsautomaten umfaßt.

Bestandteile der *EDA-Leiterplattensoftware*:

- Projektmanager
- Schaltplaneditor
- Bibliotheken für diskrete Bauelemente, IC und Steckverbinder (mit Schaltbild, Abmaßen, Pin-Layout)

## 6.2 Leiterplatten

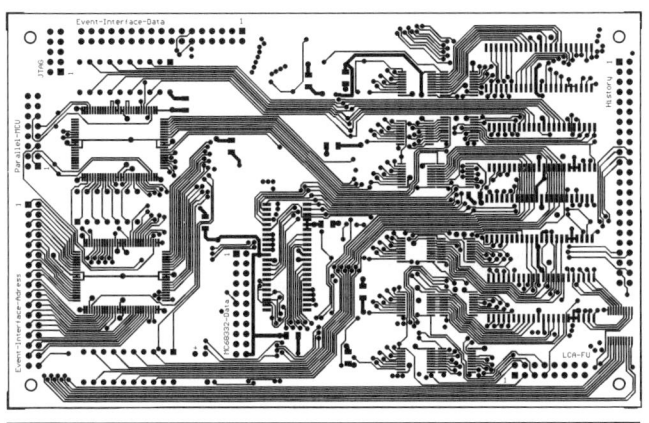

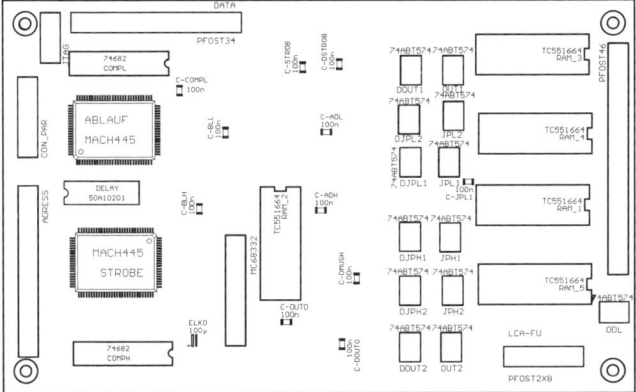

*Bild 6.1 Oberste Ebene einer 4-Ebenen-Leiterplatte*
*a) Layout, b) Bestückungsplan, c) Ansicht*

- Layouteditor
- interaktives Änderungssystem zwischen Layout und Schaltplan (cross probing, forward & backward annotation)
- Automatische Plazierung und Verdrahtung (Autorouter)
- Entwurfsregelprüfung für handverlegte Netze (DRC: design rule check)
- Datenausgabe für verschiedene Verarbeitungsformate (Gerber, NC-Drill)
- Dokumentation.

### 6.2.3 Leiterplatten-Montagetechniken

Man unterscheidet zwischen:

- Einsteckmontage
- Oberflächenmontage.

Bei der **Einsteckmontage** werden die Bauelementeanschlüsse von der Bestückkungsseite der Platte aus durch die Bohrungen der Lötaugen gesteckt und mit dem Leiterzug verlötet (→ Bild 6.2). Die Einsteckmontage ist sehr arbeitsaufwendig (viele Bohrungen, Biegen und Beschneiden der Anschlüsse).

Bei der **Oberflächenmontage** sind Bestückungs- und Lötseite identisch. Die dafür erforderlichen speziellen *SMD-Bauelemente* (SMD: surface mounted devices = oberflächenmontierbare Bauelemente) haben keine Anschlußdrähte. Sie werden mit ihren Anschlußflächen direkt auf der Leiterbahn verlötet (→ Bild 6.3).

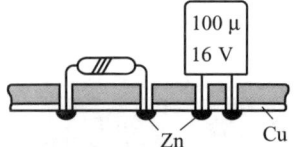

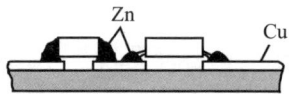

*Bild 6.2 Einsteckmontage*   *Bild 6.3 Oberflächenmontage*

SMDs sind sehr viel kleiner als bedrahtete Bauelemente. Daraus ergeben sich entscheidende *Vorteile* der SMD-Montage gegenüber der Einsteckmontage:

- Miniaturisierung; geringer Platzbedarf, geringes Gewicht, flache Bauweise
- keine Bearbeitung der Bauelemente
- vereinfachte automatische Bestückung.

In SMD-Technik sind *alle* für die Informationselektronik erforderlichen *Bauelemente* verfügbar.

## 6.3 Die internationalen E-Reihen

Diskrete Bauelemente benötigt man mit den unterschiedlichsten Werten. Der Wertevorrat umfaßt bei Widerständen und Kondensatoren mindestens 10 Dekaden. Die Nennwerte werden deshalb nach *geometrischen Folgen* (E-Reihen) gestuft hergestellt, so daß sich innerhalb jeder Dekade die gleiche Anzahl Werte ergibt. Tabelle 6.3 enthält die Grundwerte der Reihen E48 (gesamte Tabelle), E24 (Spalten 1, 3, 5, 7), E12 (Spalten 1, 5) und E6 (Spalte 1). Diese sind entsprechend der Dekade, in die sie einzuordnen sind, mit einer Potenz von 10 zu multiplizieren.

*Tabelle 6.3 Internationale E-Reihen zur Abstufung der Nennwerte von Bauelementen (E48)*

| 1 | 2 | 3 | 4 | 5 | 6 | 7 | 8 |
|---|---|---|---|---|---|---|---|
| 1,00 | 1,05 | 1,10 | 1,15 | 1,20 | 1,25 | 1,30 | 1,40 |
| 1,50 | 1,55 | 1,60 | 1,70 | 1,80 | 1,90 | 2,00 | 2,10 |
| 2,20 | 2,30 | 2,40 | 2,55 | 2,70 | 2,85 | 3,00 | 3,15 |
| 3,30 | 3,45 | 3,60 | 3,75 | 3,90 | 4,10 | 4,30 | 4,50 |
| 4,70 | 4,90 | 5,10 | 5,35 | 5,60 | 5,90 | 6,20 | 6,50 |
| 6,80 | 7,15 | 7,50 | 7,85 | 8,20 | 8,60 | 9,10 | 9,55 |

Die *Grenzen der Auslieferungstoleranzen* benachbarter Nennwerte berühren oder überschneiden sich geringfügig. Damit betragen die Toleranzgrenzen der Reihe E6 : 20 %, E12 : 10 %, E24 : 5 %, E48 : 2 %, E96 : 1 %.

*Tabelle 6.4 Internationale Farbreihe*

| Farbe | Ziffer | Multiplikator | Toleranz ± in % | Betriebsspannung[1] |
|---|---|---|---|---|
| Ohne | - | - | 20 | 5000 |
| Silber | - | $10^{-2}$ | 10 | 2000 |
| Gold | - | $10^{-1}$ | 5 | 1000 |
| Schwarz | 0 | $10^0$ | - | - |
| Braun | 1 | $10^1$ | 1 | 100 |
| Rot | 2 | $10^2$ | 2 | 200 |
| Orange | 3 | $10^3$ | - | 300 |
| Gelb | 4 | $10^4$ | - | 400 |
| Grün | 5 | $10^5$ | 0,5 | 500 |
| Blau | 6 | $10^6$ | 0,25 | 600 |
| Violett | 7 | $10^7$ | 0,1 | 700 |
| Grau | 8 | $10^8$ | 0,05 | 800 |
| Weiß | 9 | $10^9$ | - | 900 |

[1] bei Kondensatoren

**Farbcodierung.** Bei Bauelementen mit sehr kleinen Abmessungen wird statt eines Zahlenaufdruckes eine *Farbcodierung* für die Kennzeichnung von Nennwert und Toleranz verwendet (→ Tabelle 6.4). Üblich und ausreichend sind 4 Farbringe. Erst ab Reihe E48 wird für die dritte Wertziffer der Ring 5 benötigt.

## 6.4 Widerstände

### 6.4.1 Der Widerstand als Bauelement

**Widerstände** sind Bauelemente mit einem definierten elektrischen Widerstandsverhalten. Die Abhängigkeit zwischen Strom und Spannung am Widerstand kann linear oder nichtlinear sein.

*Lineare Widerstände* werden als ohmsche Widerstände bezeichnet.

Der Widerstandswert *nichtlinearer Widerstände* hängt stark von Energieeinwirkungen (Wärme, Licht oder magnetische Felder auf bestimmte Widerstandsmaterialien) ab.

Je nach dem verwendeten *Material* und der *Bauform* ist zwischen verschiedenen Widerstandsarten zu unterscheiden (→ Tabelle 6.5).

*Tabelle 6.5 Widerstandsarten*

| Arten | Drahtwiderstände | Massewiderstände | Schichtwiderstände |
|---|---|---|---|
| Bauform | Isolierkörper mit einlagiger Wicklung eines Widerstandsdrahtes | in zylindrische Form gepreßtes Widerstandsmaterial | dünne Widerstandsschicht (1…100 µm) auf keramischen Voll- oder Hohlkörpern |
| Widerstandsmaterial | Chrom-Nickel, Manganin, Konstantan | Gemisch aus Kolloidkohle, Füllstoffe und ein Harz als Bindemittel | Kohlenstoff, Metalle (Ni, NiCr), Metalloxide (ZnO), Metallglasuren |
| Eigenschaften | störende Induktivität bei hohen Frequenzen | zeitlich wenig konstant, hoch belastbar | hohe Konstanz, thermisch hoch belastbar |

Der spezifische Widerstand aller Widerstandsmaterialien ist temperaturabhängig (→ 1.1.4). Der Temperaturkoeffizient muß möglichst klein sein. Die häufig verwendete Angabe ppm bedeutet parts per million ($= 10^{-6}$).

Kohleschichtwiderstände $TK \approx 200$ ppm/K,
Metallschichtwiderstände $TK \approx 50$ ppm/K.

## 6.4.2 Festwiderstände

> **Festwiderstände** werden in unterschiedlichen Nenngrößen, Bauformen und Abmessungen (→ Bild 6.4) sowie in einem weiten Werte- und Belastungsbereich hergestellt.

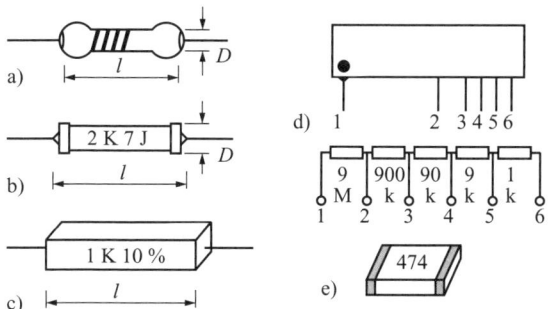

*Bild 6.4 Bauformen von Festwiderständen: a) Kohleschicht-, b) Metallschicht-, c) Hochlast-Drahtwiderstand, d) Widerstandsnetzwerk, e) SMD-Chip-Widerstand*

**Kennzeichnung.** Die Kennzeichnung des *Widerstandswertes* und der *Auslieferungstoleranz* erfolgt durch einen Zahlenaufdruck (→ Tabelle 6.6) oder durch eine Farbcodierung in Form mehrerer Ringe (→ Bild 6.5; → Tabelle 6.7). Die Kennzeichnung der SMD-Widerstände erfolgt durch den Aufdruck einer drei- oder vierstelligen Ziffern- und Buchstabenfolge (→ Tabelle 6.8).

Für die Verwendung in Meßgeräten stehen Widerstände mit Werten außerhalb der E-Reihen zur Verfügung (→ Bild 6.4d). Sie haben eine sehr kleine Auslieferungstoleranz ($\leq 0,1$ %) und einen sehr kleinen Temperaturkoeffizienten.

*Tabelle 6.6 Kennzeichnung von Widerstandswerten*

| Aufdruck | Bedeutung |
|---|---|
| $Z_1 Z_2 Z_3 Z_4$ | $Z_1$ 1. Ziffer |
| | $Z_2$ 2. Ziffer |
| | $B_1$ 1. Buchstabe  R   K   M   G   T |
| | Widerstand    Ω  kΩ  MΩ  GΩ  TΩ |
| | $B_2$ 2. Buchstabe  K   J   G   F   D   C   B   ohne |
| | Toleranz ± %  10   5   2   1   0,5  0,25  0,1  20 |
| | Mit der Stellung des 1. Buchstaben wird die Kommastelle festgelegt |

■ *Beispiele*: 47R: 47 Ω ± 20 %; 1R0G: 1,0 Ω ± 2 %; 2K7K: 2,7 kΩ ± 10 %; R3J: 0,3 Ω ± 5 %.

*Tabelle 6.7 Kennzeichnung von Widerstandswerten durch Farben im Fünfringcode nach DIN (Farbreihe Tabelle 6.4)*

| Ring | Bedeutung | Beispiel | Ergebnis |
|---|---|---|---|
| 1. | 1. Zahlenwert[1] | orange | 3 |
| 2. | 2. Zahlenwert | braun | 1 |
| 3. | 3. Zahlenwert | grün | 5 |
| 4. | Multiplikator | rot | $10^2$ |
| 5. | Toleranz | rot | $\pm 2\,\%$ |
|   |   |   | $R = 31500\,\Omega \pm 2\,\%$ |

[1] Ring 1 liegt in Anschlußnähe

*Tabelle 6.8 Kennzeichnung von SMD-Widerständen*

| Aufdruck | Bedeutung | Beispiele Aufdruck | Wert | |
|---|---|---|---|---|
| Für Widerstände mit 5 % oder 2 % Toleranz: | | | | |
| $Z_1\,Z_2\,R$ | $Z_1$ | 1. Ziffer | 82R | $82\,\Omega$ |
|  | $Z_2$ | 2. Ziffer | 4R7 | $4,7\,\Omega$ |
|  | R | Wert[1] | 0R0 | Jumper |
| $Z_1\,Z_2\,Z_3$ | $Z_1$ | 1. Ziffer | 120 | $12\,\Omega$ |
|  | $Z_2$ | 2. Ziffer | 392 | $3,9\,\text{k}\Omega$ |
|  | $Z_3$ | Multiplikator[2] | 564 | $560\,\text{k}\Omega$ |
| Für Widerstände mit 1 % Toleranz: | | | | |
| $Z_1\,Z_2\,Z_3\,Z_4$ | $Z_1$ | 1. Ziffer | 1001 | $1\,\text{k}\Omega$ |
|  | $Z_2$ | 2. Ziffer | 4702 | $47\,\text{k}\Omega$ |
|  | $Z_3$ | 3. Ziffer | 2550 | $255\,\Omega$ |
|  | $Z_4$ | Multiplikator[2] | 7853 | $785\,\text{k}\Omega$ |

[1] *Wert* = Widerstandswert der Ziffernfolge $Z_1$ und $Z_2$ in Ohm unter Berücksichtigung der Stellung von R innerhalb des Aufdruckes

[2] *Multiplikator* = Exponent zur Basis 10: z. B. $3 \rightarrow 10^3$

### 6.4.3 Einstellwiderstände

Der Widerstandswert kann mit Hilfe eines Schleifkontaktes, der entlang einer geradlinigen oder kreisförmigen Widerstandsbahn verschiebbar ist, eingestellt werden.

Der *eingestellte Widerstandswert* ist je nach Ausführung der Widerstandsbahn linear, exponentiell oder in anderer Weise von der Einstellung abhängig (→ Bilder 6.5 und 6.6). Für präzise Einstellungen gibt es *Wendelpotentiometer* und Einstellregler mit *Gewindespindel*.

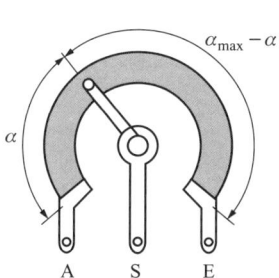
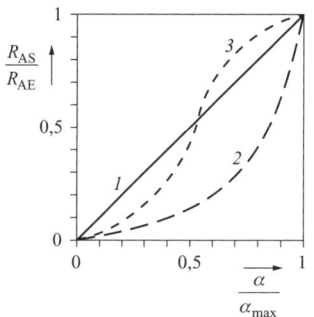

*Bild 6.5 Drehwiderstand
A: Anfang, E: Ende der
Widerstandsbahn, S:
Schleiferanschluß*

*Bild 6.6 Abhängigkeit des eingestellten
Widerstandswertes vom Drehwinkel
1) lineare, 2) positiv-logarithmische,
3) S-förmige Einstellcharakteristik*

## 6.5 Kondensatoren

### 6.5.1 Kenngrößen

Hauptkenngröße eines Kondensators ist seine **Kapazität** $C$. Diese Kapazität ist temperaturabhängig. Diese Abhängigkeit wird durch den Temperaturkoeffizienten $TK_C$ gekennzeichnet:

$$TK_C = \frac{\Delta C}{C \Delta T}$$

**Isolationswiderstand**. Das Dielektrikum hat einen zwar sehr großen, aber endlichen Isolationswiderstand $R_{is}$. Bei anliegender Gleichspannung $U$ fließt ein Isolations- oder Kriechstrom $I_{kr}$. Ein Maß für die Güte der Isolation ist die *Zeitkonstante* $\tau_C = CR_{is}$, mit der sich der Kondensator über sein Dielektrikum selbst entlädt.

Hohe Spannungen können am Dielektrikum einen Durchschlag verursachen. Die angegeben Durchschlagsspannung $U_D$ darf deshalb nicht überschritten werden.

## 6.5.2 Technische Kondensatoren

Hauptsächliches technologisches Unterscheidungsmerkmal technischer Kondensatoren ist das **Dielektrikum**. Es bestimmt die wichtigsten funktionellen Eigenschaften und die Einsatzmöglichkeiten eines Kondensators.

Hinsichtlich des *strukturellen Aufbaus* sind zu unterscheiden:

- Metall-Isolator-Metall-Struktur (M-I-M-Struktur)
- Metall-Isolator-Elektrolyt-Struktur (M-I-E-Struktur).

**Kondensatoren mit M-I-M-Struktur** bestehen aus zwei Metallbelägen, die durch ein möglichst dünnes Dielektrikum voneinander isoliert sind. Die wichtigsten Arten sind in Tabelle 6.9 und Bild 6.7 zusammengestellt.

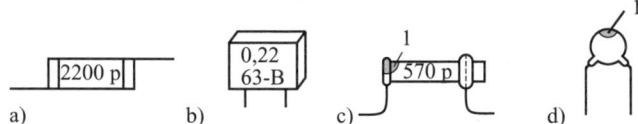

*Bild 6.7 Bauformen einiger M-I-M-Kondensatoren: a) FKS-, b) MKS-, c) Keramik-Rohr-, d) Keramik-Scheiben- und Vielschicht-Kondensator*

**Gold-Caps** sind Kondensatoren in Miniaturausführung mit sehr großer Kapazität ($10^6$ µF bei $5,5$ V Nennbetriebsspannung). Sie werden an Stelle von Akkumulatoren zur Überbrückung bei Netzausfall zur Datensicherung in Computern, Uhren, Tunern u. a. eingesetzt.

**Kondensatoren mit M-I-E-Struktur** besitzen ein Dielektrikum, meist Aluminiumoxid ($Al_2O_3$; $\varepsilon_r \approx 8$) oder Tantalpentoxid ($Ta_2O_5$; $\varepsilon_r \approx 26$), das mit einen Metallbelag unlösbar verbunden und außerordentlich dünn ist. Dieser Belag muß auf positivem Potential liegen. Ein Elektrolyt dient als zweiter Belag (*Elektrolytkondensatoren*). Das Dielektrikum bildet sich bei der Herstellung durch Anlegen einer *Formierungsspannung*.

Falschpolung der Anschlüsse führt zur Zerstörung des Kondensators. Einige Bauformen können Bild 6.8 entnommen werden. Die *Stufung der Nennkapazität* erfolgt nach den Reihen E3 und E6 mit einem Wertebereich $0,47\ldots 10^4$ µF.

▶ Für die *Anwendung im hochfrequenten Bereich* sind Elektrolytkondensatoren wegen ihres großen Verlustfaktors nicht geeignet. Sind große Kapazitätswerte zur Abblockung erforderlich, muß dem Elko ein hochfrequenztauglicher Kondensator kleinerer Kapazität parallelgeschaltet werden.

*Tabelle 6.9 Arten, Aufbau, Eigenschaften und Anwendungen von M-I-M-Kondensatoren*

| Kondensatorart | Aufbau, Beläge und Dielektrikum | Eigenschaften, Anwendungen |
|---|---|---|
| 1. **Papierwickel-kondensatoren** | Aluminiumfolien; Sulfatzellulosepapier | $\tan \sigma$ und $TK_C$ groß, Sieb- und Entkoppelkondensatoren |
| 2. **Duroplast-kondensatoren** | wie 1., aber gehäuselos | wie 1., kleinere Abmessungen |
| 3. **Metallpapier-kondensatoren** | auf Papier aufgedampfte Zn- oder Al-Schicht | wie 1., kleinere Abmessungen, heilt bei Durchschlag selbst aus |
| 4. **Kunststoffolie-kondensatoren** | Aluminiumfolien; Dielektikum: Polycarbonat (FKC), Polyester (FKS), Polypropylen (FKP) | kleiner $TK_C$, kleiner $\tan \sigma$ Wertebereich: $\approx 100$ pF ... 1 µF |
| 5. **Metallisierte KF-Kondensatoren** | Aufbau wie 3., Dielektrika wie 4., MKC, MKS, MKP | wie 4. |
| 6. **Keramik-kondensatoren** | Silberschichten auf keramischen Massen; Titanoxid-Keramik (NDK) Erdkalititanat-Keramik (HDK) | hochfrequenztauglich $\varepsilon_r$, $TK_C$ und $\tan \sigma$ klein $\varepsilon_r$, $TK_C$ und $\tan \sigma$ groß |

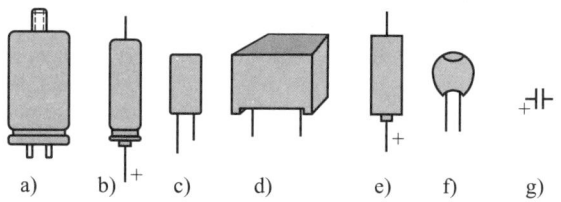

*Bild 6.8 Bauformen von Elektrolytkondensatoren*
*a) für Schraubbefestigung, b, c) zylindrische Bauform, d) quaderförmige Bauform, e, f) Tantalkondensatoren in Zylinder- und Tropfenform, g) Schaltsymbol*

### 6.5.3 Kondensatoren mit veränderbarer Kapzität

Es wird zwischen

- einstellbaren Kondensatoren (Drehkondensatoren) und
- stellbaren Kondensatoren (Trimmern) unterschieden.

**Drehkondensatoren** haben ein feststehendes Plattenpaket (Stator) und einen beweglichen, in den Stator einschiebbaren Plattensatz (Rotor). Als Dielektrikum dient Luft oder Kunststoffolie. Die Plattenform bestimmt die Abhängigkeit der eingestellten Kapazität vom Eintauchwinkel der Rotorplatten.

**Trimmer** werden mit einem Werkzeug nur einmal oder für Servicezwecke zum Abgleich eingestellt. Bauformen sind Luft-, Rohr- und Scheibentrimmer.

## 6.6 Spulen

### 6.6.1 Kenngrößen

Eine Induktionsspule ist ein Bauelement, das elektromagnetische Energie speichern kann. Wichtigste Kenngröße ist ihre **Induktivität** $L$. Diese ist von der Form, den geometrischen Abmessungen, dem Quadrat der Windungszahl und dem Kernmaterial abhängig ($\rightarrow$ 2.3.10).

### 6.6.2 Technische Spulen

Die technische Ausführung von Induktionsspulen wird von der geforderten Induktivität, der die Spule durchfließenden Stromstärke und dem Frequenzbereich bestimmt.

Die einfachsten *Bauformen* sind ein- und mehrlagige Spulen in Zylinder- oder Ringform. Durch ferromagnetische Kerne lassen sich bei kleiner Windungszahl große Induktivitäten erreichen. Für *hochfrequente Anwendungen* müssen spezielle Ferromagnetika eingesetzt werden. Die Kerne werden zusammen mit passenden Spulenkörpern als Stab-, Ring-, Schalen- oder Mehrlochkerne angeboten.

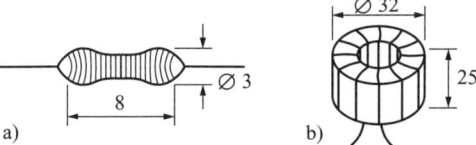

*Bild 6.9 Entstördrosseln: a) Drossel in Widerstandsform ($1 \ldots 100\ \mu H$), b) Ferrit-Ringkerndrossel ($1 \ldots 10\ mH$)*

Im *Niederfrequenzbereich* genügen lamellierte Kerne aus speziellen siliciumhaltigen Trafoblechen. Die Bleche haben standardisierte Formen (M-, E-, I-, U- und L-Schnitte) und Abmessungen ($\rightarrow$ Bild 2.34).

■ *Anwendungen*: Entstördrosseln, Schwingkreisspulen, elektromagnetische Relais, Transformatoren.

## 6.7 Physikalische Grundlagen der Halbleiter

### 6.7.1 Reine Halbleiter

Halbleiter sind zu unterscheiden in:

- *Elementhalbleiter*, wie Silicium (Si), Germanium (Ge), Selen (Se)
- *Verbindungshalbleiter*, wie Galliumarsenid (GaAs), Indiumantimonid (InSb), Bleisulfid (PbS).

**Halbleiterstruktur**

> Halbleiter haben kristalline Struktur; die Atome sind in einem kubisch-raumzentrierten Kristallgitter (Tetraeder) angeordnet.

Nur Bauelemente aus extrem reinem monokristallinem Halbleitermaterial weisen optimale elektronische Eigenschaften auf. Größte Bedeutung besitzt *Silicium*.

**Eigenleitfähigkeit**

Alle Valenzelektronen eines vierwertigen Siliciumatoms sind an der kovalenten Bindung mit jeweils vier Nachbaratomen beteiligt. In der Nähe des *absoluten Nullpunktes* gibt es keine freien Elektronen im Kristall. Der Halbleiter verhält sich dann wie ein *Isolator*.
Durch *Energieanregung* (Wärmezufuhr) werden einige Bindungen aufgebrochen. Jedes dabei entstehende freie Elektron hinterläßt an seinem ursprünglichen Platz eine ungesättigte Bindung (Elektronenfehlstelle, *Defektelektron*, Loch) mit positiver Ladung. Durch diese *Generation* erhält der Halbleiter seine *Eigenleitfähigkeit*. Freie Elektronen können bei Annäherung an eine Fehlstelle diese wieder auffüllen (*Rekombination*). Beide Vorgänge führen zu einem Gleichgewichtszustand, in dem eine konstante Ladungsträgerdichte vorliegt.

> In einem reinen, ungestörten Halbleiterkristall ist die Elektronendichte $n_o$ gleich der Löcherdichte $p_o$ und damit gleich der Eigenleitungs- oder **Inversionsdichte** $n_i$:

$$n_i = n_o = p_o \qquad (6.1)$$

Der Wert der Eigenleitungsdichte ist von der materialtypischen Generationsenergie $W_g$ (Bandabstand) und stark von der Temperatur abhängig (→ Bild 6.10) /6.21/. Bei einer Temperatur von 300 K gilt in Silicium $n_i = 1,5 \cdot 10^{10}$ cm$^{-3}$.

*Tabelle 6.10  Parameter wichtiger Halbleiter und Isolatoren*

| Halbleiter | | Einheit | Ge | Si | GaAs |
|---|---|---|---|---|---|
| Atome/Volumeneinheit | | $cm^{-3}$ | $4,42 \cdot 10^{22}$ | $4,99 \cdot 10^{22}$ | $4,43 \cdot 10^{22}$ |
| Gitterstruktur | | | Diamant | Diamant | Zinkblende |
| Bandabstand | $W_g$ | eV | 0,67 | 1,11 | 1,43 |
| Inversionsdichte bei $T = 300$ K | $n_i$ | $cm^{-3}$ | $2,3 \cdot 10^{13}$ | $1,5 \cdot 10^{10}$ | $1,3 \cdot 10^{6}$ |
| Beweglichkeit der Elektronen | $\mu_n$ | $cm^2/(V \cdot s)$ | 3900 | 1350 | 8500 |
| Beweglichkeit der Löcher | $\mu_p$ | $cm^2/(V \cdot s)$ | 1900 | 480 | 400 |
| Diffusionskonstante der Elektronen | $D_n$ | $cm^2/s$ | 100 | 35 | |
| Diffusionskonstante der Löcher | $D_p$ | $cm^2/s$ | 49 | 12,5 | |
| Dielektrizitätszahl | $\varepsilon_r$ | | 16 | 11,8 | 10,9 |
| Durchbruchfeldstärke | $E_{BR}$ | V/cm | $10^5$ | $3 \cdot 10^5$ | $4 \cdot 10^5$ |
| Schmelzpunkt | $\vartheta_S$ | °C | 937 | 1420 | 1235 |

| Isolator | | Einheit | $SiO_2$ | $Si_3N_4$ | $Al_2O_3$ |
|---|---|---|---|---|---|
| Bandabstand | $W_g$ | eV | 8,9 | 5 | 8,7 |
| Dielektrizitätszahl | $\varepsilon_r$ | | 3,9 | 7,2 | 8 |
| Durchschlagsfeldstärke | $E_{BR}$ | V/cm | $6 \cdot 10^6$ | $10^7$ | $10^7$ |

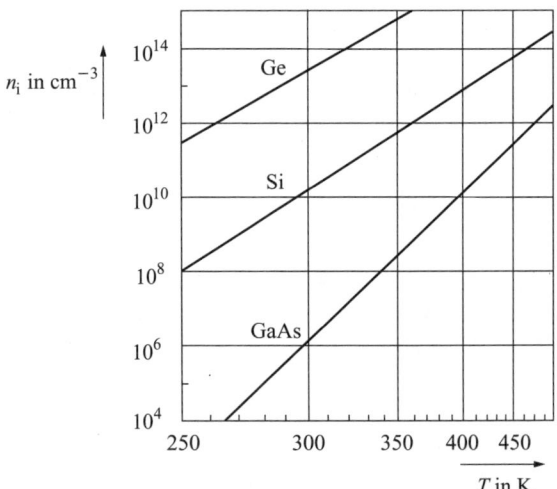

*Bild 6.10  Temperaturabhängigkeit der Inversionsdichte in Germanium, Silicium und Galliumarsenid*

## 6.7 Physikalische Grundlagen der Halbleiter

Die Eigenleitfähigkeit eines reinen Halbleiters, die **Intrinsic-Leitfähigkeit**, wird von der Ladungsträgerdichte und der Beweglichkeit der Elektronen und Löcher (→ Tabelle 6.10) bestimmt:

$$\varkappa = e(\mu_n + \mu_p)n_i \tag{6.2}$$

**Fotogeneration**

Wirken *Lichtquanten* auf einen Halbleiter ein, können durch Absorption eines Teils der Strahlungsenergie Elektron-Loch-Paare erzeugt werden, so daß sich die Eigenleitfähigkeit für die Dauer der Lichteinwirkung erhöht.

### 6.7.2 Dotierte Halbleiter

Durch gezielten Einbau von dreiwertigen bzw. fünfwertigen Fremdatomen (*Störstellen*) in das Kristallgitter werden Leitfähigkeit und Leitungstyp des Halbleiters verändert.

**n-Leitung.** Fünfwertige Dotierungsstoffe (P, As, Sb) geben bei Energiezufuhr fünftes Valenzelektron ab, ohne eine Bindung zu den benachbarten Siliciumatomen aufzubrechen. Diese *Donatoren* liefern ein freies Elektron, ohne ein Defektelektron zu hinterlassen; der Halbleiter wird *n-leitend*.

**p-Leitung.** Dreiwertige Dotierungsstoffe (B, Al, Ga, In) bringen eine Bindungslücke in den Halbleiter ein, die von einem freien Elektron aufgefüllt wird. Diese *Akzeptoren* rufen einen Überschuß an frei beweglichen Löchern hervor; der Halbleiter wird *p-leitend*.

Die Ionisierungsenergie der Fremdatome ist so klein, daß im technisch genutzten Temperaturbereich alle Störstellen ionisiert sind *Störstellenerschöpfung*. Damit wird die Dichte der freien Ladungsträger ($n_n$: Elektronen im n-Halbleiter; $p_p$: Löcher im p-Halbleiter) durch die Störstellenleitung $N_D$ bzw. $N_A$ bestimmt.

Für die Leitfähigkeit dotierter Halbleiter ergibt sich annähernd:

$$\varkappa \approx e\mu_n n_n = e\mu_n N_D) \quad bzw. \quad \varkappa \approx e\mu_p p_p = e\mu_p N_A) \tag{6.3}$$

Bei hohen Dotierungsdichten ($10^{15}$ cm$^{-3}$ ... $10^{20}$ cm$^{-3}$) ist die *Störstellenleitung* viel größer als die Eigenleitung.

Bei niedrigen Temperaturen sind noch nicht alle Störstellen ionisiert; es besteht *Störstellenreserve*.

## Maximale Gebrauchstemperatur

Die Leitfähigkeit dotierter Halbleiter bleibt konstant, solange die Eigenleitungsdichte $n_i$ geringer als $1/3$ der Dotierungsdichte ist. Deutliche (unerwünschte) Veränderungen treten bei Silicium ab ca. 180 °C auf (bei Ge ab 80 °C).

## Massenwirkungsgesetz

Im thermodynamischen Gleichgewicht gilt in einem Halbleiter stets ein fester Zusammenhang zwischen Elektronen- und Löcherdichte.

$$\boxed{n_i^2 = n_o p_o} \tag{6.4}$$

Dominiert eine Ladungsträgerart (*Majoritätsträger*), so ist die Dichte der anderen Ladungsträgerart (*Minoritätsträger*) nach Gl. (6.3) berechenbar. Im n-Halbleiter gilt dann $n_n = N_D$ und $p_n = n_i^2/N_D$.

### 6.7.3 pn-Übergänge

#### 6.7.3.1 Wirkprinzip

> Wirksamer Bestandteil vieler Halbleiterbauelemente (Dioden, Transistoren) ist der als *Sperrschicht* ausgebildete Übergang zwischen n- und p-leitendem Halbleiter (→ Bild 6.11a).

**pn-Übergang ohne äußere Spannung**

An der Grenzfläche zwischen n- und p-leitendem Gebiet diffundieren Majoritätsträger in die gegenüberliegende Zone (→ Bild 6.11b) und finden dort Rekombinationspartner. Es entsteht eine von beweglichen Ladungsträgern fast völlig verarmte Zone, die *Sperrschicht* der Breite $d_s$. Die zurückbleibenden ortsfesten ionisierten Störstellenatome bilden eine *Raumladung* (→ Bild 6.11d) und ein *elektrisches Feld* (→ Bild 6.11e), das dem Diffusionsprozess entgegenwirkt. Die sich im Gleichgewichtszustand einstellende Sperrschichtweite (1...5 µm) wird von den Dotierungsverhältnissen bestimmt.

**Diffusionsspannung.** Der durch die Raumladung bewirkte *Potentialunterschied* heißt Diffusionsspannung $U_D$ (→ Bild 6.11f). Bei Störstellenerschöpfung kann $U_D$ aus den Dotierungsdichten berechnet werden:

$$\boxed{U_D = U_T \ln \frac{N_D N_A}{n_i^2}} \tag{6.5}$$

## 6.7 Physikalische Grundlagen der Halbleiter

Der Term $kT/e$ wird als die *Temperaturspannung* $U_T$ bezeichnet:

$$U_T = \frac{kT}{e} \tag{6.6}$$

Bei $T = 300$ K ist $U_T \approx 26$ mV.

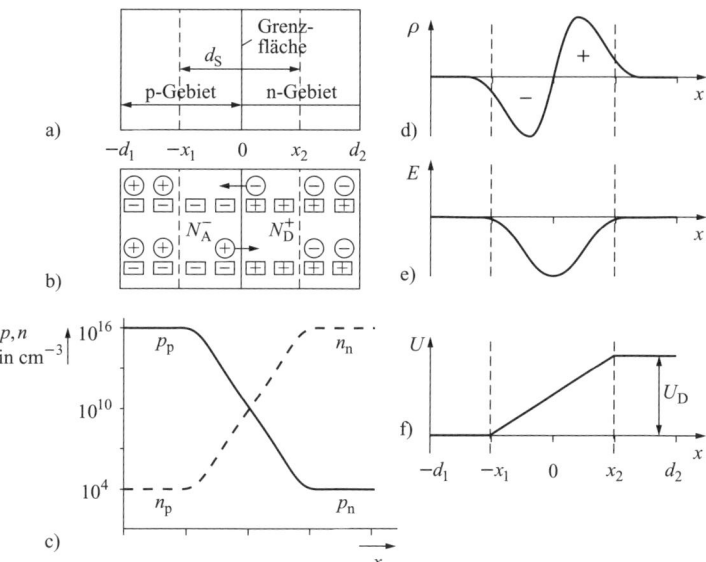

**Bild 6.11** *Struktur eines pn-Überganges und elektrische Wirkungen in der Sperrschicht: a) Aufbau, b) Ladungsverteilung, c) Elektronen- und Löcherdichte, d) Raumladungsdichte, e) Feldstärkeverlauf, f) Potentialverlauf*

**pn-Übergang mit äußerer Spannung**

Eine an den pn-Übergang angelegte äußere Spannung $U$ stört das dynamische Gleichgewicht in der Raumladungszone. In der Sperrschicht wird sie der Diffusionsspannung $U_D$ überlagert ($U' = U_D - U$).

**1. Fall; Durchlaßrichtung**; $U > 0$ (Plus am p-, Minus am n-Gebiet):
Die Sperrschichtweite sinkt mit $U$ oder verschwindet ganz. Der pn-Übergang wird durchlässig. Durch den Stromfluß steigen in der Sperrschicht die Ladungsträgerdichten ($pn > n_i^2$).

**2. Fall; Sperrichtung**; $U < 0$ (Plus am n-, Minus am p-Gebiet):
Eine äußere Sperrspannung vergrößert die *Sperrschichtweite* $d_s$. Ein Stromfluß

durch die verarmte Sperrschicht ist nicht möglich. Das Feldstärkemaximum in der Sperrschicht wächst ebenfalls. Bei einer bestimmten Spannung $U_{BR}$ wird die *Durchbruchfeldstärke* $E_{BR}$ erreicht ($\rightarrow$ Tab. 6.10).

**Sperrschichtkapazität**

Die spannungsabhängige Änderung der Sperrschichtweite bewirkt eine Veränderung der Raumladung innerhalb der Sperrschicht. Dies entspricht einem kapazitiven Verhalten. Die Sperrschichtkapazität $C_s$ ergibt sich nach:

$$\boxed{C_s = \frac{A\varepsilon_H}{d_s}} \qquad (6.7)$$

Da $d_s$ von $U$ abhängt, ist $C_s$ mit der Sperrspannung variierbar. Diese Eigenschaft wird in den *Kapazitätsdioden* ausgenutzt.

**Fluß- und Sperrstrom**

In Durchlaßrichtung fließt der *Flußstrom* $I_F$. Er wird im wesentlichen nur von den im äußeren Stromkreis liegenden Widerständen begrenzt. In Sperrichtung tritt der *Sperrstrom* $I_R$ auf. Er ist auf die in der Sperrschicht durch Generation ständig entstehenden Ladungsträgerpaare zurückzuführen. Diese werden vom elektrischen Feld der Sperrschicht zu den äußeren Anschlüssen transportiert. Der Sperrstrom erreicht bereits bei kleiner Sperrspannung einen *Sättigungswert* $I_S$. Allgemein gilt für den Strom (sowohl für $I_F$ bei $U > 0$ als auch für $I_R$ bei $U < 0$):

$$\boxed{I = I_S \left( e^{\frac{U}{U_T}} - 1 \right)} \qquad (6.8)$$

---

### 6.7.3.2 Strom-Spannungs-Kennlinie des pn-Übergangs

Nach Gl. (6.8) ergibt die Kennlinie $I = f(U)$ für den Fall, daß $|U| \gg U_T$:

- in Sperrichtung ($U < 0$) eine Parallele zur $x$-Achse
- in Durchlaßrichtung ($U > 0$) eine exponentiell ansteigende Kurve.

Praktisch weicht die Kennlinie vom idealen Kurvenverlauf gemäß Gl. (6.8) ab ($\rightarrow$ Bild 6.12), weil:

- der Sperrstrom mit der Sperrspannung leicht ansteigt (Sperrschichtausdehnung)
- die Bahnwiderstände der n- und p-Gebiete den Durchlaßstrom herabsetzen.

Ein merklicher Durchlaßstrom setzt erst ein, wenn $U$ die *Schleusenspannung* $U_S$ (Durchlaßspannung) überschreitet. Für die Schleusenspannung sind folgende Festlegungen üblich:

## 6.7 Physikalische Grundlagen der Halbleiter

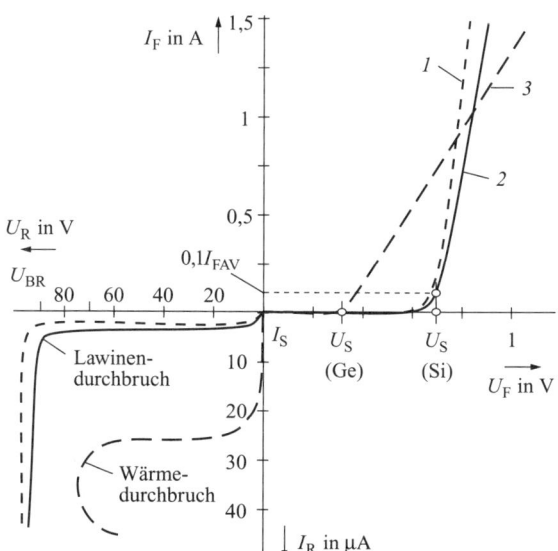

*Bild 6.12* Strom-Spannungs-Kennlinien von pn-Übergängen: *1 Silicium, ideal, 2 Silicium, real, 3 Germanium, real*

1. Die Verlängerung des annähernd geradlinig ansteigenden Kurvenastes bis zum Schnittpunkt mit der Spannungsachse kennzeichnet $U_S$.
2. Die bei 10 % des maximal zulässigen Dauerflußstromes eines Bauelementes (Diode) am pn-Übergang anliegende Spannung ist gleich $U_S$.

**Durchbruchspannung.** Bei einer bestimmten Sperrspannung, der Durchbruchspannung $U_{BR}$, verliert der pn-Übergang seine Sperrwirkung. Ursachen dafür können sein:

*Lawinendurchbruch* (Durchbruch 1. Art) infolge des

- **Zener-Effektes.** Bei hoher Dotierung ($\geq 10^{18}$ cm$^{-3}$) tunneln Elektronen durch die dann sehr schmale Sperrschicht.
- **Avalanche-Effektes.** Die Ladungsträger des Sperrstromes erhalten durch hohe Beschleunigung eine so große kinetische Energie, daß es zu Stoßionisationen kommt (Ladungsträgervervielfachung).

*Wärmedurchbruch* (Durchbruch 2. Art) infolge

- *thermischer Effekte*, die die Ladungsträgerkonzentration und damit den Sperrstrom erhöhen, was zu weiterer Erwärmung und Stromanstieg bis zum Verlust der Sperreigenschaften führt.

**Ersatzwiderstände.** Der pn-Übergang hat in jedem Kennlinienpunkt einen bestimmten

- statischen Durchlaß- oder *Gleichstromwiderstand* $R_F$

$$R_F = \frac{U_F}{I_F} \qquad (6.9)$$

- dynamischen oder *differentiellen Widerstand* $r_F$:

$$r_F = \frac{dU_F}{dI_F} \approx \frac{\Delta U_F}{\Delta I_F} \qquad (6.10)$$

### 6.7.3.3 Kleinsignalverhalten des pn-Übergangs

Das Kleinsignalverhalten des pn-Übergangs, d. h. seine Reaktion auf sinusförmige Signale kleiner Amplitude, wird durch eine Ersatzschaltung (→ Bild 6.13) beschrieben. In dieser sind $R_B$ Bahnwiderstände der p- und n-Schicht, $r_F$ differentieller Widerstand des pn-Übergangs, $C_S$ Sperrschicht- und parasitäre Schaltkapazitäten (wirksam in Sperrichtung) und $C_D$ Diffusionskapazität (nur wirksam in Durchlaßrichtung).

Die Diffusionskapazität beschreibt die erhöhte spannungsabhängige Ladungsträgerdichte in der Sperrschicht, die bei Durchlaßspannungen auftritt.

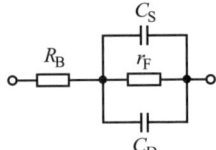

*Bild 6.13 Ersatzschaltung eines pn-Überganges für niedrige Frequenzen*

### 6.7.3.4 Schaltverhalten des pn-Übergangs

Das Schaltverhalten ist beim schnellen Übergang zwischen Durchlaß- und Sperrichtung von Bedeutung (*Impulsverhalten*), (→ Bild 6.14).

Beim *Übergang vom Sperr- in den Durchlaßzustand* muß erst die Sperrschichtkapazität $C_S$ entladen und die Sperrschicht mit Ladungsträgern durchsetzt werden ($t_r$ rise time, Anstiegzeit). Beim *Übergang vom Durchlaß- in den Sperrzustand* müssen zunächst die Ladungsträger aus der Sperrschicht ausgeräumt werden (*Trägerstaueffekt*). Für kurze Zeit fließt noch ein großer Strom in Sperrichtung ($t_s$ storage time, Speicherzeit), der langsam abklingt ($t_f$ fall time, Abfallzeit).

## 6.7 Physikalische Grundlagen der Halbleiter

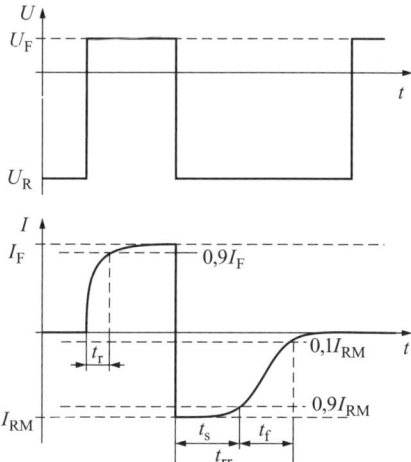

Bild 6.14 Dynamisches Verhalten eines pn-Überganges: $t_s$ Speicherzeit (storage time), $t_f$ Sperrerholzeit (fall time), $t_{rr}$ Sperrverzugszeit (reverse recovery time), $t_r$ Anstiegszeit (rise time)

### 6.7.3.5 Thermisches Verhalten des pn-Übergangs

Der **Sättigungssperrstrom** $I_S$ des pn-Übergangs ist temperaturabhängig; er nimmt exponentiell mit der Temperatur zu:

$$I_S(T) = I_S(T_0)\, e^{\lambda\, \Delta T} \tag{6.11}$$

$$\lambda = \frac{W_g}{kT_0^2} \tag{6.12}$$

■ *Beispiele*: Praktische Werte bei $T = 300$ K: Silicium: $\lambda \approx (0{,}12\ldots 0{,}13)$ K$^{-1}$, Germanium: $\lambda \approx (0{,}080\ldots 0{,}085)$ K$^{-1}$.

Gemäß Gl. (6.8) wirkt sich $I_S = f(T)$ auf den gesamten Kennlinienverlauf aus ($\rightarrow$ Bild 6.15):

- Der *Sperrstrom* $I_R$ verdoppelt sich bei einem Temperaturzuwachs von jeweils 6 K (Silicium) bzw. 9 K (Germanium).
- Die *Durchlaßspannung* $U_F$ verringert sich bei Temperaturerhöhung und konstantem Durchlaßstrom mit dem *Temperaturdurchgriff D* um etwa 3 mV/K bei Silicium bzw. 2 mV/K bei Germanium.

$$U_F(T) = U_F(T_0) + D\Delta T \tag{6.13}$$

$$D = -\frac{\lambda\, kT_0}{e} = -\lambda\, U_T \tag{6.14}$$

# 236  6 Bauelemente der Elektronik

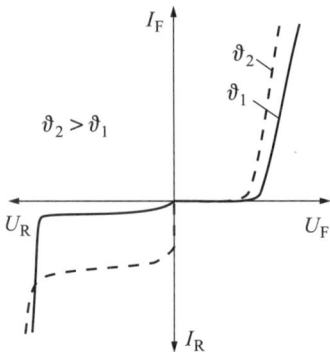

$\vartheta_2 > \vartheta_1$

Bild 6.15 Temperaturabhängigkeit der Kennlinien eines pn-Überganges

## 6.7.3.6  Herstellungsverfahren für pn-Übergänge

pn-Übergänge sind *funktioneller Hauptbestandteil* der meisten diskreten und integrierten elektronischen Funktionselemente.

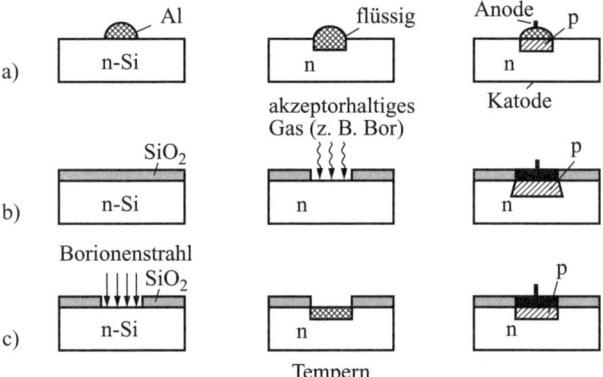

Bild 6.16 *Technologien für pn-Übergänge*
*a) Legierungsverfahren, b) Diffusionsverfahren, c) Ionenimplantationsverfahren*

*Ausgangsmaterialien* für pn-Übergänge sind einkristalline, p- oder n-dotierte Halbleiterscheiben von einigen Zehntel Millimeter Dicke (*Wafer*). Die gewünschte pn-Zonenfolge wird durch ein- oder auch mehrmaliges Umdotieren eines Teils des Grundmaterials erzeugt.

Für flächenhafte pn-Übergänge sind folgende Herstellungsverfahren gebräuchlich:

**Legierungsverfahren.** Das Dotierungsmaterial wird an einer Seite der Scheibe legiert ($\rightarrow$ Bild 6.16a). Im Legierungsbereich kommt es zur Umdotierung.

**Diffusionsverfahren.** Vor dem Diffusionsprozeß werden in die mit einer etwa $0,5$ μm dicken $SiO_2$-Schicht versehene Scheibenoberfläche Fenster eingeätzt (Fotolithografie), durch die das Dotierungsmaterial im gasförmigen Zustand in das Grundmaterial eindringt. Die Fenster werden anschließend durch eine Metallisierung zur Kontaktierung verwendet ($\rightarrow$ Bild 6.16b).

**Ionenimplantationsverfahren.** In das vordotierte Halbleiterplättchen werden ionisierte Dotierungsatome aus einer Ionenquelle mit großer Energie eingeschossen ($\rightarrow$ Bild 6.16c). Die Eindringtiefe der Ionen läßt sich sehr genau festlegen. Durch nachfolgendes Tempern ($400\ldots800$ °C) erfolgt ein Ausheilen der dabei entstandenen Zerstörungen des Kristallgitters.

## 6.8 Volumen-Halbleiterbauelemente

In **Volumen-Halbleiterbauelementen** (sperrschichtfrei) wird die stark ausgeprägte Abhängigkeit des Halbleiterwiderstandes von Energieeinwirkungen (Wärme, Licht) bzw. von magnetischen oder elektrischen Feldern ausgenutzt.

### 6.8.1 Varistoren

**Varistoren** sind nichtlineare Widerstände aus Siliciumcarbid (SiC) oder Zinkoxid (ZnO) von scheibenförmiger Gestalt. Ihr Widerstandswert hängt von der anliegenden Spannung ab.

Die in einem Sinterprozeß hergestellten Scheiben haben einen Durchmesser von $5\ldots150$ mm und eine Dicke von $1\ldots20$ mm. Die Scheibenabmessungen und das Material bestimmen die Kennwerte des Varistors.
Der *Leitungsvorgang* im Varistor ist stromrichtungsunabhängig; er wird vom Kontaktwiderstand zwischen den Korngrenzen des Sinterkörpers bestimmt. Bei Spannungserhöhung nimmt dieser Widerstand trägheitslos ab. Die *Strom-Spannungs-Kennlinie* ($\rightarrow$ Bild 6.17) verläuft antisymmetrisch zum Koordinatenursprung. Für den Kennlinienverlauf gilt:

$$U = CI^{\beta}$$ (6.15)

Dividiert man Gl. (6.15) durch $I$, erhält man die Abhängigkeit des Varistorwiderstandes von der Stromstärke:

$$R = CI^{(\beta-1)} \tag{6.16}$$

$C$ und $\beta$ sind herstellungsbedingte Konstanten, die von den Abmessungen und dem Material abhängen (SiC-Varistoren: bei $\beta = 0,15 \ldots 0,30$, ZnO-Varistoren $\beta \approx 0,05$).

In doppeltlogarithmischer Darstellung ergeben sich für $U = f(I)$ und $R = f(I)$ Geraden ($\rightarrow$ Bild 6.18).

■ *Anwendungen*:
- Überspannungsschutz von gefährdeten Bauelementen
- Funkenunterdrückung an Kontakten in induktiv belasteten Stromkreisen (Spannungsbegrenzung).

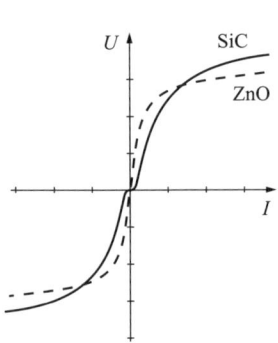

*Bild 6.17 Strom-Spannungs-Kennlinien von Varistoren*

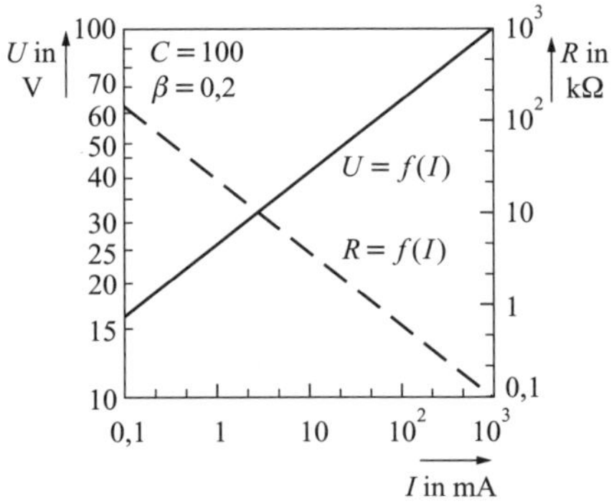

*Bild 6.18 Abhängigkeit der Spannung und des Widerstandes von der Stromstärke eines Varistors*

### 6.8.2 Thermistoren

Thermistoren sind polykristalline, temperaturabhängige Halbleiterwiderstände mit negativem (Heißleiter) oder positivem (Kaltleiter) Temperaturkoeffizienten. Ihre Widerstands-Temperatur-Abhängigkeit ist nichtlinear.

#### 6.8.2.1 Heißleiter

**Heißleiter** oder **NTC-Widerstände** (NTC: negative temperature coeffizient) bestehen aus gesinterten Metalloxiden (Eisen-, Nickel- und Cobaltoxide), Titanverbindungen und Füllstoffen. Der Widerstand sinkt mit steigender Temperatur.

**Thermistorwiderstand.** Wenn der auf die *Nenntemperatur* $T_0$ (meist 293 K) bezogene *Nennwiderstand* $R_0$ (Herstellerangabe) bekannt ist, gilt für den Thermistorwiderstand $R_T$:

$$R_T = R_0 \cdot e^{-b\left(\frac{1}{T_0} - \frac{1}{T}\right)} \tag{6.17}$$

$b$ ist eine Materialkonstante (Herstellerangabe); sie liegt im Bereich 2000...4000 K.

Der **Temperaturkoeffizient** des Widerstandes ist selbst temperaturabhängig. Wird Gl.(6.17) differenziert, erhält man:

$$TK_R = \frac{dR_T}{dT R_T} = -\frac{b}{T^2} \tag{6.18}$$

Fließt Strom durch den Heißleiter, so tritt infolge der Verlustleistung $P_v$ Eigenerwärmung auf:

$$\Delta T = \frac{P_v}{G_{th}} = \frac{I^2 R_T}{G_{th}} \tag{6.19}$$

$G_{th}$ ist der thermische Leitwert des Heißleiters; er liegt bei Meßheißleitern in ruhender Luft bei 0,1...2 mW/K (Herstellerangabe).

Wird eine *Grenzleistung* $P_{gr}$ überschritten, erfolgt stetige Erwärmung durch den Betriebsstrom. Der Widerstand nimmt ab, die Stromstärke nimmt zu, was zu weiterer Widerstandsverringerung führt. Es ergibt sich eine *fallende Strom-Spannungs-Charakteristik*. Der Stromanstieg muß durch einen Vorwiderstand begrenzt werden. Wegen der Wärmeträgheit des Thermistors ändert sich der Widerstand nur langsam.

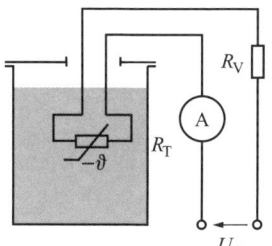

Bild 6.19 Temperaturmeßschaltung mit einem Heißleiter ($P_v \ll P_{gr}$)

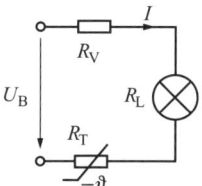

Bild 6.20 Anlaßschaltung mit einem Heißleiter zur Begrenzung des Einschaltstromes ($P_v \gg P_{gr}$)

■ *Anwendungen*:
- Temperaturmeßfühler ($\rightarrow$ Bild 6.19); Voraussetzung ist $P_v \ll P_{gr}$

- Anlaßheißleiter zur Einschaltstrombegrenzung (→ Bild 6.20); Voraussetzung ist $P_v \gg P_{gr}$
- Kompensation der thermisch bedingten Widerstandsänderung anderer Bauelemente in einer Schaltung.

#### 6.8.2.2 Kaltleiter

**Kaltleiter** oder **PTC-Widerstände** (PTC: positive temperature coefficient) werden aus dotiertem Bariumtitanat (Titanatkeramik) hergestellt. Sie haben innerhalb eines begrenzten Temperaturbereiches einen sehr großen positiven Temperaturkoeffizienten (→ Bild 6.21).

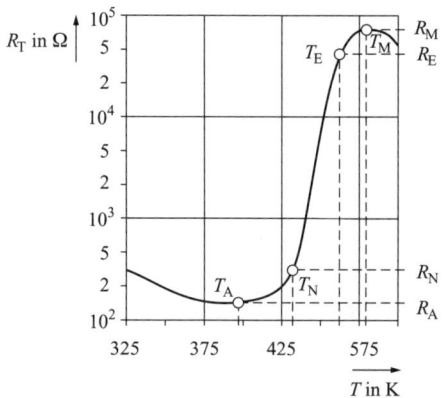

*Bild 6.21 Widerstands-Temperatur-Kennlinie eines Kaltleiters bei Fremderwärmung ($P_v \ll P_{gr}$): $T_A$ Anfangstemperatur, $T_N$ Nenntemperatur, $T_E$ Endtemperatur, $R_A$ Anfangswiderstand, $R_N$ Nennwiderstand, $R_E$ Endwiderstand, $T_M$ Maximaltemperatur, $R_M$ Maximalwiderstand*

**Temperaturkoeffizient und Kaltleiterwiderstand.** Zwischen $T_N$ und $T_E$ nimmt der Widerstand sehr stark zu. Ursache ist der ferroelektrische Effekt der Titankeramik. Für den Bereich $T_N < T_1 < T_2 < T_E$ gilt für den *Temperaturkoeffizienten* $TK_R$ und den Kaltleiterwiderstand $R_T$:

$$TK_R = \frac{\ln R_2 - \ln R_1}{T_2 - T_1} \tag{6.20}$$

$$R_T = R_N \cdot e^{TK_R(T - T_N)} \tag{6.21}$$

$R_N$ Nennwiderstand, $T_N$ Nenntemperatur (Herstellerangaben).

■ *Anwendungen*:
- Temperaturmeßfühler
- Überstromsicherung für kleine Ströme (→ Bild 6.22).

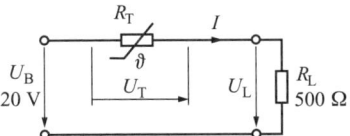

Bild 6.22  Überlastschutzschaltung mit einem Kaltleiter zur Kurzschlußstrombegrenzung

### 6.8.3 Halbleiterthermoelemente

Ein n- oder p-dotiertes Halbleiterstäbchen ist an seinen Enden sperrschichtfrei kontaktiert. Liegen die Enden auf unterschiedlichen Temperaturen, tritt zwischen den Anschlüssen ein elektrischer Potentialunterschied, die Thermospannung $U_{th}$ auf (**Seebeck-Effekt**).

Als Halbleitermaterial werden dotierte Stoffe verwendet, die sich noch im Zustand der *Störstellenreserve* (→ 6.7.2) befinden. Bei unterschiedlicher Erwärmung der beiden Enden des Halbleiters entsteht eine ortsabhängige Ionisationsrate der Störstellen. Der entstehende Ladungsträgergradient führt zu einer Diffusion der beweglichen Ladungsträger. Zwischen diesen und den zurückbleibenden ortsfesten ionisierten Störstellen entsteht ein elektrisches Feld, das die Thermospannung $U_{th}$ bewirkt. Bei einem n-Halbleiter lädt sich das warme Ende positiv auf (→ Bild 6.23). Bei einem p-dotierten Halbleiter ist es umgekehrt. Die *Thermospannung* ist proportional der Temperaturdifferenz und abhängig vom Halbleitermaterial. Sie liegt etwa bei 180…250 µV/K.

Praktisch schaltet man je einen n- und p-leitenden Halbleiter in Reihe (→ Bild 6.24). Die freien, mit dem Lastwiderstand (Meßinstrument, Verstärkereingang) verbundenen Enden liegen auf Raumtemperatur, die Verbindung der Halbleiter liegt an der Meßstelle.

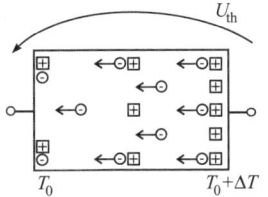

Bild 6.23  Prinzip eines Halbleiter-Thermoelementes

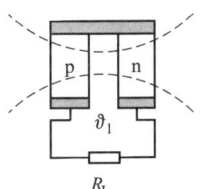

Bild 6.24  Halbleiter-Thermoelement mit p- und n-Leiterabschnitten

**Peltier-Effekt.** Der Effekt ist umkehrbar. Ein durch das Halbleiterstäbchen fließender Strom ruft an den Enden eine Temperaturdifferenz hervor. Der Wirkungsgrad der für *Kühlzwecke* verwendeten Peltier-Elemente ist allerdings wesentlich geringer als der herkömmlicher Kühlaggregate mit Kompressoren.

### 6.8.4 Magnetfeldabhängige Bauelemente

#### 6.8.4.1 Feldplatten

> **Feldplatten** sind polykristalline, magnetfeldabhängige Halbleiterwiderstände aus Iridiumantimonid (InSb) mit eingelagerten, gut leitenden Nickelantimonidnadeln (NiSb).

Die InSb-Schicht (25 µm dick) ist auf eine etwa 100 µm dicke Trägerplatte aufgetragen und kontaktiert. Die winzigen NiSb-Nadeln liegen senkrecht zur Verbindungslinie der Kontakte ($\rightarrow$ Bild 6.25). Ohne Einfluß eines Magnetfeldes verlaufen die Strombahnen auf kürzestem Wege von der einen Kontaktseite zur anderen. Die Feldplatte hat ihren *Nennwiderstand* $R_{FP} = R_0$ (je nach Typ 20 $\Omega \ldots 5$ k$\Omega$). Wird die Platte von einem Magnetfeld durchsetzt, erfahren die Ladungsträger unter dem Einfluß der Lorentz-Kraft ($\rightarrow$ 2.4.1) eine Ablenkung, die Strombahnen werden länger. Der Widerstand ist proportional der magnetischen Flußdichte $B$. Feldplatten haben einen Temperaturkoeffizienten von ca. $-0,4$ %/K. Er hängt selbst noch von der Flußdichte ab.

■ *Anwendungen*:

- stufenlos einstellbare, kontaktfreie Widerstände
- kontaktlose, prellfreie Taster
- Meßsonden für Magnetfelder.

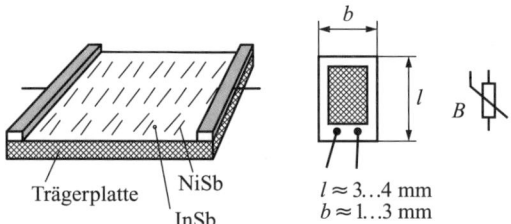

*Bild 6.25 Prinzipieller Aufbau, praktische Bauform und Symbol einer Feldplatte*

### 6.8.4.2 Hall-Generatoren

> **Hall-Generatoren** bestehen aus einer polykristallinen Halbleiterschicht aus Indiumantimonid (InSb) oder Iridiumarsenid (IrAs). Die Halbleiterschicht ist mit zwei Steuerstromanschlüssen (A und B) und zwei rechtwinklig dazu versetzten Spannungs- oder Hall-Elektroden (C und D) kontaktiert ($\rightarrow$ Bild 6.26).

Wenn das Halbleiterplättchen von einem Magnetfeld durchsetzt wird, erfahren die Ladungsträger des Steuerstromes einc Ablenkung ($\rightarrow$ 2.4.1, $\rightarrow$ Bild 6.26). An den Anschlüssen C und D tritt infolge des Hall-Effektes ($\rightarrow$ 2.4.7) ein Potentialunterschied, die Hall-Spannung $U_H$, auf, die dem Produkt aus Steuerstromstärke und magnetischer Flußdichte direkt proportional ist.

$$\boxed{U_H = K_H \cdot B_N \cdot I_{ST}} \quad (6.22)$$

$K_H$ Hall-Faktor des Bauelementes
$B_N$ Vertikalkomponente der magnetischen Flußdichte

Vom Hersteller werden maximal zulässige *Grenzwerte* für die Betriebstemperatur $\vartheta_{max}$ (etwa 100 °C), die Steuerstromstärke $I_{ST}$ (100...500 mA) und die maximale Flußdichte $B_N$ (etwa 1 T) angegeben, bis zu der Proportionalität zwischen $B$ und $U_H$ besteht.

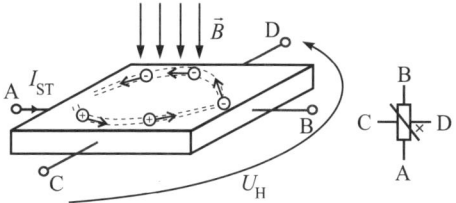

*Bild 6.26 Prinzipieller Aufbau und Symbol eines Hall-Generators*

■ *Anwendungen*:

- Messung großer Gleichströme (den vom zu messenden Strom durchflossenen Leiter umgibt ein Magnetfeld, das der Hall-Generator auswertet)
- Messung elektrischer Gleichstromleistungen
- kontaktlose Schaltelemente in der Mikroelektronik (häufig bereits mit einem Verstärker oder Komparator integriert).

## 6.9 Halbleiterdioden

### 6.9.1 Gleichrichter- und Schaltdioden

Die **Halbleiterdiode** ist ein *stromrichtungsabhängiger Widerstand*, ein Stromventil. Wirksamer Bestandteil aller Halbleiterdioden ist der als Sperrschicht ausgebildete Übergang zwischen n- und p-leitendem monokristallinem Halbleitermaterial ($\rightarrow$ 6.7.3).

Für die *Gleichrichtung niederfrequenter Ströme* werden heute fast ausnahmslos Silicium-Flächendioden eingesetzt.

Für *hochfrequente und digitale Anwendungen* müssen die Diodenkapazität und die Sperrerholzeit klein sein ($\rightarrow$ 6.7.3.4). Diese Forderung kann durch kleine pn-Übergangsflächen (Beschränkung auf kleine Stromstärken) und spezielle Technologie (Spitzendioden, Schottky- oder Hetero-Übergänge) erreicht werden.

**Kenn- und Grenzwerte von Gleichrichterdioden**

Die vom Hersteller der Dioden angegebenen Grenzwerte dürfen keinesfalls überschritten werden; die wichtigsten sind:

$I_{FAV}$  arithmetischer Mittelwert des Stromes (Dauergrenzstrom)
$I_{FRMS}$ effektiver Durchlaßstrom (Grenzeffektivstrom)
$U_{RWM}$  Scheitelwert der Sperrgleich- oder Wechselspannung
$P_{tot}$  Gesamtverlustleistung bei Nenntemperatur.

**Reihenschaltung von Dioden**

Zur Erhöhung der Sperrspannung ist es zulässig, $n$ Dioden gleichen Typs in Reihe zu schalten.

Wegen der exemplarbedingten unterschiedlichen Sperrwiderstände und Kapazitäten ist eine Beschaltung mit *Ausgleichwiderständen* $R_p \approx 0{,}2 \ldots 1$ M$\Omega$ und Kondensatoren $C_p \approx 1 \ldots 3$ nF vorzusehen ($\rightarrow$ Bild 6.27):

$$n \geq 1{,}25 \frac{U_R}{U_{RWM}} \tag{6.23}$$

**Parallelschaltung von Dioden**

Zur Erhöhung der Strombelastung ist es zulässig, $n$ Dioden gleichen Typs parallel zu schalten.

Wegen der exemplarbedingten unterschiedlichen Durchlaßspannungen müssen den Dioden *Ausgleichwiderstände* $R_s$ in Reihe geschaltet werden ($\rightarrow$ Bild 6.28):

$$n \geqq 1{,}25 \frac{I_L}{I_{FRMS}} \tag{6.24}$$

$$R_s \approx 0{,}5 \frac{U_S}{I_{FAV}} \tag{6.25}$$

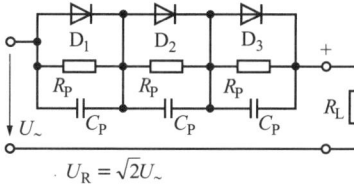

$U_R = \sqrt{2} U_\sim$

*Bild 6.27 Reihenschaltung von Gleichrichterdioden*

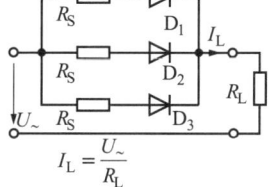

$I_L = \dfrac{U_\sim}{R_L}$

*Bild 6.28 Parallelschaltung von Gleichrichterdioden*

### 6.9.2 PIN- und PSN-Dioden

> Zwischen einer stark dotierten p-leitenden ($p^+$) und einer stark dotierten n-leitenden ($n^+$) Schicht befindet sich eine eigenleitende Zone, **Intrinsic-** oder **I-Zone** (PIN-Struktur), bzw. eine schwach n-dotierte Zone, **S-Zone** (PSN-Struktur). Diese Zwischenzone ist sehr hochohmig ($\rightarrow$ Bild 6.28).

Die **Durchbruchspannung** hängt außer von der Durchbruchfeldstärke $E_{BR}$ ($\rightarrow$ Tabelle 6.10) fast außschließlich von der Dicke $d_i$ der ladungsträgerfreien Zwischenschicht ab. Die Diode kann deshalb für große Sperrspannungen ausgelegt werden.

In Durchlaßrichtung wird die Zwischenschicht von Löchern aus der $p^+$-Schicht und Elektronen aus der $n^+$-Schicht überschwemmt, so daß die Zwischenzone niederohmig wird.

**Frequenzverhalten**. Bei *niedrigen Frequenzen* folgt die Ladungsträgerkonzentration in der Zwischenschicht der Frequenz der anliegenden Wechselspannung.

Bei *hohen Frequenzen* (etwa ab 10 MHz) verliert die Diode ihre Ventilwirkung. Der Ladungsträgerabbau dauert länger als die Periodendauer der Wechselspannung. In der Hochfrequenztechnik wird in erster Linie ihr vom Arbeitspunkt abhängiger differentieller Widerstand $r_F$ genutzt. Dieser kann durch einen Gleichstrom gesteuert werden, der dem sehr kleinen Wechselstrom eines Hochfrequenzsignals überlagert wird (→ Bild 6.30).

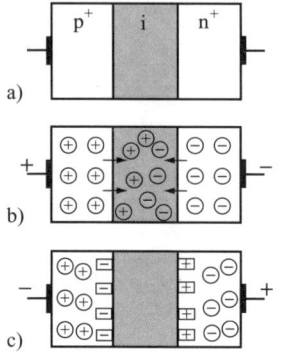

*Bild 6.29 PIN-Diode:*
*a) prinzipieller Aufbau,*
*b) Durchlaßrichtung,*
*c) Sperrichtung*

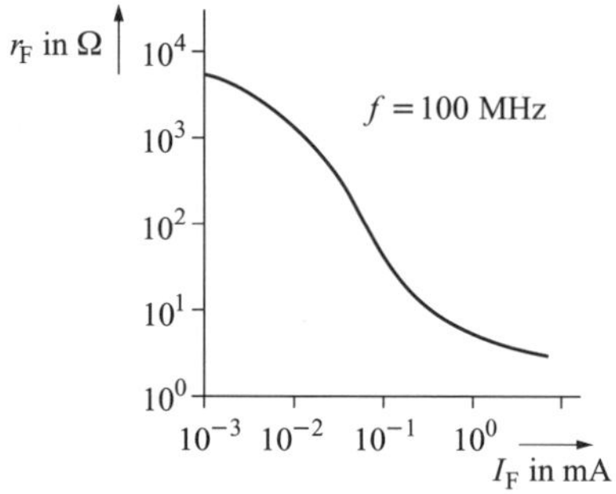

*Bild 6.30 Differentieller Widerstand einer PIN-Diode in Abhängigkeit von $I_F$ ($f \gg f_{gr}$)*

■ *Anwendungen*:

- Gleichrichter für große Spannungen und Ströme ($> 1000$ V, $> 100$ A)
- gleichstromgesteuerte, verzerrungsfreie Dämpfungsglieder für hochfrequente Signale (Fernsehtuner, Hi-Fi-UKW-Empfänger).

### 6.9.3 Schottky-Dioden

Die Funktion von **Schottky-Dioden** beruht auf der von Schottky entwickelten, für Kontaktstellen zwischen einem Metall und n-leitendem Silicium geltenden Randschichttheorie.

Die Elektronen haben im n-Silicium einen höheren Energiezustand als die Elektronen im Metall. Auf Grund der unterschiedlichen Austrittsarbeiten von Metall und n-Halbleiter entsteht an der Grenzschicht eine Potentialbarriere. Diese führt auf der Halbleiterseite zu einer von Elektronen verarmten Grenzschicht (Sperrschicht → Bild 6.31). Bei Polung in Durchlaßrichtung (Plus am Metall) wird die Sperrschicht abgebaut, es strömen Elektronen aus dem n-Silicium in das Metall. Es fließt ein reiner *Majoritätsträgerstrom*.

Eine Sperrspannung vergrößert die Sperrschicht. Es ist kein Übergang von Elektronen aus dem Metall in den Halbleiter möglich. Die Potentialbarriere auf der Metallseite der Grenzschicht ist zu hoch /6.15/.

Da nur Majoritätsträger am Ladungstransport beteiligt sind, vollzieht sich der Übergang vom Durchlaß- in den Sperrzustand und umgekehrt außerordentlich schnell ($t_{rr} < 100$ ps).

Die *Schleusenspannung* von Schottky-Dioden beträgt $0,35$ V.

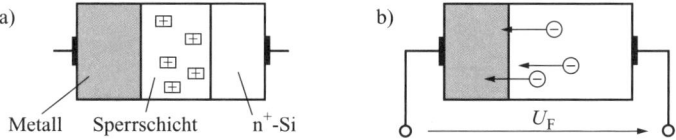

*Bild 6.31 Schottky-Diode (Metall-Halbleiter-Übergang)*
*a) stromloser Zustand, b) Flußrichtung*

■ *Anwendungen*:
- Mikrowellendioden bis $f = 15$ GHz
- extrem schnelle Schaltdioden
- Schottky-Klammerung zur Vermeidung des Trägerstaueffektes in schnellen bipolaren Schaltkreisen (Schottky-TTL)
- Gleichrichterdioden für getaktete Schaltnetzteile.

### 6.9.4 Heterodioden

**Heterodioden** sind Dioden mit einem pn-Übergang zwischen unterschiedlichen Halbleitern; gebräuchlich ist u. a. die Kombination p-Germanium und n-Galliumarsenid.

Da praktisch keine Minoritätsträger vorhanden sind, haben die Dioden eine sehr kleine Speicherzeit. Heteroübergänge eignen sich deshalb für schnelle Schaltdioden. Ferner finden Heteroübergänge Anwendung in Tunneldioden ($\rightarrow$ 6.9.6) und Fotodioden ($\rightarrow$ 6.13.3.2).

### 6.9.5 Z-Dioden

**Z-Dioden** sind Silicium-Dioden mit einem scharf ausgeprägten Knick und einem steilen Verlauf der Durchbruchkennlinie. Sie werden vorzugsweise im Durchbruchbereich in Spannungsbegrenzer- und Stabilisierungsschaltungen verwendet.

**Strom-Spannungs-Kennlinie**

Die gewünschte Kennliniencharakteristik wird durch eine spezielle Dotierung mit der Zonenfolge n$^+$np$^+$ erreicht. Im realen Verlauf der Sperrkennlinie lassen sich drei Abschnitte, der Sperrbereich 0-A, der Knickbereich A-B und der Durchbruchbereich B-C unterscheiden (→ Bild 6.32).

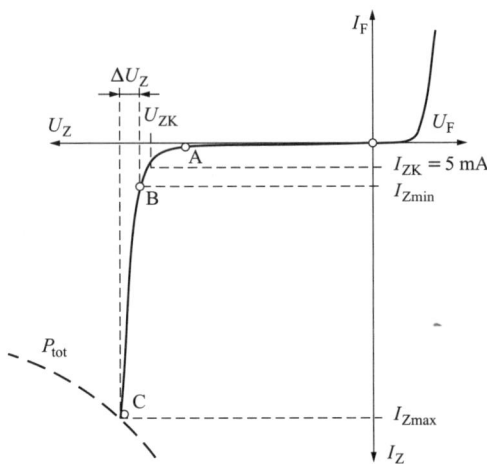

Bild 6.32 *Strom-Spannungs-Kennlinie einer Z-Diode*

Der nutzbare *Arbeitsbereich* der Durchbruchkennlinie wird vom *maximal zulässigen Strom* $I_{zmax}$ und der noch nicht im Knickbereich liegenden *Mindeststromstärke* $I_{zmin}$ begrenzt. Für diese Ströme gilt:

$$I_{zmax} = \frac{P_{tot}}{U_z} \qquad (6.26)$$

$$I_{zmin} \approx (0{,}05\ldots0{,}1) I_{zmax} \qquad (6.27)$$

Wichtigste Kenngröße der Z-Diode ist die für den Durchbruchbereich definierte *Nennspannung* $U_z$. Die maximale Verlustleistung $P_{tot}$ liegt für jede Typenreihe fest.

**Innenwiderstand**

Der *differentielle Widerstand* $r_z$ ist ein Maß für den Anstieg der Durchbruchkennlinie:

$$r_z = \frac{dU_z}{dI_z} \approx \frac{\Delta U_z}{\Delta I_z} \qquad (6.28)$$

Bei Z-Dioden mit $U_z$ zwischen 5 V und 6 V ist der differentielle Widerstand am kleinsten.

## Temperaturverhalten

Bei Z-Spannungen $U_z < 5$ V wird der Durchbruch vom Zener-Effekt ($\to$ 6.7.3.2) bewirkt. Der *Temperaturkoeffizient* der Durchbruchspannung $TK_{U_z} = \mathrm{d}U_z / \mathrm{d}TU_z$ ist dann negativ. Bei $U_z > 6$ V verursacht der Avalanche-Effekt ($\to$ 6.7.4.2) den Durchbruch. Es tritt ein positiver Temperaturkoeffizient auf. Im Bereich $U_z = 5\dots 6$ V kompensieren sich Zener- und Avalanche-Effekt innerhalb eines begrenzten Temperaturintervalls; der Temperaturkoeffizient ist annähernd null.

## Z-Diode als Referenzelement

Wegen der guten Stabilität der Z-Spannung im Bereich von $5\dots 6$ V eignet sich die Z-Diode als *Spannungsreferenz*. Zur Erhöhung der Z-Spannung kann eine *Reihenschaltung* von Z-Dioden mit sich gegenseitig kompensierenden Temperaturkoeffizienten angewendet werden. Dabei ist eine enge thermische Verkopplung der Z-Dioden nötig, wie sie z. B. bei integrierten Realisierungen leicht möglich ist.

- *Wertespektrum*: $U_z$: $3,5\dots 75$ V (Abstufung nach E12 und E24)
- *Anwendungen*:
  - Spannungsbegrenzung von Wechselspannungen ($\to$ Bild 6.33)
  - Stabilisierung von Gleichspannungen ($\to$ 9.2.1).

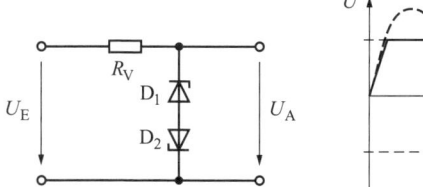

*Bild 6.33 Amplitudenbegrenzung durch zwei gegeneinandergeschaltete Z-Dioden*

### 6.9.6 Tunneldioden

> **Tunneldioden** sind Germanium-, Silicium- oder Galliumarseniddioden mit sehr hoher Störstellendichte und extrem abruptem pn-Übergang. Sie haben eine vom normalen Verlauf abweichende Diodenkennlinie ($\to$ Bild 6.34).

Wegen der hohen Störstellendichte ($10^{19}\dots 10^{21}$ cm$^{-3}$) ergibt sich eine sehr schmale Sperrschichtzone ($< 0,01$ µm). Die resultierende Feldstärke im pn-Übergang ist extrem groß, so daß Elektronen die äußerst schmale Sperrschicht durchtunneln können. Jede beliebig kleine Spannung in Sperrichtung führt zu einer großen Stromstärke; ein Sperrverhalten ist nicht vorhanden. In Durchlaßrichtung setzt sich der ansteigende Kennlinienverlauf zunächst fort, weil bei kleinen Spannungen der Tunneleffekt noch dominiert und Elektronen ungehindert vom n- ins p-Gebiet strömen können, ohne daß sie ihr Energieniveau ändern /6.19/.

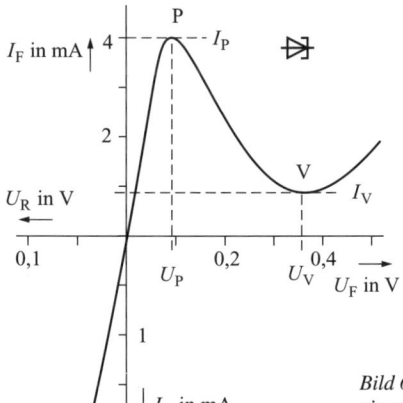

*Bild 6.34 Strom-Spannungs-Kennlinie einer Tunneldiode*

Der Kennlinienverlauf resultiert aus der Überlagerung von Tunneleffekt und Diffusionsstrom (normaler Diodenstrom), der bei höheren Spannungen dominiert. Zwischen den Kennlinienpunkten P (peak: Gipfel) und V (valley: Tal) ist der differentielle Widerstand (Kleinsignalwiderstand) der Tunneldiode negativ. In diesem Kennlinienbereich können Tunneldioden zur Entdämpfung von Schwingkreisen eingesetzt werden. Die Diode wirkt in diesem Falle wie ein aktives Bauelement. Tunneldioden sind für Frequenzen bis in den Gigahertzbereich verwendbar.

Der Höckerstrom $I_P$ ist auch vom mechanischen Druck auf den Kristall abhängig (*piezoelektrischer Effekt*).

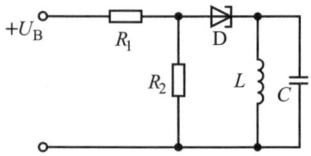

*Bild 6.35 Oszillatorschaltung mit einer Tunneldiode*

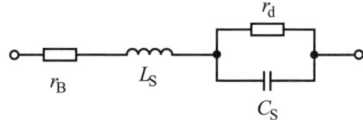

*Bild 6.36 Kleinsignalersatzschaltung einer Tunneldiode, $r_B$ Bahnwiderstand, $L_S$ Serieninduktivität, $C_S$ Sperrschichtkapazität, $r_d$ negativer differentieller Widerstand*

- *Kennwerte*: $U_p$: 50...150 mV; $U_v$: 300...500 mV; $I_p/I_v$: 5...10 (Si); 8...15 (Ge); 20...50 (GaAs).
- *Anwendungen*:
  - Verstärkerschaltungen
  - Oszillatoren, Minisender (→ Bild 6.35)
  - Drucksensoren (Piezo-Tunneldioden).

### 6.9.7 Backwarddioden

**Backwarddioden** (backward: rückwärts) sind spezielle Tunneldioden ohne ausgeprägten Höckerstrom im Durchlaß-, aber mit steilem Stromanstieg im Sperrbereich (→ Bild 6.37). Innerhalb eines kleinen Spannungsintervalls scheinen Sperr- und Durchlaßrichtung miteinander vertauscht zu sein.

Eine Schleusenspannung ist nicht vorhanden, so daß bereits im Bereich des Koordinatenursprungs die Ventilwirkung ausnutzbar ist.

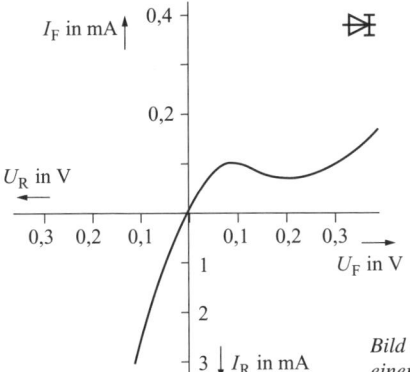

Bild 6.37 Strom-Spannungs-Kennlinie einer Backwarddiode

- Ihre *Anwendung* beschränkt sich auf die
  - Gleichrichtung kleiner Wechselspannungen
  - Frequenzmischung bei sehr großen Frequenzen.

### 6.9.8 Kapazitätsdioden

**Kapazitätsdioden** sind in Sperrichtung betriebene pn-Dioden. Durch die Nutzung der Sperrschichtkapazität (→ 6.7.3.1) stellen sie einen spannungsabhängigen Kondensator für die Kleinsignalverarbeitung dar.

Der *Grad der Kapazitätsänderung* wird vom Profil des pn-Überganges bestimmt:

$$\frac{C_s}{C_0} = \left(\frac{U_D}{U_D - U_R}\right)^\gamma \tag{6.29}$$

$C_s$ Sperrschichtkapazität bei $U_R < 0$
$C_0$ Kapazität bei $U_R = 0$
$U_D$ Diffusionsspannung ($\rightarrow$ 6.7.3.1)
$\gamma = 0,33$ (linearer pn-Übergang); $\gamma = 0,5$ (abrupter pn-Übergang); $\gamma > 0,5$ (hyperabrupter pn-Übergang).

■ *Anwendungen*:
- elektronische Abstimmung von Schwingkreisen in UKW- und Fernsehempfängern
- Modulator- und Frequenzvervielfacherschaltungen
- parametrische Verstärker (Varaktordioden).

### 6.9.9 Spezielle Diodenarten

**Step-Recovery-Dioden** oder *Snap-off-Dioden* zeichnen sich durch eine äußerst geringe Sperrerholzeit aus. Diese Eigenschaft wird durch eine spezielle Technologie und Strukturierung des pn-Übergangs erreicht.

**Überspannungsschutzdioden** sind Halbleiterbauelemente mit scharf begrenzter Durchbruchspannung und sehr großem zulässigem Stoßspitzenstrom ($\rightarrow$ Tabelle 6.11).

Die Dioden werden zusammen mit einer Schmelzsicherung (extra flink) in die Stromversorgungsleitung elektronischer Schaltungen mit spannungsempfindlichen integrierten Bauelementen (z. B. Mikroprozessoren) geschaltet ($\rightarrow$ Bild 6.38).

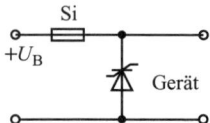

*Bild 6.38 Schutzschaltung gegen Überspannung mittels Schmelzsicherung und Schutzdiode*

*Tabelle 6.11 Daten von Überspannungsschutzdioden*

| | | |
|---|---|---|
| Nennspannung in V (zu schützende Spannung) | 5  10  12  15  18  24 |
| Durchbruchspannung in V ($I = 1$ mA) | 6  11  14  17  20  28 |
| Stoßspitzenstrom in A | 50  30  24  20  16  12 |

**Impatt- und Barritt-Dioden** sind Dioden für die Höchstfrequenztechnik. Sie bestehen aus mehrstufigen pn-Übergängen der Strukturen n$^+$np$^+$, n$^+$npp$^+$ oder n$^+$pip$^+$.
Durch Lawinenvervielfachung der Ladungsträger und Laufzeitverzögerung zwischen Strom und Spannung wird bei einer bestimmten Frequenz eine Phasenverschiebung von 180 °C hervorgerufen, was einen negativen differentiellen Widerstand zu Folge hat. Die Diode wirkt in diesem Falle wie ein aktives Bauelement /6.15/.
Die Dioden finden *Anwendung* zur Erzeugung und Verstärkung von Mikrowellen bis zu Frequenzen von 300 GHz.

**Gunn-Dioden** sind Oszillatordioden für die Höchstfrequenztechnik. Sie bestehen aus einem 10...100 μm langen GaAs-Stäbchen mit sperrschichtfreier Kontaktierung. Ein pn-Übergang ist nicht vorhanden. Bei Stromfluß bilden sich Raumladungsdomänen aus, die durch das Halbleiterstäbchen wandern und zu einer Oszillation des Stromes in Form periodischer Stromschwankungen führen. *Anwendung* findet dieses Bauelement in Oszillatorschaltungen für den Frequenzbereich zwischen 5 und 100 GHz /6.15/.

## 6.10 Bipolare Transistoren

### 6.10.1 Aufbau und Wirkprinzip

**Bipolare Transistoren** werden aus zwei eng benachbarten pn-Übergängen gebildet. Voraussetzung für das Funktionsprinzip ist die gegenseitige Beeinflussung beider pn-Übergänge, die nur bei sehr geringer Basisweite möglich wird. Die Schichtfolge der drei beteiligten Halbleitergebiete bestimmt den Typ der Transistoren: npn oder pnp (→ Bild 6.39).

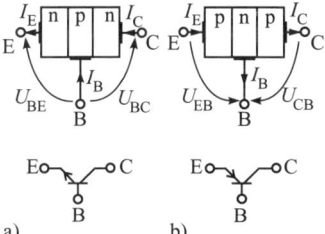

*Bild 6.39 Grundaufbau und Schaltsymbol eines a) npn- und b) pnp-Transistors mit positiven Strom- und Spannungsrichtungen, E Emitter, C Kollektor, B Basis*

Die heute verbreitetsten Bauformen beruhen auf dem *Epitaxie-Planar-Transistor* (→ Tabelle 6.13). Bedingt durch das *Doppeldiffusionsverfahren* ist die

Dotierung im Emitter am höchsten und im Kollektor am niedrigsten. Diese Verhältnisse bewirken auch die Vorzugsrichtung für den Funktionsmechanismus (normale Betriebsrichtung). In umgekehrter Richtung (Inversbetrieb) sind die elektrischen Eigenschaften deutlich schlechter.

Je nach *Anwendung* werden Transistoren eingeteilt in:

- Verstärkertransistoren: Niederfrequenz- (NF-) und Hochfrequenz- (HF-, VHF- und UHF-)
- Schalttransistoren

oder nach ihrer Leistung in Kleinsignal- bzw. Leistungstransistoren.

Transistoren werden mit Leistungen $P_{tot}$ von 50 mW bis etwa 1 500 mW für Oberflächenmontage (SMD-Technik) und von 150 mW bis 250 W für konventionelle Montagetechniken hergestellt. Dementsprechend gibt es eine Vielzahl unterschiedlicher *Gehäuseformen* ($\rightarrow$ Bild 6.40).

**Steuerprinzip am npn-Transistor**

Im *Normalbetrieb* wird die Basis-Emitter-Diode in Flußrichtung ($U_{BE} > 0$), die Basis-Kollektor-Diode in Sperrichtung ($U_{BC} < 0$) betrieben. Über die geöffnete Basis-Emitter-Diode werden Elektronen (Majoritätsträger) vom Emitter in die Basis getrieben (injiziert). Im Bild 6.41 ist dies der Anteil (1). Nur ein geringer Teil dieses Emitterinjektionsstromes rekombiniert in der sehr kurzen Basis (2). Die dazu benötigten Löcher werden durch den Basisstrom $I_B$ nachgeliefert. Der größte Teil des *Emitterinjektionsstromes* (über 95 %) gelangt bis zum Rand der gesperrten Basis-Kollektor-Diode. Durch die hohe Feldstärke am gesperrten pn-Übergang werden die ankommenden Elektronen zum Kollektor hin abgesaugt. Dieser *Transferstrom* (3) bildet den Kollektorstrom $I_C$.

Einen zweiten Anteil am Basisstrom bilden die von der Basis-Emitter-Diode in den Emitter injizierten Löcher. Dieser *Rückinjektionsstrom* (4) ist nicht mit dem Kollektorstrom verknüpft. Er sinkt mit wachsendem Dotierungsunterschied von Emitter und Basis. Emitterinjektionsstrom und Rückinjektionsstrom bilden gemeinsam den Emitterstrom $I_E$.

Als Strombilanz folgt:

$$I_E = I_B + I_C \tag{6.30}$$

**Stromverstärkungsfaktoren.** Aus Gl. (6.30) lassen sich die Stromverstärkungsfaktoren des Transistors in Basisschaltung $A$, in Emitterschaltung $B$ und in Kollektorschaltung $C$ (bzw. die entsprechenden Kleinsignalwerte $\alpha, \beta, \gamma$) ableiten.

$$\boxed{A = \frac{I_C}{I_E}} \qquad \boxed{B = \frac{I_C}{I_B} = \frac{A_N}{1 - A_N}} \qquad \boxed{C = \frac{I_E}{I_B}} \tag{6.31}$$

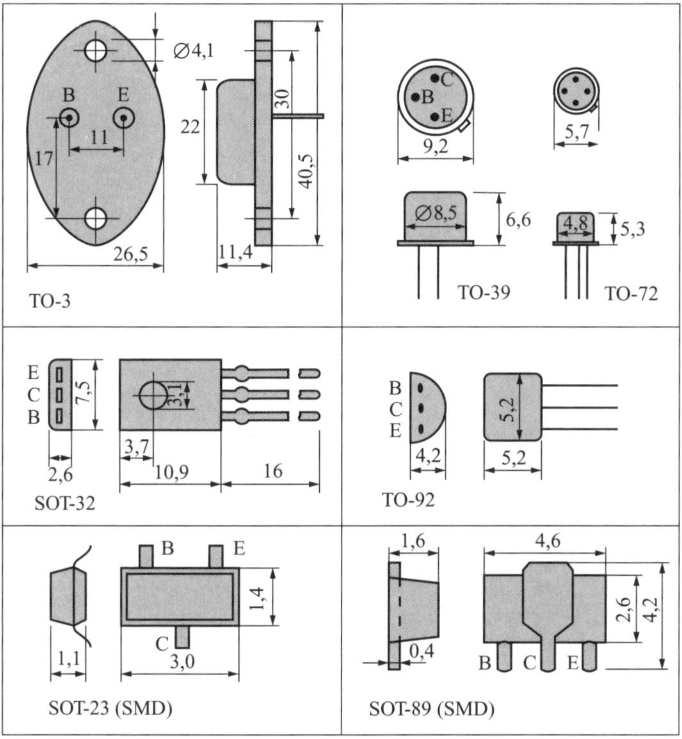

*Bild 6.40 Gehäuseformen von Transistoren (Auswahl)*

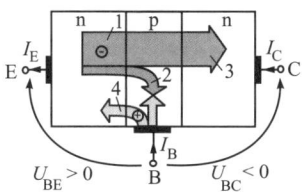

*Bild 6.41 Stromanteile im npn-Transistor*

Ziel des konstruktiven Aufbaus ist eine möglichst geringe Rekombination in der Basis und eine geringe Rückinjektion in den Emitter. $A$ sollte einen Wert nahe 1 und $B$ somit einen Wert größer 100 erreichen.

**Betriebszustände**. Entsprechend der Polarität der beiden Diodenspannungen $U_{BE}$ und $U_{BC}$ unterscheidet man vier Betriebszustände des Bipolartransistors ($\rightarrow$ Tabelle 6.12).

*Tabelle 6.12 Betriebszustände des npn-Transistors*

| $U_{BE}$ | $U_{BC}$ | Betriebszustand | Anwendungen |
|---|---|---|---|
| $> 0$ | $< 0$ | aktiv normal | Verstärker |
| $< 0$ | $> 0$ | aktiv invers | |
| $< 0$ | $< 0$ | gesperrt | Schalter („AUS") |
| $> 0$ | $> 0$ | übersteuert | Schalter („EIN") |

Im *Inversbetrieb* ($U_{BE} < 0$, $U_{BC} > 0$) wird der Transistor entgegen der Vorzugsrichtung seines optimierten Aufbaus betrieben. Die entstehenden Stromverstärkungsfaktoren sind dann erheblich schlechter. So liegt $A_I$ typisch zwischen $0,3$ und $0,8$. Der Bereich der *Übersteuerung* wird häufig auch als *Sättigungsbereich* bezeichnet. Der Ausgangsstrom kann nicht mehr durch den Eingangsstrom gesteuert werden.

*Tabelle 6.13 Technologische Varianten bipolarer Transistoren*

| Technologische Variante | Struktureller Aufbau | Bemerkungen zum Aufbau, Funktion, Besonderheiten |
|---|---|---|
| **Exitaxie-Planar-Transistor** | | n-Schicht durch Epitaxie auf $n^+$-Material, p-Schicht auf n-Schicht durch Epitaxie (Basis), n-Schicht durch Diffusion in p-Schicht (Emitter), $SiO_2$ |
| **Mesatransistor** | | Diffusion (Donatoren) der Basis-, Legierung (Akzeptoren) der Emitterzone; für HF geeignet |
| **HF-Leistungstransistor** | | Emitter- und Basiskamm oder sternförmig, dadurch großes Verhältnis Emitterrand zu Emitterfläche |
| **Hochspannungstransistor** | | dicke, hochohmige n-Schicht (Kollektor) gewährleistet große Durchbruchspannung, eingeätzte und durch Glas passivierte Gräben verhindern Feldstärkespitzen an pn-Übergängen |

Beim pnp-Transistor sind alle Spannungs- und Stromrichtungen umzukehren. Alle weiteren Betrachtungen erfolgen am npn-Typ.

## 6.10.2 Grundschaltungen des Transistors

Je nach Wahl der gemeinsamen Bezugselektrode von Ein- und Ausgang sind *drei* Grundschaltungen möglich: ($\rightarrow$ Tabelle 6.14).

Tabelle 6.14 *Grundschaltungen bipolarer Transistoren*

| Schaltung | Gleichstromverstärkung | Wechselstromverstärkung |
|---|---|---|
| **Basisschaltung** | $A = \dfrac{I_C}{I_E}$<br>$A < 1$ | $\alpha = \dfrac{I_C}{I_E} \approx \dfrac{\Delta I_C}{\Delta I_E}$<br>$\alpha \approx A$ |
| **Emitterschaltung** | $B = \dfrac{I_C}{I_B}$<br>$B = \dfrac{A}{(1-A)}$ | $\beta = \dfrac{I_C}{I_B} \approx \dfrac{\Delta I_C}{\Delta I_B}$<br>$\beta = \dfrac{\alpha}{(1-\alpha)}$ |
| **Kollektorschaltung** | $C = \dfrac{I_E}{I_B}$ | $\gamma = \dfrac{I_E}{I_B} \approx \dfrac{\Delta I_E}{\Delta I_B}$ |

## 6.10.3 Strom-Spannungs-Kennlinie des Transistors

### 6.10.3.1 Kennlinienfelder in Emitterschaltung

Im Transistor stehen vier Größen (Eingangsstrom und -spannung, Ausgangsstrom und -spannung) zueinander in Beziehung. Sie hängen wegen der Verkopplung über die Sperrschichten voneinander ab und beeinflussen sich gegenseitig. In den Kennlinienfeldern der Grundschaltungen werden diese Abhängigkeiten anschaulich dargestellt. Am wichtigsten sind die *Kennlinien der Emitterschaltung* ($\rightarrow$ Bild 6.42).

Für den am meisten genutzten, aktiv normalen Betriebsbereich ($U_{BE} \gg U_T$, $U_{BC} \ll -U_T$) lassen sich die Kennlinien in vereinfachten Gleichungen angeben /6.19/.

$$I_B = I_{BS} \cdot e^{\frac{U_{BE}}{U_T}} \tag{6.32}$$

$$I_C = (BI_B + I_{CE0})\left(1 + \frac{U_{CE}}{U_{EA}}\right) \tag{6.33}$$

$I_{CE0}$ stellt den *Reststrom* der Kollektor-Emitter-Strecke bei offener Basis ($I_B = 0$) dar. Die *Early-Spannung* $U_{EA}$ steht als Repräsentant für den Anstieg der Ausgangskennlinien. $I_{BS}$ ist Sättigungsstrom der Basis-Emitter-Diode. $I_{CE0}$, $I_{BS}$ und $U_{EA}$ sind konstruktions- und materialbedingte Bauelementeparameter (Herstellerangabe).

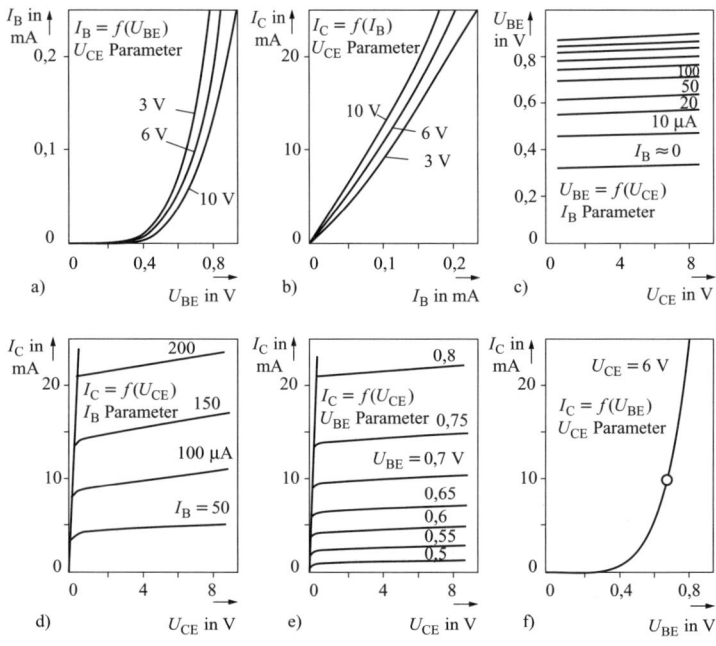

*Bild 6.42 Transistorkennlinien in Emitterschaltung*
*a) Eingangskennlinien, b) Übertragungskennlinien, c) Rückwirkungskennlinien,*
*d) Ausgangskennlinien (Stromsteuerung), e) Ausgangskennlinien*
*(Spannungssteuerung), f) Strom-Spannungs-Steuerkennlinie*

Die Eingangskennlinie wird durch Gl. (6.32), Stromübertragungs- und Ausgangskennlinie durch Gl. (6.33) beschrieben. Die Spannungsrückwirkung, ebenfalls eine Folge des *Early-Effekts*, approximiert man in linearer Form.

$$U_{BE} = \eta \cdot U_{CE} \tag{6.34}$$

Der Zahlenwert für $\eta$ liegt üblicherweise bei ca. $10^{-3}$ und ist in vielen Fällen vernachlässigbar.

**Early-Effekt.** Der im Kennlinienfeld sichtbare leichte Anstieg der Ausgangskennlinien beruht auf der als Early-Effekt bekannten Veränderung der elektronischen Basisweite infolge Spannungsabhängigkeit der Sperrschichtweite der Basis-Kollektor-Diode.

### 6.10.3.2 Arbeitspunkteinstellung

Durch die Einstellung eines bestimmten Arbeitspunktes erfolgt die Anpassung des Transistors an seine konkrete Aufgabe (z. B. Verstärker, elektronischer Schalter). In der Emitterschaltung geschieht dies häufig durch Einspeisung eines definierten Basisstromes.

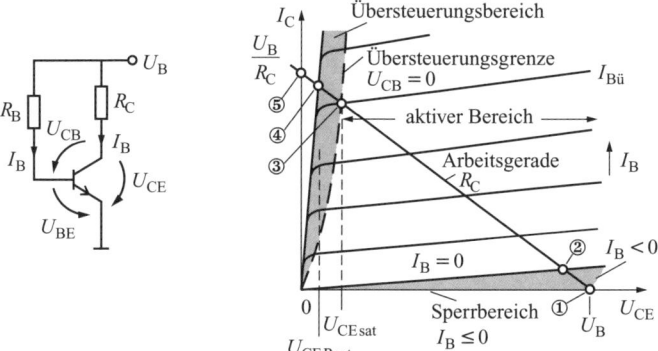

*Bild 6.43 Transistor in Emitterschaltung mit Basisvorwiderstand zur Arbeitspunkteinstellung*
*a) Stromlaufplan, b) Ausgangskennlinienfeld mit der Arbeitsgeraden für $R_C$*

Die Lage des Arbeitspunktes resultiert aus der Zusammenschaltung des Transistors mit dem aktiven Zweipol bestehend aus Betriebsspannung $U_B$ und Basiswiderstand $R_B$ eingangsseitig und Betriebsspannung $U_B$ und Arbeitswiderstand $R_C$ ausgangsseitig. Es gilt im Eingangskreis

$$U_B = I_B R_B + U_{BE}$$

mit $I_B$ nach Gl. (6.32) und im Ausgangskreis

$$U_B = I_C R_C + U_{CE}$$

wobei $I_C$ vom Betriebszustand des Transistors bestimmt wird.

In Abhängigkeit vom Basisstrom kann sich der *Arbeitspunkt* (AP) nur entlang der *Arbeitsgeraden* verschieben (→ Bild 6.43). Dabei durchläuft er drei charakteristische Bereiche:

- Sperrbereich $I_B \leqq 0$; $I_C \approx 0$; $U_{CE} \approx U_B$ (AP: 1 bis 2)
- aktiver Bereich $I_C = BI_B$; $U_{CE} = U_B - I_C R_C$ (AP: 2 bis 3)
- Sättigungsbereich $U_{CE} = U_{CERest}$; $I_C \approx U_B/R_C$ (AP: 3 bis 4)

▶ Im *aktiven Bereich* besitzt der Transistor auf Grund der exponentiellen Eingangskennlinie ein $U_{BE} \approx 0,6$ V.

### 6.10.3.3 Übersteuerungsgrenze und Sättigungsspannung

Die Grenze zwischen dem *aktiven Bereich* und dem *Sättigungs-* oder *Übersteuerungsbereich* liegt bei $U_{CB} = 0$ ($U_{CE} = U_{BE}$).

> Die **Sättigungsspannung** $U_{CEsat}$ ist die Kollektor-Emitter-Spannung, die sich im Schnittpunkt der Arbeitsgeraden für $R_C$ mit der Übersteuerungsgrenzlinie $U_{CB} = 0$ einstellt (AP3 in Bild 6.43).

Im *Arbeitspunkt* AP3 fließt der Kollektorstrom $I_{Cü}$, der aus dem Basisstrom $I_{Bü}$ resultiert. Wird $I_B$ weiter erhöht ($I_B > I_{Bü}$), stellt sich der AP auf einen Punkt der Arbeitsgeraden innerhalb des Übersteuerungsbereiches ein. Während $I_C$ nur noch geringfügig auf $I_{Cx} > I_{Cü}$ anwächst, sinkt $U_{CE}$ auf einen Wert $U_{CERest} < U_{CEsat}$.

Im **Übersteuerungsfall** ist:

- $I_{Bx} = mI_{Bü}$; $I_{Cx} > I_{Cü}$; *Übersteuerungsfaktor* $m > 1$
- $U_{CERest} < U_{CEsat}$.

Ab einem Übersteuerungsfaktor von 2…4 erreicht $U_{CERest}$ seinen Minimalwert (AP4 in Bild 6.43). Das ist vorteilhaft bei der Anwendung des Transistors als Schalter.

### 6.10.4 Kleinsignalverhalten des Transistors

Bei der Übertragung und Verstärkung von kleinen Wechselsignalen (*Kleinsignalbetrieb*) durch den Transistor erfolgt nur eine geringe Auslenkung des Arbeitspunktes um den stationären Wert. Man betrachtet die Signale als Überlagerung aus dem Arbeitspunktwert (Gleichanteil) und dem als komplexe Größe dargestellten Signalwert (i. allg. sinusförmige Wechselgröße). Unter diesen Bedingungen ist es möglich, die nichtlinearen Strom-Spannungs-Kennlinien im Arbeitspunkt durch ihre Anstiege zu nähern und mit diesen Näherungen die Berechnung des Übertragungsverhaltens auf der Basis der Vierpoltheorie ($\rightarrow$ 7.2.1) mittels komplexer Signalgrößen durchzuführen. Bei hohen Frequenzen verwendet man die komplexen *Leitwertparameter* ($y$-Parameter), im Bereich niedriger Frequenzen die *Hybridparameter* ($h$-Parameter, hybrida: Mischling).

**Vierpolparameter.** Die *h-Parameter* sind in der Emitterschaltung nach folgenden *Vierpolgleichungen* definiert:

$$\underline{U}_{BE} = \underline{h}_{11e}\underline{I}_B + \underline{h}_{12e}\underline{U}_{CE}$$
$$\underline{I}_C = \underline{h}_{21e}\underline{I}_B + \underline{h}_{22e}\underline{U}_{CE}$$

Aus den in einem *Vierquadrantenfeld* ($\rightarrow$ Bild 6.44) zusammengefaßten Kennlinien aus Bild 6.42a, b, c und d lassen sich die $h$-Parameter anschaulich ableiten:

- Kurzschluß-*Eingangswiderstand*

$$\underline{h}_{11e} = r_{BE} = \left.\frac{\underline{U}_{BE}}{\underline{I}_B}\right|_{\underline{U}_{CE}=0} = \left.\frac{\Delta U_{BE}}{\Delta I_B}\right|_{U_{CE}=\text{const}} \tag{6.35}$$

- Leerlauf-*Spannungsrückwirkung*

$$\underline{h}_{12e} = \eta = \left.\frac{\underline{U}_{BE}}{\underline{U}_{CE}}\right|_{\underline{I}_B=0} = \left.\frac{\Delta U_{BE}}{\Delta U_{CE}}\right|_{I_B=\text{const}} \tag{6.36}$$

- Kurzschluß-*Stromverstärkung*

$$\underline{h}_{21e} = \beta = \left.\frac{\underline{I}_C}{\underline{I}_B}\right|_{\underline{U}_{CE}=0} = \left.\frac{\Delta I_C}{\Delta I_B}\right|_{U_{CE}=\text{const}} \tag{6.37}$$

- Leerlauf-*Ausgangsleitwert*

$$\underline{h}_{22e} = \frac{1}{r_{CE}} = \left.\frac{\underline{I}_C}{\underline{U}_{CE}}\right|_{\underline{I}_B=0} = \left.\frac{\Delta I_C}{\Delta U_{CE}}\right|_{I_B=\text{const}} \tag{6.38}$$

Im NF-Bereich nehmen die Vierpolparameter des Transistors reelle Werte an.

**Ersatzschaltbild.** Dieses Vierpolgleichungssystem läßt sich in Form eines Ersatzschaltbildes darstellen ($\rightarrow$ Bild 6.45). Die Vierpolparameter werden durch entsprechende *Ersatzschaltbildelemente* repräsentiert.

**Spannungssteuerung.** Neben der bisher betrachteten Steuerung des Transistors durch den Basisstrom $I_B$ ist häufig eine Interpretation des Verhaltens als spannungsgesteuertes Element von Nutzen ($\rightarrow$ Bild 6.45b). Der Zusammenhang zwischen beiden Betrachtungen ist bei Vernachlässigung der Spannungsrückwirkung durch die Eingangskennlinie $I_B = f(U_{BE})$ gegeben. Die *Steilheit S* ist ein Maß für die *Steuerwirkung* der Basis-Emitter-Spannung

$U_{BE}$ auf den Kollektorstrom $I_C$ und stellt als Vierpolparameter den Kurzschluß-Übertragungsleitwert $\underline{y}_{21}$ dar.

$$S = \left.\frac{\underline{I}_C}{\underline{U}_{BE}}\right|_{\underline{U}_{CE}=0} = \left.\frac{\underline{I}_B \underline{I}_C}{\underline{U}_{BE} \underline{I}_B}\right|_{\underline{U}_{CE}=0} = \frac{\beta}{r_{BE}} \tag{6.39}$$

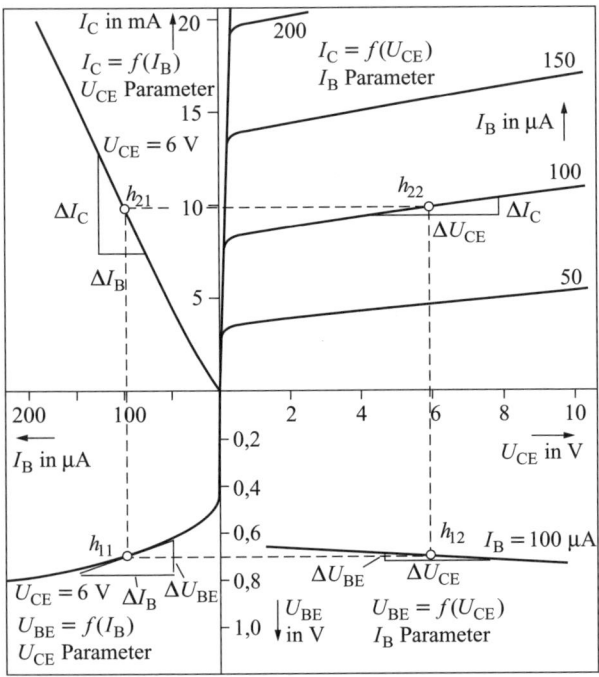

Bild 6.44  Vierquadranten-Kennlinienfeld eines Bipolartransistors in Emitterschaltung zur Veranschaulichung der h-Parameter

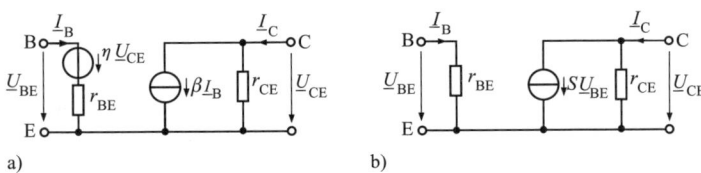

Bild 6.45  Ersatzschaltbild für das NF-Kleinsignalverhalten
a) Stromsteuerung, b) Spannungssteuerung

## Arbeitspunktabhängigkeit der Kleinsignalparameter

Die Abhängigkeit der Vierpolparameter von der Lage des Arbeitspunktes gewinnt man durch Differentiation der Kennliniengleichungen im aktiven Bereich Gl. (6.32) und (6.33).

$$r_{BE} = \left.\frac{dU_{BE}}{dI_B}\right|_{U_{CEA}} = \frac{U_T}{I_{BA}} \tag{6.40}$$

$$\eta = \left.\frac{dU_{BE}}{dU_{CE}}\right|_{I_{BA}} \approx 0 \tag{6.41}$$

$$\beta = \left.\frac{dI_C}{dI_B}\right|_{U_{CEA}} = B\left(1 + \frac{U_{CEA}}{U_{EA}}\right) \approx B \tag{6.42}$$

$$r_{CE} = \left.\frac{dU_{CE}}{dI_C}\right|_{I_{BA}} = \frac{U_{EA}}{I_{CA}} \tag{6.43}$$

## Grenzfrequenzen

Die an den pn-Übergängen wirkenden *Transistorkapazitäten*, besonders die Kollektor-Basis-Sperrschichtkapazität $C_{SC}$ und die Emitter-Basis-Diffusionskapazität $C_E$, beeinflussen in Verbindung mit den Bahn- und Sperrschichtwiderständen mit steigender Frequenz die *Verstärkung und die Phasendrehung* eines zu übertragenden Signals. Der Transistor weist deshalb bereits ohne äußere Beschaltung einen *Frequenzgang der Kurzschlußstromverstärkung* $h_{21e}$ auf ($\rightarrow$ Bild 6.47).

Dieses Verhalten wird durch verschiedene Grenzfrequenzen ($\rightarrow$ 7.3.4.1) beschrieben:

- Die Frequenz, bei der die Stromverstärkung $h_{21e}$ auf 70,7 % (um $-3$ dB) ihres Wertes bei niedrigen Frequenzen $h_{21e}$ ($f = 0$) abgefallen ist, wird als $\beta$-*Grenzfrequenz* $f_\beta$ bezeichnet.
- Die Frequenz, bei der die Stromverstärkung auf $h_{21e} = 1$ abgefallen ist, wird als $f_1$-Frequenz bezeichnet.
- In Datenblättern wird die *Transitfrequenz* $f_T$ angegeben. Sie entspricht etwa der $f_1$-Frequenz. Zwischen $f_T$ und $f_\beta$ besteht die Beziehung

$$\boxed{f_T = \beta f_\beta} \tag{6.44}$$

Auf der Basis der Grenzfrequenzen ist der Bereich frequenzunabhängiger Transistorparameter quantitativ spezifizierbar. Dieser Bereich wird durch $f_\beta$ begrenzt. Für höhere Frequenzen sind die Vierpolparameter frequenzabhängig. Oberhalb der Transitfrequenz $f_T$ besitzt der Transistor keine Stromverstärkung mehr.

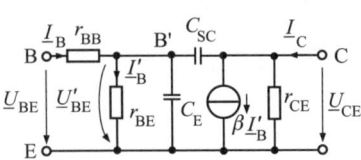

Bild 6.46 HF-Ersatzschaltung eines Bipolartransistors

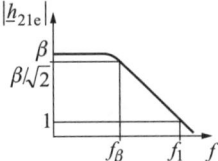

Bild 6.47 Frequenzabhängigkeit der Stromverstärkung eines Bipolartransistors

## 6.10.5 Transistorkennwerte und -grenzwerte

### 6.10.5.1 Stromverstärkungsgruppen

Die Daten eines konkreten Transistortyps werden vom Hersteller für einen bestimmten Arbeitspunkt in Form von *Kenndaten in Datenblättern* angegeben. Da die Exemplare eines Typs herstellungsbedingt von Exemplar zu Exemplar stark streuen, werden sie in *Stromverstärkungsgruppen* eingeordnet.

■ *Beispiel*: Gruppe A ($B = 40\ldots120$), B ($B = 100\ldots300$), C ($B = 250\ldots700$).
  Bindende Festlegungen für die Kennzeichnung und den Wertebereich der Gruppen existieren nicht.

### 6.10.5.2 Restströme des Transistors

Es ist zwischen verschiedenen Restströmen des Transistors zu unterscheiden. Diese werden für bestimmte *maximal zulässige Sperrspannungen* (Grenzspannungen) angegeben. Der Index der Grenzspannungen und der Restströme bezieht sich auf bestimmte Betriebsarten, die in Tabelle 6.15 angegeben sind.

Für die **Grenzspannungen** gilt allgemein:

$$U_{CE0} < U_{CES} < U_{CB0}$$

■ *Beispiel*: 60 V    80 V    100 V.

$I_{CB0}$ liegt bei Vorstufentransistoren in der Größenordnung von $1\ldots100$ nA, bei Kleinstleistungstransistoren $1\ldots100$ mA, bei Leistungstransistoren über $0{,}5$ mA.

### 6.10.5.3 Temperaturabhängigkeit der Kennwerte

Die Temperaturabhängigkeit der Kennwerte des Transistors wird hauptsächlich von der Temperaturabhängigkeit der pn-Übergänge bestimmt.

*Tabelle 6.15 Transistorrestströme*

| $I_{CE0}$ bei $U_{CE0}$<br>Basis offen, $I_B = 0$ | $I_{CES}$ bei $U_{CES}$<br>Basis und Emitter<br>kurzgeschlossen | $I_{CB0}$ bei $U_{CB0}$<br>Emitter offen |
|---|---|---|

Eine Übertragung des von der Diode bekannten Temperaturverhaltens in der Nähe einer Bezugstemperatur $T_0$ zeigt Auswirkungen auf den *Kollektor-Basis-Sperrstrom* $I_{CB0}$, der im Sperrbereich dominiert, und auf den *Flußstrom der Basis-Emitter-Diode* $I_E$, der im aktiven Bereich dominiert.

$$I_{CB0}(T) = I_{CB0}(T_0) \cdot e^{C_R(T-T_0)} \tag{6.45}$$
$$I_E(T) = I_E(T_0) \cdot e^{C_F(T-T_0)} \tag{6.46}$$

$I_{CB0}$ verdoppelt sich etwa mit 6 K (bei Si) bzw. 9 K (bei Ge) Temperaturzuwachs. Auch der *Stromverstärkungsfaktor B* weist eine Temperaturabhängigkeit auf.

$$B(T) = B(T_0) \cdot e^{C_b(T-T_0)} \tag{6.47}$$

$C_R, C_F, C_b$ Temperaturbeiwerte (Herstellerangaben)

**Temperaturdurchgriff.** Eine Erwärmung des Transistors führt bei sonst unveränderten Umgebungsbedingungen zum Anstieg des Kollektorstromes und damit zur Verschiebung des Arbeitspunktes ($\rightarrow$ Bild 6.48). Dieser temperaturabhängige Stromanstieg wird in der Nähe des Arbeitspunktes häufig durch eine linearisierte temperaturbedingte Änderung der Basis-Emitter-Spannung um den Wert $\Delta U_{BE}$ interpretiert. Die Größe kann aus dem Temperaturdurchgriff $D_T$ berechnet werden.

$$\boxed{\Delta U_{BE} = D_T \cdot \Delta T} \tag{6.48}$$

Für den Temperaturdurchgriff $D_T$ gilt:

$$D_T = \left.\frac{dU_{BE}}{dT}\right|_{I_{CA}} = -1\ldots-3\,\text{mV}\cdot\text{K}^{-1}$$

Die temperaturabhängige Drift der Basis-Emitter-Spannung $\Delta U_{BE}$ wird durch eine Ersatzquelle im Basiszweig des Transistors repräsentiert ($\rightarrow$ Bild 6.49). $U_{BE0}$ ist die Basis-Emitter-Spannung bei Bezugstemperatur.

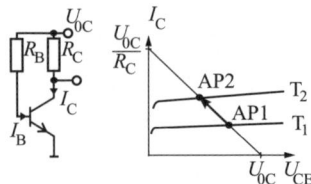
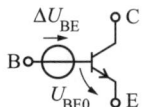

*Bild 6.48 Temperaturbedingte Arbeitspunktverschiebung*

*Bild 6.49 Transistor mit temperaturabhängiger Driftquelle*

## 6.10.6 Anwendungen bipolarer Transistoren

### 6.10.6.1 Elektronischer Schalter

Auf Grund seines geringen Sperrstromes und des kleinen Steuerstromes ist der Transistor hervorragend als elektronischer Schalter geeignet. Eine solche Nutzung erfolgt hauptsächlich in digitalen Schaltungen (z. B. *Negator*) oder als *Schaltverstärker*. Den Standardaufbau eines *Transistorschalters* zeigt Bild 6.50.

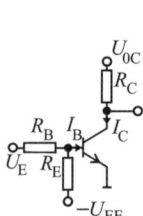
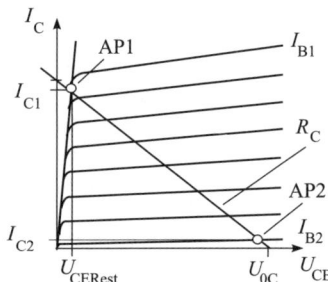

*Bild 6.50 Transistorschalter*

*Bild 6.51 Stationäre Arbeitspunkte des Transistorschalters*

**Stationäres Verhalten**

Der Transistorschalter besitzt zwei stationäre Arbeitspunkte (*Schaltzustände*).

- Bei hoher Eingangsspannung $U_E = U_{E1} = U_{0C}$ befindet sich der Transistor im Arbeitspunkt AP1 „EIN" ($\rightarrow$ Bild 6.51). Der zugehörige Basisstrom $I_{B1}$ resultiert aus der Basisbeschaltung. Seine Größe ist so zu wählen, daß der Transistor *sicher übersteuert* wird. Der aktive Zweipol ($U_{0C}, R_C$) bestimmt durch die Begrenzung des Kollektorstromes den *Übersteuerungsgrad m*.

$$m = \frac{B_N I_{B1}}{I_{C1}} = \frac{B_N I_{B1} R_C}{U_{0C} - U_{CE1}} \tag{6.49}$$

Am Ausgang liegt die *Sättigungsspannung* $U_{CE1} = U_{CERest}$ (ca. 0,1 V) des Transistors.

- Bei niedriger Eingangsspannung $U_E = U_{E2} = 0$ V muß der Transistor *gesperrt* sein. Der *Reststrom* durch den Transistor kann in den meisten Fällen vernachlässigt werden. In diesem Arbeitspunkt AP2 „AUS" ($\rightarrow$ Bild 6.51) wird wegen $I_{C2} \rightarrow 0$ die Ausgangsspannung zu $U_{CE2} = U_{0C}$. Durch die negative Hilfsspannung $-U_{EE}$ kann auch bei Störsignalen am Eingang das sichere Sperren des Transistors garantiert werden.

**Dynamisches Verhalten**

Die *Schaltvorgänge* laufen wegen der Kapazitäten und der Leitungsvorgänge im Transistor verzögert ab ($\rightarrow$ Bild 6.52).

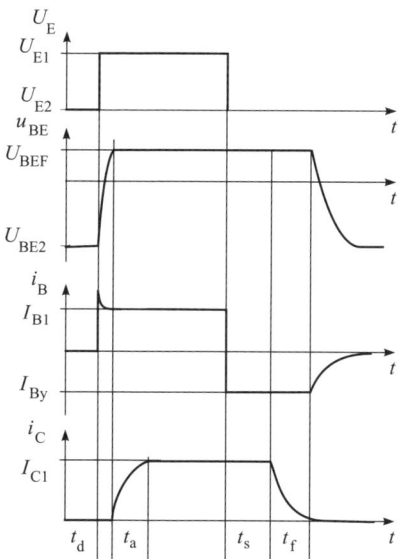

Bild 6.52 Signalspannungs- und Stromverläufe am Transistorschalter

Die Schaltverzögerungen setzen sich aus folgenden *Schaltzeiten* zusammen /6.13/:

**Einschaltverzögerung $t_d$:**

$$t_d = R_{ers}(C_{SE} + C_{SC}) \ln \frac{U_{ers1} - U_{ers2}}{U_{ers1} - U_{BEF}} \tag{6.50}$$

Dabei wurde die Basisbeschaltung in einen Ersatzzweipol mit $R_{ers} = R_B \| R_E$ und $U_{ers} = -U_{EE} + (U_E + U_{EE}) \cdot R_E/(R_E + R_B)$ umgerechnet,

**Anstiegszeit** $t_a$:

$$t_a = \tau_a \cdot \ln \frac{m}{m-1} \tag{6.51}$$

mit der Zeitkonstante $\tau_a = B(\tau_{BN} + C_{SC} R_C)$ und dem Übersteuerungsfaktor $m$,

**Speicherzeit** $t_s$:

$$t_s = \tau_s \cdot \ln \frac{k+m}{k+1} \tag{6.52}$$

mit dem Außchaltfaktor $k = (-I_{By} B)/I_{C1}$,

**Abfallzeit** $t_f$:

$$t_f = \tau_a \cdot \ln \frac{k+1}{k} \tag{6.53}$$

Die Schaltzeiten werden von internen Transistorparametern (Speicherzeitkonstante $\tau_s$, Basislaufzeit $\tau_{BN}$, Kollektorsperrschichtkapazität $C_{SC}$, Emittersperrschichtkapazität $C_{SE}$, Basis-Emitter-Flußspannung $U_{BEF}$, Stromverstärkung $B$) sowie Schaltungsgrößen ($R_B, R_E, R_C, U_E, U_{EE}$) bestimmt. Die internen Transistorparameter sind in den Datenblättern angegeben. Die theoretisch höchste Schaltfrequenz wird durch $t_{ein} = t_d + t_a$ und $t_{aus} = t_s + t_f$ bestimmt:

$$f \leq \frac{1}{t_{ein} + t_{aus}} \tag{6.54}$$

**Lastwiderstände mit Blindanteilen**

> **Induktive Lastwiderstände** gefährden den Transistor durch die beim Abschalten des Kollektorstromes in der Spule auftretende Induktionsspannung, die ein Vielfaches der Betriebsspannung betragen kann.

Der Spule muß deshalb ein *Freilaufbauelement* (Varistor oder Diode) parallelgeschaltet werden ($\rightarrow$ Bild 6.53).

> **Kapazitive Lastwiderstände** ($C$ parallel zu $R_C$ oder parallel zum Transistor) gefährden den Transistor durch die beim Einschalten auftretende Stromspitze (Lade- oder Entladestrom des Kondensators).

Der Kollektorstrom muß deshalb durch den Basisstrom $I_{B1}$ begrenzt werden ($\rightarrow$ Bild 6.54).

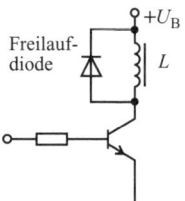
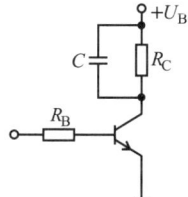

*Bild 6.53 Schaltverstärker mit induktivem Lastwiderstand*

*Bild 6.54 Schaltverstärker mit kapazitivem Lastwiderstand*

### 6.10.6.2 Kleinsignalverstärker

**Kleinsignalverstärker** haben die Aufgabe, kleine sinusförmige Wechselspannungen bzw. -ströme *verzerrungsarm* zu verstärken.

**Emitterschaltung**

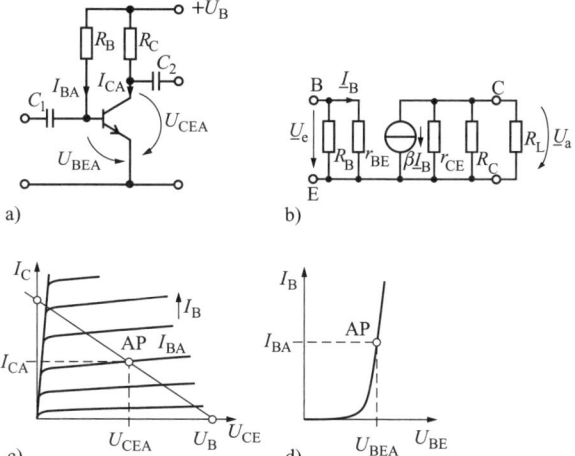

*Bild 6.55 Kleinsignal-Wechselspannungsverstärker in Emitterschaltung mit Basisvorwiderstand*
*a) Stromlaufplan, b) Kleinsignalersatzschaltung c) Ausgangskennlinienfeld mit der Arbeitsgeraden für $R_C$, d) Eingangskennlinienfeld*

**Arbeitspunkteinstellung**. In der Emitterschaltung ($\rightarrow$ Bild 6.55) muß der *Arbeitspunkt* (AP) durch geeignete Einstellung des Basisstromes etwa in die Mitte der durch $R_C$ bestimmten Arbeitsgeraden im Ausgangs-Kennlinienfeld gelegt werden, damit eine maximale Ausgangsspannungsamplitude möglich ist. Die *statische Dimensionierung* der Schaltung geht von dem gegebenen Wert der Betriebsspannung $U_B$ und dem gewünschten Kollektorstrom im Arbeitspunkt $I_{CA}$ aus. Mittels $R_B$ wird der Arbeitspunkt eingestellt.

$$R_C = \frac{U_B - U_{CEA}}{I_{CA}}$$
$$R_B = \frac{U_B - U_{BEA}}{I_{BA}} = B\frac{U_B - U_{BEA}}{I_{CA}}$$

Da meist $U_B \gg U_{BE}$ ist, genügt es, wenn bei Siliciumtransistoren $U_{BE} \approx 0,6$ V gesetzt wird.

**Verstärkungsverhalten.** Die zu verstärkende Wechselspannung wird über $C_1$ eingekoppelt, das verstärkte Signal über $C_2$ ausgekoppelt. Die *dynamischen Verstärkergrößen* (Kleinsignalkennwerte des Verstärkers)

- Eingangswiderstand $r_e$
- Ausgangswiderstand $r_a$
- Spannungsverstärkung $v_u$

sind aus dem Kleinsignalersatzschaltbild ($\rightarrow$ Bild 6.55b) zu bestimmen und in Tabelle 6.17 zusammengefaßt.

Der *Einfachheit* der Schaltung stehen erhebliche Nachteile gegenüber:

- Der Arbeitspunkt verschiebt sich bei Temperaturänderungen.
- Der durch $R_B$ festgelegte Arbeitspunkt stimmt nur für eine bestimmte, der Berechnung zu Grunde gelegte Stromverstärkung.

**Schaltungen mit Arbeitspunktstabilisierung**

Eine Stabilisierung des Arbeitspunktes gegenüber thermischen und exemplarbedingten Einflüssen wird durch Schaltungen mit Gegenkopplung erreicht ($\rightarrow$ Tabelle 6.16). In den Kleinsignalersatzschaltungen (KSE) ergeben sich nur minimale Änderungen gegenüber Bild 6.55b. Diese betreffen lediglich die Eingangs- und Ausgangswiderstände.

**Kollektorschaltung**

Die Kollektorschaltung ($\rightarrow$ Bild 6.56), auch Emitterfolger genannt, wird wegen ihres großen dynamischen Eingangs- und sehr kleinen Ausgangswiderstandes vorwiegend zur *Impedanzwandlung* eingesetzt. Ihre Spannungsverstärkung ist kleiner als 1.

Der Arbeitspunkt wird i. allg. so festgelegt, daß $U_{CEA} \approx U_{RE} \approx U_B/2$ ist. $I_q = nI_{BA}$ mit $n = 0\ldots5$.

Tabelle 6.16 Schaltungsvarianten zur Arbeitspunkteinstellung bipolarer Transistoren in Kleinsignalverstärkerschaltungen

| Arbeitspunktfestlegung mit Stabilisierung durch Stromgegenkopplung | | |
|---|---|---|
| (Schaltung) | $C_3$ vermindert die frequenzabhängige Wechselstrom-Gegenkopplung an $R_E$. Je größer die Kapazität von $C_3$, desto niedriger liegt die untere Grenzfrequenz $f_u$. | $R_C = \dfrac{U_B - U_{CEA} - U_{RE}}{I_{CA}}$ $R_E = \dfrac{U_{RE}}{I_{CA} + I_{BA}}$ $R_1 = \dfrac{U_B - U_{BEA} - U_{RE}}{I_{BA} + I_q}$ $R_2 = \dfrac{U_{BE} + U_{RE}}{I_q}$ $C_3 \approx \dfrac{100}{2\pi f_u R_E}$ $I_q = nI_{BA}$ mit $n = 2\ldots10$ $U_{RE} \approx 0,1 U_B$ (aber $\geq 1$ V) |
| | Änderung in KSE: | $R_B \to R_2 \| R_1$ |
| Arbeitspunktfestlegung mit Stabilisierung durch Spannungsgegenkopplung | | |
| (Schaltung) | $R_1 = R_{1.1} + R_{1.2}$ und $C_3$ bilden einen Hochpaß, durch den eine verstärkungsmindernde Wechselspannungs-Gegenkopplung vermieden wird. | $R_C = \dfrac{U_B - U_{CEA}}{I_{CA} + I_{BA} + I_q}$ $R_1 = \dfrac{U_{CEA} - U_{BEA}}{I_{BA} + I_q}$ $R_2 = \dfrac{U_{BEA}}{I_q}$ $I_q = nI_{BA}$ mit $n = 0\ldots5$ $C_3 \approx 0,1$ µF |
| | Änderung in KSE: | $R_B \to R_2 \| R_{1.1}$ $R_C \to R_C \| R_{1.2}$ |

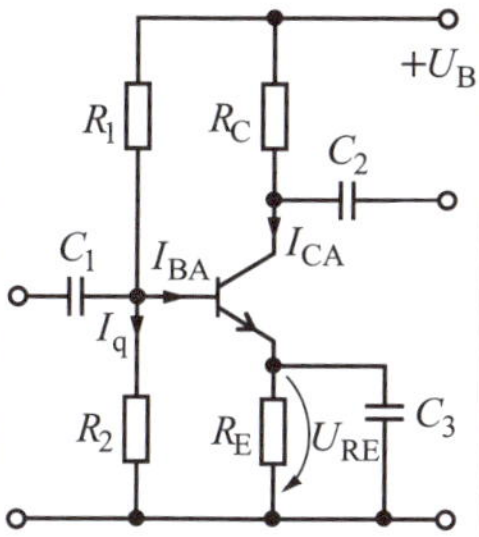

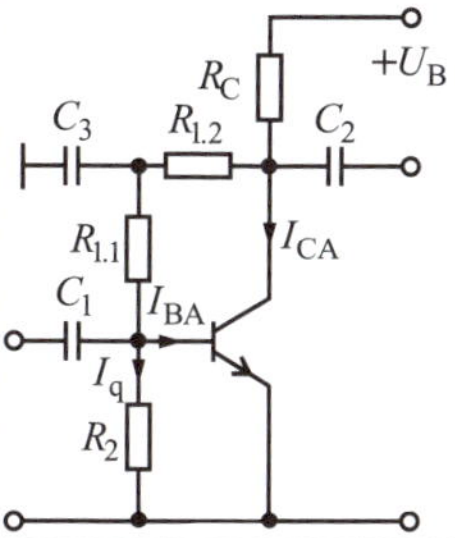

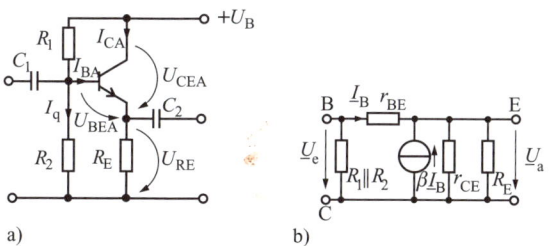

Bild 6.56 Wechselspannungsverstärker in Kollektorschaltung
a) Stromlaufplan, b) Kleinsignalersatzschaltung

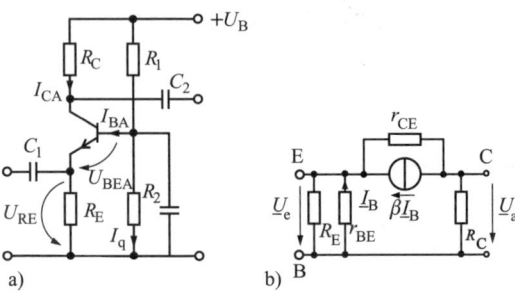

**Bild 6.57** Wechselspannungsverstärker in Basisschaltung
a) Stromlaufplan, b) Kleinsignalersatzschaltung

**Tabelle 6.17** Dynamische Verstärkergrößen der Grundschaltungen bipolarer Transistoren /6.31/

| Verstärkergröße | Emitterschaltung Bild 6.55 | Kollektorschaltung Bild 6.56 | Basisschaltung Bild 6.57 |
|---|---|---|---|
| **Eingangswiderstand** $r_e$ | $r_{BE} \| R_B$  $0,4 \ldots 5\ \mathrm{k\Omega}$ | $(r_{BE} + \beta(r_{CE} \| R_E)) \| R_B$ $\approx \beta(r_{CE} \| R_E)$ $200 \ldots 500\ \mathrm{k\Omega}$ | $\dfrac{r_{BE}}{\beta} \| R_E$  $50 \ldots 200\ \Omega$ |
| **Ausgangswiderstand** $r_a$ | $r_{CE} \| R_C$  $1 \ldots 10\ \mathrm{k\Omega}$ | $\dfrac{r_{BE} + R_1 \| R_2}{\beta} \| R_E$  $100 \ldots 500\ \Omega$ | $r_{CE} \| R_C$  $1 \ldots 10\ \mathrm{k\Omega}$ |
| **Spannungsverstärkung** $v_u$ | $-\dfrac{\beta}{r_{BE}}(r_{CE} \| R_C)$  $10 \ldots 500$ | $\dfrac{1}{1 + \dfrac{r_{BE}}{\beta(r_{CE} \| R_C)}}$  $< 1$ | $\dfrac{\beta}{r_{BE}} \cdot R_C$  $10 \ldots 500$ |
| **Stromverstärkung** $v_i$ | $\dfrac{\beta\, r_{CE}}{R_C + r_{CE}}$  $20 \ldots 500$ | $\dfrac{r_{CE}(1+\beta)}{R_E + r_{CE}}$  $20 \ldots 500$ | $\beta/(\beta+1)$  $\approx 1$ |
| Phasendrehung | $180°$ | $0°$ | $0°$ |
| Anwendung | Standardschaltung der NF- und HF-Technik | Impedanzwandler | HF-Verstärker, $f \geqq 100\ \mathrm{MHz}$ |

### Basisschaltung

Die Basisschaltung ($\rightarrow$ Bild 6.57) hat einen sehr kleinen Eingangs- und großen Ausgangswiderstand. Die Rückwirkungen vom Ausgang auf den Eingang sind gering. Sie eignet sich vor allem zum *Einsatz in der HF- und UHF-Technik*. Der Arbeitspunkt wird so festgelegt, daß $U_{RE} \approx 0{,}15 U_B$ und $U_{CEA} \approx (U_B - U_{RE})/2$ ist. $I_q = n I_{BA}$ mit $n \approx 3 \ldots 10$.

## 6.11 Feldeffekttransistoren (FET)

### 6.11.1 Übersicht

> Die **Funktion von Feldeffekttransistoren** (FET) beruht auf der Steuerung der Leitfähigkeit oder des Querschnitts eines halbleitenden Kanals durch ein elektrisches Feld, das von einer Steuerelektrode erzeugt wird.

Die Anschlüsse des Kanals heißen *Source* S (Quelle) und *Drain* D (Senke), der Anschluß der Steuerelektrode ist das *Gate* G (Tor). Das Substrat wird auch als *Bulk* B (Masse) bezeichnet. Der Kanal weist durchgängig den gleichen Leitfähigkeitstyp wie Source und Drain auf. Der Ladungsträgertransport wird deshalb von Majoritätsträgern dominiert. Da nur eine Ladungsträgerart den Stromfluß bestimmt, wird auch der Name *Unipolartransistoren* verwendet. Die Steuerelektrode ist gegenüber dem Kanal isoliert. Dafür sind zwei Varianten verbreitet:

- dielektrische Isolation: *IGFET* (insulated-gate FET); *MISFET* (metal-insulator semiconductor FET) (→ Bild 6.58a)
- Isolation durch gesperrten pn-Übergang: *SFET* (Sperrschicht-FET); *JFET* (junction FET) bzw. Schottky-Übergang: *MESFET* (→ Bild 6.58b)

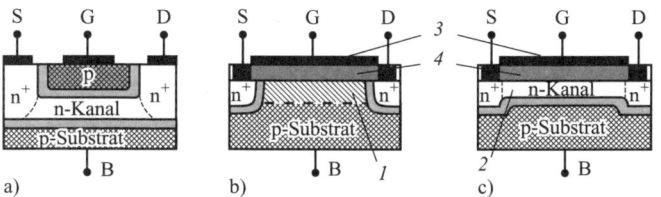

*Bild 6.58 Schematischer Aufbau von Feldeffekttransistoren:*
*a) n-Kanal-Sperrschicht-FET, b) n-Kanal-MISFET Enhancement-Typ,*
*c) n-Kanal-MISFET Depletion-Typ*
*1 Anreicherungszone, 2 Verarmungszone, 3 Metallgate, 4 SiO$_2$-Isolationsschicht*

Bei *Isolierschicht-FET* besteht das Gate aus Aluminium (*MGT* Metallgatetechnik) oder aus polykristallinem Silicium (*SGT* Siliciumgatetechnik), die Isolierschicht aus einem Oxid (SiO$_2$, Al$_2$O$_3$) – *MOSFET* (metal oxide semiconductor FET) oder aus Siliciumnitrid (Si$_3$N$_4$) – *MNSFET* (metal nitride semiconductor FET).

Der *leitfähige Kanal* kann
- p-leitend (p-Kanal-FET) oder
- n-leitend (n-Kanal-FET) sein.

Tabelle 6.18  *Übersicht zu den sechs verschiedenen Feldeffekttransistorarten*

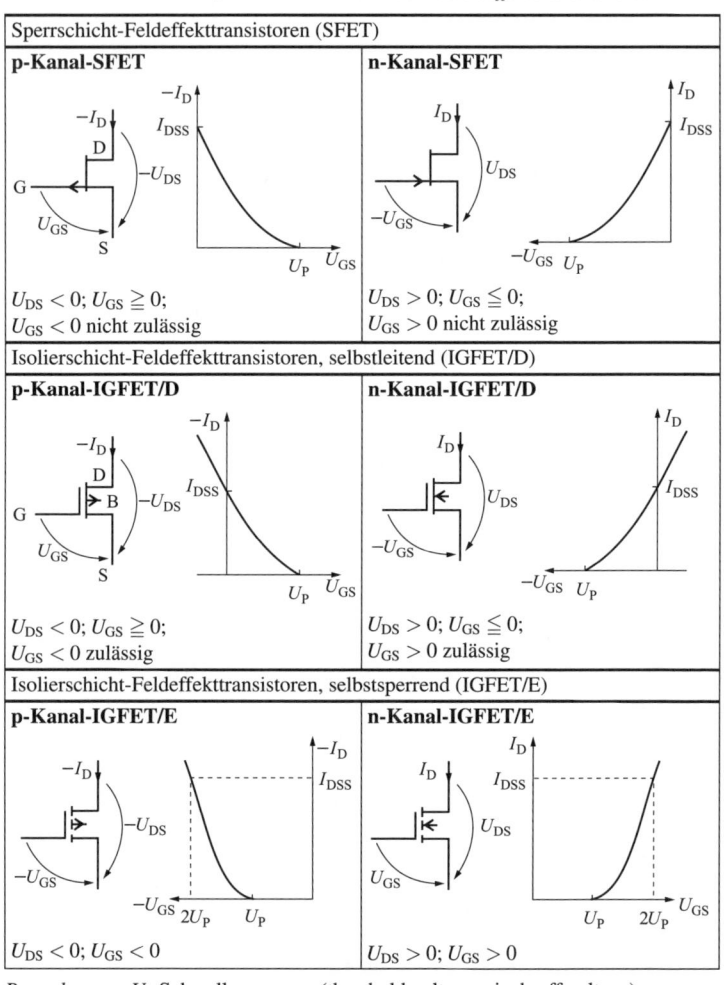

*Bemerkungen*: $U_P$ Schwellspannung, (threshold voltage, pinch-off voltage)
$I_{DSS}$ Drainstrom bei $U_{GS} = 0$ bzw. bei $U_{GS} = 2U_P$

Der *Kanal* kann herstellungsbedingt

- bereits ausgebildet sein (*selbstleitender*, Verarmungs- oder Depletion-FET oder
- erst durch eine Steuerspannung erzeugt werden (*selbstsperrender*, Anreicherungs- oder Enhancement-FET.

**Leitwertsteuerung.** Die Leitwertsteuerung erfolgt beim SFET, den es nur als selbstleitenden Typ gibt, durch Beeinflussung des Kanalquerschnitts und beim IGFET durch Änderung der Ladungsträgerdichte im Kanal (Steuerung der *Oberflächenleitfähigkeit*).

Je nach Art der Sperrschicht und des Kanaltypus sind sechs verschiedene Feldeffekttransistorarten möglich ($\rightarrow$ Tabelle 6.18).

Zwischen dem Substratanschluß sowie Kanal, Source und Drain liegt stets ein gesperrter pn-Übergang, der das Bauelement gegen das umgebende Halbleitergebiet isoliert.

### 6.11.2 Strom-Spannungs-Kennlinie

**Schwellspannung.** Die Leitfähigkeit des Kanals kann durch den zwischen Gate und Source (Kanal) wirksamen Potentialunterschied (Gate-Source-Spannung $U_{GS}$) verändert werden. Im *n-Kanal-Anreicherungs-FET* nimmt die Leitfähigkeit des Kanals bei Erhöhung von $U_{GS}$ nach Überschreiten der *Schwellspannung* $U_P$ durch Erhöhung der Elektronendichte zu. Bei $U_{GS} < U_P$ ist die Leitfähigkeit nahezu null. In Analogie dazu geht beim *n-Kanal-Verarmungs-FET* die Leitfähigkeit des technologisch bedingten Kanals infolge Ladungsträgerverarmung bei Unterschreiten von $U_P$ gegen null.

**Kanaleinschnürung.** Liegt zwischen Drain und Source eine Spannung $U_{DS}$, kann ein vom Zustand des Kanals abhängiger *Drainstrom* $I_D$ fließen. $U_{DS}$ beeinflußt die Feldstärke zwischen Gate und Kanal. Sie nimmt von Source nach Drain hin ab, so daß der Kanal keilförmig eingeengt wird ($\rightarrow$ Bild 6.59). Der Drainstrom nimmt deshalb bei Erhöhung von $U_{DS}$ zunächst zu und erreicht schließlich bei der Abschnürgrenzspannung $U_{DSsat}$ (*Sättigungsspannung*) infolge drainseitiger Kanaleinschnürung einen Sättigungswert.

$$\boxed{U_{DSsat} = U_{GS} - U_P} \tag{6.55}$$

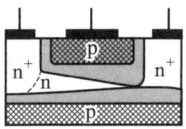

*Bild 6.59 Kanaleinschnürung am SFET*

## 6 Bauelemente der Elektronik

**Stromrichtungen.** Prinzipiell lassen sich Drain und Source miteinander vertauschen. Wegen einer technologisch bedingten Unsymmetrie im Aufbau realer Transistoren ergeben sich aber leicht veränderte Parameter. Die propagierten Daten gelten für eine *Strömungsrichtung der Ladungsträger* im Kanal von Source nach Drain.

Die Betrachtungen zur Strom-Spannungs-Kennlinie erfolgen am n-Kanal-Enhancement-MOSFET. Sie sind aber mit veränderten Schwellspannungen und Spannungsrichtungen qualitativ auf jeden anderen Typ übertragbar. Auch die Steuerung des Kanalquerschnitts beim SFET führt zu vergleichbaren Strom-Spannungs-Beziehungen, wie für den MOSFET.

**Kennlinien.** Die Strom-Spannungs-Beziehung eines MOSFET ist unterteilt in den *Sperrbereich* $U_{GS} - U_P \leq 0$, den *ohmschen Bereich* (Triodenbereich) $U_{GS} - U_P \geq U_{DS} > 0$ und den *Abschnürbereich* (Pentodenbereich, Pinch-off-Bereich) $0 < U_{GS} - U_P \leq U_{DS}$ /6.19/.

$$I_D = \begin{cases} 0 & \text{für } U_{GS} - U_P \leq 0 \\ \beta\left(2(U_{GS} - U_P)U_{DS} - U_{DS}^2\right) & \text{für } U_{GS} - U_P \geq U_{DS} > 0 \\ \beta(U_{GS} - U_P)^2 & \text{für } 0 < U_{GS} - U_P \leq U_{DS} \end{cases} \quad (6.56)$$

Wichtige konstruktionsbedingte Bauelementeparameter sind die Schwellspannung $U_P$ und die Transistorkonstante $\beta$. Letztere ist entsprechend Gl. (6.57) von den geometrischen Kenngrößen Kanalweite $b$ und Kanallänge $L$ abhängig.

$$\boxed{\beta = \frac{\mu_n \varepsilon_{ox}}{2 d_{ox}} \frac{b}{L}} \quad (6.57)$$

$\mu_n$ Ladungsträgerbeweglichkeit
$\varepsilon_{ox}$ Permittivität des Gateisolators
$d_{ox}$ Dicke des Gateisolators

Diese Gleichungen lassen sich darstellen durch (→ Bild 6.60):

- Übertragungskennlinien $I_D = f(U_{GS})|_{U_{DS}}$
- Ausgangskennlinien $I_D = f(U_{DS})|_{U_{GS}}$.

Der *stationäre Gatestrom* eines FET ist wegen der Isolation der Gateelektrode null.

Bei Einführung des in Bild 6.60 gekennzeichneten Bezugsstromes $I_{DSS}$ (Sättigungsstrom) läßt sich die Strom-Spannungs-Beziehung des FET im Abschnürbereich auch in folgender Form schreiben:

$$\boxed{I_D = I_{DSS}\left(1 - \frac{U_{GS}}{U_P}\right)^2} \quad (6.58)$$

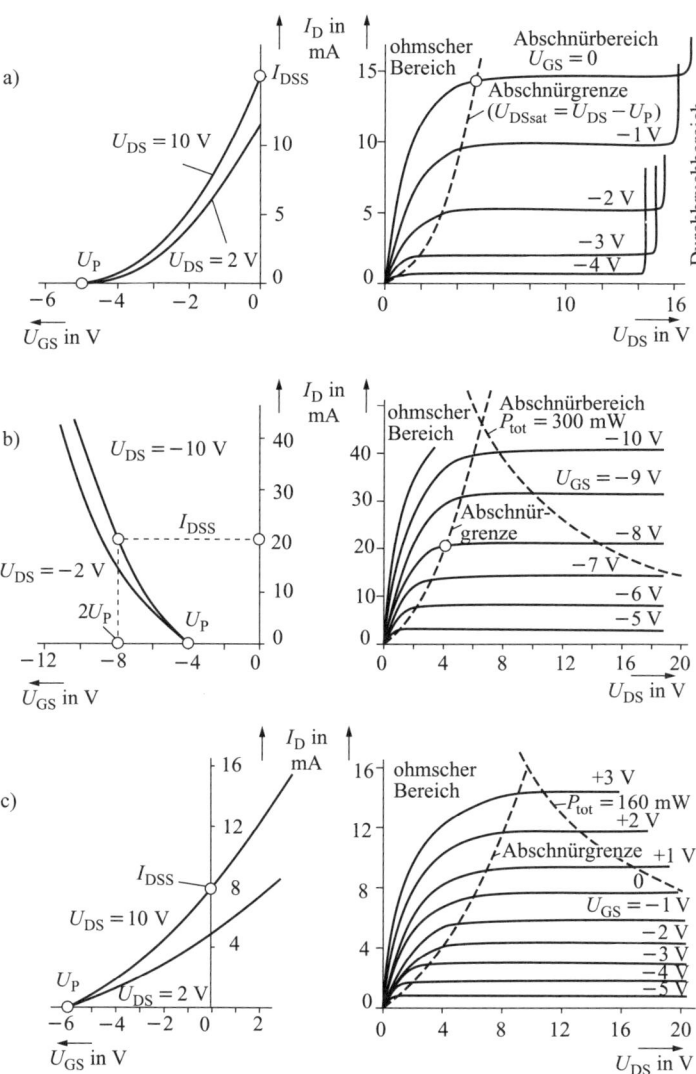

Bild 6.60 Kennlinienfelder von Feldeffekttransistoren
a) n-Kanal-Sperrschicht-FET, b) p-Kanal-Anreicherungs-FET,
c) n-Kanal-Verarmungs-MOSFET

Diese Beziehung wird hauptsächlich bei Sperrschicht-FET verwendet.

**Gatedurchbruch.** Übersteigt die Feldstärke $E_{ox}$ im Gateisolator einen kritischen Wert ($E_{krit} = 5 \cdot 10^6$ V/cm bei $SiO_2$), erfolgt ein elektrischer Durchschlag der Isolatorschicht, wodurch das Bauelement zerstört wird. Dieser Durchbruch kann bereits durch elektrostatische Aufladung verursacht werden.

**Draindurchbruch.** Mit wachsender Spannung $U_{DS}$ entsteht in der Abschnürzone des Kanals eine ausreichend hohe Längsfeldstärke, um Lawinenvervielfachung von Ladungsträgern zu verursachen. Die Folge ist ein starker Stromanstieg. Die Durchbruchspannung $U_{BR}$ begrenzt die Drain-Source-Spannung.

### 6.11.3 Kleinsignalverhalten

Die Beschreibung des Kleinsignalverhaltens erfolgt über die Leitwertparameter und das $\pi$-*Ersatzschaltbild* ($\rightarrow$ Bild 6.61). Für das Verstärkungsverhalten werden die Vierpolparameter nur im Pentodenbereich benötigt.

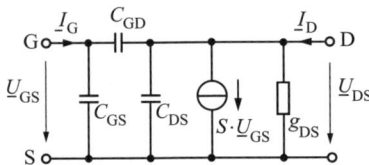

*Bild 6.61* $\pi$-*Ersatzschaltbild eines FET*

**Vierpolgleichungen.** Bei *niedrigen Frequenzen* sind kapazitive Effekte vernachlässigbar. Im Ersatzschaltbild entfallen alle Kapazitäten. Die Vierpolparameter können aus der Differentiation der Kennliniengleichung im Arbeitspunkt gewonnen werden. Die *Vierpolgleichungen* lauten dann:

$$\underline{I}_G = 0 \tag{6.59}$$

$$\underline{I}_D = y_{21}\underline{U}_{GS} + y_{22}\underline{U}_{DS} \tag{6.60}$$

mit den *Vierpolparametern*

**Steilheit**:

$$y_{21} = S = \left.\frac{dI_D}{dU_{GS}}\right|_{U_{DSA}} = 2\beta(U_{GS} - U_P) = \frac{2I_D}{U_{GS} - U_P} \tag{6.61}$$

**Ausgangsleitwert**:

$$y_{22} = g_{DS} = \frac{1}{r_{DS}} = \left.\frac{dI_D}{dU_{DS}}\right|_{U_{GSA}} = \beta\lambda(U_{GS} - U_P)^2 = \lambda I_D \tag{6.62}$$

**Kanallängenverkürzung.** Der Ausgangsleitwert ist nicht direkt aus der idealisierten Kennliniengleichung zu gewinnen. Der Faktor $\lambda$ beschreibt den realen Anstieg der Ausgangskennlinien infolge drainspannungsabhängiger Veränderung der Breite der Abschnürzone, der sogenannten *Kanallängenverkürzung*. Dieser Effekt wirkt ähnlich wie der Early-Effekt beim Bipolartransistor. Er kann auch in der Gleichung des Abschnürbereichs ähnlich berücksichtigt werden.

$$\boxed{I_D = \beta\,(U_{GS} - U_P)^2 (1 + \lambda\,U_{DS})} \tag{6.63}$$

**Wirkung des Gateisolators.** Bei *hochfrequenten Signalen* ist die kapazitive *Wirkung des Gateisolators* beim MOSFET bzw. der Sperrschicht beim SFET nicht mehr vernachlässigbar. Diese tritt zwischen Gate und Kanal auf. Durch die elektrische Verbindung des Kanals zu Source und Drain wirkt die Isolatorkapazität $C_{ox}$ (bzw. Sperrschichtkapazität $C_S$) vom Gate sowohl zum Source als auch zum Drain. Bei voll ausgebildetem Kanal (Triodenbereich) teilt sich die Isolatorkapazität zu gleichen Teilen auf Source und Drain auf. Es gilt:

$$C_{GS} = C_{GD} = 0{,}5 \cdot C_{ox} \tag{6.64}$$

Bei abgeschnürtem Kanal (Pentodenbereich) ist eine Aufteilung messbar:

$$C_{GS} = \frac{2}{3} C_{ox} \tag{6.65}$$
$$C_{GD} = 0 \tag{6.66}$$

▶ Bei Kurzschluß zwischen Source und Bulk ($U_{SB} = 0$) erscheint zusätzlich die Sperrschichtkapazität des Drain-Bulk-Übergangs zwischen Drain und Source $C_{DS}$ (→ Bild 6.61).

### 6.11.4 Effekte bei integrierten MOSFET

**Body-Effekt.** Bei integrierten MOSFET tritt die Source-Bulk-Spannung $U_{SB}$ als unabhängige Variable auf. Der wichtigste von ihr beeinflußte Parameter ist die Schwellspannung. Deren Abhängigkeit von $U_{SB}$ wird als Body-Effekt bezeichnet (→ Gl. (6.67), → Bild 6.62). Der *Body-Faktor* $\gamma$ und die *Fermi-Spannung* $\varphi_F$ ergeben sich aus konstruktiven und Materialparametern /6.19/.

$$U_P = U_{P0} + \gamma \left( \sqrt{U_{SB} + 2\varphi_F} - \sqrt{2\varphi_F} \right) \tag{6.67}$$

Transistoren, deren Source-Bulk-Spannung nicht null ist, erfahren durch die veränderte Schwellspannung eine reduzierte *effektive Steuerspannung* $U_{GSE} = U_{GS} - U_P$ und folglich auch eine veränderte Kleinsignalsteilheit $S$. Bei Außteuerung des Sourcepotentials durch ein Signal muß dieser Effekt im Kleinsignalersatzschaltbild durch eine zweite Steuerstromquelle, deren Übertragungsleitwert *Backgatesteilheit* $S_b$ heißt, berücksichtigt werden. Der MOSFET ist dann als vierpoliges Bauelement (→ Bild 6.63) zu betrachten.

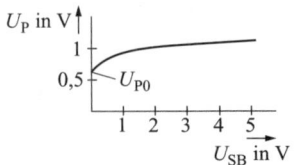

Bild 6.62 Body-Effekt der Schwellspannung

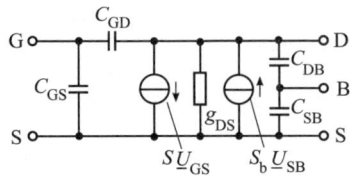

Bild 6.63 Vierpoliges Ersatzschaltbild des MOSFET

$$S_b = -\left.\frac{dI_D}{dU_{SB}}\right|_{U_{GSA}} = \gamma\beta\frac{U_{GS}-U_P}{\sqrt{U_{SB}+2\varphi_F}} = \gamma_B \cdot S \tag{6.68}$$

$$\text{mit } \gamma_B = \frac{\gamma}{2\sqrt{U_{SB}+2\varphi_F}} \tag{6.69}$$

**Weak-Inversion-Strom.** Eine genaue Analyse des Drainstromes zeigt abweichend vom einfachen Modell einen kleinen Strom auch für Steuerspannungen $0 < U_{GS} < U_P$. Er ist auf eine *schwache Kanalinversion* (weak inversion) zurückzuführen und weist eine exponentielle Abhängigkeit von der Gate-Source-Spannung auf. Entsprechend /6.19/ ergibt sich

$$I_{WD} = I_{D0} \cdot e^{\frac{U_{GS}-U_P}{NU_T}}\left(1 - e^{-\frac{U_{DS}}{U_T}}\right) \tag{6.70}$$

$U_T$ Temperaturspannung
$N$ Bulkfaktor

### 6.11.5 Thermisches Verhalten

Die Temperaturabhängigkeit wird im wesentlichen über die Beweglichkeit und die Schwellspannung bestimmt. Die Beweglichkeit verursacht eine umgekehrt proportionale Temperaturabhängigkeit. Der Temperaturgradient der Schwellspannung

$$\frac{dU_P}{dT} \approx -1\,\frac{mV}{K}$$

führt zu einer direkten Proportionalität von Strom und Temperatur. Eine geschickte Wahl der effektiven Steuerspannung $U_{GSE} = U_{GS} - U_P$ ermöglicht eine Kompensation beider Einflüsse zu einem *temperaturunabhängigen Arbeitspunkt*. Aber auch bei einer Abweichung von diesem idealen Arbeitspunkt ist die Temperaturabhängigkeit eines MOSFET viel kleiner als die eines Bipolartransistors.

## 6.11.6 Anwendungen von Feldeffekttransistoren

### 6.11.6.1 FET als elektronischer Schalter

Wird der MOSFET als Schalter in der digitalen Schaltungstechnik eingesetzt, so sind die Verzögerungen in seinem Inneren vernachlässigbar klein. Die innerelektronischen Auf- und Abbauvorgänge der Kanalladung gehen wesentlich schneller vor sich als die Umladung der externen Knotenkapazitäten (Lastkapazität). Zur Berechnung von Schaltvorgängen sind folglich nur die stationäre Strom-Spannungs-Beziehung und die Gate- und Subtratkapazitäten zu berücksichtigen.

Drei typische **Schalteranordnungen** mit einer Negation des Eingangssignals zeigt Bild 6.64. In der Digitaltechnik werden sie als Inverter bezeichnet. Unterscheidungsmerkmal ist der Typ des Lasttransistors TL:

- *EE-Inverter*: Enhancement-Lasttransistor, Enhancement-Schalttransistor
- *ED-Inverter*: Depletion-Lasttransistor, Enhancement-Schalttransistor
- *CMOS-Inverter*: p-Kanal-Enhancement-Lasttransistor, n-Kanal-Enhancement-Schalttransistor.

Der Lasttransistor beeinflußt wesentlich die Größe des Ausgangs-High-Pegels. Der EE-Inverter liefert $U_{AH} = U_B - U_P$. Am ED-Inverter und CMOS-Inverter erreicht der Ausgang die maximal mögliche Spannung $U_{AH} = U_B$.

**Vorteil des CMOS-Inverters.** Der besondere Vorteil besteht in der Vermeidung eines stationären Stromes durch beide Transistoren. Da bei idealen Eingangspegeln stets einer der beiden Transistoren gesperrt ist, geht die statische Stromaufnahme der Schaltung gegen null. Gleichzeitig entstehen ideale Ausgangsspannungspegel $U_{AH} = U_B$ und $U_{AL} = 0$. Zur Bestimmung der Schaltzeiten werden Gl. (6.56) und die Eingangskapazität der Folgestufe benötigt.

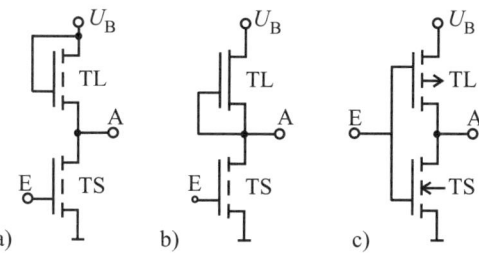

*Bild 6.64  MOSFET-Inverter: a) EE-Typ, b) ED-Typ, c) CMOS-Typ*

## 6.11.6.2 Steuerbarer Widerstand

**FET als steuerbarer Widerstand.** Der Kanal eines FET stellt einen durch die Gate-Source-Spannung steuerbaren Widerstand dar. Für kleine Drain-Source-Spannungen $U_{DS} < U_{GS} - U_P$, d. h. im *ohmschen Bereich*, ergibt sich der Widerstand des FET zu

$$R_{DS} = \frac{U_{DS}}{I_{DS}} = \frac{1}{\beta\left(2(U_{GS} - U_P) - U_{DS}\right)} \qquad (6.71)$$

Für sehr kleine Drain-Source-Spannungen $U_{DS} \ll U_{GS} - U_P$ nähert sich $R_{DS}$ einem von $U_{DS}$ unabhängigen Wert.

$$R_{DS} = \frac{1}{2\beta\left(U_{GS} - U_P\right)} = \frac{1}{2I_{DSS}(U_{GS} - U_P)} \qquad (6.72)$$

Es ergibt sich ein *linearer Widerstand*, dessen Größe allein von $U_{GS}$ abhängt und somit *elektronisch steuerbar* ist. Bild 6.65 zeigt drei Anwendungsfälle in Spannungsteilerschaltungen.

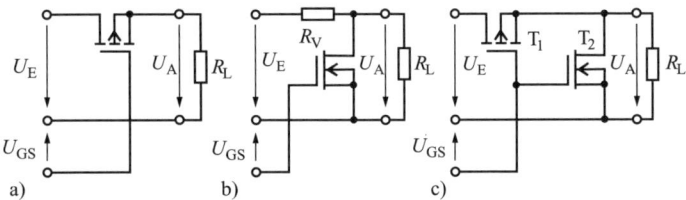

*Bild 6.65 Spannungsteilerschaltungen mit Feldeffekttransistoren: a) Teiler mit Längstransistor, b) Teiler mit Quertransistor, c) Teiler mit Längs- und Quertransistor*

---

### 6.11.6.3 Kleinsignalverstärker

**Grundschaltungen.** Für die Anwendung der Feldeffekttransistoren als Kleinsignalverstärker sind in Analogie zum Bipolartransistor *drei Grundschaltungen* möglich ($\rightarrow$ Tabelle 6.19). Die dynamischen Verstärkergrößen (Kleinsignalkennwerte) werden aus den Kleinsignalersatzschaltungen ermittelt. Sie sind in Tabelle 6.20 zusammengefaßt.

**Arbeitspunkteinstellung.** Der Arbeitspunkt wird im Abschnürbereich bei $U_{DS} = U_B/2$ gewählt. Bei Anreicherungs-FET wird $U_{GSA}$ über einen hochohmigen Gate-Spannungsteiler eingestellt. Der für n-Kanal-Verarmungs-FET erforderliche i. allg. negative Wert $U_{GSA}$ ist am einfachsten durch einen Sourcewiderstand $R_S$ realisierbar, der gleichzeitig als Gleichstrom-Gegenkopplung den Arbeitspunkt stabilisiert.

*Tabelle 6.19 Grundschaltungen unipolarer Transistoren*

| Schaltung | Kleinsignalersatzschaltung |
|---|---|
| Sourceschaltung: mit n-Kanal-Anreicherungs-FET | |
| mit n-Kanal-Verarmungs-FET | |
| Drainschaltung: mit n-Kanal-SFET | |
| Gateschaltung: mit n-Kanal-SFET | |

## 6 Bauelemente der Elektronik

*Tabelle 6.20 Dynamische Eigenschaften der drei Grundschaltungen unipolarer Transistoren*

|  | Sourceschaltung | Drainschaltung | Gateschaltung |
|---|---|---|---|
| Eingangswiderstand $r_e$ | $R_1 \| R_2$ (groß) | $R_1 \| R_2$ (groß) | $\dfrac{1}{S} \| R_S$ (klein) |
| Ausgangswiderstand $r_a$ | $r_{DS} \| R_D$ (mittel) | $\dfrac{1}{S} \| (r_{DS} \| R_S)$ (klein) | $r_{DS} \| R_D$ (groß) |
| Spannungsverstärkung $V_u$ | $-S(r_{DS} \| R_D)$ (groß) | $\dfrac{S(r_{DS} \| R_S)}{1 + S(r_{DS} \| R_S)} < 1$ | $SR_D$ (groß) |
| Phasendrehung | 180° | 0° | 0° |
| Typische Anwendungen | NF- und HF-Verstärker | Impedanzwandler | HF- und UHF-Verstärker |

### 6.11.6.4 Konstantstromquellen

Besonders einfach lassen sich Konstantstromquellen mit *Sperrschicht-FET* realisieren. Sie benötigen lediglich einen Widerstand zur Einstellung des gewünschten Konstantstromes. Der FET ist im Abschnürbereich zu betreiben.

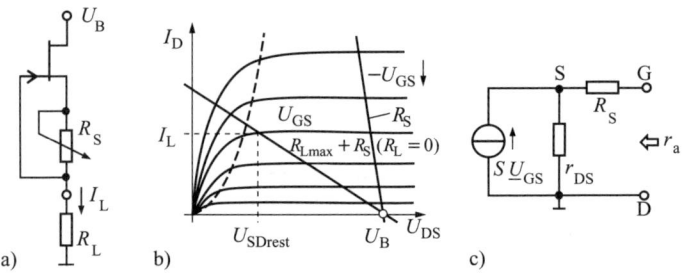

*Bild 6.66 Konstantstromquelle mit n-Kanal-SFET*
*a) Schaltung, b) Ausgangs-Kennlinienfeld mit den Arbeitsgeraden für $R_S$ und $R_S + R_{Lmax}$, c) Kleinsignalersatzschaltung*

Mit der dort gültigen Kennliniengleichung, Gl. (6.58), und der Beziehung $R_S = U_{SG}/I_L$ folgt für die Bemessung der Schaltung nach Bild 6.66:

$$R_S = \frac{|U_P|}{I_L}\left(1 - \sqrt{\frac{I_L}{I_{DSS}}}\right) \tag{6.73}$$

$$R_{\text{Lmax}} = \frac{U_{\text{B}} - U_{\text{DSrest}}}{I_{\text{L}}} - R_{\text{S}} \tag{6.74}$$

Darin ist $U_{\text{DSrest}} \approx 1{,}5 U_{\text{DSsat}}$.

Diese Stromquelle besitzt einen sehr hohen *dynamischen Ausgangswiderstand* von

$$r_{\text{a}} = R_{\text{S}} + r_{\text{DS}}(1 + SR_{\text{S}}) \tag{6.75}$$

### 6.11.6.5 Leistungs-Feldeffekttransistoren

Feldeffekttransistoren für große Leistungen ($U_{\text{DS}}$ bis 1000 V, $I_{\text{D}}$ bis 100 A und $P_{\text{tot}}$ bis 450 W) werden mittels *anisotroper Ätztechnik* hergestellt ($\rightarrow$ Bild 6.67). Bei diesen *Vertikal-MOSFET* ist zwischen dem Kanal und dem Drain eine schwach dotierte Zone ($\pi$-Zone) angeordnet, die die hohe Spannung aufnimmt. Die Kanallänge beträgt nur 1,5 µm, so daß sich ein sehr kleiner Kanalwiderstand ergibt. Eine andere Variante der Leistungs-FET sind die *SIPMOS-Transistoren*. Sie bestehen aus der Parallelschaltung einiger tausend winziger selbstsperrender MOS-Elemente.

Der *HEXSENSE-MOSFET* hat außer für Source, Gate und Drain einen Stromfühler- und einen Temperaturfühler-Anschluß. Damit läßt sich eine einstellbare Strombegrenzung und Temperaturüberwachung realisieren.

*Leistungs-MOSFET-Module* zur Steuerung von Verbrauchern mit sehr großer Leistungen werden für $I_{\text{D}} \approx 200$ A, $P_{\text{tot}} \approx 700$ W und einen Kanalwiderstand im EIN-Zustand von nur 5 m$\Omega$ hergestellt.

- *Besondere Eigenschaften und Anwendungen*:
  - keine Speicherzeit, schnelle Schalter für die Leistungselektronik
  - positiver Temperaturkoeffizient, deshalb thermischer Selbstschutz (kein zweiter Durchbruch möglich)
  - Leistungsstufen für NF-, HF- und Breitbandverstärker.

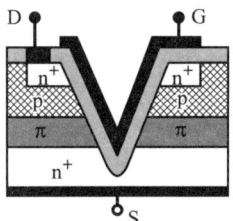

Bild 6.67 *Prinzipieller Aufbau eines Vertikal-FET*

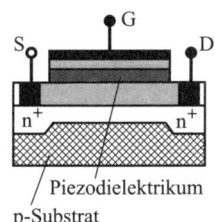

Bild 6.68 *Prinzipieller Aufbau eines piezoelektrischen MOSFET*

## 6.11.6.6 Spezielle Feldeffekttransistorarten

**Piezoelektrischer MOSFET.** Ein auf das Gate wirkender Druck ruft elektrische Ladungen im Piezoelektrikum hervor, die durch Influenz die Leitfähigkeit des Kanals beeinflussen (→ Bild 6.68).

■ *Anwendung*: Drucksensor

**Infrarot-MOSFET.** Das p-leitende Substrat ist zusätzlich mit Goldatomen dotiert. Diese Störstellen werden erst bei Infrarotbestrahlung ionisiert, was zu einer Erhöhung der Schwellspannung und damit zu einer von der Intensität der Bestrahlung abhängigen Verminderung des Drainstromes führt.

■ *Anwendung*: Infrarotsensor

**Speicher-FET.** Speicher-FET werden unterteilt in

- FAMOST (floating gate avelanche MOSFET, → Bild 6.69) und
- SAMOST (stacked gate avelanche MOSFET, → Bild 6.70).

Beim *FAMOST* ist eine von außen nicht zugängliche Gateelektrode aus polykristallinem Silicium in die $SiO_2$-Schicht eingelagert. Wird zwischen D und B ein kurzer Spannungsimpuls (etwa 50 V) in Sperrichtung angelegt, kommt es in der Grenzschicht zu einem Lawinendurchbruch. Die dabei entstehenden energiereichen (heißen) Elektronen überwinden zum Teil die Barriere zwischen dem Substrat und der Gateelektrode, die sich dadurch negativ auflädt. Der Kanal wird niederohmig, der Transistor leitend. Durch UV-Bestrahlung kann die Ladung wieder aufgehoben und der Kanal gesperrt werden.

■ *Anwendung*: Bestandteil von EPROM-Speicherschaltkreisen (elektrisch programmierbarer NUR-LESE-Speicher).

Beim *SAMOST* befindet sich über der nichtangeschlossenen Gateelektrode eine zweite Gateelektrode (Steuergate). Durch die Steuerspannung $U_{GS}$ ist es möglich, Avelancheelektronen auf das Floating-Gate zu lenken und dadurch die Schwellspannung des FET zu verringern. Durch eine impulsförmige negative Spannung zwischen Gate und Kanal (bzw. Drain) ist es möglich, das Floating-Gate wieder zu entladen, so daß der FET die hohe Schwellspannung zurückerhält.

■ *Anwendung*: Bestandteil von EEPROM-Speicherschaltkreisen (elektrisch programmierbarer und elektrisch löschbarer NUR-LESE-Speicher).

**Dualgate-MOSFET (MOSFET-Tetrode).** Der Dualgate-MOSFET hat zwei Steuerelektroden $G_1$ und $G_2$ (→ Bild 6.71), über die eine *multiplikative Steuerung* des Drainstroms durch zwei voneinander unabhängige Steuerspannungen möglich ist (→ Bild 6.72).

## 6.11 Feldeffekttransistoren (FET)

■ *Anwendungen*:

- Im Verstärkungsgrad regelbare Verstärkerstufen (an $G_1$ wird das Signal, an $G_2$ die Regelspannung zugeführt)
- Schaltungen zur Frequenzmodulation (z. B. Modulatorstufen in UKW- und Fernsehempfängern).

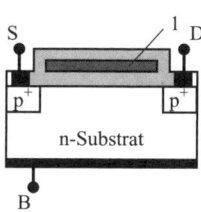

Bild 6.69  *Prinzipieller Aufbau eines FAMOST-Speicher-FET, 1 Poly-Si*

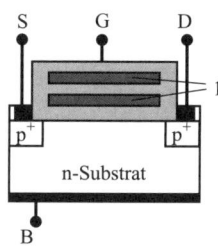

Bild 6.70  *Prinzipieller Aufbau eines SAMOST-Speicher-FET, 1 Poly-Si*

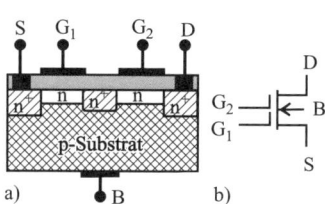

Bild 6.71  *Prinzipieller Aufbau eines Dualgate-MOSFET*

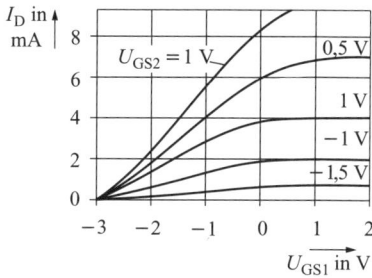

Bild 6.72  *Übertragungskennlinien eines Dualgate-MOSFET*

**Unijunction-Transistor**. Der Aufbau des Unijunction-Transistors (UJT) bzw. der *Doppelbasisdiode* ähnelt dem eines Sperrschicht-FET ($\rightarrow$ Bild 6.73). In ein schwach n-leitendes Gebiet ist unsymmetrisch zu den Anschlüssen $B_1$ (Basis 1) und $B_2$ (Basis 2) eine als Emitter bezeichnete p-Zone (E) eindotiert. Das n-Gebiet ist dadurch in die Abschnitte $B_1$-E und E-$B_2$ mit den Teilwiderständen $r_{B1}$ und $r_{B2}$ aufgeteilt. Der Gesamtwiderstand $R_{BB} = r_{B1} + r_{B2}$ ist der *Interbasiswiderstand*, der praktisch in der Größenordnung einiger Kiloohm liegt.

Die *Funktion* kann an Hand der Ersatzschaltung und der Strom-Spannungs-Kennlinie ($\rightarrow$ Bild 6.74) abgeleitet werden.

Eine an die Basisanschlüsse gelegte Spannung $U_{BB}$ erzeugt einen Interbasisstrom, der $U_{BB}$ im Verhältnis der Teilwiderstände aufteilt. Die Teilspannung an $r_{B1}$ ist um den Faktor $\eta$ kleiner als $U_{BB}$. $\eta$ ist ein wichtiger Kennwert des UJT und wird als *inneres Spannungsverhältnis* bezeichnet:

$$\eta = \frac{r_{B1}}{r_{B1} + r_{B2}} \tag{6.76}$$

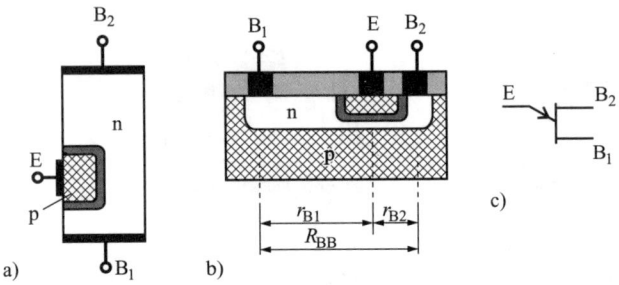

*Bild 6.73 Unijunction-Transistor (UJT)*
*a) Aufbau als Legierungstyp, b) Aufbau als Planartyp, c) Schaltungskurzzeichen*

Die Strecke E-B$_1$ stellt eine Diode dar. Diese ist gesperrt, solange die zwischen E und B$_1$ anliegende Spannung $U_{EB1}$ kleiner als $U_S + \eta U_{BB}$ (Schleusenspannung $U_S \approx 0,7$ V) ist. Bei $U_{EB1} = U_P$ (Höckerspannung) schaltet die Diode durch. Vom Emitter werden Minoritätsträger (Löcher) in den Basisraum E-B$_1$ injiziert, so daß $r_{B1}$ kleiner wird und $U_{EB1}$ auf die Talspannung $U_V$ absinkt. Der Emitterstrom muß durch einen Vorwiderstand begrenzt werden.

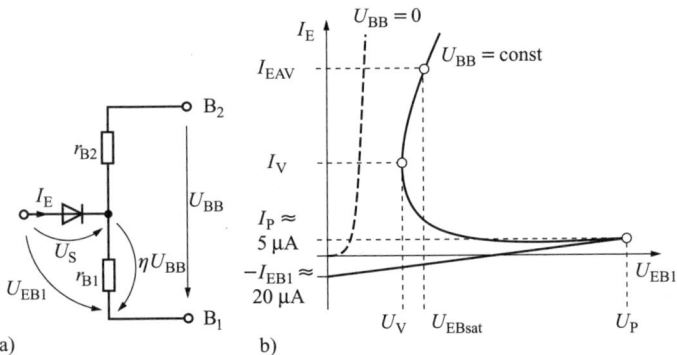

*Bild 6.74 Doppelbasisdiode: a) Ersatzschaltung, b) Strom-Spannungs-Kennlinie*

- *Kennwerte*: $R_{BB} \approx 7$ kΩ; $TK_{R_{BB}} \approx 0,5$ %/K; $\eta \approx 0,7$; $I_P \approx 5$ μA bei $U_{BB} = 25$ V; $I_V \approx 5$ mA bei $U_{BB} = 20$ V.
- *Grenzwerte*: $U_{BB} \approx 35$ V; $I_{EAV} \approx 2$ mA; $I_{EM} \approx 2$ A; $P_{tot} \approx 300$ mW; $\vartheta_j \approx 125$ °C.

- *Anwendungen*:
  - Schwellwertschalter
  - Sägezahn- und Impulsgeneratoren (→ Bild 6.74).
- *Bemessungsrichtlinie* zur Schaltung nach Bild 6.74:
  $R_1 \approx 5U_P/I_{EM}$; $R_2 \approx 0{,}7\,\text{V} \cdot R_{BB}/(\eta U_B)$; $t_1 \approx C(U_P - U_V)/I_C$. $I_C$ wird mit $R_S$ der Konstantstromquelle (FET und $R_S$) eingestellt.

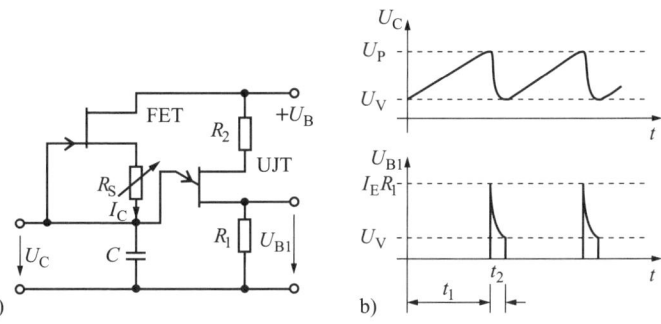

*Bild 6.75 Sägezahn- und Impulsgenerator mit einem UJT*
*a) Schaltung, b) Impulsdiagramme der Ausgangsspannungen*

**IGBT**. Der IGBT (*isolated gate bipolar transistor*) ist ein *feldeffektgesteuerter Thyristor* (→ 6.12.7). Die Steuerleistung geht wegen der isolierten Gateelektrode gegen null. Er ist für Ströme bis 75 A und Spannungen bis 1 200 V ausgelegt.

## 6.12 Thyristorbauelemente

### 6.12.1 Überblick

> **Thyristoren** (**SCR**, silicon controlled rectifier) sind *Mehrschicht-Halbleiterbauelemente. Charakteristisch ist ihr Schaltverhalten*, für das sich in der Steuerungstechnik und insbesondere in der Leistungselektronik vorteilhafte Anwendungsmöglichkeiten ergeben.

Thyristoren haben ein ausgeprägtes *Schalt-* oder *Kippverhalten* mit den Zuständen

- EIN – durchgesteuert, niederohmig und
- AUS – gesperrt, hochohmig.

Das Einschalten bezeichnet man mit *Zünden*, das Ausschalten mit *Löschen*. Es ist zu unterscheiden zwischen Thyristordioden und Thyristortrioden.

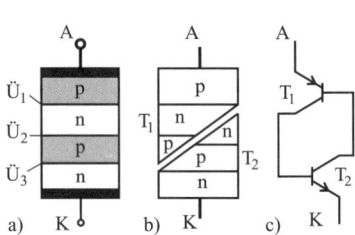
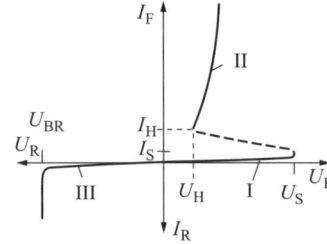

Bild 6.76 Vierschichtdiode
a) prinzipieller Aufbau, b) ersatzweise Aufspaltung in zwei Teilstrukturen,
c) Transistorersatzschaltung

Bild 6.77 Strom-Spannungs-Kennlinie einer Vierschichtdiode
I Blockierbereich, II Durchlaßbereich, III Sperrbereich

### 6.12.2 Einrichtungs-Thyristordiode

> Wegen ihres Aufbaus wird die Einrichtungs-Thyristordiode auch als **Vierschichtdiode** bezeichnet. Sie kann als eine integrierte Zusammenschaltung zweier komplementärer Transistoren aufgefaßt werden ($\rightarrow$ Bild 6.76).

**Sperrpolung.** Für $U_{AK} < 0$ (A – Anode, K – Katode) sind die pn-Übergänge Ü$_1$ und Ü$_3$ gesperrt, Ü$_2$ ist in Durchlaßrichtung gepolt. Bei einer bestimmten Spannung $U_{BR}$ ($\rightarrow$ Bild 6.77) kommt es zum Avalanche-Durchbruch an Ü$_1$ und Ü$_3$; das Bauelement verhält sich wie jede normale pn-Diode.

**Durchlaßpolung.** Für $U_{AK} > 0$ sind Ü$_1$ und Ü$_3$ in Durchlaß-, Ü$_2$ in Sperrichtung geschaltet. Bei der Spannung $U_S$ (Zünd- oder Schaltspannung) erfolgt der Durchbruch an Ü$_2$. Der Spannungsabfall am Bauelement geht auf einen Wert zurück, der der Durchlaßspannung einer normalen pn-Diode entspricht. Es ist deshalb notwendig, den Strom der Vierschichtdiode mit einem Vorwiderstand auf einen zulässigen Wert zu begrenzen.

**Kippverhalten.** Anhand der *Transitorersatzschaltung* ist der Schaltvorgang folgendermaßen erklärbar: Mit Erhöhung der Spannung $U_{AK}$ steigen auch die Sperrströme der beiden Transistoren. Der Sperrstrom von T$_2$ ist zugleich Basisstrom von T$_1$ und umgekehrt. Bei der Spannung $U_S$ sind die Sperrströme so groß geworden, daß sich die Transistoren gegenseitig aufsteuern und durch den wechselseitigen Einfluß innerhalb eines sehr kurzen Zeitintervalls voll durchsteuern. Die Vierschichtdiode ist in den niederohmigen Zustand übergegangen. Die Anordnung verhält sich nun wie eine pin-Diode mit einer vom Durchlaßstrom abhängigen Durchlaßspannung (etwa 1 V). Ein Rücksetzen der Diode in den Sperrzustand erfolgt bei Unterschreiten eines Mindestdurchlaßstromes, des *Haltestromes* $I_H$. Das kann durch Verminderung der Betriebsspannung oder Vergrößerung des Widerstandes im Stromkreis erreicht werden.

### 6.12.3 Zweirichtungs-Thyristordiode und Diac

Durch die integrierte *Antiparallelschaltung* zweier Vierschicht-Diodensysteme entsteht die **Zweirichtungs-Thyristordiode** oder die **symmetrische Vierschichtdiode**.

Wie Bild 6.78 zeigt, handelt es sich um ein fünfschichtiges Bauelement. Die Kennlinie weist im I. und im III. Quadranten des Koordinatensystems prinzipiell den gleichen Verlauf mit Blockier- und Durchlaßkennlinie auf (→ Bild 6.79).

- *Typische Grenz- und Kennwerte von Zweirichtungs-Thyristordioden*:
$U_S$: 50 V $\pm$ 4 V, $U_H$: 0,8 V, $I_S$: 150 μA, $I_H$: 12...45 mA, $I_{FAV}$: 150 mA, $I_{FM}$: 10 A, $P_{tot}$: 150 mW, $t_{ein}$: 0,2 μs, $t_{aus}$: 5 μs.

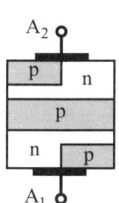

*Bild 6.78 Prinzipieller Aufbau einer symmetrischen Vierschichtdiode*

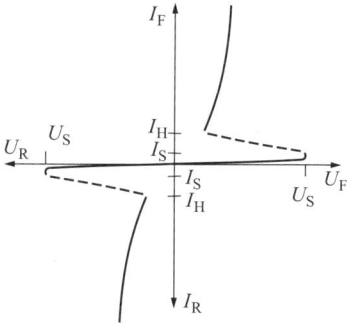

*Bild 6.79 Strom-Spannungs-Kennlinie einer symmetrischen Vierschichtdiode*

Der **Diac** ist eine Zweirichtungs-Thyristordiode mit einem speziellen, geometrisch und elektrisch *symmetrischen Dreischichtaufbau* (→ Bild 6.80), der *strukturell* mit der Gegeneinanderschaltung zweier Z-Dioden verglichen werden kann.

Der Leitungsmechanismus in der pnp-Struktur ist jedoch wesentlich komplizierter und durch innere Rückkopplungseffekte geprägt, so daß sich ein von

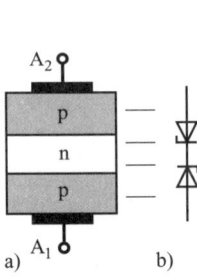
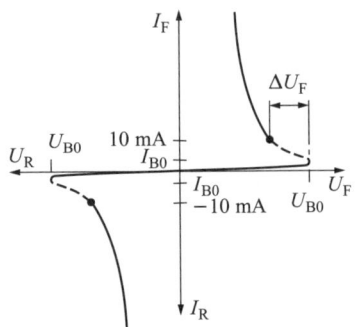

*Bild 6.80 Diac: a) prinzipieller Aufbau, b) Z-Dioden-Ersatzschaltung*

*Bild 6.81 Strom-Spannungs-Kennlinie eines Diac*

der Z-Diode abweichender Kennlinienverlauf ergibt ($\rightarrow$ Bild 6.81). Charakteristisch ist, daß der Spannungsverlauf über dem Bauelement nach der Zündung nur um einen relativ geringen Betrag $\Delta U_F$ von etwa 6...10 V zurückgeht.

■ *Typische Grenz- und Kennwerte des Diac*:
$U_{B0}$: 32 V $\pm$ 4 V in beiden Schaltrichtungen, $\Delta U_F$: 6...10 V, bei $I_F = 10$ mA.
$I_{B0}$: 0,5 mA, $I_{FM}$: 1 A, $P_{tot}$: 150 mW.

■ *Anwendungen von Thyristordioden*:

- Ansteuerelemente für Thyristor und Triac
- aktives Element in Kipp- und Sägezahngeneratoren.

## 6.12.4 Einrichtungs-Thyristortriode

### 6.12.4.1 Technologischer Aufbau

Die Einrichtungs-Thyristortriode, meist einfach als **Thyristor** bezeichnet, gleicht in ihrer Halbleiterstruktur der Vierschichtdiode. Sie hat jedoch zusätzlich eine *Steuerelektrode*, das *Gate* (G), die mit einer der inneren Halbleiterschichten verbunden ist.

Es ist zu unterscheiden zwischen den am häufigsten verwendeten p- oder katodenseitig und den selteneren n- oder anodenseitig gesteuerten Thyristoren ($\rightarrow$ Bild 6.82).

▶ Thyristoren werden vorzugsweise als *leistungselektronische Bauelemente* für Dauergrenzströme über 1 A hergestellt.

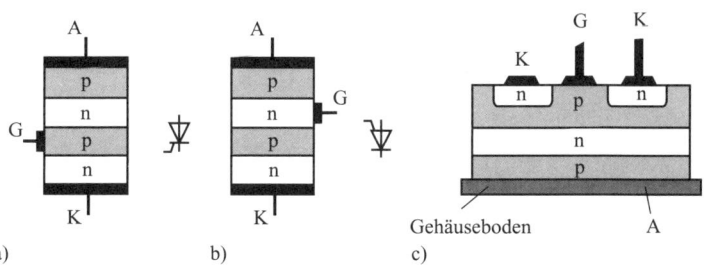

Bild 6.82 *Prinzipieller Aufbau und Symbole von Thyristoren:*
*a) mit katodenseitigem Gate, b) mit anodenseitigem Gate, c) Technischer Aufbau*

### 6.12.4.2 Wirkungsweise

**Zündverhalten.** Bei offenem oder mit Katode verbundenem Gateanschluß verhält sich der Thyristor wie eine Vierschichtdiode. In der Schalt- oder Vorwärtsrichtung erfolgt bei der *Nullkippspannung* $U_{K0}$ der Übergang aus dem Blockier- in den Durchlaßzustand. Über die *Steuerelektrode* lässt sich das Zündverhalten in Schaltrichtung beeinflussen. Durch einen in das Gate eingespeisten Steuerstrom $I_G$ kann die Kippspannung verringert werden. Je größer $I_G$ ist, desto weiter verschiebt sich die Zündspannung nach kleineren Werten bis herab zu einigen Volt. Es ist üblich, für die *Ströme und Spannungen des Hauptstromkreises* in Sperrichtung $I_R$ und $U_R$, im Blockierzustand $I_D$ und $U_D$ und im Durchlaßzustand $I_T$ und $U_T$ zu schreiben.

**Kippkennlinie.** Der Übergang des Thyristors vom *Blockier- in den Durchlaßzustand* (Zündung) vollzieht sich unter der Voraussetzung, daß ein ausreichend großer *Zündimpuls* $I_{GT}$ so lange einwirkt, bis die Ladungsträgerdichte in der Grenzschicht so weit angewachsen ist, daß der Laststrom einen Mindestwert, den *Einraststrom* $I_{HT}$, überschreitet. Die dafür nötige Zeit ist die *Zündzeit* $t_{gt}$ (einige Mikrosekunden). $I_{GT}$ gilt für eine Kippspannung $U_{DT}$ von 6 V. Aus der *Kippkennlinie* ($\rightarrow$ Bild 6.83) kann der zur Zündung bei beliebiger Spannung $U_D > U_{DT}$ notwendige Gatestrom $I_G$ abgelesen werden. Im Zünddiagramm (Eingangskennlinienfeld) umschließen die Steuergrenzen für $I_{GT}/U_{GT}$ und die Gate-Verlustleistungshyperbel die Bereiche der sicheren und der wahrscheinlichen Zündung ($\rightarrow$ Bild 6.84).

**Löschverhalten.** Nach der Zündung ist der Gateanschluß wirkungslos. Die *Zurückführung des gezündeten Thyristors* in den Blockierzustand (Löschung) ist nur über den Hauptstromkreis möglich. Der Laststrom muß einen Mindestwert, den *Haltestrom* $I_H$, unterschreiten ($\rightarrow$ Bild 6.85). Der Blockierzustand wird nach Ablauf der Freiwerdezeit $t_q$ (20…300 µs) erreicht, während der die Sperrschichten von den Ladungsträgern geräumt werden.

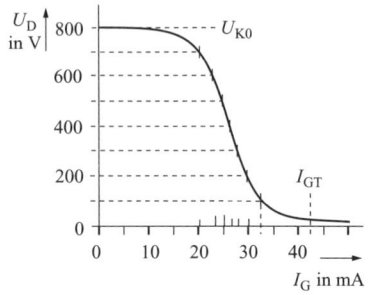

Bild 6.83 *Kippkennlinie eines Thyristors*

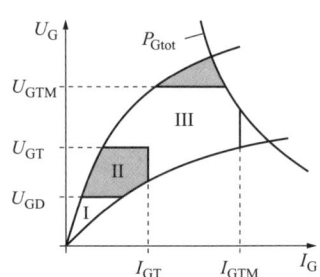

Bild 6.84 *Eingangskennlinienfeld eines Thyristors mit den Gebieten der Zündwahrscheinlichkeit*
*I Zündung nicht möglich,*
*II Zündung wahrscheinlich,*
*III Bereich der sicheren Zündung*

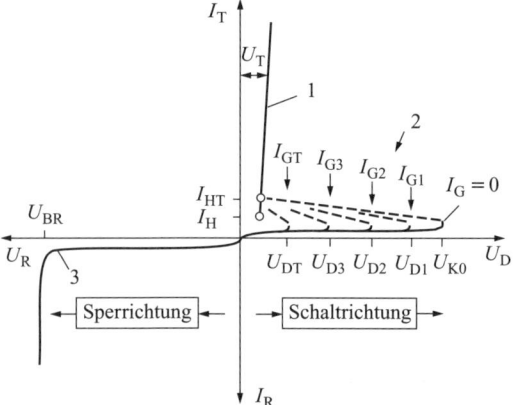

Bild 6.85 *Strom-Spannungs-Kennlinie eines Thyristors*
*1 Durchlaßkennlinie, 2 Blockierkennlinie, 3 Sperrkennlinie*

**Schutzbeschaltung des Thyristors.** Im Blockierzustand dürfen rasche Spannungsänderungen einen bestimmten, vom Hersteller vorgeschriebenen Wert, die *kritische Spannungssteilheit* $S_{Ukrit} = du_D/dt$, nicht überschreiten; andernfalls erfolgt Selbstzündung. Ferner darf nach der Zündung der Laststrom eine bestimmte Anstiegsgeschwindigkeit, die kritische Stromsteilheit

## 6.12 Thyristorbauelemente

$S_{Ikrit} = di_T/dt$, nicht überschreiten, da sich sonst der Stromfluß im Kristall auf eng begrenzte Strombahnen mit großer Stromdichte konzentriert. Dadurch bedingte lokale Überhitzungen führen zur Zerstörung des Kristalls. Erreichbar ist dies durch eine zusätzliche Reiheninduktivität.

■ *Beispiel für Kenn- und Grenzwerte eines Thyristors*:
$U_{DWM} = U_{RWM}$: 420 V; $U_{DRM} = U_{RRM}$: 600 V; $U_T < 2$ V; $I_{TAV}$: 10 A; $I_{TRMS}$: 16 A; $I_{TRM}$: 75 A; $I_{GT}$: 50 mA; $I_H \leq 75$ mA; $I_{HT} \leq 150$ mA; $t_{gt}$: 1,5 µs; $t_q$: 100 µs; $S_{Ukrit}$: 200 V/µs; $S_{Ikrit}$: 50 A/µs.
Alle Kennwerte sind temperaturabhängig.

### 6.12.5 Zweirichtungs-Thyristortriode

> Die Zweirichtungs-Thyristortriode oder der **Triac** kann technologisch und funktionell als Antiparallelschaltung zweier Thyristoren aufgefaßt werden (→ Bild 6.86).

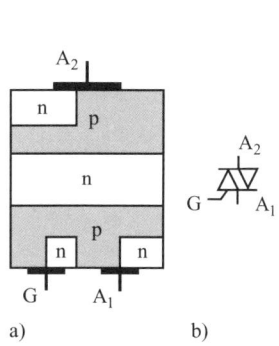

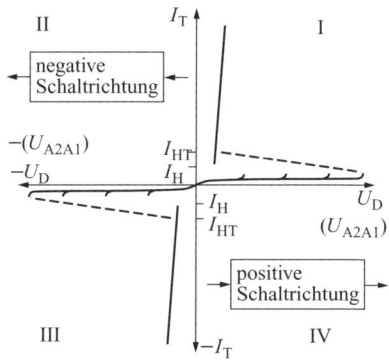

Bild 6.86 a) Prinzipieller Aufbau und b) Symbol eines Triac

Bild 6.87 Strom-Spannungs-Kennlinie eines Triac

Die Blockier- und Durchlaßbereiche im I. und III. Quadranten des *Kennlinienfeldes* stimmen weitgehend überein (→ Bild 6.87). Da die äußeren Elektroden sowohl Kathode als auch Anode sein können, werden sie mit $A_1$ (oder $H_1$ – *Hauptelektrode 1*) und $A_2$ (oder $H_2$) bezeichnet. *Bezugselektrode* ist immer $A_1$. Ein Zünden des Triac ist in jeder Richtung mit Steuerströmen beider Polaritäten möglich.

▶ Für die *praktische Anwendung* ergeben sich in Wechselstromschaltungen erhebliche Vereinfachungen gegenüber Schaltungen mit Thyristoren.

## 6.12.6 Anwendungen von Thyristor und Triac

### 6.12.6.1 Leistungsschalter für Wechsel- und Gleichstrom

Da $I_{GT} \ll I_T$ ist, können Thyristoren als elektronisch gesteuerte Leistungsschalter (*Halbleiterrelais, Halbleiterschütz*) eingesetzt werden. *Vorteilhaft* gegenüber elektromechanischen Relais sind die Wartungsfreiheit, der Wegfall des Kontaktabbrandes und der Schaltgeräusche. *Nachteilig* sind die galvanische Verbindung über die Halbleiterstruktur zwischen dem Steuer- und dem Lastkreis und die Empfindlichkeit gegenüber Überlastungen.

Thyristoren erlauben verschiedene Steuerprinzipien. Ein Zünden kann entweder durch Überschreiten der mittels Steuerstrom eingestellten Zündspannung $U_D$ erfolgen oder durch Einspeisen eines ausreichend hohen Steuerstromimpulses jederzeit ausgelöst werden. Man spricht von *Spannungszündung* bzw. *Impulszündung*.

**Wechselstromschalter**

Ziel der Anwendung des Thyristors ist die Steuerung der einem Verbraucher zugeführten Leistung. Im Falle einer Wechselspannungsversorgung ist dies auf zwei Arten möglich:

- Phasenanschnittsteuerung
- Schwingungspaketsteuerung.

**Phasenanschnittsteuerung.**

> Bei **Phasenanschnittsteuerung** wird dem Verbraucher nur während eines Teils der Periodendauer der Wechselspannung ein Strom geliefert. Dieser ist nicht mehr sinusförmig, stark oberwellenhaltig.

Der Zündzeitpunkt des Thyristors steuert den Stromflußwinkel $\Theta$. Eine einfache Schaltung für diese Steuerung ist in Bild 6.88 dargestellt.

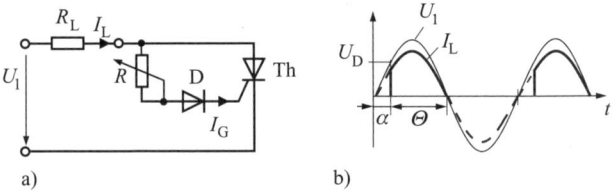

*Bild 6.88 Phasenanschnittsteuerung*

Die Größe des regelbaren Widerstandes $R$ bestimmt den Zündzeitpunkt. Es gilt

$$R = \frac{\hat{U}_1 \sin \alpha - U_F - U_{GT}}{I_G} \qquad (6.77)$$

Der Steuerstrom $I_G$ legt den geforderten Wert der Zündspannung fest. Die Spannung $U_{GT}$ zwischen Steuerelektrode und Kathode des Thyristors besitzt vor dem Zünden in Durchlaßrichtung einen Wert von ca. 0,7 V. Für die Durchlaßspannung der Diode gilt $U_F = 0,7$ V. Im Nulldurchgang der Thyristorspannung erfolgt ein selbständiges Löschen des Thyristors. Ein entsprechender Stromflußwinkel $\Theta$ während der negativen Halbwelle der Wechselspannung ist bei Verwendung eines Triacs zu erreichen. Die Diode ist dann zu entfernen. Ein Stromflußwinkel $\Theta < 90\,°C$ wird möglich, wenn der Thyristor bzw. der Triac durch einen separat erzeugten Steuerimpuls gezündet wird. Eine mögliche Schaltung zeigt Bild 6.89. Auf diese Weise ist eine kontinuierliche Leistungssteuerung bis $P_V = 0$ möglich.

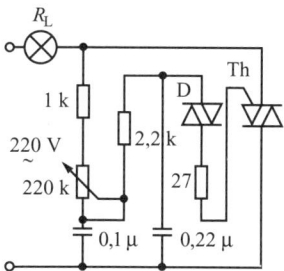

Bild 6.89 *Zündschaltung mit einem Diac zur Ansteuerung eines Triac*

Hohe Anforderungen an Einstellbarkeit, Stabilität und Reproduzierbarkeit von Zündzeitpunkt bzw. Stromflußwinkel lassen sich nur durch eine *Impulszündung* mittels geeigneter elektronischer Zündschaltung erfüllen.

■ *Anwendung*: Steuerung von Beleuchtungseinrichtungen (*Dimmer*) und Verbrauchern mit relativ kleiner Leistung.

**Schwingungspaketsteuerung**

> Bei **Schwingungspaketsteuerung** erfolgt die Leistungszufuhr periodisch für eine bestimmte Anzahl ganzer Schwingungsperioden. Zum Ein- und Ausschalten kommt es jeweils in unmittelbarer Nähe des Nulldurchgangs der Betriebsspannung ($\rightarrow$ Bild 6.90).

Die im Verbraucher umgesetzte *Durchschnittsleistung* $P = P_{max} \cdot K_E$ wird vom Einschaltverhältnis $K_E = t_E/T_S$ bestimmt.

Um ein Zünden des Thyristors im Nulldurchgang zu ermöglichen bzw. ein unerwünschtes Löschen an diesen Stellen zu vermeiden, muß während der Einschaltphase $t_E$ für eine entsprechend geringe Zündspannung $U_D$ gesorgt werden. Zur Bereitstellung des nötigen Steuerstromes gibt es spezielle integrierte Schaltkreise mit Zeitgeber und Nullspannungsschalter.

■ *Anwendung*: Steuerung von Vorgängen mit großen Zeitkonstanten (z. B. Heizungen, elektromotorische Antriebe)

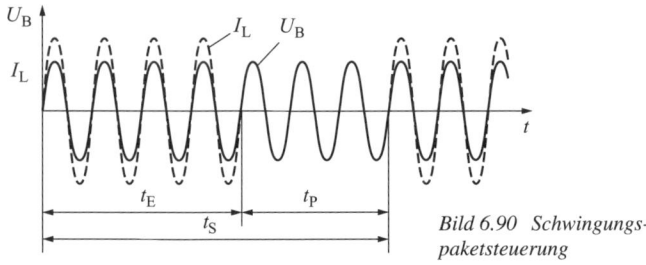

Bild 6.90 Schwingungspaketsteuerung

### 6.12.6.2 Elektronische Lastrelais

Steuer- und Lastkreis sind im elektronischen Lastrelais (solid state relay) durch *optoelektronische Mittel* (Lichtemittierende Dioden, Fototransistoren, Fotothyristoren, → 6.13) galvanisch getrennt. Lastströme bis zu 100 A können durch einen Steuerstrom von etwa 20 mA geschaltet werden. Die Relais sind in leicht montierbaren Gehäusen untergebracht (→ Bild 6.91)

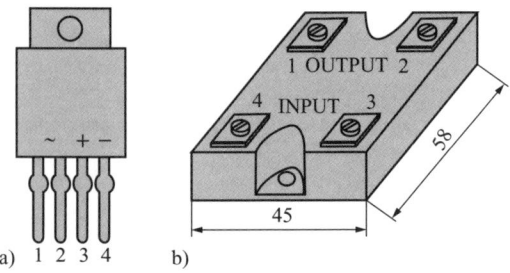

*Bild 6.91 Äußere Gestaltung von elektronischen Lastrelais
a) für kleine Leistung, b) für große Leistung*

**Lastrelais für Wechselstrom** (→ Bild 6.92) beinhalten außer dem Schaltthyristor einen integrierten elektronischen*Nullspannungsschalter* (zero cross circuit). Dieser sorgt dafür, daß der Thyristor grundsätzlich erst kurz nach dem Nulldurchgang der Wechselspannung gezündet wird. Dadurch werden Störungen durch Oberwellen, die bei einem Phasenanschnitt entstehen, verringert.

**Elektronische Gleichstromrelais** arbeiten statt mit einem Lastthyristor mit einem ebenfalls optoelektronisch gesteuerten Leistungs-MOSFET ($\to$ 6.11.6.5). Die technischen Daten liegen etwa bei 15 A maximalem Laststrom, 10...20 mA Steuerstrom, 0,1 Ω Innenwiderstand.

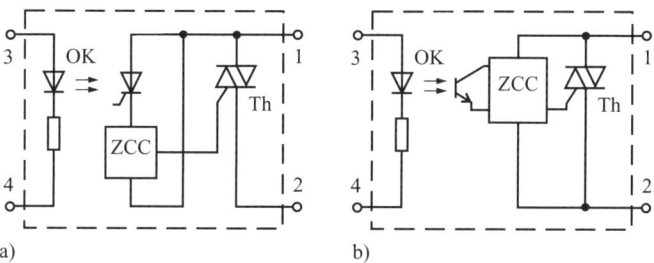

Bild 6.92 *Prinzipschaltung elektronischer Wechselstrom-Lastrelais*
*a) mit LED und Fotothyristor, b) mit LED und Fototransistor*
*OK Optokoppler, ZCC Nullspanungsschalter*

### 6.12.6.3 Störschutz und Schutzbeschaltung

Der durch Thyristoren geschaltete Laststrom enthält einen hohen Anteil *Oberwellen*, die benachbarte Funkgeräte stören. Die Störstrahlung ist bei der Phasenanschnittsteuerung besonders hoch. Es ist deshalb erforderlich, die Thyristorschaltung abzuschirmen, in die Netzzuleitung *LC-Glieder* zur *Entstörung* ($L \approx 20\ldots 200$ μH, $C \approx 22\ldots 100$ nF) und zur Dämpfung des Trägerstaueffektes dem Thyristor ein *RC*-Glied (TSE-Beschaltung; $R \approx 3\ldots 50$ Ω, $C \approx 22\ldots 100$ nF) parallelzuschalten.

▶ Thyristoren sind sehr überlastungsempfindlich. Es sind deshalb *Schutzbeschaltungen* gegen
  - Kurzschluß- und Überstrom durch superflinke Schmelzsicherungen ($I_{Si} \approx I_{TAV}$),
  - Überspannungen durch einen dem Thyristor parallelgeschalteten Varistor

vorzusehen.

### 6.12.7 Spezielle Thyristoren

**GTO.** Für spezielle Zwecke (z. B. Frequenzumrichter zur verlustarmen Drehzahlstellung von Asynchronmotoren) wurde der *Abschaltthyristor* (GTO, gate turn off thyristor) entwickelt. Durch einen negativen Gatestromimpuls kann der GTO gelöscht werden. *Nachteilig* ist der große Löschstrom, der etwa 30 % des abzuschaltenden Laststromes betragen muß. Wegen des komplizierten Schichtaufbaus ist der GTO relativ teuer.

**Thyristortetroden.** Eine Thyristortetrode besitzt zwei Steuerelektroden, ein Katodengate $G_K$ und ein Anodengate $G_A$ ($\rightarrow$ Bild 6.93). Die *Zündung* kann durch einen positiven Impuls an $G_K$ oder einen negativen Impuls an $G_A$ eingeleitet werden. Bei einigen Typen ist im Gegensatz zum normalen Thyristor auch eine Löschung durch ein positives Signal an $G_A$ oder ein negatives Signal an $G_K$ möglich.

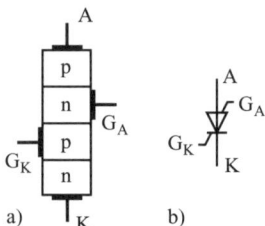
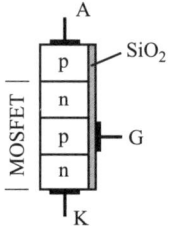

Bild 6.93 Thyristortetrode
a) prinzipieller Aufbau,
b) Schaltzeichen

Bild 6.94 Prinzipieller Aufbau eines Feldeffekt-Thyristors mit katodenseitigem Gate

**Feldeffektthyristoren.** Beim Feldeffekt- oder Insulated-Gate-Bipolartransistor (*IGBT*) sind drei Schichten als Anreicherungs-MOSFET ausgebildet. Die mittlere dieser drei Schichten dient als Gate. Im Falle der Steuerung über ein katodenseitiges Gate ($\rightarrow$ Bild 6.94) erzeugt ein positives Steuersignal einen n-leitenden Kanal in der p-Schicht, der Thyristor wird gezündet.

Von *Vorteil* sind der geringe Bedarf an Steuerleistung (reine Spannungssteuerung), die Isolation des Gateanschlußes vom Lastkreis und der geringe Durchlaßwiderstand.

■ *Anwendung* findet der IGBT vor allem in Gleich- und Wechselrichterschaltungen. Das Leistungsspektrum umfaßt Typen bis 1 kV, 100 A und 20 kHz.

## 6.13 Optoelektronische Bauelemente

### 6.13.1 Übersicht

Optoelektronische Bauelemente haben lichtempfindliche, lichtemittierende oder lichtbeeinflussende Eigenschaften.

**Lichtempfindliche Bauelemente** (Fotodetektoren)
- Hochvakuum- und gasgefüllte Zellen, z. B. Fotozellen, Sekundärelektronenvervielfacher.

Es wird der *äußere lichtelektrische Effekt* ausgenutzt: Photonen schlagen aus bestimmten Stoffen Elektronen heraus.
- Fotohalbleiter ohne und mit pn-Übergang, z. B. Fotowiderstände, Fotoelemente, Fotodioden.

Es wird der *innere lichtelektrische Effekt* ausgenutzt: Photonen bewirken in Halbleitern die Generation freier Ladungsträgerpaare.

**Lichtemittierende Bauelemente** (Fotoaktoren)
- Hochvakuum-Katodenstrahlröhren mit fluoreszierendem Schirm, z. B. Elektronenstrahlröhren für Oszillografen, Monitore, Bildröhren für die kommerzielle und die Unterhaltungselektronik.

Es wird die *Thermoemission* von Elektronen im Vakuum und die *Fluoreszenzanregung* verschiedener Stoffe durch auftreffende Elektronen ausgenutzt.
- Glimmentladungsröhren, z. B. Signalglimmlampen, Glimmröhren mit alphanumerischer Anzeige.

Es wird die bei der *Ionisation von Gasen* auftretende Lichterscheinung ausgenutzt (Plasmaanzeigeelemente).
- Halbleiterlumineszenzelemente, z. B. lichtemittierende Dioden (LED) und Diodenanordnungen für alphanumerische Darstellungen (Siebensegment- und Matrixsysteme).

Es wird der *Lumineszeneffekt* verschiedener Halbleiter ausgenutzt.

**Lichtbeeinflussende Bauelemente**
- Feldeffektelemente mit Flüssigkristallen, z. B. Flüssigkristallanzeigeelemente für alphanumerische Information, Flachbildschirme für Monitore.

### 6.13.2 Fotometrische Beziehungen

**Lichtstärke und Strahlungsstärke**

Jede sichtbares Licht erzeugende Quelle hat eine Lichtstärke $I_v$ (Candela, cd). Jede Infrarot (IR) erzeugende Quelle hat eine Strahlstärke $I_e$ (W/sr).

■ *Beispiele für Lichtstärken und Strahlstärken*:
Haushalt-Paraffinkerze: 1 cd; 100-W-Glühlampe: 100 cd;
Lichtemitterdiode: $0,3\ldots 5$ mcd; Infrarot-Emitterdiode: $0,2\ldots 4$ mW/sr.

**Lichtstrom und Strahlungsleistung**

Das Produkt aus der Lichtstärke bzw. Strahlstärke und dem durchstrahlten Raumwinkel $\omega$ (Steradiant, sr) ist der Lichtstrom $\Phi_v$ (Lumen, lm) bzw. die Strahlungsleistung $\Phi_e$ (W).

Da der volle Raumwinkel $\omega = 4\pi$ sr beträgt, erzeugt eine nach allen Seiten gleichmäßig mit der Lichtstärke 1 cd strahlende Lichtquelle (idealer Kugelstrahler) einen Lichtstrom von $\Phi_v = 4\pi I_v \approx 12{,}56$ lm.

**Beleuchtungsstärke und Bestrahlungsstärke**

Die Beleuchtungsstärke $E_v$ (Lux, lx) bzw. die Bestrahlungsstärke $E_e$ (W/m$^2$) ist ein Maß für die Helligkeit einer beleuchteten Fläche. Sie ist gleich dem Lichtstrom bzw. der Strahlungsleistung je Flächeneinheit:
$E_v = \Phi_v/A$ bzw. $E_e = \Phi_e/A$. (Index e = energetisch; v = visuell)
$E_v$ bzw. $E_e$ (allgemein und abgekürzt $E$) nehmen mit dem Quadrat der Entfernung von der Lichtquelle und wachsendem Einfallswinkel der Strahlung gemäß dem Kosinus ab:

$$E = I \cos\alpha / r^2$$

Bei gegebener Bestrahlungsstärke hängt die Beleuchtungsstärke von der *Farbtemperatur* $T_f$ der Quelle ab. Mit dem Farbtemperaturfaktor $K_f$ besteht die Beziehung $E_v = K_f E_e$.

■ *Beispiele*: $K_f = 1000$ cm$^2$ lx/mW für Sonnenlicht ($T_f = 6000$ K), $K_f = 2100$ cm$^2$ lx/mW für Normlicht A ($T_f = 2850$ K). *Normlicht* A: ungefiltertes Licht einer Wolframfadenlampe.

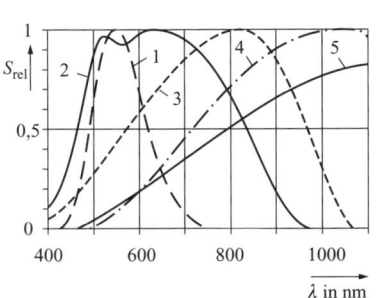

Bild 6.95 *Relative Fotoempfindlichkeiten 1 hell adaptiertes menschliches Auge, 2 Cadmiumsulfid, 3 Silicium, 4 Bleisulfid, 5 Germanium*

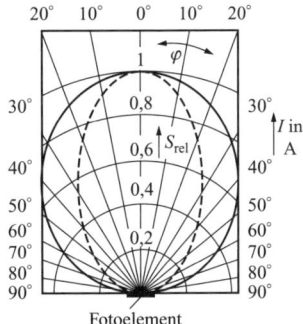

Bild 6.96 *Richtcharakteristiken von zwei Fotoelementen*

**Relative Fotoempfindlichkeit**

Eine wesentliche *Kenngröße von Fotodetektoren* ist die materialspezifische relative Fotoempfindlichkeit $S_{rel}$ (→ Bild 6.95). Sie wird auf die bei einer bestimmten Wellenlänge $\lambda_{max}$ vorhandene maximale Fotoempfindlichkeit bezogen.

## 6.13 Optoelektronische Bauelemente

**Richtdiagramme und Lichtverteilungskurven**

Der mechanische Aufbau bestimmt bei Fotodetektoren die Richtungsempfindlichkeit für die einfallende Strahlung, bei Fotoaktoren die richtungsabhängige Strahlungsintensität. Diese Eigenschaft wird in Richtdiagrammen und Lichtverteilungskurven dargestellt (→ Bilder 6.96 und 6.97).

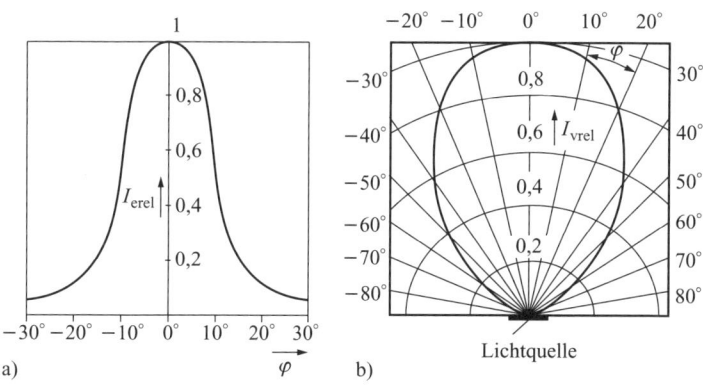

Bild 6.97 Lichtverteilungskurven zweier LED in a) kartesischer und b) Polarkoordinatendarstellung (relative Licht- bzw. Strahlstärke in Abhängigkeit vom Abstrahlwinkel)

### 6.13.3 Lichtempfindliche Fotohalbleiter

#### 6.13.3.1 Fotowiderstände

**Fotowiderstände** bestehen aus homogenen Halbleiter-Mischkristallen. Ihr Widerstandswert sinkt mit steigender Beleuchtungsstärke.

Die *Halbleiterschicht* aus CdS, CdSe (für vorwiegend sichtbares Licht), Pbs, InSb, InAs, Si oder Ge mit Au, Hg oder Cu dotiert (für vorwiegend Infrarot) ist *mäanderförmig* auf ein Keramikplättchen aufgetragen und mit Anschlußkontakten versehen.

Bei *Lichteinfall* erhöht sich durch *Fotogeneration* (innerer lichtelektrischer Effekt) die Dichte freier Ladungsträgerpaare, so daß sich die Leitfähigkeit erhöht. Bei geringer Beleuchtung weisen Fotowiderstände eine starke Temperaturabhängigkeit auf. Ursache ist die thermische Generation. Sie wird erst bei höherer Fotogeneration überdeckt. Die *Anpassungszeit* des Widerstandswertes an eine veränderte Beleuchtungsstärke liegt im Millisekundenbereich.

Die Einstellzeit auf den Dunkelwiderstand kann mehrere Sekunden betragen. Das *Hell-dunkel-Verhältnis* des Widerstandes erreicht mehrere Zehnerpotenzen.

■ *Kenn- und Grenzwerte*:

$R_0$ Dunkelwiderstand (1...100 MΩ)
$R_{1000}$ Hellwiderstand bei $E_v$ = 1000 lx (0,1...20 kΩ)
$\lambda_{max}$ Wellenlänge der maximalen Empfindlichkeit.

■ *Anwendungen*:
- Lichtschranken, Dämmerungsschalter
- Meßfühler für Lichtstärke und Beleuchtungsstärke.

### 6.13.3.2 Fotodioden

**Fotodioden** sind lichtempfindliche, bei Sperrspannung betriebene Halbleiterdioden mit einem kleinflächigen pn- oder pin-Übergang. Ihr Sperrstrom dient als Sensorsignal.

Die Lichteintrittsöffnung ist häufig zur Fokußierung des Lichtes als *Sammellinse* ausgebildet. *Pin-Fotodioden* haben eine höhere maximal zulässige Sperrspannung, eine höhere Grenzfrequenz, aber eine geringere Empfindlichkeit bei vergleichbarer lichtempfindlicher Fläche als pn-Typen.

**Fotostrom.** Die Fotodiode nutzt die Lichtempfindlichkeit des *Leckstromes* eines gesperrten pn-Übergangs. Eine äußere Sperrspannung sorgt während des Betriebs für eine große Ausdehnung der Sperrschicht. Durch Fotogeneration in dieser Sperrschicht entstandene Ladungsträger werden durch das innere elektrische Feld zu den äußeren Klemmen der Diode abgesaugt und bilden den Fotostrom. Der Fotostrom $I_F$ ist direkt proportional zur Beleuchtungsstärke $E_v$.

$$I_F = I'_F \cdot E_v + I_{R0} \tag{6.78}$$

Der Proportionalitätsfaktor $I'_F$ entspricht der Fotoempfindlichkeit. Bild 6.98 enthält neben der typischen Kennlinie einer Fotodiode auch das Ersatzschaltbild.

**Dunkelstrom.** Bei Dunkelheit reduziert sich der Sperrstrom des pn-Übergangs auf einen thermisch bedingten restlichen Leckstrom, den Dunkelstrom $I_{R0}$.

**Grenzfrequenz.** Die Anpaßgeschwindigkeit des Fotostromes an die Beleuchtungsstärke ist bei Fotodioden sehr hoch. Sie wird in Form einer *Grenzfrequenz* $f_g$ angegeben, bis zu der noch keine Verzögerungen auftreten, und liegt bei $f_g$ > 10 MHz.

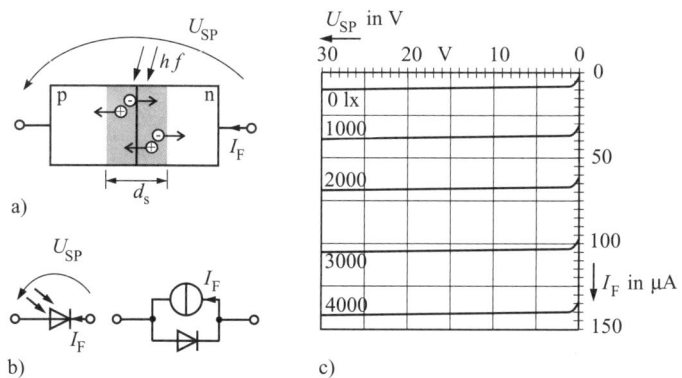

Bild 6.98 Fotodiode
a) Funktionsprinzip, b) Symbol und Ersatzschaltbild, c) Kennlinie

### 6.13.3.3 Fotoelemente und Solarzellen

> **Fotoelemente** und **Solarzellen** sind großflächige, aktive Fotohalbleiter mit einem Homo- oder Hetero-pn- bzw. Hetero-pin-Übergang, die Lichtenergie in nutzbare elektrische Energie umwandeln (Fotovoltaik).

**Aufbau und Eigenschaften.** Als *Werkstoffe* werden Se, CdS, $Cu_2S$-CdS und Si ($\rightarrow$ Tabelle 6.21) sowie für große Bestrahlungsstärken und hohe Umgebungstemperaturen GaAs (sehr teuer) eingesetzt. Den prinzipiellen Aufbau von Se- und Si-Elementen zeigt Bild 6.99. Solarzellen erhalten eine Abdeckung mit Linsenstruktur und einen Antireflexbelag.

***U-I*-Kennlinie.** Im 4. Quadranten repräsentiert die Kennlinie einer Fotodiode einen aktiven Zweipol ($\rightarrow$ Bild 6.101). Bei Lichteinfall entstehen Elektron-Löcher-Paare durch Fotogeneration. Unter dem Einfluß des an der Sperrschicht bestehenden elektrischen Feldes sammeln sich die Elektronen im n-, die Löcher im p-Gebiet. Der Ladungsunterschied ist an den äußeren Anschlüssen des Elementes meß- und nutzbar. Der *Kurzschlußstrom* $I_K$ entspricht dem Fotostrom $I_F$. Die Leerlaufspannung $U_L$ beträgt bei Siliciumzellen ca. 0,5 V und weist eine logarithmische Abhängigkeit von der Beleuchtungsstärke auf ($\rightarrow$ Bild 6.100). Beide sind temperaturabhängig:
$TK_{UL} \approx -0,1 \,\%/K$, $TK_{IK} \approx +0,1 \,\%/K$.

▶ Zur Energienutzung ist wegen der geringen Zellenspannung (Si: $0,4\ldots0,7$ V, GaAs: $0,7\ldots1$ V) eine Zusammenschaltung mehrerer Einzelelemente zu Modulen erforderlich.

# 306  6 Bauelemente der Elektronik

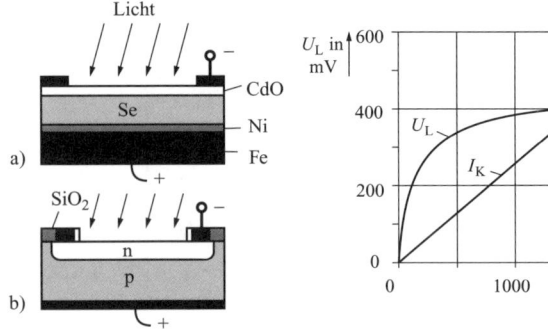

Bild 6.99 Prinzipieller Aufbau von Fotoelementen
a) Selenfotoelement,
b) Siliciumfotoelement

Bild 6.100 Leerlaufspannung und Kurzschlußstromstärke eines Siliciumfotoelementes in Abhängigkeit von der Beleuchtungsstärke

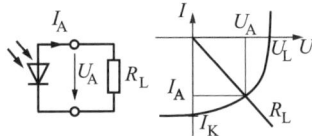

Bild 6.101 Solarzelle mit ohmscher Last

Tabelle 6.21 Arten und Anwendungen von Silicium-Solarzellen

| Halbleitermaterial | Kurzschluß-stromdichte | Wirkungs-grad | Kosten | Anwendungen |
|---|---|---|---|---|
| Amorphes Si (Dünnschicht) pin-Übergang | 12 mA/cm² | 7 % | gering | Taschenrechner, Uhren, Heimelektronik mit Leistungen < 1 W[1] |
| Polykristallines Si pin-Übergang | 20 mA/cm² | 12 % | mittel | kleine Anlagen bis zu einigen Watt Leistung[1, 2] |
| Monokristallines Si pn-Übergang | 30 mA/cm² | 18 % | hoch | mit dem Energienetz gepufferte Anlagen[1, 2, 3] |

[1] Wegen der geringen Zellenspannung ist Reihenschaltung erforderlich.

[2] Wegen der technologisch begrenzten Zellenfläche ist Parallelschaltung erforderlich.

[3] Zur Anpassung an das Energienetz sind Wechselrichter und Spannungswandler erforderlich.

**Optimaler Arbeitspunkt.** Die von einer Solarzelle abgebbare Leistung $P_{ab} = I_A \cdot U_A$ wird vom aktuellen Lastwiderstand $R_L$ bestimmt ($\rightarrow$ Bild 6.101) und von der Temperatur der Zelle beeinflußt (Verschiebung der $U$-$I$-Kennlinie). Die im mitteleuropäischem Raum täglich *eingestrahlte Solarenergie* beträgt im Jahresdurchschnitt etwa $2,5$ kWh/m². Für die Leistungsabschätzung zum Einsatz von Solarzellen kann ein Wert von maximal 1 kW/m² angesetzt werden.

#### 6.13.3.4 Fototransistoren

> **Fototransistoren** sind Siliciumtransistoren, deren Basis-Kollektor-Sperrschicht vom Licht getroffen werden kann. Sie stellen funktionell die Zusammenschaltung einer Fotodiode mit einem Verstärkertransistor dar.

Sie sind wesentlich *empfindlicher als Fotodioden*, haben aber eine *geringere Grenzfrequenz*. Bei manchen Fototransistoren ist der Basisanschluß zugänglich. Dieser kann zur Arbeitspunkteinstellung oder zur Kompensation des Dunkelstromes in geeigneter Weise beschaltet werden.

#### 6.13.3.5 Fotothyristoren

> **Fotothyristoren** sind Einrichtungs-Thyristortrioden, deren mittlere Sperrschicht als Fototransistor ausgebildet ist.

Der Fotothyristor kann durch Lichteinwirkung gezündet werden. Nach der Zündung verhält er sich wie ein normaler Thyristor. Über den Steuerstrom an der Gateelektrode ist mit Hilfe eines Widerstandes die Ansprechempfindlichkeit beeinflußbar.

### 6.13.4 Lichtemittierende Fotohalbleiter

#### 6.13.4.1 Lumineszenzeffekt in Halbleitern

> Im pn-Übergang bestimmter Halbleiterwerkstoffe (Tabelle 6.21) wird elektrische Energie in Strahlungsenergie umgewandelt. Die Struktur dafür geeigneter pn-Übergänge zeigt Bild 6.102.

Bei *Betrieb in Durchlaßrichtung* beruht der Leitungsvorgang wegen der starken n-Dotierung fast ausschließlich auf einem Elektronenstrom. Dieser rekombiniert in der p-Schicht mit den Löchern. Bei diesem Übergang der Elektronen vom Leitungs- ins Valenzband wird Energie frei, die zum größten Teil als Wärme (unerwünscht), zum Teil als Licht ($\eta = 0,02\ldots 1$ %) oder Infrarotstrahlung ($\eta = 0,5\ldots 4$ %) erscheint. Es entsteht eine *nahezu mono-*

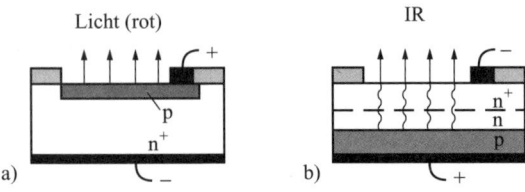

Bild 6.102 Prinzipieller Aufbau von Lumineszenzdioden
a) LED für sichtbares Licht, b) LED für Infrarot

*chromatische Strahlung* (Halbwertbreite etwa 40...70 nm). Im wesentlichen bestimmt der Bandabstand $W_g$ ($\to$ Tabelle 6.22) die Wellenlänge $\lambda$ der emittierten Strahlung.

Tabelle 6.22 Einige Kennwerte von Lumineszensdioden

| Halbleiter | Leuchtfarbe | Wellenlänge bei maximaler Empfindlichkeit $\lambda_{max}$ | Flußspannung $U_F$ bei $I_F = 20$ mA | Bandabstand $W_g$ |
|---|---|---|---|---|
| | | nm | V | eV |
| GaP | rot | 680 | 1,6 | 2,24 |
| | gelb | 590 | 2,4 | |
| | grün | 560 | 2,7 | |
| GaAsP | rot | 660 | 1,6 | 2,20 |
| | orange | 630 | 2,2 | |
| | gelb | 590 | 2,4 | |
| | grün | 560 | 2,8 | |
| ZnSe | blau | 468 | 3,0 | 2,60 |
| GaAs | IR | 900 | 1,4 | 1,43 |
| InP | IR | 950 | 1,1 | 1,30 |
| InAs | IR | 3400 | 1,1 | 0,36 |

#### 6.13.4.2 Lumineszenzdioden (LED)

Der Lumineszenzeffekt wird in den LED, die vorwiegend als Signalelemente und als Strahler in Lichtschranken verwendet werden, praktisch ausgenutzt. LED sind in Durchlaßrichtung zu betreiben. Sie müssen deshalb immer über einem *Vorwiderstand* $R_v$ oder aus einer *Konstantstromquelle* gespeist werden.

*Besondere Eigenschaften der LED*:
- hohe Lebensdauer ($10^4 \ldots 10^6$ h), vibrationsfest
- großer Betriebstemperaturbereich ($-50 \ldots +100$ °C)
- modulierbar bis in den MHz-Bereich.

## 6.13.4.3 LED-Anzeigesysteme (Display-Bauelemente)

Mehrere LED werden auf einem gemeinsamen Grundsubstrat so angeordnet, daß bei entsprechender Ansteuerung eine *alphanumerische Darstellung* erzielt wird. Für die Darstellung von Ziffern, einigen Buchstaben und Zeichen genügt das *Siebensegmentsystem*. Die sieben einzelnen LED haben entweder eine gemeinsame Anode oder gemeinsame Katode. Jedem Segmentanschluß ist ein Vorwiderstand zuzuordnen. Bei den Siebensegment-Bauelementen in Lichtschachttechnik erzielt man durch die Mehrfachreflexion im Lichtschacht eine gute Lichtausbeute. Bessere Darstellungen bringen *Punktmatrixsysteme* (→ Bild 6.103). Zur groben Anzeige von elektrischen Größen, wie Temperaturskalen, Tendenz-, Niveau- und Positionsanzeigen, dienen LED-Band- oder *Balkenanzeigedisplays*.

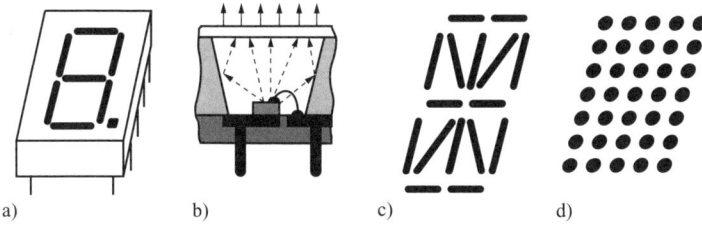

Bild 6.103 *LED-Anzeigesysteme für alphanumerische Informationen*
a) *Siebensegment-Lichtschacht-LED*, b) *Lichtreflexion und Streuung im Lichtschacht*, c) *16-Segment-Anzeigesystem*, d) *(5 × 7)-Punkt-Matrixsystem*

## 6.13.4.4 Halbleiter-Injektionslaser

**Halbleiter-Injektionslaser** (LASER, Light Amplification by Stimulated Emission of Radiation) sind spezielle LED mit einem optischen Resonator zur Erzeugung *kohärenten Lichtes*.

Bei dieser *stimulierten Emission* regt ein emittiertes Elektron ein weiteres Elektron im Leitungsband zu einer strahlenden Rekombination an, die Licht der gleichen Frequenz erzeugt. Voraussetzung dafür sind zwei Bedingungen. Es müssen sich erstens mehr Elektronen auf höheren (angeregten) Energieniveaus im Leitungsband als auf niedrigeren Niveaus im Valenzband befinden (*Besetzungsinversion*); zweitens muß die Lichtwelle den Bereich der Besetzungsinversion mehrmals durchlaufen und sich dadurch eine *optische Rückkopplung* ergeben /6.15/. Der pn-Übergang ist deshalb sehr hoch dotiert ($> 10^{19}$ cm$^{-3}$). Seine Struktur besteht aus der aktiven InGaAsP-Schicht, die beiderseitig von n- und p-InP eingeschlossen ist. Ferner ist der durch den Kristall selbst gebildete Resonator an seinen Enden von halbdurchlässigen Spiegelflächen begrenzt. Wegen der großen Brechzahl des Halbleiters ist die Reflektion (30 %) so groß, daß externe Spiegel nicht erforderlich sind. Erst von einer bestimmten Schwellstromdichte ($> 10^4$ A/cm$^2$) an setzt die stimulierte Emission ein.

- *Hauptanwendungsgebiete* sind die optoelektronische Nachrichtentechnik (Übertragung über Glasfaserkabel bei Wellenlängen von $1,3\ldots1,6$ mm) und die Unterhaltungselektronik (CD-Player).

### 6.13.5 Optoelektronische Koppelelemente

**Optokoppler** sind Signalübertragungsglieder, die aus einem *Fotoaktor* (IR-LED) und einem *Fotosensor* (Fotodiode, Fototransistor, Fotothyristor) bestehen. Lichtsender (Eingang) und Lichtempfänger (Ausgang) sind optisch gekoppelt, aber galvanisch getrennt in einem Gehäuse untergebracht. Das Verhältnis des Ausgangsstromes zum Eingangsstrom ist der *Übertragungs-* oder *Koppelfaktor* CTR (current transfer ratio). Er beträgt bei Dioden-Dioden-Kopplung $(0,5\ldots10)\cdot10^{-3}$, bei Dioden-Transistor-Kopplung etwa $0,2\ldots2$ und mit Foto-Darlingtontransistor $1\ldots10$.

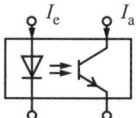

Bild 6.104 *Schaltsymbol eines Optokopplers*

Die Eigenschaften der beiden Teilelemente liefern eine gute Proportionalität von Eingangs- und Ausgangsstrom. Der Optokoppler ist zur Übertragung digitaler und analoger Signale geeignet.

### 6.13.6 Feldeffekt-Anzeigeelemente

**Feldeffekt-Anzeigeelemente** nutzen die durch Einwirkung eines elektrischen Feldes veränderbaren optischen Eigenschaften spezieller organischer Stoffe aus. Sie erzeugen selbst kein Licht.

**Flüssigkristall-Anzeigesysteme.** Einige *spezielle organische Verbindungen*, die im festen Zustand Kristallstruktur haben, durchlaufen nach dem Schmelzen ($t_S = -50\ldots0$ °C) zunächst eine *Zwischenphase* (Mesophase), in der sie einen *anisotropen flüssigen* Zustand aufweisen. Erst nach Erreichen des Klärpunktes ($t_K \approx 75\ldots150$ °C) gehen sie in den für flüssige Stoffe üblichen *isotropen* Zustand über. Zwischen $t_S$ und $t_K$ lassen sich die Moleküle durch elektrische Felder in bestimmter Weise ausrichten. Dabei geht die klare (durchsichtige) Flüssigkeit in einen milchigen Zustand über.

Für die praktische Anwendung des Effektes sind *Flüssigkristall-Anzeigesysteme* (LCD: liquid crystal display) für *Reflexions-* und für *Transmissionsbetrieb* entwickelt worden. Die nichtleitende Flüssigkeitsschicht befindet sich zwischen zwei planparallelen Glasplatten (Abstand ca. 10 µm), die an ihren Innenseiten durchsichtige leitende Beläge aus Zinnoxid tragen. Die Polarisatoren auf den Glasplatten bewirken, daß je nach der Lage der Moleküle in der Flüssigkeit die Zelle ohne Ansteuerung insgesamt hell (oder dunkel) erscheint. Bei Ansteuerung entstehen dunkle (oder helle) Abbildungen der Elektroden. Die Zellen müssen mit *Wechselspannung* betrieben werden. Andernfalls verliert die Flüssigkeit ihre speziellen Eigenschaften.

- *Betriebswerte*: $U_B$: 3...8 V; $f$: 25...500 Hz; $P \approx 10$ µW/cm$^2$; $I \approx 1$ µA/Segment; Kontrast (Hell/Dunkel) 20:1.

## 6.14 Integrierte Schaltungen

### 6.14.1 Übersicht

> Eine **integrierte Schaltung** (integrierter Schaltkreis, IS; integrated circuit, IC) ist die irreparable, nicht demontierbare kleinste Einheit der Mikroelektronik. Sie kann als ein einziges Bauelement aufgefaßt werden, das sich von den diskreten Bauelementen durch ein komplexeres Funktionsniveau unterscheidet. Eine integrierte Schaltung vereinigt die Funktionen und das Zusammenspiel vieler diskreter Bauelemente.

Die *Einteilung integrierter Schaltungen* kann vorgenommen werden nach:

- der Herstellungstechnologie (Filmschaltkreise, Festkörperschaltkreise, Hybridschaltkreise)
- Funktion und Anwendung (Analogschaltungen, Digitalschaltungen, Mixed-Signal-Schaltungen)
- dem Entwurfsverfahren (Standardschaltkreise, Kundenwunsch-IC (ASIC - application specific IC), programmierbare IC) ($\to$ 8.3.2.4)
- dem Integrationsgrad ($\to$ Tabelle 6.2).

### 6.14.2 Filmschaltkreise

*Ausgangsmaterial für Filmschaltkreise* sind Glas- oder Keramikplättchen von 0,2...1 mm Dicke. Auf diese Plättchen werden *Widerstandsnetzwerke* (Widerstände und Verbindungsleitungen) und in begrenztem Maße Kondensa-

## 6 Bauelemente der Elektronik

toren und kleine Induktivitäten als Flachspulen (bis zu einigen µH) mittels *Dünnschicht-* oder *Dickschichttechnik* aufgebracht (→ Tabelle 6.23).

*Tabelle 6.23 Technologische Kennwerte der Dickschicht- und der Dünnschicht-Filmtechnik*

|  | Dickschichttechnik | Dünnschichttechnik |
|---|---|---|
| Substrat | Aluminiumoxidkeramik | Glas, Keramik |
| Dicke | $0,5\ldots 1$ mm | $0,2\ldots 0,8$ mm |
| Leitermaterial | Pasten aus Metall, Metalloxid und Glaspulver | Al, Cr, NiCr |
| Widerstandsmaterial | Ag-Pd, Pt-Au | NiCr, $Ta_2N$, Ta |
| Dielektrische Zwischenschicht | SiO, $SiO_2$ | SiO, $SiO_2$, $Al_2O_3$, $TiO_2$, $Ta_2O_5$ |
| Leiterbahnbreite | $100\ldots 500$ µm | $10\ldots 100$ µm |
| Widerstände | $10\ldots 10^7$ Ω | $10\ldots 10^6$ Ω |
| Kapazitäten | $< 1$ nF | $< 500$ pF |
| Anzahl der Funktionselemente | $\leq 20$ | $\leq 50$ |
| Beschichtungsprozeß | Siebdruck (bis 10000 Maschen je Quadratzentimeter); Einbrennen | Aufdampfen, Aufstäuben oder chemisches Abscheiden im Vakuum; Masken- oder Elektronenstrahlstrukturierung |
| Abgleich durch Materialabtrag | Sand- oder Laserstrahl | Elektronenstrahl |

In Filmschaltkreistechnik lassen sich Halbleiterelemente mit pn-Übergängen nicht erzeugen. Diese müssen als speziell für diesen Zweck hergestellte Bauelemente (z. B. in Form der SMD-Bauteile) in die Netzwerke eingefügt werden. Auf diese Weise erhält man die *Hybrid-* und die *Multichipschaltungen*.

### 6.14.3 Festkörperschaltkreise

#### 6.14.3.1 Grundlagen

**Aufbau.** *Ausgangsmaterial für Festkörperschaltkreise* (monolithische Schaltkreise) sind *Wafer* (Scheiben) aus einkristallinem, vordotiertem Silicium von $3\ldots 6$ Zoll ($75\ldots 150$ mm) Durchmesser. Die Scheiben sind etwa $0,3\ldots 0,5$ mm dick. Sie werden geschliffen, poliert, geätzt und danach in zahlreichen Arbeitsgängen strukturiert, d. h. mit der funktionsfähigen Schaltung versehen.

Jeder Wafer enthält viele gleichartige Schaltungen, die man durch Zerteilen der Scheiben in einzelne *Chips* erhält. Die so gewonnenen *Nacktchips* werden nach einer Funktionsprüfung in einem Gehäuse befestigt, mit den Anschlüssen versehen (gebondet) und verkappt.

In *monolithischer Technik* lassen sich Dioden, Transistoren, Widerstände und kleine Kapazitätswerte erzeugen. Induktivitäten sind nicht realisierbar.

**Integrationsgrad.** Um auf kleiner Chipfläche (die wesentlich die Kosten eines Schaltkreises bestimmt) einen großen Integrationsgrad zu erreichen, ist es notwendig, durch Verringerung der Strukturabmessungen die Packungsdichte der Bauelemente zu erhöhen. Ein wichtiges Maß für die Strukturabmessungen ist die minimal realisierbare *Strukturgröße* auf dem Chip. Diese beinhaltet z. B. einen Leitbahnabstand, eine Leitbahnbreite oder die Gatelänge eines MOSFET. Gegenwärtig betragen die minimalen Strukturgrößen üblicher Schaltkreistechnologien $\lambda_{min} = 0,8 \ldots 0,35$ µm. Sicher funktionierende Transistoren benötigen eine minimale Größe von:

- Bipolartransistor: ca. $150 \ldots 180 \lambda_{min}^2$
- MOSFET: ca. $50 \ldots 70 \lambda_{min}^2$

Mit diesen Maßen sind heute Packungsdichten von bis zu 6 Millionen Transistorfunktionen auf einem 150 mm² großen Chip erreichbar.

### 6.14.3.2 Herstellungszyklen

**Zyklus 0**: *Schaltkreisentwurf*

Entwurf der Blockschaltung, des Stromlaufplanes und des Layouts; Herstellung des Schablonensatzes für die Strukturierung der Wafer.

**Zyklus 1**: *Scheibenprozeß*

Bearbeitung der Wafer durch Beschichten mit Fotolack, Belichten mittels UV- bzw. bei kleinsten Strukturen mit Röntgenstrahlung (Fotolithografie), anschließend Ätzen, Dotieren, Oxidieren; automatische Scheibenmessung, Kennzeichnung fehlerhafter Chips.

**Zyklus 2**: *Plättchenprozeß*

Vereinzeln der Chips, Befestigung der Chips auf einem Trägerstreifen, Herstellen der Drahtverbindungen zwischen Chip und Anschlußstreifen, Ausstanzen der Trägerstreifen, anschließend Verkappen, Prüfen, Bedrucken, Verpacken.

## 6.14.3.3 Schaltkreistechnologien

**Bipolare Schaltkreise**

> **Bipolare Schaltkreise** basieren i. allg. auf einem Silicium-Epitaxie-Planarprozeß, der auf die Realisierung von Bipolartransistoren optimiert ist. Sie eignen sich für Analog- und Digitalschaltungen.

Träger der integrierten Funktionselemente ist eine n-leitende Epitaxieschicht auf einem *p-leitenden Substrat* (→ Bild 6.105). Die Funktionselemente sind so in pn-Übergänge eingebettet, daß sie trotz des elektronisch aktiven Substrats voneinander isoliert sind (*Sperrschichtisolation*).

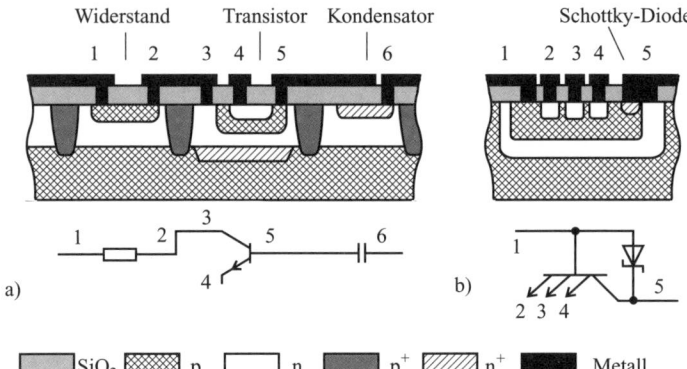

*Bild 6.105 Ausschnitte und zugehörige Schaltungsstrukturen aus bipolaren Schaltkreisen*
*a) Widerstands-, Transistor-, Kondensatorstruktur, b) Multiemittertransistor mit C-B-Schottky-Diode (TTL-Schottky-IC)*

*Integrierte Funktionselemente* /6.20/:

- *Widerstände* in Form p- bzw. n-dotierter, vom Substrat durch pn-Übergänge getrennter Schichten
- *Transistoren* als npn-Vertikalstrukturen und pnp-Lateral- oder Vertikalstrukturen
- *Dioden*, die aus integrierten Transistoren abgeleitet werden
- *Kondensatoren* als Sperrschicht- oder Isolierschichtkapazitäten (nur bis zu einigen 100 pF möglich)
- *Leiterbahnen* (meist aus Aluminium).

Daneben gibt es weitere (aufwendigere) Technologien, bei denen die Funktionselemente durch Zwischenschichten aus $SiO_2$ (*Isoplanar*- oder *OXIM-*

*Technik*) oder Luft (*Beam-Lead-Technik*) voneinander isoliert sind, womit parasitäre Elemente wegfallen.

- *Anwendungen in der Digitaltechnik*:
  - *TTL-Logik-Familien* (74xxx-Serie) mit zahlreichen Varianten ($\rightarrow$ 8.3.2.1)
  - *ECL-Logik-Familie* ($\rightarrow$ 8.3.2.3).
- *Anwendungen in der Analogtechnik*:
  - Operationsverstärker ($\rightarrow$ 7.4), Videoverstärker
  - schnelle A/D- und D/A-Wandler
  - Spannungsreferenzen, Spannungsregler ($\rightarrow$ 9.2).

**CMOS-Schaltkreise**

> **CMOS-Schaltkreise** basieren auf einem zur Realisierung von MOSFETs optimierten Silicon-Gate-Prozeß.

Die MOS-Feldeffekttransistoren werden im Substrat (z. B. p-leitend) bzw. in einer umdotierten Wanne (n-leitend) angeordnet ($\rightarrow$ Bild 6.106). Da sie untereinander *selbstisolierend* sind, kann auf zusätzliche Isolationsmechanismen verzichtet werden. Es ergibt sich eine *hohe Packungsdichte* der Bauelemente. Das dotierbare polykristalline Silicon-Gate erlaubt eine relativ frei einstellbare Schwellspannung der MOSFETs. Die Schaltkreise sind auch auf n-leitendem Substrat realisierbar.

*Vorteile der CMOS-Technik*:

- minimale statische Verlustleistung
- hohe Packungsdichte
- kostengünstige Technologie (im Vergleich zu Bipolartechnologien)
- großer Variationsbereich der Betriebsspannung.

Wegen der minimalen Verlustleistung hat die CMOS-Technik alle Einkanal-MOS-Techniken verdrängt.

*Integrierte Funktionselemente*:

- n-Kanal- und p-Kanal-Anreicherungs-MOSFET
- n-Kanal-Verarmungs-MOSFET
- Kapazitäten
- Widerstände.

- *Anwendungen in der Digitaltechnik*:
  - *CMOS-Logik-Familien* (4xxx-Serie, 74HC-Serie) ($\rightarrow$ 8.3.2.2)
  - VLSI-Schaltkreise (Mikroprozessoren, Signalprozessoren, Speicher)
  - Programmierbare Logik-IC (GAL, FPGA) ($\rightarrow$ 8.3.2.4).
- *Anwendungen in der Analogtechnik*:
  - Analogschalter, digital steuerbare Potentiometer

- SC-Filter
- hochauflösende A/D- und D/A-Wandler.

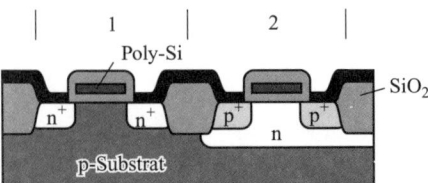

Bild 6.106  Ausschnitt aus einem CMOS-Schaltkreis
1 n-Kanal-FET, 2 p-Kanal-FET

Neben ihrem Haupteinsatzgebiet, den Digitalschaltungen, werden CMOS-Schaltkreise zunehemend auch für *Mixed-Signal-Schaltungen* verwendet. Diese beinhalten meist komplexe Systeme der Signalverarbeitung und verfügen neben einem digitalen Hauptteil auch über angepaßte Analogbaugruppen, wie z. B. Signalaufnehmer und A/D-Wandler.

**BICMOS-Schaltkreise**

> **BICMOS-Schaltkreise** beruhen auf einem sehr komplexen technologischen Prozeß, der die gemeinsame Realisierung von CMOS- und Bipolartransistoren ermöglicht.

Dadurch lassen sich die wesentlichen Vorteile der MOSFETs (hohe Packungsdichte, kleine Verlustleistung) mit den Vorteilen der Bipolartransistoren (hohe Grenzfrequenz, hohe Steilheit) verbinden. Der Preis sind relativ hohe Herstellungskosten.

*Einsatzgebiete der BICMOS-Technik*:

- signalverarbeitende Mixed-Signal-Systeme mit guten Analogeigenschaften
- Digitalschaltungen mit hoher Leistungsfähigkeit der Ausgangstreiber und minimaler Verlustleistung
- A/D-Wandler, D/A-Wandler
- Operationsverstärker mit hohem Eingangswiderstand (MOSFET-Eingang).

**SOI-Schaltkreise**

> Bei der **SOI**- (silicon on insulator) oder **SOS**-Technik (silicon on sapphire) wird die Halbleiterschicht, in der sich die Funktionselemente befinden, auf einem Isolator ($SiO_2$, Saphir) angeordnet oder durch ein vergrabenes Oxid vom Halbleitersubstrat elektrisch isoliert.

## 6.14 Integrierte Schaltungen

Der Siliciumfilm wird durch Trennfugenätzung in Inseln unterteilt, auf denen durch Diffusion oder Implantation die MOS-Strukturen erzeugt werden (→ Bild 6.108). Vorteil dieser Technologie ist die dielektrische Isolation der Bauelemente. Die Vermeidung von Leckströmen zum Substrat, wie sie bei pn-Isolation der gewöhnlichen CMOS-Technik auftreten, erlaubt den Einsatz von SOI-Schaltkreisen auch bei Temperaturen größer als 80 °C. Dafür ist jedoch ein sehr hoher technologischer Aufwand nötig.

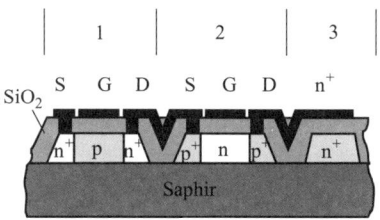

Bild 6.107 Ausschnitt aus einem SOS-Schaltkreis
1 n-Kanal-FET, 2 p-Kanal-FET, 3 Leiterbahnen (unten aus $n^+$-Silicium, darüber metallische Leiterbahn, Isolation $SiO_2$

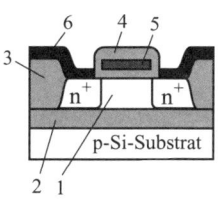

Bild 6.108 Ausschnitt aus einem SOI-Schaltkreis
1 p-Si, 2 vergrabenes Oxid, 3 Feldoxid, 4 $SiO_2$, 5 Poly-Si, 6 Al-Leiterbahn

### GaAs-Schaltkreise

> **GaAs-Schaltkreise** sind extrem schnelle VLSI-Schaltungen auf Metall-Halbleiter-FET-Basis. Wegen der hohen Herstellungskosten ist die Anwendung auf spezielle Fälle beschränkt.

Vom Wirkungsprinzip her handelt es sich um Sperrschicht-FET, bei denen ein Schottky-Übergang die Gateelektrode bildet. Die Raumladungszone des Schottky-Übergangs steuert den Querschnitt des Kanals; die Kanallänge liegt bei 0,5 µm. Vorteilhaft sind die hohe Ladungsträgerbeweglichkeit und die große Breite der verbotenen Zone $W_g$ von GaAs. Dies führt zu sehr schnellen und temperaturunempfindlichen Schaltkreisen.

### Hybridtechnik und Multichipmodule

> Die **Hybridtechnik** ist eine Mischform aus integrierter und diskreter Schaltungstechnik.

Passive Bauelemente und Leiterbahnen werden integriert als *Filmschaltungen* hergestellt, in die aktive Bauelemente (Dioden, Transistoren) und Kondensatoren meist als *SMD-Baugruppen* sowie integrierte Standardschaltkreise als *Nacktchips* eingefügt werden.

*Vorteile der Hybridtechnik*:

- kurze Entwicklungszeiten bis zur Serienreife
- kostengünstig auch bei Kleinserien und Kundenwunschschaltungen.

■ *Anwendungen*:

- eng tolerierte Widerstandsnetzwerke und Kettenleiter (z. B. für D/A-Umsetzer)
- einfache Verstärkerschaltungen
- Interface-Schaltungen (z. B. in der Mikrorechentechnik)
- Mikrowellenschaltungen.

**Multichipmodule** sind Hybridschaltungen, bei denen mehrere integrierte Schaltkreise als Nacktchips auf einem Keramiksubstrat durch Filmschaltkreistechnik zu einem größeren System vereinigt werden.

### 6.14.3.4 Schaltkreisentwurf

**Standardschaltkreise.** Der *Entwurf* der auf einem Schaltkreis zu realisierenden Schaltung und des zugehörigen *Layouts* erfolgt für Standardschaltkreise beim Chiphersteller. Dies betrifft:

- Digitale Grundschaltungen ($\rightarrow$ 8.3)
- Mikroprozessoren, Signalprozessoren, Speicher ($\rightarrow$ 8.6, 8.5)
- Operationsverstärker ($\rightarrow$ 7.4)
- A/D- und D/A-Wandler ($\rightarrow$ 7.7)
- Spannungsreferenzen, Spannungsregler ($\rightarrow$ 9.2)
- Signalgeneratoren.

**Kundenspezifische Schaltkreise.** Auf dem Teilgebiet der digitalen Schaltkreise werden durch die Chiphersteller verschiedene Konzepte zum *kundenspezifischen Schaltkreisentwurf* angeboten. Diese ermöglichen es dem Anwender, seine eigenen Schaltungen auf einem integrierten Schaltkreis zu realisieren. Dabei sind drei Kategorien zu unterscheiden /6.20/:

- Die *programmierbaren Logikbausteine* enthalten bis zu 50 000 vorgefertigte Gatteräquivalente, deren logische Funktion und Verknüpfung entsprechend der konkreten Schaltung vom Anwender selbst programmiert werden können (z. B. GAL, EPLD, FPGA; $\rightarrow$ 8.3.2.4).
- Die *Gate-Array-ASICs* (application spezifisc IC) beinhalten eine große Anzahl (...500 000) vorgefertigter Logikbaugruppen (Gatter, Flip-Flop), deren Verdrahtung der Anwender festlegt. Auf vorgefertigte Chips werden in der Endfertigung die kundenspezifischen Leitbahnebenen aufgebracht.
- Bei den *Standard-Zellen-ASICs* wird die vom Kunden gewünschte Schaltung aus einer Bibliothek von Grundbaublöcken (Gatter, Flip-Flop, RAM, ROM) zusammengesetzt, ins Layout übertragen und der Chip entsprechend produziert.

Für den Entwurf der Schaltungen stehen dem Anwender zahlreiche universelle und herstellerspezifische *CAD-Systeme* zur Verfügung. Diese CAD-Systeme enthalten neben umfangreichen *Baublockbibliotheken* auch *Synthesewerkzeuge*, um eine Verhaltensbeschreibung des Systems (z. B. eine Automatentabelle) automatisch in die Logik umzusetzen, *Simulationsprogramme*, um die Schaltungsfunktion bereits vor der Fertigung zu überprüfen, und *Testgeneratoren*, um Eingangssignalfolgen zu erzeugen, mit denen die Funktionsfähigkeit der fertigen Schaltkreise überprüft werden kann.

### 6.14.4 Schaltkreisgehäuse

Aus der großen Vielfalt der für Schaltkreise verwendeten Gehäuseformen sind die *fünf Grundformen* (→ Bild 6.109):
- TO220-Gehäuse mit bis zu 11 Anschlüssen
- Dual-inline-Gehäuse (DIL) mit 4 bis 64 Anschlüssen aus Kunststoff (zulässiger Betriebstemperaturbereich $0 \ldots + 70$ °C) oder Keramik ($-55 \ldots + 125$ °C)
- Flat-pack-Gehäuse (FP) mit bis zu 196 Anschlüssen
- PLCC-Gehäuse (plastic leaded chip carrier, SMD-Bauform) mit bis zu 84 Anschlüssen
- PGA-Gehäuse (pin grid array) mit bis zu 240 Anschlüssen.

Die Anschlußnummerierung rechteckiger IC-Gehäuse gilt für den Blick auf die Gehäuseoberseite; die Zählrichtung ist durch eine Kerbe oder Vertiefung auf dem Gehäuse gekennzeichnet.

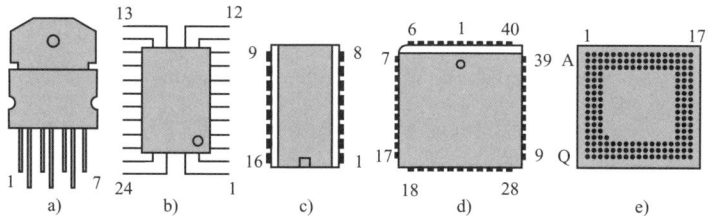

*Bild 6.109 Gehäuseformen integrierter Schaltkreise (nicht maßstäblich)*
*a) TO220, b) Flat-pack-Gehäuse FP-24, c) Dual-Inline-Gehäuse DIL 16,*
*d) PLCC-Gehäuse, e) PGA-Gehäuse*

## 6.15 Kühlung von Halbleiterbauelementen

**Wärmeableitung**. Die in Halbleiterbauelementen in Wärme umgesetzte elektrische Leistung muß an die Umgebung abgeführt werden, um eine unzulässig große Aufheizung des Halbleiterkristalls zu verhindern. Das kann durch *Wär-*

*meabstrahlung* unmittelbar *vom Gehäuse* des Bauelementes, durch zusätzliche, in gutem Wärmekontakt mit dem Bauelement stehende *Kühlkörper* oder/und *forcierte Luftkühlung* geschehen.

**Thermisches Ersatzschaltbild** (→ Bild 6.110). In Analogie zu elektrischen Grundgrößen läßt sich für die Wärmeableitung ein thermisches Ersatzschaltbild aufstellen. Dabei gelten folgende Entsprechungen:

elektrische Stromstärke  ⇔  Wärmestrom $P_V$ (W)
elektrisches Potential  ⇔  Temperatur $\vartheta$ (K)
elektrischer Widerstand  ⇔  Wärmewiderstand $R_{th}$ (K/W)
elektrische Kapazität  ⇔  Wärmekapazität $C_{th}$ (Ws/K)

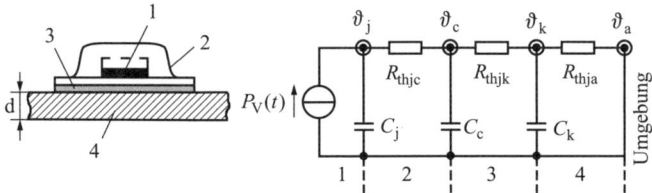

*Bild 6.110 Thermisches Ersatzschaltbild zur Darstellung der Wärmeableitung*
*1 Kristall, 2 Gehäuse, 3 Isolierscheibe, 4 Kühlkörper*

Bei *Verwendung eines Kühlkörpers* muß die der elektrischen Leistung äquivalente *Wärmeleistung* $P_V$ die *Wärmewiderstände*

- vom Kristall zum Gehäuse $R_{thjc}$ (j junction, pn-Übergang; c case, Gehäuse),
- vom Gehäuse zum Kühlkörper $R_{thck}$ (k Kühlkörper) entweder durch direkten Kontakt oder über eine Isolierzwischenlage und
- vom Kühlkörper zur Umgebung $R_{thka}$ (a äußere Umgebung) überwinden.

**Wärmewiderstände** muß man den technischen Unterlagen (Kennwerte) der Bauelemente- bzw. Kühlkörperhersteller entnehmen (→ Tabelle 6.24).

Wegen der *Wärmekapazitäten* (Kondensatoren im Ersatzschaltbild) treten nach veränderter Wärmeleistung Temperaturänderungen verzögert mit der thermischen Zeitkonstanten $\tau_{th} = R_{th}C_{th}$ auf. Die *innere thermische Zeitkonstante* $\tau_{thi}$ elektronischer Bauelemente ist gegenüber den äußeren thermischen Zeitkonstanten (Gehäuse, Kühlkörper) so klein, daß schon bei kurzzeitiger Überlastung das Bauelement thermisch zerstört werden kann, ohne eine außen meßbare Temperaturerhöhung zu hinterlassen.

**Kühlkörper.** Der Wärmewiderstand vorgefertigter *Kühlkörper* und von gezogenen *Kühlkörperprofilen* in Abhängigkeit von der Profillänge sind den Herstellerangaben zu entnehmen. Einige Beispiele zeigt Bild 6.111.

## 6.15 Kühlung von Halbleiterbauelementen

*Tabelle 6.24  Richtwerte für Wärmewiderstände elektronischer Bauelemente*

| Bauelement | Diode | Transistor | Transistor | Transistor | Transistor |
|---|---|---|---|---|---|
| Gehäuse | Plastik | Plastik | Metall | Plastik[1] | Metall |
|  | Do-35 | TO-92 | TO-5 | SOT-32 | TO-3 |
| $R_{thja}$ K/W | 300 | 500 | 250 | 100 | 30 |
| $R_{thja}$ K/W | [2] | [2] | 60 | 10 | 3 |

[1] Flachgehäuse mit einseitiger Metallfläche
[2] nur freitragende Montage ohne Kühlkörper

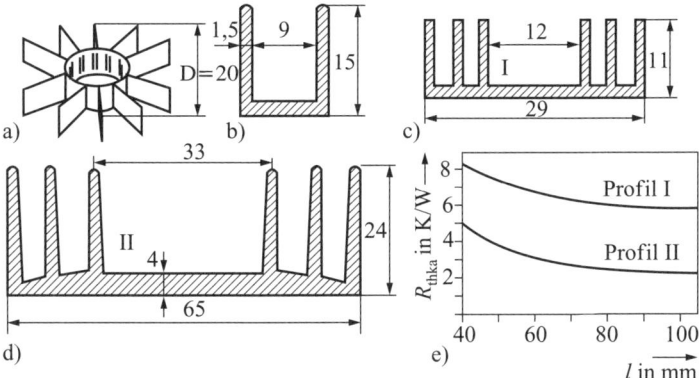

*Bild 6.111  Kühlprofile*
*a) Aufsteckkörper für Gehäuse TO-5; h = 5 mm, $R_{thka}$ = 50 K/W, b) U-Kühlkörper für Gehäuse SOT-32; L = 25 mm, $R_{thka}$ = 30 K/W, c) Kühlschiene für Gehäuse TO-220, SOT-32, d) Strangkühlkörper, e) $R_{thka} = f(l)$ für die Profile nach Bild c und d*

**Wärmewiderstand bei Impulsbetrieb.** Bei Impulsbetrieb darf wegen der Wärmeträgheit die *Impulsleistung größer* als die statische Nennleistung sein, sofern andere Grenzwerte nicht überschritten werden. Der Wärmewiderstand wird scheinbar kleiner, da in den Impulspausen keine Wärme entsteht, wohl aber abgeführt wird; es gilt:

$$R'_{thjc} = k R_{thjc} \tag{6.79}$$

$k$ Konstante, die vom Tastverhältnis $\vartheta = t_E / T_S$ abhängt.

## 6.16 Rauschen elektronischer Bauelemente

### 6.16.1 Grundbeziehungen und Widerstandsrauschen

> In *jedem* elektronischen Bauelement werden durch den diskreten Charakter des elektrischen Stromflusses regellose spontane Strom- und Spannungsänderungen erzeugt, die als **Rauschen** bezeichnet werden. Rauschvorgänge sind stationär und ergodisch, d. h., ihre statistischen Eigenschaften ändern sich nicht mit der Zeit /6.16/.

**Widerstandsrauschen.** Als Folge der thermischen Bewegung der Ladungsträger entstehen an den Enden eines Leiters (eines Widerstands) statische Spannungsschwankungen (*thermisches Rauschen*). Die erzeugte Rauschspannung ist bis zu sehr hohen Frequenzen frequenzunabhängig. In Analogie zum weißen Licht spricht man deshalb vom *weißen Rauschen*. Betrachtet man aus dem Rauschspektrum einen bestimmten, schmalen Frequenzbereich mit der Bandbreite $\Delta f$, so ist die Rauschleistung an jeder Stelle des Spektrums gleich groß. Nach Nyquist erzeugt jeder Widerstand, unabhängig vom Widerstandswert, eine *Rauschleistung* $P_R$, die proportional der absoluten Temperatur ist.

$$\boxed{R_R = 4kT\Delta f} \qquad k = 1{,}38 \cdot 10^{-23} \text{ Ws/K} \qquad (6.80)$$

Aus $P = I^2 R$ bzw. $P = U^2/R$ erhält man für den *Rauschstrom* und die *Rauschspannung*:

$$\boxed{I_R = \sqrt{\frac{4kT\Delta f}{R}}} \qquad (6.81)$$

$$\boxed{U_R = \sqrt{4kT\Delta f R}} \qquad (6.82)$$

### 6.16.2 Äquivalenter Rauschwiderstand

Jedes Bauelement erzeugt eine Rauschspannung. Um die Rauscheigenschaften aller Rauschquellen vergleichen zu können, ersetzt man das Bauelement durch einen gedachten Widerstand, den *äquivalenten Rauschwiderstand* $R_{äq}$, der die gleiche Rauschspannung hervorbringen würde.

**Signal-Rausch-Verhältnis.** Durch das Rauschen wird die Möglichkeit der Signalverstärkung eingeschränkt. *Rausch- und Nutzsignal überlagern sich.* Für eine Auswertung des Nutzsignals muß ein bestimmtes *Signal-Rausch-Verhältnis* $A_{SR}$ eingehalten werden. Im allgemeinen muß die Signalleistung $P_S$ größer als die immer vorhandene Rauschleistung $P_R$ sein:

$$A_{SR} = \frac{P_S}{P_R} \quad (6.83)$$

Da das Rauschen der Bauelemente in einem Verstärker durch die folgenden Verstärkerstufen mit verstärkt wird, muß man in den Eingangsstufen *rauscharme Bauelemente* einsetzen.

### 6.16.3 Rauschzahl und Rauschmaß

**Rauschzahl.** Die Rauscheigenschaften eines Bauelementes oder einer Baugruppe werden durch die Rauschzahl $F$ beschrieben. Die Rauschzahl drückt aus, in welchem Verhältnis die Signal-Rausch-Verhältnisse am Ein- und Ausgang des Elementes zueinander stehen:

$$F = \frac{A_{SRE}}{A_{SRA}} \quad (6.84)$$

**Rauschmaß $F'$.** Es ist durch folgende Beziehung definiert; es wird in Dezibel (dB) angegeben.

$$F' = 10 \lg F \quad (6.85)$$

### 6.16.4 Rauschen von Feldeffekttransistoren

Der Kanalstrom von Feldeffekttransistoren besitzt drei Rauschquellen /6.32/:
- thermisches (weißes) Rauschen: $I_{Rth} = \sqrt{4kT\Delta f S/\alpha}$
  $\alpha$ transistorspezifische Konstante (etwa $1 \ldots 3$), $S$ Steilheit
- Schrotrauschen (i. allg. vernachlässigbar klein)
- Funkelrauschen ($1/f$-Rauschen), das auf die Generation und Rekombination von Ladungsträgern zurückzuführen ist; ab etwa 1 kHz nimmt es nach kleinen Frequenzen hin zu: $I_{RF} = \sqrt{K_F I_0^{AF} \Delta f / (C_{OX} f^b)}$
  ($C_{OX}, K_F, AF, b$ sind transistorspezifische Konstanten)

Die verschiedenen Rauschleistungsanteile überlagern sich und werden i. allg. in einen äquivalenten Rauschwiderstand oder einen Rauschfaktor umgerechnet. Für den äquivalenten Rauschwiderstand des FET gilt:

$$R_{äq} = \frac{\alpha}{S} \quad (6.86)$$

Da bei kleinen Frequenzen das Funkelrauschen zunimmt und bei hohen Frequenzen die Steilheit des FET abnimmt, ergibt sich der in Bild 6.112 dargestellte *Frequenzverlauf des Rauschmaßes*.

Das üblicherweise in Datenblättern angegebene Rauschmaß von FET bezieht sich immer auf einen bestimmten Arbeitspunkt, Generatorwiderstand und eine bestimmte Frequenz.

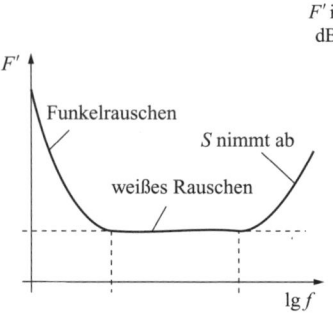

Bild 6.112 Abhängigkeit des Rauschmaßes bei Feldeffekttransistoren von der Frequenz

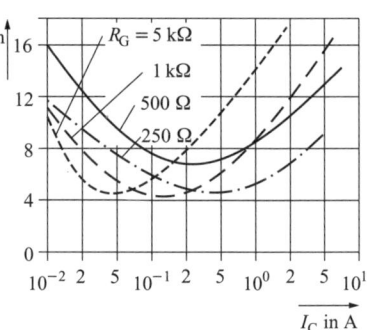

Bild 6.113 Abhängigkeit des Rauschmaßes bei Bipolartransistoren vom Kollektorstrom und Generatorwiderstand

### 6.16.5 Rauschen bipolarer Transistoren

*Ursachen* des Rauschens bipolarer Transistoren sind /6.32/:

- thermisches (weißes) Rauschen der Basisbahnwiderstände:
  $I_{BRth} = \sqrt{4kT\Delta f / R_{BB}}$
- Funkelrauschen ($1/f$-Rauschen) durch Generations- und Rekombinationsvorgänge in den Sperrschichten: $I_{BRF} = \sqrt{K_F I_B^{AF} \Delta f / f^b}$
- Schrotrauschen in den pn-Übergängen: $I_{BRS} = \sqrt{2eI_B\Delta f}$.

Wenn der Transistor als Verstärker arbeitet, treten diese Rauschströme sowohl an der leitenden Basis-Emitter-Diode (als Basisrauschstrom $I_{BR}$) als auch an der gesperrten Basis-Kollektor-Diode (als $I_{CR}$) auf. Die sich überlagernden Wirkungen werden in einen äquivalenten Rauschwiderstand oder einen Rauschfaktor umgerechnet.

Das Funkelrauschen nimmt nach kleinen Frequenzen hin zu. Die Stromverstärkung $h_{21}$ sinkt mit steigender Frequenz. Daraus ergibt sich ein ähnlicher *Frequenzverlauf des Rauschmaßes* wie bei Feldeffekttransistoren. Der Anstieg bei hohen Frequenzen beginnt etwa bei $0,1 f_\alpha$ ($\rightarrow$ 6.10.4).

Das Rauschmaß ist abhängig vom Generatorwiderstand und vom Arbeitspunkt. *Praktische Werte des Rauschmaßes* eines Siliciumtransistors zeigt Bild 6.113.

# 7 Analoge Schaltungen

## 7.1 Begriffsbestimmung und Übersicht

> Die elektrische Verbindung von Bauelementen der Elektronik zu einer zweckbestimmten Funktionseinheit wird als **Schaltkreis** oder elektronische Schaltung bezeichnet.

Die integrierte Schaltungstechnik verwendet heute vorwiegend Mikrochips (integrierte Schaltkreise, IC), die teilweise mit diskreten Bauelementen kombiniert werden. Dabei ist die Leiterplatte (Leiterkarte) die kleinste konstruktive Einheit. Schaltkreise (elektronische Schaltungen) dienen zur Wandlung, Übertragung und Verarbeitung von Informationen mittels elektrischer Signale (Informationselektronik) oder zur Umformung und Steuerung von elektrischer Energie (Leistungselektronik). Die Glieder einer Informationskette (→ Bild 7.1) erfüllen folgende Aufgaben:

- Informationsgewinnung (IG), z. B. Sensoren, Messwandler
- Informationsübertragung (IÜ), z. B. Leitungen, Bussysteme
- Informationsverarbeitung (IV), z. B. Verstärker, Rechner
- Informationsnutzung (IN), z. B. Displays, Stellglieder.

*Bild 7.1 Prinzip einer Informationskette*
*IG Informationsgewinnung,*
*IÜ Informationsübertragung,*
*IV Informationsverarbeitung,*
*IN Informationsnutzung*

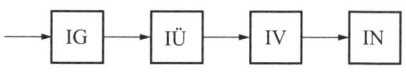

Nach der grundsätzlichen Arbeitsweise und der verwendeten Signalart unterscheidet man zwischen analogen und digitalen Schaltkreisen bzw. Schaltungen (→ 8.1). Die in diesem Zusammenhang verwendeten Begriffe werden folgendermaßen definiert:

**Information**

> Information (im engeren Sinne) ist der Oberbegriff für Mitteilungen, Befehle, Meßwerte, Rechenergebnisse, Daten usw.

Im weiteren Sinne ist Information die Beseitigung einer Ungewißheit. Der Informationsgehalt ist um so größer, je unbestimmter das Ereignis vor Eintreffen der Information war. Als Maß für die Information gilt in der Informationstheorie die Zunahme an Wahrscheinlichkeit.

Der *Informationsgehalt I* einer Nachricht ist um so größer, je kleiner die Wahrscheinlichkeit $p$ ihres Auftretens ist, d. h. je größer ihr „Neuigkeitswert" ist.

$$I = \mathrm{ld}\,\frac{1}{p} \qquad (7.1)$$

„ld" bedeutet dyadischer Logarithmus (Log. zur Basis 2). $I$ wird in bit angegeben.

**Nachricht**

> Nachricht ist eine Information, die vom Menschen erzeugt, mit beliebigen Mitteln übertragen und von Menschen wieder aufgenommen wird.

Die Nachrichtentechnik bedient sich auf der Sender- und Empfängerseite vorwiegend elektronischer Mittel. Nachrichten werden entweder drahtlos (z. B. Rundfunk, Fernsehen) oder drahtgebunden (z. B. Telefon, Fax) übertragen. Die moderne Telekommunikation verwendet statt der konventionellen Kupferleitungen zunehmend optoelektronische Übertragungssysteme mit Lichtwellenleitern.

Die technische Informationsübertragung, so auch die Nachrichtenübertragung, ist an Signale gebunden.

**Signal**

> Ein Signal ist die Darstellung von Informationen durch physikalische Größen (Signalträger).

■ Beispiele für Signalträger sind: Spannung, Stromstärke, Lichtstrom usw.

**Informationsparameter.** Der Informationsparameter des Signals enthält die Information. Jedes Signal hat mindestens einen Informationsparameter. Informationsparameter einer Wechselspannung als Signalträger können Amplitude, Frequenz oder Phase sein. Je nachdem, wie sich der Informationsparameter verändern kann, unterscheidet man z. B. analoge und diskrete Signale ($\rightarrow$ 8.1).

**Analoges Signal**

> Bei analogen Signalen kann der Informationsparameter innerhalb festgelegter Grenzen jeden beliebigen Wert annehmen.

Analoge Signale werden als kontinuierlich analog bezeichnet, wenn die Änderung der Informationsparameter zu beliebigen Zeitpunkten erfolgen kann. Ist die Änderung nur zu bestimmten Zeitpunkten möglich, so spricht man von diskontinuierlich analogen Signalen.

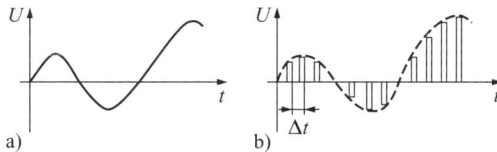

Bild 7.2 Analoges Signal: a) kontinuierlich, b) diskontinuierlich (Abtastsignal)
(Signalträger = Spannung, Informationsparameter = Amplitude)

**Analoges System** (Analoger Schaltkreis)

> Bei einem analogen System liegen nur analoge Eingangs-, Zustands- und Ausgangsgrößen vor.

Ändert man bei einem analogen System die Eingangssignalgröße stetig, so ändert sich die Ausgangssignalgröße ebenfalls stetig, also nicht sprunghaft.

■ Typische analoge Schaltungen sind z. B. lineare Verstärker, analoge Filter.

## 7.2 Analysemethoden

Zur Analyse des Übertragungsverhaltens analoger Schaltungen werden die aus der Elektrotechnik bekannten Methoden (Kirchhoffsche Regeln, Überlagerungssatz, Zweipoltheorie) verwendet. Darüber hinaus wird besonders die Knotenspannungsmethode als Grundlage für rechnergestützte Analysen (z. B. Simulation mit PSpice) behandelt. Auf die „klassische" Vierpoltheorie wird ebenfalls eingegangen.

### 7.2.1 Vierpolanalyse

Die Vierpolanalyse ist ein Bestandteil der Vierpoltheorie, die neben der Leitungstheorie als klassische Theorie der Nachrichtenübermittlung gilt. Analoge Schaltungen zur Signalübertragung und -verarbeitung sind zumeist Vierpole.

Ein **Vierpol** (**Zweitor**) ist ein Übertragungssystem mit vier äußeren Anschlussstellen (Klemmen, Pole), von denen jeweils zwei zusammen betrachtet werden (zwei Eingangsklemmen, zwei Ausgangsklemmen).

■ Technisch wichtige Vierpole sind z. B. Dämpfungsglieder, Filter, Leitungen, Verstärker, Übertrager.

Unabhängig von ihrer konkreten Beschaffenheit werden Vierpole (Zweitore) durch Funktionsblöcke symbolisiert und durch zwei Klemmenspannungen und zwei Klemmenströme beschrieben ($\rightarrow$ Bild 7.3). Für die Berechnung wird hier das in der Transistortechnik übliche Zählpfeilsystem verwendet. Für $\underline{I}_2$ ist noch eine zweite Richtung zugelassen (im Bild 7.3 eingeklammert).

▶ *Beachte*: Zählpfeile sind vereinbarte Richtungsfestlegungen für Spannungen und Ströme, die als Berechnungsgrundlage dienen und mit der tatsächlichen Richtung (z. B. technische Stromrichtung „plus nach minus") nicht übereinstimmen müssen. Nichtübereinstimmung ergibt negative Größen, z. B. im Bild 7.3:

$$-\underline{I}_2 = \frac{\underline{U}_2}{\underline{Z}_L}$$

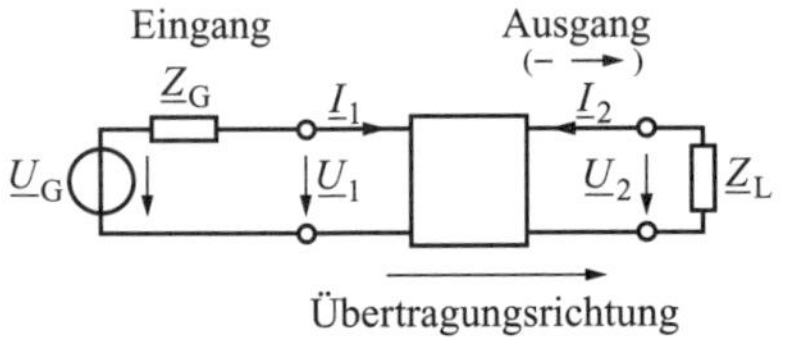

Bild 7.3 Vierpol (Zweitor) zwischen Generator und Last

### 7.2.1.1 Systematik der Vierpole

Vierpole (Zweitore) werden nach folgenden Merkmalen klassifiziert:

**Linearität.** Lineare Vierpole bestehen ausschließlich aus linearen Bauelementen (Widerstände, Kondensatoren, eisenlose Spulen). Ihre Übertragungsfaktoren sind unabhängig von Strom und Spannung.

Nichtlineare Vierpole enthalten Bauelemente mit nichtlinearen Strom-Spannungs-Kennlinien. Unter bestimmten Voraussetzungen (Kleinsignalbetrieb) können sie näherungsweise wie lineare Vierpole behandelt werden (z. B. Schaltungen mit Dioden, Transistorschaltungen).

**Leistungsbilanz.** Passive Vierpole (z. B. Dämpfungsglieder) enthalten keine inneren Energiequellen, so daß die Ausgangswirkleistung $P_2$ kleiner als die Eingangswirkleistung $P_1$ sein muß (Verlustleistung $P_v = P_1 - P_2$). Aktive Vierpole (z. B. Verstärker) entnehmen die Energie für die Erzeugung der Ausgangssignale nicht aus den Eingangssignalen, sondern einer Hilfsenergiequelle (Stromversorgung), so daß $P_2 \geq P_1$ ist.

**Umkehrbarkeit.** Umkehrbare Vierpole haben in beiden Richtungen gleiches Übertragungsverhalten. Alle passiven, linearen Vierpole sind umkehrbar. In den Vierpolmatrizen gilt:

$$\underline{z}_{12} = \underline{z}_{21} \quad \underline{y}_{12} = \underline{y}_{21} \quad \Delta \underline{\boldsymbol{a}} = -1 \tag{7.2}$$

Nichtumkehrbar sind aktive Vierpole und Diodenschaltungen.

**Symmetrie.** Bei symmetrischen Vierpolen sind Eingänge und Ausgänge miteinander vertauschbar, ohne daß sich dies elektrisch auswirkt. Oft kann die Symmetrieeigenschaft direkt aus der Schaltung abgelesen werden.

In den Vierpolmatrizen gilt:

$$\underline{z}_{11} = \underline{z}_{22} \quad \underline{y}_{11} = \underline{y}_{22} \quad \underline{a}_{11} = -\underline{a}_{22} \tag{7.3}$$

**Erdsymmetrie.** Bei erdsymmetrischen Vierpolen kann eine Symmetrielinie in Längsrichtung eingetragen werden. Bei erdunsymmetrischen Vierpolen ist eine durchgehende Erd- oder Masseleitung vorhanden, so daß derartige Vierpole eigentlich nur Dreipole sind.

### 7.2.1.2 Beschreibungsformen für Vierpole

Das Übertragungsverhalten linearer Vierpole kann durch zwei voneinander unabhängige Gleichungen beschrieben werden. Die Vierpolgleichungen werden auch in Matrizenform geschrieben und können außerdem durch Ersatzschaltbilder veranschaulicht werden.

**Vierpolgleichungen**

Bei bekannter Schaltungsstruktur können die Vierpolgleichungen unter Anwendung der Kirchhoffschen Regeln aufgestellt werden (Beispiel im Bild 7.4).

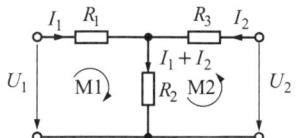

Bild 7.4 Zur Ableitung der Vierpolgleichungen am Beispiel eines T-Gliedes

Die Anwendung des Maschensatzes $\sum U = 0$ ergibt das Vierpolgleichungssystem in Widerstandsform:

M1: $U_1 = I_1(R_1 + R_2) + I_2 R_2$
M2: $U_2 = I_1 R_2 \quad\quad\ + I_2(R_2 + R_3)$

Zweckmäßig ist die Anwendung der Matrizenschreibweise:

$$\begin{pmatrix} U_1 \\ U_2 \end{pmatrix} = \begin{pmatrix} R_1 + R_2 & R_2 \\ R_2 & R_2 + R_3 \end{pmatrix} \begin{pmatrix} I_1 \\ I_2 \end{pmatrix}$$

▶ Die Elemente der Vierpolmatrizen (Vierpolparameter) werden mit Zeichen-Spalten-Indizes gekennzeichnet (z. B. bedeutet Index 21: Element steht in der 2. Zeile und der 1. Spalte der Matrix).

**Formen der Vierpolgleichungen**

Widerstandsform $\quad \begin{pmatrix} \underline{U}_1 \\ \underline{U}_2 \end{pmatrix} = \begin{pmatrix} \underline{z}_{11} & \underline{z}_{12} \\ \underline{z}_{21} & \underline{z}_{22} \end{pmatrix} \begin{pmatrix} \underline{I}_1 \\ \underline{I}_2 \end{pmatrix}$ \hfill (7.4)

Leitwertform $\quad\begin{pmatrix} \underline{I}_1 \\ \underline{I}_2 \end{pmatrix} = \begin{pmatrix} \underline{y}_{11} \underline{y}_{12} \\ \underline{y}_{21} \underline{y}_{22} \end{pmatrix} \begin{pmatrix} \underline{U}_1 \\ \underline{U}_2 \end{pmatrix}$ (7.5)

Hybridform $\quad\begin{pmatrix} \underline{U}_1 \\ \underline{I}_2 \end{pmatrix} = \begin{pmatrix} \underline{h}_{11} \underline{h}_{12} \\ \underline{h}_{21} \underline{h}_{22} \end{pmatrix} \begin{pmatrix} \underline{I}_1 \\ \underline{U}_2 \end{pmatrix}$ (7.6)

Kettenform $\quad\begin{pmatrix} \underline{U}_1 \\ \underline{I}_1 \end{pmatrix} = \begin{pmatrix} \underline{a}_{11} \underline{a}_{12} \\ \underline{a}_{21} \underline{a}_{22} \end{pmatrix} \begin{pmatrix} \underline{U}_2 \\ \underline{I}_2 \end{pmatrix}$ (7.7)

Die Definitionsgleichungen der Vierpolparameter ($\rightarrow$ Tabelle 7.1) ergeben sich, indem jeweils am Ein- oder Ausgang des Vierpols Kurzschluß ($U = 0$) oder Leerlauf ($I = 0$) angenommen wird.

**Vierpol-Ersatzschaltbilder**

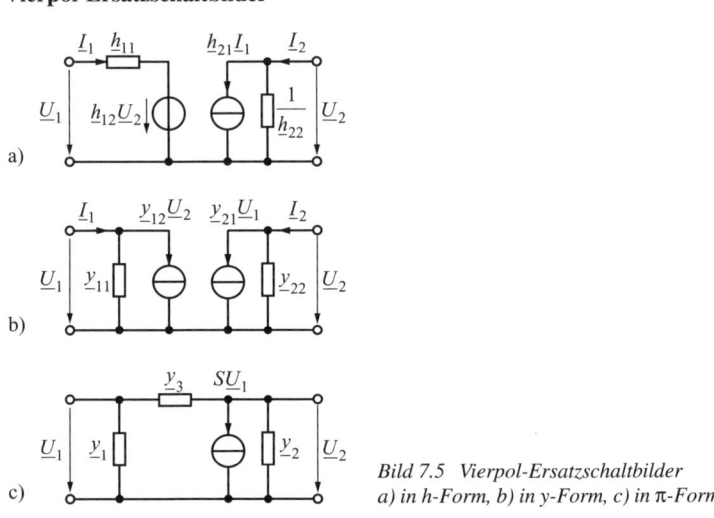

Bild 7.5 Vierpol-Ersatzschaltbilder
a) in h-Form, b) in y-Form, c) in π-Form

Wenn keine Schaltungsstruktur angebbar ist (z. B. bei Übertragern und Transistoren), aber konstante Vierpolparameter gemessen werden können (lineares Verhalten), werden die Vierpolgleichungen durch Ersatzschaltbilder ausgedrückt. Verwendet werden:
- h-Ersatzschaltbild ($\rightarrow$ Bild 7.5a)
- y-Ersatzschaltbild ($\rightarrow$ Bild 7.5b)
- π-Ersatzschaltbild ($\rightarrow$ Bild 7.5c)

Zur Beschreibung von HF-Transistoren wird das y-Ersatzschaltbild verwendet, da sich bei hohen Frequenzen die auf Kurzschluß bezogenen y-Parameter präziser messen lassen als die auf Leerlauf bezogenen h-Parameter. Das π-Ersatzschaltbild hat den Vorteil, besonders anschaulich zu sein. Neben Widerständen und Leitwerten enthalten die Ersatzschaltbilder gesteuerte Quellen zur Verkopplung der Ein- und Ausgangskreise.

*Tabelle 7.1 Vierpolparameter*

| | Gleichung | | Bezeichnung |
|---|---|---|---|
| ($\underline{z}$) | $\underline{z}_{11} = \dfrac{U_1}{I_1};$ | $I_2 = 0$ | Leerlauf-Eingangswiderstand |
| | $\underline{z}_{12} = \dfrac{U_1}{I_2};$ | $I_1 = 0$ | Leerlauf-Rückwirkungswiderstand |
| | $\underline{z}_{21} = \dfrac{U_2}{I_1};$ | $I_2 = 0$ | Leerlauf-Übertragungswiderstand |
| | $\underline{z}_{22} = \dfrac{U_2}{I_2};$ | $I_1 = 0$ | Leerlauf-Ausgangswiderstand |
| ($\underline{y}$) | $\underline{y}_{11} = \dfrac{I_1}{U_1};$ | $U_2 = 0$ | Kurzschluß-Eingangsleitwert |
| | $\underline{y}_{12} = \dfrac{I_1}{U_2};$ | $U_1 = 0$ | Kurzschluß-Rückwirkungsleitwert |
| | $\underline{y}_{21} = \dfrac{I_2}{U_1};$ | $U_2 = 0$ | Kurzschluß-Übertragungsleitwert |
| | $\underline{y}_{22} = \dfrac{I_2}{U_2};$ | $U_1 = 0$ | Kurzschluß-Ausgangsleitwert |
| ($\underline{h}$) | $\underline{h}_{11} = \dfrac{U_1}{I_1};$ | $U_2 = 0$ | Kurzschluß-Eingangswiderstand |
| | $\underline{h}_{12} = \dfrac{U_1}{U_2};$ | $I_1 = 0$ | Leerlauf-Spannungsrückwirkung |
| | $\underline{h}_{21} = \dfrac{I_2}{I_1};$ | $U_2 = 0$ | Kurzschluß-Stromverstärkung |
| | $\underline{h}_{22} = \dfrac{I_2}{U_2};$ | $I_1 = 0$ | Leerlauf-Ausgangsleitwert |
| ($\underline{a}$) | $\underline{a}_{11} = \dfrac{U_1}{U_2};$ | $I_2 = 0$ | reziproke Leerlauf-Spannungsverstärkung |
| | $\underline{a}_{12} = \dfrac{U_1}{I_2};$ | $U_2 = 0$ | Kurzschluß-Übertragungswiderstand |
| | $\underline{a}_{21} = \dfrac{I_1}{U_2};$ | $I_2 = 0$ | Leerlauf-Übertragungsleitwert |
| | $\underline{a}_{22} = \dfrac{I_1}{I_2};$ | $U_2 = 0$ | reziproke Kurzschluß-Stromverstärkung |

Gesteuerte Quellen sind an das Ersatzschaltbild gebundene Strom- oder Spannungsquellen, deren Kurzschlußströme ($I_k$) oder Leerlaufspannungen ($U_l$) von anderen elektrischen Größen (z. B. Klemmenspannung, Klemmenstrom) abhängig sind.zwischen $\pi$-Ersatzschaltbild und $y$-Parametern bestehen folgende Zusammenhänge:

$$\begin{array}{l} \underline{Y}_1 = \underline{y}_{11} + \underline{y}_{12} \\ \underline{Y}_2 = \underline{y}_{22} + \underline{y}_{12} \\ \underline{Y}_3 = -\underline{y}_{12} \\ \underline{S} = \underline{y}_{21} - \underline{y}_{12} \end{array} \qquad (7.8)$$

### 7.2.1.3 Zusammenschaltung von Vierpolen

Zur Berechnung des Übertragungsverhaltens eines Vierpols kann die Schaltung in bekannte Grundvierpole zerlegt werden. Die Matrix des Gesamtvierpols berechnet sich dann aus den Matrizen der Einzelvierpole, wobei die Art der Zusammenschaltung beachtet werden muß.

▶ *Bedingung*: Durch die Zusammenschaltung dürfen sich die Längsspannungen der Vierpole nicht verändern. Bei erdunsymmetrischen Vierpolen müssen deshalb die Masseleitungen miteinander verbunden werden.

**Reihenschaltung erdunsymmetrischer Vierpole** ($\to$ Bild 7.6)

Eingänge und Ausgänge sind jeweils in Reihe geschaltet.

In der Vierpol-Reihenschaltung addieren sich die Widerstandsmatrizen.

$$(\underline{z}) = (\underline{z})_A + (\underline{z})_B \qquad (7.9)$$

Ein Transistor mit Emitterwiderstand (Serien-Stromgegenkopplung $\to$ 7.3.3.2) läßt sich als Vierpol-Reihenschaltung betrachten.

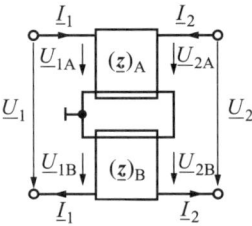

*Bild 7.6 Reihenschaltung erdunsymmetrischer Vierpole*

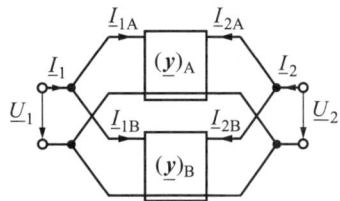

*Bild 7.7 Parallelschaltung erdunsymmetrischer Vierpole*

## 7.2 Analysemethoden

**Parallelschaltung erdunsymmetrischer Vierpole** ($\rightarrow$ Bild 7.7)

Eingänge und Ausgänge sind jeweils parallelgeschaltet.

In der Vierpol-Parallelschaltung addieren sich die Leitwertmatrizen.

$$\boxed{(\underline{y}) = (\underline{y})_A + (\underline{y})_B} \tag{7.10}$$

Ein Transistor mit Widerstand zwischen Kollektor und Basis (Parallel-Spannungsgegenkopplung $\rightarrow$ 7.3.3.2) läßt sich als Vierpol-Parallelschaltung betrachten.

*Tabelle 7.2 Umrechnung der Vierpolmatrizen*

|   | $(\underline{z})$ | $(\underline{y})$ | $(\underline{a})$ | $(\underline{h})$ |
|---|---|---|---|---|
| $(\underline{z})$ | $\begin{pmatrix} \underline{z}_{11} & \underline{z}_{12} \\ \underline{z}_{21} & \underline{z}_{22} \end{pmatrix}$ | $\begin{pmatrix} \dfrac{\underline{y}_{22}}{\Delta\underline{y}} & -\dfrac{\underline{y}_{12}}{\Delta\underline{y}} \\ -\dfrac{\underline{y}_{21}}{\Delta\underline{y}} & \dfrac{\underline{y}_{11}}{\Delta\underline{y}} \end{pmatrix}$ | $\begin{pmatrix} \dfrac{\underline{a}_{11}}{\underline{a}_{21}} & \dfrac{\Delta\underline{a}}{\underline{a}_{21}} \\ \dfrac{1}{\underline{a}_{21}} & \dfrac{\underline{a}_{22}}{\underline{a}_{21}} \end{pmatrix}$ | $\begin{pmatrix} \dfrac{\Delta\underline{h}}{\underline{h}_{22}} & \dfrac{\underline{h}_{12}}{\underline{h}_{22}} \\ -\dfrac{\underline{h}_{21}}{\underline{h}_{22}} & \dfrac{1}{\underline{h}_{22}} \end{pmatrix}$ |
| $(\underline{y})$ | $\begin{pmatrix} \dfrac{\underline{z}_{22}}{\Delta\underline{z}} & -\dfrac{\underline{z}_{12}}{\Delta\underline{z}} \\ -\dfrac{\underline{z}_{21}}{\Delta\underline{z}} & \dfrac{\underline{z}_{11}}{\Delta\underline{z}} \end{pmatrix}$ | $\begin{pmatrix} \underline{y}_{11} & \underline{y}_{12} \\ \underline{y}_{21} & \underline{y}_{22} \end{pmatrix}$ | $\begin{pmatrix} \dfrac{\underline{a}_{22}}{\underline{a}_{12}} & -\dfrac{\Delta\underline{a}}{\underline{a}_{12}} \\ -\dfrac{1}{\underline{a}_{12}} & \dfrac{\underline{a}_{11}}{\underline{a}_{12}} \end{pmatrix}$ | $\begin{pmatrix} \dfrac{1}{\underline{h}_{11}} & -\dfrac{\underline{h}_{12}}{\underline{h}_{11}} \\ \dfrac{\underline{h}_{21}}{\underline{h}_{11}} & \dfrac{\Delta\underline{h}}{\underline{h}_{11}} \end{pmatrix}$ |
| $(\underline{a})$ | $\begin{pmatrix} \dfrac{\underline{z}_{11}}{\underline{z}_{21}} & \dfrac{\Delta\underline{z}}{\underline{z}_{21}} \\ \dfrac{1}{\underline{z}_{21}} & \dfrac{\underline{z}_{22}}{\underline{z}_{21}} \end{pmatrix}$ | $\begin{pmatrix} -\dfrac{\underline{y}_{22}}{\underline{y}_{21}} & -\dfrac{1}{\underline{y}_{21}} \\ -\dfrac{\Delta\underline{y}}{\underline{y}_{21}} & -\dfrac{\underline{y}_{11}}{\underline{y}_{21}} \end{pmatrix}$ | $\begin{pmatrix} \underline{a}_{11} & \underline{a}_{12} \\ \underline{a}_{21} & \underline{a}_{22} \end{pmatrix}$ | $\begin{pmatrix} -\dfrac{\Delta\underline{h}}{\underline{h}_{21}} & -\dfrac{\underline{h}_{11}}{\underline{h}_{21}} \\ -\dfrac{\underline{h}_{22}}{\underline{h}_{21}} & -\dfrac{1}{\underline{h}_{21}} \end{pmatrix}$ |
| $(\underline{h})$ | $\begin{pmatrix} \dfrac{\Delta\underline{z}}{\underline{z}_{22}} & \dfrac{\underline{z}_{12}}{\underline{z}_{22}} \\ -\dfrac{\underline{z}_{21}}{\underline{z}_{22}} & \dfrac{1}{\underline{z}_{22}} \end{pmatrix}$ | $\begin{pmatrix} \dfrac{1}{\underline{y}_{11}} & -\dfrac{\underline{y}_{12}}{\underline{y}_{11}} \\ \dfrac{\underline{y}_{21}}{\underline{y}_{11}} & \dfrac{\Delta\underline{y}}{\underline{y}_{11}} \end{pmatrix}$ | $\begin{pmatrix} \dfrac{\underline{a}_{12}}{\underline{a}_{22}} & \dfrac{\Delta\underline{a}}{\underline{a}_{22}} \\ \dfrac{1}{\underline{a}_{22}} & -\dfrac{\underline{a}_{21}}{\underline{a}_{22}} \end{pmatrix}$ | $\begin{pmatrix} \underline{h}_{11} & \underline{h}_{12} \\ \underline{h}_{21} & \underline{h}_{22} \end{pmatrix}$ |

$\Delta$ Determinante einer Matrix, z. B. $\Delta\underline{z} = \underline{z}_{11}\underline{z}_{22} - \underline{z}_{12}\underline{z}_{21}$

**Kettenschaltung von Vierpolen** ($\rightarrow$ Bild 7.8)

Der Ausgang des ersten Vierpols ist mit dem Eingang des zweiten verbunden.

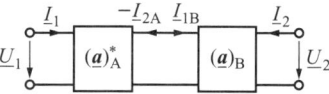

*Bild 7.8 Kettenschaltung von Vierpolen*

## 7 Analoge Schaltungen

Die Kettenschaltung erfordert eine Vorzeichenumkehr beim Ausgangsstrom des ersten Vierpols (bei $n$ in Kette geschalteten Vierpolen ist die Vorzeichenumkehr bei den ersten $n-1$ Vierpolen vorzunehmen), Gl. (7.11).

$$(\underline{a})_A^* = (\underline{a})_A \cdot \begin{pmatrix} 1 & 0 \\ 0 & -1 \end{pmatrix} \tag{7.11}$$

In der Vierpolkettenschaltung multiplizieren sich die Kettenmatrizen.

$$(\underline{a}) = (\underline{a})_A^* (\underline{a})_B \tag{7.12}$$

▶ *Beachte*: Bei der Matrizenmultiplikation dürfen die Faktoren nicht vertauscht werden. $(\underline{a})_A (\underline{a})_B \neq (\underline{a})_B (\underline{a})_A$

Mehrstufige Verstärker lassen sich als Kettenschaltung von Vierpolen auffassen.

**Umrechnung der Vierpolparameter**

Eine Umrechnung nach Tabelle 7.2 ist erforderlich, wenn die Zusammenschaltung andere Parameter erfordert als vorgegeben sind.

### 7.2.1.4 Widerstände und Übertragungsfaktoren von Vierpolen

Betrachtet man den Vierpol als Übertragungsglied zwischen Generator (Sender) und Last (Empfänger), vgl. Bild 7.3, so interessieren die Vierpolwiderstände ($\underline{Z}_1; \underline{Z}_2; \underline{Z}_w$) und die Übertragungsfaktoren für Strom, Spannung und Leistung ($\underline{G}_i; \underline{G}_u; \underline{G}_p$). Diese Größen sind von den Vierpoleigenschaften (Matrizen) und den Ersatzwiderständen im Ein- und Ausgangskreis ($\underline{Z}_L; \underline{Z}_G$) abhängig ($\rightarrow$ Tabelle 7.3). Übertragungsfaktoren sind diskrete Werte von Übertragungsfunktionen für vorgegebene Frequenzen.

*Tabelle 7.3 Widerstände und Übertragungsfaktoren von Vierpolen*

|  | $(\underline{z})$ | $(\underline{y})$ | $(\underline{a})$ | $(\underline{h})$ |
|---|---|---|---|---|
| $\underline{Z}_1$ | $\underline{z}_{11} - \dfrac{\underline{z}_{12}\underline{z}_{21}}{\underline{z}_{22} + \underline{Z}_L}$ | $\dfrac{\underline{y}_{22}\underline{Z}_L + 1}{\Delta \underline{y}\,\underline{Z}_L + \underline{y}_{11}}$ | $\dfrac{\underline{a}_{12} - \underline{a}_{11}\underline{Z}_L}{\underline{a}_{22} - \underline{a}_{21}\underline{Z}_L}$ | $\underline{h}_{11} - \dfrac{\underline{h}_{12}\underline{h}_{21}\underline{Z}_L}{\underline{h}_{22}\underline{Z}_L + 1}$ |
| $\underline{Z}_2$ | $\underline{z}_{22} - \dfrac{\underline{z}_{12}\underline{z}_{21}}{\underline{z}_{11} + \underline{Z}_G}$ | $\dfrac{1 + \underline{y}_{11}\underline{Z}_G}{\underline{y}_{22} + \Delta \underline{y}\,\underline{Z}_G}$ | $-\dfrac{\underline{a}_{12} + \underline{a}_{22}\underline{Z}_G}{\underline{a}_{11} + \underline{a}_{21}\underline{Z}_G}$ | $\dfrac{\underline{h}_{11} + \underline{Z}_G}{\Delta \underline{h} + \underline{h}_{22}\underline{Z}_G}$ |
| $\underline{G}_u$ | $\dfrac{\underline{z}_{21}\underline{Z}_L}{\Delta \underline{z} + \underline{z}_{11}\underline{Z}_L}$ | $-\dfrac{\underline{y}_{21}\underline{Z}_L}{\underline{y}_{22}\underline{Z}_L + 1}$ | $\dfrac{\underline{Z}_L}{\underline{a}_{11}\underline{Z}_L - \underline{a}_{12}}$ | $-\dfrac{\underline{h}_{21} + \underline{Z}_L}{\Delta \underline{h}\,\underline{Z}_L + \underline{h}_{11}}$ |
| $\underline{G}_i$ | $-\dfrac{\underline{z}_{21}}{\underline{z}_{22} + \underline{Z}_L}$ | $\dfrac{\underline{y}_{21}}{\Delta \underline{y}\,\underline{Z}_L + \underline{y}_{11}}$ | $\dfrac{1}{\underline{a}_{22} - \underline{a}_{21}\underline{Z}_L}$ | $\dfrac{\underline{h}_{21}}{1 + \underline{h}_{22}\underline{Z}_L}$ |

$\Delta$ Determinante einer Matrix; z. B. $\Delta \underline{z} = \underline{z}_{11}\underline{z}_{22} - \underline{z}_{12}\underline{z}_{21}$

## 7.2 Analysemethoden

**Dynamischer Eingangswiderstand** $\underline{Z}_1$ (anderes Formelzeichen: $r_\mathrm{e}$)

$$\underline{Z}_1 = \frac{\underline{U}_1}{\underline{I}_1} \tag{7.13}$$

$\underline{Z}_1$ ist von den Vierpolparametern und dem Lastwiderstand abhängig.

Nach dem Funktionsverlauf $|\underline{Z}_1| = f(|\underline{Z}_\mathrm{L}|)$ werden *drei Fälle* unterschieden:

- Bei umkehrbaren Vierpolen ist stets $z_{11} > h_{11}$, so daß sich ein mit $R_\mathrm{L}$ ansteigender Verlauf ergibt.
- Bei umkehrbaren Vierpolen hoher Dämpfung ist $z_{11} \approx h_{11}$, so daß $|\underline{Z}_\mathrm{L}|$ keinen wesentlichen Einfluß auf $|\underline{Z}_1|$ hat.
- Bei nichtumkehrbaren Vierpolen kann $z_{11} < h_{11}$ sein, so daß in diesem Fall $|\underline{Z}_1|$ mit zunehmendem $|\underline{Z}_\mathrm{L}|$ abnimmt. Solche Vierpole werden als *Gyratoren* bezeichnet. Gyratorisches Verhalten zeigen z. B. gegengekoppelte Emitterstufen und spezielle Schaltungen mit Operationsverstärkern.

**Dynamischer Ausgangswiderstand** $\underline{Z}_2$ (anderes Formelzeichen: $r_\mathrm{a}$)

$$\underline{Z}_2 = \frac{\underline{U}_2}{\underline{I}_2} \tag{7.14}$$

$\underline{Z}_2$ ist von den Vierpolparametern und dem Generatorwiderstand abhängig.

**Wellenwiderstand** $\underline{Z}_\mathrm{w}$

Der Wellenwiderstand dient als Anpassungswiderstand in nachrichtentechnischen Übertragungssystemen.

> Der **Wellenwiderstand** eines symmetrischen, umkehrbaren Vierpols ist derjenige Widerstandswert, mit dem der Vierpol am Ausgang abgeschlossen werden muß, um den gleichen Wert am Eingang messen zu können.

$$\boxed{\underline{Z}_\mathrm{w} = \sqrt{\underline{z}_{11}\underline{h}_{11}}} \tag{7.15}$$

▶ *Beachte*: Bei unsymmetrischen Vierpolen wird zwischen eingangsseitigem und ausgangsseitigem Wellenwiderstand ($\underline{Z}_\mathrm{w1} \neq \underline{Z}_\mathrm{w2}$) unterschieden.

**Stromübertragungsfaktor** $\underline{G}_\mathrm{i}$

$\underline{G}_\mathrm{i}$ wird auch als Stromverstärkung $\underline{V}_\mathrm{i}$ bezeichnet.

$$\underline{G}_\mathrm{i} = \underline{V}_\mathrm{i} = \frac{\underline{I}_2}{\underline{I}_1} \tag{7.16}$$

**Spannungsübertragungsfaktor** $\underline{G}_\mathrm{u}$

$\underline{G}_\mathrm{u}$ wird auch als Spannungsverstärkung $\underline{V}_\mathrm{u}$ bezeichnet.

$$\underline{G}_\mathrm{u} = \underline{V}_\mathrm{u} = \frac{\underline{U}_2}{\underline{U}_1} \tag{7.17}$$

## Leistungsübertragungsfaktor $\underline{G}_p$

$\underline{G}_p$ wird auch als Leistungsverstärkung $\underline{V}_p$ bezeichnet.

$$\underline{G}_p = \underline{V}_p = \frac{P_2}{P_1} \tag{7.18}$$

Die **Leistungsverstärkung** ist das Produkt aus Spannungs- und Stromverstärkung.

$$\underline{V}_p = \underline{V}_u \underline{V}_i \tag{7.19}$$

## Logarithmische Übertragungsgrößen

Die logarithmischen Übertragungsgrößen werden aus den Logarithmen der reziproken Übertragungsfaktoren gebildet.

Das **komplexe Übertragungsmaß** $\underline{g}$ ist:

$$\underline{g} = 10 \lg\left(\frac{P_1}{P_2}\right) = a + jb \tag{7.20}$$

In Gl. (7.20) ist $a$ das Dämpfungsmaß in Dezibel (dB), $b$ das Phasenmaß in Radiant (rad). Teilweise wird noch die veraltete Pseudoeinheit „Neper" verwendet. Umrechnung Neper ↔ Dezibel:

$$\boxed{\begin{array}{l} 1\,\text{Np} \approx 8,686\,\text{dB} \\ 1\,\text{dB} \approx 0,115\,\text{Np} \end{array}} \tag{7.21}$$

Das **Dämpfungsmaß** eines symmetrischen, umkehrbaren Vierpols (Zweitors) folgt aus Gl. (7.20). Die Anpassungswiderstände sind gleich groß und kürzen sich.

$$\boxed{a = 20 \lg\left|\frac{U_1}{U_2}\right| \qquad a \text{ in dB}} \tag{7.22}$$

### 7.2.2 Knotenspannungsanalyse

*Vorteile* gegenüber anderen elementaren Methoden:

- Die Zahl $n$ der aufzustellenden Gleichungen ist minimal; sie beträgt bei $k$ Netzwerk-Knoten:

$$n = k - 1 \tag{7.23}$$

- Der Begriff der Knotenspannung (Potential) als Spannung zwischen Netzwerk-Knoten und Masse ist anschaulich, da es sich um eine meßbare Spannung handelt.
- Die Methode läßt sich gut in algorithmischer Form (Matrizen, Graphen, Simulationsprogramme z. B. PSpice) anwenden.

## 7.2 Analysemethoden

**Elementarer Ablauf beim Aufstellen der Netzwerkgleichungen**

1. Spannungsquellen in Stromquellen umrechnen ($I_k = U_1 \cdot Y_i$)
2. Passive Bauelemente durch Leitwerte ausdrücken ($Y = 1/Z$; $Y_C = j\omega C$),
3. Zweigströme durch Spannungen und Leitwerte ausdrücken ($I = \Delta U \cdot Y$)
4. $k - 1$ Knotenpunktgleichungen aufstellen ($\sum I = 0$).

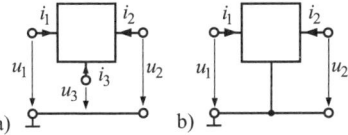

Bild 7.9 Allgemeines Netzwerk
a) erdsymmetrisches 3-Tor
b) erdunsymmetrisches 2-Tor

Zur Berechnung der Knotenspannungen ist ein lineares Gleichungssystem mit $n$ Unbekannten zu lösen. Das geordnete Gleichungssystem läßt sich in Matrixform schreiben, dabei ist zwischen erdsymmetrischen und erdunsymmetrischen Netzwerken zu unterscheiden ($\rightarrow$ Bild 7.9).

**Bildungsregeln für das Aufstellen der Matrix-Gleichungen**

1. Alle Quellenströme nach Knotennummer ordnen und in Matrixform untereinander schreiben (zufließende Ströme positiv, abfließende negativ).
2. Die Hauptdiagonal-Elemente $y_{ii}$ der Leitwertmatrix ergeben sich aus der Summe der an den Knoten $i$ angrenzenden Leitwerte.
3. Die anderen Elemente $y_{ik}$ der Leitwertmatrix entsprechen den negativen Leitwerten vom Knoten $k$ zum Knoten $i$.
4. Alle Knotenspannungen nach Knotennummer ordnen und in Matrixform untereinander schreiben.
5. Die Matrix-Gleichungen nach dem Muster der Gln. (7.24) oder (7.5) aufschreiben; für ein erdsymmetrisches Dreitor nach Gl. (7.24), für ein erdunsymmetrisches Zweitor nach Gl. (7.5). Bei höheren Knotenzahlen werden auch die Matrizen größer; sie bleiben aber immer quadratisch.

$$\begin{pmatrix} i_1 \\ i_2 \\ i_3 \end{pmatrix} = \begin{pmatrix} y_{11} & y_{12} & y_{13} \\ y_{21} & y_{22} & y_{23} \\ y_{31} & y_{32} & y_{33} \end{pmatrix} \begin{pmatrix} u_1 \\ u_2 \\ u_3 \end{pmatrix} \tag{7.24}$$

▶ *Hinweise*:

- In einer „unbestimmten Matrixgleichung", z. B. Gl. (7.24), ist jede Zeilen- oder Spaltensumme gleich null (Kontrollmöglichkeit!).
- Die „unbestimmte Matrixgleichung", z. B. Gl. (7.24), läßt sich auf die bestimmte Gleichung, z. B. Gl. (7.5) reduzieren, indem diejenige Zeile und Spalte gestrichen werden, die dem geerdeten Knoten zugeordnet sind (im Bild 7.9 sind das die 3. Zeile und die 3. Spalte).

## 7.2.3 Computergestützte Netzwerk-Analysen

Die Simulationsprogramme „Design Center/Design Lab", die Windows-Versionen von PSpice, stehen als leistungsfähige Evaluations-Programme zur allgemeinen Verfügung /7.3/. Die umfangreichen Möglichkeiten dieser Programme können hier nur angedeutet werden. Ausführliche Instruktionen → /7.1/, /7.6/.

Mit **PSpice** sind verschiedene **Standardanalysen** möglich, die aus „Schematics", einem CAD-Programm zur Schaltplanerstellung, unter dem Menüpunkt „Analysis/Setup..." ausgewählt werden (→ Bild 7.10).

- Gleichstromanalyse (DC Sweep)
  Berechnung von Gleichgrößen $(U; I)$ in Abhängigkeit von einer Variablen.
- Übertragungsfunktionsanalyse (Transfer Function)
  Berechnung der Kleinsignalparameter sowie der dynamischen Ein- und Ausgangswiderstände.
- Detaillierte Arbeitspunktbestimmung (Bias Point Detail)
  Die Arbeitspunktdaten werden in die Ausgabedatei geschrieben.
- Frequenzanalyse (AC Sweep)
  Berechnung des Frequenzganges (z. B. Bode-Diagramm)
- Transienten-Analyse (Transient)
  Einschwinganalyse, Berechnung des Zeitverhaltens (z. B. Sprungantwort).
- Fourieranalyse (Fourier Analysis)
  Die Daten der Transientenanalyse werden zur Berechnung des Frequenzspektrums einer Zeitfunktion verwendet (Methode: Schnelle Fourier-Transformation (FFT))
- Rauschanalyse (Noise Analysis)
  Die Daten der Frequenzanalyse werden zur Berechnung von Rauschkenngrößen verwendet.
- Statistische Analyse (Monte Carlo or Worst Case)
  Die Daten aus verschiedenen Analysen (dc, ac oder tran) werden für statistische Berechnungen verwendet (z. B. Toleranzuntersuchungen).
- Empfindlichkeitsanalyse (Sensitivity Analysis)
  Die statischen Parameter (Gleichgrößen) von Bauelementen werden variiert und die Ergebnisse in die Ausgabedatei geschrieben.

■ *Beispiel*: **Übertragungsfunktionsanalyse** (Transfer Function) eines Dämpfungsgliedes (überbrücktes T-Glied)

Nachdem der Schaltplan (→ Bild 7.11) unter „Schematics" gezeichnet wurde (keine DIN-Symbole!), erfolgt die Erstellung der Netzliste (Create Netlist). Die Netzliste ist nach den Regeln der Knotenspannungsanalyse strukturiert. Alle Knoten werden automatisch in der Eingabereihenfolge numeriert (hier: 0; 1; 2; 3 – statt 1 steht 0001 in der Liste). Die Bauelemente werden durch ihre Bezeichnung, die Knoten-Position im Netzwerk und ihren Wert gekennzeichnet.

## 7.2 Analysemethoden

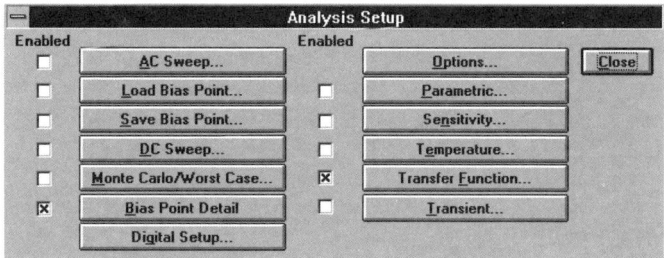

*Bild 7.10 Schaltflächen zur Auswahl der Standardanalysen im Design Center*

Einsicht in die **Netzliste** (Examine Netlist)

```
* Schematics Netlist *
V_V1 $N_0001 0 10V
R_R1 $N_0001 $N_0002 1k
R_R2 $N_0002 $N_0003 2.2k
R_R3 0 $N_0002 1.5k
R_R4 $N 0001 $N 0003 680
R_R5 0 $N_0003 680
```

Nach Auswahl der „Transfer Function" im „Analysis Setup" ($\to$ Bild 7.10) und Eingabe von Quellenspannung und Ausgangs-Knotenspannung wird die Simulation gestartet (Simulate). Das Ergebnis wird nicht, wie bei anderen Analysen, im Grafikprogramm „Probe" dargestellt, sondern direkt in die Ausgabedatei geschrieben. Einsicht in die *Ausgabedatei* (Examine Output) – nur die wichtigsten Daten sind hier dargestellt –:

```
** Analysis setup **
.TF V([$N_0003] V_V1
.OP
es folgen Netzlisten ...
.probe
.END
**** SMALL SIGNAL BIAS SOLUTION TEMPERATURE = 27.000 DEG C

NODE        VOLTAGE
($N_0001)   10.0000
($N_0002)    5.8089
($N_0003)    5.1083

**** SMALL SIGNAL CHARAKTERISTICS
V($N_0003)/V_V1 = 5.108E-01
INPUT RESISTANCE AT V_V1 = 8.784E+02
OUTPUT RESISTANCE AT V($N_0003) = 3.032E+02
```

- *Zu den Ergebnissen*: Die Knotenspannungen (Potentiale) betragen: $U_1 = 10$ V; $U_2 = 5,8089$ V; $U_3 = 5,1083$ V. Die Leerlauf-Spannungsverstärkung beträgt $V_u = 0,5108$, der Eingangswiderstand $Z_1 = 878,4\ \Omega$, der Ausgangswiderstand $Z_2 = 303,2\ \Omega$.

▶ Hinweise zu weiteren Analysen sind in den jeweils dazu passenden Abschnitten enthalten.

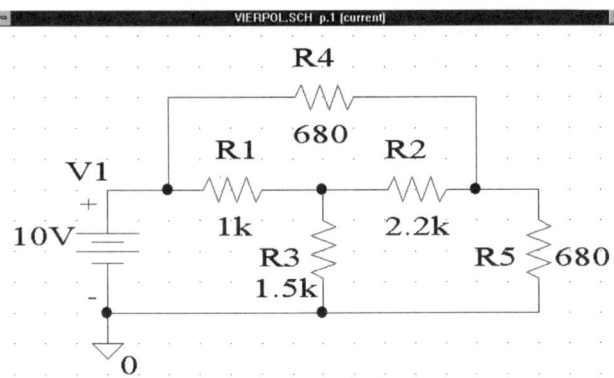

Bild 7.11 Dämpfungsglied, gezeichnet im PSpice-Schaltplaneditor „Schematics"

## 7.3 Aktive Grundschaltungen

### 7.3.1 Begriffsbestimmung und Übersicht

Gegenstand der Betrachtung sind sowohl elementare Verstärkerstufen mit Transistoren als auch Substrukturen von linearen Schaltkreisen. Das Augenmerk gilt besonders dem Einfluß der Gegenkopplung auf die dynamischen Eigenschaften der betrachteten Schaltungen.

**Begriff „Verstärker"**

> Verstärker sind aktive Vierpole (Zweitore), die mittels Hilfsleistung $P_H$ (Stromversorgung) eine kleine Eingangssignalleistung $P_1$ in eine größere Ausgangssignalleistung $P_2$ wandeln.

Die **Leistungsbilanz** beträgt mit der Wärmeverlustleistung $P_V$

$$P_1 + P_H = P_2 + P_V \quad \text{mit} \quad P_H > P_V \quad \text{und} \quad P_2 > P_1$$

**Merkmale zur Klassifizierung der Verstärker**

- Integrationsgrad (Transistorstufen, Analogschaltkreise, Operationsverstärker)
- Signalgröße (Kleinsignalverstärker, Leistungsverstärker)
- Signalart (Wechselspannungsverstärker, Impulsverstärker, Gleichspannungsverstärker)
- Bandbreite (Breitbandverstärker, Selektivverstärker)

- Kopplungsart (NF-Verstärker mit $RC$-Kopplung, Verstärker mit direkter Kopplung)

Spezielle Verstärker der HF-Technik werden hier nicht behandelt.

### 7.3.2 Einstufige Grundschaltungen mit Transistoren

Bei kleiner Aussteuerung ($\hat{U}_1 \leqq 5$ mV; $\hat{U}_2 \leqq 0,1$ mV – in Sonderfällen bis 1 V) kann der Transistor als linearer Vierpol betrachtet und durch vier voneinander unabhängige Vierpolparameter ($\rightarrow$ Tabelle 7.1) beschrieben werden, die bei höheren Frequenzen komplex sind.

Die **Transistorparameter** sind u. a. abhängig von

- Transistorgrundschaltung und Arbeitspunkteinstellung
- Temperatur
- Frequenz.

In den Applikationsunterlagen sind entsprechende Meßbedingungen für Transistorparameter angegeben.

Das lineare **Kleinsignalverhalten** bei tiefen Frequenzen ist bei bipolaren und unipolaren Transistoren unterschiedlich.

- **Bipolare Transistoren** verhalten sich wie stromgesteuerte Stromquellen (Kenngröße: z. B. Kurzschlußstromverstärkung in Emitterschaltung $\beta = h_{21e}$). Der Eingangswiderstand ist relativ klein und muß in der Rechnung zumeist berücksichtigt werden ($Z_1 = r_{BE} = h_{11e}$).
- **Unipolare Transistoren** (FETs) verhalten sich wie spannungsgesteuerte Stromquellen (Kenngröße: z. B. Steilheit in Sourceschaltung $S = y_{21s}$). Der Eingangswiderstand ist sehr groß (verlustarme Kapazität) und kann meist als unendlich angesehen werden (keine Belastung der Signalquelle).

**Grundschaltungen.** Je nachdem, welche Transistoranschlüsse den Eingangs- bzw. Ausgangsklemmen des Vierpols ($\rightarrow$ Bild 7.3) zugeordnet werden, unterscheidet man drei Grundschaltungen:

- Emitter- bzw. Sourceschaltung
- Kollektor- bzw. Drainschaltung und
- Basis- bzw. Gateschaltung.

#### 7.3.2.1 Grundschaltungen mit bipolaren Transistoren

Zur genauen Berechnung der dynamischen Schaltungseigenschaften müssen die Vierpolparameter der verwendeten Transistoren bekannt sein. Für den

*Tafel 7.1  Einstufige Grundschaltungen mit bipolaren Transistoren*

| Grundschaltung Schaltbild | Eigenschaften und Formeln |
|---|---|
| 1. Emitterschaltung 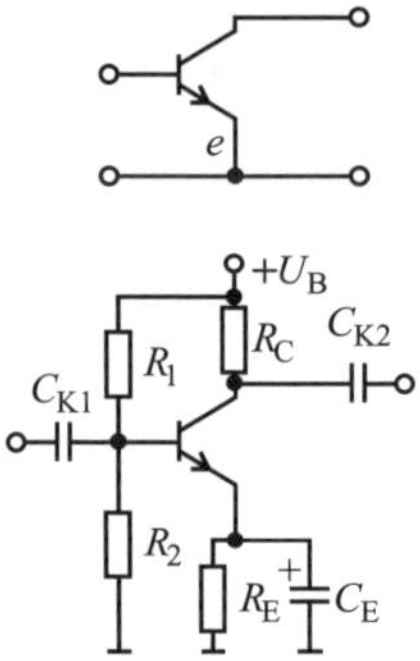 | hohe Spannungsverstärkung, Phasendrehung 180° $$V_u \approx -SR_C \| r_{CE}$$ hohe Stromverstärkung $$V_i \approx \beta$$ mittelgroßer Eingangswiderstand $$Z_1 \approx r_{BE} \| \frac{R_1 R_2}{R_1 + R_2}$$ mittelgroßer Ausgangswiderstand $$Z_2 \approx r_{CE} \| R_C$$ |
| 2. Kollektorschaltung (Emitterfolger) 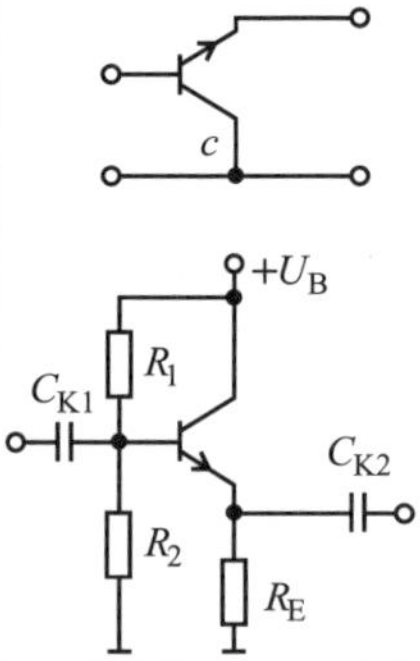 | keine Spannungsverstärkung $$V_u < 1$$ hohe Stromverstärkung $$V_i \approx -\beta$$ hoher Eingangswiderstand $$Z_1 \approx r_{BE}(1 + SR_E) \| \frac{R_1 R_2}{R_1 + R_2}$$ niedriger Ausgangswiderstand $$Z_2 \approx \frac{1}{S} \| R_E$$ |
| 3. Basisschaltung 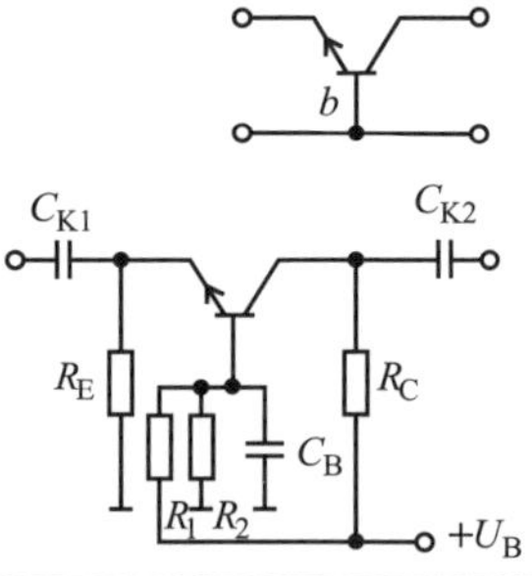 | hohe Spannungsverstärkung $$V_u \approx SR_C$$ keine Stromverstärkung $$V_i \approx -1$$ niedriger Eingangswiderstand $$Z_1 \approx \frac{1}{S} \| R_E$$ hoher Ausgangswiderstand $$Z_2 \approx r_{CE}(1 + SR_E) \| R_C$$ |

Kleinsignalbetrieb von Emitterstufen ergeben sich *praxisgerechte Näherungen* aus den idealisierten Transistorkennlinien. Diese Abschätzungen sind vom Transistortyp unabhängig. Aus der Übertragungskennlinie

$$I_C \approx I_{CS}\, e^{\frac{U_{BE}}{U_T}} \tag{7.25}$$

folgt die Steilheit ($\to$ 6.10.4)

$$S = \frac{dI_C}{dU_{BE}} \approx \frac{I_C}{U_T} \tag{7.26}$$

$S$ ist vom Kollektorgleichstrom $I_C$ im Arbeitspunkt und von der Temperaturspannung $U_T$ ($\approx$ 26 mV bei Raumtemperatur) abhängig.

Die **dynamische Stromverstärkung** $\beta$ beträgt ($\to$ 6.10.4)

$$\beta = \frac{dI_C}{dI_B} \approx B = \frac{I_C}{I_B} \tag{7.27}$$

Der **dynamische Basis-Emitter-Widerstand** errechnet sich aus der Eingangskennlinie ($\to$ 6.10.4)

$$r_{BE} = \frac{dU_{BE}}{dI_B} \approx \frac{\beta}{S} \tag{7.28}$$

Der **dynamische Kollektor-Emitter-Widerstand** errechnet sich aus der Ausgangskennlinie ($\to$ 6.10.4)

$$r_{CE} = -\frac{dU_{CE}}{dI_C} \approx -\frac{U_{CEY}}{I_C} \tag{7.29}$$

Die **Early-Spannung** $U_{CEY}$ beträgt bei Si-Transistoren etwa $-(100\ldots 200)$ V. In Tafel 7.1 sind die Grundschaltungen als NF-Verstärkerstufen mit $CR$-Koppelgliedern dargestellt. Die angegebenen Formeln sind praxisgerechte Näherungen.

Bei höheren Frequenzen sind die Vierpolparameter der Transistoren komplex. Die $y$-Parameter stellen sich dann als Parallelschaltungen aus Wirkleitwerten $g_{nm}$ und Kapazitäten $C_{nm}$ dar:

$$\underline{y}_{nm} = g_{nm} + j\omega C_{nm} \tag{7.30}$$

### 7.3.2.2 Hinweise zu Grundschaltungen mit unipolaren Transistoren

Gegenüber den vergleichbaren Grundschaltungen in bipolarer Technik ergeben sich infolge der kleineren Steilheit $S$ und des wesentlich größeren Eingangswiderstandes $r_{GS}$ *andere Größenordnungen der dynamischen Eigenschaften*:

- Die Spannungsverstärkung $V_u$ in Sourceschaltung ist kleiner als in Emitterschaltung.
- Der Eingangswiderstand $Z_1$ in Source- und Drainschaltung ist wesentlich größer ($\to \infty$) als in Emitter- und Kollektorschaltung.
- In Gateschaltung ist der Eingangswiderstand $Z_1$ größer, der Ausgangswiderstand $Z_2$ kleiner als in Basisschaltung.

Die *Berechnung der dynamischen Kenngrößen* kann auch nach Tafel 7.2 erfolgen. Zu beachten ist dabei:

- Die Steilheit $S$ ist mit den Formeln aus Abschnitt 6.61 zu berechnen.
- Die veränderte Arbeitspunkteinstellung ist zu berücksichtigen.
- Die Stromverstärkung ist wegen des extrem großen Eingangswiderstandes nicht definiert.
- Die Widerstandsbezeichnungen sind zu verändern ($R_C \leftrightarrow R_D$, $R_E \leftrightarrow R_S$, $r_{CE} \leftrightarrow r_{DS}$).

### 7.3.3  Schaltungen mit Gegenkopplung

#### 7.3.3.1  Begriff der Rückkopplung

**Rückkopplung** liegt vor, wenn das Ausgangssignal eines aktiven Übertragungsgliedes (Verstärker) über ein Rückkopplungsglied (passiv oder auch aktiv) an den Eingang zurückgeführt wird.

Der Signalflußplan des rückgekoppelten Verstärkers ($\to$ Bild 7.12) bildet die Grundlage für das Modell eines Regelkreises.

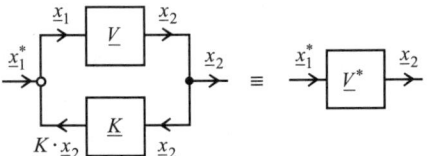

*Bild 7.12  Signalflußplan des rückgekoppelten Verstärkers*

Im Signalflußplan treten Verzweigungsstellen und Überlagerungsstellen auf ($\to$ Bild 7.13).

An Verzweigungsstellen sind die Signale gleich groß. An Überlagerungsstellen ist die Summe der zufließenden Signale gleich der Summe der abfließenden Signale. Zusätzliche Vorzeichenangaben bringen die Phasenlage

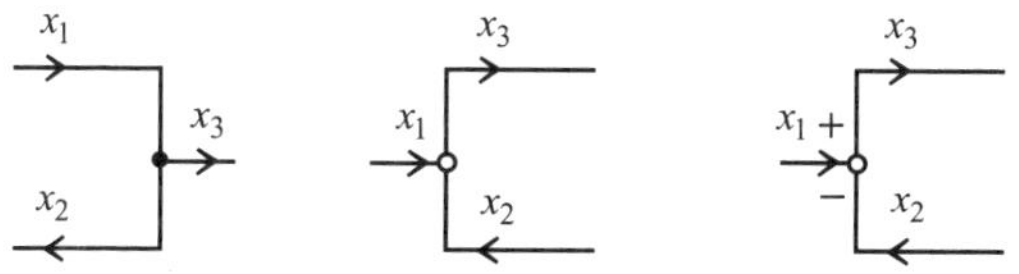

a) $x_3 = x_2 = x_1$   b) $x_1 + x_2 = x_3$   c) $x_1 - x_2 = x_3$

*Bild 7.13 Symbolische Darstellung von a) Verzweigungsstelle,
b) Überlagerungsstelle bei Gleichphasigkeit und c) bei Gegenphasigkeit*

[Gleichphasigkeit (+), Gegenphasigkeit (−)] in den Signalbeziehungen zum Ausdruck. Entsprechend der Schaltungsstruktur können die Signale sowohl Spannungen als auch Ströme darstellen.

Die **allgemeine Rückkopplungsgleichung** ergibt sich mit $\underline{x}_1^* + \underline{K}\,\underline{x}_2 = \underline{x}_1$ und $\underline{V} = \underline{x}_2/\underline{x}_1$:

$$\underline{V}^* = \frac{\underline{V}}{1 - \underline{K}\,\underline{V}} \tag{7.31}$$

$\underline{K}$ Rückkopplungsfaktor
$\underline{V}$ Verstärkung in offener Schleife (open loop)

Die Verstärkung in geschlossener Schleife (closed loop) $\underline{V}^*$ ist von der Schleifenverstärkung $\underline{K}\,\underline{V}$ bzw. vom Rückkopplungsgrad $\underline{g} = 1 - \underline{K}\,\underline{V}$ abhängig. Dabei sind *drei charakteristische Fälle* zu unterscheiden:

1. $|\underline{g}| > 1$: $|\underline{V}^*| < |\underline{V}|$ negative Rückkopplung (Gegenkopplung)
2. $|\underline{g}| < 1$: $|\underline{V}^*| > |\underline{V}|$ positive Rückkopplung (Mitkopplung)
3. $\underline{K}\,\underline{V} = 1$: $|\underline{V}^*| \to \infty$ Selbsterregung (Schwingbedingung → 7.6)

▶ Durch Gegenkopplung verringert sich die Verstärkung, durch Mitkopplung vergrößert sie sich.

### 7.3.3.2 Gegenkopplungsmodelle

**Gegenkopplung** entsteht durch gegenphasige Rückführung des Ausgangssignals an den Eingang des Verstärkers.

Unter der Voraussetzung, daß $\underline{K}$ und $\underline{V}$ reelle Zahlen sind (frequenzunabhängige Gegenkopplung), folgt für die Verstärkungsbeträge aus Gl. (7.31) mit $\underline{K}\,\underline{V} = -KV$:

$$V^* = \frac{V}{1 + KV} \tag{7.32}$$

*Tafel 7.2  Gegenkopplungsmodelle*

| Gegenkopplungsmodell | Eigenschaften und Formeln |
|---|---|
| 1. Serien-Spannungsgegenkopplung 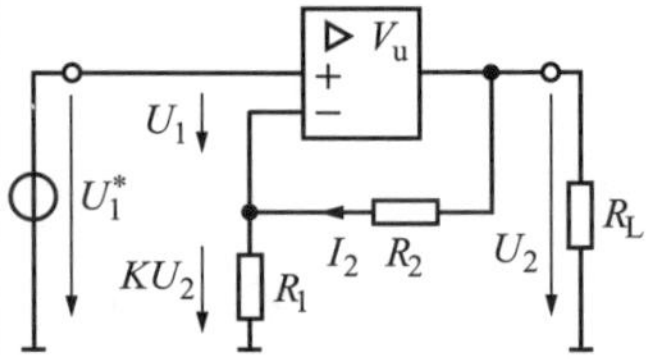 | Vierpole in Reihen-Parallelschaltung *Anwendung*: Nichtinvertierender Spannungsverstärker $$V_u^* \approx 1 + \frac{R_2}{R_1} \quad (7.33)$$ *Effekt*: Stabilisierung der Spannungsverstärkung |
| 2. Parallel-Spannungsgegenkopplung 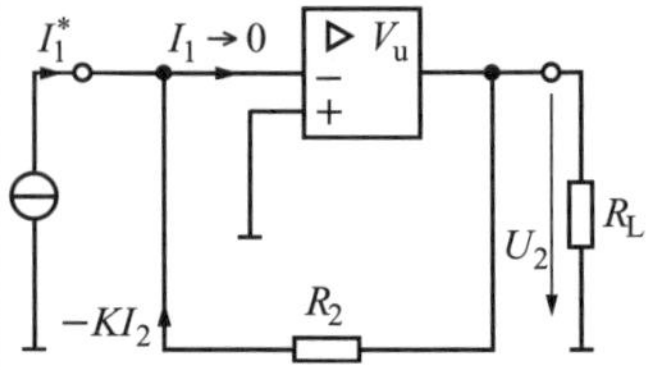 | Vierpole in Parallelschaltung *Anwendung*: Invertierender Strom-Spannungs-Wandler; mit zusätzlichem Widerstand $R_1$ am Eingang als invertierender Spannungsverstärker $$\frac{U_2}{I_1^*} \approx -R_2 \quad (7.34)$$ *Effekt*: Stabilisierung des Übertragungswiderstandes (Transimpedanz) |
| 3. Serien-Stromgegenkopplung 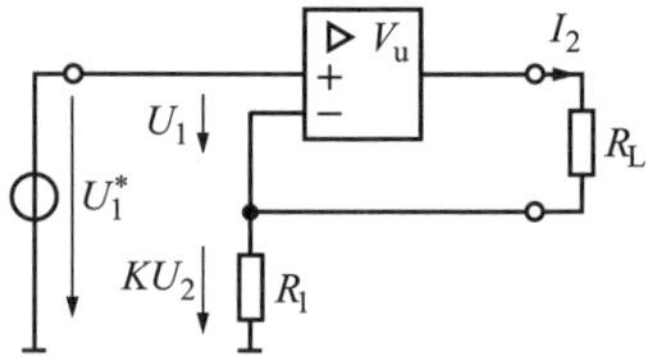 | Vierpole in Reihenschaltung *Anwendung*: Spannungs-Strom-Wandler; Konstantstromquelle für erdfreie Last $$\frac{I_2}{U_1^*} \approx \frac{1}{R_1} \quad (7.35)$$ *Effekt*: Stabilisierung des Übertragungsleitwertes (Transkonduktanz) |
| 4. Parallel-Stromgegenkopplung 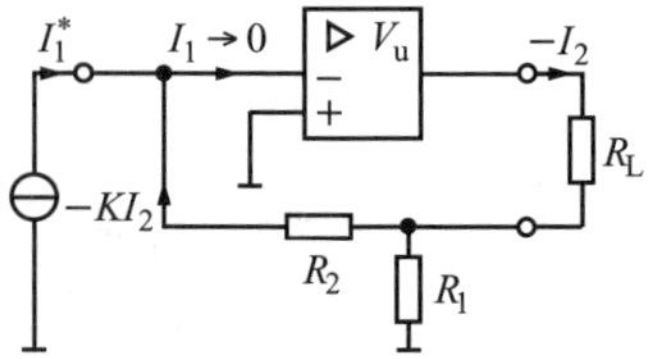 | Vierpole in Parallel-Reihenschaltung *Anwendung*: Invertierender Stromverstärker $$V_i^* \approx -\left(1 + \frac{R_2}{R_1}\right) \quad (7.36)$$ *Effekt*: Stabilisierung der Stromverstärkung |

Bei $KV \gg 1$ ist die Verstärkung $V^*$ im wesentlichen nur von der Rückführung $K$ abhängig:

$$V^* \approx \frac{1}{K} \quad (7.37)$$

## 7.3 Aktive Grundschaltungen

**Gegenkopplungsmodelle.** Je nach Zusammenschaltung von Verstärker- und Rückkopplungsvierpol werden verschiedene Gegenkopplungsmodelle unterschieden:

- Serien-Spannungsgegenkopplung
- Parallel-Spannungsgegenkopplung
- Serien-Stromgegenkopplung
- Parallel-Stromgegenkopplung.

▶ Bei Seriengegenkopplung ist die Additionsstelle eine Masche; es werden Spannungen am Eingang subtrahiert.

▶ Bei Parallelgegenkopplung ist die Additionsstelle ein Knoten; es werden die Ströme am Eingang subtrahiert.

▶ Bei Spannungsgegenkopplung ist das Gegenkopplungssignal eine Funktion der Ausgangsspannung.

▶ Bei Stromgegenkopplung ist das Gegenkopplungssignal eine Funktion des Ausgangsstromes.

Gemeinsames Merkmal aller Gegenkopplungsmodelle ist die *Stabilisierung der Übertragungseigenschaften*. In jedem Modell wird dabei ein anderer Übertragungsfaktor stabilisiert, so daß sich jeweils bevorzugte Anwendungsfälle ergeben. In Tafel 7.2 werden die Modelle mit idealisierten Operationsverstärkern ($\rightarrow$ 7.4) dargestellt.

### 7.3.3.3 Einfluß der Gegenkopplung auf die dynamischen Eigenschaften

Die **Betriebseigenschaften** eines Verstärkers können durch Anwendung von Gegenkopplung zielgerichtet beeinflußt werden:

**Stabilisierung der Verstärkung.** Die Anwendung der Fehlerrechnung (totales Differential) auf die allgemeine Gegenkopplungsgleichung (Gl. 7.32) ergibt mit dem Gegenkopplungsgrad $g = 1 + KV$:

$$\frac{\Delta V^*}{V^*} \approx \frac{1}{g} \cdot \frac{\Delta V}{V} \tag{7.38}$$

▶ Bei mehrstufigen Verstärkern ist es zweckmäßig, die Gegenkopplung über mehrere Stufen zu führen ($g$ wird dann sehr groß, die relative Verstärkungsänderung demnach sehr klein).

**Verringerung der nichtlinearen Verzerrungen** (Klirrfaktor) **und Erhöhung der Aussteuerbarkeit** durch Linearisierung der Kennlinie.

> Der Klirrfaktor $k$ ist das Verhältnis des Oberwelleneffektivwertes zum Gesamteffektivwert (einschließlich Grundwellenanteil).

$$k = 100\,\% \cdot \sqrt{\frac{\tilde{U}_2^2 + \tilde{U}_3^2 + \ldots}{\tilde{U}_1^2 + \tilde{U}_2^2 + \tilde{U}_3^2 + \ldots}} \qquad (7.39)$$

Der Klirrfaktor $k$ wird in % angegeben.

$\tilde{U}_1$ Effektivwert der 1. Harmonischen (Grundwelle)
$\tilde{U}_2$ Effektivwert der 2. Harmonischen (1. Oberwelle).

Der Klirrfaktor erhöht sich mit zunehmender Eingangsspannungsamplitude. Durch Gegenkopplung wird die Transistorkennlinie linearisiert und der Klirrfaktor verkleinert sich etwa im gleichen Maße wie die Verstärkung.

$$\frac{k^*}{k} \approx \frac{V^*}{V} \qquad (7.40)$$

**Änderung der der Ein- und Ausgangswiderstände.** Durch Gegenkopplung ändern sich die Ein- und Ausgangswiderstände der Transistorstufen jeweils mit dem Faktor $g$ oder $1/g$:

- Bei Serien-Spannungsgegenkopplung wird $Z_1$ vergrößert und $Z_2$ verkleinert.

$$Z_1^* \approx g Z_1; \qquad Z_2^* \approx \frac{Z_2}{g} \qquad (7.41)$$

- Bei Parallel-Spannungsgegenkopplung werden $Z_1$ und $Z_2$ verkleinert.

$$Z_1^* \approx \frac{Z_1}{g}; \qquad Z_2^* \approx \frac{Z_2}{g} \qquad (7.42)$$

- Bei Serien-Stromgegenkopplung werden $Z_1$ und $Z_2$ vergrößert.

$$Z_1^* \approx g Z_1; \qquad Z_2^* \approx g Z_2 \qquad (7.43)$$

- Bei Parallel-Stromgegenkopplung wird $Z_1$ verkleinert und $Z_2$ vergrößert.

$$Z_1^* \approx \frac{Z_1}{g}; \qquad Z_2^* \approx g Z_2 \qquad (7.44)$$

**Vergrößerung der Bandbreite.** Durch Gegenkopplung wird das Bandbreiten-Verstärkungs-Produkt $BV$ nur unwesentlich verändert. Die Verringerung der Verstärkung bei Anwendungen von Gegenkopplung bewirkt somit eine Erhöhung der Bandbreite des Verstärkers. Es gilt:

$$B^* \approx B \cdot \frac{V}{V^*} \qquad (7.45)$$

▶ Bandbreite und Verstärkung sind gegeneinander austauschbar.

### 7.3.3.4 Bipolare Transistorstufen mit Gegenkopplung

Eine exakte Berechnung kann über die Transistor-Ersatzschaltbilder erfolgen. Dazu müssen allerdings die Vierpolparameter der Transistoren bekannt sein. Zur Abschätzung eignet sich die Gegenkopplungsgleichung (7.32).

## 7.3 Aktive Grundschaltungen

**Serien-Stromgegenkopplung** wird in der Emitterschaltung ($\rightarrow$ Tafel 7.1) durch einen Emitterwiderstand $R_\mathrm{E}$ bewirkt. Durch einen zu $R_\mathrm{E}$ parallelgeschalteten Kondensator $C_\mathrm{E}$ wirkt die Gegenkopplung nur im Tiefstfrequenzbereich $f \ll f_{\mathrm{gu}}$. Der Arbeitspunkt wird gegen Temperatur- und Speisespannungsschwankungen (Drift) sowie Bauelementealterung stabilisiert. Auf die dynamischen Eigenschaften im Betriebsfrequenzbereich $f \geqq f_{\mathrm{gu}}$ wirkt sich die Gegenkopplung nicht aus, so daß für Wechselspannungssignale die volle Stufenverstärkung wirksam ist.

Die Wechselspannungsverstärkung für $R_\mathrm{C} \ll r_{\mathrm{CE}}$:

$$V_\mathrm{u} \approx -S R_\mathrm{C} \tag{7.46}$$

Die Driftverstärkung (Verstärkung für langsame Änderungen, $f \rightarrow 0$):

$$V_{\mathrm{u}0} \approx -\frac{R_\mathrm{C}}{R_\mathrm{E}} \tag{7.47}$$

Für praktische Fälle ist zumeist $S \gg 1/R_\mathrm{E}$, so daß damit eine Driftunterdrückung verbunden ist ($V_{\mathrm{u}0} \ll V_\mathrm{u}$).

**Parallel-Spannungsgegenkopplung** kann in einer Emitterstufe durch einen externen Widerstand $R_\mathrm{P}$ zwischen Kollektor und Basis realisiert werden. Da sich damit der Eingangswiderstand verkleinern würde ($\rightarrow$ Gl. 7.42), ist diese Maßnahme nur bei Stromverstärkerstufen sinnvoll.

### 7.3.3.5 Weitere Gegenkopplungseffekte

**Miller-Theorem**

> Das Miller-Theorem besagt, daß ein Widerstand $\underline{Z}$ zwischen Ein- und Ausgang eines idealen Verstärkers durch zwei Widerstände $\underline{Z}_1^*$ und $\underline{Z}_2^*$ ersetzt werden kann (Bild 7.14).

Dabei ist besonders der zusätzliche Eingangswiderstand $\underline{Z}_1^*$ von Interesse:

$$\underline{Z}_1^* = \frac{\underline{Z}}{1 - \underline{V}_\mathrm{u}} \tag{7.48}$$

Wendet man das Miller-Theorem auf eine Emitterstufe mit Parallel-Spannungsgegenkopplung an, so ergibt sich wegen $\underline{V}_\mathrm{u} = V_\mathrm{u} \mathrm{e}^{\mathrm{j}\pi} = -V_\mathrm{u}$ ein positiver reeller Ersatzwiderstand:

$$Z_1^* = \frac{R_\mathrm{p}}{1 + V_\mathrm{u}} \tag{7.49}$$

Infolge des Miller-Effektes tritt bei Emitterstufen eine *dynamische Vergrößerung der Eingangskapazität* auf. Die kleine Kollektor-Basis-Kapazität $C_{\mathrm{cb}}$

erscheint um den Verstärkungsfaktor vergrößert am Eingang der Schaltung (→ Bild 7.15).

$$C_{cb}^* \approx C_{cb}(1 + V_u)$$ (7.50)

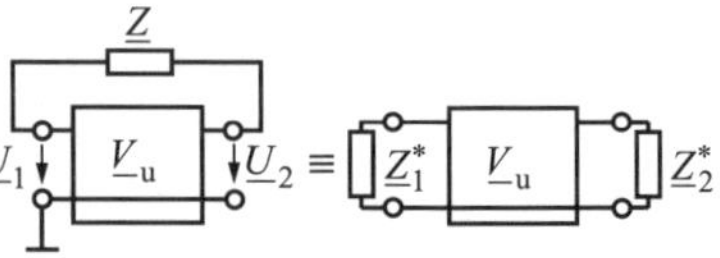

*Bild 7.14  Zum Miller-Theorem*

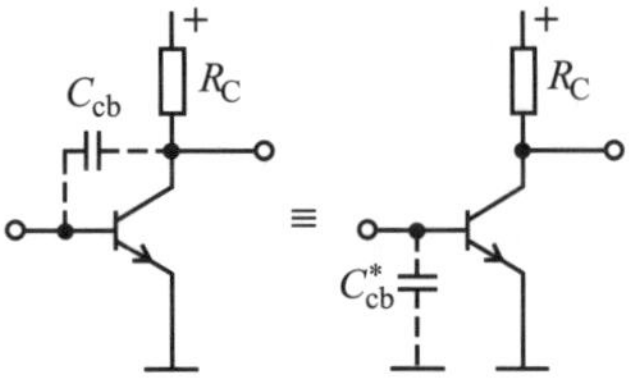

*Bild 7.15  Dynamische Eingangskapazität durch Miller-Effekt*

Damit verschlechtern sich die dynamischen Eigenschaften Frequenzgang und Impulsverhalten mit zunehmender Spannungsverstärkung $V_u$.

**Bootstrap-Effekt**

Der Bootstrap-Effekt läßt sich ebenfalls mit dem Miller-Theorem erklären. Für Kollektorstufen (Emitterfolger) gilt $\underline{V}_u = V_u e^{j0} = V_u$ und $V_u < 1$. Damit ergibt sich aus Gl. (7.48) ein vergrößerter reeller Ersatzwiderstand $Z_1^* > Z$.

Ein bekannter Anwendungsfall ist die dynamische Widerstandserhöhung im Basisspannungsteiler einer Kollektorstufe.

### 7.3.4  Kopplungsarten bei mehrstufigen Verstärkern

#### 7.3.4.1  *RC*-Kopplung

Durch *RC*-Kopplung (→ Tafel 7.1) zwischen den Verstärkerstufen lassen sich die Gleichpotentiale der einzelnen Stufen voneinander trennen.

*Vorteile*:
- keine Driftübertragung von Stufe zu Stufe
- leichtere Schaltungsberechnung durch getrennte Arbeitspunktfestlegungen.

*Nachteile*:
- keine Übertragung von Gleichspannungs-Nutzsignalen
- große Koppelkondensatoren für niedrige untere Grenzfrequenzen
- Phasendrehung bei tiefen Frequenzen.

Durch die Entwicklung der integrierten Schaltungstechnik hat die *RC*-Kopplung an Bedeutung verloren. Hier wird sich auf einige Grundkenntnisse über den Frequenzgang beschränkt.

## Frequenzbereiche

Beim $RC$-gekoppelten Verstärker sind drei Frequenzbereiche zu unterscheiden:

- tiefe Frequenzen ($f_t < f_m$)
  Durch Spannungsteilung an den Koppelgliedern ist $V_t < V_m$. Die Schaltung hat Hochpaßverhalten mit einer unteren Grenzfrequenz $f_{gu}$.
- mittlere Frequenzen ($f_{gu} \ll f_m \ll f_{go}$)
  Die Verstärkung ist konstant, da die Blindwiderstände der Kapazitäten keinen Einfluß haben. $V_m$ wird als Bezugswert benutzt.
- hohe Frequenzen ($f_h > f_m$)
  Durch Stromteilung zwischen den Parallelkapazitäten (Transistor- und Schaltkapazitäten) und den Parallelwiderständen ist $V_h < V_m$.

Die Schaltung hat Tiefpaßverhalten mit einer oberen Grenzfrequenz $f_{go}$.

## Grenzfrequenz

Als Grenzfrequenz $f_g$ wird diejenige Frequenz bezeichnet, bei der die relative Verstärkung auf $V/V_m = 1/\sqrt{2} \mathrel{\hat=} -3$ dB abgefallen ist.

Bild 7.16 zeigt den Frequenzgang in doppeltlogarithmischer Darstellung (**Bode-Diagramm**, $V/V_m$ in dB. Der übertragene Frequenzbereich wird durch die *Bandbreite B* gekennzeichnet:

$$B = f_{go} - f_{gu} \tag{7.51}$$

Die **untere Grenzfrequenz** $f_{gu}$ wird im wesentlichen durch die Zeitkonstanten der $RC$-Koppelglieder bestimmt.

Bei $n$ $RC$-Koppelgliedern mit gleichen Zeitkonstanten gilt:

$$\boxed{f_{gu} = \frac{a_n}{2\pi C_K R_K}} \tag{7.52}$$

Der Faktor $a_n$ ist aus Tabelle 7.4 zu entnehmen.

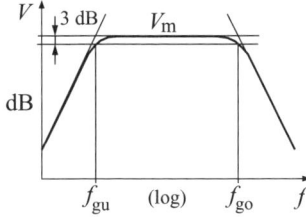

*Bild 7.16 Frequenzgang eines Verstärkers mit RC-Kopplung (Bode-Diagramm)*

*Tabelle 7.4 Koeffizienten zur Berechnung der unteren Grenzfrequenz*

| n   | 1 | 2    | 3    | 4    | 5    | 6    | 7    | 8    | 9    |
|-----|---|------|------|------|------|------|------|------|------|
| $a_n$ | 1 | 1,55 | 1,96 | 2,30 | 2,59 | 2,86 | 3,10 | 3,32 | 3,53 |

Das **Verhalten bei hohen Frequenzen** wird durch alle Zeitkonstanten bestimmt, die im Ersatzschaltbild ($\rightarrow$ Bild 7.5) parallel zur Übertragungsrichtung liegen. Einfluß nehmen die dynamischen Transistoreigenschaften sowie die durch den Schaltungsaufbau bedingten Parallelwiderstände und parasitären Kapazitäten. Zur Beurteilung des Frequenzverhaltens von Transistoren werden verschiedene obere Grenzfrequenzen definiert und in den Applikationsunterlagen angegeben.

**Obere 3-dB-Grenzfrequenz.** $f_{h21}$ wird sowohl für Emitterschaltung ($f_\beta$) als auch für Basisschaltung ($f_\alpha$) angegeben. Der Zusammenhang zwischen $f_\beta$ und $f_\alpha$ folgt aus dem konstanten *Bandbreiten-Verstärkungs-Produkt*:

$$f_\alpha = (1+\beta)f_\beta \tag{7.53}$$

In Basisschaltung hat der gleiche Transistor eine höhere Grenzfrequenz als in Emitterschaltung.

**Transitfrequenz** $f_T$. Grenzfrequenz, bei der die Verstärkung auf den Wert 1 (0 dB) gefallen ist. Damit ist eine absolute Grenze des Transistors als Verstärker gekennzeichnet. Die Transitfrequenz $f_T$ kann auch als Bandbreiten-Verstärkungs-Produkt interpretiert werden.

### 7.3.4.2 Direkte Kopplung

In vielen Anwendungsgebieten elektronischer Verstärker (z. B. Meßtechnik, Fernsehtechnik) müssen auch Signale der Frequenz $f = 0$ (Gleichspannung) übertragen werden. Formal wird $f_{gu} = 0$, wenn in Gl. (7.52) $C_K \rightarrow \infty$ geht, also keine Koppelkondensatoren eingesetzt werden.

Bei direkt gekoppelten Verstärkern treten folgende *Probleme* auf:
- Driftprobleme
- Potentialprobleme.

**Driftprobleme**

Das Nutzsignal hebt sich nicht mehr durch die höhere Frequenz vom Driftstörsignal ab. Die Driftunterdrückung durch Frequenzselektion scheidet deshalb aus. Die Ausgangsspannung eines Gleichspannungsverstärkers beträgt allgemein:

$$u_a = [V_u + \Delta V_u(\vartheta; U_B; t)] \cdot [u_E + U_{IO} + \Delta U_{IO}(\vartheta; U_B; t)] \tag{7.54}$$

Folgende *Störgrößen* treten auf:
- Verstärkungsdrift $\Delta V_u(\vartheta; U_B; t)$
- Offsetspannung (Nullpunktfehler) $U_{IO}$
- Offsetspannungsdrift $\Delta U_{IO}(\vartheta; U_B; t)$.

Das Driftsignal kann aus den Komponenten Temperaturdrift ($\vartheta$), Speisespannungsdrift ($U_B$) und Alterung ($t$) bestehen. $\Delta V_u$ kann durch Gegenkopplungsmaßnahmen wirksam reduziert werden. $U_{IO}$ kann durch eine Gleichspannung entgegengesetzter Polarität kompensiert werden (Nullpunktkompensation). Die Komponenten $f(U_B)$ werden durch Stabilisierung der Speisespannung reduziert. Die Alterungskomponenten $f(t)$ liegen bei Verwendung entsprechender Bauelemente in vertretbarer Größenordnung. Besonders problematisch ist die *Temperaturdrift* $\Delta U_{IO}(\vartheta)$.

Bei Transistoren sind *temperaturabhängig*:
- Basis-Emitter-Spannung $U_{BE}$
- Gleichstromverstärkungsfaktoren $A$ (in Basisschaltung) und $B$ (in Emitterschaltung)
- Restströme.

Die Temperaturabhängigkeit von $U_{BE}$ wirkt sich wie eine zusätzliche Eingangsspannung $\Delta U_{BE}$ aus, die über den *Temperaturdurchgriff* $D_T$ abgeschätzt werden kann.

$$|D_T| = \left|\frac{\Delta U_{BE}}{\Delta \vartheta}\right| \approx 2\ldots 3 \text{ mV/K} \tag{7.55}$$

$D_T < 0$: npn-Transistoren
$D_T > 0$: pnp-Transistoren

**Driftverstärkung**

Die Eingangsspannungsdrift einer Verstärkerstufe kann als Gleichspannungsquelle am Eingang einer driftfrei gedachten Stufe aufgefaßt werden ($\rightarrow$ Bild 7.17).

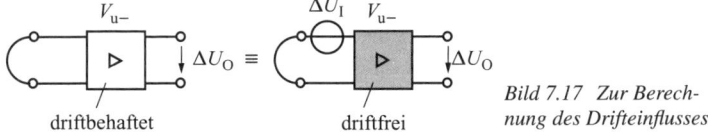

Bild 7.17 Zur Berechnung des Drifteinflusses

Die Ausgangsspannungsdrift $\Delta U_O$ beträgt bei einer Verstärkerstufe mit der Driftverstärkung $V$

$$\Delta U_O = V \cdot \Delta U_I \tag{7.56}$$

Die Drift wird ebenso wie das Nutzsignal verstärkt.

Die Ausgangsspannungsdrift beträgt bei zwei Stufen in Kettenschaltung:

$$\Delta U_{O1} = V_1 \cdot V_2 \cdot \left(\Delta U_{I1} + \frac{\Delta U_{I2}}{V_1}\right) \quad (7.57)$$

Für $V_1 \gg 1$ wird die Ausgangsspannungsdrift im wesentlichen durch die Drift der 1. Stufe bestimmt. Eingangsstufen müssen bei hoher Verstärkung besonders driftarm sein.

**Potentialprobleme**

Im direktgekoppelten Verstärker ist die Einstellung optimaler Arbeitspunkte problematisch, da $U_{CE1}$ und $U_{BE2}$ unterschiedliche Größenordnung haben müssen ($U_{CE} \approx 10 U_{BE}$). Zur Überbrückung des Potentialunterschiedes müssten die nachfolgenden Stufen stark gegengekoppelt werden.

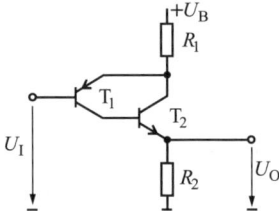

Bild 7.18 Pegelversatzstufe

In der analogen integrierten Schaltungstechnik werden Potentialversatzstufen verwendet. Bild 7.18 zeigt eine *komplementäre Darlington-Versatzstufe*.

Für Kleinsignalbetrieb gilt:

$$\beta = \beta_1 \beta_2 \quad (7.58)$$

Der Potentialversatz läßt sich ausreichend genau mit Gl. (7.59) abschätzen.

$$U_O \approx \frac{R_2}{R_1} \cdot (U_B - U_{EB1} - U_I) \quad (7.59)$$

■ *Beispiel*: Mit PNP-Transistor Q2N3906; NPN-Transistor Q2N3904; $R_1 = 10$ kΩ; $R_2 = 2$ kΩ; $U_I = 6$ V; $U_B = 10$ V; $U_{EB1} = 548$ mV ergibt sich $U_O = 690$ mV. Diese Werte wurden durch eine PSpice-Simulation bestätigt.

### 7.3.5 Differenzverstärker

#### 7.3.5.1 Grundschaltung mit Bipolartransistoren

Der **Differenzverstärker** zählt zu den wichtigsten Grundschaltungen der analogen integrierten Technik. Durch seine symmetrische Schaltungsstruktur werden Gleichtaktsignale (z. B. Drift) weitgehend unterdrückt, so daß mehrstufige

Gleichspannungsverstärker (z. B. Operationsverstärker) mit sehr guten Kennwerten realisiert werden können.

Der **ideale Differenzverstärker** besteht aus zwei Transistoren mit genau gleichen Kennlinien, die in Emitterschaltung betrieben werden. Die Emitter sind miteinander verbunden und werden über eine ideale Konstantstromquelle ($R_E \to \infty$) gespeist. Im Bild 7.19 ist die Grundschaltung mit realer Stromquelle ($R_E$ endlich) dargestellt.

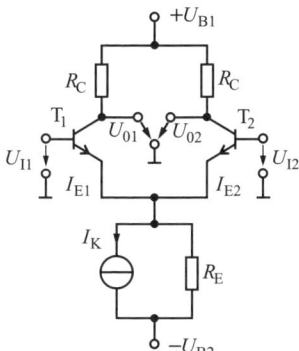

Bild 7.19 *Differenzverstärker*

Die Summe der Emitterströme (und auch der Kollektorströme) wird mit der Stromquelle $I_K$ konstant gehalten.

$$I_{E1} + I_{E2} = I_K = \text{const} \tag{7.60}$$

Infolge $I_K = \text{const}$ findet zwischen $I_{E1}$ und $I_{E2}$ eine Stromverteilungssteuerung statt, d. h., wenn $I_{E1}$ größer wird, dann muß $I_{E2}$ um den gleichen Betrag kleiner werden. Die Steuerung ist von der Differenz der beiden Eingangsspannungen abhängig:

$$\Delta U_{ID} = U_{I1} - U_{I2} \tag{7.61}$$

Am Ausgang beträgt die verstärkte *Differenzspannung*:

$$\Delta U_{OD} = U_{O1} - U_{O2} \tag{7.62}$$

Die **symmetrische Differenzverstärkung** ist damit allgemein:

$$V_D = -\frac{\Delta U_{OD}}{\Delta U_{ID}} \tag{7.63}$$

Bei idealer Schaltungssymmetrie (Nullpunktabgleich) ist bei $\Delta U_{ID} = 0$ auch $\Delta U_{OD} = 0$. Bei reiner Gleichtaktsteuerung, d. h. gleichphasiger Änderung beider Eingangsspannungen um den gleichen Betrag, bleibt die Stromverteilung konstant. Gleichtaktsignale werden demnach nicht übertragen. Die Gleichtaktunterdrückung $G$ des idealen Differenzverstärkers ist unendlich groß.

Die *Temperaturdrift* wirkt als Gleichtaktsignal, so daß der ideale Differenzverstärker mit $G \to \infty$ driftfrei ist. Der reale Differenzverstärker zeigt dagegen eine endliche Offsetspannungsdrift, die jedoch um zwei bis drei Zehnerpotenzen unter der eines Einzeltransistors liegt ($\approx 1 \ldots 2\ \mu V/K$). Die Abweichung vom Idealfall ist durch die Kennlinienunsymmetrie der Transistoren und die nichtideale Konstantstromquelle bedingt.

### Grundgleichungen des emittergekoppelten Differenzverstärkers bei Kleinsignalbetrieb

**Differenzverstärkung $V_D$.** Bei $I_K = $ const bewirkt $R_E$ keine Gegenkopplung, so daß $V_D$ gleich der Spannungsverstärkung einer einzelnen Emitterstufe ist ($\to$ Tafel 7.1). Mit $S = \beta/r_{BE}$ und $R_C \ll r_{CE}$ ist

$$V_D \approx -\frac{\beta}{r_{BE}} R_C \qquad (7.64)$$

**Differenzeingangswiderstand $Z_{ID}$.** Allgemein gilt $Z_{ID} = \Delta U_{ID}/\Delta I_1$. Für symmetrische Ansteuerung ist dann

$$Z_{ID} \approx 2 r_{BE} \qquad (7.65)$$

**Gleichtaktverstärkung $V_C$.** Allgemein gilt:

$$V_C = -\frac{\Delta U_{OD}}{\Delta U_{IC}} \qquad (7.66)$$

$\Delta U_{IC}$ ist als arithmetisches Mittel der gleichphasigen Spannungsänderungen $\Delta U_{I1}$ und $\Delta U_{I2}$ definiert.

$$\Delta U_{IC} = \frac{1}{2}(\Delta U_{I1} + \Delta U_{I2}) \qquad (7.67)$$

$I_K$ ändert sich bei Gleichtaktsteuerung und nichtidealer Konstantstromquelle, so daß $R_E$ eine Stromgegenkopplung bewirkt. Die symmetrische Schaltung kann in zwei spiegelbildliche Teilschaltungen mit $2R_E$ zerlegt werden.

Gemäß Gl. (7.47) errechnet sich die Gleichtaktverstärkung:

$$V_C \approx -\frac{R_C}{2R_E} \qquad (7.68)$$

**Gleichtaktunterdrückung $G$**

$$G = \frac{V_D}{V_C} \qquad (7.69)$$

Die *Gleichtaktunterdrückung* wird oft in dB angegeben und dann als *CMRR* (engl.: common mode rejection ratio) bezeichnet:

$$CMRR = 20 \lg G \tag{7.70}$$

Mit einer Signalaufteilung in Differenzspannung $U_{\text{ID}}$ und Gleichtaktspannung $U_{\text{IC}}$ läßt sich bei linearem Verhalten (Kleinsignalbetrieb) der Überlagerungssatz anwenden.

$$\Delta U_{\text{OD}} = V_{\text{D}} \cdot \Delta U_{\text{ID}} + V_{\text{C}} \cdot \Delta U_{\text{IC}} \tag{7.71}$$

**Gleichtakteingangswiderstand** $Z_{\text{IC}}$. Bei der Bestimmung von $Z_{\text{IC}}$ sind die beiden Eingänge des Differenzverstärkers miteinander zu verbinden, so daß der doppelte Eingangsstrom eines Transistors fließt; damit ist:

$$Z_{\text{IC}} = \frac{\Delta U_{\text{IC}}}{2\Delta I_{\text{I}}} \tag{7.72}$$

Für $\beta R_{\text{E}} \gg r_{\text{BE}}/2$ ergibt sich:

$$Z_{\text{IC}} = \beta R_{\text{E}} \tag{7.73}$$

### 7.3.5.2 Differenzverstärker mit Stromspiegel

**Stromspiegel** sind Grundstrukturen der analogen integrierten Technik, aus denen z. B. Konstantstromquellen und Lastelemente der Differenzverstärker gebildet werden. Beim Stromspiegel ist das Verhältnis von Laststrom $I_2$ zu Referenzstrom $I_1$ eine Konstante, die als *Spiegelverhältnis S* bezeichnet wird:

$$S = \frac{I_2}{I_1} \tag{7.74}$$

Bild 7.20 zeigt einen einfachen Stromspiegel, bei dem der Widerstand $R_2$ des Basisspannungsteilers durch einen als Diode geschalteten Transistor $T_1$ gebildet wird. Bei übereinstimmendem Temperaturverhalten der Basis-Emitter-Dioden von $T_1$ und $T_2$ ist $I_2$ temperaturstabil.

Wird $R_{\text{E2}} = 0$ gesetzt, so entsteht ein Stromspiegel mit $S \approx 1$. Bei $B_1 = B_2 = B$ und $I_{\text{E1}} = I_{\text{E2}} = I_{\text{E}}$ (gleiche Emitterflächen) gilt:

$$S = \frac{B}{B+2} \tag{7.75}$$

Nach Gl. (7.75) ist für $S \approx 1$ eine hohe Stromverstärkung notwendig ($S = 0,98$ erfordert $B = 100$). Bild 7.21 zeigt einen Stromspiegel aus pnp-Lateraltransistoren, die anstelle der Kollektorwiderstände im Differenzverstärker integriert sind (*Vorteil*: niedrigere Verlustleistung). Nachteilig ist die Stromunsymmetrie ($S < 1$), die durch die niedrige Stromverstärkung der pnp-Lateraltransistoren ($B \approx 10\ldots 30$) bedingt ist. Durch erweiterte Stromspiegel mit Basisstromentlastung kann dieser Nachteil vermieden werden.

**Strombank.** Bei mehrstufigen Differenzverstärkern werden z. B. unterschiedliche Konstantströme benötigt. Dazu dient die *Strombank*, die auf einem Stromspiegel mit $S \neq 1$ beruht. In der Schaltung nach Bild 7.20 kann $S$ durch einen Referenzstrom $I_1$ und den Emitterwiderstand $R_{E2}$ eingestellt werden; es gilt:

$$S \approx \exp\left(\frac{-I_2 R_{E2}}{U_T}\right) \tag{7.76}$$

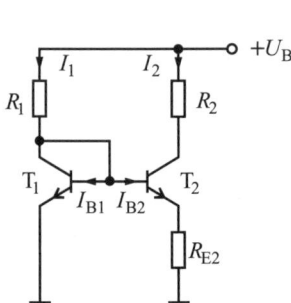
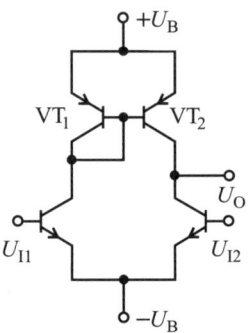

Bild 7.20  *Stromspiegel mit $S \neq 1$*

Bild 7.21  *Differenzverstärker mit Stromspiegellast*

In einer Strombank werden durch einen Referenzstrom $I_1$ mehrere Konstantströme $I_2$; $I_3$; $I_4$ bei unterschiedlichen Emitterwiderständen erzeugt ($\rightarrow$ Bild 7.22). Die Widerstände $R_2$; $R_3$; $R_4$ sind die Ersatzwiderstände der versorgten Differenzverstärker. Die konstanten Referenzströme müssen durch eine stabilisierte Stromversorgung bereitgestellt werden. Fügt man im Bild 7.20 auch in die Emitterleitung von $T_1$ einen Widerstand $R_{E1}$ ein, so ergibt sich ein nahezu temperaturunabhängiges Spiegelverhältnis:

$$S \approx \frac{R_{E1}}{R_{E2}} \tag{7.77}$$

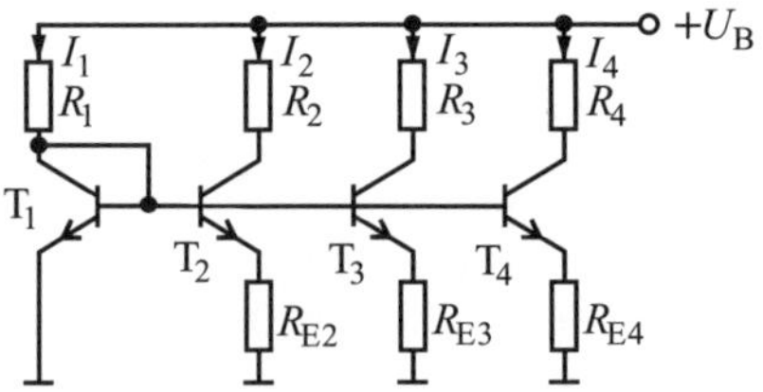

Bild 7.22  *Strombank*

## 7.3.6 Transistorenendstufen

### 7.3.6.1 Begriffsbestimmung und Übersicht

> **Transistorenendstufen** haben die Aufgabe, aus der Signalleistung einer Vorstufe (Treiberstufe) eine größere Ausgangssignalleistung zu erzeugen und an einen Verbraucher (z. B. Meßgerät, Stellglied, Lautsprecher) abzugeben.

*Forderungen an Endstufen sind*:

- hohe Ausgangssignalleistung $P_{a\sim}$
- hoher Wirkungsgrad $\eta$
- niedriger Klirrfaktor $k$
- Widerstandsanpassung an die Last
- Kurzschlußfestigkeit.

Dazu ist es notwendig,

- die Leistungstransistoren unter Beachtung des thermisch sicheren Arbeitsbereiches (SOAR: safe operating area) auszusteuern (die Transistorgrenzwerte $I_{Cmax}, U_{CEmax}$ und $P_{vmax}$) dürfen nicht überschritten werden)
- die nichtlinearen Verzerrungen (Klirrfaktor) durch geeignete Arbeitspunkteinstellungen (zumeist in Gegentaktschaltungen) zu begrenzen.

Leistungstransistoren werden im Großsignalbetrieb eingesetzt. Die Berechnung erfolgt anhand des Kennlinienfeldes und der Leistungsparameter für die jeweilige Endstufenschaltung.

**Betriebsarten**

Je nach Lage des Arbeitspunktes im Kennlinienfeld unterscheidet man verschiedene Betriebsarten ($\rightarrow$ Bild 7.23).

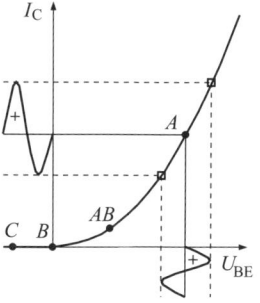

*Bild 7.23 Übertragungskennlinie bei Spannungssteuerung*

***A*-Betrieb.** Der Arbeitspunkt *A* liegt in der Mitte des Aussteuerbereiches. Die Aussteuerung erfolgt symmetrisch zum Arbeitspunkt. Charakteristisch sind der hohe Ruhestrom $I_{CO}$, die damit verbundene große Verlustleistung und der niedrige Wirkungsgrad.

***B*-Betrieb.** Der Arbeitspunkt *B* liegt im unteren Teil des Aussteuerbereiches. Es fließt daher nur ein geringer Ruhestrom. Der Wirkungsgrad und der Klirrfaktor sind höher als im *A*-Betrieb. Durch Gegentaktschaltungen werden die nichtlinearen Verzerrungen in Grenzen gehalten.

***AB*-Betrieb.** Charakteristisch ist der gleitende Arbeitspunkt. Im unausgesteuerten Zustand liegt er in der Nähe von *A*, bei Aussteuerung verschiebt er sich automatisch in Richtung *B*. *Vorteil*: Vermeidung der Stromübernahmeverzerrungen des *B*-Betriebes.

***C*-Betrieb.** Der Arbeitspunkt *C* liegt im Sperrbereich, so daß die aktiven Bauelemente erst durch das Steuersignal impulsförmig aufgetastet werden. Hoher Wirkungsgrad, aber starke nichtlineare Verzerrungen. Anwendung bei Senderverstärkern (Verzerrungen werden durch Schwingkreise unterdrückt) und Schaltverstärkern der Digitaltechnik.

### 7.3.6.2 Emitterfolger im Eintakt-*A*-Betrieb

Der Emitterfolger (→ Tafel 7.1) wird direkt gekoppelt betrieben. Die Ausgangssignale (Spannung $U_a$, Strom $I_a$) sollen positive und negative Werte annehmen können. Die Betriebsspannungsversorgung muß daher bipolar sein ($+U_B$; $-U_B$) (→ Bild 7.24). Der niederohmige Ausgang ($r_a \approx R_E + 1/S$) ermöglicht eine Anpassung an entsprechende Lastwiderstände $R_L$. Wegen ihres niedrigen Wirkungsgrades wird die Schaltung nur für kleine Leistungen und einfachste Anwendungsfälle verwendet.

Die maximale Ausgangsamplitude $\hat{u}_a$ wird durch die negative Aussteuerungsgrenze für unverzerrte Verstärkung bestimmt (Gl. (7.78)).

$$\hat{u}_a = \frac{R_L}{R_L + R_E} \cdot U_B \tag{7.78}$$

Wegen $V_u \approx 1$ ist auch $\hat{u}_e \approx \hat{u}_a$. Bei $R_L = R_E$ beträgt $\hat{u}_e \approx U_B/2$ (→ Bild 7.25).

**Schaltungseigenschaften**

- Die an $R_L$ abgegebene *Wechselstromleistung* $P_a$ errechnet sich nach dem Leistungsgesetz:

$$P_a = \frac{\hat{u}_a^2}{2R_L} \tag{7.79}$$

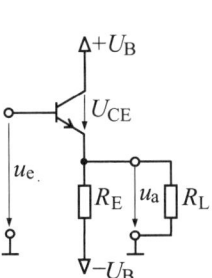
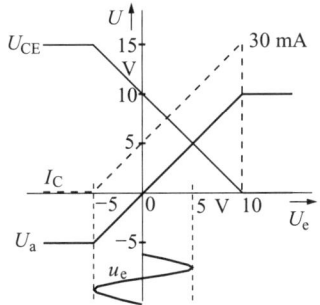

Bild 7.24  *Emitterfolger als Endstufe*

Bild 7.25  *Maximale Aussteuerung des Emitterfolgers*
$(U_B = 10\,V;\ R_E = R_L = 1\,k\Omega)$

- Für $R_E = R_L$ wird diese *Leistung* ein Maximum:

$$P_{a\max} = \frac{U_B^2}{8R_E} \tag{7.80}$$

- Die *Verlustleistung* des Transistors $P_T$ errechnet sich für sinusförmige Aussteuerung zu

$$P_T = \frac{U_B^2}{R_E} - \frac{\hat{u}_a^2}{2}\left(\frac{1}{R_E} + \frac{1}{R_L}\right) \tag{7.81}$$

- Ohne *Aussteuerung* ($\hat{u}_a = 0$) ist die Verlustleistung maximal ($P_T = P_{T\max}$). Die Wechselstromleistung an $R_E$ beträgt

$$P_E = \frac{U_B^2}{R_E} + \frac{\hat{u}_a^2}{2R_E} \tag{7.82}$$

- Der maximale *Wirkungsgrad* $\eta_{\max}$ ist das Verhältnis von abgegebener maximaler Wechselstromleistung zur aufgenommenen Gesamtleistung.

$$\eta_{\max} = \frac{P_{a\max}}{P_g} \tag{7.83}$$

- Die *Gesamtleistung* ergibt sich aus den Gln. (7.79), (7.81) und (7.82):

$$P_g = P_T + P_E + P_a = \frac{U_B^2}{R_E} \tag{7.84}$$

▶ *Beachte*: Die Gesamtleistung ist von der Aussteuerung unabhängig, der maximale Wirkungsgrad beträgt $\eta_{\max} = 6{,}25\,\%$.

### 7.3.6.3   Emitterfolger im Gegentakt-*B*-Betrieb

Die parallel geschalteten Basisanschlüsse der zwei komplementären Transistoren ($T_1$: npn; $T_2$: pnp) liegen an der Eingangswechselspannung $u_e$ ($\rightarrow$ Bild 7.26).

# 7 Analoge Schaltungen

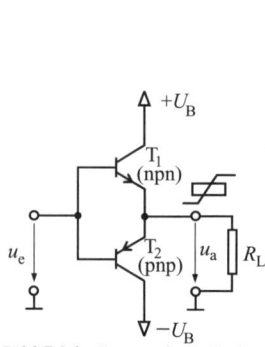

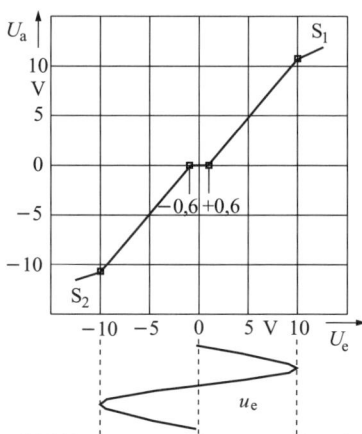

Bild 7.26 Gegentakt-B-Endstufe in Komplementärtechnik

Bild 7.27 Spannungsübertragungskennlinie bei Gegentakt-B-Betrieb

Komplementäre Gegentakt-Endstufen benötigen weder Übertrager noch Phasenumkehrstufen. Die komplementäre Transistoranordnung ermöglicht eine gleichphasige Ansteuerung. Die Transistoren $T_1$; $T_2$ liegen gleichstrommäßig in Reihe. Bei positiver Eingangsspannungs-Halbwelle arbeitet $T_1$ als Emitterfolger, und $T_2$ ist gesperrt. Bei der negativen Halbwelle ist es umgekehrt. In der Nähe des Nulldurchganges ($|u_e| < 0,6$ V) sind beide Transistoren gesperrt. Dadurch weist die Kennlinie $u_a = f(u_e)$ einen Knick auf, der die Ursache von nichtlinearen Verzerrungen ist ($\rightarrow$ Bild 7.27). Der Aussteuerbereich wird nur durch die Sättigungsübergänge ($S_1$; $S_2$) begrenzt ($2\Delta u_e \approx 2\Delta u_a \approx 2U_B$).

**Schaltungseigenschaften für sinusförmige Aussteuerung**

- Abgegebene maximale *Wechselstromleistung*

$$P_{amax} \approx \frac{U_B^2}{2R_L} \tag{7.85}$$

- Maximale *Verlustleistung* pro Transistor

$$P_{Tmax} \approx \frac{U_B^2}{\pi^2 R_L} \tag{7.86}$$

- Aufgenommene *Gesamtleistung*

$$P_g = 2P_T + P_a \approx \frac{2U_B}{\pi R_L} \cdot \hat{u}_a \tag{7.87}$$

- *Wirkungsgrad*

$$\eta = \frac{P_a}{P_g} = \frac{\pi}{4} \cdot \frac{\hat{u}_a}{U_B} \tag{7.88}$$

Bei Vollaussteuerung ($\hat{u}_a = U_B$) beträgt der maximale Wirkungsgrad $\eta_{max} = 78{,}5\,\%$.

### 7.3.6.4 Emitterfolger im Gegentakt-*AB*-Betrieb

Durch die exponentiell verlaufenden Eingangskennlinien der Transistoren entstehen Übernahmeverzerrungen im Kennlinienverlauf $I_C = f(U_{BE})$. Der verzerrungsgünstigere *AB*-Betrieb vermeidet diesen Nachteil. Durch zwei Basisvorspannungen werden die Kennlinien so gegeneinander verschoben, daß die Resultierende im Nullpunkt eine Gerade wird ($\rightarrow$ Bild 7.28).

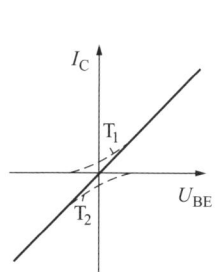
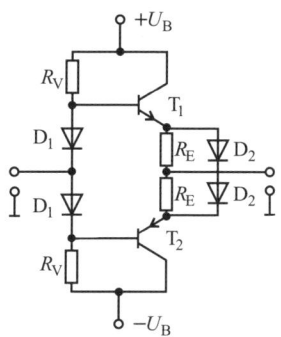

*Bild 7.28* Übertragungskennlinie bei AB-Betrieb

*Bild 7.29* Gegentakt-AB-Endstufe in Komplementärtechnik

Zur Vorspannungserzeugung können Dioden, bipolare oder unipolaren Transistoren verwendet werden. Im Schaltungsbeispiel ($\rightarrow$ Bild 7.29) werden die Vorspannungen durch $R_V$ und $D_1$ erzeugt. Zur Temperaturstabilisierung dient eine Stromgegenkopplung über $R_E$. Die Dioden $D_2$ begrenzen den Spannungsabfall an $R_E$ auf $\approx 0{,}7$ V und verhindern ein starkes Ansteigen der Verlustleistung bei Belastung des Verstärkers.

## 7.4 Operationsverstärker

### 7.4.1 Begriffsbestimmung und Übersicht

**Operationsverstärker** (OV) sind mehrstufige integrierte Gleichspannungsverstärker, deren Eigenschaften maßgeblich durch die äußere Beschaltung beeinflußt werden.

Neben den Standard-OV (1. Generation) mit Eingangs-Differenzverstärker und Gegentakt-Endstufe aus bipolaren Transistoren wurden weitere *Operationsverstärkerarten* entwickelt:

- OV mit speziellen Ein- und Ausgängen (z. B. BIFET-Eingang, Darlington-Eingang, Open-Collector-Ausgang, TTL-kompatibler Ausgang)
- Programmierbare OV (z. B. Beeinflussung der Betriebseigenschaften durch Ruhestromänderung der Transistoren)
- Driftarme Verstärker (z. B. Chopper-Verstärker, driftgeregelte Verstärker)
- Leistungsoperationsverstärker
- OV mit unipolarer Betriebsspannung (2. Generation: Single-Supply)
- OV in CMOS-Technologie für kleine Betriebsspannungen (3...5 V) und Spitze-Spitze-Aussteuerung (3. Generation: Rail-to-Rail), (→ Bild 7.30c).

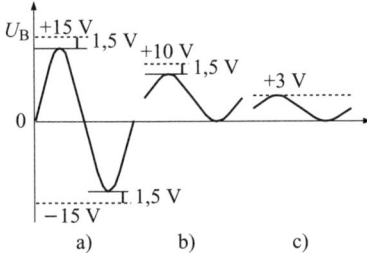

*Bild 7.30 OV-Generationen, gegliedert nach der Aussteuerbarkeit*
*a) Standard, b) Single-Supply, c) Rail-to-Rail*

Die Innenschaltungen der Standard-Operationsverstärker (1. Generation) enthalten bis zu 20 Transistorfunktionen. Zur Vermittlung einer Grundvorstellung dient die im Bild 7.31 dargestellte Schaltung. $T_1$, $T_2$ bilden eine Differenzverstärkerschaltung mit $T_3$ als Konstantstromquelle.

$T_4$ ist eine Kollektorstufe zur Realisierung des niedrigen Ausgangswiderstandes ($Z_2 \approx R_A$). Die Z-Diode dient zur Potentialverschiebung. Im Ruhezustand [(+) und (−) an Masse] soll $U_O = 0$ sein. Die Z-Spannung der Diode muß dann $U_Z = 0,5 U_B - 0,6$ V betragen. Bei Differenzaussteuerung ist $U_O \approx U_{C2} - 0,5 U_B$, so daß sich eine Aussteuerung zwischen zwei Sättigungsspannungen ergibt (→ Bild 7.32), die in diesem einfachen Beispiel nur $\pm U_S \approx 0,5 U_B$ betragen.

Der OV hat *zwei Eingänge*:
(+) ist der nichtinvertierende Eingang, d. h., $U_O$ und $U_{Ip}$ sind phasengleich;
(−) ist der invertierende Eingang, d. h., $U_O$ und $U_{In}$ sind gegenphasig ($\Delta\varphi = \pi$).

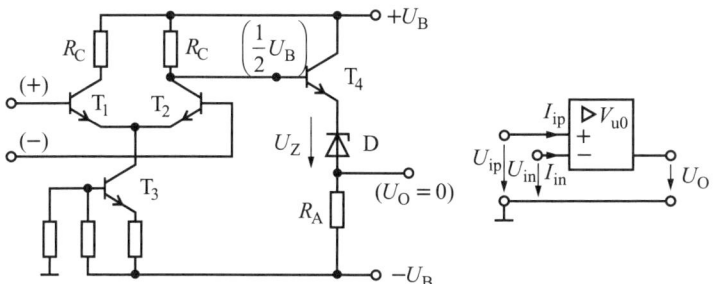

*Bild 7.31 Operationsverstärker: a) einfachste Innenschaltung, b) Schaltzeichen mit Spannungen und Strömen*

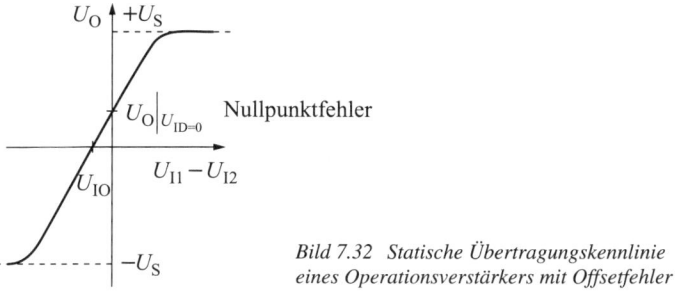

*Bild 7.32 Statische Übertragungskennlinie eines Operationsverstärkers mit Offsetfehler*

## 7.4.2 Kenngrößen

### 7.4.2.1 Statische Kenngrößen

Der Eingang des Operationsverstärkers ist erdsymmetrisch, da die erste Stufe der Innenschaltung ein Differenzverstärker ist. Der Ausgang ist dagegen erdunsymmetrisch. Die in den Datenblättern angegebene Verstärkung $V_{u0}$ entspricht der Differenzverstärkung $V_D$, die bei offener Schleife (d. h. ohne Gegenkopplung) und bei ausgangsseitigem Leerlauf gemessen wird.

Bild 7.33 zeigt das vereinfachte Wechselspannungs-Ersatzschaltbild des Operationsverstärkers (Gleichtaktverstärkung vernachlässigt). Die auftretenden Kenngrößen sind vom Differenzverstärker ($\rightarrow$ 7.3.5) bekannt. Eine Übersicht zeigt Tabelle 7.5.

*Tabelle 7.5 Statische Kenngrößen von Operationsverstärkern*

| Kenngröße | Definitionsgleichung | Typische Werte | Idealer Operationsverstärker |
|---|---|---|---|
| Differenzverstärkung $V_u$ (bei Leerlauf) | → Gl. (7.63) | $10^4 \ldots 10^6$ (80...120 dB) | → ∞ |
| Gleichtaktunterdrückung *CMRR* | → Gl. (7.70) | 60...120 dB | → ∞ |
| Differenz-Eingangswiderstand $Z_{ID}$ | $Z_{ID} = \Delta U_{Ip}/\Delta I_{Ip}$ bei $U_{In} = 0$ oder $Z_{ID} = \Delta U_{In}/\Delta I_{In}$ bei $U_{Ip} = 0$ | 100 kΩ...10 MΩ (mit FET-Eingang bis $10^{12}$ Ω) | → ∞ |
| Gleichtakt-Eingangswiderstand $Z_{IC}$ | → Gl. (7.72) und $Z_{IC} = \Delta U_{IC}/\Delta I_{IC}$ bei $U_{IC} = U_{Ip} = U_{In}$ | Richtwert: $Z_{IC} \geqq 100 Z_{ID}$ | → ∞ |
| Ausgangswiderstand $Z_O$ | $Z_O = \Delta U_O/\Delta I_O$ bei $U_{Ip} = U_{In} = 0$ | 1 kΩ...75 Ω | → 0 |

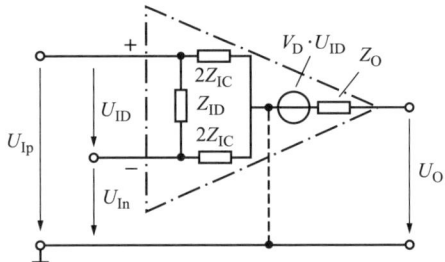

*Bild 7.33 Kleinsignal-Ersatzschaltbild des Operationsverstärkers*

### 7.4.2.2 Offset- und Driftkenngrößen

Die Ausgangsspannung des realen OV besteht aus Nutz- und Fehlerkomponente. Auf die *Fehlerspannung* $U_{OF}$ wirken sich aus:
- Eingangsruheströme $I_{In}$, $I_{Ip}$
- Eingangsoffsetstrom $I_{IO}$
- Eingangsoffsetspannung $U_{IO}$
- Drift dieser Größen $\Delta U_{IO}$, $\Delta I_{IO}$.

Ohne Eingangssignal (bei kurzgeschlossenem Differenzeingang) stellt sich infolge innerer Unsymmetrien eine Ausgangsgleichspannung $U_{OF}$ ein und die Übertragungskennlinie verschiebt sich in horizontaler Richtung (→ Bild 7.32). Zur Berechnung des Fehlereinflusses dient Bild 7.34. In Tabelle 7.6 sind die Fehlerkenngrößen zusammengestellt.

*Tabelle 7.6 Offset- und Driftkenngrößen von Operationsverstärkern*

| Kenngröße | Definitions-gleichung | Typische Werte | Idealer Operationsverstärker |
|---|---|---|---|
| Eingangsruhestrom $I_I$ (Mittelwert der Basisruheströme der Eingangstransistoren) | $I_I = (I_{Ip} + I_{In})/2$ | $1\ldots5000$ nA (bei FET: $\leqq 3$ pA) | $\to 0$ |
| Eingangs-Offsetstrom $I_{IO}$ (Ruhestromunsymmetrie) | $I_{IO} = I_{Ip} - I_{In}$ | $I_{IO} < I_I$ | $\to 0$ |
| Eingangs-Offsetspannung $U_{IO}$ (Spannungsunsymmetrie) | $U_{IO} = -U_{ID}$ bei $U_O = 0$ $\to$ Bild 7.32 | $0{,}01\ldots200$ mV | $\to 0$ |
| Offsetspannungs-Drift (Temperaturdrift) | $\Delta U_{IO}/\Delta\vartheta$ | $0{,}1\ldots25$ µV/K | $\to 0$ |

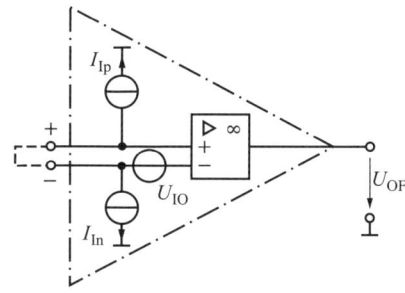

Bild 7.34 Driftersatzschaltbild des Operationsverstärkers

### 7.4.2.3 Dynamische Kenngrößen

Der *komplexe Frequenzgang* des Operationsverstärkers zeigt Tiefpaßverhalten und verläuft annähernd nach der Funktion:

$$\underline{V} \approx \frac{V_0}{1 + \mathrm{j}\omega\tau} \tag{7.89}$$

Die **obere Grenzfrequenz** $f_{go}$ ergibt sich aus dem Kehrwert der Zeitkonstanten $\tau$:

$$\boxed{f_{go} = \frac{1}{2\pi\tau}} \tag{7.90}$$

Der Amplitudenfrequenzgang verläuft mit annähernd konstanter Verstärkung $V_0$ bis zur oberen Grenzfrequenz ($V_0 - 3$ dB) und fällt dann mit 20 dB pro Dekade ab ($\to$ Bild 7.38).

Die **Transitfrequenz** $f_T \approx f_1$ gibt das Bandbreiten-Verstärkungsprodukt an:

$$f_T \approx V_0 f_{og} \qquad (7.91)$$

▶ *Typische Werte* je nach OV-Typ: 1...1000 MHz

Die **Spannungsanstiegsgeschwindigkeit** ist bei sinusförmiger Aussteuerung im Nulldurchgang maximal (*Slew-Rate*):

$$\boxed{S_r = \left|\frac{\Delta U_O}{\Delta t}\right|_{max} = 2\pi f \hat{u}_O} \qquad (7.92)$$

▶ *Typische Werte* je nach OV-Typ: 0,5...4000 V/μs

Bei Großsignalaussteuerung treten Übersteuerungs- und Speichereffekte auf. Die Kompensationskapazitäten $C_K$ können nicht beliebig schnell umgeladen werden. Die Slew-Rate wird dadurch begrenzt.

Für unverzerrte Verstärkung muß gelten:

$$2\pi f \hat{U}_{Omax} \leqq S_r \qquad (7.93)$$

Die **Großsignal-Grenzfrequenz** $f_p$ gibt die Verzerrungsgrenze an:

$$\boxed{f_p = \frac{S_r}{2\pi \hat{u}_{Omax}}} \qquad (7.94)$$

Bild 7.35 zeigt die Abnahme der Ausgangsamplitude bei Überschreiten von $f_p$.

Weitere *dynamische Kenngrößen* sind:

- Anstiegzeit
- Überschwingfaktor
- äquivalente Eingangs-Rauschspannung.

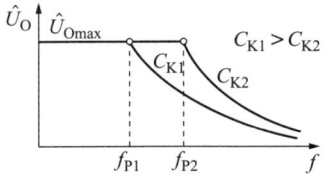

*Bild 7.35 Einfluß der Großsignal-Grenzfrequenz auf die maximale Aussteuerung*

### 7.4.2.4 Kompensationsmaßnahmen

Beim praktischen Schaltungsaufbau können die realen Eigenschaften des Operationsverstärkers nicht vernachlässigt werden. Notwendige *Kompensationsmaßnahmen* sind:

## 7.4 Operationsverstärker

- Ruhestromkompensation
- Offsetspannungskompensation
- Frequenzgangkompensation.

**Ruhestromkompensation**

Der Einfluß der Basisgleichströme (Biasströme) der Eingangstransistoren auf die Ausgangsgleichspannung ist zu unterdrücken. Dies gilt für OV mit Eingangsstufen aus bipolaren Transistoren. Die Basisströme des OV fließen über die Widerstände der äußeren Schaltung und erzeugen Spannungsabfälle, die das Ausgangspotential verschieben (Offset). Bild 7.36 zeigt die Kompensation durch einen zusätzlichen Widerstand $R_3$ beim Inverter.

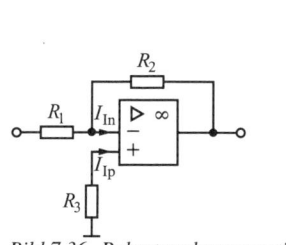
Bild 7.36 Ruhestromkompensation mit $R_3$

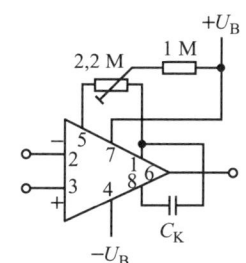
Bild 7.37 Kompensationsbeschaltung eines Operationsverstärkers mit BIFET-Eingang

Die Kompensationsbedingung lautet:

$$I_{Ip} R_3 = I_{In}(R_1 \parallel R_2) \tag{7.95}$$

Für $I_{Ip} \approx I_{In}$ wird:

$$R_3 \approx \frac{R_1 R_2}{R_1 + R_2} \tag{7.96}$$

**Offsetkompensation**

Sie kann entweder durch eine zusätzliche Gleichspannung am Eingang des OV oder bei Vorhandensein besonderer Offsetabgleichanschlüsse durch Gleichspannungszuführung über Spannungsteiler ($\rightarrow$ Bild 7.37) erfolgen. Die letztgenannte Methode bewirkt eine Symmetrierung der Ströme des internen Differenzverstärkers.

**Frequenzgang-Kompensation**

Der Amplituden-Frequenzgang des OV in offener Schleife (ohne Gegenkopplung) weist je nach Innenschaltung mehrere Knickfrequenzen auf, bei denen die Phasendrehung $\varphi_v = -45°, -135°, -225°$ beträgt ($\rightarrow$ Bild 7.38). Bei $\varphi_v = -180°$ würde eine Gegenkopplung in eine Mitkopplung umschlagen (Instabilität!).

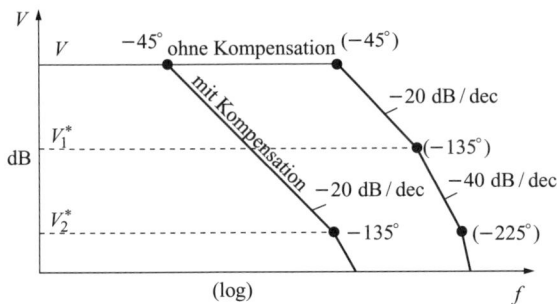

Bild 7.38  *Frequenzgangkompensation mit* 45° *Phasenspielraum*

Die Stabilitätsbedingung lautet:

$$KV|_{\varphi=-180°} < 1 \tag{7.97}$$

Mit Gl. (7.33) wird daraus:

$$V^* > V|_{\varphi=-180°} \tag{7.98}$$

Aus Sicherheitsgründen wird zumeist ein *Phasenspielraum* (auch als Phasenrand bezeichnet) von $\alpha = 180° - |\varphi|$ eingehalten. Das heißt, $KV$ muß bereits bei einem Phasenwinkel $\varphi = -(180° - \alpha)$ kleiner als 1 sein (bei $\alpha = 45°$ ist $\varphi = -135°$). Die Frequenzgangkompensation wird durch Beschalten des Operationsverstärkers mit *RC*-Gliedern (TP-Verhalten) erreicht. Bild 7.38 zeigt den Frequenzgang eines dreistufigen Operationsverstärkers im Bode-Diagramm mit und ohne Kompensation. Die Kompensationsglieder bewirken einen bei tieferen Frequenzen beginnenden Verstärkungsabfall, so daß bei gleicher Verstärkung $V^*$ eine geringere Phasendrehung entsteht.

**Externe Frequenzgangkompensation.** Je niedriger die Verstärkung $V^*$ eingestellt wird, desto größer sind die Zeitkonstanten der Kompensationsglieder zu wählen. Die Werte der Kompensationsglieder $C_K$, $R_K$ sind den Applikationsunterlagen zum jeweiligen OV-Typ zu entnehmen.

**Interne Frequenzgangkompensation.** Durch integrierte Zeitkonstanten feste Kompensation auf $V^* \geq 0$ dB. Nachteilig ist dabei die reduzierte Bandbreite (Anwendung: Verstärkung von Gleichspannung oder niederfrequente Wechselspannung).

## 7.4.3 Grundschaltungen mit Operationsverstärkern

### 7.4.3.1 Verstärkergrundschaltungen

Infolge ihrer hohen Verstärkungsreserve werden OV meistens in Gegenkopplungsschaltungen betrieben. Dadurch ergeben sich sehr stabile Betriebsverhältnisse. Unter der Voraussetzung, daß eine wirksame Kompensation von Offset und Frequenzgang vorgenommen wurde, genügt es zumeist, den OV als ideal zu betrachten ($\rightarrow$ Tabelle 7.5, 7.6). Viele Schaltungen lassen sich auf eine der beiden Grundschaltungen (Inverter, Nichtinverter) zurückführen.

**Invertierender Verstärker (Inverter)**

Da der invertierende Eingang ($-$) angesteuert wird, dreht der Inverter ($\rightarrow$ Bild 7.36) bei tiefen und mittleren Frequenzen die Signalphase um den Winkel 180° (eine positive Gleichspannung am Eingang ergibt eine negative Ausgangsgleichspannung). Die Spannungsverstärkung errechnet sich unter Anwendung von Bild 7.33 zu:

$$V_u^* = \frac{-V_u}{1 + \frac{R_1}{R_2}(1 + V_u) + \frac{R_1}{Z_{\mathrm{ID}}}} \tag{7.99}$$

Für $V_u \to \infty$ ergibt sich:

$$\boxed{V_u^* \approx -\frac{R_2}{R_1}} \tag{7.100}$$

▶ Die Betriebsverstärkung ist vom Verhältnis der Gegenkopplungswiderstände abhängig.

Der **Eingangswiderstand** folgt aus Gl. (7.41):

$$Z_1^* \approx R_1 + Z_{\mathrm{ID}} \left| \frac{V_u^*}{V_u} \right| \tag{7.101}$$

Für $V_u \to \infty$ wird:

$$Z_1^* \approx R_1 \tag{7.102}$$

Der dynamische Eingangswiderstand des Inverters ist relativ klein (die Werte liegen je nach gewählter Verstärkung im Bereich $1 \ldots 100$ k$\Omega$).

Der **Ausgangswiderstand** ergibt sich analog zu:

$$Z_2^* \approx Z_O \left| \frac{V_u^*}{V_u} \right| \tag{7.103}$$

Für $V_u \to \infty$ ist:

$$Z_2^* \approx 0 \tag{7.104}$$

▶ Der Ausgang des OV verhält sich wie eine ideale Spannungsquelle.

**Nichtinvertierender Verstärker (Elektrometerverstärker)**

Da der nichtinvertierende Eingang (+) angesteuert wird, dreht diese Schaltung (→ Tafel 7.2) die Signalphase bei tiefen und mittleren Frequenzen nicht. Eine positive Gleichspannung am Eingang ergibt auch eine positive Ausgangsgleichspannung. Die Spannungsverstärkung berechnet sich mit ausreichender Näherung nach Gl. (7.34).

Der **Eingangswiderstand** für $V_u \to \infty$ folgt aus Bild 7.33 zu:

$$Z_1^* \approx 2Z_{IC} \tag{7.105}$$

Der dynamische Eingangswiderstand wird vom Gleichtakt-Eingangswiderstand bestimmt und ist deswegen sehr groß (Megaohm-Bereich). Die Bezeichnung „Elektrometerverstärker" deutet auf das hochohmige Verhalten hin. OV mit FET-Eingang sind wegen ihres vernachlässigbar kleinen Eingangsruhestromes und ihres günstigen Rauschverhaltens für Elektrometerverstärker besonders geeignet.

Der **Ausgangswiderstand** berechnet sich ebenfalls nach Gl. (7.103) bzw. Gl. (7.104).

### 7.4.3.2 Verstärkerschaltungen mit speziellen Eigenschaften

**NF-Verstärker mit Driftunterdrückung** (→ Bild 7.39)

Das Verhalten der Schaltung wird getrennt für das Nutzsignal (Wechselspannung) und das Störsignal (Drift) untersucht.

**Nutzsignal.** Die Verstärkung bei mittleren Frequenzen berechnet sich nach Gl. (7.34). Der Eingangswiderstand beträgt $Z_1 \approx R_K$. Die untere Grenzfrequenz $f_{gu}$ wird von den Zeitkonstanten $C_K R_K$ und $C_1 R_1$ bestimmt.

**Driftsignal.** Die Driftverstärkung beträgt nur $V_{u-} \approx 1$, da $1/\omega C_1 \to \infty$. Somit ist die Ausgangsspannungsdrift nur etwa so groß wie die Eingangsspannungsdrift ($\Delta U_{OO} \approx \Delta U_{IO}$). Mit $R_2 \approx R_K$ wird der Stromoffseteinfluß in Grenzen gehalten.

**Differenzverstärker**

Für $U_{I1} = 0$ verhält sich die Schaltung (→ Bild 7.40) als *Nichtinverter* mit vorgeschaltetem Spannungsteiler:

$$U_{O(1)} = U_{I2} \cdot \frac{R_4}{R_3 + R_4} \left(1 + \frac{R_2}{R_1}\right) \tag{7.106}$$

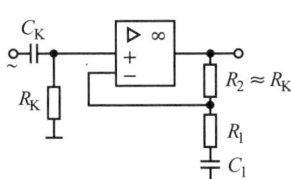
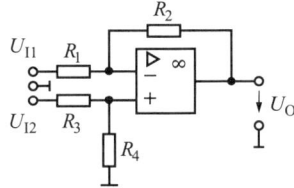

Bild 7.39 NF-Verstärker mit  
Driftunterdrückung

Bild 7.40 Differenzverstärker  
(Analogsubtrahierer)

Für $U_{I2} = 0$ verhält sich die Schaltung als *Inverter*:

$$U_{O(2)} = -U_{I1} \cdot \frac{R_2}{R_1} \tag{7.107}$$

Die Ausgangsspannung ergibt sich nach dem Superpositionssatz:

$$U_O = U_{O(1)} + U_{O(2)} \tag{7.108}$$

Setzt man in Gl. (7.108) $p = R_4/R_3$ und $n = R_2/R_1$, dann wird:

$$U_O = \frac{n+1}{p+1} p U_{I2} - n U_{I1} \tag{7.109}$$

Für $n = p = V_D$ ergibt sich:

$$\boxed{U_O = V_D(U_{I2} - U_{I1})} \tag{7.110}$$

Das Differenzsignal $U_{ID} = U_{I2} - U_{I1}$ wird mit $V_D$ verstärkt. Diese Schaltung erfordert eine hohe Paarungsgenauigkeit der Widerstandsverhältnisse ($p = n$). Für $p \neq n$ wirkt eine zusätzliche Gleichtaktaussteuerung (die Gleichtaktunterdrückung $G$ verschlechtert sich).

### Instrumentierungsverstärker

Dem Differenzverstärker ($\rightarrow$ Bild 7.40) wird ein Impedanzwandler aus zwei Nichtinvertern vorgeschaltet, so daß ein hochohmiger Differenzeingangswiderstand entsteht. Diese linearen ICs werden als Präzisions-Meßverstärker eingesetzt.

#### 7.4.3.3 Konstantstromquellen

**Konstantstromquelle mit erdfreier Last**

Der Nichtinverter mit Serien-Stromgegenkopplung ($\rightarrow$ Tafel 7.2) wirkt als Konstantstromquelle für $R_L$ als „schwimmende" Last.

Für $V_u \to \infty$ ist $U_1 = 0$. Wir setzen $U_1^* = U_{ref}$. Der Strom $I_2$ ist im linearen Aussteuerbereich nur von der Referenzspannung und einem internen Gegenkopplungswiderstand abhängig. Es ergibt sich ein einstellbarer, konstanter Laststrom, der in einem großen Widerstandsbereich unabhängig vom Lastwiderstand ist:

$$I_2 = \frac{U_{ref}}{R_1} \neq f(R_L) \tag{7.111}$$

Der zulässige Widerstandsbereich wird durch die Sättigungsspannung $U_S$ ($\to$ Bild 7.32) begrenzt:

$$R_L \leq \frac{U_S - U_{ref}}{I_2} \tag{7.112}$$

**Konstantstromquelle mit geerdeter Last**

Im Bild 7.41 beträgt der Laststrom bei Annahme von idealen OV ($V_u \to \infty$):

$$I_L = \frac{U_{ref}}{R_1 + R_L[1 + (R_1 - R_2)/R_3]} \tag{7.113}$$

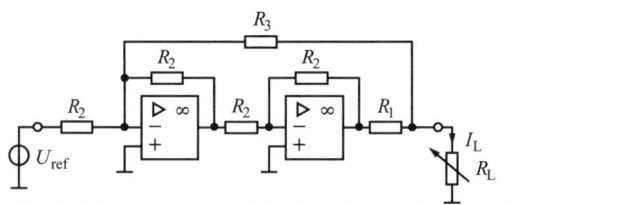

*Bild 7.41 Konstantstromquelle mit zwei Operationsverstärkern*

Mit der Abgleichbedingung ($R_3 = R_2 - R_1$) ergibt sich auch hier ein konstanter Laststrom nach Gl. 7.111.

### 7.4.3.4 Analogrechenschaltungen

Der Begriff **Analogrechenschaltung** dient als Sammelbegriff für aktive Analogschaltungen, die Signale mit mathematischen Funktionen verknüpfen können.

Nach der Art der Rechenfunktion werden *lineare* und *nichtlineare* Analogrechenschaltungen unterschieden. Im Folgenden werden einige lineare Analogrechenschaltungen behandelt.

**Umkehraddierer**

Die Schaltung ($\to$ Bild 7.42) basiert auf der Grundschaltung des Inverters ($\to$ Bild 7.36). In Punkt $N$ gilt nach Kirchhoff: $I_1 + I_2 + I_3 + I_N = 0$. Damit wird für $U_\text{ID} = 0$:

$$-U_\text{O} = \left(\frac{R_N}{R_1}\right)U_\text{I1} + \left(\frac{R_N}{R_2}\right)U_\text{I2} + \left(\frac{R_N}{R_3}\right)U_\text{I3} \tag{7.114}$$

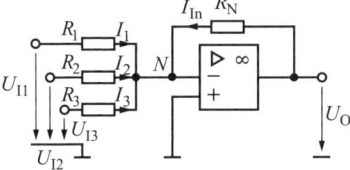

Bild 7.42 Umkehraddierer mit drei Eingängen

Die Schaltung vermag mehrere Eingangsspannungen mit wählbarer Wichtung zu addieren.

Für $R_1 = R_2 = R_3 = R$ ergibt sich eine ungewichtete Addition mit dem Verstärkungsfaktor $-(R_N/R)$:

$$\boxed{U_\text{O} = -\frac{R_N}{R}(U_\text{I1} + U_\text{I2} + U_\text{I3})} \tag{7.115}$$

Für $R/R_N = 2$ bildet die Schaltung den arithmetischen Mittelwert.

**Differenzierer**

Die Grundschaltung eines Differenzierers entsteht aus dem Inverter ($\rightarrow$ Bild 7.36), wenn der Widerstand $R_1$ durch eine Kapazität $C_1$ ersetzt wird. In dieser einfachen Form ist die Schaltung allerdings mit wesentlichen *Nachteilen* behaftet:

- erhebliche Schwingneigung (wegen Phasendrehung des $RC$-Gliedes)
- niedriger Eingangswiderstand [$|\underline{Z}_1| = 1/(\omega C)$]
- starkes Rauschen (das Eingangsrauschen wird bei höheren Frequenzen wegen $1/\omega C \rightarrow 0$ mit der Leerlaufverstärkung $V_0$ verstärkt).

Eine verbesserte Schaltung zeigt Bild 7.43.

Im Frequenzbereich $f \ll \dfrac{1}{2\pi C_1 R_1}$ wird die Eingangsspannung $u_\text{e}$ ausreichend genau differenziert:

$$\boxed{u_\text{a} = -C_1 R_2 \cdot \frac{du_\text{e}}{dt}} \tag{7.116}$$

Aus dem Frequenzgang im Bode-Diagramm kann auf das Zeitverhalten (Genauigkeit der Differentiation und Stabilität) geschlossen werden. Ein linearer Anstieg der Verstärkung mit 20 dB pro Dekade kennzeichnet die fehlerfreie Differentiation. Bild 7.44 zeigt qualitativ das Ergebnis einer PSpice-Analyse

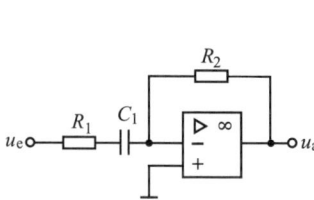
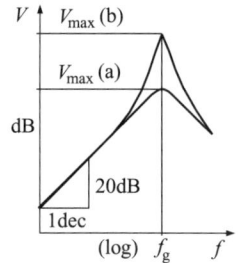

Bild 7.43 *Differenzierer mit verbesserten Eigenschaften*

Bild 7.44 *Frequenzgang eines Differenzierers*

(Frequenzanalyse; AA-Sweep). Zugrunde liegt die Schaltung nach Bild 7.43 mit $R_1 = 1\ \text{k}\Omega$; $R_2 = 10\ \text{k}\Omega$; $C_1 = 1\ \text{nF}$. Der Frequenzbereich wurde mit 10 Hz ... 10 MHz gewählt.

■ *Ergebnisse*:
a) Mit $R_1$ reicht der lineare Bereich bis etwa 100 kHz. Die Kurve hat ein Maximum (ohne Spitze) bei etwa 120 kHz.
b) Ohne $R_1$ reicht der lineare Bereich nur bis etwa 15 kHz. Die Spitze bei 125 MHz ist ein Kennzeichen für Instabilität.

Zur praktischen Überprüfung der Differentiationseigenschaften wird an den Eingang ein Sägezahngenerator gelegt. Das Oszillogramm der Ausgangsspannung muß einen rechteckförmigen Impulsverlauf zeigen.

**Integrierer**

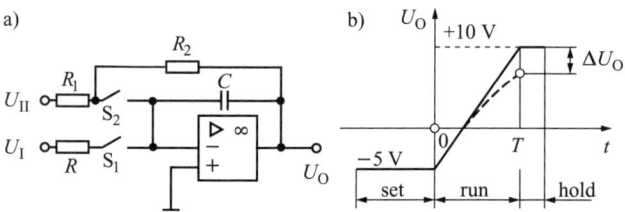

Bild 7.45 *Integrierer: a) Schaltung mit drei Betriebsarten, b) Integration für* $U_I = const$

Integrierer werden u. a. als I-Regler, Sägezahnoszillatoren (Miller-Integrator) sowie in A/D-Umsetzern, Abtast- und Halteschaltungen (sample and hold) eingesetzt.

Die *Betriebsarten des Integrierers* nach Bild 7.45a sind:
a) Setzen (set) der Anfangsbedingungen: $S_1$ offen, $S_2$ geschlossen.

Nach Aufladen von $C$ stellt sich die Anfangsbedingung für die Integration ein:

$$U_O|_{t=0} = -\frac{R_2}{R_1} \cdot U_{II} \tag{7.117}$$

b) Integrieren (run): $S_1$ geschlossen, $S_2$ offen.

Die Zeitfunktion der Eingangsspannung $U_I(t)$ wird über die Zeit $T$ integriert:

$$\boxed{U_O(t) = U_O|_{t=0} - \frac{1}{CR} \int_0^T U_I(t)\,dt} \tag{7.118}$$

Für $U_I = $ const (Gleichspannung) entsteht durch Integration eine zeitproportionale Ausgangsspannung:

$$U_O(t) = -U_I \cdot \frac{t}{CR} \tag{7.119}$$

c) Halten (hold) des Integrationsergebnisses: $S_1$ offen, $S_2$ offen.

Nach Ablauf der Integrationszeit $T$ kann $U_O$ kurzzeitig auf $U_O(T)$ gehalten werden.

Die Kontakte $S_1$, $S_2$ werden durch Analogschalter (CMOS-Schalter) realisiert. Die bisherige Betrachtungen bezogen sich auf den idealen Integrator. Bei $R_1 = R_2$, $U_{II} = +5$ V, $U_I = -5$ V, $T = 3CR$ würde sich unter Annahme fehlerfreier Integration der im Bild 7.45b dargestellte Funktionsverlauf ergeben (durchgehender Linienzug).

Integrationsfehler werden beim realen Integrator im wesentlichen durch die Fehler des Operationsverstärkers verursacht. Geht man von einer endlichen Verstärkung $V_u$ aus, dann ergibt sich z. B. für $U_I = $ const und $U_O|_{t=0} = 0$ eine Exponentialfunktion (gestrichelt im Bild 7.45b).

#### 7.4.3.5 Komparatoren

> **Analoge Komparatoren** sind Schaltungen zum Amplitudenvergleich analoger Signale.

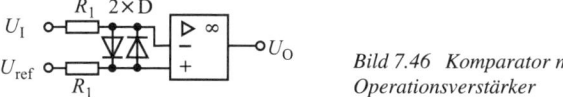

Bild 7.46 Komparator mit Operationsverstärker

Steuert man den Operationsverstärker ohne äußere Gegenkopplung bis an die Sättigungsspannungen durch, so arbeitet er als Schalter (Knickpunkte im Bild 7.32). Bild 7.46 zeigt die Prinzipschaltung eine Komparators. Die Dioden verhindern zusammen mit $R_1$ die Eingangsübersteuerung.

Es gilt:

$$U_O = \begin{Bmatrix} +U_s \text{ bei } U_I < U_{ref} \\ -U_s \text{ bei } U_I > U_{ref} \end{Bmatrix} \qquad (7.120)$$

Bei Verwendung von Operationsverstärkern liegt die Ansprechempfindlichkeit bei etwa 1 mV; die Sättigungsspannungen sind von der Betriebsspannung abhängig.

Der **Fensterkomparator** ensteht durch Zusammenschalten zweier Komparatoren. Diese Schaltung ist für Sortierzwecke geeignet (Gut/Schlecht-Prüfung). Je nachdem, ob die Signalspannung innerhalb oder außerhalb eines durch zwei Referenzspannungen festgelegten Spannungsbereiches liegt, schaltet der Ausgang auf $U_{max}$ oder $U_{min}$. Bild 7.47a zeigt eine Schaltung aus zwei Operationsverstärkern mit einer verdrahteten UND-Verknüpfung aus $R, D_1, D_2$. Diese Zusatzschaltung kann bei Verwendung integrierter, TTL-kompatibler Komparatoren entfallen. Die Ausgänge werden dann direkt parallelgeschaltet. Die Verzögerungszeiten sind vom Grad der Übersteuerung abhängig. Erst nach einer Erholzeit kann die Umschaltung erfolgen. Die Flankensteilheit ist durch die Slew-Rate ($\rightarrow$ 7.4.2.3) festgelegt.

**Komparatoren mit Hysterese** (Schwellwertschalter) $\rightarrow$ Kapitel 8

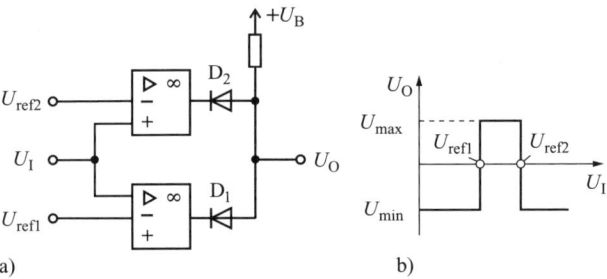

*Bild 7.47 Fensterkomparator: a) Schaltbild, b) Spannungsverlauf*

## 7.5 Filter

### 7.5.1 Übersicht

**Filter** (F) sind Schaltungen mit vorgeschriebenem Frequenzgang, die bestimmte Frequenzbereiche unterdrücken (Sperrbereiche) und andere bevorzugt übertragen (Durchlaßbereiche).

## 7.5 Filter

Die Filter werden nach verschiedenen Gesichtspunkten klassifiziert. Bild 7.48 zeigt eine Übersicht, gegliedert nach Signalverarbeitung und technischer Realisierung. Hier beschränken wir uns auf *aktive RC-Filter*, die aus integrierten Analogschaltkreisen (Operationsverstärker) sowie zusätzlichen diskreten Bauelementen (Widerstände, Kondensatoren) aufgebaut werden, und *SC-Filter*, die aus Analogschaltern (*S*) und Kapazitäten (*C*) monolithisch herstellbar sind. Die *Digitalfilter*, unterteilt in „*FIR*-Filter" (Finite-Impulse-Response-Filter mit zeitlich begrenzter Impulsantwort) und „*IIR*-Filter" (Infinite-Impulse-Response-Filter mit zeitlich unbegrenzter Impulsantwort) sind ebenfalls monolithisch integrierbar. Begünstigt durch die Fortschritte der Mikroelektronik lassen sich Digitalfilter (hier nicht behandelt) mit hohen Qualitätsmerkmalen kostengünstig herstellen.

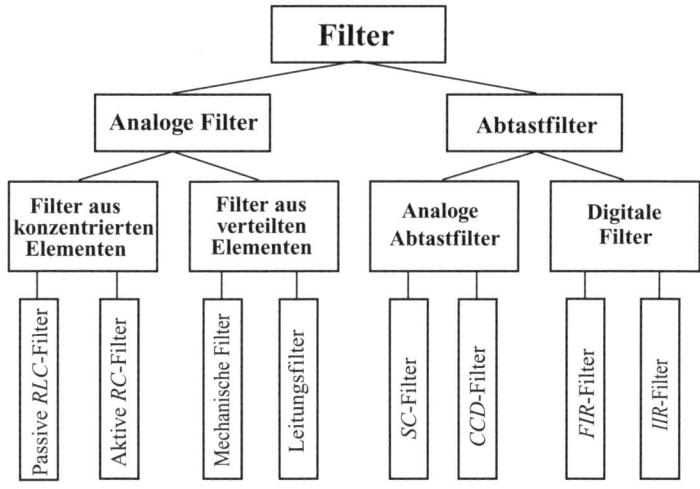

Bild 7.48  *Filterarten*

### 7.5.2  Aktive *RC*-Filter

*Vorteile*:

- einfache Berechnung
- weitgehende Belastungsunabhängigkeit
- rückwirkungsfreie Kombination von Teilfiltern
- einstellbare Filtercharakteristik
- Grundverstärkung durch aktive Bauelemente (Operationsverstärker).

*Unterscheidungsmerkmale*

- Selektionsverhalten (Tiefpaß [TP], Hochpaß [HP], Bandpaß [BP], Bandsperre [BS], Allpass [AP])
- Filterordnung (Zahl der Zeitkonstanten: Filter 1. Ordnung [$\tau_1$], 2. Ordnung [$\tau_1, \tau_2$], ...n-ter Ordnung [$\tau_1, \tau_2 \ldots \tau_n$])
- mathematischer Funktionsverlauf (optimierte Filtertypen: Bessel-F. [günstiges Impulsverhalten], Butterworth-F. [maximal geebneter Frequenzgang im Durchlaßbereich (DB)], Tschebyscheff-F. [Welligkeit im DB, ungünstiges Impulsverhalten])
- Grundschaltung (Rückkopplungsart: Mehrfachgegenkopplung, Einfachmitkopplung)

### 7.5.2.1 Tiefpässe

Die *normierte Übertragungsfunktion* ist Berechnungsgrundlage:

$$\underline{V} = \frac{V_0}{(1+a_1P+b_1P^2)(1+a_2P+b_2P^2)\ldots} \quad (7.121)$$

$$\text{mit } P = j\frac{f}{f_g} \quad (7.122)$$

$V_0$ Spannungsverstärkung bei $f = 0$
$\underline{V}$ komplexe Spannungsverstärkung
$P$ normierter Frequenzparameter
$f_g$ Grenzfrequenz (3 dB)
$a_n; b_n$ Filterkoeffizienten ($\rightarrow$ Tabelle 7.7)

Im Bild 7.49 sind die optimierten Frequenzgänge eines Tiefpasses 2. Ordnung dargestellt.Die Berechnungsunterlagen ergeben sich aus der Übertragungsfunktion der jeweiligen Schaltung (Koeffizientenvergleich mit Gl. (7.121)).

*Schaltungsvarianten* für Filter 2. Ordnung:

- Zweifachgegenkopplung
- Einfachmitkopplung.

**Tiefpaß 2. Ordnung mit Zweifachgegenkopplung** ($\rightarrow$ Bild 7.50)

$$V_0 = -\frac{R_2}{R_1} \quad (7.123)$$

$$a_1 = 2\pi f_g C_1 \left(R_2 + R_3 + \frac{R_2 R_3}{R_1}\right) \quad (7.124)$$

$$b_1 = (2\pi f_g)^2 C_1 C_2 R_2 R_3 \quad (7.125)$$

*Tabelle 7.7 Filterkoeffizienten*

| Filterkoeffizienten Ordnung | $a_1$ | $b_1$ | $a_2$ | $b_2$ | Filtertyp |
|---|---|---|---|---|---|
| 1. | 1,0000 | 0,0000 | 0,0000 | 0,0000 | alleTypen |
| 2. | 1,3617 | 0,6180 | 0,0000 | 0,0000 | I |
|    | 1,4142 | 1,0000 | 0,0000 | 0,0000 | II |
|    | 1,3022 | 1,5515 | 0,0000 | 0,0000 | III |
|    | 1,0650 | 1,9305 | 0,0000 | 0,0000 | IV |
| 3. | 0,7560 | 0,0000 | 0,9996 | 0,4722 | I |
|    | 1,0000 | 0,0000 | 1,0000 | 1,0000 | II |
|    | 2,2156 | 0,0000 | 0,5442 | 1,2057 | III |
|    | 3,3496 | 0,0000 | 0,3559 | 1,1923 | IV |
| 4. | 1,3397 | 0,4889 | 0,7743 | 0,3890 | I |
|    | 1,8478 | 1,0000 | 0,7654 | 1,0000 | II |
|    | 2,5904 | 4,1301 | 0,3039 | 1,1697 | III |
|    | 2,1853 | 5,5339 | 0,1964 | 1,2009 | IV |

I   Bessel-Filter
II  Butterworth-Filter
III Tschebyscheff-Filter mit 1 dB Welligkeit im DB
IV  Tschebyscheff-Filter mit 3 dB Welligkeit im DB

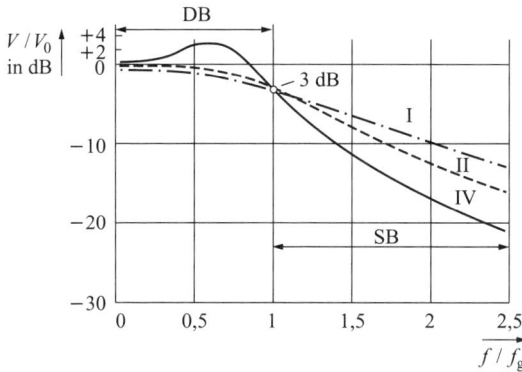

*Bild 7.49 Optimierte Frequenzgänge eines Tiefpasses 2. Ordnung
(I Bessel-Filter, II Butterworth-Filter, IV Tschebyscheff-Filter [3 dB Welligkeit])*

Zur Berechnung der Widerstände $(R_1; R_2; R_3)$ werden die Kapazitäten $(C_1; C_2)$, die Gleichspannungsverstärkung $V_0$ und die Grenzfrequenz $f_g$ vorgegeben:

$$R_2 = \frac{a_1 C_2 - \sqrt{a_1^2 C_2^2 - 4 C_1 C_2 b_1 (1 - V_0)}}{4\pi f_g C_1 C_2} \tag{7.126}$$

$$R_1 = \frac{R_2}{-V_0} \tag{7.127}$$

$$R_3 = \frac{b_1}{(2\pi f_g)^2 C_1 C_2 R_2} \tag{7.128}$$

Bei der Wahl der Kapazitäten ist zu beachten, daß der Radikand in Gl. (7.126) positiv sein muß. Dafür gilt Gl. (7.129):

$$C_2 \geqq \frac{4 C_1 b_1 (1 - V_0)}{a_1^2} \tag{7.129}$$

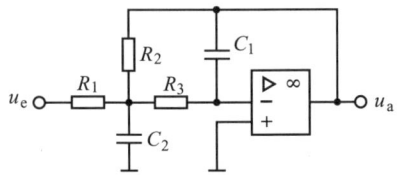

Bild 7.50 Tiefpaß 2. Ordnung mit Zweifachgegenkopplung

■ *Entwurfsbeispiel*: Butterworth-TP 2. Ordnung mit $f_g = 5$ kHz; $V_0 = -1$; $C_1 = 1$ nF; $C_2 = 4,7$ nF. Lösungen: $R_2 = 13,8$ kΩ; $R_1 = 13,8$ kΩ; $R_3 = 15,6$ kΩ.

**Tiefpaß 2. Ordnung mit Einfachmitkopplung** (→ Bild 7.51)

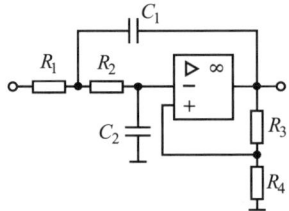

Bild 7.51 Tiefpaß 2. Ordnung mit Einfachmitkopplung

$$V_0 = 1 + \frac{R_3}{R_4} \tag{7.130}$$

$$a_1 = \omega_g [C_2(R_1 + R_2) + C_1 R_1 (1 - V_0)] \tag{7.131}$$

$$b_1 = \omega_g^2 C_1 C_2 R_1 R_2 \tag{7.132}$$

**Berechnung der Bauelemente**

*1. Spezialfall* ($R_1 = R_2 = R$; $C_1 = C_2 = C$):

$$R = \frac{\sqrt{b_1}}{2\pi f_g C} \tag{7.133}$$

$$V_0 = 3 - \frac{a_1}{\sqrt{b_1}} \tag{7.134}$$

*Vorteil*: Alle optimierten Frequenzgänge nach Tabelle 7.7 können durch Verändern der Verstärkung $V_0$ eingestellt werden. Zu beachten ist die Instabilitätsgrenze bei $V_0 = 3$.

$V_0 = 1,2678$: I   $V_0 = 1,5858$: II   $V_0 = 1,9546$: III   $V_0 = 2,2335$: IV

▶ *Beachte*: Die Zeitkonstante $\tau = CR$ beeinflußt lediglich die Grenzfrequenz $f_g$, aber nicht den Filtertyp.

2. *Spezialfall* ($V_0 = 1; R_1 = R_2 = R$):

$$C_1 = \frac{b_1}{a_1 \pi f_g R} \tag{7.135}$$

$$C_2 = \frac{a_1}{4\pi f_g R} \tag{7.136}$$

*Vorteil*: Die Schaltung besteht nur aus 4 passiven Bauelementen zusätzlich zum Operationsverstärker, da die Widerstände zur Verstärkungseinstellung entfallen ($R_3 = 0; R_4 \to \infty$).

### 7.5.2.2 Hochpässe

Die *normierte Übertragungsfunktion* ist Berechnungsgrundlage:

$$\underline{V} = \frac{V_\infty}{\left(1 + \dfrac{a_1}{P} + \dfrac{b_1}{P^2}\right)\left(1 + \dfrac{a_2}{P} + \dfrac{b_2}{P^2}\right)\cdots} \tag{7.137}$$

$V_\infty$ Verstärkung für $f \to \infty$

Die übrigen Formelzeichen haben die gleiche Bedeutung wie in Gl. (7.121). Es gilt auch hier Tabelle 7.7.

**Hochpaß 2. Ordnung mit Zweifachgegenkopplung**

Die Tiefpaßschaltung 2. Ordnung ($\to$ Bild 7.50) geht durch Vertauschung $R \leftrightarrow C$ bei Beibehaltung der Indizes in die entsprechende Hochpaßschaltung über.

**Hochpaß 2. Ordnung mit Einfachmitkopplung** ($\to$ Bild 7.52)

Durch Koeffizientenvergleich ergibt sich:

$$V_\infty = 1 + \frac{R_3}{R_4} \tag{7.138}$$

$$a_1 = \frac{R_1(C_1 + C_2) + R_2 C_2(1 - V_\infty)}{R_1 R_2 C_1 C_2 \omega_g} \tag{7.139}$$

$$b_1 = \frac{1}{R_1 R_2 C_1 C_2 \omega_g^2} \tag{7.140}$$

1. *Spezialfall* ($C = C_1 = C_2$; $R_1 = R_2 = R$):

$$R = \frac{1}{2\pi f_g C \sqrt{b_1}} \tag{7.141}$$

$$V_\infty = 3 - \frac{a_1}{\sqrt{b_1}} \tag{7.142}$$

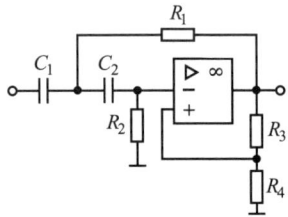

Bild 7.52  Hochpaß 2. Ordnung mit Einfachmitkopplung

▶ *Beachte*: Die Verstärkung $V_\infty$ muß sehr genau eingestellt werden (niedrige Widerstandstoleranzen erforderlich). Dies wird um so kritischer, je näher $V_\infty$ an den Wert 3 heranrückt (z. B. beim Filtertyp IV).

2. *Spezialfall* ($V_\infty = 1$; $C_1 = C_2 = C$)

$$R_1 = \frac{a_1}{4\pi f_g b_1 C} \tag{7.143}$$

$$R_2 = \frac{1}{a_1 \pi f_g C} \tag{7.144}$$

### 7.5.2.3 Bandpässe (Selektivfilter)

Die *normierte Übertragungsfunktion* ist Berechnungsgrundlage:

$$\boxed{\underline{V} = \frac{dV_r P}{1 + dP + P^2}} \tag{7.145}$$

$V_r$  Resonanzverstärkung (Verstärkung bei $f = f_r$)
$f_r$  Resonanzfrequenz
$d$   Dämpfungsfaktor (= Kehrwert des Gütefaktors $Q$)

*Realisierungsformen* mit unterschiedlichen Eigenschaften entstehen durch:

- Zweifachgegenkopplung
- Einfachmitkopplung
- Kettenschaltung von Hochpaß und Tiefpaß 1. Ordnung mit gleicher Grenzfrequenz
- Anwendung der Tiefpaß-Bandpaß-Transformation.

## 7.5 Filter

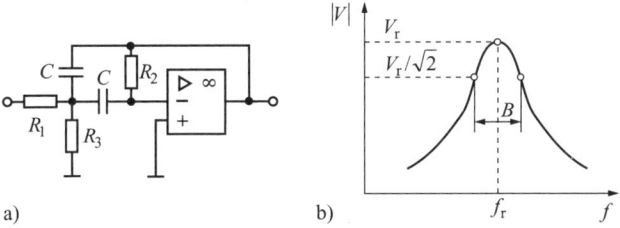

a)　　　　　　　　　b)

*Bild 7.53 Selektivfilter 2. Ordnung: a) Schaltung, b) Frequenzgang*

Berechnungsunterlagen für *Selektivfilter mit Zweifachgegenkopplung* (→ Bild 7.53)

$$R_2 = \frac{Q}{\pi f_r C} \tag{7.146}$$

$$R_1 = \frac{R_2}{2|V_r|} \tag{7.147}$$

$$R_3 = \frac{|V_r| R_1}{2Q^2 - |V_r|} \tag{7.148}$$

■ *Beispiel*: Vorgaben: $C = 470$ nF; $f_r = 100$ Hz; $Q = 50$; $V_r = 100$ (40 dB):
Rechenergebnisse: $R_2 = 339$ kΩ; $R_1 = 1,7$ kΩ; $R_3 = 34,7$ kΩ.
Kontrolle mit PSpice (AC-Analyse; OV-Baustein LM 324): $f_r = 99,3$ Hz; $V_r = 95,4$; $B = 2,1$ Hz ($Q = 47,3$).

*Schaltungseigenschaften*:

- unbedingte Stabilität
- Resonanzfrequenz $f_r$ und Resonanzverstärkung $V_r$ können unabhängig voneinander gewählt werden.

▶ *Beachte*: Der Operationsverstärker muß in offener Schleife bei $f = f_r$ eine genügend große Verstärkungsreserve besitzen (obere Grenze für Gütefaktor: $V_u \gg 2Q^2$).

### 7.5.2.4 Hinweise zu Filtern höherer Ordnung

Bei Filterschaltungen $n$-ter Ordnung beträgt die Flankensteilheit im Sperrbereich $n \cdot 20$ dB pro Dekade. Alle Filtertypen 2. Ordnung (→ Bild 7.49) zeigen 40 dB pro Dekade (10 : 1) bzw. 12 dB pro Oktave (2 : 1).

Filter geradzahliger, höherer Ordnung werden zumeist als Kettenschaltungen von Filtern 2. Ordnung konzipiert. Aktive Filterbausteine mit Operationsverstärker können rückwirkungsfrei in Kette geschaltet werden. Der Tiefpaß 4. Ordnung mit Einfachmitkopplung besteht z. B. aus zwei Teilfiltern nach Bild 7.51. Zur Berechnung sind jedoch für das 2. Teilfilter statt $a_1; b_1$ die Koeffizienten $a_2; b_2$ aus Tabelle 7.7 anzusetzen.

## 7.5.3 SC-Filter

> **Schalter-Kapazitäts-Filter** (engl. switched capacitor [SC]) sind monolithisch integrierbare Filter, die als Grundelemente geschaltete Kapazitäten und aktive Integratoren (→ 7.4.3.3.4) enthalten.

Ohmsche Widerstände werden bei diesem Filterkonzept durch geschaltete Kapazitäten simuliert (→ Bild 7.54).

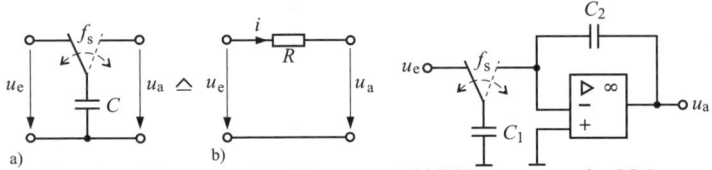

Bild 7.54 Grundelement des SC-Filters
a) geschaltete Kapazität, b) äquivalenter Widerstand

Bild 7.55 Invertierender SC-Integrierer

Die Kapazität $C$ wird in der einen Schalterstellung auf $u_e$ geladen und anschließend in der anderen auf $u_a$ entladen. Die Ladungsänderung beträgt dabei $\Delta Q = C(u_e - u_a)$. Dies hat einen mittleren Gleichstrom zur Folge, der von der Schaltfrequenz $f_s$ abhängig ist (Gl. 7.149). Der äquivalente Widerstand $R$ bestimmt sich nach Gl. 7.150, wenn das Abtasttheorem (→ 5.2.3.3) eingehalten wird. Die typischen Schaltfrequenzen $f_s$ (Abtastfrequenzen $f_A$) liegen bei integrierten SC-Filtern um den Faktor 50...100 über der maximalen Signalfrequenz $f_{max}$.

$$\bar{i} = \Delta Q f_s \tag{7.149}$$

$$R = \frac{1}{C f_s} \tag{7.150}$$

Die Grundschaltung des invertierenden Integrierers (→ Bild 7.55) ergibt sich aus der geschalteten Kapazität (→ Bild 7.54) und einem kapazitiv gegengekoppelten, invertierenden Verstärkerelement.

Die Zeitkonstante (allgemein: $\tau = CR$) ergibt sich aus Gl. (7.151).

$$\tau = \frac{C_2}{C_1 f_s} \tag{7.151}$$

Damit beträgt die Zeitfunktion des Integrierers:

$$u_a = -\frac{1}{\tau} \int\limits_0^t u_e \, dt \tag{7.152}$$

## 7.6 Oszillatoren

### 7.6.1 Begriffsbestimmung und Übersicht

> **Oszillatoren** (Signalgeneratoren) sind Schaltungen, die ungedämpfte elektrische Schwingungen bestimmter Kurvenform und Frequenz mit konstanter Amplitude erzeugen.

Bei **Rückkopplungsoszillatoren** wird ein schwingfähiges System durch Mitkopplung entdämpft ($\rightarrow$ 7.3.3.1).

Bei **Sinusoszillatoren** ist eine stetige Amplitudenbegrenzung durch zusätzliche Schaltungsmaßnahmen erforderlich, damit der Verstärker beim Anschwingen nicht übersteuert wird.

Bei **Impulsoszillatoren** wird der Verstärker während des Schwingvorganges übersteuert. Die Amplitudenbegrenzung erfolgt unstetig durch die nichtlinearen Kennlinien der aktive Bauelemente.

Bei **Oszillatoren mit Schwingungssynthese** wird die Sinusschwingung entweder durch Simulation der Schwingungs-Differentialgleichung mit analogen Rechenschaltungen (Integrierer, Differenzierer) oder mit einem Sinusfunktionsnetzwerk aus einer Dreieckschwingung erzeugt. Bei digitalisierten Schaltungen kann die gewünschte Funktion auch in einem Festwertspeicher (ROM) gespeichert sein. Eine weitere Möglichkeit der Schwingungserzeugung besteht in der Entdämpfung eines Systems durch negative dynamische Widerstände (NIC: negative impedance converter).

### 7.6.2 *RC*-Oszillatoren

Im Frequenzbereich 0,1 Hz ... 100 kHz werden *RC*-Oszillatoren als Signalgeneratoren bevorzugt. *LC*-Oszillatoren erfordern bei niedrigen Frequenzen unzweckmäßig große Induktivitäten.

Nach der Art der im Rückkopplungszweig liegenden Filterschaltungen unterscheidet man:
- Wien-Oszillator (mit Wien-Spannungsteiler)
- Wien-Robinson-Oszillator (mit Wien-Robinson-Brücke)
- Phasenschieber-Oszillator (mit Filterkette aus drei *RC*-Gliedern)
- Doppel-T-Oszillatoren (mit Doppel-T-Glied).

Die Frequenzstabilität $\Delta f / f_0$ des Oszillators wird im wesentlichen durch die Steilheit des Phasen-Frequenzganges (Phasensteilheit $\Delta \varphi / \Delta f$) bei der Oszillatorenfrequenz $f_0$ bestimmt.
Mit Wien-Robinson-Brücken ist $\Delta f / f_0 \approx 10^{-3} \ldots 10^{-4}$ erreichbar.

## 7.6.2.1 Wien-Oszillator

Die Methode der Oszillatorenberechnung wird an der Schaltung nach Bild 7.56 gezeigt: Ausgangspunkt ist Gl. (7.31). Für Selbsterregung gilt $\underline{K}\underline{V} = 1$.

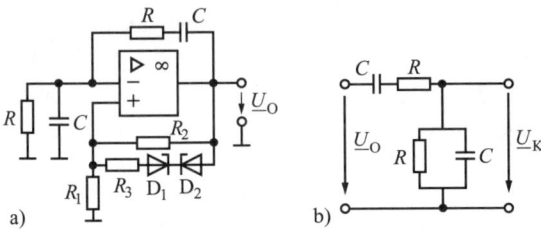

Bild 7.56 Wien-Oszillator mit Operationsverstärker
a) Schaltung, b) Wien-Spannungsteiler

$\underline{K}\underline{V} = 1$ wird in eine *Betragsbedingung*

$$KV = 1 \tag{7.153}$$

und eine *Phasenbedingung* zerlegt:

$$\varphi_K + \varphi_V = 2\pi n; \quad n = 0, 1, 2\ldots \tag{7.154}$$

Aus der Phasenbedingung wird die Oszillatorfrequenz $f_0$ und aus der Betragsbedingung die notwendige Verstärkung $V_0$ errechnet. Aus Bild 7.56b folgt:

$$\underline{K} = \frac{\underline{U}_K}{\underline{U}_O} = \frac{1}{3 + j\left[\omega CR - \left(\dfrac{1}{\omega CR}\right)\right]} \tag{7.155}$$

Für den nichtinvertierenden OV ist $\varphi_V = 0$. Aus Gl. (7.154) wird dann $\varphi_K = 0$ ($n = 0$).

Die **Oszillatorfrequenz** ergibt sich mit $[\omega CR - (1/\omega CR)] = 0$:

$$\boxed{f_O = \frac{1}{2\pi CR}} \tag{7.156}$$

Aus der Betragsbedingung ergibt sich die Verstärkung:

$$V_O = \left.\frac{1}{K}\right|_{f=f_O} \tag{7.157}$$

Zum Aufrechterhalten einer Schwingung mit konstanter Amplitude muß der Operationsverstärker auf eine Verstärkung $V_0 = 3$ eingestellt werden. Dies geschieht durch eine entsprechend bemessene Gegenkopplung, in die eine Verstärkungsregelung zur Stabilisierung der Oszillatorspannung einbezogen ist ($\to$ Bild 7.56a).

Bei $\hat{U}_O < U_z$ sperren die Z-Dioden und es stellt sich $V = V_{max}$ ein. $V_{max}$ wird etwas größer als 3 gewählt, damit ein sicheres Anschwingen gewährleistet ist:

$$V_{max} = 1 + \frac{R_2}{R_1} \approx 3,1 \tag{7.158}$$

Bei $\hat{U}_O > U_z$ werden die Z-Dioden leitend und es stellt sich $V = V_{min}$ ein. $V_{min}$ wird etwas kleiner als 3 gewählt, so daß sich eine konstante Amplitude $\hat{U}_O \approx U_z$ bei $V_0 = 3$ einregelt:

$$V_{min} \approx 1 + \frac{R_2 \parallel R_3}{R_1} \approx 2,9 \tag{7.159}$$

### 7.6.2.2 Wien-Robinson-Oszillator

Gegenüber dem Wien-Spannungsteiler im Bild 7.56b hat eine geringfügig verstimmte Wien-Robinson-Brücke ($\rightarrow$ Bild 7.57) eine wesentlich größere Phasensteilheit. Dem Differenzeingang des OV wird die Brückendiagonalspannung $\underline{U}_{ID} = \underline{U}_1 - \underline{U}_2$ zugeführt.

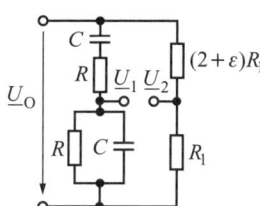

*Bild 7.57 Wien-Robinson-Brücke*

Für $f_0 = 1/(2\pi CR)$ ist:

$$V_0 = 3\left(1 + \frac{3}{\varepsilon}\right) \tag{7.160}$$

Je kleiner die relative Verstimmung $\varepsilon$ gewählt wird, desto größer muß die Verstärkung $V_0$ sein. Die Phasensteilheit wächst mit $V_0$ an:

$$\frac{\Delta\varphi}{\Delta f} \approx \frac{V_0}{3\pi f_0} \tag{7.161}$$

*Varianten zur Amplitudenstabilisierung*:

- Verwendung eines Heißleiters für den oberen Brückenwiderstand $(2+\varepsilon)R_1$
- Verwendung eines Kaltleiters für den unteren Brückenwiderstand $R_1/(2+\varepsilon)$ statt $R_1$
- Verwendung eines spannungsgesteuerten Widerstandes (z. B. SFET) anstelle des unteren Brückenwiderstandes.

*Wirkprinzip*: Mit zunehmender Oszillatoramplitude $\hat{U}_\text{O}$ ändert sich die Brückeneinstellung zum Nullabgleich hin und die Verstärker-Eingangsamplitude $\hat{U}_\text{ID}$ nimmt ab. Bei richtiger Bemessung stellt sich ein Gleichgewichtszustand bei $KV_0 = 1$ ein, für den $\hat{U}_\text{O}$ konstant ist.

### 7.6.3 Quarzoszillatoren

Quarzoszillatoren zeichnen sich durch eine hohe Frequenzkonstanz aus. Die erreichbaren Werte sind von Quarzschnitt, Quarzbelastung, Oszillatorschaltung und Temperatur abhängig.

Frequenzstabilität: $\Delta f/f_0 \approx 10^{-6} \ldots 10^{-10}$

#### 7.6.3.1 Elektrische Eigenschaften des Quarzes

Schwingquarze und Filterquarze werden aus Quarzkristallen ($SiO_2$) in definierten kristallografischen Richtungen herausgeschnitten, geschliffen, kontaktiert und in Gehäuse eingesetzt. Die prinzipielle Anordnung ist mit einem Plattenkondensator vergleichbar. Im elektrischen Wechselfeld führt der Quarz mechanische Schwingungen hoher Präzision aus (umgekehrter piezoelektrischer Effekt, Geschwister Curie, 1880). Die elektrischen Eigenschaften des Quarzes sind von dem Quarzschnitt, der Schwingungsform und den Abmessungen abhängig. Bild 7.58 zeigt die bevorzugten Frequenzbereiche der wichtigsten *Quarzschnitte für Grundwellenerregung*.

*Kennwerte des Quarzes*:

- Nennfrequenz (z. B. $f = 1$ MHz)
- Abgleichtoleranz (z. B. $\Delta f/f = \pm 20 \cdot 10^{-6}$ bei 25 °C)
- Toleranz im Temperaturbereich (z. B. $\Delta f/f = \pm 1 \cdot 10^{-4}$ bei $-20 \ldots +60$ °C)
- Temperaturkoeffizient der Frequenz (z. B. $TK_f = 1 \cdot 10^{-6}$ K$^{-1}$)
- Umkehrpunkt (Temperatur, bei der $TK_f = 0$ ist, z. B. $+25$ °C). Bei Thermostatierung ist diese Temperatur konstant zu halten.
- maximale Lastkapazität (z. B. 20 pF)
- maximale Quarzbelastung (z. B. 10 mW)

Aus der Ersatzschaltung des Quarzes ($\to$ Bild 7.59) folgen zwei Resonanzfrequenzen, die dicht nebeneinander liegen:

**Serienresonanzfrequenz**

$$f_\text{s} = \frac{1}{2\pi\sqrt{LC_1}} \tag{7.162}$$

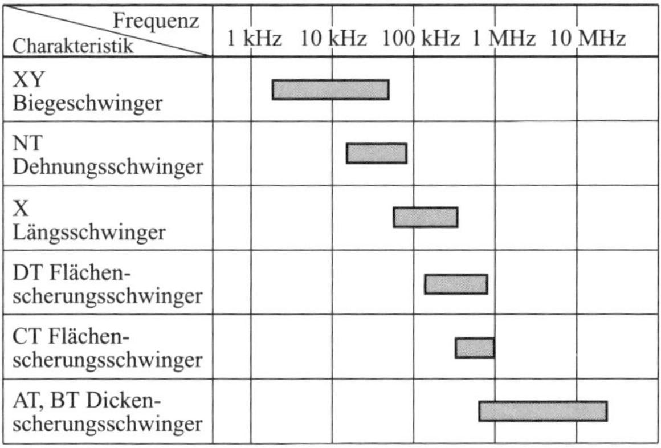

| Frequenz<br>Charakteristik | 1 kHz | 10 kHz | 100 kHz | 1 MHz | 10 MHz |
|---|---|---|---|---|---|
| XY Biegeschwinger | | ▬▬ | | | |
| NT Dehnungsschwinger | | | ▬ | | |
| X Längsschwinger | | | ▬▬ | | |
| DT Flächen-scherungsschwinger | | | | ▬ | |
| CT Flächen-scherungsschwinger | | | | ▬ | |
| AT, BT Dicken-scherungsschwinger | | | | | ▬▬▬ |

*Bild 7.58 Frequenzbereiche der wichtigsten Quarzschnitte*

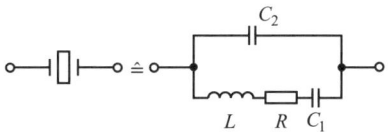

*Bild 7.59 Ersatzschaltbild des Quarzes*

**Parallelresonanzfrequenz**

$$f_p = \frac{1}{2\pi\sqrt{LC_p}}; \qquad C_p = \frac{C_1 C_2}{C_1 + C_2} \approx C_2 \qquad (7.163)$$

$f_p$ liegt geringfügig oberhalb $f_s$:

$$f_p = f_s \left(1 + \frac{C_1}{2C_2}\right) \qquad (7.164)$$

Parasitäre Kapazitäten wirken wie Parallelkapazitäten und beeinflussen nur $f_p$, nicht aber $f_s$. Daraus folgt: Bei Ausnutzung der Serienresonanz ist gegenüber der Parallelresonanz eine höhere Frequenzkonstanz zu erwarten.

Aus der Ersatzschaltung folgt weiter:

- induktives Verhalten für $f_s < f < f_p$ und
- kapazitives Verhalten für $f > f_p$ oder $f < f_s$.

### 7.6.3.2 Hinweise zu Schaltungsvarianten

Mögliche *Schaltungsvarianten*:

- Quarz im Rückkopplungszweig eines nichtinvertierenden Verstärkers
- ■ *Beispiel*: Verstärker aus zwei Logikgattern mit negierendem Verhalten, Schwingungsform: Rechteckimpuls, Quarz schwingt in Serienresonanz.

- Quarz als induktive Komponente eines Schwingkreises

■ *Beispiel*: Pierce-Schaltung, Bild 7.60, kapazitive Dreipunktschaltung, Schwingungsform: Sinus (bei richtiger Bemessung der Amplitudenbegrenzung $R_E, R_2$), Quarz schwingt auf einer Frequenz, die zwischen $f_s$ und $f_p$ liegt.

- Quarz als zusätzliches Bauelement in einem Schwingkreis (der Schwingkreis kann bei AT- und BT-Schnitten auf eine Oberwelle der Quarzfrequenz abgestimmt werden. Dadurch sind quarzstabile Oszillatorfrequenzen > 20 MHz realisierbar).

Durch Reihenschaltung eines Trimmers zum Quarz läßt sich die Oszillatorfrequenz geringfügig korrigieren (Ziehkapazität $C_Z$ im Bild 7.60).

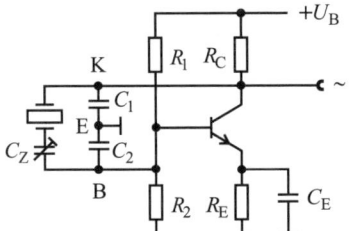

Bild 7.60  Pierce-Schaltung

## 7.7  Analog/Digital- und Digital/Analog-Umsetzer

Natürliche Signale, die vom Menschen erzeugt (z. B. Sprache, Musik) oder aus der Umwelt des Menschen gewonnen werden (z. B. Temperatur, Druck), und ihre elektrischen Abbilder (z. B. Spannungen, Ströme) sind zunächst wert- und zeitkontinuierlich (analog). Sofern die Übertragung und Verarbeitung digital erfolgen soll, ist eine Analog-Digital-Umsetzung notwendig. Die dabei entstehenden digitalen Signale sind wert- und zeitdiskret, stellen also nur noch Zahlenfolgen aus Einsen und Nullen dar. Befindet sich der Mensch am Ende der Informationskette, dann sind die digitalen Signale wieder zurück in analoge Signale (z. B. Bild, Ton) zu wandeln (Digital-Analog-Umsetzung). Bild 7.61 zeigt einen Anwendungsfall aus der Unterhaltungselektronik. Bei der Audio-Echtzeitverarbeitung werden die analogen Signale der Tonquellen zunächst digital umgesetzt. Der *digitale Signalprozessor* (DSP) ermöglicht die professionelle Tonbearbeitung am PC in Echtzeit. Die digitalen Signale werden danach wieder in analoge umgesetzt und der Verstärkeranlage zugeführt. ADU und DAU sind dabei zumeist Bestandteile eines Schaltkreises (Sound-Stereo-CODEC).

## 7.7 Analog/Digital- und Digital/Analog-Umsetzer

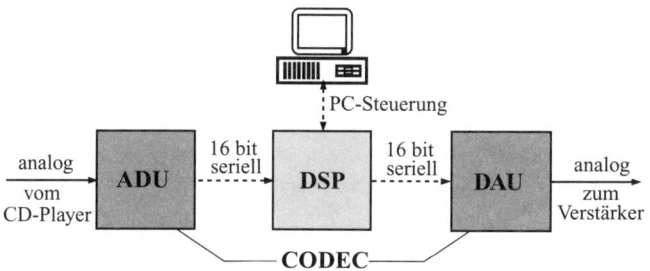

Bild 7.61  Digitale Signalverarbeitung mit Signalprozessor

### 7.7.1 Analog-Digital-Umsetzer

> Ein **Analog-Digital-Umsetzer** (ADU), engl. analog digital converter (ADC) hat die Aufgabe, ein analoges Signal (z. B. Gleichspannung) in eine dem Spannungswert proportionale Zahl zu wandeln.

Hierbei lassen sich mehrere, prinzipiell verschiedene Umsetzungsverfahren unterscheiden (→ Tabelle 7.8).

Tabelle 7.8  Analog-Digital-Umsetzungsverfahren

| Wirkprinzip | Anzahl der Umsetzschritte | Anzahl der Normale | Merkmale |
|---|---|---|---|
| Parallelverfahren | 1 | $2^n - 1$ | hoher Aufwand, sehr schnelle Umsetzung |
| Wägeverfahren | $n$ | $n$ | guter Kompromiß zwischen Aufwand und Geschwindigkeit, S&H erforderlich |
| Zählverfahren | $2^n - 1$ | 1 | geringer Aufwand, langsame Umsetzung |

$n$    Auflösung in Bit
S&H   Abtast- und Halteschaltung (engl. sample and hold)

#### 7.7.1.1  Parallelverfahren

Bei einem **Parallel-ADU** (engl. flash ADC) mit $n$ bit Auflösung wird in einem einzigen Umsetzschritt die analoge Eingangsspannung $U_e$ mit $2^n - 1$ gestuften Referenzspannungswerten (Normalen) verglichen. Der Vergleich erfolgt mit $2^n - 1$ Komparatoren. Dabei wird festgestellt, in welcher Quantisierungsstufe $U_e$ liegt. Die Nummern $k$ der Quantisierungsstufen werden in codierter Form (Dual-Code) ausgegeben. Dazu ist ein Prioritätsencoder (X/Y) erforderlich, der die Binärzustände $k$ der Komparatoren in den Dualcode ($n$ bit) wandelt. Eine Zwischenspeicherung der binären Komparatorsignale mit einem Parallel-Register – RG – (interner Aufbau aus flankengetriggerten D-Flipflops) vermeidet Umsetzungsfehler bei zeitlich variablen Eingangsspannungen (die gleiche Wirkung hätte eine Analogwertspeicherung vor den Komparatoren mittels S&H). Bild 7.62 zeigt das Schaltungsprinzip für $n = 3$ bit.

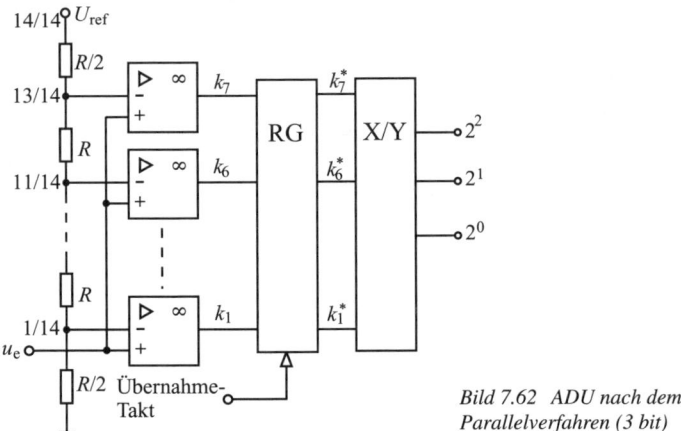

Bild 7.62 ADU nach dem Parallelverfahren (3 bit)

Tabelle 7.9 zeigt die Zuordnung der Quantisierungsstufen $k$ und der Ausgangsbits zu einer angenommenen Signalspannung im Bereich $u_e = 0\ldots 7{,}499$ V.

Tabelle 7.9 Codetabelle eines 3-bit-Parallel-ADU

| $u_e$ in V | $k_7$ | $k_6$ | $k_5$ | $k_4$ | $k_3$ | $k_2$ | $k_1$ | $2^2$ | $2^1$ | $2^0$ | Dezimalzahl $z$ |
|---|---|---|---|---|---|---|---|---|---|---|---|
| $0{,}0\ldots 0{,}499$ | 0 | 0 | 0 | 0 | 0 | 0 | 0 | 0 | 0 | 0 | 0 |
| $0{,}5\ldots 1{,}499$ | 0 | 0 | 0 | 0 | 0 | 0 | 1 | 0 | 0 | 1 | 1 |
| $1{,}5\ldots 2{,}499$ | 0 | 0 | 0 | 0 | 0 | 1 | 1 | 0 | 1 | 0 | 2 |
| $2{,}5\ldots 3{,}499$ | 0 | 0 | 0 | 0 | 1 | 1 | 1 | 0 | 1 | 1 | 3 |
| $3{,}5\ldots 4{,}499$ | 0 | 0 | 0 | 1 | 1 | 1 | 1 | 1 | 0 | 0 | 4 |
| $4{,}5\ldots 5{,}499$ | 0 | 0 | 1 | 1 | 1 | 1 | 1 | 1 | 0 | 1 | 5 |
| $5{,}5\ldots 6{,}499$ | 0 | 1 | 1 | 1 | 1 | 1 | 1 | 1 | 1 | 0 | 6 |
| $6{,}5\ldots 7{,}499$ | 1 | 1 | 1 | 1 | 1 | 1 | 1 | 1 | 1 | 1 | 7 |

▶ *Applikationshinweise* für FLASH-ADU: Integrierte Ausführungen in verschiedenen Herstellungstechnologien (TTL, CMOS, ECL).

*Kennwerte* (je nach Typ):
- Auflösung: 4...10 bit
- Maximale Umsetzrate: 20...500 MHz (auch Angabe in MSPS: mega samples per second)

■ *Anwendung*: z. B. Radar-Systeme, Medizinelektronik, Videosignalverarbeitung.

#### 7.7.1.2 Wägeverfahren

Das **Wägeverfahren** (sukzessive Approximation) beruht auf einer schrittweisen Annäherung eines Vergleichswertes an die Meßspannung. Der Vergleichswert wird durch einen Digital-Analog-Umsetzer (DAU) aus dem gespeicherten Meßwert gewonnen. Die Umsetzung wird durch ein spezielles Schieberegister (SAR: (engl.) succesive approximation register) gesteuert. Während der Umsetzungszeit darf sich die Eingangsspannung am Komparator nicht ändern, deshalb ist eine analoge Zwischenspeicherung der Meßspannung mit einer Abtast- und Halteschaltung (S&H: sample and hold) notwendig. Bild 7.63 zeigt ein Prinzipschaltbild für 4 bit Auflösung.

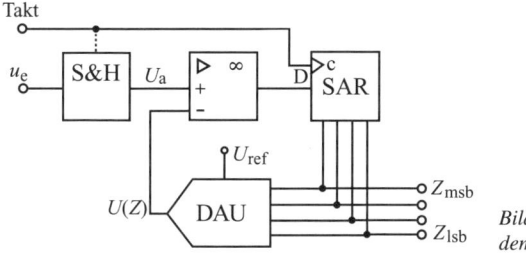

Bild 7.63 ADU nach dem Wägeverfahren

Im Bild 7.64 ist der Wägevorgang für 4 bit Auflösung dargestellt. Nachdem bei Meßbeginn die im SAR stehende Zahl auf $z = 0$ rückgesetzt wurde (RESET), wird probeweise das höchstwertigste Bit (msb) auf eins gesetzt ($z_3 = 1$). Dann wird geprüft, ob die Meßspannung $U_a$ größer oder kleiner als die Spannung $U(z)$ ist. Ist $U_a \geqq U(z)$, wie im Beispiel, dann bleibt $z_3$ gesetzt ($z_3 := 1$). Wäre $U_a < U(z)$, dann würde $z_3$ auf null rückgesetzt. Danach wird das Bit $z_2$ und alle anderen bis zum niederwertigsten Bit (lsb) geprüft. Nach $n = 4$ Umsetzungsschritten steht im SAR eine 4-bit-Zahl, die nach Umsetzung mit dem DAU eine Spannung $U(z)$ ergibt, die mit der Meßspannung (im Beispiel: $U_a = 9$ V) übereinstimmt (Gl. 7.165).

$$U(z) = U_a = U_{ref} \cdot \frac{z}{z_{max} + 1} \qquad (7.165)$$

■ Im *Beispiel*: $U_{ref} = 16$ V; $z = 9$ (binär: 1 0 0 1); $z_{max} = 15$ (binär: 1 1 1 1); $U(z) = 9$ V.

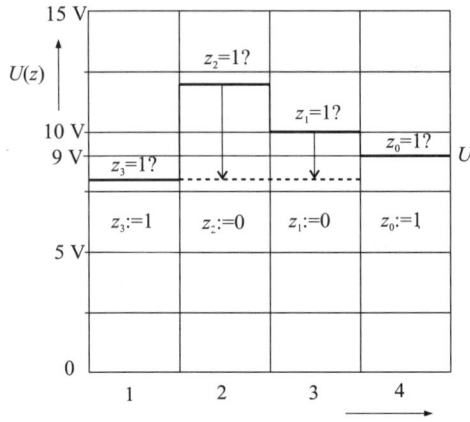

Bild 7.64 Wägevorgang bei 4 bit

▶ *Applikationshinweise* für SAR-DAU: Integrierte Ausführungen in verschiedenen Herstellungstechnologien (CMOS, Bipolar, Hybrid).

*Kennwerte* (je nach Typ):

- Auflösung: 8...16 bit
- Umsetzdauer: 1...40 µs
- zum Teil mit interner Referenzquelle und S&H-Schaltung
- bestimmte Typen mit Mikroprozessor-Bus-Interface (8, 12 oder 16 bit)

■ *Anwendung*: z. B. industrielle Datenverarbeitung, Prozeßsteuerungen, Audiosignalverarbeitung.

### 7.7.1.3 Abtast- und Halteschaltung

**Sample-and-hold-Schaltungen** (S&H) sind Analogwertspeicher für kurze Speicherzeiten. Sie tasten analoge Signale in bestimmten Zeitintervallen ab und entnehmen während der Abtastphase die Momentanwerte des Signals als Proben (samples).

Zwischen zwei Abtastungen liegt jeweils eine Haltephase, in der eine Zwischenspeicherung (hold) des vorherigen Momentanwertes erfolgt. Das Prinzip verdeutlicht Bild 7.65. H-Pegel am Steuereingang schließt den Schalter ($T_1$), der Kondensator $C$ wird auf den Momentanwert von $u_e$ aufgeladen. L-Pegel öffnet den Schalter, $C$ speichert $u_e$ bis zur nächsten Abtastung.

Betrachtet man die periodische Abtastung eines analogen Signals unter idealen Bedingungen (Aufladezeitkonstante $\tau_a \to 0$ und Entladezeitkonstante $\tau_e \to \infty$), so entsteht Bild 7.66. Im Interesse einer späteren fehlerfreien Rück-

## 7.7 Analog/Digital- und Digital/Analog-Umsetzer

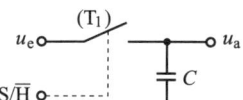

Bild 7.65 Prinzip einer Abtast- und Halteschaltung

gewinnung des kontinuierlich analogen Signals muß das *Abtasttheorem* [Gl. (7.166)] eingehalten werden.

$$f_A \geqq 2 f_{max} \tag{7.166}$$

Die *Abtastfrequenz* $f_A = 1/T_A$ muß mindestens doppelt so groß wie die höchste Frequenzkomponente ($f_{max}$) des abgetasteten Signals sein.

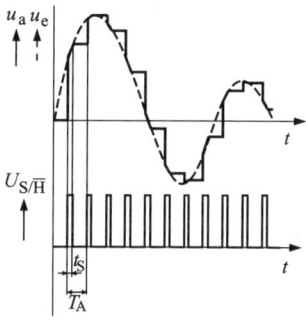

Bild 7.66 Idealisierte Signalabtastung

Die Realisierung des Analogschalters ($\to$ Bild 7.65) erfolgt im Bild 7.67 durch einen Feldeffekttransistor (Sperrschicht-FET). Bei H-Pegel am S/$\overline{H}$-Eingang sperrt $D_3$ und der selbstleitende SFET $T_1$ ist durchgesteuert (Schalter geschlossen), $C$ wird schnell über den niederohmigen Kanalwiderstand $r_{DS}$ geladen. Bei L-Pegel wird $D_3$ leitend, die Gate-Source-Spannung $U_{GS}$ ist negativer als die Schwellspannung $U_p$ und $T_1$ sperrt (Schalter offen). Da der Sperrwiderstand von $T_1$ sehr hoch ist, tritt keine nennenswerte Entladung von $C$ auf. Die Dioden $D_1$, $D_2$ verhindern die Übersteuerung von $OA_1$. Durch die Gegenkopplung vom Ausgang des $OA_2$ zum invertierenden Eingang von $OA_1$ stellt sich $u_a = u_e$ ein (Spannungsfolger) und der Offsetfehler wird eliminiert.

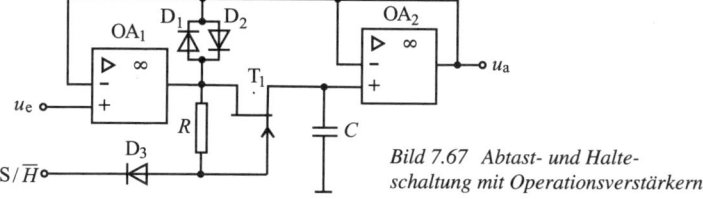

Bild 7.67 Abtast- und Halteschaltung mit Operationsverstärkern

**Integrierte Sample-hold-Bausteine** werden zumeist in BIMOS-Technologie gefertigt (Verstärker und Pegelwandler: bipolar; Schalter: unipolar). Bei einigen Typen muß die Haltekapazität extern angeschlossen werden. Andere Typen sind mit einer internen Haltekapazität ausgestattet. Der Verstärker $OA_2$ im Bild 7.67 arbeitet dann als Integrierer. Damit ergeben sich Vorteile bei der internen Ansteuerung des Analogschalters. Gemeinsames Merkmal vieler Bausteintypen ist die TTL-Kompatibilität am Steuereingang ($S/\overline{H}$).

**Einige Kenngrößen des Sample-hold-Vorganges**

- *Einstellzeit* $t_E$ (engl. acquisition time)
  Zeitspanne zwischen dem Beginn der Sample-Phase und dem Erreichen eines definierten Spannungswertes. Die Verstärker haben eine endliche Anstiegsgeschwindigkeit (Slew-Rate), so daß die Abtastung als Einschwingvorgang abläuft ($\rightarrow$ Bild 7.68). $t_E$ wird oft auf 10 V Amplitude und $0,1\ \%$ Fehler bezogen.
  *Typische Werte*: 4 ms bei $C = 1$ nF oder 350 ns bei intern 90 pF.

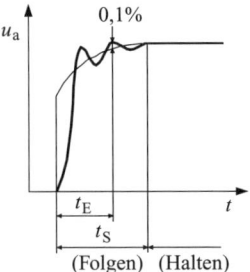

Bild 7.68 *Zur Definition der Einstellzeit*

- *Haltedrift* (engl. droop rate)
  Zeitliche Änderung der Ausgangsspannung $u_a$ während der Hold-Phase.
  *Typische Werte*: z. B. 5 µV/ms; $0,01$ µV/µs.

### 7.7.1.4 Zählverfahren

Die Zählverfahren erfordern den geringsten Schaltungsaufwand. Wegen der großen Umsetzdauer (ms-Bereich) ist die Anwendung auf die Verarbeitung relativ langsamer Signaländerungen beschränkt. Auflösung, Genauigkeit und Linearität genügen jedoch zumeist den Anforderungen. Im wesentlichen werden Sägezahnumsetzer und Nachlaufumsetzer unterschieden. Die Sägezahn-ADU arbeiten ohne DAU; sie wandeln das Analogsignal zunächst in eine Zwischengröße (Zeit; Frequenz) um, bevor ein Zähler seriell den Digitalwert bildet. Die Nachlaufumsetzer sind im Schaltungsaufbau mit den SAR-ADU verwandt. Die Sägezahn-ADU werden zumeist als Zweiflanken-Umsetzer (dual slope) monolithisch gefertigt. Bild 7.69a zeigt das Prinzipschaltbild, im Bild 7.69b ist der Integrationsvorgang für zwei verschiedene Eingangsspannungen dargestellt.

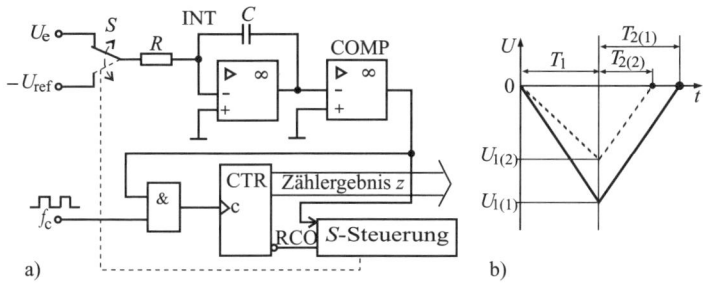

Bild 7.69  Dual-Slope-ADU: a) Prinzipschaltung, b) Integrationsvorgang

**Wirkungsweise.** Eine konstante Eingangsspannung ($U_e > 0$) wird mit einem Miller-Integrator (INT) integriert. Der Komparator (COMP) schaltet bei Integrationsbeginn auf H-Pegel. Dadurch wird das UND-Tor geöffnet und der Zähler (CTR) erhält Zählimpulse der Frequenz $f_C$ vom Taktgeber. Ist der maximale Zählerstand $z_{max}$ nach der Zeit $T_1$ erreicht (Integratorspannung $U_1$), wird der Zähler auf null zurückgestellt und der Übertrag (RCO) schaltet über die Schalter-Steuerung den Umschalter (S) auf die Referenzspannung ($U_{ref} < 0$) um. Die Integration führt zum linearen Anstieg von der Spannung $U_1$ bis auf 0 in der Zeit $T_2$ ($\rightarrow$ Bild 7.69b). Der Komparator schließt das UND-Tor, so daß keine weiteren Zählimpulse auf den Zähler gelangen. Der aktuelle Zählerstand $z$ ist der Eingangsspannung $U_e$ proportional, wie die nachfolgenden Gleichungen zeigen.

$$U_1 = -\frac{1}{CR} \int_0^{T_1} U_e \, dt = -U_e \cdot \frac{T_1}{CR} \tag{7.167}$$

$$T_1 = \frac{z_{max}}{f_C} \tag{7.168}$$

$$0 = U_1 + \frac{1}{CR} \int_{T_1}^{T_1+T_2} U_{ref} \, dt = U_1 + U_{ref} \cdot \frac{T_2}{CR} \tag{7.169}$$

$$T_2 = T_1 \cdot \frac{U_e}{U_{ref}} \tag{7.170}$$

$$z = T_2 f_C \tag{7.171}$$

Der **Zählerstand** folgt aus den Gln. (7.168), (7.170), (7.171).

$$z = z_{\max} \cdot \frac{U_e}{U_{\text{ref}}} \qquad (7.172)$$

▶ Bemerkenswert ist die Tatsache, daß weder die Zeitkonstante $CR$ noch die Taktfrequenz $f_C$ auf das Zählergebnis Einfluß nehmen (Gl. 7.172).

▶ *Applikationshinweise* für Dual-Slope-ADU:
Ausführungen teilweise mit integriertem 7-Segment-Decoder für Anzeigeeinheiten und/oder Mikroprozessor-Bus-Interface.

▶ *Kennwerte* (je nach Typ): Auflösung: 12...22 bit oder 3 1/2...5 1/2 Digit (Digit = Anzeigestelle); Umsetzdauer: 40...500 ms

■ *Anwendung:* z. B. digitale Meßgeräte, Prozeßsteuerungen, Labortechnik (durch langsame Umsetzung hohe Störsicherheit)

### 7.7.1.5 Hinweise zu weiteren Umsetzverfahren

**Sigma-Delta-Umsetzer**

Die Entwicklungstendenz, präzise Analogfunktionen durch digitale Signalverarbeitung zu ersetzen, ist auch bei den ADU/DAU-Umsetzverfahren zu erkennen. Hervorzuheben ist die Entwicklung von Sigma-Delta-Umsetzern mit hoher Auflösung (16 bis 24 bit), großer Bandbreite und niedrigem Rauschen. Das Umsetzprinzip basiert auf der Deltamodualation, bei der durch Überabtastung (engl. oversampling) des kontinuierlichen Eingangssignals $U_e$ zunächst eine hochfrequente, serielle Bitfolge (bitstream) erzeugt wird. Bild 7.70 zeigt dazu eine vereinfachte Prinzipschaltung.

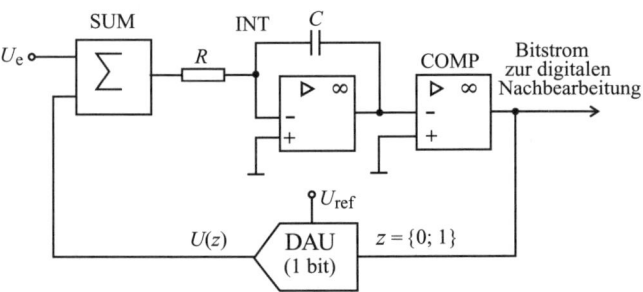

*Bild 7.70 Sigma-Delta-ADU mit seriellem Ausgang (vereinfacht)*

Die Schaltung stellt einen Regelkreis dar. Der arithmetische Mittelwert der Summe $U_e + U(z)$ wird integriert. Die Integratorspannung hat einen zeitlich linearen Verlauf. Beim Nulldurchgang schaltet der Komparator um und liefert entweder $z = 0$ oder $z = 1$. Der 1-bit-DAU setzt das jeweilige Ausgangsbit in eine Gleichspannung $U(z)$ um, die entweder positiv oder negativ ist ($U(0) > 0$; $U(1) < 0$). Aus dem Mittelwert des Bitstromes kann auf die Größe der Eingangsspannung geschlossen werden. $U_e = 0$ ergibt einen Bitstrom mit periodischen 1/0-Wechseln (z. B. 1 0 1 0 1 0 1 0). Bei $U_e = U_{emax}$ entstehen dagegen monotone 1-Folgen (z. B. 1 1 1 1 1 1 1 1).

Der grob quantisierte Bitstrom wird anschließend digital gefiltert (FIR-TP-Filter) und in das parallele Datenformat mit hoher Auflösung umgeformt (im Bild 7.70 nicht dargestellt). Durch die Überabtastung läßt sich das Quantisierungsrauschen wirkungsvoll unterdrücken. Die Anforderungen an die Filterordnung halten sich in Grenzen.

**Quantisierungsrauschen.** Wandelt man eine im ADU mit endlicher Auflösung quantisierte Spannung (Treppenfunktion) mit einem DAU zurück, so schwankt die Ausgangsspannung um die Größe des Quantisierungsfehlers $Q = \pm 1/2 U_{LSB}$, Bild 7.71.

Der **Signal-Rausch-Abstand** $S$ errechnet sich aus dem logarithmischen Verhältnis von Signalspannung zu Rauschspannung (Effektivwerte). Er verbessert sich mit wachsender Auflösung $n$.

$$S = 20 \text{ dB} \cdot \lg \frac{\tilde{U}_e}{\tilde{U}_r} = 1,8 \text{ dB} + n \cdot 6 \text{ dB} \tag{7.173}$$

■ *Beispiel*: Bei einer Auflösung von $n = 12$ bit errechnet sich der Signal-Rausch-Abstand zu $S = 73,8$ dB.

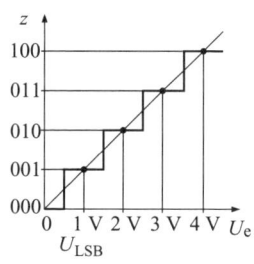

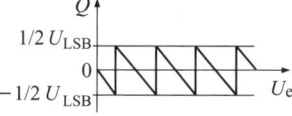

*Bild 7.71 Quantisierungsfehler bei 3 bit Auflösung*

▶ *Applikationshinweise* für Sigma-Delta-DAU:

Hohe Auflösung (16 ... 24 bit), hohe Linearität, Signal-Rausch-Abstand unabhängig vom Eingangssignal, keine S&H-Schaltung erforderlich. Ausführungen mit integriertem Multiplexer für die digitale Signalverarbeitung in der Audiotechnik ($\rightarrow$ Bild 7.61).

**Kaskaden-Umsetzer** (half flash ADC)

Ein weiteres Umsetzprinzip kombiniert die Parallelumsetzung (flash ADC) mit der Wägeumsetzung (SAR ADC). Ausführungen je nach Typ auch mit integrierter S&H-Schaltung und digitaler Fehlerkorrektur.

### 7.7.2 Digital-Analog-Umsetzer

> Ein **Digital-Analog-Umsetzer** (DAU), engl. digital analog converter (DAC) hat die Aufgabe, ein digitales Signal (Codewort, Zahl) in einen Spannungswert (analoges Signal) zu wandeln.

Hierbei werden mehrere, prinzipiell verschiedene Umsetzungsverfahren unterschieden, die sich im Ansatz nach den gleichen Kriterien gliedern lassen wie die ADU-Verfahren nach Tabelle 7.8. Die praktische Realisierung zeigt jedoch, daß den einzelnen Verfahren unterschiedliche Bedeutung zukommt. Wir beschränken uns hier auf die Behandlung von CMOS-Schaltungsvarianten, die sowohl Elemente der Parallelumsetzung als auch der Wägeumsetzung enthalten. Die reine Parallelumsetzung wird nur zur Erläuterung eines allgemeinen Wirkungsprinzips herangezogen.

#### 7.7.2.1 Prinzip der Parallelumsetzung

Das Parallelverfahren erfordert bei $n$ bit Auflösung ein Widerstandsnetzwerk aus $2^n$ gleichen Widerständen sowie $2^n - 1$ Schalter ($\to$ Bild 7.72a).

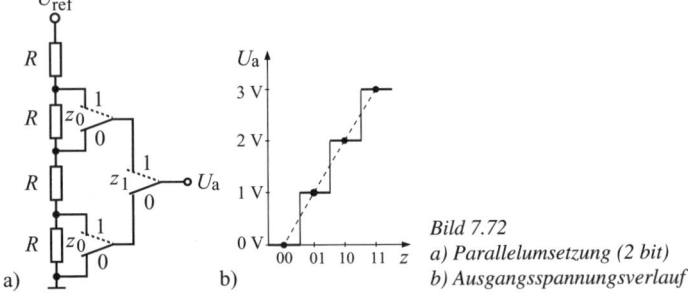

Bild 7.72
a) Parallelumsetzung (2 bit)
b) Ausgangsspannungsverlauf

Die Schalter $z_0, z_1, \ldots, z_i$ entsprechen den Bits des Digitalwortes am Eingang des Umsetzers mit den Wertigkeiten $2^0, 2^1, \ldots, 2^i$. Am Ausgang entsteht ein stufenförmiger Spannungsverlauf ($\to$ Bild 7.72b). Die Stufensprünge werden umso kleiner, je höher die Auflösung $n$ ist. Die Ausgangsspannung $U_a$ errechnet sich bei $n$ bit Auflösung nach Gl. (7.174).

$$U_a = U_{ref} \cdot \sum_{i=0}^{n-1} 2^{1-n} z_i; \qquad i = 0, 1, \ldots, (n-1) \tag{7.174}$$

■ *Beispiel*: Bei $n = 2$ bit und $U_{ref} = 4$ V ergibt sich die im Bild 7.72b dargestellte Treppenfunktion, wenn sich in konstanten Zeitabständen die Bits entsprechend dem Dualcode ändern:

$$U_a = 4 \text{ V} \cdot (2^{-2} z_0 + 2^{-1} z_1) = 0 \text{ V}; \ 1 \text{ V}; \ 2 \text{ V}; \ 3 \text{ V}$$

Der mehr oder weniger stufenförmige Verlauf der Ausgangsspannung muß noch geglättet werden. Dies gilt für alle DAU-Verfahren. Dazu werden entsprechend bemessene Tiefpässe nachgeschaltet (Glättungs-TP; engl. smoothing TP).

*Eigenschaften* der reinen Parallel-Umsetzung:

*Nachteil*: die sehr hohe Anzahl der erforderlichen Schalter
(z. B. bei 8 bit: 255)
*Vorteil*: Es werden nur Widerstände einer Größe benötigt. Dies ist für die Genauigkeit der Widerstandswerte bei integrierten Widerstandsnetzwerken von Bedeutung.

### 7.7.2.2 Umsetzverfahren mit *R*-2*R*-Netzwerk

Dieses besonders für DAU in CMOS-Technologie geeignete Verfahren verwendet ein Kettenleiternetzwerk, das aus Dünnfilmwiderständen besteht, die auf einen CMOS-Chip aufgedampft sind. Das Netzwerk aus Längswiderständen $R$ und Querwiderständen $2R$ wirkt als Spannungsteiler für die Referenzspannung $U_{ref}$ ($\rightarrow$ Bild 7.73). An den Knotenpunkten mit den dort angeschlossenen Querwiderständen entstehen binär gestufte Teilspannungen $U_i = U_{ref}/2^i; i = 0, 1, \ldots, (n-1)$, die zu proportionalen Strömen $I_{a(i)} = U_i/(2R)$ führen, wenn die entsprechenden CMOS-Schalter auf der logischen Eins stehen. Die Summe der Ströme $I_{a(i)}$ wird mit einem invertierenden Strom-Spannungs-Wandler in eine proportionale Ausgangsspannung $U_a$ gewandelt. Dabei kürzt sich der Widerstand $R$ aus der Gleichung heraus. Es ergibt sich Gl. (7.175):

$$U_a = -U_{ref} \frac{z}{1 + z_{max}} \tag{7.175}$$

Hierin ist $z$ der dezimale Wert einer mehrstelligen Dualzahl im Bereich $0 \ldots z_{max}$. Die maximale Dualzahl $z_{max}$ ist von der Auflösung $n$ abhängig. Ihr dezimaler Wert beträgt

$$z_{max} = 2^n - 1 \tag{7.176}$$

Da die Ausgangsspannung nach Gl. (7.175) vom Produkt $U_{ref} \cdot z$ abhängig ist, werden diese DAU auch als multiplizierende Umsetzer bezeichnet.

■ *Beispiel* bezogen auf Bild 7.73: $n = 3$ bit ($z_{max} = 7$).
Angenommen: $U_{ref} = 8$ V, $R = 1$ k$\Omega$, $z = 5$ ($z_2 = 1$; $z_1 = 0$; $z_0 = 1$).
Über den Gesamtstrom $I_a = I_{a2} + I_{a0} = 4$ mA $+ 1$ mA $= 5$ mA ergibt sich die Ausgangsspannung zu $U_a = I_a R = 5$ V. Den binären Zahlenwerten $0 \ldots 7$ sind demnach die Spannungswerte $0 \ldots 7$ V zugeordnet.

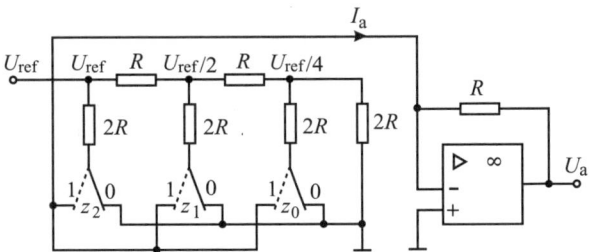

*Bild 7.73 Digital-Analog-Umsetzer (3 bit) mit R-2R-Netzwerk*

Entsprechende bipolare Umsetzverfahren verwenden geschaltete Konstantströme (Strombänke, → 7.3.5). Die Einzelströme der Strombank sind entweder binär gewichtet (ohne zusätzliches Netzwerk) oder gleichgroß (die Wichtung erfolgt mit *R*-2*R*-Netzwerk).

*Eigenschaften* der gewichteten Parallelumsetzung (multiplizierende DAU):

*Vorteile*: Geringe Zahl der Umschalter (ein Schalter pro Bit).
Preiswerte integrierte Lösungen (zumeist in CMOS) mit gängigen Auflösungen von $8 \ldots 12$ bit. Auch High-Speed-DAU für Videosignalverarbeitung mit hoher Linearität bis 160 MHz (160 MSPS).

### 7.7.2.3 Analogschalter

> Elektronische **Analogschalter** dienen zum Ein- und Auschalten kontinuierlicher Signale.

Die elektrischen Eigenschaften sollen denen mechanischer Schalter möglichst nahekommen (niedriger Durchlaßwiderstand, hoher Sperrwiderstand, großer Strom-Spannungs-Bereich, kurze Schaltzeiten, lineares bilaterales Übertragungsverhalten). Ein schnelles und präzises Schalten kleiner Gleichgrößen stellt besonders hohe Anforderungen an das Schalterkonzept. Übertragungsfehler enstehen u. a. durch Offsetspannung und Temperaturdrift der aktiven Bauelemente. Die Schaltgeschwindigkeit wird durch parasitäre Kapazitäten

(Zeitkonstanten) begrenzt. Als Schalterbauelemente können Dioden, bipolare Transistoren und Feldeffekttransistoren verwendet werden. Nach der Anordnung des Schalters werden Serienschalter, Parallelschalter (Kurzschlußschalter) und Serien-Kurzschlußschalter (Umschalter) unterschieden.

**CMOS-Analogschalter**

Integrierte Analogschalter sind überwiegend CMOS-Strukturen. Die einfachste CMOS-Schalterzelle (→ Bild 7.74) besteht aus zwei komplementären MOSFET vom Anreicherungstyp.

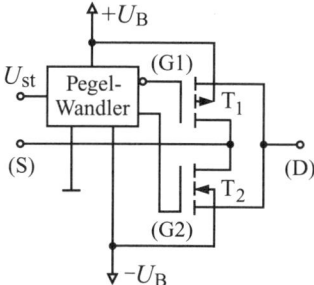

Bild 7.74 Prinzipschaltung eines CMOS-Schalters

Der p-Kanal-MOSFET $T_1$ leitet bei negativer Gate-Source-Spannung ($U_{GS} < U_{T0}$), der n-Kanal-MOSFET $T_2$ leitet bei positiver Gate-Source-Spannung ($U_{GS} > U_{T0}$). Durch eine binäre, gegenphasige Gate-Ansteuerung sind entweder beide Transistoren gesperrt oder beide leitend. Die leitenden Kanäle beider Transistoren liegen parallel. Source (S) und Drain (D) sind die Schalteranschlüsse. Zumeist erfolgt die Steuerung des Schalters durch Binärsignale (TTL-Pegel). Dazu sind im Schalterbaustein entsprechende Pegelwandler integriert. Der resultierende Kanalwiderstand ($R_{DS}$) der Schalterzelle ist im Bild 7.75 als Funktion der Drainspannung ($U_D$) aufgetragen.

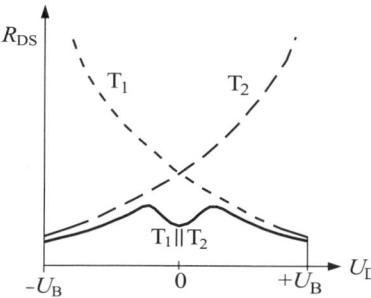

Bild 7.75 Widerstandsverlauf beim CMOS-Schalter

Die Widerstandsänderung im Bereich $U_D = -U_B \ldots 0 \ldots +U_B$ läßt sich durch die Parallelschaltung von $T_1$ und $T_2$ relativ gering halten (*typische Werte*: Spannung im Analogbereich $U_D = -15$ V$\ldots +15$ V; $R_{DS} = 40 \ldots 50$ $\Omega$ bei $+25$ °C).

■ *Technische Ausführungsformen von CMOS-Schaltern.*
Wie bei mechanischen Schaltern sind EIN-Schalter (Schließer), AUS-Schalter (Öffner) und Umschalter zu unterscheiden. Außerdem werden Einzelschalter (single switch), Doppelschalter (dual switch) und Vierfachschalter (quad switch) angeboten.

■ *Beispiel*: Die TTL-Steuerung kann sowohl H-aktiv als auch L-aktiv sein. Im Bild 7.76 wird ein Vierfach-EIN-Schalter mit L-aktiver Steuerung gezeigt.

Die vier Schalter schließen bei L-Pegel ($U_{st} \leq 0,8$ V) und öffnen (sperren) bei H-Pegel ($U_{st} \geq 2,4$ V).

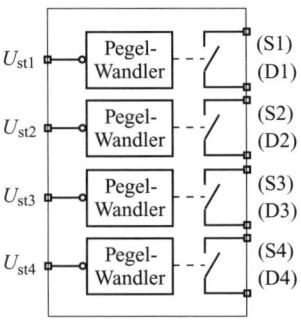

*Bild 7.76 Funktionsblock eines CMOS-Vierfach-Schalters*

# 8 Digitale Schaltungen

## 8.1 Begriffsbestimmung und Übersicht

Die Begriffsfestlegungen beziehen sich wie bei analogen Schaltungen ($\rightarrow$ 7.1) vor allem auf die Einteilung der Signale:

**Diskretes Signal**

> Ein diskretes Signal ist ein Signal, dessen Informationsparameter nur bestimmte Werte, diskrete Werte genannt, einer endlichen Menge annehmen können.

Nach der Anzahl der Informationsparameter ($i$) und der Anzahl der Werte ($k$), die jeder Informationsparameter annehmen kann, werden Mehrpunktsignale und digitale Signale unterschieden.

**Mehrpunktsignal**

> Ein Mehrpunktsignal ist ein diskretes Signal, dessen Informationsparameter jeweils mehrere diskrete Werte ($k \geq 2$) annehmen können, die nicht Alphabetzeichen oder Worten zugeordnet sind.

Die größte praktische Bedeutung haben binäre Signale.

**Binäres Signal**

> Ein binäres Signal ist ein diskretes Signal, dessen Informationsparameter genau zwei Werte annehmen kann ($i = 1; k = 2$). Entsprechend dem binären Zahlensystem (Dualsystem) werden die beiden Werte als Signalwert 0 und Signalwert 1 bezeichnet.

**Digitales Signal**

> Ein digitales Signal ist ein diskretes Signal, bei dem den Werten der Informationsparameter Worte entsprechen ($i \geq 1$, $k \geq 2$). Die Wortzuordnung wird als *Codierung* bezeichnet.

**Wort**

> Ein Wort ist eine geordnete Menge von Zeichen eines Alphabets, die erst in ihrer Gesamtheit eine Bedeutung hat bzw. eine Information enthält.

## Alphabet

> Ein Alphabet ist eine Liste von vereinbarten Zeichen und/oder Symbolen.

## Diskretes System

> Ein diskretes System ist ein System, bei dem diskrete Eingangs-, Zustands- und Ausgangsgrößen vorliegen.

■ *Beispiele dafür sind*: Schalter mit zwei Stellungen; Binärzähler mit $2^n$ Schritten.

Das Grundelement der Digitaltechnik ist der elektronische Schalter. Schalterbauelemente sind Dioden, Transistoren und Logikgatter.

## Digitaler Schaltkreis

> Ein digitaler Schaltkreis ist ein integriertes elektronisches System zur Erzeugung, Übertragung oder Verarbeitung digitaler Signale.

Der Begriff diskrete Schaltung wird in dem Zusammenhang nicht verwendet, da er bereits für „nichtintegrierte Schaltung" steht. Digitale Schaltungen werden in Elementarschaltungen und komplexe Schaltungen gegliedert.

> **Elementarschaltungen** sind kombinatorische Schaltungen (Schaltnetze) oder sequentielle Schaltungen (Schaltwerke).

Schaltnetze sind speicherfrei; sie enthalten logische Grundelemente (z. B. Logikgatter). Schaltwerke sind speicherhaltig; sie enthalten neben logischen Grundelementen elementare Speicherbausteine (z. B. Flipflop).

> **Komplexe Schaltungen** sind aus Elementarschaltungen aufgebaut.

Typische Schaltungen zur digitalen Signalverarbeitung sind z. B. Zähler, Schieberegister, Matrixspeicher, digitale Filter.

**Fuzzy-Logik** (fuzzy (engl.) = unscharf)

Im Gegensatz zur klassischen zweiwertigen Logik (Aussagen: wahr oder falsch) lehnt sich die Fuzzy-Logik durch eine größere Zahl unscharfer Aussagen mehr der menschlichen Denkweise an. Jedem Element einer Menge wird eine Zahl zwischen 0 und 1 zugeordenet (*Zugehörigkeitszahl* ZZ).

- $ZZ = 0$      keine Zugehörigkeit
- $ZZ = 0,5$      50 %ige Zugehörigkeit
- $ZZ = 1$      100 %ige Zugehörigkeit

Bild 8.1 zeigt den Unterschied zwischen Fuzzy-Logik und zweiwertiger Logik in grafischer Form.

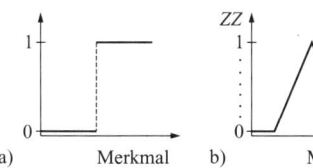
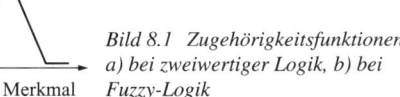

Bild 8.1 Zugehörigkeitsfunktionen a) bei zweiwertiger Logik, b) bei Fuzzy-Logik

In zunehmendem Maße wird die Fuzzy-Logik in digitale Systeme integriert (z. B. Systeme mit künstlicher Intelligenz (KI), digitale Bildverarbeitung).

## 8.2 Grundlagen der Schaltalgebra

Die **Schaltalgebra (Boolesche Algebra:** G. Boole, 1815-1864) ist die mathematische Basis der Digitaltechnik. Ihre Anwendung setzt binäre (zweiwertige) Logik voraus.

Zu den Aufgaben der Schaltalgebra zählt:
- die Beschreibung von Signalverknüpfungen in digitalen Schaltungen,
- der Schaltungsentwurf bei vorgeschriebener Funktion,
- die Minimierung des technischen Aufwandes.

Den binären Signalen mit den Signalwerten 0 und 1 können verschiedene Bedeutungen zugemessen werden ($\rightarrow$ Tab. 8.1).

*Tabelle 8.1 Bedeutung der binären Signalwerte*

|  | Signalwert 1 | Signalwert 0 |
| --- | --- | --- |
| Schalter | geschlossen | offen |
| Potential | Hoch (High = H) | Tief (Low = L) |
| Magnetisierung | positive Sättigung | negative Sättigung |
| Impuls | Impuls vorhanden | kein Impuls vorhanden |
| Wahrheitsgehalt | wahr | falsch |

### 8.2.1 Logische Funktionen

**Logische Funktionen** (Schaltfunktionen) dienen zur mathematischen Beschreibung von kombinatorischen Schaltungen (Schaltnetze).

**Kombinatorische Schaltungen** sind speicherfrei, d. h., zu jedem Zeitpunkt ergibt sich der binäre Ausgangssignalwert $y$ eindeutig aus der Verknüpfung der binären Eingangssignalwerte $x_1, x_2, x_3, \ldots$

410    8 Digitale Schaltungen

*Beschreibungsformen* für Schaltfunktionen sind:

- Funktionsmatrix (Schaltbelegungstabelle, Wahrheitstabelle, Logiktabelle)
- Logikgleichung (Boolesche Gleichung, Schaltfunktion: DIN 5474; DIN 66000),
- Schaltzeichen (DIN 44700, Teil 14; DIN 40900, Teil 12),
- Karnaugh-Plan (KV-Tafel: Karnaugh-Veitch-Tafel),
- Kontaktnetz.

### 8.2.1.1  Logische Grundfunktionen

**Negation**

Jeder Logikzustand wird umgekehrt (aus 0 wird 1; aus 1 wird 0).

$$\begin{aligned} y &= \neg x \\ y &= \bar{x} \end{aligned}$$    (lies: y = nicht x)    (8.1)

Die erstgenannte Schreibweise der Logikgleichung (8.1) ist nach DIN zu bevorzugen. Die zweite Form ist ebenfalls zulässig und wird wegen ihrer Übersichtlichkeit im weiteren Text verwendet. Für die anderen Logikfunktionen gilt dies sinngemäß.

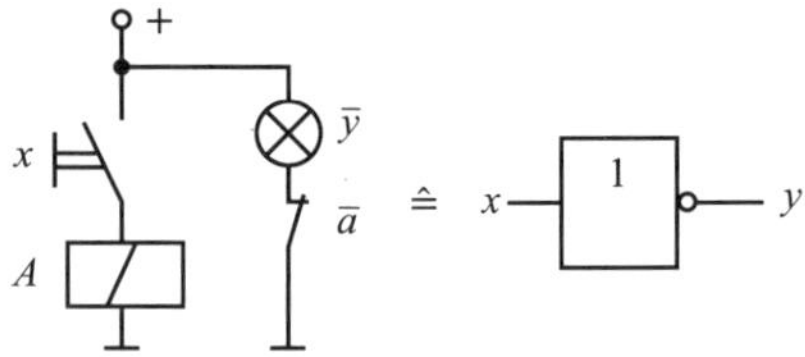

Bild 8.2  *Logische Grundfunktion Negation*
a) Relaisschaltung,
b) Schaltzeichen

Im Bild 8.2 a ist die Negation durch eine Relaisschaltung veranschaulicht. Schließen des Schalters $x$ bewirkt Anzug des Relais $A$, Kontakt $a$ öffnet und Lampe $y$ verlöscht.

**Konjunktion** (UND-Verknüpfung)

$$\begin{aligned} y &= x_1 \wedge x_2 \\ y &= x_1 x_2 \end{aligned}$$    (lies: y = x1 und x2)    (8.2)

Wenn die eine und die andere Variable gleich 1 sind, ist auch $y = 1$ ($\rightarrow$ Tafel 8.1).

Die UND-Verknüpfung wird durch die Reihenschaltung von Schließern veranschaulicht ($\rightarrow$ Bild 8.3 a). Damit die Lampe $y$ leuchtet, müssen Kontakt $x_1$ und Kontakt $x_2$ geschlossen sein.

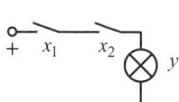 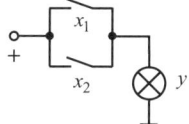

*Bild 8.3 Konjunktion (UND-Verknüpfung)*

*Bild 8.4 Disjunktion (ODER-Verknüpfung) Kontaktdarstellung*

**Disjunktion** (ODER-Verknüpfung; Adjunktion)

$$y = x_1 \vee x_2 \quad \text{(lies: y=x1 oder x2)} \tag{8.3}$$

Wenn die eine oder die andere Variable oder beide gleich 1 sind, ist auch $y = 1$ ($\rightarrow$ Tafel 8.1).

Die ODER-Verknüpfung wird durch die Parallelschaltung von Schließern veranschaulicht ($\rightarrow$ Bild 8.4). Damit die Lampe $y$ leuchtet, genügt es, wenn Kontakt $x_1$ oder Kontakt $x_2$ geschlossen wird.

### 8.2.1.2 Abgeleitete Logikfunktionen

Aus den Grundfunktionen ergeben sich weitere Logikfunktionen mit genormten Bezeichnungen ($\rightarrow$ Tafel 8.1):

*Tafel 8.1 Logische Funktionen mit zwei Variablen*

| Funktionsbezeichnung<br>Logikgleichung | Funktionsmatrix<br>$x_1$ 0 0 1 1<br>$x_2$ 0 1 0 1 | Schaltzeichen |
|---|---|---|
| **Konjunktion** (UND)<br>$y = x_1 x_2$<br>$y = x_1 \wedge x_2$ | $y$ 0 0 0 1 | 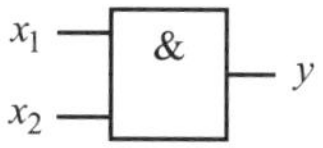 $x_1$ —[ & ]— $y$<br>$x_2$ — |
| **Disjunktion** (ODER)<br>$y = x_1 \vee x_2$ | $y$ 0 1 1 1 | 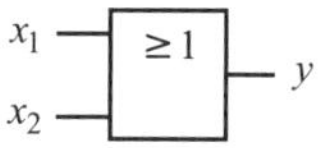 $x_1$ —[ $\geq 1$ ]— $y$<br>$x_2$ — |
| **NAND** (NICHT UND)<br>$y = \overline{x_1 x_2}$<br>$y = x_1 \overline{\wedge} x_2$ | $y$ 1 1 1 0 | 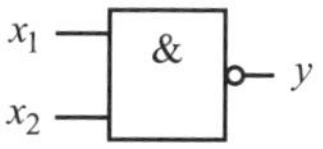 $x_1$ —[ & ]o— $y$<br>$x_2$ — |
| **NOR** (NICHT ODER)<br>$y = \overline{x_1 \vee x_2}$<br>$y = x_1 \overline{\vee} x_2$ | $y$ 1 0 0 0 | 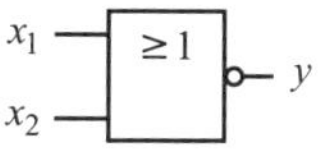 $x_1$ —[ $\geq 1$ ]o— $y$<br>$x_2$ — |

*Tafel 8.1 Logische Funktionen mit zwei Variablen (Fortsetzung)*

| Funktionsbezeichnung<br>Logikgleichung | Funktionsmatrix<br>$x_1$ 0 0 1 1<br>$x_2$ 0 1 0 1 | Schaltzeichen |
|---|---|---|
| **Äquivalenz**<br>$y = x_1 x_2 \vee \overline{x_1}\,\overline{x_2}$<br>$y = x_1 \leftrightarrow x_2$ | $y$ 1 0 0 1 | 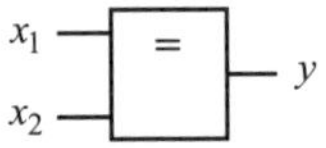 $x_1$ —[ = ]— $y$<br>$x_2$ — |
| **Antivalenz (XOR)**<br>$y = x_1 \overline{x_2} \vee \overline{x_1} x_2$<br>$y = x_1 \leftrightarrow\!\!\!/\, x_2$ | $y$ 0 1 1 0 | 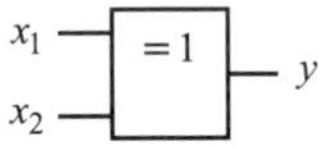 $x_1$ —[ =1 ]— $y$<br>$x_2$ — |
| **Implikation**<br>$y = x_1 \vee \overline{x_2}$<br>$y = x_1 \rightarrow x_2$ | $y$ 1 0 1 1 | 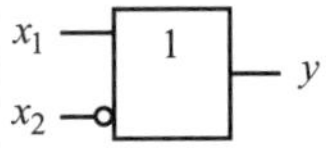 $x_1$ —[ 1 ]— $y$<br>$x_2$ —○ |

## 8.2.2 Rechenregeln

Die Rechenregeln der Schaltalgebra stimmen nicht in allen Fällen mit den Rechenregeln der gewöhnlichen Algebra überein. Auf Abweichungen wird durch (!) besonders hingewiesen.

**Rechenregeln für Schaltfunktionen mit einer Variablen**

Zum Nachweis sind in den Kontaktnetzen die Signalwerte 0 als Unterbrechungen und die Signalwerte 1 als Leitungen zu betrachten.
Zunächst gilt:

$$\overline{\overline{x}} = x \tag{8.4}$$

Negation der Negation ist Identität.

In konjunktiver Verknüpfung ist

$$\begin{aligned}0 \wedge x &= 0; \quad x \wedge x = x \quad (!) \\ 1 \wedge x &= x; \quad x \wedge \overline{x} = 0\end{aligned} \tag{8.5}$$

In disjunktiver Verknüpfung ist

$$\begin{aligned}0 \vee x &= x; \quad x \vee x = x \\ 1 \vee x &= 1; \quad x \vee \overline{x} = 1\end{aligned} \tag{8.6}$$

**Rechenregeln für Schaltfunktionen mit zwei oder mehr Variablen**

*Kommutative Gesetze* (Vertauschungsgesetze)

$$\begin{aligned}x_1 x_2 &= x_2 x_1 \\ x_1 \vee x_2 &= x_2 \vee x_1\end{aligned} \tag{8.7}$$

*Assoziative Gesetze* (Verbindungsgesetze)
$$x_1 x_2 x_3 = x_1(x_2 x_3) = (x_1 x_2) x_3 \\ x_1 \vee x_2 \vee x_3 = x_1 \vee (x_2 \vee x_3) = (x_1 \vee x_2) \vee x_3 \tag{8.8}$$

Wie in der gewöhnlichen Algebra können die Variablen vertauscht werden. Außerdem können beliebig Klammern gesetzt oder weggelassen werden.

*Distributive Gesetze* (Verteilungsgesetze)
$$x_1(x_2 \vee x_3) = x_1 x_2 \vee x_1 x_3 \\ x_1 \vee (x_2 x_3) = (x_1 \vee x_2)(x_1 \vee x_3) \quad (!) \tag{8.9}$$

In Konjunktionen können gemeinsame Variable ausgeklammert werden.

**Absorptionsregeln** (!)
$$x_1 \vee x_1 x_2 = x_1 \\ x_1(x_1 \vee x_2) = x_1 \\ x_1(\overline{x_1} \vee x_2) = x_1 x_2 \\ x_1 \vee \overline{x_1} x_2 = x_1 \vee x_2 \tag{8.10}$$

**Negationregeln** (Regeln von de Morgan)
$$\overline{x_1 x_2} = \overline{x_1} \vee \overline{x_2} \\ \overline{x_1 \vee x_2} = \overline{x_1}\, \overline{x_2} \tag{8.11}$$

Die NAND-Verknüpfung kann durch eine ODER-Verknüpfung der negierten Variablen ersetzt werden. Die NOR-Verknüpfung kann durch ein UND-Verknüpfung der negierten Variablen ersetzt werden.

**Vorrangregeln**

Sind keine Klammern gesetzt, so ist die Rangfolge der Operationen: 1. Negation, 2. Konjunktion, 3. Disjunktion. 2. vor 3. entspricht in der gewöhnlichen Algebra der Regel „Punktrechnung vor Strichrechnung". Alle redundanten Schaltnetze können mit Rechenregeln vereinfacht werden (Minimierung).

### 8.2.3 Minimierung mit Karnaugh-Plan

Der Karnaugh-Plan (KV-Tafel) eignet sich zur Minimierung von Schaltfunktionen bis zu 6 Variablen. Der Grundgedanke dieses Minimierungsverfahrens beruht auf der identischen Umformung

$$\overline{x_1} x_0 \vee x_1 x_0 = x_0(\overline{x_1} \vee x_1) = x_0 \tag{8.12}$$

Im Karnaugh-Plan entspricht dies einer Einkreisung der auftretenden Elementarfunktionen (Blockbildung). Die zu minimierende Schaltfunktion muß in der kanonisch disjunktiven Normalform (KDNF) vorliegen, d. h., in allen Elementarfunktionen muß die Variablenzahl gleich groß sein. In nichtkanonischen Ausdrücken sind die fehlenden Variablen über die Operation $x \vee \bar{x}$ zu ergänzen:

■ *Beispiel*:
$$y = \overline{x_1}x_0 \vee x_1 = \overline{x_1}x_0 \vee x_1(x_0 \vee \overline{x_0}) = \overline{x_1}x_0 \vee x_1x_0 \vee x_1\overline{x_0}$$

Der Karnaugh-Plan einer Schaltfunktion mit $n$ Variablen besteht aus $2^n$ Feldern. Jedem Feld ist eine Elementarkonjunktion zugeordnet. Das Ordnungsprinzip besteht darin, daß sich zwischen benachbarten Zeilen bzw. benachbarten Spalten jeweils nur eine Variable ändert.

**Zur Anwendung des Karnaugh-Planes.** Alle Elementarkonjunktionen der zu minimierenden Schaltfunktion sind mit 1 in die jeweiligen Felder einzutragen. (Es ist auch möglich, die fehlenden Elementarkonjunktionen mit 0 einzutragen, das Ergebnis ist dann die negierte Funktion.) Durch Zusammenfassen solcher 1-Felder (oder auch der 0-Felder) zu rechteckigen Blöcken wird die Variablenzahl gekürzt. Bei Blöcken aus $2^m$ Variablen mit $m \leq n$ entfallen $m$ Variablen, deshalb ist es zweckmäßig, möglichst große Blöcke zu bilden (zulässig sind 2er-, 4er-, 8er-Blöcke).

▶ *Hinweise zur Blockbildung bei Funktionen bis zu 4 Variablen*: Die Blöcke dürfen sich überlappen oder auch über die Ränder des Karnaugh-Planes hinaus gebildet werden.

▶ *Hinweise zur Blockbildung bei Funktionen mit 5 oder 6 Variablen*: Der Karnaugh-Plan mit 6 Variablen besteht aus 64 Feldern. Er ist aus 4 symmetrisch angeordneten Teilplänen mit jeweils 16 Feldern aufgebaut. Innerhalb der einzelnen Teilpläne erfolgt die Blockbildung nach den bisher bekannten Regeln. Blöcke über zwei oder mehrere Teilpläne hinweg müssen symmetrisch liegen.

■ *Auswertungsbeispiele*:
   1. Schaltfunktion mit 4 Variablen
      $$y = \overline{x_3}\,\overline{x_2}\,\overline{x_1}x_0 \vee \overline{x_3}\,x_2\overline{x_1}\,x_0 \vee \overline{x_3}\,x_2x_1x_0 \vee x_3\overline{x_2}\,\overline{x_1}\,\overline{x_0} \vee x_3\overline{x_2}\,\overline{x_1}\,x_0 \vee x_3\overline{x_2}\,x_1x_0 \vee x_3x_2x_1x_0$$
      Durch Festlegung der Wertigkeiten $\{x_3; x_2; x_1; x_0\} = \{8; 4; 2; 1\}$ läßt sich die Funktion durch ihre Elementarkonjunktionen ausdrücken:
      $$y = k_1 \vee k_5 \vee k_7 \vee k_8 \vee k_9 \vee k_{11} \vee k_{15}$$
      Aus Bild 8.5 ergibt sich die minimierte Funktion:
      $$y = x_1x_0 \vee x_3\overline{x_2}\,\overline{x_1} \vee \overline{x_2}\,x_0$$
      (A)　　(B)　　(C)
   2. Schaltfunktion mit 6 Variablen
      Die Wertigkeiten betragen: $\{x_5; x_4; x_3; x_2; x_1; x_0\} = \{32; 16; 8; 4; 2; 1\}$
      $$y = k_0 \vee k_4 \vee k_9 \vee k_{13} \vee k_{16} \vee k_{17} \vee k_{18} \vee k_{19} \vee k_{20} \vee k_{21} \vee k_{22} \vee k_{23} \vee k_{32} \vee k_{34} \vee k_{35} \vee$$
      $$\vee k_{36} \vee k_{41} \vee k_{42} \vee k_{43} \vee k_{45} \vee k_{49} \vee k_{50} \vee k_{51} \vee k_{53} \vee k_{55} \vee k_{58} \vee k_{59}$$
      Aus Bild 8.6 ergibt sich die minimierte Funktion:
      $$y = \overline{x_4}\,\overline{x_3}\,\overline{x_1}\,\overline{x_0} \vee x_5\overline{x_2}\,x_1 \vee \overline{x_4}\,x_3\overline{x_1}\,x_0 \vee x_5x_4\overline{x_3}\,x_0 \vee \overline{x_5}\,x_4\overline{x_3}$$
      (A)　　　(B)　　　(C)　　　(D)　　　(E)

## 8.3 Logische Grundschaltungen

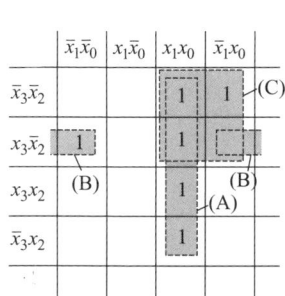

Bild 8.5 Karnaugh-Plan mit 4 Variablen

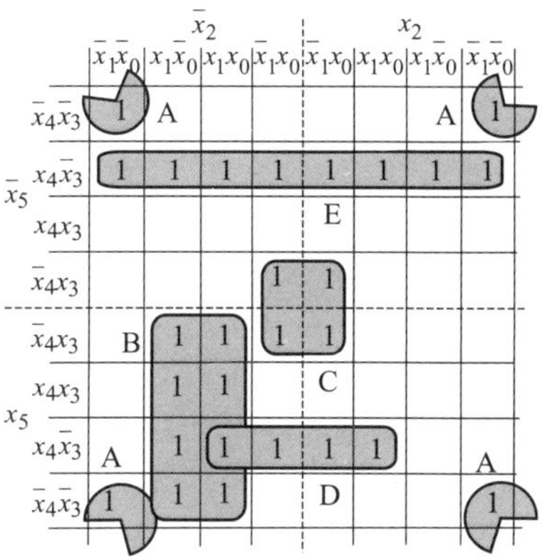

Bild 8.6 Karnaugh-Plan mit 6 Variablen

▶ *Hinweis* zur Behandlung beliebiger Logik-Zustände (auch Joker oder Wild cards genannt).
Beim Schaltungsentwurf können auch Logik-Zustände auftreten, die für die jeweilige Lösung ohne Bedeutung sind. Über diese Zustände kann beliebig verfügt werden. Im Karnaugh-Plan werden die Joker gewöhnlich mit „x" eingetragen. Bei der Minimierung werden sie je nach Bedarf als „0" oder „1" definiert, so daß damit größere 1-Felder entstehen (stärkere Minimierung).

## 8.3 Logische Grundschaltungen

Die elektronische Realisierung logischer Funktion ($\rightarrow$ 8.2.1) wird als logische Grundschaltung bezeichnet. Die Grundschaltungen sind als digitale Schaltkreise verfügbar.

### 8.3.1 Logische Pegel

**Logik-Pegel.** Die binären Signalwerte (0; 1) werden durch Gleichspannungswerte (Logik-Pegel) ausgedrückt. Die Fertigungstoleranzen erfordern die Festlegung von Toleranzbereichen:

$U_H$  Hoher Pegel (High-Pegel) :   $U \geqq U_{H\,min}$

$U_L$  Tiefer Pegel (Low-Pegel) :   $U \leqq U_{L\,max}$   (8.13)

**Übertragungsweite.** Zwischen den Grenzwerten liegt ein verbotener Bereich mit der Übertragungsweite $W$:

$$W = U_{H\,min} - U_{L\,max}$$   (8.14)

Die Grenzwerte $U_{H\,min}$ und $U_{L\,max}$ sind für jede Schaltkreisfamilie genormt. Die TTL-Logikpegel werden universell verwendet (TTL-Kompatibilität). Zur Einhaltung einer geforderten Störsicherheit unterscheiden sich Eingangs- und Ausgangspegel voneinander (→ Bild 8.7).

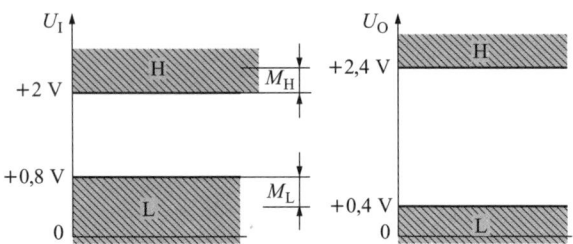

Bild 8.7 *Toleranzbereiche für logische Pegel (Standard-TTL)*

Die **statischen Störsicherheiten** $M$:

$$M_H = U_{OH\,min} - U_{IH\,min}$$
$$M_L = U_{IL\,max} - U_{OL\,max}$$
(8.15)

$U_O$ Ausgangsspannung (Output Voltage),
$U_I$ Eingangsspannung (Input Voltage)

Die Störsicherheit beträgt bei Standard-TTL (74xx): $M = M_H = M_L = 0,4$ V.

Nach der Zuordnung „binäre Signalwerte ⇔ logische Pegel" unterscheidet man

- *positive Logik* (H ≙ 1; L ≙ 0): Anwendung z. B. bei TTL und CMOS,
- *negative Logik* (H ≙ 0; L ≙ 1): Anwendung z. B. bei ECL.

Die Funktion eines Gatters kann ohne Logikangabe allgemeingültig durch eine Pegeltabelle beschrieben werden. Wählt man in der Pegeltabelle eines TTL-Gatters positive Logik, dann ergibt sich z. B. eine NAND-Verknüpfung. Würde man negative Logik verwenden (Sonderfall), ergäbe sich beim gleichen Gatter eine NOR-Verknüpfung.

### 8.3.2 Integrierte Schaltkreise

**Integrierte Schaltkreise** (IC: Integrated Circuit) werden in verschiedenen Technologien gefertigt. Daraus resultieren genormte Schaltkreisfamilien und Baureihen. Im wesentlichen wird zwischen bipolaren und unipolaren IC-Familien unterschieden.

### 8.3.2.1 TTL-Schaltkreise

Die **TTL** (**Transistor-Transistor-Logik**) ist die bekannteste bipolare Schaltkreisfamilie. Das Typensortiment besteht aus vielen Varianten in mehreren Baureihen.

*Eigenschaften*:

- günstiger Kompromiß zwischen Verlustleistung $P_V$ und Verzögerungszeit $t_P$ (Propagation Delay), besonders bei weiterentwickelten TTL-Baureihen,
- niedriger Ausgangswiderstand ($< 100 \, \Omega$),
- Betriebsspannung (+5 V) und TTL-Signalpegel ($\rightarrow$ Bild 8.7) sind international genormt.

Einige Kennwerte zum Vergleich von TTL-Baureihen sind in Tabelle 8.2 aufgeführt.

*Tabelle 8.2  Kennwerte zum Vergleich von TTL-Baureihen*

| TTL-Baureihe | Verzögerungszeit je Gatter $t_P$ in ns | Verlustleistung je Gatter $P_V$ in mW | Leistungs-Zeit-Produkt $P_V t_P$ in pJ |
|---|---|---|---|
| 74ALS | 4,5 | 1,2 | 5,4 |
| 74F | 2,3 | 4 | 9,2 |
| 74LS | 9,5 | 2 | 19 |
| 74AS | 1,5 | 22 | 33 |
| 74L | 33 | 1 | 33 |
| 74S | 3,5 | 19 | 66,5 |
| 74 | 10 | 10 | 100 |

| | |
|---|---|
| 74ALS | Advanced-Low-Power-Schottky-TTL (weiterentwickelte LS-TTL) |
| 74F | Fast-TTL (schnelle S-TTL) |
| 74LS | Low-Power-Schottky-TTL (S-TTL mit niedriger Verlustleistung) |
| 74AS | Advanced-Schottky-TTL (weiterentwickelte S-TTL) |
| 74L | Low-Power-TTL (TTL mit niedriger Verlustleistung) |
| 74S | Schottky-TTL (schnelle TTL) |
| 74 | TTL (Standard-TTL) |

Die *Baureihen* 74 und 74L wurden inzwischen weitgehend durch die weiterentwickelten Baureihen ersetzt. Im allgemeinen ist Funktions- und PIN-Kompatibilität bei gleicher Baustein-Nummer gewährleistet. Schaltkreise 74xyz können bedenkenlos durch 74LSxyz ersetzt werden. Die Innenschaltungen aller TTL-Baureihen sind aus der Standard-TTL entwickelt worden. Liste der TTL-Bausteine von 7 400 ... 74 200: $\rightarrow$ 8.9.8.

Die **Grundschaltung der Standard-TTL** (→ Bild 8.8) besteht aus dem Multiemitter-Transistor (Emitterzahl $\geq 2$) zur UND-Einfächerung T1, einer Phasenumkehrstufe T2 sowie der Gegentaktendstufe T3, T4 mit Pegelversatzdiode (D). Die Eingangsschaltung läßt sich zum besseren Verständnis auf ein Diodengatter zurückführen (→ Bild 8.9).

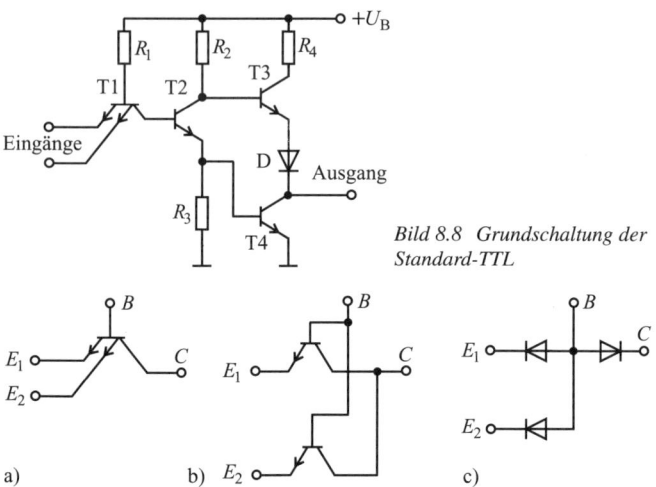

Bild 8.8 Grundschaltung der Standard-TTL

Bild 8.9 UND-Einfächerung durch Multiemitter-Transistoren
a) bei TTL, b) Ersatzschaltung, c) Vergleich mit Diodengatter

■ *Wirkungsweise*:

1. Schaltzustand (mindestens ein Eingang auf L-Potential)
   BE-Diode von T1 leitend; niedriges Basispotential an T1; T2 wegen zu geringen Basisstroms gesperrt; Emitterpotential von T2 $\approx 0$ V; T4 gesperrt; T3 leitend; über D liegt am Ausgang H-Potential.
2. Schaltzustand (alle Eingänge auf H-Potential)
   BE-Diode von T1 gesperrt; hohes Basispotential an T1; BC-Diode von T1 in Durchlaßrichtung (inverser Transistorbetrieb); T2 leitend; T4 leitend; T3 gesperrt (wegen Spannungsabfalls an D); am Ausgang liegt L-Potential.

Ergebnis: Das Grundgatter der TTL bildet eine NAND-Verknüpfung.

### Grundschaltungen der Low-Power-Schottky-TTL

Bei gleichen Verzögerungszeiten ermöglicht der Low-Power-Schottky-TTL gegenüber der Standard-TTL eine Senkung der Verlustleistung auf etwa 20 % (→ Tab. 8.2). Damit ergeben sich wesentliche Vorteile für die Geräteentwicklung (z. B. kleinere Stromversorgungsgeräte). Die Schottky-Technologie basiert auf der Anwendung von Planartransistoren mit Schottky-Klemmdioden

(Bipolar-Schottky-Barrierentechnik), → Bild 8.9. Die Schottky-Diode enthält einen Metall-Halbleiter-Übergang, der sich durch eine niedrige Flußspannung und eine kurze Sperrerholungszeit auszeichnet. Durch die Klemmdiode wird der Basis-Kollektor-Übergang weniger stark in Durchlaßrichtung vorgespannt. Es verringern sich der Übersteuerungsfaktor $m$ und die Speicherzeit $t_s$.

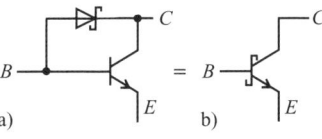

Bild 8.10 Schottky-Transistor
a) Transistor mit Klemmdiode,
b) Kurzdarstellung

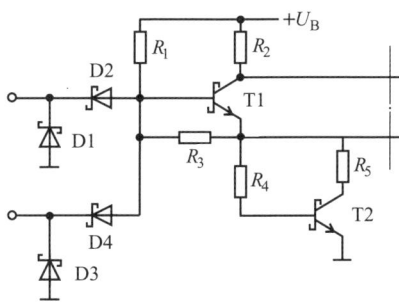

Bild 8.11 Eingangsschaltung eines 74LS-NAND-Gatters

**Statische Eigenschaften von TTL-Schaltkreisen**

Die statischen Eigenschaften werden durch Kennwerte, Grenzwerte, Kennlinien und Lastfaktoren beschrieben.

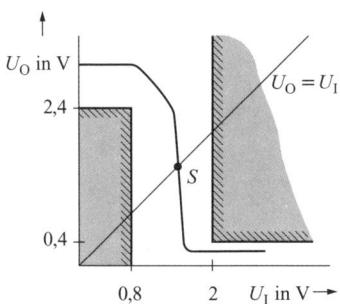

Bild 8.12 Übertragungskennlinie eines TTL-NAND-Gatters

- *Übertragungskennlinie*
  Zusammenhang zwischen Aus- und Eingangsspannung mit Darstellung der Toleranzbereiche für Logikpegel (→ Bild 8.12). Als Umschaltpunkt wird der Punkt $S$ definiert, für den $U_O = U_I$ ist.

- *Stromgrenzwerte*
  Maximale Ströme, bei denen die Logikpegel noch garantiert werden („Worst Case"-Grenzen). Für L-Pegel und H-Pegel ergeben sich unterschiedliche Stromrichtungen (→ Bild 8.13). Wie bei Transistoren werden Ströme, die in ein Gatter hineinfließen, als positiv, die aus einem Gatter herausfließen, als negativ gekennzeichnet (→ Tab. 8.3).
- *Lastfaktoren N* (→ Tab. 8.4)
  Zahl der Gattereingänge, die maximal an den Gatterausgang eines Schaltkreises der gleichen Baureihe angeschlossen werden können, ohne die Einhaltung der Logikpegel zu gefährden. Die Lastfaktoren ermöglichen eine schnelle Beurteilung des zulässigen Verknüpfungsgrades, ohne daß dazu die Stromgrenzwerte bekannt sein müssen.
- ■ *Beispiel*: Bei Eingangslastfaktor $N_I = 1$ und Ausgangslastfaktor $N_O = 20$ können an einen Gatterausgang maximal 20 Gattereingänge angeschlossen werden.

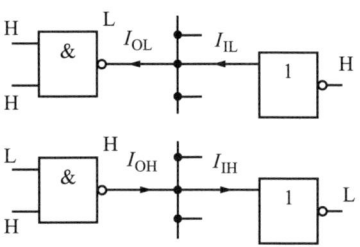

Bild 8.13 Stromrichtungen bei TTL-Gattern

Tabelle 8.3 Stromgrenzwerte von TTL-Gattern verschiedener Baureihen

| TTL-Baureihe | $-I_{OH}$ in µA | $I_{OL}$ in µA | $I_{IH}$ in µA | $-I_{IL}$ in µA |
|---|---|---|---|---|
| 74LS | 400 | 8000 | 20 | 400 |
| 74L | 200 | 3600 | 10 | 180 |
| 74S | 1000 | 20000 | 50 | 2000 |
| 74 | 400 | 16000 | 40 | 1600 |

Tabelle 8.4 Vergleich zwischen TTL-Baureihen nach Lastfaktoren

| 1 TTL-Gatter der Baureihe treibt max. | Anzahl der TTL-Eingänge in der Baureihe | | | | | | |
|---|---|---|---|---|---|---|---|
| | 74ALS | 74F | 74AS | 74LS | 74L | 74S | 74 |
| 74ALS | 20 | 20 | 10 | 20 | 40 | 10 | 10 |
| 74F | 25 | 25 | 10 | 25 | 48 | 10 | 12 |
| 74AS | 50 | 50 | 10 | 50 | 100 | 10 | 10 |
| 74LS | 20 | 50 | 8 | 20 | 40 | 10 | 5 |
| 74L | 10 | 10 | 1 | 10 | 20 | 1 | 2 |
| 74S | 50 | 50 | 10 | 50 | 100 | 10 | 12 |
| 74 | 20 | 20 | 8 | 40 | 40 | 8 | 10 |

## Parallelschaltung von Schaltkreisausgängen

Nicht zulässig bei Gattern mit Gegentakt-Endstufe (TP: Totem Pole) ($\to$ Bild 8.8). Befände sich Ausgang Gatter 1 auf H und Ausgang Gatter 2 auf L, dann würde Gatter 2 den Kurzschlußstrom von Gatter 1 aufnehmen. Zerstörung der Gatter durch thermische Überlastung wäre die Folge.

*Parallelschaltung ist möglich*:

- bei Gattern mit offenen Kollektorausgängen (OC: Open Collector), z. B. NAND-Gatter 74LS03,
- bei Gattern mit Tristate-Ausgängen (TS, z. B. Leitungstreiber 74S344),
- bei Gattern mit TP-Ausgang und Entkopplungsdioden (Nachteil: reduzierte Störsicherheit durch Flußspannung der Dioden).

## Verdrahtete Logik (Phantom-Logik)

Durch ausgangsseitige Parallelschaltung von NAND-Gattern mit OC-Endstufen ($\to$ Bild 8.14) entsteht eine verdrahtete UND-Verknüpfung (Wired AND). Das Ausgangspotential geht auf L, wenn mindestens ein Ausgang L hat.

$$\begin{array}{l} y = y_1 \wedge y_2 \\ y = \overline{x_1 x_2} \wedge \overline{x_3 x_4} \\ y = \overline{x_1 x_2 \vee x_3 x_4} \end{array} \tag{8.16}$$

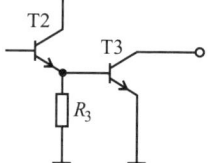

*Bild 8.14 Ausgangsschaltung eines TTL-Gatters mit offenem Kollektor*

Der Strom durch die leitenden Transistoren T3 muß durch einen externen Kollektorwiderstand $R_C$ begrenzt werden ($\to$ Bild 8.15).

Berechnung von $R_C$:

$$\begin{array}{l} R_C \geq \dfrac{U_B - U_{OL\,max}}{I_{OL} - n_2 I_{IL}} \\[2ex] R_C \leq \dfrac{U_B - U_{OH\,min}}{n_1 I_{OH} + n_2 I_{IH}} \end{array} \tag{8.17}$$

$n_1$ Anzahl der parallelgeschalteten Steuergatterausgänge
$n_2$ Anzahl der am Knoten Y angeschlossenen Lastgattereingänge ($n_{2\,max} = N_O$)

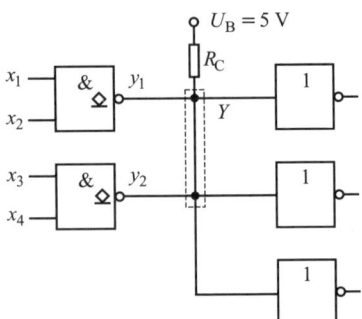

Bild 8.15 Wired-AND-Verknüpfung (am Knoten Y)

■ Für 74LS-Gatter bei $U_B = 5$ V ist in Gl. (8.17) einzusetzen:
$U_{OL\,max} = 0{,}5$ V; $U_{OH\,min} = 2{,}7$ V; $I_{OH} = 0{,}1$ mA; $I_{IH} = 0{,}02$ mA; $I_{OL} = 8$ mA; $I_{IL} = 0{,}4$ mA.

**Gatter mit Tristate-Endstufen**

Die Ausgänge dieser Bausteine können neben den Zuständen L und H noch einen dritten, hochohmigen Zustand annehmen. Durch ein Steuersignal OE (Output Enable) läßt sich der Ausgang wahlweise freigeben (OE = H) oder sperren (OE = L). Mehrere Bausteine können auf einen gemeinsamen Bus arbeiten, wenn eine Steuerlogik dafür sorgt, daß immer nur einer von $n$ Ausgängen aktiv ist ($\rightarrow$ Bild 8.16). Bei einem TTL-Gatter ($\rightarrow$ Bild 8.8) würden im hochohmigen Zustand die Transistoren T3 und T4 gleichzeitig gesperrt sein.

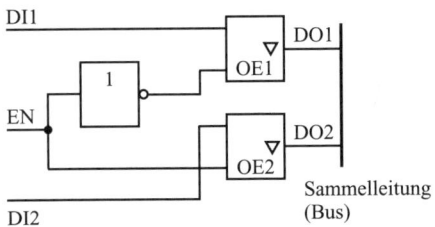

Bild 8.16 Ansteuerung von zwei Tristate-Gattern

**Dynamische Eigenschaften von TTL-Schaltkreisen**

Die Flanken der Schaltimpulse werden durch den Schaltkreis verformt (Anstiegszeit $t_{LH}$; Abfallzeit $t_{HL}$) und verzögert (Verzögerungszeiten $t_{PLH}$ und $t_{PHL}$) ($\rightarrow$ Bild 8.17). Die Verzögerungszeiten zählen zu den wichtigsten Kenngrößen digitaler IC. Die maximale Taktfrequenz $f_{C\,max}$ ist um so größer, je kleiner die Delays sind.

$$f_{C\max} \approx \frac{1}{2t_p} \tag{8.18}$$

Das Zeitverhalten ist von der Schaltkreistechnologie, der Belastung (Lastfaktor $N$; Lastkapazität $C_L$) und weiteren Einflüssen abhängig.

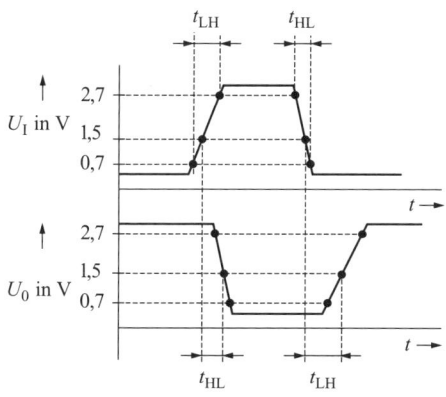

Bild 8.17  Zeitverhalten von TTL-Schaltkreisen

■ *Beispiel*: Bei einem 74LS-Gatter, das mit $N_O = 20$ und einer Kapazität $C_L = 15$ pF belastet wird, betragen die typischen Schaltzeiten:

$t_{PHL} \approx 7$ ns;   $t_{PLH} \approx 11$ ns;   $t_{HL} \approx 5$ ns;   $t_{LH} \approx 10$ ns

Zum Vergleich ein 74AS-Gatter unter gleichen Meßbedingungen:

$t_{PHL} \approx 1,5$ ns;   $t_{PLH} \approx 1,5$ ns;   $t_{HL} \approx 1,8$ ns;   $t_{LH} \approx 2,3$ ns

### Dynamisches Verhalten von Schaltnetzen (Hasardfehler)

**Hasards** sind fehlerhafte Signalzustände, die infolge unterschiedlicher Verzögerungszeiten entstehen.

**Strukturhasards**. Sie entstehen durch Verzögerungen zwischen Signalen und deren Negationen. Bild 8.18 zeigt an einem trivialen Fall die Entstehung eines Strukturhasards. Ein Taktsignal (Rechteckpuls) wird mit dem TTL-Baustein 7404 negiert. Beide Signale gelangen zum NAND-Gatter 7400 (Darstellung mit amerikanischen Symbolen). Gemäß dem logischen Verhalten der Bausteine müßte der Ausgang konstant auf H-Pegel liegen. Tatsächlich zeigt sich auf jeder ansteigenden Taktflanke eine schmale L-Impulsnadel (Hasardfehler).

Das Ergebnis einer PSpice-Digitalsimulation (Transienten-Analyse) zeigt Bild 8.19. Meßwerte: Der Hasard tritt 7 ns nach der positiven Taktflanke auf. Seine Dauer beträgt 12 ns. Ursache des Hasardfehlers: Verzögerungszeit des Negators.

# 424   8 Digitale Schaltungen

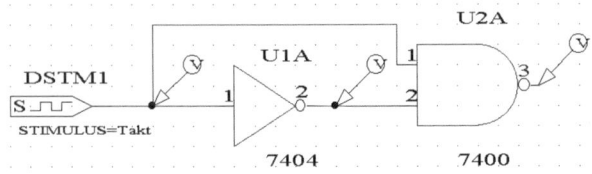

Bild 8.18  *Entstehung eines Strukturhasards (PSpice/Schematics)*

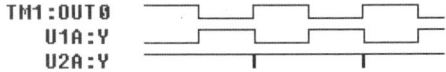

Bild 8.19  *Taktdiagramm mit Hasardfehler (PSpice/Probe)*

Struktur-Hasards können zumeist durch Änderung der Schaltungsstruktur vermieden werden. Minimierte Schaltnetze (→ 8.2.3) sind stärker hasardgefährdet als redundante Schaltnetze.

**Funktionshasards.** Sie entstehen durch gleichzeitige Zustandsänderungen von zwei oder mehr Eingangssignalen. Besonders kritisch ist im Dualcode der Übergang von der 3 (011) zur 4 (100), da sich 3 Bits gleichzeitig ändern. Funktionshasards lassen sich zumeist durch Änderung der Eingangssignalfunktion (Testvektor) vermeiden. Wenn möglich, sollten einschrittige Codes (z. B. Gray-Code) verwendet werden. Auch zusätzliche Verzögerungsglieder, die keine Änderung der Logik bewirken (z. B. doppelte Negation) sind zur Unterdrückung von Hasardfehlern geeignet.

### 8.3.2.2  CMOS-Schaltkreise

Die **CMOS (Komplementäre MOS-Logik)** ist die bekannteste unipolare Schaltkreisfamilie. Das Typensortiment besteht aus vielen Varianten in mehreren Baureihen. Wegen ihrer vorteilhaften Eigenschaften hat der Marktanteil gegenüber anderen Logikfamilien eine steigende Tendenz.

*Eigenschaften*:

- extrem niedrige statische Verlustleistung,
- Frequenzabhängigkeit der dynamischen Verlustleistung,
- hohe statische Störsicherheit (35...45 % von $U_B$),
- großer Ausgangs-Signalhub (96...98 % von $U_B$),
- großer Betriebsspannungsbereich (3...15 V),
- TTL-Kompatibilität bei einigen Baureihen (HCT, ACT),
- sehr hoher statischer Eingangswiderstand,
- Schutzmaßnahmen gegen statische Auflagung erforderlich (Gateschutz).

*Anwendung*:

- Universelles Logikdesign mit hoher Störsicherheit,
- Logikschaltungen für batteriebetriebene Geräte,
- LSI-Schaltkreise für Uhren, Speicher und Mikrorechner.

## CMOS-Grundstruktur

Die einfachste CMOS-Struktur besteht aus zwei komplementären MOSFETs vom selbstsperrenden Anreicherungstyp (Enhancement). Bild 8.20 zeigt den CMOS-Inverter der Baureihe 4000B (ohne Schutzbeschaltung und Ausgangspuffer).

■ *Wirkungsweise*: Bei H-Pegel am Eingang ist T2 leitend und T1 gesperrt; $U_{IH} \geqq U_B - U_T$. Am Ausgang liegt $U_{OL} \approx 0$ V. Bei L-Potential am Eingang $(0 < U_{IL} < U_T)$ ist T2 gesperrt und T1 leitet. Am Ausgang liegt $U_{OH} \approx U_B$. Der Vergleich mit einer komplementären Gegentakt-B-Endstufe liegt nahe. Nimmt man den verbotenen Pegelbereich aus, so ist stets einer der beiden Transistoren gesperrt. Der statische Speisestrom ist folglich gleich null. Der Durchlaßwiderstand eines MOSFET ist sehr klein (Ohm-Bereich), der Sperrwiderstand dagegen sehr groß (Megaohm-Bereich).

Der Ausgangs-Signalhub ist nahezu gleich der Betriebsspannung:

$$\Delta U_O \approx U_B \tag{8.19}$$

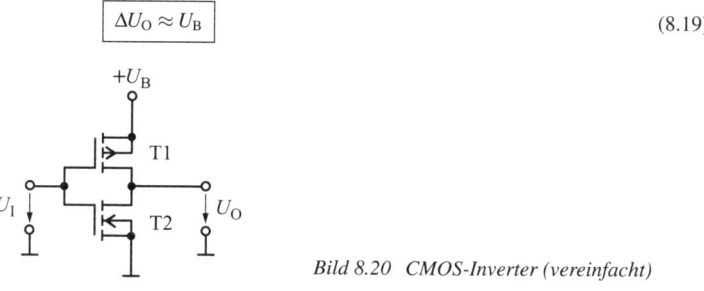

*Bild 8.20 CMOS-Inverter (vereinfacht)*

### Kennwerte von CMOS-Baureihen

Aus der ursprünglich ungepufferten CMOS-Reihe CD 4000A entstand die gepufferte *LOCMOS-Reihe* HEF 4000B. Die Bezeichnung „LOCMOS (local oxidation of silicon)" deutete auf einen speziellen Herstellungsprozeß hin, der kleinere Chipflächen und höhere Taktfrequenzen ermöglicht. Gepuffert heißt: Am Gatter-Ausgang werden noch ein oder zwei Negatoren als Ausgangspuffer vorgesehen. Dadurch verbessern sich die statischen und dynamischen Eigenschaften. Mit der Entwicklung der *HIGH-SPEED-CMOS* (74HC) wurden die Ausgangsströme und Verzögerungszeiten der LS-TTL erreicht. Volle TTL-Kompatibilität (Logikpegel, Ströme, PIN-Belegung) wird dagegen erst mit der Baureihe 74HCT gewährleistet. Die weitere Entwicklung führte schließlich zu den *ADVANCED-CMOS*-Baureihen 74AC und 74ACT, die hinsichtlich Verzögerungzeit die Werte der 74S erreichen ($\approx$ 3 ns). Tabelle 8.5 zeigt die wesentlichsten Kennwerte der CMOS-Familie.

*Tabelle 8.5  Kennwerte von CMOS-Baureihen ($U_B = 5$ V; $\vartheta = 25$ °C)*

| Kennwert | 4000B | 74HC | 74HCT | 74AC | 74ACT |
|---|---|---|---|---|---|
| $U_{IL\,max}$ in V | 1,5 | 1,0 | 0,8 | 1,35 | 0,8 |
| $U_{IH\,min}$ in V | 3,5 | 3,5 | 2,0 | 3,5 | 2,0 |
| $U_{OL\,max}$ in V | 0,05 | 0,1 | 0,1 | 0,1 | 0,1 |
| $U_{OH\,min}$ in V | 4,95 | 4,9 | 4,9 | 4,9 | 4,9 |
| $U_B$ in V | 5...15 | 2...6 | 4,5...5,5 | 2...6 | 4,5...5,5 |
| $I_{OL}$ in mA | 0,44 | 5 | 5 | 24 | 24 |
| $I_{OH}$ in mA | 0,44 | 5 | 5 | 24 | 24 |
| $t_P$ in ns (15 pF) | 16...35 | 8 | 8 | k. A. | k. A. |
| $t_P$ in ns (50 pF) | 35...60 | 10 | 10 | 3...5 | 3...5 |
| $f_{C\,max}$ in MHz | 12 | 50 | 50 | 125 | 125 |

**CMOS-Logikstrukturen**

Logische Verknüpfungen erfordern je Gatter bei $i$ Eingängen $2i$ Transistorstrukturen, da die Umschaltung des Inverters ($\rightarrow$ Bild 8.20) von allen Eingängen aus erfolgen muß. Bild 8.21 zeigt ein NOR-Gatter mit zwei Eingängen. Die Schaltungen von n- und p-Kanaltransistoren sind zueinander invers. Beim entsprechenden NAND-Gatter liegen (unten) die n-Kanal-Transistoren in Reihe und (oben) die p-Kanal-Transistoren parallel.

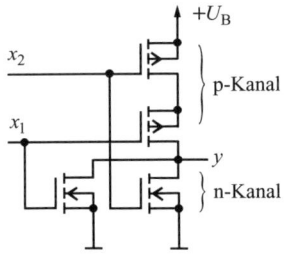

*Bild 8.21  CMOS-NOR-Gatter mit zwei Eingängen (vereinfacht)*

**Dynamische Verlustleistung**

Die statische Verlustleistung (Gleichstromleistung) von CMOS-IC ist extrem klein (Größenordnung: Nanowatt). Bei periodischer Ansteuerung mit Rechtecksignalen (Taktung) werden die parasitären Kapazitäten fortwährend umgeladen. Es entsteht eine Blindleistung, die auch als dynamische Verlustleistung $P_{Vd}$ bezeichnet wird.

$$P_{Vd} = U_B^2 C_L f \qquad (8.20)$$

$P_{Vd} \sim U_B^2$: Mit einer höheren Betriebsspannung steigt die Verlustleistung stark an (z. B. um den Faktor 9 bei 15 V statt 5 V)

$P_{Vd} \sim C_L$: Mit der Anzahl der Lastgatter wächst $C_L$ und damit $P_{Vd}$ (dynamische Begrenzung der Ausfächerung)

$P_{Vd} \sim f$: frequenzabhängige Verlustleistung (bei $f > 1$ MHz haben einige CMOS-Gatter eine höhere Verlustleistung als vergleichbare TTL-Gatter)

Im Bild 8.22 wurde ein LS-TTL-Gatter mit einem funktionell identischem HIGH-SPEED-CMOS-Gatter verglichen. Bei niedrigen Taktfrequenzen ($f < 1$ MHz) hat das CMOS-Gatter die geringere Verlustleistung.

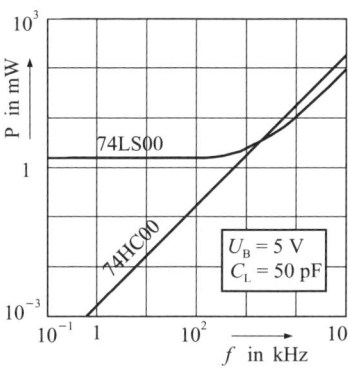

Bild 8.22 Dynamische Verlustleistung als Funktion der Taktfrequenz

**Weitere CMOS-Strukturen**

- Das *Transmissions-Gate* (Transfer-Gate) ist eine Schalterstruktur zur Verkopplung von Funktionsblöcken im CMOS-VLSI-Layout.
- Der *CMOS-Analogschalter* ist ein Bauelement zur Übertragung kontinuierlicher Signale.

■ *Beispiel*: Der Schaltkreis HEF 4066B enthält vier bilaterale Analogschalter (Transmissionsgatter). n-Kanal und p-Kanal liegen parallel und werden komplementär angesteuert ($\rightarrow$ 7.7.2.3). Der Ein-Widerstand beträgt $R_{DS} \approx 40\ldots50$ Ω. Als Aus-Widerstand kann $10^9 \ldots 10^{12}$ Ω angenommen werden.

**Pegelanpassung zwischen TTL und CMOS**

Der systemreine Entwurf einer Digitalschaltung beinhaltet nur eine einzige Schaltkreisfamilie bzw. Baureihe. Dies ist zumeist die einfachste Lösung. Bei systemfremder Zusammenschaltung ist in einigen Fällen eine zusätzliche Pegelanpassung erforderlich. Eine Zusammenschaltung ist problemlos möglich, wenn:

- die Betriebsspannungen identisch sind,
- die Pegelbereiche kompatibel sind ($U_{OH\,min} \geq U_{IH\,min}; U_{OL\,max} \geq U_{IL\,max}$),
- die Last- und Steuerströme von beiden ICs aufgebracht werden können.

■ *Beispiele*:

- TTL (74LS) ⇒ CMOS (4000B/74HC); gleiche Betriebsspannung $U_B = 5$ V. Die H-Pegel sind unverträglich, da $U_{OH\,min} < U_{IH\,min}$ ist (→ Bild 8.23). Mit einem Pull-up-Widerstand ($R_a = 2\ldots 10$ kΩ) kann der H-Pegel in Richtung +5 V gezogen werden, so daß $U_{OH}$ nicht in den verbotenen Bereich des CMOS-Gatters gelangt.

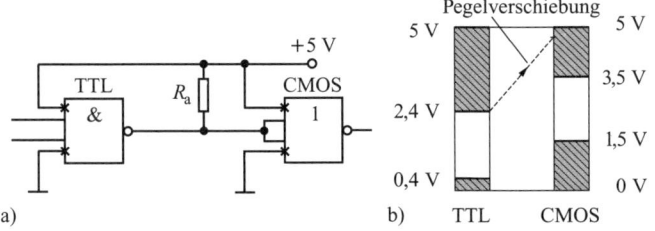

*Bild 8.23 Kopplung TTL ⇒ CMOS: a) Schaltung, b) Pegeldiagramm*

- CMOS (4000B/74HC) ⇒ TTL (74LS); gleiche Betriebsspannung $U_B = 5$ V. Problemlos bezüglich der Signalpegel. Störend ist der relativ hohe Eingangsstrom der TTL-Gatter (→ Tab. 8.3). An der Kopplungsstelle gilt $I_{OL\,(CMOS)} = -I_{IL\,(TTL)}$. Aus den Tabellen 8.3 und 8.5 ist zu erkennen, daß an einen 4000B-Ausgang nur ein 74LS-Eingang anschließbar ist. Dagegen können an einen 74HC-Ausgang bis zu 10 74LS-Eingänge angeschlossen werden. Die maximale Ausfächerung erhöht sich, wenn CMOS-Treibergatter verwendet werden.
- CMOS (74HC/3V) ⇔ TTL (74LS/5V); unterschiedliche Betriebsspannung, problemlose Zusammenschaltung.
- CMOS (4000B/15V) ⇒ CMOS (74HC/5V); unterschiedliche Betriebsspannung. Der Pegelbereich des 4000B-Ausganges ist mittels Spannungsteiler auf den niedrigeren Pegelbereich der 74HC-Eingänge herabzuziehen.
- CMOS (74HCT) ⇔ TTL (74LS); gleiche Betriebsspannung $U_B = 5$ V, problemlose Zusammenschaltung

### 8.3.2.3 Weitere Standard-Schaltkreise

**Standard-Schaltkreise** werden vom Hersteller entwickelt und vollständig konfektioniert.

Der Anwender kann die Schaltkreiskonzeption nicht beeinflussen. Die technischen Parameter der Standard-IC sind weitgehend genormt (DIN; IEEE). Neben den universell einsetzbaren TTL- und CMOS-IC sind noch *speziellere Logikfamilien* bekannt.

■ *Beispiele*:

**Emittergekoppelte Transistorlogik** (ECL, ECTL)
- *Grundschaltung*: Stromschalter, ähnlich Differenzverstärker,
- *Eigenschaften*: sehr schnell (bis in den Subnanosekundenbereich), jedoch relativ hohe Verlustleistung,
- *Besonderheiten*: negative Logik (bei ECL-Baureihe 100K: $U_B = -7$ V),
- *Anwendung*: Spezialgebiete der Großrechentechnik.

**Langsame störsichere Logik** (LSL, SZL)
- *Grundschaltung*: Dioden-Einfächerung, Transistoren mit großen Kollektorkapazitäten, Z-Dioden zur Anhebung der Schwellspannung,
- *Eigenschaften*: hohe statische und dynamische Störsicherheit ($M \approx 5\ldots 8$ V),
- *Besonderheiten*: nicht TTL-kompatibel (bei LSL-Baureihe FZ/30: $U_B = 11,4\ldots 17$ V),
- *Anwendung*: Robuste Logik für industrielle Steuerungen sowie kurzschlußfeste Interface-Schaltkreise.

**BICMOS Bus-Interface-Logik** (74BCT, 74ABT)
- *Eigenschaften*: schnelle Logik, niedrigste Verlustleistung, geringe Temperaturdrift, besonders rauscharm,
- *Anwendung*: Schnittstellen zwischen Mikroprozessorsystemen und schnellen Peripheriebausteinen.

### 8.3.2.4 Anwenderspezifische Schaltkreise (ASIC)

**ASIC (Application Spezific IC)** sind Schaltkreise, die im Gegensatz zu universell einsetzbaren Standardschaltkreisen für spezifische Anwendungsfälle entworfen werden.

Der Entwurf erfolgt entweder auf Kundenwunsch voll beim Hersteller (Full Custom IC) oder unter Mitwirkung des Anwenders (Semi Custom IC), → Bild 8.24. Dafür stellt der Schaltkreishersteller geeignete CAD-Software zur Verfügung.

**Merkmale des ASIC-Entwurfes**

**Vollkundenspezifische IC** (Full Custom IC) werden auf Transistorebene vom Hersteller entwickelt. Alle Masken müssen entsprechend der Lösung entworfen werden. Damit ergeben sich hohe Entwicklungskosten und längere Lieferzeiten. Bei extrem hohen Stückzahlen und scharfen Forderungen an die Eigenschaften der ICs kann diese Variante in Erwägung gezogen werden.

# 430  8 Digitale Schaltungen

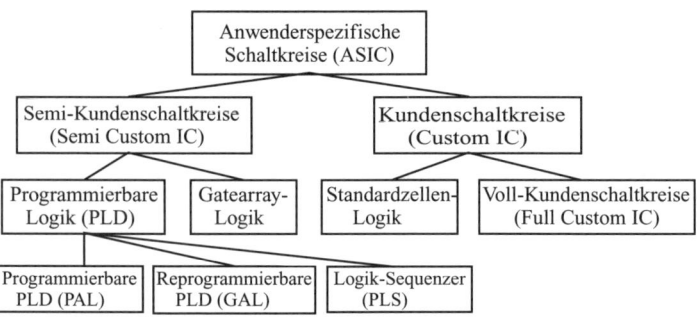

*Bild 8.24 Übersicht zu anwenderspezifischen Schaltkreisen*

**Gatearray-Technik** (Gate Array Technique) ist ein Entwurfskonzept, das eine Mitwirkung des Anwender ermöglicht (Semi Custom IC), auch wenn keine speziellen Kenntnisse der Halbleitertechnologie vorhanden sind. Ein Gatearray besteht aus einem Master-Chip mit einer größeren Anzahl vorgefertigter Halbleiterstrukturen (Dioden, Transistoren, Gatter, Flipflop usw.), zunächst ohne feste Verbindungen. Der Anwender entwirft entsprechend der gewünschten Lösung die Verbindungstechnik, die dann vom IC-Hersteller realisiert wird. Nicht benötigte Strukturen bleiben offen. Neuere Gatearray-Familien werden z. B. in 0,7-µm-HCMOS-Technologie gefertigt. Die Zellenbibliotheken enthalten mehr als 200 SSI-und E/A-Funktionen sowie über 150 MSI-Makros. Damit lassen sich ICs entwickeln, die bis zu 200 000 nutzbare Gatter enthalten können. Dabei stehen ca. 20 verschiedene Array-Größen zur Verfügung.

**Standardzellentechnik** (Standard Cell Technique) ist ein Entwurfskonzept, das eine Mitwirkung des Anwenders nur bedingt ermöglicht (Custom IC). Cellarrays haben im Gegensatz zum Gatearray keine vorgefertigte Wafer-Struktur. Auf der Grundlage einer Zellenbibliothek werden auf dem Chip nur die für die kundenspezifische Lösung erforderlichen Strukturen realisiert. In der Fertigung müssen jedoch alle Maskenschritte durchlaufen werden (höhere Kosten).

**Programmierbare Logik** (PLD: Programmable Logic Device) ist ein Entwurfskonzept, das auf der Grundlage von programmierbaren Standard-IC die Realisierung anwenderspezifischer Lösungen geringer Komplexität ermöglicht. Bei freier Programmierbarkeit der Bausteine (ähnlich wie bei PROM/EPROM) obliegt der Schaltungsentwurf voll dem Anwender. Intern besteht ein PLD aus Speichermatrizen (UND-Matrizen, ODER-Matrizen) und programmierbaren Makrozellen) in verschiedenen Varianten. Einfache PLD sind zumeist PAL-Strukturen ohne Makrozellen. Ein PAL (Programmable

Array Logic) besteht aus einer programmierbaren UND-Matrix (Programmierprinzip: Ausbrennen von leitenden Verbindungen – fusible link) und einer festverdrahteten ODER-Matrix ($\rightarrow$ Bild 8.25).

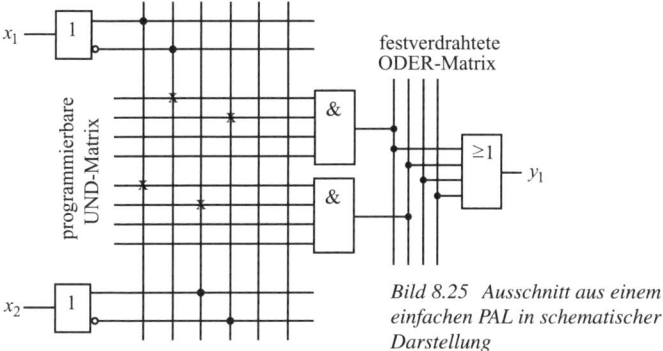

Bild 8.25  Ausschnitt aus einem einfachen PAL in schematischer Darstellung

*PAL* sind *Funktionsspeicher*; sie speichern Boolesche Funktionen in disjunktiver Normalform. Die schematische Darstellung verwendet Punkte für feste Verbindungen und Kreuze für programmierte Verbindungen. In dem einfachen Beispiel nach Bild 8.25 wurde $y_1 = \overline{x_2}\,\overline{x_1} \vee x_2 x_1$ programmiert. Im Abschnitt 8.8 werden die PLD aus der Sicht der Speichertechnik behandelt.

## 8.4 Ausgewählte Bausteine für Schaltnetze

**Schaltnetze** verkörpern speicherfreie, kombinatorische Logik. Ein Schaltnetz besteht aus elementaren Logikbausteinen (z. B. Logikgatter) und komplexen Bausteinen (z. B. Multiplexer, Codewandler, Addierer).

Die komplexen Bausteine heben sich durch ihre Funktionsspezifik und den höheren Integrationsgrad von den Elementarbausteinen ab. Das Merkmal „Speicherfreiheit" bedeutet: Die Ausgangssignale eines Schaltnetzes sind den Eingangssignalen eindeutig zugeordnet. Die Ausgangszustände sind von der Schaltfolge der Eingangszustände unabhängig.

### 8.4.1 Komparatoren

**Komparatoren** sind Schaltnetze zum Vergleichen von Binär-Signalen.

Vergleichskriterien sind Gleichheit ($x_1 = x_2$) und Ungleichheit ($x_1 > x_2$; $x_1 < x_2$). Die Grundschaltung des 1-bit-Komparators nach Bild 8.26 ergibt sich aus Tabelle 8.6. Die Gleichheit wird durch die Äquivalenz beschrieben. Für die Ungleichheit werden UND-Verknüpfungen und Negationen benötigt.

Tabelle 8.6 Logik des 1-Bit-Komparators

| $x_1$ | $x_2$ | $y_>$ | $y_=$ | $y_<$ |
|---|---|---|---|---|
| 0 | 0 | 0 | 1 | 0 |
| 0 | 1 | 0 | 0 | 1 |
| 1 | 0 | 1 | 0 | 0 |
| 1 | 1 | 0 | 1 | 0 |

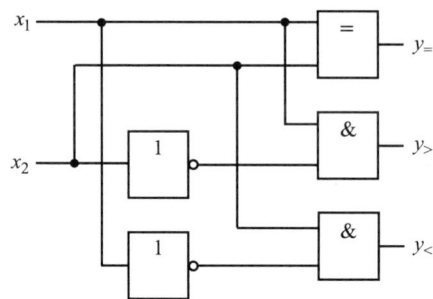

Bild 8.26 1-Bit-Komparator mit Größenvergleich

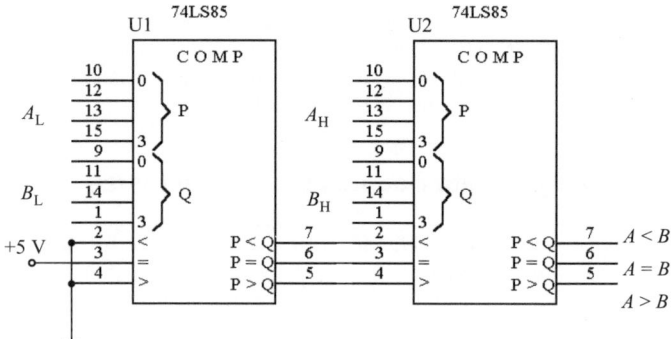

Bild 8.27 8-Bit-Komparator aus zwei 4-Bit-Bausteinen mit Serienübertrag

Bild 8.27 zeigt die Verwendung von 4-Bit-Komparatorbausteinen 74LS85. Bei Gleichheit beider Tetraden $(P = Q)$ gibt der Schaltkreis an PIN 6 H-Pegel (log. 1) aus. Zur Erhöhung der Wortlänge auf 8 bit werden zwei Bausteine (U1; U2) benötigt. Die Eingänge (PIN 2, 3, 4) von U2 sind dazu mit den Ausgängen (PIN 7, 6, 5) von U1 zu verbinden. Die zu vergleichenden Binärzahlen $A; B$ werden jeweils in höherwertige $(A_H; B_H)$ und niederwertige Tetraden $(A_L; B_L)$ zerlegt und auf beide Bausteine verteilt.

▶ *Hinweis*: Schaltungen mit Parallelübertrag sind schneller, erfordern aber mehr Komparator-Bausteine.

## 8.4.2 Multiplexer und Demultiplexer

**Multiplexer** (MUX) sind adressengesteuerte elektronische Umschalter mit mehreren Dateneingängen und einem Datenausgang.

**Demultiplexer** (DX) sind adressengesteuerte elektronische Umschalter mit einem Dateneingang und mehreren Datenausgängen.

Bei einem *Zeitmultiplexsystem* werden die parallel anliegenden Daten verschiedener Sender (Datenquellen) bitseriell (zeitlich nacheinander) über eine Leitung übertragen und am Empfangsort wieder auf die zugehörigen Empfänger (Datensenken) parallel verteilt. Die taktgesteuerte Umschaltung muß dabei synchronisiert ablaufen ($\rightarrow$ Bild 8.28).

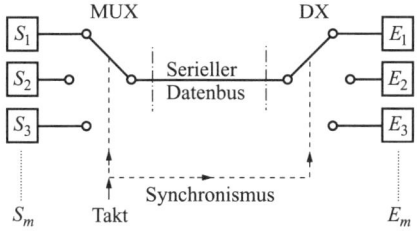

Bild 8.28 Prinzip der seriellen Datenübertragung im Zeitmultiplex

Die elementare Logiksstruktur eines *4-auf-1-Multiplexers* ist im Bild 8.29 dargestellt. Die zugehörige Logikfunktion lautet:

$$y = \overline{A_1}\,\overline{A_0}D_0 \vee \overline{A_1}A_0D_1 \vee A_1\overline{A_0}D_2 \vee A_1A_0D_3 \qquad (8.21)$$

Integrierte Multiplexer-Bausteine verfügen neben Datenein- und -ausgängen noch über Adreßeingänge (SELECT) und Freigabeeingänge (ENABLE).

■ *Schaltkreis-Beispiel*: Der TTL-Schaltkreis 74LS153 enthält zwei 4-auf-1-MUX mit getrennten ENABLE-Eingängen 1G/, 2G/ und gemeinsamen SELECT-Eingängen A, B. Für G/ = L gilt sinngemäß Gl. (8.21), für G/ = H liegt $y$ konstant auf LOW (Sperrzustand). Beim 74LS253 wird dagegen bei G/ = H der Ausgang hochohmig geschaltet (THREE-STATE-Verhalten). Dadurch ist eine direkte Parallelschaltung mehrerer Multiplexer-Ausgänge möglich.

**Multiplexer als universelle Logikelemente**.

Die **Multiplexer-Logik** ist eine Alternative zur herkömmlichen Gatterlogik.

Derartige Lösungen sind sehr flexibel, da sich die Logikfunktionen durch die Beschaltung des MUX ändern lassen. Bild 8.30 zeigt die Schaltung für eine

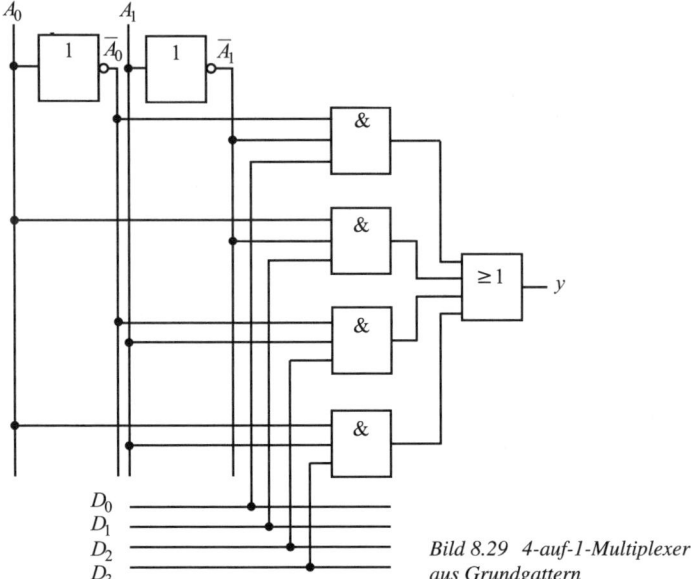

Bild 8.29 *4-auf-1-Multiplexer aus Grundgattern*

Funktion mit drei Variablen. Die Variablen liegen an den Adreßeingängen des MUX. Die Dateneingänge sind mit den Konstanten „1" oder „0" belegt. Der Baustein 74LS253 enthält zwei 4-auf-1-MUX. Die Erweiterung zu „8-auf-1" wird mit der Ansteuerlogik für die Low-aktiven ENABLE-Eingänge und die ausgangsseitige Parallelschaltung gelöst.

■ *Beispiel*: Die Auswertung von Bild 8.30 ergibt Tabelle 8.7. Die Logikfunktion aus vier Elementarkonjunktionen wird nach Karnaugh (→ 8.2.3) minimiert.

Das Ergebnis lautet: $y = \overline{x_2}x_0 \vee x_2 x_1$

▶ *Hinweis*: Wenn die Dateneingänge nicht nur mit Konstanten, sondern auch mit Variablen belegt werden, dann erniedrigt sich der Multiplexer-Grad um eins (die Funktion mit drei Variablen könnte dann mit einem 4-auf-1-MUX realisiert werden).

**Demultiplexer-Bausteine** (DX) sind ähnlich wie MUX organisiert. Das Signal am Dateneingang $D$ wird in Abgängigkeit von einer Dualadresse auf verschiedene Ausgänge verteilt. Die Logikgleichungen eines *1-auf-4-DX* lauten:

$$\boxed{\begin{aligned} y_0 &= \overline{A_1}\,\overline{A_0}D, & y_1 &= \overline{A_1}A_0 D \\ y_2 &= A_1\overline{A_0}D, & y_3 &= A_1 A_0 D \end{aligned}} \qquad (8.22)$$

*Tabelle 8.7 Logiktabelle zu Bild 8.30*

| $x_2$ | $x_1$ | $x_0$ | 1Y | 2Y | $y$ |
|---|---|---|---|---|---|
| 0 | 0 | 0 | 0 | ∞ | 0 |
| 0 | 0 | 0 | 1 | ∞ | 1 |
| 0 | 1 | 0 | 0 | ∞ | 0 |
| 0 | 1 | 1 | 1 | ∞ | 1 |
| 1 | 0 | 0 | ∞ | 0 | 0 |
| 1 | 0 | 1 | ∞ | 0 | 0 |
| 1 | 1 | 0 | ∞ | 1 | 1 |
| 1 | 1 | 1 | ∞ | 1 | 1 |

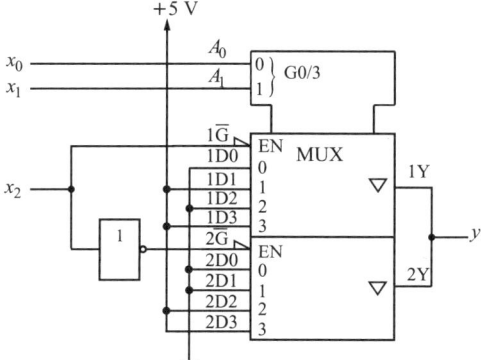

*Bild 8.30 Logikschaltung mit Multiplexer 8-auf-1*

Bei konstanter logischer Eingangsbelegung sind DX zugleich DECODER, die den Dual-Code an den Adreßeingängen in den 1-aus-$m$-Code wandeln.

■ *Beispiel*: Der TTL-Baustein 74LS138 ist ein 1-auf-8-DX mit negierten Ausgängen. Mit einer logischen Null am negierten Dateneingang wird der an den Adreßeingängen liegende 3-Bit-Dualcode in den L-aktiven 1-aus-8-Code gewandelt (die 7 inaktiven Ausgänge liegen auf H (1), der jeweils aktive Ausgang auf L (0)).

### 8.4.3 Codeumsetzer

> Unter dem Begriff **Codeumsetzer** werden Schaltungen zur Codierung, Decodierung und Umcodierung zusammengefaßt.

▶ *Hinweis*: Begriffe und Übersichten zu Codearten sind im Abschnitt 8.9 nachzulesen.

**Codierer (Encoder)** sind Schaltungen zur Binärverschlüsselung von Dezimalzahlen. Sie werden benötigt, wenn die Ziffernsignale 0...9 in eine digitale Schaltung einzugeben sind (Tasteneingabe).

■ *Beispiel*: Der TTL-Schaltkreis 74LS147 ist ein Dezimal-zu-BCD-Encoder mit 10 Eingängen (1-aus-10-Code) und 4 Ausgängen (BCD-Code).

**Decodierer (Decoder)** sind Schaltungen zur Umsetzung eines beliebigen Codes in den Dezimal-Code (1-aus-10-Code). Sie werden benötigt, wenn die Ausgangssignale einer digitalen Schaltung in die Ziffernsignale 0...9 zurückgewandelt werden sollen.

■ *Beispiel*: Der TTL-Schaltkreis 74LS42 ist ein BCD-zu-Dezimal-Decoder mit 4 Eingängen (BCD-Code) und 10 Ausgängen (1-aus-10-Code, negiert).

▶ *Hinweis*: Im weiteren Sinne werden auch Umcodierer als Decoder bezeichnet, wenn sie einen anzeigegerechten Code (z. B. 7-Segment-Code) bilden.

**Umcodierer** (Codekonverter) sind Schaltungen, die zwei Codes ineinander umwandeln, wobei die 1-aus-10-Codes ausgenommen sind. Die logische Struktur eines Umcodierers ergibt sich aus der Gegenüberstellung zweier Codetabellen. Für jede Ausgangsvariable ist eine Logikgleichung aufzustellen. Dabei sind die Regeln der Schaltalgebra zu beachten (z. B. Minimierung nach Karnaugh). Bild 8.31 zeigt einen Umcodierer für 4 bit, der den Gray-Code ($\rightarrow$ 8.9.1) in den Dual-Code wandelt.

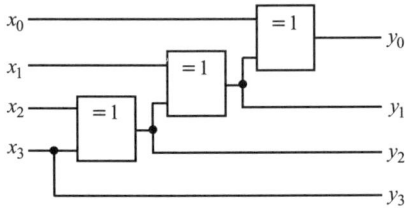

*Bild 8.31   Umcodierer Gray-Code auf Dual-Code*

■ *Beispiel*: Prioritäts-Encoder vom Typ 74LS147 (Anwendungsfall: Parallel-ADU $\rightarrow$ 7.7.1.1). Ausgehend von der Logiktabelle ($\rightarrow$ Tab. 8.8) ist die Logikstruktur mit Grundgattern zu entwickeln.

*Tabelle 8.8   Logiktabelle eines Prioritäts-Encoders (X: beliebig)*

| 1-aus-10-Code | | | | | | | | | | BCD-Code | | | |
|---|---|---|---|---|---|---|---|---|---|---|---|---|---|
| $d_9$ | $d_8$ | $d_7$ | $d_6$ | $d_5$ | $d_4$ | $d_3$ | $d_2$ | $d_1$ | $d_0$ | $b_3$ | $b_2$ | $b_1$ | $b_0$ |
| 0 | 0 | 0 | 0 | 0 | 0 | 0 | 0 | 0 | 1 | 0 | 0 | 0 | 0 |
| 0 | 0 | 0 | 0 | 0 | 0 | 0 | 0 | 1 | X | 0 | 0 | 0 | 1 |
| 0 | 0 | 0 | 0 | 0 | 0 | 0 | 1 | X | X | 0 | 0 | 1 | 0 |
| 0 | 0 | 0 | 0 | 0 | 0 | 1 | X | X | X | 0 | 0 | 1 | 1 |
| 0 | 0 | 0 | 0 | 0 | 1 | X | X | X | X | 0 | 1 | 0 | 0 |
| 0 | 0 | 0 | 0 | 1 | X | X | X | X | X | 0 | 1 | 0 | 1 |
| 0 | 0 | 0 | 1 | 1 | X | X | X | X | X | 0 | 1 | 1 | 0 |
| 0 | 0 | 1 | X | X | X | X | X | X | X | 0 | 1 | 1 | 1 |
| 0 | 1 | X | X | X | X | X | X | X | X | 1 | 0 | 0 | 0 |
| 1 | X | X | X | X | X | X | X | X | X | 1 | 0 | 0 | 1 |

Aus Tabelle 8.8 folgen die Logikgleichungen:

$$\begin{aligned} b_3 &= d_9 \vee d_8 \\ b_2 &= d_7 \vee d_6 \vee d_5 \vee d_4 \\ b_1 &= d_7 \vee d_6 \vee d_3 \vee d_2 \\ b_0 &= d_9 \vee d_7 \vee d_5 \vee d_3 \vee d_1 \end{aligned} \qquad (8.23)$$

Damit ergibt sich die Logikstruktur ($\rightarrow$ Bild 8.32).

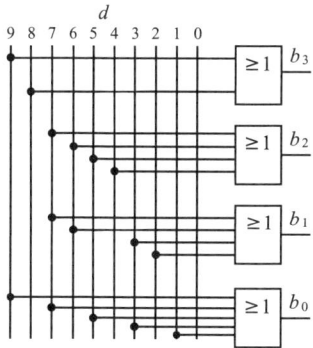

Bild 8.32 Logikstruktur eines Prioritäts-Encoders

**BCD-zu-Siebensegment-Umcodierer** werden auch als Siebensegment-Decoder bezeichnet. Sie dienen zur Ansteuerung von Siebensegment-Anzeigebauelementen. Der 4-Bit-BCD-Code wird zur Darstellung der Ziffern 0...9 in den 7-Segment-Code gewandelt.

■ *Beispiel*: Die Ansteuerung eines Displays mit gemeinsamer Anode erfordert einen Decoder mit L-aktiven Open-Collector-Ausgängen (OC), z. B. 74LS347 ($\rightarrow$ Bild 8.33). Bei OC-Ausgängen sind Vorwiderstände zur Segmentansteuerung erforderlich.

Andere *Varianten* sind:

- Decoder mit H-aktiven Ausgängen für Displays mit gemeinsamer Katode,
- Decoder mit Konstantstromausgängen (keine Vorwiderstände erforderlich),
- Decoder mit Anzeige der Hexadezimalziffern in der Form $(A, b, C, d, E, F)$.

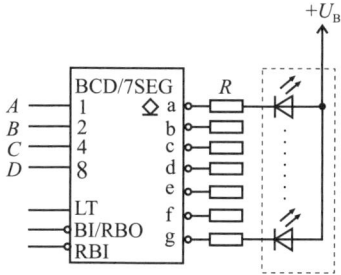

Bild 8.33 Decoder mit 7-Segment-Anzeige

Weitere *Steueranschlüsse* ($\rightarrow$ Bild 8.33):

- LT (Lamp Test): Anschluß zum Funktionstest,
- RBI/ (Ripple Blank Input): Eingang zur Nulldunkeltastung,
- RBO/ (Ripple Blank Output): Übertragsausgang für Nulldunkeltastung.

Die Anschlüsse (RBI/ und RBO/) werden zum automatischen Ausblenden führender Nullen verwendet. Bei RBI/ = L erlischt die Anzeige bei der Zahleneingabe Null und RBO/ geht von H auf L. Nullen werden bei dieser Methode nur dann angezeigt, wenn eine höhere Stelle ungleich null ist. Bild 8.34 zeigt das Schaltungsprinzip.

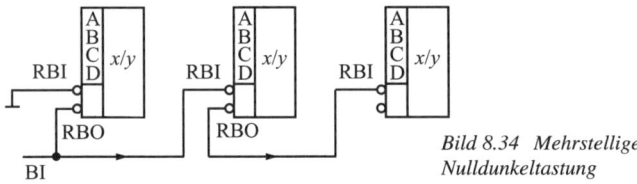

Bild 8.34 Mehrstellige Nulldunkeltastung

### 8.4.4 Addierer

**Addierer** (engl.: adder) sind digitale Rechenglieder zur Addition (und Subtraktion) von Dualzahlen. Die Subtraktion wird zumeist auf die Addition zurückgeführt.

**Halbaddierer**

Addition von zwei 1-Bit-Zahlen ohne Eingangsübertrag ($\rightarrow$ Tab. 8.9). Die logische Struktur des Halbaddierers besteht demnach aus einer Antivalenzverknüpfung für die Summe $S_i$ sowie einer UND-Verknüpfung zur Bildung des Übertrages $C_{i+1}$ ($\rightarrow$ Bild 8.35 und Gl. (8.24)).

Tabelle 8.9 Addition von 1-Bit-Zahlen

| $x_i$ | $y_i$ | $C_{i+1}$ | $S_i$ |
|---|---|---|---|
| 0 | 0 | 0 | 0 |
| 0 | 1 | 0 | 1 |
| 1 | 0 | 0 | 1 |
| 1 | 1 | 1 | 0 |

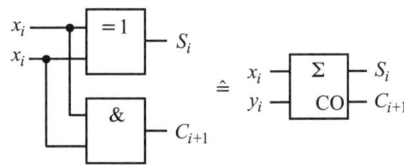

Bild 8.35 Halbaddierer aus Grundgattern

$$S_i = x_i \leftrightarrow y_i$$
$$C_{i+1} = x_i y_i$$
(8.24)

**Volladdierer** Bei der Addition von mehrstelligen Dualzahlen müssen die Überträge $C_i$ aus den nächstniedrigen Stellen mit addiert werden. Für jedes Bit ($i$) ist ein Addierer mit drei Eingängen erforderlich. Tabelle 8.10 zeigt das logische Verhalten des Volladdierers.

*Tabelle 8.10 Addition von 1-Bit-Zahlen mit Eingangsübertrag $C_i = 1$*

| $x_i$ | $y_i$ | $C_i$ | $C_{i+1}$ | $S_i$ |
|---|---|---|---|---|
| 0 | 0 | 1 | 0 | 1 |
| 0 | 1 | 1 | 1 | 0 |
| 1 | 0 | 1 | 1 | 0 |
| 1 | 1 | 1 | 1 | 1 |

Für $C_i = 0$ gilt Tabelle 8.9. Aus beiden Tabellen entstehen die Logikgleichungen des Volladdieres ($\to$ Gl. (8.25)).

$$\begin{aligned} S_i &= (x_i \leftrightarrow y_i)C_i \vee (x_i \nleftrightarrow y_i)\overline{C_i} \\ C_{i+1} &= (x_i \vee y_i)C_i \vee x_i y_i \end{aligned} \quad (8.25)$$

Die logische Stuktur des Volladdierers läßt sich auf zwei Halbaddierer zurückführen ($\to$ Bild 8.36).

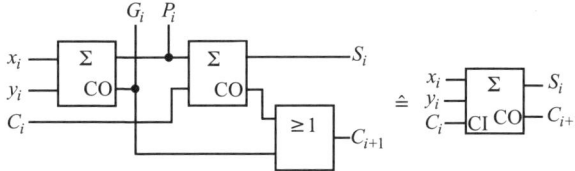

*Bild 8.36 Volladdierer aus zwei Halbaddierern*

**Mehrstellige Addierer**

Mehrstellige Parallel-Addierer bestehen aus mehreren Volladdierern. Sie unterscheiden sich nach der Übertragsverarbeitung:

- Addierer mit seriellem Übertrag (Ripple Carry),
- Addierer mit parallelem Übertrag (Look Ahead Carry).

Mehrstellige Serien-Addierer arbeiten mit einem Volladdierer und mehreren Schieberegistern. Ein 4-Bit-Parallel-Addierer mit seriellem Übertrag besteht aus vier Volladdierern ($\to$ Bild 8.37). Eine entsprechende Schaltung wird auch als TTL-Baustein angeboten (z. B. 74LS283).

Die Eingangs-Daten dürfen sich so lange nicht ändern, bis der Übertrag in der höchsten Bitstelle verarbeitet ist. Die erforderliche Rechenzeit hängt bei der seriellen Übertragsverarbeitung von der Laufzeit der Übertragsbits ab. Kürzere Rechenzeiten ergeben sich bei der „vorausschauenden" Übertragsverarbeitung (Look Ahead Carry). Dazu werden die internen Signale „Generate $G_i$"

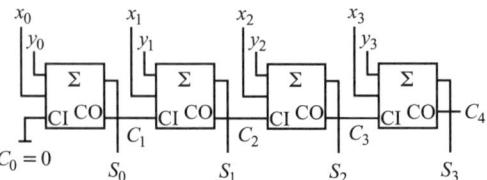

Bild 8.37  *4-Bit-Addierer mit seriellem Übertrag*

und „Propagate $P_i$" der Halbaddierer ($\rightarrow$ Bild 8.36) zur Übertragsbildung verwendet. Der Übertrag wird dazu aus Bild 8.36 errechnet ($\rightarrow$ Gl. (8.26)).

$$\begin{aligned} G_i &= x_i y_i \\ P_i &= x_i \leftrightarrow y_i \\ C_{i+1} &= G_i \vee P_i C_i \end{aligned} \tag{8.26}$$

Parallele Übertragsgeneratoren für 4 bit (Look-Ahead-Carry-Generatoren, z. B. 74LS182) sind für das Zusammenwirken mit 4-Bit-Recheneinheiten (ALU) konzipiert.

Die *4-Bit-Recheneinheit (ALU*: Arithmetic Logic Unit) ist eine Schaltung zur Ausführung verschiedener logischer und arithmetischer Operationen. Sie ist als Standardschaltkreis für 4 bit (74LS181) verfügbar.

▶ *Hinweis*: Die ALU ist auch eine Substruktur aus dem Rechenwerk des Mikroprozessors.

**Grundfunktionen der ALU 74LS181**

In Abhängigkeit von einem 4-bit-Steuerwort ($S_3 S_2 S_1 S_0$) und der Betriebsartenwahl (Mode $M$) können wahlweise 16 Arithmetik-Operationen ($M = 0$) oder 16 Logik-Operationen ($M = 1$) eingestellt werden ($\rightarrow$ Bild 8.38).

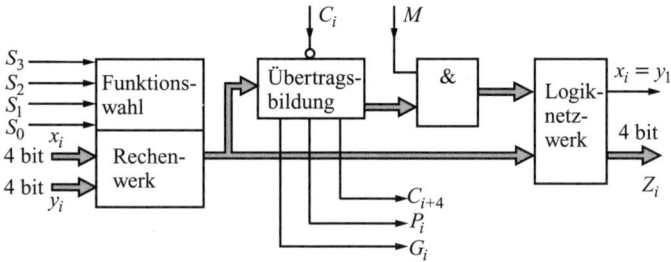

Bild 8.38  *ALU mit paralleler Übertragungslogik (Prinzipschaltbild)*

## 8.4 Ausgewählte Bausteine für Schaltnetze

Arithmetikfunktionen der ALU sind z. B.:
Addition, Subtraktion, Bit-Transferierung, Inkrementierung (Erhöhung um 1), Dekrementierung (Erniedrigung um 1).

Logikfunktionen der ALU sind z. B.:
UND, ODER, NEGATION, NAND, NOR, ANTIVALENZ, ÄQUIVALENZ.

▶ *Merke*: Die Subtraktion wird im Rechenwerk der ALU auf eine Addition mit Komplementbildung (Zweierkomplement) zurückgeführt.

Bevorzugte Darstellungsformen für *relative Dualzahlen*:

- Zweierkomplement-Darstellung mit Vorzeichenbit,
- Offset-Binär-Darstellung ($\rightarrow$ 8.9.6).

*Zweierkomplementbildung*

$$z^{(2)} = \neg |z| + 1 \tag{8.27}$$

Das Zweierkomplement einer Dualzahl $z$ entsteht durch Addition von eins zum Einerkomplement. Das Einerkomplement ergibt sich durch Negation aller Stellen des Betrages der Dualzahl.

*Vorzeichenbit* (msb: höchstwertigstes Bit)

    msb = 0 kennzeichnet positive Dualzahlen ($z > 0$)
    msb = 1 kennzeichnet negative Dualzahlen ($z < 0$)

■ *Beispiel*: Die Dezimalzahl $-52$ D ist durch eine 8-Bit-Dualzahl (Zweierkomplement mit Vorzeichenbit) auszudrücken.

Ergebnis:    $|z| = 0.0110100$    $\Leftrightarrow +52$
           $\neg |z| = 1.1001011$
              +         1
           $z^{(2)} = 1.1001100$    $\Leftrightarrow -52$

Die **Subtraktion** $x_i - y_i$ ergibt eine Differenz $D_i$ in der Bitstelle $i$ und einen Untertrag (Entleihung, borrow) $E_{i+1}$ von der nächsthöheren Bitstelle nach Tabelle 8.11.

*Tabelle 8.11 Subtraktion von 1-Bit-Zahlen*

| $x_i$ | $y_i$ | $D_i$ | $E_{i+1}$ |
|---|---|---|---|
| 0 | 0 | 0 | 0 |
| 0 | 1 | 1 | 1 |
| 1 | 0 | 1 | 0 |
| 1 | 1 | 0 | 0 |

Zur Subtraktion kann ein Addierer verwendet werden ($\rightarrow$ Bild 8.39). Dazu ist die Zweierkomplement-Darstellung zu verwenden.

$$D_i = x_i - y_i = x_i + \bar{y}_i + 1 \tag{8.28}$$

Der Ausgangs-Übertrag $C_{i+1}$ wird dabei negiert.

$$E_{i+1} = \overline{C}_{i+1} \tag{8.29}$$

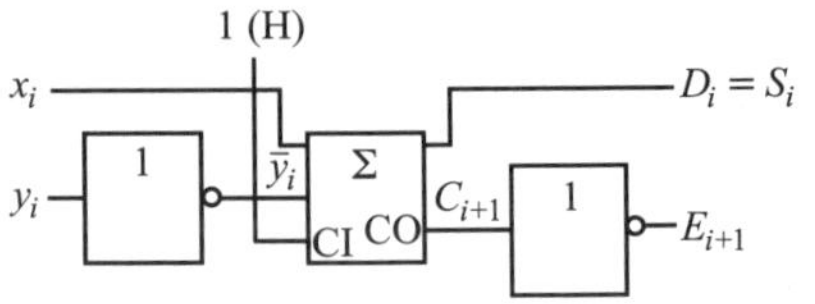

Bild 8.39 Subtraktion von 1-Bit-Zahlen mit Volladdierer

## 8.5 Elementare Kippschaltungen

### 8.5.1 Begriffsbestimmung und Übersicht

> **Kippschaltungen** sind digitale Schaltungen mit sprunghaftem Übertragungsverhalten. In Schaltnetzen entsteht das Kippverhalten durch Rückkopplung ($\rightarrow$ 7.3.3.1).

**Stabile Kippschaltungen.** Durch Rückkopplung ist eine Selbsthaltung wirksam. Definierte Eingangssignale bewirken eine kurzzeitige Instabilität ($\underline{KV} = 1$), die zum Kippen aus dem einen in den anderen Zustand führt (H/L oder L/H).

**Bistabile Kippschaltungen (Flipflop).** Flipflops besitzen zwei stabile, statische Arbeitspunkte. Die internen Rückkopplungswege verlaufen über ohmsche Widerstände. Ihre Eigenschaft, binäre Signale temporär zu speichern, wird vielseitig genutzt ($\rightarrow$ 8.6).

**Schwellwertschalter (Schmitt-Trigger).** Schmitt-Trigger sind bistabile Kippschaltungen mit Hysterese, die bei stetiger Änderung der Eingangsspannung unstetige (sprungartige) Ausgangssignale liefern.

- *Anwendung*: Rechteckimpulserzeugung, Signalregenerierung, Grenzwertsignalisierung.

**Monostabile Kippschaltungen (Monoflop).** Monoflops besitzen einen stabilen, statischen Arbeitspunkt. Der zweite Arbeitspunkt ist nur während einer bestimmten Haltezeit dynamisch stabil (metastabil). In der Rückkopplung ist ein Signalweg kapazitiv aufgetrennt.

- *Anwendung*: Impulserzeugung, Impulsdehnung, Zeitschalter.

**Astabile Kippschaltungen (Multivibratoren).** Sie besitzen überhaupt keinen stabilen Arbeitspunkt. Die beiden internen Zustände wechseln sich autonom ab. In der Rückkopplung sind alle Signalwege kapazitiv aufgetrennt.

- *Anwendung*: Takterzeugung
  Kippschaltungen aus integrierten Bausteinen werden auch als Kippglieder bezeichnet.

### 8.5.2 Bistabile Kippschaltungen (Flipflop)

**Flipflops** sind die Grundbausteine von Schaltwerken. Schaltwerke sind sequentielle Schaltungen (Folgeschaltungen).

Bei sequentiellen Schaltungen sind die Ausgangsvariablen nicht nur von den Kombinationen der Eingangsvariablen abhängig, sondern auch von zwischengespeicherten inneren Zuständen. Die Einteilung der hysteresefreien bistabilen Kippschaltungen (Flipflop) erfolgt nach der Taktwirkungsweise ($\rightarrow$ Bild 8.40) und dem logischen Verhalten (z. B. *RS*, *D*, *JK*).

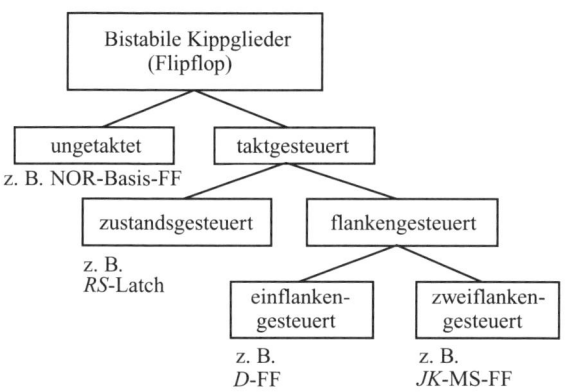

*Bild 8.40 Gliederung der Flipflops nach der Art der Taktung*

#### 8.5.2.1 Ungetaktete Flipflop

- *Anwendung*: Grundbausteine für elementare Zustandsautomaten, Strukturelemente von statischen Schreib-Lese-Speichern (SRAM $\rightarrow$ 8.7).

Die Grundschaltung eines Basis-Flipflops entsteht aus zwei kreuzgekoppelten Negatoren (z. B. Transistoren in Emitterschaltung, NOR-Gatter, NAND-Gatter). Bild 8.41 zeigt das NOR-Basis-FF.

# 8 Digitale Schaltungen

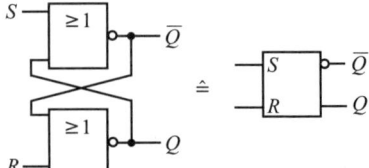

Bild 8.41 NOR-Basis-Flipflop

**Beschreibungsformen für Flipflops** sind:

- Funktionstabelle (Zustandstabelle, Schaltfolgetabelle),
- Übergangstabelle (Automatentabelle, Synthesetabelle),
- Logikgleichung (charakteristische Gleichung).

Beim Aufstellen der Funktionstabelle ($\rightarrow$ Tab. 8.12) ist von einem stabilen Zustand auszugehen (z. B. $Q = 0$) und für eine vorgegebenen Eingangsbelegung (z. B. $S = 1$; $R = 0$) der Folgezustand zu bestimmen (z. B. $Q^+ = 1$).

Tabelle 8.12 Funktionstabelle des RS-Flipflops

| z | Q | S | R | $Q^+$ |
|---|---|---|---|---|
| 0 | 0 | 0 | 0 | 0 |
| 1 | 0 | 0 | 1 | 0 |
| 2 | 0 | 1 | 0 | 1 |
| 3 | 0 | 1 | 1 | – |
| 4 | 1 | 0 | 0 | 1 |
| 5 | 1 | 0 | 1 | 0 |
| 6 | 1 | 1 | 0 | 1 |
| 7 | 1 | 1 | 1 | – |

Tabelle 8.13 Übergangstabelle des RS-Flipflops

| Q | $\rightarrow$ | $Q^+$ | Kommentar | S | R |
|---|---|---|---|---|---|
| 0 | | 0 | 0 speichern | 0 | X |
| 0 | | 1 | auf 1 setzen | 1 | 0 |
| 1 | | 1 | 1 speichern | X | 0 |
| 1 | | 0 | auf 0 rücksetzen | 0 | 1 |

X beliebige Belegung $(0 \vee 1)$

▶ *Beachte*: An $S$ und $R$ dürfen nicht gleichzeitig H-Pegel (1) anliegen. Folgt auf diesen irregulären Zustand (–) ein Speicherzustand, dann nehmen die Ausgänge zufällige Belegungen an, die von den Gatterlaufzeiten abhängen. Außerdem sind die Belegungen der beiden Ausgänge $(Q; \overline{Q})$ nicht mehr komplementär.

Die **Übergangstabelle** ($\rightarrow$ Tab. 8.13) entsteht aus Tabelle 8.12 durch Zusammenfassen von Zeilen mit gleichen Übergängen ($Q \rightarrow Q^+$). Sie eignet sich besonders für den Schaltungsentwurf.

Die **charakteristische Gleichung** (8.30) des $RS$-Flipflops folgt aus Tabelle 8.12 und Minimierung nach Karnaugh ($\rightarrow$ 8.2.3).

$$\boxed{Q^+ = S \vee \overline{R}Q; \quad S \wedge R \neq 1} \tag{8.30}$$

## 8.5 Elementare Kippschaltungen

**Weitere Basis-Flipflops**

- *RS-Basis-Flipflop* aus NAND-Gattern
  Im Bild 8.41 sind zu ersetzen: NOR → NAND; $S \to \overline{S}$; $R \to \overline{R}$; $\overline{Q} \to Q$; $Q \to \overline{Q}$. Mit zusätzlichen Negatoren an den Eingängen ergibt sich das gleiche logische Verhalten wie beim NOR-Basis-Flipflop (→ Gl. (8.30)). Die irregulären Zustände (→ Tab. 8.12) lassen sich durch eine zusätzliche Beschaltung vermeiden.

- *SL-Flipflop* (*RS*-FF mit Setzvorrang)
  Die irregulären Zustände (–) werden zu „1" (→ Bild 8.42 a)
  $$Q^+ = S \vee \overline{L}Q \tag{8.31}$$

- *EL-Flipflop* (*RS*-FF mit Löschvorrang)
  Die irregulären Zustände (–) werden zu „0" (→ Bild 8.42 b)
  $$Q^+ = \overline{L}(E \vee Q) \tag{8.32}$$

▶ *Beachte*: L hat hier nicht die Bedeutung LOW, sondern kennzeichnet die Löschvariable.

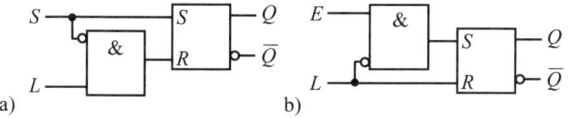

*Bild 8.42 RS-Flipflop mit Vorrangeigenschaft*
*a) dominierendes Setzen (SL), b) dominierendes Löschen (EL)*

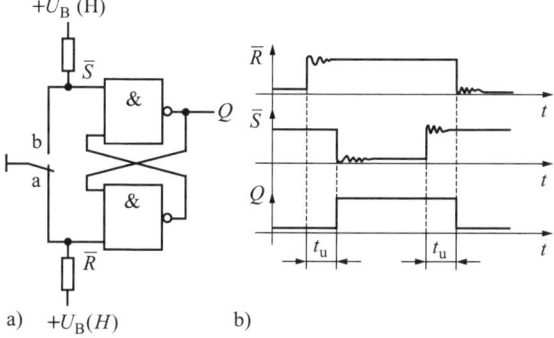

*Bild 8.43 Kontaktentprellung mit Flipflop: a) Schaltung, b) Impulsdiagramm*

**Entprellung von Kontakten**

Zur mechanischen Dateneingabe in Digitalschaltungen ist eine Kontaktentprellung erforderlich. Die unkontrolliert entstehenden Prellimpulse (Impulsvervielfachung durch Schwingungen der Kontaktfeder) würden sonst Datenfehleingaben verursachen. Im Bild 8.40 wird ein $\overline{R}\overline{S}$-Flipflop (FF) über einen Umschaltkontakt angesteuert. In Kontaktstellung a ist das FF rückgesetzt ($Q = 0$). Während der Umschaltzeit $t_u$ bleibt $Q = 0$ gespeichert, so daß die Öffnungsprellung unterdrückt wird. Gelangt die Kontaktfeder in Position b, dann wird das FF auf $Q = 1$ gesetzt. Die Schließungsprellung wird unterdrückt, da die Setzinformation gespeichert bleibt, bis beim Zurückschalten wiederum Position a erreicht ist.

#### 8.5.2.2 Zustandsgesteuerte Flipflops

Bei Zustandssteuerung wird das Flipflop über einen Steuereingang $C$ freigegeben oder gesperrt. Die Freigabe erfolgt mit der L/H-Flanke des Steuerimpulses und währt solange, wie $C = H$ ist. Bei $C = L$ ist das FF gesperrt. Ein derartiges FF wird auch als Auffang-FF oder Latch bezeichnet. Nach dem logischen Verhalten unterscheidet man $RS$-Latch und $D$-Latch. Diese Schaltungen werden als IC (TTL; CMOS) angeboten.

■ *Beispiele:* 74LS279: vier $RS$-Latches; 74ALS373: acht $D$-Latches; 74HC259: 8-Bit-$D$-Latch

**D-Latch**

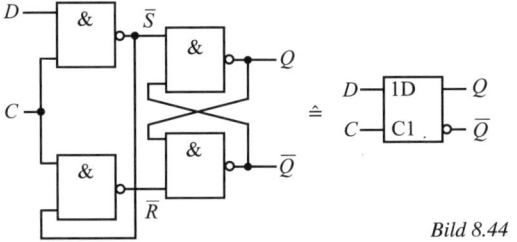

Bild 8.44  D-Latch

Die beiden Eingänge eines $\overline{R}\overline{S}$-Flipflops sind zueinander negiert ($\rightarrow$ Bild 8.44). Dadurch entfallen die irregulären Zustände ($\rightarrow$ Tab. 8.12). Die vorgeschalteten NAND-Glieder wirken als Torschaltung (bei $C = H$ ist das Tor für das D-Signal offen). Die charakteristische Gleichung lautet:

$$Q^+ = \begin{Bmatrix} D & \text{bei} & C = H \\ Q & \text{bei} & C = L \end{Bmatrix} \qquad (8.33)$$

Bei $C = H$ übernimmt das FF den am D-Eingang liegenden Zustand und schaltet auf $Q^+ = H$ oder $Q^+ = L$. Bei $C = L$ speichert es den vorherigen Zustand Q.

▶ *Betriebs-Hinweise für Latches*:

- Die Signale an den Bedingungseingängen $(D; S; R)$ dürfen sich nur im gesperrten Zustand $(C = L)$ ändern.
- Rückführungen von Ausgängen (z. B. $\overline{Q}$) zu Bedingungseingängen (z. B. $D$) sind nicht zulässig, da sie instabiles Verhalten (Schwingen) verursachen.
- Anwendung als Datenpuffer (Auffang-Register); für Zähler und Schieberegister ungeeignet.

### 8.5.2.3 Flankengesteuerte Flipflops

**Zweiflankengesteuertes JK-Flipflop**

Zweispeicher-Kippschaltungen (zweistufige Flipflops) nehmen mit dem Taktimpuls eine Eingangsinformation in den Zwischenspeicher und geben zeitlich getrennt eine im Hauptspeicher befindliche Information an den Ausgang weiter.

**JK-Master-Slave-Flipflop**

Zwei getaktete *RS*-Flipflops (1. Master, 2. Slave) sind über Logikgatter rückgekoppelt (→ Bild 8.45). Durch Invertieren des Slave-Taktes und unterschiedliche Schaltschwellen der Gatter (H-Schwelle in Ga 3 liegt niedriger als in Ga 1; Ga 2) ist auch während der Taktflankendauer mindestens eine der beiden Kippstufen gesperrt, so daß an die Flankensteilheit keine erhöhten Anforderungen gestellt werden müssen. Die Informationsverarbeitung erfolgt mit der im Bild 8.46 angegebenen zeitlichen Reihenfolge:

$t_1$ Slave wird gesperrt und vom Master getrennt,

$t_2$ Master wird freigegeben; Zwischenspeicherung der *JK*-Belegungen im Master,

$t_3$ Ga 1; Ga 2 werden gesperrt; Trennung der *JK*-Eingänge vom Master,

$t_4$ Slave übernimmt die Information vom Master und schaltet dementsprechend.

Die formale Beschreibung des *JK*-Verhaltens kann durch Tabellen (→ Tab. 8.14, 8.15), die charakteristische Gleichung (→ Gl. (8.34)) sowie durch Taktdiagramme (ähnlich Bild 8.47) erfolgen.

$$Q^+ = J\overline{Q} \vee \overline{K}Q \tag{8.34}$$

▶ *Hinweis*: Auf der H/L-Flanke des Taktimpulses wird die Information eingeschrieben, auf der H/L-Flanke nach Gl. (8.34) ausgelesen.

*Tabelle 8.14 Vereinfachte Funktionstabelle des JK-Flipflops*

| z | J | K | $Q^+$ |
|---|---|---|---|
| 0 | 0 | 0 | $Q$ |
| 1 | 1 | 0 | 1 |
| 2 | 0 | 1 | 0 |
| 3 | 1 | 1 | $\overline{Q}$ |

*Tabelle 8.15 Übergangstabelle des JK-Flipflops*

| $Q$ | $\rightarrow$ | $Q^+$ | Kommentar | J | K |
|---|---|---|---|---|---|
| 0 | | 0 | 0 speichern | 0 | X |
| 0 | | 1 | auf 1 setzen | 1 | X |
| 1 | | 1 | 1 speichern | X | 0 |
| 1 | | 0 | auf 0 rücksetzen | X | 1 |

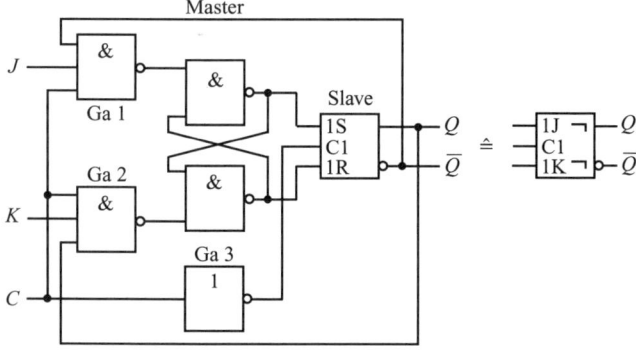

*Bild 8.45 JK-Master-Slave-Flipflop (vereinfacht)*

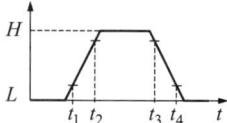

*Bild 8.46 Verarbeitungszeitpunkte beim JK-MS-Flipflop*

Integrierte $JK$-Flipflops haben zusätzlich $S$- und $R$-Eingänge mit Vorrangeigenschaft. Damit kann der Ausgangszustand unabhängig vom Taktsignal eingestellt werden.

**Zweiflankengesteuertes $D$-Flipflop**

Durch Kettenschaltung zweier $D$-Latches und gegenphasige Taktung von Master und Slave entsteht ein Zwischenspeicher-Flipflop mit $D$-Verhalten. Es dient als Grundstruktur für Schieberegister-Schaltkreise.

**Einflankengesteuertes $D$-Flipflop**

Charakteristische Gleichung:

$$Q^+ = D \tag{8.35}$$

*Besonderheiten*:

- Mit der aktiven Taktflanke übernimmt das Flipflop die *D*-Belegung an den Ausgang, unmittelbar danach wird der *D*-Eingang blockiert.
- Die Triggerung erfolgt je nach IC-Typ entweder auf der L/H-Flanke (positiv flankengetriggert) oder auf der H/L-Flanke (negativ flankengetriggert)
- Die Anforderungen an die Steilheit der Taktflanken sind höher als bei der Zweiflankensteuerung.

**Dynamisches Verhalten des *D*-Flipflops**

*Allgemein gilt*: Bei höheren Taktfrequenzen sind Flanken- und Verzögerungszeiten nicht mehr zu vernachlässigen. Bild 8.47 zeigt ein Taktdiagramm des TTL-Bausteins 7474 (2 positiv flankengetriggerte *D*-Flipflops). Der Baustein wurde mit $\approx$ 15 MHz getaktet. Mit der Verzögerungszeit $t_{PLH} \approx 18$ ns wird der jeweilige *D*-Zustand (1 oder 0) nach der ansteigenden Taktflanke an den Ausgang *Q* gelegt. Zur korrekten Arbeitsweise des Flipflops darf sich der *D*-Zustand in zeitlicher Nähe zur aktiven Taktflanke nicht ändern.

Einzuhaltende Zeitbedingungen sind:

*Einstellzeit* (SETUP TIME) $\quad t_{SETUP} \approx 25$ ns
*Haltezeit* (HOLD TIME) $\quad\quad t_{HOLD} \approx \phantom{2}5$ ns

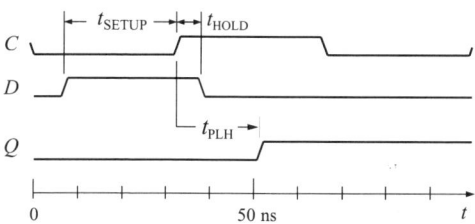

*Bild 8.47 Impulsdiagramm (gezoomt) des flankengetriggerten D-Flipflops*

**Einflankengesteuerte *JK*-Flipflops**

Während der aktiven Schaltflanke (positiv oder negativ je nach Schaltkreistyp) erfolgt eine von den internen Gatterlaufzeiten abhängige, kurze Zwischenspeicherung der an *J* und *K* vorhandenen Eingangsbelegungen. Für den Anwender ergibt sich, abgesehen vom logischen Verhalten, der gleiche Funktionsablauf wie beim flankengetriggerten *D*-Flipflop.

▶ *Anwendungshinweise* für flankengesteuerte Flipflops:
  - *JK*-Flipflop sind die Grundbausteine von Zählschaltungen,
  - *D*-Flipflop sind die Grundbausteine von Schieberegistern.

## 8.5.3 Schwellwertschalter

> **Schwellwertschalter** (Schmitt-Trigger) sind bistabile Kippschaltungen mit Hysterese ($\rightarrow$ 8.5.1).

Als „Kippen" wird ein schnelles Umschalten zwischen zwei stabilen Arbeitspunkten (A1; A2) bezeichnet. Beim Überschreiten der Schwellspannung $U_{T1}$ kippt die Schaltung von A1 nach A2, beim Unterschreiten von $U_{T2}$ kippt sie von A2 nach A1 zurück.

**Schalthysterese** (Schwellspannungsunterschied):

$$U_H = U_{T1} - U_{T2} \tag{8.36}$$

Bild 8.48 zeigt die idealisierte Übertragungskennlinie. Schwellwertschalter sind Spannungsdiskriminatoren, die aus kontinuierlichen Signalen diskrete (Zweipunktsignale) formen ($\rightarrow$ Bild 8.49).

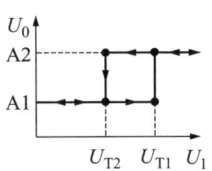
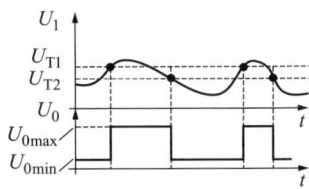

*Bild 8.48 Übertragungskennlinie eines Schwellwertschalters*

*Bild 8.49 Signalformung mit Schwellwertschalter*

### 8.5.3.1 Schwellwertschalter mit Operationsverstärkern

Es ergeben sich *zwei Schaltungsvarianten*, die aus den Operationsverstärker-Grundschaltungen ($\rightarrow$ 7.4.3, Inverter; Nichtinverter) durch Vertauschen der Eingänge hervorgehen:

Inverter $\Rightarrow$ Nichtinvertierender Schmitt-Trigger
Nichtinverter $\Rightarrow$ Invertierender Schmitt-Trigger

Bei der Berechnung der Schaltschwellen wird vom idealen Operationsverstärker ausgegangen ($V_u \rightarrow \infty$). Die stationären Arbeitspunkte liegen in den Sättigungsgebieten der Übertragungskennlinie. Die Schwellwerte errechnen sich aus $U_{O\,max}$ und $U_{O\,min}$ jeweils durch Anwendung der Spannungsteilerregel.

#### Invertierender Schmitt-Trigger

Charakteristisch ist die Ansteuerung des invertierenden Einganges ($-$) und die Mitkopplung auf den nichtinvertierenden Eingang ($+$) ($\rightarrow$ Bild 8.50).

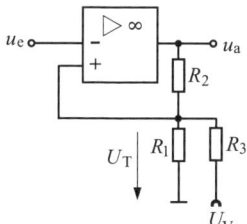

Bild 8.50 Invertierender Schmitt-Trigger

Die Schaltung verhält sich instabil und schaltet, beschleunigt durch die hohe Schleifenverstärkung, sehr schnell in die Sättigung. Die Schaltschwellen errechnen sich aus Gl. (8.36), wobei für $U_O$ jeweils $U_{O\,\max}$ oder $U_{O\,\min}$ einzusetzen ist. Mit der Verschiebespannung $U_V$ kann der Hysteresebereich vertikal verschoben werden.

$$U_T = \frac{U_V}{1 + \dfrac{R_3}{R_1} + \dfrac{R_3}{R_2}} + \frac{U_O}{1 + \dfrac{R_2}{R_1} + \dfrac{R_2}{R_3}} \tag{8.37}$$

Die Grundschaltung des Schmitt-Triggers wird zumeist ohne $U_V$ und Widerstand $R_3$ dargestellt. Mit $U_V = 0$ und $R_3 = 0$ ergibt sich dann

$$\boxed{U_T = \frac{U_a}{1 + \dfrac{R_2}{R_1}}} \tag{8.38}$$

■ *Beispiel*: Bei Verwendung von TTL-kompatiblen Komparatorbausteinen nimmt der Ausgang entweder L-Pegel (typ. 0,2 V) oder H-Pegel (typ. 4,2 V) an. Bei $R_1 = 100\,\Omega; R_2 = 2\,\text{k}\Omega; R_3 = 13\,\text{k}\Omega; U_V = -15\,\text{V}$ errechnen sich die Schwellspannungen nach Gl. (8.37) zu $U_{T1} = +90\,\text{mV}$ und $U_{T2} = -100\,\text{mV}$. Die Hysterese beträgt $U_H = 190\,\text{mV}$.

**Eigenschaften der Grundschaltungen**

- Bei Verwendung von OV mit symmetrischer Betriebsspannung und $U_V = 0$ liegen auch die Ausgangsspannungen $U_O$ symmetrisch zu 0 V (keine TTL-Kompatibilität).
- Die Schaltschwellen hängen von den Aussteuergrenzen ($\pm U_s$) ab und sind daher nicht sehr präzis.
- Die Hysterese ist von den Schaltschwellen und dem Widerstandsverhältnis $R_2/R_1$ abhängig. Die Verschiebespannung $U_V$ hat keinen Einfluß.

### 8.5.3.2 Schwellwertschalter mit digitalen Schaltkreisen

Komplett integrierte Schmitt-Trigger sind sowohl im TTL- als auch im CMOS-Sortiment zu finden. Es handelt sich dabei um Logikgatter (z. B. Negatoren;

NAND-Bausteine) oder Monoflops mit Schmitt-Trigger-Eingängen (STE). Die typischen *Schwellwerte* sind aus den Bauelemente-Katalogen zu entnehmen:

■ *Beispiele*:
  1. TTL-Baustein 74LS132 – Vier NAND-Gatter mit STE –
     $U_{T1} = 1,6$ V; $U_{T2} = 0,8$ V
  2. CMOS-Baustein 40106B – Sechs Negatoren mit STE –
     $U_B = \phantom{0}5$ V: $\quad U_{T1} = 3,0$ V; $\quad U_{T2} = 2,2$ V
     $U_B = 10$ V: $\quad U_{T1} = 5,8$ V; $\quad U_{T2} = 4,5$ V
     $U_B = 15$ V: $\quad U_{T1} = 8,3$ V; $\quad U_{T2} = 6,5$ V

*Vorteile* von Schmitt-Trigger-Gattern:
- Regenerierung von verschliffenen Signalspannungen,
- Erhöhung der Störsicherheit.

▶ *Hinweis*: Komplexe integrierte Komparatorbausteine verschiedener Hersteller bieten ein Schaltverhalten mit sehr kleiner Hysterese. Die Schwellspannung kann bei einigen Typen digital eingestellt werden (engl. Programmable Threshold). Mehrere Digital-Analog-Umsetzer (DAC) und ein Mikroprozessor-Interface sind dazu auf dem gleichen Chip untergebracht.

### 8.5.4 Monostabile Kippschaltungen

> **Monostabile Kippschaltungen (Monoflop)** sind sequentielle Schaltungen mit einem stabilen Arbeitspunkt (Ruhezustand), die beim Eintreffen eines Triggerimpulses in den Arbeitszustand umkippen und nach einer festgelegten Haltezeit von selbst in den Ruhezustand zurückkippen.

#### 8.5.4.1 Monostabile Kippschaltungen mit Logikgattern

Aus TTL- oder CMOS-Gattern lassen sich durch Zwischenschalten eines *CR*-Gliedes (Zeitkonstante) einfache Grundschaltungen realisieren. Bild 8.51 zeigt eine Schaltungsvariante mit zwei NAND-Gattern. Zweckmäßig sind Gatter mit Schmitt-Trigger-Eingängen (74LS132, 74HC132), damit die Umschaltpunkte exakt definiert sind.

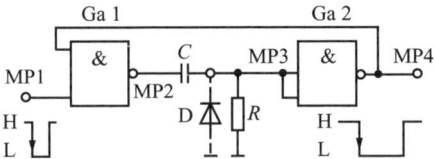

*Bild 8.51 Monostabile Kippschaltung mit NAND-Gattern*

## 8.5 Elementare Kippschaltungen

Der Meßpunkt MP3 muß im Ruhezustand auf L-Pegel gehalten werden, dazu ist $R$ entsprechend zu wählen.

- bei TTL: $220\,\Omega < R < 680\,\Omega$
- bei CMOS: $R \leq 1\,\text{M}\Omega$

Die Diode D schützt Ga 2 vor negativen Impulsspitzen und verkürzt die Erholzeit $t_\text{E}$ (Entladung von $C$ auf $0{,}05 U_\text{B}$).

Die **Haltezeit** $t_\text{H}$ ist von der Zeitkonstante des $CR$-Gliedes abhängig:

$$\boxed{t_\text{H} = kCR} \tag{8.39}$$

$k \approx 1{,}4$ (TTL); $\quad k \approx 0{,}8$ (CMOS)

Eigenschaften der Grundschaltung ($\to$ Bild 8.51):

- Die Triggerung erfolgt durch eine H/L-Flanke am Eingang.
- Die Haltezeit wird auch von Temperatur und Speisespannung beeinflußt.
- Die Triggerimpulsdauer muß kürzer als die Haltezeit sein ($t_\text{i} < t_\text{h}$)

Bild 8.52 zeigt das Impulsdiagramm zur Grundschaltung.

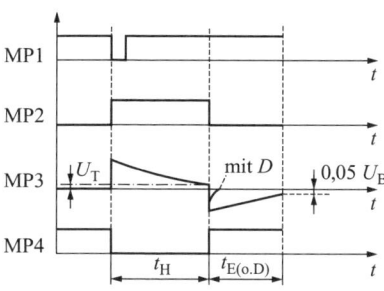

Bild 8.52 Impulsdiagramm eines Monoflops

### 8.5.4.2 Integrierte Monoflop-Bausteine

Sowohl das TTL- als auch das CMOS-Sortiment enthält komplett integrierte Monoflops. Durch Beschalten mit einer $RC$-Kombination läßt sich die Haltezeit einstellen ($\to$ Bild 8.53).

Zu unterscheiden sind:

- *Retriggerbare Monoflops* (die Haltezeit wird bei mehreren Triggerimpulsen erst nach dem letzten Impuls gebildet), z. B. 74LS123.
- *Nicht retriggerbare Monoflops* (die Haltezeit wird mit dem ersten Impuls gebildet, nachfolgende Impulse werden ignoriert, wenn sie in die Haltezeit fallen), z. B. 74LS221.

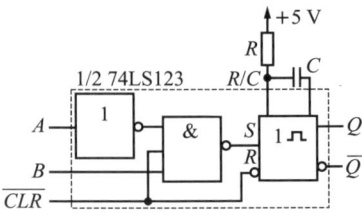

Bild 8.53 Beschalteter Monoflop-Baustein

Die Haltezeit des im Bild 8.53 dargestellten retriggerbaren Monoflops 74LS123 hängt von der externen Zeitkonstante ab:

$$t_H = 0{,}28(R + 700\,\Omega)C \quad \text{mit} \tag{8.40}$$

$$R = 5\,\text{k}\Omega \ldots 50\,\text{k}\Omega$$

■ *Betriebsarten*:
Positive Flankentriggerung:
$CLR/ = H; \quad A = L; \qquad B = L/H\text{-Flanke}\;(\uparrow)$
Negative Flankentriggerung:
$CLR/ = H; \quad A = H/L\text{-Flanke}\;(\downarrow); \quad B = H$

▶ *Hinweis*: Mit integrierten Zeitgeberbausteinen (z. B. Timer 555 und 556) lassen sich auch Verzögerungszeiten im Minutenbereich realisieren.

### 8.5.5 Astabile Kippschaltungen

**Astabile Kippschaltungen (Multivibratoren)** sind einfache Impulserzeuger (Taktgeber).

Sie bestehen aus mitgekoppelten Verstärkerstufen (Mitkopplung; $KV > 1$). Bei unstetig wirkender Amplitudenbegrenzung (Übersteuerung der aktiven Bauelemente) entstehen Kippschwingungen in Rechteckform. Die Impulsfrequenz wird je nach Schaltung durch eine oder zwei Zeitkonstanten bestimmt.

**Multivibratoren mit Logikgattern**

Multivibratoren (Taktgeber) können aus Logikgattern mit invertierendem Verhalten aufgebaut werden. Bild 8.54 zeigt einen sperrbaren Taktgeber aus NAND-Gattern und einem *RC*-Glied. Zweckmäßig ist die Verwendung von Gattern mit Schmitt-Trigger-Eingängen.

■ *Wirkungsweise* ($\rightarrow$ Bild 8.55): Mit $S = L$ wird der Oszillator gestartet. Nach der Einschwingzeit $T_E$ ergibt sich eine Rechteck-Schwingung mit der Periodendauer $T$. Mit $S = H$ wird der Ozsillator wieder gestoppt.

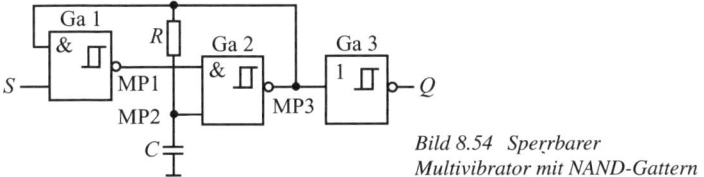

Bild 8.54 Sperrbarer Multivibrator mit NAND-Gattern

Die **Taktfrequenz** $f$ wird aus den Schwellwerten der Gatter berechnet:

$$f = \frac{1}{kCR}; \quad k = 2\ln\frac{U_{T1}}{U_{T2}} \tag{8.41}$$

Für CMOS-Gatter mit $U_{T1} = 3$ V und $U_{T2} = 2,2$ V ergibt sich $k \approx 0,62$.

▶ *Hinweis*: Bei TTL-Gattern muß mit einer Einflußnahme durch den Gatter-Eingangswiderstand gerechnet werden, so daß der gemessene $k$-Wert vom berechneten abweichen wird.

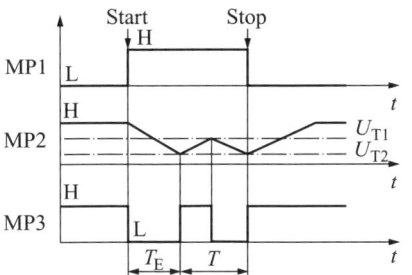

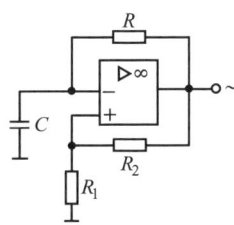

Bild 8.55 Impulsdiagramm eines Multivibrators

Bild 8.56 Multivibrator mit Schwellwertschalter

**Multivibratoren mit Operationsverstärkern**

Durch eine zusätzliche Gegenkopplung über ein $RC$-Glied wird der Schmitt-Trigger ($\rightarrow$ Bild 8.50) zum Multivibrator ($\rightarrow$ Bild 8.56). Diese Schaltung eignet sich besonders für niedrige Taktfrequenzen $f$.

$$f \approx \frac{1}{2\ln CR\left(1 + \dfrac{2R_1}{R_2}\right)} \tag{8.42}$$

▶ *Hinweis*: Hohe zeitliche Konstanz der Schwingungen erzielt man durch den Einsatz von Schwingquarzen in Multivibratorschaltungen.

## 8.6 Komplexe Bausteine für digitale Systeme

Als **digitale Systeme** werden hier komplexe Digitalschaltungen bezeichnet, die aus kombinatorischen und sequentiellen Schaltungskomponenten bestehen.

Aus den Grundbausteinen der kombinatorischen ($\rightarrow$ 8.3; 8.4) und der sequentiellen Logik ($\rightarrow$ 8.5) entstehen Funktionseinheiten mit höherem Integrationsgrad.

### 8.6.1 Zähler

**Zähler** sind sequentielle Schaltungen zum Zählen von Impulsen.

Allgemeines Merkmal einer sequentiellen Schaltung ist ihr Speichervermögen. Die Ausgangssignale sind von Eingangssignalen und zwischengespeicherten Zuständen abhängig. Typisch ist der Ablauf einer Zustandsfolge (z. B. Zählerstände in Abhängigkeit von der Taktimpulszahl).

*Zähler* werden als integrierte Bausteine in vielfältigen Varianten angeboten. Die internen Schaltungsstrukturen bestehen im wesentlichen aus bistabilen Kippgliedern (Zähl-Flipflop). In Sonderfällen kann auch ein diskreter Schaltungsaufbau aus einzelnen Flipflop-Stufen von Interesse sein.

*Unterscheidungsmerkmale*:

- Art der Taktung
  (Serientaktung: Asynchron-Zähler; Paralleltaktung: Synchron-Zähler),
- Codierung der Zählerzustände
  (Dualcode: Dualzähler; BCD-Code: Dezimalzähler),
- Zählrichtung
  (Vorwärtszähler (up counter); Rückwärtszähler (down counter)).

Die **Zählkapazität** $c$ eines Dualzählers beträgt bei $n$ Stufen:

$$c = 2^n - 1 \tag{8.43}$$

Werden durch zusätzliche Maßnahmen $k$ Zustände übersprungen, so verbleiben $m$ *Zählerzustände*:

$$m = 2^n - k \tag{8.44}$$

▶ Ein auf $m$ Zustände begrenzter Zähler wird als Modulo-$m$-Zähler bezeichnet.

■ Die Zustandszahl eines Dualzählers aus vier Flipflops beträgt $m_1 = 2^4 = 16$. Der Zähler zählt vorwärts von 0 bis 15. Durch Überspringen der letzten sechs Zustände

($k = 6$) entsteht ein Dezimalzähler mit $m_2 = 16 - 6 = 10$. Die Zählung erfolgt von 0 bis 9. Mit dem 10. Takt ergibt sich wieder der Zustand $z = 0$ und gleichzeitig ein Übertrag zur nächsten Dekade.

**Elementarbausteine für Zähler**

sind flankengesteuerte Flipflops ($\rightarrow$ 8.5.2.3). Transparente Flipflops (Latches) sind ungeeignet. Der Binärteiler ist die einfachste Zählerkonstruktion. Bild 8.57 zeigt Schaltungen von Binärteilern (Frequenzteiler 2 : 1), a) mit *JK*-Flipflop und b) mit *D*-Flipflop.

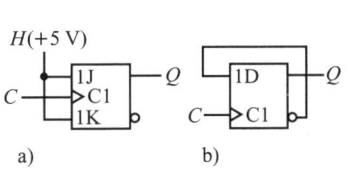

a)   b)

*Bild 8.57 Schaltungsvarianten des Binärteilers*

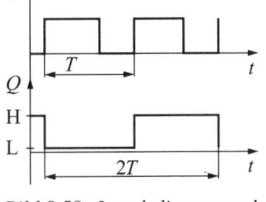

*Bild 8.58 Impulsdiagramm des Binärteilers bei positiver Flankentriggerung*

Die charakteristische Gleichung des *Binärteilers* lautet:

$$Q^+ = \overline{Q} \qquad (8.45)$$

Der Binärteiler kippt mit jeder aktiven Taktflanke in den entgegengesetzten Zustand ($\rightarrow$ Bild 8.58).

### 8.6.1.1 Asynchronzähler aus einzelnen Kippgliedern

> Bei **asynchronen Zählern** werden die Zählimpulse dem Takteingang des ersten Kippgliedes zugeführt. Die Taktung der nächsten Kippglieder erfolgt jeweils durch die vorherigen.

*Vorteil*: einfacher Schaltungsaufbau
*Nachteile*: Asynchronzähler sind langsamer als vergleichbare Synchronzähler.

Bild 8.59 zeigt einen Asynchronzähler für 4 bit. Die Schaltung wurde aus negativ flankengetriggerten *JK*-Flipflops (z. B. 74LS113A) aufgebaut. Jede Stufe arbeitete als Binärteiler. Beim Vorwärtszähler ist jeder *Q*-Ausgang mit dem nächsten Takteingang verbunden. Beim Rückwärtszähler sind die negierten *Q*-Ausgänge zu verwenden.

# 458  8 Digitale Schaltungen

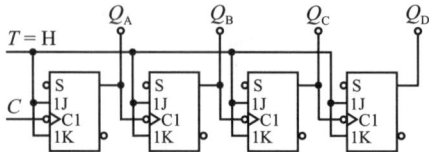

Bild 8.59  4-Bit-Asynchronzähler (Dualcode, vorwärtszählend)

Das zugehörige Impulsdiagramm zeigt Bild 8.77. Die dargestellte Schaltung eignet sich auch als Frequenzteiler für die Teilerverhältnisse $2^n : 1; n = 1; 2; 3; 4$.

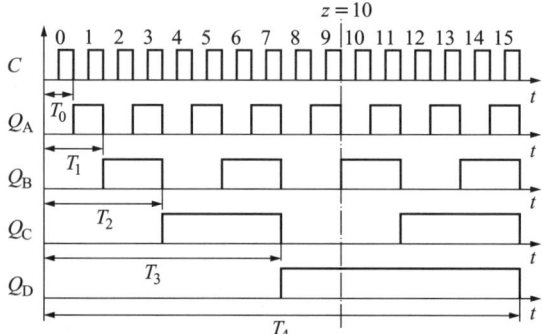

Bild 8.60  Impulsdiagramm eines 4-Bit-Asynchronzählers (Dualcode, vorwärtszählend)

## 8.6.1.2  Synchronzähler aus einzelnen Kippgliedern

> Bei **synchronen Zählern** werden die Zählimpulse parallel und damit gleichzeitig allen Kippgliedern zugeführt.

*Vorteil*: Schneller als vergleichbare Asynchronzähler
*Nachteil*: Zusätzliche Logik erforderlich, die das gleichzeitige Kippen aller Flipflops mit dem Zähltakt verhindert.

Bild 8.61 zeigt einen synchronen 4-Bit-Dezimalzähler mit positiv flankengetriggerten *JK*-Flipflops (z. B. 74LS109A).

■ *Wirkungsweise*: $Q_A$ schaltet auf jeder aktiven Taktflanke (L/H), die anderen Ausgänge nur dann, wenn es die *JK*-Bedingungen während der aktiver Taktflanke zulassen; $Q_B$ nur dann, wenn $Q_A = H$ und $Q_D = L$ ist ($z = 1$); $Q_C$ nur dann, wenn $Q_A \wedge Q_B = H$ ist ($z = 3$); $Q_D$ immer dann, wenn $Q_A \wedge Q_B \wedge Q_C = H$ ist ($z = 7$). Die Zählkapazitätsbegrenzung auf $m = 10$ erfordert noch ein Umschalten auf $Q_D = L$, wenn $Q_A \wedge Q_D = H$ ist ($z = 9$).

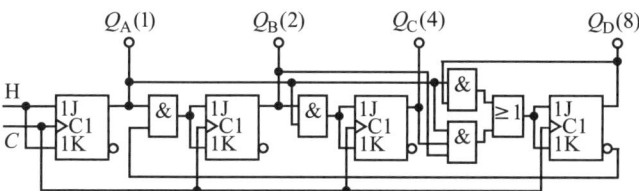

*Bild 8.61 4-Bit-Synchronzähler (BCD-Code, vorwärtszählend)*

## 8.6.1.3 Integrierte Zählerbausteine

Zähler werden in allen TTL-und CMOS-Logikbaureihen in vielen Varianten angeboten. Intern arbeiten sie je nach Typ als Synchron- oder Asynchronzähler. Zusätzlich sind sie mit einer umfangreichen Steuerlogik ausgestattet. Dadurch können diese Bausteine vielseitig genutzt werden. Einzelheiten zu Funktionen und Anschlußbelegungen sind den einschlägigen Bauelementekatalogen zu entnehmen.

**Synchroner Vorwärts/Rückwärts-Dezimalzähler** (z. B. 74LS190)

Die symbolische Darstellung im Bild 8.62 entspricht der internationalen Norm IEC 617-12 sowie der DIN-Norm 40900, Teil 12. Abhängigkeitsnotation: → 8.9.7.

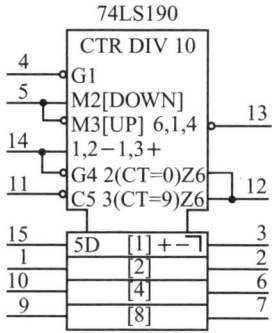

*Bild 8.62 Schaltsymbol eines TTL-Zählerbausteins*

Kurzbeschreibung zur *Funktion des Bausteins 74LS190*:

Der 4-Bit-Baustein verfügt über 10 Zählschritte.

- Vorwärtszählen (0...9):
  Takt an PIN 14, L/H-Taktflanke ist zählwirksam,
  PIN 5 auf L (MODE 3: UP), PIN 4 auf L (G1: ENABLE)

- Rückwärtszählen (9...0):
Takt an PIN 14, L/H-Taktflanke ist zählwirksam,
PIN 5 auf H (MODE 2: DOWN), PIN 4 auf L (G1: ENABLE)
- Voreinstellen:
Mit PIN 11 auf L (C5: LOAD) wird die BCD-Zahl an (5D) [$A$ (PIN 15), $B$ (PIN 1), $C$ (PIN 10), $D$ (PIN 9)] geladen (PIN 3: $Q_A := A$, PIN 2: $Q_B := B$, PIN 6: $Q_C := C$, PIN 7: $Q_D := D$)
- Serieller Übertrag:
Während des Zählerendstandes (9 bei UP; 0 bei DOWN) geht PIN 13 auf L (RCO)
- Paralleler Übertrag:
Mit Erreichen des Zählerendstandes (9 bei UP; 0 bei DOWN) geht PIN 12 auf H (MAX/MIN)

### Synchroner Vorwärts/Rückwärts-Binärzähler (z. B. 74LS191)

Der Baustein 74LS191 hat die gleiche Steuerlogik wie der 74LS190, verfügt aber über 16 Zählschritte (Binärzähler). Im Schaltsymbol ($\rightarrow$ Bild 8.62) steht die Bezeichnung CTR4 (4-Bit-Zähler) statt CTR DIV 10 (Counter Dividing by 10).

### Mehrstufige Zähler (Zähldekaden)

Mehrstufige Zähler sind Zusammenschaltungen aus einzelnen Zählerschaltkreisen zur Vergrößerung der Zählkapazität.

Generell müssen bei allen Zusammenschaltungen Überträge gebildet und an nachfolgende Bausteine weitergegeben werden. Je nach Taktzuführung und Übertragsweitergabe werden *drei Zusammenschaltungen* unterschieden ($\rightarrow$ Bild 8.63):
- asynchrone Taktung, serieller Übertrag ($\rightarrow$ Bild 8.63 a),
- synchrone Taktung, serieller Übertrag ($\rightarrow$ Bild 8.63 b),
- synchrone Taktung, paralleler Übertrag ($\rightarrow$ Bild 8.63 c).

### Zähler mit asynchroner Taktung und seriellem Übertrag

Diese einfache Zusammenschaltung wird dann verwendet, wenn keine hohen Anforderungen an die maximale Zählfrequenz gestellt werden. Die Übertragsausgänge der Vorgänger werden mit den Takteingängen der Nachfolger verbunden ($\rightarrow$ Bild 8.63 a). Die Zählerverzögerungszeit $t_{PZ}$ läßt sich für $q$ Einzelzähler abschätzen:

$$\boxed{t_{PZ} \approx q t_P + (q-1) t_{Ü}} \qquad (8.46)$$

## 8.6 Komplexe Bausteine für digitale Systeme

**Zähler mit synchroner Taktung und seriellem Übertrag**

Die synchrone Taktverarbeitung erfordert Einzelzähler mit Freigabeeingängen (ENABLE). Die Freigabe wird durch die Übertragsausgänge (RCO: Ripple Carry Output) gesteuert ($\rightarrow$ Bild 8.63 b). Die synchrone Lösung ist schneller als die asynchrone:

$$t_{PZ} \approx t_P + (q-1)t_{\ddot{U}} \tag{8.47}$$

**Zähler mit synchroner Taktung und parallelem Übertrag**

Die parallele Übertragsverarbeitung erfordert neben den Freigabeeingängen (ENABLE) noch Parallelübertragsausgänge (MAX/MIN) sowie zusätzliche Verknüpfungsgatter ($\rightarrow$ Bild 8.83 c). Dabei ergibt sich mit vorgegebenen Zählerschaltkreisen die kürzeste Verzögerungszeit:

$$t_{PZ} \approx t_P + t_{\ddot{U}} \tag{8.48}$$

$t_P$ Verzögerungszeit des Einzelzählers
$t_{\ddot{U}}$ Verzögerungszeit des Übertragdurchlaufes

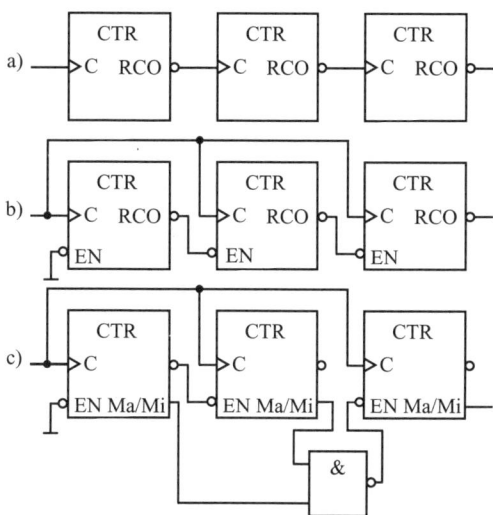

*Bild 8.63* Zusammenschaltung von Zählerbausteinen

▶ *Hinweis*: Schiebezähler (Ringzähler) werden im Zusammenhang mit Schieberegistern behandelt ($\rightarrow$ 8.6.3).

## 8.6.2 Frequenzteiler

> **Frequenzteiler** sind digitale Schaltungen, bei denen die Eingangsfrequenzen ganzzahlige Vielfache der Ausgangsfrequenzen sind.

Prinzipiell können die in 8.6.1 behandelten Zähler auch als Frequenzteiler genutzt werden, wobei jeweils nur ein Ausgang zu verwenden ist. Der einfachste Frequenzteiler besteht aus einem bistabilen T-Kippglied ($\rightarrow$ Bilder 8.57, 8.58); es teilt die Eingangsfrequenz im Verhältnis 2 : 1. Frequenzteiler werden ebenso wie Zähler in asynchrone und synchrone Teiler gegliedert.

### 8.6.2.1 Asynchrone Frequenzteiler

**Frequenzteiler aus 4-Bit-Dualzähler** ($\rightarrow$ Bild 8.59)

Der Takt ist die Eingangsfrequenz $f_I$. An den Ausgängen $Q_A; Q_B; Q_C; Q_D$ können vier verschiedene Ausgangsfrequenzen $f_O$ abgenommen werden ($\rightarrow$ Bild 8.60). Es gilt:

$$\frac{f_I}{f_O} = 2^n; \quad n = 1; 2; 3; 4 \qquad (8.49)$$

**Frequenzteiler für ungeradzahlige Teilerverhältnisse**

Bild 8.64 zeigt eine Schaltung mit $JK$-MS-Flipflop für das Teilerverhältnis.

$$\frac{f_I}{f_O} = 2n + 1; \quad n > 1 \qquad (8.50)$$

- *Beispiel*: Aus $(2n+1) : 1$ ergibt sich zusammen mit einem Binärteiler $(2 : 1)$ das neue Teilerverhältnis 5 : 1.

Bei mehrmaliger Anwendung dieses Schaltungsprinzips können die Teilerverhältnisse vergrößert werden:

- *Beispiel*: Aus $(2n+1) : 1$ ergibt sich mit dem Teiler $(5 : 1)$ das neue Teilerverhältnis 11 : 1.

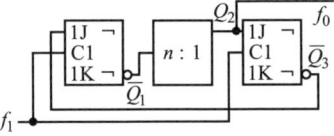

Bild 8.64 Asynchroner Frequenzteiler (offene Eingänge sind auf H-Pegel zu legen)

- ▶ *Hinweis*: Integrierte Frequenzteiler-Bausteine für größere Teilerverhältnisse sind in den TTL- und CMOS-Sortimenten enthalten.
- *Beispiel*: CMOS-Baustein 4059
  Einstellbar sind Teilerverhältnisse 3 : 1 bis 15 999 : 1.

### 8.6.2.2 Synchrone Frequenzteiler

Aus 4-Bit-Zählerschaltkreisen können programmierbare Frequenzteiler aufgebaut werden. Die Programmierung erfolgt durch Voreinstellen der Zähler. Wird der jeweilige Endzählerstand erreicht (z. B. 15 beim Vorwärtszählen oder 0 beim Rückwärtszählen), dann setzt der Übertrag die Zähler wieder auf die programmierte Zahl $z$. Der letzte Übertrag der Zählerkette ergibt die Ausgangs-Frequenz $f_0$.

**Frequenzteiler (vorwärtszählend) mit TTL-Baustein 74161** ($\rightarrow$ Bild 8.65)

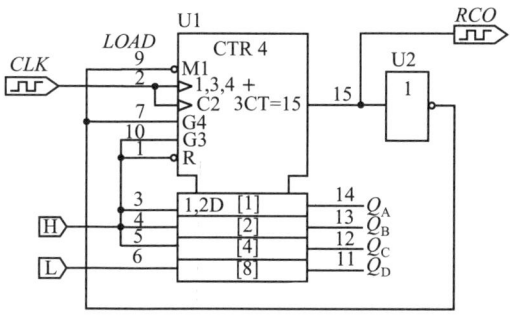

*Bild 8.65 Programmierbarer Frequenzteiler mit Vorwärtszähler*

Im Bild 8.65 wird nach Erreichen des Endstandes 15 die Dualzahl $z = 7$ geladen. Die Schaltung zählt periodisch von 7 bis 15. Das Ergebnis einer PSPICE-Simulation zeigt Bild 8.66.

**Berechnung der Teilerverhältnisse** (bei Verwendung von Zählerbausteinen mit taktsynchronen Ladeeingängen)

- beim *Rückwärtszählen*:

$$\frac{f_\mathrm{I}}{f_\mathrm{O}} = z + 1 \qquad (8.51)$$

- beim *Vorwärtszählen mit Dezimalzählern*:

$$\frac{f_\mathrm{I}}{f_\mathrm{O}} = 10^n - z \qquad (8.52)$$

- beim *Vorwärtszählen mit Dualzählern*:

$$\frac{f_\mathrm{I}}{f_\mathrm{O}} = 16^n - z \qquad (8.53)$$

$n$ Anzahl der Einzelzähler in der Zählkette
$z$ gesamter Voreinstellwert

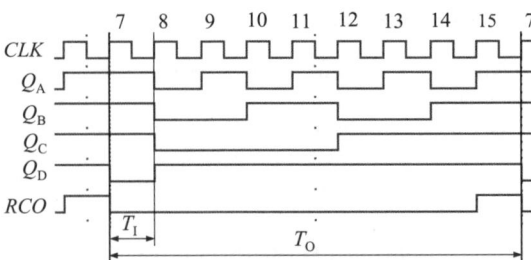

*Bild 8.66 Taktdiagramm für das Teilerverhältnis* 9 : 1

■ *Beispiel:* Vorwärtszählen mit einem Dualzähler ($n = 1$) und Voreinstellung auf $z = 7$ ergibt mit Gl. (8.53), wie auch Bild 8.66 zeigt, das Teilerverhältnis $f_I/f_O = 9$.

▶ *Hinweis:* Bei Verwendung von Zählerbausteinen mit asynchronem Ladeverhalten (z. B. 74LS190/191) ändern sich die in den Gln. (8.51), (8.52), (8.53) angegebenen Teilerverhältnisse (in allen Gleichungen ist noch eins zu subtrahieren).

### 8.6.3 Schieberegister

#### 8.6.3.1 Begriffsbestimmung und Überblick

> **Register** sind schnelle Halbleiterspeicher für geringe Datenmengen ($n = 4 \ldots 64$ bit).

Die kurzzeitige Speicherung der Daten erfolgt in Anordnungen aus $n$ Speicherzellen. Die Bestimmung des Speicherplatzes erfolgt durch eine feste zeitliche Reihenfolge von Datenein- und -ausgabe. Register benötigen daher keine Adresse zum Schreiben und Lesen der Daten.

**Gliederung der Register nach dem Datenformat der Ein- und Ausgabe:**

- Speicherregister: parallele Eingabe parallele Ausgabe
- Schieberegister: serielle Eingabe serielle Ausgabe
- Serien-Parallel-Wandler: serielle Eingabe parallele Ausgabe
- Parallel-Serien-Wandler: parallele Eingabe serielle Ausgabe

**Speicherregister (Parallelregister, RG)**

> Register mit parallelem Datentransfer. In $n$ unabhängigen Speicherzellen werden gleichzeitig $n$ bit gespeichert.

Sie dienen als Auffangregister für parallel übertragene Daten (Datenpuffer), als Bustreiber und als Ein/Ausgabe-Tore für Mikro-Controller. Speicherregister, die zum Anschluß an einen Mikrorechnerbus vorgesehen sind, bestehen aus $n$ Speicherzellen (D-Flipflop), Ausgangstreiber mit Tristate-Verhalten und einer Ansteuerlogik.

▶ *Hinweis*: Programmierbare Mikrorechner-Schaltkreise verfügen intern über unterschiedliche Registersätze, auf die über Software zugegriffen wird.

**Schieberegister (SRG)**

> Register mit seriellem Datentransfer. Sie bestehen im wesentlichen aus $n$ miteinander gekoppelten Speicherzellen.

Die im Register befindlichen Daten werden taktsynchron von Speicherzelle zu Speicherzelle weitergeleitet. Integrierte Schieberegister-Bausteine ermöglichen zumeist auch die Wandlung des Datenformats, so daß neben der seriellen Ein/Ausgabe auch die parallele Ein/Ausgabe möglich ist.

### 8.6.3.2 Schieberegister aus einzelnen Kippgliedern

Geeignet sind prinzipiell alle flankengesteuerten Flipflops ($\rightarrow$ Bild 8.40). Bei Einflankensteuerung muß die aktive Taktflanke kürzer als die Verzögerungszeit sein. Ungeeignet sind zustandsgesteuerte Flipflops (Latches), da mit dem aktiven Taktzustand alle Flipflops gleichzeitig umschalten würden. Die Binär-Information wird mit dem Schiebetakt von Flipflop zu Flipflop weitergeschoben, wobei zwei Schieberichtungen möglich sind (von links nach rechts und von rechts nach links).

Bild 8.67 zeigt die Prinzipschaltung eines SRG aus *JK*-MS-Flipflops mit Schieberichtung nach rechts. Die Beschaltung $\overline{K} = J$ der Flipflop-Eingänge bewirkt D-Verhalten ($\rightarrow$ Gl. (8.36)). Das zugehörige Impulsdiagramm ist im Bild 8.68 dargestellt. Ein 4-Bit-Wort (H, H, L, H) wird mit 4 Takten seriell eingeschrieben. Mit weiteren 4 Takten kann es an $Q_D$ seriell ausgelesen werden. Das zuerst eingeschriebene Bit wird dabei zuerst ausgelesen (FIFO-Organisation: First In - First Out). Außerdem kann das Wort nach dem 4. Takt an $(Q_A, Q_B, Q_C, Q_D)$ parallel ausgelesen werden. Damit ergibt sich eine Anwendung als Serien-Parallel-Wandler.

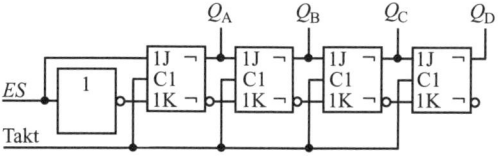

*Bild 8.67 Grundschaltung eines 4-Bit-Schieberegisters mit serieller Eingabe*

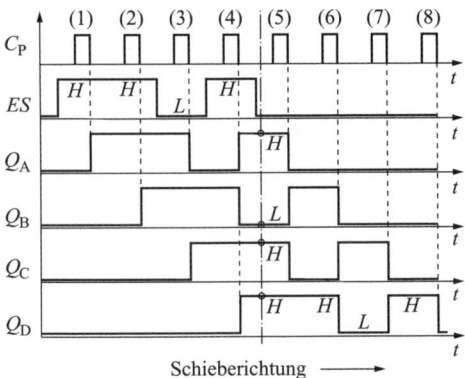

Bild 8.68  *Impulsdiagramm eines 4-Bit-Schieberegisters*

**Umlaufspeicher**

> Schieberegister mit Umschaltung zwischen serieller Eingabe und dynamischer Speicherung.

Der serielle Ausgang ($Q_D$) wird im Speicherbetrieb mit dem seriellen Eingang ($ES$) verbunden. Das seriell eingegebene Bitmuster rotiert im Speicher, solange der Takt wirksam ist ($\rightarrow$ Bild 8.69).

**Ringzähler**

Umlaufspeicher mit 1-aus-$m$-Code. Im Speicher darf nur ein Bit auf H (logisch 1) liegen. Bei dem 4-Bit-SRG im Bild 8.67 ist z. B. das Bitmuster (H, L, L, L) zu laden. Es ergibt sich der 1-aus-4-Code ($\rightarrow$ Tab. 8.16).

Tabelle 8.16  *Ringzähler-Code (1-aus-4)*

| Takt | $Q_A$ | $Q_B$ | $Q_C$ | $Q_D$ |
|---|---|---|---|---|
| 1 | 1 | 0 | 0 | 0 |
| 2 | 0 | 1 | 0 | 0 |
| 3 | 0 | 0 | 1 | 0 |
| 4 | 0 | 0 | 0 | 1 |

### 8.6.3.3  Schaltungen mit Schieberegister-Bausteinen

Integrierte Schieberegister haben zumeist universelle Eigenschaften. Die Information kann parallel oder seriell eingeschrieben werden und parallel oder seriell ausgelesen werden. Bei einigen IC ist sowohl Rechtsschieben (von links nach rechts) als auch Linksschieben (von rechts nach links) möglich.

## 8.6 Komplexe Bausteine für digitale Systeme

Das *Universal-Schieberegister* 74LS194 ($\rightarrow$ Bild 8.69) hat 4 *Betriebsarten*, die mit den binär codierten MODE-Signalen $S_1$ und $S_0$ gewählt werden:

- MODE 0: $S_1 = 0$; $S_0 = 0$:
  Zustand speichern (keine Änderung an $Q_A \ldots Q_D$)
- MODE 1: $S_1 = 0$; $S_0 = 1$:
  Rechtsschieben ($ES/R \rightarrow Q_A \rightarrow Q_B \rightarrow Q_C \rightarrow Q_D$)
- MODE 2: $S_1 = 1$; $S_0 = 0$:
  Linksschieben ($ES/L \rightarrow Q_D \rightarrow Q_C \rightarrow Q_B \rightarrow Q_A$)
- MODE 3: $S_1 = 1$; $S_0 = 1$:
  Parallel Laden (1 Takt) ($A \rightarrow Q_A$; $B \rightarrow Q_B$; $C \rightarrow Q_C$; $D \rightarrow Q_D$)

Bild 8.69 zeigt als Anwendungsfall für MODE 1 einen Umlaufspeicher mit dem TTL-Baustein 74LS194, bei dem das einmalig eingeschriebene Datenwort ständig im Taktrhythmus rotiert. Durch die Verbindung $Q_D$ mit dem Einschreibeingang $ES/R$ gehen die Bits nicht verloren, sondern werden ständig wieder seriell eingeschrieben.

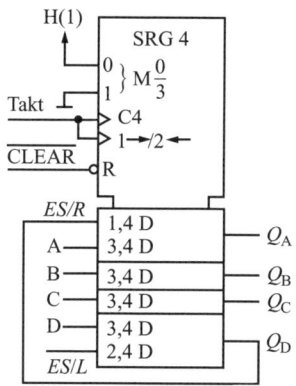

Bild 8.69 Schieberegister als Umlaufspeicher

**Mehrphasen-Taktgeber mit Schieberegistern**

Aus Schieberegistern mit Rückführungen über Schaltnetze lassen sich aus einem Muttertakt mehrere zeitlich verschobene Einzeltakte erzeugen.

**Pseudo-Zufallsgeneratoren (Scrambler)**

Bei Verwendung von Antivalenzgattern in den Rückführungen von Schieberegistern entstehen Pseudo-Zufallsgeneratoren. Eine Pseudo-Zufallsfolge ist eine vom eingeschriebenen Bitmuster abhängige Zufallsfolge, die sich periodisch wiederholt. Bei *n* bit ergibt sich eine Zufallsfolge der Länge $2^n - 1$. Der Zustand 0 bleibt ausgenommen.

## 8 Digitale Schaltungen

■ *Beispiel*: Ein zusätzliches Antivalenzgatter wird in die Rückführung eines 4-Bit-SRG (→ Bild 8.69) eingeschaltet (→ Gl. (8.54)):

$$ES/R = Q_C \leftrightarrow Q_D \qquad (8.54)$$

Zur Beschreibung der Zustandsfolge werden die SRG-Ausgänge mit Wertigkeiten versehen ($Q_A := 1$; $Q_B := 2$; $Q_C := 4$; $Q_D := 8$)

*Ergebnis*: Pseudo-Zufallsfolge: $Z = \{1; 2; 4; 9; 3; 6; 13; 10; 5; 11; 7; 15; 14; 12; 8\}$

### FIFO-Speicher

> Serielle Speicher, die nach der Organisation „FIFO = First In - First Out" arbeiten. Die zuerst eingeschriebene Information wird auch zuerst wieder ausgelesen.

*Besonderheiten*:

- Schreib- und Lesevorgänge sind voneinander unabhängig (getrennte Takte),
- Eigenkontrolle über den Füllzustand des Registers (neue Daten können erst eingeschrieben werden, wenn die alten ausgelesen worden sind),
- Datentransfer nach dem Warteschlangen-Prinzip (Daten werden erst weitergeschoben, wenn freie Plätze vorhanden sind).

Bei weiterentwickelten *FIFO-Speichern* werden die Durchlaufzeiten dadurch verkürzt, daß nicht mehr die Daten, sondern nur noch zwei Adreßzeiger verschoben werden. Die Differenz der beiden Adreßzeiger gibt den Füllstand des Speichers an.

■ *Beispiel*: Der CMOS-Schaltkreis IDT 7206 (FIFO) speichert 144 Kbit (16 K × 9 bit), maximale Taktfrequenz: 20 MHz.

▶ *Hinweis*: Höhere Speicherkapazitäten können mit Schreib-Lese-Speichern (RAM) und einer zusätzlichen Steuerlogik (FIFO-RAM-Controller) realisiert werden.

### Dynamische Schieberegister

bestehen aus MOS-Speicherzellen. Ausgenutzt wird die kurzzeitige Ladungsspeicherung in den Transistorkapazitäten. Über getaktete FET-Schalter wird die gespeicherte Information von Zelle zu Zelle verschoben.
Ladungsgekoppelte Halbleiterstrukturen (z. B. CCD, engl: Charge Coupled Device) verwenden das Prinzip der gesteuerten Ladungsträgerverschiebung. In dicht nebeneinander liegenden integrierten MOS-Kapazitäten können die gespeicherten Ladungen durch Taktsignale verschoben werden.

*Vorteile der CCD-Technik* gegenüber herkömmlicher Schieberegisterprinzipien:

- hohe Speicherkapazität,

- niedriger Leistungsverbrauch,
- erträgliche Herstellungskosten.

*Anwendung*: z. B. optoelektonische Sensormatrizen für Videokameras.

## 8.7 Halbleiterspeicher

### 8.7.1 Begriffsbestimmung und Übersicht

**Halbleiterspeicher** sind integrierte Schaltkreise zur vorübergehenden (RAM) oder bleibenden (ROM) Aufbewahrung binärer Daten.

Bei Halbleiterspeichern mit wahlfreiem Zugriff sind die Speicherzellen matrixförmig auf dem Chip angeordnet (Matrixspeicher). Zum Auffinden einer Speicherzelle in der Matrix dient eine Adresse. Derartige Speicher werden als ortsadressierbare Speicher bezeichnet. Bei inhaltsadressierbaren Speichern (Assoziativspeicher, CAM (Content Addressable Memory)) erfolgt die Lokalisation der Speicherzellen durch Suchworte. Matrixspeicher sind entweder Tabellenspeicher (RAM, ROM) oder Funktionsspeicher (PLD; Programmable Logic Device). Bild 8.70 zeigt eine Gliederung der Halbleiterspeicher.

*Kenngrößen* der Halbleiterspeicher sind u. a.:

- Speicherkapazität,
- Speicherorganisation,
- Zugriffszeit,
- Zykluszeit.

Die **Speicherkapazität** $C$ ist die maximale speicherbare Informationsmenge in Bit oder Byte. $C$ wird auf die kleinste, getrennnt adressierbare Informationseinheit bezogen.

Üblich sind die Angaben Bit und Byte sowie deren Vielfache K und M. Es gilt:

$$1\ K = 2^{10}; \quad 1\ M = 2^{20}$$

$$1\ \text{Byte} = 8\ \text{bit}$$

$$1\ \text{Kbit} = 1\,024\ \text{bit}$$

$$1\ \text{Mbit} = 1\,048\,576\ \text{bit}$$

Eine Speichermatrix aus $n$ Zeilen und $m$ Spalten enthält $C$ Speicherzellen.

$$\boxed{C = nm} \tag{8.55}$$

470    8 Digitale Schaltungen

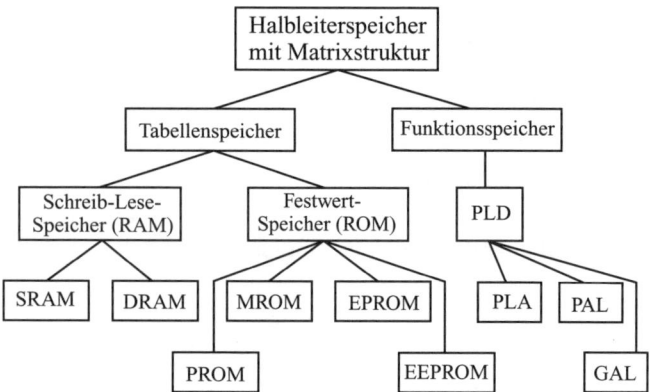

*Bild 8.70   Klassifizierung der Halbleiterspeicher*

**Speicherorganisation**

Hauptmerkmal ist das Auswahlprinzip der Speicherzellen nach vorgegebenen Adressen.

Es wird unterschieden:

- direkte Bitorganisation (Anwendung bei PLD),
- codierte Bitorganisation (oft nur Bitorganisation genannt),
- Wortorganisation.

**Wortorganisation**

Bei Wortorganisation werden die $n$ Zeilen der Speichermatrix über Decoder angesprochen ($X$-Decoder). Jede Zeile enthält $m$ Speicherzellen. Die Information einer Zeile entspricht einem Wort aus $m$ Bit. Bild 8.71 zeigt das Prinzip.

> Ein **Wort** ist eine definierte Menge von Bits, die der Rechner als Informationseinheit betrachtet.

■ *Beispiel*: Die Angabe der Speicherkapazität (32 K × 8) bei einem SRAM bedeutet: Wortzahl = 32 K = $2^{15}$ = 32 768; Wortlänge = 8 bit; Anzahl der Speicherzellen = 262 144.

Der $X$-Decoder ist ein Binär/1-aus-$n$-Decoder. Mit $a$ Adreßbits lassen sich $n = 2^a$ Zeilen adressieren.

*Adreßwortlänge* (auch Adreßwortbreite genannt):

$$\boxed{a = \operatorname{ld} n}; \qquad \operatorname{ld} = \log_2 \tag{8.56}$$

■ *Beispiel*: Ein SRAM mit 32 K × 8 erfordert $a = 15$ Adreßbits ($A_0 \ldots A_{14}$).

## 8.7 Halbleiterspeicher

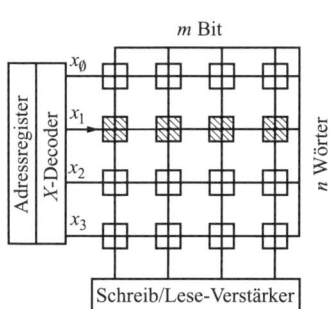
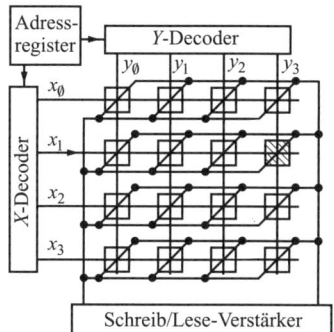

*Bild 8.71 Schema einer wortorganisierten Speichermatrix*

*Bild 8.72 Schema einer bitorganisierten Speichermatrix*

**Codierte Bitorganisation**

Bei codierter Bitorganisation werden sowohl $n$ Zeilen als auch $m$ Spalten der Speichermatrix über Decoder angesprochen ($X$-Decoder; $Y$-Decoder). Es handelt sich um eine Koinzidenz-Adressierung; im Kreuzungspunkt zweier Adressen steht die ausgewählte Speicherzelle. Jedes Bit des Speichers kann somit einzeln aufgerufen werden. Bild 8.72 zeigt das Prinzip.

- *Beispiel*: Die Angabe der Speicherkapazität (1 M × 1) bei einem DRAM bedeutet: Wortzahl = 1 M = $2^{20}$ = 1 048 576; Wortlänge = 1 bit; Anzahl der Speicherzellen = 1 048 576.

Die **Adreßwortlänge** teilt sich entsprechend der Matrixstruktur in Zeilen- und Spaltenadreßwortlänge auf:

$$a = \operatorname{ld} n + \operatorname{ld} m \tag{8.57}$$

- *Beispiel*: Ein DRAM (1 M × 1) mit einer Matrix ($n = 512$; $m = 2048$) hat intern 9 Zeilenadressen ($A_0 \ldots A_8$) und 11 Spaltenadressen ($A_9 \ldots A_{19}$).

**Zugriffszeit**

Die *Adreßzugriffszeit* $t_{AA}$; $t_{ACC}$ (Address Access Time) ist die Zeit, die von der Adressenbereitstellung bis zur Ausgabe gültiger Daten aus dem Speicher vergeht.

Bild 8.73 zeigt einen Lesezugriff bei einem SRAM. Der betrachtete Speicher verfügt über eine Tristate-Steuerung der Datenanschlüsse (Output Enable: $\overline{OE}$). Bei $\overline{OE}$ = H sind die Datenausgänge gesperrt (der hochohmige Zustand wird im Taktdiagramm durch eine Linie gekennzeichnet). Die schraffierten Daten-Bereiche beschreiben ungültige Daten (d. h. Daten, die nicht zur aktuellen Adresse gehören).

# 472    8 Digitale Schaltungen

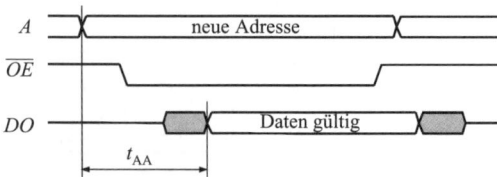

*Bild 8.73 Zugriffszeit beim Lesen eines SRAM*

**Zykluszeit**

Kleinste zulässige Zeitdifferenz zwischen zwei Speicherzugriffen. Die Zeitbedingungen beim Lesen und Schreiben sind unterschiedlich:

- *Lese-Zykluszeit* $t_{RC}$ (Read Cycle Time),
- *Schreib-Zykluszeit* $t_{WC}$ (Write Cycle Time) ($\rightarrow$ Bild 8.75).

## 8.7.2 Schreib-Lese-Speicher (RAM)

> **RAM (Random Access Memory)** sind Arbeitsspeicher, die schnelles Speichern (Schreiben) und Lesen von Daten ermöglichen.

Schreiben und Lesen sind getrennte Vorgänge. Beim Lesen wird die gespeicherte (d. h. vorher eingeschriebene) Information nicht gelöscht. Beim Schreiben wird die vorher gespeicherte Information überschrieben. RAM sind in der Regel flüchtige Speicher, beim Ausschalten der Betriebsspannung gehen alle Informationen verloren.

*Sonderausführungen zum Speicherschutz*:

- Batteriegepufferte CMOS-Speicher (Zero Power RAM),
- Kombinationen aus RAM und EEPROM (NOVRAM = Non Volatile RAM).

*Anwendung* bei Personalcomputern und programmierbaren Taschenrechnern.

### 8.7.2.1 Statische RAM

> **Statische RAM (SRAM)** speichern die Information in statischen Speicherzellen. Die Speicherwirkung ist an das Vorhandensein der Versorgungsspannung gebunden (flüchtige Speicherung).

Die SRAM-Speicherzellen bestehen aus bistabilen Kippgliedern (Speicher-Flipflop).

*Herstellungstechnologie*:
Vorrangig in CMOS (5V; 3,3V), vereinzelt auch in NMOS und TTL.

*SRAM-Ausführungen*:

- asynchrone Speicher (Asynchronous Static Memory),
- synchrone Speicher (Synchronous Static Memory).

**Asynchrone SRAM (fully static: vollstatisch)**

> Diese Speicher erfordern kein Taktsignal; sie sind adressen-aktivierbar.

Die aktuelle Speicheradresse muß während eines gesamten Schreib- bzw. Lesezyklus stabil anliegen.

Bild 8.74 zeigt das Blockschaltbild eines 64-Kbit-SRAM (8 K × 8) vom Typ 2064.

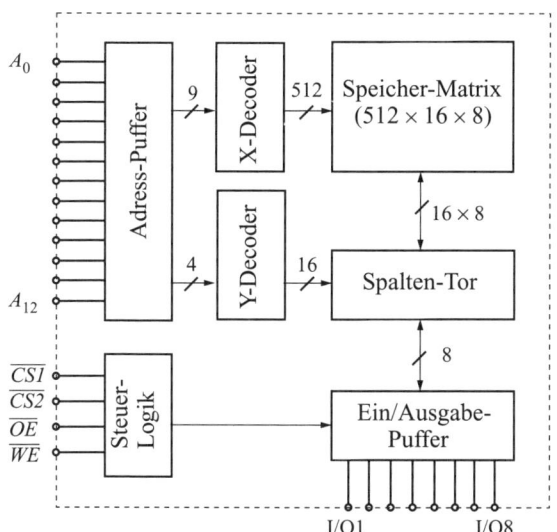

*Bild 8.74 Blockschaltbild eines SRAM*

Folgende Betriebsarten sind zu unterscheiden (→ Tab. 8.17).

*Lesen*:
Beim Lesen reagiert der Speicher, verzögert um die Zugriffszeit, auf jede Adreßänderung.

*Schreiben*:
Beim Schreiben sind zusätzliche Zeitbedingungen einzuhalten, damit die Information in die richtige Speicherzelle gelangt.

*Tabelle 8.17  Wahrheitstabelle des SRAM 2064*

| Mode | $\overline{CS1}$ | CS2 | $\overline{OE}$ | $\overline{WE}$ | A0…A12 | DataI/O |
|---|---|---|---|---|---|---|
| Standby | H | x | x | x | x | Hi-Z |
| Standby | x | L | x | x | x | Hi-Z |
| Write | L | H | x | L | stabil | Input |
| Read | L | H | L | H | stabil | Output |
| Disable | L | H | H | H | stabil | Hi-Z |

| | |
|---|---|
| Standby | Unselektierter Zustand; Energiesparmodus |
| Write | Schreibmodus |
| Read | Lesemodus |
| Disable | Selektierter Zustand; Ausgang gesperrt |
| Hi-Z | Hochohmiger Zustand (Tristate) |
| x | Beliebiger Zustand (L oder H) |

*Schreibmodi*:

- Late Write Mode,
- Early Write Mode.

Ein Schreibzyklus (Late Write Mode), bei dem das Signal „Write Enable" $\overline{WE}$ nach den „Chip Select"-Signalen $\overline{CS1}$; $CS2$ aktiv wird, ist im Bild 8.75 dargestellt.

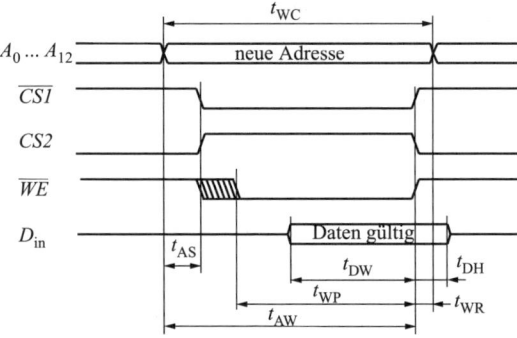

*Bild 8.75  Schreibzyklus eines SRAM*

■ *Beispiel*: Für den Baustein 2064 werden folgende *Zeitparameter* angegeben (alle Angaben sind Minimalwerte):

- Schreibzykluszeit (Write cycle time)    $t_{WC}$   150 ns
- Adreßfreigabezeit (Address enable time)   $t_{AW}$   120 ns
- Adreßeinstellzeit (Address setup time)    $t_{AS}$     0
- Schreibimpulsbreite (Write pulse width)   $t_{WP}$   100 ns

- Adreßhaltezeit (Address hold time)  $t_{WR}$  0
- Dateneinstellzeit (Input data setup time) $t_{DW}$ 60 ns
- Datenhaltezeit (Input data hold time)  $t_{DH}$  0

**Synchrone SRAM**

> SRAM mit getakteter Adreßeingabe in einen Zwischenspeicher (clocked registered inputs).

Die gültige Adresse braucht nur während eines Bruchteils der Zykluszeit anzuliegen.

*Eigenschaften*:
Schnelle Speicher (Zugriffszeiten: < 20 ns) für größere Wortlängen (> 16 bit).

**Burst-RAM**

Synchrone SRAM mit integriertem Burst-Zähler. Vom Prozessor wird nur die Startadresse auf den Adreßbus gelegt. Nach der Zwischenspeicherung im Adreßregister des RAM kann der Prozessor andere Operationen durchführen, ohne auf die RAM-Daten warten zu müssen. Der interne Burst-Zähler arbeitet, beginnend mit der Start-Adresse, drei aufeinanderfolgende Adressen automatisch ab. Die zugehörigen Daten werden nacheinander auf den Datenbus gelegt. Für ein 16-Byte-Datenwort werden dabei statt 8 Taktzyklen nur 6 benötigt. Die Datenausgabe wird damit schneller.

*Anwendung*: CACHE-Speicher für PC.

### 8.7.2.2 Dynamische RAM

> **Dynamische RAM (DRAM)** speichern die Information in dynamischen Speicherzellen. Die Speicherwirkung ist an das Vorhandensein der Versorgungsspannung und eine periodische Datenauffrischung (Refresh) gebunden (flüchtige Speicherung).

Die *DRAM-Speicherzellen* bestehen aus integrierten MOS-Kapazitäten ($C_S < 0,1$ pF). $C_S$ geladen entspricht H-Pegel (logisch 1), entladen L-Pegel (logisch 0). Die technische Entwicklung führte von der Viertransistorzelle zur Eintransistorzelle.

**Refresh-Mechanismus**

Eine periodische Ladungsauffrischung ist notwendig, weil sich beim Lesen der Zelle die kleine Speicherkapazität $C_S$ über die wesentlich größere parasitäre Lastkapazität $C_L$ entlädt (zerstörendes Lesen). Der Inhalt jeder Speicherzelle muß innerhalb eines Zeitraumes von 2...8 ms einmal gelesen und regeneriert werden. Der Spannungsimpuls einer gelesenen Zelle ($T_1/C_S$) wird mit einem extrem empfindlichen Verstärker (Sense-Verstärker) verstärkt und mit dem Refresh-Takt $\Phi_R$ über $T_2$ auf die gleiche Zelle zurückgeschrieben. Bild 8.76 zeigt den vereinfachten Wirkmechanismus beim Lesen und Regenerieren der Daten.

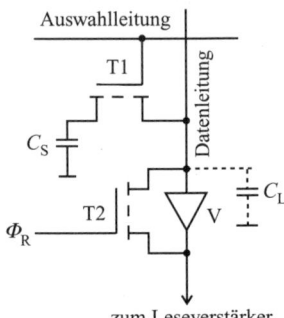

Bild 8.76 Prinzip der DRAM-Eintransistorzelle

**Adreß-Multiplexsteuerung**

Durch eine interne Multiplexsteuerung wird die die Adreßanschlußzahl auf die Hälfte reduziert.

- *Beispiel*: Ein 1-MBit-DRAM mit der Matrix (512 × 2048) erfordert intern 20 Adreßanschlüsse (1 M = $2^{20}$). Extern wird nur eine 10-Bit-Multiplex-Adresse (MA) verwendet ($\rightarrow$ Bild 8.77). Zur Unterscheidung von Zeilen und Spalten benötigt man noch zwei Steuersignale (RAS: Row Address Strobe; CAS: Column Address Strobe). Der Chip kann in einem 18poligen Gehäuse untergebracht werden.

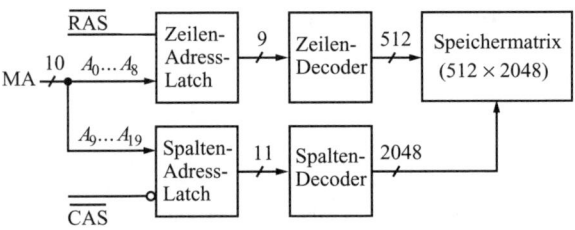

Bild 8.77 Blockschaltbild eines DRAM (vereinfacht)

*Betriebsarten* und *Zugriffsvarianten*:

- Lesen (Read),
- Schreiben (Write),
- Lesen und Schreiben im gleichen Zyklus (Read Modify Write),

- seitenweises Lesen und Schreiben (Page Mode Read; Page Mode Write),
- nur Auffrischen (RAS Only Refresh).

**FPM-DRAM**

Die seitenweisen Betriebsarten gestatten eine schnelle Verarbeitung großer Datenmengen (FPM: Fast Page Mode). Eine bestimmte Zeilenadresse läßt sich im Schaltkreis abspeichern, so daß alle Zugriffe nur in dieser betreffenden Zeile erfolgen. Für jedes Lesen und Schreiben wird dann nur ein $\overline{CAS}$-Zyklus benötigt (*Vorteil*: kurze Zugriffszeit).

*Eigenschaften von DRAM*:
- hohe Speicherkapazitäten (z. B. 64 Kbit ... 16 Mbit),
- mittlere Zugriffszeiten (z. B. 60 ... 70 ns),
- Anwendung erfordert geeignete Hard- und Software.

Zum sicheren Betrieb von DRAM sind neben dem periodischen Refresh eine Vielzahl von *Zeitbedingungen* zu erfüllen. Dazu werden entweder

- Refresh-Controller als zusätzliche Schaltkreise oder
- Mikroprozessoren mit Refresh-Unterstützung verwendet.

*Anwendung von DRAM*: Arbeitsspeicher-Module für PC (z. B. SIMM: Single Inline Module Memory)

*Hinweise auf weiterentwickelte DRAM*:
- EDO-DRAM (EDO = Extended Data Out)
  Arbeitsspeicher für PC; die Lesezugriffe laufen schneller ab als bei herkömmlichen FPM-DRAM.
- EDRAM (Enhanced DRAM)
  Arbeitsspeicher für PC mit beschleunigten Schreib- und Refresh-Operationen.
- SDRAM (Synchronous DRAM)
  Arbeitsspeicher mit taktsynchroner Arbeitsweise und erhöhter Datenrate durch eine interne Pipeline-Architektur.
- VRAM (Video RAM)
  Speicher mit getrennten Ein- und Ausgabeports zur Gewährleistung hoher Datenraten bei der digitalen Bildverarbeitung.

### 8.7.3 Festwertspeicher (ROM)

**ROM (Read Only Memory)** sind nichtflüchtige Speicher, die eine gespeicherte Information beliebig oft auszulesen gestatten. Das Löschen oder Umschreiben der Information ist im eigentlichen Arbeitsrhythmus des Speichers nicht möglich.

## ROM-Varianten

**Maskenprogrammierte ROM.** (M)ROM sind Kundenwunsch-Schaltkreise mit hohem Vorfertigungsgrad. Die Programmierung erfolgt beim Schaltkreis-Hersteller.

Die Programmierung ist ein selektiver Ätzprozeß, bei dem die Dicke des Siliciumoxids zwischen Gate und Kanal in jeder Speicherzelle beeinflußt wird. Die logische 1 wird durch eine leitende Transistorstruktur gebildet. Bei der logischen 0 ist das Gate unterbrochen, so daß keine Kopplung zwischen Wort- und Bitleitungen auftritt. (M)ROM sind nur bei sehr großen Stückzahlen kostengünstig.

**Programmierbare ROM** (PROM, Programmable ROM) vom Anwender programmierbar, aber nicht wieder löschbar

**Reprogrammierbare ROM** (EPROM; EEPROM)

- EPROM (Erasable Programmable ROM)
  vom Anwender programmierbar, vom Anwender global löschbar (mittels UV-Licht),
- EEPROM (Electrically Erasable Programmable ROM)
  vom Anwender programmierbar, vom Anwender selektiv löschbar (mittels elektrischer Spannung),
- EAROM (Electrically Alterable ROM)
  Funktion wie EEPROM.

### 8.7.3.1 Programmierbare ROM

**PROM** sind kostengünstige ROM-Bausteine zur einmaligen Programmierung durch den Anwender.

**Technologische Varianten:**

- **TTL-PROM** 256 bit ... 16 Kbit; Zugriffszeit: 25 ... 50 ns
  *Fusible Link* (FL). Programmieren durch Schmelzen leitender Verbindungen. Ein dünner Nickel-Chrom-Film wird mittels Stromwärme durchgebrannt. Dazu wird der betreffenden Zelle ein kurzer Stromimpuls zugeführt ($\approx$ 500 mA; 1 ms).
- **CMOS-PROM** 64 Kbit ... 1 Mbit; Zugriffszeit: 120 ... 250 ns
  *Avalanche Induced Migration*. Programmierung durch kurzzeitiges Anlegen einer Spannung, die innerhalb der Speicherzelle zum Lawinen-Durchbruch einer Sperrschicht führt.

Bild 8.78 zeigt die Prinzipschaltung eines bitorganisierten PROM mit Ausbrennelementen (FL) in den Speicherzellen der Matrix. Mit einer Binäradresse (aufgeteilt in $A_x$ und $A_y$) wird jeweils eine Zeilenleitung und eine Spaltenleitung auf H (logisch 1) gelegt. Eine der $n \times m$ UND-Verknüpfungen wird damit aktiviert, ihr Ausgang nimmt L (logisch 0) an. Alle UND-Verknüpfungen bilden zusammen mit dem Widerstand $R$ eine verdrahtete ODER-Verknüpfung (Wired OR). Ist FL nicht ausgebrannt (ursprünglicher Zustand), dann wird am Ausgang DO = H (logisch 1) gelesen. Die Programmierung erfolgt durch einen von außen aufgeprägten Stromimpuls. Das FL der ausgewählten Zelle brennt durch, und der Datenausgang nimmt DO = L (logisch 0) an. Zur Programmierung werden vom Hersteller Spannungswerte vorgeschrieben, die größer sind als die im Lesebetrieb üblichen 5 V. Diese Programmierspannungen dürfen nur kurzzeitig anliegen (z. B. 5 µs). Weiterhin ist bei der Programmierung eine definierte Ablauffolge einzuhalten.

▶ *Empfehlung*: Anwendung entsprechender Programmiergeräte.

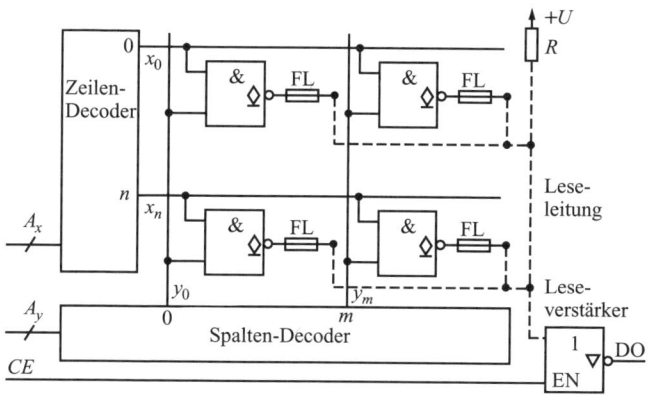

*Bild 8.78* PROM-Speichermatrix (vereinfacht)

*Allgemeine Eigenschaften der PROM*:

- freie Programmierbarkeit,
- keine Lösch- oder Umprogrammiermöglichkeit,
- Programmierfehler sind nicht behebbar.

### 8.7.3.2 Reprogrammierbare ROM

**EPROM**

**EPROM** sind kostengünstige ROM-Bausteine zur mehrmaligen Programmierung durch den Anwender.

Programmieren: mittels elektrischer Spannung
Löschen: mittels UV-Licht

Das Typenspektrum der EPROM-Standard-Bausteine umfaßt z. B. Speicherkapazitäten von 16 Kbit (2 K × 8) bis 4 Mbit (256 K × 16). Die Zugriffszeiten liegen im Bereich 80 ... 350 ns.

Die EPROM-Speicherzellen bestehen aus FAMOS-Transistoren (Floating Gate Avalanche Injection MOS). Zwischen Auswahlgate und dem P-Substrat mit eindiffundierten N$^+$-Zonen für Source und Drain befindet sich im Siliciumoxid (SiO$_2$) ein hochisoliertes Gate ohne elektrischen Anschluß (Floating Gate), → Bild 8.79 a.

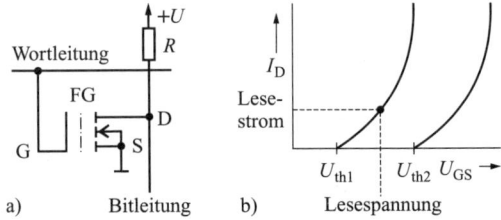

*Bild 8.79 EPROM-Speicherzelle: a) Prinzipschaltung, b) elektrisches Verhalten*

■ *Prinzipielle Wirkungsweise*:
  • Lesen der unprogrammierten (gelöschten) Zelle:
    Positive Lesespannung (H-Pegel des Zeilendecoders) liegt am Auswahlgate, Transistorkanal leitet, Bitleitung wird auf L-Pegel gezogen, Leseverstärker (Negation) gibt H-Pegel (logisch 1) aus.
  • Programmieren der Zelle:
    Relativ hohe positive Programmierspannung (12 ... 25 V je nach Typ) liegt am Drain-Anschluß der ausgewählten Zelle. Mit einem kurzen Programmierimpuls am Auswahlgate (externe Zuführung über CS oder PGM je nach Typ) wird kurzzeitig ein hohes elektrisches Feld erzeugt, das die im Substrat befindlichen Elektronen stark beschleunigt. Lawineneffekt führt zum Durchbruch des SiO$_2$, Elektronen laden Floating Gate bleibend negativ auf, Schwellspannung $U_{th}$ verschiebt sich von $U_{th1}$ nach $U_{th2}$ (→ Bild 8.79 b).
  • Lesen der programmierten Zelle:
    Lesespannung erreicht nicht die erhöhte Schwellspannung $U_{th2}$, Transistorkanal sperrt, Bitleitung liegt auf H-Pegel, Leseverstärker gibt L-Pegel (logisch 0) aus.
  • Löschen der programmierten Zelle:
    Einwirkung von UV-Licht (Wellenlänge ≈ 250 nm) mit 20 ... 30 min Dauer, Elektronenenergie erhöht sich durch Photoneneinfluß, Elektronen fließen in das Substrat ab.

■ *Schaltkreisbeispiel*: Der EPROM-Baustein 27512 (viele Hersteller) hat eine Speicherkapazität von 512 Kbit (64 K × 8). Betriebsspannung ist 5 V; der Baustein ist TTL-kompatibel. Die Programmierung erfolgt mit 12,5 V. Die Zugriffszeiten (im Lesebetrieb) liegen herstellerspezifisch bei 90 ... 250 ns. Anschlußbelegung: → 8.9.9.

**Betriebsarten** (→ Tab. 8.18):

*Tabelle 8.18 Betriebsarten des EPROM 27512*

| Mode | $\overline{CE}$ | $\overline{OE}/V_{pp}$ | $A_9$ | $A_0$ | $D_0 \ldots D_7$ |
|---|---|---|---|---|---|
| Standby | H | x | x | x | Hi-Z |
| Lesen | L | L | x | x | Output |
| Lesen sperren | L | H | x | x | Hi-Z |
| Programmieren | L(Impuls 1 ms) | $V_{pp}$ | x | x | Input |
| Progr. sperren | H | $V_{pp}$ | x | x | Hi-Z |
| Signatur lesen | L | L | $V_{sig}$ | L/H | Hersteller/Typ |

Hi-Z     hochohmiger Zustand (Tristate)
Output   Ausgang (8 bit)
Input    Eingang (8 bit)
$V_{pp}$      Programmierspannung ($U_{pp} = 12{,}5 \text{ V} \pm 0{,}5 \text{ V}$)
$V_{sig}$     Signaturspannung ($U_{sig} = 11{,}5 \text{ V} \ldots 12{,}5 \text{ V}$)

▶ *Beachte*: Nicht alle Hersteller des 27512 bieten den Signatur-Lesemode an!

▶ *Hinweis*: Nur die Verwendung von handelsüblichen Programmiergeräten garantiert eine schnelle und fehlerfreie Programmierung. Der Baustein 27512 unterstützt den schnellen Programmier-Algorithmus von INTEL, der mit einer Programmierimpulszeit von 1 ms arbeitet (statt 50 ms beim Standard-Algorithmus). Die kürzeste Programmierzeit des gesamten Bausteins beträgt etwa 2 min.

*Allgemeine Eigenschaften der EPROM*:

- freiprogrammierbare Festwertspeicher in Wortorganisation,
- vom Anwender programmierbar, löschbar und reprogrammierbar,
- unprogrammiert (gelöscht) liegen alle Zellen auf H-Pegel (logisch 1), programmiert („gebrannt") werden die logischen Nullen,
- Programmierspannungen und Zeitbedingungen bei verschiedenen Typen und Herstellern unterschiedlich (Programmiergeräte verwenden),
- zum Löschen UV-Löschgeräte benutzen (alle Zellen werden global gelöscht),
- Ausnahme: fensterlose OTP-EPROM sind wie PROM nicht wieder löschbar,
- Anwendung: flexibler und zeitlich stabiler Programmspeicher (die gespeicherten Daten sind nach Herstellerangaben über 10 Jahre stabil).

### EEPROM

> **EEPROM** sind ROM-Bausteine zur mehrmaligen Programmierung durch den Anwender.

Programmieren: mittels elektrischer Spannung
Löschen:       selektiv (byteweise) mittels elektrischer Spannung

Das Typenspektrum der CMOS-EEPROM-Bausteine umfaßt z. B. Speicherkapazitäten von 256 bit (16 × 16) bis 512 Kbit (64 K × 8). Die Zugriffszeiten liegen im Bereich 120 ... 250 ns.

Die EEPROM-Speicherzellen sind prinzipiell mit den EPROM-Zellen vergleichbar. Das Speicherelement ist ebenfalls ein FAMOS-Transistor (Floating Gate Avalanche Injection MOS). Die Besonderheit besteht jedoch in einer Zone mit extrem dünner Oxidschicht (10 ... 20 nm) zwischen Floating Gate und Drain-Gebiet. Durch dieses Tunnel-Oxid können die Elektronen, beschleunigt durch eine hohe Feldstärke, vom Floating Gate wieder abfließen (elektrisches Löschen).

■ *Schaltkreisbeispiel*: Der EEPROM-Baustein 2402 (ST24C02AB1/SGS-Thomson) hat eine Speicherkapazität von 2 Kbit (256 × 8). Betriebsspannung ist 5 V; der Baustein verfügt über ein serielles Zweidraht-Interface (I$^2$C-Bus). Die 8-bit-Datenwörter werden sowohl beim Programmieren als auch beim Lesen über den seriellen Anschluß (SDA) geführt. Alle Speicheroperationen verlaufen synchron zu einem externen Takt (SCL).

**Betriebsarten**

1. Programmierbetrieb (Schreiben),
   - Byteweises Schreiben (1 Byte = 8 bit an definierte Adresse schreiben),
   - Mehrfachbyte-Programmierung (4 aufeinanderfolgende Worte an definierte Adressen schreiben)
   - Seitenweises Schreiben (2 ... 8 Byte an definierte Adresse).

2. Lesebetrieb
   - Lesen eines Byte (von aktueller Adresse; vorherige Adresse wird inkrementiert (um 1 erhöht)),
   - Wahlfreies Lesen eines Byte (von definierter Adresse),
   - Sequentielles Lesen mehrerer Worte (von aufeinanderfolgenden Adressen).

*Allgemeine Eigenschaften der EEPROM*:

- freiprogrammierbare Festwertspeicher in Wortorganisation,
- vom Anwender wiederholt programmierbar (nach Herstellerangaben bis zu $10^6$ Lösch/Schreibzyklen möglich),
- Programmierspannungen und Zeitbedingungen bei verschiedenen Typen und Herstellern unterschiedlich (Programmiergeräte verwenden),
- *Anwendung*: zeitlich stabiler Programmspeicher (die gespeicherten Daten sind nach Herstellerangaben über 10 Jahre stabil).

▶ *Beachte*: Viele EEPROM-Bausteine sind seriell zu betreiben. Dabei wird der Speicher stets als SLAVE betrachtet. Der MASTER, z. B. ein Mikrocontroller, stellt den Takt zur Verfügung und verwertet die vom SLAVE als Sender gelieferten Daten.

## FLASH-MEMORIES

> **FLASH-MEMORIES (FLASH-EPROM)** sind flexible ROM-Bausteine mit hoher Speicherdichte zur mehrmaligen Programmierung durch den Anwender.

Programmieren: mittels elektrischer Spannung
Löschen: global und schnell (in 1 s) mittels elektrischer Spannung (12 V); bei Typen mit 5 V Löschspannung auch sektorweise

Das Typenspektrum der CMOS-FLASH-Bausteine umfaßt z. B. Speicherkapazitäten von 256 Kbit (32 K × 8) bis 4 Mbit (512 K × 8). Die Zugriffszeiten liegen im Bereich 90 ... 200 ns.

- *Schaltkreisbeispiel*: Die CMOS-FLASH-EPROM-Bausteine 27F256/28F256 (mehrere Hersteller) haben eine Speicherkapazität von 256 Kbit (32 K × 8). Die Bausteine verfügen über eine Befehlsregister-Architektur zum Anschluß an einen Mikrocontroller-Systembus. Die 8-bit-Datenwörter werden sowohl beim Programmieren als auch beim Lesen über die parallelen Anschlüsse ($DQ_0 \ldots DQ_7$) geführt. Zur Generierung der internen Programmier- und Löschspannungen muß neben der Betriebsspannung 5 V ($V_{CC}$) noch zusätzlich 12 V ($V_{PP}$) zugeführt werden. Bild 8.80 zeigt ein stark vereinfachtes Blockschaltbild.

▶ *Hinweis*: Einige neuere FLASH-Bausteine benötigen nur eine einzige Betriebsspannung ($V_{PP} = 5$ V only).

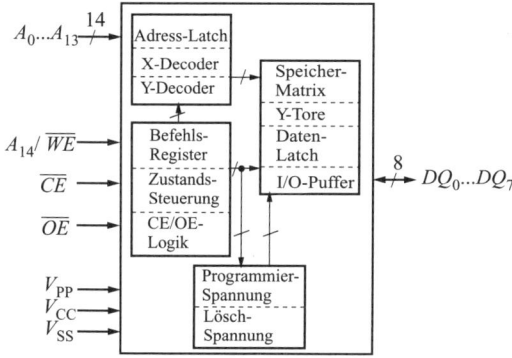

*Bild 8.80 Blockschaltbild eines FLASH-EPROM (vereinfacht)*

- *Weitere Anschluß-Funktionen des 27F256*:

  $A_0 \ldots A_{14}$   15 Adreßbit für das Lesen von 32 KByte (Zwischenspeicherung der Adressen während eines Schreibzyklus),

  $A_{14}/\overline{WE}$   Adresse 14 im Nur-Lesebetrieb ($V_{PP} = $ L), Schreibfreigabe $\overline{WE}$ bei $V_{PP} = $ H (Multiplex-Steuerung),

484     8 Digitale Schaltungen

| | |
|---|---|
| $\overline{CE}$ | Baustein-Freigabe (Steuer-Logik, Adress-Latch und Decoder werden aktiviert), |
| $\overline{OE}$ | Ausgangs-Freigabe (Ein /Ausgabe-Puffer werden geöffnet), |
| $DO_0 \ldots DO_7$ | Daten-Ein /Ausgänge (während eines Schreibzyklus werden die Daten intern zwischengespeichert), |
| $V_{SS}$ | Masse-Anschluß. |

*Allgemeine Eigenschaften der FLASH-EPROM*:

- freiprogrammierbare und freilöschbare Festwertspeicher in Wortorganisation,
- vom Anwender schnell programmierbar und auch schnell (elektrisch) löschbar,
- eingebaute Programmierhilfen ermöglichen eine einfache Handhabung (Anwendung des schnellen Programmier-Algorithmus → 8.9.10),
- Bausteine sind EPROM-anschlußkompatibel (Austausch gegen EPROM der gleichen Typennummer ist möglich),
- zum Löschen und Reprogrammieren können die Bausteine auf der Leiterplatte verbleiben (OBP: On Board Programming; dazu wird das Programmiergerät über Steckadapter angeschlossen).

### 8.7.4 Kombinierte Speicherschaltungen

Speicher-IC lassen sich kombinieren, um

- die Speicherkapazität zu erhöhen oder
- den Funktionsumfang zu erweitern.

**Zusammenschalten von Speicherschaltkreisen**

Zur Vergrößerung der Speicherkapazität können mehrere Chips auf einer Leiterkarte angeordnet werden. Dabei sind zwei *Schaltungsprinzipien* zu unterscheiden:

- Vergrößerung der Speicherwortlänge,
- Vergrößerung der Speicherwortzahl.

Im Bild 8.81 ist ein CMOS-SRAM mit 1 Kbit (256 × 4) und Tristate-Ausgängen eingesetzt. Im Bild 8.81 a wird die Wortlänge von 4 auf 8 bit vergrößert. Im Bild 8.81 b erhöht sich die Wortzahl von 256 auf 512.

Die Adressen müssen an jeden Schaltkreis parallel angelegt werden. Zur Vergrößerung der Wortzahl sind auch die Dateneingänge und die Datenausgänge jeweils parallel zu schalten. Außerdem ist eine Auswahllogik erforderlich, für die eine entsprechende Adreßzahl zu reservieren ist (im Beispiel wird die Auswahl der zwei Bausteine durch die negierte oder direkte Ansteuerung der $\overline{CE}$-Anschlüsse vom 9. Adreßbit realisiert).

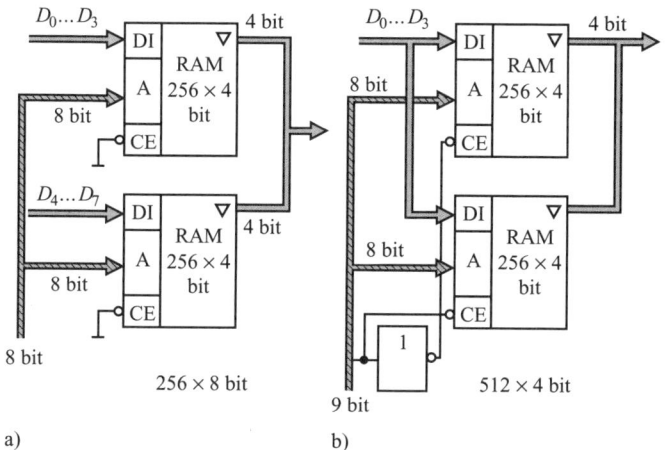

*Bild 8.81 Erhöhung der Speicherkapazität
a) durch Vergrößerung der Wortlänge, b) durch Vergrößerung der Wortzahl*

**RAM-Speichermodule**

- SIMM (Single Inline Memory Module)
  Arbeitsspeicherbaustein für PC mit mehreren Chips und einer gemeinsamen Kontaktfläche. Ältere Ausführungen mit 30 Pin ab 256 KByte bis 8 MByte unterstützen 8 bit. Ausführungen mit 72 Pin (PS/2-Speicher) ab 4 MB Speicherkapazität unterstützen 32 bit. SIMM werden zu Speicherbänken zusammengefaßt. Bei der 30-PIN-Ausführung bilden 4 SIMM eine Speicherbank. Damit ist die gleichzeitige Übertragung von $4 \times 8$ bit $= 32$ bit gewährleistet (die Datenbusbreite bei Prozessoren der Leistungsklasse 386/486 beträgt 32 bit). Bei der 72-PIN-Ausführung wird pro SIMM eine Wortbreite von 32 bit geboten. Bei PC mit Pentium-Prozessor beträgt die Datenbusbreite 64 bit. Deshalb müssen jeweils zwei PS/2-SIMM zu einer Speicherbank zusammengefaßt werden ($2 \times 32$ bit $= 64$ bit). SIMM werden mit und ohne Parität gefertigt. Welche Ausführung erforderlich ist, hängt vom Chipsatz auf dem Motherboard (Hauptplatine) des PC ab.
- DIMM (Dual Inline Memory Module)
  Arbeitsspeicherbaustein mit 168 PIN. Unterstützung von 64 bit Speicherzugriff.

**RAM-Schieberegister**

Übliche Schieberegister-Schaltkreise haben nur geringe Speicherkapazitäten (4 ... 64 bit). Größere Speicherkapazitäten sind mit RAM-Schieberegistern zu erzielen. Die Adressen eines bitorganisierten RAM werden durch einen Zähler im Rhythmus des Schiebetaktes inkrementiert. Beim Taktpegel H wird die adressierte Speicherzelle gelesen und das Ergebnis in einem D-Flipflop zwischengespeichert. Beim darauffolgenden Taktpegel L wird die gleiche Zelle mit der neuen Information beschrieben. Während beim eigentlichen Schieberegister (→ 8.6.3) die Bits verschoben werden, wird beim RAM-Schieberegister nur der Adreßzeiger verschoben (ähnlich wie bei FIFO-Speichern).

## 8.8 Programmierbare Logikbausteine

**Programmierbare Logikbausteine (PLD)** sind anwenderprogrammierbare Funktionsspeicher. Sie werden in vielen Varianten mit herstellerspezifischen Bezeichnungen angeboten. Die PLD-Strukturen bestehen im wesentlichen aus zwei Speichermatrizen (UND-Matrix; ODER-Matrix) (→ 8.3.2.4).

**Vergleich zwischen PLD und PROM**

| Baustein | UND-Matrix | ODER-Matrix |
|---|---|---|
| PLA (selten) | programmierbar | programmierbar |
| PAL/GAL | programmierbar | fest verdrahtet |
| PROM/EPROM | fest verdrahtet | programmierbar |

▶ *Hinweis*: Bei Tabellenspeichern (PROM/EPROM) wird die festverdrahtete UND-Matrix durch den Adreß-Decoder verkörpert. Eine Anwendung von wortorganisierten PROM/EPROM als Funktionsspeicher ist prinzipiell möglich. Die Logik-Variablen sind dazu an die Adreßeingänge zu legen. Allerdings entstehen dabei an den Datenausgängen stets kanonisch disjunktive Normalformen (KDNF → 8.2.3). Derartige unhandliche Funktionskonstruktionen entsprechen zumeist nicht den Anforderungen des Schaltungsentwurfes.

### 8.8.1 PAL-Grundstrukturen

Einfache **PAL (Programmable Array Logic)** bestehen intern aus einer programmierbaren UND-Matrix sowie einer festverdrahteten ODER-Matrix. Die Programmierung erfolgt durch den Anwender nach dem Ausbrennverfahren (fusible link → 8.7.3.1). Dazu werden handelsübliche Programmiergeräte verwendet. Zur Darstellung der Grundstruktur wird die im Bild 8.25 gezeigte Schaltung weiter vereinfacht. Es entsteht Bild 8.82. Firmentypische Strukturbilder (Logikdiagramme) enthalten zumeist die Logiksymbole der US-Norm.

▶ *Hinweis*: Die programmierten Verbindungen (x) sind als nicht ausgebrannte Verbindungen zu betrachten.

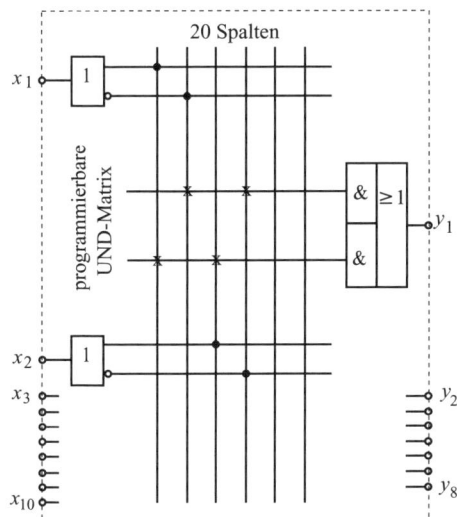

*Bild 8.82 PAL-Struktur in vereinfachter Darstellung*

**Kennwerte von PAL mit kombinatorischer Logik**

- Zahl der Eingänge $n$,
- Zahl der Ausgänge $m$,
- Zahl der Übergänge $p$,
- Ausgangsaktivität (H oder L).

■ *Beispiel*: PAL 10 H 8 ($\rightarrow$ Bild 8.82):
Der Chip hat $n = 10$ Eingänge (es lassen sich maximal 10 Binärvariablen negiert oder direkt verknüpfen), $m = 8$ Ausgänge (maximal 8 Boolesche Funktionen in disjunktiver Form sind bildbar), $p = 2$ Übergänge von der UND-Matrix zur ODER-Matrix sind pro Ausgang möglich (maximal 2 Elementarkonjunktionen können pro Ausgang disjunktiv verknüpft werden). Die Ausgänge sind H-aktiv.
PAL 10 L 8:
Die Ausgänge sind L-aktiv (im Bild 8.82 sind die ODER-Verknüpfungen durch NOR zu ersetzen). PAL-Bausteine unterscheiden sich durch die Verknüpfungsparameter $(n; m; p)$ und die Architektur der Ausgangsschaltungen.

**PAL-Ausgangsschaltungen**:

- L-aktiver Ausgang,
- H-aktiver Ausgang,
- TS-Ausgang,
- Register-Ausgang.

Verwendung von *PAL mit erweiterten Ausgangsschaltungen* (TS-Ausgänge; Register-Ausgänge):

- Ausgangssignale können intern auf Eingänge zurückgeführt werden (Realisierung von sequentieller Logik),
- die entsprechenden Anschlüsse können wahlweise als Ein- oder Ausgänge verwendet werden (bidirektionales Verhalten). Bild 8.83 zeigt ein Fragment eines PAL mit kombinatorischer Logik und Rückkopplung über Tristate-Puffer. TS-Ausgänge werden über die PAL-Logik von programmierbaren Eingängen aus freigegeben ($EN$ = H) oder gesperrt ($EN$ = L). Es ergibt sich ein bidirektionales Verhalten. Die gesperrten Ausgängen werden zu Eingängen. Damit läßt sich die Zahl der Eingänge auf Kosten der Ausgänge erhöhen.

■ *Beispiel*: PAL 20 L 10 ($\rightarrow$ Bild 8.83):
Der Chip hat neben der Stromversorgung 22 Anschlüsse. Davon sind 8 bidirektional. Werden 20 Eingänge benötigt, dann verbleiben nur 2 Ausgänge. Werden 10 Ausgänge benötigt, dann verbleiben nur 12 Eingänge.

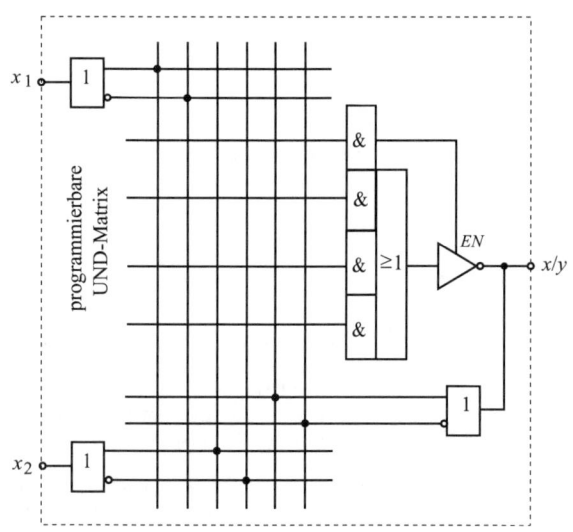

*Bild 8.83  PAL-Fragment mit bidirektionalem Anschluß x/y*

## 8.8.2   Reprogrammierbare PLD

**Reprogrammierbare PLD** sind PLD mit PAL-Matrixstruktur und zusätzlichen programmierbaren Makrozellen, elektrisch programmierbar und elektrisch löschbar. Firmenspezifische Unterschiede in der Architektur dieser zumeist sehr komplexen Bausteine führen auch zu uneinheitlichen Bezeichnungen (z. B. GAL: Generic Array Logic; PEEL: Programmable Electrically Erasable Logic).

**Bestandteile von GAL-Makrozellen** (→ Bild 8.84)

- Zwei kombinatorische Logikelemente (ODER; XOR),
- vier Multiplexer (TSMUX: Tristate-MUX; PTMUX: Produktterm-MUX; OMUX: Output-MUX; FMUX: Feedback-MUX),
- ein Registerbaustein (*D*-Flipflop).

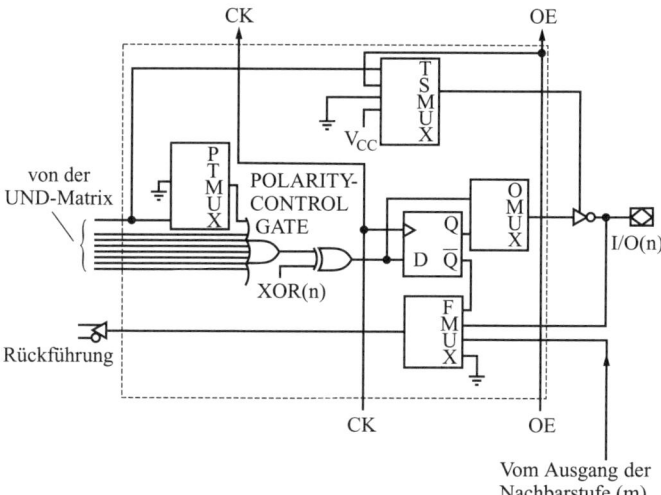

*Bild 8.84 Darstellung einer GAL-Makrozelle (nach Firmen-Dokumentation)*

■ *Beispiel*: Der Baustein GAL 16 V 8 (Lattice) verfügt neben den Anschlüssen für die Stromversorgung über 16 Eingänge und 8 Ausgänge. Jedem der 8 Ausgänge ist eine programmierbare Makrozelle (OLMC: Output Logic Macrocell) zugeordnet. Weiterhin sind ein Takteingang (CK) und ein Freigabeeingang (OE) vorhanden.

▶ *Hinweis*:

- Für die Programmierung der GAL-Bausteine werden handelsübliche Universal-Programmiergeräte verwendet. Damit können sowohl EPROM als auch GAL programmiert werden.
- Der elektrischen Programmierung muß ein rechnergestützter Entwurf vorausgehen.
- Dem Programmiergerät werden die Programmierdaten zumeist über die serielle PC-Schnittstelle übermittelt (üblich ist das JEDEC-Dateiformat).

## 8.9 Ergänzende Informationen

### 8.9.1 Tetradische Codes

| Code      | Dual      | BCD       | Aiken     | Dreiexzeß | Gray      |
|-----------|-----------|-----------|-----------|-----------|-----------|
| Wertigkeit| 8 4 2 1   | 8 4 2 1   | 2 4 2 1   | ohne      | ohne      |
|           | 0 LLLL    | 0 LLLL    | 0 LLLL    | PT        | 0 LLLL    |
|           | 1 LLLH    | 1 LLLH    | 1 LLLH    | PT        | 1 LLLH    |
|           | 2 LLHL    | 2 LLHL    | 2 LLHL    | PT        | 3 LLHL    |
|           | 3 LLHH    | 3 LLHH    | 3 LLHH    | 0 LLHH    | 2 LLHH    |
|           | 4 LHLL    | 4 LHLL    | 4 LHLL    | 1 LHLL    | 7 LHLL    |
|           | 5 LHLH    | 5 LHLH    | PT        | 2 LHLH    | 6 LHLH    |
|           | 6 LHHL    | 6 LHHL    | PT        | 3 LHHL    | 4 LHHL    |
|           | 7 LHHH    | 7 LHHH    | PT        | 4 LHHH    | 5 LHHH    |
|           | 8 HLLL    | 8 HLLL    | PT        | 5 HLLL    | PT        |
|           | 9 HLLH    | 9 HLLH    | PT        | 6 HLLH    | PT        |
|           | 10 HLHL   | PT        | PT        | 7 HLHL    | PT        |
|           | 11 HLHH   | PT        | 5 HLHH    | 8 HLHH    | PT        |
|           | 12 HHLL   | PT        | 6 HHLL    | 9 HHLL    | 8 HHLL    |
|           | 13 HHLH   | PT        | 7 HHLH    | PT        | 9 HHLH    |
|           | 14 HHHL   | PT        | 8 HHHL    | PT        | PT        |
|           | 15 HHHH   | PT        | 9 HHHH    | PT        | PT        |

PT Pseudotetrade

### 8.9.2 Nichttetradische Codes

| Dezimal-zahl | 1 aus 10    | 2 aus 5 | Siebensegment a b c d e f g |
|---|---|---|---|
| 0 | HLLLLLLLLL | HHLLL | L L L L L L H |
| 1 | LHLLLLLLLL | HLHLL | H L L H H H H |
| 2 | LLHLLLLLLL | LHHLL | L L H L L H L |
| 3 | LLLHLLLLLL | HLLHL | L L L L H H L |
| 4 | LLLLHLLLLL | LHLHL | H L L H H L L |
| 5 | LLLLLHLLLL | LLHHL | L H L L H L L |
| 6 | LLLLLLHLLL | HLLLH | x H L L L L L |
| 7 | LLLLLLLHLL | LHLLH | L L L H H H H |
| 8 | LLLLLLLLHL | LLHLH | L L L L L L L |
| 9 | LLLLLLLLLH | LLLHH | L L L x H L L |

x: je nach Darstellung der Ziffern 6 und 9: H oder L

## 8.9.3 Fehlererkennbare Codes

| Dezimalzahl<br>Wertigkeit | Dualcode mit Prüfbit<br>(gerade Parität)<br>8 4 2 1 p | Hamming-Code<br>(3 Prüfbit: $k_0;k_1;k_2;$)<br>$k_0$ $k_1$ 8 $k_2$ 4 2 1 |
|---|---|---|
| 0  | L L L L L | L L L L L L L |
| 1  | L L L H H | H H L H L L H |
| 2  | L L H L H | L H L H L H L |
| 3  | L L H H L | H L L L L H H |
| 4  | L H L L H | H L L H H L L |
| 5  | L H L H L | L H L L H L H |
| 6  | L H H L L | H H L L H H L |
| 7  | L H H H H | L L L H H H H |
| 8  | H L L L H | H H H L L L L |
| 9  | H L L H L | L L H H L L H |
| 10 | H L H L L | H L H H L H L |
| 11 | H L H H H | L H H L L H H |
| 12 | H H L L L | L H H H H L L |
| 13 | H H L H H | H L H L H L H |
| 14 | H H H L H | L L H L H H L |
| 15 | H H H H L | H H H H H H H |

▶ *Hinweise*: Zur Fehlererkennung muß die Wortlänge $m_c$ des Codes größer als die Mindestwortlänge $m$ sein.

**Mindestwortlänge** $m$ für $v$ zu codierende Zeichenkombinationen:

$$m = \mathrm{ld}\,v \approx 3{,}322 \cdot \lg v$$

**Redundanz** $R$

$$R = m_c - m$$

Je größer die Redundanz (Weitschweifigkeit) ist, desto sicherer können übertragungsbedingte Fehler im Code erkannt werden. Zur Erkennung von Einfachfehlern (1 falsches Bit) wird 1 Prüfbit ergänzt.

**Parität** (parity)

- gerade Parität (parity even),
- ungerade Parität (parity odd).

Bei gerader Parität wird Zahl der Einsen im Codewort zur geraden Zahl ergänzt.

**Fehler-Lokalisierung**

Die Anzahl der erforderlichen Prüfbits $p$ wächst mit der Datenwortbreite $m$:

$m = 1\ldots 4$ bit erfordern $p = 3$ Prüfbit,
$m = 5\ldots 11$ bit erfordern $p = 4$ Prüfbit,
$m = 12\ldots 26$ bit erfordern $p = 5$ Prüfbit.

### 8.9.4 7-Bit-ASCII-Code (Standardzeichensatz)

▶ *Hinweis*: Im ASCII-Code (American Standard Code for Information Interchange) sind Ziffern, Buchstaben und Sonderzeichen für Computer, Drucker und FAX-Geräte verschlüsselt.

Bedeutung der *Steuerzeichen*:

| | | |
|---|---|---|
| <NUL> | Null | nil |
| <SOM> | Beginn der Nachricht | start of message |
| <STX> | Beginn des Textes | start of text |
| <ETX> | Ende des Textes | end of text |
| <EOT> | Ende der Übertragung | end of transmission |
| <ENQ> | Anfrage | enquiry |
| <ACK> | Bestätigung | acknowledge |
| <BEL> | Klingel | bell |
| <BS> | Rückschritt | backspace |
| <HT> | Horizontal-Tabulator | horizontal tabulation |
| <LF> | Zeilenvorschub | line feed |
| <VT> | Vertikal-Tabulator | vertical tabulation |
| <FF> | Blattvorschub | form feed |
| <CR> | Wagenrücklauf | carriage return |
| <SO> | Ausrücken | shift out |
| <SI> | Einrücken | shift in |
| <DLE> | Datenverbindung abbrechen | data link escape |
| <DC> | Geräte-Steuersignale | device control |
| <SYN> | Synchronisation | synchronous |
| <ETB> | Ende eines Datenblockes | end of transmission block |
| <CAN> | Widerruf | cancel |
| <EM> | Ende des Datenträgers | end of medium |
| <SS> | Start einer Sequenz | start of special sequence |
| <ESC> | Abbruch | escape |
| <FS> | Block-Trennzeichen | file separator |
| <GS> | Gruppen-Trennzeichen | group separator |
| <RS> | Aufnahme-Trennzeichen | record separator |
| <US> | Einheiten-Trennzeichen | unit separator |
| <SP> | Zwischenraum | space |
| <DEL> | Löschen | delete |
| <NAK> | Fehlermeldung | negative acknowledge |

## 8.9 Ergänzende Informationen

| Hexa-dezimal | 0 | 1 | 2 | 3 | 4 | 5 | 6 | 7 |
|---|---|---|---|---|---|---|---|---|
| 0 | <NUL> 0 | <DLE> 16 | <SP> 32 | 0 · 48 | @ 64 | P 80 | ` 96 | p 112 |
| 1 | <SOM> 1 | <DCI> 17 | ! 33 | 1 49 | A 65 | Q 81 | a 97 | q 113 |
| 2 | <STX> 2 | <DC2> 18 | " 34 | 2 50 | B 66 | R 82 | b 98 | r 114 |
| 3 | <ETX> 3 | <DC3> 19 | # 35 | 3 51 | C 67 | S 83 | c 99 | s 115 |
| 4 | <EOT> 4 | <DC4> 20 | $ 36 | 4 52 | D 68 | T 84 | d 100 | t 116 |
| 5 | <ENQ> 5 | <NAK> 21 | % 37 | 5 53 | E 69 | U 85 | e 101 | u 117 |
| 6 | <ACK> 6 | <SYN> 22 | & 38 | 6 54 | F 70 | V 86 | f 102 | v 118 |
| 7 | <BEL> 7 | <ETB> 23 | ' 39 | 7 55 | G 71 | W 87 | g 103 | w 119 |
| 8 | <BS> 8 | <CAN> 24 | ( 40 | 8 56 | H 72 | X 88 | h 104 | x 120 |
| 9 | <HT> 9 | <EM> 25 | ) 41 | 9 57 | I 73 | Y 89 | i 105 | y 121 |
| A | <LF> 10 | <SS> 26 | * 42 | : 58 | J 74 | Z 90 | j 106 | z 122 |
| B | <VT> 11 | <ESC> 27 | + 43 | ; 59 | K 75 | [ 91 | k 107 | { 123 |
| C | <FF> 12 | <FS> 28 | , 44 | < 60 | L 76 | \ 92 | l 108 | ¦ 124 |
| D | <CR> 13 | <GS> 29 | − 45 | = 61 | M 77 | ] 93 | m 109 | } 125 |
| E | <SO> 14 | <RS> 30 | . 46 | > 62 | N 78 | ^ 94 | n 110 | ~ 126 |
| F | <SI> 15 | <US> 31 | / 47 | ? 63 | O 79 | _ 95 | o 111 | <DEL> 127 |

*Bild 8.85*

## 8.9.5 Zahlensysteme (Liste der natürlichen Zahlen 0 ... 20 D)

| Dezimal-zahlen (D) | Binär-zahlen (B) | Oktal-zahlen (Q) | Hex-zahlen (H) | Dezimal-zahlen (D) | Binär-zahlen (B) | Oktal-zahlen (Q) | Hex-zahlen (H) |
|---|---|---|---|---|---|---|---|
| 0 | 0 | 00 | 00 | 11 | 1011 | 13 | 0B |
| 1 | 1 | 01 | 01 | 12 | 1100 | 14 | 0C |
| 2 | 10 | 02 | 02 | 13 | 1101 | 15 | 0D |
| 3 | 11 | 03 | 03 | 14 | 1110 | 16 | 0E |
| 4 | 100 | 04 | 04 | 15 | 1111 | 17 | 0F |
| 5 | 101 | 05 | 05 | 16 | 10000 | 20 | 10 |
| 6 | 110 | 06 | 06 | 17 | 10001 | 21 | 11 |
| 7 | 111 | 07 | 07 | 18 | 10010 | 22 | 12 |
| 8 | 1000 | 10 | 08 | 19 | 10011 | 23 | 13 |
| 9 | 1001 | 11 | 09 | 20 | 10100 | 24 | 14 |
| 10 | 1010 | 12 | 0A | | | | |

▶ *Hinweise*:

> Ein **Zahlensystem** ist eine geordnete Menge von Ziffern zur Darstellung der natürlichen Zahlen.

**Zahlenaufbau**:

Alle modernen Zahlensysteme (im Gegensatz zu antiken) sind Stellenwertsysteme, d. h., der Wert einer Ziffer $Z_i$ hängt von ihrer Position $i$ innerhalb der Zahl $z$ ab:

$$z = \sum_{i=0}^{n} Z_i b^i = Z_n b^n + Z_{n-1} b^{n-1} + \ldots + Z_1 b + Z_0$$

■ *Beispiele*:

Dezimalzahl    125 (D)    $= 1 \cdot 10^2 + 2 \cdot 10^1 + 5 \cdot 10^0$
Binärzahl      101 (B)    $= 1 \cdot 2^2 + 0 \cdot 2^1 + 1 \cdot 2^0 = 5$ (D)
Hexadezimalzahl 1AF(H)    $= 1 \cdot 16^2 + 10 \cdot 16^1 + 15 \cdot 16^0 = 431$ (D)

**Zahlenkonvertierung**

Umwandlung von Dezimalzahlen in ein beliebiges Zahlensystem (*Reste-Methode*): Die Dezimalzahl wird so lange durch die Basis $b$ dividiert, bis das Ergebnis null ist. Die entstehenden Reste ergeben in umgekehrter Folge die gesuchte Zahl.

■ *Beispiel*: Dezimal → Dual

$135 : 2 = 67\,R.\,1 \qquad 33 : 2 = 16\,R.\,1$
$67\phantom{5} : 2 = 33\,R.\,1 \qquad 16 : 2 = \phantom{0}8\,R.\,0\uparrow$

8  : 2 = 4 R.0     2 : 2 = 1 R.0
4  : 2 = 2 R.0     1 : 2 = 0 R.1 ↑
Ergebnis: 135 (D) = 10000111 (B)

**Umwandlung von Dualzahlen in Hexadezimalzahlen**

Die Dualzahl wird, von rechts (bzw. vom Komma) beginnend, zu Tetraden (Vierergruppen) zusammengefaßt. Die äußeren Tetraden sind dabei ggf. mit Nullen aufzufüllen. Zu jeder Tetrade wird dann mit der Tabelle in 8.9.5 die entsprechende Hex-Zahl bestimmt. Diese Methode ist auch umgekehrt anwendbar (H → B).

■ *Beispiel*: Dual → Hexadezimal

0010 / 1110 / 1101 / 0111
  2      E      D      7

Ergebnis: 10111011010111 (B) = 2ED7 (H)

### 8.9.6 Relative Dualzahlen mit Vorzeichenbit und 4 Betragsbit

| Dez. Dual | Vorzeichen und Betrag | Einer- komplement | Zweier- komplement | Offset- binär |
|---|---|---|---|---|
| +0 | 0.0000 | 0.0000 | 0.0000 | 0.0000 |
| −0 | 1.0000 | 1.1111 | 0.0000 | 1.0000 |
| −1 | 1.0001 | 1.1110 | 1.1111 | 0.1111 |
| −2 | 1.0010 | 1.1101 | 1.1110 | 0.1110 |
| −3 | 1.0011 | 1.1100 | 1.1101 | 0.1101 |
| −4 | 1.0100 | 1.1011 | 1.1100 | 0.1100 |
| −5 | 1.0101 | 1.1010 | 1.1011 | 0.1011 |
| −6 | 1.0110 | 1.1001 | 1.1010 | 0.1010 |
| −7 | 1.0111 | 1.1000 | 1.1001 | 0.1001 |
| −8 | 1.1000 | 1.0111 | 1.1000 | 0.1000 |
| −9 | 1.1001 | 1.0110 | 1.0111 | 0.0111 |
| −10 | 1.1010 | 1.0101 | 1.0110 | 0.0110 |
| −11 | 1.1011 | 1.0100 | 1.0101 | 0.0101 |
| −12 | 1.1100 | 1.0011 | 1.0100 | 0.0100 |
| −13 | 1.1101 | 1.0010 | 1.0011 | 0.0011 |
| −14 | 1.1110 | 1.0001 | 1.0010 | 0.0010 |
| −15 | 1.1111 | 1.0000 | 1.0001 | 0.0001 |
| −16 | | | 1.0000 | 0.0000 |

■ *Beispiel*: Im 8-bit-Format sind 256 Zeichen codiert. Bei Verwendung des Zweierkomplementes mit Vorzeichenbit wird der Zahlenbereich
−128 (D) = 1.0000000 (B) ... + 127 (D) = 0.1111111 (B) erfaßt.

## 8.9.7 Abhängigkeitsarten (nach DIN 40900 Teil 12)

| Abhängigkeit | Kürzel | Wirkung auf Ausgang bei Eingang im 1-Zustand | Wirkung auf Ausgang bei Eingang im 0-Zustand |
|---|---|---|---|
| Adresse | A | Auswahl Adresse | keine Auswahl |
| Freigabe | EN | Aktion erlaubt | keine Aktion |
| Mode | M | Auswahl Betriebsart | keine Auswahl |
| Negation | N | Negiert Zustand | keine Wirkung |
| Oder | V | Bewirkt 1-Zustand | Aktion erlaubt |
| Rücksetzen | R | wie R = 1 und S = 0 | keine Wirkung |
| Setzen | S | wie S = 1 und R = 0 | keine Wirkung |
| Steuerung | C | Aktion erlaubt | keine Aktion |
| Takt | | | |
| Und | G | Aktion erlaubt | Bewirkt 0-Zustand |
| Verbindung | Z | Bewirkt 1-Zustand | Bewirkt 0-Zustand |

▶ *Hinweise*: Mit der Abhängigkeitsnotation werden die Beziehungen zwischen Ein- und Ausgängen bei digitalen Elementen angegeben, ohne die entsprechenden Elemente und Verbindungen detailliert darzustellen.

■ *Beispiel*: Die Verbindungsabhängigkeit (Z) gibt an, daß ein Ausgang seinen Logikzustand anderen Ausgängen (oder auch Eingängen) aufzwingt.
Am Parallel-Übertragsausgang (PIN 12) des Zählerbausteins 74LS190 (→ Bild 8.62) steht die Notation „3(CT = 9)Z6". Dies bedeutet: Beim Aufwärtszählen „3" wird mit dem 9. Takt der Ausgang aktiv. Am negierten Ripple-Carry-Ausgang (PIN 13) steht die Notation „6, 1, 4". Die Verbindung „Z6" erzwingt eine halbe Taktperiode später L-Aktivität am Ripple-Carry-Ausgang.

### 8.9.8 Liste der TTL-Schaltkreise (bis Typen-Nr. 74200)

▶ *Hinweise*:
- Die Typen-Nummern der TTL-Schaltkreise sind hier nur von 7400 bis 74200 aufgeführt [16]. Das Typensortiment umfaßt weiter die Nummern 74201 bis 74640 [17] sowie 74641 bis 7430640 [18].
- Die Typen-Nummern sind hier nicht in chronologischer Folge aufgeführt, sondern nach Funktionsgruppen geordnet.
- Nicht alle Typen-Nummern sind in allen TTL-Baureihen verfügbar. Außerdem gibt es herstellerspezifische Einschränkungen.
- Einige selten benötigte Bausteine sowie solche, die nur in Standard-TTL vorliegen, sind in der Liste nicht enthalten.

**NAND-Gatter**

74 00 4 NAND-Gatter mit 2 Eingängen
    03 4 NAND-Gatter mit 2 Eingängen (OC)
    10 3 NAND-Gatter mit 3 Eingängen

## 8.9 Ergänzende Informationen

    12  3 NAND-Gatter mit 3 Eingängen (OC)
    13  2 NAND-Schmitt-Trigger mit 4 Eingängen
    20  2 NAND-Gatter mit 4 Eingängen
    22  2 NAND-Gatter mit 4 Eingängen (OC)
    30  1 NAND-Gatter mit 8 Eingängen
    37  4 NAND-Leistungsgatter mit 2 Eingängen
    38  4 NAND-Leistungsgatter mit 2 Eingängen (OC)
    40  2 NAND-Leistungsgatter mit 4 Eingängen
  133  1 NAND-Gatter mit 13 Eingängen
  134  1 NAND-Gatter mit 12 Eingängen (TS)

### NOR-Gatter

74 02  4 NOR-Gatter mit 2 Eingängen
    27  3 NOR-Gatter mit 3 Eingängen
    28  4 NOR-Leistungsgatter mit 2 Eingängen
    33  4 NOR-Leistungsgatter mit 2 Eingängen (OC)

### UND-Gatter

74 08  4 UND-Gatter mit 2 Eingängen
    09  4 UND-Gatter mit 2 Eingängen (OC)
    11  3 UND-Gatter mit 3 Eingängen
    21  2 UND-Gatter mit 4 Eingängen

### ODER-Gatter

74 32  4 ODER-Gatter mit 2 Eingängen

### Antivalenz-Gatter (XOR)

74  86  4 XOR-Gatter mit 2 Eingängen
  136  4 XOR-Gatter mit 2 Eingängen (OC)

### Inverter (Negation)

74 04  6 Inverter
    05  6 Inverter (OC)
    14  6 invertierende Schmitt-Trigger

### Arithmetik-Funktionen

74  83  4-bit-Volladdierer
    85  4-bit-Komparator

181 4-bit-Arithmetik-Logikeinheit (ALU)
182 4-bit-Parallel-Übertragseinheit
183 Zwei 1-bit-Volladdierer

**Multiplexer**

74 151 1-zu-8-Multiplexer
153 Zwei 1-zu-4-Multiplexer
157 Vier 2-zu-1-Multiplexer
158 Vier 2-zu-1-Multiplexer mit invertierenden Ausgängen

**Decoder/Demultiplexer**

74 42 BCD-zu-Dezimal-Decoder
137 3-bit-Decoder/Demultiplexer mit Adreß-Latch, invertierende Ausgänge
138 3-bit-Decoder/Demultiplexer, invertierende Ausgänge
139 Zwei 2-bit-Decoder/Demultiplexer, invertierende Ausgänge
147 Dezimal-zu-BCD-Prioritätscodierer
154 4-bit-Decoder/Demultiplexer, invertierende Ausgänge
155 Zwei 2-bit-Decoder/Demultiplexer

**Anzeige-Decoder**

74 47 BCD-zu-7-Segment-Decoder/Anzeigetreiber (OC; 15 V)
48 BCD-zu-7-Segment-Decoder/Anzeigetreiber
145 BCD-zu-Dezimal-Decoder/Anzeigetreiber (OC; 15 V)

**Flipflop**

74 72 $JK$-Master-Slave-Flipflop
74 2 positiv flankengetriggerte $D$-Flipflop
109 2 positiv flankengetriggerte $JK$-Flipflop
112 2 negativ flankengetriggerte $JK$-Flipflop, Voreinstellung und Löschen
113 2 negativ flankengetriggerte $JK$-Flipflop, Voreinstellung
114 2 negativ flankengetriggerte $JK$-Flipflop, gemeinsamer Takt
171 4 positiv flankengetriggerte $D$-Flipflop, gemeinsamer Takt

**Binärzähler**

74 93 4-bit-Zähler mit internen Teilern
161 Programmierbarer 4-bit-Zähler, asynchrones Löschen
163 Programmierbarer 4-bit-Zähler, synchrones Löschen

## 8.9 Ergänzende Informationen

191 Programmierbarer 4-bit-Zähler (Aufwärts/Abwärts)
193 Programmierbarer 4-bit-Zähler (Aufwärts/Abwärts), asynchrones Löschen

**Dezimalzähler**

74 90 Dezimalzähler mit internen Teilern
160 Programmierbarer Dezimalzähler, asynchrones Löschen
162 Programmierbarer Dezimalzähler, synchrones Löschen
190 Programmierbarer Dezimalzähler (Aufwärts/Abwärts)
192 Programmierbarer Dezimalzähler (Aufwärts/Abwärts), asynchrones Löschen

**Parallelregister**

74 75 Zwei 2-bit-D-Zwischenspeicher (D-Latch)
174 6-bit-D-Register mit Löschen
175 4-bit-D-Register mit Löschen

**Schieberegister**

74 91 8-bit-Schieberegister (seriell ein, seriell aus)
95 4-bit-Schieberegister (parallel/seriell ein, parallel/seriell aus)
164 8-bit-Schieberegister (seriell ein, parallel/seriell aus), mit Löschen
165 8-bit-Schieberegister (parallel/seriell ein, seriell aus)
166 8-bit-Schieberegister (parallel/seriell ein, seriell aus), mit Löschen
194 Bidirektionales 4-bit-Schieberegister (parallel/seriell ein, parallel/seriell aus), mit Löschen
195 4-bit-Schieberegister (parallel/seriell ein, parallel/seriell aus), mit Löschen

**Speicher**

74 89 64-bit-RAM (16 × 4)
189 64-bit-RAM (16 × 4), TS-Ausgänge

**Monoflop**

74 122 Retriggerbares Monoflop mit Löschen
123 Zwei retriggerbare Monoflop mit Löschen

OC: Open Collector
TS: Three State (Tristate)

## 8.9.9 Anschlußbelegungen von EPROM im Dual-Inline-Gehäuse

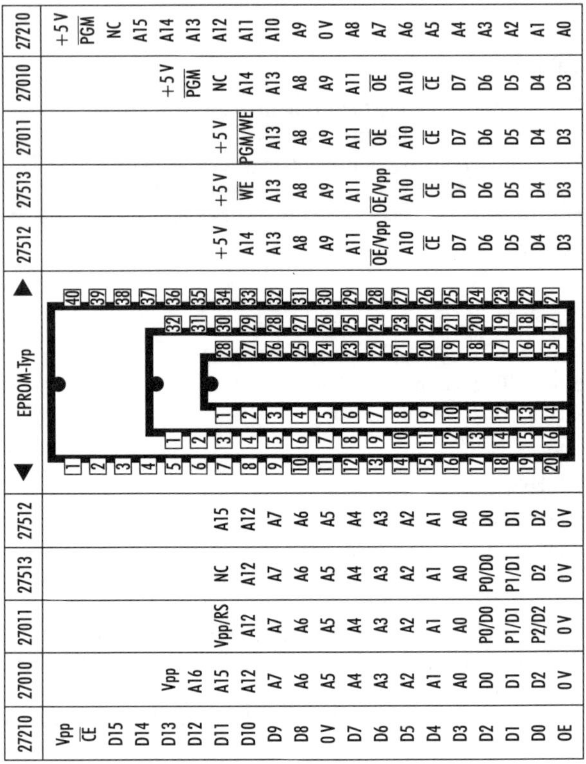

| EPROM-Typ | Pinbelegung |
|---|---|
| 27210 | +5V, PGM, NC, A15, A14, A13, A12, A11, A10, A9, 0V, A8, A7, A6, A5, A4, A3, A2, A1, A0 |
| 27010 | +5V, PGM, NC, A14, A13, A8, A9, A11, ŌĒ, A10, CE, D7, D6, D5, D4, D3 |
| 27011 | +5V, PGM/WE, A13, A8, A9, A11, ŌĒ, A10, CE, D7, D6, D5, D4, D3 |
| 27513 | +5V, WE, A13, A8, A9, A11, ŌĒ/Vpp, A10, CE, D7, D6, D5, D4, D3 |
| 27512 | +5V, A14, A13, A8, A9, A11, ŌĒ/Vpp, A10, CE, D7, D6, D5, D4, D3 |

| EPROM-Typ | Pinbelegung |
|---|---|
| 27512 | A15, A12, A7, A6, A5, A4, A3, A2, A1, A0, D0, D1, D2, 0V |
| 27513 | NC, A12, A7, A6, A5, A4, A3, A2, A1, A0, P0/D0, P1/D1, D2, 0V |
| 27011 | Vpp/RS, A12, A7, A6, A5, A4, A3, A2, A1, A0, P0/D0, P1/D1, P2/D2, 0V |
| 27010 | Vpp, A16, A15, A12, A7, A6, A5, A4, A3, A2, A1, A0, D0, D1, D2, 0V |
| 27210 | Vpp, CE, D15, D14, D13, D12, D11, D10, D9, D8, 0V, D7, D6, D5, D4, D3, D2, D1, D0, ŌĒ |

*Bild 8.86*

## 8.9.10 Schneller Programmier-Algorithmus für FLASH-EPROM

▶ *Hinweise*:

- Die Programmierung erfolgt Byte für Byte.
- Der Zugriff erfolgt sequentiell (die Adressen werden inkrementiert).
- Die Programmierbefehle sowie die Adressen werden zwischengespeichert.
- Durch höhere Programmierspannung ($V_{PPH}$) ist schnelle Programmierung möglich (100 µs pro Befehl).
- Nach jedem Programmierbefehl erfolgt sofort die Verifizierung des Datenbyte.
- Zur Datensicherheit sind bis zu 25 Programmierimpulse pro Byte möglich.

## 8.9 Ergänzende Informationen

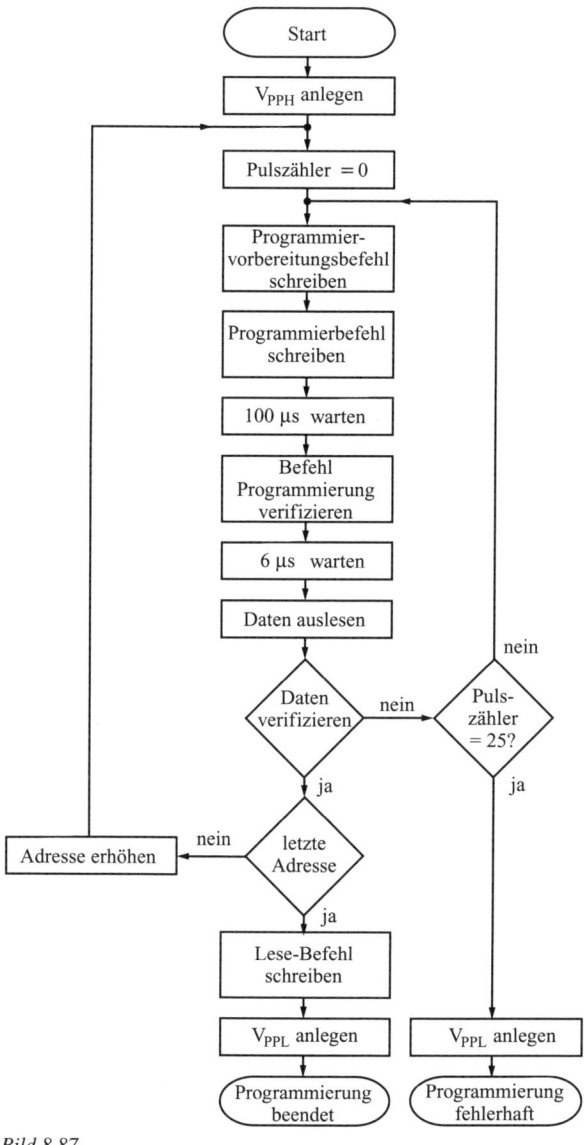

Bild 8.87

## 8.9.11 V.24-Schnittstelle

Die **V.24-Schnittstelle** (RS 232 C) ist eine unsymmetrische, serielle Schnittstelle, die für mittlere Übertragungsentfernungen bis 15 m bei einer Bitrate von max. 20 KBaud ausgelegt ist.

> 1 Baud = 1 Bit/Sekunde

*Pegelwerte*: HIGH-Pegel (H): $+3$ V $\ldots +15$ V
LOW-Pegel (L): $-3$ V $\ldots -15$ V

Daten werden in negativer Logik und Steuersignale in positiver Logik übertragen. Neben den zwei Signalleitungen für Senderichtung (TXD) und Empfangsrichtung (RXD) sind noch 6 Steuersignale definiert.

*Signalbezeichnungen* der V.24-Schnittstelle

| PIN-Nr. | Signal | | Bedeutung | DEE | DÜE |
|---|---|---|---|---|---|
| 1 | FG | (Frame Ground) | Schutzerde | | |
| 2 | TXD | (Transmit Data) | Sendedaten | × | |
| 3 | RXD | (Receive Data) | Empfangsdaten | × | |
| 4 | RTS | (Request To Send) | Empfang möglich | × | |
| 5 | CTS | (Clear To Send) | Empfang möglich | | × |
| 6 | DSR | (Data Set Ready) | Betriebsbereitschaft | | × |
| 7 | SG | (Signal Ground) | Masse | | |
| 8 | DCD | (Data Carrier Detected) | Verbindung wurde erkannt | | × |
| 20 | DTR | (Data Terminal Ready) | Betriebsbereitschaft | × | |
| 22 | RI | (Ring Indicator) | Rufzeichen erkannt | | × |

DEE : Datenendeinrichtung (z. B. Computer, Drucker usw.)
DÜE : Datenübertragungseinrichtung (z. B. Modem)

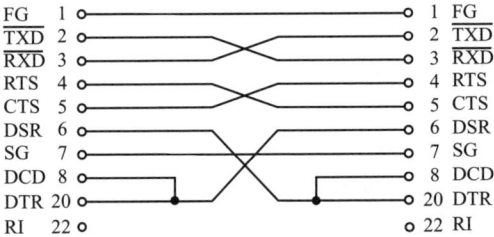

*Bild 8.88 Verbindung zwischen Datenendeinrichtungen über Null-Modem*

▶ *Hinweis*: Die Datenübertragung kann entweder direkt zwischen Datenendeinrichtungen (DEE), z. B. einem Computer und einem Terminal, oder in Verbindung mit einer Datenübertragungseinrichtung (DÜE), einem Modem (Modulator/Demodulator), erfolgen.

# 9 Stromversorgungsschaltungen

> **Stromversorgungen** sind Hilfseinrichtungen zum Betrieb elektronischer Geräte und Anlagen.

Allgemeines **Gliederungs-Merkmal** ist die Art der Spannungsumformung zwischen Ein- und Ausgang:

- AC/AC:  Wechselspannung in größere oder kleinere Wechselspannung (Transformator)
- AC/DC:  Wechselspannung in Gleichspannung (Gleichrichter)
- DC/DC:  Gleichspannung in größere Gleichspannung (Gleichspannungswandler-Transverter)
- DC/AC:  Gleichspannung in Wechselspannung (Wechselrichter-Zerhacker; Chopper)

## 9.1 Grundfunktionen konventioneller Netzteile

Das Netzteil (engl. power supply) eines elektronischen Gerätes hat die Aufgabe, die zum Betrieb der Halbleiterbauelemente und ICs erforderlichen Gleichgrößen (Spannungen, Ströme) aus dem Wechselstromnetz (zumeist 220 V, 50 Hz) zu gewinnen. Es wird zwischen konventionellen Netzteilen und Schaltnetzteilen unterschieden. Externe Netzteile (mit eigenem Gehäuse) werden als Netzgeräte bezeichnet. Labor-Netzgeräte sind universell ausgelegt. Sie bieten einstellbare Ausgangsspannungen mit hoher Genauigkeit und geringer Restwelligkeit. Hochwertige Geräte sind über serielle Schnittstellen (RS 232/V24 oder IEEE 448/IEC-Bus) rechnersteuerbar. Interne Netzteile sind dagegen auf wenige feste Gleichspannungswerte spezialisiert (z. B. $+5$ V für TTL-ICs, $+/-12$ V für Operationsverstärker).

**Netzteile konventioneller Bauart** ($\rightarrow$ Bild 9.1) bestehen im wesentlichen aus

- Netztransformator (TRA),
- Gleichrichter (GLR) und
- Siebschaltung (SIEB).

Bauteile und Schaltungen zwischen Netz und Trafo:

- Steckverbinder (z. B. dreipoliger IEC-Verbinder mit Farbcodierung: schwarz (Phase), weiß (Null/MP), grün (SL/Erde)),
- Ein-/Ausschalter (hier nicht dargestellt),
- Sicherung (SI), träge, in der „heißen" Leitung (Phase) und
- HF-Filter (HF-FI) zur Unterdrückung von Hochfrequenzstörungen.

Die Verwendung von HF-Netzfiltern ist bei konventionellen Netzteilen optional, aber zweckmäßig. Bei Schaltnetzteilen ist es wegen der Forderung nach elektromagnetischer Verträglichkeit (EMV) unverzichtbar. Netzfiltermodule (passive Tiefpässe in p-Schaltung) sind teilweise bereits mit Sicherung und Schalter kombiniert.

**Schaltungen zur Stabilisierung der Gleichspannung (STAB)**

Moderne Netzteile müssen hochgesiebte (batterieähnliche), sehr genaue und hochstabile Gleichspannungen abgeben. Dafür werden zusätzliche Stabilisierungsschaltungen, von der Z-Diode bis zum integrierten Spannungsregler, verwendet. Unstabilisierte Netzteile sind nur für einfachste Anwendungsfälle sinnvoll.

Weitere Schaltungen erhöhen den technischen Komfort, z. B.

- elektronische Strombegrenzung,
- Temperaturkompensation.

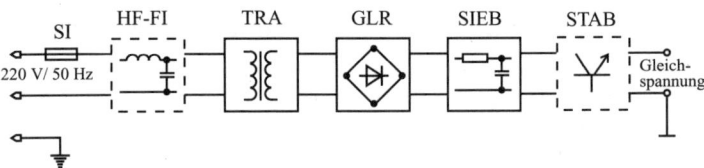

*Bild 9.1  Blockschaltbild eines Netzteils*

### 9.1.1 Transformation der Netzwechselspannung

Der **Netztrafo** erfüllt zwei Funktionen:

- Transformation der Netzwechselspannung auf eine zumeist kleinere Wechselspannung,
- galvanische Trennung der zu versorgenden Geräte und Schaltungen vom Netz.

Die Bemessung des Netztrafos ist im wesentlichen von der Leistungsaufnahme der angeschlossenen Verbraucher abhängig. Dabei ist die Art der Gleichrichterschaltung und der Siebung mit zu berücksichtigen. Hier wird sich auf die Bestimmung der Hauptkenngrößen zur Auswahl des Trafo-Kernquerschnittes beschränkt. Windungszahlen und Drahtdurchmesser werden lediglich abgeschätzt. Eine komplette Berechnung des Trafos ist nicht beabsichtigt. Zur Theorie des Transformators kann im Teil Elektrotechnik, Abschnitt 4.4 nachgelesen werden.

Für die wichtigsten Gleichrichterschaltungen ($\rightarrow$ 9.1.2) sind die Kenngrößen zur Trafobemessung in Tabelle 9.1 aufgeführt.

*Tabelle 9.1 Hauptkenngrößen zur Bemessung von Netz-Trafos*

| Schaltung | Belastung | $\tilde{U}_2/U_0$ | $\tilde{I}_2/I_0$ | $S_2/P$ | $S_1/P$ | $S_T/P$ |
|---|---|---|---|---|---|---|
| Einweg | $R$ | 2,22 | 1,57 | 3,5 | 2,7…5,4 | 3,1…4,4 |
| (E) | $R\|C$ | $\approx 0,9$ | $\approx 2,5$ | $\approx 2,3$ | $\approx 2,8$ | $\approx 2,4$ |
| Zweiweg- | $R$ | 1,11 | 0,79 | 0,9 | 1,2…1,6 | 1,5…1,7 |
| Mittelpunkt | $R\|C$ | $\approx 0,9$ | $\approx 1,3$ | $\approx 1,2$ | $\approx 1,6$ | $\approx 1,9$ |
| (M) | $L$ | 1,11 | 0,71 | 0,8 | 1,1 | 1,4 |
| Zweiweg- | $R$ | 1,11 | 1,11 | 1,2 | 1,2…1,5 | 1,2…1,5 |
| Brücke | $R\|C$ | $\approx 0,9$ | $\approx 1,8$ | $\approx 1,6$ | $\approx 1,6$ | $\approx 1,6$ |
| (B) | $L$ | 1,11 | 1,0 | 1,1 | 1,1 | 1,1 |
| Drehstrom- | $R$ | 0,85 | 0,59 | 1,5 | 1,2 | 1,4 |
| Stern | $L$ | 0,85 | 0,59 | 1,5 | 1,2 | 1,4 |
| (S) | | | | | | |
| Drehstrom- | $R$ | 0,43 | 0,82 | 1,1 | 1,1 | 1,1 |
| Brücke | | | | | | |
| (DB) | | | | | | |

$\tilde{U}_2$ Effektivwert der sekundären Wechselspannung
$\tilde{I}_2$ Effektivwert des sekundären Wechselstromes
$S_2$ sekundäre Scheinleistung des Trafos
(bei Einphasen-Schaltungen)
$$S_2 = \tilde{U}_2 \tilde{I}_2 \tag{9.1}$$
(bei Dreiphasen-Schaltungen)
$$S_2 = 3\tilde{U}_2 \tilde{I}_2 \tag{9.2}$$
$S_1$ primäre Scheinleistung des Trafos
$S_T$ Nennscheinleistung (Typenleistung) des Trafos
$U_0$ Verbrauchergleichspannung
$I_0$ Verbrauchergleichstrom
$P$ Gleichstrom-Verbraucherleistung
$$P = U_0 I_0 \tag{9.3}$$
$q$ Verhältnis von primärer zu sekundärer Scheinleistung
$$q = \frac{S_1}{S_2} \tag{9.4}$$

**Abschätzung der Typenleistung $S_T$**

- Bei Zweiweg-Mittelpunktgleichrichtung (M)
  werden die Sekundärwicklungen von Gleichstromanteilen durchflossen, so daß sich die Durchflutungen von Primär- und Sekundärwicklungen gegen-

seitig nicht aufheben können (der Trafo überträgt nur Wechselgrößen!). Die sekundäre Scheinleistung ist deshalb größer als die primäre ($q < 1$). Die **Typenleistung** $S_T$ wird für $q < 1$ als arithmetisches Mittel angegeben:

$$S_T = \frac{S_1 + S_2}{2} \tag{9.5}$$

- Bei Einweggleichrichtung (E)
  gilt die gleiche Aussage wie bei (M). Außerdem tritt eine Gleichstromvormagnetisierung des Kerns auf, so daß $q$ geschätzt werden muß.

$$S_T \approx \frac{S_1 + S_2}{2} \tag{9.6}$$

- Bei Zweiweg-Brückengleichrichtung (B)
  ist $q > 1$, so daß die primäre Scheinleistung maßgebend ist.

$$S_T = S_1 \tag{9.7}$$

In Tabelle 9.1 sind bei $S_1$ und $S_T$ Wertebereiche angegeben.

Der untere Wert ist ein theoretischer Rechenwert ohne Berücksichtigung von Vormagnetisierung und Kupferverlusten. Der obere Wert ist ein Erfahrungswert, der eine ausreichende Sicherheit beinhaltet. Für $RC$-Belastung (Ladekondensator und Verbraucherwiderstand) des Gleichrichters sind Werte angegeben, die je nach Stromflußwinkel ($\to$ 9.1.3.1) variieren können.

▶ *Beachte*: Bei der Trafobemessung muß die Typenleistung stets größer als die benötigte Gleichstromleistung sein. Bei gemischter Belastung ($n$ Gleichstromleistungen und $m$ Wechselstromleistungen) gilt:

$$S_T = \sum_1^n S_{T(dc)} + \sum_1^m S_{T(ac)} \tag{9.8}$$

**Auswahl der Kerngröße** nach der Typenleistung

Zunächst muß man sich für einen Kerntyp entscheiden. Folgende Kernschnitte werden angeboten:

- M-Kerne ($\to$ Tab. 9.2),
- EI-Kerne,
- LL-Kerne ($\to$ Tab. 9.3),
- Ringkerne.

▶ *Hinweise* zu Trafo-Ausführungen für Leiterkarten:

- Flachtransformatoren eignen sich zur Bestückung von Europa-Steckkarten. Sie werden für Typenleistungen zwischen 1,5 VA und 45 VA angeboten.
- Ringkerntransformatoren zeichnen sich durch geringe magnetische Streuung aus. Dadurch ergeben sich günstige Abmessungen (geringe Bauhöhen) und geringes Gewicht. Die angebotenen Typenleistungen liegen zwischen 30 VA und 160 VA, in geschirmter (gekapselter) Ausführung zwischen 10 VA und 50 VA.

Aus Tabelle 9.2 oder 9.3 kann eine Kerngröße nach der Typenleistung $S_T$ ausgewählt werden. Außerdem sind noch die mittlere Windungszahl je Volt ($n$) und die Stromdichte ($J$) angegeben. Mit $n$ kann die erforderliche Windungszahl $N$ abgeschätzt werden ($\rightarrow$ Gl. (9.9)). Die Angabe der Stromdichte ist für die Berechnung des Drahtdurchmessers $d$ wichtig ($\rightarrow$ Gl. (9.10)).

**Windungszahl** $N$

$$\boxed{N = nU} \tag{9.9}$$

**Drahtdurchmesser** $d$

$$d = 2\sqrt{\frac{I}{\pi J}} \tag{9.10}$$

*Tabelle 9.2  Einige Kenngrößen von M-Kernen aus Dynamoblechen*

| Kernbezeichnung M $a/h$ | Typenleistung $S_T$ in VA | Windungszahl $n$ in V$^{-1}$ | Stromdichte primär $J_1$ in A/mm$^2$ | Stromdichte sekundär $J_2$ in A/mm$^2$ |
|---|---|---|---|---|
| M 42/15 | 4 | 22,0 | 6,0 | 6,0 |
| M 55/20 | 13 | 11,4 | 4,7 | 4,7 |
| M 65/26 | 26 | 7,5 | 3,8 | 3,8 |
| M 74/32 | 50 | 5,4 | 3,2 | 3,2 |
| M 85/32 | 70 | 4,3 | 3,0 | 3,0 |
| M 85/45 | 100 | 3,1 | 3,0 | 3,0 |
| M 102/35 | 125 | 3,3 | 2,6 | 2,6 |
| M 102/53 | 180 | 2,3 | 2,4 | 2,4 |

Die Tabellenwerte gelten für Dynamoblech III × 0,50 und Dynamoblech IV × 0,35 bei $B = 1,2$ V·s/m$^2$.
$a$  Abmessung der längsten Kernseite
$h$  Schichthöhe der Kernbleche

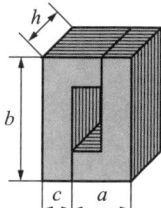

*Bild 9.2  Kernmaße bei LL-Schnitten*
*z. B. LL 30/10; $a = 20$ mm, $b = 50$ mm,*
*$c = 10$ mm, $h = 10$ mm*

▶ *Hinweis*: Genaue Trafoberechnungen erfordern ausführlichere Tabellen. In Tabelle 9.7 ($\rightarrow$ 9.3) sind die Daten für den Kerntyp M ergänzend zu Tabelle 9.2 in Abhängigkeit von der Typenleistung $S_T$ aufgeführt. Damit können vor allem die

Windungszahlen exakter berechnet werden. Außerdem lassen sich der erforderliche Wickelraum und die Drahtlänge ablesen.

*Tabelle 9.3 Einige Kenngrößen von LL-Kernen aus Texturblech*

| Kernbezeichnung LL $(a+c)/h$ | Typenleistung $S_T$ in VA | Windungszahl $n$ in V$^{-1}$ | Stromdichte primär $J_1$ in A/mm$^2$ | Stromdichte sekundär $J_2$ in A/mm$^2$ |
|---|---|---|---|---|
| LL 30/10 | 4,5 | 29,8 | 9,5 | 7,4 |
| LL 30/16 | 10 | 19,0 | 7,6 | 5,4 |
| LL 39/13 | 17 | 16,5 | 6,4 | 4,1 |
| LL 39/20 | 26 | 11,0 | 6,0 | 4,3 |
| LL 48/16 | 43 | 10,8 | 5,4 | 3,6 |
| LL 48/25 | 60 | 7,1 | 4,3 | 3,7 |
| LL 60/20 | 90 | 7,0 | 3,6 | 2,9 |
| LL 60/30 | 130 | 4,76 | 3,3 | 2,7 |
| LL 75/25 | 210 | 4,45 | 3,0 | 2,8 |
| LL 75/40 | 275 | 2,85 | 2,8 | 2,5 |
| LL 90/30 | 400 | 3,03 | 2,2 | 2,0 |
| LL 90/50 | 520 | 1,85 | 1,9 | 1,7 |

Die Tabellenwerte gelten für Texturblech E $0,7 \times 0,35$ bei einseitiger Schichtung. Die Kernmaße sind im Bild 9.2 angegeben

## 9.1.2 Gleichrichtung

Durch Gleichrichtung wird die transformierte Wechselspannung (Sekundärspannung) in eine Mischspannung verwandelt, die neben der gewünschten Gleichspannungskomponente $U_{0AV}$ noch Wechselspannungsanteile (Harmonische) enthält. Die spektrale Zusammensetzung der Mischspannung wird durch die Fourier-Reihen für Sinus- oder Cosinushalbwellen beschrieben ($\rightarrow$ 5.1.2.2).

### 9.1.2.1 Einweggleichrichtung

Bei dieser einfachsten Gleichrichterschaltung wird nur eine Diode benötigt ($\rightarrow$ Bild 9.3 a). Bei der positiven Halbwelle leitet die Diode, bei der negativen sperrt sie. Über dem Lastwiderstand liegt eine Mischspannung aus Sinus- bzw. Cosinushalbwellen. Es gilt sinngemäß Gl. (5.17).

Wir ersetzen in Gl. (5.17) die allgemeine Amplitude $A$ durch die Amplitude der Sekundärspannung und brechen die Reihe nach der 2. Harmonischen ab.

$$A = \hat{u}_2 = \sqrt{2}\tilde{U}_2 \tag{9.11}$$

$$u_2(t) \approx \frac{\hat{u}_2}{\pi} + \frac{\hat{u}_2}{2}\cos(\omega t) + \frac{2\hat{u}_2}{3\pi}\cos(2\omega t) \tag{9.12}$$

Die **Gleichspannungskomponente** entspricht dem arithmetischen Mittelwert:

$$\boxed{U_{0\text{AV}} = \frac{\hat{u}_2}{\pi} \approx 0{,}45 \cdot \tilde{U}_2} \tag{9.13}$$

Die 1. Harmonische ($f = 50$ Hz) bildet den Hauptanteil der *Brummspannung*:

$$\hat{u}_{1\sim} = \frac{\hat{u}_2}{2} \approx 0{,}707 \cdot \tilde{U}_2 \tag{9.14}$$

**Brummspannung**

> Der Effektivwert des gesamten Wechselspannungsanteils wird als Brummspannung bezeichnet.

$$\tilde{U}_{\text{Br}} = \sqrt{\tilde{U}_{1\sim}^2 + \tilde{U}_{2\sim}^2 + \ldots}$$
$$\boxed{\tilde{U}_{\text{Br}} \approx 0{,}54 \cdot \tilde{U}_2} \tag{9.15}$$

**Welligkeitsfaktor**

Verhältnis von Brummspannung zum Gleichspannungsmittelwert

$$k_{\text{W}} = \frac{\tilde{U}_{\text{Br}}}{U_{0\text{AV}}}$$
$$k_{\text{W}} \approx 1{,}21 \tag{9.16}$$

*Nachteile der Einweggleichrichtung*:

- Gleichstromvormagnetisierung des Netztrafos,
- niedriger Gleichspannungsmittelwert,
- großer Welligkeitsfaktor,
- niedrige Brummfrequenz (50 Hz),
- hoher Glättungsaufwand.

### 9.1.2.2 Zweiweggleichrichtung

Bei Zweiweggleichrichtung werden zwei Dioden (Mittelpunktschaltung, → Bild 9.3 b) oder vier Dioden (Brückenschaltung, → Bild 9.3 c) benötigt. Die Dioden sind so gepolt, daß der Strom bei beiden Halbwellen in gleicher Richtung über den Lastwiderstand fließt. Es gilt sinngemäß Gl. (5.16):

$$u_2(t) \approx \frac{2\hat{u}_2}{\pi} - \frac{4\hat{u}_2}{3\pi}\cos(2\omega t) \tag{9.17}$$

Die **Gleichspannungskomponente** ist doppelt so groß wie bei der Einweggleichrichtung:

$$U_{0AV} = \frac{2\hat{u}_2}{\pi} \approx 0,9 \cdot \tilde{U}_2 \qquad (9.18)$$

Die 2. Harmonische ($2f = 100$ Hz) bildet den Hauptanteil der Brummspannung:

$$\hat{u}_{2\sim} = \frac{4\hat{u}_2}{3\pi} \approx 0,6 \cdot \tilde{U}_2 \qquad (9.19)$$

Der **Effektivwert der Brummspannung** ergibt sich aus Gl. (9.15):

$$\tilde{U}_{Br} \approx 0,43 \cdot \tilde{U}_2$$

Der **Welligkeitsfaktor** folgt aus Gl. (9.16):

$$k_W = 0,48$$

*Vorteile der Zweiweggleichrichtung*:

- keine Gleichstromvormagnetisierung des Netztrafos,
- höherer Gleichspannungsmittelwert,
- niedrigerer Welligkeitsfaktor,
- höhere Brummfrequenz (100 Hz),
- niedrigerer Glättungsaufwand.

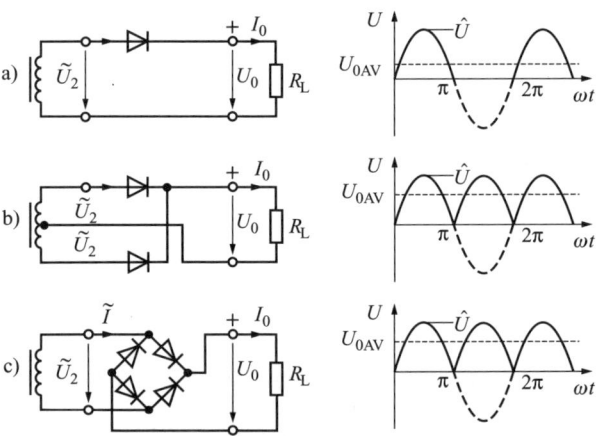

*Bild 9.3 Gleichrichterschaltungen*
*a) Einwegschaltung, b) Mittelpunktschaltung, c) Brücken- oder Graetz-Schaltung*

## 9.1 Grundfunktionen konventioneller Netzteile

*Tabelle 9.4   Kenngrößen von Gleichrichterschaltungen bei Widerstandslast*

| | Spannungsverhältnisse | | | | Diodenauswahl-Parameter | | | | |
|---|---|---|---|---|---|---|---|---|---|
| | $\dfrac{U_{0AV}}{\tilde{U}_2}$ | $\dfrac{\tilde{U}_0}{\tilde{U}_2}$ | $\dfrac{U_{0AV}}{\hat{u}_2}$ | $k_W$ | $\dfrac{I_{FAV}}{I_{0AV}}$ | $\dfrac{I_{FRM}}{I_{0AV}}$ | $\dfrac{I_{FRMS}}{I_{0AV}}$ | $\dfrac{U_{RRM}}{U_{0AV}}$ | $\dfrac{U_{RRM}}{\tilde{U}_2}$ |
| E | 0,45 | 0,707 | 0,318 | 1,21 | 1,0 | 3,14 | 1,57 | 3,14 | 1,414 |
| M | 0,9 | 1,0 | 0,637 | 0,48 | 0,5 | 1,57 | 0,785 | 3,14 | 2,828 |
| B | 0,9 | 1,0 | 0,637 | 0,48 | 0,5 | 1,57 | 0,785 | 1,57 | 1,414 |

E     Einwegschaltung ($\rightarrow$ Bild 9.3 a)
M    Mittelpunktschaltung ($\rightarrow$ Bild 9.3 b)
B     Brückenschaltung ($\rightarrow$ Bild 9.3 c)
$U_{0AV}$   Gleichspannungsmittelwert
$\tilde{U}_0$   Effektivwert der Gleichrichter-Ausgangsspannung
$\tilde{U}_2$   Effektivwert der sekundären Trafospannung
$\hat{u}_2$   Amplitude der sekundären Trafospannung
$I_{FAV}$   Mittelwert des Durchlaßstromes
$I_{FRM}$   maximal zulässiger periodischer Durchlaßstrom
$I_{0AV}$   Mittelwert des Laststromes
$U_{RRM}$   maximal zulässige periodische Sperrspannung

In Tabelle 9.4 sind ergänzend zu Tabelle 9.1 Angaben über Größe und Welligkeit der Ausgangsspannung sowie zu Durchlaßstrom $I_F$ und Sperrspannung $U_R$ der Dioden gemacht. Zur Diodenauswahl können im Abschnitt 6 weitere Ausführungen nachgelesen werden.

### 9.1.2.3   Gleichrichtung mit Spannungsvervielfachung

**Spannungsvervielfachung**, im einfachsten Fall Spannungsverdopplung, entsteht in einer Reihenschaltung aus mehreren Ladekondensatoren, die durch die gleiche Zahl von Dioden nacheinander aufgeladen werden.

*Anwendung*:

- wenn die zu erzeugende Gleichspannung wesentlich größer als die Netzspannung sein muß und
- nur geringe Lastströme gefordert sind.

■ *Beispiele*: Anodenspannungserzeugung für Bildröhren und Geiger-Müller-Zählrohre.

**Spannungsverdopplung mit Delonschaltung**

Beim *Gegentaktverdoppler* ($\rightarrow$ Bild 9.4) werden die beiden Kondensatoren $C_1, C_2$ nacheinander (während verschiedener Halbwellen) aufgeladen, wobei sich die beiden Kondensatorspannungen addieren. Legt man den Mittelanschluß zwischen den beiden Kondensatoren auf Masse, so läßt sich die gesamte Gleichspannung in eine positive und eine negative Spannung aufteilen.

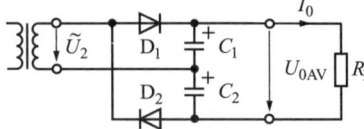

Bild 9.4 Spannungsverdoppler (Schaltung nach Delon und Greinacher)

Leerlauf-Gleichspannung ($R_L \to \infty$):

$$U_{0AV} = 2\sqrt{2} \cdot \tilde{U}_2 \approx 2,8 \cdot \tilde{U}_2 \qquad (9.20)$$

Die nutzbare Gleichspannung $U_{0AV}$ ist stark von der Belastung abhängig. In Tabelle 9.5 ist die Abhängigkeit des Verhältnisses $U_{0AV}/\tilde{U}_2$ von $\omega C R_L$ und $R_L/R_i$ mit Näherungswerten angegeben.

Tabelle 9.5  Lastabhängigkeit der Gleichspannung bei Spannungsverdopplern

| $R_L/R_i$ | $\omega C R_L$ 1000 | 100 | 50 | 20 | 10 | 5 |
|---|---|---|---|---|---|---|
| $\infty$ | 2,8 | 2,7 | 2,6 | 2,3 | 2,0 | 1,6 |
| 100 | 2,4 | 2,4 | 2,4 | 2,2 | 1,9 | 1,5 |
| 10 | 1,5 | 1,5 | 1,5 | 1,5 | 1,4 | 1,3 |

$R_i$ Ersatzinnenwiderstand des Gleichrichters

**Spannungsvervielfachung mit Villard-Kaskadenschaltung**

Die $2n$ Kondensatoren der *Villard-Kaskade* werden nacheinander bei verschiedenen Halbwellen aufgeladen (die unteren Kondensatoren ($C_b$) bei negativen Halbwellen, die oberen ($C_a$) bei positiven Halbwellen). Im stationären Zustand sind alle $C$ nahezu auf die Amplitude der Sekundärspannung aufgeladen. Die Ausgangsspannung ist dann die Summe von $2n$ Kondensatorspannungen.

$$U_{0AV} = 2n\sqrt{2} \cdot \tilde{U}_2 \approx 2,8 \cdot n\tilde{U}_2 \qquad (9.21)$$

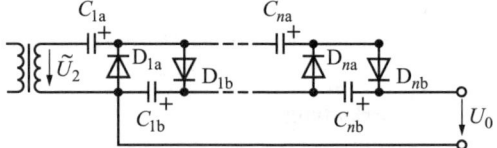

Bild 9.5  Spannungsvervielfacher (Schaltung nach Villard)

▶ *Hinweis*: Hochspannungskaskaden werden von verschiedenen Herstellern als komplette Baueinheiten in vergossener Ausführung angeboten.

### 9.1.3 Glättung und Siebung

Die Stromversorgung elektronischer Schaltungen und Geräte erfordert eine batterieähnliche Gleichspannung. Die hohe Welligkeit der Gleichrichter-Ausgangsspannung ($\rightarrow$ Bild 9.3) wirkt sich störend auf die angeschlossenen elektronischen Verbraucher aus. Zur Glättung wird zum Lastwiderstand ein Ladekondensator $C_L$ parallelgeschaltet. Die weitere Siebung kann mit passiven oder aktiven Schaltungen erfolgen. Zur Berechnung einer Gleichrichterschaltung (komplett mit Glättung und Siebung) sind keine einfachen mathematischen Beziehungen angebbar. Man begnügt sich deshalb mit der Anwendung von Näherungsmethoden. Vielfach wird dazu der Gleichrichter mit Ladekondensator getrennt von den weiteren Siebeinrichtungen betrachtet.

#### 9.1.3.1 Glättung mit Ladekondensator

Die weiteren Betrachtungen beziehen sich zunächst auf die Ersatzschaltung des Einweggleichrichters ($\rightarrow$ Bild 9.6) und werden später auf den Zweiweggleichrichter ($p = 2$) ausgedehnt. Die Kondensatorspannung $u_C(t)$ wirkt für die Diode als negative Vorspannung, so daß nur dann über die Diode Strom fließen kann, wenn $u(t) > u_C(t)$ ist. Während der Stromflußdauer (Öffnungszeit der Diode; $t_F < T/2$) wird $C_L$ über $R_i$ aufgeladen. Während der Sperrzeit ($t_R = T - t_F$) entlädt sich $C_L$ teilweise über $R_L$, so daß der Verbraucherstrom nicht unterbrochen wird.

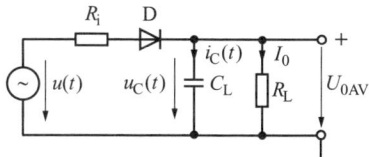

*Bild 9.6 Ersatzschaltung des Einweggleichrichters mit Ladekondensator*

Die Spannung am Ladekondensator hat einen exponentiellen Verlauf. Die herkömmliche **Näherungsmethode** ersetzt die e-Funktionen durch Geradenzüge ($\rightarrow$ Bild 9.7).

Die charakteristischen Winkel sind
- Stromflußwinkel $\Theta$ und
- Unsymmetriewinkel $\delta$.

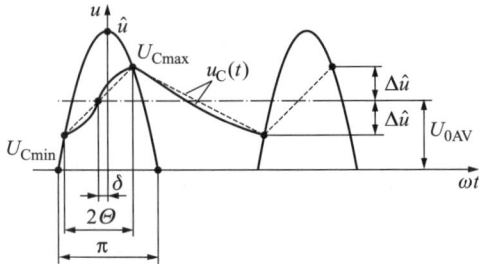

*Bild 9.7 Spannungsverlauf am Ladekondensator bei Einweggleichrichtung
($u_C(\omega t)$: —— tatsächlicher Verlauf, - - - - angenäherter Verlauf)*

**Theoretische Berechnungsgrundlagen**

**Gleichspannungsmittelwert**

$$U_{0AV} = \hat{u} \cos \Theta \cos \delta \tag{9.22}$$

**Relative Brummspannung**

$$\frac{\Delta \hat{u}}{U_{0AV}} = \tan \Theta \tan \delta \tag{9.23}$$

**Widerstandsverhältnis** als Funktion des Stromflußwinkels ($\rightarrow$ Bild 9.8)

$$p \frac{R_L}{R_i} = \frac{\pi}{\tan \Theta \tan \delta} \tag{9.24}$$

In Gl. (9.24) ist

$R_i$ Ersatzinnenwiderstand

$$R_i = \frac{R_1}{\ddot{u}^2} + R_2 + p R_F \tag{9.25}$$

$\ddot{u}$ Windungszahlverhältnis

$$\ddot{u} = \frac{N_1}{N_2} \tag{9.26}$$

$p = 1$ Einweggleichrichtung
$p = 2$ Zweiweggleichrichtung
$R_1, R_2$ ohmsche Wicklungswiderstände
$R_F$ Flußwiderstand einer Diode

**Kapazität des Ladekondensators**

$$C_L = \frac{\pi - p \Theta}{p \omega R_L \tan \Theta \tan \delta} \tag{9.27}$$

## 9.1 Grundfunktionen konventioneller Netzteile

▶ *Hinweise* zur Anwendungen der Gleichungen (9.23)...(9.27):

**Vorgaben zur Berechnung:**
- die mittleren Gleichgrößen $U_{0AV}$, $I_{0AV}$,
- die relative Brummspannung $\Delta\hat{u}/U_{0AV}$,
- der Ersatzinnenwiderstand $R_i$.

**Zu bestimmende Hilfsgrößen:**
- Lastwiderstand $R_L$ (aus $U_{0AV}/I_{0AV}$),
- Stromflußwinkel $\Theta$ (mit Gl. (9.24)),
- Unsymmetriewinkel $\delta$ (mit Gl. (9.23)).

▶ *Beachte*: Die Berechnung von $\Theta$ mit Gl. (9.24) ist nur auf grafischem Weg möglich. Dazu dient Bild 9.8.

**Zielgrößen der Berechnung:**
- Sekundäre Trafowechselspannung $\tilde{U}_2$ (mit Gl. (9.22)),
- Kapazität des Ladekondensators $C_L$ (mit Gl. (9.27)).

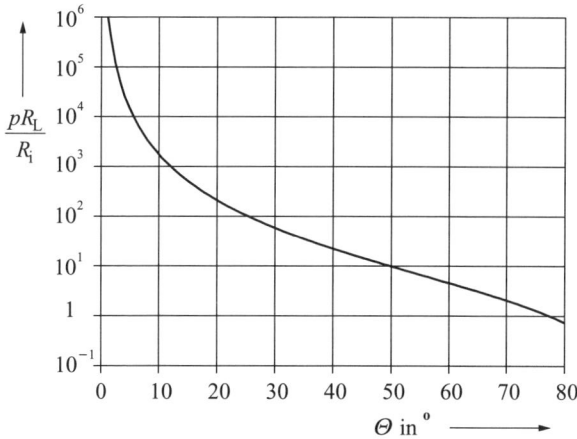

*Bild 9.8 Funktion zur Ermittlung des Stromflußwinkels*

### Hinweise auf Näherungsmethoden

Netzteile mit niedrigen Innenwiderständen erfordern einen höheren Glättungsaufwand, da die Kondensatorspannung $u_C(t)$ während der Aufladezeit annähernd den gleichen Verlauf wie die Wechselspannung $u(t)$ hat. Entsprechende Berechnungsmethoden gehen von $R_i \rightarrow 0$ aus. Bild 9.9 zeigt den Spannungsverlauf beim Zweiweggleichrichter mit Ladekondensator unter der Annahme $R_i = 0$. Welligkeit und mittlere Gleichspannung sind dann nur noch von der Entladezeitkonstante $\tau_E = C_L R_L$ bzw. vom Faktor $\omega C_L R_L$ abhängig.

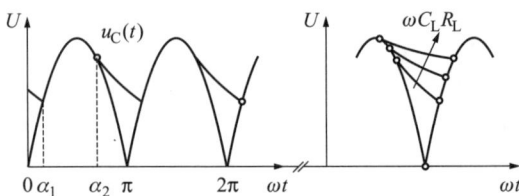

**Bild 9.9** Spannungsverlauf am Ladekondensator bei Zweiweggleichrichtung ($R_i = 0$)

### Abschätzung der Ladekapazität

Gl. (9.28) wurde empirisch ermittelt. Für den Zahlenfaktor werden in der Fachliteratur auch geringfügig abweichende Werte angegeben.

$$\boxed{C_L \approx \frac{2,5 \cdot 10^5}{k_W R_L}} \quad ; \quad C_L \text{ in } \mu F; \quad k_W \text{ in \%}; \quad R_L \text{ in } \Omega \quad (9.28)$$

■ *Beispiel*: 10 % Welligkeit bei 5 Ω Lastwiderstand erfordert einen Ladekondensator von 5000 µF. Dieser Wertezusammenhang kann auch aus Bild 9.10 abgelesen werden.

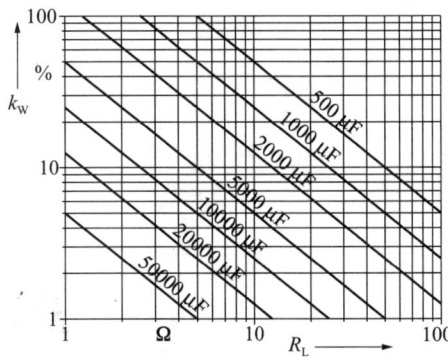

*Bild 9.10 Nomogramm zur Bestimmung des Ladekondensators bei Zweiweggleichrichtung*

### Abschätzung der Trafospannung

Aus den Bildern 9.33 a, b, c (→ 9.3) kann die erforderliche Trafospannung $\tilde{U}_2$ bestimmt werden. Dazu muß vorher $C_L$ abgeschätzt worden sein.

■ *Beispiel*: Für $R_L = 5$ Ω; $R_i = 1$ Ω; $C_L = 5000$ µF folgt bei Zweiweggleichrichtung (→ Bild 9.33 b) ein Verhältnis $U_{0AV}/\tilde{U} \approx 0,9$. Um einen Gleichspannungsmittelwert $U_{0AV} = 12$ V zu erhalten, muß der Effektivwert der Trafo-Sekundärspannung $\tilde{U}_2 \approx 13,3$ V betragen.

### Hinweise zur Diodenauswahl

Bei der Diodenauswahl ist u. a. zu beachten, daß die Amplitude des Ladestromes $\hat{i}_C$ größer als der Gleichstrommittelwert $I_{0AV}$ ist. In der Durchlaßphase ($2\Theta$) wird $C_L$ schnell geladen und in der Sperrphase ($2\pi - 2\Theta$) geringfügig entladen ($\rightarrow$ Bild 9.7).

Die **Ladezeitkonstante** ist bei geringen Stromflußwinkeln wesentlich kleiner als die Entladezeitkonstante:

$$C_L R_i \ll C_L R_L \tag{9.29}$$

### Amplitude des Gleichrichterstromes $\hat{i}_C$

$$\boxed{\hat{i}_C \approx \frac{\pi}{2p} \cdot \frac{180°}{\Theta} \cdot I_{0AV}} \tag{9.30}$$

Bei Zweiweggleichrichtung ($p = 2$) ist demnach

$$\hat{i}_C \approx \frac{141°}{\Theta} I_{0AV} \tag{9.31}$$

- *Beispiel*: Bei $\Theta = 10°$ und $I_{0AV} = 1$ A fließen kurzzeitig $\hat{i}_C \approx 14,1$ A über die Dioden.

Der **periodische Durchlaßspitzenstrom** ist ein Dioden-Grenzwert ($\rightarrow$ Tab. 9.4) und darf nicht überschritten werden:

$$\hat{i}_C < I_{FRM} \tag{9.32}$$

Im Einschaltmoment ($C_L$ entladen) wird $\hat{i}_{C\,max}$ nur durch $R_i$ begrenzt:

$$\hat{i}_{C\,max} = \frac{\hat{u}}{R_i} \tag{9.33}$$

Der nichtperiodische Spitzenstrom $I_{FSM}$ (Dioden-Grenzwert) darf nicht überschritten werden:

$$\hat{i}_{C\,max} < I_{FSM} \tag{9.34}$$

▶ *Beachte*: Zur Einschaltstrom-Begrenzung muß speziell bei trafolosen Netzteilen mit sehr kleinem $R_i$ ein Schutzwiderstand $R_V$ in Reihe zum Gleichrichter geschaltet werden.

### Dioden-Sperrspannungen

Zur *Diodenauswahl* sind neben den Strömen die Sperrspannungen wichtig. Bei Einweg- (E) und Mittelpunktschaltung (M) mit Ladekondensator oder mit Gegenspannung (z. B. Batterie) erhöht sich die erforderliche Sperrspannung $U_{RRM}$ der Dioden um den Faktor 2. Die Zahlenwerte für $U_{RRM}/U_{0AV}$ und $U_{RRM}/\tilde{U}_2$ in Tabelle 9.4 sind bei (E) und (M) zu verdoppeln.

## 9.1.3.2 Siebung mit frequenzabhängigen Bauelementen

Zur weiteren Siebung der geglätteten Gleichrichterspannung können passive Tiefpaßfilter verwendet werden. Die herkömmlichen Siebketten bestehen aus $LC$- oder $RC$-Gliedern ($\rightarrow$ Bilder 9.11 und 9.12).

> Der **Glättungsfaktor** $G$ ist das Verhältnis der Wechselspannungskomponenten (Brummspannungen) am Ein- und Ausgang des Siebgliedes.

$$G = \frac{\tilde{U}_{\text{Br}1}}{\tilde{U}_{\text{Br}2}} \tag{9.35}$$

### *LC*-Siebglied

Zur Abschätzung des Glättungsfaktors wird der ohmsche Widerstand der Siebdrossel vernachlässigt und Leerlauf am Ausgang angenommen ($R_L \rightarrow \infty$):

$$G = |1 - \omega^2 L_S C_S| \approx \omega^2 L_S C_S \tag{9.36}$$

Bei Netzfrequenz ($f = 50$ Hz) ist beim Einweggleichrichter $\omega = 314 \text{ s}^{-1}$ und beim Zweiweggleichrichter $\omega = 628 \text{ s}^{-1}$ einzusetzen.

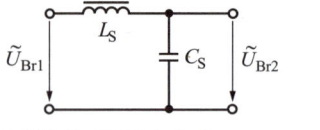
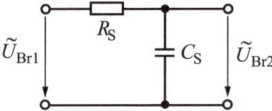

Bild 9.11  LC-Siebglied     Bild 9.12  RC-Siebglied

### *RC*-Siebglied

$$G = \sqrt{1 + (\omega C_S R_S)^2} \approx \omega C_S R_S \tag{9.37}$$

Die Verwendung von $RC$-Gliedern ist im Hinblick auf die angestrebte Gewichtsreduzierung bei Netzteilen (Wegfall der Drossel) zweckmäßig. Allerdings sind die erreichbaren Siebfaktoren niedriger als bei $LC$-Gliedern (die Frequenz geht nur linear in den Siebfaktor ein). Eine Vergrößerung von $G$ wäre prinzipiell durch Aufteilung des Längswiderstandes $R_S$ und der Querkapazität $C_S$ auf $k$ gleiche Glieder möglich. Effizienter ist jedoch der Einsatz von Stabilisierungsschaltungen mit Z-Dioden oder Spannungsreglern ($\rightarrow$ 9.2).

## 9.2 Spannungsstabilisierung

### 9.2.1 Begriffsbestimmung und Überblick

Die Ausgangsspannung $U_O$ eines Netzteiles ist allgemein von der Netzspannung (Eingangsspannung $U_I$) und der Belastung (Lastwiderstand $R_L$; Laststrom $I_L$) abhängig. Außerdem wirkt sich die Temperatur $\vartheta$ (Temperatur-Drift) und in geringerem Maße auch die Zeit $t$ (Alterung der Bauelemente) aus. Die Spannungsstabilisierung soll diese Einflüsse möglichst klein halten.

**Definitionen zur Beschreibung der Stabilisierungs-Güte**

**Glättungsfaktor $G$**

$G$ ist das Verhältnis von Ausgangsspannungsänderung zur Eingangsspannungsänderung

$$G = \frac{\Delta U_I}{\Delta U_O} \qquad (9.38)$$

Bei idealer Stabilisierung ($\Delta U_O \to 0$) ergäbe sich $G \to \infty$.

**Stabilisierungsfaktor $S$**

$S$ ist das Verhältnis der relativen Spannungsänderungen (Eingang zu Ausgang)

$$S = \frac{\dfrac{\Delta U_I}{U_I}}{\dfrac{\Delta U_O}{U_O}} = G \frac{U_O}{U_I} \qquad (9.39)$$

Die Angabe von $S$ führt bei Wandlern mit stark unterschiedlichen Ein- und Ausgangsspannungen ($U_O \neq U_I$) zu realistischeren Aussagen als die Angabe von $G$.

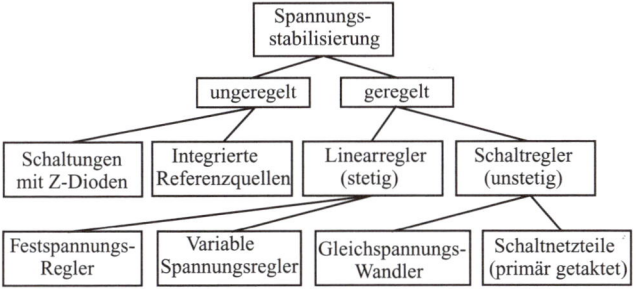

*Bild 9.13 Klassifizierung von Stabilisierungsschaltungen*

Eine Übersicht zu Verfahren der Spannungsstabilisierung zeigt Bild 9.13. Am wirkungsvollsten ist die elektronische Spannungsregelung, die begünstigt durch ein umfassendes Angebot von integrierten Reglern und Hilfsschaltungen, zum Standard bei Stromversorgungen aller Art zählt.

### 9.2.2 Erzeugung von Referenzspannungen

Referenzspannungsquellen dienen als Sollwertgeber für Spannungsregler. Referenzspannungen müssen sehr genau definiert, zeitlich konstant und gegen äußere Einflüsse unempfindlich sein.

#### 9.2.2.1 Diskrete Schaltungen mit Z-Dioden

Die einfachste Referenzspannungsquelle besteht aus Z-Diode und Vorwiderstand ($\to$ Bild 6.?).

Berechnung des Vorwiderstandes ($\to$ Abschnitt 6.?).

Der *Stabilisierungsfaktor S* ist von den Widerstandsverhältnissen in der Schaltung abhängig:

$$S = \left(1 + \frac{R_V}{r_z} + \frac{R_V}{R_L}\right) \frac{U_O}{U_I} \tag{9.40}$$

$r_z$ dynamischer Innenwiderstand der Z-Diode

Wahl der Eingangsspannung:

$$\frac{U_I}{U_O} \approx 1{,}5 \ldots 3{,}0; \quad U_O \approx U_Z \tag{9.41}$$

**Eigenschaften der Grundschaltung**

- Belastungsabhängiger Stabilisierungsfaktor,
- hohe Toleranz der Z-Spannung,
- starkes Rauschen bei kleinen Strömen,
- relativ großer Temperaturkoeffizient.

**Maßnahmen zur Verbesserung der Grundschaltung**

- Entlastung der Z-Diode durch einen Emitterfolger ($\to$ Bild 9.14)
  Der Laststrom wird durch den Emitterstrom eines npn-Transistors gebildet und fließt somit nicht über den Vorwiderstand. In Gl. (9.40) kann $R_L \to \infty$ gesetzt werden:

$$S = \left(1 + \frac{R_V}{r_z}\right) \frac{U_O}{U_I} \tag{9.42}$$

## 9.2 Spannungsstabilisierung

$$U_O = U_Z - U_{BE} \tag{9.43}$$

Der Einfluß einer Laststromänderung kann über den dynamischen Innenwiderstand des Emitterfolgers (→ Tafel 7.1) abgeschätzt werden:

$$\Delta U_O \approx -\frac{1}{S}\Delta I_L \approx -\frac{U_T}{I_L}\Delta I_L \tag{9.44}$$

$U_T$ Temperaturspannung ($\approx 26$ mV)
$S$ Steilheit

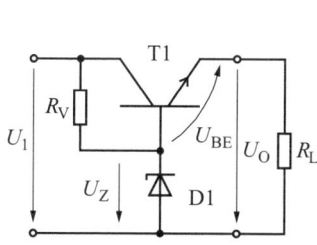
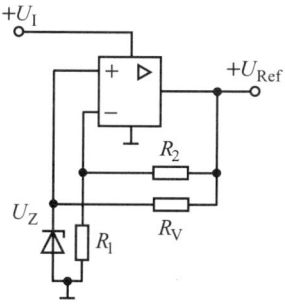

*Bild 9.14* Spannungsstabilisierung mit Z-Diode und Transistor

*Bild 9.15* Referenzspannungsquelle mit Operationsverstärker und Z-Diode

- Speisung der Z-Diode aus einer Konstantstromquelle
  Maßnahme zur Vergrößerung des Stabilisierungsfaktors. $R_V$ wird durch den großen dynamischen Innenwiderstand einer Stromquelle ersetzt. Damit erhöht sich das Verhältnis $R_V/r_z$ in Gl. (9.42). Bei der Diodenauswahl sind Exemplare mit kleinem $r_z$ zu bevorzugen. Unter Umständen kann es günstiger sein, zwei Z-Dioden mit geringerer Z-Spannung in Reihe zu schalten, als eine Z-Diode zu verwenden.

- Speisung der Z-Diode mit der Referenzspannung
  Betreibt man die Z-Diode nicht an der unstabilisierten Spannung, sondern an der Referenzspannung, dann lassen sich Stabilisierungsfaktoren bis etwa $S = 10^4$ erzielen (→ Bild 9.15).
  Der Nichtinverter (Elektrometerverstärker, → 7.4.3.1) wird mit einem unipolar gespeisten Operationsverstärker (Single Supply, → 7.4.1) aufgebaut. Der Stabilisierungseffekt beruht auf der hohen Betriebsspannungsunterdrückung spezieller Operationsverstärkerbausteine

$$\frac{\Delta U_O}{\Delta U_B} \leqq 1\ \mu V/V \tag{9.45}$$

Im Bild 9.15 ist $U_B = U_I$. Die Eingangsspannungsänderung wirkt sich nur geringfügig auf die Ausgangsspannung ($U_O = U_{ref}$) aus:

$$\boxed{U_{ref} = \left(1 + \frac{R_2}{R_1}\right) U_Z} \qquad (9.46)$$

- Verwendung von Referenz-Z-Dioden
  **Eigenschaften von Referenz-Z-Dioden**:
  - niedrige Toleranzen,
  - geringe Temperaturkoeffizienten,
  - hohe Langzeitstabilität.

■ *Typen-Beispiele*: $(6,2\,\text{V})$-Dioden 1N821 ... 829 oder $(6,35\,\text{V})$-Dioden 1N4890 ... 4895.

■ *Daten der besten Exemplare*: Toleranz: $\pm 5$ %; Temperaturkoeffizient (TK): $\pm 5$ ppm/K; Langzeitstabilität: $< 10$ ppm/1000 h.

▶ *Beachte*: Maßangabe: $1\,\text{ppm} = 1 \cdot 10^{-6}$
Durch Feinkorrektur des Z-Stromes läßt sich der TK auf $\approx 0$ ppm/K trimmen.

### 9.2.2.2 Integrierte Referenzspannungsquellen

Es wird zwischen Zener-Referenzen und Bandabstands-Referenzen unterschieden.

**Integrierte Zener-Referenzen**

Das Typenspektrum umfaßt zwei-, drei- und vierpolige Ausführungen. Die zweipoligen Ausführungen sind wie diskrete Referenz-Z-Dioden einzusetzen. Intern bestehen Sie aus integrierten Z-Dioden und aktiven Bauelementen zur Temperaturkompensation. Die mehrpoligen Ausführungen werden wie Festspannungsregler ($\rightarrow$ 9.2.3.3) verwendet.

■ *Typenbeispiele*:
  - LTZ 1000 (zweipolig): $U_{ref} = 7,2$ V; extrem niedriger TK: 0,05 ppm/K; extrem niedrige NF-Rauschspannung: $1,2\,\mu\text{V}$
  - LM 399 (vierpolig): $U_{ref} = 6,95$ V; TK: 0,3 ppm/K; maximaler Ausgangsstrom: 10 mA

**Integrierte Bandabstandsreferenzen**

Bandabstandsreferenzen (Bandgap-Referenzen) nutzen die Gitterspannungen (Bandabstandsspannungen) des Halbleitermaterials.

Bei Silicium beträgt die Bandgap-Spannung $U_{BG} \approx 1,2$ V.

**Temperaturkompensation**

Zur Basis-Emitter-Spannung ($U_{BE} \approx 0{,}6$ V) eines Bipolartransistors wird eine Kompensationsspannung ($U_K$) mit positivem Temperaturkoeffizienten addiert. Die Größe von $U_K$ wählt man so, daß eine Kompensation des negativen TK ($-2$ mV/K) von $U_{BE}$ eintritt. Bild 9.16 zeigt eine integrierte Struktur, bei der $U_K = I_C R_C$ mit einem unsymmetrischen Stromspiegel ($\rightarrow$ Bild 7.20) erzeugt wird. Die erforderliche Unsymmetrie entsteht bei $R_1 = R_2$ durch $n$ parallele Transistoren T2. Der interne Abgleich wurde in dieser Schaltung durch einen Konstantstrom $I_K \approx 26$ µA vorgenommen, so daß die Referenzspannung in der Nähe der Bandgap-Spannung liegt.

$$U_{ref} \approx U_{BG} = U_{BE(T3)} + I_C R_2 \tag{9.47}$$

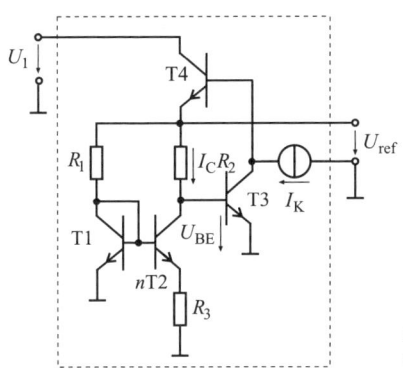

*Bild 9.16 Integrierte Struktur einer Bandgap-Referenz (Vierpol)*

Die Referenzspannung ist einem großen Bereich unabhängig von der Eingangsspannung und der Temperatur ($\rightarrow$ Bild 9.17). Die Ergebnisse wurden durch eine PSpice-Simulation bestätigt.

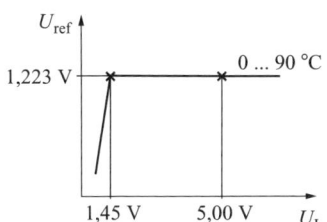

*Bild 9.17 Spannungsverlauf einer Bandgap-Referenz*

**Kennwerte von Bandgap-Referenzquellen** (je nach Typ):

- Referenzspannung
  z. B. $1{,}2$ V; $1{,}25$ V; $2{,}5$ V; $5{,}0$ V; $10$ V

- Toleranz der Referenzspannung
  z. B. $\pm 0,02 \ldots \pm 2\,\%$
- Temperaturkoeffizient
  z. B. $2 \ldots 50$ ppm/K
- Ausgangsstrom
  z. B. $10\,\mu\text{A} \ldots 20\,\text{mA};\ 50\,\mu\text{A} \ldots 5\,\text{mA};\ 1,5 \ldots 12\,\text{mA};\ 0 \ldots 20\,\text{mA}$
- Umgebungstemperatur
  z. B. $0 \ldots 70\,°\text{C};\ -55 \ldots 125\,°\text{C}$

**Hinweise zur Schaltungstechnik**

- Zweipol-Referenzen
  Sie werden wie Z-Dioden verwendet, der Laststrom darf nicht null werden.
- Vierpol-Referenzen
  Varianten mit Gegentakt-Endstufe: Stromabgabe oder Stromaufnahme möglich. Varianten mit Emitterfolger-Endstufe: nur Stromabgabe möglich.

### 9.2.3 Stetige Gleichspannungsregelung

**Spannungsregler** sind elektronische Schaltungen, die im Netzteil für die Konstanthaltung der Ausgangsspannung sorgen.

Störgrößen (z. B. Netzspannungsschwankungen, Belastungsänderungen, Temperatureinflüsse) werden weitestgehend kompensiert.

#### 9.2.3.1 Grundschaltung aus diskreten Bauelementen

Nach der Anordnung des Stellgliedes im Regelkreis unterscheidet man

- Serienregler (Stellglied liegt in Reihe zur Last),
- Parallelregler (Stellglied liegt parallel zur Last).

Die Grundschaltung eines Serienreglers wurde im Bild 9.18 als *PSpice-Schaltplan* (Schematics) dargestellt.

**Funktionen der Bauelemente**

- Stellglied (Darlington-Stufe aus zwei npn-Transistoren Q1; Q2)
- Referenzquelle (Z-Diode D1 mit Vorwiderstand $R_3$)
- Regelverstärker (Operationsverstärker U1A)
- Meßeinrichtung (Spannungsteiler aus $R_4$; $R_5$)

■ *Wirkungsweise*: Ein Spannungsteiler liefert den Istwert als Funktion der Ausgangsspannung ($kU_\text{O}$). Der Sollwert der Führungsgröße wird durch die Z-Spannung der Diode gebildet ($U_\text{ref}$). Der Regelverstärker verstärkt die Regelabweichung (Differenz aus Istwert und Sollwert) und liefert den Steuerstrom (Basisstrom) für das Stellglied. Im stationären Fall (siehe Viewpoints im Bild 9.18) ist die Regelabweichung minimal ($4{,}6288$ V $- 4{,}6273$ V $= 1{,}5$ mV), so daß die stabilisierte Spannung $U_O$ aus dem Spannungsteilerverhältnis und der Referenzspannung berechnet werden kann:

$$U_O \approx U_{\text{ref}} \left(1 + \frac{R_4}{R_5}\right) \tag{9.48}$$

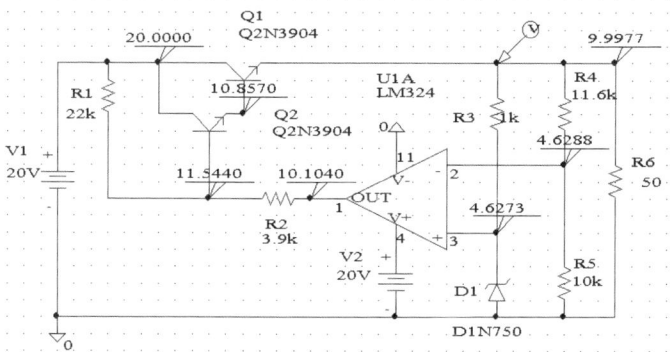

*Bild 9.18  Grundschaltung eines Serienreglers (amerikanische Symbole)*

**Dynamisches Verhalten des Reglers bei Störeinflüssen**

- Eine Änderung der Eingangsspannung $\Delta U_I$ (V1 $\neq$ 20 V) bewirkt kurzzeitig eine Änderung des Laststromes. Die Ausgangsspannung ändert sich proportional zum Strom. Dadurch ändert sich auch die Regelabweichung, und der Verstärker steuert das Stellglied gegenphasig an, so daß sich am Ausgang wieder der Sollwert einstellt.
- Eine Änderung der Belastung $\Delta R_L$ ($R_6 \neq 50$ $\Omega$) bewirkt kurzzeitig eine Änderung der Ausgangsspannung. Dadurch ändert sich auch die Regelabweichung, und der Verstärker steuert das Stellglied gegenphasig an, so daß die Ausgangsspannung wieder den Sollwert erreicht.

■ *Ergebnisse der PSpice-Simulation zu Bild 9.18*:
Im untersuchten Spannungsbereich (V1 $= 10\ldots30$ V) steigt die Ausgangsspannung im 1. Teilbereich (V1 $= 10\ldots10{,}93$ V) proportional an und bleibt dann im 2. Teilbereich (V1 $= 10{,}93\ldots30$ V) auf dem konstanten Wert V(R6) $= 9{,}998$ V. Eine Laständerung im Bereich R6 $= 10\ \Omega\ldots1$ k$\Omega$ hat keinen nachweisbaren Einfluß auf die Ausgangsspannung.

Nachteilig ist die fehlende Temperaturkompensation: die bisher genannten Werte beziehen sich auf 27 °C. Mit steigender Temperatur nimmt die Ausgangsspannung ab. Bei 87 °C ergibt die Simulation 9,95 V (Abweichung: $\approx +0{,}05$ V, also $\approx +0{,}5$ %).

▶ *Hinweis*: Obwohl sich bei diskretem Schaltungsaufbau durchaus Regler mit befriedigenden Eigenschaften herstellen lassen, werden solche Lösungen beim heutigen Stand der Mikroelektronik kaum noch verwendet. Die behandelte Schaltung soll lediglich das Prinzip der stetigen Spannungsreglung erläutern.

### 9.2.3.2 Integrierte Regler mit einstellbarer Spannung

Zur stetigen Spannungsregelung werden integrierte Analogschaltkreise verwendet. Spannungsregler enthalten auf einem Chip Transistoren, Widerstände und Dioden, mit denen die Regelkreisfunktionen (Referenzquelle, Regelverstärker, Stellglied), die Temperaturkompensation sowie zusätzliche Schutzfunktionen erfüllt werden. Bild 9.19 zeigt die Prinzipschaltung eines universellen Spannungsreglers mit drei Anschlüssen.

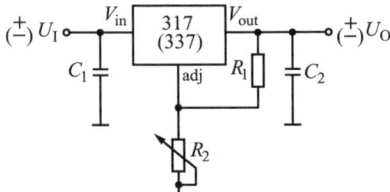

Bild 9.19 *Spannungsregler für positive (negative) Spannungen*

Die Ausgangsspannung regelt sich so ein, daß an $R_1$ die Referenzspannung $U_{\text{ref}} = 1,25$ V abfällt. Damit gilt:

$$U_O = \left(1 + \frac{R_2}{R_1}\right) U_{\text{ref}} \tag{9.49}$$

Die Größe des externen Widerstandes $R_1$ wird zumeist vom Hersteller vorgegeben (z. B. 240 Ω). Mit $R_2$ kann die Ausgangsspannung im Bereich $1,2\ldots37$ V $(-1,2\ldots-37$ V$)$ eingestellt werden. Die unstabilisierte Spannung $U_I$ muß mindestens um die Dropout-Spannung $(2,5\ldots3$ V$)$ größer als die stabilisierte Spannung $U_O$ sein. Der Reglerausgang ist dabei stets zu belasten (max. $0,5$ A bzw. max. $1,5$ A in der Leistungsversion). Die zusätzlichen Kondensatoren $(C_1 = 0,1$ μF; $C_2 = 1$ μF$)$ sind aus Stabilitätsgründen notwendig. Neben dreipoligen Reglern werden noch vier- und fünfpolige Regler gefertigt.

■ *Typenbeispiel*: Einstellbarer Spannungs- und Stromregler L 200 (SGS) mit folgenden Merkmalen:

- einstellbarer Ausgangsstrom bis max. 2 A,
- einstellbare Ausgangsspannung bis min. $2,85$ V,
- Eingangs-Überspannungsschutz bis max. 60 V,
- Kurzschlußfestigkeit,
- Abschaltung bei thermischer Überlastung.

### 9.2.3.3 Integrierte Festspannungsregler

Integrierte Festspannungsregler sind auf eine feste Ausgangsspannung eingestellt. Die komplette Regelschaltung ist in einem Transistor-Gehäuse (z. B. TO-3 (Metall); TO-220AB (Kunststoff)) untergebracht. Ähnlich wie bei einem Leistungstransistor sind nur drei Außenanschlüsse vorhanden ($U_I; U_O$; Masse). Festspannungsregler werden in vielen Varianten hergestellt.

- ■ *Typenbeispiele*:

  *Positiv-Spannungsregler* der Serie 78xx
  - Ausgangsspannungen: 5 V; 8 V; 12 V; 15 V; 18 V; 24 V,
  - Maximale Lastströme: 100 mA (L); 500 mA (M); 1 A (−); 3 A (T),
  - Toleranz der Ausgangsspannung: ±5 %; ±10 %,
  - Betriebstemperaturbereich: −55...+150 °C (A); 0...+125 °C (AC; C).

  Der Schaltkreis 7815 T ist ein Regler für 15 V/ 3 A.

  *Negativ-Spannungsregler* der Serie 79xx
  - alle Spannungswerte wie bei 78xx, nur negativ,
  - alle anderen Kennwerte wie bei 78xx.

  Der Schaltkreis 7912 C ist ein Regler für −12 V/ 0...+125 °C.

- ▶ *Hinweis*: die Kennbuchstaben werden nicht von allen Herstellern einheitlich verwendet!

Der Reglereingang wird direkt am Ladekondensator des Netzteils angeschlossen. Die zum jeweiligen Reglertyp angegebenen Spannungsgrenzwerte $U_{Imin}$, $U_{Imax}$ sind unbedingt einzuhalten. Der Reglerausgang darf kapazitiv nur gering belastet werden ($C_{max} \approx 0,1...2,2\ \mu F$), deshalb sind die Ladekondensatoren vor dem Regler anzuordnen.

- ▶ *Merke*: Die Regler sind gegen stoßartige Rückströme zu sichern. Bei hoher kapazitiver oder induktiver Belastung sind zusätzliche Freilaufdioden erforderlich.

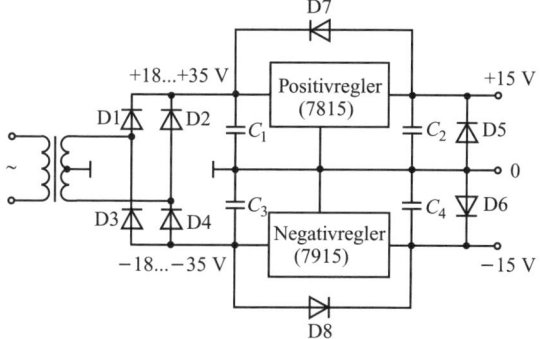

*Bild 9.20* Einsatz von Festspannungsreglern in einem Doppelnetzteil

Bild 9.20 zeigt ein stabilisiertes Netzteil für bipolare Spannungen mit zusätzlichen Freilaufdioden (D5; D6 als Schutz bei induktiver Last, D7; D8 bei kapazitiver Last). Die Kapazitäten $C_2; C_4$ verbessern das Regelverhalten bei Lastschwankungen.

### 9.2.4 Unstetige Regelung mit Schaltregler

#### 9.2.4.1 Begriffsbestimmung und Übersicht

**Schaltregler** (switched controller) sind Stromversorgungseinrichtungen mit unstetiger Regelung.

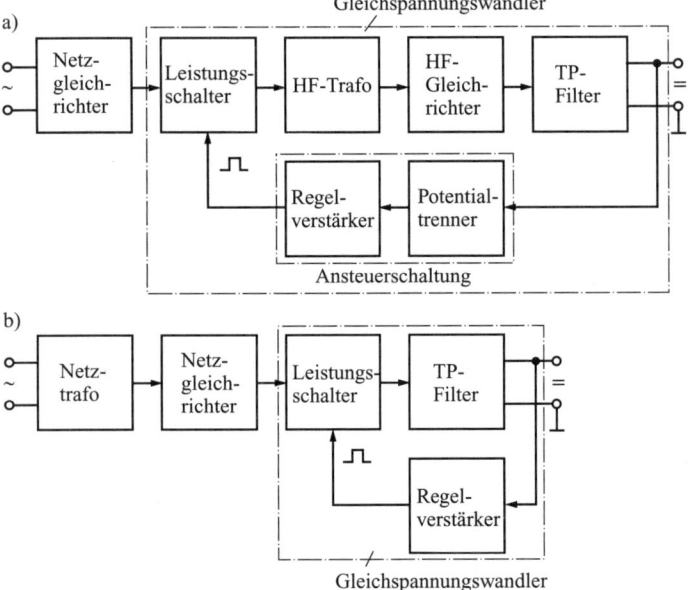

*Bild 9.21 Blockschaltbilder von Schaltnetzteilen*
*a) primär getaktet, b) sekundär getaktet*

Stellglieder sind Leistungsschalttransistoren, die mit Frequenzen oberhalb des Hörbereichs getaktet werden (20...200 kHz). Der Regeleingriff auf die Stellglieder erfolgt über die Änderung der Impulsdauer (*Pulsbreiten-Modulation*, PWM) oder die Taktfrequenz (*Pulsfrequenz-Modulation*, PFM). Je nach An-

ordnung des Stellgliedes im Netzteil (vor oder nach dem Netztrafo) unterscheidet man:
- primärgetaktete Schaltregler ($\rightarrow$ Bild 9.21 a),
- sekundärgetaktete Schaltregler ($\rightarrow$ Bild 9.21 b).

*Allgemeine Eigenschaften*:
- Stetige Regler ($\rightarrow$ 9.2.3) haben bei hohen Lastströmen und bei großen Spannungsdifferenzen zwischen Ein-und Ausgang einen niedrigen Wirkungsgrad, da am Stellglied eine erhebliche Kollektorverlustleistung entsteht.
- Schaltregler vermeiden die Nachteile der stetigen Regler. Sie zeichnen sich durch einen hohen, nahezu spannungsunabhängigen Wirkungsgrad aus. Außerdem entfällt bei primär getakteten Schaltnetzteilen der große und schwere Netztrafo (Ersatz durch einen kleinen und leichten HF-Trafo).
- ▶ *Anwendungshinweis*: Schaltregler werden als integrierte Schaltkreise in großer Typenvielfalt angeboten.
  - Primärregler eignen sich wegen des günstigen Wirkungsgrades für Schaltnetzteile mit höherer Leistung.
  - Sekundärregler werden als Gleichspannungswandler (dc/dc-Converter; Transverter) für kleinere Leistungen eingesetzt.

### 9.2.4.2 Gleichspannungswandler

**Sekundärregler** (DC-DC-Wandler) werden nach dem physikalischen Prinzip gegliedert. Man unterscheidet:
- Drosselregler,
- Ladungspumpen.

**Drosselregler** nutzen eine Induktivität als Energiespeicher. Es werden unterschieden:
- Abwärtswandler (Buck-converter),
- Aufwärtswandler (Boost-converter),
- Invertierende Wandler (Flyback-converter).

Bild 9.22 zeigt die entsprechenden Prinzipschaltungen.

Der in den Bildern 9.22 a, b, c dargestellte Schalter (S) symbolisiert das Stellglied, einen Leistungs-Schalttransistor, der durch eine Rechteckimpulsfolge mit dem Tastgrad $t_i/T_S$ auf- und zugesteuert wird. Die mittlere Verlustleistung am Stellglied beträgt dabei

$$P_V = \frac{1}{T_S} \int_0^{t_i} u_{CE}(t) i_C(t) \, dt \tag{9.50}$$

$T_S$ Periodendauer der Schaltfrequenz $f_S$ ($T_S = 1/f_S$)
$t_i$ Impulsdauer

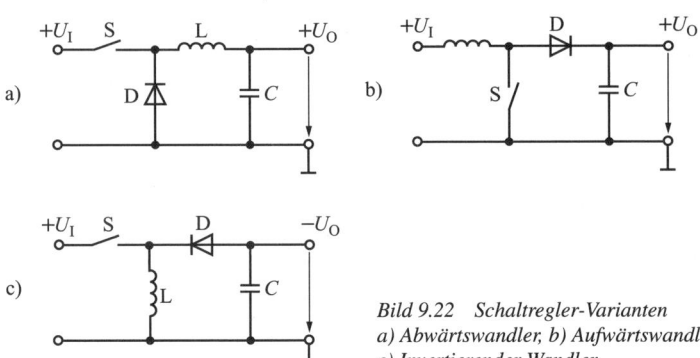

Bild 9.22 Schaltregler-Varianten
a) Abwärtswandler, b) Aufwärtswandler,
c) Invertierender Wandler

Betrachtet man den Transistor näherungsweise als idealen Schalter, so folgt aus Gl. (9.50):

$$P_{V\,max} \approx \frac{1}{6}\frac{t_i}{T_S}U_{CE\,max}I_{C\,max} \qquad (9.51)$$

Tastgrad $t_i/T_S \ll 1$

▶ *Hinweis*: Im Schalterbetrieb darf die Arbeitsgerade die Verlustleistungshyperbel schneiden.

*Zum Vergleich*: Die Verlustleistung (bei A-Betrieb) im Stellglied eines stetigen Reglers beträgt

$$P_{V\,max} = \frac{1}{4}U_{CE\,max}I_{C\,max} \qquad (9.52)$$

**Drosselregler als Abwärtswandler (Step-Down Switching Regulator)**

Diese Schaltregler setzen eine größere Gleichspannung in eine kleinere um.

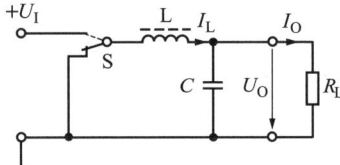

Bild 9.23 Zur Wirkungsweise
des Abwärtswandlers

▶ *Hinweis*: Im Bild 9.23 wurde die Schalt- und Steuerelektronik des Reglers durch einen mechanischen Umschalter S ersetzt.

■ *Erklärung der Wirkungsweise*: Sinkt $U_O$ unter einen Schwellwert $U_O$, so wird der elektronische Schalter des Reglers leitend (S an $U_I$). Der Ladestrom fließt über die Drossel $L$ und lädt $C$ auf, bis $U_O$ einen oberen Schwellwert $U_{O2}$ erreicht hat. Dabei wird der elektronische Schalter gesperrt (S an Masse). Der Energiespeicher $(L;C)$ übernimmt nun in der Sperrphase die Speisung der Last $(R_L)$, wobei der Stromfluß über $L$ aufrechterhalten wird (Selbstinduktion). Beim Absinken von $U_O$ wiederholt sich dieser Vorgang. Die Ausgangsspannung weist eine prinzipbedingte Welligkeit auf, deren Größe durch die Differenz der Komparatorschwellen gegeben ist ($\rightarrow$ Bild 9.24).

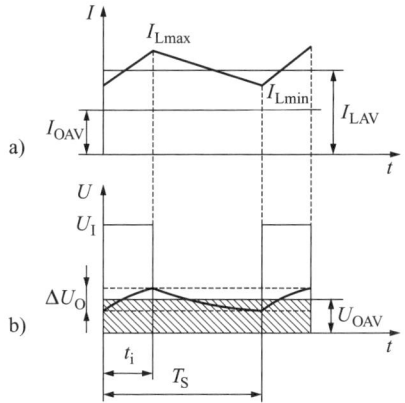

Bild 9.24 Strom- und Spannungsverlauf beim Abwärtswandler

Schwankungen der Eingangsspannungen oder Laständerungen führen im Regler zu einer Änderung der Einschaltzeit oder der Schaltfrequenz $f_S$ und somit zu kürzeren oder längeren Umladezeiten für den Energiespeicher. Unter den idealisierten Bedingungen im Bild 9.23 folgt gemäß Induktionsgesetz ein linearer Stromanstieg in der Induktivität $L$ während der Einschaltzeit $t_i$ und ein linearer Stromabfall während der Ausschaltzeit $T_S - t_i$. Der Mittelwert der Ausgangsspannung $U_{0AV}$ ist dem Tastgrad direkt proportional.

$$\boxed{U_{0AV} = \frac{t_i}{T_S} U_I} \tag{9.53}$$

▶ *Beachte*: Der Laststrom $I_0$ darf einen Mindestwert $I_{0\,min}$ nicht unterschreiten, sonst wird der kontinuierliche Stromfluß in der Drossel unterbrochen (lückender Betrieb).

■ *Beispiel*: Integrierter Abwärts-Schaltregler MAX 639 (MAXIM)
Bild 9.25 zeigt die Standardbeschaltung für die Erzeugung einer Festspannung (TTL-Speisespannung $+5$ V $\pm 4$ %) aus einer unstabilisierten größeren Gleichspannung. Der Energiespeicher wird extern angeschlossen. Induktivitäts- und Kapazitätswerte sind vom Hersteller vorgegeben.
Mit einer geänderten Beschaltung lassen sich auch einstellbare Spannungen erzeugen. Im zulässigen Eingangsspannungsbereich $U_I = +4,0\ldots+11,5$ V sowie einer Dropout-Spannung von $0,5$ V ergibt sich ein Ausgangsspannungsbereich von $U_O = +3,5$ V $\ldots+11,0$ V.

## 9 Stromversorgungsschaltungen

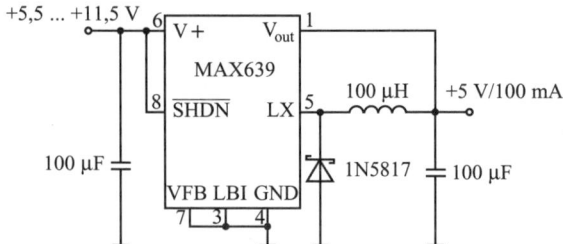

**Bild 9.25** Anschluß eines Abwärts-Schaltreglers (nach Herstellerangaben)

**Drosselregler als Aufwärtswandler (Step-Up Switching Regulator)**

> Diese Schaltregler setzen eine kleinere Gleichspannung in eine größere um.

Beim Aufwärtswandler (Prinzip → Bild 9.22 b) ist die Größe der Ausgangsspannung von der Öffnungszeit $(T_S - t_i)$ des Schalters abhängig.

Mit kleinen Öffnungszeiten ergeben sich große Ausgangsspannungen. In Gl. (9.54) wird der Tastgrad $t_i/T_S$ wie beim Abwärtswandler (→ Gl. (9.53)) verwendet. Die Impulszeit $t_i$ ist in jedem Falle die Schließungszeit des Schalters:

$$U_{0AV} = \frac{U_I}{1 - \dfrac{t_i}{T_S}} \tag{9.54}$$

■ *Beispiel*: Integrierter Aufwärts-Schaltregler MAX 731 (MAXIM)
Dieser Regler arbeitet mit Pulsbreitenmodulation (PWM). In Standardbeschaltung dient er zur Erzeugung einer Festspannung (TTL-Speisespannung $+5$ V $\pm 5$ %) aus einer unstabilisierten kleineren Gleichspannung $(2,7\ldots 4,65$ V$)$. Der Nennwert des Laststromes beträgt 200 mA. Ein größerer Laststrom ist möglich, allerdings sinkt dann der Wirkungsgrad stark ab (bei 300 mA auf etwa 75 %).

**Drosselregler als invertierender Wandler (Inverting Switching Regulator)**

> Diese Schaltregler setzen eine Gleichspannung in eine andere mit entgegengesetztem Vorzeichen um.

Beim invertierenden Wandler (Prinzip → Bild 9.22 c) ist der Betrag der Ausgangsspannung vom Verhältnis der Schließungszeit zur Öffnungszeit des Schalters abhängig.

$$U_{0AV} = -\frac{t_i}{T_S - t_i} U_I \tag{9.55}$$

■ *Beispiel*: Integrierter invertierender Schaltregler MAX 736 (MAXIM)
Dieser Regler arbeitet mit Pulsbreitenmodulation (PWM). In Standardbeschaltung dient er zur Erzeugung einer negativen Festspannung ($-12$ V) aus einer unstabilisierten positiven Gleichspannung ($4,0 \ldots 8,6$ V).

**Ladungspumpen-Wandler (Charge-pump Voltage Converter)**

> **Ladungspumpen-Wandler** arbeiten mit geschalteten Kapazitäten (Switched-Capacitors). Sie werden zur Invertierung, Verdopplung und Halbierung von Gleichspannungen verwendet.

Bild 9.26 zeigt das Schaltungsprinzip eines Inverters.

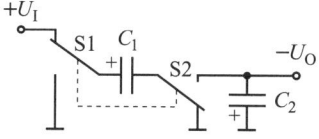

Bild 9.26 Ladungspumpe als Spannungsinverter

■ *Wirkungsweise*: Die elektronischen Schalter (S1; S2) werden synchron getaktet. Die Kapazität $C_1$ wird zunächst auf $+U_I$ aufgeladen (gezeichnete Schaltstellung). Danach entlädt sich $C_1$ über $C_2$ (andere Schaltstellung). $C_2$ wird mit umgekehrten Vorzeichen aufgeladen. Bei den üblichen Taktfrequenzen ($8 \ldots 90$ kHz) kann der Wirkungsmechanismus auch als Zerhacken der Gleichspannung mit S1 und synchrones Gleichrichten der Wechselspannung mit S2 erklärt werden. Im stationären Fall gilt Gl. (9.56).

$$\boxed{U_O = -U_I} \tag{9.56}$$

*Eigenschaften*:

- Einfache Schaltungstechnik (es werden weder Induktivitäten noch Freilaufdioden benötigt),
- sehr kleine Ruheströme (CMOS-Technologie),
- Lastströme bis etwa 100 mA,
- relativ hoher Ausgangswiderstand ($5 \ldots 15 \, \Omega$), dadurch größere Lastabhängigkeit der Ausgangsspannung,
- Anwendung als Gleichspannungswandler für Batteriebetrieb.

■ *Beispiel*: Integrierter Spannungswandler MAX 655 (MAXIM)
Dieser CMOS-Schaltregler arbeitet nach dem Ladungspumpen-Prinzip. In der Standardbeschaltung ($\rightarrow$ Bild 9.27) dient er zur Invertierung einer positiven Festspannung im Bereich $+1,5 \ldots +8$ V in eine negative Gleichspannung mit identischem Betrag (also z. B. $+5$ V in $-5$ V). Mit einer anderen Beschaltung des IC ist eine Spannungsverdopplung bei gleichem Vorzeichen möglich.

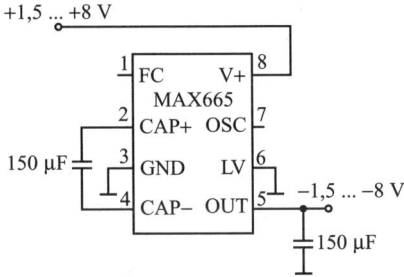

Bild 9.27 Anschluß eines Ladepumpen-Inverters (nach Herstellerangaben)

### 9.2.4.3 Wandler für Netzbetrieb

Gleichspannungswandler für *primärgetaktete Schaltnetzteile* unterscheiden sich nach der Energieabgabe des Leistungsstellgliedes an die Last:

- Eintakt-Sperrwandler (Energieabgabe in der Sperrphase),
- Eintakt-Duchflußwandler (Energieabgabe in der Leitphase) und
- Gegentaktwandler (Energieabgabe in beiden Phasen).

Die Auswahl der Wandler erfolgt nach der zu übertragenden Leistung (→ Tab. 9.6). Für niedrige Ausgangsleistungen werden vorwiegend Eintaktwandler, für höhere Gegentaktwandler eingesetzt.

*Tabelle 9.6 Wandler-Auswahl nach der Wirkleistung*

| Wirkleistung in W | < 10 | 10...100 | 100...300 | 300...1000 | 1000...3000 | > 3000 |
|---|---|---|---|---|---|---|
| Eintakt-Sperrwandler | X | X | | | | |
| Eintakt-Durchflußwandler | X | X | X | | | |
| Gegentakt-Halbbrückenwandler | | X | X | X | | |
| Gegentakt-Vollbrückenwandler | | | | X | X | X |
| Gegentaktwandler mit Parallelspeisung | | | | X | X | X |

▶ *Hinweise*: Die galvanische Trennung, die der Netztrafo des konventionellen Netzteils bietet, wird bei Schaltnetzteilen (SNT) durch den wesentlich kleineren und leichteren Impulsübertrager des Gleichspannungswandlers realisiert. Die gleichgerichtete Netzwechselspannung (oft nur Einweggleichrichtung mit Ladekondensator) wird einem Gleichspannungswandler (Transverter) zugeführt (→ Bild

9.21 a). Als steuerbare Schalter werden Leistungstransistoren oder auch Thyristoren eingesetzt. In den Prinzipdarstellungen sind zur Vereinfachung mechanische Schalter dargestellt.

**Aufgaben des Gleichspannungswandlers**

1. Wechselrichtung der Gleichspannung auf der Primärseite des Impulsübertragers mit Schaltfrequenzen oberhalb des Hörbereichs.
2. Potentialfreie Übersetzung der impulsförmigen Wechselspannung mit dem Impulsübertrager auf die Sekundärseite.
3. Gleichrichtung und Siebung der auf die Sekundärseite übertragenen Impulsspannung.

**Eintakt-Sperrwandler**

Sperrwandler sind die einfachsten SNT-Wandler. Sie eignen sich für kleine Leistungen ($\rightarrow$ Tab. 9.6). Die Grundschaltung des Sperrwandlers ($\rightarrow$ Bild 9.28) besteht aus dem Impulsübertrager mit dem Übersetzungsverhältnis $ü$, dem Leistungsschalter S, der Diode D und dem Ladekondensator $C_L$. Der Lastwiderstand $R_L$ liegt in der Grundschaltung parallel zu $C_L$. Der Regelmechanismus wird durch eine integrierte Ansteuerschaltung realisiert.

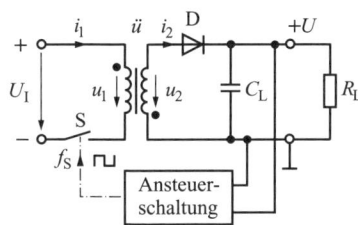

*Bild 9.28  Prinzipschaltung eines Sperrwandlers*

■ *Wirkungsweise*: Der Primärstromkreis wird durch S periodisch ein- und ausgeschaltet. Im Ein-Zustand ($t_{ON} = t_i$) ist die Sekundärspannung $u_2$ negativ (gegensinnige Übertragerkopplung), und die Diode D sperrt. Im Aus-Zustand ($t_{OFF} = T_S - t_i$) ist $u_2$ positiv, und D leitet. Die während des Ein-Zustandes im Übertrager gespeicherte magnetische Energie wird im Aus-Zustand an $R_L$ und $C_L$ abgegeben. Betrachtet man den Übertrager als verlustlos und den Transistor als idealen Schalter, dann ergeben sich die im Bild 9.29 dargestellten Strom- und Spannungsverläufe.

Der **Mittelwert der Ausgangsspannung** $U_{0AV}$ ist von der Eingangsgleichspannung $U_I$, dem Übersetzungsverhältnis $ü = N_1/N_2$ und dem Tastgrad $v = t_i/T_S$ abhängig. Die Diodenflußspannung wird vernachlässigt.

$$\boxed{U_{0AV} \approx \frac{U_I}{ü} \cdot \frac{t_{ON}}{t_{OFF}} = \frac{U_I}{ü} \cdot \frac{v}{1-v}} \tag{9.57}$$

Die **maximale Spannung über dem Schalter** ist infolge der Selbstinduktionswirkung der Primärspule höher als die maximale Eingangsgleichspannung $U_{1\,max}$:

$$U_{S\,max} \approx U_{1\,max}\left(1 + \frac{t_{ON}}{t_{OFF}}\right) = \frac{U_{1\,max}}{1-v} \qquad (9.58)$$

■ *Beispiel*: Bei Einphasen-Gleichrichtung der Netzspannung mit Glättung ergibt sich:
$$U_{1\,max} = \sqrt{2} \cdot 220\,\text{V} \approx 311\,\text{V}$$
Wählt man einen Tastgrad $v = 0,5$ ($t_{ON} = t_{OFF}$), so beträgt die maximale Spannung über dem Schalter (Leistungsstellglied):
$$U_{S\,max} \approx 622\,\text{V}\;(!)$$

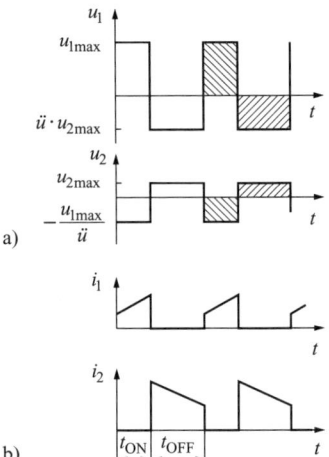

Bild 9.29 a) *Spannungsverläufe und* b) *Stromverläufe am Sperrwandler*

*Eigenschaften des Sperrwandlers*:
- Einfacher Schaltungsaufbau (keine zusätzliche Speicherdrossel vorgesehen),
- Gleichstrom-Vormagnetisierung des HF-Trafos (reichliche Dimensionierung erforderlich),
- Anwendung für kleinere Leistungen (Masse und Größe des Trafos ist bei höheren Leistungen unvertretbar hoch),
- Stromquellen-Verhalten ($R_i \gg R_L$), deshalb Einsatz bei konstanter Grundlast (kein Leerlauf zulässig, da Ausgangsspannung trotz zusätzlicher Regelung stark ansteigen würde),
- zusätzlicher Schaltungsaufwand für Funkentstörung und Bedämpfung des Überschwingens notwendig.

## Eintakt-Durchflußwandler

> **Durchflußwandler** sind SNT-Wandler für kleine und mittlere Leistungen ($\to$ Tab. 9.6). Die Energieabgabe an die Last erfolgt in Durchlaßphase des Stellgliedes (geschlossener Schalter).

Die Schaltung (hier nicht dargestellt) besteht aus einem Impulsübertrager mit drei Wicklungen, dem Leistungsschalter, drei Dioden, Speicherdrossel und Ladekondensator. Die dritte Wicklung des Übertragers dient in Verbindung mit einer Freilaufdiode zur Aufnahme des Induktionsstromes in der Sperrphase des Stellgliedes (offener Schalter).

### Mittelwert der Ausgangsspannung $U_{0AV}$

$$U_{0AV} \approx \frac{U_I}{\ddot{u}} \cdot \frac{t_{ON}}{t_{ON} + t_{OFF}} = \frac{U_I}{\ddot{u}} \cdot v \tag{9.59}$$

Die **maximale Spannung über dem Schalter** wird durch die Entmagnetisierungswicklung und die Freilaufdiode begrenzt:

$$U_{S\,max} \approx 2 \cdot U_{I\,max} \tag{9.60}$$

*Eigenschaften des Durchflußwandlers*:

- Umfangreicher Schaltungsaufbau (Entmagnetisierungswicklung und zusätzliche Speicherdrossel notwendig),
- keine Gleichstrom-Vormagnetisierung des HF-Trafos (dadurch günstige Dimensionierung),
- Anwendung bis zu mittleren Leistungen bei gutem Wirkungsgrad,
- Spannungsquellenverhalten ($R_i \ll R_L$), deshalb Absicherung gegen Kurzschluß erforderlich,
- geringe Restwelligkeit durch Speicherdrossel,
- zusätzlicher Schaltungsaufwand für Funkentstörung notwendig.

## Gegentaktwandler

> Der **Gegentaktwandler** mit Parallelspeisung ($\to$ Bild 9.30) besteht aus zwei Durchflußwandlern, die im Gegentakt auf eine gemeinsame Speicherdrossel arbeiten.

Die Wechselrichtung der Eingangsgleichspannung erfolgt durch zwei gegenphasig angesteuerte Leistungsschalter.

- *Wirkungsweise*: Der Wirkungsablauf vollzieht sich in vier Zeitphasen:

1. Phase: S1 geschlossen, S2 offen (D1 leitend)
2. Phase: S1 offen, S2 offen (Drosselstrom wird je zur Hälfte von D1 und D2 übernommen)
3. Phase: S1 offen, S2 geschlossen (D2 leitend)
4. Phase: S1 offen, S2 offen (Drosselstrom wird je zur Hälfte von D1 und D2 übernommen)

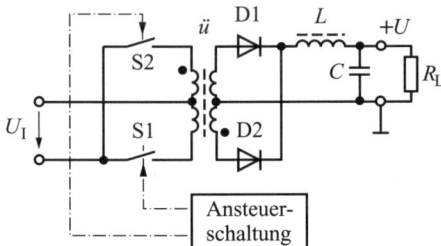

Bild 9.30 Prinzipschaltbild eines Gegentaktwandlers

Durch die Zweiweggleichrichtung auf der Sekundärseite ist die Ausgangsspannung doppelt so groß wie beim Eintaktflußwandler.

**Mittelwert der Ausgangsspannung $U_{0AV}$**

$$U_{0AV} \approx 2\frac{U_I}{\ddot{u}} \cdot \frac{t_{ON}}{t_{ON}+t_{OFF}} = 2\frac{U_I}{\ddot{u}} \cdot v$$
$$v < 0,5$$
(9.61)

Eine sichere Arbeitsweise des Gegentaktwandlers ist nur möglich, wenn die Einschaltzeiten beider Schalter genau gleich sind ($t_{ON} = t_{ON1} = t_{ON2}$). Dies muß durch die Ansteuerschaltung gewährleistet werden. Die maximale Spannung über den Schaltern $U_{S\,max}$ errechnet sich nach Gl. (9.60).

*Eigenschaften der Gegentaktwandler*:

- Umfangreicher Schaltungsaufbau (Trafo mit Mittelanzapfungen und zusätzliche Speicherdrossel notwendig),
- keine Gleichstrom-Vormagnetisierung des HF-Trafos bei genau symmetrischen Wicklungen,
- Anwendung bis zu großen Leistungen bei gutem Wirkungsgrad,
- hohe Anforderungen an die Schaltungssymmetrie,
- geringe Restwelligkeit durch Speicherdrossel,
- zusätzlicher Schaltungsaufwand für Funkentstörung notwendig.

### 9.2.4.4 Integrierte Ansteuerschaltungen

> Der **Ansteuermodul** im Schaltnetzteil verbindet den Ausgang des Gleichspannungs-Wandlers mit dem Steuereingang des Leistungsschalters zu einem Regelkreis.

▶ *Hinweis*: Bei netzverbundenen SNT befindet sich in der Regelschleife noch eine Potentialtrennstufe (z. B. Optokoppler oder Impulstrenntrafo).

**Allgemeines Regelungsprinzip**

Eine Störgröße (z. B. Veränderung der Ausgangsspannung durch Laständerung) bewirkt über den Ansteuerschaltkreis im Stellglied (z. B. Power-MOSFET) eine gegenphasige Änderung, so daß der Störeinfluß kompensiert und der Sollwert der Ausgangsspannung wieder eingeregelt wird.

Die **Basisfunktion der integrierten Ansteuerschaltung** besteht im wesentlichen aus einem spannungsgesteuerten Modulator, der die Steuersignale für den Leistungsschalter aufbereitet.

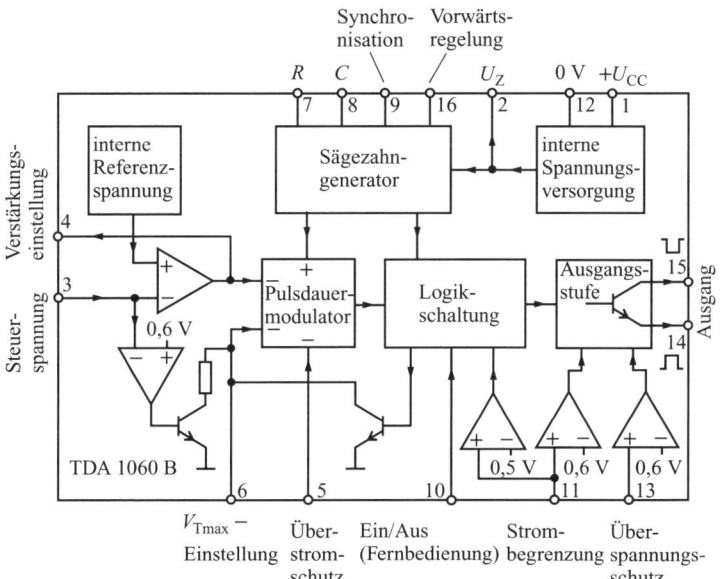

*Bild 9.31 Blockschaltbild eines Ansteuerschaltkreises (nach Firmendokumentation)*

**Varianten**:

- Variable Einschaltdauer bei konstanter Frequenz (PWM),
- variable Frequenz bei konstanter Einschaltdauer (PFM),
- variable Frequenz und variable Einschaltdauer.

Ansteuerschaltkreise werden sowohl für Eintakt- als auch Gegentakt-Wandler angeboten. Die Ausgangsströme betragen je nach Typ $0,02\ldots 1$ A. Für höhere Ströme sind zusätzliche Leistungstreiber einzusetzen.

■ *Schaltkreisbeispiele*: Mit den Bausteinen TDA 47xx und TDA 49xx (Siemens) lassen sich viele SNT-Konzepte realisieren. Die Bausteine TDA 4918 und TDA 4919 sind für eine direkte Ansteuerung von Power-MOSFETs vorgesehen. Bild 9.31 zeigt das Blockschaltbild des TDA 1060 B (Valvo), eines Ansteuermoduls für Eintaktregler ohne integrierte Treiberstufe.

■ *Maßnahmen zur Minimalbeschaltung des TDA 1060 B*:

- Einstellung der Ausgangsspannung (die SNT-Ausgangsspannung ist über einen Spannungsteiler mit dem invertierenden Eingang des Regelverstärkers (PIN 3) zu verbinden),
- Verstärkungseinstellung (zwischen PIN 3 und PIN 4 ist ein Gegenkopplungswiderstand anzuordnen),
- Frequenzeinstellung (einstellbar im Bereich $50$ Hz$\ldots 100$ kHz durch externes $RC$-Glied an PIN 7, PIN 8),
- Einstellung des maximalen Tastgrades (die Z-Spannung am PIN 2 ist über einen Spannungsteiler dem Pulsdauermodulator (PIN 6) zuzuführen).

■ *Schutzmaßnahmen*:
- Überspannungsschutz,
- Überstromschutz für Primärstrom,
- Strombegrenzung für Sekundärstrom.

**Strombegrenzung durch Überlastschutz (elektronische Sicherung)**

Verhinderung von Schäden durch Überstrom oder Kurzschluß. Dabei wird zwischen statischer und dynamischer Strombegrenzung unterschieden.

*Kennlinienarten* zur Strombegrenzung ($\rightarrow$ Bild 9.32):
a) statische Strombegrenzung mit Sättigungskennlinie,
b) statische Strombegrenzung mit rückläufiger Kennlinie (Fold Back),
c) dynamische Stromabschaltung mit Kippkennlinie.

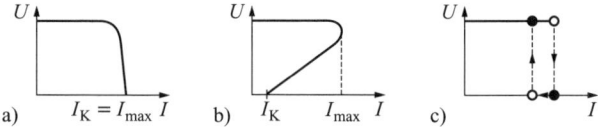

*Bild 9.32 Kennlinien von Überlastungsschutzschaltungen*

## 9.3 Ergänzende Diagramme und Tabellen

### 9.3.1 Diagramme zur Berechnung von Gleichrichterschaltungen (→ 9.1.3)

In den Bildern 9.33 a, b, c sind die Verhältnisse von mittlerer Gleichspannung zu Effektivwert der Wechselspannung in Abhängigkeit vom Produkt aus Lastwiderstand und Ladekapazität grafisch dargestellt.

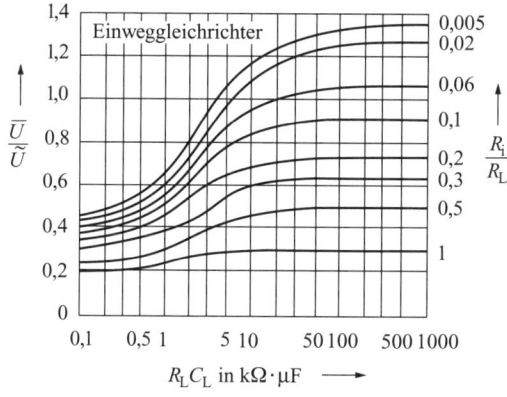

*Bild 9.33 a) Spannungsverhältnisse bei Einweggleichrichtung*

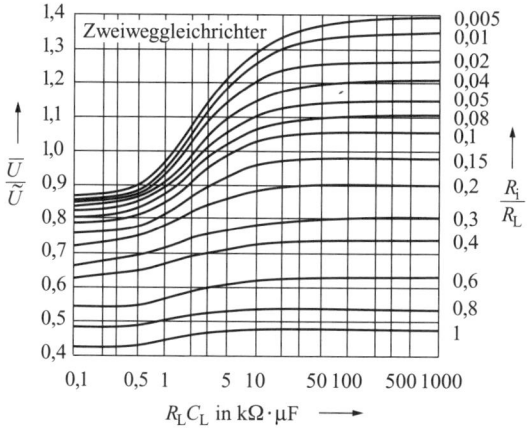

*Bild 9.33 b) Spannungsverhältnisse bei Zweiweggleichrichtung*

542  9 Stromversorgungsschaltungen

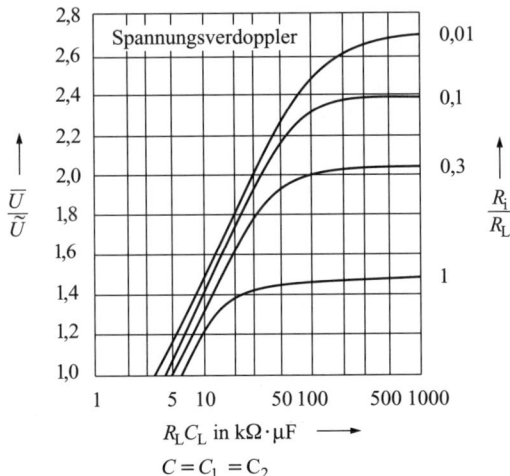

$C = C_1 = C_2$

*Bild 9.33 c) Spannungsverhältnisse bei Spannungsverdopplung*

### 9.3.2 Tabellen zur Berechnung von Transformatoren (→ 9.1.1)

Tabelle 9.7 Kenngrößen zur Berechnung von Netzkleintransformatoren

| Kernblech | | M42 | M55 | M65 | M74 | M85a | M85b | M102a | M102b | M130a | M130b | M150a | M150b | M150c |
|---|---|---|---|---|---|---|---|---|---|---|---|---|---|---|
| Typenleistung $S_T$ | | | | | | | | | | | | | | |
| bei 2…3 Wicklungen | VA | 4 | 12 | 25 | 50 | 70 | 95 | 120 | 175 | 250 | 320 | 370 | 450 | 550 |
| bei > 3 Wicklungen | VA | 3 | 9 | 21 | 40 | 65 | 75 | 100 | 155 | 230 | 290 | 340 | 410 | 510 |
| Kernbreite $b_k$ | cm | 1,2 | 1,7 | 2,0 | 2,3 | 2,9 | 2,9 | 3,4 | 3,4 | 3,5 | 3,5 | 4,0 | 4,0 | 4,0 |
| Pakethöhe $h_K$ | cm | 1,5 | 2,1 | 2,7 | 3,2 | 3,2 | 4,5 | 3,5 | 5,2 | 3,6 | 4,6 | 4,0 | 5,0 | 6,0 |
| Eisenquerschnitt $A_{FE}$ | | | | | | | | | | | | | | |
| bei Füllfaktor 0,9 | cm² | 1,6 | 3,3 | 4,8 | 6,6 | 8,3 | 11,7 | 10,7 | 16 | 11,3 | 14,5 | 14,5 | 18,0 | 21,6 |
| Wirkungsgrad $\eta$ | % | 60 | 70 | 77 | 83 | 84 | 86 | 88 | 89 | 90 | 91 | 92 | 93 | 94 |
| Windungszahl je Volt | | | | | | | | | | | | | | |
| primär $n_1$ | 1/V | 23,4 | 11,4 | 7,8 | 5,68 | 4,51 | 3,2 | 3,5 | 2,34 | 3,3 | 2,59 | 2,59 | 2,08 | 1,74 |
| sekundär $n_2$ | 1/V | 34,8 | 14,1 | 9,0 | 6,3 | 4,95 | 3,5 | 3,86 | 2,46 | 3,51 | 2,72 | 2,72 | 2,18 | 1,80 |
| Stromdichte $J$ | | | | | | | | | | | | | | |
| innen | A/mm² | 4,5 | 3,8 | 3,3 | 3,0 | 2,9 | 2,6 | 2,4 | 2,3 | 1,7 | 1,7 | 1,5 | 1,5 | 1,5 |
| außen | A/mm² | 5,2 | 4,3 | 3,6 | 3,4 | 3,3 | 3,0 | 2,8 | 2,7 | 2,2 | 2,1 | 1,9 | 1,9 | 1,8 |
| Windungslänge $l_w$ | | | | | | | | | | | | | | |
| innere | cm | 7,3 | 9,6 | 12 | 14 | 14,5 | 17 | 17 | 20,6 | 20 | 22 | 23 | 25 | 27 |
| mittlere | cm | 9,8 | 12,4 | 15,2 | 18 | 18,3 | 20,8 | 21,4 | 25 | 28 | 30 | 33 | 35 | 36 |
| äußere | cm | 11,1 | 13,8 | 16,7 | 20 | 20,2 | 23 | 23,5 | 27 | 32 | 34 | 37 | 39 | 41 |
| Nutzbarer Wickelraum | | | | | | | | | | | | | | |
| Höhe $h_w$ | mm | 6,4 | 7,6 | 9,1 | 10,1 | 9,2 | 9,2 | 12,2 | 12,2 | 24 | 24 | 28 | 28 | 28 |
| Breite $b_w$ | mm | 24 | 31 | 36 | 42 | 46 | 46 | 58 | 58 | 61 | 61 | 68 | 68 | 68 |

Die Angaben beziehen sich auf Kernbleche nach DIN 41302, Sorte V 230-50 B nach DIN 46400 und Spulenkörper nach DIN 41303 bei $f = 50$ Hz und $B = 1{,}2$ V·s/m².

*Tabelle 9.8 Angaben zu lackisolierten Kupferrunddrähten (→ 9.1.1)*

| Drahtdurchmesser $d$ blank mm | Querschnitt $A$ mm² | Drahtdurchmesser $d$ lackiert mm | Widerstand $r$ je 100 m Länge Ω/(100 m) | Wickelraumausnutzung $K_w$ Windungen je cm² |
|---|---|---|---|---|
| 0,05 | 0,00196 | 0,068 | 894 | 20000 |
| 0,07 | 0,00385 | 0,094 | 456 | 10300 |
| 0,08 | 0,00503 | 0,104 | 349 | 8500 |
| 0,10 | 0,00785 | 0,124 | 223 | 6000 |
| 0,12 | 0,01130 | 0,150 | 155 | 4000 |
| 0,15 | 0,0177 | 0,180 | 99,3 | 2800 |
| 0,18 | 0,0255 | 0,210 | 68,9 | 2100 |
| 0,20 | 0,0314 | 0,230 | 55,9 | 1750 |
| 0,22 | 0,0380 | 0,255 | 46,2 | 1400 |
| 0,25 | 0,0491 | 0,285 | 35,7 | 1150 |
| 0,28 | 0,0616 | 0,317 | 28,5 | 900 |
| 0,30 | 0,0707 | 0,337 | 24,8 | 810 |
| 0,35 | 0,0962 | 0,395 | 18,2 | 600 |
| 0,40 | 0,1260 | 0,445 | 14,0 | 470 |
| 0,45 | 0,1590 | 0,500 | 11,0 | 370 |
| 0,50 | 0,196 | 0,55 | 8,9 | 300 |
| 0,55 | 0,238 | 0,61 | 7,4 | 250 |
| 0,60 | 0,283 | 0,66 | 6,2 | 210 |
| 0,65 | 0,332 | 0,71 | 5,3 | 180 |
| 0,70 | 0,385 | 0,76 | 4,6 | 160 |
| 0,75 | 0,442 | 0,82 | 4,0 | 140 |
| 0,80 | 0,503 | 0,87 | 3,5 | 120 |
| 0,85 | 0,568 | 0,92 | 3,1 | 110 |
| 0,90 | 0,636 | 0,97 | 2,8 | 96 |
| 0,95 | 0,709 | 1,02 | 2,5 | 90 |
| 1,00 | 0,785 | 1,07 | 2,2 | 80 |
| 1,10 | 0,950 | 1,19 | 1,8 | 65 |
| 1,20 | 1,130 | 1,29 | 1,55 | 55 |
| 1,30 | 1,330 | 1,39 | 1,33 | 46 |
| 1,50 | 1,767 | 1,60 | 1,00 | 35 |

# 10 Elektrische Maschinen

**Bedeutung.** Mehr als die Hälfte der erzeugten Elektroenergie wird mittels elektrischer Maschinen, die als Motoren zum Einsatz kommen, in mechanische Energie umgewandelt. Als Generatoren produzieren sie nahezu die gesamte elektrische Energie für die Elektroenergieversorgung in Industrie, im Gewerbe, im Transportwesen und in den Haushalten. Elektrische Maschinen spielen deshalb in allen Bereichen der Wirtschaft eine entscheidende Rolle.

## 10.1 Begriffsbestimmung und Übersicht

### 10.1.1 Klassifikation

> **Rotierende elektrische Maschinen** werden klassifiziert hinsichtlich der betreibenden Stromart, nach dem Drehzahlverhalten des Läufers hinsichtlich seiner Synchronität zum Ständerdrehfeld und nach der Energieflußrichtung werden sie in Motoren (elektrisch → mechanisch) und Generatoren (mechanisch → elektrisch) eingeteilt.

**Klassifikation und Wirkungsweise.** Die Klassifikation elektrischer Maschinen wird einerseits durch die betreibende Stromart, also *Gleichstrom, Einphasenwechselstrom, Drehstrom, Impulsstrom*, andererseits auch nach der Wirkungsweise, wie Asynchronbetrieb bzw. Synchronbetrieb, vorgenommen. Basiert das Wirkprinzip auf einem magnetischen Drehfeld, heißen sie *Drehfeldmaschinen*. Hat der Läufer einer Drehstrommaschine prinzipiell die gleiche Drehzahl wie das Ständerdrehfeld, spricht man von einer *Synchronmaschine*. Ist die Läuferdrehzahl größer bzw. kleiner als die des Drehfeldes, klassifiziert man die Drehstrommaschine als *Asynchronmaschine*. Wird der Läuferstrom durch elektromagnetische Induktion ausgelöst, werden sie als *Induktionsmaschinen* bezeichnet. Rotierende elektrische Maschinen können als *Generatoren* mechanische in elektrische Energie oder als *Motoren* elektrische Energie in mechanische Energie umwandeln. Prinzipiell kann die gleiche elektrische Maschine sowohl als Motor als auch als Generator wirken.

**Einsatzbereiche.** Entsprechend dieser Systematik ergeben sich Betriebsparameter, die den Einsatzbereich der elektrischen Maschinen definieren (→ Tab. 10.1). Nach dem Drehzahlverhalten der elektrischen Maschinen bei variierender Belastung ergeben sich typische Drehzahl-Kennlinien, die die spezifischen elektrischen Maschinen charakterisieren (→ Bild 10.1).

Tabelle 10.1 *Einsatzcharakteristik elektrischer Maschinen*

| Stromart | Stromanwender-prinzip | Asynchronmaschine | Synchronmaschine | Anwendung | typische Antriebsleistung |
|---|---|---|---|---|---|
| Gleichstrom | Reihenschlußmotor | | | elektrische Fahrzeuge, Hebezeuge, Anlaßmotoren Kfz | 100 W…500 kW |
| | Dauermagnetmotor | | | batteriegespeiste Antriebe, Computerperipherie, Kfz-Elektrik, Feinmechanik | 1 W…12 kW |
| | Nebenschlußmotor | | | Förderanlagen, Werkzeugmaschinen, Hebezeuge | 10 kW…10 MW |
| Einphasen-wechsel-strom | | Kondensatormotor | | Kühlschränke, Waschmaschinen, Baumaschinen | 50 W…2 kW |
| | | | Hysteresemotor | Uhrwerke, Antriebe, Feingeräte | > 100 W |
| | | Spaltpolmotor | | Laugenpumpen, Heizlüfter, Uhren, Steuerungen, schreibende Meßtechnik | 1 W…200 W |
| | | | Reluktanzmotor | Textilmaschinen | 100 W…10 kW |

Tabelle 10.1 Einsatzcharakteristik elektrischer Maschinen (Fortsetzung)

| Stromart | Stromanwender-prinzip | Asynchronmaschine | Synchronmaschine | Anwendung | typische Antriebsleistung |
|---|---|---|---|---|---|
| Drehstrom | | | Vollpolmaschine | Kraftwerksgenerator, Turboläufer, Verdichterantrieb | 100 kW…1800 MW |
| | | | Dauermagnetmotor | Servoantriebe | 100 W…10 kW |
| | | | Schenkelpol-maschine | Kraftwerksgeneratoren, Notstromaggregate | 10 kW…1000 MW |
| | | | Linearmotor | Fördertechnik, Antriebstechnik | 50 W…100 kW |
| | | Linearmotor | | | |
| | | Schleifringläufer-motor | | Pumpen, Steinbrechmaschinen, Schwerlaufantriebe, Hebezeuge | 5 kW…500 kW |
| | | | | Papiermaschinen, Polygraphi-sche Industrie, Textilmaschinen | 1 kW…30 MW |
| | Nebenschlußmotor | | | | |
| | | Käfigläufermotor | | Standardmotor für Werkzeugmaschinen, Landwirtschaftsmaschinen | 1 kW…30 MW |
| Gleichstrom-impulse | Gleichstrommotor mit elektronischer Kommutierung | | Elektronikmotor | Feingerätetechnik, batteriegespeiste Geräte | 0,5 W…250 W |
| | | | Schrittmotor | Positionierantriebe, Quarzuhren | 5 µW…500 W |

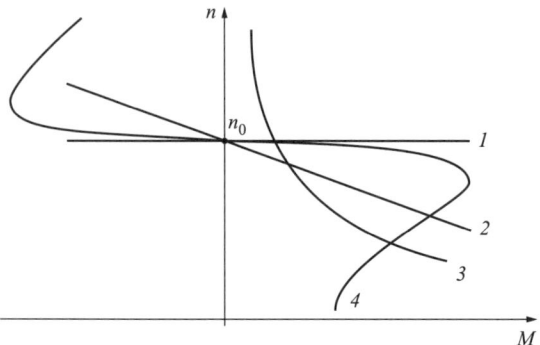

Bild 10.1 *Charakteristische Drehzahl-Drehmoment-Kennlinien elektrischer Maschinen (1 synchrones Verhalten, 2 Nebenschlußverhalten, 3 Reihenschlußverhalten, 4 asynchrones Verhalten)*

## 10.1.2 Bauformen

> Die konstruktiven Aufbauvarianten bezüglich des Ständers und des Läufers elektrischer Maschinen werden in der DIN IEC 34 beschrieben.

**Mechanischer Aufbau.** Der feststehende Teil der elektrischen Maschinen wird als *Ständer* (Stator) und die umlaufende Baugruppe als *Läufer* (Rotor) bezeichnet. Zu den aktiven Teilen, die den Strom bzw. den magnetischen Fluß leiten, gehören *Wicklungen, Ständerblechpaket, Läuferblechpaket*. Elektromagetisch passive Konstruktionselemente bilden *Gehäuse, Lager, Lagerschild* und *Welle*. Mit Gleichstrom erregte Magnetkreise werden aus weichmagnetischen Werkstoffen in Massivausführung zur Anwendung gebracht. Bei wechselstromerregten Magnetkreisen werden die Eisenteile aus geschichteten Blechpaketen (→ DIN 46400) aufgebaut, um die Wirbelstromverluste zu minimieren. Je nach Konstruktionsprinzip werden die Wicklungen in speziellen Nuten aufgenommen oder auf das Weicheisenteil geschoben. Bei rotierenden elektrischen Maschinen erfolgt die geometrische Trennung von Läufer und Ständer mittels Luftspalt.

**Spezifische Bauformen.** Die Anordnung der Lager, die Gehäusebefestigung, die Betriebslage sowie die Spezifik der Wellenkonstruktion können sehr verschieden sein und werden nach DIN IEC 34, Teil 7 (DIN 42950) systematisiert. Zur Kennzeichnung elektrischer Maschinen stehen zwei verschiedene Code-Varianten zur Verfügung.

## 10.1 Begriffsbestimmung und Übersicht

**Code I:** Buchstabenfolge IM (International Mounting) gefolgt von einem Buchstaben, der den prinzipiellen Aufbau der Maschine beschreibt.

**Code II:** Buchstabenfolge IM und ein vierstelliger Zahlencode

IM X X X X (1. Ziffer Bauformengruppe,
2. und 3. Ziffer Montageart,
4. Ziffer Konstruktion des Wellenendes)

Im Ergebnis dieser Klassifikation zeigt Tabelle 10.3 ausgewählte Bauformen umlaufender elektrischer Maschinen.

*Tabelle 10.2 Zusammenstellung der Codevarianten elektrischer Maschinen nach DIN IEC 34*

| IM A | Maschine ohne Lager, waagerechte Anordnung |
|---|---|
| IM B | Maschine mit Lagerschilden, waagerechte Anordnung |
| IM C | Maschine mit Lagerschilden und Stehlagern, waagerechte Anordnung |
| IM D | Maschine mit Stehlagern, waagerechte Anordnung |
| IM V | Maschine mit Lagerschilden, senkrechte Anordnung |
| IM W | Maschine ohne Lagerschilde, senkrechte Anordnung |

*Tabelle 10.3 Ausgewählte Bauformen umlaufender elektrischer Maschinen*

| IEC-Code I<br>IEC-Code II | Bild | Erklärung |
|---|---|---|
| IM A5<br>IM 5405 | | ohne Lager, mit Füßen und Flanschwelle |
| IM A3<br>IM 5610 | | ohne Lager, mit Füßen und Fußplatten, ohne Welle |
| IM B7<br>IM 1061 | | 2 Lagerschilde, mit Füßen, ein zylindrisches Wellenende, Wandbefestigung, Wellenende rechts |
| IM B34<br>IM 2101 | | 2 Lagerschilde, mit Füßen, ein zylindrisches Wellenende, Flansch auf Antriebsseite, Aufstellung auf Unterbau mit Zusatzflansch |

*Tabelle 10.3 Ausgewählte Bauformen umlaufender elektrischer Maschinen (Fortsetzung)*

| IEC-Code I<br>IEC-Code II | Bild | Erklärung |
|---|---|---|
| IM B5<br>IM 3001 | | 2 Lagerschilde, ohne Füße,<br>ein zylindrisches Wellenende,<br>Flanschanbau |
| IM B30<br>IM 9201 | | 2 Lagerschilde, ohne Füße,<br>Nocken am Lagerschild,<br>Befestigung mit Nocken |

### 10.1.3  Schutzarten

Nach DIN 40050 müssen elektrische Maschinen Berührungs- und Fremdkörperschutz, Wasserschutz und je nach Einsatz Sonderschutzarten aufweisen.

**Schutzarten.** Alle aktiven Teile elektrischer Maschinen (elektrische Betriebsmittel) müssen zur Vermeidung von Elektrounfällen entsprechend umhüllt bzw. gekapselt werden. Nach deren speziellen Anwendung müssen sie gegen zufälliges Berühren sowie gegen Eindringen von Fremdkörpern und Wasser geschützt werden. Die Schutzarten werden durch einen zweistelligen Zahlencode angegeben, dem die Buchstaben IP (international protection) vorangestellt sind (→ DIN 40050, VDE 0530, T.5). Dabei bezeichnet die erste Zahl den Grad des Berührungs- und Fremdkörperschutzes, die zweite Zahl definiert den für den Einsatz der elektrischen Maschine geforderten Wasserschutz (→ Tab. 10.4).

**Sonderschutz.** Besteht durch das die elektrische Maschine umgebende Medium die Gefahr der Gas- bzw. Staubexplosion, müssen Sonderschutzmaßnahmen zur Anwendung kommen (→ DIN E 50014). Beginnend mit der Buchstabenfolge EExII und deren Kombination mit der in Tabelle 10.5 gezeigten Kennzeichnung wird diese spezifische Schutzart angezeigt. Oftmals werden die Schutzarten Berührungs-, Fremdkörper-, Wasser- und Explosionsschutz in Kombination dargestellt. Demnach ist die Kennzeichnung eines Motors mit der Aufschrift EExIIdIP 56 wie folgt zu interpretieren: Die elektrische Maschine besitzt den Explosionsschutz durch druckfeste Kapselung, ist gegen Berühren mit Hilfsmitteln jeglicher Art geschützt, schädliche Stäube können nicht ins Innere gelangen, und die Maschine ist vor Überflutung geschützt.

## 10.1 Begriffsbestimmung und Übersicht

*Tabelle 10.4 Schutzarten elektrischer Betriebsmittel*

| Erste Ziffer: | **Berührungs- und Fremdkörperschutz** | Zweite Ziffer: | **Wasserschutz** |
|---|---|---|---|
| IP 0X | kein besonderer Schutz | IP X0 | kein besonderer Schutz |
| IP 1X | Schutz gegen Fremdkörper größer 50 mm Durchmesser | IP X1 | Schutz gegen senkrecht fallendes Tropfwasser |
| IP 2X | Schutz gegen Fremdkörper größer 12 mm Durchmesser | IP X2 | Schutz gegen schräg fallendes Tropfwasser (15° gegen die Senkrechte) |
| IP 3X | Schutz gegen Fremdkörper größer 2,5 mm | IP X3 | Schutz gegen Sprühwasser |
| IP 4X | Schutz gegen Fremdkörper größer 1 mm | IP X4 | Schutz gegen Spritzwasser |
| IP 5X | Schutz gegen schädliche Staubablagerungen im Inneren | IP X5 | Schutz gegen Strahlwasser aus der Düse kommend |
| IP 6X | Schutz gegen Eindringen von Staub | IP X6 | Schutz bei Überflutung |
| | | IP X7 | Schutz beim Eintauchen |
| | | IP X8 | Schutz beim Untertauchen |

*Tabelle 10.5 Schutzarten explosionsgeschützter Betriebsmittel*

| Kurzzeichen | Schutzart |
|---|---|
| d | druckfeste Kapselung |
| e | erhöhte Sicherheit |
| ia, ib | Eigensicherheit |
| o | Ölkapselung |
| p | Überdruckkapselung |
| q | Sandkapselung |

### 10.1.4 Erwärmung und Kühlung

Durch die Verlustleistung erhöht sich die Temperatur der elektrischen Maschine gegenüber der Umgebung. Die Verlustleistung muß zwecks Einsatztemperaturbegrenzung durch definierte Kühlluftmengen abgeführt werden.

#### 10.1.4.1 Erwärmung

**Einzelverluste und Erwärmung.** Ein Teil der der elektrischen Maschine zugeführten elektrischen Wirkleistung wird in Eisenverluste, Wicklungsverluste in Ständer und Läufer sowie in Reibungsverluste umgesetzt. Diese Verluste $P_V$

erhöhen die Temperatur des elektrischen Betriebsmittels gegenüber der Umgebungstemperatur. Bei idealisierter Betrachtungsweise der elektrischen Maschine als einen homogenen Körper läßt sich folgende Energiebilanz nach der Beziehung (10.1) angeben.

$$dW = P_V \cdot dt = \alpha \cdot A \cdot \Delta\vartheta \cdot dt + c \cdot m \cdot \Delta\vartheta \tag{10.1}$$

$dW$ erzeugte Wärme,
$\alpha$ Wärmeübergangskoeffizient,
$A$ Oberfläche des Motors,
$\Delta\vartheta$ Temperaturdifferenz Motor–Umgebungstemperatur,
$c$ spezifische Wärmekapazität des Motors,
$m$ Masse des Motors,
$dt$ Zeitintervall

**Isolierstoffklassen.** Die Erwärmung der elektrischen Maschinen setzt hinsichtlich der Wärmebeständigkeit der verwendeten Isolierstoffe Grenzen bei deren Einsatz. Zur Bestimmung der Erwärmung der elektrischen Maschinen können verschiedene Verfahren genutzt werden, wobei das Widerstandsmeßverfahren der Wicklungstemperatur dominiert. Es basiert auf der Temperaturabhängigkeit des ohmschen Widerstandes. Bei einer maximalen Kühllufttemperatur von 40 °C dürfen die in Tabelle 10.6 angegebenen höchstzulässigen Dauertemperaturen ($\rightarrow$ VDE 0530 T.1) in Abhängigkeit von der Temperaturbeständigkeit der Isolierstoffe (Temperaturbeständigkeitsklassen) nicht überschritten werden.

*Tabelle 10.6 Temperaturbeständigkeitsklassen von Isolierstoffen*

| Klasse | Höchstzulässige Dauertemperatur in °C | Isolierstoffe (Beispiele) |
|---|---|---|
| Y | 90 | Baumwolle, Naturseide, Papier, PVC, Kunstharze, Polystrol, Vulkanfiber |
| A | 105 | Polyester-Harze, organische Faserstoffe, Drahtlack auf Ölharzbasis |
| E | 120 | Papierschichtstoffe, Melamin-, Polyester-, Epoxidharze, Kunstharzlacke |
| B | 130 | Asbest, Glimmer mit Bindemittel Klasse E |
| F | 155 | Polycarbonatfolien, Glasfaser, Asbest, Silikonharze |
| H | 180 | Asbest, Glimmer, Silikon-Kautschuk |
| C | >180 | Glas, Glimmer, Keramik, Quarz, Polyamide |

## 10.1.4.2 Kühlung

**Kühlluftmenge.** Die in 10.1.4.1 dargestellte Verlustleistung $P_V$ muß zur Temperaturbegrenzung abgeführt werden, wobei das wichtigste Kühlmittel für elektrische Maschinen die Umgebungsluft ist. Entsprechend der Verlustwärme muß demzufolge eine Kühlluftmenge $V$ zugeführt werden, die den Wärmeaustausch ermöglicht. Die erforderliche Kühlluftmenge (m³/s) in Abhängigkeit von der Verlustwärme berechnet sich nach (10.2) zu

$$V/t = \frac{P_V}{c_p \cdot \rho \Delta \vartheta} \tag{10.2}$$

$\Delta \vartheta$   Temperaturdifferenz zwischen Luftaustritt und Raumtemperatur,
$P_V$   Verlustleistung,
$c_p$   spezifische Wärmekapazität des Kühlmittels,
$\rho$   Dichte des Kühlmittels

Als überschlägige Regel zur Bestimmung der erforderlichen Kühlluftmenge gilt: Die erforderliche Kühlluftzufuhr in m³/s entspricht etwa 5 % der Maschinenverluste in kW. Die in der Praxis verwendeten Kühlsysteme werden in Bild 10.2 dargestellt.

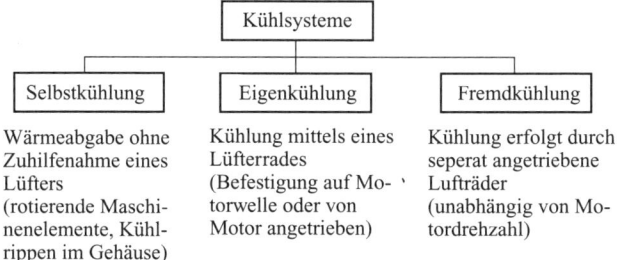

*Bild 10.2  Kühlungsvarianten elektrischer Maschinen*

## 10.1.5 Betriebsarten

**Betriebsarten** sind typische Belastungsformen elektrischer Maschinen. Sie definieren die Zyklen (bestehend aus stationärem Betrieb, Betriebspausen, Anlaufen, Bremsen sowie Drehrichtungsumkehr), die mit typischen Temperaturverläufen verbunden sind.

**Nennbetriebsarten.** Die zulässigen Erwärmungstemperaturen ($\rightarrow$ 10.1.4) elektrischer Maschinen dürfen nicht überschritten werden. Mit Hilfe des zu realisierenden technologischen Prozesses werden von den Maschinen unterschiedlichste Belastungsfolgen abverlangt, die typische Verläufe der Leistung $P_V$ und der Wicklungstemperaturen $\Delta\vartheta$ in Abhängigkeit von der Zeit $t$ erzwingt. Deswegen werden nach VDE 05030 10 Nennbetriebsarten ($S_1$ bis $S_{10}$) angegeben, die charakteristische Betriebszyklen (Anlauf, Bremsen, Leerlauf und Pausen) definieren ($\rightarrow$ Tab. 10.7).

*Tabelle 10.7 Betriebsarten elektrischer Maschinen*
*($P_V$ Verlustleistung, $\vartheta$ Übertemperatur, n Drehzahl, T Spieldauer, $t_A$ Anlaufzeit, $t_{Br}$ Bremszeit, $t_L$ Leerlaufzeit, $t_B$ Belastungszeit, $t_P$ Pausenzeit, $P_N$ Nennleistung)*

| Betriebsart | Charakteristik | Betriebsverhalten |
|---|---|---|
| S1<br>Dauerbetrieb | | Unter Nennlast erreicht Temperatur nach Anstieg ein Maximum, das nicht überschritten wird; Maschinen für Dauernennlastbetrieb geeignet (*Pumpen, Lüfter*) |
| S2<br>Kurzzeitbetrieb | | Nennlastbetrieb von kurzer Dauer, in Pausen kühlt die Maschine auf Ausgangstemperatur ab (*Haushaltsmaschinen, Kühlschränke*) |
| S3, S4, S5<br>Aussetzbetrieb | | Pausen zu kurz, um Maschine auf Ausgangstemperatur zurückzuführen, wenn nicht anders angegeben<br>Spieldauer $T = 10$ min,<br>S4: Anlauf bestimmt Erwärmung mit, S5: Erwärmung durch Anlauf und Bremsen mitbestimmt (*Hebezeuge, Positionierantriebe*) |

## 10.1 Begriffsbestimmung und Übersicht

*Tabelle 10.7 Betriebsarten elektrischer Maschinen (Fortsetzung)*

| Betriebsart | Charakteristik | Betriebsverhalten |
|---|---|---|
| S6 ununterbrochener periodischer Betrieb mit Aussetzbelastung | (Diagramm mit $P_V$, $\vartheta$, $n$ über $t$; $T$, $t_B$, $t_L$; S6) | Verlauf nach S3; Maschine bleibt in Belastungspausen eingeschaltet (*Werkzeugmaschinen, Leonardgeneratoren*) |
| S7 Reversierbetrieb | | Verlauf nach S5; nach elektrischer Bremsung erfolgt sofort Wiederanlauf (*automatisierte Fertigungsmaschinen*) |
| S8 | | Lastspiel mit wechselnder Drehzahl und Bremsung |
| S9 | | Innerhalb der Nennbetriebsart ändern sich Last und Drehzahl nicht; teilweise periodische Lastspitzen über $P_N$ |

### 10.1.6 Leistungsschild

Alle Angaben zur Einsatzcharakteristik der elektrischen Maschinen sind dem **Leistungsschild** zu entnehmen, das am Gehäuse der Maschine befestigt ist.

**Maschinendaten.** Alle wichtigen Daten, wie Hersteller, Maschinentyp sowie spezifische Kennwerte, die den Einsatz der elektrischen Maschinen charakterisieren, wie Nennspannung, Nennleistung und Nennstrom sind auf dem *Leistungsschild* (→ Bild 10.3) der elektrischen Maschinen angegeben. Neben diesen Angaben werden nach VDE 0530 weitere Parameter angeführt, die die Leistungsschildangaben nach DIN 42961 ergänzen (→ Tab. 10.8). Zulässige Toleranzen der im Leistungsschild angezeigten Werte sind in der VDE-Vorschrift 0530 zusammengestellt. Damit können alle technischen Angaben zur Auswahl und Verwendung der Maschine anhand des Leistungsschildes entnommen werden, das am Gehäuse befestigt ist.

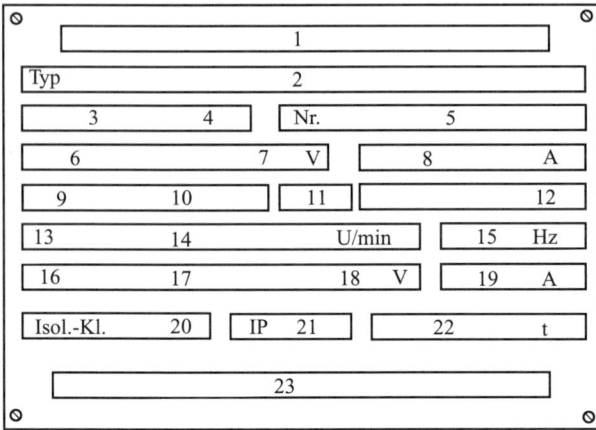

Bild 10.3 Leistungsschild elektrischer Maschinen

Tabelle 10.8 Angaben auf dem Leistungsschild

| Feld-Nr. | Erläuterungen |
|---|---|
| 1 | Firmenbezeichnung, Hersteller |
| 2 | Maschinentyp, Baugröße |
| 3 | Stromart (Gleichstrom: −, Wechselstrom: ∼, Drehstrom: 3 ∼) |
| 4 | Arbeitsweise (Generator: Gen., Motor: Mot.) |
| 5 | Baujahr, Fertigungsnummer |
| 6 | Wicklungsschaltart (Stern: Y, Dreieck: △) |
| 7 | Nennspannung ($U_N$ in V) |
| 8 | Nennstrom ($I_N$ in A) |
| 9, 10 | Nennleistung ($P_N$ in W) |
| 11 | Nennbetriebsart |
| 12 | Leistungsfaktor ($\cos \varphi_N$) |
| 13 | Drehrichtung von Antriebsseite gesehen (→ Rechtslauf, ← Linkslauf, ↔ Umkehrbetrieb) |
| 14 | Nenndrehzahl ($n_N$ in min$^{-1}$), Nenndrehzahlbereich ($n_{N1} \ldots n_{N2}$) |
| 15 | Nennfrequenz ($f_N$ in Hz) |
| 16 | Erregung bei Gleichstrommaschine: Err. Läufer bei Asynchronmaschine: Lfr. |
| 17 | Wicklungsschaltart des Läufers |
| 18 | Nennerregerspannung, Läuferstillstandsspannung |

*Tabelle 10.8 Angaben auf dem Leistungsschild (Fortsetzung)*

| Feld-Nr. | Erläuterungen |
|---|---|
| 19 | Läuferstrom, Nennerregerstrom |
| 20 | Isolierstoffklasse (Y, A, E…) |
| 21 | Schutzart (IP) |
| 22 | Gewicht |
| 23 | Zusatzvermerke (Kühlmittelmenge, Bezugnahme auf spezielle Normen VDE, DIN) |

## 10.1.7 Wichtige Vorschriften, Normen und Empfehlungen

Wichtige Informationen bezüglich des Einsatzes der elektrischen Maschinen sind VDE- und DIN-Vorschriften sowie Empfehlungen der IEC und einschlägigen europäischen Normen zu entnehmen.

**Elektrotechnische Normen und Empfehlungen.** In Tabelle 10.9 sind wichtige VDE-Bestimmungen und DIN-Normen aufgezeigt, die als anerkannte Regeln der Technik beim Betrieb elektrischer Maschinen zur Anwendung kommen. Der Verband Deutscher Elektrotechniker (VDE) und der Deutsche Normenausschuß (DNA) arbeiten seit 1970 zusammen und veröffentlichen ihre Empfehlungen im Rahmen der Deutschen Elektrotechnischen Kommission (DKE). Wesentliche Betriebsbedingungen sind ebenfalls in den Publikationen der Internationalen Elektrotechnischen Kommission (IEC), der Internationalen Kommission zur Regelung zur Begutachtung elektrotechnischer Erzeugnisse (CEE) sowie des Europäischen Komitees für elektrotechnische Normung (CENELEC) enthalten.

*Tabelle 10.9 Ausgewählte Normen zum Einsatz elektrischer Maschinen*

| Norm | Inhalt |
|---|---|
| VDE 0530 (Teil 1–Teil 20) | Umlaufende elektrische Maschinen (Nennbetrieb, Verluste, Wirkungsgrad, Kenngrößenermittlung, IP-Schutzarten, Kühlmethoden, Anschlußbezeichnung, Geräuschemission, Anlaufverhalten, Isoliersysteme) |
| VDE 0737 | elektromotorische Antriebe für den Hausgebrauch |
| VDE 0875 | Funkentstörung elektrischer Betriebsmittel |
| DIN 1304 (Teil 7) | Formelzeichen elektrischer Maschinen |
| DIN 40030 | Nennspannungen von Gleichstrommaschinen |
| DIN 40050 | IP-Schutzarten |

*Tabelle 10.9 Ausgewählte Normen zum Einsatz elektrischer Maschinen (Fortsetzung)*

| Norm | Inhalt |
|---|---|
| DIN 42005 | umlaufende elektrische Maschinen |
| DIN 42021 | Schrittmotoren |
| DIN 42400 | Anschlußkennzeichnung elektrischer Betriebsmittel |
| DIN 42025 | Gleichstromklein- und -kleinstmotoren |
| DIN 42027 | Stellmotoren |
| DIN 42961 | Leistungsschilder |
| DIN 42973 | Leistungsreihen elektrischer Maschinen |
| DIN IEC 34 | Zeichen für Bauformen und Aufstellung elektrischer Maschinen |

## 10.2 Gleichstrommaschinen

**Einsatzcharakteristik.** Die Gleichstrommaschinen haben in der Entwicklung der elektrischen Antriebstechnik zunächst eine bahnbrechende Rolle gespielt. Heute hat sich ihr Einsatzgebiet auf spezielle Anwendungen eingeengt, da die Drehstrommaschinen robuster und preiswerter sind und ähnliche Betriebseigenschaften aufweisen. Für drehzahlgeregelte Antriebe sind Gleichstrommotoren auch gegenwärtig interessant. Gleichstrommotoren werden für kleine Leistungen im W-kW-Bereich (Feinwerktechnik, Kfz-Technik, Servoantriebe) bis zu sehr großen Leistungen im MW-Bereich (Förderanlagen, Fahrmotoren u. a.) gefertigt. Für Servoantriebe haben sich eine Reihe spezifischer Bauformen entwickelt (*Scheibenläufer-*, *Glockenläufermotoren*). Gleichstromgeneratoren haben durch die Entwicklung der Leistungselektronik an Bedeutung verloren (gesteuerte Gleichrichter).

### 10.2.1 Wirkungsweise

#### 10.2.1.1 Mechanischer Aufbau

Die Hauptbauteile der Gleichstrommaschine sind Ständer mit Ständerwicklung, Läufer (Anker) mit Ankerwicklung und Stromwender.

**Aufbau und Bauteile.** Gleichstrommaschinen sind nach 10.1 Gleichfeldmaschinen zuzuordnen. Prinzipiell bestehen sie nach Bild 10.4 aus einem *Ständer* (Magnetgestell), der das Magnetfeld erzeugt. Bei Gleichstrommaschinen mit einer Leistung bis etwa 30 kW erfolgt dies zunehmend mit Dauermagneten bzw. mit den von Gleichstrom durchflossenen *Felderregerwicklungen*. Dabei repräsentieren diese Magnete die *Hauptpole*, die am *Jochring* befe-

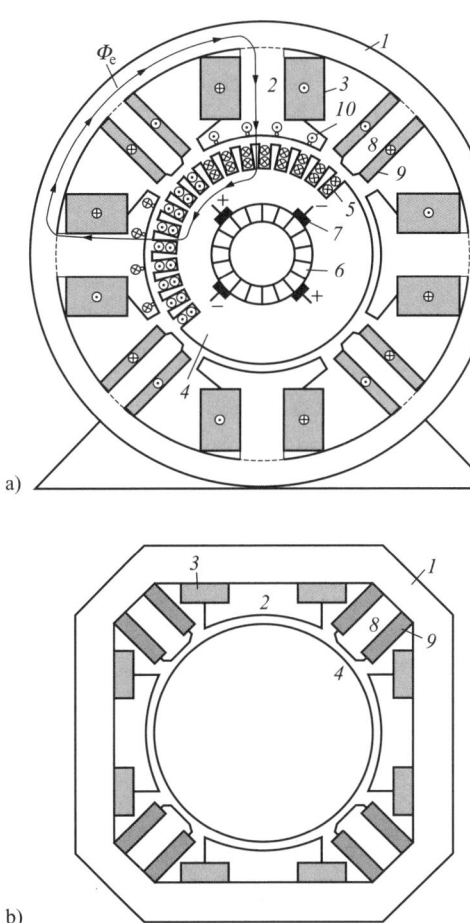

*Bild 10.4 Motorquerschnitt einer Gleichstrommaschine*
*a) Rundbauweise mit Massivjoch, b) Rechteckbauweise mit lamelliertem Joch*
*(1 Joch, 2 Hauptpol, 3 Erregerwicklung, 4 Anker, 5 Ankerwicklung, 6 Kommutator, 7 Kohlebürsten, 8 Wendepole, 9 Wendepolwicklung, 10 Kompensationswicklung)*

stigt sind, der den äußeren magnetischen Rückschluß gewährleistet. Die Enden der Hauptpole sind zu *Polschuhen* ausgebildet. Hauptpole werden meist aus geschichteten Dynamoblechen gefügt. Größere Maschinen besitzen zwischen den Hauptpolen *Wendepole* mit entsprechenden Wendepolwicklungen zur Kompensation des Ankerquerfeldes in der *neutralen Zone*. Der rotierende

Teil der Maschine besteht aus einer Welle. Sie trägt den genuteten *Anker*, der zwecks Verminderung der Wirbelstromverluste wiederum aus geschichteten Dynamoblechen besteht. Die Nuten nehmen die *Ankerwicklung* auf, die ihrerseits aus seperaten Einzelspulen besteht. Je nach Zusammenschaltung der Spulen zu einer geschlossenen Ankerwicklung kommen *Schleifenwicklungen* oder *Wellenwicklungen* zum Einsatz. Die Spulen der Ankerwicklung sind mit dem *Kommutator* (Stromwender) leitend verbunden, der beim Wechsel der kommutierenden Ankerspule von einem Hauptpol N bzw. S zum anderen die erforderliche Stromrichtungsumkehr realisiert. Die Ankerwicklungen werden über *Kohlebürsten* mit Strom versorgt. Sie bestehen meist aus Retortenkohle oder Graphit. Sie sind durch einen Bürstenhalter beweglich gelagert. Mittels einer Feder werden sie mit konstantem Druck gegen die Lamellen des Kommutators gepreßt.

### 10.2.1.2 Drehmomentenbildung und Drehzahl

Das **Drehmoment** der Gleichstrommaschine wird nach dem Lorentz-Kraft-Gesetz gebildet. Die Drehzahl $n$ stellt sich entsprechend den Spannungsverhältnissen (Maschensatz) in der Läuferwicklung ein.

**Drehmomentbildung.** Die prinzipielle Wirkungsweise wurde bereits in 2.4.2 und 2.4.4 beschrieben. Demnach erfährt jede der drehbaren stromdurchflossenen Leiterschleifen einer Gleichstrommaschine ein inneres Dehmoment $M_i = F \cdot r$, das sich aus der Lorentz-Kraft $F = B \cdot I_A \cdot l$ eines stromdurchflossenen Leiters der Länge $l$ im Anker ergibt. $B$ repräsentiert dabei die magnetische Flußdichte des Magnetfeldes und $I_A$ die Stromstärke in der Läuferwicklung der elektrischen Maschine. Entsprechend der Konstruktion der Maschine (Art und Ausführung der Wicklungen, Polpaarzahl) läßt sich eine Maschinenkonstante $c_1$ bestimmen. Mit der Quellenspannung $U_q = c_1 \Phi n$ und der inneren Leistung $P = U_q I_A$ ergibt sich das inneres Drehmoment der Maschine zu $M_i = P/\omega$ bzw. $M_i = U_q I_A /(2\pi n)$. Damit wird

$$M_i = \Phi I_A c_2 = \frac{\Phi I_A c_1}{2\pi} \tag{10.3}$$

$\Phi$   magnetischer Fluß, der den Anker durchsetzt,
$I_A$   Läuferstrom,
$c_1, c_2$   Maschinenkonstanten

**Drehzahl.** Wenn in die Spannungsgleichung nach (10.9) die im Anker induzierte Quellenspannung $U_q = c_1 \Phi n$ in Gl. (10.8) eingesetzt wird, erhält man für die *Drehzahl*:

$$n = \frac{U - I_A R_A}{c_1 \Phi} \quad \text{(10.3)}$$

bzw. mit

$$n = \frac{U}{c_1 \Phi} - \frac{2\pi R_A}{(c_1 \Phi)^2} M_i \quad (10.4)$$

Für die Drehzahl des Gleichstrommotors im *Leerlauf* $n_0$ ($M_i = 0$, $I_A = 0$) ergibt sich:

$$n_0 = \frac{U}{c_1 \Phi} \quad (10.5)$$

$U$ Ankerspannung
$R_A$ Ankerwiderstand
$I_A$ Ankerstrom

**Kommutierung.** Für die Wirkungsweise der Gleichstrommaschinen ist es generell notwendig, daß unter einem Ständerpol immer die gleiche Läuferstromrichtung trotz der Läuferdrehung beibehalten wird. Der Vorgang des notwendigen Wechsels der Stromrichtung in der die neutrale Zone durchlaufenden Spule (*kommutierende Spule*) im Läufer wird als *Kommutierung* (*Stromwendung*) bezeichnet (→ Bild 10.5 a). Der Stromwechsel in der jeweiligen kommutierenden Spule muß in der Zeit $t_k$ erfolgen, in der sie über die jeweiligen Kupferlamellen und die Kohlebürste kurzgeschlossen wird (→ Bild 10.5 b). Infolge der Induktivität der kommutierenden Spule erfolgt die Kommutierung zeitlich verzögert. Wird die Stromdichte an der ablaufenden Bürstenkante zu groß, tritt *Bürstenfeuer* auf und führt zum Verschleiß von Kohlebürsten und Kupferlamellen.

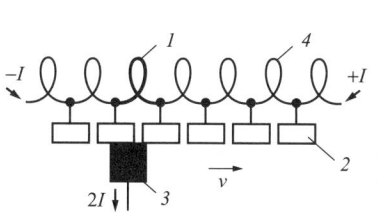

*Bild 10.5 a)*
Kommutierungsprinzip des Stromes in der kommutierenden Spule
1 kommutierende Spule,
2 Kupferlamellen, 3 Kohlebürste,
4 Leiterschleifen des Läuferwicklungszweiges
$I$ Leiterstrom, $v$ Gleitgeschwindigkeit der Kohlebürsten auf dem Kommutator

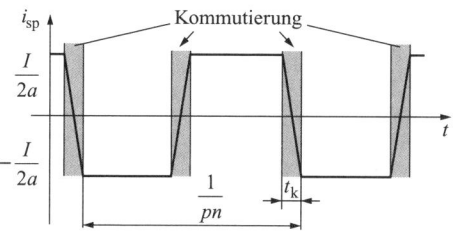

*Bild 10.5 b)*
Zeitlicher Verlauf des Stromes $i_{sp}$ in einer Spule des Kommutatorankers
$t_k$ Kommutierungszeit,
$p$ Polpaarzahl, $n$ Drehzahl,
$a$ Zahl der parallelen Ankerzweige

## 10.2.1.3 Spannungsinduktion

> Die **Spannungsinduktion** ist bei den Gleichstrommaschinen von grundsätzlicher Bedeutung. Die in einer Leiterschleife der aktiven Länge $l$ induzierte Spannung ist bei konstanter Winkelgeschwindigkeit $\omega$ in jedem Augenblick der vorhandenen Flußdichte $B$ im Luftspalt proportional.

Die prinzipielle Wirkungsweise der Spannungsinduktion wurde bereits in 2.3.9.4 beschrieben. Für die induzierte Quellenspannung der in Reihe geschalteten $z$ Leiter der Ankerwicklung gilt nach Gl. (2.59) $U_q = Blvz$ oder mit der Umfangsgeschwindigkeit $v = 2\pi nr = \omega r$

$$U_q = Bl \cdot 2\pi nrz \tag{10.6}$$

$r$  Radius des Ankers
$n$  Drehzahl der Maschine
$l$  im magnetischen Feld liegende Länge der Ankerwicklungsdrähte
$z$  Leiterzahl der gleichzeitig in Reihe geschalteten Drähte der Ankerwicklung
$B$  magnetische Flußdichte im Luftspalt der Gleichstrommaschine

**Generatorgleichung.** Unter Beachtung der spezifischen Geometrie der Maschine wird Gl. (10.6) auch oft in veränderter Form geschrieben und als *Generatorgleichung* bezeichnet.

$$U_q = c_1 \Phi n \tag{10.7}$$

Bei Belastung der als Generator betriebenen Maschine mit dem Strom $I$ entsteht nach Gl. (1.27) die *Klemmenspannung*:

$$U = U_q - IR_A \tag{10.8a}$$

$R_A$ Ankerwiderstand

Bei Motorbetrieb gilt die Spannungsgleichung:

$$U = U_q + IR_A \tag{10.8b}$$

## 10.2.2 Klassifikation der Bauarten

> Entsprechend der Schaltung der Erregerwicklung bezüglich der Ankerwicklung läßt sich die Klassifikation der Gleichstrommotoren in den fremderregten Motor, den Nebenschlußmotor, den Reihenschlußmotor und den Doppelschlußmotor vornehmen.

## 10.2 Gleichstrommaschinen

**Schaltung der Erregerwicklung.** Die Bauarten der Gleichstrommotoren ergeben sich durch Variation der Schaltung der Erregerwicklung (Feldwicklung) zur Ankerwicklung. Nach Bild 10.6 ergeben sich prinzipiell vier Modifikationen. In Ergänzung zeigt Tabelle 10.10 die alphanumerische Kennzeichnung der entsprechenden Anschlüsse von Gleichstrommaschinen.

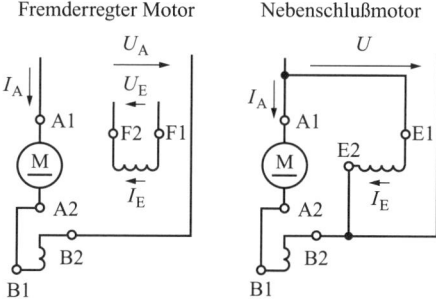

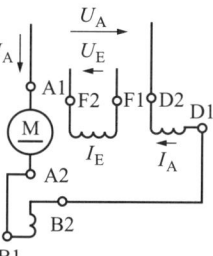

Bild 10.6 Klassifikation von Gleichstrommotoren hinsichtlich ihrer Erregung

Tabelle 10.10 Alphanumerische Kennzeichen der Anschlüsse von Gleichstrommaschinen

| | |
|---|---|
| Ankerwicklung | A1–A2 |
| Wendepolwicklung | B1–B2 |
| Kompensationswicklung | C1–C2 |
| Reihenschlußwicklung | D1–D2 |
| Nebenschlußwicklung | E1–E2 |
| fremderregte Wicklung | F1–F2 |
| Die Ziffern kennzeichnen Anfang und Ende einer Wicklung | |

**Drehsinn.** Bestimmend für den Einsatz der Motoren ist deren *Drehsinn*. Fließt der Strom in jeder Wicklung vom Anfang zum Ende (von 1. zur 2. Kennziffer, → Tab. 10.10), entwickelt der Motor Rechtsdrehsinn. Damit dreht sich die Antriebswelle in Blickrichtung im Uhrzeigersinn. Besitzt die Maschine zwei sichtbare Wellenenden, ist dabei als die Bezugsseite für die Blickrichtung diejenige mit dem dickeren Wellenende auszuwählen. Bei gleicher Dicke der Wellenenden ist das Wellenende als Blickrichtung auszuwählen, das sich gegenüber vom Lüfter bzw. vom Kollektor befindet.

**Drehrichtungsumkehr.** Durch Umpolen der in Reihe geschalteten Anker-, Wendepol- und Kompensationswicklungen bzw. der Erregerwicklungen wird ein Drehrichtungswechsel der Motoren realisiert (→ Bild 10.7). Bei Motoren ohne Wendepole sind die Anschlüsse B1 und B2 durch die Anschlüsse A1 bzw. A2 zu ersetzen.

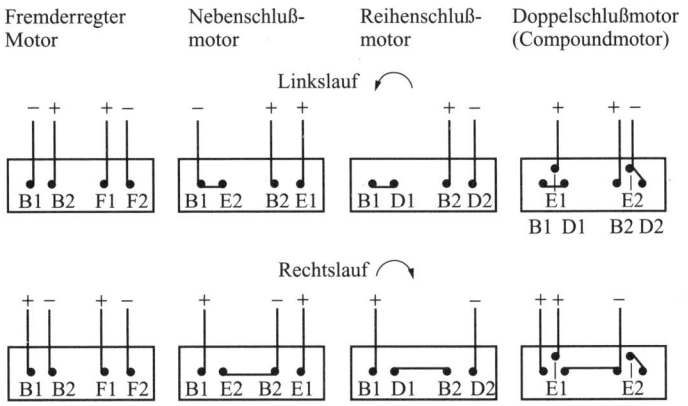

Bild 10.7 Drehrichtungsumkehr von Gleichstrommotoren

### 10.2.3 Ankerrückwirkung

Magnetisierende und entmagnetisierende Rückwirkungen des stromdurchflossenen Ankers auf das Hauptfeld der Gleichstrommaschine faßt man unter dem Begriff der **Ankerrückwirkung** zusammen, die stets feldschwächend, feldverzerrend und feldverschiebend wirkt.

Die vom Strom durchflossenen Wicklungen des Ankers erzeugen ein magnetisches Feld $\Phi_A$, das senkrecht (quer) zum Hauptfeld (Erregerfeld) $\Phi_H$ steht. Dieses Ankerfeld (Ankerquerfeld) bildet mit dem Hauptfeld ein resultierendes Feld $\Phi_r$, das gegenüber dem Hauptfeld im Leerlauf der Maschine verzerrt ist. Diese Verzerrung führt zu einer ungleichen Induktionsverteilung unter den Hauptpolen, Sättigung jeweils einer Polschuhkante und in der Folge damit zur Feldschwächung und weiter zu einer Verschiebung der *neutralen Zone* (feldfreier Raum) der elektrischen Maschine. Diese Verschiebung erfolgt bei Generatoren in Drehrichtung und bei Motorbetrieb entgegen der Drehrichtung. Dies ist das Prinzip der *Ankerrückwirkung*. Sie hat neben der Feldschwächung weitere negativer Folgeerscheinungen. So verschlechtert sich die Kommutierung mit zunehmender Belastung (*Bürstenfeuer* bis *Rundfeuer*) in der Folge der in der kommutierenden Spule induzierten Ankerquerfeldspannung $U_Q$: $U_Q = zB_A l v_A$ ($B_A$ Flußdichte des Ankerquerfeldes, $v_A$ Ankerumfangsgeschwindigkeit).

**Unterdrückungsmaßnahmen**

Die Ankerrückwirkung kann durch nachfolgend aufgezeigte konstruktive Maßnahmen minimiert bzw. unterbunden werden.

**Bürstenverstellung.** Je nach Belastung der Maschine muß die Bürstenverstellung zur Kompensation der Reaktanzspannung variiert werden.

- Bei Kleinstmotoren erfolgt das Verstellen der *Bürstenebene* gegen die Drehrichtung aus der neutralen Zone bei Leerlaufbetrieb (bei Generatorbetrieb in Drehrichtung).

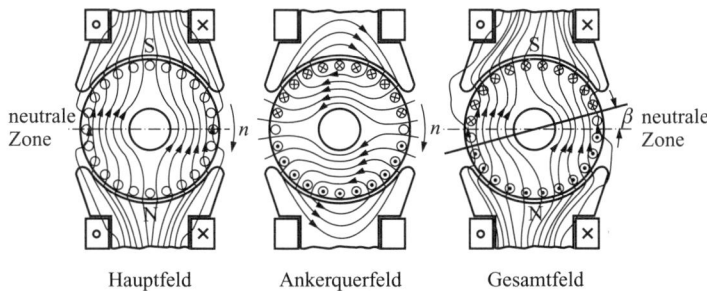

Hauptfeld · Ankerquerfeld · Gesamtfeld

*Bild 10.8 Auswirkung der Ankerrückwirkung auf das Erregerfeld der Gleichstrommaschine (Motorbetrieb)*

**Wendepole.** In die neutrale Zone werden *Wendepole* eingebracht ($\rightarrow$ Bild 10.4), deren Wicklungen zur Ankerwicklung zwecks Kompensation des Ankerquerfeldes gegensinnig in Reihe geschaltet sind. Bei Generatoren folgt dabei in Drehrichtung der Maschine einem Hauptpol ein Wendelpol entgegengesetzter Polarität.

- Bei Nennleistungen $P_N > 1$ kW ist Einbau von *Wendepolen* zweckmäßig.

**Kompensationswicklungen.** Da im Bereich der Polschuhe das Ankerquerfeld durch die Wendepole unbeeinflußt bleibt, erhalten größere elektrische Maschinen in den Nuten der Hauptpole (→ Bild 10.4) zusätzliche *Kompensationswicklungen*, die mit den Wendepolwicklungen in Reihe geschaltet sind. Die Stromrichtung in den Kompensationswicklungen muß dabei wie in den Wendepolwicklungen dem Ankerstrom entgegengerichtet sein.

■ Bei Nennleistungen $P_N > 100$ kW sind *Kompensationswicklungen* zweckmäßig.

**Hilfsreihenschlußwicklungen.** Sie sind im Gegensatz zu den konstruktiv aufwendigen Kompensationswicklungen konzentrisch auf die Hauptpole gesteckt (→ Bild 10.9), wobei nur die Feldschwächung kompensiert wird.

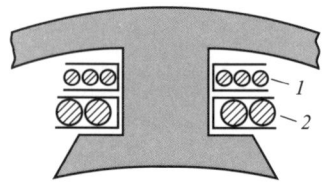

Bild 10.9 Hilfsreihenschlußwicklung
(*1 Erregerwicklung, 2 Hilfsreihenschlußwicklung*)

■ Bei Maschinen mit mittlerer Leistung $P_N > 100$ kW ist der Einbau von *Hilfsreihenschlußwicklungen* (Compoundwicklungen) zweckmäßig.

Bei der Verwendung von Wendepol-, Kompensations- bzw. Hilfsreihenschlußwicklungen ist damit eine Bürstenverschiebung bei Belastungsänderung der elektrischen Maschinen nicht mehr notwendig.

### 10.2.4 Betriebsverhalten

#### 10.2.4.1 Fremderregter Gleichstrommotor

> Bei fremderregten Gleichstrommotoren sinkt die Drehzahl als Folge des Spannungsabfalles im Anker mit steigender Belastung. Sie haben **Nebenschlußverhalten**.

**Fremderregte Erregerwicklung.** Gleichstrommotoren kommen in der Praxis in drehzahlgeregelten Antrieben zum Einsatz. Nach Bild 10.6 benötigt der Motor getrennte Spannungsquellen für den Anker- bzw. Erregerkreis. Durch die galvanische Trennung von Anker- und Erregerkreis wird damit bei Spannungsabfall im Anker infolge wachsender Belastung die Erregerwicklung immer von einem konstanten Fluß $\Phi$ durchsetzt. Es ergibt sich nur eine geringe Drehzahlabsenkung bis zum Erreichen der Nennlast des Motors (*harte Motorkennlinie, Nebenschlußverhalten* → Bild 10.10). Mit Ausnahme von Kleinmotoren werden fremderregte Gleichstrommotoren mit Wendepolen bzw.

mit Hilfsreihenschlußwicklungen versehen. Mit dem Doppelschluß nähert sich die $n$-$M$-Kennlinie des fremderregten Gleichstrommotors der des Reihenschlußmotors an ($\to$ Bild 10.11).

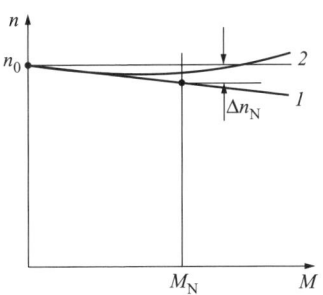

Bild 10.10 Drehzahl-Drehmoment-Kennlinie des fremderregten Gleichstrommotors
1 kompensierte Maschine
(ohne Ankerrückwirkung),
2 unkompensierte Maschine
(mit Ankerrückwirkung)

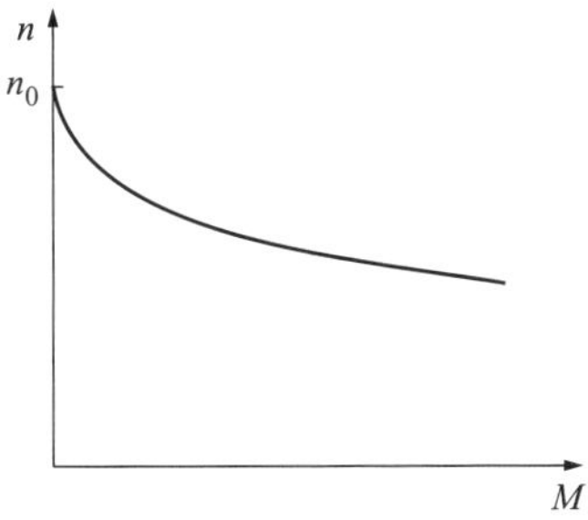

Bild 10.11 Drehzahl-Drehmoment-Kennlinie des Doppelschlußmotors
(hat Nebenschluß- und Reihenschlußerregerwicklung)

Nachteilig für deren Einsatz ist die deutliche Drehzahlabnahme bei steigender Belastung.

Bei Motoren bis zu 30 kW Nennleistung werden zunehmend Dauermagneten als Hauptpole verwendet.

■ *Anwendungen*:
- Antriebe, deren Drehzahlen in einem großen Bereich unabhängig von der Belastung gesteuert werden müssen (Stell- und Antriebsmotoren für Werkzeugmaschinen, Hebezeuge),
- drehzahlgesteuerte- bzw. drehzahlgeregelte Stellmotoren.

### 10.2.4.2 Gleichstrom-Nebenschlußmotor

Die Drehzahl des Gleichstrom-Nebenschlußmotors ist von seiner Belastung nahezu unabhängig (Nebenschlußverhalten).

**Nebenschlußerregerwicklung.** Nach Bild 10.6 ist die Erregerwicklung parallel zur Ankerwicklung geschaltet. Beide Wicklungen werden mit gleicher konstanter Netzspannung versorgt. Dadurch ist das Magnetfeld der Erregerwicklung unabhängig von der Belastung und Drehzahl des Ankers. Das innere Drehmoment (Gl. (10.3)) ist damit dem Ankerstrom proportional. Der Nebenschlußmotor erreicht deshalb im Anlauf sein höchstes Drehmoment ($M \sim I_A$). Bei steigender Belastung nimmt der Spannungsabfall $I_A \cdot R_A$ zwar zu, bleibt aber relativ klein, so daß bei konstanter Klemmenspannung $U$ nach $n = (U - I_A R_A)/(c_1 \Phi)$ ($\rightarrow$ Gl. (10.4)) die Motordrehzahl nur wenig zurückgeht. Der Unterschied zwischen Leerlauf und Vollast beträgt dabei nur wenige Prozent ($\rightarrow$ Bild 10.10).

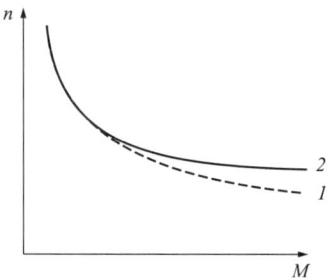

Bild 10.12 Drehzahl-Drehmoment-Kennlinie des Gleichstrom-Reihenschlußmotors
1 ohne Sättigungseinfluß,
2 mit Sättigungseinfluß

Zur Vermeidung der Ankerrückwirkung werden Gleichstrom-Nebenschlußmotoren mit Kompensationswicklungen versehen. Infolge des stabilen Drehzahlverhaltens sowie der Drehzahlsteuerung unterhalb sowie oberhalb der Nenndrehzahl findet der Nebenschlußmotor ein breites Einsatzfeld.

■ *Anwendungen*:
- Steuerung von Werkzeugmaschinen,
- Förderanlagen,
- Fahrmotoren in Nahverkehrsbahnen,
- Walzstraßenantriebe.

### 10.2.4.3 Gleichstrom-Reihenschlußmotor

Im Leerlauf erreicht beim Reihenschlußmotor die Drehzahl des Ankers sehr hohe Werte, so daß infolge der auftretenden Fliehkräfte der Motor zerstört werden kann (der Motor *geht durch*). Mit der Belastung geht die Drehzahl hyperbolisch zurück. Er hat **Reihenschlußverhalten**.

**Reihenschlußwicklung.** Die Erregerwicklung und Ankerwicklung liegen in Reihe und werden somit von einem gemeinsamen Strom $I$ durchflossen ($I_A = I_E = I$). Damit besteht im Gegensatz zum Nebenschlußmotor eine laststromabhängige Felderregung. Mit zunehmender Belastung nimmt auch der Fluß $\Phi$ zu, so daß nach $n = (U - I_A R_A)/(c\Phi)$ ($U$ = konst.) $n \approx kU/\Phi$, d. h., die Drehzahl verhält sich bei konstanter Klemmenspannung reziprok zum Magnetfeld $\Phi$. Die Drehzahl des Gleichstrom-Reihenschlußmotors steigt somit mit geringer werdender Belastung sehr steil an (Reihenschlußverhalten) bzw. nimmt mit steigender Belastung hyperbolisch ab (*weiche Drehzahlkennlinie* $\rightarrow$ Bild 10.12).

Gleichstrom-Reihenschlußmotoren werden deshalb mit Fliehkraftreglern (z. B. überdimensionierte Lüfterflügel) ausgestattet bzw. werden mit der anzutreibenden Maschine immer starr verbunden, so daß ein Leerlauf ausgeschlossen ist.

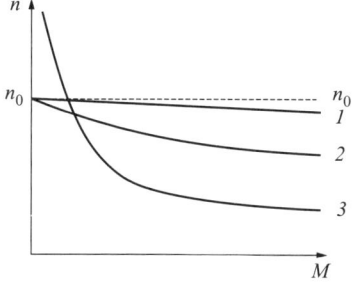

Bild 10.13 Drehzahl-Drehmoment-Kennlinien von Gleichstrommotoren
1 Nebenschlußmotor,
2 Doppelschlußmotor,
3 Reihenschlußmotor

### 10.2.5 Drehzahlstellmöglichkeiten

> Der Hauptvorteil des Gleichstrommotors ist seine leichte Steuerbarkeit, d. h. die Eigenschaft, Drehzahl und Drehmoment entsprechend der Einsatzcharakteristik anzupassen.

Nach $n = \dfrac{U}{c_1 \Phi} - \dfrac{2\pi R_A}{(c_1 \Phi)^2} M_i$ läßt sich die Drehzahl durch Variieren des Ankerkreiswiderstandes $R_A$, des Erregerflusses $\Phi$ und der Ankerspannung $U$ verändern.

#### 10.2.5.1 Ankerwiderstand $R_A$

> Die Drehzahlstellmöglichkeit mittels **Ankervorwiderstand** zählt zu den verlustbehafteten Drehzahlstellmöglichkeiten.

Der Ankerwicklungswiderstand wird durch den Vorwiderstand $R_V$ im Ankerkreis erhöht. Nach Gl. (10.4) verringert sich dadurch die Drehzahl $n$ bei gleichem Moment $M$ (da $M \sim I_A$).

$$n = \frac{U - (R_A + R_V)I_A}{c_1 \Phi} \tag{10.9}$$

Die im Bild 10.14 gezeigte Stellmöglichkeit bedingt eine Vergrößerung der Verluste durch Stromwärme im Ankerkreis. Durch die Verringerung der Drehzahl $n$ verkleinert sich die mechanische Leistung des Motors. Dadurch wird das Verfahren bei großen Maschinen unwirtschaftlich. Es erlaubt nur eine Verkleinerung der Drehzahl. *Ankervorwiderstände* spielen eine entscheidende Rolle beim *Anlassen* von Gleichstrommaschinen.

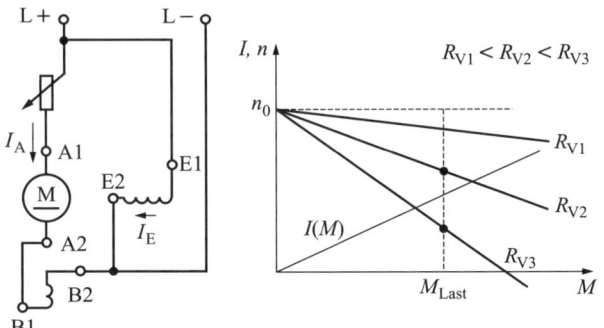

*Bild 10.14 Drehzahländerung durch Ankervorwiderstand*

### 10.2.5.2 Feldschwächung

Die Drehzahl des Motors kann durch **Feldschwächung** ($\Phi < \Phi_N$) ohne zusätzliche Verluste über einen großen Betriebsbereich stufenlos verstellt werden.

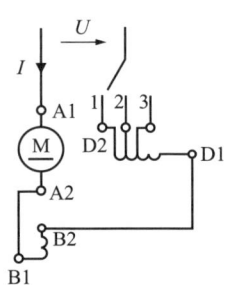
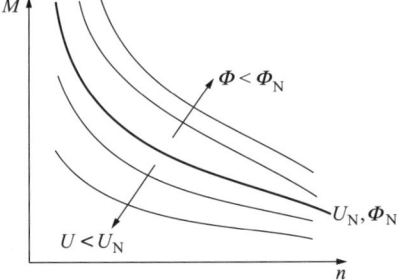

*Bild 10.15 Feldschwächung durch Anzapfen der Erregerwicklung beim Gleichstrom-Reihenschlußmotor*

*Bild 10.16 Drehzahlkennlinien des Reihenschlußmotors bei Feldschwächung und Herabsetzen der Klemmenspannung*

Die Variation der Drehzahl durch *Feldschwächung* kann durch Anzapfung der Erregerwicklung ($\to$ Bild 10.15) erreicht werden. Die gestufte Verringerung der Erregerdurchflutung infolge reduzierter Windungszahlen sowie das Herabsetzen der Klemmenspannung stellen wichtige Steuerungsverfahren für Gleichstrommotoren dar. Für Reihenschlußmotoren sind in Bild 10.16 für beide Varianten entsprechende Kennlinienverläufe wiedergegeben.

### 10.2.5.3 Spannungsänderung

> Analog zur Feldschwächung bietet das Verfahren der **Spannungsänderung** ($U < U_N$) eine stufenlose, verlustarme Stellung der Drehzahl und repräsentiert die meist genutzte Drehzahlstellvariante.

Hierbei erfolgt die Steuerung der Drehzahl des Motors durch Variation der Ankerspannung. Mittels gesteuerter Gleichrichterschaltungen, die aus dem Wechselstrom- bzw. Drehstromnetz gespeist werden ($\rightarrow$ Bild 10.17), lassen sich Gleichstrommotoren annähernd verlustlos steuern.

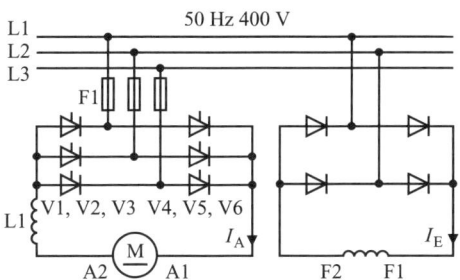

*Bild 10.17  Drehzahländerung mit Stromrichter für den Anschluß an das Drehstromnetz*

Bild 10.17 zeigt das Prinzip einer gesteuerten Brückenschaltung für den Ankerkreis und eine ungesteuerte Brückenschaltung für den Erregerkreis. Diese Schaltungsvariante gestattet die Drehzahlstellung nur bei einer Drehrichtung des Motors (*Ein-Quadranten-Betrieb*).

### 10.2.5.4  Geregelter Gleichstromantrieb

Bild 10.18 zeigt das Prinzip eines typischen Drehzahlregelkreises für Gleichstromantriebe (*Kaskadenregelkreis*). Dabei kann die Regelung digital und analog erfolgen.

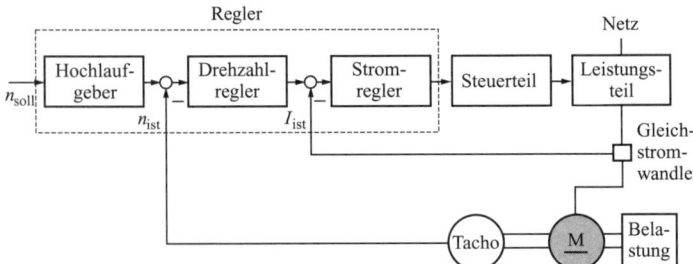

Bild 10.18 Prinzip eines Drehzahlregelkreises für Gleichstromantriebe

## 10.2.6 Elektrisches Bremsen

Die bei der mechanischen Bremsung von Elektromotoren frei werdende Energie wird nutzlos in Wärme umgewandelt und führt zu Verschleiß. Wirkungsvoller und ökonomischer ist es, die entstehende Energie in elektrischer Form zurückzugewinnen.

### 10.2.6.1 Nutzbremsung

Da die Gleichstrommaschine im Bremsbetrieb als Generator arbeitet, erfolgt bei der Nutzbremsung eine Rückführung elektrischer Energie ins Netz.

**Nutzbremsprinzip.** Die mechanisch angetriebene Gleichstrommaschine arbeitet bei *Nutzbremsung* als Generator. Das heißt, sie nimmt mechanische Leistung auf ($P_{mech} = -M\omega$) und liefert elektrische Leistung $P_{el} = UI$ ins Netz. Das tritt ein, wenn die im Anker induzierte Quellenspannung $U_q = c\Phi n$ größer als die Netzspannung $U$ ist. Wenn die Drehzahl $n$ über die Leerlaufdrehzahl $n_0$ ansteigt, tritt Nutzbremsung ein. Durch Herabsetzen der Spannung $U$ sinkt die Leerlaufdrehzahl $n_0 = U/(c_1\Phi)$ ab, das Moment $M$ wird negativ (Bremsmoment → Bild 10.19).

Nutzbremsung ist beim Reihenschlußmotor nur bei Fremderregung (z. B. Batterie) möglich.

- *Anwendung*:
  - Lasten senken bei Hebezeugen,
  - Fahrbetrieb auf Gefällestrecken.

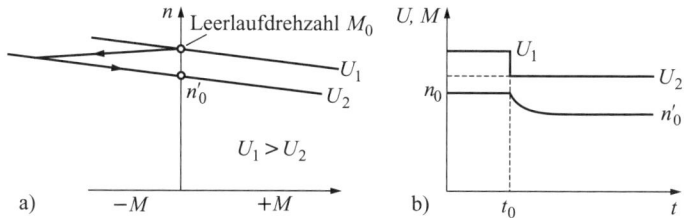

*Bild 10.19 Nutzbremsung*
*a) Bremsmoment M, b) Zeitverlauf von Ankerspannung und Drehzahl*

### 10.2.6.2 Widerstandsbremsung

Bei der Widerstandsbremsung wird die abgebremste mechanische Energie in Wärme überführt.

**Widerstandsbremsprinzip.** Der Motor wird vom Netz getrennt und an eine Widerstandskombination (Anlasser) gelegt, die die mechanische Leistung über elektrische Leistung in Wärmeenergie umsetzt ($\rightarrow$ Bild 10.20 und 10.21).

■ *Anwendung*: Reihenschlußmotoren im Bahnbetrieb.

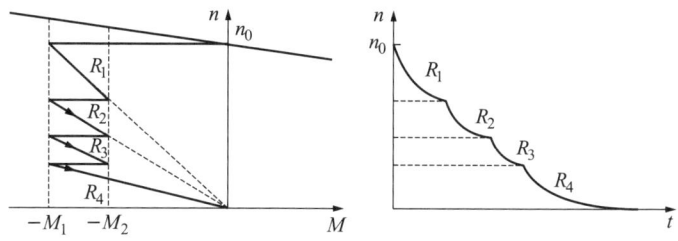

*Bild 10.20 Drehzahlkennlinien beim Widerstandsbremsen ($R_1 > R_2 > R_3$)*

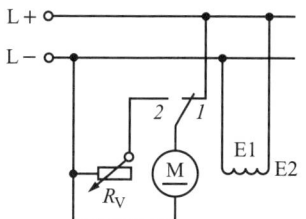

*Bild 10.21 Widerstandsbremsen*
*1 Motorbetrieb, 2 Bremsen*

### 10.2.6.3 Gegenstrombremsung

> Durch Umpolen des Ankers wird eine Momentenrichtungsumkehr erreicht, wobei ein Bremswiderstand den Ankerstrom begrenzt. Im Bremswiderstand wird die abgebremste mechanische Leistung in Wärme überführt. Schaltgeräte (Fliehkraftregler) verhindern dabei ein *Wiederanlaufen* des umgepolten Motors.

**Gegenstrombremsprinzip.** Eine besonders starke Bremswirkung, die bis zum Stillstand anhält, wird erzielt, wenn die am Anker liegende Spannung umgepolt wird (→ Bild 10.22).

Mit Gl. (10.9) und umgepolter Ankerspannung erhält man

$$I_A = -(U + U_q)/(R_A + R_V)$$

und

$$M_B = -M = c_2 \Phi I_A$$

Damit stellt sich ein Bremsmoment ein. Zur Begrenzung des Stromes $I$ und gleichzeitiger Verstellung der Bremswirkung ist der einzubauende Vorwiderstand $R_V$ veränderbar.

Durch Umpolen des Ankers wird eine Momentenrichtungsumkehr erreicht, wobei ein Bremswiderstand den Ankerstrom begrenzt. Dabei verhindern Schaltgeräte (Fliehkraftschalter) ein *Wiederanlaufen* des umgepolten Motors.

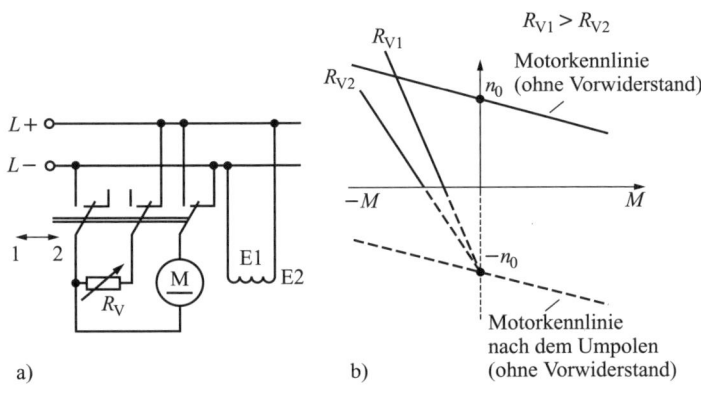

*Bild 10.22 Gegenstrombremsung*
*a) Schaltung, b) Drehzahl-Drehmoment-Kennlinien*

## 10.3 Asynchronmaschinen

### 10.3.1 Einsatzgebiete

> Die den Drehfeldmaschinen zuzuordnenden Asynchronmaschinen werden auf Grund ihrer elektrischen und mechanischen Eigenschaften bevorzugt und in großen Stückzahlen in Industrie, Transport, Gewerbe und Haushalt eingesetzt.

Asynchronmaschinen erhalten in der elektrischen Antriebstechnik zunehmend eine bevorzugte Stellung infolge ihres einfachen, robusten konstruktiven Aufbaues, des geringen Wartungsaufwandes, der hohen Betriebssicherheit, der relativ niedrigen Kosten sowie der eleganten Drehzahlstellmöglichkeiten mittels leistungselektronischer Stellglieder.

Sie werden in großen Stückzahlen und in einem sehr großen Leistungsbereich produziert. Ihre Einsatzgebiete umfassen alle Bereiche, wie Haushalt, Industrie, Transport. In der Haustechnik werden sie häufig als Einphasenmotoren im Leistungsbereich $P_{mech} < 1$ kW eingesetzt. In Antrieben der Industrie und des Transportwesens dominiert der *Drehstromasynchronmotor* mit Käfigläufern in einem Leistungsbereich 1 kW $< P_{mech} <$ 1 MW (bis 30 MW). Für Hebezeuge kommt häufig der *Asynchronmotor mit Schleifringläufer* zum Einsatz. Für Windkraftanlagen sind *Asynchrongeneratoren* interessant.

### 10.3.2 Mechanischer Aufbau

> Wesentliche **Baugruppen der Asynchronmaschine** sind der Ständer mit Ständerblechpaket und integrierter Drehstromwicklung sowie der Läufer mit einer Drehstromwicklung bzw. mit Kurzschlußkäfig.

**Aufbau.** Bild 10.23 zeigt in einem Längsschnitt schematisch die elektromagnetisch aktiven und passiven Hauptbaugruppen der Drehstromasynchronmaschine mit Kurzschlußläufer.

**Ständer.** Das im Gehäuse befestigte *Ständerblechpaket* nimmt in den *Nuten* die isolierte *Drehstromwicklung* auf. Bei den Niederspannungsmaschinen sind sie meist halb geschlossen. Für Hochspanungsmaschinen sind offene Nuten typisch. Bild 10.24d, e zeigt entsprechende Beispiele für Nutenquerschnitte.

Die Anfänge U1, V1, W1 und die Enden U2, V2, W2 der in den Nuten verteilt angeordneten drei Spulengruppen (Stränge) U, V, W werden zum *Klemmka-*

# 10 Elektrische Maschinen

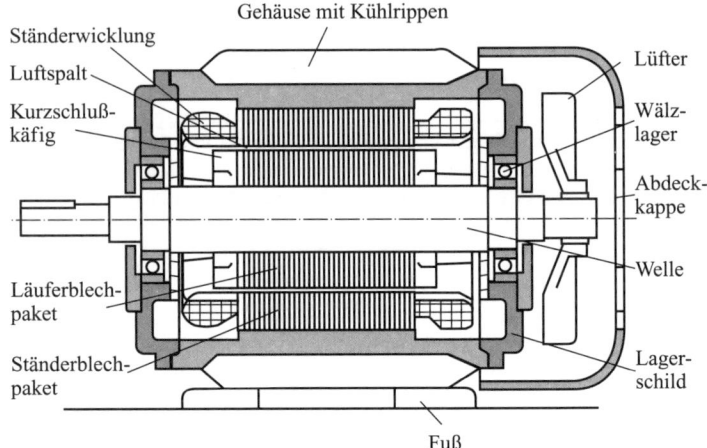

Bild 10.23  Schnittbild einer Niederspannungs-Asynchronmaschine

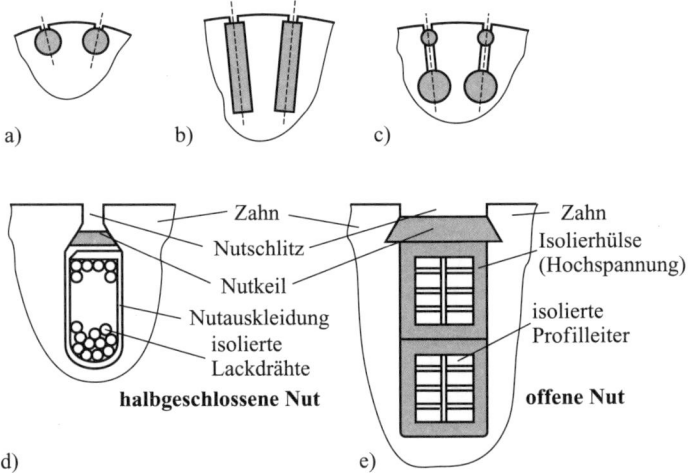

Bild 10.24  Beispiele für die Nutgestaltung und Stabformen bei
Asynchronmaschinen mit Käfigläufern
a) Rundstabläufer, b) Hochstabläufer mit Rechteckstäben,
c) Doppelkäfigläufer mit Rundstäben,
d) halbgeschlossene Nut, e) offene Nut

*sten* der Maschine geführt. Durch geeignete Schaltverbindungen im Klemmkasten kann die *Drehstromwicklung* in Y- bzw. △-Schaltung betrieben werden.

**Kurzschlußläufer.** Auf der *Läuferwelle* ist wiederum ein Blechpaket mit Nuten angeordnet. Die Wicklung besteht beim *Kurzschlußläufer* aus Leiterstäben (Aluminium, Kupfer) ohne zusätzliche Isolation. Die parallel zur Welle am Läuferumfang verteilt angeordneten *Leiterstäbe* in den Nuten sind an den Stirnseiten des Läuferblechpaketes durch Ringe kurzgeschlossen und bilden so den *Kurzschlußkäfig*. Durch die Wahl spezieller Querschnittsformen der Läuferstäbe (→ Bild 10.24a, b, c) läßt sich das Anlaufverhalten des Motors beeinflussen. Bild 10.25 veranschaulicht die prinzipielle Konstruktion von Kurzschlußläuferkäfigen.

Die Blechung von Ständer und Läufer ist erforderlich, um die infolge der magnetischen Wechselfelder entstehenden Wirbelstromverluste zu begrenzen.

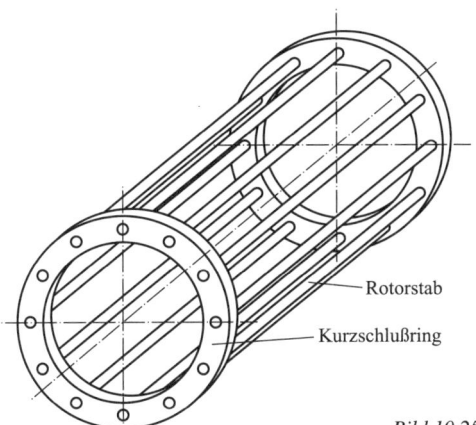

*Bild 10.25 Kurzschlußläuferkäfig*

**Schleifringläufer.** Der Schleifringläufer hat in den Nuten des Blechpaketes analog zum Ständer eine isolierte *dreisträngige Läuferwicklung*. Die Enden der Läuferwicklungstränge sind dabei meist zu einem Sternpunkt verbunden, während die Anfänge auf *Schleifringe* geführt sind. Über die Schleifringe kann die Wicklung direkt oder über verstellbare *Anlaßwiderstände* kurzgeschlossen werden (→ Bild 10.26).

**Luftspalt.** Der zwischen Ständer- und Läuferblechpaket vorhandene *Luftspalt* muß in Hinsicht auf einen möglichst geringen Magnetisierungsstrombedarf so klein wie möglich sein (einige Zehntelmillimeter). Bild 10.27 zeigt Schaltsymbol und die Klemmbrettschaltung (Y/△) für den Asynchronmotor mit Schleifringläufer und Kurzschlußläufer.

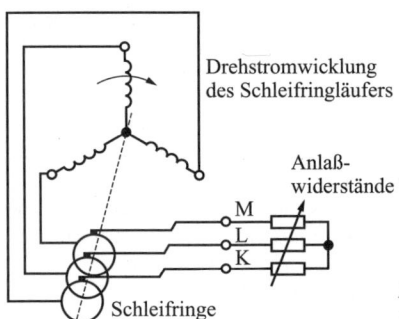

Bild 10.26 Schleifringläufer mit Anlaßwiderständen

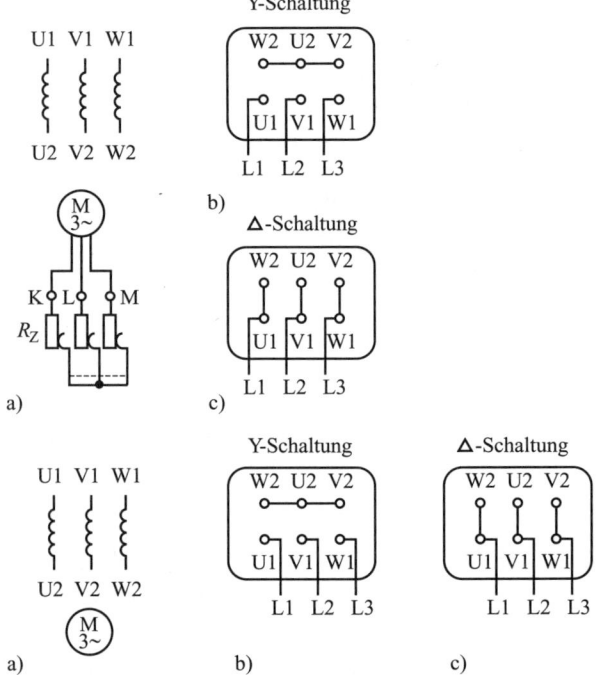

Bild 10.27 Drehstromasynchronmotor (oben) mit Schleifringläufer und Kurzschlußläufer (unten)
a) Schaltzeichen dreipolig, b) Klemmbrett bei Sternschaltung, c) Klemmbrett mit Dreieckschaltung, $R_Z$ Widerstände zum Anlassen, Bremsen und Drehzahlstellen

## 10.3.3 Wirkungsweise

### 10.3.3.1 Drehfeldbildung

> Das **magnetische Drehfeld** ist für die Wirkungsweise (Spannungsinduktion, Momentenbildung) von grundlegender Bedeutung.

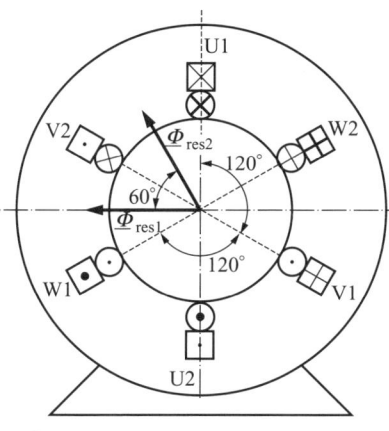

**Drehfeld:**

$$B(x,t) = \hat{B}_1 \cdot \sin\left(\pi \frac{x}{\tau_\mathrm{P}} - \omega t\right)$$

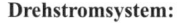 Strombelag zum Zeitpunkt $t_1$

☐ Strombelag zum Zeitpunkt $t_2$

$x$ Koordinate am Ständerumfang
$\tau_\mathrm{P}$ Polteilung
$\omega = 2\pi f$ Kreisfrequenz
$B$ magnetische Flußdichte

**Drehstromsystem:**

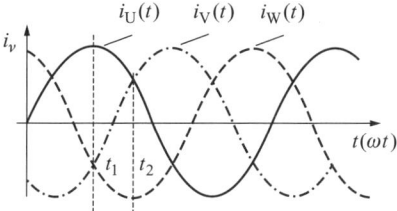

*Bild 10.28 Entstehung des magnetischen Drehfeldes*

Schließt man die dreisträngige Ständerwicklung der Asynchronmaschine mit der Polpaarzahl $p$ an das Drehstromnetz mit der Netzfrequenz $f_\mathrm{N}$ an, so bildet sich ein mit *synchroner Drehzahl* $n_\mathrm{s}$ rotierendes magnetisches *Kreisdrehfeld* aus.

$$n_\text{s} = \frac{f_\text{N}}{p} \qquad (10.10)$$

Bild 10.28 verdeutlicht die Entstehung des Drehfeldes am Beispiel einer 2poligen Maschine ($p = 1$).

Die im dargestellten Beispiel räumlich um 120° versetzt angeordneten Spulen U, V, W werden von den zeitlich um 120° phasenverschobenen sinusförmigen Wechselströmen $i_\text{U}(t)$, $i_\text{V}(t)$, $i_\text{W}(t)$ durchflossen. Die wegen $\Phi_v(t) = N \cdot i_v(t)/R_\text{m}$ ($N$ Windungszahl, $R_\text{m}$ magnetischer Widerstand) entstehenden magnetischen Wechselfelder $\Phi_\text{U}(t)$, $\Phi_\text{V}(t)$, $\Phi_\text{W}(t)$ überlagern sich zu jedem Zeitpunkt und bilden ein resultierendes Feld. Es hat eine konstante Amplitude und dreht sich mit der synchronen Drehzahl $n_\text{s}$ (Gl. (10.10)). Im Bild 10.28 werden die zwei ausgewählten Zeitpunkte $t_1$ und $t_2$ betrachtet. Beim Fortschreiten im Drehstromsystem um den Winkel $\Delta(\omega t) = 60°$ dreht sich der Raumzeiger $\underline{\Phi}_\text{res}$ des resultierenden magnetischen Flusses ebenfalls um 60°.

### 10.3.3.2 Leistungsumsatz beim Asynchronmotor

Die Asynchronmaschine ist so gestaltet, daß sie im Motorbetrieb elektrische Drehstromleistung mit hohem Wirkungsgrad in mechanische Leistung umwandeln kann.

**Leistungsumsatz.** Bild 10.29 informiert in einem Wirkschema über den Leistungsumsatz von der zugeführten Drehstromleistung $P_{1\text{el}} = 3U_1 I_1 \cos\varphi_1$ bis zur erzeugten mechanischen Leistung $P_\text{mech} = M\omega$ und den Verlustleistungen $P_\text{V}$. In der Folge der Einspeisung der Drehstromwicklungsstränge $v$ des Ständers mit einem Drehspannungsystem $U_{1v}$ bildet sich das magnetische Drehfeld $\Phi_{1\text{h}}$ und durchdringt zeitabhängig die Ständerstränge, Läuferstränge und Blechpakete des Ständers und des Läufers.

Entsprechend dem Induktionsgesetz $u_\text{q} = N\xi\,\text{d}\Phi/\text{d}t$ ($\xi$ Wickelfaktor) werden in den genannten Baugruppen die Quellenspanungen $U_{\text{q}1v}$, $U_{\text{q}2\mu}$ und $U_\text{qfe}$ induziert. Die Spannung $U_{\text{q}2\mu}$ wird nur solange im Läuferstrang induziert, solange zwischen der mechanischen Läuferdrehzahl $n_2$ und der synchronen Drehfelddrehzahl $n_\text{s}$ ($\rightarrow$ Gl. (10.10)) eine Differenz besteht.

**Schlupf.** Die auf die Synchrondrehzahl $n_\text{s}$ bezogene Differenzdrehzahl $n_\text{s} - n_2$ wird als *Schlupf s* bezeichnet.

$$\boxed{s = \frac{n_\text{s} - n_2}{n_\text{s}}} \quad \text{bzw.} \quad \boxed{n_2 = n_\text{s}(1-s)} \qquad (10.11)$$

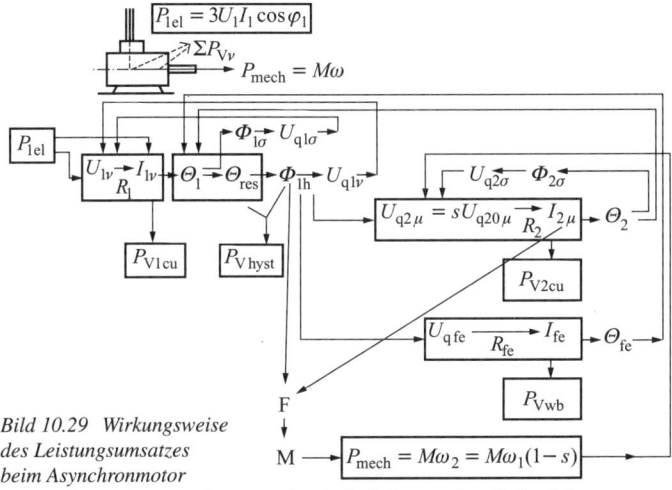

**Bild 10.29** Wirkungsweise des Leistungsumsatzes beim Asynchronmotor

$P_{1\,\text{el}}$ Drehstromleistung; $P_{\text{mech}}$ mechanische Leistung; $P_{V\nu}$ Verlustleistungen; $F$ Kraft; $M$ Drehmoment; $\omega_1, \omega_2$ Winkelgeschwindigkeit des Drehfeldes des Läufers; $s$ Schlupf; $\Theta_1, \Theta_2$ Ständer- bzw. Läuferdurchflutung; $\Theta_{\text{ges}}$ Gesamtdurchflutung; $\Phi_{1h}$ magnetischer Hauptfluß; $\Phi_{1\sigma}, \Phi_{2\sigma}$ Stromfluß im Ständer- bzw. Läuferstrang; $U_{q1\nu}, U_{q2\mu}, U_{q\text{fe}}$ Quellenspannungen im Ständer- und Läuferstrang und im Eisen; $U_{q1\sigma}, U_{q2\sigma}$ von Streufeldern induzierte Spannungen; $I_{1\nu}, I_{2\mu}, I_{\text{fe}}$ Ströme in den Ständer- und Läufersträngen und im Eisen

Außerdem gilt:

$$U_{q2} = sU_{q20} \tag{10.12}$$

$U_{q20}$ Effektivwert der induzierten Läuferstrangspannung im Stillstand ($n_2 = 0, s = 1$)

Mit Hilfe des Schlupfes läßt sich damit der Zusammenhang zwischen Ständerfrequenz $f_1$, Läuferfrequenz $f_2$ und Netzfrequenz $f_N$ nach $f_2 = sf_1 (f_1 = f_N)$ herstellen. Die induzierte Quellenspannung $U_{q\,2\mu}$ in den Läufersträngen treibt bei kurzgeschlossener Läuferwicklung den entsprechend der *Lorentz-Kraft* $\vec{F} = I(\vec{l} \times \vec{B})$ zur Schubkraft erforderlichen Läuferstrom $I_{2\mu}$ in den Läufersträngen an. Beim Schlupf $s = 0$ ist wegen $I_{2\mu} = 0$ auch $M = 0$. Eine Asynchronmaschine kann daher aus eigener Kraft die Synchrondrehzahl $n_s$ nicht erreichen.

**Betriebsweisen.** Im *Motorbetrieb* ($0 < n < n_s$; $1 > s > 0$) bewegt sich der Läufer der Asynchronmaschine im Drehsinn des Drehfeldes. Dabei bezieht sie die elektrische Leistung $P_{1\text{el}}$ aus dem Netz und gibt mechanische Leistung an der Welle ab.

Im *Generatorbetrieb* wird der Läufer in Drehrichtung des Magnetfeldes angetrieben ($n > n_s$; $s < 0$). Das erzeugte Moment wirkt gegen die Drehrichtung des magnetischen Drehfeldes. Die Maschine nimmt in diesem Betriebszustand mechanische Leistung über die Welle auf und führt in der Folge elektrische Leistung an das Netz ab.

Im *Gegenstrombremsbetrieb* wird der Läufer in Gegenrichtung zum Drehfeld bewegt ($n < 0$; $s > 1$). Die Maschine bezieht mechanische Leistung über die Welle und elektrische Leistung vom Netz.

### 10.3.4 Betriebsverhalten der Asynchronmaschine

#### 10.3.4.1 Maschinengleichungssystem, Zeigerbild, Ersatzschaltung

Ein Gleichungssystem beschreibt das Betriebsverhalten der Maschine. Das Ersatzschaltbild dient als Merkhilfe für das Gleichungssystem, und das Zeigerbild wertet das Gleichungssystem grafisch aus.

**Maschinengleichungssystem.** Für einen Ständerstrang, einen Läuferstrang und für einen äquivalenten Stromkreis der Wirbelströme gelten Maschensätze. Diese Gleichungen lassen sich unmittelbar aus dem Wirkschema (→ Bild 10.29) ableiten. Während die Quellenspanungen $U_{q1}$ und $U_{qfe}$ netzfrequent ($f_N$) sind und nahezu konstante Amplitude haben, ist die Quellenspannung $U_{q2}$ bezüglich ihrer Amplitude und der Frequenz schlupfabhängig ($U_{2q} = sU_{2q0}$; $f_2 = sf_1 = sf_N$). Um ein einheitliches Ersatzschaltbild für das Gleichungssystem (10.13) aufzeichnen zu können, ist es erforderlich, die Läuferstranggleichung bezüglich Frequenz und Windungszahl und die Wirbelstromgleichung nur bezüglich der Windungszahl auf den Ständerstrang zu beziehen. Nach entsprechender Umbewertung erhält man folgendes *Spannungsgleichungssystem* (10.13).

Ständerstrang $\quad \underline{U}_1 = \underline{I}_1 R_1 + j\underline{I}_1 \omega L_{1\sigma} + \underline{U}_{1q}$

Läuferstrang $\quad 0 = \underline{I}'_2 \dfrac{R'_2}{s} + j\underline{I}'_2 \omega L'_{2\sigma} + \underline{U}_{1q}$ (10.13)

Wirbelstromkreis $\quad 0 = \underline{I}'_{fe} R'_{fe} + \underline{U}_{1q}$

Dabei werden folgende Bezeichnungen verwendet.

| | |
|---|---|
| $U_1$ | Ständerstrangspannung, |
| $I_1$ | Ständerstrangstrom, |
| $R_1$ | Ständerstrangwiderstand, |
| $L_{1\sigma}$ | Streuinduktivität eines Ständerstranges, |
| $\omega$ | Kreisfrequenz, |

$U_{1q}$            Quellenspannung eines Ständerstranges,
$I'_2 = I_2 \cdot 1/ü$   reduzierter Läuferstrangstrom,
$R'_2 = R_2 ü^2$     reduzierter Läuferstrangswiderstand,
$L'_{2\sigma}$             reduzierte Streuinduktivität des Läuferstranges,
$I'_\text{fe}$             reduzierter Eisenveruststrom,
$R'_\text{fe}$            Eisenverlustwiderstand,
$ü$              Übersetzungsverhältnis zwischen Ständer- und Läuferstrang

Für die Ausbildung des magnetischen Flusses $\Phi_\text{res} = \Phi_{1h}$ mit konstanter Amplitude ist auf dem Magnetkreis der Asynchronmaschine ebenfalls eine Durchflutung $\Theta_\mu$ mit konstanter Amplitude erforderlich.

$$\underline{\Theta}_\mu = \underline{\Theta}_1 + \underline{\Theta}_2 + \underline{\Theta}_\text{fe} = \underline{\Theta}_\text{res} \tag{10.14}$$

Mit den auf die Ständerstrangwindungszahl reduzierten Strömen ($I'_2$, $I'_\text{fe}$) erhält man schließlich die *Stromgleichung*.

$$\underline{I}_\mu = \underline{I}_1 + \underline{I}'_2 + \underline{I}'_\text{fe} \tag{10.15}$$

Die Stromsumme $I_\mu$ wird *Magnetisierungstrom* genannt.

**Ersatzschaltbild.** Zu den Gleichungen (10.13) und (10.15) ist das Ersatzschaltbild ($\rightarrow$ Bild 10.30) angegeben.

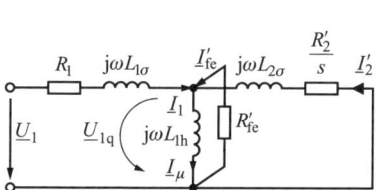

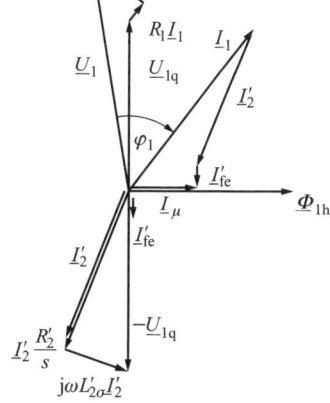

*Bild 10.30 Ersatzschaltbild des Asynchronmotors als Merkhilfe für die Zeigergleichungen*

*Bild 10.31 Darstellung des Zeigerbildes des Asynchronmotors aus den Zeigergleichungen*

**Zeigerbild.** Die Gleichungen (10.13) und (10.15) gestatten die Darstellung des Zeigerbildes für den Asynchronmotor ($\rightarrow$ Bild 10.31).

Aus dem Zeigerbild lassen sich für *einen* vorgegebenen Belastungsfall viele Informationen über das Betriebsverhalten der Asynchronmaschine ablesen, wie zum Beispiel Magnetisierungsstrombedarf ($I_\mu$), Leistungsfaktor $\cos\varphi_1$, Leistungskomponenten (z. B. $P_{1\,\mathrm{el}} = m_1 U_1 I_1 \cos\varphi_1$) u. a. m.

### 10.3.4.2 Stromortskurve

Der **Stromortskurve** ($\underline{I}_1 = f(s)$) sind für die typischen Betriebsweisen der Asynchronmaschine (Motor-, Generator- und Bremsbetrieb) alle charakteristischen Betriebskennlinien zu entnehmen.

Um für den allgemeinen Fall variablen Schlupfes Aussagen zum Betriebsverhalten machen zu können, verwendet man anstelle der Zeigerdiagramme Ortskurven für Ständer- und Läuferstrom. Die charakteristische Ortskurve der Asynchronmaschine ist die *Ortskurve des Ständerstrangstromes $\underline{I}_1$* als Funktion des Parameters Schlupf $s$ ($-\infty < s < +\infty$).

Die Bestimmung der Ortskurve $\underline{I}_1 = f(s)$ erfolgt durch die Auswertung der komplexen Gleichungen (10.13) für den Ständerstrangstrom $\underline{I}_1$. Vernachlässigt man die Wirbelströme und löst das Gleichungssystem (10.13) nach $\underline{I}_1$ auf, erhält man mit

$$\underline{U}_{1q} = jX_{1h}(\underline{I}_1 + \underline{I}_2'); \quad X_{1h} + X_{1\sigma} = X_1; \quad X_{1h} + X_{2\sigma}' = X_2'$$

die Gleichung:

$$\underline{I}_1(s) = \frac{\dfrac{R_2'}{s} + jX_2'}{(R_1 + jX_1)\left(\dfrac{R_2'}{s} + jX_2'\right) + X_{1h}^2} \cdot \underline{U}_1 \qquad (10.16)$$

$X_{1h} = \omega L_{1h}$ mit $L_{1h}$ Hauptinduktivität eines Ständerstranges

Die Gl. (10.16) für den Zeiger $\underline{I}_1(s)$ beschreibt entsprechend der Ortskurventheorie einen Kreis allgemeiner Lage in der Gaußschen Zahlenebene ($\to$ Bild 10.32).

**Auswertung der Stromortskurve.** Die Stromortskurve der Asynchronmaschine ist für die Bewertung des stationären und quasistationären Betriebsverhaltens in allen Betriebsbereichen (Motor-, Generator-, Bremsbetrieb) hilfreich. Die aus der Stromortskurve ($\to$ Bild 10.32a) zu entnehmenden Größen als Funktion des auf dem Kreis nichtlinear verteilten Parameters Schlupf $s$ ($-\infty < s < +\infty$) sind:

- aufgenommene Wirkleistung $P_{1\,\mathrm{el}}$ im Motorbetrieb: Strecke *PC*
- abgegebene Wirkleistung $P_{1\,\mathrm{el}}$ im Generatorbetrieb: Strecke $P^*C$

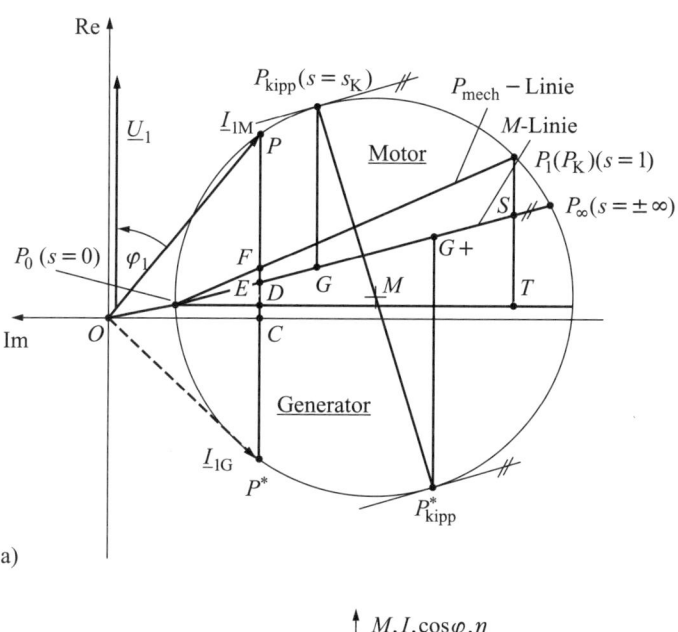

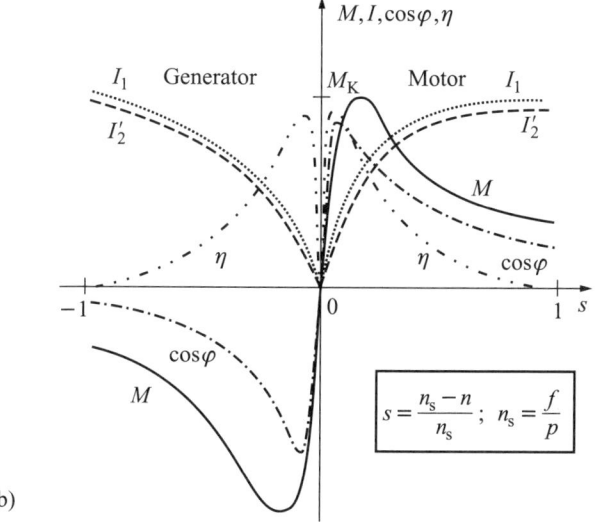

Bild 10.32  Ortskurve (a) und Betriebskennlinien (b) der Asynchronmaschine

- Eisenverluste $P_{Vfe}$: Strecke $DC$
- Stromwärmeverluste im Ständer $P_{Vcu1}$: Strecke $ED$
- Stromwärmeverluste im Läufer $P_{Vcu2}$: Strecke $FE$
- abgegebene mechanische Leistung $P_{mech}$: Strecke $PF$
- Kippmoment im Motorbetrieb $M_K$: Strecke $P_{kipp}G$
- Kippmoment im Generatorbetrieb $M_K^*$: Strecke $P_{kipp}^*G^*$
- Moment im Motorbetrieb $M$: Strecke $PE$
- Moment im Generatorbetrieb $M_G$: Strecke $P^*E$
- Anlaufmoment $M_A$: Strecke $P_1S$
- Anlaufstrom (Kurzschlußstrom) $I_{11}$: Strecke $OP_1$
- Leerlaufstrom $I_{10}$: Strecke $OP_0$
- Ständerstrangwiderstand $R_1$: Strecke $TS$
- Gesamtwiderstand $R_1 + R_2'$: Strecke $P_1T$

**Betriebskennlinie.** Bild 10.32b zeigt qualitativ die typischen Betriebskennlinien einer stromverdrängungsfreien Asynchronmaschine im Motor- und Generatorbetrieb

$$I_1 = f_1(s); \quad I_2' = f_2(s); \quad \cos\varphi_1 = f_3(s);$$
$$M = f_5(s); \quad \eta = f_7(s)$$

wie sie bei Wahl geeigneter Maßstäbe der Stromortskurve $\underline{I}_1 = f(s)$ entnommen werden können.

### 10.3.4.3 Leistungsfluß

Die der Asynchronmaschine zugeführte elektrische Leistung wird nach Gesetzmäßigkeiten in Luftspaltleistung $P_\delta$, Läuferverlustleitung $P_{v2}$ und mechanische Leistung $P_{mech}$ aufgeschlüsselt.

**Leistungsschlüssel.** Die von der Asynchronmaschine im Motorbetrieb aufgenommenen Wirkleistung $P_{1el}$ beinhaltet die *Ständerverluste* $P_{V1} = P_{Vcu1} + P_{Vfe}$ und die über dem Luftspalt auf den Läufer übergebende Luftspaltleistung $P_\delta$. Die Luftspaltleistung entspricht dem Produkt

$$P_\delta = M_i \cdot 2\pi \cdot n_s \tag{10.17}$$

$M_i$ inneres Drehmoment

Sie teilt sich auf in die Läuferverlustleistung $P_{V2}$ und in die mechanische Leistung $P_{mech}$. Dabei erfolgt die Splittung der Anteile nach folgendem Schlüssel:

$$P_{V2} = sP_\delta; \quad P_{mech} = (1-s)P_\delta \tag{10.18}$$

Die elektrische Läuferleistung $P_{V2}$ setzt sich aus den Stromwärmeverlusten der Läuferwicklung $P_{Vcu2}$ und gegebenfalls einer über die Schleifringe an einen äußeren Verbraucher abgeführte Leistung $P_2$ zusammen.

$$P_{V2} = P_{Vcu2} + P_2 \quad \text{(Für Kurzschlußläufer ist } P_2 \equiv 0.) \tag{10.19}$$

### 10.3.4.4 Drehmoment

> Das Drehmoment $M_i(s)$, das auf der Basis des Lorentz-Kraft-Gesetzes gebildet wird, hat den für die Asynchronmaschine charakteristischen Verlauf mit dem Kippmoment $M_K$ beim Kippschlupf $s_K$.

**Drehmoment**. Vom Ständer wird die Luftspaltleistung $P_\delta$ auf den Läufer übertragen.

$$P_\delta = m_1 \frac{R_2'}{s} \cdot I_2'^2 \quad (m_1 \text{ Ständerstranganzahl}) \tag{10.20}$$

Mit Gl. (10.17) erhält man für das innere Drehmoment

$$M_i = \frac{m_1}{2\pi n_s} \cdot \frac{R_2'}{s} I_2'^2 \tag{10.21}$$

Unter Berücksichtigung der folgenden praktisch oft zulässigen Näherungen

$$X_1 \approx X_2'; \quad \sigma X_1 \approx X_{1\sigma} + X_{2\sigma}' = X_\sigma; \quad R_1 \ll X_1$$

erhält man $M_K \approx \dfrac{m_1 U_1^2}{4\pi n_s X_\sigma}$ und $s_K \approx \dfrac{R_2'}{\sqrt{R_1^2 + X_\sigma^2}} \approx \dfrac{R_2'}{X_\sigma}$ (10.22)

und die **Kloßsche Gleichung**:

$$\boxed{\frac{M_i}{M_K} = \frac{2}{\dfrac{s}{s_K} + \dfrac{s_K}{s}}} \tag{10.23}$$

*Diskussion der Kloßschen Gleichung* ($\to$ Bild 10.33)

- **Fall 1**: $\dfrac{s}{s_K} \ll 1 \;\to\; \dfrac{M_i}{M_K} \approx \dfrac{2}{s_K} \cdot s$

  Moment steigt linear mit dem Schlupf $s$ an.

- **Fall 2**: $\dfrac{s}{s_K} \gg 1 \;\to\; \dfrac{M_i}{M_K} \approx 2 s_K \cdot \dfrac{1}{s}$

  Moment fällt hyperbolisch mit dem Schlupf $s$ ab.

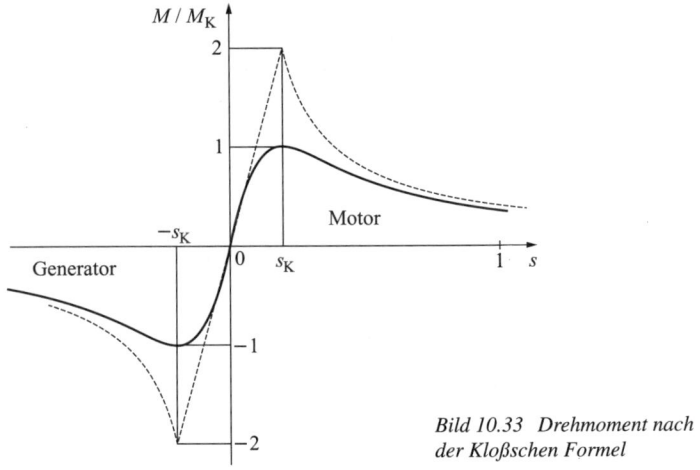

Bild 10.33 Drehmoment nach der Kloßschen Formel

### 10.3.5 Drehzahlsteuerung bei Asynchronmaschinen

> Durch Variation der Frequenz $f_1$ der Speisespannung, Änderung der Polpaarzahl $p$ sowie der Veränderung des Schlupfes $s$ läßt sich die Drehzahl $n$ von Asynchronmaschinen steuern.

#### 10.3.5.1 Prinzipielle Drehzahlstellmöglichkeiten

Die für die Asynchronmaschinen grundlegenden Beziehungen ($\rightarrow$ Gln. (10.10), (10.11)) lassen sich wie folgt zusammenfassen.

$$n = n_s(1-s) = \frac{f_1}{p}(1-s) \tag{10.24}$$

Gl. (10.24) zeigt die prinzipiellen Varianten der Drehzahlsteuerung auf.

$f_1$ Änderung der Frequenz der Speisespannung = *Frequenzsteuerung*
$p$ Änderung der Polpaarzahl = *Polumschaltung*
$s$ *Schlupfsteuerung*

#### 10.3.5.2 Frequenzsteuerung

> Die **Frequenzsteuerung** gestattet eine verlustlose und stetige Drehzahlstellung bei Asynchronmaschinen.

## 10.3 Asynchronmaschinen

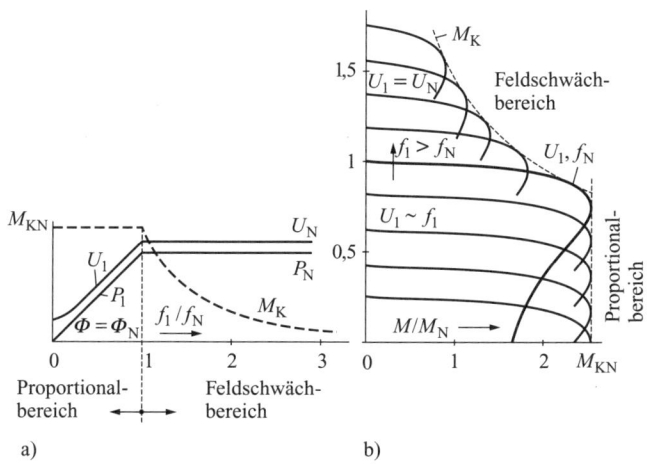

Bild 10.34 Steuerregime für Frequenzsteuerung bei Asynchronmotoren
a) Steuerkennlinie für frequenzgesteuerte AsM, b) Drehzahlkennlinien für frequenzgesteuerte AsM

**Frequenz-Spannungs-Steuerung ($f$-$U$-Steuerung).** Durch die Entwicklung der Leistungselektronik ist die Fequenzsteuerung zum am häufigsten angewendeten Verfahren der Drehzahlstellung geworden.
Dabei sollte der Magnetkreis der Asynchronmaschine mit seinem Nennfluß ausgelastet sein (weder Magnetkreissättigung noch schwache magnetische Belastung). Der konstante Fluß $\Phi_{1h}$ erfordert wegen der Gültigkeit des Induktionsgesetzes eine frequenzproportionale Spannungssteuerung $U_1 \approx U_{q1} \sim f_1$. Bei relativ zur Nennfrequenz $f_N$ kleinen Frequenzen $f_1$ macht sich der Einfluß des Ständerstrangwiderstandes bemerkbar. In diesen Bereich ist $U_1$ gegenüber $f_1$ „anzuheben".

**Steuerkennlinien.** Bild 10.34a zeigt die entsprechende Steuerkennlinie $U_1 = f\left(\dfrac{f_1}{f_N}\right)$ für die Frequenzsteuerung.

Es sind die zwei Steuerbereiche zu unterscheiden ($\rightarrow$ Bild 10.34b).

- *1. Proportionalbereich*: $0 < f_1 < f_N$;   $U_{1\min} < U_1 < U_{1N}$

Wegen Gl. (10.22) $M_K = \dfrac{m_1 U_1^2}{2\pi n_s} \cdot \dfrac{1}{2X_\sigma}$ und (10.11) bleibt im Proportionalbereich das Kippmoment erhalten. Da $s_K \approx \dfrac{R_2'}{X\sigma} = \dfrac{R_2'}{2\pi f_1 L\sigma} = k' \cdot \dfrac{1}{f_1}$, wächst der Kippschlupf $s_K$ mit sinkender Frequenz.

| Stellglied | Indirekter Umrichter mit Spannungszwischenkreis (Ständerkreis) | Indirekter Umrichter mit Stromzwischenkreis (Ständerkreis) | Direkter Umrichter (Ständerkreis) |
|---|---|---|---|
| Antriebsleistung $P$ | < 500 kW | < 1 MW | > 200 kW |
| Stellbereich $S$ | ≈ 2 : 1 : 0 | ≈ 2 : 1 : 0,2 | ≈ 0,5 : 0 |

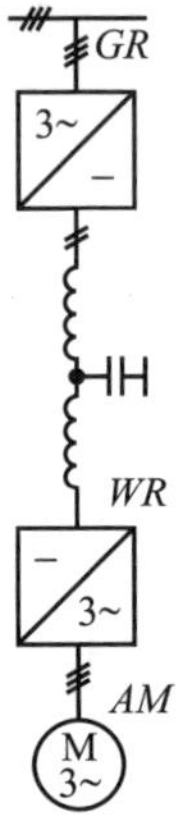

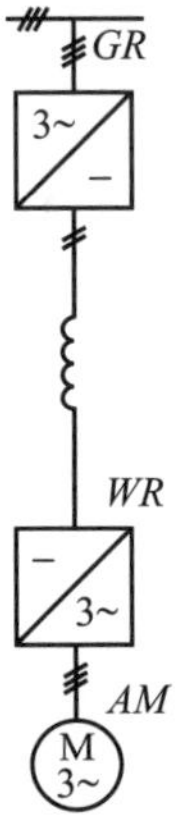

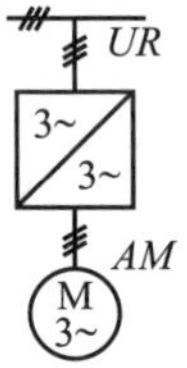

*Bild 10.35  Stromrichtergespeiste Drehstromantriebe mit Frequenzumrichter*

- 2. Feldschwächbereich: $f_N < f_1 < f_{1\max}$;  $U_1 = U_N$

Da $\hat{\Phi}_{1h} = \dfrac{U_q}{f_1} \sim \dfrac{U_1}{f_1} = U_N \cdot \dfrac{1}{f_1}$ gilt, wird der magnetische Fluß $\Phi_{1h}$ mit steigender Frequenz geschwächt. Für $U_1 = U_N =$ konst. gilt $M_K \sim 1/f_1^2$.

Das Kippmoment $M_K$ geht mit wachsender Frequenz $f_1$ hyperbolisch zurück.

**Grundanordnungen zur $f$-$U$-Steuerung.** Praktisch wird die Spannungs-Frequenz-Steuerung nach Bild 10.35 mit Hilfe von Frequenzumrichtern durchgeführt (*GR* Eingangsgleichrichter, *WR* Wechselrichter, *UR* direkter Umrichter, *AM* Asynchronmotor).

**Bewertung der Frequenzsteuerung**
- Verlustarme Steuerung,
- elegante Drehzahlstellmöglichkeit wie beim Gleichstromnebenschlußmotor, aber mit Vorzügen, wie höhere Grenzdrehzahlen, kleineres Läufermassenträgheitsmoment, höheres Leistungsgewicht, geringerer Wartungsaufwand.

### 10.3.5.3 Polumschaltung

> Die **Polumschaltung** ermöglicht eine gestufte, nahezu verlustlose Einstellung der Drehzahl.

*Grundgedanke*: Wegen $n = \dfrac{f_1}{p}(1 - s)$ ($\rightarrow$ Gl. (10.24)) kann die Drehzahl $n$ durch Verändern der Polpaarzahl $p$ ($p = 1, 2 \ldots$) variiert werden.

*Technische Lösung*: spezieller polumschaltbarer Drehstrommotor mit Kurzschlußläufer.

Der Wechsel auf die andere Polpaarzahl erfolgt durch

- zwei getrennte Drehstromwicklungen unterschiedlicher Polpaarzahl in den Nuten des Ständers,
- *Dahlanderschaltung*
  (Änderung der Polpaarzahlen im Verhältnis $p_1 : p_2 = 1 : 2$),
- Kombination beider Methoden.

Bild 10.36 zeigt einen polumschaltbaren Asynchronmotor mit Dahlander-Drehstromwicklung und Polumschalter. Die im Bild wiedergegebene Schaltungskombination der Spulengruppen Dreieck/Doppelstern ($\triangle$/YY) für niedrige/hohe Drehzahl wird als Standardschaltung eingesetzt.

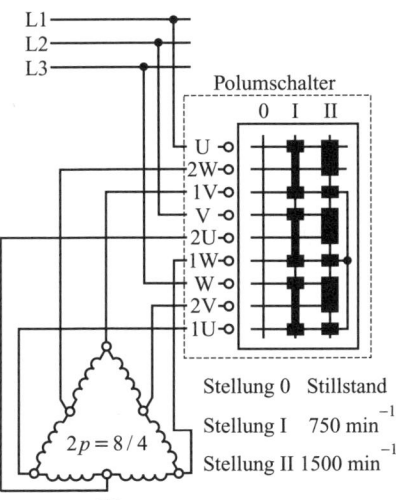

*Bild 10.36 Polumschaltbarer AsM mit Polumschalter*

**Bewertung der Polumschaltung.**

- Polumschaltbarer Sondermotor eines Kurzschlußläuferasynchronmotors,
- Drehzahl kann nur in groben Stufen (maximal 4 Drehzahlbereiche) gestellt werden,
- einfache, robuste und verlustarme Drehzahlsteuerung.

■ *Anwendung*: Werkzeugmaschinen, Hebezeuge, Pumpen- und Lüfterantriebe.

### 10.3.5.4 Schlupfsteuerung

#### 10.3.5.4.1 Schlupferhöhung bei Schleifringläuferasynchronmotoren durch Läufervorwiderstände

Für die Drehzahlstellung von Schleifringläuferasynchronmotoren kommt vorzugsweise die Schlupferhöhung durch Läufervorwiderstände zum Einsatz.

**Schlupfsteuerung durch Läufervorwiderstände**

*Grundgedanke*: Wegen $n = n_s(1 - s)$ und $s_K \approx R'_2/(X\sigma)$ ($\rightarrow$ Gl. (10.22)) läßt sich bei vorgegebenem Lastmoment $M_W$ durch Variieren des wirksamen Läuferwiderstandes $R_2$ die Drehzahl stellen.

*Technische Lösung*: Folgende Lösungsvarianten kommen zum Einsatz.

- Zuschaltung eines einstellbaren Drehstromwiderstandes $R_{2V}$ an den Klemmen K, L, M des Schleifringläufers,
- Kontaktlose, stetige Einstellung des wirksamen Läufervorwiderstandes durch leistungselektronisches „Pulsen" des Vorwiderstandes $R_d$ ($\rightarrow$ Bild 10.37).

Bild 10.38 zeigt entsprechende Kennlinienverläufe.

**Bewertung des Drehzahlstellverfahrens mittels Schlupferhöhung.**

- Es handelt sich um ein verlustbehaftetes Drehzahlstellverfahren für Schleifringläuferasynchronmotoren ($P_{V2} = sP_\delta$).
- Die Schlupfleistung $P_{V2} = sP_\delta$ wird in Wärme umgesetzt.
- Der Wirkungsgrad $\eta$ verschlechtert sich mit wachsenden Schlupf $s$. Unter Berücksichtigung des Leistungsschlüssels für Asynchronmaschinen kann man schreiben ($\rightarrow$ Gl. (10.18))

$$\eta \approx \eta_{\text{Läufer}} = \frac{P_{\text{mech}}}{P_\delta} = \frac{P_\delta(1-s)}{P_\delta} = 1 - s$$

10.3 Asynchronmaschinen 593

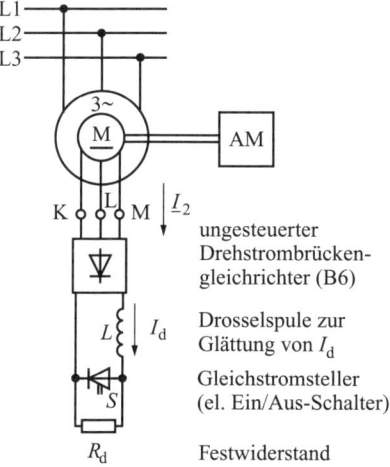

Bild 10.37
Schleifringläufermotor mit gepulstem Vorwiderstand $R_d$, AM Arbeitsmaschine

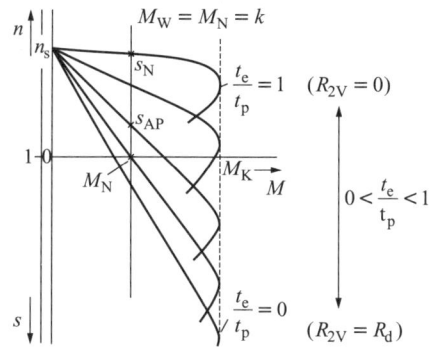

Bild 10.38
Drehzahleinstellung durch Läuferwiderstand $R_{2V}$ für ein Lastmoment $M_W = M_N$ ($t_e$ variable Einschaltdauer, $t_p$ Pulsperiodendauer, AP Arbeitspunkt)

■ *Anwendung*: Das Drehzahlstellverfahren wird angewandt, wo kurzzeitig geringe Drehzahlen benötigt werden (Schleichgang) oder wenn bei voller Belastung angefahren werden muß (Hebe- und Transportmittel).

## 10.3.5.4.2 Schlupfstellung durch Ständerstrangspannungssteuerung bei Asynchronmotoren mit Widerstandsläufer bzw. Schleifringläufer

Die Drehzahlsteuerungsvariante kommt vorzugsweise bei Maschinen mit Widerstandsläufern zum Einsatz (hoher spezifischer Widerstand des Käfigs bedingt einen Kippschlupf $s_K \approx 1$).

**Schlupfsteuerung durch Ständerstrangspannungssteuerung**

*Grundgedanke*: Da nach Gl. (10.22)

$$s_K \approx \pm \frac{R_2 + R_{2Z}}{X\sigma} \tag{10.25}$$

ist, läßt sich der Kippschlupf durch Vorwiderstände $R_{2Z}$ beliebig vergrößern und ist unabhängig von der Ständerspannung $U_1$. Außerdem gilt

$$M_K \approx \frac{m_1 U_1^2}{4\pi n_s X\sigma} = kU_1^2 \tag{10.26}$$

Das Kippmoment kann folglich wirkungsvoll durch Spannungsstellung verändert werden. Bild 10.39 zeigt dieses Prinzip der Drehzahlstellung.

Mit der Schlupfstellung nimmt man entsprechend Gl. (10.18) zusätzliche Verluste im Läuferkreis in Kauf.

*Technische Lösung*: Bei Schleifringläufermotoren wird der Zusatzwiderstand so gewählt, daß $s_K \approx 1$ ist. Bei Kurzschlußläufermotoren wird der Läuferkäfig aus Werkstoffen mit erhöhtem spezifischem Widerstand (im Vergleich zu Aluminium) gefertigt.

*Schaltung*: Die prinzipielle Anordnung mit Drehstromsteller und Drehzahlregelung zeigt Bild 10.40.

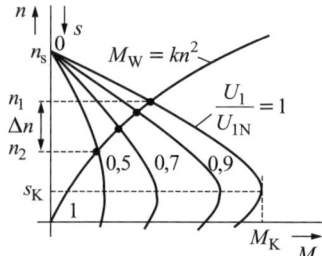

*Bild 10.39*
*Drehzahl-Drehmoment-Kennlinien bei Ständerspannungssteuerung*

**Bewertung der Schlupfstellung durch Ständerstrangspannungssteuerung**

- Drehzahlstellung über Ständerstrangspannung ist verlustbehaftet.
- Die Läuferverlustleistung setzt Grenzen für den Drehzahlstellbereich.
- Durch die Anschnittssteuerung sind Spannungen und Ströme nicht mehr sinusförmig → erhöhte Eisen- und Stromwärmeverluste sind die Folge.
- Verfahren kommt mit Vorteil zum Einsatz, wenn der Momentenbedarf $M \sim n^2$ und folglich $P_{\text{mech}} \sim n^3$ ist.
- ■ *Anwendung*: Lüfter, Pumpen, Hebezeuge, Aufzüge.

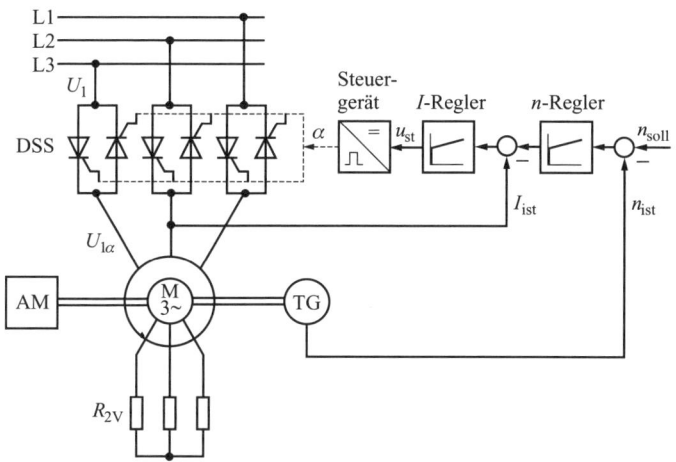

*Bild 10.40 Ständerspannungssteuerung durch Drehstromsteller (DSS)*
$u_{st}$ *Steuerspannung,* $\alpha$ *Zündwinkel, TG Tachogenerator, AM Arbeitsmaschine*

### 10.3.5.4.3 Untersynchrone Stromrichterkaskade bei Asynchronmotoren mit Schleifringläufer

> Der erhebliche Aufwand rechtfertigt diese Drehzahlstellvariante nur bei großen Antriebsleistungen.

**Untersynchrone Stromrichterkaskade**

*Grundgedanke*: Schlupfstellung, aber die damit verbundene Schlupfleistung soll nicht in Stromwärmeverluste überführt werden, sondern in das Drehstromnetz zurückgespeist werden.

*Technische Lösung*: Bei der Rückspeisung der Läuferdrehstromleistung in das Netz ist zu beachten, daß die Läuferströme und Spannungen die Frequenz $f_2 = sf_1$ haben und die Netzfrequenz $f_1$ beträgt. Folgender Lösungsweg ist zu beschreiten:

Schlupffrequente Läuferdrehstromleistung gleichrichten mit Drehstrombrückengleichrichter → Gleichstromleistung in Gleichstromzwischenkreis einspeisen → mit statischem Wechselrichter Umformung in netzfrequente Drehstromleistung → Einspeisung in Drehstromnetz mittels Anpaßtransformator. Bild 10.41 veranschaulicht die Drehzahl-Drehmoment-Kennlinien im Stellbereich der *untersynchronen Stromrichterkaskade*.

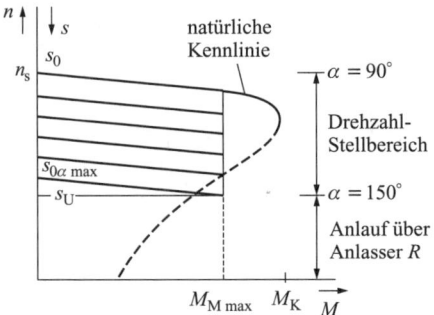

Bild 10.41
Drehzahl-Drehmoment-Kennlinienfeld der untersynchronen Stromrichterkaskade
$\alpha$ Zündwinkel

**Bewertung der untersynchronen Stromrichterkaskade**

- Verlustarme Drehzahlstellung,
- erheblicher Aufwand für begrenzten Drehzahlstellbereich
  ($n_{max} : n_{min} = 1 : 0,5$),
- Aufwand rechnet sich nur für große Antriebsleistungen
  ($0,2$ MW $<$ einige MW).

■ *Anwendungen*: Gebläse, Pumpen, Pressen, Rührwerke, Drehrohröfen.

### 10.3.6 Anlassen und Bremsen von Asynchronmaschinen

#### 10.3.6.1 Anlaufverhalten von Kurzschlußläuferasynchronmaschinen

> Der hohe Anlaufstrom sowie das Anlaufverhalten der Motoren unter Vollast bedingen schaltungstechnische Maßnahmen zum Motoranlauf.

**Problem.** Trotz der hervorragenden Eigenschaften der Kurzschlußläuferasynchronmotoren ist das Anlaufen bei Betrieb am starren Netz problematisch infolge

- hohen Anlaufstroms (4- bis 7facher Nennstrom),
- geringen Anlaufmomentes ($M_N/M_{Anl} < 1$) → Anlaufprobleme bei Vollast.

Die folgenden Maßnahmen tragen zur Verbesserung des Anlaufverhaltens bei.

**Verminderung der Einschaltstrangspannung**

Methoden zur Ständerstrangspannungssteuerung sind:

**Stern-Dreieck-Anlauf** (Y-△-Anlauf). Der mit △-Schaltung betriebene Motor wird während des Hochlaufens in Y-Schaltung an das Drehstromnetz geschaltet (Umschaltung erfolgt mittels spezieller Y-△-Schalter → Bilder 10.42, 10.43 verdeutlichen das Y-△-Anlaufen.)

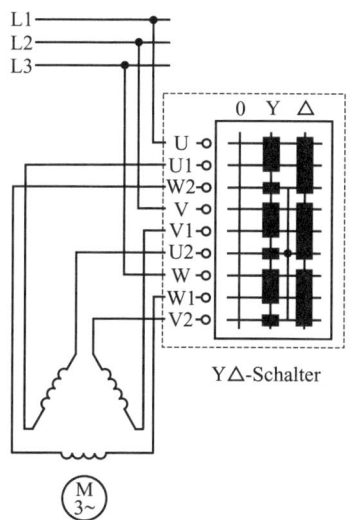

Bild 10.42 Asynchronmotor mit Stern-Dreieck-Anlaßschalter

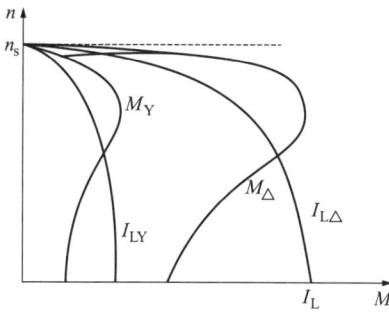

Bild 10.43
Leiterströme und Momente bei Stern-Dreieck-Anlauf

Durch das Anlassen in Sternschaltung wird der Einschaltstrom auf $1/3$ des Wertes bei direktem Einschalten vermindert ($I_{NY}/I_{N\triangle} = 1/3$). Der Y-△-Anlauf wirkt sich bei jeder Drehzahl $n$ auf das Drehmoment ebenfalls im Verhältnis $M_Y/M_\triangle = 1/3$ aus. Damit ist kein Vollastanlauf möglich (→ Bild 10.43).

**Sanftanlauf mit leistungselektronischem Anlasser** (Drehstromsteller)

Neuerdings werden Drehstromsteller als „Sanftanlaufgeräte" mit dem Ziel der Reduktion des Anlaufstromes eingesetzt. Dabei läßt sich die Betriebsspannung des Motors über die Drehzahlregelung so dosieren, daß der gewünschte sanfte Anlauf erfolgt. Dieser Sanftanlauf ermöglicht es, die Motorspannung $U_S$ von einem Anfangswert innerhalb einer bestimmten Zeit auf den Nennwert $U_{SN}$ „hochzufahren". Dazu sind Drehstromsteller mit einer unterlagerten Stromregelung versehen, welche die weitere Spannungsanhebung nur im Rahmen der eingestellten Strombegrenzung zuläßt ($\rightarrow$ Bild 10.40).

Ferner nutzt man zum Anlassen großer Asynchronmaschinen

- Zuschalten von Impedanzen vor die Ständerwicklung,
- Vorschalten eines Anlaßstelltransformators.

**Frequenzanlauf über Frequenzumrichter**

Mit Hilfe leistungsfähiger Frequenz-Spannungs-Umrichter ($f_1 \sim U_1$) mit Mikroprozessorsteuerung lassen sich wegen des Zusammenhanges $n = n_s(1-s) = f_1/p(1-s)$ Hochlauframpen für die Solldrehzahl so einstellen, daß für den Motor ein sanfter Anlauf erfolgt.

**Anlauf von Kurzschlußläuferasynchronmotoren mit Stromverdrängungsläufern**

*Grundgedanke*: Da sich der Käfigläufer nicht nachträglich „von außen" bezüglich seines Anlaufverhaltens beeinflussen läßt, versucht man durch Ausnutzung des Stromverdrängungseffektes in den Läuferkurzschlußstäben eine „innere" schlupffrequenzabhängige „Widerstandssteuerung" analog zum Schleifringläufermotor zu erreichen. Der Einfluß der *Stromverdrängung* auf das Betriebsverhalten der Asynchronmaschine wird entscheidend durch die Käfigläuferstabform bestimmt ($\rightarrow$ Bild 10.24). In hohen, schmalen, im Läuferblechpaket eingebetteten Stäben kann sich während des Anlaufs die Stromverdrängung stark ausbilden. Daraus resultiert eine Erhöhung des Widerstandes $R_2$ und aus der Feldverdrängung eine Verringerung der Nutstreuinduktivität $L_{2\sigma N}$ im Anlaufaugenblick. In dem Maße, wie der Motor hochläuft, verringern sich die Läuferfrequenz $f_2 = sf_1$ und damit die Strom- und Feldverdrängung. Wegen der Zunahme der Nutstreuinduktivität mit der Läuferdrehzahl (Verringerung der Flußverdrängung) und wegen $M_K \sim \dfrac{U_1^2}{f_1 X_\sigma} = \dfrac{U_1^2}{f_1^2 L_{\sigma N} 2\pi}$ (vgl. (10.22)) verringert sich das Kippmoment in Auswirkung der Feldverdrängung ($\rightarrow$ Bild 10.44).

Bei Nennbetrieb ($s_N \approx 3\ \%$) tritt die Stromverdrängung praktisch nicht mehr in Erscheinung. Die Widerstandserhöhung ist schlupfabhängig. Sie ist bei Läuferstillstand ($s = 1$) am größten. Durch die Nutzung der Stromverdrängung verhalten sich Asynchronmotoren mit Hochstabläufer bezüglich ihres Anlaufverhaltens analog zum Asynchronmotor mit Schleifringläufer, der problemlos über Zusatzwiderstände im Läuferstromkreis angelassen wird.

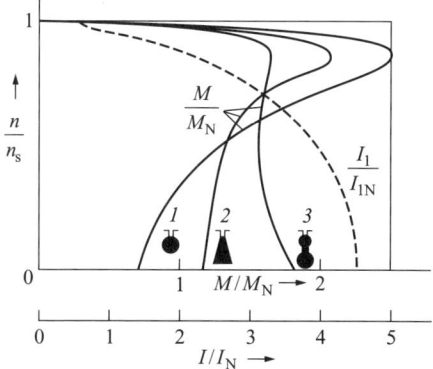

Bild 10.44 *Drehzahl-Drehmoment-Kennlinien für verschiedene Läuferarten*
*1 kaum Einfluß der Stromverdrängung, 2, 3 starker Einfluß der Stromverdrängung*

### Anlassen von Schleifringläuferasynchronmotoren

*Grundgedanke*: Der an den Schleifringklemmen K, L, M außerhalb des Motors anschließbare 3strängige Läuferzusatzwiderstand ermöglicht wegen $s_K \approx (R'_2 + R'_{2Z})/X_\sigma \approx 1$ den Anlauf mit dem Kippmoment $M_K$.

*Schaltung*: Bild 10.45 zeigt schematisch die Anlaßschaltung für Schleifringläuferasynchronmotoren. Der Anlaßwiderstand wird durch einen symmetrischen 3strängigen Widerstand

- mit mehreren Widerstandsstufen (für mittlere Leistungen),
- in Form eines Flüssigkeitsanlassers (für große Leistungen) realisiert.

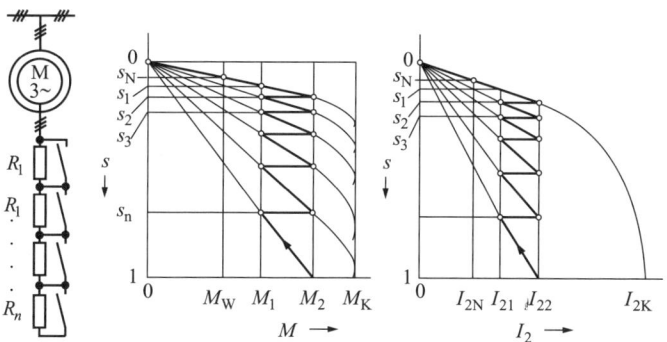

Bild 10.45 *Drehmoment und Läuferstrom des Schleifringläuferasynchronmotors mit symmetrischem Anlasser*

Die Anlaßwiderstände werden nach dem Hochlauf an den Schleifringen kurzgeschlossen (spezielle Bürstenabhebevorrichtungen).

### 10.3.6.2 Elektrisches Bremsen

Asynchronmaschinen bieten folgende Möglichkeiten der elektrischen Bremsung: Nutzbremsung, Gegenstrombremsung, Gleichstrombremsung.

**Nutzbremsung** (übersynchrone Bremsung im Bereich $0 > s > s'$). Die Asynchronmaschine arbeitet bei *Nutzbremsung* als Generator. Sie nimmt mechanische Leistung über die Welle auf und liefert elektrische Drehstromleistung ins Netz zurück.

*Schalthandlungen*: Die übersynchrone Bremsung wird durch Spannungs- und Frequenzabsenkung eingeleitet ($U$-Umrichter, $I$-Umrichter). Bild 10.46 zeigt prinzipiell die Nutzbremsschaltung für eine Schleifringläufermaschine bei vorgegebener Frequenz und Spannung.

■ *Anwendung*: Hebezeuge (übersynchrone Bremsschaltung bei „durchziehender" Last), Windkraftanlagen

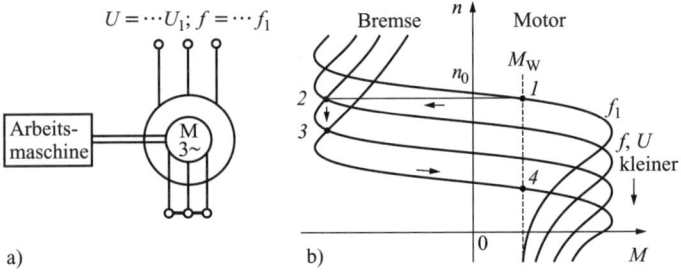

Bild 10.46 Nutzbremsung der AMSL
a) Schaltung, b) Arbeitspunkte (1 Motorbetrieb, 2, 3 Bremsung durch Spannungs-Frequenzsenkung, 4 Motorbetrieb mit verringerter Drehzahl)
$M_W$ Widerstandsmoment der Arbeitsmaschine

**Gegenstrombremsung** ($1 < s \lessapprox 2$). Die zugeführte elektrische Drehstromleistung wird in mechanische Bremsleistung überführt und führt zu erheblichen thermischen Belastungen der Maschine.

Die *Gegenstrombremsung* ist typisch und effektiv nur für Schleifringläuferasynchronmaschinen.

*Schalthandlungen*:
- Asynchronmotor mit Schleifringläufer vom Drehstromnetz trennen,

- Zuschalten von Läuferzusatzwiderständen (Strombegrenzung → effektive Bremsmomentbildung),
- Umpolung 2er Strangzuleitungen (Umkehr der Drehfeldrichtung),
- Zuschalten an das Drehstromnetz,
- Motor nach Abbremsen auf Drehzahl 0 vor Drehrichtungswechsel vom Netz trennen.

Schaltungsprinzip und Bremskennlinien sind Bild 10.47 zu entnehmen.

▶ *Bewertung*: Zugeführte elektrische Drehstromleistung und mechanische Bremsleistung werden in Verlustleistung überführt → erhebliche thermische Belastung, energetisch unwirtschaftlich.

■ *Anwendungen*: Hubwerke (Senkbremse)

**Gleichstrombremsung.** Die *Gleichstrombremsung* wird wegen ihrer Vorzüge häufig genutzt. Ein Wiederhochlauf nach erfolgter Gleichstrombremsung ist nicht möglich.

*Schalthandlungen*:
- Ständerwicklung vom Drehstromnetz abschalten.
- Bei Schleifringläufermaschine sind je nach gewünschtem Bremsverhalten Läuferzusatzwiderstände $R_{2Z}$ einzuschalten.
- Die Drehstromwicklung ist mit Gleichstrom einzuspeisen.

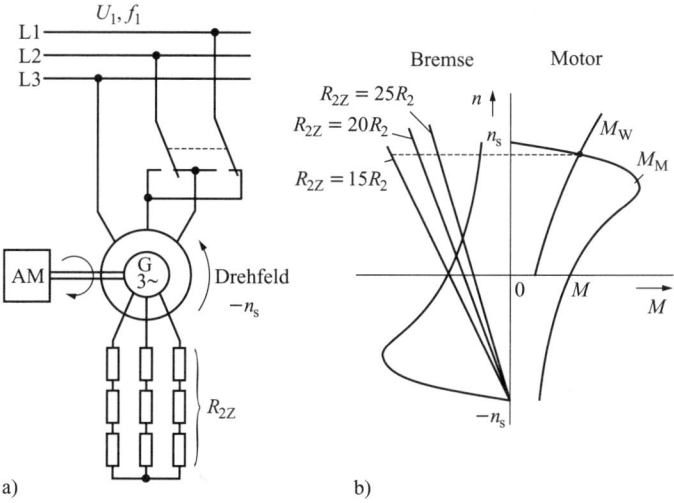

*Bild 10.47 Gegenstrombremsung a) Schaltung, b) Kennlinien*
$M_W$ Widerstandsmoment der Arbeitsmaschine

Bild 10.48 zeigt eine mögliche Schaltungsanordnung für das Gleichstrombremsen einer Schleifringläuferasynchronmaschine und die Bremskennlinien $M = f(n)$ für verschiedene Läuferzusatzwiderstände.

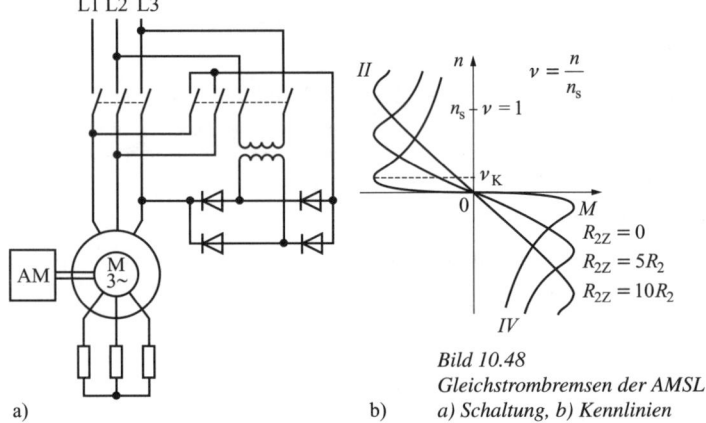

Bild 10.48
Gleichstrombremsen der AMSL
a) Schaltung, b) Kennlinien

Die Bremskennlinien ähneln im Verlauf der natürlichen Motorkennlinie mit der synchronen Drehzahl $n_d = 0$ ($\rightarrow$ Bild 10.48). Der Vorteil der Gleichstrombremsung besteht in der einfachen Schaltung. Wiederhochlauf analog der Gegenstrombremsung ist nicht möglich ($M_{(n=0)} = 0$). Üblicherweise schaltet nach erfolgter Abbremsung ein Zeitrelais die Bremsschaltung ab.

■ *Anwendungen*: Zentrifugen, Sägeantriebe, Schleifmaschinen, Förderanlagen, Hebezeuge

### 10.3.7 Einphasenasynchronmaschinen

#### 10.3.7.1 Einsatzgebiet

**Einphasenasynchronmotoren** werden in sehr großen Stückzahlen im Leistungsbereich $P < 1\ldots 2$ kW im Konsumgüterbereich verwendet und werden durch das Einphasennetz betrieben.

*Einphasenasynchronmotoren* finden in großen Stückzahlen Anwendung für Kleinantriebe im Haushalt, in Büros, in Gewerbe und Industrie (Kühlgeräte, Heizgeräte, Lüfter, Elektrowerkzeuge, Bild-, Ton- und EDV-Geräte). Diese Motoren verbinden den Vorteil des Anschlusses an jede Wechselstromsteckdose mit dem billigen, robusten Aufbau von Asynchronmaschinen. Ihre obere Leistungsgrenze liegt bei $1\ldots 2$ kW.

### 10.3.7.2 Einphasenasynchronmotoren ohne Hilfswicklung

> Einphasenasynchronmotoren ohne Hilfswicklung können aus dem Stillstand nicht selbst anlaufen.

**Aufbau.** Die Konstruktion ist weitgehend analog zum Drehstromasynchronmotor. Unterschiede sind:

- In den Nuten des Ständerblechpaketes ist nur ein Wicklungsstrang eingebracht.
- Der Kurzschlußkäfigläufer ist stromverdrängungsarm ausgeführt.

**Wirkungsweise.** Wird der Ständerstrang an das Wechselspannungsnetz angeschlossen, bildet sich ein magnetisches Wechselfeld aus. Dieses Wechselfeld kann in zwei gegensinnig umlaufende Drehfelder halber Wechselfeldamplitude zerlegt werden ($\rightarrow$ Bild 10.49).

Damit verhält sich der Einphasenasynchronmotor wie zwei gegensinnig geschaltete Drehstromasynchronmotoren auf einer gemeinsamen Welle ($\rightarrow$ Bild 10.50). Folglich kann die vom Drehstromasynchronmotor bekannte Theorie auf die zwei gegensinnig geschalteten Drehstromasynchronmaschinen übertragen werden ($\rightarrow$ 10.3.3).

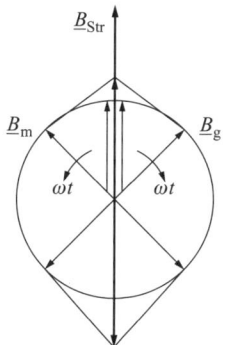

Bild 10.49 Zerlegung eines Wechselfeldes $B_{Str}$ in gegensinnig rotierende Teildrehfelder $B_m$ und $B_g$

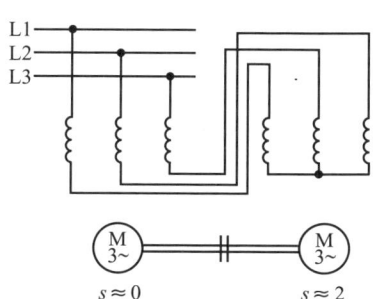

Bild 10.50 Modell für den Einphasenasynchronmotor (2 gegensinnig geschaltete Drehstrommaschinen auf einer Welle)

**Betriebsverhalten.** Das Betriebsverhalten läßt sich weitgehend der Stromortskurve $\underline{I}_1 = f\left((n/n_s)^2\right)$ entnehmen ($\rightarrow$ Bild 10.51).

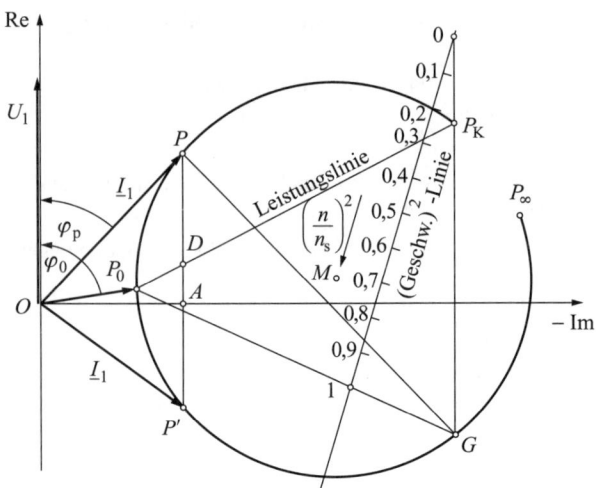

*Bild 10.51 Stromortskurve des Einphasenasynchronmotors*

Analog zu Abschnitt 10.3.4.2 können folgende wichtige Betriebskennlinien entnommen werden.

$$I_1 = f(n/n_s) \,\widehat{=}\, \text{Strecke } \overline{OP}; \quad \cos\varphi_1 = f(n/n_s) \,\widehat{=}\, \text{Winkel } \varphi_P$$

$$P_{1\,\text{el}} = f(n/n_s) \,\widehat{=}\, \text{Strecke } \overline{AP}; \quad P_{\text{mech}} = f(n/n_s) \,\widehat{=}\, \text{Strecke } \overline{DP}$$

$I_1$ Ständerstrangstrom,
$P_{1\,\text{el}}$ elektrische Wirkleistung,
$P_{\text{mech}}$ mechanische Leistung,
$n_s$ synchrone Drehzahl $f_1/p$

Das Drehmoment $M = f(n/n_s)$ ist der Stromortskurve nicht ohne weiteres zu entnehmen. Es läßt sich analog zu Gl. (10.17) aus den Luftspaltleistungen des mit- und gegenläufigen Systems bestimmen.

$$M = \frac{P_{\delta\,\text{m}} - P_{\delta\,\text{g}}}{2\pi n_s} = \frac{P_{\delta\,\text{m}}}{2\pi n_s} - \frac{P_{\delta\,\text{g}}}{2\pi n_s}$$

$$\text{mit} \quad P_{\delta\,\text{m}} = 3 \cdot \frac{R_2}{s} I_{2\text{m}}^2; \quad P_{\delta\,\text{g}} = 3 \cdot \frac{R_2}{2-s} I_{2\text{g}}^2 \tag{10.27}$$

$$\text{bzw.} \quad M = M_1(s) - M_1(2-s) = M_1(s) + M_2(s) \tag{10.28}$$

Bild 10.52 zeigt die resultierende Momentenkennlinie der Einphasenmaschine $M(s)$ bzw. $M(n/n_s)$, wie sie sich aus der Überlagerung der zwei Teilmomente $M_1(s)$ und $M_2(s)$ ergibt.

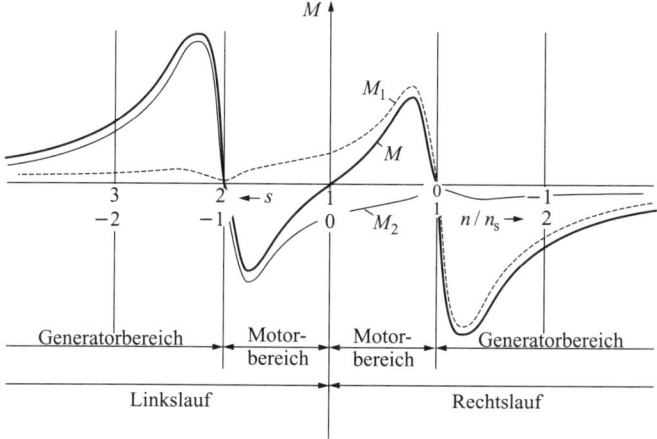

Bild 10.52 *Drehzahl-Drehmoment-Verhalten des Einphasenasynchronmotors*

*Ergebnis*:

- Es entsteht ein motorisches Moment für Rechts- und Linkslauf.
- Das Anlaufmoment ist null (bei $n/n_s = 0$ bzw. $s = 1$).
- Die Inbetriebnahme kann durch Rechts- oder Linksanwerfen erfolgen.

*Lösen des Anlaufproblems*: Der definierte Selbstanlauf kann durch das zusätzliche Einspeisen eines phasenverschobenen Stromes in einen zweiten, räumlich versetzt angeordneten Strang bewirkt werden.

### 10.3.7.3 Einphasenasynchronmotor mit Hilfswicklung

Zwecks Selbstanlauf wird beim Einphasenasynchronmotor mittels einer Hilfswicklung, der ein Kondensator zugeschaltet ist, ein phasenverschobenes Wechselfeld zum Hauptfeld erzeugt. Das resultierende elliptische Drehfeld führt zu einem Anlaufmoment.

Bild 10.53a zeigt das Schaltbild des Einphasenasynchronmotors mit Hilfsstrang. Um die erforderliche Phasenverschiebung des Stromes im Hilfsstrang zu erzielen, wird der Hilfsstrang mit vorgeschaltetem ohmschem, kapazitivem oder induktivem Widerstand ans Wechselspannungsnetz gelegt (→ Bild 10.53b).

Der *Hilfsstrang* kann nach erfolgtem Hochlauf durch ein Strom- bzw. Zeitrelais oder einen Fliehkraftschalter abgeschaltet werden (Anlaßhilfsstrang).

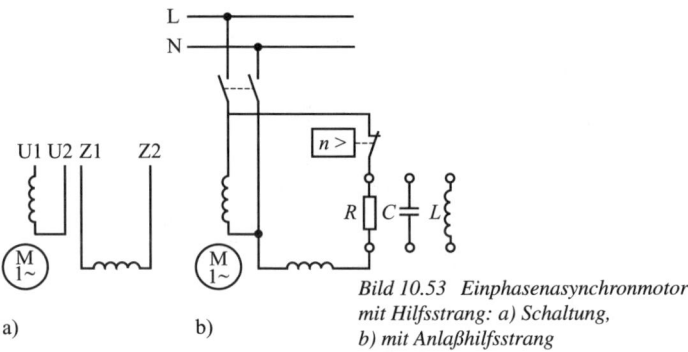

Bild 10.53 Einphasenasynchronmotor mit Hilfsstrang: a) Schaltung, b) mit Anlaßhilfsstrang

*Anschlußbezeichnung nach VDE 0530, Teil 8:*
- für Hauptstrang: U1-U2,
- für Hilfsstrang: Z1-Z2.

Im allgemeinen Fall liegt ein unsymmetrischer Betrieb mit *elliptischem Drehfeld* vor. Bild 10.54 zeigt Schaltungsvarianten von Einphasenmotoren mit Kondensatorhilfswicklung und den damit verbundenen Drehzahl-Drehmoment-Kennlinien.

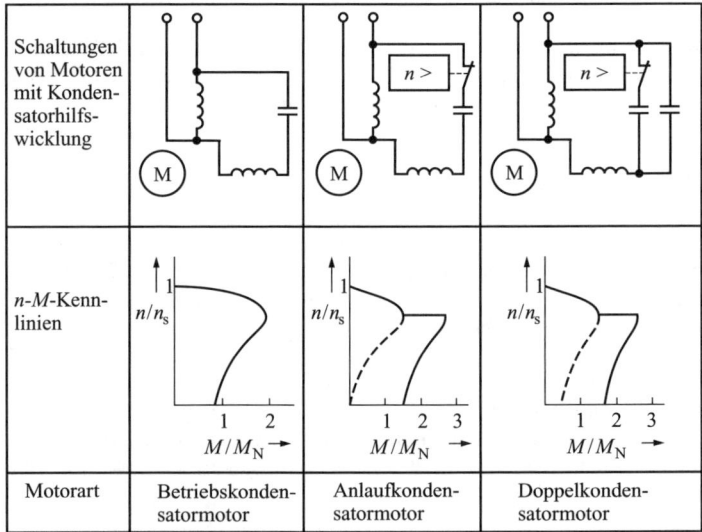

Bild 10.54 n-M-Kennlinien von Kondensatormotoren

## 10.3.7.4 Spaltpolmotoren

> Beim Spaltpolmotor liegt die Hauptwicklung direkt am Netz, während ein Teil des Hauptpoles von einer kurzgeschlossenen Hilfswicklung (meist Windungszahl 1) umgeben ist. Im Ergebnis erhält man ein elliptisches Drehfeld und ein Anlaufmoment.

**Prinzip**. Der *Spaltpolmotor* ist in seinem Prinzip ein Einphasenasynchronmotor mit dauernd eingeschaltetem Hilfsstrang. Er wird in großen Stückzahlen für Antriebe kleiner Leistung (bis ca. 100 W) produziert und wird u. a. für Heizlüfter und Laugenpumpen in Waschmaschinen eingesetzt.

**Aufbau**. Der Spaltpolmotor wird in einer Reihe von Bauformen hergestellt. Seinen prinzipiellen Aufbau zeigt Bild 10.55. Der Spaltpolmotor besitzt im Gegensatz zu den bisher behandelten Einphasenasynchronmaschinen keine in Nuten verteilte Ständerwicklung, sondern eine konzentrierte Ständerwicklung auf ausgeprägten Polen. Die in Form von einem oder mehreren Kurzschlußringen aufgebrachte „Hilfswicklung" ist in einem Polteil untergebracht, der vom Gesamtpol abgespalten ist. Der Läufer ist ein normaler Kurzschlußkäfigläufer.

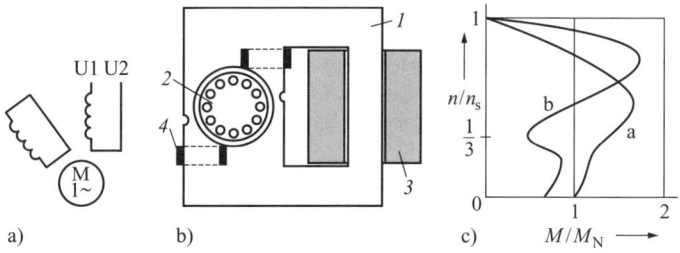

*Bild 10.55 Spaltpolmotor*
*a) Schaltung, b) Aufbau: 1 Ständerblechpaket, 2 Kurzschlußläufer, 3 Hauptstrang, 4 Hilfsstrang, c) n-M-Kennlinien für Motoren mit $P_{\text{mech}}$ von ca. 10 W (a) und 200 W (b)*

**Wirkungsweise**. Der vom Wechselstromnetz gespeiste Hauptstrang erzeugt im Magnetkreis des Motors ein Wechselfeld. Durch dieses Feld werden die Spaltpolwindungen transformatorisch erregt und erzeugen ihrerseits ein magnetisches Wechselfeld, das gegenüber dem Hauptfeld zeitlich und räumlich verschoben ist. Die Überlagerung beider Felder führt zu einem elliptischen Drehfeld, das sich in Richtung Spaltpol bewegt. Durch das Zusammenwirken des Drehfeldes mit dem Käfigläufer bildet sich nach Maßgabe des Lorentz-Kraft-Gesetzes ein Moment analog zum Drehstromasynchronmotor ($\rightarrow$ 10.3.3; $\rightarrow$ Bild 10.55c).

Das Drehmoment weist bei $n \approx n_s/3$ eine ausgeprägte Einsattelung auf. Bedingt durch die konzentrierte Erregung durch ausgeprägte Pole weicht die Feldkurve des Spaltpolmotors stark von der Sinusform ab und enthält eine dritte Oberwelle, was sich in der $n$-$M$-Kennlinie auswirkt. Der Wirkungsgrad ist mit $\eta \approx 0{,}2 - 0{,}4$ gering. Der Anzugsstrom beträgt etwa $I_1(s=1) \approx (1{,}5 - 2)I_{1N}$. Das Anzugsmoment $M_A$ hat Werte von $0{,}5$ bis $1{,}0 M_N$.

## 10.4 Synchronmaschinen

### 10.4.1 Einsatzgebiete

Die den Drehfeldmaschinen zuzuordnenden Synchronmaschinen werden einerseits als klassische Kraftwerksgeneratoren eingesetzt, andererseits gewinnen sie im Zusammenspiel mit leistungselektronischen Stellgliedern zunehmend an Bedeutung in der elektrischen Antriebstechnik.

Die große Bedeutung von Synchronmaschinen liegt in folgenden Anwendungsfeldern.

- Drehstromgeneratoren der elektrischen Energieversorgung (*Kraftwerksgeneratoren*)
  Hierbei werden Synchronmaschinen bis zu größten Einheitsleistungen gefertigt (*Turbogeneratoren* in Wärmekraftwerken bis ca. 1 200 MVA (2polig) bzw. bis 1 700 MVA (4polig), *Schenkelpolgeneratoren* bis ca. 800 MVA),
- Industrieantriebe
  – bis zu größten Antriebsleistungen (bis ca. 30 MW) wird die Drehzahlstellung über direkte Frequenzumrichter erreicht (Förderanlagen, Walzstraßen, Zementmühlen),
  – *Synchronservomotoren* (einige kW)
  für Gleichlaufaufgaben (*Reluktanzmotoren*) bis ca. 10 kW, *Hysteresemotoren* bis 100 W).

Die rasche Entwicklung der Leistungselektronik und der Permanentmagnete hat dabei einen bemerkenswerten Anwendungszuwachs der Synchronmotoren bewirkt.

### 10.4.2 Aufbau der Synchronmaschinen

#### 10.4.2.1 Hauptbaugruppen der Synchronmaschine

**Innenpolmaschine, Außenpolmaschine.** Der grundlegende Aufbau der Synchronmaschine wird am Beispiel der typischen Kraftwerksgeneratoren be-

## 10.4 Synchronmaschinen

schrieben. Sie bestehen aus den Hauptbaugruppen *Ständer* und *Läufer*. Das für den Betrieb erforderliche magnetische Erregerfeld kann vom Läufer oder Ständer erzeugt werden. Wird dieses Gleichfeld vom Läufer gebildet, bezeichnet man diese Maschinen als *Innenpolmaschinen*. Dies ist bei Synchrongeneratoren großer Leistung stets der Fall. Für kleinere Leistungen gibt es auch die Ausführungsvariante, bei der das Erregerfeld vom Ständer erzeugt wird → *Außenpolmaschine*. Dieser Maschinentyp findet Verwendung bei Notstrom- und Baustromversorgungseinrichtungen (→ Bild 10.56).

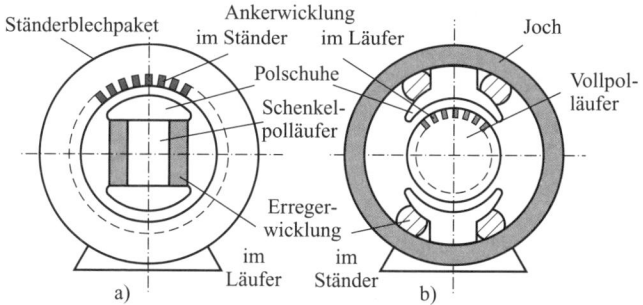

*Bild 10.56 Prinzipdarstellung der Synchronmaschine*
*a) Innenpolmaschine, b) Außenpolmaschine*

Nach Bild 10.57 kann die Gestaltung des Läufers der Innenpolmaschine in zwei verschiedenen Formen erfolgen.

**Läuferformen**

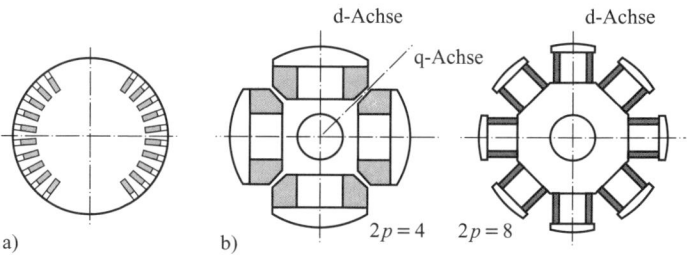

*Bild 10.57 Läuferausführung von Synchronmaschinen*
*a) Vollpolläufer ($2p = 4$), b) Schenkelpolläufer ($2p = 8$)*

*Vollpolläufer* (Induktor)

- rotationssymmetrisches Schmiedestück (Stahllegierung hoher Permeabilität),
- auf 2/3 des Umfanges sind Nuten zur Aufnahme der verteilten Erregerwicklung eingefräst,

# 10 Elektrische Maschinen

- Durchmesser $d < 1250$ mm; Länge $l < 9$ m,
- 2- oder 4polige Ausführung,
- Rotorkappen bilden gemeinsam mit den leitfähigen Nutkeilen einen Kurzschlußkäfig (*Dämpferkäfig* bei Synchronmaschinen),
- typisch für Wärmekraftwerksgeneratoren.

*Schenkelpolläufer*

- ausgeprägte Einzelpole mit konzentrierter Erregerwicklung ($\rightarrow$ Polrad),
- Polräder mit hohen Polzahlen ($2p < 80$) $\rightarrow$ große Polraddurchmesser $d < 15$ m bei geringer axialer Länge,
- Polschuhe geometrisch gestaltet ($\rightarrow$ sinusförmige Magnetfeldverteilung),
- Anwendung für Wasserkraftwerksgeneratoren,
- Große Unterschiede des magnetischen Leitwertes in Längs- und Querachse (d- und q-Achse $\rightarrow$ Bild 10.57a),
- Polrad meist auf geschweißtem Tragsystem angeordnet.

Die Zuführung der Erregerleistung erfolgt über zwei Schleifringe auf dem Wellenende oder „bürstenlos" mittels einer mitrotierenden Diodengleichrichterbrücke, die die Erregerleistung gleichrichtet.

**Ständer**

- Analog zum Asynchronmaschinenständer ($\rightarrow$ 10.3.2),
- Ständerblechpaket mit Nuten, bei Großmaschinen aus Segmenten geschichtet (in Nuten 3strängige Drehstromwicklung für Leiterspannungen $U_L = 6\ldots27$ kV),
- Spulen aus stromverdrängungsarmen *Roebelstäben*,
- Ständer ist in stabiles Gehäuse in Schweißkonstruktion eingebaut.

## 10.4.2.2 Kühlsysteme für Grenzleistungsgeneratoren

Die Grenzleistungen von Turbogeneratoren konnten durch den Einsatz immer intensiverer Kühlsysteme gesteigert werden ($\rightarrow$ Tab. 10.11).

*Tabelle 10.11 Kühlsysteme für Grenzleistungsgeneratoren*

| Kühlsystem | Grenzleistungswert $S_N$ |
|---|---|
| *Luftkühlung* (Ständer, Läufer) | $S_N < 60$ MVA |
| *Wasserstoffkühlung* (Hohlleiterprofile in Läufernut, in Ständer direkt gekühlt) | $60$ MVA $< S_N < 250$ MVA |
| *Wasserstoff-Wasserkühlung* (Läufernut mit Wasserstoff, Ständer mit Wasser) | $S_N < 1000$ MVA |
| *Wasserkühlung direkt* (Ständer, Läufer) | $S_N < 2000$ MVA |

### 10.4.2.3 Erregersysteme

Durch die Einspeisung der Erregerwicklung mit einem einstellbaren Gleichstrom $I_E$ wird das magnetische Erregerfeld der Synchronmaschine erzeugt. Der Leistungsbedarf für die Erregerwicklung beträgt 3...5 % der Nennscheinleistung $S_N$ bei kleinen Synchronmaschinen (bis einige 100 kVA) und $\approx (0,5\,\%) S_N$ bei sehr großen Synchronmaschinen von einigen 100 MVA. Bei Generatoren im Grenzleistungsbereich beträgt der Erregerstrom $I_E$ über 10 kA. Je nach Leistung und Verwendungszweck der Synchronmaschine (Motorbetrieb, Generatorbetrieb, Phasenschieber, Insel- oder Netzbetrieb) haben sich verschiedene Erregertechniken herausgebildet.

**Angekoppelte Gleichstromerregermaschine** (rotierende Erregereinrichtung, $\rightarrow$ Bild 10.58 a)

- Klassisches Verfahren für Turbogeneratoren bis 150 MVA ($\approx$ 500 kW Erregerleistung),
- Gleichstromhaupterregermaschine wird von selbsterregter Hilfserregermaschine gespeist,
- Nachteilig ist die große Zeitkonstante $\tau$ der Erregerwicklung ($\rightarrow$ geringe Dynamik) der Haupterregermaschine.

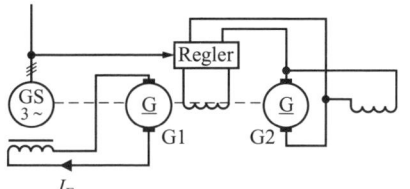

Bild 10.58 a) Erregung der Synchronmaschine
G1 Haupterregermaschine,
G2 Hilfserregermaschine

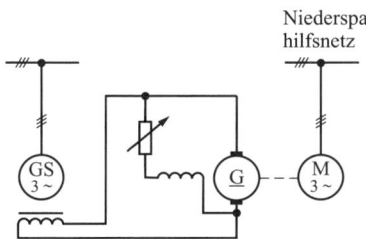

Bild 10.58 b) Getrennt aufgestellter Erregerumformer
GS Synchrongenerator, G Erregergenerator, M Antriebsmotor

**Getrennt aufgestellter Erregerumformer** ($\rightarrow$ Bild 10.58 b)

- Selbsterregter Gleichstromgenerator, über einen Antriebsmotor (meist Asynchronmotor) angetrieben,
- einsetzbar bis zu größten Generatorleistungen.

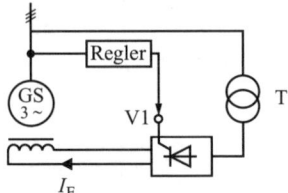

*Bild 10.58 c) Statische Erregereinrichtung*
*T Erregertransformator, V1 Thyristorumrichter*

**Stromrichtererregung** (statische Erregereinrichtung)

- Schaltungen der Leistungselektronik,
- einsetzbar bis zu höchsten Leistungen,
- dynamisch hochwertiges Erregersystem (vorteilhaft bei hohen Laststößen, Blindleistungskompensation),
- gewinnt zunehmend an Bedeutung.

Man unterscheidet eine Variante mit netzgeführtem Thyristorgleichrichter und Phasenanschnittssteuerung (→ Bild 10.58 c) sowie Varianten mit Innenpol-Drehstromgenerator mit netzgeführtem Thyristorgleichrichter (→ Bild 10.58 d). Die Übergabe der Gleichstromleistung an die Synchronmaschine erfolgt in beiden Varianten mittels Schleifringen.

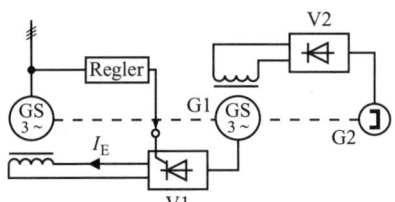

*Bild 10.58 d) Direkt gekuppelte Innenpol-Drehstrommaschine G1; G2 Hilfserregermaschine, V1 Thyristorstromumrichter, V2 Diodengleichrichter*

**Schleifringlose Erregerleistungsübertragung** mit *Außenpol-Drehstromerregergenerator und rotierendem Diodengleichrichter* (→ Bild 10.58 e)

- Die Drehstromerregermaschine ist unmittelbar auf der Welle der Hauptmaschine angeordnet.
- Speisung erfolgt über den angekoppelten, meist permanentmagnetisch erregten Hilfsgenerator und geregelten Gleichrichter.
- Erregerleistung wird über mitrotierende ungesteuerte Diodengleichrichterbrücke „bürstenlos" zugeführt.

Diese Variante ist typisch für Großgeneratoren, aber auch für große schleifringlose Synchronmotoren.

**Permanentmagneterregung von Synchronmotoren** (→ Bild 10.58 f)

- Leistungsbereich bis $P_N \approx 10$ kW (synchrone Servomotoren),

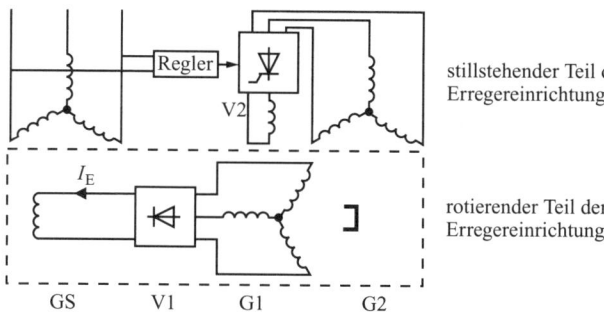

*Bild 10.58 e) Schleifringlose Erregereinrichtung*
*G1 Außenpol-Drehstromerregermaschine, G2 Hilfserregermaschine mit Dauermagnetläufer, V1 mitrotierender Diodengleichrichter, V2 Thyristorstromrichter*

- Für diese Innenpolläufer werden Ferrite und „Seltene Erden"-Magnete (SmCo) eingesetzt.
- Gleichstromzuführung zum Motor entfällt (damit aber auch Einfluß auf den Blindleistungshaushalt dieser Synchronmaschinen).

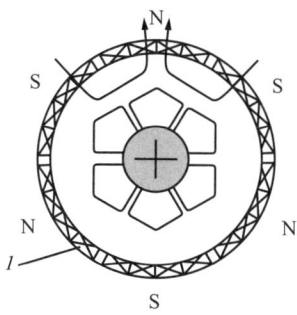

*Bild 10.58 f) Dauermagneterregter Läufer von Synchronmaschinen*
*1 Seltenerd-Magnete*

## 10.4.3 Wirkungsweise und Betriebsverhalten

### 10.4.3.1 Spannungsinduktion durch das rotierende Erregerfeld in der Drehstromwicklung des Ständers

**Ständerstrangspannung.** Rotiert der erregte Läufer mit der Drehzahl $n_s = f_1/p$, so induziert das Grundwellenfeld $B_1$ des Läufers in jedem Wicklungsstrang des Ständers dem Induktionsgesetz entsprechend eine sinusförmige Spannung. Der Effektivwert der induzierten Strangspannung $U_{q1}$ ergibt zu

$$U_{q1} = \frac{2\pi}{\sqrt{2}} N_1 \xi_1 f_1 \hat{\Phi}_{1h} = \frac{4}{\sqrt{2}} N_1 \xi_1 f_1 l \tau_p \hat{B}_1 \qquad (10.29)$$

$\hat{B}_1$     Amplitude des Grundwellenfeldes
$f_1$     Frequenz
$l$     Ständerblechpaketlänge
$\xi_1$     Wickelfaktor
$\tau_p$     Polteilung
$\hat{\Phi}_{1h}$     Maximalwert des Polflusses
$N_1$     Strangwindungszahl
$\omega = 2\pi f_1$ Kreisfrequenz

### 10.4.3.2 Synchrongenerator mit Vollpolläufer im Inselbetrieb

> Im Inselbetrieb speist ein einziger Synchrongenerator in ein Netz.

**Leerlauf, Leerlaufkennlinie** ($U_{q1} = f(I_E)$)

**Leerlaufkennlinie.** Trägt man bei konstanter Antriebsdrehzahl $n_s$ die induzierte Strangspannung $U_{q1}$ als Funktion des Erregerstromes $I_E$ auf, so erhält man die Leerlaufkennlinie. Sie weicht mit beginnender magnetischer Sättigung immer mehr von der Anfangssteigung ab (→ Bild 10.59).

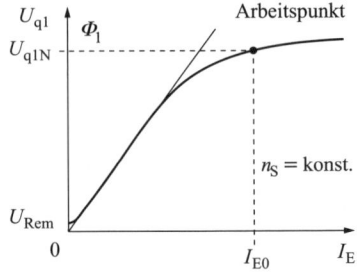

Bild 10.59
Leerlaufkennlinie ($U_{q1} = f_m(I_E)$,
$f_m$ Magnetisierungsfunktion,
$U_{Rem}$ Remanenzspannung)

Wichtige Kennlinienpunkte: $I_E = 0 \rightarrow U_{q1} = U_{Rem}$; $I_E = I_{E0} \rightarrow U_{q1} = U_N$. Die vom Läufergleichfeld induzierte Ständerstrangspannung $U_{q1}$ wird auch als ideelle *Polradspannung* $U_P$ bezeichnet.

**Belastung des Vollpolsynchrongenerators im Inselbetrieb**

**Ankerrückwirkung.** Wird die Synchronmaschine durch einen Drehstromverbraucher belastet, so erzeugt die nun stromdurchflossene Ständerdrehstromwicklung eine eigene Drehdurchflutung $\underline{\Theta}_1$, die synchron zur Läuferdurchflutung $\underline{\Theta}_E$ rotiert. Beide Durchflutungen überlagern sich resultierend zur Magnetisierungsdurchflutung $\underline{\Theta}_\mu$. Dieser Effekt ist die *Ankerrückwirkung*.

$$\underline{\Theta}_\mu = \underline{\Theta}_E + \underline{\Theta}_1 \tag{10.30}$$

Zwischen den Durchflutungen $\underline{\Theta}_1$ und $\underline{\Theta}_E$ gilt die Proportion

$$\frac{\Theta_1}{\Theta_E} = \frac{3N_1\xi_1}{\sqrt{2}N_E\xi_E} \cdot \frac{I_1}{I_E} = g \cdot \frac{I_1}{I_E} \tag{10.31}$$

$N_1$  Ständerstrangwindungszahl,
$N_E$  Erregerwicklungswindungszahl,
$\xi_1, \xi_E$  Wickelfaktoren

Dabei ist $g$ der Umrechnungsfaktor für den Ständerstrangstrom $I_1$ auf einen äquivalenten Erregerstrom $I_1'$.

$$\underline{I}_1' = g \cdot \underline{I}_1 \tag{10.32}$$

Mit dieser Zuordnung ergibt sich für den das resultierende Magnetfeld bestimmenden Magnetisierungsstrom $I_\mu$

$$\underline{I}_\mu = \underline{I}_E + \underline{I}_1' \tag{10.33}$$

**Spannungsgleichung, Ersatzschaltbild, Zeigerdiagramm**. Die Spannungsgleichung für einen Strang der Vollpolmaschine ergibt sich zu:

$$\underline{U}_1 = \underline{U}_p + jX_h\underline{I}_1 + jX_{1\sigma}\underline{I}_1 + R_1\underline{I}_1 = \underline{U}_p + jX_d\underline{I}_1 + R_1\underline{I}_1 \tag{10.34}$$

Die Summe von Hauptreaktanz $X_h$ und Streureaktanz $X_{1\sigma}$ wird als *Synchronreaktanz*

$$X_d = X_h + X_{1\sigma} \tag{10.35}$$

und $U_p = f(I_E)$ als *Polradspannung* bezeichnet. $I_1$ ist der Ständerstrangstrom. Es läßt sich nach Bild 10.60 das Ersatzschaltbild für die Vollpolmaschine angeben.

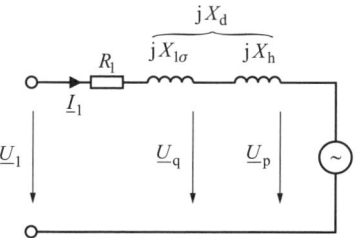

*Bild 10.60 Ersatzschaltbild der Vollpolmaschine*

Durch die grafische Auswertung der zwei Zeigergleichungen ($\rightarrow$ Gln. (10.33), (10.34)) gewinnt man das vollständige *Zeigerdiagramm* des Vollpolsynchrongenerators im Inselbetrieb, wie es für ohmsch-induktive Belastung im Bild 10.61 dargestellt ist.

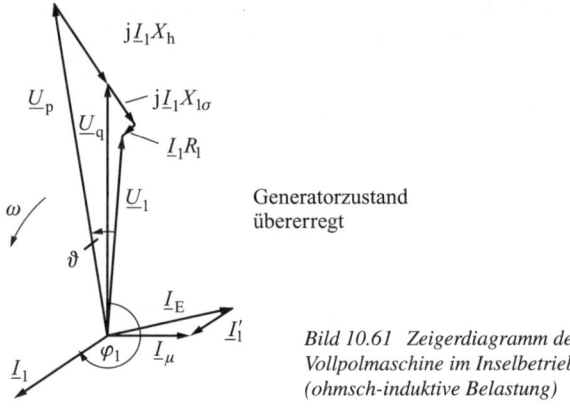

Bild 10.61 Zeigerdiagramm der Vollpolmaschine im Inselbetrieb (ohmsch-induktive Belastung)

Generatorzustand übererregt

**Spannungsverhalten.** Die Klemmenspannung $U_1$ ist bei konstanter Drehzahl $n_s$ und bei konstant eingestellter Läufererregung ($U_p$ = konst.) abhängig von der Größe und Phasenlage des Laststromes $I_1$. Auskunft über die *Belastungskennlinien* $U_1 = f(I_1)$ mit dem Parameter $\cos\varphi_1$ gibt die *Ortskurvenschar* für die Klemmenspannung $U_1$ für $U_p$ = konst.; ($I_E, n_s$ = konst.) mit den Parametern $I_1$ und $\cos\varphi_1$ unter der zulässigen Vernachlässigung von $R_1$. Der Kennlinienverlauf $U_1 = f(I_1)$ bei vorgegebenen Leistungsfaktor $\cos\varphi_1$ läßt sich unmittelbar aus der Ortskurve ablesen (→ Bild 10.62)

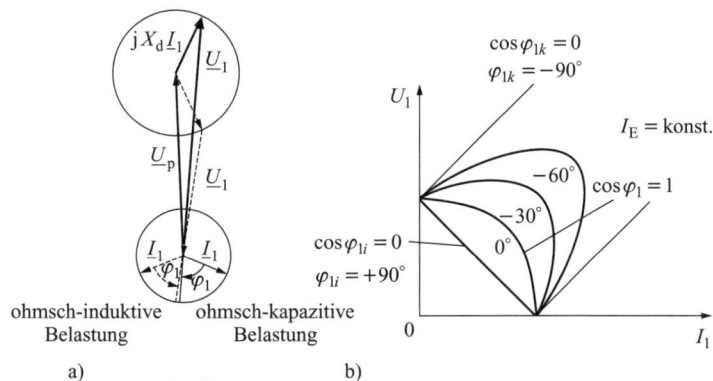

*Bild 10.62 Ortskurve der Klemmenspannung im Inselbetrieb für $I_E$ und $I_1$ = konst. und beliebigen Leistungsfaktor*
*a) $\underline{U}_1 = f(\underline{I}_1)$, b) $U_1 = f(I_1)$ ohmscher, induktiver und kapazitiver Belastung*

## 10.4 Synchronmaschinen

Die Forderung nach konstanter Einspeisespannung in das Netz kann durch Nachregeln des Erregerstromes $I_E$ erreicht werden. Bild 10.63 zeigt entsprechende *Regelkennlinien*.

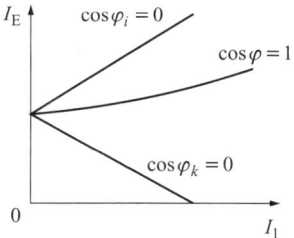

*Bild 10.63 Regelkennlinie für konstante Netzspannung*

### 10.4.3.3 Betriebsverhalten der Vollpolmaschine im Netzbetrieb

Beim Netzbetrieb wird die Synchronmaschine auf das Verbundnetz geschaltet, wobei Klemmenspannung und Frequenz vorgegeben sind.

**Synchronisation**

Mit dem **Synchronisationsverfahren** wird die Synchronmaschine hinsichtlich Phasenfolge, Frequenz, Spannung und Phasenwinkel an das Drehstromnetz angepaßt.

Die Synchronmaschine kann nicht ohne besondere Vorkehrungen an das Drehstromnetz angeschlossen werden, man muß sie synchronisieren. Darunter versteht man das nahezu stromlose Zuschalten der Synchronmaschine auf ein Drehstromnetz. Dazu sind unter Nutzung von Antriebsmotoren, Turbinen oder des asynchronen Anlaufs mit Hilfe des Dämpfungskäfigs die Drehzahl und durch Einstellen des Erregerstromes $I_E$ die Generatorklemmenspannung $U_1$ so einzustellen, daß die nachfolgenden Bedingungen für Netz und Synchronmaschine erfüllt sind:

- gleiche Phasenfolgen,
- gleiche Frequenz $f_1$,
- gleiche Spannung $U_1$,
- gleicher Phasenwinkel $\varphi$.

Eine Überwachung dieser Voraussetzungen erfolgt beispielsweise mittels der Dunkelschaltung oder Synchronoskop.

## Betriebsverhalten der Synchronmaschine am Netz

Für das Betriebsverhalten der Synchronmaschine am Netz sind der Generatorbetrieb, der Motorbetrieb bei Über- und Untererregung von Bedeutung.

Nach der Synchronisation läuft die Maschine leer am Netz. Klemmenspannung und Frequenz sind fest vorgegeben. Der Ständerstrangstrom $I_1 = 0$. Sie entwickelt kein Moment $M$ und wird mit dem Leerlauferregerstrom $I_{E0}$ gespeist. Von diesem Betriebszustand aus läßt sich die Synchronmaschine durch

- Einleiten von Momenten an der Welle (treiben, bremsen),
- Variieren des Erregerstromes (Über-, Untererregung)

in verschiedenen Betriebsweisen betreiben.

### Generatorbetrieb

- Das antreibende Moment $M$ an der Welle ist zu erhöhen. Die Maschine nimmt mechanische Leistung $P_{\text{mech}} = M \cdot \omega_s$ auf.
- Das Polrad wird beschleunigt, ein Polradwinkel $\vartheta$ stellt sich ein.
- Zwischen $\underline{U}_p$ und $\underline{U}_1$ tritt eine Phasenverschiebung von $\vartheta$ auf.
- Die Differenzspannung $\underline{\Delta U} = jX_d\underline{I}_1$ treibt den um 90° nacheilenden Strom $\underline{I}_1 = -j(\underline{\Delta U}/X_d)$ an.
- $\underline{I}_1$ ist der generatorische Wirkstrom; der Generator gibt elektrische Leistung an das Netz ab.
- Es stellt sich Gleichgewicht zwischen zugeführter mechanischer Leistung $P_{\text{mech}} = M \cdot \omega_s$ und abgegebener elektrischer Leistung $P_{\text{el}} = 3U_1 \cdot I_1 \cdot \cos\varphi_1$ ein.

### Motorbetrieb

- Von der Welle der Maschine wird ein Moment $M$ abverlangt. Sie gibt die mechanische Leistung $P_{\text{mech}} = M \cdot \omega_s$ ab.
- Das Polrad wird verzögert. Es stellt sich der Polradwinkel $-\vartheta$ nach einem Übergang ein. Zwischen den Spannungen $\underline{U}_p$ und $\underline{U}_1$ stellt sich eine Phasenverschiebung um den Winkel $\vartheta$ ein. Die Differenzspannung $\underline{\Delta U}$ treibt wiederum den Strom $\underline{I}_1 = -j(\underline{\Delta U}/X_d)$ an. $\underline{I}_1$ ist ein fast reiner Motorwirkstrom (in Phase mit $\underline{U}_1$).
- Die als Motor arbeitende Synchronmaschine entnimmt dem Netz die elektrische Leistung $P_{\text{el}} = 3U_1 \cdot I_1 \cdot \cos\varphi_1$.

Der jeweilige Übergangsvorgang des Polradwinkels $\vartheta(t)$ erfolgt durch Einschwingen.

### Über- und Untererregung

- Die Synchronmaschine befindet sich mechanisch im Leerlauf ($M = 0$).

## 10.4 Synchronmaschinen

- Der Erregerstrom $I_E$ wird gegenüber $I_{E0}$ variiert. Die Polradspannung $U_p$ ist proportional zu $I_E$.
- Die Differenzspannung $\underline{\Delta U}$ bildet sich in Phase (Untererregung) bzw. in Gegenphase (Übererregung) zu $\underline{U}_1$ aus.
  $\underline{\Delta U}$ treibt den reinen Blindstrom $\underline{I}_1 = -j(\underline{\Delta U}/X_d)$ an (bei Untererregung induktiv, bei Übererregung kapazitiv).

**Ergebnis.** Über die Welle läßt sich der Wirkleistungshaushalt und über die Erregung die Blindleistungsbilanz beeinflussen. Die leerlaufende Synchromaschine kann als Phasenschieber verwendet werden. Bild 10.64 zeigt alle für den praktischen Einsatz wichtigen Betriebsweisen, die sich durch Kombinationen der zwei Steuerverfahren (Welle, Erregung) ergeben.

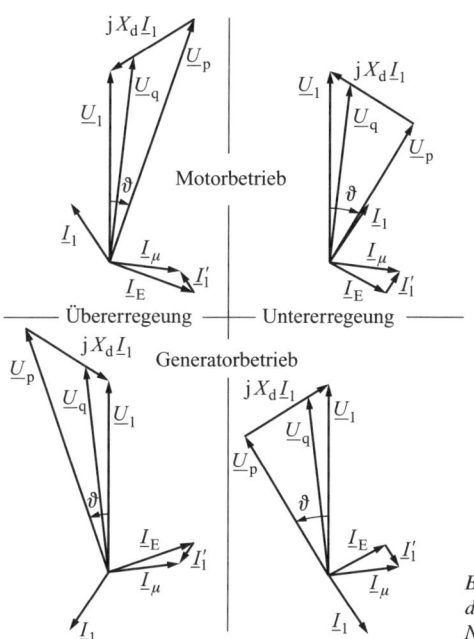

*Bild 10.64* Betriebszustände der Synchronmaschine am Netz ($R_1 = 0$)

**Stromortskurve** $\underline{I}_1 = f(\vartheta)$ **mit dem Parameter** $U_p/U_{1N}$ **(Erregergrad)**

> Mittels der **Stromortskurve** können alle interessierten Beriebskennlinien bei Motorbetrieb, Generatorbetrieb sowie bei Über- und Untererregung angegeben werden.

**Stromortskurve.** Die *Ortskurve* $\underline{I}_1 = f(\vartheta)$ gestattet in anschaulicher Weise einen Überblick über alle *Betriebskennlinien für Motor- und Generatorbetrieb* bei Über- und Untererregung. Die Spannungsgleichung $\underline{U}_1 = \underline{U}_p + jX_d\underline{I}_1$ liefert die Gleichung für den Ständerstrangstrom $\underline{I}_1$.

$$\underline{I}_1 = -j\frac{\underline{U}_1}{X_d} + j\frac{\underline{U}_p}{X_d} \tag{10.36}$$

Für die Ortskurven des Ständerstrangstromes $\underline{I}_1 = f(\vartheta)$ ergibt sich mit dem *Erregungsgrad* $U_p/U_1$ als Parameter nach Bild 10.65 eine Kreisschar.

Man erkennt

- $U_p/U_1 < 1$ (Untererregung) → Bezug von Blindstrom
- $U_p/U_1 > 1$ (Übererregung) → Abgabe von Blindstrom
- Parameter auf den Kreisen ist der Polradwinkel $\vartheta$.
- Die Wirkleistung der Synchronmaschine wird durch den Wirkstrom $I_{1W} = I_1 \cdot \cos\varphi_1 = -\frac{U_p}{X_d}\sin\vartheta$ repräsentiert.

Für Polradwinkel $\vartheta \to 90°$ wird bei vorgegebenem Erregergrad die maximale Wirkleistung $P_{el} = 3U_1 \cdot I_1 \cdot \cos\varphi_1$ (Stabilitätsgrenze) erreicht; für $\vartheta > 90°$ fällt die Synchronmaschine „außer Tritt".

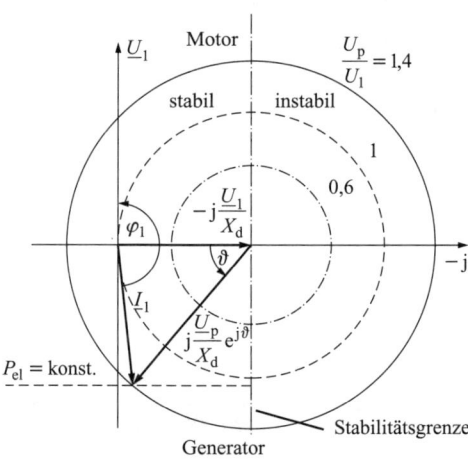

*Bild 10.65*
*Stromortskurve der Vollpolmaschine*
$(R_1 \equiv 0)$

**V-Kurven** (→ Bild 10.66). Verlangt man von der Synchronmaschine die Abgabe konstanter Wirkleistung ( $\hat{=}$ konstanter Wirkstrom $I_{1W}$) und ändert den Erregungsgrad $U_p/U_1$, so erhält man für die Kennlinie $I_1 = f(I_E)$ wegen $U_p \sim I_E$ entsprechend der Stromortskurve (→ Bild 10.65) einen v-förmigen Verlauf. Für eine andere Wirkleistung $P_{el}$ ergibt sich eine andere V-Kurve.

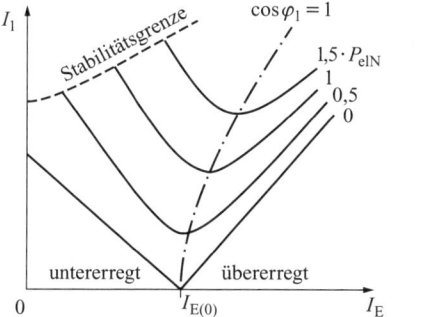

Bild 10.66
V-Kurven ($I_1 = f(I_E)$)

Im Minimum der V-Kurven führt die Ständerwicklung jeweils nur den zur Leistung $P_{el}$ gehörenden Wirkstrom (cos $\varphi_1 = 1$). Rechts und links von der Linie für cos $\varphi_1 = 1$ überlagert sich dem Wirkstrom noch jeweils ein Blindstrom. Die hier für den Generatorbetrieb beschriebenen V-Kurven gelten in analoger Weise für konstantes Moment $M$ bzw. konstante mechanische Leistung $P_{mech}$ auch im Motorbetrieb.

**Drehmoment der Vollpolmaschine**

> Das Maximum des Drehmomentes erreicht die Vollpolmaschine bei einem Polradwinkel von 90°.

Wegen $M = \dfrac{P_{1\,el}}{2\pi n_s} = \dfrac{m_1 U_1 I_1 \cos \varphi_1}{2\pi n_s}$ und $I_1 \cos \varphi_1 = -\dfrac{U_p}{X_d} \sin \vartheta$ erhält man das Drehmoment der konstant erregten Vollpolmaschine zu

$$M = -\frac{m_1}{2\pi n_s} \cdot \frac{U_1 U_p}{X_d} \sin \vartheta . \tag{10.37}$$

$m_1$ Strangzahl (meist 3)

*Ergebnis* ($\to$ Bild 10.67):

- $M$ verläuft als Funktion des Polradwinkels $\vartheta$ sinusförmig.
- $M$ wird bei vorgegebener Netzspannung $U_1$ von der Polradspannung $U_p$ bestimmt.
- Bei Generatorbetrieb ($\vartheta > 0 \to M < 0$) muß der Maschine ein Drehmoment zugeführt werden.
- Bei Motorbetrieb ($\vartheta < 0 \to M > 0$) gibt die Maschine ein Drehmoment an die Arbeitsmaschine ab.
- Das maximale Drehmoment tritt bei dem Polradwinkel $\vartheta = \pm 90°$ auf.

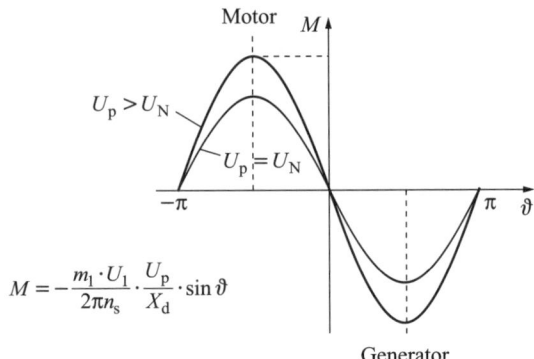

$$M = -\frac{m_1 \cdot U_1}{2\pi n_s} \cdot \frac{U_p}{X_d} \cdot \sin\vartheta$$

**Bild 10.67** Abhängigkeit des Drehmoments der Vollpolmaschine vom Erregerstrom und Polradwinkel (- - - - - stationäre Stabilitätsgrenze)

Der Differentialquotient der Momentenkurve $\mathrm{d}M/\mathrm{d}\vartheta = \Delta M_s$ wird als *synchronisierendes* Moment bezeichnet.

### 10.4.3.4 Spezifika von Schenkelpolmaschinen

Im Gegensatz zur Vollpolmaschine ist wegen der ausgeprägten Pole des Polrades der magnetische Widerstand des Luftspaltes am Läuferumfang der Schenkelpolmaschine nicht konstant. Das hat Auswirkungen auf das Betriebsverhalten.

**Ankerrückwirkung bei Schenkelpolmaschinen**

Das Magnetfeld, das von der Ständerdurchflutung $\Theta_1$ hervorgerufen wird, ist wegen des unterschiedlichen magnetischen Leitwertes im Pol- und Pollückenbereich abhängig von der räumlichen Lage zur Läuferquerachse (q-Achse). Die lineare Addition von Erreger- und Ständerdurchflutung (wie bei Vollpolmaschine → Gl. (10.30)) ist nicht sinnvoll. Die Ständerdurchflutung ist in ihrer Längs- und Querkomponente (→ Bild 10.68) den Leitwertverhältnissen entsprechend unterschiedlich zu bewerten.

Es gilt für die Schenkelpolmaschine analog zu Gl. (10.30)

$$\underline{\Theta}_\mu = \underline{\Theta}_E + k_d \underline{\Theta}_{1d} + k_q \underline{\Theta}_{1q} \tag{10.38}$$

mit $k_q = \dfrac{\Lambda_q}{\Lambda_E} \approx 0{,}25\ldots 0{,}45.$ und $k_d = \dfrac{\Lambda_d}{\Lambda_E} \approx 0{,}85\ldots 0{,}92.$

$\Lambda_d$, $\Lambda_q$, $\Lambda_E$ magnetische Leitwerte für Ankerlängs-, Ankerquer- und Polradfeld

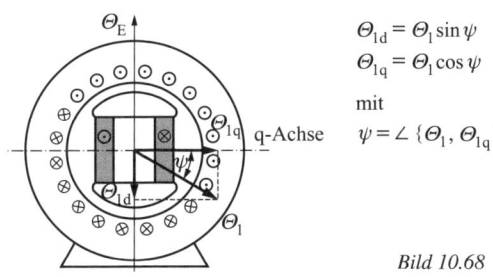

$\Theta_{1d} = \Theta_1 \sin \psi$
$\Theta_{1q} = \Theta_1 \cos \psi$

mit

$\psi = \angle \{\Theta_1, \Theta_{1q}\}$

*Bild 10.68 Durchflutungsdiagramm der Schenkelpolmaschine*

**Zeigerdiagramm.** In Auswertung dieser Effekte ergibt sich ein gegenüber Bild 10.64 modifiziertes Zeigerdiagramm für die Schenkelpolmaschine ($\rightarrow$ Bild 10.69).

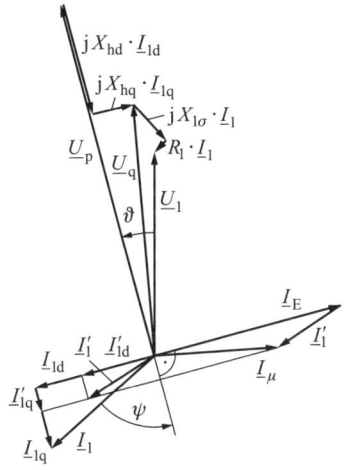

$I'_{1d} = k_d g_s \cdot I_1 \sin \psi$
$I'_{1q} = k_q g_s \cdot I_1 \cos \psi$

$g_s$ *Umrechnungsfaktor für Schenkelpolmaschinen*

*Bild 10.69 Zeigerdiagramm der Schenkelpolmaschine im Generatorbetrieb (ohmsch-induktive Belastung)*

**Ortskurve $\underline{I}_1 = f(\vartheta)$ mit dem Parameter Erregergrad $U_p/U_1$**

> Aus der **Ortskurve** können alle wichtigen Betriebskennlinien der Synchronmaschine bei Motor- und Generatorbetrieb entnommen werden.

Die zur Stromortskurve gehörende Gleichung $\underline{I}_1 = f(\vartheta)$ mit dem Parameter $\underline{U}_p$ lautet

$$\underline{I}_1 = j\frac{U_p}{X_d} - \frac{U_1}{2}\left(\frac{1}{X_q} - \frac{1}{X_d}\right) \sin 2\vartheta - j\frac{U_1}{2}\left[\frac{1}{X_d} + \frac{1}{X_q} - \left(\frac{1}{X_q} - \frac{1}{X_d}\right) \cos 2\vartheta\right] \quad (10.39)$$

$U_p$ Polradspannung,
$U_1$ Ständerstrangspannung,
$X_d$ und $X_q$ synchrone Längs- bzw. Querreaktanz,
$\vartheta$ Polradwinkel

Die Auswertung von Gl. (10.39) liefert für ausgewählte Erregergrade $U_p/U_1$ die Ortskurvenschar nach Bild 10.70.

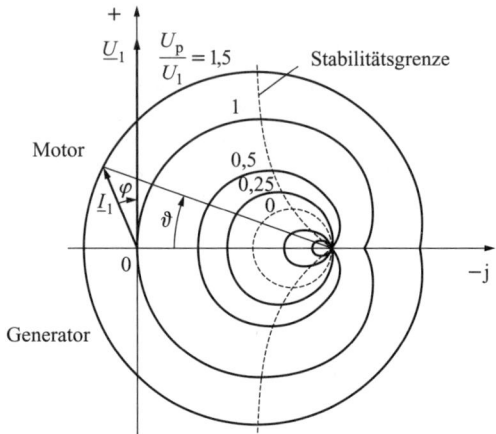

*Bild 10.70 Drehmoment der Schenkelpolmaschine in Abhängigkeit vom Polradwinkel bei verschiedenen Erregungen ($U_p/U_1 = 0\ldots 1,5$)*

Diese Ortskurvenschar gestattet analog zu Abschnitt 10.4.3.3 den Einblick zu allen wichtigen Betriebskennlinien der Schenkelpolmaschine im Motor- und Generatorbetrieb (V-Kurven, $M = f(\vartheta)$ u. a. m.).

**Drehmoment**

> Das **Drehmoment** der Schenkelpolmaschine enthält zwei Anteile. Zusätzlich zu dem von der Vollpolmaschine bekannten Moment entwickelt die Schenkelpolmaschine das Reaktionsmoment.

Das Drehmoment wird aus der aufgenommenen elektrischen Leistung $P_{1\,\text{el}}$ bei verlustfrei angenommener Maschine nach Gl. (10.37) gewonnen.

$$M = \frac{P_{1\,\text{el}}}{\omega_s} = \frac{m_1 U_1}{2\pi n_s} \cdot I_{1\,\text{W}}$$

Unter Beachtung der Gl. (10.39) für $\underline{I}_1 = I_{1\,\text{W}} + jI_{1\,\text{B}}$ erhält man durch Umformen:

$$M = -\frac{m_1 U_1}{2\pi n_s} \left[ \frac{U_p}{X_d} \sin \vartheta + \frac{U_1}{2} \left( \frac{1}{X_q} - \frac{1}{X_d} \right) \sin 2\vartheta \right] \quad (10.40)$$

*Bewertung des Ergebnisses* ($\rightarrow$ Bild 10.71)

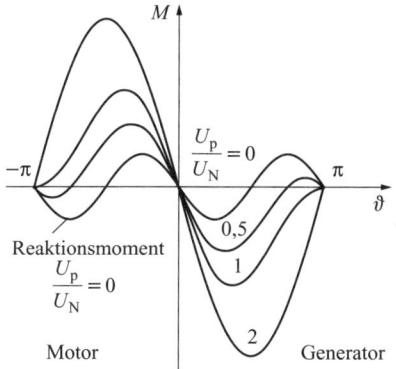

Bild 10.71  Stromortskurven der Schenkelpolmaschine ($R_1 = 0$, verschiedene Erregungen $U_p/U_1$)

- Das Moment enthält zwei Anteile.
  - Moment analog zur Vollpolmaschine ($M \sim \sin \vartheta$)
  - Reaktionsmoment $M_R$ (nur verschieden von 0, wenn $X_d > X_q$, d. h., es resultiert wegen $X = \omega L = N^2 \Lambda$ ($N$ Windungszahl, $\omega$ Kreisfrequenz) aus den unterschiedlichen magnetischen Leitwerten $\Lambda_d$ und $\Lambda_q$; $M = M_R$ für $U_p/U_N = 0 \rightarrow M_R$ ist schon bei unerregter Maschine vorhanden; $M_R$ bereits bei $\vartheta = 45°$ maximal groß, d. h., $M_R \sim \sin 2\vartheta$

- Das Maximalmoment ist mit Hilfe des Erregergrades einstellbar.

### 10.4.4 Sonderformen von Synchronmaschinen

#### 10.4.4.1 Stromrichtergespeiste Synchronmaschinen

**Antriebsstrukturen.** Die Entwicklung der Frequenzumrichter als Bindeglied zwischen Drehstromnetz und Synchronmaschinen hat für drehzahlgesteuerte bzw. -geregelte Synchronmaschinen breite Anwendungen eröffnet ($\rightarrow$ Bild 10.72, Tab. 10.12). Die Frequenzumrichter müssen sicherstellen, daß für konstantes Kippmoment die Ständerstrangspannung im Stellbereich frequenzproportional geändert werden muß.

Die in Tabelle 10.12 gezeigten Antriebsstrukturen sind typisch.

Tabelle 10.12 Stromrichterantriebe mit Servomotoren
PAM Pulsamplitudenmodulation, PWM Pulsweitenmodulation, EC elektronisch kommutiert

| Bezeichnung | Direktumrichter | Blockumrichter PAM | Pulsumrichter PWM | EC Gleichstrom Elektronikmotor | Stromrichtermotor |
|---|---|---|---|---|---|
| Eingangs-Netz-Stromrichter | | | | | |
| Zwischenkreis-Inverter | | | | | |
| Maschine | | | | | |
| Frequenz in Hz | 0 bis 20 | 5 bis 150 | 0 bis 400 | 0 bis 400 | 5 bis 100 |
| Stellbereich | 1 : 200 | 1 : 10 | 1 : 200 | 1 : 200 | 1 : 20 |
| Leistung in kW | 1000 bis 20 000 | 1 bis 250 | 0,1 bis 4000 | 0,1 bis 10 | 1 bis 20 000 |
| Einsatzbeispiele | Förderantriebe, Zementmühlen | Textilmaschinen, Rollgänge, Förderbänder | Textilmaschinen, Rollgänge, Werkzeugmaschinen, Hauptantriebe | Positionierantriebe, Werkzeugmaschinen, Vorschubantriebe | Verarbeitungs-maschinen |

## 10.4 Synchronmaschinen

Drehstromnetz
konstante Frequenz
konstante Spannung

Maschine
variable Frequenz
variable Spannung

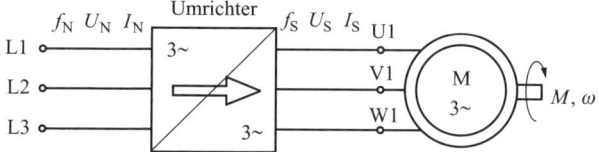

Bild 10.72 *Frequenzumrichter zwischen dem Netz und der Synchronmaschine*
$\omega = 2\pi n$ *(Winkelgeschwindigkeit)*

### 10.4.4.2 Antrieb mit Elektronik- bzw. Stromrichtermotor (Servoantrieb)

Es handelt sich um einen Regelantrieb, der aus einem permanenterregten Synchronmotor und einem Zwischenkreisumrichter besteht.

**Aufbau.** Bild 10.73 zeigt den Querschnitt eines synchronen Servomotors.

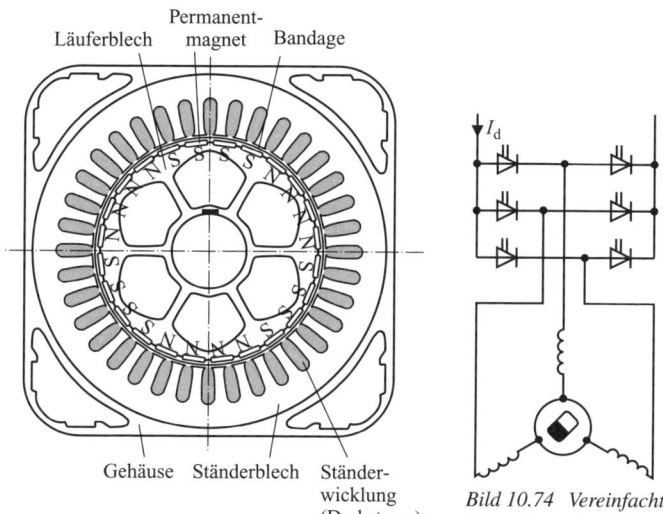

Bild 10.73 *Ständer und Läufer eines permanentmagnetisch erregten Servomotors*

Bild 10.74 *Vereinfachte Darstellung des Leistungsteils eines Servoantriebes*
$I_d$ *Gleichstrom*

In den Ständernuten ist die Drehstromwicklung untergebracht. Der Läufer verkörpert das permanentmagnetisch erregte Polrad. Den Leistungsteil des

Antriebes bildet der permanentmagnetisch erregte Synchronmotor, der von einem Transistor- bzw. Thyristorwechselrichter gespeist wird (→ Bild 10.74). Die dazugehörige Regeleinrichtung wird als Drehzahlregelung nach Bild 10.75 ausgelegt. Als Istwertgeber sind Tachogenerator, Polradlagegeber (RLG) und Strangstromgeber notwendig.

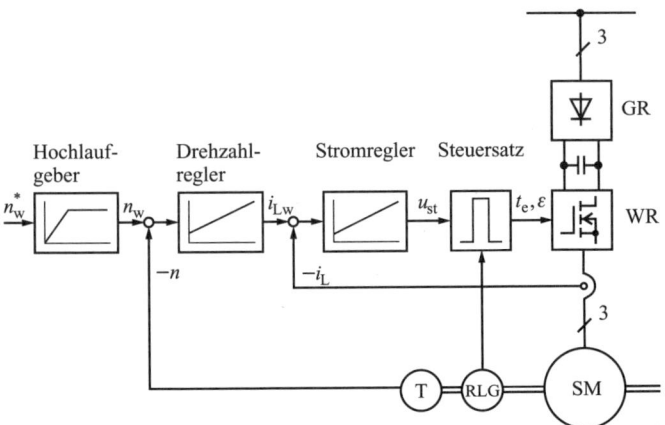

*Bild 10.75 Prinzipdarstellung eines elektronisch kommutierten Stromrichtermotors
GR Gleichrichter, WR Wechselrichter, T Tachogenerator, RLG Rotorlagegeber, SM Stromrichtermotor*

**Wirkungsweise.** Entsprechend der aktuellen Polradlage wird der Wechselrichter so geführt, daß die Ströme entsprechend der Polradlage sprunghaft so in die Ständerwicklung eingeprägt werden, daß im Mittel den rotierenden Polen immer ein gleichbleibend ausgerichteter Strombelag gegenübersteht. Damit werden in Näherung die physikalischen Verhältnisse der Gleichstrommaschine nachgebildet. Der Stromrichter erfüllt dabei die Funktion des mechanischen Kommutators der Gleichstrommaschine. Man bezeichnet diese Antriebsmotoren deshalb auch als bürstenlose Gleichstrommotoren, *Elektronikmotoren* oder *Stromrichtermotoren*.

**Betriebsverhalten.** Der Synchronstellantrieb besitzt nahezu das gleiche $M$-$n$-Verhalten wie der Gleichstromstellantrieb mit Nebenschlußmotor (→ Bild 10.76)

**Momentenbildung**

$$M = \frac{3p}{2} \Psi_\text{p} i_\text{s} \sin \varepsilon \tag{10.41}$$

$M$ Moment,

$p$ Polpaarzahl,
$\Psi_p$ Polradflußverkettung,
$i_s$ Ständerstrangstrom,
$\varepsilon$ Winkel zwischen den Raumzeigern $\underline{i}_s$ und $\underline{\Psi}_p$

Entsprechend der Gl. (10.41) ergibt sich die maximale Momentausbeute, wenn die Raumzeiger $\underline{i}_s$ des Ständerstromes und $\underline{\Psi}_p$ des Polradflusses senkrecht zueinander orientiert werden (sin $\varepsilon = 1$).

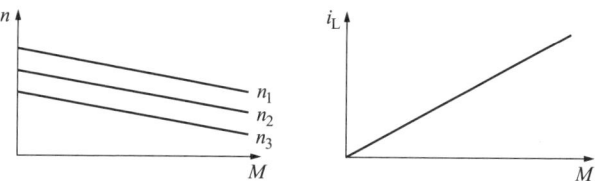

*Bild 10.76 Drehzahl-Drehmoment-Kennlinie mit dem Parameter Leerlaufdrehzahl und Leiterstrom-Drehmoment-Kennlinie*

**Spannungsgleichung, Ersatzschaltbild, Zeigerbild.** Eine Analyse der physikalischen Vorgänge führt auf das *Ersatzschaltbild* (→ Bild 10.77). Es entspricht weitgehend dem einer Synchronmaschine (→ Bild 10.60).

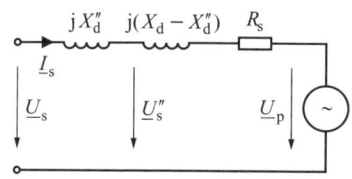

*Bild 10.77 Ersatzschaltbild des Servomotors*
$R_s$ *Strangwiderstand*
$X_d$ *Synchronreaktanz*
$X_d''$ *subtransiente Reaktanz*
$U_s''$ *Spannung hinter der subtransienten Reaktanz*

Der ohmsche Widerstand der Ständerwicklungsstränge $R_s$ ist bei Maschinen kleiner Leistung nicht zu vernachlässigen. Die Klemmenspannung $U_s$ erfährt während der elektronischen Kommutierung Schwankungen. Vernachlässigt man das Pulsen der Strangspannung und die Kommutierungseinflüsse und berücksichtigt nur die Grundwelle des Stromes $\underline{I}_s$, so gilt für den stationären Betrieb die *Spannungsgleichung*

$$\underline{U}_s = R_s \underline{I}_s + jX_d \underline{I}_s + \underline{U}_p \qquad (10.42)$$

Die Auswertung der Zeigergleichung (10.42) liefert das *Zeigerbild* für den Servomotor (Bild 10.78).

Der synchrone Servomotor arbeitet gewöhnlich untererregt. Damit ist die Polradspannung $U_p$ kleiner als die Klemmenspannung $U_s$. Dadurch ergibt sich eine fallende $M$-$n$-Kennlinie wie beim Gleichstromnebenschlußmotor. Nach dem Induktionsgesetz gilt

$$\underline{U}_p = j\frac{2\pi}{\sqrt{2}} N_1 \xi_1 \cdot \underline{\Phi}_p \cdot p \cdot n \quad \rightarrow U_p \sim n. \tag{10.43}$$

$n$ Drehzahl,
$p$ Polpaarzahl,
$\Phi_p$ Polradfluß,
$\xi_1$ Wickelfaktor,
$N_1$ Windungszahl

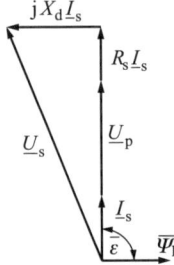

Bild 10.78 Zeigerbild des belasteten Servomotors

**Moment.** Nach (10.41) ergibt sich ein mittleres Moment

$$\overline{M} = k_2 I_s \cdot \Psi_p \sin\overline{\varepsilon}. \tag{10.44}$$

Damit ist der Ständerstrangstrom dem Moment proportional.

Bei konstanter Klemmenspannung $\underline{U}_s$ sinkt mit wachsendem Moment die Polradspannung $\underline{U}_p$ infolge der Spannungsabfälle im Ständerstrang. Da nach Gl. (10.43) $n \sim U_p$ ist, sinkt die Drehzahl mit wachsendem Moment ab. Um die Drehzahl $n$ bei wachsendem Moment konstant halten zu können, muß folglich die Klemmenspannung $U_s$ erhöht werden.

■ *Anwendungen*: Die Anwendungen resultieren aus den vorteilhaften Betriebseigenschaften, wie

- nahezu gleiches Verhalten wie Gleichstromstellantrieb,
- Drehzahlstellbereiche $n_{max} : n_{min} \approx 10000 : 1$, aber
- ohne die Begrenzungen, die der mechanische Kommutator bedingt.

Sie werden eingesetzt als

- Servoantriebe bei Werkzeugmaschinen, Robotern, Handhabeeinrichtungen,
- Stromrichterantriebe großer Leistung (bis 10 MW) bei hohen Drehzahlen (7000 min$^{-1}$, höher als mit Gleichstrommaschinen) für Pumpen, Verdichter, Lüfter.

### 10.4.4.3 Einphasensynchronmaschinen

Für Kleinantriebe kommen mit Vorteil Einphasensynchronmotoren zum Einsatz. Sie arbeiten mit einem elliptischen magnetischen Drehfeld, das vom Ständer über den Hauptstrang und einen um 90° versetzt angeordneten Hilfsstrang erzeugt wird (→ 10.3.7.3). Die Hilfswicklung wird vom Netz über einen Kondensator erregt oder ist in Form von Kurzschlußwindungen ausgebildet. Der Läufer kann permanentmagnetisch erregt sein oder ist als Reluktanzläufer ausgeführt (→ Bild 10.79). Der Läufer kann auch aus mehreren Schichten hochpermeabler Materialien bestehen (Hystereseläufer). Tabelle 10.13 zeigt Schaltbilder, Betriebskennlinien und Anwendungsgebiete.

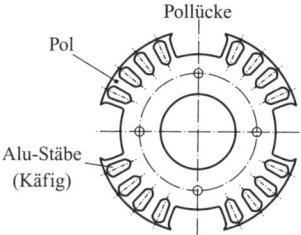

Bild 10.79  Reluktanzläufer

## 10.5 Universalmotoren

### 10.5.1 Einsatzgebiete

**Universalmotoren** entwickeln ein von der Stromrichtung unabhängiges Drehmoment und können somit mit Wechsel- bzw. Gleichstrom betrieben werden. Aufgrund ihres niedrigen Leistungsgewichtes kommen sie in sehr großen Stückzahlen vor allen Dingen für den Antrieb von Elektrowerkzeugen, in Büro- und Haushaltsgeräten zum Einsatz.

Universalmotoren werden in sehr großen Stückzahlen vorzugsweise im Leistungsbereich 1 W bis etwa 2 kW eingesetzt. Ihre Drehzahl ist von der Netzfrequenz unabhängig. Im praktischen Einsatz werden Nenndrehzahlen zwischen 1500 min$^{-1}$ und 20 000 min$^{-1}$ realisiert. Da ihre geometrischen Abmessungen sehr klein sind, erreicht man sehr niedrige *Leistungsgewichte* (Quotient aus Leistung und Gewicht). Mit zum Beispiel 2 kg/kW sind sie damit den Asynchronmotoren (Kondensatormotoren) überlegen und kommen so mit Vorteil bei tragbaren Elektrowerkzeugen und Haushaltgeräten (Staubsauger) zum Einsatz. Da öffentliche Netze fast nur noch Wechselstrom führen, werden Universalmotoren nahezu ausschließlich für Wechselstrombetrieb dimensioniert.

Tabelle 10.13 Einphasen-Synchronmotoren

| Motorart | Einphasen-Synchronmotoren | | |
|---|---|---|---|
| | Motoren mit Permanentmagnet-Läufer | Reluktanzmotoren | Hysteresemotoren |
| Schaltbild | | | |
| Drehzahl-Drehmoment-Kennlinien | | | |
| $M_A/M_N$ | 1 | 3…3,5 | 0,3…2,5 |
| $M_{max}/M_N$, kurzzeitig | 1,1…1,5 | bis 1,3 | bis 1,5 |
| $I_A/I_N$ | 1 | 5…12 | 1,3…5 |
| $n_N$ in min$^{-1}$ | 250…3000 | 1000…3000 | 375…3000 |
| $\omega_{min} : \omega_{max}$ | bis 1 : 5 | bis 1 : 5 | bis 1 : 5 |
| $U_N$ in V | 24…230 | bis 230 | bis 230 |
| $P_N$ in W | 0,025…0,1 | 0,16…40 | 0,005…0,1 |
| $\eta_N$ | 0,0025…0,1 | $\leqq 0,6$ | 0,003…0,5 |
| Anwendungen | Synchronkleinstandgetriebe mit kleinem Fremdträgheitsmoment, z. B. Schaltuhren, Programmgeber usw. | Kleinantriebe mit kleinen Trägheitsmomenten, die eine konstante lastunabhängige Drehzahl erfordern | Antriebe mit großen Trägheitsmomenten, Bandgeräte der Ton- und Datenspeichertechnik, Kreiselantriebe, Zeit- und Zählwerke |

## 10.5.2 Mechanischer Aufbau

> Der Universalmotor entspricht in Aufbau und Schaltung weitgehend einer Gleichstrom-Reihenschlußmaschine.

Universalmotoren sind im Prinzip Gleichstrom-Reihenschlußmotoren ($\rightarrow$ 10.2.4.3), die mit Wechselspannung betrieben werden. Als charakteristische Unterschiede hinsichtlich des mechanischen Aufbaues bezüglich des Gleichstrom-Reihenschlußmotors sind zu nennen:

- stets 2polige Ausführungen,
- gedrungenes Ständerpaket mit speziell geformten Polschuhen,
- Blechung des gesamten Magnetkreises zur Vermeidung von Wirbelstromverlusten (Ständer- und Läuferpaket),
- symmetrische Aufteilung der Erregerwicklung zum Anker,
- Wegfall von Wendepol- und Kompensationswicklungen $\rightarrow$ keine optimale Stromwendung,
- verkleinerter Luftspalt $\delta$.

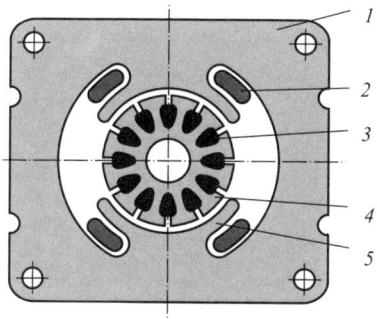

Bild 10.80
Aufbau des Universalmotors
1 Ständerblechpaket,
2 Erregerwicklung,
3 Ankerwicklung,
4 Ankerblechpaket,
5 Polschuhe

Gegenüber dem Asynchronmotor sind folgende Nachteile zu nennen:

- Verschleiß der Bürsten $\rightarrow$ Betriebsgeräusche, Reibmoment,
- verkürzte Lebensdauer durch Verschleiß des Kommutators,
- infolge der unvollkommenen Kommutierung kann kein funkenfreier Betrieb erreicht werden $\rightarrow$ Funkentstörung nach VDE 0875 ist erforderlich.

## 10.5.3 Wirkungsweise, Betriebsverhalten

**Drehmoment**. Die im Ständer angeordnete Erregerwicklung und die rotierende Ankerwicklung sind in Reihe geschaltet und werden vom Strom $i = \hat{I} \sin \omega t$ durchflossen. Die Erregerwicklung erzeugt dabei einen Wechselfluß $\Phi = \hat{\Phi} \sin \omega t$, wobei $\omega = 2\pi f$ die Kreisfrequenz der Spannung $u(t)$ ist, mit der der Motor betrieben wird. Der Wechselfluß induziert im Anker, der mit der Drehzahl $n$ rotiert, die Spannung $u_q(t) = c\hat{\Phi} 2\pi n \sin \omega t$. Dabei sind $\underline{U}_q$ und der Maschinenstrom $\underline{I}$ praktisch in Phase. Damit ergibt sich die innere Leistung zu $P_i(t) = u_q i = c\hat{\Phi} 2\pi n \sin \omega t \cdot \hat{i} \sin \omega t$ und das innere Moment des Universalmotors zu ($\rightarrow$ Bild 10.81):

$$M_i(t) = \frac{P_i(t)}{2\pi n} = c\hat{\Phi}\hat{i}\sin^2 \omega t = c\hat{\Phi}\hat{i} \cdot \frac{1}{2}(1 - \cos 2\omega t) \qquad (10.45)$$

Das Drehmoment $M_i(t)$ pendelt dabei mit der doppelten Netzfrequenz um den arithmetischen Mittelwert $\overline{M}_i$.

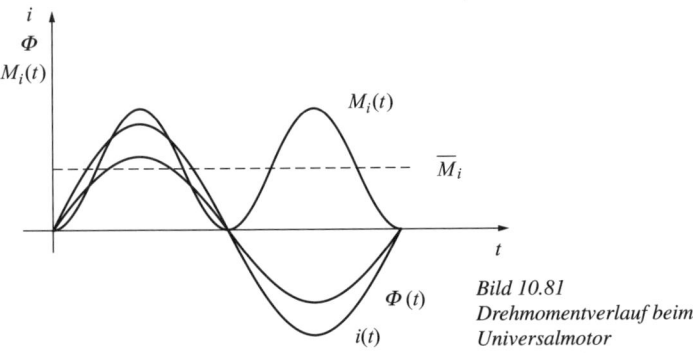

Bild 10.81
Drehmomentverlauf beim Universalmotor

Infolge der Reibungsverluste ist die mechanische Leistung $P_{\text{mech}} < P_i$. Somit verringert sich das an die Motorwelle abgegebene Drehmoment $M$ gegenüber dem inneren Drehmoment $M_i$.

**Ersatzschaltbild, Zeigerdiagramm.** Da Erregerwicklung und rotierende Ankerwicklung in Reihe geschaltet sind, ergeben sich nach Bild 10.82 und Bild 10.83 das Ersatzschaltbild mit dem dazugehörigen Zeigerdiagramm.

**Stromortskurve.** Nach Bild 10.84 ist die Ortskurve des Stromes $\underline{I}$ mit dem Parameter $\nu = n/n_1$ mit $n_1 = f_1/p$ (Bezugsdrehzahl) ein Kreis, dessen Mittelpunkt auf der Abszisse liegt.

Für einen Punkt $P$ auf der Ortskurve entsprechen

- Strecke $\overline{AP}$ der aufgenommenen Wirkleistung $P_{1\,\text{el}}$
- Strecke $\overline{BP}$ der mechanischen Leistung $P_{\text{mech}}$
- Strecke $\overline{AB}$ der Verlustleistung $P_V = I^2 R$

Für den Leistungsfaktor $\cos \varphi$ entnimmt man aus dem Zeigerbild die Beziehung:

$$\cos\varphi = \frac{R+kv}{\sqrt{(R+kv)^2+X^2}} = \frac{1}{\sqrt{1+\left(\dfrac{X}{R+kv}\right)^2}}$$

Der Leistungsfaktor $\cos\varphi$ wird demnach mit wachsendem Drehzahlverhältnis $v = n/n_1$ besser ($n_1$ = „synchrone Drehzahl" = Vergleichsdrehzahl). Universalmotoren werden demnach vorzugsweise für hohe Drehzahlen ausgelegt.

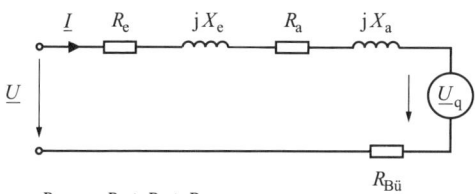

$R = R_e + R_a + R_{Bü}$
 = gesamter ohmscher Widerstand des Motors

$X = X_e + X_a$
 = gesamter Blindwiderstand des Motors

*Bild 10.82 Vereinfachtes Ersatzschaltbild des Universalmotors*

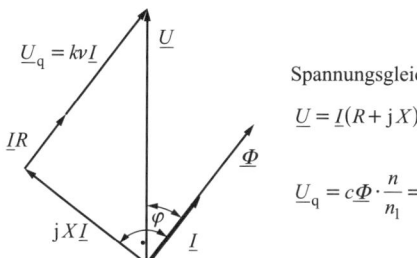

Spannungsgleichung

$$\underline{U} = \underline{I}(R + jX) + \underbrace{kv\underline{I}}_{\underline{U}_q}$$

$$\underline{U}_q = c\underline{\Phi} \cdot \frac{n}{n_1} = kv\underline{I}$$

*Bild 10.83 Zeigerbild des Universalmotors*

**Drehzahl-Drehmoment-Kennlinie** ($\rightarrow$ Bild 10.85). Aus der Leistungsbilanz des Universalmotors $P = UI\cos\varphi = M_i\omega + I^2R$ ergibt sich die Abhängigkeit der Läuferwinkelgeschwindigkeit $\omega$ vom Drehmoment $M$.

$$\omega = \frac{\omega_s}{k}\left(\sqrt{\frac{k}{\omega_s} \cdot \frac{U^2}{M_i} - X^2} - R\right) \text{ d.h.,}$$

$$\omega \sim \frac{1}{\sqrt{M_i}} \quad \text{(Reihenschlußverhalten).}$$

$\omega_s = \dfrac{\omega}{p} = \dfrac{2\pi f}{p}$ rechnerischer Vergleichswert

Damit können Universalmotoren hohe Drehmomente beim Anlauf entwikkeln. Bei Entlastung ($M$ verringern) werden der Strom und das Magnetfeld geringer. Der Motor entwickelt hohe Drehzahlen und kann „durchgehen".

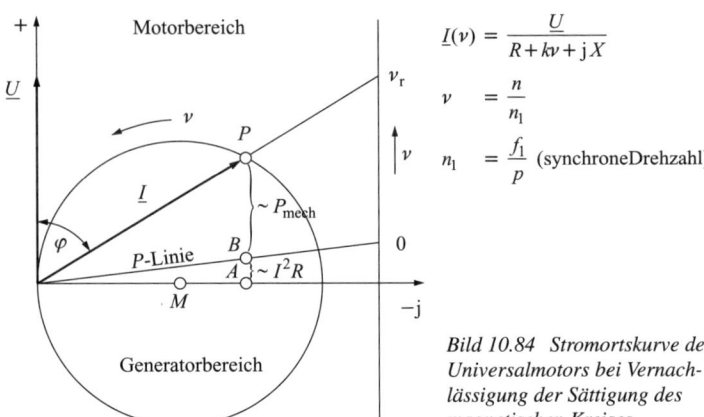

$$\underline{I}(\nu) = \frac{\underline{U}}{R+k\nu+jX}$$

$$\nu = \frac{n}{n_1}$$

$$n_1 = \frac{f_1}{p} \text{ (synchroneDrehzahl)}$$

Bild 10.84 Stromortskurve des Universalmotors bei Vernachlässigung der Sättigung des magnetischen Kreises

### 10.5.4 Drehzahlsteuerung, Drehrichtungsumkehr

Zur stufenlosen Drehzahleinstellung bestehen dieselben Möglichkeiten wie beim Gleichstromreihenschlußmotor.

- Varation der Motorspannung (z. B. Phasenanschnittssteuerung Dimmerschaltung mit Triac) → verlustarm,
- Variation eines Vorwiderstandes $R_v$ → verlustbehaftet,

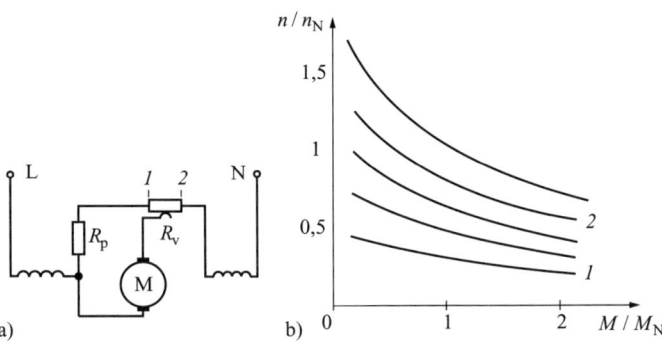

Bild 10.85 a) Barkhausen-Schaltung, b) Drehzahl-Drehmoment-Kennlinien bei Barkhausen-Schaltung

- Feldschwächung (z. B. durch Anzapfen der Erregerwicklung) → verlustarm,
- Verwendung der vorteilhaften *Barkhausen-Schaltung* mit veränderbarem Ankerparallelwiderstand → Bild 10.85.

Zur Änderung der Drehrichtung wird beim Universalmotor entweder die Feldwicklung oder die Ankerwicklung umgepolt.

## 10.6 Schrittmotoren

> Für Antriebe mit Positionierungsaufgaben werden mit Vorteil Schrittmotoren eingesetzt.

**Einsatzcharakteristik.** Für spezifische Einsatzfälle der Antriebstechnik werden Motoren benötigt, die schrittweise Bewegungen ausführen können. Mit Mikroprozessoren und Mikrorechnern können komplexe Steuerungsprogramme für Positionierungsaufgaben erstellt werden. Dabei bietet sich für die Umsetzung von Impulsfolgen der Digitaltechnik in mechanische Bewegungen der Einsatz von Schrittmotoren in besonderer Weise an.

### 10.6.1 Wirkungsweise

> Die Erregerwicklungen der Schrittmotoren werden zyklisch mit Steuerimpulsen bestromt.

Eine Spezialvariante der Synchronmaschinen repräsentieren die Schrittmotoren. Im Gegensatz zu den Synchronmotoren, bei denen sämtliche Wicklungen gleichzeitig erregt werden, erfolgt die Erregung der Wicklungen bei dieser Sonderbauform zyklisch mittels Steuerimpulsen. Dabei folgt der Läufer diesen Steuerimpulsen in Form definierter Schrittwinkel $\alpha$. Damit ergibt sich aus der Anzahl $n$ der Steuerimpulse und dem durch das Konstruktionsprizip des Schrittmotors bestimmten Schrittwinkel $\alpha$ eine definierte Drehung des Läufers um einen Winkel $\varphi = n \cdot \alpha$.

Schrittmotoren werden nicht unmittelbar an das Netz angeschlossen, sondern erfordern zu ihrer Ansteuerung spezielle impulserzeugende Steuergeräte. Mikrorechner formen dabei die von einem Impulsgenerator erzeugten Spannungsimpulse in eine zyklische Impulsfolge um, die nach Verstärkung (Leistungselektronik) dem Schrittmotor zugeführt wird (→ Bild 10.86).

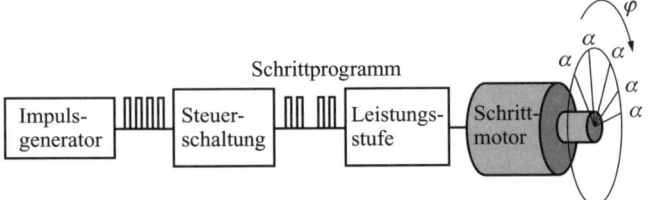

*Bild 10.86 Prinzip der Schrittmotorsteuerung (offene Steuerkette)*

Bild 10.87 zeigt das Prinzip eines Schrittmotors mit zwei Steuerwicklungen I, II auf einem vierpoligen Ständer. Zur Sicherung einer einheitlichen Drehrichtung nach jedem Schritt sind die Läuferpole besonders geformt. Die gegenüberliegenden Polwicklungen bilden jeweils eine Steuerwicklung und werden je nach der geforderten Schrittzahl wechselseitig durch Stromimpulse erregt. Dabei nimmt die Richtung des magnetischen Flusses wechselnd die Lage $AA'$ und $BB'$ ein. Beim Erregen der Steuerwicklung I kommt es daher zu einer Drehung des Läufers aus der dargestellten Lage $AA'$ in die Position $BB'$. Für den Fall, daß nur ein Schritt gefordert war, bleibt der Läufer in dieser Position stehen. Bei jedem Stromimpuls erfolgt daher bei dem im Bild 10.87 dargestellten Motorprinzip eine Läuferdrehung um 90°.

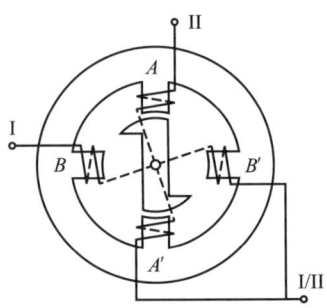

*Bild 10.87 2strängiger Reluktanz-Schrittmotor*

## 10.6.2 Mechanischer Aufbau

Entsprechend ihrem Aufbau werden Schrittmotoren in Reluktanz-Schrittmotoren, permanenterregte Schrittmotoren und Hybrid-Schrittmotoren eingeteilt.

Schrittmotoren kommen zwei- und mehrphasig (Anzahl der Wicklungsstränge $m = 2\ldots 5$) zur Anwendung, wobei die Bauformen der Läufer die drei typischen Motorenklassen definieren ($\rightarrow$ Tab. 10.14).

Tabelle 10.14 Einsatzcharakteristik von Schrittmotoren

| | Reluktanz-Schrittmotor | Permanentmagneterregter Schrittmotor | Hybrid-Schrittmotor |
|---|---|---|---|
| Prinzip | durch Nut-Zahn-Folge variabler magnetischer Widerstand (Reluktanz), Läufer folgt Magnetfeld der Ständerwicklung | Läufer mehrpolig magnetisiert; folgt den zyklisch angesteuerten Erregerwicklungen im Ständer | Kombination Permanentmagnet-Motor mit Gleichpolbauweise (Spezialanker) |
| Schrittwinkel | $1{,}8 \ldots 30°$ | $6 \ldots 45°$ | $0{,}36 \ldots 15°$ |
| Haltemoment (im Betrieb) | $1{,}0 \ldots 50 \, \text{N} \cdot \text{cm}$ | $0{,}25 \ldots 25 \, \text{N} \cdot \text{cm}$ | $3 \ldots 1000 \, \text{N} \cdot \text{cm}$ |
| Haltemoment (Motor stromlos) | – | Selbsthaltemoment | Selbsthaltemoment |
| Betriebsfrequenz $f_{max}$ in kHz | 20 | 5 | 40 |
| Dämpfung | schlecht | gut | gut |
| Drehmoment | mäßig | höher als VR-Motor | hohe Drehmomente |

## 10.6.3 Betriebsverhalten

> Neben dem Vollschritt- und Halbschritt-Betrieb können Schrittmotoren auch im Minischrittbetrieb arbeiten.

In der Praxis kommen Schrittmotoren im *Vollschrittbetrieb* und *Halbschrittbetrieb* zum Einsatz. Beim Vollschrittbetrieb werden alle $m$ Erregerwicklungen entsprechend den Steuerimpulsen nacheinander zu- bzw. abgeschaltet. Damit ergibt sich mit der Polzahl $2p$ und der Anzahl der Wicklungsstränge $m$ der minimale Schrittwinkel $\alpha$ zu:

$$\alpha = \frac{360°}{2p \cdot m} \tag{10.46}$$

Beim Halbschrittbetrieb bewegt sich der Läufer nach Änderung der Ansteuerung nur um $\alpha/2$. (Wicklungsstränge werden in definierter Zeit gemeinsam angesteuert.) Die Drehzahl der Schrittmotoren wird bestimmt vom Schrittwinkel $\alpha$ sowie von der Frequenz $f$, mit der der Schrittmotor erregt wird (Schrittfrequenz). Damit ergibt sich die Drehzahl $n$ für Vollschrittbetrieb zu:

$$\boxed{n = \frac{f}{2p \cdot m}} \tag{10.47}$$

bzw. für Halbschrittbetrieb zu

$$\boxed{n = \frac{f}{2p \cdot 2m}} \tag{10.48}$$

Neben diesen Schrittarten kommt verstärkt der *Minischrittbetrieb* zur Anwendung. Hierbei werden die Wicklungsströme mittels elektronischer Schaltungen stufenweise der Sinusform angepaßt.

Beim Betrieb von Schrittmotoren sind hinsichtlich deren Zuverlässigkeit die Bedingungen zu prüfen, unter denen der Läufer ohne Schrittfehler und Schlupf synchron dem Erregerfeld folgt. Demnach charakterisieren zwei Betriebszustände die Spezifik des Schrittmotors.

**Praktische Betriebsbereiche.** Nach den Drehmoment-Frequenz-Kennlinien (→ Bild 10.88) sind diese Bereiche als *Start-Stop-Frequenzbereich* und *Betriebsfrequenzbereich* zu klassifizieren.

Im Start-Stop-Frequenzbereich sind die Beschleunigungs- bzw. Bremsmomente stets kleiner als das Haltemoment des Motors, so daß der Motor ohne *Schrittverlust* gestartet und gestoppt werden kann. Dieser Bereich bestimmt demnach, mit welchen Steuerfrequenzen der Motor unter Einwirkung konkreter Belastungsmomente anlaufen bzw. zum Stillstand gebracht werden kann.

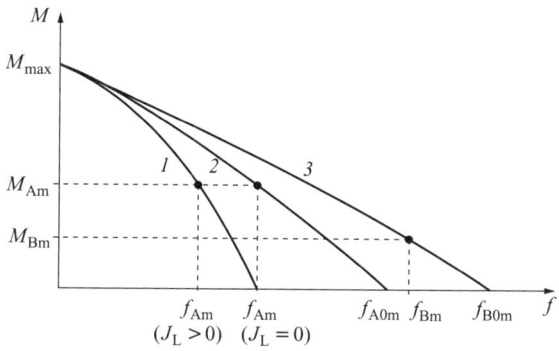

*Bild 10.88 Drehmoment-Frequenz-Diagramm eines Schrittmotors*
*1 Anlauffrequenz-Kennlinie für $J_L > 0$*
*2 Anlauffrequenz-Kennlinie für $J_L = 0$*
*3 Betriebsgrenzfrequenz-Kennlinie*

Nach dem Starten kann der Schrittmotor auf eine wesentlich höhere Betriebsfrequenz hochgesteuert werden (ca. $10 \times f_{Am}$). Dabei werden die Start-Stop-Frequenz und die maximale Betriebsfrequenz wesentlich vom Belastungsmoment des Motors $M$ und vom Massenträgheitsmoment des spezifischen Schrittmotors $J_L$ sowie von dessen Ansteuerungsvariante bestimmt. Mit wachsender Frequenz der Steuerimpulse sinkt das nutzbare Drehmoment.

Das wirksame Drehmoment von Schrittmotoren ergibt sich zu

$$\boxed{M = kI \cdot \Phi \sin \alpha} \tag{10.49}$$

$k$ Maschinenkonstante

$\alpha$ Lastwinkel (Verdrehwinkel des Läufers, der sich infolge eines Lastmomentes einstellt)

### 10.6.4 Steuerung

Die Erregerwicklungen der Schrittmotoren können unipolar und bipolar angesteuert werden.

**Ansteuerung.** Beim praktischen Einsatz erfolgt die Erregung der Wicklungen mit Spannungen zwischen 12 und 42 V. Zur Stromversorgung der einzelnen Erregerwicklungen sind zwei prinzipielle Varianten möglich. Bei der *unipolaren Steuerung* ist jeder Pol des Motors mit zwei Wicklungen versehen, die die jeweilige Stromrichtung bestimmen. Damit wird je Schritt nur eine Wicklung erregt. Unipolare Steuerschaltungen (→ Bild 10.89) erfordern im Gegensatz zu *bipolaren Steuerschaltungen* (→ Bild 10.90) nur zwei Schalttransistoren je Erregerwicklung. Diesem höheren Elektronikaufwand stehen die höhere Schrittfrequenz sowie das höhere Drehmoment gegenüber. Neben den geringeren Schrittfrequenzen und Drehmomenten ist bei unipolar gesteuerten Schrittmotoren die Ausnutzung des zur Verfügung stehenden Wickelraumes ungünstig, da jeweils nur eine Erregerwicklung angesteuert wird.

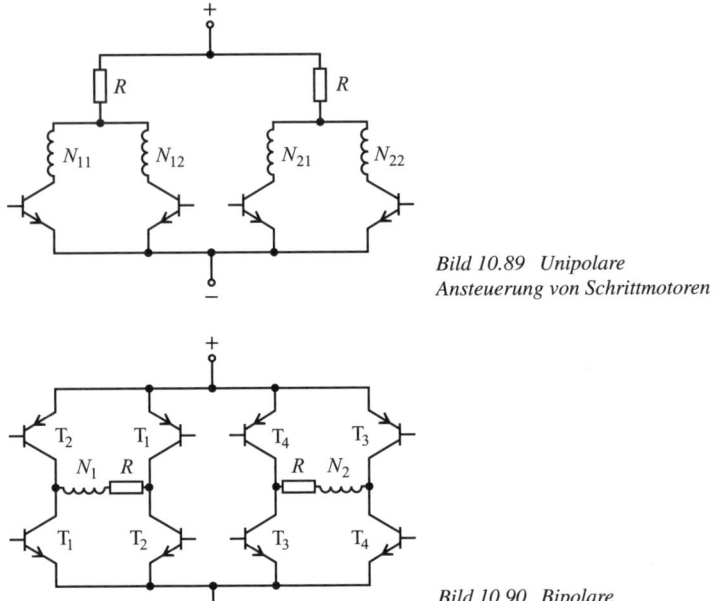

Bild 10.89 Unipolare Ansteuerung von Schrittmotoren

Bild 10.90 Bipolare Ansteuerung von Schrittmotoren

### 10.6.5 Anwendung

In der elektrischen Antriebstechnik sind häufig Bewegungen schrittweise zu realisieren. Schrittmotoren kommen vorzugsweise mit verschiedenen Schrittwinkeln zum Einsatz (z. B. $1,8°$, $2°$, $3,6°$, $7,5°$, $9°$, $11,25°$, $15°$, $30°$, $45°$). Einige Beispiele hierfür sind in der digitalen Rechentechnik, beim Antrieb peripherer Geräte wie Drucker, Plotter, magnetomotorische Speicher (Diskettenlaufwerke, Festplattenlaufwerke), Handhabungsgeräte und Roboter, Uhrenantriebe, Medizin- und Labortechnik (Dosierpumpen), der Foto- und Kinotechnik zu finden. Ihr Anlauf- und Laufmoment ($0,01\,\text{N}\cdot\text{m}\ldots 15\,\text{N}\cdot\text{m}$), die hohen Lauffrequenzen (50 kHz) verbunden mit einem ausreichenden Haltemoment gestatten ihren Einsatz in nahezu allen Steuer- und Regelungsprozessen sowie im Werkzeugmaschinenbau.

## 10.7 Linearmotoren

> Das Linearmotorprinzip läßt sich auf alle Motorvarianten übertragen.

**Einsatzcharakteristik.** Der Einsatz von Linearmotoren in der Antriebstechnik wird dadurch charakterisiert, daß die Schubkraft direkt ohne die Zwischenschaltung von Getrieben erzeugt wird (Direktantriebe). amit ergeben sich u. a. folgende Vorteile bei deren Anwendung

- Zugkraft ist unabhängig von der Haftreibung,
- Erhöhung der Zuverlässigkeit infolge Wegfall von Verschleißteilen,
- Kraftübertragung erfolgt berührungslos,
- robuste, einfache Gestaltung des Antriebes.

Bild 10.91 zeigt eine Klassifikation elektromechanischer Linearantriebsmotoren. Demnach ist dieses Antriebsprinzip auf der Basis aller rotierenden Motorvarianten realisierbar.

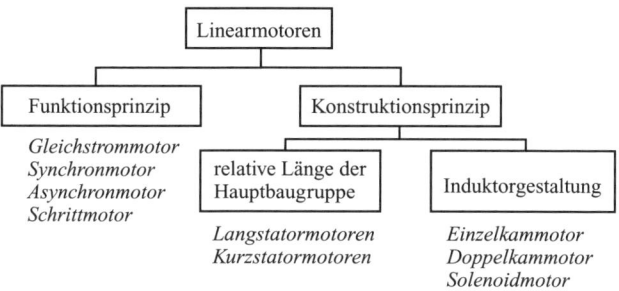

*Bild 10.91 Klassifikation elektromechanischer Linearmotoren*

### 10.7.1 Wirkungsweise

Im folgenden sollen nur noch asynchrone Linearmotoren näher betrachtet werden. Analog zum Prinzip des rotierenden Asynchronmotors wird beim asynchronen Linearmotor durch die Wicklung des Induktors ein magnetisches Wanderfeld erzeugt. Dieses Wanderfeld induziert in der Läuferschiene entsprechende Wechselspannungen, die Wirbelströme hervorrufen. Gemäß dem Lorentz-Kraft-Gesetz und nach Bild 10.92 ergibt sich eine Schubkraft $F$, die den Läufer stets in Richtung des Wanderfeldes beschleunigt. Die Synchrongeschwindigkeit $v_0$ (analog zur Synchrondrehzahl des Asynchronmotors) ist dabei die Geschwindigkeit, mit der sich das magnetische Wanderfeld weiterbewegt.

Wegen der wandernden Welle der magnetischen Induktion
$B(x,t) = \hat{B}\sin(\omega t - (\pi/\tau_p)\cdot x)$ mit $\omega t = (\pi/\tau_p)x = 0$ wird
$v_0 = x/t = \omega(\tau_p/\pi)$ bzw.

$$v_0 = 2\tau_p f \qquad (10.50)$$

$\tau_p$ Polteilung,
$f$ Speisefrequenz,
$x$ Koordinate

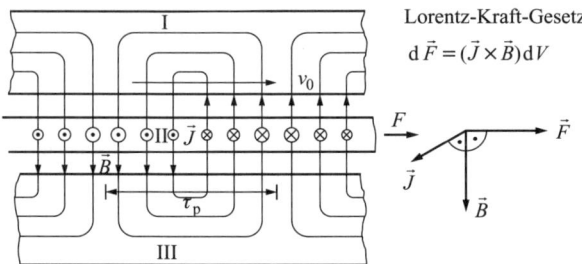

Bild 10.92 *Magnetfeld und Wirbelströme als Ursache der Kraft F*
*I und III Ständer, II Läufer*
d$V$ *Volumenelement des Läufers*

### 10.7.2 Mechanischer Aufbau

> Hauptbaugruppen des asynchronen Linearmotors sind der Induktor und der Läufer.

Denkt man sich den Ständer eines asynchronen Drehstrommotors aufgeschnitten und abgewickelt, entsteht ein flaches Blechpaket mit rechteckigen Nuten. Dieser Teil des Linearmotors wird als *Induktor* bezeichnet. In den Nuten des Induktors wird die Drehstromwicklung eingebracht. Beim Doppelkammotor befindet sich zwischen den beiden sich gegenüberstehenden Induktoren eine flache Läuferschiene. ($\rightarrow$ Bild 10.93).

Der Läufer wird meist aus Aluminium oder Kupfer gefertigt. In Sonderfällen kann auch ein Käfigläufer zur Anwendung kommen. Entsprechend möglicher konstruktiver Ausführungen von Läufer und Induktor sind demnach Doppelkammotoren, Einzelkammotoren und der rohrförmige Polysolenoid-Linearmotor zu unterscheiden.

Bei *Polysolenoid-Linearmotoren* besteht die Wicklung aus Ringspulen, die zu einer Drehstromwicklung verbunden sind. Die Induktoren können länger bzw.

kürzer als der Läufer sein. Damit werden Weglängen bzw. Arbeitshübe der spezifischen Linearmotoren definiert. Beim praktischen Einsatz der Linearmotoren kann entweder der Induktor oder der Läufer das ruhende bzw. bewegte Maschinenelement repräsentieren.

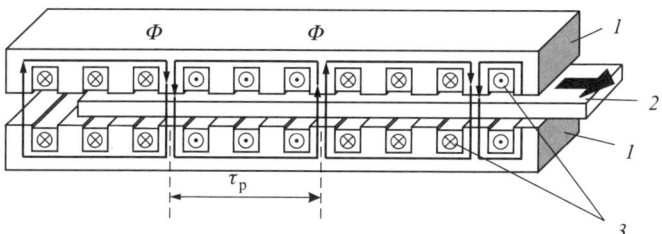

*Bild 10.93 Asynchroner Doppelkammerlinearmotor (schematisch)*
*1 Induktor, 2 Läufer, 3 Drehstromwicklung*

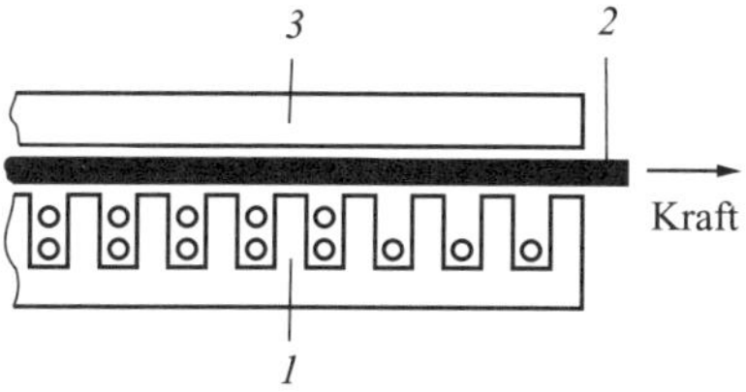

*Bild 10.94 Einfach-Induktorkammlinearmotor (Einzelkammotor)*
*1 Induktor, 2 Läufer, 3 pasiver magnetischer Rückschluß*

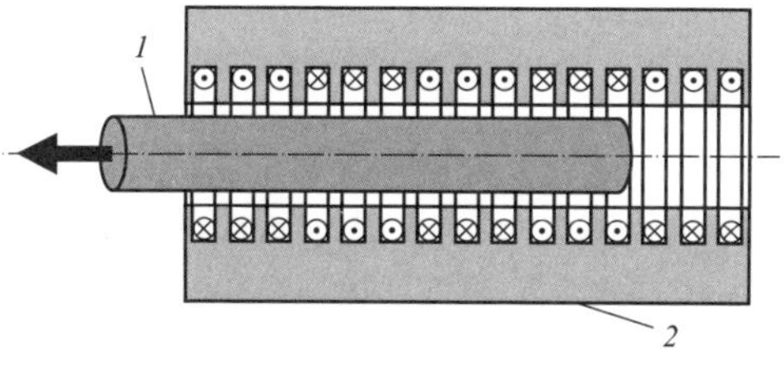

*Bild 10.95 Solenoidlinearmotor (schematisch)*
*1 Läufer*
*2 rohrförmiger Induktor*

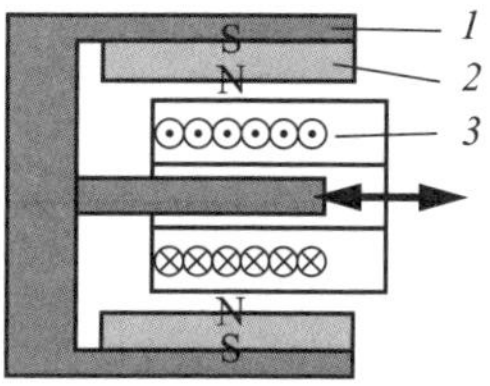

*Bild 10.96 Permanentmagnetisch erregter Gleichstromlinearmotor (Tauchspulenprinzip)*
*1 Esenrückschluß für das Magnetfeld*
*2 Dauermagnet*
*3 Tauchspule*

Linearmotoren können auch mit Gleichstrom betrieben werden. Bild 10.96 zeigt eine spezifische Ausführung eines Gleichstromlinearmotors.

## 10.7.3 Betriebsverhalten

> Schubkraft und Geschwindigkeit sind wesentliche Kenngrößen von Linearmotoren, die deren Einsatz bestimmen.

Das Betriebsverhalten asynchroner Linearmotoren entspricht prinzipiell dem der Asynchronmotoren mit Kurzschlußläufer bei Beachtung folgender Analogien: Analoge Größen sind Schubkraft $F$ – Drehmoment $M$, die Geschwindigkeit $v$ – Drehzahl $n$, synchrone Geschwindigkeit $v_s$ – synchrone Drehzahl $n_s$. Die *Kraft-Geschwindigkeits-Kennlinie* ($\rightarrow$ Bild 10.97) von Linearmotoren neigt dazu, „weicher" als die Moment-Drehzahl-Kennlinie des Asynchronmotors zu sein. Demnach hat die Schubkraft beim Einschalten ihren Maximalwert ($F_{\text{kipp}}$ bei $v \approx 0$). Die Geschwindigkeit des Linearmotors sinkt bei Belastung wesentlich stärker als die Drehzahl beim Kurzschlußläuferasynchronmotor ab.

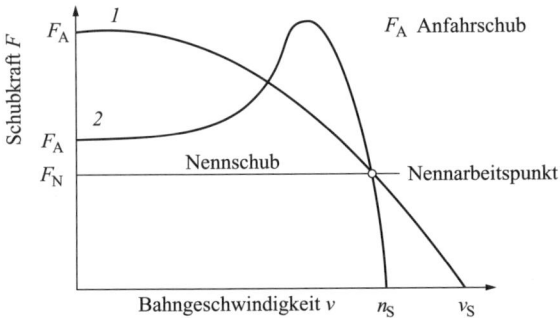

*Bild 10.97 Betriebskennlinien von Linearmotor und Asynchronmotor (Kurzschlußläufer) im Vergleich: 1 Linearmotor, 2 Asynchronmotor*

Zur Geschwindigkeitssteuerung können alle Steuerungsvarianten eingesetzt werden, die auch zur Regelung von Kurzschlußläufermotoren zur Anwendung kommen, wie Frequenzsteuerung, Senkung der Klemmenspannung und Polumschaltung.

## 10.7.4 Anwendung

Der relativ einfache Aufbau dieser elektrischen Maschinen (robuste Gestaltung von Induktor und Läufer) und die eingangs erwähnten Vorteile bedingen deren Einsatz zur Erzeugung geradliniger Bewegungen, die spezielle Antriebe erfordern. Derartige Anwendungsgebiete sind: Förderanlagen, Antriebe für Werkstücktransportsysteme, Schlitten von Werzeugmaschinen, Türantriebe (Polysenoid-Linearmotoren), Hebevorrichtungen, Antriebe für

Metallpumpen. Das einfache und wartungsfreie Prinzip des Linearmotors findet auch Anwendung zum Antrieb elektrischer Schnellbahnen. Hierbei kommen *synchrone Langstatorlinearmotoren* zum Einsatz. Bezogen auf die gesamte Transportstrecke, die mit einer entsprechenden Drehstromwicklung versehen ist, wird nur der Abschnitt unter Spannung gelegt, über dem sich das Transportsystem (= Läufer) befindet (*TRANSRAPID*-Magnetschwebebahn).

# Abkürzungsverzeichnis zur Elektronik

| | | |
|---|---|---|
| AC | alternating current | Wechselstrom |
| ADC | analog digital converter | Analog-Digital-Umsetzer |
| ALU | arithmetic logic unit | Arithmetik-Logik-Einheit |
| ASIC | application specifc integrated circuit | anwendungsspezifischer integrierter Schaltkreis |
| | | |
| BCD | binary coded decimal | binär verschlüsselte Dezimalzahl (tetradischer Code) |
| Bit | binary digit | Binärziffer |
| | | |
| CCD | charge-coupled device | ladungsgekoppeltes Bauelement |
| CLK | clock | Takt |
| CMOS | complementary MOS | komplementäre MOS-Technik |
| CMR | common mode rejection | Gleichtaktunterdrückung |
| CPU | central processing unit | Zentraleinheit eines Digitalrechners (Mikroprozessor) |
| CS | chip select | Bausteinauswahl |
| CTC | counter/timer circuit | Zähler-/Zeitgeber-Einheit |
| | | |
| D | delay | (logisches Verhalten bei Flipflop) |
| DC | direct current | Gleichstrom |
| Digit | digit | (Anzeigestelle) |
| DIL | dual in line | (IC-Gehäuseform mit zwei parallelen Kontaktreihen) |
| DMA | direct memory access | direkter Speicherzugriff |
| DRAM | dynamic RAM | dynamischer Schreib-Lese-Speicher |
| DTL | diode transistor logic | Dioden-Transistor-Logik (Vorläufer der → TTL) |
| | | |
| EAROM | electrically alterable ROM | elektrisch veränderbares → ROM |
| ECL | emitter-coupled logic | emittergekoppelte Logik |
| EDO | enhanced data out | beschleunigte Datenausgabe (bei → DRAM) |
| EEPLD | electrically erasable programmable logic device | elektrisch löschbarer programmierbarer Logikbaustein |
| EFL | emitter-follower logic | Emitterfolgerlogik |
| EN | enable | (Freigabe des Bausteins) |

| | | |
|---|---|---|
| EPLD | erasable programmable logic device | (UV-)löschbarer programmierbarer Logikbaustein |
| EPROM | erasable programmable ROM | löschbares programmierbares → ROM |
| EXOR | exclusive or | exklusives ODER (Antivalenz) |
| FAMOS | floating-gate avalanche MOS | (→ EPROM-Speicherzelle) |
| FET | field-effect transistor | Feldeffekttransistor |
| FFT | fast Fourier transformation | schnelle Fourier-Transformation |
| FIR | finite impulse response(-filter) | nichtrekursives Digital(-filter) |
| FPAD | field-programmable address decoder | frei programmierbarer Adreßdecoder |
| FPAL | field-programmable array logic | frei programmierbare Logikmatrix |
| FPGA | field-programmable gate array | frei programmierbare Gattermatrix |
| FPLA | field-programmable logic array | frei programmierbare Logikmatrix |
| FPLD | field-programmable logic device | frei programmierbarer Logikbaustein |
| FPLS | field-programmable logic sequencer | frei programmierbare sequentielle Logik |
| FPM | fast page mode | seitenweiser Zugriff (bei → DRAM) |
| FPML | field-programmable macro logic | frei programmierbare Makrologik |
| G | gate | Tor (Steuerelektrode beim → FET) |
| GAL | generic array logic | universelle Matrix-Logik |
| H | high | hoch (hoher Logikpegel) |
| HAL | hard array logic | (vom Hersteller programmiertes → PAL) |
| HF | high frequency | Hochfrequenz |
| HiFi | high fidelity | hohe Übertragungsqualität |
| HP | high-pass filter | Hochpaß |
| IC | integrated circuit | integrierter Schaltkreis |
| IFL | integrated fuse logic | integrierte Logik mit schmelzbaren Verbindungen |
| IIR | infinite impulse response | rekursives Digitalfilter |
| $I^2L$ | integrated injection logic | integrierte Injektionslogik |
| KDNF | | kanonisch disjunktive Normalform |

| | | |
|---|---|---|
| L | low | niedrig (niedriger Logikpegel) |
| LCA | logic cell array | Logikzellen-Matrix |
| LCD | liquid crystal display | Flüssigkristall-Anzeigeeinheit |
| LED | light-emitting diode | Lumineszenzdiode |
| LF | low frequency | Niederfrequenz (NF) |
| LIFO | last-in-first-out | das zuletzt eingeschriebene Bit wird zuerst ausgelesen (Schieberegisterprinzip) |
| LSI | large-scale integration | hoher Integrationsgrad |
| LTI | linear time invariant | linear und zeitlich konstant |
| | | |
| MOS | metal-oxide semiconductor | Metalloxid-Halbleiter |
| MSI | medium-scale integration | mittlerer Integrationsgrad |
| MTBF | mean time between failures | mittlere störungsfreie Betriebszeit |
| | | |
| NAND | not and | (negierte UND-Verknüpfung) |
| NIC | negative impedance converter | Negativ-Impedanz-Konverter |
| NMOS | N-channel MOS | N-Kanal-MOS |
| NOR | not or | (negierte ODER-Verknüpfung) |
| npn | negative-positive-negative | (Zonenfolge bei bipolaren Transistoren) |
| | | |
| OA | operational amplifier | Operationsverstärker |
| OV | | Operationsverstärker |
| | | |
| PAL | programmable array logic | programmierbare Matrix-Logik |
| PAM | pulse amplitude modulation | Pulsamplituden-Modulation |
| PEEL | programmable electrically erasable logic | programmierbare elektrisch löschbare Logik |
| PFM | pulse frequency modulation | Pulsfrequenz-Modulation |
| PIO | parallel input output | parallele Eingabe/Ausgabe-Einheit |
| PLA | programmable logic array | programmierbare Logik-Matrix |
| PLD | programmable logic device | programmierbarer Logikbaustein |
| PLE | programmable logic element | programmierbares Logikelement |
| PLS | programmable logic sequencer | programmierbare sequentielle Logik |
| PML | programmable macro logic | programmierbare Makro-Logik |
| PMOS | P-channel MOS | P-Kanal-MOS |
| pnp | positive-negative-positive | (Zonenfolge bei bipolaren Transistoren) |

| | | |
|---|---|---|
| PROM | programmable ROM | programmierbarer → ROM (Festwertspeicher) |
| PWM | pulse width modulation | Pulsbreiten-Modulation |
| RAM | random access memory | Speicher mit beliebigem Zugriff (Schreib-Lese-Speicher) |
| RD | read | (aus Speicher) lesen |
| ROM | read only memory | Nur-Lese-Speichern (Festwertspeicher) |
| RS | reset/set | (logisches Verhalten des Basis-Flipflops) |
| RTL | resistor transistor logic | Widerstands-Transistor-Logik |
| S | source | Quelle (Anschlußelektrode beim FET) |
| SAR | succesive approximation register | Schieberegister für Wägeverfahren |
| SC | switched capacitor | geschaltete Kapazität |
| SFET | surface → FET | Sperrschicht-FET |
| SI | standard interface | Standard-Schnittstelle |
| SIMM | single in-line memory module | (RAM-Speicherbaustein mit parallelen Kontaktreihen) |
| SIO | serial input output | serielle Eingabe/Ausgabe-Einheit |
| SNT | | Schaltnetzteil |
| SOAR | safe operating area | sicherer Kennlinien-Arbeitsbereich |
| SRAM | static → RAM | statischer Schreib-Lesespeicher |
| SSI | small-scale integration | niedriger Integrationsgrad |
| TFT | thin-film transistor | Transistor in Dünnschichttechnik |
| TK | | Temperaturkoeffizient |
| TP | (deep-pass filter) | Tiefpaß |
| TS | Three State (Tristate) | (Logik mit drei Zuständen) |
| TTL | transistor transistor logic | Transistor-Transistor-Logik |
| UART | universal asynchronous receiver/transmitter | universeller asynchroner Empfänger/Sender |
| VLSI | very-large-scale integration | sehr hoher Integrationsgrad |
| WR | write | (auf Speicher) schreiben |

# Größen und Einheiten

| Formelzeichen | Größe | Einheit | Beziehung zu den Basiseinheiten des SI |
|---|---|---|---|
| $B$ | magnetische Flußdichte | T | $1\,\text{T} = 1\,\text{Wb}/\text{m}^2 = 1\,\text{kg}/(\text{s}^2 \cdot \text{A})$ |
| $C$ | elektrische Kapazität | F | $1\,\text{F} = 1\,\text{C}/\text{V} = 1\,\text{A}^2 \cdot \text{s}^4/(\text{m}^2 \cdot \text{kg})$ |
| $D$ | elektrische Flußdichte, Verschiebungsdichte | $\text{C}/\text{m}^2$ | $1\,\text{C}/\text{m}^2 = 1\,\text{A} \cdot \text{s}/\text{m}^2$ |
| $E$ | elektrische Feldstärke | V/m | $1\,\text{V}/\text{m} = 1\,\text{kg} \cdot \text{m}/(\text{s}^3 \cdot \text{A})$ |
| $G$ | elektrischer Leitwert | S | $1\,\text{S} = 1/\Omega = 1\,\text{A}^2 \cdot \text{s}^3/(\text{m}^2 \cdot \text{kg})$ |
| $H$ | magnetische Feldstärke | A/m | |
| $I$ | elektrische Stromstärke | A | Basiseinheit |
| $J$ | elektrische Stromdichte | $\text{A}/\text{m}^2$ | |
| $L$ | Induktivität | H | $1\,\text{H} = 1\,\text{Wb}/\text{A} = 1\,\text{m}^2 \cdot \text{kg}/(\text{s}^2 \cdot \text{A}^2)$ |
| $M$ | Gegeninduktivität | H | $1\,\text{H} = 1\,\Omega \cdot \text{s} = 1\,\text{V} \cdot \text{s}/\text{A}$ |
| $P$ | elektrische Leistung | W | $1\,\text{W} = 1\,\text{V} \cdot \text{A} = 1\,\text{m}^2 \cdot \text{kg}/\text{s}^3$ |
| $Q$ | Elektrizitätsmenge, elektrische Ladung | C | $1\,\text{C} = 1\,\text{A} \cdot \text{s}$ |
| $R$ | elektrischer Wirkwiderstand | $\Omega$ | $1\,\Omega = 1\,\text{V}/\text{A} = 1\,\text{m}^2 \cdot \text{kg}/(\text{s}^3 \cdot \text{A}^2)$ |
| $U$ | elektrische Spannung | V | $1\,\text{V} = 1\,\text{W}/\text{A} = 1\,\text{m}^2 \cdot \text{kg}/(\text{s}^3 \cdot \text{A})$ |
| $W$ | Energie, Arbeit | J | $1\,\text{J} = 1\,\text{N} \cdot \text{m} = 1\,\text{W} \cdot \text{s} = 1\,\text{m}^2 \cdot \text{kg}/\text{s}^2$ |
| $X$ | elektrischer Blindwiderstand | $\Omega$ | $1\,\Omega = 1\,\text{V}/\text{A} = 1\,\text{m}^2 \cdot \text{kg}/(\text{s}^3 \cdot \text{A}^2)$ |
| $Z$ | elektrischer Scheinwiderstand | $\Omega$ | $1\,\Omega = 1\,\text{V}/\text{A} = 1\,\text{m}^2 \cdot \text{kg}/(\text{s}^3 \cdot \text{A}^2)$ |
| $f$ | Frequenz | Hz | $1\,\text{Hz} = 1\,\text{s}^{-1}$ |
| $\varepsilon$ | Permittivität | F/m | $1\,\text{F}/\text{m} = 1\,\text{A} \cdot \text{s}/(\text{V} \cdot \text{m}) = 1\,\text{A}^2 \cdot \text{s}^4/(\text{m}^3 \cdot \text{kg})$ |
| $\eta$ | Raumladungsdichte | $\text{C}/\text{m}^3$ | $1\,\text{C}/\text{m}^3 = 1\,\text{A} \cdot \text{s}/\text{m}^3$ |
| $\Theta$ | magnetische Durchflutung | A | |
| $\varkappa$ | elektrische Leitfähigkeit | S/m | $1\,\text{S}/\text{m} = 1/(\Omega \cdot \text{m}) = 1\,\text{A}^2 \cdot \text{s}^3/(\text{m}^3 \cdot \text{kg})$ |
| $\mu$ | Permeabilität | H/m | $1\,\text{H}/\text{m} = 1\,\text{V} \cdot \text{s}/(\text{A} \cdot \text{m}) = 1\,\text{m} \cdot \text{kg}/(\text{A}^2 \cdot \text{s}^2)$ |
| $\rho$ | spezifischer elektrischer Widerstand | $\Omega \cdot \text{m}$ | $\Omega \cdot \text{m} = 1\,\text{m}^3 \cdot \text{kg}/(\text{s}^3 \cdot \text{A}^2)$ |
| $\sigma$ | Flächenladungsdichte | $\text{C}/\text{m}^2$ | $1\,\text{C}/\text{m}^2 = 1\,\text{A} \cdot \text{s}/\text{m}^2$ |
| $\Phi$ | magnetischer Fluß | Wb | $1\,\text{Wb} = 1\,\text{V} \cdot \text{s} = 1\,\text{m}^2 \cdot \text{kg}/(\text{s}^2 \cdot \text{A})$ |
| $\varphi$ | elektrisches Potential | V | $1\,\text{V} = 1\,\text{W}/\text{A} = 1\,\text{m}^2 \cdot \text{kg}/(\text{s}^3 \cdot \text{A})$ |
| $\psi$ | elektrischer Fluß | C | $1\,\text{C} = 1\,\text{A} \cdot \text{s}$ |

# Physikalische Konstanten

| Formelzeichen | Größe | Wert |
|---|---|---|
| $F$ | Faradaysche Konstante | $9{,}6485 \cdot 10^4$ C/mol |
| $T_0$ | absoluter Temperaturnullpunkt | $-273{,}15$ °C |
| $e$ | elektrische Elementarladung | $1{,}602\,177 \cdot 10^{-19}$ C |
| $h$ | Plancksche Konstante | $6{,}626\,075 \cdot 10^{-34}$ J·s |
| $k$ | Boltzmannsche Konstante | $1{,}380\,658 \cdot 10^{-23}$ J/K |
| $r_e$ | Elektronenradius | $2{,}8179 \cdot 10^{-15}$ m |
| $\varepsilon_0$ | elektrische Feldkonstante | $8{,}854\,188 \cdot 10^{-12}$ F/m |
| $\mu_0$ | magnetische Feldkonstante | $4\pi \cdot 10^{-7}$ H/m |
| $\mu_B$ | Bohrsches Magneton | $9{,}274 \cdot 10^{-24}$ J/T |

# Formelzeichenverzeichnis

## A

| | |
|---|---|
| $A$ | Adresse (allgemein) |
| $A$ | Arbeitspunkt |
| $A$ | Adreßsignal |
| $A$ | Breite des Adreßbusses |
| $A$ | Amplitude, allgemein |
| $A$ | Drahtquerschnitt |
| $A$ | Fläche, Querschnitt |
| $A$ | Gleichstromverstärkungsfaktor in Basisschaltung |
| $A$ | Stromverstärkungsfaktor in Basisschaltung |
| $A_{FE}$ | Eisenquerschnitt |
| $A_n$ | Amplitude der $n$-ten Harmonischen |
| $a$ | Adreßwortlänge in bit |
| $a$ | Dämpfungsmaß |
| $a$ | Filterkoeffizient |
| $a$ | Kettenparameter bei Vierpolen |
| $a(\omega)$ | Dämpfungsmaß als Funktion von $\omega$ |
| $a_0$ | Gleichkomponente mal Faktor 2 |
| $a_1$ | Filterkoeffizient |
| $a_n$ | Fourier-Koeffizient (Cosinusglieder) |
| $a_\nu$ | Funktionskoeffizient ($\nu = 0, 1, 2 \ldots$) |

## B

| | |
|---|---|
| $B$ | Bandbreite |
| $B$ | Blindleitwert |
| $B$ | Gleichstromverstärkung |
| $B$ | Magnetflußdichte |
| $B$ | Stromverstärkungsfaktor in Emitterschaltung |
| $b$ | Basis des Zahlensystems |
| $b$ | Breite |
| $b$ | Phasenmaß |
| $b$ | Variable im BCD-Code |
| $b$ | Kanalbreite des MOSFET |
| $b(\omega)$ | Phasenmaß als Funktion von $\omega$ |
| $b_1$ | Filterkoeffizient |
| $b_k$ | Kernbreite |
| $b_n$ | Fourier-Koeffizient (Sinusglieder) |
| $b_w$ | Wickelbreite |
| $b_\nu$ | Funktionskoeffizient ($\nu = 0, 1, 2 \ldots$) |

## C

| | |
|---|---|
| $C$ | Taktanschluß (clock) |
| $C$ | Kapazität |
| $C$ | Speicherkapazität |
| $C$ | Übertrag (carry) |
| $C_D$ | Diffusionskapazität |
| $C_{GD}$ | Gate-Drain-Kapazität |
| $C_{GS}$ | Gate-Source-Kapazität |
| $C_L$ | Ladekapazität |
| $C_L$ | Lastkapazität |
| $CMRR$ | Gleichtaktunterdrückung |
| $C_S$ | Sperrschichtkapazität |
| $C_{SC}$ | Kollektorsperrschichtkapazität |
| $C_{SE}$ | Emittersperrschichtkapazität |
| $C_{th}$ | Wärmekapazität |
| $c$ | spezifische Wärmekapazität |
| $c$ | Zählkapazität in bit |
| $\underline{c}_n$ | komplexe Amplitude |

## D

| | |
|---|---|
| $D$ | Datenanschluß, Datenbit |
| $D$ | Logikbedingung bei Flipflop (delay) |
| $D$ | Datensignal |
| $D$ | Differenz aus Binärvariablen |
| $D$ | Durchgriff |
| $D$ | elektrische Flußdichte (Verschiebungsdichte) |
| $D_T$ | Temperaturdurchgriff |
| $d$ | Dämpfungsfaktor |
| $d$ | Drahtdurchmesser |
| $d$ | Durchmesser, Abstand |
| $d$ | Piezomodul |
| $d$ | Variable im Dezimalcode |

| | | | |
|---|---|---|---|
| $d$ | Verlustfaktor | $G$ | Gleichtaktunterdrückung |
| $d_S$ | Ausdehnung der Sperrschicht | $G$ | Übertragungsfaktor |
| | | $G(j\omega)$ | komplexe Übertragungsfunktion |
| | | $G(s)$ | komplexe Übertragungsfunktion |

# E

| | |
|---|---|
| $E$ | Entleihung (borrow) |
| $E$ | Feldstärke |
| $E_v$ | Beleuchtungsstärke |
| $e$ | Elementarladung eines Elektrons |
| $\exp(x)$ | Exponentialfunktion |

$g$ innerer Transistorleitwert
$g$ Rückkopplungsgrad
$g(t)$ Impulsantwort
$g(\omega)$ logisches Übertragungsmaß als Funktion von $\omega$
$g_{DS}$ Drain-Source-Leitwert des MOSFET

# F

| | |
|---|---|
| $F$ | Kraft |
| $F$ | Rauschzahl |
| $F(f)$ | Frequenzfunktion |
| $F(j\omega)$ | komplexe Amplitudendichte |
| $f$ | Frequenz, Signalfrequenz |
| $f(t)$ | Zeitfunktion |
| $f_A$ | Abtastfrequenz |
| $f_C$ | Taktfrequenz (clock frequency) |
| $f_g$ | Grenzfrequenz |
| $f_g(t)$ | gerade Zeitfunktion |
| $f_{go}$ | obere Grenzfrequenz |
| $f_{gu}$ | untere Grenzfrequenz |
| $f_I$ | Eingangsfrequenz |
| $f_n$ | Frequenz der $n$-ten Harmonischen |
| $f_O$ | Ausgangsfrequenz |
| $f_O$ | Oszillatorfrequenz |
| $f_p$ | Großsignal-Grenzfrequenz |
| $f_r$ | Resonanzfrequenz |
| $f_s, f_S$ | Schaltfrequenz |
| $f_S$ | Signalfrequenz |
| $f_T$ | Transitfrequenz |
| $f_u(t)$ | ungerade Zeitfunktion |
| $f_\alpha$ | Grenzfrequenz der Basisschaltung |
| $f_\beta$ | Grenzfrequenz der Emitterschaltung |

# H

| | |
|---|---|
| H | High-Pegel |
| $H$ | magnetische Feldstärke |
| $H$ | Maßstabsfaktor in $G(j\omega)$ |
| $h$ | Höhe |
| $h$ | Hybridparameter |
| $h$ | Plancksches Wirkungsquantum |
| $h(t)$ | Sprungantwort |
| $h(x_i)$ | Gaußsche Normalverteilung |
| $h_k$ | Kernpakethöhe |
| $h_w$ | Wickelhöhe |

# I

| | |
|---|---|
| I | Eingabe (input) |
| $I$ | elektrische Stromstärke, Gleichstrom |
| $I$ | Informationsgehalt |
| $\underline{I}$ | komlexe elektrische Stromstärke |
| $\hat{I}$ | Stromamplitude |
| $\Delta I$ | Stromänderung |
| $I_B$ | Basisstrom |
| $I_{BA}$ | Basisstrom im Arbeitspunkt |
| $I_{BS}$ | Basissättigungsstrom |
| $I_{Bü}$ | Basisstrom an Übersteuerungsgrenze |
| $I_C$ | Kollektorstrom |
| $I_{CA}$ | Kollektorstrom im Arbeitspunkt |
| $I_{CB0}$ | Reststrom der Kollektor-Basis-Strecke |
| $I_{CE0}$ | Reststrom der Kollektor-Emitter-Strecke |

# G

| | |
|---|---|
| $G$ | elektrischer Leitwert |
| $G$ | Generate-Signal |
| $G$ | Glättungsfaktor |

# Formelzeichenverzeichnis

| | |
|---|---|
| $I_{cmax}$ | maximaler Kollektorstrom |
| $I_D$ | Drainstrom |
| $I_{DSS}$ | Sättigungsstrom eines FET |
| $I_E$ | Emitterstrom |
| $I_F, I_T$ | Durchlaßstrom |
| $I_F$ | Flußstrom einer Diode |
| $I_F, I_p$ | Fotostrom |
| $I_{FRM}$ | periodischer Durchlaßspitzenstrom |
| $I_{FSM}$ | nichtperiodischer Spitzenstrom |
| $I_{GT}$ | Zündstrom des Thyristors |
| $I_H$ | Haltestrom des Thyristors |
| $I_I$ | Eingangsstrom |
| $I_O$ | Ausgangsstrom |
| $I_R$ | Rückwärtsstrom einer Diode |
| $I_R$ | Sperrstrom |
| $I_S$ | Diodensättigungsstrom |
| $I_{SP}$ | Sperrstrom |
| $\hat{I}_C$ | Amplitude des Ladestromes |
| $i$ | elektrische Stromstärke, Wechselstrom |
| $\bar{i}$ | Gleichrichtwert, Wechselstrom |
| $\hat{i}$ | Scheitelwert, Wechselstrom |

## J

| | |
|---|---|
| J | Logikbedingung bei Flipflop |
| $J$ | Stromdichte |
| $j$ | imaginäre Einheit |

## K

| | |
|---|---|
| K | Logikbedingung bei Flipflop |
| $K$ | Rückkopplungsfaktor |
| $K_w$ | Wickelraumausnutzung |
| $k$ | Boltzmann-Konstante |
| $k$ | Klirrfaktor |
| $k$ | Konstante, allgemein |
| $k$ | Kopplungsgrad |
| $k$ | Übersteuerungsfaktor |
| $k_f$ | Formfaktor |
| $k_{Fe}$ | Eisenhüllfaktor |
| $k_S$ | Scheitelfaktor |
| $k_W$ | Welligkeitsfaktor |

## L

| | |
|---|---|
| L | Low-Pegel |
| $L$ | Induktivität |
| $L$ | Kanallänge des MOSFET |
| $L$ | Schleifentransmission |
| $l$ | Länge |
| lim | Zeichen für Grenzwert |
| $l_w$ | Windungslänge |

## M

| | |
|---|---|
| $M$ | Drehmoment |
| $M$ | Gegeninduktivität |
| $M$ | Maßstab |
| $M$ | Spaltenzahl bei Speichern |
| $M$ | Störsicherheit |
| $m$ | Entmagnetisierungsfaktor |
| $m$ | Übersteuerungsgrad |
| $m$ | Wortlänge |
| $m$ | Zustandszahl bei Zählern |

## N

| | |
|---|---|
| $N$ | Lastfaktor |
| $N$ | Windungszahl |
| $N$ | Zeilenzahl bei Speichern |
| $N_A$ | Akzeptorendichte |
| $N_D$ | Donatorendichte |
| $n$ | Drehzahl |
| $n$ | Elektronendichte |
| $n$ | Gatterzahl |
| $n$ | Grad der Harmonischen |
| $n$ | Ordnungszahl bei Filtern |
| $n$ | Potenzfaktor |
| $n$ | Stufenzahl |
| $n$ | Windungszahl pro Volt |
| $n_0$ | Elektronendichte im thermodynamischen Gleichgewicht |
| $n_i$ | Eigenleitungsdichte, Inversionsdichte |
| $n_n$ | Elektronendichte im n-Halbleiter |
| $n_p$ | Elektronendichte im p-Halbleiter |

## O

| | |
|---|---|
| O | Ausgabe (output) |

## P

| | |
|---|---|
| $P$ | Leistung (Wirkleistung) |
| $P$ | normierter Frequenzparameter |
| $P$ | Propagate-Signal |
| $P_a$ | abgegebene Leistung |
| $P_B$ | Basisverlustleistung |
| $P_C$ | Kollektorverlustleistung |
| $P_T$ | Transistor-Verlustleistung |
| $P_V$ | Verlustleistung |
| $P_W$ | Wärmeleistung |
| $p$ | Löcherdichte |
| $p$ | Ortskurvenparameter |
| $p$ | Pfadübertragung |
| $p$ | Phasenzahl |
| $p$ | Prüfbit (Parität) |
| $p$ | Wahrscheinlichkeit |
| $p_0$ | Löcherdichte im thermodynamischen Gleichgewicht |
| $p_n$ | Löcherdichte im n-Halbleiter |
| $p_p$ | Löcherdichte im p-Halbleiter |

## Q

| | |
|---|---|
| $Q$ | Ausgangssignal von sequentiellen Schaltungen |
| $Q$ | Ausgangszustand bei Flipflop |
| $Q$ | Blindleistung |
| $Q$ | elektrische Ladung |
| $Q$ | Gütefaktor |
| $Q^+$ | Folgezustand |
| $q$ | Leistungsverhältnis |

## R

| | |
|---|---|
| R | Rücksetzbedingung (reset) |
| $R$ | ohmscher Widerstand (Wirkwiderstand) |
| $R$ | Redundanz in bit |
| $R$ | Reflexionsfaktor |
| $R$ | Rücksetzsignal |
| $R_{äq}$ | äquivalenter Rauschwiderstand |
| $R_B$ | Basisvorwiderstand |
| $R_C$ | Kollektorwiderstand |
| $R_D$ | Durchlaßwiderstand |
| $R_{DS}$ | Kanalwiderstand |
| $R_F$ | Gleichstromwiderstand einer Diode |
| $R_G$ | Generator- oder Signalquellenwiderstand |
| $R_H$ | Hall-Konstante |
| $R_i$ | Innenwiderstand |
| $R_T$ | Widerstand bei Temperatur $T$ |
| $R_{th}$ | thermischer Widerstand |
| $R_\theta$ | Widerstand bei Temperatur $\theta$ |
| $r$ | dynamischer Widerstand |
| $r$ | innerer Transistorwiderstand |
| $r$ | Radius |
| $r_{BE}$ | Basis-Emitter-Widerstand |
| $r_{CE}$ | Kollektor-Emitter-Widerstand |
| $r_{DS}$ | Drain-Source-Widerstand |
| rect($x$) | Rechteckfunktion |
| $r_F$ | differentieller Widerstand einer Diode |
| $r_z$ | dynamischer Z-Widerstand |

## S

| | |
|---|---|
| S | Setzbedingung bei Flipflop (set) |
| $S$ | Scheinleistung |
| $S$ | Setzsignal |
| $S$ | Siebfaktor |
| $S$ | Signal-Rausch-Abstand |
| $S$ | Stabilisierungsfaktor |
| $S$ | Steilheit |
| $S$ | Steuersignal-Bit |
| $S$ | Summe aus Binärvariablen |
| Si($x$) | Integralsinus-Funktion |
| $S_P$ | Spiegelverhältnis |
| $S_r$ | Slew Rate |
| $S_T$ | Typen-Scheinleistung |
| $s$ | komplexer Frequenzparameter |
| $s$ | Schlupf |
| $s_0$ | Nullstelle im PN-Plan |
| si($x$) | Spaltfunktion |
| $s_X$ | Polstelle im PN-Plan |

… Formelzeichenverzeichnis

## T

| | |
|---|---|
| $T$ | Periodendauer |
| $T$ | Temperatur in K |
| $T$ | Transmission |
| $\Delta T$ | Temperaturänderung |
| $T_A$ | Abtastperiodendauer |
| $TK$ | Temperaturkoeffizient |
| $T_S$ | Periodendauer der Schaltfrequenz |
| $t$ | Zeit |
| $t_{AA}$ | Adreßzugriffszeit |
| $t_F$ | Durchlaßdauer |
| $t_g$ | Gruppenlaufzeit |
| $t_H$ | Haltezeit |
| $t_i$ | Impulsdauer |
| $t_{OFF}$ | Ausschaltzeit |
| $t_{ON}$ | Einschaltzeit |
| $t_p$ | Verzögerungszeit |
| $t_R$ | Sperrdauer |

## U

| | |
|---|---|
| U | Baustein (unit) |
| $U$ | elektrische Spannung, Gleichstrom |
| $\underline{U}$ | komplexe elektrische Spannung |
| $\bar{U}$ | Effektivwert der Wechselspannung |
| $\overline{U}$ | Gleichspannung (Mittelwert) |
| $\hat{U}$ | Spannungsamplitude |
| $\Delta U$ | Spannungsänderung |
| $U_B$ | Betriebsspannung |
| $U_{BE}$ | Basis-Emitter-Spannung |
| $U_{BG}$ | Bandgab-Spannung |
| $U_{BR}$ | Durchbruchspannung |
| $U_{br}$ | Brummspannung |
| $U_{CB}$ | Kollektor-Basis-Spannung |
| $U_{CE}$ | Kollektor-Emitter-Spannung |
| $U_{CEA}$ | Kollektor-Emitter-Spannung im Arbeitspunkt |
| $U_{CEmax}$ | maximale Kollektor-Spannung |
| $U_{CEsat}$ | Kollektor-Emitter-Sättigungsspannung |
| $U_D$ | Diffusionsspannung |
| $U_{DS}$ | Drain-Source-Spannung |
| $U_{DSsat}$ | Sättigungsspannung eines FET |
| $U_{EA}$ | Early-Spannung |
| $U_F$ | Diodenflußspannung |
| $U_F$ | Durchlaßspannung |
| $U_{GS}$ | Gate-Source-Spannung |
| $U_{GT}$ | Zündspannung eines Thyristors |
| $U_H$ | Hystereseszpannung |
| $U_H$ | Spannung im H-Zustand |
| $U_I$ | Eingangsspannung |
| $U_{IO}$ | Eingangs-Offsetspannung |
| $U_K$ | Zündspannung eines Thyristors |
| $U_k$ | Kippspannung eines Thyristors |
| $U_k$ | Klemmenspannung |
| $U_L$ | Spannung im L-Zustand |
| $U_O$ | Ausgangsspannung |
| $U_{OAV}$ | Gleichspannungsmittelwert |
| $U_P$ | Schwellspannung eines FET |
| $U_p$ | Abschnürspannung eines FET |
| $U_{pp}$ | Programmierspannung |
| $U_q$ | Quellenspannung |
| $U_R$ | Diodensperrspannung |
| $U_R$ | Sperrspannung |
| $U_{ref}$ | Referenzspannung |
| $U_{RRM}$ | maximale periodische Sperrspannung |
| $U_q$ | Quellenspannung |
| $U_S$ | Schleusenspannung einer Diode |
| $U_s$ | Sättigungsspannung |
| $U_{smax}$ | maximale Schalterspannung |
| $U_{SP}$ | Sperrspannung einer Diode |
| $U_{st}$ | Steuerspannung |
| $U_T$ | Durchlaßspannung eines Thyristors |
| $U_T$ | Schwellspannung |
| $U_T$ | Temperaturspannung |
| $U_{T0}$ | Schwellspannung eines FET |
| $U_Z$ | Z-Spannung |
| $u$ | elektrische Spannung, Wechselstrom |
| $\bar{u}$ | Gleichrichtwert, Wechselspannung |
| $\hat{u}$ | Scheitelwert, Wechselspannung |
| $u_e$ | Eingangsspannung, allgemein |

## Formelzeichenverzeichnis

| | | | |
|---|---|---|---|
| $\ddot{u}$ | Übersetzungsverhältnis | $Z_2$ | Ausgangsimpedanz |
| $\ddot{u}$ | Windungszahlverhältnis | $Z_L$ | Lastimpedanz |
| | | $Z_W$ | Wellenwiderstand |

### V

| | | | |
|---|---|---|---|
| | | $z$ | Logik-Zustand (allgemein) |
| | | $z$ | Widerstandsparameter |
| $V$ | magnetische Spannung | $z$ | Zahl, allgemein |
| $V$ | Verstärkung | | |
| $V$ | Volumen | $\alpha$ | Faktor in e-Funktion (exp) |
| $V_\infty$ | Verstärkung bei $f \to \infty$ | $\alpha$ | Kleinsignalstromverstärkung in Basisschaltung |
| $V^*$ | Verstärkung bei Rückkopplung | | |
| $V_0$ | Verstärkung bei $f = 0$ | $\alpha$ | Phasenschnittwinkel |
| $V_D$ | Differenzverstärkung | $\alpha$ | Temperaturkoeffizient (erster) |
| $V_i$ | Stromverstärkung | $\alpha$ | Wechselstrom-Verstärkungsfaktor in Basisschaltung |
| $V_{pp}$ | Programmierspannung (engl.) | | |
| $V_u$ | Spannungsverstärkung | $\alpha$ | Wechselstrom-Verstärkungsfaktor in Emitterschaltung |
| $v$ | Anzahl der Zeichenkombinationen | | |
| $v$ | Geschwindigkeit | $\alpha$ | Winkel, allgemein |
| $v$ | Verlustziffer | $\beta$ | dynamische Stromverstärkung |
| $v$ | Verstimmung | $\beta$ | Kleinsignalstromverstärkung in Emitterschaltung |
| $v$ | Wertevorrat | | |
| | | $\beta$ | relative Widerstandstoleranz |

### W

| | | | |
|---|---|---|---|
| | | $\beta$ | Temperaturkoeffizient (zweiter) |
| | | $\beta$ | Transistorkonstante des MOSFET |
| $W$ | Energie, Arbeit | | |
| $W$ | Übertragungsweite | $\gamma$ | Body-Faktor des MOSFET |
| $W_g$ | Breite der verbotenen Zone | $\Delta$ | Determinante einer Matrix |
| | | $\Delta(x)$ | Dreieckfunktion |

### X

| | | | |
|---|---|---|---|
| | | $\delta$ | Dämpfungsfaktor |
| | | $\delta$ | Eindringtiefe |
| $X$ | analoges Signal | $\delta$ | Faktor in e-Funktion (exp) |
| $X$ | Blindwiderstand | $\delta$ | Unsymmetriewinkel |
| $x$ | Binärvariable (am Eingang) | $\delta$ | Verlustwinkel |
| $x$ | Signal, allgemein | $\delta(t)$ | Dirac-Stoß |
| $\bar{x}$ | negierte Binärvariable | $\varepsilon$ | Permittivität |
| | | $\varepsilon_0$ | elektrische Feldkonstante |

### Y

| | | | |
|---|---|---|---|
| | | $\varepsilon_r$ | Permittivitätszahl, relative Permeabilität |
| $Y$ | Scheinleitwert | $\eta$ | Frequenzverhältnis |
| $y$ | Binärvariable (am Ausgang) | $\eta$ | Spannungsrückwirkung |
| $y$ | Leitwertparameter | $\eta$ | Wirkungsgrad |
| | | $\Theta$ | elektrische Durchflutung |

### Z

| | | | |
|---|---|---|---|
| | | $\Theta$ | Stromflußwinkel |
| | | $\vartheta$ | Celsius-Temperatur |
| $Z$ | Scheinwiderstand | $\vartheta$ | Temperatur |
| $Z_1$ | Eingangsimpedanz | $\varkappa$ | Leitfähigkeit |

| | | | |
|---|---|---|---|
| $\Lambda$ | logarithmisches Dämpfungsdekrement | $\rho$ | spezifischer elektrischer Widerstand |
| $\lambda$ | Ausfallrate | $\sigma$ | Realteil der komplexen Frequenz $s$ |
| $\lambda$ | Kanallängenverkürzung beim MOSFET | $\sigma$ | Streufaktor |
| $\lambda$ | Leistungsfaktor | $\sigma(t)$ | Sprungfunktion |
| $\lambda$ | magnetischer Leitwert | $\sigma_i$ | induktiver Streufaktor |
| $\lambda$ | Temperaturbeiwert des Diodensperrstromes | $\tau$ | Zeitkonstante |
| | | $\tau_{BN}$ | Basislaufzeit (Normalbetrieb) |
| $\lambda$ | Wärmeleitfähigkeit | | |
| $\lambda$ | Wellenlänge | $\tau_e$ | Einschwingzeit |
| $\mu$ | absolute Permeabilität | $\tau_S$ | Speicherzeitkonstante |
| $\mu$ | Beweglichkeit | $\Phi$ | magnetischer Fluß |
| $\mu_0$ | magnetische Feldkonstante | $\Phi$ | Taktsignal |
| $\mu_n$ | Elektronenbeweglichkeit | $\varphi$ | Phasenwinkel |
| $\mu_p$ | Löcherbeweglichkeit | $\varphi$ | Potential |
| $\mu_r$ | Permeabilitätszahl, relative Permeabilität | $\varphi_F$ | Fermipotential |
| | | $\psi$ | elektrischer Fluß, Verschiebungsfluß |
| $\mu_{rev}$ | reversible Permeabilität | | |
| $v$ | Tastgrad | $\Omega$ | normierte Frequenz |
| $\rho$ | Raumladung, Raumladungsdichte | $\omega$ | Kreisfrequenz, Winkelfrequenz |
| | | $\omega_r$ | Resonanzkreisfrequenz |

# Literaturverzeichnis

**1 Gleichstrom – 2 Elektrische und magnetische Felder – 3 Wechselstrom – 4 Besondere Wechselstromkreise**

/1–4.1/ *Altmann, S.; Schlayer, D.*: Lehr- und Übungsbuch Elektrotechnik. – Leipzig; Köln: Fachbuchverlag, 1995

/1–4.2/ *Ameling, W.*: Grundlagen der Elektrotechnik. – 4. Auflage. – Braunschweig; Wiesbaden: Vieweg Verlag, 1988

/1–4.3/ *Bauckholt, H.*: Grundlagen und Bauelemente der Elektrotechnik. – 3. Auflage. – München: Carl Hanser Verlag, 1992

/1–4.4/ *Beuth, K.* u. a.: Grundkenntnisse Elektrotechnik. – 5. Auflage. – Hamburg: Verlag Handwerk und Technik, 1997

/1–4.5/ *Busch, R.*: Elektrotechnik und Elektronik. – 2. Auflage. – Stuttgart: B. G. Teubner Verlag, 1996

/1–4.6/ *Clausert, H.; Wiesemann, G.*: Grundgebiete der Elektrotechnik. – München; Wien: R. Oldenbourg Verlag
Band 1: Gleichstromnetze, Operationsverstärkerschaltungen, elektrische und magnetische Felder. – 6. Auflage. – 1993
Band 2: Wechselströme, Drehstrom, Leitungen, Anwendungen der Fourier-, der Laplace- und der Z-Transformation. – 6. Auflage. – 1993

/1–4.7/ *Dietmeier, U.*: Formelsammlung der Elektrotechnik. – 6. Auflage. – München; Wien: R. Oldenbourg Verlag, 1996

/1–4.8/ Elektrotechnik/Elektronik, Grundbildung. – 3. Auflage. – Haan: Europa-Lehrmittel, 1996

/1–4.9/ Elektrotechnik Formelsammlung. – München; Wien: R. Oldenbourg Verlag, Ehrenwirth, 1990

/1–4.10/ Elektrotechnik für Fachschulen. – Hamburg: Handwerk und Technik, 1992

/1–4.11/ *Elschner, H.; Möschwitzer, A.*: Einführung in die Elektrotechnik-Elektronik. – 3. Auflage. – Berlin: Verlag Technik, 1992

/1–4.12/ Fachkunde Elektrotechnik. – 21. Auflage. – Haan: Europa-Lehrmittel, 1996

/1–4.13/ *Felderhoff, R.*: Elektrische und elektronische Meßtechnik. – 6. Auflage. – München: Carl Hanser Verlag, 1993

/1–4.14/ *Flegel, G.; Birnstiel, K.; Nerreter, W.*: Elektrotechnik für den Maschinenbauer. – 7. Auflage. – München: Carl Hanser Verlag, 1993

/1–4.15/ Formeln für Elektrotechniker. – 8. Auflage. – Haan: Europa-Lehrmittel, 1996

/1–4.16/ Friedrich Tabellenbuch Elektrotechnik/Elektronik. – Bonn: Dümmlers, 1993

/1–4.17/ *Frielingsdorf, H.; Lintermann, F. J.*: Elektrotechnik. – 2. Auflage. – Köln: Stam, 1993

| | |
|---|---|
| /1–4.18/ | *Frohne, H.*: Elektrische und magnetische Felder. – 5. Auflage. – Stuttgart: B. G. Teubner, 1994 |
| /1–4.19/ | *Frohne, H.*: Einführung in die Elektrotechnik. – Stuttgart: B. G. Teubner<br>Band 1: Grundlagen und Netzwerke. – 5. Auflage. – 1987<br>Band 2: Elektrische und magnetische Felder. – 5. Auflage. – 1989<br>Band 3: Wechselstrom. – 5. Auflage. – 1993 |
| /1–4.20/ | *Führer, A.; Heidemann, K.; Nerreter, W.*: Grundgebiete der Elektrotechnik. – München: Carl Hanser Verlag<br>Band 1: Stationäre Vorgänge. – 6. Auflage. – 1997<br>Band 2: Zeitabhängige Vorgänge. – 6. Auflage. – 1998 |
| /1–4.21/ | Grundlagen der Elektrotechnik. Begr.: *Moeller, F.*; Bearb.: *Frohne, H.; Löcherer, K.-H.* – 18. Auflage. – Stuttgart: B. G. Teubner, 1996 |
| /1–4.22/ | *Grafe, H.; Balcke, E.; Heisterberg, J.*: Grundlagen der Elektrotechnik. Band 2: Wechselspannungstechnik. – 12. Auflage. – Berlin: Verlag Technik, 1992 |
| /1–4.23/ | Grundlagen der Elektrotechnik in 4 Bd. Hrsg.: *Bosse, G.* – Berlin; Heidelberg; New York: Springer-Verlag<br>Band 1: Das elektrostatische Feld und der Gleichstrom. – 3. Auflage. – 1996<br>Band 2: Das magnetische Feld und die elektromagnetische Induktion. – 4. Auflage. – 1996<br>Band 3: Wechselstromlehre, Vierpol- und Leitungstheorie. – 3. Auflage. – 1996<br>Band 4: Drehstrom, Ausgleichsvorgänge in linearen Netzen. – 2. Auflage. – 1996 |
| /1–4.24/ | *Haase, H.; Garbe, H.*: Grundlagen der Elektrotechnik. – Berlin; Heidelberg; New York: Springer-Verlag, 1997 |
| /1–4.25/ | *Hagmann, G.*: Grundlagen der Elektrotechnik. – 6. Auflage. – Wiesbaden: Aula-Verlag, 1997 |
| /1–4.26/ | *Hagmann, G.*: Aufgabensammlung zu den Grundlagen der Elektrotechnik. – 7. Auflage. – Wiesbaden: Aula-Verlag, 1994 |
| /1–4.27/ | *Haug, A.; Haug, F.*: Angewandte elektrische Meßetchnik. – 2. Auflage. – Braunschweig; Wiesbaden: Vieweg Verlag, 1993 |
| /1–4.28/ | *Hering, E.; Vogt, A.; Bressler, K.*: Elektrotechnik für Maschinenbauer. – Berlin; Heidelberg; New York: Springer-Verlag/VDI-Verlag, 1998 |
| /1–4.29/ | Jahrbuch Elektrotechnik 1998. – Berlin: VDE-Verlag, 1997 |
| /1–4.30/ | Jahrbuch für Elektrotechnik 1998. – Heidelberg: Hüthig Buch Verlag, 1997 |
| /1–4.31/ | *Junge, H.-D.; Möschwitzer, A.*: parat-Lexikon Elektrotechnik. Hrsg.: *Junge, H.-D.; Müller, G.* – Wiley-VCH, 1994 |
| /1–4.32/ | *Kories, R.; Schmidt-Walter, H.*: Taschenbuch der Elektrotechnik, Grundlagen der Elektronik. – 2. Auflage. – Thun; Frankfurt: Verlag Harri Deutsch, 1995 |

## Literaturverzeichnis 663

/1–4.33/ *Kortstock, M.; Wermuth, G.*: Aufgaben zur Elektrotechnik für Maschinenbauer. – 2. Auflage. – Stuttgart: B. G. Teubner, 1998

/1–4.34/ *Krämer, H.*: Elektrotechnik im Maschinenbau. – 3. Auflage. – Wiesbaden: Vieweg Verlag, 1991

/1–4.35/ *Kronenberger, A.*: Formelsammlung Elektrotechnik. – 7. Auflage. – München: Pflaum Verlag, 1996

/1–4.36/ *Küpfmüller, K.; Kohn, G.*: Theoretische Elektrotechnik und Elektronik. – 14. Auflage. – Berlin; Heidelberg; New York: Springer-Verlag, 1993

/1–4.37/ Lexikon der Elektrotechniker. – Berlin: VDE-Verlag, 1992

/1–4.38/ Lexikon Elektrotechnik/Elektronik. – Haan: Europa-Lehrmittel, 1991

/1–4.39/ *Lindner, H.*: Elektro-Aufgaben. – Leipzig: Fachbuchverlag
Band 1: Gleichstrom. – 26. Auflage. – 1996
Band 2: Wechselstrom. – 22. Auflage. – 1996
Band 3: Leitungen – Vierpole – Fourier-Analyse – Laplace-Transformation. – 5. Auflage. – 1994

/1–4.40/ *Linse, H.*: Elektrotechnik für Maschinenbauer. – 9. Auflage. – Stuttgart: B. G. Teubner, 1992

/1–4.41/ *Lunze, K.*: Einführung in die Elektrotechnik. Lehrbuch. – 13. Auflage. – Berlin: Verlag Technik, 1991

/1–4.42/ *Lunze, K.; Wagner, E.*: Einführung in die Elektrotechnik. Arbeitsbuch. – 7. Auflage. – Berlin: Verlag Technik, 1991

/1–4.43/ *Lunze, K.*: Theorie der Wechselstromschaltungen. Lehrbuch. – 8. Auflage. – Berlin: Verlag Technik, 1991

/1–4.44/ *Lunze, K.*: Berechnung elektrischer Stromkreise. Arbeitsbuch. – 15. Auflage. – Berlin: Verlag Technik, 1990

/1–4.45/ *Mattes, H.*: Übungskurs Elektrotechnik. – Berlin; Heidelberg: Springer-Verlag
Band 1: Felder und Gleichstromnetze. – 1992
Band 2: Wechselstromrechnung. – 1994

/1–4.46/ *Metz, D.; Naundorf, U.; Schlabbach, J.*: Kleine Formelsammlung Elektrotechnik. – 2. Auflage. – Leipzig: Fachbuchverlag, 1997

/1–4.47/ *Metz, D.; Naundorf, U.; Schlabbach, J.*: !Switch On CD-ROM Kleine Formelsammlung Elektrotechnik. – Leipzig: Fachbuchverlag, 1998

/1–4.48/ Moderne Berechnungsverfahren in Elektrotechnik und Elektronik. – Renningen: Expert Verlag, 1995

/1–4.49/ *Müller, R.; Piotrowski, A.*: Einführung in die Elektrotechnik und Elektronik. – München; Wien: R. Oldenbourg Verlag
Teil 1: Gleichstrom, Elektrisches und magnetisches Feld, Wechselstrom, Elektrische Maschinen. – Energiewirtschaft. – 4. Auflage. – 1995

/1–4.50/ *Netz, H.*: Formeln der Elektrotechnik und Elektronik. – 2. Auflage. – München: Carl Hanser Verlag, 1991

| | |
|---|---|
| /1–4.51/ | *Ongena, W.*: Kürzellexikon Elektrotechnik, Elektronik, Informationstechnik. – Berlin: VDE-Verlag, 1998 |
| /1–4.52/ | *Ose, R.*: Elektrotechnik für Ingenieure. Band 1: Grundlagen. – Leipzig: Fachbuchverlag, 1996 |
| /1–4.53/ | *Paul, R.*: Elektrotechnik. – Berlin; Heidelberg; New York: Springer-Verlag<br>Band 1: Felder und einfache Stromkreise. – 3. Auflage. – 1993<br>Band 2: Netzwerke. – 3. Auflage. – 1994 |
| /1–4.54/ | *Paul, R.*: Elektrotechnik und Elektronik für Informatiker. – Stuttgart: B. G. Teubner<br>Band 1: Grundgebiete der Elektrotechnik, 1994<br>Band 2: Grundgebiete der Elektronik, 1995 |
| /1–4.55/ | *Paul, R.; Paul, S.*: Arbeitsbuch zur Elektrotechnik. – Berlin; Heidelberg; New York: Springer-Verlag<br>Band 1: 1996<br>Band 2: 1996 |
| /1–4.56/ | *Paul, R.; Paul, S.*: Repetitorium zur Elektrotechnik. – Berlin; Heidelberg; New York: Springer-Verlag, 1996 |
| /1–4.57/ | *Philippow, E.*: Grundlagen der Elektrotechnik. – 9. Auflage. – Berlin: Verlag Technik, 1992 |
| /1–4.58/ | *Prechtl, A.*: Vorlesungen über die Grundlagen der Elektrotechnik. – Berlin; Heidelberg; New York: Springer-Verlag<br>Band 1: 1994<br>Band 2: 1995 |
| /1–4.59/ | *Pregla, R.*: Grundlagen der Elektrotechnik mit 1 CD-ROM. – Heidelberg: Hüthig Buchverlag, 1998 |
| /1–4.60/ | *Preuß, W.; Wenisch, G.*: Lehr- und Übungsbuch Mathematik für Elektro- und Automatisierungstechniker. – Leipzig: Fachbuchverlag, 1997 |
| /1–4.61/ | *Reth, J.; Kruschwitz, H.; Müllenborn, D; Hermann, K.*: Grundlagen der Elektrotechnik. – 9. Auflage. – Braunschweig; Wiesbaden: Vieweg Verlag, 1989 |
| /1–4.62/ | *Richter, W.*: Elektrische Meßtechnik, Gundlagen. – 3. Auflage. – Berlin: Verlag Technik, 1994 |
| /1–4.63/ | *Schrüfer, E.*: Elektrische Meßtechnik. – 6. Auflage. – München: Carl Hanser Verlag, 1994 |
| /1–4.64/ | *Seidel, H.-U.; Wagner, E.*: Allgemeine Elektrotechnik. – München: Carl Hanser Verlag<br>Band 1: 1992<br>Band 2: 1993 |
| /1–4.65/ | Tabellenbuch Elektrotechnik. Hrsg.: *Baumann, D.; Beuth, K.* – 3. Auflage. – Hamburg: Handwerk und Technik, 1995 |
| /1–4.66/ | Tabellenbuch Elektrotechnik. – 16. Auflage. – Haan: Europa-Lehrmittel, 1997 |

/1–4.67/ *Unbehauen, R.*: Grundlagen der Elektrotechnik. – Berlin; Heidelberg; New York: Springer-Verlag
Band 1: Allgemeine Grundlagen, Lineare Netzwerke, Stationäres Verhalten. – 4. Auflage. – 1994
Band 2: Einschwingvorgänge, Nichtlinieare Netzwerke, Theoretische Erweiterungen. – 4. Auflage. – 1994

/1–4.68/ *Vömel, M.; Zastrow, D.*: Aufgabensammlung Elektrotechnik. – Braunschweig; Wiesbaden: Vieweg Verlag,
Band 1: Gleichstrom und elektrisches Feld. – 1994
Band 2: Wechselstrom und magnetisches Feld. – 1998

/1–4.69/ *Volkmann, P.*: Taschenbuch Elektrotechnik und Elektronik. – Berlin: VDE-Verlag
Band 1: Grundkenntnisse. – 2. Auflage. – 1994
Band 2: Fachkenntnisse. – 2. Auflage. – 1996

/1–4.70/ *Vorndran, E.*: Aufgaben Elektrotechnik und Elektronik. – Berlin: VDE-Verlag, 1992

/1–4.71/ *Weißgerber, W.*: Elektrotechnik für Ingenieure. – Braunschweig; Wiesbaden: Vieweg Verlag
Band 1: Gleichstromtechnik und Elektromagnetisches Feld. – 4. Auflage. – 1997
Band 2: Wechselstromtechnik, Ortskurven, Transformator, Mehrphasensysteme. – 3. Auflage. – 1996
Band 3: Ausgleichsvorgänge, Fourieranalyse, Vierpoltheorie. – 3. Auflage. – 1996

/1–4.72/ *Wellers, H.*: Aufgabensammlung Elektrotechnik. – 4. Auflage. – Düsseldorf: Cornelsen, 1991

/1–4.73/ *Zastrow, D.*: Elektrotechnik. – 13. Auflage. – Braunschweig; Wiesbaden: Vieweg Verlag, 1997

## 5 Signale und Systeme

/5.1/ *Brigham, E. O.*: FFT Schnelle Fourier-Transformation. – 5. Auflage. – München; Wien: R. Oldenburg Verlag, 1992

/5.2/ DIN 44300 Informationsverarbeitung. Teil 2: Begriffe Informationsdarstellung. November 1988

/5.3/ *Fliege, N.*: Systemtheorie. – Stuttgart: B. G. Teubner, 1991

/5.4/ *Föllinger, O.*: Laplace- und Fourier-Transformation. – 6. Auflage. – Heidelberg: Hüthig Buch Verlag, 1993

/5.5/ *Herter, E.; Lörcher, W.*: Nachrichtentechnik. – 7. Auflage. – München; Wien: Carl Hanser Verlag, 1994

/5.6/ *Hoffmann, R.*: Signalanalyse und Signalerkennung. – Berlin; Heidelberg; New York: Springer Verlag, 1997

## Literaturverzeichnis

/5.7/ *Johnson, J. R.*: Digitale Signalverarbeitung. – München; Wien; London: Carl Hanser Verlag und Prentice-Hall International Inc., 1991

/5.8/ *Kiencke, U.*: Signale und Systeme. – München; Wien: R. Oldenbourg Verlag, 1997

/5.9/ *Mildenberger, O.*: System- und Signaltheorie. 3. Auflage. – Braunschweig; Wiesbaden: Vieweg Verlag, 1995

/5.10/ *Oppenheim, A.*: Signale und Systeme. Lehrbuch. – Wiley-VCH, 1992

/5.11/ *Schrüfer, E.*: Signalverarbeitung. – 2. Auflage. – München: Carl Hanser Verlag, 1992

/5.12/ *Schüßler, H. W.*: Netzwerke, Signale und Systeme (Bd. 1 und 2). – 2. Auflage. – Berlin; Heidelberg; New York: Springer-Verlag, 1990

/5.13/ *Tietze, U.; Schenk, Ch.*: Halbleiter-Schaltungstechnik. – 9. Auflage. – Berlin; Heidelberg; New York: Springer-Verlag, 1990

/5.14/ *Unbehauen, R.*: Systemtheorie. – 6. Auflage. – München; Wien: R. Oldenbourg Verlag, 1993

## 6 Bauelemente der Elektronik

/6.1/ *Bauckholt, H.*: Grundlagen und Bauelemente der Elektrotechnik. – 3. Auflage. – München: Carl Hanser Verlag, 1992

/6.2/ *Bauer, W.; Wagener, H.-H.*: Bauelemente und Grundschaltungen des Elektronik. – 3. Auflage. – München: Carl Hanser Verlag
Band 1: Bauelemente. – 1989
Band 2: Grundlagen und Anwendungen. – 1990

/6.3/ *Benda, D.*: Basiswissen Elektronik. Band 2: Bauelemente. – Berlin: VDE-Verlag, 1992

/6.4/ *Böhmer, E.*: Elemente der angewandten Elektronik. – 10. Auflage. – Braunschweig; Wiesbaden: Vieweg Verlag, 1996

/6.5/ *Brauer, H.*: Elektronik-Aufgaben, Band 1: Bauelemente und Grundschaltungen. – 2. Auflage. – Leipzig: Fachbuchverlag, 1997

/6.6/ *Bystron, K.; Borgmeyer, J.*: Grundlagen der Technischen Elektronik. – 2. Auflage. – München: Carl Hanser Verlag, 1990

/6.7/ Einführung in die Elektronik. Band 1: Bauelemente der Elektronik und ihre Grundschaltungen. – Köln: Stam Verlag, 1996

/6.8/ Elektronik. Band 2: Bauelemente. – 15. Auflage. – Würzburg: Vogel Verlag, 1997

/6.9/ Elektronik-Lexikon. – 1 CD-ROM. – Nova Media, 1995

/6.10/ Formeln für Elektroniker. – 8. Auflage. – Haan: Europa-Lehrmittel, 1995

/6.11/ Formelsammlung Elektronik. Düsseldorf: Cornelsen, 1998

/6.12/ *Frölich, D.*: Elektronische Bauelemente kurz erklärt. – Publicics MCD; Siemens AG, 1991

## Literaturverzeichnis 667

/6.13/ *Groß, W.*: Digitale Schaltungstechnik. – Braunschweig; Wiesbaden: Vieweg & Sohn Verlagsgesellschaft, 1994

/6.14/ *Hering, E.; Bressler, K.; Gutekunst, J.*: Elektronik für Ingenieure. – X. Auflage. – Berlin; Heidelberg; New York: Springer Verlag-VDI-Verlag, 1997

/6.15/ *Löcherer, K.-H.*: Halbleiterbauelemente. – Stuttgart: B. G. Teubner, 1992

/6.16/ *Löcherer, K.-H.; Brandt, C.-D.*: Parametric Elektronics, Springer Series in Electrophysics 6. – Berlin; Heidelberg; New York: Springer-Verlag, 1982

/6.17/ *Metz, D.; Naundorf, U.; Schlabbach, J.*: Kleine Formelsammlung Elektrotechnik. – 2. Auflage. – Leipzig: Fachbuchverlag, 1997

/6.18/ *Metz, D.; Naundorf, U.; Schlabbach, J.*: !Switch On CD-ROM Kleine Formelsammlung Elektrotechnik. – Leipzig: Fachbuchverlag, 1998

/6.19/ *Möschwitzer, A.*: Grundlagen der Halbleiter- und Mikroelektronik, Band 1; Elektronische Halbleiterbauelemente. – München; Wien: Carl Hanser Verlag, 1992

/6.20/ *Möschwitzer, A.*: Grundlagen der Halbleiter- und Mikroelektronik, Band 2; Integrierte Schaltkreise. – München; Wien: Carl Hanser Verlag, 1992

/6.21/ *Möschwitzer, A.; Lunze, K.*: Halbleiterelektronik. – 8. Auflage. – Berlin: Verlag Technik, 1988

/6.22/ *Morgenstern, B.*: Elektronik in 3 Bd. – Band 1: Bauelemente. – Braunschweig; Wiesbaden: Vieweg Verlag, 1993

/6.23/ *Müller, R.*: Bauelemente der Halbleiterelektronik. – Berlin; Heidelberg; New York: Springer Verlag, 1991

/6.24/ *Müller, R.; Piotrowski, A.*: Einführung in die Elektrotechnik und Elektronik. – Teil 2: Halbleiterbauelemente – Verstärkerschaltungen – Digitaltechnik – Mikroprozessortechnik. – 4. Auflage. – München: R. Oldenbourg Verlag, 1996

/6.25/ *Nührmann, D.*: Das große Werkbuch Elektronik. 3 Bd. – München: Franzis, 1994

/6.26/ *Reisch, M.*: Elektronische Bauelemente. – Berlin; Heidelberg; New York: Springer Verlag, 1997

/6.27/ *Rose, G.*: Große Elektronik-Formelsammlung. – München: Franzis, 1996

/6.28/ *Schönborn, F.*: Abkürzungen in der Elektronik. – Berlin: Schiele & Schön, 1993

/6.29/ *Schörlin, F.*: MOS-Bauelemente in der Leistungselektronik. – München: Franzis, 1997

/6.30/ Taschenbuch Elektrotechnik. Band 3: Bauelemente und Bausteine der Informationstechnik. – Hrsg: *Philippow, E.* – Berlin: Verlag Technik, 1989

/6.31/ *Tietze, U.; Schenk, Ch.*: Halbleiter-Schaltungstechnik. – Berlin; Heidelberg: Springer-Verlag, 1990

/6.32/ *Wupper, H.*: Elektronische Schaltungen 1. – Berlin; Heidelberg; New York: Springer-Verlag, 1996

## 7 Analoge Schaltungen

/7.1/ *Baumann, P.; Möller, W.*: Schaltungssimulation mit Design Center. – Leipzig; Köln: Fachbuchverlag, 1994

/7.2/ *Bernstein, H.*: Analoge Schaltungstechnik mit diskreten und integrierten Bauelementen. – Würzburg: Hüthig Verlag, 1997

/7.3/ *Bursian, A.*: Das Design Center mit PSpice (Deutsches Handbuch). – 4. Auflage. – Rosenheim: Thomatronik Herbert M. Müller GmbH, 1994

/7.4/ *Bystron, K.; Borgmeyer, J.*: Grundlagen der Technischen Elektronik. – 2. Auflage. – München, Wien: Carl Hanser Verlag, 1990

/7.5/ *Dietmeier, U.*: Formelsammlung für die elektronische Schaltungstechnik. – 7. Auflage. – München: R. Oldenbourg Verlag, 1990

/7.6/ *Duyan, H.* u. a.: Design Center PSpice für Windows. – Stuttgart: B. G. Teubner, 1994

/7.7/ *Eckl, R.* u. a.: A/D- und D/A-Wandler. – München: Franzis-Verlag, 1990

/7.8/ *Herter, E.; Lörcher, W*: Nachrichtentechnik. – 7. Auflage. – München; Wien: Carl Hanser Verlag, 1994

/7.9/ *Hilberg, W.*: Grundlagen elektronischer Schaltungen. – 2. Auflage. – München: R. Oldenbourg Verlag, 1992

/7.10/ *Horowitz, P.; Hill, W.*: Die Hohe Schule der Elektronik (Teil 1: Analogtechnik). – 2. Auflage. – Aachen: Elektor-Verlag, 1996

/7.11/ *Junge, H.-D.; Möschwitzer, A.*: parat-Lexikon Elektronik. – Weinheim; New York; Basel: VCH Verlagsgesellschaft, 1994

/7.12/ *Justus, O.*: Berechnung linearer und nichtlinearer Netzwerke. – Leipzig; Köln: Fachbuchverlag, 1994

/7.13/ *Kammerer, J.* u. a.: Elektronik III Grundschaltungen (HPI-Fachbuchreihe). – 6. Auflage. – München: Pflaum Verlag, 1991

/7.14/ *Kühn, E.*: Handbuch TTL- und CMOS-Schaltungen. – 4. Auflage. – Heidelberg: Hüthig Buch Verlag, 1993

/7.15/ *Kühnel, H.*: Schaltungssimulation mit PSpice. – München: Franzis, 1994

/7.16/ *Lehmann, C.*: Elektronik-Aufgaben (Band II: Analoge und digitale Schaltungen). – Leipzig; Köln: Fachbuchverlag, 1994

/7.17/ *Mathis, W.; Kurz, G.*: Oszillatoren. – Heidelberg: Hüthig Buchverlag, 1994

/7.18/ *Meier, U.; Nerreter, W.*: Analoge Schaltungen. – München: Carl Hanser Verlag, 1997

/7.19/ *Metz, D.* u. a.: Kleine Formelsammlung Elektrotechnik. – 2. Auflage. – Leipzig: Fachbuchverlag, 1997

/7.20/ *Morgenstern, B.*: Elektronik-Aufgaben. Schaltungen. – Braunschweig; Wiesbaden: Vieweg Verlag, 1997

/7.21/ *Seifart, M.*: Analoge Schaltungen. – 4. Auflage. – Berlin: Verlag Technik, 1996

/7.22/ Tietze, U.; Schenk, Ch.: Halbleiter-Schaltungstechnik. – 9. Auflage. – Berlin; Heidelberg: Springer-Verlag, 1990

/7.23/ Wupper, H.: Professionelle Schaltungstechnik mit Operationsverstärkern. – München: Franzis-Verlag, 1994

/7.24/ Zander, H.: Datenwandler. – 2. Auflage. – Würzburg: Vogel Buchverlag, 1990

/7.25/ Zastrow, D.: Elektronik. – 4. Auflage. – Braunschweig; Wiesbaden: Vieweg Verlag, 1997

/7.26/ Zirpel, M.: Operationsverstärker. – München: Franzis-Verlag, 1993

## 8 Digitale Schaltungen

/8.1/ Auer, A.: PLD-Handbuch. – Heidelberg: Hüthig Buchverlag, 1990

/8.2/ Benda, D.: Basiswissen Elektronik. Band 5: Digitaltechnik. – Berlin: VDE-Verlag, 1990

/8.3/ Bitterle, D.: GALs Programmierbare Logikbausteine in Theorie und Praxis. – München: Franzis-Verlag, 1993

/8.4/ Bitterle, D.: Schaltungstechnik mit GALs. – 2. Auflage. – München: Franzis-Verlag, 1994

/8.5/ Borgmeyer, J.: Grundlagen der Digitaltechnik. – München: Carl Hanser Verlag, 1997

/8.6/ Borucki, L.: Digitaltechnik. – Stuttgart: B. G. Teubner Verlag, 1996

/8.7/ Bremer, H.: Digitaltechnik interaktiv! mit CD-ROM. – Berlin; Heidelberg; New York: Springer Verlag, 1998

/8.8/ Elektronik. Bd. 4: Digitaltechnik. – Würzburg: Vogel Verlag, 1993

/8.9/ Günther, W.: Schaltungen erfolgreich simulieren mit MICRO-CAP V. – Feldkirchen: Franzis-Verlag, 1997 (Bookware)

/8.10/ Horowitz, P.; Hill, W.: Die Hohe Schule der Elektronik (Teil 2: Digitaltechnik). – Aachen: Elektor-Verlag, 1996

/8.11/ Junge, H.-D.; Möschwitzer, A.: parat-Lexikon Elektronik. – Weinheim; New York; Basel: VCH Verlagsgesellschaft, 1994

/8.12/ Kammerer, J. u. a.: Elektronik III Grundschaltungen (HPI-Fachbuchreihe). – 6. Auflage. – München: Pflaum Verlag, 1991

/8.13/ Kühn, E.: Handbuch TTL- und CMOS-Schaltungen. – 4. Auflage. – Heidelberg: Hüthig Buchverlag, 1993

/8.14/ Lehmann, C.: Elektronik-Aufgaben (Band II: Analoge und digitale Schaltungen). – Leipzig; Köln: Fachbuchverlag, 1994

/8.15/ Lichtberger, B.: Praktische Digitaltechnik. – 2. Auflage. – Heidelberg: Hüthig Buchverlag, 1992

/8.16/ Lipp, H.: Grundlagen der Digitaltechnik. – München; Wien: R. Oldenbourg Verlag, 1995

/8.17/ Morgenstern, B.: Elektronik 3, Digitale Schaltungen und Systeme. – 2. Auflage. – Braunschweig; Wiesbaden: Vieweg Verlag, 1997

/8.18/ *Pernards, P.*: Digitaltechnik. – 3. Auflage. – Berlin; Heidelberg: Hüthig Buchverlag, 1992

/8.19/ *Rübel, M.; Schaarschmidt, U.*: Elektronik-Aufgaben Digitale Schaltungen und Systeme. – Braunschweig; Wiesbaden: Vieweg Verlag, 1996

/8.20/ *Schaaf, B.-D.*: Digital- und Mikrocomputer-Technik. – 4. Auflage. – München; Wien: Carl Hanser Verlag, 1991

/8.21/ *Seifart, M.*: Digitale Schaltungen. – 4. Auflage. – Berlin: Verlag Technik, 1992

/8.22/ *Siegl, J.; Eichele, H.*: Hardwareentwicklung mit ASIC. – Heidelberg: Hüthig Buchverlag, 1990

/8.23/ TTL-Taschenbuch (Teil 1), – 9. Auflage. – Bonn: Company-Verlag GmbH, 1996

/8.24/ TTL-Taschenbuch (Teil 2), – x. Auflage. – Bonn: Company-Verlag GmbH, 199x

/8.25/ TTL-Taschenbuch (Teil 3), – x. Auflage. – Bonn: Company-Verlag GmbH, 199x

/8.26/ *Tietze, U.; Schenk, Ch.*: Halbleiter-Schaltungstechnik. – 9. Auflage. – Berlin; Heidelberg: Springer-Verlag, 1990

/8.27/ *Urbanski, K.; Woitowitz, R.*: Digitaltechnik. – 2. Auflage. – Berlin, Heidelberg, New York: Springer Verlag-VDI-Verlag, 1997

## 9 Stromversorgungsschaltungen

/9.1/ *Billings, K. H.*: Switchmode Power Supply Handbook. – New York: Mc-Graw-Hill Inc, 1989

/9.2/ *Hirschmann, W.; Hauenstein, A.*: Schaltnetzteile. – Berlin, München: Siemens AG, 1990

/9.3/ *Horowitz, P.; Hill, W.*: Die Hohe Schule der Elektronik (Teil 1: Analogtechnik). – 2. Auflage. – Aachen: Elektor-Verlag, 1996

/9.4/ *Jungnickel, H.*: Lineare und getaktete Stromversorgungs-ICs. – München: Franzis-Verlag, 1992

/9.5/ *Jungnickel, H.*: Stromversorgungspraxis. – Berlin: Verlag Technik, 1991

/9.6/ *Kammerer, J.* u. a.: Elektronik III Grundschaltungen (HPI-Fachbuchreihe). – 6. Auflage. – München: Pflaum Verlag, 1991

/9.7/ *Kilgenstein, O.*: Schaltnetzteile in der Praxis. – 3. Auflage. – Würzburg: Vogel Buchverlag, 1992

/9.8/ *Köstner, R.; Möschwitzer, A.*: Elektronische Schaltungen. – München; Wien: Carl Hanser Verlag, 1993

/9.9/ Maxim New Releases Data Book. – Bückeburg: Spezial-Electronic KG, 1993

/9.10/ *Tietze, U.; Schenk, Ch.*: Halbleiter-Schaltungstechnik. – 9. Auflage. – Berlin; Heidelberg: Springer-Verlag, 1990

## 10 Elektrische Maschinen

/10.1/ *Brosch, P.-F.*: Moderne Stromrichterantriebe. – Würzburg: Vogel-Verlag, 1994

/10.2/ *Budig, P.-K.*: Drehstromlinearmotoren. – Heidelberg: Hüthig Verlag, 1983

/10.3/ *Budig, P.-K.*: Drehzahlvariable Drehstromantriebe mit Asynchronantrieben. – Berlin: Verlag Technik, 1988

/10.4/ *Felderhoff, R.*: Leistungselektronik. – 2. Auflage. – München; Wien: Carl Hanser Verlag, 1997

/10.5/ *Fischer, R.*: Elektrische Maschinen. – 9. Auflage. – München; Wien: Carl Hanser Verlag, 1995

/10.6/ *Geitner, G.-H.*: Entwurf digitaler Regler für elektrische Antriebe. – Berlin; Offenbach: VDE Verlag, 1996

/10.7/ *Häberle, G.; Häberle, H.*: Elektrische Maschinen in Anlagen der Energietechnik. – 3. Auflage. – Haan-Gruiten: Europa-Lehrmittel Verlag, 1994

/10.8/ *Hagmann, G.*: Leistungselektronik. Grundlagen und Anwendungen. – Wiesbaden: Aula Verlag, 1993

/10.9/ *Jäger, R.*: Leistungselektronik. Grundlagen und Anwendungen. – Berlin: VDE Verlag, 1993

/10.10/ *Justus, O.*: Dynamisches Verhalten elektrischer Maschinen. – Braunschweig; Wiesbaden: Vieweg Verlag, 1993

/10.11/ *Kremser, A.*: Grundzüge elektrischer Maschinen und Antriebe. – Stuttgart: B. G. Teubner, 1997

/10.12/ *Kreuth, H.-P.*: Schrittmotoren. – München; Wien: Oldenbourg-Verlag, 1988

/10.13/ *Kümmel, E.*: Elektrische Antriebstechnik. Teil 1: Maschinen. Teil 2: Leistungsstellglieder. – Berlin; Offenbach: VDE Verlag, 1986

/10.14/ *Lämmerhirdt, E.-H.*: Elektrische Maschinen und Antriebe. – München; Wien: Carl Hanser Verlag, 1989

/10.15/ *Lappe, R.*: Leistungselektronik, Grundlagen. Stromversorgung. Antriebe. – 5. Auflage. – Berlin; München: Verlag Technik, 1994

/10.16/ *Moszala, H.*: Elektrische Kleinmotoren. – Renningen: Expert-Verlag, 1993

/10.17/ *Müller, G.*: Elektrische Maschinen. Grundlagen. Aufbau und Wirkungsweise. – 7. Auflage. – Berlin: Verlag Technik, 1989

/10.18/ *Schönfeld, R.*: Digitale Regelung elektrischer Antriebe. – 2. Auflage. – Berlin: Verlag Technik, 1990

/10.19/ *Schönfeld, R.*: Elektrische Antriebe. – Berlin; Heidelberg; New York: Springer Verlag, 1995

/10.20/ *Schönfeld, R.*: Regelungen und Steuerungen in der Elektrotechnik. – Berlin; München: Verlag Technik, 1993

/10.21/ *Schönfeld, R.; Habiger, E.*: Automatisierte Elektroantriebe. – 3. Auflage. – Berlin: Verlag Technik, 1990

| | |
|---|---|
| /10.22/ | *Schröder, P.*: Elektrische Antriebe. – Berlin; Heidelberg; New York: Springer Verlag, 1995 |
| /10.23/ | *Seefried, E.; Müller, G.*: Frequenzgesteuerte Drehstrom-Asynchronantriebe. – 2. Auflage. Berlin; München: Verlag Technik, 1992 |
| /10.24/ | *Seinsch. O.*: Grundlagen elektrischer Maschinen und Antriebe. – Stuttgart: B. G. Teubner, 1993 |
| /10.25/ | *Spring, E.*: Elektrische Maschinen. – Berlin; Heidelberg; New York: Springer Verlag, 1998 |
| /10.26/ | *Stölting; Blisse*: Elektrische Kleinmaschinen. – Stuttgart: Teubner Verlag, 1987 |
| /10.27/ | *Vogel, J.*: Elektrische Antriebstechnik. – Heidelberg: Hüthig Verlag, 1998 |
| /10.28/ | *Vogt, K.*: Berechnung elektrischer Maschinen. – Wiley-VCH, 1996 |

# Sachwortverzeichnis

## A

*AB*-Betrieb 360, 363
*A*-Betrieb 360, 530
Abfallzeit 234, 268, 422
Abgleichbedingung 374
Abgleichtoleranz 390
Abhängigkeitsart 496
Abhängigkeitsnotation 459
Ableitung 205
–, erste 208
Abschirmung 48
Abschnürbereich 276
Absorptionsregel 413
Abtast- und Halteschaltung 376, 393, 395
Abtastfrequenz 211, 397
Abtastfunktion 210
Abtastphase 396
Abtasttheorem 211, 386, 397
Abtastung 209, 396, 398
Abtastwert 211
Abwärts-Schaltregler 531
Abwärtswandler 529 f.
AC-Analyse 385
Addierer 438, 441
Addition 438, 441
– im Zeiger- und Liniendiagramm 101
– von Zeigern 102
Additionssatz 197
Adreß-Decoder 486
Adreßbit 470, 483
Adreßbus 475
Adresse 464, 470, 475, 482, 484, 496
Adreßeinstellzeit 474
Adreßfreigabezeit 474
Adreßhaltezeit 475
Adreßregister 475
Adreßwortbreite 470
Adreßwortlänge 470
Adreßzahl 484
Adreßzeiger 468, 486
Adreßzugriffszeit 471
ADU 392 f.
Advanced-CMOS 426
Ähnlichkeitssatz 197
Äquipotentiallinien 64
Äquivalenz 412, 432, 441
Aiken 490
aktiver Bereich 260
Akzeptor 229
Aliasing 211
Aliasing-Fehler 212
Allpaß 206, 380
Alphabet 408
ALU 440 f.
Ampere 23, 90
Amplitude 188, 193, 387, 389, 517
–, komplexe 194 f.
Amplitudenbegrenzung 387, 454
Amplitudendichte 196, 211
–, komplexe 195
Amplituden-Frequenzgang 207, 367, 369
Amplitudengang 145 f.
Amplitudenspektrum 190 ff.
Amplitudenstabilisierung 389
Analog-Digital-Umsetzer 209, 393
Analog-Digital-Umsetzung 392
Analogrechenschaltung 374
Analogschalter 377, 397 f., 404, 427
Analogschaltkreis 526
Analogsubtrahierer 373
Analogwertspeicher 396
Analyse, statistische 338
Analysemethode 327
Anfangsbedingung 376 f.
Anfangspermeabilität 72
Anker 560
Ankerrückwirkung 564 f.
Ankerspannung 571
Ankervorwiderstand 570
Ankerwicklung 560

Ankerwiderstand 569
Anlassen 570, 596, 599
Anlaßheißleiter 240
Anlaßschaltung 599
Anlaßwiderstand 577, 599
Anlaufkondensatormotor 606
Anpassung 360
Anreicherungstyp 405, 425
Anschluß von Gleichstrommaschinen 563
Anschwingen 389
Ansprechempfindlichkeit 378
Ansteuerlogik 465
Ansteuermodul 539 f.
Ansteuerschaltung 535, 538 f.
Anstiegszeit 235, 268, 368
Anti-Aliasing-TP 209, 212
antiferromagnetisch 70
Antivalenz 412, 441
Antivalenzgatter 467 f., 497
Antivalenzverknüpfung 438
Anzeige-Decoder 498
Approximation, sukzessive 395
Arbeit 31, 91, 120
–, elektrische 31
Arbeitsgerade 530
Arbeitspunkt 360, 442, 452
–, temperaturunabhängiger 280
Arbeitspunktbestimmung 338
Arbeitspunkteinstellung 259, 269, 341, 344
Arbeitspunktstabilisierung 270
Arbeitsspeicher 472
Arbeitsspeicher-Modul 477
Arbeitsspeicherbaustein 485
Arithmetik-Funktion 497
Arithmetik-Operation 440
ASCII-Code 492
ASIC 429
ASIC-Entwurf 429
assoziatives Gesetz 413
Assoziativspeicher 469
Asynchron-Zähler 456
Asynchrongenerator 575
Asynchronmaschine 545, 575

Audio-Echtzeitverarbeitung 392
Audiotechnik 401
Auflösung 393, 395 f., 398, 400 ff.
–, $n$-Bit 393
Auffang-FF 446
Auffang-Register 447, 464
Auffrischen 477
Aufwärts-Schaltregler 532
Aufwärtswandler 532
Augenblicksleistung 120
Augenblickswert 55, 99
–, der Spannung 100
–, des Stromes 100
AUS-Schalter 406
Ausbrennelement 478
Außenpolmaschine 609
Ausfächerung 427 f.
Ausgabedatei 339
Ausgang, H-aktiver 487
–, L-aktiver 487
Ausgangs-Signalhub 424 f.
Ausgangslastfaktor 420
Ausgangsleitwert 261, 278
Ausgangspuffer 425
Ausgangsspannung 535, 537, 540
Ausgangswiderstand 272, 284, 335, 339, 342, 366, 371 f.
Auslieferungstoleranz 219
Ausschaltfaktor 268
Ausschaltvorgang 95
Ausschaltzeit 531
Aussetzbetrieb 554
Aussteuergrenze 451
Aussteuerung 361 f.
Austeuerungsgrenze 360
Auswahlgate 480
Auswahllogik 484
Autotransformator 162
Avalanche-Effekt 233, 249
Avalanche Induced Migration 478

# B

Backgatesteilheit 279
Backwarddiode 251
Bahnwiderstand 232

Bandabstand 308
Bandabstandsreferenz 522
Bandbegrenzung 212
Bandbreite 140, 147, 197, 211 f., 340, 348, 351, 370, 400
–, relative 141
Bandbreiten-Verstärkungs-Produkt 348, 352, 368
Bandgap-Referenz 522
Bandgap-Referenzquelle 523
Bandgap-Spannung 522
Bandpaß 147, 380, 384
Bandsperre 380
Bandüberlappung 211
Barritt-Diode 253
Basis-Emitter-Spannung 353
Basis-Emitter-Widerstand 343
Basis-Flipflop 443
Basislaufzeit 268
Basisschaltung 257, 272, 342, 352
Basisstromentlastung 357
Baud 502
Bauelement, aktives 214
–, aktorisches 214
–, diskretes 214
–, integriertes 214
–, lineares 214
–, nichtlineares 214
–, optoelektronisches 300
–, passives 214
–, sensorisches 214
Bauform 548 f.
Baugruppe 575
Baureihe 416 f., 420, 424–427
Baustromversorgungseinrichtung 609
$B$-Betrieb 360
BCD 490
BCD-Code 435, 456
Beam-Lead-Technik 315
Bedämpfung 536
Befehlsregister-Architektur 483
Belastung 423
Belastungsfolge 554
Beleuchtungsstärke 302
Berührungsschutz 550

Besetzungsinversion 309
Bessel-Filter 380 f.
Bestrahlungsstärke 302
Bestückungsplan 216
Betragsbedingung 388
Betragsbit 495
Betriebsart 359, 467, 473, 482, 553
– elektrischer Maschinen 554 f.
Betriebsartenwahl 440
Betriebsbedingung 557
Betriebskennlinie 585 f., 604
Betriebskondensatormotor 606
Betriebsspannung 417, 428, 451, 472, 480, 482
Betriebsverstärkung 371
Betriebszustand 255
– des Bipolartransistors 255
Biasstrom 369
BICMOS 429
BICMOS-Schaltkreis 316
bidirektionales Verhalten 488
BIFET-Eingang 364
Bildbereich 201, 204
Bildfunktion 202
BIMOS 398
Binäradresse 479
Binärteiler 457, 462
Binärzähler 460, 498
Binärzahl 494
Binärzustand 394
Biot-Savart 67
Bipolar 396
Bipolartransistor 313, 523
Bit 394 f., 403, 469
Bitfolge 400
Bitleitung 480
Bitmuster 466 f.
Bitorganisation 470 f.
Bitstelle 441
Bitstream 400
Bitstrom 401
Bit-Transferierung 441
Blechformen 76
Blindleistung 123, 126, 427
Blindstrom 125

Blindwiderstand 121
–, induktiver 107
–, kapazitiver 108
Blockbildung 414
Bode-Diagramm 208, 351, 370, 375
Body-Effekt 279
Body-Faktor 279
Boolesche Algebra 409
Boolesche Funktion 431
Boolesche Gleichung 410
Bootstrap-Effekt 350
Bremsbetrieb 584
Bremsen 596
–, elektrisches 572
Bremskennlinie 602
Bremsmoment 572 f.
Bremsschaltung 602
Brückengleichrichtung 506
Brückenschaltung 511
Brummspannung 509 f., 515
–, relative 514
Bürstenabhebevorrichtung 600
Bürstenebene 565
Bürstenfeuer 561, 565
Bürstenverstellung 565
Burst-RAM 475
Burst-Zähler 475
Bus-Interface 396, 400
Bus-Interface-Logik 429
Bustreiber 464
Butterworth-Filter 380 f.
Butterworth-TP 382
Byte 469

## C

CACHE-Speicher 475
CAD-Software 429
CAD-System 319
CAS 476
$C$-Betrieb 360
CCD-Technik 468
Cellarray 430
charakteristische Gleichung 444, 446
Chip 313, 526
Chipsatz 485

Chopper 503
Chopper-Verstärker 364
CMOS 394, 396, 424, 427, 453
CMOS-Analogschalter 405
CMOS-Baureihe 425 f.
CMOS-Baustein 452, 462
CMOS-FLASH-Baustein 483
CMOS-Gatter 427
CMOS-Inverter 281, 425
CMOS-Logikstruktur 426
CMOS-PROM 478
CMOS-Reihe 425
CMOS-Schalter 377, 403
CMOS-Schalterzelle 405
CMOS-Schaltkreis 315, 468
CMOS-Schaltregler 533
CMOS-Struktur 405, 425, 427
CMOS-Technologie 403, 533
CMOS-VLSI-Layout 427
Code, tetradischer 490
Codekonverter 436
Codeumsetzer 435
Codevariante 549
Codewort 402
Codierer 435
Codierung 209, 407, 435, 456
Compoundmotor 563
Compoundwicklung 566
Cosinusfunktion 202
–, gedämpfte 202
Cosinushalbwellen 192
Coulomb 23
Coulombsches Gesetz 57
$CR$-Glied 206 f., 209, 452

## D

Dahlanderschaltung 591
Dämpferkäfig 610
Dämpfung 212
Dämpfungsfaktor 384
Dämpfungsmaß 208, 336
Darlington-Eingang 364
Darlington-Versatzstufe 354
Darlington-Stufe 524

Daten 464, 471
– lesen 464
– schreiben 464
Datenauffrischung 475
Datenbus 475
Datenbusbreite 485
Dateneingabe 445
Dateneinstellzeit 475
Datenendeinrichtung 502
Datenformat 401, 464
Datenhaltezeit 475
Datenpuffer 447, 464
Datentransfer 468
Datenübertragung 502
Datenübertragungseinrichtung 502
Datenwortbreite 492
DAU 392, 395, 398, 402 f.
Dauerbetrieb 554
Dauermagnetmotor 546 f.
Dauertemperatur, höchstzulässige 552
Decoder 435, 437, 470 f., 498
Decodierer 435
Decodierung 435
Defektelektron 227
Dekrementierung 441
Delonschaltung 511
Deltamodualation 400
Demultiplexer 433, 498
Demultiplexer-Baustein 434
Depletion-FET 275
Design Center 338
Dezibel 208, 336
Dezimal-Code 435
Dezimalzahl 494
Dezimalzähler 456, 459, 463, 499
$D$-Flipflop 394, 448 f., 457
Diac 291
diamagnetisch 70
Dickschichttechnik 312
Dielektrikum 49, 53
–, geschichtetes 53
Differentialgleichung 200
Differentiationssatz 201
Differenz 441
Differenzeingangswiderstand 356

Differenzierer 375, 387
Differenzierglied 204
Differenzsignal 373
Differenzspannung 162, 357
Differenzstrom 163
Differenzverstärker 354, 356–358, 364 f., 369, 372
Differenzverstärkung 355 f., 365 f.
Diffusionsspannung 230
Diffusionsverfahren 237
Digit 400
Digital-Analog-Umsetzer 209, 402, 452
Digital-Analog-Umsetzung 392
Digitalfilter 379
Digitalschaltung 456
Digitalsimulation 423
Digitalwort 402
DIMM 485
Dimmer 297
DIN-Norm 459, 557
Diode 508, 524, 535
Dioden-Einfächerung 429
Diodenauswahl 511, 517, 521
Diodengatter 418
Dirac-Distribution 198
Dirac-Impuls 212
Dirac-Impulsfolge 210
Dirac-Stoß 198, 202 f.
Disjunktion 411
distributives Gesetz 413
$D$-Latch 446
Domänen 71
Donator 229
Doppeldiffusionsverfahren 253
Doppelkondensatormotor 606
Doppelschalter 406
Doppelschlußmotor 562–564, 567
Doppel-T-Oszillatoren 387
Drahtdurchmesser 507, 544
Draindurchbruch 278
Drainschaltung 284
Drainspannung 405
DRAM 471, 475 f.
DRAM-Speicherzelle 475

Drehfeld 607
–, elliptisches 606
–, magnetisches 579
Drehfeldbildung 579
Drehfeldmaschine 545
Drehkondensator 225
Drehmoment 587 f., 599, 604
–, Schleifringläuferasynchronmotor 599
Drehmomentbildung 560
Drehrichtungsumkehr 564
Drehsinn 563
Drehstrom 166
Drehstromantrieb 590
Drehstromasynchronmotor 575
Drehstromleistung 580
Drehstromnetz 571, 597
Drehstromsteller 594 f., 597
Drehstromtransformator 167
–, Schaltgruppen 168
Drehstromwicklung 575, 577
Drehzahl 560 f.
–, synchrone 579
Drehzahl-Drehmoment-Kennlinie 567 ff., 574, 594, 599
Drehzahl-Drehmoment-Kennlinienfeld 596
Drehzahl-Drehmoment-Verhalten 605
–, Einphasenasynchronmotor 605
Drehzahleinstellung 593
Drehzahlkennlinie 570, 573
–, weiche 568
Drehzahlregelkreis 572
Drehzahlregelung 594
Drehzahlstellmöglichkeit 569
Drehzahlsteuerung 588
3-dB-Bandbreite 211
Dreieckersatzwiderstand 35
Dreieck-Impuls 198
Dreieckpuls 192
Dreieckschaltung 120, 165, 578
Dreieckschwingung 387
Dreieck-Stern-Umwandlung 34
Dreiexzeß 490
Dreiphasenstrom 163

Dreiphasensystem 163
–, symmetrisches 163
Dreipunktschaltung 392
Drift 349, 353 f., 366 f., 372
Driftproblem 352
Driftsignal 353, 372
Driftunterdrückung 349, 352, 372 f.
Driftverstärkung 349, 353
Dropout-Spannung 526, 531
Drossel 518, 530 f.
Drosselregler 529 f., 532
Drucksensor 286
Dual 490
Dualcode 394, 403, 424, 435, 456
– mit Prüfbit 491
Dual-Inline-Gehäuse 500
dual slope 399
Dual-Slope-ADU 400
Dualzahl 403, 438, 441, 495
Dualzähler 456, 462 ff.
Dünnfilmwiderstand 403
Dünnschichttechnik 312
Dunkelstrom 304
Durchbruch 480
Durchbruchspannung 233
Durchflußwandler 537
Durchflutung 66, 76
Durchflutungssatz 65 f.
Durchkontaktierung 215
Durchlaßbereich 149, 212, 378
Durchlaßphase 537
Durchlaßrichtung 418
Durchlaßspannung 232, 235
Durchlaßspitzenstrom 517
Durchlaßstrom 511
Durchlaßwiderstand 404, 425
Durchschlagspannung 223
Duroplastkondensator 225
Dynamoblech 507
dynamoelektrisches Prinzip 82

# E

Early-Effekt 258 ff.
Early-Spannung 258, 343
Early Write Mode 474

## Sachwortverzeichnis

EAROM 478
Echtzeit 392
ECL 429
ECL-Baureihe 429
ECTL 429
ED-Inverter 281
EDA-Leiterplattensoftware 216
EDO-DRAM 477
EDRAM 477
EE-Inverter 281
EEPROM 286, 478, 481 f.
EEPROM-Baustein 482
EEPROM-Speicherzelle 482
Effektivwert 103, 509 f.
Eigenkühlung 553
Eigenleitfähigkeit 227
EI-Kern 506
Ein-Quadranten-Betrieb 571
EIN-Schalter 406
Ein/Ausgabe-Tor 464
Einerkomplement 441, 495
Einfachfehler 491
Einfachmitkopplung 380, 382 ff.
Einflankensteuerung 465
Eingangs-Offsetspannung 367
Eingangs-Offsetstrom 367
Eingangs-Rauschspannung 368
Eingangskapazität 349
Eingangslastfaktor 420
Eingangsoffsetspannung 366
Eingangsoffsetstrom 366
Eingangsruhestrom 366 ff.
Eingangsübersteuerung 377
Eingangswiderstand 261, 272, 284, 335, 342, 344, 366, 371 f., 375, 424
Einheitssprung 200
Einphasenasynchronmaschine 602
Einphasenasynchronmotor 602 f., 605
Einrichtungs-Thyristordiode 290
Einrichtungs-Thyristortriode 292
Einsatzcharakteristik 546
1 aus 10  490
1-aus-4-Code 466
1-aus-8-Code 435
1-aus-10-Code 435
1-aus-$m$-Code 435, 466
Einschaltdauer 540
Einschaltstrom 95, 597
Einschaltstrom-Begrenzung 517
Einschaltverhältnis 297
Einschaltverzögerung 267
Einschaltvorgang 95, 200
Einschaltzeit 531, 538
Einschwingvorgang 398
Einschwingzeit 213, 454
Einsteckmontage 218
Einstellwiderstand 222
Einstellzeit 398, 449
Eintakt-Durchflußwandler 534, 537
Eintaktflußwandler 538
Eintaktregler 540
Eintakt-Sperrwandler 534 f.
Eintaktwandler 534
Eintransistorzelle 475
Einweggleichrichter 513, 518
Einweggleichrichtung 506, 508 f., 514
Einwegschaltung 511
Einzelimpuls 196
Einzelschalter 406
Eisenfüllfaktor 75
Eisenverluste 149
EL-Flipflop 445
elektrischer Kreis 75
Elektrolytkondensator 224
Elektrometerverstärker 372, 521
Elektronikmotor 547
elektronischer Schalter 266
Elementarfunktion 413
Elementarkonjunktion 414, 434
Elementarladung 23
Elementarsignal 187
Elementhalbleiter 227
Emission, stimulierte 309
Emitterfolger 342, 350, 360, 362, 520, 524
Emitterinjektionsstrom 254
Emitterschaltung 257, 269, 272, 342, 352, 355
– Kennlinien 257
Emitterstrom 520

Emitterstufe 349
Empfangsrichtung 502
Empfindlichkeitsanalyse 338
EMV 504
ENABLE 459, 461
Encoder 435
Endstufe 359, 361
Energie 31, 57
– bei konstanter Permeabilität 91
– des homogenen Magnetfeldes in Luft 91
– im eisengefüllten Kreis 91
Energiespeicher 529, 531
Enhancement 425
Enhancement-FET 275
Entladespannung 55
Entladestrom 55
Entladezeitkonstante 517
Entleihung 441
Entmagnetisierungswicklung 537
Entstördrossel 226
Epitaxie-Planar-Transistor 253
EPLD 318
EPROM 286, 478 f., 481, 486, 500
EPROM-Baustein 480
EPROM-Speicherzelle 480
Erdsymmetrie 329
E-Reihe 219
Erholzeit 378, 453
Erregerwicklung 563
–, fremderregte 566
Ersatzschaltbild 261, 329, 348, 352, 365, 583
– einer Spule 152
–, thermisches 320
Ersatzschaltung 390
– eines pn-Überganges 234
Ersatzspannungsquelle 42
Ersatzstromquelle 43
Ersatzwiderstand 42
Erwärmung 551
Exitaxie-Planar-Transistor 256
Explosionsschutz 550
Exponentialform 194
Exponentialfunktion 202

**F**

Faltung 199, 204, 210
Faltungsprodukt 199
Faltungssatz 199, 204
FAMOS-Transistor 480, 482
Farad 50
Farbcodierung 220
Farbring 220
Farbtemperatur 302
Fehlererkennung 491
Fehlerkenngröße 366
Fehlerkorrektur 402
Fehler-Lokalisierung 492
Fehlerrechnung 347
Fehlerspannung 366
Feld, elektrisches 480
–, elektrostatisches 47
Feldeffektthyristor 300
Feldeffekttransistor 273, 397
Felderregerwicklung 558
Feldkonstante, elektrische 48
–, magnetische 69
Feldlinien 47
–, elektrische 47
Feldplatte 242
Feldschwächbereich 590
Feldschwächung 570
Feldstärke 47, 63, 482
–, elektrische 47
–, magnetische 65
–, magnetische, Leiteranordnungen 67
Feldwicklung 563
Fensterkomparator 378
ferrimagnetisch 70
Ferrite 73
ferromagnetisch 70
Festkörperschaltkreis 312
Festspannungsregler 522, 527
Festwertspeicher 387, 477, 481 f., 484
Festwiderstand 221
FET 341
– als elektronischer Schalter 281
– als steuerbarer Widerstand 282
–, Speicher- 286

–, π-Ersatzschaltbild 278
FET-Schalter 468
FIFO 468
FIFO-Organisation 465
FIFO-RAM-Controller 468
FIFO-Speicher 468, 486
Filmschaltkreis 311
Filter 145, 378
Filtercharakteristik 379
Filterkoeffizient 380
Filterordnung 380, 401
Filterquarz 390
Filtertyp 380, 383 f.
Flachtransformator 506
Flächenladungsdichte 49
Flankensteilheit 385, 447
Flankentriggerung 454
FLASH-ADU 394
FLASH-EPROM 483 f., 500
FLASH-MEMORIE 483
Flash ADC 393, 402
Fliehkraftregler 569
Fliehkraftschalter 574
Flipflop 442, 446, 456 f., 465, 498
–, transparente 457
Floating Gate 480, 482
Flußdichte 68
–, magnetische 68
Flüssigkeitsanlasser 599
Flüssigkristall-Anzeigesystem 310
Flüssigkristallanzeigeelement 301
Flußspannung 419, 421
Flußstrom 232
Folgeschaltung 443
Formfaktor 105
Fotoaktor 301, 310
Fotodetektor 300
Fotodiode 304 f.
Fotoelement 305
Fotoempfindlichkeit 304
–, relative 302
Fotogeneration 229, 303, 305
Fotohalbleiter 303
Fotolithografie 313
Fotosensor 310

Fotostrom 304 f.
Fotothyristor 298, 307
Fototransistor 307
Fotowiderstand 303
Fourier-Analyse 189, 338
Fourier-Integral 195
Fourier-Koeffizient 191
Fourier-Reihe 190, 193, 195, 508
–, komplexe 194
Fourier-Rücktransformierte 212
Fourier-Synthese 189, 190
Fourier-Transformation 187, 195 ff.,
 199 f.
–, inverse 195
Fourier-Transformierte 210
FPGA 318
FPM-DRAM 477
Freigabe 446, 484, 496
Freilaufdiode 527, 533, 537
fremderregte Erregerwicklung 566
fremderregter Gleichstrommotor 567
fremderregter Motor 562 ff.
Fremdkörperschutz 550
Fremdkühlung 553
Frequenz 99, 341, 387, 540
Frequenz-Spannungs-Steuerung 589
Frequenzanalyse 338, 376
Frequenzanlauf 598
Frequenzbereich 187, 204
Frequenzeinstellung 540
Frequenzfunktion 198
Frequenzgang 350 f., 367, 370, 375, 378
Frequenzgang der Kurzschlußstrom-
 verstärkung 263
Frequenzgangkompensation 369 f.
Frequenzkonstanz 390 f.
Frequenzparameter 380
Frequenzselektion 352
Frequenzspektrum 196, 211
Frequenzstabilität 390
Frequenzsteuerung 588
Frequenzteiler 458, 462 f.
Frequenzumrichter 590, 598
Frequenzverhalten 212
Frequenzverhältnis 140

Frequenzverschiebung 199
Füllfaktor 543
Funkelrauschen 323 f.
Funkenlöschung an Kontakten 96
Funkentstörung 536 ff.
Funktion 414
–, gerade 188, 196
–, harmonische 188 f.
–, logische 409
–, ungerade 188, 196
Funktionsgruppe 496
Funktionshasard 424
Funktionsmatrix 410 ff.
Funktionspeicher 469
Funktionsspeicher 431, 486
Funktionstabelle 444, 448
fusible link 431, 478, 486
Fuzzy-Logik 408

# G

GaAs-Schaltkreis 317
GAL 318, 486, 489
GAL-Makrozelle 489
Gate-Array-ASIC 318
Gate-Source-Spannung 397, 405
Gatearray-Technik 430
Gatedurchbruch 278
Gateschaltung 284
Gatter 426, 430
Gatterlogik 433
Gauß-Funktion 198
Gauß-Impuls 198
Gegeninduktivität 87
Gegenkopplung 340, 344 f., 347 f., 356, 369, 377, 388, 397, 455
Gegenkopplungseffekt 349
Gegenkopplungsgleichung 348
Gegenkopplungsgrad 347
Gegenkopplungsmodell 346 f.
Gegenstrombremsbetrieb 582
Gegenstrombremsung 574, 600 f.
Gegentakt-*AB*-Betrieb 363
Gegentakt-*B*-Betrieb 361
Gegentakt-B-Endstufe 425
Gegentakt-Endstufe 362, 418, 421, 524

Gegentaktwandler 534, 537 f.
Gehäuse 548
Genauigkeit 398
Generate 439
Generation 227
Generator 82, 334, 545
Generatorbetrieb 582, 584
Generatorgleichung 562
Gesamtleistung 361 f.
Gesetz von Biot-Savart 67
Gesetz von Joule 31
Gewicht 210
Glättung 513
Glättungsaufwand 515
Glättungsfaktor 518 f.
Glättungs-TP 403
Gleichkomponente 191
Gleichrichter 503, 517
Gleichrichterdiode 244
Gleichrichterschaltung 504, 511, 541
Gleichrichterstrom 517
Gleichrichtung 508, 535
Gleichrichtwert 103
Gleichspannung 541
Gleichspannungskomponente 509 f.
Gleichspannungsmittelwert 509 ff., 514, 516
Gleichspannungsverstärker 355, 363
Gleichspannungsverstärkung 381
Gleichspannungswandler 534 f.
Gleichstrom 23
Gleichstromanalyse 338
Gleichstrombremse 602
Gleichstrombremsung 600 f.
Gleichstromgenerator 82
Gleichstrommaschine 558 f.
–, Anschluß 563
Gleichstrommotor 90
–, fremderregter 567
Gleichstrom-Nebenschlußmotor 567
Gleichstrom-Reihenschlußmotor 568, 570
Gleichstromverstärkungsfaktor 353
Gleichstrom-Vormagnetisierung 153, 506, 509 f., 536 ff.

Gleichstromwiderstand 234
Gleichtakteingangswiderstand 357
Gleichtaktsignal 356
Gleichtaktspannung 357
Gleichtaktsteuerung 355 f.
Gleichtaktunterdrückung 356 f., 366, 373
Gleichtaktverstärkung 356, 365
Glockenläufermotor 558
Gold-Caps 224
Graph 40
Gray 490
Gray-Code 424, 436
Grenzfrequenz 208, 212 f., 263, 304, 351 f., 367, 372, 380 f., 383 f.
Grenzkreisfrequenz 147
Grenzwert 195, 416, 419
Großsignalbetrieb 359
Großsignal-Grenzfrequenz 368
Grundfrequenz 189
Grundschwingung 189
Grundstromkreis 35
– mit Spannungsquelle 36
– mit Stromquelle 37
Grundwellenerregung 390
Gruppenlaufzeit 208, 212
GTO 299
Gütefaktor 136, 139, 384 f.
Gunn-Diode 253
Gyrator 335

# H

H-Pegel 396 f., 406, 420, 423, 425, 428, 444
H-Potential 418
Halbaddierer 438 f.
Halbleiterdiode 244
Halbleiter-Injektionslaser 309
Halbleiterrelais 296
Halbleiterschütz 296
Halbleiterspeicher 464, 469
Halbleiterthermoelement 241
Halbwelle 508
half flash ADC 402
Hall-Effekt 96, 243
Hall-Elemente 98
Hall-Generator 243
Hall-Konstante 98
Hall-Spannung 243
Haltedrift 398
Haltekapazität 398
Haltephase 396
Haltezeit 449, 452 f.
Hamming-Code 491
Harmonische 191, 197, 508 ff.
–, erste 189
harmonische Analyse 188
harte Motorkennlinie 566
hartmagnetische Ferrite 73
Hasard 423
Hasardfehler 423
Hauptpol 558
Hauptstrang 607
HCMOS-Technologie 430
Heißleiter 30, 238, 389
$h$-Ersatzschaltbild 330
Heterodiode 247
Hexadezimalzahl 494 f.
Hexadezimalziffer 437
Hex-Zahl 494
HF-Filter 503
HF-Trafo 529, 536, 538
High-Pegel 415
HIGH-SPEED-CMOS 425
Hilfsreihenschlußwicklung 566
Hilfsstrang 605 ff.
Hilfswicklung 605, 607
H/L-Flanke 449, 453
Hochpaß 145, 206, 380, 383
Hochpaßverhalten 351
Hochspannungskaskade 513
homogenes Feld 62
$h$-Parameter 261
H-Pegel 480
Hüllkurve 210
Hummel-Schaltung 132
Hybrid 396
Hybridform 330
Hybridparameter 261
Hybridtechnik 317

Hyperbel-Cosinusfunktion 202
Hyperbel-Sinusfunktion 202
Hysterese 378, 442, 451 f.
Hysteresemotor 546, 608
Hysteresis 71
Hysteresisarbeit 92
Hysteresiskurve 71
Hysteresisschleife 71
Hysteresisverluste 149

# I

IC-Familie 416
idealer Tiefpaß 212
Identität 412
IEC-Verbinder 503
IGBT 289, 300
IGFET 273
imaginäre Einheit 109
imaginäre Zahl 109
Impatt-Diode 253
Impedanz 111
Impedanzwandler 272 f.
Implikation 412
Impulsantwort 203 f., 212 f.
Impulsdauer 528 f.
Impulsdiagramm 458, 465
Impulserzeuger 454
Impulsfolge 194
Impulsfrequenz 454
Impulsoszillator 387
Impulstrenntrafo 539
Impulsübertrager 534 f., 537
Impulsverhalten 350, 380
Impulsverlauf 376
Impulszündung 297
Induktionsgesetz 79 f.
Induktionsmaschine 545
Induktionsvorgang 68
Induktive Kopplung 87
induktiver Spannungsabfall 85 f.
Induktivität 85 ff., 531
–, Schaltvorgänge 95
Induktor 609
Influenz 48
Information 187, 325, 408

Informationsgehalt 326
Informationsgewinnung 325
Informationskette 325
Informationsmenge 469
Informationsnutzung 325
Informationsparameter 326, 407
Informationsübertragung 325
Informationsverarbeitung 325
Infrarotsensor 286
inhomogenes Feld 63
Inkrementierung 441
Innenpolmaschine 609
Innenwiderstand 521
Input 481
Instabilität 370, 376, 442
Instabilitätsgrenze 383
Instrumentierungsverstärker 373
Integralsinus-Funktion 213
Integration 377
Integrationsfehler 377
Integrationsgrad 214, 313, 340, 431, 456
Integrationssatz 201
Integrationsvorgang 399
Integrationszeit 377
Integrator 377
Integrierer 376, 386 f., 398
integrierter Schaltkreis 214, 311
Integrierter Schaltkreis 416
integrierte Schaltung 311
Interface-Schaltkreis 429
Intrinsic-Leitfähigkeit 229
Inversbetrieb 254, 256
Inversion 169
–, des Zeigers 170
–, einer Geraden 172
–, eines Kreises 175
Inversionsdichte 227
Inversionskreis 170
Inverter 371, 373, 375, 426, 450, 497, 533
Ionen-Implantationsverfahren 237
I-Regler 376
Isolationswiderstand 223
Isolierstoff 552

Isolierstoffklassen 552
Istwert 525

## J

JEDEC-Dateiformat 489
JFET 273
$JK$-Flipflop 448 f., 457 f.
$JK$-Master-Slave-Flipflop 447
$JK$-$MS$-Flipflop 462, 465
Jochring 558
Joker 415
Joule, Gesetz 31

## K

Käfigläufer 576
Käfigläufermotor 547
Käfigläuferstabform 598
Kaltleiter 30, 240, 389
Kanaleinschnürung 275
Kanallängenverkürzung 279
Kanalwiderstand 405
Kapazität 50, 515, 533
–, von Kondensatoren 52
Kapazitätsdiode 232, 251
Kapp-Diagramm 160 f.
Kappsches Dreieck 159
Karnaugh 436, 444
Karnaugh-Plan 410, 413 ff.
Karnaugh-Veitch-Tafel 410
Kaskaden-Umsetzer 402
Kaskadenregelkreis 571
Kausalität 203
Kbit 469
KDNF 414, 486
Kenngröße 367
Kennlinie 387, 419
–, Gegenstrombremsung 601
–, Gleichstrombremsung 602
Kennlinienart 540
Kennlinienfeld 359
Kennwert 417, 419, 425
Kennzeichnung der SMD-Widerstände 221
– des Widerstandswertes 221
Keramikkondensator 225

Kernblech 543
Kerngröße 506
Kernquerschnitt 504
Kernschnitt 506
Kerntransformator 154
Kerntyp 506
Kettenform 330
Kettenleiternetzwerk 403
Kettenschaltung 384
Kilowattstunde 31
Kippglied 443
Kippkennlinie 293
Kippmoment 587
Kippschaltung 442
–, astabile 443
–, bistabile 442
–, monostabile 442
Kippschlupf 587, 594
Kippverhalten 290
Kirchhoffsche Regel 38
Klassifikation 545, 562 f.
Kleinsignalbetrieb 343, 354, 356 f.
Kleinsignalparameter, Arbeitspunktabhängigkeit 263
Kleinsignaltheorie 203
Kleinsignalverhalten 341
– des pn-Übergangs 234
Kleinsignalverstärker 269, 282
Klemmbrett 578
Klemmbrettschaltung 577
Klemmdiode 419
Klemmenspannung 36, 562
Klemmkasten 577
Klirrfaktor 347 f., 359 f.
Kloßsche Gleichung 587
–, Diskussion 587
Knotenpunktsatz 38 f.
Knotenspannung 336 f., 339
Knotenspannungsanalyse 336, 338
Knotenspannungsverfahren 44
Koaxialkabel 62
Koeffizientenvergleich 383
Koerzitivfeldstärke 72
Kohlebürste 560
Koinzidenz-Adressierung 471

Kollektorausgang, offener 421
Kollektor-Basis-Kapazität 349
Kollektor-Emitter-Widerstand 343
Kollektorschaltung 257, 270, 272, 342
Kollektorstufe 350, 364
Kollektorwiderstand 421
kommutatives Gesetz 412
Kommutator 560
kommutierende Spule 561
Kommutierung 561
Kommutierungsprinzip 561
Kommutierungszeit 561
Komparator 377, 393 ff., 399 f., 431
Kompensation 523
Kompensationsbedingung 369
Kompensationsglied 370
Kompensationsmaßnahme 368
Kompensationswicklung 566, 568
Komplementärtechnik 363
komplexe Ebene 206
komplexe Frequenz 200
komplexe Rechnung 187, 193, 200, 208
komplexe Zahl 109
komplexe Zahlenebene 109
Kondensator 50, 223
–, Entladung 54
–, Ladung 53
– mit M-I-E-Struktur 224
– mit M-I-M-Struktur 224
Kondensatorhilfswicklung 606
Kondensatormotor 546, 606
konjugiert komplex 109
Konjunktion 410 f.
Konstantstrom 404
Konstantstromquelle 284, 355 f., 364, 373 f., 521
Kontaktentprellung 445
Kontaktnetz 410, 412
Koppelglied 351
Kopplungsart 341, 350
Kopplungsfaktor 87
Korrekturfaktor 86
Korrespondenz 196, 200, 202, 205
Kraft, auf eine Punktladung 56
– auf geradlinige Stromleiter 89

–, zwischen zwei geladenen Platten 57
– zwischen zwei parallelen Stromleitern 89
–, zwischen zwei Punktladungen 56
Kraftwerksgenerator 608
Kraftwirkung 56
Kreisdrehfeld 579
Kreisfrequenz 99, 188, 582
Kühlkörper 320
Kühlluftmenge 553
Kühlprofil 321
Kühlung 319, 553
Kühlungsvarianten 553
Kundenwunsch-Schaltkreis 478
Kunststoffoliekondensator 225
Kupferkaschierung 216
Kupferverlust 151, 506
Kurvenform 387
Kurzschluß 41
Kurzschlußkäfig 577
Kurzschlußkäfigläufer 607
Kurzschlußläufer 577 f., 607
Kurzschlußläuferasynchronmaschine 596
Kurzschlußläuferasynchronmotor 598
Kurzschlußläuferkäfig 577
Kurzschlußleistung 162
Kurzschlußspannung 160
Kurzschlußstrom 36, 162
Kurzschlußwiderstand 162
Kurzzeitbetrieb 554
KV-Tafel 410, 413

## L

Ladekapazität 516, 541
Ladekondensator 506, 513 ff., 527, 537
Ladezeitkonstante 517
Ladung 23
–, elektrische 23
Ladungsauffrischung 475
Ladungspumpe 529
Ladungspumpen-Wandler 533
Lager 548
Lagerschild 548

L-Aktivität 496
Langzeitstabilität 522
Laplace-Transformation 187, 200 f.
–, inverse 201
Last 334
–, schwimmende 373
Lastabhängigkeit 512
Lastfaktor 419 f., 423
Lastgatter 427
Lastkapazität 390, 423, 475
Lastrelais, elektronisches 298
Laststrom 519 f., 531
Lastwiderstand 374, 519, 541
– induktiver 268
– kapazitiver 268
Latch 446
Lateraltransistor 357
Late Write Mode 474
Läufer 548, 609
Läuferausführung 609
Läuferblechpaket 548
Läuferfrequenz 581
Läuferleistung 587
Läuferstrom 599
–, Schleifringläuferasynchronmotor 599
Läufervorwiderstand 592
Läuferwelle 577
Läuferwicklung 577
Laufzeit 439
Lawinen-Durchbruch 233, 478
Lawineneffekt 480
Layoutentwurf, computergestützt 216
LCD 311
*LC*-Oszillator 387
*LC*-Siebglied 518
LED 308
LED-Anzeigesystem 309
Leerlaufspannung 36, 42
Legierungsverfahren 237
Leistung 31, 120, 361, 534
–, elektrische 31
–, komplexe 127
–, mechanische 580
–, mittlere 122
Leistungsanpassung 38

Leistungsbilanz 340
Leistungsdiagramm 124
Leistungsfaktor 125, 584
–, Verbesserung 126
Leistungs-Feldeffekttransistor 285
Leistungsfluß 586
Leistungsschalter 296, 535, 537
Leistungsschalttransistor 528 f.
Leistungsschild 555 ff.
Leistungsschlüssel 586
Leistungstransistor 535
Leistungtreiber 540
Leistungsübertragungsfaktor 336
Leistungsumsatz 580
Leistungsverstärkung 336
Leistungs-Zeit-Produkt 417
Leiterkarte 325
Leiterplatte 215, 325
–, Entwurf 216
–, Layout 216
Leiterplatten-Montagetechnik 218
Leiterstab 577
Leitfähigkeit, elektrische 26, 27
Leitwert 26
Leitwertdiagramm 114
Leitwertform 329
Leitwertparameter 261
Lenzsche Regel 81
lesen 472 f., 476, 481 f.
Lesespannung 480
Leseverstärker 480
Lesezugriff 471
Lese-Zykluszeit 472
L/H-Flanke 449
L/H-Taktflanke 459
lichtelektrischer Effekt, äußerer 301
–, innerer 301
Lichtstärke 301
Lichtstrom 301
L-Impulsnadel 423
Linearfaktor 206
Linearisierung 78, 347
Linearität 203, 328, 398, 404
Linearmotor 547

Liniendiagramm 100, 165
Linke-Hand-Regel 89
Linkslauf 564, 605
LL-Kern 506, 508
LOCMOS 425
LOCMOS-Reihe 425
Löschen 480 f., 483
Löschverhalten 293
Löschvorrang 445
Logik 409, 431, 456, 487
–, kombinatorische 488
–, langsame störsichere 429
–, negative 416, 429, 502
–, positive 416, 502
–, programmierbare 430
–, verdrahtete 421
Logikbaureihe 459
Logikbaustein 486
–, programmierbarer 318
Logikdesign 425
Logikelement 489
Logikfamilie 429
Logikfunktion 433
Logikgatter 452
Logikgleichung 410 ff., 436, 439, 444
Logik-Operation 440
Logikpegel 415, 419 f., 425
Logikstruktur 433, 436 f.
Logiktabelle 410, 436
Logik-Zustand 415
logische Grundschaltung 415
Look Ahead Carry 439
Lorentz-Kraft 88, 581
Low-Pegel 415
L-Pegel 396, 406, 420, 480
L-Potential 418, 425
LS-TTL-Gatter 427
LSI-Schaltkreis 425
LSL 429
LSL-Baureihe 429
LTI-System 203, 206
Luftspalt 577
Lumineszensdiode 308
Lumineszenzeffekt 307

# M

Mäander-Form 189
Magnetfeld, ruhendes 80
–, zeitlich veränderliches 80
magnetische Kennlinie 78
magnetischer Fluß 69
magnetischer Kreis 74 f.
–, verzweigter 79
– ohne Luftspalt 76
magnetische Sättigung 71
magnetisches Drehfeld 579
magnetisches Feld 64
magnetisch harte Werkstoffe 73
magnetisch weiche Werkstoffe 72
Magnetisierungskurve 73, 78
Magnetisierungsstrom 583
Magnetisierungsstrombedarf 584
Magnetismus 71
Makro 430
Makrozelle 430, 488 f.
Manteltransformator 154
Maschensatz 39 f.
Maschenstromverfahren 43
Maschinendaten 555
Maschinengleichungssystem 582
Maschinenkonstante 560
Maßstab 171
Maßstabsfaktor 206
Master 447 f., 482
Master-Chip 430
Matrix 329, 332, 334, 478
Matrix-Gleichung 337
Matrixspeicher 469
Matrizenmultiplikation 334
Mbit 469
mechanische Leistung 580
Mehrpunktsignal 407
MESFET 273
Metallpapierkondensator 225
Mikrocontroller 464, 482
Mikrocontroller-Systembus 483
Mikroprozessor 477
Mikroprozessor-Interface 452
Mikrorechner-Schaltkreis 465

Mikrorechnerbus 465
Mikrowellendiode 247
Miller-Effekt 350
Miller-Integrator 376, 399
Miller-Theorem 349 f.
Mindestwortlänge 491
Minimalphasensystem 206
Minimierung 409, 413, 415, 436, 444
Minimierungsverfahren 413
Mischspannung 508
MISFET 273
Mitkopplung 345, 370, 387, 450, 454
Mittelpunktschaltung 509, 511
Mittelwert 375, 400, 509
–, arithmetischer 102 f., 191
–, quadratischer 103
Mixed-Signal-Schaltung 316
M-Kern 506, 507
Mode 474, 481, 496
MODE 459, 467
Modell 203
Modem 502
Modulator 539
Modulo-*m*-Zähler 456
Moment 587
Momentanwert 99
Momentenkennlinie 604
Momentenrichtungsumkehr 574
Monoflop 442, 452 f., 499
–, retriggerbar 453 f.
Montageart 549
Monte Carlo 338
MOS-Speicherzelle 468
MOSFET 273, 313, 405
–, Dualgate- 286
–, Infrarot- 286
–, piezoelektrischer 286
MOS-Kapazität 475
MOS-Logik, komplementäre 424
Motherboard 485
Motor 545
–, fremderregter 562 ff.
Motorbetrieb 581, 584
Motorkennlinie, harte 566
msb 441

Multichipmodul 318
Multiplex-Adresse 476
Multiplexer 401, 433, 489, 498
Multiplexer-Baustein 433
Multiplexer-Logik 433
Multiplex-Steuerung 476, 483
Multivibrator 443, 454 f.

# N

Nachlaufumsetzer 398
Nachricht 326
Nachrichten 187
Nachrichtentechnik 326
NAND 411, 441
NAND-Gatter 421, 423, 452, 455, 496
NAND-Verknüpfung 413, 416, 418
Nebenschlußerregerwicklung 567
Nebenschlußmotor 546 f., 562 ff.
Nebenschlußverhalten 566 f.
Negation 410, 412, 496 f.
NEGATION 441
Negationregel 413
negative Frequenzen 194
Negativ-Spannungsregler 527
Negator 452
Nennbetriebsart 553
Nennfrequenz 390
Neper 336
Netzfrequenz 581
Netzliste 338, 339
Netzteil 503, 524, 527, 529
Netztrafo 503 f., 529, 534
Netzwerk 39
Neukurve 71
neutrale Zone 559, 565
NIC 387
Nichtinverter 372 f., 450
NICHT ODER 411
NICHT UND 411
n-Kanal 427
n-Kanal-Transistor 426
n-Leitung 229
NOR 411, 441
NOR-Basis-FF 443
NOR-Gatter 497

Norm 459, 557 f.
Normale 393
Normalform 190
–, disjunktive 486
–, kanonisch disjunktive 414
normierte Darstellung 140, 179
Normlicht A 302
NOR-Verknüpfung 413, 416
Notstromversorgungseinrichtung 609
NOVRAM 472
npn-Transistor 253 f., 520
NTC-Widerstand 238
Null-Modem 502
Nullabgleich 390
Nulldunkeltastung 437
Nulldurchgang 400
Nulleiter 165
Nullpunktabgleich 355
Nullpunktfehler 353
Nullpunktkompensation 353
Nullpunktverschiebung 183
Nullspannungsschalter 298
Nullstelle 206
Nut 575
Nutgestaltung 576
Nutstreuinduktivität 598
Nutzbremsung 572, 600
Nutzsignal 372

## O

Oberflächenmontage 218
Oberschwingung 189
Oberwelle 392
Oder 496
ODER 411, 441
ODER-Gatter 497
ODER-Matrix 430, 486
ODER-Verknüpfung 411, 413, 479
Öffnungsstrom 96
Öffnungszeit 532
Offset-binär 495
Offset-Binär-Darstellung 441
Offsetfehler 397
Offsetkompensation 369
Offsetspannung 353, 404

Offsetspannungsdrift 353, 356
Offsetspannungskompensation 369
Ohm 26
ohmscher Bereich 276
ohmsches Gesetz 29
Oktalzahl 494
Open-Collector 421, 437
Open-Collector-Ausgang 364
Operationsverstärker 363, 377 ff., 383, 385, 388, 450, 521, 524
Optokoppler 310, 539
Originalbereich 204
Originalfunktion 202
Ortskurve 169, 175, 585
– bei Reihenresonanz 180
– gemischter Schaltungen 181
– von Grundschaltungen 178
– zur Parallelschaltung 181
– zur Reihenschaltung 177, 182
Oszillator 387, 454
Oszillatorfrequenz 387 f., 392
Oszillatorschaltung 390
OTP-EPROM 481
Output 481
Output Enable 422
Oversampling 400

## P

p-Leitung 229
Paarungsgenauigkeit 373
PAL 431, 486 f.
PAL-Ausgangsschaltung 487
PAL-Matrixstruktur 488
PAL-Struktur 430
Papierwickelkondensator 225
Parallel-Addierer 439
Parallel-ADU 393, 436
Parallel-Register 394, 464, 499
Parallelregler 524
Parallel-Reihenschaltung 346
Parallelresonanz 142, 391
–, Verluste 143
Parallelresonanzfrequenz 391
Parallelresonanzkreis 141
Parallelschalter 405

Parallelschaltung 33, 119, 333, 346
–, aus $R$ und $L$ 114
–, von Kondensatoren 51
Parallel-Serienwandler 464
Parallel-Spannungsgegenkopplung 346 ff.
Parallelspeisung 537
Parallel-Stromgegenkopplung 346 ff.
Parallel-Umsetzung 403
Parallelverfahren 393, 402
paramagnetisch 70
Parität 485
–, gerade 491
–, ungerade 491
PC-Schnittstelle 489
PEEL 489
Pegelanpassung 427
Pegelbereich 425, 428
Pegelversatzdiode 418
Pegelwandler 398, 405
Pegelwert 502
Peltier-Effekt 242
Pentium-Prozessor 485
Pentodenbereich 276
Periodendauer 99, 187, 194
periodischer Betrieb 555
Permeabilität 70 f.
–, reversible 153
Permeabilitätszahl 70
Phantom-Logik 421
Phasenanschnittsteuerung 296
Phasenbedingung 388
Phasenbeziehungen 109
Phasendrehung 198
– von 180° 134
– von 90° 133
Phasen-Frequenzgang 208
Phasengang 146 f.
Phasenmaß 208
Phasenrand 370
Phasenschieber-Oszillator 387
Phasenspektrum 190
Phasenspielraum 370
Phasensteilheit 387, 389
Phasenumkehrstufe 418

Phasenverschiebung 101
–, induktive 107
–, kapazitive 108
Phasenwinkel 99, 112 f., 116 f., 139, 193
Phasenwinkel-Funktion 188
Pierce-Schaltung 392
$\pi$-Ersatzschaltbild 330 f.
piezoelektrischer Effekt 58
piezoelektrische Stoffe 59
Piezomodul 58
PIN 459
PIN-Diode 246
PIN-Kompatibilität 417
PIN-Struktur 245
p-Kanal 427
p-Kanal-Transistor 426
PLA 486
Planartransistor 419
Plattenkondensator 50, 52
PLD 430, 469 f., 486, 488
PLD-Struktur 486
PN-Plan 206 f.
pn-Übergang 230
– abrupter 252
– linearer 252
pnp-Transistor 253, 256
Pol 206
Polarkoordinaten-Darstellung 207
Pol-Nullstellen-Paar 206
Polschuh 559
Polstelle 206
Polumschalter 591
Polumschaltung 588, 591
Positiv-Spannungsregler 527
Potential 25, 63, 336
Potentialproblem 354
Potentialtrennstufe 539
Potentialversatz 354
Potentialversatzstufe 354
Potentialverschiebung 364
Potenzfunktion 202
Power-MOSFET 539 f.
Präzisions-Meßverstärker 373
Prellimpuls 445
Primärregler 529

Prioritäts-Encoder 436
Prioritätsencoder 394
Programmier-Algorithmus 481, 500
–, schneller 484
programmieren 480 ff.
Programmierimpuls 480
Programmierimpulszeit 481
Programmierspannung 480 ff.
Programmierung 479, 481
Programmspeicher 481 f.
PROM 478 f., 486
PROM/EPROM 430
Propagate 440
Proportionalbereich 589
Prozessor 475
Prüfbit 491, 492
Pseudo-Zufallsfolge 467 f.
Pseudo-Zufallsgenerator 467
PSN-Struktur 245
PSpice 327, 336, 338, 376, 385, 424
PSpice-Schaltplan 524
PSpice-Simulation 463, 523, 525
PS/2-SIMM 485
PS/2-Speicher 485
PTC-Widerstand 240
Pull-up-Widerstand 428
Puls 194
Puls-Amplituden-Modulation 210
Pulsbreitenmodulation 528, 532 f.
Pulsdauermodulator 540
Pulsform 191
Pulsfrequenz 188
Pulsfrequenzmodulation 528

## Q

Quantisierungsfehler 401
Quantisierungsrauschen 401
Quantisierungsstufe 393 f.
Quarz 390 f.
Quarzbelastung 390
Quarzfrequenz 392
Quarzkristall 390
Quarzoszillator 390
Quarzschnitt 390 f.
Quelle 332

Quellenspannung 24, 562
Quellenstromstärke 36
Querschnitt 544

## R

Radiant 208
Rail-to-Rail 364
RAM 468 f., 472, 486
–, dynamischer 475
–, statischer 472
RAM-Schieberegister 485
RAM-Speichermodul 485
RAS 476
Raumladungsdichte 62
Rauschanalyse 338
Rauschen 322, 375, 400, 520
-, weißes 322
–, thermisches 322
Rauschmaß 323
Rauschspannung 522
Rauschwiderstand, äquivalenter 322
Rauschzahl 323
*RC*-Filter 379
*RC*-Glied 133 f., 454 f., 540
*RC*-Koppelglied 351
*RC*-Kopplung 350
*RC*-Oszillator 387
*RC*-Siebglied 518
Realisierbarkeit 203
Rechenglied 438
Rechenregel 412
Rechenschaltung 387
Rechenwerk 440
Rechenzeit 439
Rechte-Hand-Regel 81
Rechteckbauweise 559
Rechteckferrite 73
Rechteckimpuls 196, 198
Rechteckpuls 191 f., 423
Rechteck-Schwingung 454
Rechtslauf 564, 605
Redundanz 491
reelle Cosinusform 193
reelle Zahl 109
Referenzquelle 396, 524, 526

Referenzspannung 374, 403, 520, 521, 523 ff.
Referenzspannungsquelle 520
Referenzstrom 357, 358
Referenz-Z-Diode 522
Refresh 475, 477
Refresh-Controller 477
Refresh-Mechanismus 475
Refresh-Takt 476
Regelabweichung 525
Regelkreis 400, 524, 539
Regeln von de Morgan 413
Regelschleife 539
Regelverhalten 528
Regelverstärker 524 f., 540
Register 464
Register-Ausgang 487
Registerbaustein 489
Registersatz 465
Regler 526 f., 531
–, stetiger 529
Reihen-Parallelschaltung 346
Reihenresonanz, Verluste 139
Reihenresonanzkreis 137
Reihenschaltung 32, 113, 119, 332, 346
–, aus $R$ und $C$ 111
–, aus $R$ und $L$ 110
–, aus $R$, $L$ und $C$ 112
–, von Kondensatoren 51
Reihenschlußmotor 546, 562 ff., 570
Reihenschlußverhalten 568
Reihenschlußwicklung 568
Rekonstruktions-Tiefpaß 209
Relaisschaltung 410
Reluktanzmotor 546, 608
Remanenz 72
Resonanz 137
Resonanzbedingung 138
Resonanzfrequenz 138, 142, 384 f., 390
Resonanzkurve 139, 142, 180
Resonanzschärfe 139
Resonanzspannung 139
Resonanzstrom 142 f.
Resonanzverstärkung 384 f.
Reste-Methode 494

Reststrom 353
Restwelligkeit 537 f.
Reversierbetrieb 555
Ringkern 506
Ringkerntransformator 506
Ringzähler 461, 466
Ripple Carry 439
ROM 387, 469, 477
$RS$-Basis-Flipflop 445
$RS$-Flipflop 444, 447
$RS$-Latch 446
RS 232 C 502
Rückführung 346
Rückinjektionsstrom 254
Rückkopplung 344, 442 f., 488
–, optische 309
Rückkopplungsart 380
Rückkopplungsfaktor 345
Rückkopplungsgleichung 345
Rückkopplungsgrad 345
Rückkopplungsoszillator 387
Rücksetzen 496
Rücktransformation 187, 200, 205
Rückwärtszähler 456
Ruhestrom 360
Ruhestromkompensation 369
Rundbauweise 559
Rundfeuer 565
$R$-$2R$-Netzwerk 403 f.

## S

Sägezahn-ADU 398
Sägezahngenerator 376
Sägezahnpuls 192
Sägezahnumsetzer 398
Sample & Hold-Schaltung 209
sample and hold 395
Sanftanlauf 597
SAR 395
SAR-ADU 398
Sättigung 451
Sättigungsbereich 256, 260
Sättigungsspannung 260, 267, 275, 374
Sättigungssperrstrom 235
$SC$-Filter 379, 386

Schaltalgebra 409, 412, 436
Schaltbelegungstabelle 410
Schaltdiode 244
Schalter 398, 529, 533, 535, 537
Schalterbauelement 408
Schalter-Kapazitäts-Filter 386
Schalterzelle 405
Schaltflanke 449
Schaltfolgetabelle 444
Schaltfrequenz 386, 529, 531
Schaltfunktion 409 f., 414
Schaltimpuls 422
Schaltkreis 325, 422
–, bipolarer 314
–, digitaler 408, 415
–, integrierter 416
–, kundenspezifische 318
Schaltkreisentwurf 313, 318
Schaltkreisfamilie 416, 424, 427
Schaltkreisgehäuse 319
Schaltkreiskonzeption 429
Schaltkreistechnologie 423
Schaltnetz 408 f., 431
Schaltnetzteil 534
–, primärgetaktetes 534
Schaltregler 528 f., 532
–, invertierender 533
–, primärgetakteter 529
–, sekundärgetakteter 529
Schaltschwelle 447, 451
Schaltung, gemischte 34, 131
–, kombinatorische 408
–, sequentielle 408, 443
–, Umwandlung 118
Schaltung nach Hummel 132
Schaltungsstruktur 424
Schaltverstärker 266
Schaltvorgang mit Induktivität 95
Schaltwerk 408, 443
Schaltzeichen 410 ff.
Schaltzeit 267, 404
Scheibenläufermotor 558
Scheibenwicklung 155
Scheinleistung 124
Scheinleitwert 115
Scheinwiderstand 111 f., 116 f.
Scheitelfaktor 104 f.
Scheitelwert 99
Schematics 338, 424
Schenkelpolgenerator 608
Schenkelpolläufer 610
Schenkelpolmaschine 547
Scherung 78
– der Magnetisierungskurve 77
Schieberegister 395, 439, 464, 466, 486, 499
Schieberegister-Baustein 465
Schiebetakt 465
Schiebezähler 461
Schleifenverstärkung 345, 451
Schleifenwicklung 560
Schleifring 577
Schleifringläufer 575, 577, 578
Schleifringläuferasynchronmaschine 600, 602
Schleifringläuferasynchronmotor 599
Schleifringläufermaschine 600
Schleifringläufermotor 547, 593
Schleusenspannung 232, 247
Schließungszeit 532
Schlupf 580, 584, 587
Schlupferhöhung 592
Schlupfsteuerung 588, 592
Schmitt-Trigger 442, 450 f., 455
Schnittstelle 429
–, serielle 503
Schottky-Diode 246, 314
Schottky-Klemmdiode 419
Schottky-Technologie 419
Schraubenregel 64, 81
Schreib-Lesespeicher 443
schreiben 472 f., 476, 482
Schreibimpulsbreite 474
Schreibmodus 474
Schreibzyklus 474, 483
Schreibzykluszeit 472, 474
Schrittmotor 547
Schrotrauschen 323, 324
Schutzart 550 f.
Schutzfunktionen 526

Schutzmaßnahme 540
Schutzwiderstand 517
Schwellspannung 275, 429, 452, 480
–, Temperaturgradient 280
Schwellwert 450, 452, 530
Schwellwertschalter 442, 450
Schwingkreis 392
Schwingneigung 375
Schwingquarz 390, 455
Schwingungsform 390
Schwingungspaketsteuerung 297
Schwingungssynthese 387
SCR 289
Scrambler 467
SDRAM 477
Seebeck-Effekt 59, 241
Seitenband 199, 211
Sekundärregler 529
Selbsterregung 345, 388
Selbstinduktion 85, 531
Selbstkühlung 553
Selektionsverhalten 380
Selektivfilter 384 f.
Sendeimpuls 197
Senderichtung 502
Sense-Verstärker 476
Sensormatrix 469
Serien-Addierer 439
Serien-Parallel-Wandler 465
Serien-Spannungsgegenkopplung 346 ff.
Serien-Stromgegenkopplung 346 ff., 373
Serien-Parallelwandler 464
Serienregler 524
Serienresonanz 391
Serienresonanzfrequenz 390
Serienschalter 405
Setzvorrang 445
SFET 273, 389, 397
Sicherung 503
Siebensegment 490
Siebensegment-Decoder 437
7-Segment-Code 437
7-Segment-Decoder 400

Siebensegmentsystem 309
Siebkette 518
Siebschaltung 503
Siebung 504, 513, 518, 535
Siemens 26
Sigma-Delta-Umsetzer 400
Signal 187, 198, 325 f., 407
–, analoges 326
–, binäres 407
–, digitales 407
–, diskretes 407
–, nichtperiodisches 194
Signalart 340
Signalbandbreite 211
Signalbezeichnung 502
Signalflußplan 344
Signalfrequenz 188, 386
Signalfunktion 190
Signalgenerator 387
Signalgröße 340
Signalpegel 417, 428
Signalprozessor 392
Signal-Rauschabstand 401
Signal-Rausch-Verhältnis 322
Signalverarbeitung 379, 400 f., 408
Signalwert 409
Signatur 481
Signatur-Lesemode 481
SIMM 485
Simulation 327, 339, 387
Single-Supply 364
Sinusfunktion 202
–, gedämpfte 202
Sinusfunktionsnetzwerk 387
Sinushalbwellen 192
Sinusoszillator 387
Skineffekt 83 f.
SL-Flipflop 445
Slave 447 f.
SLAVE 482
Slew-Rate 368, 378, 398
SMD-Bauelement 218
SNT-Wandler 535, 537
SOAR 359
SOI-Schaltkreis 316

Solarenergie 306
Solarzelle 305
Sollwert 524 f., 539
Sollwertgeber 520
SOS-Technik 316
Sound-Stereo-CODEC 392
Sourceschaltung 284
Spaltfunktion 193, 196, 198, 212
Spaltpol 607
Spaltpolmotor 546, 607
–, Prinzip 607
Spannung 25, 538
–, elektrische 25
–, magnetische 65
Spannungsabfall 24
–, induktiver 151
Spannungsänderung 571
Spannungsanstiegsgeschwindigkeit 368
Spannungsbegrenzung 238
Spannungs-Frequenz-Steuerung 590
Spannungsgleichung 562
Spannungsgleichungssystem 582
Spannungsinduktion 562
Spannungsquelle 35, 372
Spannungsreferenz 249
Spannungsregelung 520
Spannungsregler 504, 518, 520, 524, 526
Spannungsresonanz 139
Spannungsrückwirkung 258, 261
Spannungs-Stromwandler 346
Spannungsteiler 32, 45, 129 f., 428
–, belasteter 45
–, komplexer 129
–, mehrstufiger 130
–, zweistufiger 130
Spannungsteilerregel 32, 204
Spannungsübertragungsfaktor 335
Spannungsverdopplung 511, 533
Spannungsverhältnis 134
Spannungsverlauf 514
Spannungsverstärker 346
Spannungsverstärkung 272, 284, 335, 339, 342, 344, 356, 380
Spannungsvervielfachung 511 f.

Spannungswandler 533
Spartransformator 162
Speicher 499
–, asynchroner 473
–, synchroner 473
Speicherbank 485
Speicherdrossel 537 f.
Speicherkapazität 469 f., 475, 477, 480, 482 ff.
Speichermatrix 469 ff., 486
Speicherorganisation 469 f.
Speicherregister 464
Speicherschutz 472
Speichervermögen 456
Speicherwortlänge 484
Speicherwortzahl 484
Speicherzeit 235, 268, 419
Speicherzeitkonstante 268
Speicherzelle 464 f., 469, 472, 476, 478
Speisespannung 453
Speisespannungsdrift 353
Spektraldichte 195
Spektrum 190, 198, 210 f.
Sperrbereich 212, 260, 360, 378, 385
Sperrerholungszeit 419
Sperrerholzeit 235
Sperrphase 517, 537
Sperrschicht 478
Sperrschicht-FET 397
Sperrschichtisolation 314
Sperrschichtkapazität 232, 251
Sperrspannung 511, 517
Sperrstrom 232, 235
Sperrverzugszeit 235
Sperrwandler 536
Sperrwiderstand 397, 404, 425
Sperrzeit 513
Spiegelverhältnis 357 f.
Spitzenstrom 517
Sprungantwort 204, 213
Sprungfunktion 187, 200, 202, 204 f.
Sprungtemperatur 29
Spule 226
–, kommutierende 561

SRAM 443, 470 ff.
–, asynchroner 473
–, synchroner 475
SRAM-Speicherzelle 472
Stabform 576
Stabilisierung 347, 388, 504
Stabilisierungsfaktor 519 ff.
Stabilität 203, 385
Stabilitätsbedingung 370
Ständer 548, 558, 575, 609
Ständerblechpaket 548, 575
Ständerfrequenz 581
Ständerspannungssteuerung 594
Ständerstrangspannung 582
Ständerstrangspannungssteuerung 594
Ständerstrangstrom 582, 584
Ständerstrangwiderstand 582
Ständerverlust 586
Standardanalyse 338
Standard-Schaltkreis 318, 428
Standard-TTL 416
Standard-Zellen-ASIC 318
Standardzellentechnik 430
Standby 481
statistische Analyse 338
Steckverbinder 503
Steilheit 261, 278, 343 f., 521
Stellenwertsystem 494
Stellglied 524 f., 528 f., 537
Step-Recovery-Diode 252
Stern-Dreieck-Anlaßschalter 597
Stern-Dreieck-Anlauf 596 f.
Sternersatzwiderstand 35
Sternschaltung 120, 164, 578
Steueranschluß 437
Steuerimpuls 446
Steuerkennlinie 589
Steuerlogik 422, 460, 468
Steuerregime 589
Steuersignal 422, 476
Steuerspannung, effektive 279
Steuerung 496
Steuerzeichen 492
Störgröße 524, 539
Störschutz 299

Störsicherheit 400, 416, 424 f., 429, 452
Störstellen 229
Störstellenerschöpfung 229
Störstellenreserve 241
Stoßfunktion 187, 203
Stoßionisation 233
Strahlungsleistung 301
Strahlungsstärke 301
Strangspannung 163
Streufaktor 70
Streugrad 70
Streuinduktivität 159
Streuspannung 159
Strömungsfeld 60, 62
Strom, elektrischer 23
–, komplexer, von Parallelschaltungen 118
Strombank 358, 404
Strombegrenzung 504, 540
Stromdiagramm 113 f.
Stromdichte 61, 507, 543
Stromfluß 531
Stromflußdauer 513
Stromflußwinkel 297, 513, 515
Stromgegenkopplung 356
Stromgleichung 583
Stromgrenzwert 420
Stromoffseteinfluß 372
Stromortskurve 584, 604
Stromquelle 341, 355, 521
Stromquellen-Verhalten 536
Stromresonanz 142
Stromrichterkaskade 595
–, untersynchrone 595
Stromrichtung
–, technische 24
Stromröhre 60
Stromschalter 429
Strom-Spannungs-Wandler 403
Stromspiegel 357 f., 523
Stromstärke 23
–, Definition 90
Stromteiler 129
–, komplexer 129
Stromteilerregel 33

Stromteilung 41
Stromübernahmeverzerrung 360
Stromübersetzungsverhältnis 156
Stromübertragungsfaktor 335
Stromverdrängung 598
Stromverdrängungsläufer 598
Stromversorgung 503, 520
Stromverstärkung 261, 272, 335, 342 f., 346, 357
Stromverstärkungsfaktor 254
Stromverstärkungsgruppe 264
Stromverteilungssteuerung 355
Stromwärme 31
Stromwendung 561
Strukturgröße 313
Strukturhasard 423
Stufensprung 403
Substruktur 340, 440
Subtraktion 438, 441
Superpositionssatz 203, 373
supraleitende Magnete 93
Supraleitung 28
Symmetrie 328
Synchrondrehzahl 581
synchrone Drehzahl 579
Synchronmaschine 545, 608
Synchronservomotor 608
Synchronzähler 456 ff.
Synthesetabelle 444
System 203
–, allpaßhaltiges 206
–, analoges 327
–, digitales 456
–, diskretes 408
–, ideales 203
–, instabiles 206
–, kausales 203
–, lineares 203
–, lineares, zeitinvariantes 203
–, LTI- 203
–, nichtkausales 213
–, nichtlineares 203
–, stabiles 206
Systemantwort 212
Systemreaktion 203 f.

Systemtheorie 187
SZL 429

**T**

Tabellenspeicher 469
Takt 466, 496
Taktdiagramm 424, 447, 464, 471
Takteingang 457
Takterzeugung 443
Taktflanke 423, 449, 457 f., 465
Taktfrequenz 400, 422, 427, 455, 468, 533
Taktgeber 454, 467
Taktpegel 486
Taktsignal 423, 468
Taktung 456, 460, 461
Taktverarbeitung 461
Taktwirkungsweise 443
Tastgrad 192, 530 ff., 535 f., 540
Teilerverhältnis 462
Telekommunikation 326
Temperatur 341, 390, 453, 519
Temperaturabhängigkeit, der Kennwerte 264
Temperaturbeständigkeitsklasse 552
Temperaturdrift 353, 356, 367, 404, 429, 519
Temperaturdurchgriff 235, 265, 353
Temperaturkoeffizient 27 f., 220, 239 f., 390, 520, 522 ff.
– der Durchbruchspannung 249
Temperaturkompensation 504, 522 f., 525 f.
Temperaturmeßfühler 239, 241
Temperaturspannung 231, 521
Temperaturstabilisierung 363
T-Ersatzschaltung 157
Tesla 69
Testsignal 187, 200
Testsignale 203
Testvektor 424
Tetrade 495
Texturblech 508
thermisches Verhalten des pn-Übergangs 235

Thermistor 238
thermoelektrischer Effekt 59
Thermospannung 241
Thyristor 289, 292
–, Schutzbeschaltung 294
Thyristortetrode 300
Tiefpaß 146 f., 380, 382, 385
Tiefpaß-Bandpaß-Transformation 384
Tiefpaß-Filter 212, 518
Tiefpaßverhalten 351
Timer 454
T-Kippglied 462
Toleranz 520, 522, 524
Toleranzbereich 419
Totem Pol 421
Trägerstaueffekt 234
Trafo-Sekundärspannung 516
Trafospannung 516
Trafowechselspannung 515
Transduktor 153
Transfer-Gate 427
Transferstrom 254
Transformator 154, 543
–, belasteter 158
–, Ersatzschaltung 158
–, idealer 155
–, realer 156
–, Verluste 161
Transienten-Analyse 338, 423
Transistor 341, 422, 526, 535
–, bipolarer 253, 341
– Grundschaltungen bipolarer 272
– Kleinsignalverhalten 260
– Restströme 264
–, unipolarer 341
–, unipolarer, Grundschaltung 284
Transistorkanal 480
Transistorkapazität 263
Transistorlogik, emittergekoppelte 429
Transistorparameter 341
Transistorschalter 266
Transistor-Transistor-Logik 417
Transitfrequenz 263, 352, 368
Transmissions-Gate 427

Transmissionsgatter 427
Transverter 503, 534
Treibergatter 428
Treiberstufe 540
Treppenfunktion 401, 403
Triac 295
Triggerimpuls 452
Triggerimpulsdauer 453
Triggerung 449, 453
Trimmer 226, 392
Triodenbereich 276
Tristate-Ausgang 421, 484
Tristate-Endstufe 422
Tristate-Puffer 488
Tri-State-Steuerung 471
Tri-State-Verhalten 465
TS-Ausgang 487
Tschebyscheff-Filter 380 f.
TTL 394, 417 f., 427, 453
–, Advanced-Low-Power-Schottky- 417
–, Advanced-Schottky- 417
–, Fast- 417
–, Low-Power- 417
–, Low-Power-Schottky- 417 f.
–, Schottky- 417
–, Standard- 418
TTL-Baureihe 417, 420, 496
TTL-Baustein 417, 423, 452, 467
TTL-Gatter 416, 420 f., 427 f.
TTL-Kompatibilität 398, 416, 424
TTL-Logikpegel 416
TTL-Pegel 405
TTL-PROM 478
TTL-Schaltkreis 422, 496
TTL-Steuerung 406
TTL-Kompatibilität 425, 451
TTL-Speisespannung 532
Tunnel-Oxid 482
Tunneldiode 249
– Kleinsignalersatzschaltung 250
Tunneleffekt 250
Turbogenerator 608
Typenleistung 505 ff., 543
Typensortiment 496

## U

Überabtastung 400 f.
Übergangstabelle 444
Überlagerungssatz 41
Überlastschutz 540
Übernahmeverzerrung 363
Überschwingen 536
Überschwingfaktor 368
Übersetzung 535
Übersetzungsverhältnis 155, 535
Überspannungsschutz 526, 540
Überspannungsschutzdiode 252
Übersteuerung 256, 378, 397
Übersteuerungsfaktor 260, 419
Übersteuerungsgrad 266
Übersteuerungsgrenze 260
Überstromschutz 540
Überstromsicherung 241
Übertrag 438, 440, 442, 457, 460 f.
Übertrager 535
Übertragsgenerator 440
Übertragsverarbeitung 439
Übertragungsfaktor 212, 334, 347
Übertragungsfehler 404
Übertragungsfunktion 144, 334, 380, 383
–, komplexe 204 f., 207, 212
Übertragungsfunktionsanalyse 338
Übertragungsglied 334
Übertragungskanal 197
Übertragungskennlinie 343, 365 f., 419, 450
Übertragungsmaß 336
–, logarithmisches 208
Übertragungssystem 187, 205
Übertragungsverhalten 404
Übertragungsweite 415
Umcodierer 436
Umcodierung 435
Umkehraddierer 374
Umkehrbarkeit 328
Umkehrformel 195
Umkehrpunkt 390
Umlaufspeicher 466 f.

Umpolfunktion 191
Umsetzdauer 396, 398, 400
Umsetzer 404
Umsetzrate 395
Umsetzungs-Fehler 394
Umsetzungszeit 395
Umsetzverfahren 404
Und 496
UND 411, 441
UND-Tor 399
UND-Verknüpfung 378
UND-Einfächerung 418
UND-Gatter 497
UND-Matrix 430, 486
UND-Verknüpfung 410, 413, 421, 438, 479
unendliche Reihe 189
Unijunction-Transistor 287
Unipolartransistor 273
Universal-Schieberegister 467
Unsymmetriewinkel 513, 515
Untertrag 441
UV-Licht 480

## V

Varistor 237
VDE-Bestimmung 557
Verbindungshalbleiter 227
Verknüpfungsgrad 420
Verlustfaktor 136, 143
Verlustleistung 360 ff., 417 f., 424, 426 f., 429, 529 f., 553, 580
–, dynamische 427
Verlustleistungshyperbel 530
Verlustwiderstand 135
Verlustwinkel 135, 137
Verlustziffer 150
Verschiebespannung 451
Verschiebungsdichte 48
Verschiebungsfluß 49
Verschiebungssatz 198
Verstärker 340, 391, 398, 525
–, nichtinvertierender 372
Verstärkerstufe 353

Verstärkung 346 ff., 360, 367, 371, 383 f., 388 f.
Verstärkungsdrift 353
Verstärkungseinstellung 540
Verstärkungsfaktor 375
Verstärkungsregelung 388
Verstärkungsreserve 385
Verstimmung 140
Verzögerungsglied 424
Verzögerungszeit 378, 417, 422 f., 425, 449, 461, 465
4-Bit-Dezimalzähler 458
4-Bit-Recheneinheit 440
4-Bit-Steuerwort 440
Vierfach-EIN-Schalter 406
Vierpol 205, 327 f., 340
–, aktiver 328
–, Kettenschaltung von 333
–, passiver 328
Vierpolanalyse 327
Vierpol-Ersatzschaltbild 330
Vierpolgleichung 278, 329
Vierpolgleichungssystem 329
Vierpolkettenschaltung 334
Vierpolmatrix 333
Vierpol-Parallelschaltung 333
Vierpolparameter 261, 278, 329, 331, 334, 341, 348
Vierpol-Referenzen 524
Vierpol-Reihenschaltung 332
Vierpoltheorie 327
Vierschichtdiode 290
Villard-Kaskadenschaltung 512
Volladdierer 439
Volladdierer 438
vollkundenspezifische IC 429
Vollpolläufer 609
Vollpolmaschine 547
Volt 25
Voltampere 124
voltampèreréactif 123
Volumen-Halbleiterbauelement 237
Vormagnetisierung 506
Vorrangregel 413
Vorspannungserzeugung 363

Vorstufe 359
Vorwärtszähler 456 f.
Vorwiderstand 593
Vorzeichenbit 441, 495
VRAM 477
V.24-Schnittstelle 502

## W

Wägeumsetzung 402
Wägeverfahren 393, 395
Wägevorgang 395
Wärmeableitung 319
Wärmedurchbruch 233
Wärmekapazität 320
Wärmekraftwerksgenerator 610
Wärmewiderstand 320
Wafer 312
Wafer-Struktur 430
Wahrheitstabelle 410
Wandler, invertierender 529, 532
Warteschlangen-Prinzip 468
Wasserschutz 550
Watt 31, 123
Weak-Inversion-Strom 280
Weber 69
Wechselfeld 603, 607
Wechselgröße, komplexe 109
–, sinusförmige 99
Wechselrichtung 535, 537
Wechselspannung 541
Wechselspannungsverstärkung 349
Wechselstrom 99
Wechselstromleistung 360, 362
Wechselstromparadoxon 131 f.
Wechselstromschalter 296
weiche Drehzahlkennlinie 568
weichmagnetische Ferrite 73
Weißsche Bezirke 71
Welle 548
Wellenwicklung 560
Wellenwiderstand 335
Welligkeit 380 f., 513, 515 f., 531
Welligkeitsfaktor 509 f.
Wendepol 559, 565
Wertigkeit 414, 468, 490 f.

Wickelraum 543
Wickelraumausnutzung 544
Wicklung 548, 563
Wicklungstemperatur 552
Widerstand 26, 220, 544
–, differentieller 30, 234, 248
–, elektrischer 26
–, induktiver 106, 115
–, kapazitiver 107, 115
–, Kennzeichnung der SMD- 221
–, komplexer, von Parallelschaltungen 118
–, komplexer, von Reihenschaltungen 115
–, linearer 29, 220
–, nichtlinearer 30, 220
–, spezifischer 26
Widerstandsanpassung 359
Widerstandsbremsung 573
Widerstandsdiagramm 111 f.
Widerstandsform 329
Widerstandsläufer 593
Widerstandsmeßverfahren 552
Widerstandsnetzwerk 402
Widerstandsrauschen 322
Widerstandsverhältnis 514
Widerstandswert, Kennzeichnung 221
Wiederanlaufen 574
Wien-Oszillator 387
Wien-Robinson-Brücke 387, 389
Wien-Robinson-Oszillator 387
Wien-Spannungsteiler 389
Windungslänge 543
Windungszahl 507, 543
Winkelfrequenz 99, 188
Wirbelströme 83
Wirbelstromverluste 150
Wired AND 421
Wired-AND-Verknüpfung 422
Wirkleistung 122, 126, 534
Wirkspannung 159
Wirkstrom 125
Wirkungsgrad 31, 37, 162, 359 ff., 529, 532, 537 f., 543
Wirkwiderstand 30, 106, 115, 121

Worst Case 338
Worst Case-Grenze 420
Wort 407, 470
Wortlänge 432, 475, 491
Wortorganisation 470, 481 f., 484
Wortzahl 484

## X

$X$-Decoder 470 f.
XOR 412, 497

## Y

$Y$-Decoder 471
$y$-Ersatzschaltbild 330
$y$-Parameter 261

## Z

Zähl-Flipflop 456
Zähldekade 460
Zähler 399, 456 f., 463
Zählerstand 399
Zählerverzögerungszeit 460
Zählfrequenz 460
Zählkapazität 456, 460
Zählkapazitätsbegrenzung 458
Zählkette 464
Zählpfeil 328
Zählpfeilsystem 328
Zählrichtung 456
Zählverfahren 393, 398
Zahlenkonvertierung 494
Zahlensystem 494
Z-Diode 247, 389, 429, 504, 518, 520 f., 524
Zeigerbild 583
Zeigerdarstellung 109
Zeigerdiagramm 100, 116 f.
–, einer Spule 152
Zeitbedingung 481 f.
Zeitbereich 187, 204 f.
Zeitdauer 197
Zeitfunktion 187 f., 198, 386
–, lineare 202
Zeitinvarianz 203
Zeitkonstante 351 f., 370, 372, 380, 383, 386, 400, 405, 452 ff.

Zeitmultiplexsystem 433
Zeitverhalten 212, 375, 423
Zeitverzögerung 198
Zellenbibliothek 430
Zener-Effekt 233, 249
Zener-Referenz 522
Zerhacker 503
Zickzackschaltung 167
Ziehkapazität 392
Z-Spannung 364, 520 f., 524
Z-Transformation 187
Zündschaltung, eines Triac 297
Zündverhalten 293
Zugehörigkeitszahl 408
Zugkraft von Magneten 93
Zugriff 469
Zugriffsvariante 476
Zugriffszeit 469, 471, 473, 477, 480, 482
Zustand, irregulärer 445
Zustandsautomat 443
Zustandssteuerung 446

Zustandstabelle 444
Zweidraht-Interface 482
Zweierkomplement 441, 495
Zweifachgegenkopplung 380, 383 ff.
Zweiflanken-Umsetzer 399
Zweipol 42
–, aktiver 42
–, passiver 42
Zweipol-Referenz 524
Zweipunktsignal 450
Zweirichtungs-Thyristordiode 291
Zweirichtungs-Thyristortriode 295
Zweispeicher-Kippschaltung 447
Zweitor 205, 327, 328
Zweiweggleichrichter 513, 518
Zweiweggleichrichtung 509 f., 514, 516 f.
Zwischenspeicher 475
Zwischenspeicherung 396, 447
Zykluszeit 472, 475
Zylinderwicklung 154

# Nachschlagebücher für Studium und Praxis

Hoffmann

**Taschenbuch der Messtechnik**

635 Seiten, 473 Bilder, 60 Tabellen. 1998. Gebunden
ISBN 3-446-18834-7

**Das Taschenbuch der Messtechnik**

- deckt das Gesamtgebiet der elektrischen und nicht-elektrischen Messtechnik ab
- enthält Faktenwissen in extrem komprimierter und fachlich strukturierter Form
- enthält viele Beispiele aus der messtechnischen Praxis
- bringt Übersichten zu Formelzeichen, Einheiten und Umrechnungen
- schlägt eine Brücke zur Spezialliteratur durch ein umfangreiches, fachlich gegliedertes Literaturverzeichnis

**Zielgruppe**

alle Studenten, Schüler, Wissenschaftler, Ingenieure und Techniker, die in Studium, Beruf oder Weiterbildung mit messtechnischen Problemen konfrontiert werden.

 **Fachbuchverlag Leipzig**
im Carl Hanser Verlag

Bitte bestellen Sie Ihre Bücher in Ihrer Buchhandluing

# Schaltzeichen und ihre Bedeutung

| Symbol | Bedeutung |
|---|---|
| | Stromquelle |
| | Spannungsquelle |
| | Gleichspannung, Gleichstrom |
| | Wechselspannung, Wechselstrom |
| | Kreuzung von zwei Leitungen |
| | Abzweigung einer Leitung, einadrig |
| | Erdung |
| | Verbindung mit Masse |
| | Widerstand, allgemein |
| | Widerstand, veränderbar |
| | Widerstand mit beweglichem Kontakt, Potentiometer |
| | Widerstand, spannungsabhängig, Varistor |
| | Kondensator, allgemein |
| | Kondensator, veränderbar |
| | Kondensator, Elektrolytkondensator |
| | Induktivität, Spule, Wicklung, Drossel |
| | Induktivität mit Magnetkern |
| | Induktivität mit Luftspalt im Magnetkern |
| | Induktivität, stetig veränderbar, mit Magnetkern |
| | Einphasentransformator |
| | Drehstromtransformator, primäre und sekundäre Sternschaltung mit herausgeführtem Mittelpunkt |
| | Akku, Primärzelle |
| | Sicherung, allgemein |
| | Relais, Schütz |
| | Schaltgerätekontakt, Schließer |
| | Schaltgerätekontakt, Öffner |
| | Schaltgerätekontakt, Umschalter |
| | Gleichstromgenerator, allgemein |
| | Wechselstrommotor, allgemein |
| | Synchrongenerator, allgemein |
| | Drehstrom-Asynchronmotor mit Schleifringläufer |
| | Meßinstrument mit beidseitigem Ausschlag (Galvanometer) |
| | Spannungsmesser, Skale in Volt geeicht |
| | Strommesser, Skale in Milliampere geeicht |